海洋底栖生物多样性与生态学论文集

江锦祥　主编
李荣冠　副主编

海洋出版社
2019年·北京

内 容 简 介

本论文集较全面地介绍大型底栖生物研究范围包括的滨海湿地、港湾、海岸带、海岛、近海、大陆架、大洋、南北极地等海域。研究内容有7个方面：一、潮间带底栖生物多样性与生态学；二、红树林湿地底栖生物多样性与生态学；三、海湾与河口底栖生物多样性和污染生态学；四、海岸带及台湾海峡海域底栖生物多样性与生态学；五、大陆架及邻近海域底栖生物多样性与生态学；六、大洋及极地海洋底栖生物多样性与生态学；七、海洋软体动物物种多样性与生态学。可供海洋科研人员和高校师生阅读参考。

图书在版编目(CIP)数据

海洋底栖生物多样性与生态学论文集/江锦祥，李荣冠主编. —北京：海洋出版社，2019.8

ISBN 978-7-5210-0367-3

Ⅰ.①海… Ⅱ.①江… ②李… Ⅲ.①海洋底栖生物-生物多样性-文集②海洋底栖生物-生物生态学-文集 Ⅳ.①Q178.535-53

中国版本图书馆CIP数据核字(2019)第120728号

责任编辑：方 菁
责任印制：赵麟苏

海洋出版社 出版发行

http://www.oceanpress.com.cn
北京市海淀区大慧寺路8号 邮编：100081
中煤(北京)印务有限公司印刷 新华书店北京发行所经销
2019年7月第1版 2019年7月第1次印刷
开本：787 mm×1092 mm 1/16 印张：54.5
字数：1260千字 定价：280.00元
发行部：62132549 邮购部：68038093 总编室：62114335

《海洋底栖生物多样性与生态学论文集》
编委会

作者简历

江锦祥1937年生于福建省龙海市,1959年毕业于厦门大学生物系海洋生物专业,1958年11月至1960年1月参加全国海洋普查工作。1960年2月分配到福建海洋研究所工作,后改为中国科学院华东海洋研究所,1965年11月该所归入国家海洋局,改名为国家海洋局第三海洋研究所,2018年改名为自然资源部第三海洋研究所。

近60年来,一直从事海洋生物学、海洋生态学、底栖生物生态学、潮间带生态学、海洋环境保护和红树林生态系生物多样性保护、软体动物(贝类)生态学及分类学等研究。研究范围包括滨海湿地、港湾、海岸带、海岛、近海、大陆架、大洋、南北极等海域。完成了“八五”国家科技攻关项目、“八五”“九五”国家重大科研项目、973项目、国家海洋局、省和地方的科研项目共86项,其中负责主持项目有58项。

编写了福建省海岸带和海涂资源综合调查报告(副主编)和福建省海岛资源综合调查报告(副主编)中的海洋生物。编绘东海海洋环境图集(副主编)海洋生物分册,编写《中国海湾志》第七、八、九、十四分册中的底栖生物和潮间带生物、编写国标《海洋调查规范》和国标《海洋监测规范》中的大型底栖生物和潮间带生物、编写《大洋环境基线调查技术规程》大型底栖生物和小型底栖生物等。承担国家908项目:我国近海海洋综合调查与评价专项,负责我国受损红树林生态系统评价与修复技术研究专项(908-02-04-04);负责红树林生态系统成果集成;参加新兴经济区滨海湿地生态系统修复技术与工程示范(200905009-2);参加福建省908项目。

编写了《红树林生态系统评价与修复技术》(副主编)中的中国红树林生态系统物种多样性(动植物种名录共2790种)(2012年6月出版);编写了《滨海湿地生态修复技术及其应用》(编委)中第三章红树林湿地互花米草防控技术示范基地大型底栖动物多样性和群落调查研究(2014年7月出版);编写《中国海洋

物种多样性和图集》(编委)中的软体动物双壳类物种名录和图集(2012 年 5 月出版);《福建海岸带与台湾海峡西部海域大型底栖生物》一书编委会副主任(2010 年 11 月出版);《福建滨海湿地潮间带大型底栖生物》一书编委会副编审(2017 年 6 月出版)。

曾任国家海洋局第三海洋研究所科学技术委员会委员,《中国生物多样性》编委,中国海洋湖沼学会海洋生态学会理事,中国贝类学会理事,福建省动物学会理事,国际红树林生态系协会会员,中国生态学会红树林生态学研究学组执委会副主席。

发表著作论文共 106 篇,调查研究报告 80 余篇。获得科技进步奖、科技创新奖和成果奖共 32 项,其中国家级 2 项、省级 3 项、国家海洋局 12 项、所级 15 项。赴加拿大、英国、美国、香港等国家和地区,参加中国海洋科学代表团、国际学术会议和国际合作研究共 10 次。

1993 年起享受国务院发给的政府特殊津贴并颁发证书。1996 年 5 月 15 日由国家科委、国家计委、国家海洋局、农业部、总参谋部等授予全国海岛资源综合调查先进工作者荣誉称号和发给荣誉证书。

前　言

海洋底栖生物是海洋生物三大生态类群之一。底栖生物生活在水域底上或底内,从潮间带至深渊海底的各类群生物。底栖生物是海洋生物中种类最多、数量巨大、生态学关系最复杂的生态类群,多样性之高为三大类群之冠。海洋底栖生物在海洋生态系统的能量流动和物质循环中有举足轻重的作用。在生态系统内构成的复杂食物网中,承担着生产者、消费者和分解者的功能、作用和任务。许多种类是养殖和捕捞的对象,更多的种类是经济鱼虾的天然饵料生物,许多种类还具有药用价值。海洋底栖生物成为海洋科学研究的最重要的内容之一,无论是海洋生态系统动力学调查、海洋环境评价(尤其是核电站生态零点调查)、海洋资源调查,还是海洋生物多样性、分类系统学、区系和动物地理学研究,均将海洋底栖生物的数据作为最重要的基础资料。海洋底栖生物多样性与生态学论文集是近60年来(1960—2019年),自然资源部第三海洋研究所海洋生物与生态室底栖生物研究组三代人辛勤劳动的成果。自1960年建组以来,科研人员一直保持老、中、青相结合,至今仍有4位高级研究员、4位中级、5位初级、4位技术人员。本组主要从事海洋生态学研究,同时重视分类学研究,因为分类学是生态学的基础,目前分类鉴定工作,多毛类有3人,软体动物3人,甲壳动物3人,棘皮动物2人,大型藻类1人,其他动物1人。该组一直从事海洋生物学、海洋生态学、底栖生物生态学、潮间带生态学、海洋环境保护和红树林生态系生物多样性保护以及各类群(多毛类、软体动物、甲壳动物、棘皮动物和其他生物)生态学与分类学等研究。研究范围包括滨海湿地、港湾、海岸带、海岛、近海、大陆架、大洋和南北极地等海域。完成了“八五”国家科技攻关项目、“八五”“九五”国家重大科研项目、973项目、“全国海岸带和海涂资源综合调查(福建省,1980—1985年)”、“全国海岛资源综合调查(福建省,1989—1993年)”、“中国海湾志:第七册、八册、九册、十四册(1989—1992年)”、中国开辟区(东太平洋金属结核区)海洋生物生态基线研究(DY95-06-02(1997—1999年))、福建主要港湾水产养殖容量研究(2000—2001年)、国家908项目:我国受损红树林生态系统评价与修复技术研究专项(908-02-04-04,2008—2009年)、福建908项目、新兴经济区滨海湿地生态系统修复技术与工程示范(200905009-2)、东海大陆架生物资源与环境、南海专属经济区和大陆架渔业生态环境与渔业资源、黄渤海生物资源与栖息环境、大亚湾核电站海洋生态零点调查、福建宁德、福清、云霄、广东陆丰、广西防城港、海南昌江、浙江苍南、山东招远等核电站海洋生态零点调查项目。编写《中国海洋物种多样性》、《中国海洋生物图集》、《中国海滨湿地》、中华人民共和国国家标准《海洋调查规范:海洋生物调查》等。完成了北极综合科学考察调查共九航次(1999—2018年)底栖生物生态调查,南极综合科学考察调查第28航次至第33航次(2012—2017年)底栖生物生态调查。

本论文集共分为七部分:一、潮间带底栖生物多样性与生态学;二、红树林湿地底栖生物多样性与生态学;三、海湾与河口底栖生物多样性和污染生态学;四、海岸带及台湾海峡海域底栖生物多样性与生态学;五、大陆架及邻近海域底栖生物多样性与生态学;六、大洋及极地海洋底栖生物多样性与生态学;七、海洋软体动物物种多样性与生态学。

全组发表著作论文共150余篇,限于篇幅,中国海洋志中的大型底栖生物和潮间带底栖生物、研讨会论文集,各类群(多毛类、甲壳动物、棘皮动物,其他动物)、污损生物等论文没有列入本论文集内。获得科技进步奖、科技创新奖和成果奖共32项,其中国家级2项,省级3项,国家海洋局12项,所级15项。

由于编著者学术水平有限,不足之处在所难免,在此抛砖引玉,愿与同行专家、学者共同探讨,恳请专家、读者批评指正。

江锦祥
自然资源部第三海洋研究所
研究员、研究生导师
2019年5月于厦门

目　次

一、潮间带底栖生物多样性与生态学

二、红树林湿地底栖生物多样性与生态学

三、海湾与河口底栖生物多样性和污染生态学

四、海岸带及台湾海峡海域底栖生物多样性与生态学

五、大陆架及邻近海域底栖生物多样性与生态学

六、大洋及极地海洋底栖生物多样性与生态学

七、海洋软体动物物种多样性与生态学

一、潮间带底栖生物多样性与生态学

A Preliminary Survey of the Rocky Intertidal Communities along Tolo Harbour, Hong Kong

香港吐露港岩岸潮间带底栖动物群落初步调查

Abstract From 20 April to 4 May, 1980, seven sites along Tolo Harbour and in Mirs Bay were visited as part of a rocky intertidal ecological survey.

A total of 114 species of invertebrates have been identified. Of these, 46 species were molluscs, 39 were crustaceans, 25 were polychaetes in addition to 4 species of other animals. Most are tropical and subtropical species, with a few of temperate origin.

According to the community distribution, the rocky intertidal shores of Tolo Harbour may be classified into three types; sheltered, moderately exposed and exposed. Each shore type has its own dominalt species.

The vertical distribution of rocky intertidal communities along Tolo Harbour falls into three faunal zones: (1) a littorine zone, characterized by *Nodilittorina pyramidalis* and *N. millegrana*; (2) a barnacle-oyster zone, characterized by *Balanus amphitrite amphitrite*, *Tetraclita squamosa squamosa*, *Saccostrea echinata* and *Ostrea glomerata* and (3) a mussel-ascidian or algal zone. Sites along the inner harbour possessed a musselascidian zone, sites along the outer harbour had an algal zone.

The habitat density and biomass of the rocky benthic fauna along Tolo Harbour were large, the mean density being greater than 4 739 individuals/m^2, the mean biomass 2 792 g/m^2. The Mollusca was the dominant phylum with the Crustacea second.

A comparison of Tolo Harbour and three other areas of the Chinese coast to the north shows that the percentage species similarity decreased from Tolo Harbour northwards. The patterns of vertical community distribution was fundamentally the same at all sites though the species differed. There was an evident downward extension of the barnacle-oyster zone from Tolo Harbour to Dongtoudao in Zhejiang Province.

摘要 1980年4月20日至5月4日期间，在吐露港及坪洲共选择了7个断面，进行岩岸生态调查。初步鉴定了无脊椎动物114种，其中软体动物46种，甲壳动物39种，多毛类25种，其他动物4种。这些种类以亚热带和热带种占优势，同时具有少量的温带种类。

根据群落分布特点，吐露港沿岸潮间带可分为3种类型：隐蔽岩岸，中等暴露岩岸及暴露岩岸。各类型海岸具有各自的优势种。

吐露港岩岸群落垂直分布具有明显的3个生物带：(1)滨螺带，以*Nodilittorina pyramidalis*和*N.millegrana*为特征种；(2)藤壶—牡蛎带，以*Balanus amphitrite amphitrite*、*Tetraclita squamosa squamosa*、*Saccostrea echinata*和*Ostrea glomerata*为特征种；(3)贻贝—海鞘带，港外为藻类带。

吐露港岩岸底栖动物栖息密度及生物量相当大，平均密度高达4 739个/m^2，平均生物量为2 792 g/m^2。在生物量组成中，以软体动物占优势，甲壳动物次之。

吐露港岩岸与其北部3个岩岸比较，种类相似性百分比自吐露港向北逐渐减小。群落垂直分布的生物带基本相似，但是各生物带的特征种有所差别，而且藤壶——牡蛎带从吐露港至洞头岛有明显下移现象。

1 Introduction

Situated in the South China Sea, Hong Kong lies close to the northern border of the tropical Oriental region adjoining the temperate Palaearctic region. This area of transition is typically colonized by a mixture of species from the two regions i. e., a tropical coral community, with temperate species extending from the northern coast of China. Research on the intertidal ecology of Hong Kong's coasts thus not only enriches our understanding of the intertidal ecology along the coast of China, but is also helpful to the deeper understanding of coastal ecology in the Western Pacific at large and the development of marine environmental protection in Hong Kong.

Hong Kong is a modern city with a dense population and highly-developed industry. Great quantities of municipal sewage and industrial effluents are discharged, untreated, into the sea. The coastal reclamation of land for further building has degraded numerous coastal habitats and biological communities. Because of the shortage of historical data on the flora, fauna and ecology of Hong Kong, it is not easy to make an adequate ecological evaluation of the degree of pollution and destruction. There was, for example, in 1973 an accidental oil spill in the East Lamma Channel (Stirling, 1977). Because of a shortage of historical data a comprehensive description of the effects of the spill on the shores of Lamma Island could not be made. Comprehensive research on Hong Kong's coastal ecology is thus an important prerequisite for marine environmental protection.

Few reports on the intertidal ecology of rocky shores in Hong Kong are available. Because of this the authors have investigated the spatial distribution of rocky intertidal communities along Tolo Harbour and a comparison has been made with similar shores along the northern coast of China.

2 Materials and Methods

Tolo Harbour is situated in the north-eastern quadrat of Hong Kong to the west of Mirs Bay.

The harbour coast mainly comprises sandy and rocky shores. From 20 ApriJ to 4 May, 1980, the authors made a quantitative study of the rocky shore communities along the southern coast of the Harbour. Seven sites, from Ma Liu Shui Jetty near the Chinese University of Hong Kong to Gruff Head situated towards the outer part of the Harbour were selected for study. These were designated A, B, C, D, E and F. A further site at Ping Chau in Mirs Bay (site G) was also investigated (Figure 1). Of these, sites A, B and D represent moderately sheltered shores, sites C, E and F comprised rocky reefs of different lengths under moderate exposure and site G was fully exposed to the open sea.

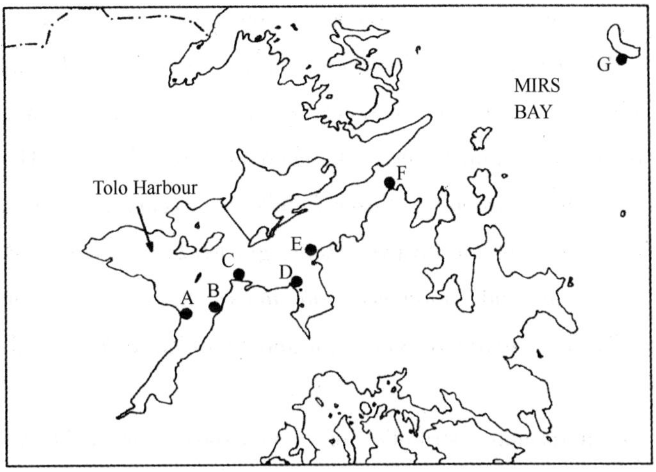

Fig.1 Rocky intertidal survey sites along Tolo Harbour, Hong Kong

A: Ma Liu Shui; B: Wu Kwai Sha; C: Wu Kwai Sha Tsui; D: Shap Sz Heung; E: Sham Chung; F: Gruff Head; G: Ping Chau

To accurately assess the faunal distribution, several stations from higher to lower levels on the shore were selected at each site. A total of 43 stations were chosen. At sites with a tidal meter, tidal heights were recorded directly. At sites without a tidal meter, field measurements of the vertical distance between each station were made and the time each was covered by water calculated. The sampling area at each station was generally 25 cm×25 cm; for some stations, however, 10 cm× 10 cm as well as 50 cm×50 cm samples were also made. All the samples were returned to the laboratory and fixed in 70% alcohol. Three days later, the samples were put on absorbent paper to dry the moisture from the sample surface. The samples were counted and weighed by species. The numbers and biomass of each species/m^2 were calculated.

Limited by the tide during the survey period, the vertical sampling range at each site could not be the same. Consequently, data taken from above MLWN was used as a standard for a comparison of the seven sites.

3 Results

Since the position, direction and the degree of exposure to wave-action are different at each site, so the numbers and abundance of each species, their spatial distribution and vertical zonation are also different. The preliminary results from this survey are as follows.

A total of 370 quantitative samples were taken during this survey. These comprised 114 species of invertebrates (qualitative samples not included) according to preliminary identifications. Of these, the Mollusca, with 46 species was the most abundant; the Crustacea, with 39 species, come second and the Polychaeta, with 25 species, third. Four species of other animals were also recorded. Most are sub-tropical and tropical species, only a few of them being of temperate origill.

Fifteen important species dominate the rocky shores of Tolo Harbour. Those occurring in the greatest numbers include the gastropod molluscs *Patelloidea pygmaea*, *Nodilittorina pyramidalis*, *N. millegrana* and *Drupa musiva*; the bivalves *Ostrea glomerata*, *Saccostrea echinata*, *Barbatia virescens*, *Brachidontes atrata* and *Hormomya mutabilis*; the cirripede crustaceans *Balanus amphitrite amphitrite*, *Tetraclita squamosa squamosa* and *Euraphia withersi* and the crab *Nanosesarma minutum*.

Figure 2 shows the horizontal distribution of various species above MLWN (i. e. 1 m above chart datum) at each site. Site D had the greatest number of species (39). Site E come second and site G had the least number of species (8). The communities at all sites were dominated by the Mollusca and to a lesser extent by the Crustacea.

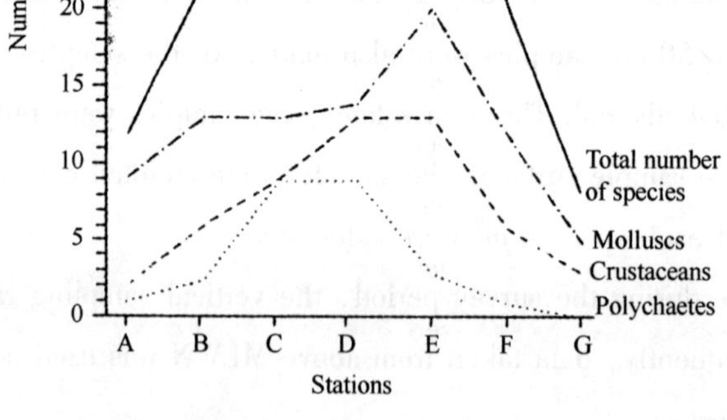

Fig. 2 A comparison of species numbers at the seven sites along Tolo Harbour

Habitat density and biomass

The habitat density and biomass of rocky shore animals in Tolo Harbour varies considerably. The mean density and mean biomass for the six sites are respectively 4 739 individuals/m^2 and 2 792 g/m^2. The habitat density and biomass for site G in Mirs Bay are smaller being, respectively, 630 individuals/m^2 and 353.7 g/m^2.

Figure 3 shows that the horizontal distribution of rocky intertidal animals in Tolo Harbour varies with changes in the environment. For habitat density, the general trend on sheltered shores (A. B and D) is that numbers are greater than on exposed shores (C. E and F), the former with high densities up to 6 922 individuals/m^2 and the mean density of the latter but 2 556 individuals/m^2. The biomass of exposed shores is bigger than that of sheltered shores. Such differences are mainly due to differences in the degree of wave-action.

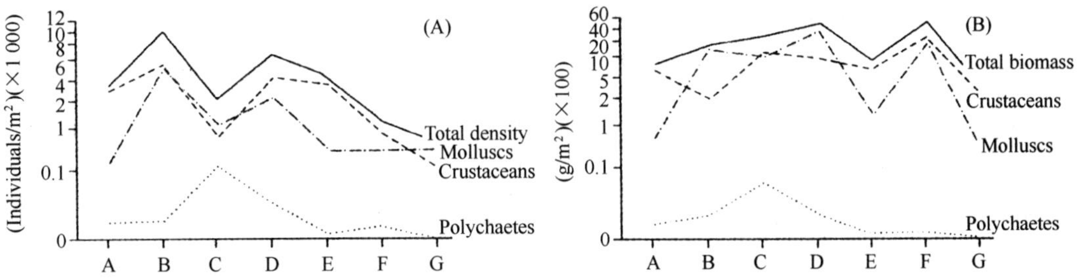

Fig.3 Horizontal distribution of (A) habitat density and (B) biomass at the seven sites along Tolo Harbour, Hong Kong

Sheltered shores, with a relatively lower degree of wave-action, form local slow-flow niches. which favour the growth and reproduction of certain animals. For example, the cirripedes *Balanus amphitrite amphitrite* and *Chthamalus malayensis* and the small bivalves *Brachidontes atrata* and *Hormomya mutabilis* densely colonized the sheltered sites B and D. The maximum density of *Balanus amphitrie amphitrite* was 28 800 individuals/m^2, and that of *Brachidontes atrata* was 11 648 individuals/m^2. Yet on exposed sites C and F, these species were less abundant and not evenly distributed. Exposed shores with free tides and strong, direct wave action are dominated by attached animals, such as species of cirripedes of larger individual size. e. g., *Tetraclita squamosa squamosa* and *T. squamosa japonica* and species of rock oysters e. g., *Ostrea glomerata* and *Saccostrea echinata*. These are the major species making up the total biomass. However, on sheltered shores, their numbers (except *Ostrea glomerata*) decrease rapidly and they may even be absent. This is the reason why the biomass of exposed shores is higher than that on sheltered shores (Table 1).

Vertical faunal distribution

Hong Kong experiences irregular semi-diurnal tides with the greatest range of 2. 8 m. According to the Tide Tables published in 1980, the mean high and low water levels at neap tide are 1.7 and 1.0 m respectively. These two water levels are taken as the upper and lower limits of the mid-littoral and divide the intertidal zone into three subzones: high, middle and low. For tidal reasons, the lowest level for sampling at most of the sites during this survey was 0.9 m; for a few of them it was 0.6 m. Here, the quantitative data above MLWN are mainly used to discuss the characteristics of vertical fauna distribution in the intertidal zone along Tolo Harbour by reference to the qualitative samples.

Table 1 Habitat density and biomass of major rocky shores species along Tolo Harbour, Hong Kong (data taken above MLWN)

Species	mean density/(individuals · m^{-2})						mean biomass/(g · m^{-2})					
	A	B	C	D	E	F	A	B	C	D	E	F
Patelloida pygmaea	29	11	120	20	32	52	1.5	0.7	2.4	1.2	1.3	2.4
Nodilittorina pyramidalis	42	101	—	26	16	—	0.6	2.7	—	0.4	1.2	—
N. millegrana	16	61	29	—	26	56	0.3	1.8	2.3	—	2.4	3.1
Drupa musiva	22	—	284	—	35	4	14.7	—	628.8	—	26.3	5.4
Barbatia virescens	26	11	29	83	113	—	15.8	13.0	4.7	53.3	699.6	—
Brachidontes atrata	32	2 735	246	202	—	—	0.9	184.2	7.4	16.0	—	—
Hormomya mutabilis	—	405	29	810	—	16	—	66.7	0.3	130.7	—	0.7
Saccostrea echinata	32	3	140	6	60	8	14.4	1.5	195.0	8.4	72.3	16.0
Ostrea glomerata	—	584	32	946	—	212	—	1 193.4	51.8	3 728.9	—	1 962.8
Trapezium liratum	32	40	26	13	2	16	18.5	11.9	1.9	0.7	0.1	6.2
Balanus amphitrite amphitrite	3 080	5 050	60	1 212	1 314	—	723.6	186.3	1.0	691.4	714.3	—
Tetraclita squamosa squamosa	—	—	438	20	54	648	—	—	1 283.5	4.4	104.5	3 112.3
Chthamalus malayensis	—	59	—	2 160	—	—	—	0.7	—	282.0	—	—
Euraphia withersi	—	709	—	—	2 186	—	—	10.2	—	—	30.6	—
Nanosesarma minutum	20	49	204	164	23	72	1.0	1.7	8.6	6.4	1.7	4.0

As in the other areas of Hong Kong, the intertidal fauna of Tolo Harbour can be divided into three vertical zones: (1) a littorine zone; (2) the barnacle-oyster zone and (3) a mussel-ascidian or algal zone.

3.1 The littorine zone

This zone ranges from 2 m above chart datum to the upper fringe of the intertidal. The characteristic species of this zone are *Nodilittorina pyramidalis* and *N. millegrana*. The former is distributed higher than the latter. The vertical height of these two littorines varies with the degree of wave-action. Their distribution at sites A, B and D, does not exceed 3 m whereas at sites C, E and F, their distribution exceeds 3 m above chart datum and extends lower seaward. It should be pointed out that at site G on Ping Chau, the distribution of *Nodilittorina pyramidalis* goes up 7.5 m above chart datum due to the steeper slope of the beach and heavy wave action.

On the lower fringe of the littorine zone, cirripedes such as *Balanus amphitrite amphitrite*, *Chthamalus malayensis*, *Euraphia withersi* and *Tetraclita squamosa squamosa* occur in clusters. The distributions of these species varies from site to site (Figure 4). They constitute the most important fraction of the second zone. The common associated species of this zone include the isopod *Ligia exotica*, gastropod molluscs such as *Littorina scabra* and *Patelloida pygmaea*, the bivalves *Saccostrea echinata* and *Brachidontes atrata*.

3.2 The barnacle-oyster zone

Constituting the main faunal zone in Tolo Harbour, it extends from 1.0 to 2 m above chart datum. The zone occupies the whole of the mid-littoral and even extends into the upper littoral zone. This zone is characterized by the barnacles *Balanus amphitrite amphitrite* and *Tetraclita squamosa squamosa* and the oysters *Saccostrea echinata* and *Ostrea glomerata*. As shown in Figure 3, *Balanus amphitrite amphitrite* and *Tetraclita squamosa squamosa* can be used as indicators of sheltered shores and exposed shores respectively. In the same section, *Saccostrea echinata* and *Ostrea glomerata* evidently compete with each other. The most important. feature here is the co-occurrence of barnacles and oysters.

Another feature of this zone is the great variety of species and the complicated community structure. The barnacle-oyster zone contains 74 species, accounting for 66% of the total species identified in this survey. Apart from the characterizing species, the species occurring in greatest numbers included the byssally attached bivalves *Brachidontes atrata*, *Hormomya mutabilis*, *Barbatia virescens and Perna viridis*, the predatory gastropod *Drupa musiva*, the cemented gastropod *Serpulorbis imbricata*, the cemented bivalve *Chama dunkeri* and the nestling *Trapezium liratum* which lives inside empty rock oyster shells. The vertical distribution and the numbers of these species at each site varies with changes in the environment. The common species of this zone are the sipunculid *Phascolosoma* sp., the polychaetes *Perinereis cultrifera* var. *floridana*, *P. vancaurica*, *Spirorbis* sp. and *Syllis* sp., the chiton *Liolophura japonica*, the limpets *Patelloida pygmaea*. *P. saccharina*.

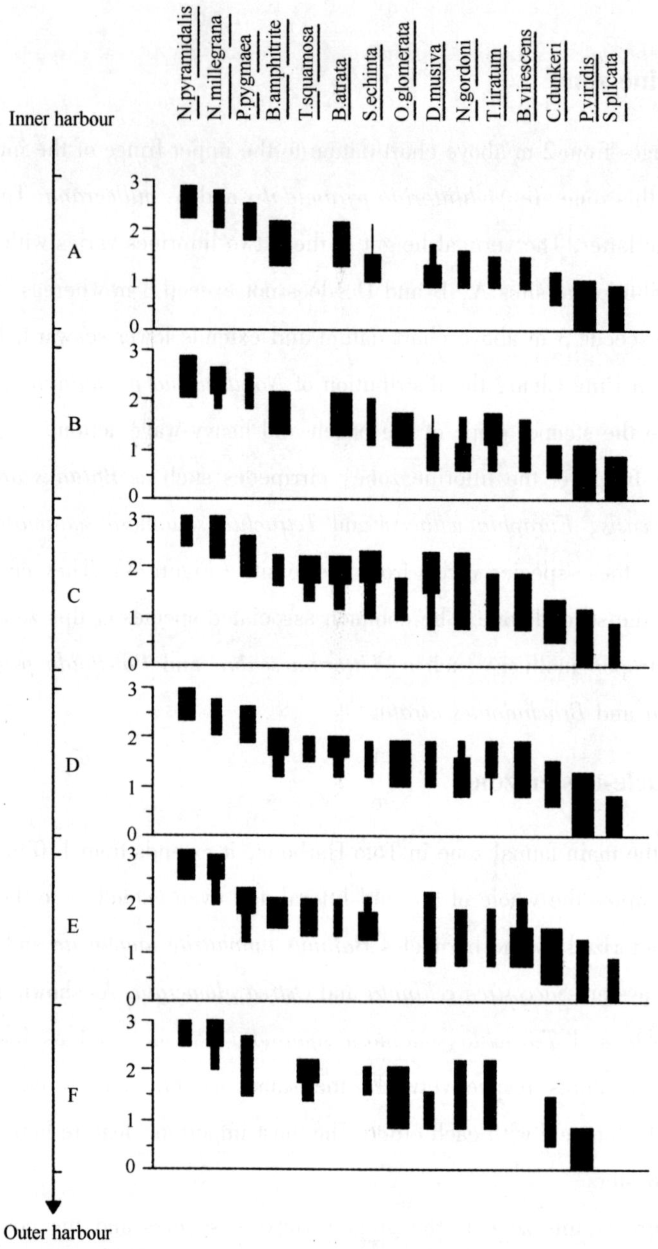

Fig.4 Vertical distribution of major rocky shore species along Tolo Harbour, Hong Kong

Siphonaria japonica and *S.laciniosa*, the gastropods *Monodonta labio*, *Nerita polita*, *Lunella coronata* and *Planaxis sulcatus*, the bivalve *Septifer bilocularis*, the crustacean isopod *Sphaeroma* sp., the amphipods *Hyale grandicornis* and *Allorchestes* sp., the pedunculate cirripede *Pollicipes mitella* and the crabs *Nanosesarma minutum* and *Heteropanope glabra*.

It should be pointed out that both *Septifer bilocularis* and *Isognomon ephippium* occur in great quantities at site *E*. *Septifer bilocularis* is distributed along the lower part of this zone, that is 0.8–

1.3 m above chart datum, the mean density being 167 individuals/m^2. Above *Septifer bilocularis* occurs *Isognomon ephippium* attached within shaded crevices by byssal threads and occupies a vertical distribution range of about 50 cm. The numbers of *Isognomon ephippium* at site D is large.

Other species that may be found in this zone include the cirripedes *Balanus reticulatus*, *B. trigonus* and *B. cirratus*; the limpets *Cellana toreuma* and *Collisella concinna*; the gastropod *Drupa margariticola*; the bivalve *Saccostrea mordax*; the crabs *Pilumnopeus makiana*, *Gaetice depressus* and *Sphaerozius nitidus* and the brittle-stars *Ophiactis savignyi* and *Placophiothrix plana*.

3.3 The mussel-ascidian/algal zone

This zone is covered with water for most of the time and only exposed for a very short period during low spring tides. For reasons of tide, this zone could not be throughly sampled. We can only make a brief introduction to this zone in Tolo Harbour based on the samples obtained from the upper part of the zone and on field observations.

In other areas, an important feature of this zone is the presence of algae in great quantities. Yet, in Tolo Harbour, at sites A, B, C, D and E, algae were seldom found. Only at sites F and G were more algae found, mostly comprising *Sargassum* spp., and *Gelidium divaricatum*. In Tolo Harbour, this zone is characterized by the green mussel *Perna viridis* and the white ascidian *Styela plicata*. These two species occur at the fringe of the second zone and become more abundant on the lower shore, forming an attractive belt of green and white. Other species occurring here in great numbers are the polycheate *Spirorbis* sp., and the bivalves *Chama dunkeri* and *Septifer bilocularis*. A total of 50 species of animals were found in this zone. Of these 28 extended into the barnacle-oyster zone. Other species recorded from this zone included 11 species of polychaete, such as *Perinereis cultrifera* var. *helleri*, *P. cultrifera* var. *typica*, *Lumbrinereis* sp., *Oriopsis* sp. and *Potamilla* sp.; seven species of amphipods, such as *Photis longicaudata*, *Ericthonius pugnax*, *Ericthonius* sp. and *Elasmopus* sp., the xanthic crabs *Liamera caelata*, *Pilumnus cursoni* and the molluscs *Mitrella bicincta* and *Lithophaga* sp.

3.4 A comparison of the rocky intertidal of Tolo Harbour and areas of China to the north

We have selected three rocky intertidal areas of China in order to make a comparison of species composition, habitat density and vertical faunal distribution of rocky intertidal zones with that of Tolo Harbour. These three areas are at Dongshan and Xiamen (Fujian Province) and Dongtoudao (Zhejiang Province). The data used here were obtained from above MLWN (Figure 5).

Seventy six species of invertebrates have been recorded from the regions above chart datum on rocky shores along Tolo Harbour. In Dongshan, Xiamen and Dongtoudao, respectively, 54, 42, and 33 of these species also occur. The percentage species similarity are thus 71%, 55% and 43%

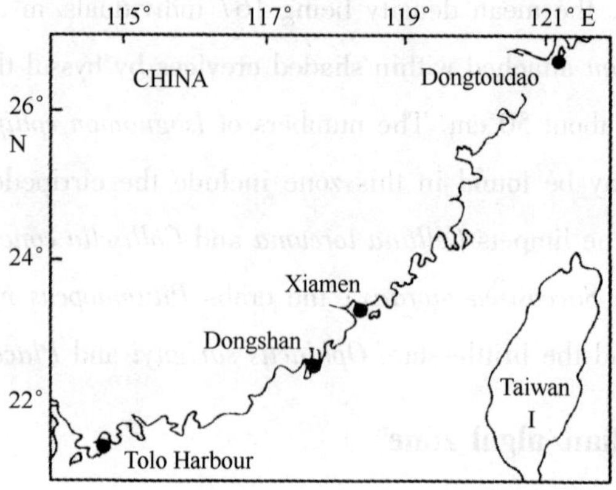

Fig.5 Rocky intertidal areas of China investigated in the present survey

respectively. The species of the rocky intertidal along Tolo Harbour are thus more similar to that of the nearby Dongshan area. The species similarity is lowered northwards.

As Figure 6 shows, both the habitat density and the biomass of the rocky intertidal along Tolo Harbour are greater than that of the other three areas. For habitat density alone, that of Tolo Harbour is similar to that of Dongshan. For biomass, that of Tolo Harbour is not much different from that of Dongtoudao. For both habitat density and biomass, however, those of Tolo Harbour are greater than those of Xiamen. The biomass composition of these four areas are dominated by oysters and barnacles. Tolo Harbour rocky shores are dominated by *Ostrea glomerata*, *Tetraclita squamosa squamosa*, *Balanus amphitrite amphitrite* and *Saccostrea echinata*; Dongshan rocky shores are dominated by *Saccostrea echinata* and *Tetraclita squamosa squamosa*; Xiamen rocky shores are dominated by *Ostrea plicatula* and *Balanus amphitrite amphitrite*; Dongtoudao rocky shores are dominated by the open sea species of barnacle *Tetraclita squamosa japonica* with *Ostrea plicatula* also common. In Tolo Harbour, the quantities of *T. squamosa japonica* at sites F and G is large.

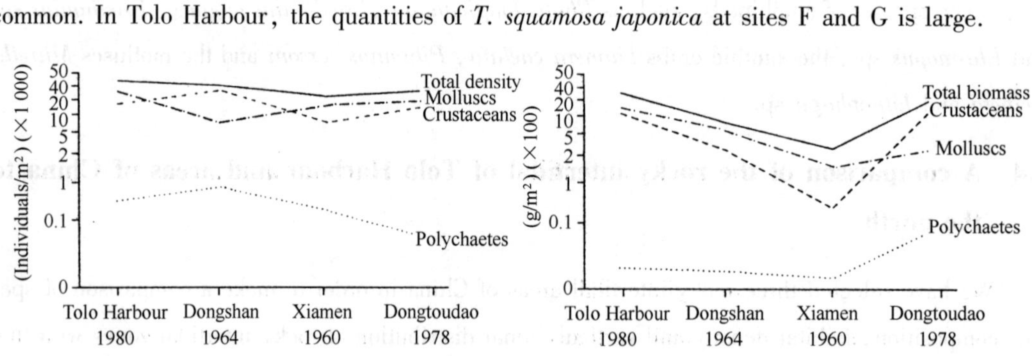

Fig.6 A comparison of (A), habitat density and (B), biomass of rocky shore animals along the costs of Tolo Harbour and China

The above-mentioned species composition and the distributional features of the dominant species in these four areas show that there are common as well as different points for rocky shores in the East and South China Seas. The differences in dominant and subordinate species are closely related to the geographic positions and climatological and hydrographic features of the areas in which the animals live.

Three zones evidently constitute the vertical faunal distribution in these four areas, namely, a littorine zone, a barnacle-oyster zone and a mussel–ascidian/algal zone. The characteristic species of each of the zones are similar for Tolo Harbour and Dongshan but different to those of Xiamen and Dongtoudao. For example, within the barnacleoyster zone, *Tetraclita squamosa squamosa* is the characteristic species of Tolo Harbour and Donghsan; yet in Xiamen it forms a local single community; in Dongtoudao, it decreases greatly in numbers and distributes only along the lower fringe of this zone and extends into the sublittoral. *Ostrea glomerata* is the characteristic species of Tolo Harbour, but is less common in Dongshan and not found in Xiamen and Dongtoudao, where it is replaced by *Ostrea plicatula* (Table 2).

Table 2 A comparison of the characteristic species of two faunal zones on rocky shores along Tolo Harbour and the China coast

	Tolo Harbour (22°06′N,114°20′E)	Dongshan (23°46′N,117°33′E)	Xiamen (24°20′N,118°04′E)	Dongtoudao (27°52′N,121°04′E)
Littorine Zone	*N.pyramidalis* *N.millegrana*	*N.pyramidalis* *N.millegrana*	*N.pyamidalis* *N.millegrana*	*N.pyamidalis* *L.brevicula*
Barnacle-oyster Zone	*B.amphitrite amphitrite*	*T.squamosa squamosa*	*B.amphitrite amphitrite*	*T.squamosa japonica*
	T.squamosa squamosa	*S.echinata* *O.glomerata*	*O.plicatula*	*O.plicatula*
	O.glomerata			
	S.echinata			

There is an evident downward extension of zonation from Tolo Harbour to Dongtoudao; this is best seen in the barnacle-oyster zone. In Tolo Harbour, the upper limit of this zone extends 30 cm above MHWN and its limit is above MLWN; in Dongshan and Xiamen, this zone extends from MHWN to MLWN; in Dongtoudao, the upper limit extends down into the sublittoral zone. The downward extension of the intertidal faunal zones from south to north is possibly an expression of the adaptation of animals to temperature.

4 Discussion

During this survey, we have preliminarily identified 114 species of invertebrates, of which 46 are molluscs, 39 are crustaceans, 25 are polychaetes and 4 of other animals. These species can only reflect the characteristics of the faunal distribution of the sites visited during spring, and not the complete pattern of faunal communities on rocky shores throughout Tolo Harbour.

The intertidal fauna of Tolo Harbot is dominated by tropical and subtropical species while there are also a small number of temperate species. This is reasonably consistent with the viewpoint that Hong Kong is close to the northern border of the Oriental region adjoining the temperate Palaearctic region as defined by Wallace (1876). The major rocky species of Tolo Harbour are similar to other shores in Hong Kong (Stirling, 1977; Morton, 1979).

This survey of seven rocky shores along the length of Tolo Harbour and in Mirs Bay shows that under comparable conditions of temperature and salinity, the spatial distribution of the rocky intertidal fauna is closely related to the geographical position and the degrees of wave-action. There are evidently three types of shores in Tolo Harbour; sheltered, moderately exposed and exposed. The percentage similarity of communities within the same shore type is great and lower among different shore types.

Of the four areas of China investigated, both the habitat density and biomass of the rocky intertidal of Tolo Harbour are the greatest. Habitat density follows the sequence: Tolo Harbour (4 739 individuals/m^2) >Dongshan (4 075 individuals/m^2) >Dongtoudao (3 662 individuals/m^2) >Xiamen (2 056 individuals/m^2). Biomass measurements follow the sequence: Tolo Harbour (2 792.4 g/m^2) >Dongtoudao (2 421.2 g/m^2) >Dongshan (853.4 g/m^2) >Xiamen (306.9 g/m^2). Generally speaking, biomass levels should be greater in higher latitudes. The reason for this observed discrepancy is difficult to explain. According to our field surveys, we conclude that the great differences in biomass in these four areas are closely related to whether or not the natural communities have, over a long period of time, been subject to environmental damage. The faunal communities of rocky shores along Tolo Harbour are fundamentally similar and approximate natural conditions, that is to say there has been little physical shore damage. Dongshan and Dongtoudao are similarly not artificially damaged whereas at Xiamen there has been extensive destruction by human activities. Accordingly, both habitat density and biomass at Xiamen are less than the other two areas, Dongshan and Tolo Harbour.

Three faunal zones can be recognised along the rocky shores of Tolo Harbour. This is consistent with the demarcation theory proposed by Stephenson and Stephenson (1949; 1950; 1954). The three zones are (1), a littorine zone; (2), a barnacle-oyster zone and (3), a mussel-ascidian/algal zone. The second faunal zone in Tolo Harbour is somewhat different from that of other rocky shores in Hong Kong which are dominated by barnacles and limpets (Morton, 1979). On rocky shores along Tolo Harbour, two species of oysters, *Ostrea glomerata* and *Saccostrea echinata*, commonly occur on different rocks as incontinuous patches, competing for space with barnacles. In Tolo Harbour, the numbers of oysters are greater than the numbers of limpets, so that it is here more appropriate to refer to this second zone as the barnacle-oyster zone.

The vertical faunal zones on rocky shores along Tolo Harbour are essentially similar to those of other areas of China, but there are some differences in the characteristic species of each zone. Generally speaking, the zones of Tolo Harbour are similar to those of Dongshan but differ greatly from those of Xiamen and Dongtoudao.

The vertical height of the faunal distribution patterns depends on the tidal range and the extent of wave-action in each area. For example, the range of the littorine zone is extended upwards with increasing wave action. At site G in Ping Chau, *Nodilittorina pyramidalis* may extend up into the supralittoral zone for 3 to 4 m. In Dongtoudao, its upward extension may reach 7 to 8 m. From Tolo Harbour to Dongtoudao, the barnacleoyster zone progressively extends further down the shore. Seen from the larger-scale, geographical point of view it is clear that the phenomenon of vertical range extension of the different faunal zones on the rocky intertidal is not controlled wholly by tidal factors. It may be said that the zonation of rocky intertidal areas is not strictly demarcated by physical factors into high, middle and low. It is more suitable to demarcate the biological zones of rocky shores by their characteristic (zoning) species.

Acknowledgements

We are specially grateful to Dr. B. S. Morton for providing facilities and assistance during this study and improving the English text of this paper. We also thank Mr. Huang Zongguo for his help in identifying the cirripedes, and Mr. Wu Qiqun and Mr.Liu Qunsun for their help in identifying polychaetes and crustaceans respectively.

References

1 Morton B S. 1979. The future of the Hong Kong Seashore. Oxford University Press, 99-150.

2 Stephenson T A. Stephenson A. 1949. The universal feature of zonation between tide marks on rocky coasts. Journal of Ecology, 38:389-405.

3 Stephenson T A, Stephenson A. 1950. Life between tide marks in North America. Ⅱ. Northern Florida and the Carolinas. Journal of Ecology, 40:1-49.

4 Stephenson T A, Stephenson A. 1954. Life between tide marks in Northern America. Ⅲ. A Nova Scotia and Prince Edward Island: description of the region. Ⅲ. B. Nova Scotia and Prince Edward Island: the geographical features of the region. Journal of Ecology, 42:14-70.

5 Stirling H P. 1977. Effects of a spill of marine diesel oil on the rocky shore fauna of Lamma Island, Hong Kong. Environmental Pollution, 12:93-117.

6 Wallace A R. 1876. The geographical distribution of animals. Macmillan. London.

大亚湾岩相潮间带底栖生物的生态*

摘要　根据1987年3—4月和9月大亚湾岩相潮间带9个断面的底栖生物调查资料，应用5种参数分析了该湾岩相潮间带底栖生物的种类组成、数量分布、群落结构特点及其季节差异。

Ecology of Benthos on Rocky Intertidal Zone in Daya Bay

Abstract: The species composition, biomass and seasonal variation of benthos on the rocky intertidal zone in the Daya Bay, China are analysed in the present paper. The results show that in all the 286 species indentified, the main components are Molluscs (103 species), Polychaeta (73 species), Algae (56 species), Crustacea (37 species), Miscellaneous (14 species) and Echinoderms (3 species). The seasonal variation of species number and biomass in spring and fall were observed. The average biomass and density of benthic fauna are 1 705.07 g/m^2 and 1 398 ind./m^2 respectively.

Benthic fauna on the rocky intertidal zone are classified into three communities: sheltered, semi-sheltered and exposed communities based on the geographical and hydrographic dynamics characteristics.

Key words: benthos, intertidal ecology

大亚湾位处亚热带，为山地溺谷型半封闭海湾。本次调查设9个断面，依其所处的位置与水动力差异，分为隐蔽型(A3R)、半隐蔽型(B1R、B3R、B9R)和开敞型(A1R、A7R、A8R、A9R、B6R)断面。

1　材料与方法

根据1987年3—4月和9月(分别代表春、秋季)大亚湾岩相潮间带底栖生物调查的9

* 厦门水产学院陈昌生和国家海洋局第三海洋研究所黄心光、李坚、李傅燕、郑成兴、林威等参加部分工作，谨此一并致谢。

个断面资料,使用电子计算机(PDP-11/34A),应用 Bray-Curtis 相似性指数(CC)、种类多样性(H')、种类丰度(d),种类均匀度(J)和种类优势度(D)等参数,分析了底栖生物群落结构特点及不同季节的差异[1-4]。5 个参数计算方程是:

$$CC = \frac{2c}{a+b} \times 100\% \quad (\text{Bray and Curtis, 1957})$$

$$H' = -\sum_{i=1}^{S} P_i \log_2 P_i \quad (\text{Shannon-Wiener, 1963})$$

$$d = (S-1)/\log_2 N \quad (\text{Margalef, 1958})$$

$$J = H'/H_{\max} = H'/\log_2 S \quad (\text{Pielous, 1969})$$

$$D = (N_1 + N_2)/N_T \quad (\text{McNaughton, 1997})$$

式中,S 为样品的种数;P_i 为第 i 种个体数与总个体数的比值;N 为样品的总个体数;N_1 和 N_2 为第一、二优势种个体数;a 为样品 A 中的种数;b 为样品 B 中的种数;c 为样品 A、B 中的共有种数。

调查按 EDF 海洋生态零点调查规程进行。潮带划分,根据香港潮汐资料,结合生物的自然分布,并综合瓦扬和斯替芬森的原则,将潮间带划分为高、中、低 3 个垂直带。高潮带上界是最大大潮时满潮的水面,下界(即中潮带上界)是小潮满潮的平均水面;低潮带上界(即中潮带下界)是小潮低潮时平均水面,下界是理论上的基准面(海图上深度的基准面)。

2 结果

2.1 种类组成

调查的 9 个断面,已鉴定的底栖生物有 286 种,其中藻类 56 种,多毛类 73 种,软体动物 103 种,甲壳动物 37 种,棘皮动物 3 种,其他动物 14 种。应用 Bray-Curtis 相似性指数绘制的种类相似相聚类模式,该湾断面的生物种类分为 3 种类型:隐蔽(A3R)、半隐蔽(B1R、B3R、B9R)和开敞型(A7R、A1R、A8R、A9R、B6R)(图 1)。这 3 种类型的生物类群种数见表 1,其主要种类的垂直分布见图 2。

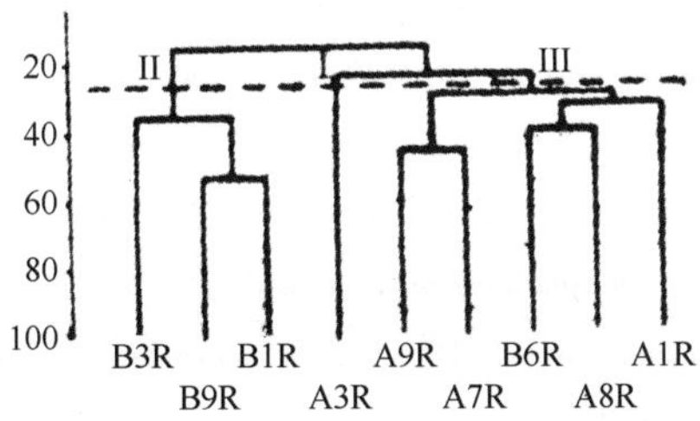

图 1 各断面生物种类组成相似性聚类

表 1　各类型断面各类群种数

类群		藻类	多毛	软体	甲壳	棘皮	其他	总种数
隐蔽型	A3R	2	23	53	8			96
半隐蔽型	B3R	22	43	42	15	3	8	133
	B9R	8	10	26	11	2	2	59
	B1R	20	5	19	11	2	1	58
开敞型	A1R	16	22	37	15	2	3	95
	A8R	6	9	29	14	2	5	65
	A7R	20	11	33	9	3	2	79
	A9R	11	6	24	8	2	3	54
	B6R			16	8			24

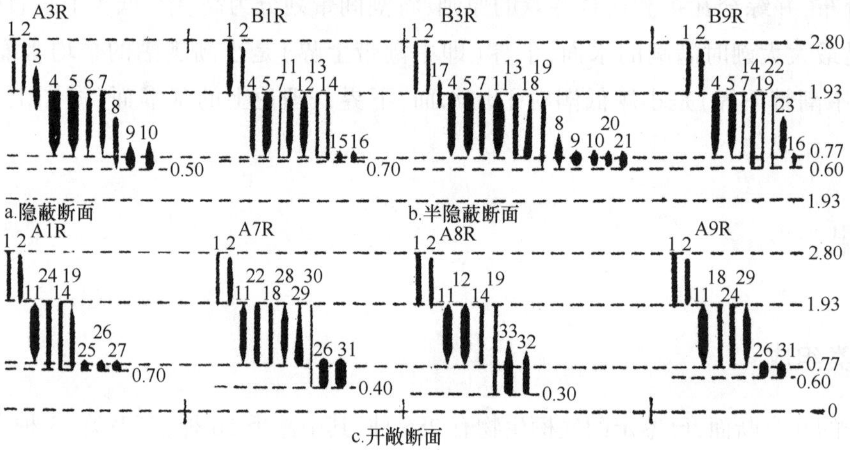

图 2　3 种类型断面主要种类的垂直分布(示意图)

1.塔结节滨螺 *Nodilitterina pyramidalis*;2.粒结节滨螺 *Nodilitterina granularis*;3.白脊藤壶 *Balanus albicostatus*;4.僧帽牡蛎 *Saccostrea cucullata*;5.棘刺牡蛎 *Saccostrea echinata*;6.日本闭壳蛤 *Claudiconcha japonica*;7.变化短齿蛤 *Brachidontes variabilis*;8.青蚶 *Barbatia virescens*;9.敦氏猿头蛤 *Chama dunkeri*;10.蛇螺 *Serpulorbis* sp.;11.鳞笠藤壶 *Tetraclita squamosa squamosa*;12.日本鳞笠藤壶 *Tetraclita squamosa japonica*;13.曲线索贻贝 *Hormomya mutabilis*;14.日本菊花螺 *Siphonaria japonica*;15.囊藻 *Colpomenia sinuosa*;16.肩裂黑顶藻 *Sphacelaria nova-hollandiae*;17.黑荞麦蛤 *Xenostrobus atrata*;18.咬齿牡蛎 *Saccostrea merdax*;19.小相手蟹 *Nanosesarma minutum*;20.长枝沙菜 *Hypnea charoides*;21.乳节藻 *Galaxaura oblongata*;22.帽贝 *Patella* sp.;23.小石花菜 *Gelidium divaricatum*;24.粒核果螺 *Drupa granulata*;25.半叶马尾藻 *Sargassum hemiphyllum*;26.瓦氏马尾藻 *Sargassum vachellianum*;27.小珊瑚藻 *Corallina pilulifera*;28.嫁蝛 *Cellana toreuma*;29.铁丁菜 *Ishige okamurae*;30.杜氏阔沙蚕 *Platynereis dumerilii*;31.真叶马尾藻 *Sargassum cinereum*;32.叉节藻 *Amphiroa valonioides*;33.羊栖菜 *Sargassum fusiferme*

2.1.1 隐蔽型断面

由表1可见,本类型物种有96种,其中以软体动物占首位,其次是多毛类。它们在潮带中具有不同的分布临界高度,且呈垂直交替分布(图2a)。

高潮带(Ⅰ):生物种类贫乏,主要种类有塔结节滨螺、粒结节滨螺。在高潮带和中潮带交界处,为白脊藤壶。

中潮带(Ⅱ):种类最丰富,主要种类有僧帽牡蛎、棘刺牡蛎、变化短齿蛤、日本闭壳蛤。常见的种类还有背裂虫、细毛背鳞虫、平轴螺(*Planaxis sulcatus*)、粒花冠小月螺(*Lunella coronata granulata*)、小相手蟹、渔舟蜒螺、囊藻。

低潮带(Ⅲ):主要种类有敦氏猿头蛤、蛇螺。常见的有皱瘤海鞘(*Styela plieata*)、柑桔荔枝海绵(*Tehya aurantium*)、囊皮瓜参(*Stolus sacellus*)、青蚶、平额石扇蟹和马氏珠母贝(*Pinctada martensi*)等。

而中潮带的僧帽牡蛎、棘刺牡蛎和变化短齿蛤无论在生物量和密度都占较大的优势,是广盐性的背浪种类,为相对内湾隐蔽型断面的特征种。

2.1.2 半隐蔽型断面

由表1可见,在本类型断面中,断面B3R种类最丰富,断面B1R和B9R种数较少。这主要是断面B3R多毛类和软体动物的种数增加所致,以及断面间不同的岩性等因素的影响。

图2b同样列出该类型3个断面中的主要种类垂直分布。

高潮带(Ⅰ):种类贫乏,主要种有塔结节滨螺、粒结节滨螺。缝隙间习见有龟足(*Pollicipes mitella*),在高潮带和中潮带交界处有黑荞麦蛤。

中潮带(Ⅱ):种类繁多,主要种类有棘刺牡蛎、僧帽牡蛎、鳞笠藤壶、日本鳞笠藤壶、曲线索贻贝、日本菊花螺、咬齿牡蛎、小相手蟹、帽贝。在下界有青蚶、小石花菜。常见种还有平轴螺、粒核果螺、粒花冠小月螺、多毛鸟嘴(*Ibla cumingi*)、囊藻、渔舟蜒螺。

低潮带(Ⅲ):主要种类有蛇螺、猿头蛤。囊藻、肩裂黑顶藻、长枝沙菜和乳节藻。常见的还有日本矶海绵(*Reniera japonica*)、海鞘 *Styela* sp.、标准蜂巢珊瑚(*Favia speciasa*)、阿纹绶贝(*Mauritia arabica*)、囊皮瓜参、黑凹螺(*Chlorostoma nigerrima*)等。

该类型3个断面中潮带和低潮带的特征种是鳞笠藤壶、棘刺牡蛎、长枝沙菜和乳节藻。

2.1.3 开放型断面

该类断面种类组成的特点是大多属于喜浪的、固着能力较强的种类,但种类数比隐蔽和半隐蔽型断面少(表1)。

图2c列出该类型5个断面主要种类垂直分布。从图2同样明显地看出:

高潮带(Ⅰ):主要种类为塔结节滨螺、粒结节滨螺。石缝间尚有龟足。

中潮带(Ⅱ):主要种类有鳞笠藤壶、日本鳞笠藤壶、日本菊花螺、小相手蟹、咬齿牡蛎、帽贝、粒核果螺、嫁蝛、铁丁菜。尚有常见种垫形皮丝藻(*Dermonema pulvinata*)、粒花冠小月螺、羊栖菜、叉节藻、单齿螺(*Monodonta labio*)等。

低潮带(Ⅲ):主要种类有瓦氏马尾藻、半叶马尾藻、小珊瑚藻、真叶马尾藻、叉节藻、羊栖菜。常见种有黑凹螺、节蝾螺(*Turbo articulatus*)、粒花冠小月螺、大马蹄螺[*Trochus* (*Tectus*) *niloticus maximus*]、霜鹿角珊瑚(*Acropora pruinosa*)、秘密角蜂巢珊瑚(*Favites abdita*)、朴素扁脑珊瑚(*Platygyra rustica*)、囊皮瓜参等。

大亚湾属亚热带气候,无大江河径流注入,属高盐性海湾。种类的特点既有广温广布种:嫁蝛、史氏背尖贝(*Notoacmea schrenki*)、单齿螺、粒结节滨螺、日本菊花螺、白脊藤壶等,又有暖水性种类:乳节藻、海门冬(*Asparagosis taxiformis*)、鸡毛菜(*Ptereocladia tenus*)、树状团扇藻(*Padina arborescens*)、铁丁菜、垫形皮丝藻、日本花棘石鳖(*Liolophura japonica*)、小珊瑚藻、青蚶、条纹隔贻贝(*Septifer virgatus*)、短石蛏(*Lithophaga curata*)、豆荚钳蛤(*Isognomon legumen*)、棘刺牡蛎、敦氏猿头蛤、锈凹螺(*Chlorostoma rustica*)、粒花冠小月螺、小相手蟹、翡翠贻贝(*Perna vividis*)、塔结节滨螺、阿纹绶贝、平额石扇蟹、鳞笠藤壶、斑马蹄螺[*Trochus* (*T.*) *maculatus*]、大马蹄螺等[5-7]。

从水平分布看,3种类型断面的主要特征种是不尽相同的。在隐版型断面为僧帽牡蛎、棘刺牡蛎、变化短齿蛤、白脊藤壶,半隐蔽型断面,主要有棘刺牡蛎、鳞笠藤壶,该类断面的生物种类最丰富,既有隐蔽型断面的种类,又有开敞型断面的种类,如囊藻等;在开敞型断面,主要有鳞笠藤壶、马尾藻、小珊瑚藻、铁丁菜、假石枝藻等。

从垂直分布看,在高潮带,3种类型断面均以塔结节滨螺、粒结节滨螺为主要种。中潮带,隐蔽型断面以僧帽牡蛎、棘刺牡蛎、变化短齿蛤为优势种;半隐蔽型断面以棘刺牡蛎、鳞笠藤壶为优势种;开敞型断面,主要是鳞笠藤壶、铁丁菜。低潮带,隐蔽型断面主要是猿头蛤、蛇螺;半隐蔽型断面为蛇螺、长枝沙菜、乳节藻、肩裂黑顶藻;开敞型断面的主要优势种则是马尾藻、小珊瑚藻(表2)。

表2　3种类型断面各潮带生物群落特征种

潮带	高潮带	中潮带	低潮带
隐蔽型	粒结节滨螺 塔结节滨螺 白条地藤壶	僧帽牡蛎 棘刺牡蛎 变化短齿蛤	敦氏猿头蛤 蛇螺
半隐蔽型	粒结节滨螺 塔结节滨螺	棘刺牡蛎 鳞笠藤壶 囊藻	蛇螺、乳节藻 长枝沙菜 肩裂黑顶藻
开敞型	粒结节滨螺 塔结节滨螺	鳞笠藤壶 铁丁菜	多种马尾藻 小珊瑚藻

2.2　生物量和密度分布

大亚湾岩相潮间带底栖生物平均生物量为1 705.07 g/m^2,平均栖息密度为1 398.00个/m^2。与其他港湾相比,该湾底栖生物栖息密度最小(图3):香港Tolo港(4 739个/m^2)>

东山(4 075 个/m^2)>洞头(3 662 个/m^2)>厦门(2 056 个/m^2)>大亚湾;生物量,香港 Tolo 港(2 792.40 g/m^2)>洞头(2 421.20 g/m^2)>大亚湾(1 705.07 g/m^2)>东山(853.40 g/m^2)>厦门(306.90 g/m^2)[8]。该湾各类群生物量和密度的比率见图 3。

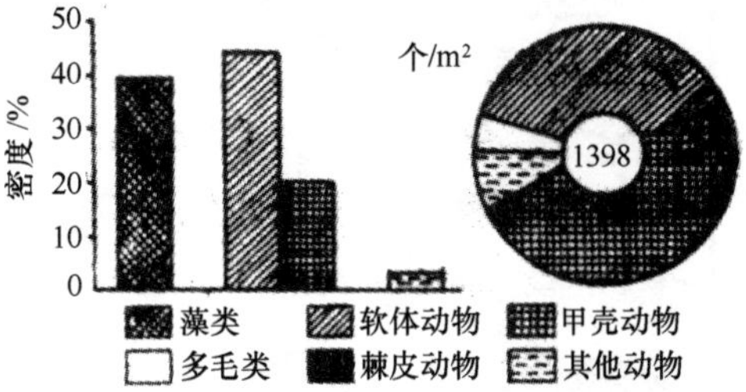

图 3　各类群生物量和栖息密度百分比

2.2.1　平面分布

隐蔽型断面的平均生物量为 2 271.72 g/m^2,平均栖息密度为 2 107.45 个/m^2。生物量以软体动物居首位,甲壳动物次之;密度以软体动物居首位。密度和生物量皆以软体动物最高。

半隐蔽型断面的平均生物量为 1 546.60 g/m^2,平均栖息密度为 2 204 个/m^2。生物量仍以软体动物居首位,甲壳动物居第二位(断面 B1R,甲壳动物居第一位,软体动物第二位);密度以甲壳动物居首位(此乃因断面 B1R、B9R 小藤壶密度较高所致),软体动物退居第二位。

开敞型断面平均生物量为 1 748.42 g/m^2,平均栖息密度为 508 个/m^2。生物量以藻类居第一位,软体动物居第二位;密度以软体动物居首位,甲壳动物第二位(图 4 和图 5)。

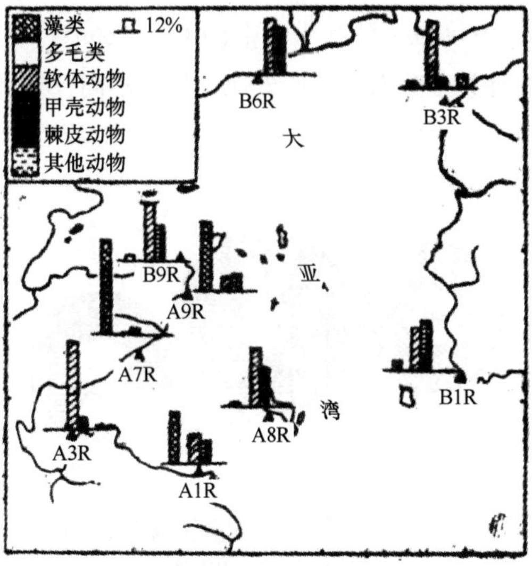

图 4　各断面各类群生物生物量的组成(%)

在 3 种类型断面中,各类群生物量及密度的大小顺序如下。

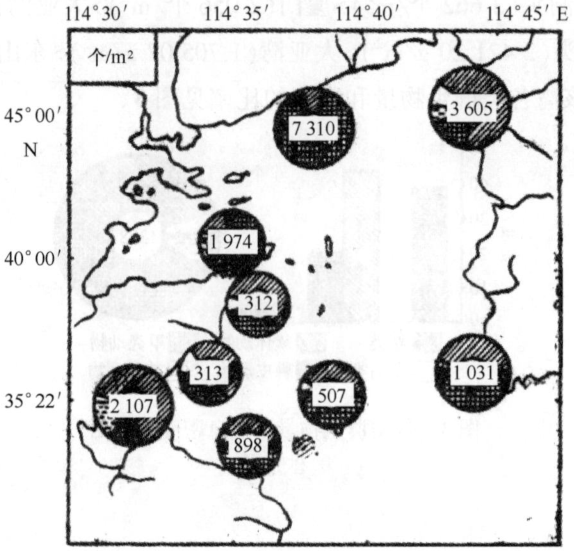

图 5　各断面各类群生物密度及组成

（1）生物量：藻类是开敞型>半隐蔽型>隐蔽型；软体动物是隐蔽型>半隐蔽型>开敞型；甲壳动物是半隐蔽型>开敞型>隐蔽型。

（2）栖息密度：软体动物是隐蔽型>开敞型>半隐蔽型；甲壳动物是半隐蔽型>开敞型>隐蔽型。

2.2.2　垂直分布

大亚湾岩相潮间带底栖生物生物量和密度的垂直分布以中潮带（3 032.27 g/m^2）>低潮带（864.12 g/m^2）>高潮带（20.00 g/m^2）和中潮带（4 050 个/m^2）>低潮带（803 个/m^2）>高潮带（348 个/m^2）（图 6）。3 种类型断面尽管所处地理位置不同，所受的风浪影响不同，但却具有同一规律，生物量和密度也是中潮带>低潮带>高潮带（隐蔽型断面低潮带数量低于高潮带，乃因该断面低潮带暴露不够，取样不完整所致）。

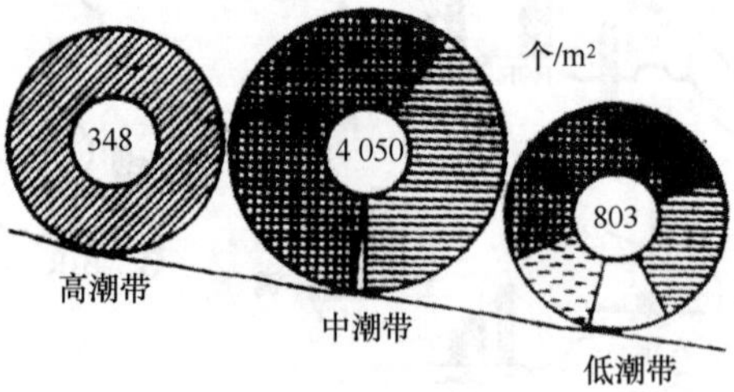

图 6　岩相潮间带底栖生物密度垂直分布
（图例与图 4 相同）

另外，同在高潮带，以开敞型断面的生物量和密度最高；同在中潮带，以隐蔽型断面的生物量和密度最高；同在低潮带，以半隐蔽型断面的生物量和密度最高（表 3）。

表 3　3 种类型断面各潮区平均生物量和密度

断面	高潮带		中潮带		低潮带	
	生物量 /(g/m²)	密度 /(个/m²)	生物量 /(g/m²)	密度 /(个/m²)	生物量 /(g/m²)	密度 /(个/m²)
隐蔽型	13.60	208	6 823.68	5 459	5.94	146.00
半隐蔽型	13.00	288	2 438.00	4 281	1 868.20	1 674.33
开敞型	27.30	390	2 630.35	1 033	721.76	645.50

高潮带,开敞型断面生物量和密度最高是塔结节滨螺和粒结节滨螺起作用。断面 A1R 和 A9R 粒结节滨螺生物量高达 27.20 g/m^2 和 18.68 g/m^2,密度分别达 248 个/m^2 和 256 个/m^2;断面 A7R、A9R 塔结节滨螺生物量分别达 12.17 g/m^2 和 21.51 g/m^2,密度高达 320 个/m^2 和 336 个/m^2。决定隐蔽型断面中潮带生物量和密度最高的种类是僧帽牡蛎、棘刺牡蛎、变化短齿蛤。棘刺牡蛎生物量可达 1 324.00 g/m^2,僧帽牡蛎高达 3 883.48 g/m^2;僧帽牡蛎的密度有时达 1 112 个/m^2,变化短齿蛤可高达 2 620 个/m^2。低潮带,半隐蔽型断面生物量和密度最高取决于长枝沙菜、乳节藻、蛇螺。如长枝沙菜和乳节藻的生物量分别达 174.80 g/m^2 和 328.03 g/m^2,蛇螺达 466.40 g/m^2;蛇螺的密度高达 160 个/m^2。

2.3　群落结构和季节差异

表 4 列出 3 种类型断面群落结构的 4 种主要参数值:种类多样性(H'),种类丰度(d),种类均匀度(J)及种类优势度(D)。从表 4 中可以看出,各类型各断面春、秋两季 4 个参数值是不同的。

表 4　各断面 4 个指数值的季节变化

断面		H'		d		J		D	
		春	秋	春	秋	春	秋	春	秋
隐蔽型	A3R	2.75	3.22	4.13	4.12	0.50	0.58	0.66	0.53
半隐蔽型	B3R	4.55		8.12		0.69		0.33	
	B9R	3.18		4.11		0.58		0.57	
	B1R	3.80		3.40		0.74		0.38	
开敞型	A1R	3.26	3.36	4.83	3.12	0.58	0.69	0.54	0.48
	A8R	2.65	3.39	2.11	3.25	0.60	0.70	0.54	0.54
	A7R	1.20		1.25		0.29		0.91	
	A9R	2.48	2.71	1.27	1.93	0.69	0.68	0.53	0.57
	B6R	1.20		1.25		0.29		0.91	

大亚湾岩相潮间带种类、生物量和密度的季节差异也是很明显的。种数、生物量和密度变化的总趋势是秋季低于春季。种数,春季 245 种,秋季只有 124 种(表 5)。

表 5　岩相潮间带各类群种数季节比较

季节	藻类	多毛类	软体动物	甲壳动物	棘皮动物	其他	总种数
春	52	63	87	3	3	11	245
秋	9	22	67	15	1	10	124
两季	56	73	103	37	3	14	286

3 种类型断面各类群种数季节变化见表 6。

表 6　各断面各类群种数季节比较

断面		藻类		多毛类		软体动物		甲壳动物		棘皮动物		其他		总种数	
		春	秋	春	秋	春	秋	春	秋	春	秋	春	秋	春	秋
隐蔽型	A3R	1		16	13	45	28	7	4		1	4	4	73	50
半隐蔽型	B3R	22		43		42		15		2		7		132	
	B9R	8		10		26		11		2		2		59	
	B1R	20		5		19		11		2		1		58	
开敞型	A1R	13	3	16	12	23	24	11	6			2		65	46
	A8R	3	3	2	7	16	21	7	9		1			28	46
	A7R	16	6		11	27	14	6	4					49	36
	A9R	6	7	1	5	19	17	6	3					32	34
	B6R					16		8						24	

秋季种数的减少,一方面由于在半隐蔽型断面和开敞型断面 B6R,秋季未取样有关,但更主要的是与许多种类的生活周期密切相关。大多马尾藻,冬末春初大量繁殖生长茂盛,夏末初秋衰败死亡。夏季,海滩上可见大量堆积着各种藻类的残体,闻到藻体腐烂的气味。此外,生物种群间的竞争也直接左右生物群落的形成和演变以及生物带的形成[9]。

春季生物量和密度分别为 2 063.92 g/m^2 和 2 055 个/m^2;秋季分别为 1 346.20 g/m^2 和 741 个/m^2,秋季生物量和密度都低于春季。岩相潮间带中,软体动物、甲壳动物和藻类的生物量和密度决定了总生物量和总密度。因此,这 3 大类群生物量和密度的季节变化直接影响着生物量和密度的季节变化。牡蛎和藤壶为多年生种类,冬末春初亲体大量繁殖,繁殖的幼体大大增加了春季生物的密度,幼体在成熟过程中,因种内种间的竞争和自然环境中恶劣条件,各阶段总有一些个体被捕食或其他原因而死亡,因此秋季密度势必下降。在断面 A3R 可见到牡蛎重叠生长的厚度达 20 cm,底层的牡蛎被表层的覆盖而窒息死亡,这样不但密度减小,生物量也减少。秋季生物量减少的另一个原因是藻类衰败所致。

各断面各类群生物量和密度的季节差异见表 7。

表 7　各断面各类群生物量与栖息密度的季节比较

类群		断面	A9R	B3R	B9R	B1R	A1R	A8R	A7R	A9R	B6R
藻类	生物量/(g/m^2)	春	0.59	226.36	57.02	62.01	676.27	6.69	4 855.82	610.67	
		秋					791.33	119.58	242.51	1 260.12	
多毛	生物量/(g/m^2)	春	1.23	12.38	1.38	0.65	0.67	0.43		0.05	
		秋	0.58				2.42	1.20	0.67	0.26	
	密度/(个/m^2)	春	14.51	348.30	34.14	24.01	29.98	5.07		2.07	
		秋	82.66				81.32	39.12	97.29	19.33	
软体	生物量/(g/m^2)	春	1 913.60	2 018.18	596.21	236.38	298.35	1 093.41	23.56	252.52	716.24
		秋	2 060.10				540.28	471.86	21.23	137.88	
	密度/(个/m^2)	春	1 667.20	2 406.45	361.07	445.12	426.67	296.19	188.15	225.07	544.00
		秋	1 146.68				312.50	111.13	121.80	147.32	
甲壳	生物量/(g/m^2)	春	363.22	346.46	350.38	283.08	372.28	717.42	273.02	338.54	607.71
		秋	181.33				268.46	316.68	129.08	141.28	
	密度/(个/m^2)	春	202.67	615.96	1 359.46	561.32	830.97	401.07	95.33	174.40	
		秋	374.67				74.66	154.16	125.34	53.10	
棘皮	生物量/(g/m^2)	春									
		秋	0.01				0.53	1.36			
	密度/(个/m^2)	春									
		秋	0.67								
其他	生物量/(g/m^2)	春	1.10	444.40	4.83	0.07	0.09				
		秋	21.60				8.00	2.54	6.94	3.13	
	密度/(个/m^2)	春	11.84	234.00	220.00	1.33	4.00				
		秋	713.97					3.56		2.67	
总计	生物量/(g/m^2)	春	2 279.74	3 047.78	1 009.82	582.19	1 347.66	1 817.96	5 151.41	1 201.78	1 324.01
		秋	2 263.66				1 611.02	913.22	400.43	1 542.67	
	密度/(个/m^2)	春	1 896.22	3 605.37	1 974.93	1 031.78	1 297.63	702.33	283.48	402.14	7 310.00
		秋	2 318.25				505.81	313.30	344.43	222.42	

总的趋势是，秋季甲壳动物的生物量低于春季；软体动物的密度低于春季；多毛类的密度高于春季。

3 讨论

大亚湾属亚热带海湾，月平均水温终年保持在18~31℃。该湾朝东南向开口，面临南海近海，夏季受湾口海浪直接影响，海岸有隐蔽、半隐蔽型，但大多为开敞型。该湾为不正规半日潮，潮差小（一般仅1 m左右）。无大河注入，盐度高而恒定（30.0~33.8），海水透明度大（2~18 m）。该湾岩相潮间带底栖生物反映了亚热带、高盐海湾和本湾的潮汐特点。

3.1 亚热带海湾

在大亚湾岩相潮间带底栖生物中，除了广分布种外，尚有许多暖水种：乳节藻、海门冬、垫形皮丝藻、小珊瑚藻、棘刺牡蛎、条纹隔贻贝、翡翠贻贝、敦民猿头蛤、锈凹螺、斑马蹄螺、鳞笠藤壶、平额石扇蟹和褶瘤海鞘等都很习见。在开敞型海岸的低潮带还零星分布有几种角珊瑚、蜂巢珊瑚和脑珊瑚等，但不像海南岛南岸和西沙群岛潮间带形成珊瑚礁[10-11]。黄、渤海潮间带数量很大的紫贻贝（*Mytilus edulis*）、东方小藤壶（*Chthamalus challengeri*）和柄瘤海鞘（*Styella clava*）在该湾尚未发现[7,12]。

3.2 高盐海湾

大亚湾岩相潮间带生物许多种类仅生活于高盐水域，如上提及的几种红藻、多种马尾藻、僧帽牡蛎和日本鳞笠藤壶等。而在珠江口香港海域和厦门港潮间带常见的桂山厚丛柳珊瑚（*Hicksonella guishanensis*）、泥藤壶（*Balanus uliginosus*）、网纱帐苔虫（*Conopeum reticulum*）、厦门膜孔苔（*Membranipora amoyensis*）等在该湾很少或没有发现[13-15]。

3.3 开敞型海岸

大亚湾是个比较开放的海湾，大部分海岸属沙岸和岩岸，开敞型岩岸的最主要特点是以低潮带岩石表面覆以粉红色的假石枝藻 *Pseudolithophyllum* sp.为主，春季并有大量马尾藻[5-6]，中潮带则有成带的鳞笠藤壶、铁丁菜。在隐蔽海岸中潮带，有极大量的棘刺牡蛎和僧帽牡蛎，开敞型海岸很少甚至没有；隐蔽型海岸高潮带和中潮带上界数量很大的白脊藤壶，在开敞型海岸几乎没有出现。春季，开敞型浪击度大的高潮带下界和中潮带上界，尚有紫菜 *Porphyra* spp.出现。

3.4 垂直分布

与东海相比，南海沿岸的潮差比较小。大亚湾的潮差虽不大，但生物在不同潮带的成带现象仍极为明显。总的趋势是：相对应于高潮带—中潮带—低潮带的生物带为滨螺、小藤壶类—牡蛎、鳞笠藤壶、铁丁菜、褐藻、红藻、蛇螺和猿头蛤。

参考文献

[1] Stephen A. Bloon, Similarity Indices in Community Study, Potential Pitfalls. Mar Ecol Prog Ser, 1981(5): 125-128.

[2] Bray J R, Curtis J T. An Ordinator of Upland Forest Community of Southern Wisconsin. Ecol Monag, 27 (1975), 4:325-349.

[3] Prentice S A, Joanna M Kain. Numerical Analysis of Subtidal Community on Rocky Shore. Est Coast Mar Sci, 1976(4):65-70.

[4] 李冠国. 多样性指数的应用. 海洋科学, 1981(2):4-8.

[5] 张水浸. 东山及其附近岛屿潮间带生态初步研究. 海洋通报,1982(6):37-44.

[6] 杨宗岱. 海南岛潮间带底栖海藻群落生态的初步研究. 海洋科学集刊,1978,14:129-140.

[7] 范振刚. 胶州湾潮间带生态学的研究 I. 岩石岸潮间带. 生态学报,1981(2):117-125.

[8] Jiang J X, Z Qinlin. A Preliminary Survey of the Rocky Intertidal Community along TOLO Harbour, Hong Kong, Proceedings of the First International Marine Biological Workshop: The Marine Flora and Fauna of Hong Kong and Southern China, Hong Kong, 1980:673-686.

[9] Stephenson T A Stephenson. The Universal Features of Zonation between Tide-Marcks on Rocky Coast. J Ecol, 1949, 37:289-305.

[10] 邹仁林. 西沙群岛造礁石珊瑚群落结构的分析,我国西沙、中沙群岛海域海洋生物调查研究报告集. 北京:科学出版社, 1978:125-132.

[11] 邹仁林,西沙群岛造礁石珊瑚群落结构的再分析. 海洋学报,1980(3):98-110.

[12] E.P.古丽亚诺娃等. 黄海潮间带生态研究. 中国科学院海洋研究所丛刊, 1958(2):1-21.

[13] Morton B, J Morton. The Sea Shore Ecology of Hong Kong. Hong Kong University Press, 1983.

[14] 黄宗国,等. 厦门及其附近潮间带生态调查. 厦门大学学报(自然科学版),1960(3):74-95.

[15] Huang Z G, R Y Cai. The Biofouling Communities on the Pier Pilling at Xiamen, China. Proc of 7th International Congress on Marine Corrosion and Fouling,1988:1-11.

李荣冠,吴启泉,江锦祥,鲁琳,蔡尔西,徐惠州,郑凤武,何明海.

原载《大亚湾海洋生态文集(Ⅰ)》,北京:海洋出版社,1989:82-92

大亚湾潮间带底栖生物种类组成与分布*

摘要 于1988年9月至1989年1月在大亚湾潮间带采集底栖动物标本，经分类研究发现，共有547种，其中藻类91种，多毛类120种，软体动物209种，甲壳动物83种，棘皮动物19种，其他动物25种。研究表明，其区系性质以热带亚热带暖水种占多数，有许多热带种发展成优势种。在水平分布上，岩石相种数(316)>沙滩种数(222)>红树林泥滩(51)；在垂直分布上，中潮区种数(398)>低潮区(221)>高潮区(36)。种类组成与分布特性主要与底质类型、潮沙、潮流及水温等环境要素相关。

关键词 潮间带底栖生物；种类；大亚湾

SPECIES COMPOSITION AND DISTRIBUTION OF BENTHOS IN INTERTIDAL ZONE OF DAYA BAY

Abstract: Benthos were collected in the intertidal zone of Daya Bay from September 1988 to January 1989. Of 547 benthic fauna species were identified by identified study, 91 species of algae, 120 species of polychaetes, 209 species of molluscs, 83 species of crustaceans, 19 species of echinoderms, 25 species miscellaneous. The research is showed that its floristic nature in tropical and subtropical warm water in the majority, there are many tropical species of development to be dominant species. The horizontal distribution of macrobenthos species number is more at rocky shore (316) than sandy shore (222), and more at sandy shore than mangrove muddy shore (51); the vertical distribution of species is more at the middle tidal zone (398) than at the low tidal zone (221), and more at the low tidal zone than at the high tidal zone (36). The characteristic of the composition and distribution of macrobenthos species is related mainly to the environmental factors of sediments form, tidal flow, current, and temperature.

Key words: Intertidal benthos, Species, Daya Bay

为了评价大亚湾核电站投产后，热废水对大亚湾生态、水产资源及海洋环境的影响，受法国电力公司(EDF)委托，国家海洋局第三海洋研究所于1986年12月至1989年9月对整

* 法国电力公司委托项目。李淑卿、李翔和厦门水产学院陈昌生协助部分工作，谨此一并致谢。

个大亚湾海域重点在核电站冷却水进出口区域进行了海洋生态调查,旨在确定核电站运行前的生态零点,为保护水产资源和冷却水系统的设计提供科学依据。

1 自然环境

大亚湾位于22°30′—22°50′N,114°30′—114°50′E,年均气温22℃,属南亚热带气候。海域面积约600 km^2,海岸线曲折,长约92 km。三面环山,有淡澳河、金竹江等十几条短小的季节性小溪流入湾内,表层年均水温22.9℃,年均盐度为32.70,是一个高盐性海湾。

大亚湾属不正规半日混合潮,一天出现两次高潮和两次低潮,存在日潮不等现象。平均潮差为1 m,最大潮差2.0~2.5 m,湾顶潮差大于湾口。平均潮位具明显的年变程,冬半年潮位高于夏半年,以10月前后为最高;6—7月最低。

潮间带滩面较窄,海岸主要是基岩、沙和砾质;少数为泥质和红树林海岸。潮间带底质以岩相、沙滩、砾石滩和沙石滩为主,少量为粉砂质黏土和泥滩。

2 材料与方法

根据大亚湾核电站第2年海洋生态零点调查的潮间带生物资料进行分析研究。按照法国电力公司第2年海洋生态零点调查大纲要求①,1988年9—10月和1988年12月至1989年1月(分别代表秋、冬季)对潮间带20条断面(图1)进行生物取样。其中岩石相11条(A1R,A2R,A3R,A4R,A6R,A7R, A8R, A9R, A10R和B1R,B9R)、沙滩8条(A2S, A3S, A4M,A5S,A6S,A10S,B2S,B8S)和红树林泥滩1条(B7M)。

每条断面布设5个站位:高潮区1个,中潮区3个,低潮区1个。每站用$(25\times25)\ cm^2$定量框取样2~8次,易敲碎的牡蛎和藤壶等计数后刮取标本;藻类估算覆盖面积;一些密度较小的种可取$(5\times5)\ m^2$面积计数;泥沙样用孔径为1 mm的套筛淘洗。同时对各潮区进行定性取样和观察。标本按照《海洋调查规范》处理②。

根据大亚湾潮汐资料,综合Vaillan(1891)和Stephonson (1949)原则,将潮间带划分为高、中、低3个垂直带。

3 结果与讨论

3.1 种类组成

调查所得生物经初步鉴定有547种,其中藻类91种,多毛类120种,软体动物209种,甲

---

① 国家海洋局第三海洋研究所,1988,广东核电合营有限公司海洋生态零点调查规程。

② 国家海洋局,1976,海洋调查规范,第5分册。

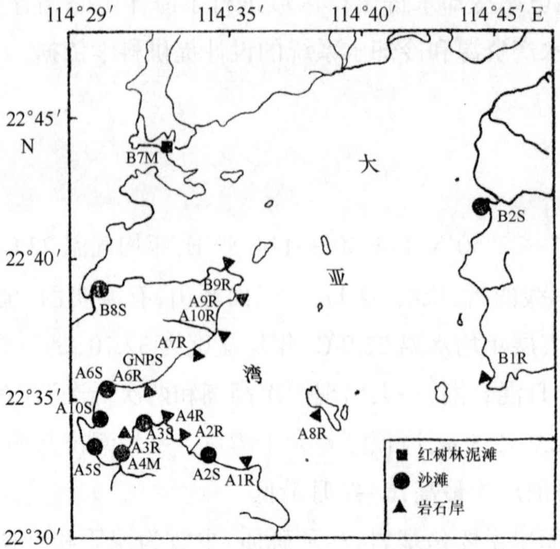

图 1　大亚湾潮间带生物断面

Fig.1　Biological sampling transection in intertidal zone in Daya Bay

壳动物 83 种,棘皮动物 19 种,其他动物 25 种。软体动物、多毛类、藻类和甲壳动物占总种数的 91.95%,构成潮间带生物的 4 个主要类群。大亚湾潮间带生物区系性质分为下列 4 组(张玺等,1963;1959)。

3.1.1　东海和南海热带亚热带暖水种

大亚湾潮间带生物的主要组成者,多为该海域的主要种或习见种。藻类有:乳节藻(*Galaxaura oblongata*)、鸡毛菜(*Pterocladia tenuis*)、冻沙菜(*Hypnea japonica*)、海门冬(*Asparagopsis taxiformis*)、垫形皮丝藻(*Permonema puvinata*)、树状团扇藻(*Padina arborescens*)、鹅肠菜(*Endarachne binghamiae*)、网球藻(*Dictyosphaeria cavernosa*);动物有:青蚶(*Barbatia virescens*)、短石蛏(*Lithopha curta*)、翡翠贻贝(*Perna viridis*)、条纹隔贻贝(*Septifer virgatus*)、草莓海菊蛤(*Spondylus fragum*)、杂色鲍(*Haliotis diversicolor*)、龟甲蝛(*Cellana testudinaria*)、笠贝(*Acmaea strongiana*)、鸟爪拟帽贝(*Patelloida saccharinalan*)、星状帽贝(*Patella stellaformis*)、斑马蹄螺(*Trochus* (*T.*) *maculatus*)、塔形马蹄螺(*T.* (*Tectus*) *pyramis*)、肋蜎螺(*Umbonium costatum*)、红底星螺(*Astraea haematraga*)、节蝾螺(*Turbo articulatus*)、齿纹蜒螺(*Nerita* (*Ritena*) *yoldii*)、塔结节滨螺(*Nodilittorina pyramidalis*)、短拟沼螺(*Assiminea brevicula*)、复瓦小蛇螺(*Serpulorbis imbricata*)、平轴螺(*Planaxis sulcatus*)、疣滩栖螺(*Batillaria bornii*)、沟纹笋光螺(*Terebralia sulcata*)、双带楯桑椹螺(*Clypeomorus bifasciatus*)、特氏楯桑椹螺(*C. trailli*)、中华拟蟹守螺(*Cerithidea sinensis*)、普通蟹守螺(*Cerithium verthium*)、蛋白乳玉螺(*Polynices albumen*)、粒神螺(*Apolon olivator rubustus*)、红螺(*Rapana bezoar*)、珠母核果螺(*Drupa margariticola*)、镶珠核果螺(*D. musiva*)、粒核果螺(*D. granulata*)、蚶敌荔枝螺(*Thais gradata*)、枣红眼球贝(*Erosaria helvola*)、杂色牙螺(*Columbella versicolor*)、圆点笔螺(*Mitra scutulata*)、石

磺(*Onchidium verruculatum*)、网纹藤壶(*Balanus* (*B.*) *reticulatus*)、刺藤壶(*B.*(*Megabalanus*) *volcano*)、白条地藤壶(*Euraphia withersi*)、龟足(*Pollicepes mitella*)、中国鲎(*Tachypleus tridentatus*)、锯缘青蟹(*Scylla serrata*)、光滑异装蟹(*Heteropanope glabra*)、长腕和尚蟹(*Mictyris longicarpus*)、角眼切腹蟹(*Tmethypocoelis ceratophora*)、清白招潮(*Uca* (*Celuca*) *lactea*)、斑点相手蟹(*Sesarma* (*Parasesarma*) *pictum*)、沙氏辐蛇尾(*Ophiactis sarignyi*)、小刺蛇尾(*Ophiothrix exigua*)、皱柄海鞘(*Styela plicata*)等。优势种为小珊瑚藻(*Corallina pilulifera*)、铁丁菜(*Ishige okamurai*)、亨氏马尾藻(*Sargassum henslowianum*)、瓦氏马尾藻(*S. vachellianum*)、棘刺牡蛎(*Saccostrea echinata*)、敦氏猿头蛤(*Chama dunker*)、日本花棘石鳖(*Liolophura japonica*)、银口凹螺(*Chlorostoma argyrostoma*)、黑凹螺(*C. nigerrima*)、小翼拟蟹守螺(*Cerithidea microptera*)、胆形织纹螺(*Nassarius thersites*)、日本笠藤壶(*Tetraclita japonica*)、鳞笠藤壶(*T. squatmosa squamosa*)、扁平珠网海胆(*Arachinoides placenta*)、紫海胆(*Anthocidaris crassispina*)。

3.1.2 广温广分布种

广温广分布种为潮间带不同生境中的主要种或习见种。主要有团紫菜(*Porphyra suborbiculata*)、小石花菜(*Gelidium divaricaeum*)、海萝(*Gloiopeltis furcata*)和利波巢沙蚕(*Diopatra neapolitana*)、岩虫(*Marphysa sanguinea*)、裸体方格星虫(*Sipunculus nudus*)、带偏顶蛤(*Modiolus* (*M.*) *comptus*)、中国绿螂(*Glaucomya chinensis*)、大竹蛏(*Solen grandis*)、杂色蛤仔(*Ruditapes variegata*)、鸭嘴蛤(*Laternula* (*L.*) *anatina*)、红条毛肤石鳖(*Acanthochiton rubrolineatus*)、嫁蝛(*Cellana toreuma*)、史氏背尖贝(*Notoacmea schrencki*)、单齿螺(*Monodonta labio*)、粒结节滨螺(*Nodilittorina granularis*)、短滨螺(*Littorina brevicula*)、粗糙滨螺(*L. scabra*)、黑口滨螺(*L. melanostoma*)、古氏滩栖螺(*Batillaria cumingi*)、珠带拟蟹守螺(*Cerithidea cingulata*)、红树拟蟹守螺(*C. rhizophorarum*)、拟紫口玉螺(*Natica janthostomoides*)、脉红螺(*Rapana venosa*)、疣荔枝螺(*Thais clavigera*)、黄口荔枝螺(*T. luteostoma*)、双带核螺(*Pyrene bicincta*)、中华笔螺(*Mitra chinensis*)、甲虫螺(*Cantharus cecillei*)、秀丽织纹螺(*Nassarius dealbatus*)、日本菊花螺(*Siphonaria japonica*)、白脊藤壶(*Balanus* (*B.*) *albicostatus*)、海蟑螂(*Ligia exotica*)、四齿矶蟹(*Pugettia guadridens*)、弧边招潮(*Uca* (*Deltuca*) *arcuata*)、日本大眼蟹(*Macrophthalmus* (*Mareotis*) *japonicus*)、淡水泥蟹(*Ilyolax tansuiensis*)、长足长方蟹(*Metaplax longipes*)、刺冠海胆(*Diadema setosum*)。优势种为黑荞麦蛤(*Xenostrobus atrata*)、僧帽牡蛎(*Saccostrea cucullata*)、锈凹螺(*Chlorostoma rustica*)、奥莱彩螺(*Clithon oualaniensis*)、纵带滩栖螺(*Batillaria zonalis*)等。

3.1.3 黄海、渤海和东海暖温带种

黄海、渤海和东海暖温带种有的也是这里的习见种,但多不为优势种。如绉紫菜(*Porphyra crispata*)、石花菜(*Gelidium amansii*)、鹿角海萝(*Gloiopeltis tenax*)、小杉藻(*Gigartina intermedia*)、羊栖菜(*Sargassum fusiforme*)、半叶马尾藻(*S.hemiphyllum*)、礁膜(*Monostroma nitidum*)、蛎菜(*Ulva conglobata*)、孔石莼(*U.pertusa*)、刺松藻(*Codium fragile*)和真齿沙蚕(*Na-*

malycastis neoneanthes)、短拟帽贝(*Patelloida pygmaea*)、渔舟蜓螺(*Nerita* (*Theliostyla*) *albicilla*)等。

3.1.4 南海热带种

南海热带种有：匍枝马尾藻(*Sargassum polycystum*)，豆荚钳蛤(*Isognomon legumen*)、咬齿牡蛎(*Saccostrea mordax*)、加夫蛤(*Gafrarium pectinatum*)、曲畸心蛤(*Anomalocardia flexuosa*)、盘氏隙蝛(*Hemitoma panhi*)、大马蹄螺(*Trochus* (*T.*) *niloticus*)、镶珠隐螺(*Clanculus margaritarius*)、镶边海豚螺(*Angaria laciniata*)、尖角马蹄螺(*Trochus* (*T.*) *conus*)、肋蜓螺(*Nerita* (*Ritena*) *costata*)、玛瑙蜓螺(*N. achatina*)、波纹蜓螺(*N. undata*)、锦蜓螺(*N.* (*Amphinerita*) *polita*)、多色彩螺(*Clithon sowerbianus*)、笠帆螺(*Calyptraea morbida*)、卵黄宝贝(*Cypraea* (*Lyncina*) *vitellus*)、肉色宝贝(*C.* (*L.*) *carneola*)、图纹绶贝(*Mauritia mappa*)、黄褐绿亚贝(*Luria isabella*)、嵌线螺(*Cymatium pileare*)、暗唇核果螺(*Drupa marginatra*)、多角荔枝螺(*Thais hippocastanum*)、刺荔枝螺(*T. echinaulata*)、白斑荔枝螺(*T. rudolphi*)、褐棘螺(*Chicoreus brunneus*)、火红土产螺(*Pisania ignea*)、美丽唇螺(*Engina pulchra*)、花冠芋螺(*Conus coronatus*)、织锦芋螺(*C. textile*)、中华小藤壶(*Chthamalus sinensis*)、白纹方蟹(*Crapsus albolineatus*)、棕环海参(*Holothuria fuscocinere*)、秘密角峰巢珊瑚(*Favites abdita*)、朴素扁脑珊瑚(*Platygyra rustica*)。有些种类也可发展成为优势种，如鳞杓拿蛤(*Anomalodiscus squamosa*)、霜鹿角珊瑚(*Acropora pruinosa*)、中华蔷薇珊瑚(*Montipora sinenesis*)等。

大亚湾潮间带生物区系的复杂性受其特殊的地理位置和水文条件所制约。从以上区系分析中可以看出，热带亚热带暖水种为主要成分，其次是广温广分布种。大亚湾的潮波主要是太平洋潮波经巴士海峡传入南海后由湾口传入的，由于南海外海水的作用，年均水温高达22.90℃，故热带、亚热带区系成分更强，如鳞杓拿蛤甚至成为优势种。秋、冬季受粤东沿岸流影响，低温低盐水在湾内环流作用下进入湾内，使冬季水温降至15.43℃，一些暖温种分布于此。舟山与大亚湾潮间带生物按区系同属印度-西太平洋海区，但大亚湾潮间带生物组成较复杂。该区系中主要分布于南海的热带种在舟山不曾出现，即便有也不能发展成为优势种。同样，大多数温带区系成分也进不了大亚湾，如胶州湾潮间带的优势种东方小藤壶(*Chthamalus challengeri*)、鼠尾藻(*Sargassum thumbergii*)、蓝蛤(*Aloidis* sp.)和滩栖蛇尾(*Amphiura vadicola*)在大亚湾也未曾出现。

3.2 种类分布与季节变化

3.2.1 种类水平分布

大亚湾潮间带生物，在3种生态相中以岩石相的种数最多(316种)，沙滩次之(222种)，红树林泥滩最少(51种)。在岩石相，软体动物居首位，藻类居第2位；在沙滩和红树林泥滩相中均系多毛类占第1位，软体动物占第2位。不同生态相中各类群的分配见图2。

大亚湾潮间带生物的种数、种类组成和分布与底质类型息息相关。岩石相生物主要由固着生物(各种藻类、牡蛎、藤壶等)、吸着生物(笠贝、嫁蝛、蜓螺、滨螺、荔枝螺、马蹄螺、石

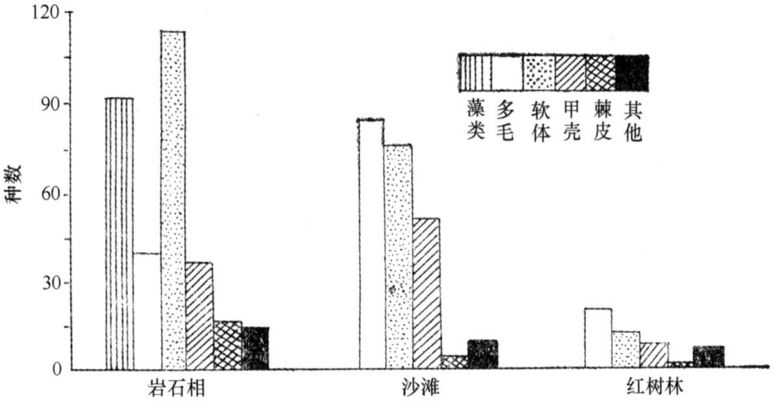

图 2　3 种生态相中各类群种数

Fig.2　Species number of the groupes in three ecological forms in Daya Bay

磺等)、钻孔生物(短石蛏)和自由活动的种(端足类、蟹类、海蟑螂等)组成。主要种和习见种有:海萝、铁丁菜、垫形皮丝藻、半叶马尾藻、瓦氏马尾藻、小珊瑚藻,僧帽牡蛎、棘刺牡蛎、异短齿蛤(*Brachidontes variabilis*)、敦氏猿头蛤、青蚶、粒结节滨螺、渔舟蜒螺、齿纹蜒螺、银口凹螺、锈凹螺、单齿螺、平轴螺、日本菊花螺、龟足、白脊藤壶、日本笠藤壶、鳞笠藤壶、小相手蟹(*Nanosesarma* (*N.*) *minutum*)等组成。

在沙滩和红树林泥滩相中,主要由底栖动物,管栖、穴居动物及自由活动的种类组成。两生态相间除少数种类交替出现外,种类组成同样有所不同。沙滩相的主要种和习见种有:尖头锤稚虫(*Aonides oxycephala*)、软疣沙蚕(*Tylonereis bogoyawleskyi*)、紫藤斧蛤(*Donax* (*Chion*) *semigranosus tropicus*)、曲奇心蛤、凸加夫蛤(*Donax tomidum*)、加尖蛤、肋蜎螺、古氏滩栖螺、珠带拟蟹守螺、长腕和尚蟹、扁平珠网海胆等。鳞杓拿蛤、纵带滩栖螺和奥莱彩螺等为该相的优势种。

红树林泥滩相的主要种和习见种有:六肾拟无吻螠(*Para-arnyhechite hexorenale*)、丝异须虫(*Heteromastus filiformis*)、达维革囊星虫(*Phascolosoma dunwichi*)、拟安氏方格星虫(*Sipunculus angasoides*)、棘管枝口星虫(*Dendrostomum spinulus*)、蛤蜊(*Mactra* sp.)、角蛤(*Angulus* sp.)、雪蛤(*Chione* sp.)、刀明樱蛤(*Moerella culter*)、中国绿螂、黑口滨螺、红树拟蟹守螺、圆球鼓窗蟹、弧边招潮、淡水泥蟹、锚海参(*Pratankyra* sp.)等。小翼拟蟹守螺为该相的主要优势种。

3.2.2　种类垂直分布

大亚湾潮间带生物的垂直分布主要受潮汐因素的影响。种的垂直分布与潮汐的关系非常明显(图 3),中潮区(398 种)>低潮区(221 种)>高潮区(36 种)。3 种生态相种数都是中潮区最多,除红树林泥滩高潮区种数大于低潮区外,其他都是低潮区大于高潮区(图 4)。大亚湾潮间带高、中、低 3 个潮区种类组成均以软体动物居首位。在高潮区,甲壳动物占第 2 位;中、低潮区,多毛类占第 2 位,依次为藻类和甲壳动物。软体动物、多毛类、藻类和甲壳动

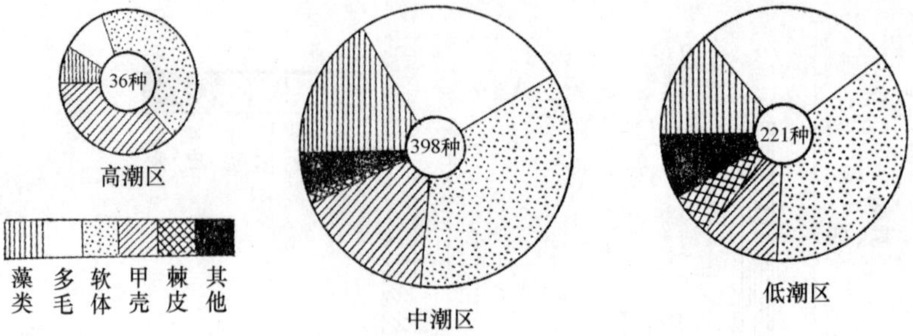

图 3　潮间带各潮区各类群种数

Fig.3　Species number of the groupes at high, middle, low tidal zone in Daya Bay

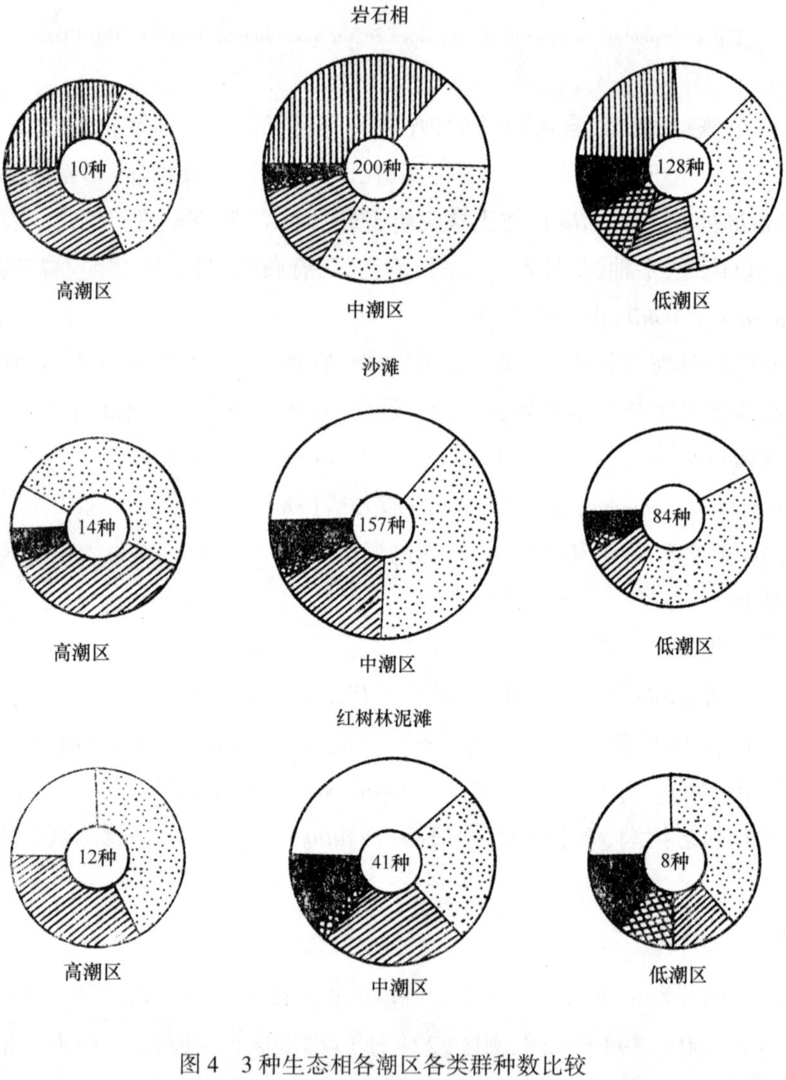

图 4　3 种生态相各潮区各类群种数比较

Fig.4　Comparison of species number of the groupes at high, middle, low tidal zone in three ecological forms in Daya Bay

物构成了大亚湾潮间带生物的4个主要类群。3种生态相中种类的垂直分布又不尽相同,岩石相、沙滩和红树林泥滩相,高潮区均以软体动物居首位。在岩石相和沙滩相,中、低潮区软体动物占第1位。红树林泥滩,在中潮区多毛类占第1位;在低潮区,软体动物占第1位。

高潮区种数少是因为该地带受潮水淹没的时间较短,暴露的时间较长,受烈日暴风骤雨等影响较大,环境因素不稳定不利于生物的生存,因而生活在这儿的是少数较耐干燥的种。每种生物都有其分布的临界高度和范围,滨螺生活在高潮区,白脊藤壶和龟足可以延伸至中潮区上界;囊藻、铁丁菜和僧帽牡蛎、蜒螺、日本笠藤壶和鳞笠藤壶等只局限于中潮区;而大马蹄螺、节蝾螺和霜鹿角珊瑚等,则几乎只能生长在低潮区以下水界;海蟑螂、蟹类和菊花螺等则可在整个潮区自由活动。

3.2.3 种类季节变化

3种生态相的种数季节变化是秋季大于冬季(图5)。冬季,岩石相中的藻类种数虽有所增加,但因瘤荔枝螺、白斑荔枝螺、大马蹄螺、节蝾螺和图纹绶贝等热带种从低潮区向浅水区下移,又使种数大减。冬季种数减少的另一原因则是某些一年生种类成体至冬季即自然死亡,如鸭嘴蛤等。种类的季节变化,实际上反映出种类与气温和水温变化的关系。冬季,粤东沿岸流限制了热带种的分布,本区虽有许多热带种,但多不能发展成优势种。夏季,南海外来水同样阻止了暖温种的进一步发展,使该水域暖温种明显比黄渤海、舟山潮间带少。尽管各类群种数的季节变化不尽相同,就整个趋热来看,大亚湾潮间带生物种数以秋季多于冬季(图6)。

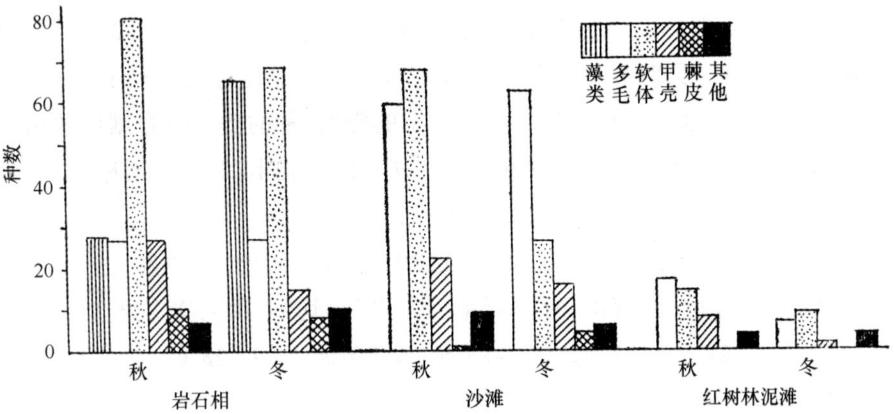

图5　3种生态相各类群种数的季节变化

Fig.5　Seasonal variation of species number of the groupes in three ecological forms in Daya Bay

3.3 种类组成与分布同环境因子的关系

大亚湾的特殊地理位置和水文条件,构成了该海域潮间带生物特有的生物区系。岩石相中潮区,隐蔽型海岸(A3R)以僧帽牡蛎为优势种;开敞型海岸(A7R)则以日本笠藤壶、鳞笠藤壶为优势种;半开敞海岸(B9R)是既有牡蛎又有藤壶的过渡类型。冬季,在隐蔽型海岸

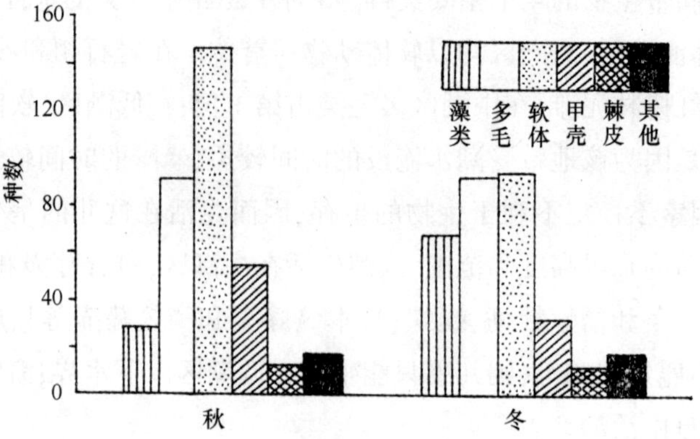

图6 潮间带各类群种数的季节变化

Fig.6 Seasonal variation of species number of the groupes of tidal zone in Daya Bay

(A3R)的中潮区囊藻占优势;在半隐蔽型海岸(B9R)其覆盖面积明显减少,只有零星镶嵌分布;在开敞型海岸则根本消失。固着在中潮区下界和低潮区的马尾藻,在开敞型海岸极为茂盛;在隐蔽型海岸几乎消失。沙滩也有类似的情形,隐蔽型海岸的中潮区,纵带滩栖螺、奥莱彩螺栖息密度和生物量极大;开敞型海岸几乎见不到其踪迹。由于开敞型海岸受风浪潮流冲击大,底质不稳定,粒径偏大且组分高,因而有机质含量较低,不利于食沉生物而利于滤食生活的紫藤斧蛤。笠藤壶和马尾藻都是喜浪的生物种,笠藤壶可以在激浪冲击过程中进行正常的摄食,因而一般生活在开敞型海岸。囊藻受风浪的冲击容易破损,只适合在隐蔽型海岸中生长。Stephenson 等(1949)也曾指出,由于浪花的作用,海岸开敞程度的增加可使潮间带的滨螺分布向高潮区延伸;海岸的隐蔽程度增加又可使笠藤壶分布带和数量显著减少。大亚湾潮间带生物种的水平分布反映出底质类型的影响,种的垂直分布则反映出潮汐的影响,种类的季节变化却反映了温度的影响。而在同一生态相中,开敞型海岸、半开敞型海岸与隐蔽型海岸之间种类组成的差异又表现出潮流的影响。

隐蔽、半隐蔽和开敞型海岸间,除了生物的种类组成不同外,在种数上三者也存在着差异。岩石相隐蔽型海岸的种数(88 种)>开敞型海岸(平均 66 种)>半隐蔽型海岸(平均 46 种);沙滩生态相中,隐蔽海岸的种数(63~87 种)>开敞海岸(8~23 种)。由此可见,无论岩石相或沙滩相均以隐蔽海岸的种数多于开敞海岸。

4 结语

大亚湾潮间带生物已鉴定有 547 种,与中国沿海其他海区比较,种数较多。胶州湾潮间带生物 230 种<舟山潮间带生物 376 种<厦门潮间带生物 401 种<大亚湾潮间带生物 547 种(范振刚,1981,1985;福建省海洋研究所海洋生物研究室,1960;蔡如星等,1990)。这说明,随纬度减小而增加的生物种数分布规律,在该湾得到进一步证实。

大亚湾潮间带生物与舟山、厦门潮间带生物同属印度-西太平洋区区系,其重要的特点是暖水种获得大量发展,且出现了更多的热带种,有的种尚可发展成为优势种。固着在低潮区附近的纯热带种霜鹿角珊瑚和蔷薇珊瑚,虽不能形成珊瑚礁,但其有一定的覆盖面积。

大亚湾潮间带生物种数的水平分布,岩石相>沙滩>红树林泥滩;垂直分布,中潮区>低潮区>高潮区。种类组成和分布与环境因子有着极为密切的关系,在大亚湾潮间带起主导作用的主要是底质类型、水温度、潮沙和潮流等因素。

参考文献

张玺,等.1963. 中国海软体动物区系区划的初步研究. 海洋与湖沼,5(2):124-138.

张玺,齐钟彦. 1959. 中国南海经济软体动物区系. 海洋与湖沼,2(4):268-277.

范振刚. 1981. 胶州湾潮间带生态学的研究. 生态学报,1(2):117-124.

范振刚. 1985. 胶州湾潮间带生态学的研究 Ⅱ. 沧口潮间带. 生态学报,5(1):28-42.

福建省海洋研究所海洋生物研究室. 1960. 厦门及其附近潮间带生态调查,厦门大学学报,(3):74-95.

蔡如星,等. 1990. 舟山湖间带生态学研究,东海海洋,8(1):51-60.

Stephenson T A,Stephenson A. 1949. The universal features of zonation between tidemarks on rocky coasts. Jour Ecol, 37(2):289-305.

Vaillant L. 1891. Nouvelles etudes sur les zone littoralesj. Ann Sci Nat Zool, 120:39-50.

李荣冠,江锦祥,鲁琳,郑凤武,吴启泉,李传燕.

原载《海洋与湖沼》1993,24(5):527-535

大亚湾核电站附近水域岩相潮间带生物群落

为了评价大亚湾核电站冷却水排出的余热对海湾生态系和海洋环境的影响,受法国电力公司(EDF)委托,自1986年12月至1989年9月,对大亚湾海域进行了海洋生态调查。内容包括水文、水化、地质、地貌和海洋生物等10多个项目。本文着重分析大亚湾核电站附近水域岩相潮间带生物群落结构的特点,旨在确定核电站投产前该水域潮间带生物群落的背景数据,为该湾海洋环境质量评价提供参考。

1 自然环境

大亚湾位于22°30′—22°50′N,114°30′—114°50′E,属南亚热带气候。海域面积约600 km^2,岸线长约92 km,三面环山,无大河注入,年均表层盐度为32.7,是一个高盐性海湾。

潮汐特征属不正规半日潮,一天出现两次高潮和两次低潮,存在日潮不等现象。平均潮差为1 m,最大潮差2.0~2.5 m。潮间带滩面较窄,岸相主要为基岩海岸、沙、砾质海岸,少数为泥质和红树海岸。潮间带的底质以岩相、沙滩、砾石滩和沙石滩为主,少量为粉沙质黏土和泥滩。

2 材料与方法

根据大亚湾核电站附近水域岩相潮间带生物调查报告整理而成。该调查于1988年9—10月和1988年12月至1989年1月(分别代表秋、冬季节)对岩相11条断面(图1)进行生物取样。每断面在高潮区(Ⅰ)布设1个站;中潮区(Ⅱ)3个站;低潮区(Ⅲ)1个站。每站用25 cm×25 cm定量框取样两次,同时对各潮区进行定性取样和观察。

潮汐划分根据大亚湾潮沙资料,结合Vaillanl(1891)和Stephonson(1949)原则,将潮间带划分为高、中、低3个垂直带。同时,利用PDP-11/34A电子计算机,处理Bray-Curtis相似系数(*CC*)。

3 结果

大亚湾核电站附近水域岩相潮间带生物群落,根据所处的地理位置受风浪、潮流、潮汐水动力作用的影响,可以划分为3种群落:隐蔽型群落、半隐蔽型群落和开敞型群落(图2)。

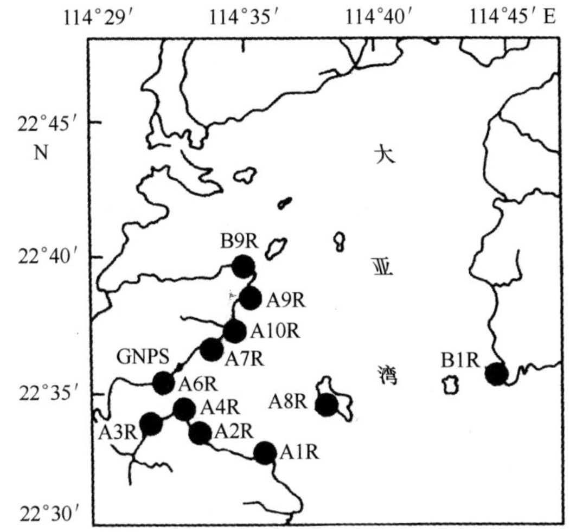

图 1　大亚湾核电站附近水域岩相潮间带生物取样断面

Fig.1　Sampling transects of rocky intertidal benthos around nuclear power station, Daya Bay

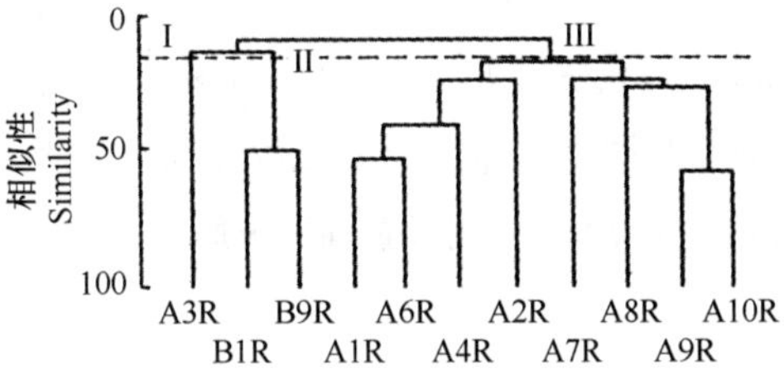

图 2　隐蔽、半隐蔽和开敞型群落结构相似性树状

Fig.2　Dendrogram of similarity of sheltered, semiexposed and exposed community structure

3.1　隐蔽型群落

该群落所处的断面在内湾，东南面有虎头山阻挡较隐蔽，受风浪的冲击小。滩面长约 50 m，总体坡度 2°～3°。底质由砾石岩块构成，岩性以花岗岩为主，石英次之。底层水温 19～29.30℃，底盐 30.58～31.65。

隐蔽型群落的一个重要特征为僧帽牡蛎（*Saccostrea cucullata*）、变化短齿蛤（*Brachidontes variabilis*）及小相手蟹（*Nanosesarma*（*N.*）*minutum*）在数量上占了绝对优势；相反，藻类的种数和生物量则较少。

高潮区：滨螺－白脊藤壶（*Balanus*（*B.*）*albicostatus*）带。本区的代表种粒结节滨螺（*Nodilittorina granulari*）和塔结节滨螺（*N. pyramidalis*），二者在冬季的生物量分别为 7.60 g/m^{2}和 9.60 g/m^2；栖息密度为 104 个/m^2 和 56 个/m^2，粒结节滨螺的栖息密度较高。白脊藤壶在该区下层和中潮区上层形成了一条宽约 35 cm 的垂直分布带，秋冬两季其生物量达 140.44 g/m^2 和 116.78 g/m^2；栖息密度高达 1 164 个/m^2 和 904 个/m^2，数量以秋季较大。另有习见种白条地藤壶（*Euraphia withersi*）。

中潮区：僧帽牡蛎－变化短齿蛤－小相手蟹－囊藻（*Colpomennia sinuosa*）带。该区的主要优势种僧帽牡蛎垂直分布约 100 cm。除分布带的边缘较稀疏外,大都重叠生长,厚者达 20 cm。秋季,其生物量和栖息密度分别高达 4 846.42 g/m^2 和 1 109 个/m^2;冬季高达 4 484.44 g/m^2 和 1 204 个/m^2,且可见压在底层的牡蛎大都窒息死亡。变化短齿蛤附于牡蛎的间隙,其生物量较僧帽牡蛎低,秋冬季分别为 226.79 g/m^2 和 945.80 g/m^2,但栖息密度却相近,秋、冬季分别为 1 458 个/m^2 和 980 个/m^2。囊藻为该群落的特征种,只在隐蔽或半隐蔽型群落中出现。在冬季,其生物量达 79.87 g/m^2。习见种还有细毛背鳞虫(*Lepidonotus tenuisetosus*)、青蚶(*Barbatia vierscens*)、平轴螺(*Planaxis sulcatus*)、粒花冠小月螺(*Lunella corona granulata*)、小相手蟹和皱瘤海鞘(*Styela plicata*)等,该区种类繁多。

低潮区:敦氏猿头蛤(*Chama dunkeri*)-复瓦小蛇螺(*Serpulorbis imbricata*)-网纹藤壶(*Balanus* (*B.*) *reticulatus*)-皱瘤海鞘带。敦氏猿头蛤为本区的代表种,在数量上占较大的优势。秋季生物量高达 2 332.33 g/m^2,栖息密度为 152 个/m^2,但分布较均匀。复瓦小蛇螺呈块状分布,秋季的生物量和栖息密度分别为 128.24 g/m^2 和 32 个/m^2。该区中栖息密度最大者是网纹藤壶(384 个/m^2),分散在区内各处。其他习见种还有:棘管枝四星虫(*Dendrostomum spinulum*)、马氏珠母贝(*Pinctada martensi*)、珠母果螺(*Drupa margariticola*)、马氏毛粒蟹(*Pilumnopeus makiana*)、囊皮瓜参(*Stolus sacellus*)和皱瘤海鞘等。

隐蔽型群落由 88 种组成,平均生物量为 2 624.04 g/m^2,平均栖息密度为 2 258 个/m^2。特征种僧帽牡蛎、敦氏猿头蛤、白脊藤壶、网纹藤壶、皱瘤海鞘和囊藻均为背浪种,一般仅分布在较隐蔽的水域。

3.2 半隐蔽型群落

该群落所处断面的地理位置受风浪和潮流的影响较前者大。底质的岩性由岩礁及岩块组成,底层水温 18.60~29.39℃,底盐 30.07~31.80。

该群落的重要特征为有隐蔽型群落中出现的种类、囊藻、敦氏猿头蛤;也有开敞型群落中出现的种类,如马尾藻和鳞笠藤壶等,但这些种类的数量大多较隐蔽,比开敞型群落中同种的数量为低。

高潮区:滨螺-海蟑螂(*Ligia exotica*)带。该区的代表种有粒结节滨螺和塔结节滨螺。二者秋季的生物量分别为 13.76 g/m^2 和 12.88 g/m^2,冬季为 14.96 g/m^2 和 6.40 g/m^2,两季的生物量以粒结节滨螺为高。习见种有海蟑螂和龟足(*Pollicepes mitella*)。

中潮区:鳞笠藤壶(*Tetraclita squamosa*)-棘刺牡蛎(*Saccostrea echinata*)-囊藻带。本区的代表种鳞笠藤壶占绝对优势,其秋、冬两季的生物量分别为 1 549.87 g/m^2 和 695.47 g/m^2,栖息密度为 219 个/m^2 和 88/m^2,数量以秋季较冬季为高,主要分布在该区的中、下层。另一优势种棘刺牡蛎,冬季的生物量也高达 704.46 g/m^2,与鳞笠藤壶呈交叉分布。冬季,囊藻在中层可形成一条宽约 1 m 的狭长分布带,个体大者直径达 25 cm,生物量有 163.63 g/m^2,覆盖面积在 25%~30%。习见种还有小石花菜(*Gelidum divaricatum*)、变化短齿蛤、嫁蝛(*Cellana toreuma*)、粒核果螺(*Drupa granulata*)、小相手蟹和囊皮瓜参(*Stolus sacellus*)等。

低潮区：马尾藻-敦氏猿头蛤带。代表种半叶马尾藻（*Sargassum hemiphyllum*）和亨氏马尾藻（*S.henslowianum*）为优势种。其中，冬季半叶马尾藻的生物量为 562.40 g/m^2，占该区平均生物量的 49.70%，覆盖面积有 35%~40%。敦氏猿头蛤成零星分布，冬季的生物量也达到 336.14 g/m^2。其他习见种还有鹅肠菜（*Endarachne binghamiae*）、小石花菜、银口凹螺（*Chlorostoma argyrostoma*）、黑口凹螺（*C. nigerrima*）和平板刺蛇尾（*Placophiotjrix plana*）等。

3.3 开敞型群落

该群落所处断面的地理位置完全暴露，正面受风浪潮流的直接冲击。底质的岩性由石英、砂岩、泥岩砾石、花岗岩和大山碎屑组成。底层水温 18~29.39℃，底盐在 30.08~31. 69。

群落的特征之一，种类多由固着性强、喜浪的种组成，如日本笠藤壶（*Tetraclita japonica*）、鳞笠藤壶和马尾藻等。

高潮区：滨螺-龟足带。代表种为塔结节滨螺和粒结节滨螺。冬季，塔结节滨螺的生物量和栖息密度分别为 9.84 g/m^2 和 552 个/m^2，粒结节滨螺分别为 13.60 g/m^2 和 264 个/m^2，显见塔结节滨螺的栖息密度较高。龟足呈丛簇分布，大多固着在缝隙中。习见种有海蟑螂。

中潮区：日本笠藤壶-鳞笠藤壶-小石花菜带。代表种日本笠藤壶和鳞笠藤壶为主要优势种。冬季，二者的生物量分别高达 2 048.27 g/m^2 和 3 088.74 g/m^2，栖息密度为 371 个/m^2 和 437 个/m^2，远比半隐蔽型群落高得多。在日本笠藤壶和鳞笠藤壶上尚附着一定数量的小个体中华小藤壶（*Chthamalus sinensis*），且形成一条约 1.5 m 的分布带。紧接着的是鹿角海萝（*Gloipeltis tenax*）和小石花菜分布带。冬季，小石花菜的生物量为 67.28 g/m^2。习见种还有：铁丁菜（*Ishige okamurae*）、嫁蝛、粒核果螺（*Drupa granulata*）、银口凹螺、黑口凹螺、日本花棘石鳖（*Liolophura japonica*）、咬齿牡蛎（*Saccostrea mordax*）和马氏毛粒蟹等。

值得强调的是该区优势种可因底质岩性的不同有所变动。如断面 A2R、A4R 和 A9R 的优势种均被铁丁菜、嫁蝛所取代，日本笠藤壶和鳞笠藤壶很少甚至消失。

低潮区：马尾藻-小珊瑚藻（*Orallina pilulifera*）带。该区种类组成的一个重要特点为藻类种数多，生物量大，覆盖面积多达 70%~80%。冬季，半叶马尾藻生物量高达 3 502.40 g/m^2，覆盖面积为 80%~90%，成为最主要的优势种。其次有裂叶马尾藻（*S.siliquastrum*）、亨氏马尾藻和瓦氏马尾藻（*S.vachellianum*）。在上层与中潮区下层交界处，小珊瑚藻尚可形成一条宽 30~50 cm 的分布带。其他的习见种有大马蹄螺（*Trochus*（*T.*）*miloticus maximus*）、阿纹绶贝（*Mauritia arabica*）、银口凹螺、节蝾螺（*Turbo articulatus*）、紫海胆（*Anthocidaris crassispina*）、霜鹿角珊瑚（*Acropora pranesa*）和蜂巢珊瑚（*Favia* sp.）等。

该类群落的种类组成最多时达 92 种，其平均生物量为 2 944.85 g/m^2，平均栖息密度为 898 个/m^2。

李荣冠，江锦祥，鲁琳，郑凤武，黄心光，李传燕，吴启泉.
原载《生态学报》1993，13(4)：380-385

长乐国际机场附近沙滩潮间带的生态

摘要 本文研究了福建长乐国际机场附近漳港沙滩潮间带的生态。结果表明,该区生物60种。其中,多毛类动物19种,软体动物24种,甲壳动物11种,棘皮动物2种,其他动物4种;种类性质以热带、亚热带种占优势。平均生物量4.34 g/m^2,平均栖息密度15个/m^2。数量以中湖区较大。群落结构不大稳定,初步认为与沙滩特殊生境有关。

关键词 潮间带生物;生态;沙滩;福建

Ecology on intertidal benthos of sandy beach around international airport, Changle

Abstract: A total of 60 species distributed in sandy beach around Zhanggang, Changle, Fujian are presented in this paper. It is made up of 19 species of Polychaeta, 24 species of Mollusca, 11 species of Crustacea, 2 species of Echinoderms and 4 species of other genera. As a faunal nature, tropical and subtropical species predominated absolutely over the others, there were some strong warm water nature species, and eurythermal-euryhalinous eurytopic species. An average biomass of 4.34 g/m^2 and a density of 15 ind./m^2 were characteristics of the Zhanggang beach. The vertical distribution of number (biomass and density) was larger in middle tidal zone than high tide zone and low tide zone. There were 3 main biological zones in the community structure: *Ocypod stimpson*-*Scopimera globosa*-*Gomphina* (*Maeridiscus*) *veneriformis* in high tide zone. *Nephty californienris*-*Solen arcuatus*-*Dotilla wichmanni* in middle zone, and *Maetra antiquata*-*Neverita didyma*-*Sipunculus* sp. in low zone.

Key words: intertidal benthos, ecology, sandy beach, Fujian

长乐国际机场位于闽江口南岸,长东漳港镇东北侧。漳港沙滩潮间带生态研究至今未见报道。本文分析了该区域沙滩潮间带生物的种类组成、数量分布及群落结构特点,旨在为开发利用滩涂生物资源提供某些数据,为评价长乐国际机场施工及投入使用后对邻近水域海洋环境的影响提供背景资料。

1　材料与方法

根据 1991 年 8 月潮间带生物调查资料及 1984 年 10 月和 1985 年 4 月（分别代表秋、春季节）福建省海岸带和滩涂资源综合调查资料整理而成。调查断面位于闽江口南岸长乐漳港镇东南面沙滩（图 1）。

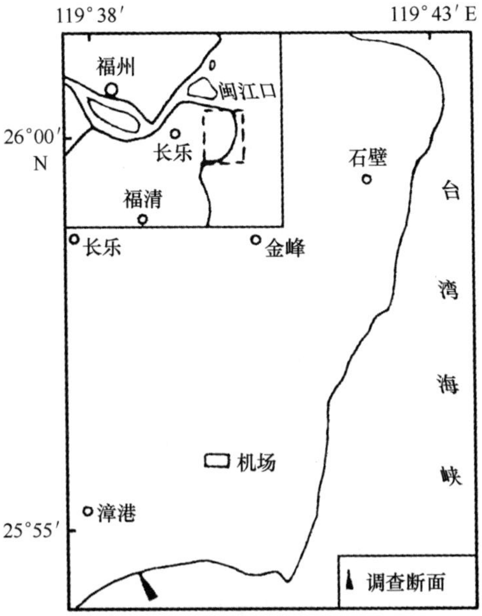

图 1　沙滩潮间带生物取样断面

Fig.1　Sampling transects on intertidal benthos of sandy beach

调查方法按《全国海岸带和海涂资源综合调查简明规程》进行。整个断面布设 7 个站，高潮区（Ⅰ）2 个，中潮区（Ⅱ）3 个和低潮区（Ⅲ）2 个。每站按 25 cm×25 cm，深度 25～30 cm 体积取样 2～4 次。样品经网目为 1 mm 的套筛冲水淘洗，标本处理按《海洋调查规范》（生物分册）进行。

潮区划分根据瓦扬（Vaillant）和斯蒂芬森（Stephenson）原则[1-2]，参考闽江口潮汐表，将潮间带划分为高、中、低 3 个潮区。群落结构分析，通过微机应用 ABC 法计算丰度生物量复合 K-优势度曲线和部分优势度[3-5]。

2　结果

2.1　种类组成

漳港沙滩潮间带生物有 60 种，已鉴定到种、属的有 50 种（表 1）。其中，多毛类动物 19 种，软体动物 24 种，甲壳动物 11 种，棘皮动物 2 种和其他动物 4 种。种数以软体动物居首位,多毛类动物居第二位,甲壳动物居第三位。多毛类动物、软体动物和甲壳动物占总种数的 90.0%,三者构成沙滩潮间带生物的 3 个主要类群。

表 1　长乐漳港沙滩潮间带生物的种类名录

种名	潮区			种名	潮区		
	Ⅰ	Ⅱ	Ⅲ		Ⅰ	Ⅱ	Ⅲ
海仙人掌 *Cavernularia habereri*		+	+	唇毛蚶 *Scapharca lobiosa*			+
方格星虫 *Sipunculus* sp.			+	日本镜蛤 *Dosinia* (*Phacosoma*) *japonica*		+	+
盲囊尖锥虫 *Scoloplos marsupialis*		+		西施舌 *Mactra antiqluata*			+
尖锥虫 *Scoloplos* sp.		+		等边浅蛤 *Gomphina* (*Macridiscus*) *veneriformis*	+	+	
日本中鳞虫 *Mescochaetopterus japonica*	+	+	+	黑浅蛤 *Gomphina* (*Macrifiscus*) *melanaegias*		+	
锥头虫 *Orbinia* sp.		+		楔形斧蛤 *Donax cunestus*	+	+	
蜂窝格鳞虫 *Gattyana deludens*			+	紫藤斧蛤 *Donax* (*Chion*) *semigranosus*	+	+	
吻沙蚕 *Glycera* sp.		+	+	前裂白樱蛤 *Macoma* (*Psammacoma*) *praerupta*		+	+
日本角吻沙蚕 *Goniada japonica*		+		樱蛤 *Strigilla tomlini*		+	+
加州齿吻沙蚕 *Nephtys californiensis*		+		樱蛤 *Strigilla* sp.		+	+
巢沙蚕 *Diopatra sagokai*			+	文蛤 *Meretrix meretrix*		+	+
福建欧努菲虫 *Onuphis fukianensis*			+	弯竹蛏 *Solen arcuatus*			+
岩虫 *Marphysa* sp.		+	+	红齿硬蓝蛤 *Solidicorbula erythrodon*		+	
索沙蚕 *Lumbrineris* sp.		+	+	拟肯活额寄居蟹 *Diogenes paracristimaus*		+	
扁平管帽螺 *Syphopatella walshi*		+	+	弯螯活额寄居蟹 *Diogenes deflectomanus*		+	
笠帆螺 *Calyptraea morbida*		+	+	日本冠鞭蟹 *Lophomaslix japonica*		+	+
扁玉螺 *Neverita didyma*			+	痕掌沙蟹 *Ocypoda stimpson*	+		
红螺 *Rapana bezoar*			+	红点黎明蟹 *Matua lunaris*		+	
泥东风螺 *Babylonia lutosa*			+	双扇股窗蟹 *Scopimera bitympana*	+		
方斑东风螺 *Babylonia areolata*			+	圆球股窗蟹 *Scopimera globosa*	+		
爪哇拟塔螺 *Turricula javana*			+	韦氏毛带蟹 *Dotilla wichmanni*	+	+	+
双层笋螺 *Diplomeiza duplicata*			+	天津厚蟹 *Helice tridens tientsinensis*		+	
石磺 *Onchidium verruculatum*		+	+	美女虾 *Callianassa* sp.		+	
日本毛蚶 *Scapharca japanica*			+	刘五店沙鸡子 *Phyllophorzs liuwutiensis*		+	
异毛蚶 *Scapharca anomala*			+	细雕刻肋海胆 *Temnopleurus toreumaticus*		+	+

2.1.1 种类性质

漳港沙滩潮间带生物种类可以划分为3组：主要有热带、亚热带暖水种，如文蛤、等边浅蛤、红齿硬蓝蛤、索沙蚕、泥东风螺、韦氏毛带蟹、痕掌沙蟹、圆球股窗蟹等。还有一些强暖水性种类，如红点黎明蟹以及广温分布种类，如巢沙蚕、扁玉螺和方格星虫等。

2.1.2 优势种

按数量大小和出现频率，漳港沙滩潮间带生物优势种有：加州齿吻沙蚕、索沙蚕、吻沙蚕、文蛤、楔形斧蛤、弯竹蛏、扁玉螺、韦氏毛带蟹、弯螯活额寄居蟹等。

2.1.3 经济种

漳港沙滩潮间带生物经初步估计有经济种20种。习见的有：索沙蚕、吻沙蚕、岩虫、巢沙蚕、红螺、扁玉螺、泥东风螺、方斑东风螺、文蛤、等边浅蛤、前裂白樱蛤、紫藤斧蛤、日本镜蛤、弯竹蛏、西施舌、日本毛蚶、异毛蚶、唇毛蚶、石磺和方格星虫等。

2.2 数量组成和分布

2.2.1 生物数量的组成

漳港沙滩潮间带生物，春、秋两季平均生物量为4.34 g/m^2，平均栖息密度为17个/m^2。在生物量中，多毛类动物为0.60 g/m^2，软体动物为2.36 g/m^2，甲壳动物为1.15 g/m^{2}和其他动物0.24 g/m^2；在栖息密度中，多毛类动物为7个/m^2，软体动物为5个/m^2，甲壳动物为4个/m^{2}和其他动物1个/m^2。生物量以软体动物居首位，甲壳动物次之；栖息密度以多毛类动物居首位，软体动物次之。软体动物、甲壳动物和多毛类动物构成漳港沙滩潮间带生物的3个主要类群(图2)。

2.2.2 生物数量的垂直分布

生物量由大到小依次为中潮区(6.66 g/m^2)、低潮区(4.14 g/m^2)、高潮区(2.23 g/m^2)；栖息密度由大到小依次为中潮区(24个/m^2)、低潮区(15个/m^2)、高潮区(7个/m^2)。生物量和栖息密度均以中潮区的为大(图3)。

2.2.3 主要生物类群数量的垂直分布

多毛类动物的生物量由大到小依次为中潮区(1.35 g/m^2)、低潮区(0.45 g/m^2)、高潮区(10^2 g/m^2)；栖息密度由大到小依次为中潮区(12个/m^2)、低潮区(7个/m^2)、高潮区(1个/m^2)。生物量和栖息密度均以中潮区的最大，高潮区的最小。软体动物的生物量由大到小依次为中潮区(3.12 g/m^2)、低潮区(2.22 g/m^2)、高潮区(1.74 g/m^2)；栖息密度为中潮区(7个/m^2)、低潮区(6个/m^2)、高潮区(2个/m^2)。生物量和栖息密度均为中潮区的最大，高潮区的最小。甲壳动物的生物量由大到小依次为中潮区(2.17 g/m^2)、低潮区(0.79 g/m^2)、高潮区(0.49 g/m^2)；栖息密度由大到小依次为高潮区(5个/m^2)、中潮区(4个/m^2)、低潮区(2个/m^2)。以上3个主要类群生物量和栖息密度，除了甲壳动物的栖息密度外，均以

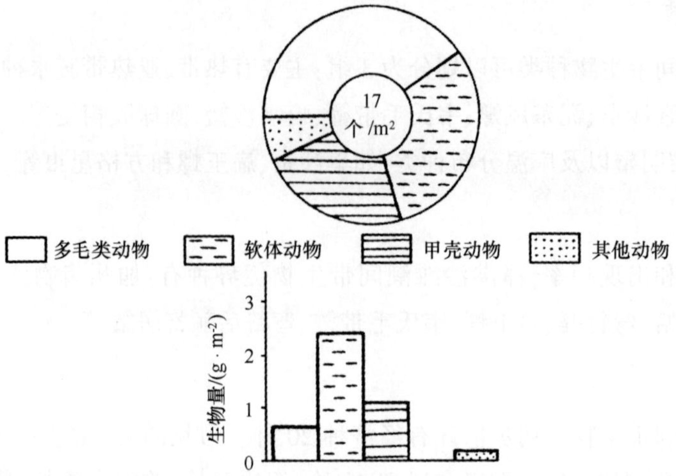

图 2 沙滩潮间带生物各类群的数量组成

Fig.2 Numbers composition of groups on intertidal benthos of sandy beach

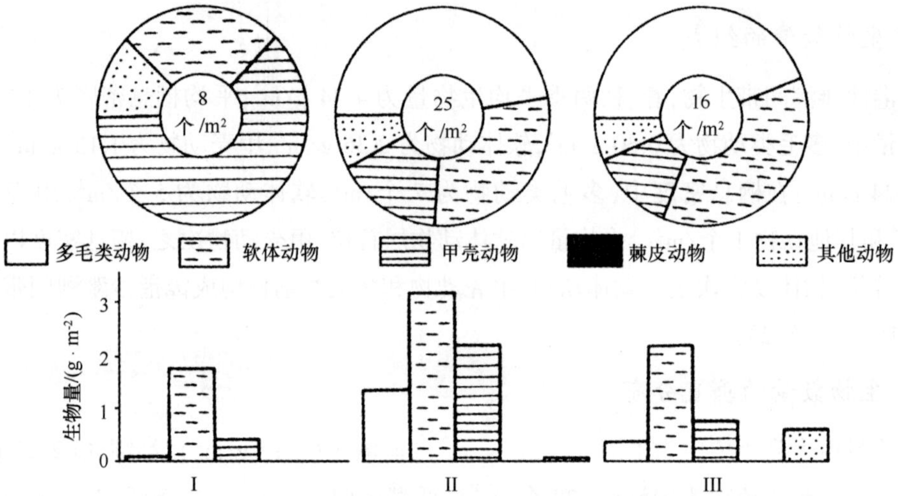

图 3 沙滩潮间带生物数量垂直分布

Fig.3 Vertical distribution of numbers on intertidal benthos of sandy bench

中潮区的最大,高潮区的最小。

2.2.4 数量的季节变化

生物量为春季(6.68 g/m^2)大于秋季(2.00 g/m^2);栖息密度为秋季(19 个/m^2)大于春季(11 个/m^2)。各潮区数量的季节变化,高潮区生物量为春季(3.89 g/m^2)大于秋季(0.57 g/m^2),栖息密度则两季相同;中潮区生物量为春季(10.39 g/m^2)大于秋季(2.93 g/m^2),栖息密度秋季(31 个/m^2)大于春季(16 个/m^2);低潮区生物量为春季(5.77 g/m^2)大于秋季(2.51 g/m^2),栖息密度秋季(20 个/m^2)大于春季(9 个/m^2)。3 个潮区的生物量均为春季大于秋季，栖息密度除高潮区两季相同外，其余潮区均为秋季大于春季。

2.3 群落结构

漳港潮间带生物群落位于漳港镇东南面沙滩。高潮区上层有围堤，中潮区滩面平坦，底质为细砂或粉砂，低潮区砂质较硬。底盐春季 25.97，秋季 16.85。

2.3.1 高潮区：痕掌沙蟹–圆球股窗蟹–等边浅蛤带

该区生物种类相对贫乏，数量也不高。代表种痕掌沙蟹秋季生物量和栖息密度分别仅 0.18 g/m^2 和 2 个/m^2。圆球股窗蟹的数量相对较大，春季的生物量和栖息密度分别为 0.74 g/m^2 和 6 个/m^2。痕掌沙蟹和圆球股窗蟹只分布在该区，其他潮区不曾出现。等边浅蛤自本区下层可向下延伸至中潮区，在本区下层其生物量和栖息密度春季分别为 1.86 g/m^2 和 2 个/m^2。其他种类还有紫藤斧蛤、楔形斧蛤和双扇股窗蟹。

2.3.2 中潮区：加州齿吻沙蚕–弯竹蛏–韦氏毛带蟹带

本区种类较高、低潮区相对较多，生物量和栖息密度较大。加州齿吻沙蚕，在本区上层的生物量和栖息密度秋季分别为 0.10 g/m^2 和 4 个/m^2，下层的生物量为 0.21 g/m^2，中层的数量春季最低，生物量和栖息密度分别为 10^{-2} g/m^2 和 2 个/m^2，该种自本区可向下延伸至低潮区上层。弯竹蛏，秋季的生物量和栖息密度分别为 1.40 g/m^2 和 26 个/m^2，分布较广，自本区至低潮区均有出现。韦氏毛带蟹，自高潮区下层至低潮区上层均有分布。在本区，秋季的生物量和栖息密度分别为 0.38 g/m^2 和 6 个/m^2。其他习见种有扁玉螺，该种个体较大，春季的生物量可高达 6.94 g/m^2。日本镜蛤，栖息密度不高，秋季的生物量也可达 4.17g/m^2。本区生物量较大的种还有日本冠鞭蟹、美女虾。习见种还有日本中鳞虫、索沙蚕、尖锥虫、文蛤、等边浅蛤、红齿硬蓝蛤、红点黎明蟹、天津厚蟹、弯螯活额寄居蟹、海仙人掌等。

2.3.3 低潮区：西施舌–扁玉螺–方格星虫带

本区特征种西施舌主要分布于下层，其生物量和栖息密度秋季为 1.13 g/m^2 和 2 个/m^2（幼体）。西施舌为闽江口自然保护区中主要海珍品种类。扁玉螺，栖息密度不大，其生物量却为本区的最高者（5.56 g/m^2），该种向上可分布至中潮区。方格星虫为本区特有种，在上层春季的生物量和栖息密度为 2.75 g/m^2 和 2 个/m^2。该区习见种还有索沙蚕、吻沙蚕、巢沙蚕、前裂白樱蛤、弯竹蛏、日本镜蛤、毛蚶、双层笋螺、韦氏毛带蟹、日本冠鞭蟹、细雕刻肋海胆等（图 4）。

应用丰度生物量比较法分析漳港沙滩潮间带生物群落结构，表明该群落极不稳定。春季，丰度生物量复合 *K*–优势度曲线完全翻转，使原位于丰度上方的生物量曲线倒置在丰度曲线下（图 5a）；秋季，丰度生物量复合 *K*–优势度曲线也出现交叉且部分重叠（图 5b），这些结果反映出该群落结构受到极大的扰动。究其原因可认为一方面该群落有较高优势度，如春季部分优势度可超过 40%，且丰度位于生物量上方（图 6a），秋季丰度和生物量的优势度均在 30%上下且两线交叉（图 6b）。另一方面在于该群落所处的生境底质沙滩本身不稳定

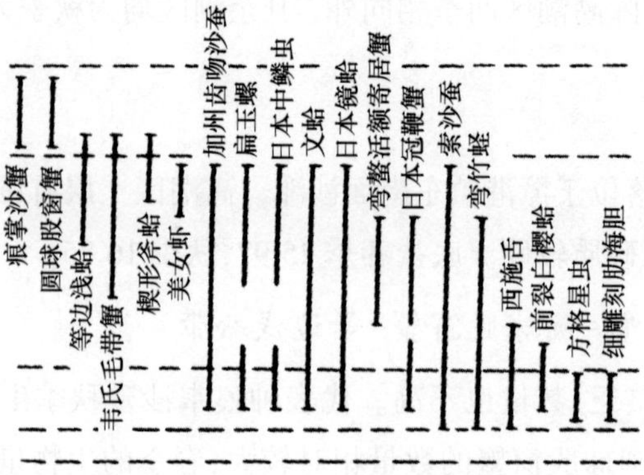

图 4　沙滩间带生物群落主要种的垂直分布

Fig.4　Vertical distribution of major species on intertidal benthos of sandy beach

所致。当然,闽江口一带城市和工业的排污及漳港镇的生活排污是否有影响,尚待进一步研究。

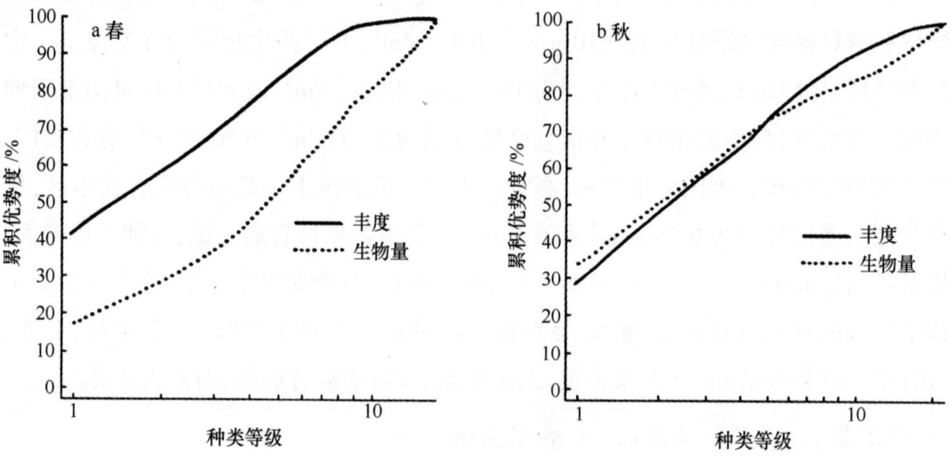

图 5　沙滩群落丰度生物量复合 *K*-优势度曲线

Fig.5　Combined *K*-dominance curves of abundance and biomass on community

3　结语与讨论

潮间带生态研究至今已有 100 多年的历史,但有关沙滩生态的研究相对较少。海洋沿岸的潮间带大部分区域是沙滩,这主要是由于被浪的强烈冲击所致。沙滩潮间带底质不稳定,营养物质贫乏致使沙滩生物种类较泥沙滩和岩石岸的少。漳港沙滩潮间带生物有 60 种,较巴拿马加勒比(Caribbean)沿岸沙滩(22 种)、太平洋沿岸 Naos 岛沙滩(47 种)和大亚湾沙滩潮间带敞开断面(23 种)的种类多[6]。漳港沙滩潮间带生物的种类组成中多毛类动物、软体动物和甲壳动物占总种数的 90.00%,构成沙滩潮间带生物的 3 个主要类群,反映了

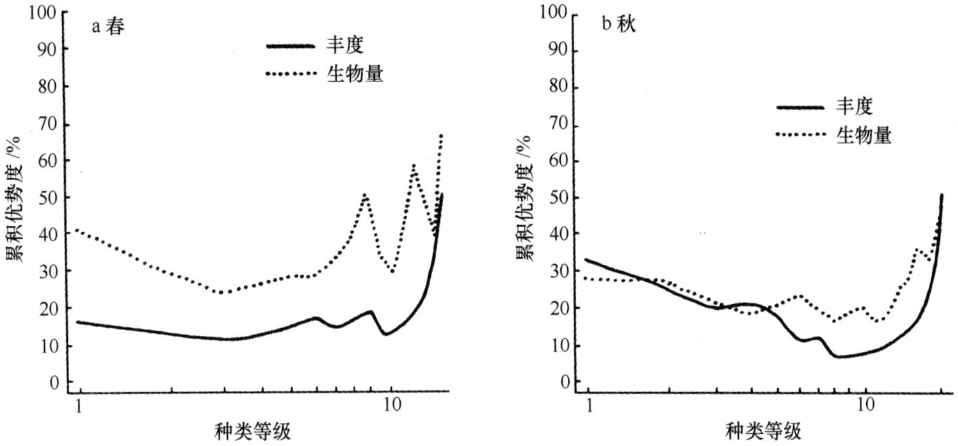

图 6　沙滩群落部分优势度曲线

Fig.6　Partial dominance curves of community sandy beach

沙滩潮间带生物种类组成的普遍规律。山东小场沙滩的习见种如日本镜蛤、弯竹蛏、痕掌沙蟹、圆球股窗蟹和大亚湾沙滩的习见种，如盲囊尖锥虫、索沙蚕、角吻沙蚕、岩虫、楔形斧蛤，紫藤斧蛤、日本镜蛤、笠帆螺、红螺、石磺、红点黎明蟹、痕掌沙蟹和圆球股窗蟹等，在漳港沙滩同样有分布。但各地沙滩潮间带生物的优势种却千差万别。如指海豆芽（*Lingula unguis*）和绿螂（*Glancomome* sp.）在山东小场沙滩潮间带的生物量和栖息密度均相当大，成为群落的主要优势种[7]，二者在漳港沙滩潮间带没有出现；狄氏斧蛤（*Donax*（*chion*）*dysoni*）和长竹蛏（*Solen gouldii*）为大亚湾沙滩的习见种[8]，二者在漳港也没有出现。同理，西施舌为漳港沙滩潮间带低潮区下层的特征种，该种可分布到潮下带 15 m 左右的细砂底内，在山东小场和大亚湾沙滩未见分布。

漳港沙滩潮间带生物平均生物量为 4.34/m^2，平均栖息密度为 15 个/m^2。与其他地区比较，生物量分别高于巴拿马热带太平洋沿岸 Naos 岛沙滩（3.59 g/m^2）、Caribbean 沿岸 Shimmey 沙滩（1.12 g/m^2）和大亚湾沙滩（1.48 g/m^2）[6]，但低于山东小场沙滩（94.28 g/m^2）和厦门沙滩（39.70 g/m^2）[7,9]；栖息密度则分别低于 Naos 岛沙滩（332 个/m^2）、Caribbean 沙滩（190 个/m^2）和大亚湾沙滩潮间带（40 个/m^2）[6]。漳港沙滩潮间带生物量组成由大到小依次为软体动物（2.36 g/m^2）、甲壳动物（1.15 g/m^2）、多毛类动物（0.60 g/m^2）；栖息密度由大到小依次为多毛类动物（7 个/m^2）、软体动物（5 个/m^2）、甲壳动物（4 个/m^2）。数量的垂直分布由大到小依次均为中潮区、低潮区、高潮区，这种分布特点与其他地区基本相似。

漳港沙滩潮间带生物群落有 3 个带：高潮区，痕掌沙蟹–圆球股窗蟹–等边浅蛤带；中潮区，加州齿吻沙蚕–弯竹蛏–韦氏毛带蟹带；低潮区，西施舌–扁玉螺–方格星虫带。该群落结构明显不同于山东小场沙滩群落：高潮区，绿螂–托氏蜎螺（*Umbonium ihamasi*）带；中潮区，指海豆芽–习见织纹螺（*Nassarius dealbatus*）带；低潮区，弯竹蛏–浅古铜吻沙蚕（*Glyeera subaenea*）带，也不同于大亚湾沙滩群落：高潮区，痕掌沙蟹–角眼沙蟹（*Ocypoda ceratophthalmus*）带；中潮区，方格吻沙蚕–紫藤斧蛤–狄氏斧蛤带；低潮区，尖锥虫–紫藤斧蛤–长竹蛏带。

综上所述,漳港沙滩潮间带生物生态特点是种类少、数量低、群落结构简单且不稳定,但并不相同于其他地区的沙滩潮间带生物。从底质类型分析,巴拿马沙滩为细砂-粉砂;山东小场沙滩为粗砂-细砂;大亚湾沙滩开敞断面为砂-细砂;漳港沙滩为细砂或粉砂,4 种沙滩底质类型组分极为相似。因此,可以认为造成不同地区沙滩潮间带生物种类组成、数量分布和群落结构差异的根本原因在于海水温度、盐度及风浪潮流等。而导致漳港沙滩潮间带生物群落不平衡的原因,初步认为在于其所处的生境沙滩底质的不稳定性。

参考文献

[1] Vaillant L. Nouvelles etudes sur les zone littorales. Ann Sci Nat Zool, 1981,120:39-50.

[2] Stephenson T A, Stephenson A. The universal features of zonation between tidemarks on coasts. Jour Ecol, 1949,37(2):289-305.

[3] 李荣冠,江锦祥. 应用丰度生物量比较法监测海洋污染对底栖生物群落的影响. 海洋学报,1992,14(1):108-114.

[4] 李荣冠,江锦祥,蔡尔西,等. 福清湾底栖生物生态研究. 海洋学报,1994,16(4).

[5] Warwick R M, et al. Analysis of macrobenthic and meiobenthic community structure in relation to pollution and disturbance in Hamilto Harbour,Bermuda. J Exp Mar Bioi Ecol, 1990,38:119-142.

[6] Deborah M D. Community structure and seasonal variation in intertidal Panama sandy beaches. Est coast Mar Sci, 1979,9:543-558.

[7] 杨宗岱,林光宇,任先秋,等. 山东南部小场沙滩潮间带生态学研究.海洋科学集刊,北京:科学出版社,1989,30:119-125.

[8] 李荣冠,江锦祥,鲁琳,等. 大亚湾潮间带底栖生物种类组成与分布. 海洋与湖沼,1993,24(5):527-535.

[9] 福建省海洋研究所海洋生物研究室,厦门大学生物系海洋生物教研室. 厦门及其附近潮间带生态调查. 厦门大学学报,1960(3):74-95.

李荣冠,江锦祥．原载《台湾海峡》1994,13(3):290-296

大亚湾核电站附近潮间带生物群落

摘要 根据1986年12月至1989年9月生态零点调查资料,使用PDP-11/34A型电子计算机,应用Bray-Curtis相似性指数等划分和分析大亚湾潮间带生物群落及其结构特点,以评价大亚湾核电站投产后对海洋环境的影响。结果表明,按底质类型大亚湾潮间带生物可划分为岩石相、沙滩和红树林泥滩群落,且各生态相隐蔽、半隐蔽和敞开断面群落与环境因素密切相关。

关键词 大亚湾;潮间带生物;群落结构

Communities of Intertidal Benthos near the Daya Bay Nuclear Power Station

Abstract: This paper is based on data obtained in Dec. 1986 to Sept. 1989 marine ecological survey of Daya Bay intertidal benthos. A PDP-11/34A computer was used. and Bray-Curtis' similarity index. Shannon-Weaver's species diversity index (H'). Margalef's species richness (d). Pielos's species evenness (J) and Menaushton's species dominance index (D) were applied to analyze the communities and the features of the structure of intertidal benthos near the Daya Bay nuclear power station and appraise its effects on the marine environment. The results showed that the intertidal benthos in Daya Bay could be divided into rocky. sandy beach and mud-mangrove communites according to the substrate forms. and could also be divided into sheltered, semisheltered and exposed communities based on the effects of the wind-waves, tide and tidal stream. The representative species of communities were different in the high, middle and low tide zones. Marine environment factors affected the intertidal benthos in Daya Bay, but the main causes for differences among communities were the substrate form and hydrodynamic factors of the wind waves, tide and tidal stream.

Key words: Daya Bay, Intertidal benthos, Community structure

为了评价大亚湾核电站投产后,由冷却水排出的余热对大亚湾生态、水产和海洋环境的影响,受法国电力公司(EDF)委托,国家海洋局第三海洋研究所对大亚湾水域进行为期两年的海洋生态零点调查。本文分析了大亚湾潮间带生物群落,旨在确定核电站运行前该海域的生物群落结构的特点，为大亚湾核电站投产后对海洋环境的影响提供科学依据。

1　材料与方法

于1986年12月至1989年9月对大亚湾核电站进行生态调查。根据第二年海洋生态零点调查报告潮间带生物部分资料进行分析。按照法国电力公司第二年海洋生态零点调查大纲要求，于1988年9—10月和1989年1月（分别代表秋、冬季）对潮间带20条断面（图1）进行生物取样。其中岩石相11条（A1R，A2R，A3R，A4R，A6R，A7R，A8R，A9R，A10R，B1R，B9R），沙滩8条（A2S，A3S，A4M，A5S，A6S，A10S，B2S，B8S），红树林泥滩1条（B7M）。每条断面高潮区（Ⅰ）布设1个站，中潮区（Ⅱ）3个站，低潮区（Ⅲ）1个站。每站用25 cm×25 cm定量框取样2~8次，泥砂样经涡旋分选器和1 mm套筛淘洗，同时对各潮区进行定性观察取样。

根据大亚湾潮汐资料，结合生物的自然分布，综合Vaillant（1891）和Stephenson等（1949）原则，将潮间带划分为高、中、低3个垂直带。

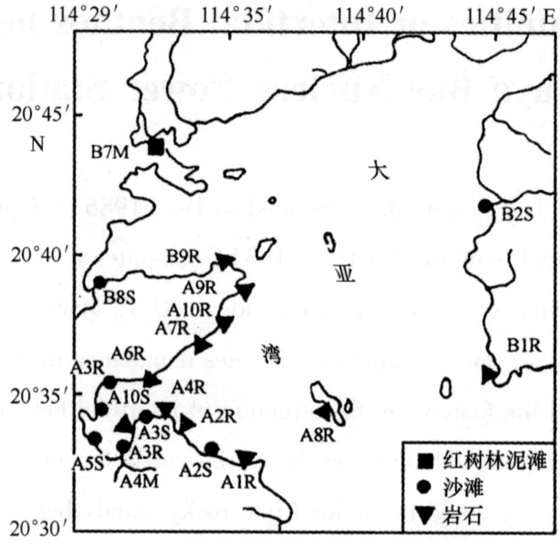

图1　大亚湾潮间带生物取样断面

Fig.1　Sampling transections of intertidal benthos Daya Bay

20条断面数据使用PDP-11/34A型电子计算机和Bray-Curtis相似性指数（CC）和群落结构的4个主要参数［种类多样性（H'）、种类丰度（d）、种类均匀度（J）和种类优势度（D）］，分析生物群落结构特点（李荣冠等，1989）。5个参数计算方程为：

$$CC = \frac{2c}{a+b}100\% \qquad \text{(Bray et al., 1957)}$$

$$H' = -\sum_{i=1}^{s} p_i \log_2 p_i \qquad \text{(Shannon et al., 1963)}$$

$$d = (S-1)/\log_2 N \qquad \text{(Margalef, 1958)}$$

$$J = H'/H_{max} = H'/\log_2 S \qquad \text{(Pielous,1966)}$$

$$D = (N_1 + N_2)/N_T \qquad \text{(McNaughton et al.,1970)}$$

式中,S 为样品中的种数;P_i 为第 i 种个体数与总个体数的比值;N 为样品的总个体数;N_1 和 N_2 为第一、第二优势种个体数;a 为样品 A 中的种数;b 为样品 B 中的种数; c 为样品 A、B 中的共有种数。

2 结果

2.1 生物群落结构

大亚湾潮间带生物群落,按生态相有岩石相群落、沙滩群落和红树林泥滩群落。这些群落又因所处的位置,受浪、潮汐、潮流水动力作用影响之程度,以及底质沉积物稳定等环境因子作用,又有隐蔽、半隐蔽和敞开断面群落之分(Dexter,1969,1979; Holland,et al.,1976; Jiang et al.,1980; Whitlaeh,1977)。

2.1.1 *岩石相群落*

大亚湾岩石相的 11 条断面,根据其群落相似性指数可划分为隐蔽(A3R)、半隐蔽(B1R,B9R)和敞开型(A1R,A2R, A4R, A6R, A7R,A8R,A9R,A10R)3 种断面群落(图 2a)。

2.1.1.1 *岩石相隐蔽断面群落*

该断面滩面总长约 50 m,总体坡度在 2°~3°,不平坦。由砾石岩块构成,以花岗岩为主,石英次之。在底层,温度为 19.00~29.30℃;盐度为 30.58~31.65。受风浪冲击小。该群落共有 88 个种,僧帽牡蛎(*Saccostrea cucullata*)、变化短齿蛤(*Brachidontes variabilis*)和小相手蟹[*Nanosesarma* (*N.*) *minutum*]占绝对优势,藻类种数和生物量均较少。

高潮区(Ⅰ)——滨螺-白脊藤壶(*Balanus albicostatus*)带:代表种有粒结节滨螺[*Nodilittorina*(*N.*)*radiata*]和塔结节滨螺[*N.*(*N.*) *trochoides*]。冬季其生物量分别为 7.60 g/m^2 和 9. 60 g/m^2;栖息密度分别为 104 个/m^2 和 56 个/m^2。白脊藤壶在高潮区的下层和中潮区的上界形成一条宽约 35 cm 的分布带,秋、冬两季生物量分别达 140.44 g/m^2 和 116.78 g/m^2,栖息密度达 1 166 个/m^2 和 904 个/m^2。白条地藤壶(*Euraphia withersi*)个体小且数量不少,在白脊藤壶分布带的上方形成宽约 30 cm 的分布带。

中潮区(Ⅱ)——僧帽牡蛎-变化短齿蛤-小相手蟹-囊藻(*Colponenia sinuosa*)带:该区的优势种僧帽牡蛎形成一条宽约 90~100 cm 的分布带,除上下界较稀少外,大都重叠生长,有的厚度可达 20 cm,但压在底层的牡蛎大都窒息死亡。生物量在秋、冬季分别高达4 846. 42 g/m^2 和 4 484,44 g/m^2,栖息密度两季分别达 1 109 个/m^2 和 1 204 个/m^2。变化短齿蛤主要固着于牡蛎间和死壳内,秋、冬两季的生物量分别达 226.79 g/m^2 和 945.80 g/m^2,其密度分别高达 1 458 个/m^2 和 980 个/m^2。小相手蟹的密度在冬季也达到 78 个/m^2。囊藻是该群落

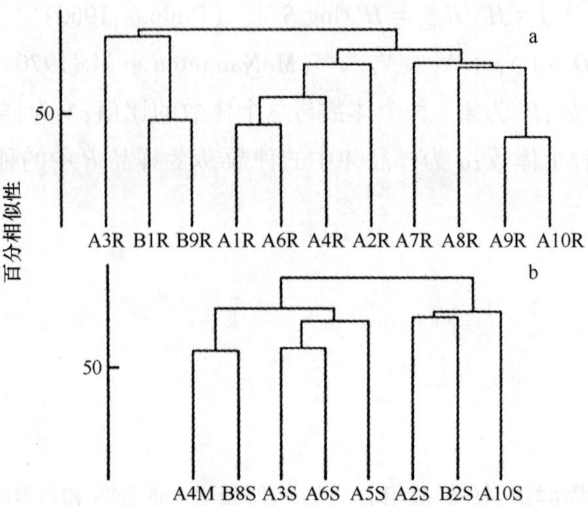

图 2　大亚湾岩相(a)和沙滩(b)断面群落树状图

Fig.2　Dendrograms of communities similarity (*CC*) between rocky (a) and sandy beaches (b) transection in Daya Bay

的一个特征种,其生物量冬季为 79.87 g/m^2。本区生物种类繁多,主要种还有细毛背鳞虫[*Lepidonotus* (*L.*) *tenuisetosus*]、独齿围沙蚕(*Perinereis cultrifera*)、褐片阔沙蚕(*Platynereis dumerilli*)、曲线索贻贝(*Hormomya mutabilis*)、隔贻贝(*Septifer bilocularis*)、青蚶(*Barbatia virescens*)、平轴螺(*Planaxis sulcatus*)、粒花冠小月螺(*Lunella coronata granulata*)、马氏毛粒蟹(*Pilumnopeus makiana*)和皱瘤海鞘(*Styela plicata*)等。

低潮区(Ⅲ)——敦氏猿头蛤(*Chama dunkei*) -覆瓦小蛇螺(*Serpulorbis imbricata*)-网纹藤壶(*Balanus reticulatus*)-皱瘤海鞘带:本区的敦氏猿头蛤秋季生物量高达 2 332.33 g/m^2,栖息密度为 152 个/m^2。覆瓦小蛇螺的生物量秋季为 128.24 g/m^2,密度为 32 个/m^2。其中网纹藤壶的栖息度最大(384 个/m^2)。皱瘤海鞘在本区为斑块分布。习见的种类还有囊皮瓜参(*Thyone sacellus*)、青蚶、隔贻贝、珠母核果螺(*Drupa margariticola*)、马氏毛粒蟹等(图 3a)。

2.1.1.2　*岩石相半隐蔽断面群落*

该类断面受波浪潮流影响不太大。底质由岩礁及岩块组成。底层,温度在 18.60～29. 39℃;盐度在 30.67～31.80(图 3b)。该群落结构的重要特征是,既有隐蔽断面的种类,如囊藻、敦氏猿头蛤;也有敞开断面的种类,如马尾藻、鳞笠藤壶(*Tectraclita squamosa squamosa*)等。所不同的是这些种类的生物量和密度均较另两个生物群落低。

高潮区(Ⅰ)——滨螺带:该区的代表种为粒结节滨螺和塔结节滨螺。其生物量秋季分别为 13.76 g/m^2 和 12.88 g/m^2,冬季为 14.96 g/m^2 和 6.4 g/m^2;栖息密度秋季分别为 112 个/m^2 和 144 个/m^2,冬季为 104 个/m^2 和 80 个/m^2。习见种还有龟足(*Capitulum mitella*)和海蟑螂(*Ligia exotica*)。

中潮区(Ⅱ)——鳞笠藤壶-棘刺牡蛎(*Saccostrea echinata*)-囊藻带:鳞笠藤壶大部分布

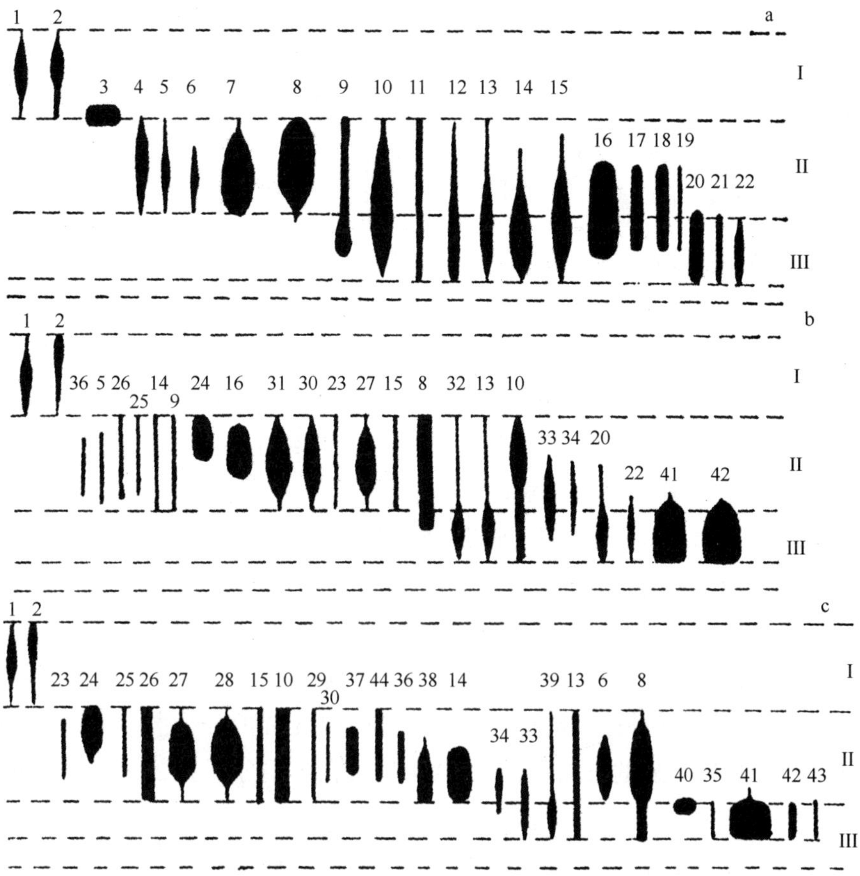

图 3　大亚湾岩石相隐蔽(a)、半隐蔽(b)和敞开(c)群落主要种的垂直分布

Fig.3　Vertical distributions of main species in the sheltered (a), semisheltered (b) and exposed transection (c) on rocky communities in Daya Bay

1.粒结节滨螺;2.塔结节滨螺;3.白脊藤壶;4.曲线索贻贝;5.平轴螺;6.粒花冠小月螺;7.僧帽牡蛎;8.变化短齿蛤;9.隔贻贝;10.小相手蟹;11.细毛背鳞虫;12 独齿围沙蚕;13.褐片阔沙蚕;14.青蚶; 15.马氏毛粒蟹;16.囊藻;17.皱瘤海鞘;18.珠母核果螺;19.覆瓦小蛇螺;20.囊皮瓜参;21.网纹藤壶; 22.敦氏猿头蛤;23.嫁蝛;24.中华小藤壶;25.单齿螺;26.粒核果螺;27.鳞笠藤壶;28.日本笠藤壶;29.日本花棘石鳖;30.咬齿牡蛎;31.棘刺牡蛎;32.双管阔沙蚕;33.黑凹螺;34.银口凹螺;35.大马蹄螺;36.小石花菜;37.铁丁菜;38.鹿角海螺;39.异形伪沙蚕;40.小珊瑚藻;41.半叶马尾藻; 42.亨氏马尾藻;43.紫海胆;44.渔舟蜒螺。

在该区的中、下界,其生物量秋、冬两季分别为 1 549.87 g/m^2 和 695.47 g/m^2,栖息密度为 219 个/m^2 和 88 个/m^2。无论生物量还是密度均很大。其次为棘刺牡蛎,生物量冬季可达 704.46 g/m^2,栖息密度秋季达 88 个/m^2。囊藻在该区主要分布在中、下界,在冬季可形成约 1 m 宽的分布带,个体大的直径可达 25 cm,生物量冬季为 163.63 g/m^2。主要的种类还有小石花菜(*Gelidium divaricatum*)、双管阔沙蚕(*Platynereis bicanaliculata*)、变化短齿蛤、青蚶、隔贻贝、咬齿牡蛎、嫁蝛(*Cellana toreuma*)、平轴螺、单齿螺(*Monodonta labio*)、粒核果螺、小相手蟹、马氏毛粒蟹、囊皮瓜参等。

低潮区(Ⅲ)——马尾藻-敦氏猿头蛤带:主要有亨氏马尾藻(*Sargassum henslowianum*)

和半叶马尾藻(*S.hemiphyllum*),其中半叶马尾藻在冬季的生物量可达 562.40 g/m^2,占该区总生物量的 49.65%。敦氏猿头蛤的生物量冬季也达到 336.14 g/m^2。其他习见种尚有褐片阔沙蚕,阿纹绶贝[*Mauritia* (*Arabica*) *arabica*]、银口凹螺(*Chlorostoma argyrostoma*)、黑凹螺(*C.nigerrima*)、小石花菜等(图 3b)。

2.1.1.3 岩石相敞开断面群落

主要由石英、砂岩、泥岩砾石、花岗岩、火山碎屑岩组成,受波浪冲击和潮流影响大。该群落主要特征之一,多为固着性、喜浪的种类组成。例如鳞笠藤壶、日本笠藤壶(*Tetraclita japonica*)、马尾藻等。

高潮区(Ⅰ)——滨螺带:本区代表种同样为粒结节滨螺和塔结节滨螺。塔结节滨螺冬季生物量和栖息密度分别达 9.84 g/m^2 和 552 个/m^2,粒结节滨螺也分别有 13.60 g/m^2 和 264 个/m^2。另习见种还有龟足和海蟑螂。

中潮区(Ⅱ)——日本笠藤壶-鳞笠藤壶-小石花菜-鹿角海萝(*Gloiopeltis tenax*)带:主要代表种与以上两种断面中潮区的代表种显然不同。日本笠藤壶冬季的生物量和密度分别可达 2 048.27 g/m^2 和 371 个/m^2,鳞笠藤壶秋季的生物量和密度可高达 3 088.74 g/m^2 和 437 个/m^2,远比半隐蔽断面群落高得多。在日本笠藤壶和鳞笠藤壶个体上尚附着极小的中华小藤壶,其分布一般较两种藤壶略高些,形成一条约 1.5 m 的分布带。鹿角海萝和小石花菜在中潮区也可形成较明显的分布带,两者的生物量在冬季分别为 24.94 g/m^2 和 67.28 g/m^2。其他习见种还有铁丁菜(*Ishige okamurai*)、嫁蝛、渔舟蜒螺、粒核果螺、青蚶、变化短齿蛤、咬齿牡蛎(*Saccostrea mordax*)、银口凹螺、黑凹螺、单齿螺、日本花棘石鳖(*Liolophura japonica*)、马氏毛粒蟹和小相手蟹、中华小藤壶、异形伪沙蚕、褐片阔沙蚕等。

值得注意的是,该群落种类的组成可因断面岩性不同,有所变动。例如在断面 A2R 中潮区的主要种为铁丁菜,断面 A4R 和 A9R 为嫁蝛,都取代了日本笠藤壶和鳞笠藤壶。

低潮区(Ⅲ)——马尾藻-小珊瑚藻(*Corallina pilulifera*)带:该区种类分布的一个特点是,藻类种数多,生物量也大,覆盖面积多达 70%~80%。该群落 12 种主要藻类中,以半叶马尾藻生物量最大,冬季高达 3 502 g/m^2;其次有裂叶马尾藻(*S.lliquastrum*)、亨氏马尾藻;小珊瑚藻尚可形成一条 30~50 cm 的分布带。习见种还有大马蹄螺(*Trochus niloticus*)、阿纹绶贝、银口凹螺、节蝾螺(*Turbo brunneum*)、紫海胆(*Anthocidaris crassispina*)、霜鹿角珊瑚(*Acropora pruinosa*)和蜂巢珊瑚(*Favia* sp.)等(图 3c)。

2.1.2 沙滩群落

沙滩 8 个断面的种类,应用群落相似性指数(Bray et al. ,1957)可划分为隐蔽型(A3S, A4M,A5S,A6S,B8S)和敞开型(A2S,A10S,B2S)两种群落(图 2b)。

2.1.2.1 沙滩隐蔽断面群落

该类断面高潮区为粗中砂、砂和砾砂,中潮区为中细砂,低潮区为中细砂,底质相对隐定。该群落的一个重要特征是奥莱彩螺(*Clithon oualanienasis*)和纵带滩栖螺(*Batillaria zonalis*)的数量相当大,占绝对优势。

高潮区（Ⅰ）——痕掌沙蟹-角眼沙蟹带：该区种类极为贫乏，主要是痕掌沙蟹（*Ocypode stimpsoni*）和角眼沙蟹（*O. ceratophthalmus*），且密度极少，平均分别仅 0.08 个/m^2 和 0.04 个/m^2。

中潮区（Ⅱ）——奥莱彩螺-纵带滩栖螺-鳞杓拿蛤（*Anomalodiscus spuamosus*）-尖头锤稚虫（*Aonides oxycephala*）带：奥莱彩螺个体小，其生物量冬季不很高（38.67 g/m^2）而密度可达 814 个/m^2，成为该区栖息密度最高者。纵带滩栖螺的数量很可观，生物量冬季达 244.73 g/m^2，成为本区最高者。其次为鳞杓拿蛤和尖头锤稚虫。其他主要种尚有红角沙蚕（*Ceratonereis erythraeenis*）、多鳃卷吻沙蚕（*Nephtys polybranchia*）、欧努菲虫（*Onuphis eremita*）、曲畸心蛤（*Anomalocardia flexuosa*）、加夫蛤（*Gafrarium pectinatum*）、古氏滩栖螺（*Batillaria cumingi*）、秀丽织纹螺［*Nassarius*（*Reticucunassa*）*festivus*］和双齿相手蟹［*Sesarma*（*Chiromantes*）*bidens*］等。

由于该区沉积物类型和组分的不同及其他环境因素的影响，小翼拟蟹守螺（*Cerithidea microptera*）只在断面 A4M，A6S 和 B8S 出现。

低潮区（Ⅲ）——纵带滩栖螺-奥莱彩螺-肋蜎螺（*Umbonium costatum*）-扁平珠网海胆（*Arachnoides placenta*）带：优势种为纵带滩栖螺，其生物量和密度秋季分别为 227.84 g/m^2 和 470 个/m^2。还有扁平珠网海胆，其秋季生物量为 39.66 g/m^2，密度为 52 个/m^2。奥莱彩螺在该区成较均匀分布，平均密度为 110 个/m^2。此外，习见种还有卷旋吻沙蚕（*Glycera convoluta*）、欧努菲虫、多腮卷吻沙蚕、古氏滩栖螺、秀丽织纹螺、双齿相手蟹、裸体方格星虫（*Sipunculus nudus*）等（图 4a）。

该群落的主要优势种肋蜎螺，秋、冬季的密度分别高达 96 727 个/m^2 和 14 008 个/m^2，生物量也高达 275.52 g/m^2 和 1 040.80 g/m^2。这是由于断面 A6S 低潮区沉积物类型为中细砂与其他各断面不同所致。

2.1.2.2　沙滩敞开断面群落

共有 3 条断面，底质主要由砂、粗砂、砾石细砂、粗沙、沙组成。受风浪潮流影响较大，不稳定。该群落的特点是，结构简单，种类贫乏、生物量和栖息密度均低。

高潮区(I)——痕掌沙蟹-角眼沙蟹带：痕掌沙蟹和角眼沙蟹为该区的代表种，生物量和密度均很小，在冬季分别仅为 0.25 g/m^2 和 2.86 g/m^2；密度分别仅为 0.2 个/m^2 和 0.08 个/m^2。

中潮区（Ⅱ）——紫藤斧蛤（*Chion semigranosus*）-方格吻沙蚕（*Glycera tesselata*）-狄氏斧蛤（*C.dysoni*）带：该区的紫藤斧蛤和狄氏斧蛤成零星分布，生物量和密度都很低。紫藤斧蛤冬季的生物量只有 0.70 g/m^2，密度仅 3 个/m^2；狄氏斧蛤生物量和密度也仅 0.78 g/m^2 和 1 个/m^2。方格吻沙蚕的密度冬季为 4 个/m^2，生物量也很小。另有软疣沙蚕（*Tylonereis bogoyawleskyi*）、尖锥虫［*Scolaplos*（*S.*）*armiger*］和膜囊尖锥虫（*S.rnarsupialis*）等。

低潮区（Ⅲ）——尖锥虫-大竹蛏（*Solen grandis*）-紫藤斧蛤带：优势种尖锥虫冬季的密度为 248 个/m^2，但生物量却很小（2.0 g/m^2）。大竹蛏和紫藤斧蛤在滩面只呈零星分布，大竹蛏的生物量冬季仅 0.84 g/m^2，密度 16 个/m^2。紫藤斧蛤秋季的生物量为 3.13 g/m^2，密度

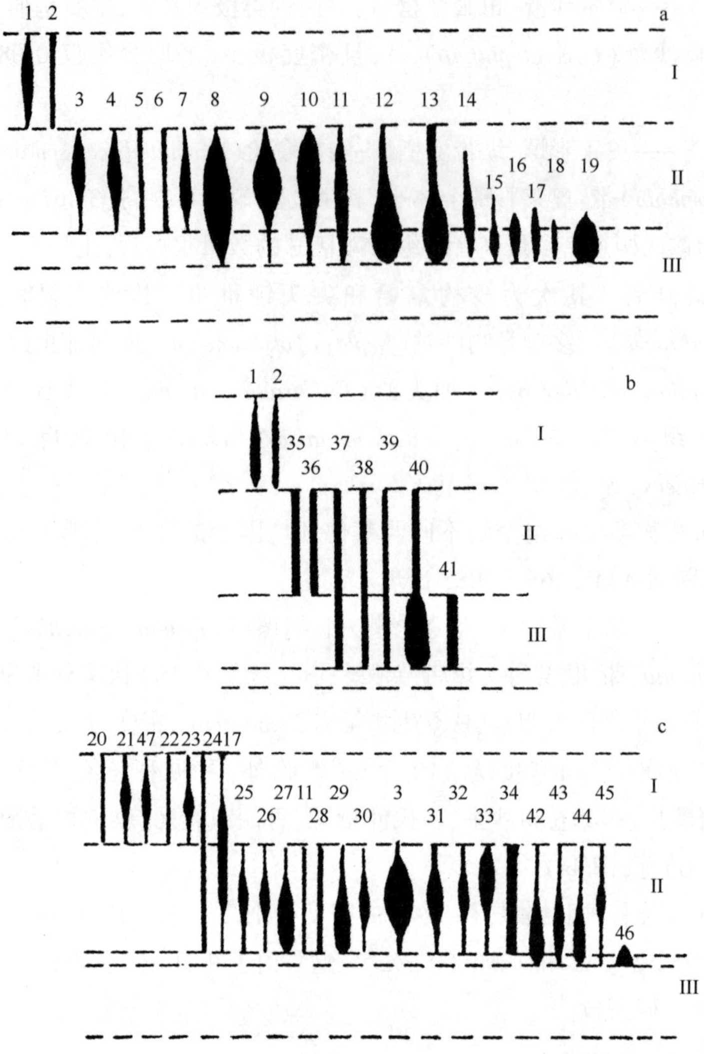

图 4 大亚湾沙滩隐蔽(a)、敞开(b)和红树林泥滩(c)群落主要种的垂直分布

Fig.4 Vertical distribution of main species on communities sheltered (a), exposed (b) of sandy beaches and nud-mangrove (c) in Daya Bay

1.痕掌沙蟹;2.角眼沙蟹;3.小翼拟蟹守螺;4.多鲸卷吻沙蚕;5.鳞杓拿蛤;6.曲奇心蛤;7.加夫蛤;8.奥莱彩螺;9.尖头锤稚虫;10.红角沙蚕;11.欧努菲虫;12.纵带滩栖螺;13.扁平珠网海胆;14.古氏滩栖螺;15.秀丽织纹螺; 16.裸体方格星虫;17.双齿相手蟹;18.卷旋吻沙蚕;19.肋蜎螺;20.单叶沙蚕;21.六肾拟无吻螠;22.角眼切腹蟹;23.长足长方蟹;24.琥珀刺沙蚕;25.异蚓虫;26.拟异蚓虫;27.亮樱蛤;28.美米列虫;29.厥目革囊星虫;30.革囊星虫;31.珠带拟蟹守螺;32.红树拟蟹守螺;33.弧边招潮;34.淡水泥蟹;35.方格吻沙蚕;36.膜囊尖锥虫;37.软疣沙蚕;38.狄氏斧蛤;39.紫藤斧蛤;40 尖锥虫;41.大竹蛏

仅 6 个/m^2。习见种有狄氏斧蛤、软疣沙蚕等(图 4b)。

2.1.3 红树林泥滩群落

大亚湾红树林区 B7M 断面,底质为粉砂质泥、黏土质粉沙和粉沙质沙,相对稳定。在高潮区和中潮区中上界覆盖茂盛的红树林，如秋茄（*Kandelia candel*）、白骨壤（*Avicennia marina*）、桐花树（*Aegiceras corniculatum*）、木榄（*Bruguiera gymnorrhiza*）和海漆（*Excoecaria agallocha*）等，树高一般 2 m。该群落的一个重要特征是，在中潮区小翼拟蟹守螺占绝对优势。

高潮区（Ⅰ）——中国绿螂（*Glauconme chinensis*）－双齿相手蟹－角眼切腹蟹（*Tmethypocoelis ceratophora*）带：该群落高潮区的种类较沙滩和岩石岸丰富。除代表种中国绿螂、双齿相手蟹和角眼切腹蟹外，尚有琥珀刺沙蚕（*Neanthes succinea*）、单叶沙蚕（*Namalycastis aibiuma*）、长足长方蟹（*Metaplax logipes*）、六肾拟无吻螠（*Paraarhynchite hexorenale*）等。该区的生物量和栖息密度均不大，琥珀刺沙蚕也仅 20 个/m^2。此外，在红树上尚有较耐干燥的黑口滨螺[*Littoraria* (*Palastorina*) *melanostoma*]等。

中潮区（Ⅱ）——小翼拟蟹守螺－珠带拟蟹守螺（*Cerithidea cingulata*）－拟安氏方格星虫（*Sipunculus angasoides*）带：优势种小翼拟蟹守螺的生物量和密度均最大，从中潮区上界至中部形成一条宽约 2 m 的分布带，秋季分别高达 201.11 g/m^2 和 288 个/m^2。其次为珠带拟蟹守螺，冬季生物量和密度也有 81.81 g/m^2 和 97 个/m^2。另外拟安氏方格星虫的数量也可观，秋季生物量和密度分别有 16.48 g/m^2 和 16 个/m^2。其他主要种还有厥目革囊星虫（*Phascolosoma scolops*）、拟异蚓虫（*Parheteromastus tenuis*）、异蚓虫（*Heteromasrus* sp.）、欧努菲虫、美米列虫（*Melinna aberrans*）、亮樱蛤（*Nitido-tellinanitidulo*）、角蛤（*Angulus* sp.）、红树拟蟹守螺（*Cerithidea rhizophorarum*）、弧边招潮[*Uca* (*Deltuca*) *arcuata*]、淡水泥蟹（*Ilyoplax tansuiensis*）和刺锚参（*Protankyra* sp.）、革囊星虫等。琥珀刺沙蚕、双齿相手蟹，可自高潮区分布 延伸至此。在红树茎根处尚发现有僧帽牡蛎、变化短齿蛤、锦蜓螺[*Nerita* (*Arnphinerita*) *polita*]和石磺（*Onchidium verruculatum*）等。固着在高潮区下界红树茎杆上的白脊藤壶也可延伸到中潮区上界，形成明显的交替分布。

低潮区（Ⅲ）——刺锚参－刀明樱蛤（*Moerella culter*）－角蛤带：主要种类有刺锚参、刀明樱蛤和角蛤。习见种还有背蚓虫（*Notmastus latericeus*）、拟安氏方格星虫等。角蛤、刺锚参和拟安氏方格星虫从低潮区向上可分布至中潮区中、下界（图 4c）。

2.1.4 群落的代表种

以上分析表明各群落在 3 个潮区的代表种是不同的（表 1）。

表 1 大亚湾潮间带各群落 3 个潮区代表种的比较

Tab.1 Comparison of representative species of various communities in three tide zones in Daya Bay

群落		高潮区（Ⅰ）	中潮区（Ⅱ）	低潮区（Ⅲ）
岩石	隐蔽	滨螺－白脊藤壶	僧帽牡蛎－变化短齿蛤－小相手蟹－囊藻	敦氏猿头蛤－覆瓦小蛇螺－网纹藤壶－皱瘤海鞘
	半隐蔽	滨螺	鳞笠藤壶－棘刺牡蛎－囊藻	马尾藻－敦氏猿头蛤
	敞开	滨螺	日本笠藤壶－鳞笠藤壶－小石花菜－鹿角海萝	马尾藻－小珊瑚藻

续表

群落		高潮区(Ⅰ)	中潮区(Ⅱ)	低潮区(Ⅲ)
沙滩	隐蔽	痕掌沙蟹-角眼沙蟹	奥莱彩螺-纵带滩栖螺-鳞杓拿蛤-尖头锤稚虫	纵带滩栖螺-奥莱彩螺-肋蜎螺-扁平珠网海胆
	敞开	痕掌沙蟹-角眼沙蟹	紫藤斧蛤-方格吻沙蚕-狄氏斧蛤	尖锥虫-大竹蛏-紫藤斧蛤
红树林泥滩		中国绿螂-双齿相手蟹-角眼切腹蟹	小翼拟蟹守螺-珠带拟蟹守螺-拟安氏主格星虫	刺锚参-刀明樱蛤-角蛤

2.2 群落的主要参数

大亚湾潮间带生物群落结构的4个参数值,在不同生态相和不同类型群落中有所不同(表2)。

表2 大亚湾潮间带群落结构的4个主要参数

Tab.2 Four main indices of community structure (H', J, d, D) in intertidal zone, in Daya Bay

生态相	开敞程度		H'		J		d		D	
			秋	冬	秋	冬	秋	冬	秋	冬
岩石	隐蔽	A3R	3.51	3.68	0.62	0.85	4.44	4.43	47.51	47.78
	半隐蔽	BlR	2.16	1.65	0.65	0.36	1.21	2.36	69.49	80.98
		B9R	3.31	3.94	0.74	0.74	2.58	4.44	42.76	38.49
	敞开	A1R	3.31	3.59	0.70	0.75	3.20	2.97	50.45	44.44
		A2R	2.77	2.17	0.77	0.61	1. 79	1.38	52.85	70.28
		A4R	1.89	2.30	0.40	0.51	2.51	2.28	80.38	72.96
		A6R	2.95	2.32	0.58	0.56	3.67	1. 74	42.28	69.04
		A7R	3.42	2.45	0.62	0.56	4.84	2.26	56.15	65.87
		A8R	2.64	3.29	0.66	0.71	1. 79	2.45	61.38	37.44
		A9R	1.61	3.36	0.54	0.75	0.85	2.43	81.54	39.04
		A10R	1.93	0.32	0.61	0.10	1.06	8.28	73.94	97.55

续表

生态相	开敞程度		H'		J		d		D	
			秋	冬	秋	冬	秋	冬	秋	冬
沙滩	隐蔽	A3S	2.75	3.20	0.52	0.52	4.48	7.74	65.47	64.77
		A4M	3.07	3.60	0.52	0.62	5.86	5.91	58.65	51.51
		A5S	4.99	4.26	0.88	0.82	7.69	5.19	25.25	32.71
		A6S	0.12	0.85	0.02	0.10	2.40	3.56	99.37	92.73
		B8S	3.64	3.10	0.58	0.63	8.28	3.62	52.84	55.73
	敞开	A2S	1.88	1.58	0.81	1.00	1.26	1.26	66.67	66.67
		B2S	2.41	2.09	0.93	0.48	1.67	2.73	50.00	75.20
		A10S	2.58	1.37	1.00	0.86	1.93	0.86	33.33	80.00
红树林泥滩		B7M	2.68	1.81	0.52	0.46	4.46	1.93	67.46	83.66

岩石相隐蔽断面群落 H'值为 3.51～3.68；半隐蔽断面群落为 1.65～3.94；敞开断面群落为 0.32～3.59。可见，敞开断面群落的 H'值分布范围较大，其次是半隐蔽断面群落。敞开断面群落 H'值变幅大，主要与该群落所处的断面的理化因子特别是岩性有关。在花岗岩等固着基较牢固的断面以及浪击度稍小的断面，群落的种类较多；而在较松和浪击度较大的断面，种类相对较少。另一方面，H'值的变化与群落中种间个体分配的均匀度有关，即在相同种数下，J 值愈大 H'值亦愈高。断面 A10R 的 H'值最低，冬季仅 0.32，这是因为该断面低潮区大量的端足类所致，其密度可高达 8 800 个/m^2，D 值高达 97.55，J 值却下降至 0.10。

沙滩隐蔽断面群落 H'值为 0.12～4.99；敞开断面群落为 1.37～2.58。由此可见，隐蔽断面群落的 H'值变幅较大。此仍与群落所处的断面沉积物类型有关，在细砂特别含泥质沙的断面中，种数相对较多，H'值相应增高；但又可因某些种类个体数的大量发展，J 值下降导致 H'值下降。如断面 A6S 的 H'值秋季最小，J 值也最小，仅 0.2，相反 D 值高达 99.37。这是由于该断面肋蛤螺在秋季的密度高达 96 727 个/m^2 所致。断面敞开类型群落的种数虽少，但因种间个体分配较均匀，故 H'值分布范围较少。

3 结语

大亚湾潮间带生物群落按生态相、大体可划分为岩石相、沙滩和红树林泥滩 3 种类型群落；按生物群落的结构特点与海岸环境特征的关系来划分又可分为隐蔽型群落、半隐蔽型群落和敞开型群落，且各生态相群落结构和各潮区代表种也不尽相同。在隐蔽和半隐蔽群落中，结构复杂；敞开型群落结构相对简单。群落间的差异性受多种海洋理化环境因素的影响，但对群落结构起主导作用的主要有：底质类型、风浪、潮汐和潮流等水动力因素。

参考文献

李荣冠,等.1989.大亚湾岩相潮间带底栖生物的生态//大亚湾海洋生态文集(Ⅰ). 北京:海洋出版社,82-92.

Bray J R, Curtis J T. 1957. An ordination of the upland forest communities of Southern Wisconsin. Ecol Monogr, 27:325-349.

Dexter D M. 1969. Structure of and intertidal sandy beaches community in North Carolina, Chesapeake. Science, 10:93-98.

Dexter D M. 1979. Community structure and seasonal variation in intertial Panamanian sandy beaches. Est Coas Mar Sci, 9:543-558.

Holland A F, Polgar T T. 1976. Seasonal changes in the structure of and intertidal community. Mar Bio, 37:341-348.

Jiang J X, Zhou Q L. 1980. A preliminary survey of the rocky intertidal community along Tolo Harbour, Hong Kong. Proceedings of the First International Marine Biological Workshop: the Marine Flora and Fauna of Hong Kong and Southern China. Hong Kong: Hong Kong University Press:673-686.

Margalef D R. 1958. Information theory in ecology. Gen Sys, 3:36-71.

Menaughton S J, Wolf L L. 1970. Dominance and the niche in ecological systems. Science, 167:131-139.

Pielous B C. 1966. The use of information theory in the study of ecological succession. J Theor Biol, 10:370-383.

Shannon C E, Weaver W W. 1963. The mathematical theory of communication. University of Illinois Press (Urbana), 117.

Stephenson T A, Stephenson A. 1949. The universal feature of zonation between tidemarks on rocky coasts. J Ecol, 37(2):289-305.

Vaillant L. 1891. Nouvelles etudles surles zone littorales. Ann Nat zool, 120:39-50.

Whitlach L B. 1977. Seasonal changes in the community structure of the macrobenthos inhabiting the intertidal sand and mud flats of Barnstable Harbor. Massachusetts Biol Bull, 152:275-294.

李荣冠,江锦祥,吴启泉,鲁琳,郑凤武,黄心光.

原载《海洋与湖沼》(增刊)1995,26(5):91-101

厦门岛软相潮间带生物群落

摘要 厦门岛软相潮间带生物有3个群落:泥滩群落、泥沙滩群落和沙滩群落。本文应用丰度生物量比较法和种内个体对数正态分布等分析了各群落结构的特点。结果表明,泥沙滩和沙滩群落相对较稳定,丰度生物量复合*K*-优势度曲线不交叉、重叠和翻转;生物个体的增加呈几何级数,各种类的个体数目呈对数正态分布,且呈一直线。泥滩群落结构的扰动,初步认为在于夏季的凸壳肌蛤和渤海鸭嘴蛤大量繁生所致。

关键词 软相潮间带;群落结构;厦门岛

COMMUNITY ON SOFT-INTERTIDAL ZONE AROUND XIAMEN ISLAND

Abstract:Three communities, which are on silty clay, on sand and mud,and on sandy beach in the soft-intertidal zone around Xiamen, are reported in this paper. The characters of community structure are analyzed by abundance and biomass comparison and log-normal distribution of individuals among species. The results show the communities on the sand-mud and sandy beaches are relatively stability, the combined *K*-dominance curves for numbers and biomass do not cross overlap or reverse,and the plots of the cumulative percentage of species against the geometric class of individuals per species gives a straight line if the distribution is log-normal.It appears preliminarily that the disturbance of the community structure on silty-clay beach results from the successional stage in which a mass of *Musculista senhausia* and *Laternula marilina* spawn in summer.

Key words:Soft-intertidal zone, Community structure, Xiamen Island

厦门岛位于台湾海峡南部,24°25′24″—33′14″N,118°03′58″—118°11′48″E。面积约128.14 km^2,是福建省第四大岛。1955年10月,高集海堤建成后,厦门岛成为半岛。岛的北部、东部、西北部沿岸多为数百米宽的泥或泥沙滩,东南沿岸主要是沙滩和泥沙滩。

厦门岛地处南亚热带,属于南亚热带季风性气候。温和多雨,夏无酷暑,冬无严寒,年均气温20.7℃,年均表层水温21.1℃。夏、秋季表层海水盐度为24.49~31.43,冬季为28.69~33.83。潮汐特征为正规半日潮,最大潮差6.92 m,平均潮差3.99 m。

1 材料与方法

根据 1991 年 7 月和 1992 年 1 月(分别代表夏、冬季)厦门市海岛资源综合调查潮间带生物调查资料整理而成。软相潮间带生物调查共布设 4 条断面(图 1),其中泥滩 2 条(M2、M3),泥沙滩(M1)和沙滩(S6)各 1 条。每断面设 7 个站位:高潮区(Ⅰ)2 个;中潮区(Ⅱ)3 个;低潮区(Ⅲ)2 个。取样和标本处理按《海洋调查规范》和《海洋监测规范》进行。

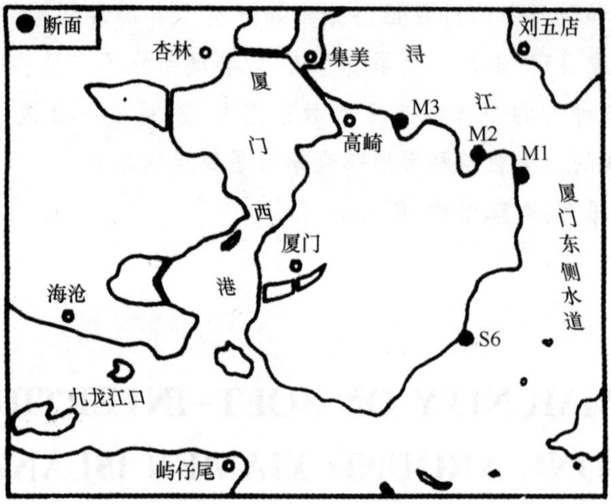

图 1 厦门岛软相潮间带生物调查断面

群落结构分析,通过微机应用丰度生物量比较法和种内个体几何级数以及描述群落的特征值:种类多样性指数(H')、匀度(J)和丰度(d)研究了各群落结构的特点(李荣冠等,1989a,b; 1992;Bonsdorff,et al.,1982; Gray,1990;Lambshead et al. ,1983)。

2 结果

2.1 群落的类型

厦门岛软相潮间带生物按底质类型可划分为沙滩群落、泥沙滩群落和泥滩群落。

(1)泥滩群落(M2、M3):该群落位于高崎、五通一带。高潮区底质为中砂、泥质砂,中潮区为泥质砂,低潮区为粉砂-黏土,滩面底质不均匀成镶嵌型。

泥滩群落的一个重要特征是渤海鸭嘴蛤[*Laternula* (*Exolalernula*) *marilina*]、凸壳肌蛤(*Musculista senhausia*)、珠带拟蟹守螺(*Cerithidea cingulata*)占绝对优势。

高潮区:红角沙蚕(*Ceratonereis erythraeensis*)-宽身大眼蟹[*Macrophthalmus* (*M.*) *dilatum*]带。

该区上层的种类十分贫乏,自下层种类增加。代表种红角沙蚕在冬季的生物量和栖息密度分别为 12.84 g/m^2 和 400 个/m^2;宽身大眼蟹的个体小生物量不高,栖息密度可达 194 个/m^2。在本区下层与中潮区交界处还有渤海鸭嘴蛤、珠带拟蟹守螺和果坚壳蟹(*Ebalia malefactrix*)等。

中潮区:渤海鸭嘴蛤–珠带拟蟹守螺–淡水泥蟹(*Ilyoplax tansuiensis*)带。

该区优势种渤海鸭嘴蛤,在高潮区下层至中潮区中层可交替出现,数量以中潮区的上、中层为大,其生物量和栖息密度冬季分别为 604 g/m^2 和 276 个/m^2。珠带拟蟹守螺自高潮区下层可分布至中潮区下层,数量以中潮区上层为大,冬季的生物量和栖息密度分别达 80.80 g/m^2 和 100 个/m^2。淡水泥蟹的生物量不大,其栖息密度也可达到 68 个/m^2。其他主要种还有欧文虫(*Owenia fusformis*)、被角樱蛤(*Angulus vestalioides*)、透明美丽蛤(*Merisca diaphana*)、短拟沼螺(*Assiminea brevicula*)、纵带滩栖螺(*Batillaria zonalis*)、织纹螺(*Nassarius* sp.)、泥螺(*Buljacta exarata*)、果坚壳蟹、裸盲蟹(*Typhlocarcinus nudus*)、弧边招潮[*Uca* (*Deltuca*) *arcuata*]、日本大眼蟹[*Macrophthalmus* (*M.*) *japonicus*]、中国鲎(*Tachypleus tridentatus*)、海豆芽(*Lingula anatina*)和犬牙细棘虾虎鱼(*Acentrogobius caninus*)等。

低潮区:梳鳃虫(*Terebellides stroernii*)–胡桃蛤[*Nucula* (*Leionuclua*) sp.]–光滑倍棘蛇尾(*Amphioplus laevis*)带。

该区的种类和数量均比中潮区少。代表种梳鲤虫在冬季的最高生物量和栖息密度分别为 2.60 g/m^2 和 120 个/m^2,在低潮区上层分别减少到 2.00 g/m^2 和 72 个/m^2。该种向上可分布至中潮区的下层。胡桃蛤自中潮区中层向下延伸分布至此,生物量和栖息密度不高,在本区的最高生物量和栖息密度也仅为 0.80 g/m^2 和 7 个/m^2。光滑倍棘蛇尾为该区的特征种,生物量和栖息密度分别为 0. 12 g/m^2 和 4 个/m^2。其他习见种有:亚热带杂毛虫(*Poecilochaetus paratropicus*)、浅古铜吻沙蚕(*Glycera subaenea*)、泥螺、棕板蛇尾(*Ophiomaza cacaotica*)等(图 2)。

该群落有 123 种,平均生物量为 72.5 g/m^2,平均栖息密度为 325 个/m^2。无论种数与数量均以中潮区为大,中潮区是潮间带生物活动的主要场所。

高崎泥滩群落的生境,除高潮区被围垦外,中潮区和低潮区底质均为砂质泥和粉沙–黏土。群落的优势种为凸壳肌蛤。

(2)泥沙滩群落(M1):该群落位于浦口一带。高潮区的底质为砂、细砂,中潮区为砾质砂、泥质砂,低潮区为泥质砂。

该群落的主要特征是优势种的数量不高。

高潮区:痕掌沙蟹(*Ocypode stimpsoni*)–清白招潮[*Uca* (*Celuca*) *lactea*]带。

该区上层种类贫乏,除了痕掌沙蟹未发现其他种类。痕掌沙蟹为本区生物量的最高者,夏季其生物量为 16.3 g/m^2,栖息密度仅 4 个/m^2。清白招潮为本区的栖息密度最高者,冬季其生物量和栖息密度分别为 11. 20 g/m^2 和 68 个/m^2。其他习见种有:隆线拳蟹(*Philyra carinata*)、红角沙蚕等。

中潮区:菲律宾蛤仔(*Ruditapes philippinarum*)–悦目大眼蟹[*Macrophthalmus* (*Mareotis*) *erato*]–珠带拟蟹守螺带。

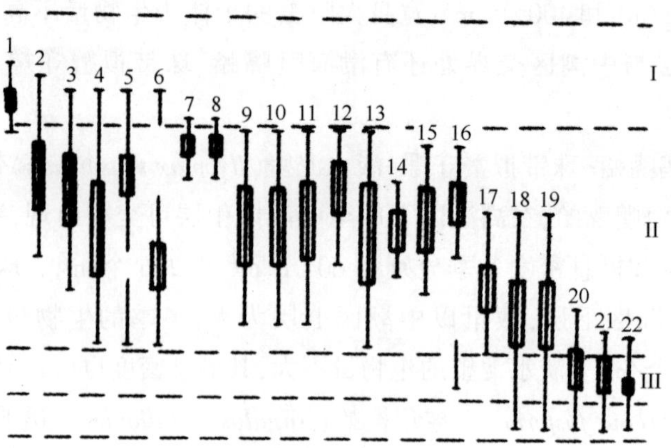

图 2　泥滩群落主要种垂直分布

1.宽身大眼蟹;2.红角沙蚕;3.渤海鸭嘴蛤;4.珠带拟蟹守螺;5.多色彩螺;6.果坚壳蟹;7.透明美丽蛤;8.弧边招潮;9.欧文虫;10.被角樱蛤;11.淡水泥蟹;12.日本大眼蟹;13.纵带滩栖螺;14.短拟沼螺;15.鸭嘴海豆芽;16.泥螺;17.织纹螺;18.浅古铜吻沙蚕;19.胡桃蛤;20.亚热带杂毛虫;21.梳鳃虫;22.光滑倍棘蛇尾

该区代表种菲律宾蛤仔主要分布在本区的上、中层,以中层的数量为大,夏季其生物量和栖息密度分别为 97.58 g/m^2 和 38 个/m^2。悦目大眼蟹则主要分布于上层,夏季的生物量和栖息密度分别为 23.80 g/m^2 和 64 个/m^2。珠带拟蟹守螺出现率高且分布广,几乎遍布本区。主要种还有:欧文虫、浅古铜吻沙蚕、伊萨伯雪蛤(*Clausinella isahellina*)、纵带滩栖螺、秀丽织纹螺[*Nassarius* (*Reticunassa*) *festivus*]、隆线拳蟹、豆形短眼蟹(*Xenophthalums pinnotheroides*)和洼颚倍棘蛇尾(*Amphioplus depressus*)等。

低潮区:梳鳃虫-日本大眼蟹-裸盲蟹带。

梳鳃虫自中潮区上层分布至此,数量以本区上层为大,夏季的生物量和栖息密度分别为 3.36 g/m^2 和 52 个/m^2。日本大眼蟹只在本区出现,栖息密度不高,生物量为 9.84 g/m^2。裸盲蟹在上层的生物量较高(5.52 g/m^2),下层相对较低仅有 0.12 g/m^2。其他主要种还有:简毛拟节虫(*Praxillella gracilis*)、叉毛矛毛虫(*Phylo ornatus*)、洼颚倍棘蛇尾等(图 3)。

该群落共有 115 种,平均生物量为 14.62 g/m^2,平均栖息密度为 83 个/m^2。

(3)沙滩群落(S6):该群落位于前浦一带。高潮区底质为粗砂、砂,中潮区为泥质砂、砂, 低潮区为泥质砂、中粗砂。

该群落的特征之一为种类的数量相对较低。

高潮区:平掌沙蟹(*Ocypode cordimana*)-浅古铜吻沙蚕带。

该区种类少,数量低。浅古铜吻沙蚕冬季在下层的生物量和栖息密度分别为 0.04 g/m^2 和 20 个/m^2。该种自本区可向下延伸分布至低潮区。平掌沙蟹的出现率不高,只在定性采样时采到。习见种有甘吻沙蚕(*Glycinde* sp.)。

中潮区:拟安氏方格星虫(*Sipunculus angasoides*)-红刺尖锥虫[*Scoloplos* (*Leodamas*) *rubra*]-光滑倍棘蛇尾带。

拟安氏方格星虫为本区的特征种,仅分布于本区上层。冬季的生物量和栖息密度分别

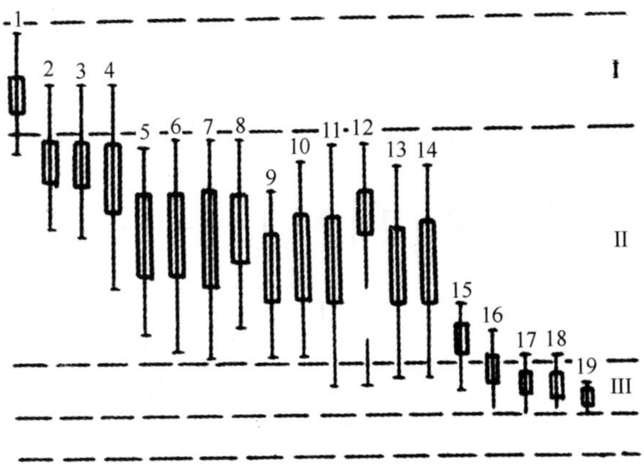

图 3　泥沙滩群落主要种垂直分布

1.痕学沙蟹;2.消白招潮;3.隆线拳蟹;4.红角沙蚕;5.悦目大眼蟹;6.珠带拟蟹守螺;7.浅古铜吻沙蚕;8.欧文虫;9.伊萨伯雪蛤;10.菲律宾蛤仔;11.梳鳃虫;12.洼颚倍棘蛇尾;13.秀丽织纹螺;14.纵带滩栖螺;15.倍棘蛇尾;16.裸盲蟹;17.简毛拟节虫;18.叉毛矛毛虫;19.日本大眼蟹

为 20.68 g/m² 和 8 个/m²。红刺尖锥虫出现率高、分布较广,遍及整个中潮区。数量以中层为大,夏季的生物量和栖息密度分别为 0.88 g/m² 和 24 个/m²,冬季分别为 2.56 g/m² 和 28 个/m²,上、下层相对较低。光滑倍棘蛇尾出现率也高,分布也较广,数量不高。数量最大的中层,夏季生物量和栖息密度分别为 0.64 g/m² 和 12 个/m²,冬季分别为 1.60 g/m² 和 20 个/m²。其他主要种有:软须阿曼吉虫(*Armandia leptocirrs*)、梳鳃虫、似蛰虫(*Amaeana trilobata*)、浅古铜吻沙蚕、金星蝶铰蛤 (*Trigonothracia jinxingae*)、洼颚倍棘蛇尾等。

低潮区:欧努菲虫(*Onuphis eremita*)-大竹蛏(*Solen grandis*)-豆形短眼蟹带。

豆形短眼蟹为本区特征种,仅在本区出现。夏季,上层的生物量和栖息密度分别为 6.84 g/m² 和 12 个/m²,下层相对较低仅 1.28 g/m² 和 4 个/m²。大竹蛏仅分布于本区,出现率低、数量也低,夏季的生物量和栖息密度分别仅 0.48 g/m² 和 16 个/m²。欧努菲虫分布较广,自中潮区上层可延伸至此,生物量和栖息密度以本区为大,夏季分别为 2.88 g/m² 和 28 个/m²。其他主要种还有:浅古铜吻沙蚕、似蛰虫、直线竹蛏(*Solen linearis*)、四角蛤蜊[*Mactra* (*M.*) *veneriformis*]、裸盲蟹、毛盲蟹(*Typhlocarcinus villosus*)等(图 4)。

该群落共有 92 种,平均生物量为 7.06 g/m²,平均栖息密度为 90 个/m²。

2.2　群落的稳定性

(1)丰度生物量比较法:在稳定的海洋环境中,生物群落结构相对平衡,群落的生物量由一个或几个大型的种占优势,且每个种有几个个体。当群落失去平衡时,在数量上占优势的种是随机的较小的种。在这种情况下,种内丰度的分布比生物量分布更显优势,丰度生物量复合 *K*-优势度曲线呈现出相互交叉、重叠和翻转。

图 5 和图 6 为泥滩、泥沙滩和沙滩群落夏、冬季的丰度生物量复合 *K*-优势度曲线。从图 5 和图 6 中可见,除了泥滩群落(M3)夏季的丰度生物量复合 *K*-优势度曲线在前端交叉

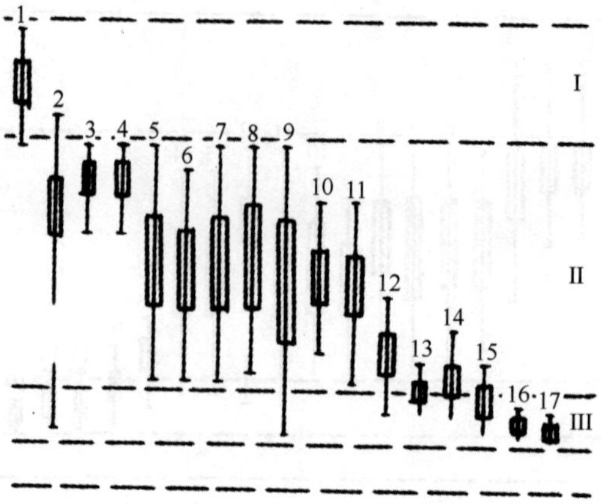

图 4　沙滩群落主要种垂直分布

1.平掌沙蟹;2.浅古铜吻沙蚕;3.软须阿曼吉虫;4.拟安氏方格星虫;5.红刺尖锥虫;6.光滑倍棘蛇尾;7.梳鳃虫;8.洼颚倍棘蛇尾;9.欧努菲虫;10.金星蝶铰蛤;11.似垫虫;12.裸盲蟹;13.大竹蛏;14.四角蛤蜊;15.豆形短眼蟹;16.毛盲蟹;17.直线竹坚

外,泥沙滩和沙滩群落的优势度曲线既不交叉、重叠,又不翻转。这反映出了泥沙滩和沙滩群落结构的相对稳定与泥滩群落(M3)夏季受到了一定的扰动。

(2)种内个体对数正态分布:对数正态分布,将种类按个体数的不同算术尺度分成相应的不同几何级数,累加不同几何等级的种数,绘制成个体几何级数与种数累加百分数的相关性线。群落稳定时,生物个体的增加呈几何级数,各种类的个体数目呈对数正态分布,分布呈一条直线。当群落结构不平衡时,分布图出现拐点且个体几何级数增加。

图 7 为泥滩、泥沙滩和沙滩 3 个群落夏、冬两季种内个体对数正态分布。从图 7 中可见、泥滩群落(M3)夏季的种内个体对数正态分布曲线出现拐点,其个体几何级数高达 14 级,较其他群落高出 4 级。这情形也反映出该群落的不稳定,其结果与丰度生物量比较法吻合。

(3)种类多样性、匀度和丰度指数:表 1 陈列了泥滩群落、泥沙滩群落和沙滩群落的 Shannon-Weaver 的种类多样性指数(H')、Pielous 的匀度指数(J)和 Margalef 的丰度指数(d)。从表 1 中可以看出,泥滩群落夏、冬季的 H' 均值最低(2.687),J 的均值也最低(0.690),而 d 均值适中(7.018)。尤其是泥滩群落的 M3 断面,其夏季的 H'值和 J 值分别仅 1.516 和 0.363。这反映出该群落种内个体分配极不均匀,优势种的优势度较大。引起该群落多样性指数和匀度指数下降的原因,初步认为在于优势种凸壳肌蛤的大量繁生所致。泥滩群落 M3 断面中潮上层,夏季凸壳肌蛤的生物量和栖息密度分别高达 2 464.00 g/m^2 和 4 418个/m^2。

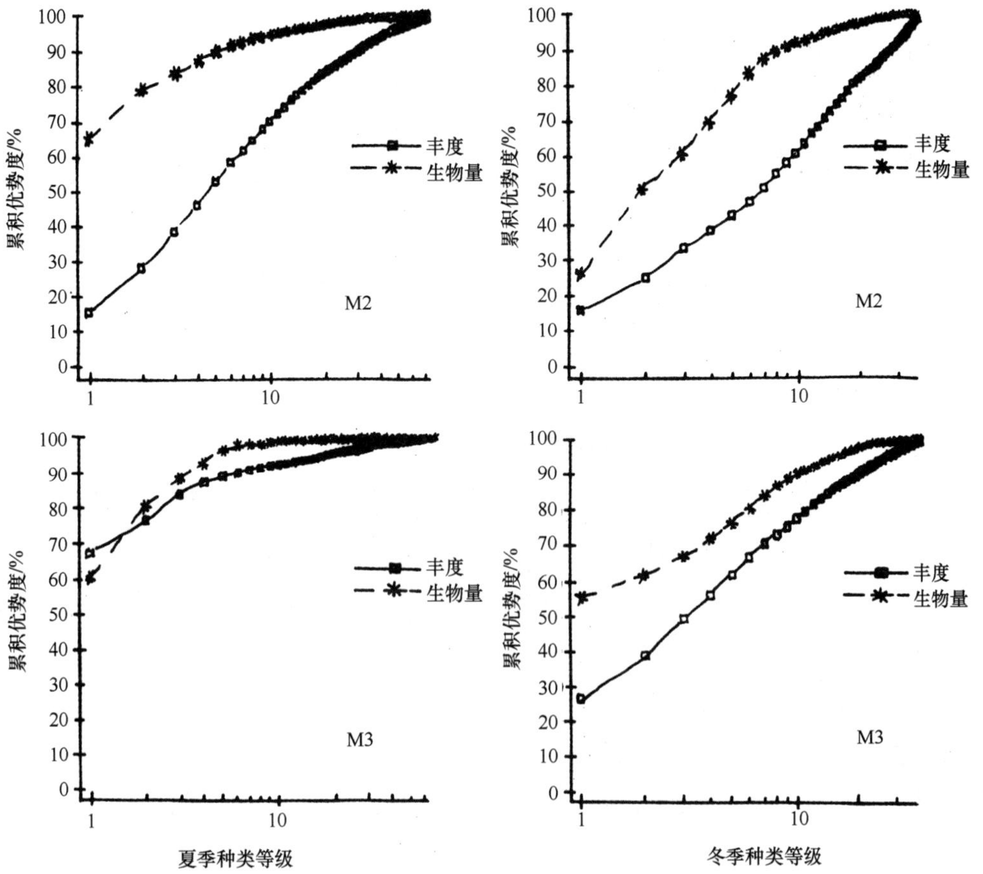

图 5　泥滩群落丰度生物量复合 *K*-优势度曲线

表 1　3 个群落多样性、匀度和丰度指数值比较

群落	泥滩					泥沙滩			沙滩		
断面	M2		M3		均值	M1		均值	S6		均值
季度	夏	冬	夏	冬		夏	冬		夏	冬	
多样性(H')	3.220	3.235	1.516	2.763	2.687	3.617	3.213	3.415	3.577	3.197	3.387
匀度(J)	0.748	0.889	0.363	0.760	0.690	0.887	0.877	0.882	0.889	0.914	0.901
丰度(d)	9.239	6.175	7.281	5.375	7.018	8.901	6.493	7.697	8.112	5.501	6.807

3　结语

厦门岛软相潮间带生物按底质类型可划分为 3 个群落：泥滩群落、泥沙滩群落和沙滩群落。3 个群落在高潮、中潮、低潮 3 个潮区的代表种不尽相同（表 2）。

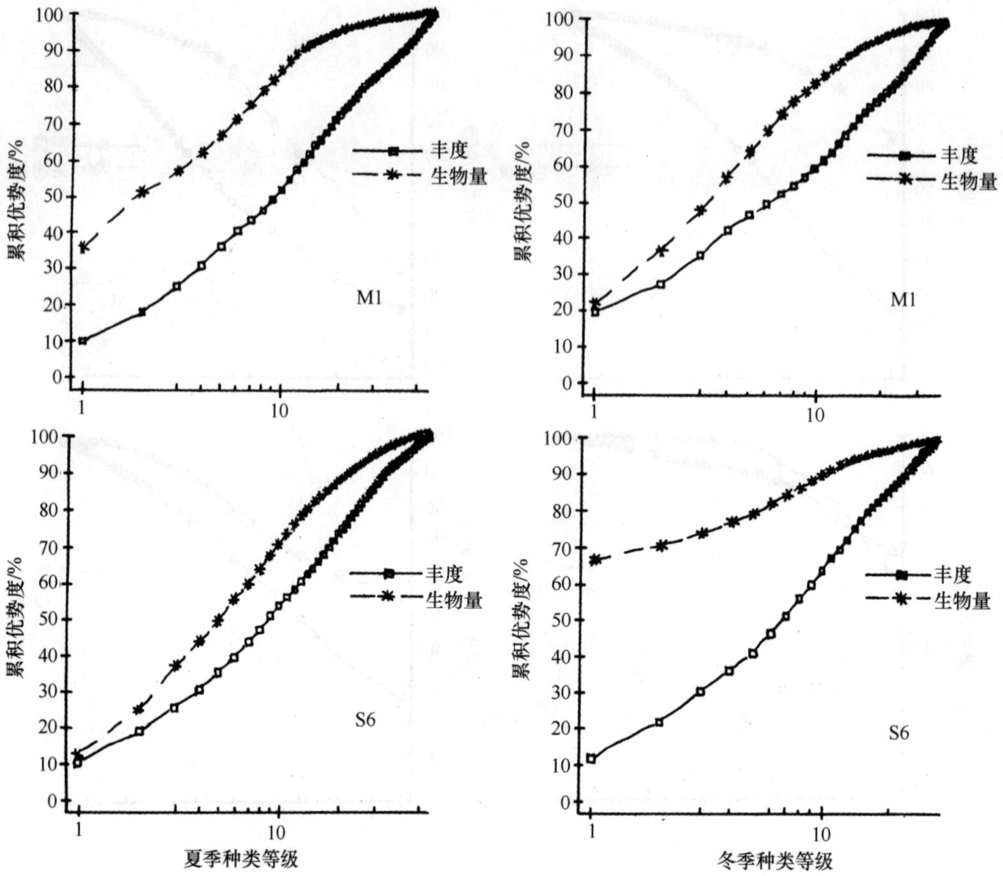

图 6　泥沙滩(M1)、沙滩(S6)群落丰度生物量复合 K-优势度曲线

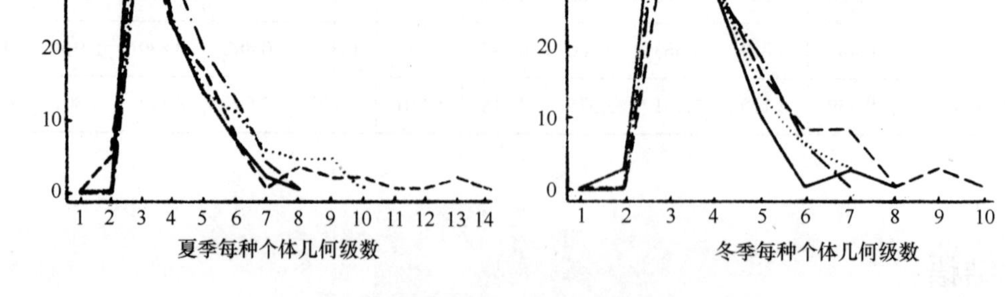

图 7　各群落种内个体对数正态分布

注：泥滩群落（2、3、6、7）泥沙滩群落（1、5）沙滩群落（4、8）

表 2　3 个群落各潮区代表种的比较

群落	高潮区(I)	中潮区(II)	低潮区(III)
泥滩群落	红角沙蚕-宽身大眼蟹	渤海鸭嘴蛤-珠带拟蟹守螺-淡水泥蟹	梳鳃虫-胡桃蛤-光滑倍棘蛇尾
泥沙滩群落	痕掌沙蟹-清白招潮	菲律宾蛤仔-悦目大眼蟹-珠带拟蟹守螺	梳鳃虫-日本大眼蟹-裸盲蟹
沙滩群落	平掌沙蟹-浅古铜吻沙蚕	拟安氏方格星虫-红刺尖锥虫-光滑倍棘蛇尾	欧努菲虫-大竹蛏-豆形短眼蟹

厦门岛软相潮间带 3 个群落,以泥沙滩和沙滩群落相对较稳定,泥滩群落(M3)夏季发生一定的扰动。丰度生物量比较法分析表明,泥滩群落的丰度生物量复合 *K*-优势度曲线出现交叉;种内个体对数正态分布呈现拐点且个体几何级数组增加;Shannon-Weaver 多样性指数和 Pielous 的匀度指数均明显下降。导致泥滩群落结构不平衡的根本原因在于夏季优势种凸壳肌蛤和渤海鸭嘴蛤大量繁生,即生物的季节性演替所致。

参考文献

李荣冠,江锦祥.1989a.厦门西部海域大型底栖生物群落变化.台湾海峡,8(2):144-149.

李荣冠,吴启泉,江锦祥.1989b.大亚湾岩相潮间带底栖生物的生态//大亚湾海洋生态文集(I).北京:海洋出版社,82-92.

李荣冠,江锦祥.1992.应用丰度生物量比较法监海洋污染对底栖生物群落的影响. 海洋学报,14(1):108-114.

Bonsdorff E, Koivisto V. 1982. The use of the log-normal distribution of individuals among species in monitoring zoobenthos in the Northern Baltic Archipelago. Mar Poll Bull, 13(9):324-327.

Gray J S, et al. 1990. Detection of initial effects of pollution on marine benthos: an example from the Ekofisk and Eldfisk oilfields, North Sea. Mar Ecol Prog Ser, 66:285-299.

Gray J S, et al. 1988. Analysis of community attributed on the benthic macrofauna of Frierfiord Langesundfjord and in mesocosm experment. Mar Ecol Prog Ser, 46:151-165.

Lambshead P J D, Platt H M, Shaw K M. 1983. The detection of differences among assemblages of marine benthic species based on an assessment of dominance and diversity. J Nat Hist, 17:859-874.

李荣冠,江锦祥,鲁琳,郑凤武,徐惠州,黄心光.

原载《台湾海峡及邻近海域海洋科学讨论会论文集》1995:386-393

厦门岛软相潮间带生物种类组成与数量分布

摘要 研究了厦门岛泥滩、泥沙滩和沙滩潮间带生物种类组成和数量分布的特点。报道软相潮间带生物已鉴定共有256种，其中多毛类、软体动物和甲壳动物占总种数的83.98%。夏、冬两季的平均生物量为97.57 g/m^2，平均栖息密度为241个/m^2。

Species Composition and Number Distribution of Intertidal Benthos in Soft Phase, Xiamen Island

Abstract: The characteristics of species composition and number distribution in muddy shore, silty sand shore and sandy shore, Xiamen Island are studied and analysed in this paper, of 256 species of intertidal benthos were identified, the three groups of benthos in soft phase were made up of polychaetes, Molluscs and Crustaceans, because them comprised 83.98% of all species. The horizontal distribution of species number in three ecological phase is more at muddy shore (123) than silty sand shore (115), and more at silty sand than sandy shore (92).

The average biomass and habitat density in summer and winter were 97.57 g/m^2 and 241 ind./m^2 respectively. The biomass at soft bottom of intertidal zone is more in Xiamen Island than whole province (38.14 g/m^2) and whole province islands (44.46 g/m^2), Fujian; the habitat density is more in Xiamen than whole province (164 ind./m^2) and lower in Xiamen than whole province islands (299 ind./m^2), Fujian. The vertical distribution of the number, the biomass and habitat density are more at middle tidal zone than high tidal zone, and more at high tidal zone than low tidal zone.

1 自然环境特征

厦门岛位于台湾海峡南部，24°25′24″—24°33′14″N，118°03′58″—118°11′48″E。面积约128.14 km^2，为福建省的第四大岛。1955年10月高集海堤建成后，厦门岛成为半岛。岛的北部、东部、西北部沿岸多为几百米宽的泥或泥沙滩，东南沿岸主要是沙滩或泥沙滩。

厦门岛属南亚热带季风性气候，温和多雨，夏无酷暑，冬无严寒，年均气温20.7℃，年均表层水温21.1℃。夏、秋季表层海水盐度为24.49~31.43，冬季为29.69~33.83。潮汐为正规半日潮,平均潮差 3.99 m,最大潮差 6.92 m。

2　材料与方法

根据 1991 年 7 月和 1992 年 1 月,厦门市海岛资源综合调查:潮间带生物调查资料整理而成。软相潮间带生物调查共布设 4 条断面(图 1),其中泥滩 2 条,泥沙滩和沙滩各 1 条。每条断面设 7 个站:高潮区(Ⅰ)2 个;中潮区(Ⅱ)3 个;低潮区(Ⅲ)2 个。每站用 25 cm×25 cm 定量框取样 4~8 次。样品经底栖生物涡旋分选器分离,经网目 1 mm 套筛分选标本。同时对各潮区进行定性取样与观察。

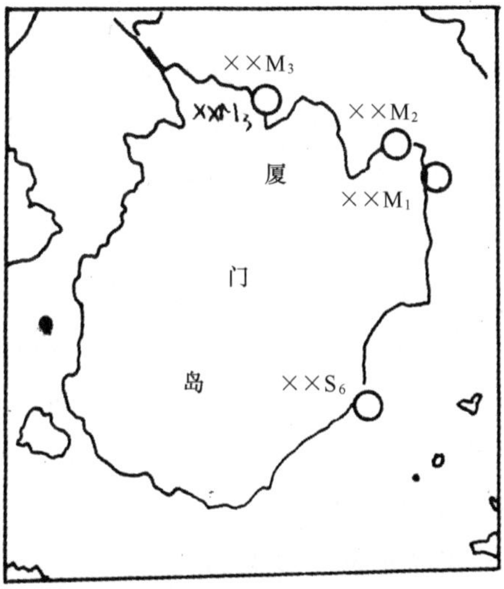

图 1　厦门岛软相潮间带生物调查断面

3　结果

3.1　种类组成与分布

厦门岛软相潮间带生物有 256 种,其中多毛类 83 种,软体动物 76 种,甲壳动物 57 种,棘皮动物 15 种和其他动物 25 种。多毛类、软体动物和甲壳动物占总种数的 83.98%,三者构成软相潮间带生物的主要类群。

在软相潮间带中,不同断面间因底质类型的不同,所处地理位置不同,受风浪、潮汐和潮流等水动力作用影响强弱不同,其种类组成和种数是不同的(表 1)。

表 1 软相潮间带各断面种类组成

断面	多毛	软体	甲壳	棘皮	其他	合计
泥滩××M_2	42	47	21	4	9	123
泥滩××M_3	46	30	20	4	6	106
泥沙滩××M_1	46	31	22	8	8	115
沙滩××S_6	45	12	17	5	13	92
合计	83	76	57	15	25	256

泥滩两断面的种数(106~123 种)>泥沙滩(115 种)>沙滩(92 种)。种类组成,泥滩断面以多毛类和软体动物居第一、二位;泥沙滩断面以多毛类占第一位,软体动物占第二位,甲壳动物占第三位;沙滩断面多毛类占第一位,甲壳动物占第二位,软体动物退居第三位。种数的垂直分布,泥滩:中潮区(67 种)>低潮区(30 种)>高潮区(17 种);泥沙滩:中潮区(58 种)>低潮区(44 种)>高潮区(7 种);沙滩:中潮区(50 种)>低潮区(45 种)>高潮区(3 种)。3 种生态相的种数均以中潮区最大,高潮区最小。

根据数量和出现频率,厦门岛软相潮间带生物优势种有:渤海鸭嘴蛤(*Laternula marilina*)、凸壳肌蛤(*Musculista senhausia*)、菲律宾蛤仔(*Ruditapes philippinarum*)、被角樱蛤(*Angulus vestalioides*)、珠带拟蟹守螺(*Cerithidiea cingulata*)、纵带滩栖螺(*Batillaria zonalis*)和果坚壳蟹(*Ebalia malefactrix*)等。

厦门岛软相潮间带生物经济种有 45 种,其中主要有:锐足全刺沙蚕(*Nectoneanthes oxypoda*)、双齿围沙蚕(*Perinereis aibuhitensis*)、裸体方格星虫(*Sipunculus nudus*)、可口革囊星虫(*Phascolosoma esculenta*)、凸壳肌蛤、四角蛤蜊(*Mactra* (*M.*) *veneriformis*)、直线竹蛏(*Solen linearis*)、缢蛏(*Sinonocvacula constricta*)、菲律宾蛤仔、渤海鸭嘴蛤、斑玉螺(*Natica tigrina*)、泥螺(*Bullacta exarata*)、黑斑绿虾蛄(*Oratosquilla kempi*)、中国鲎(*Tachypleus tridentatus*)和大弹涂鱼(*Boleophthalmus pectinirostris*)等。

3.2 数量组成与分布

厦门岛软相潮间带夏、冬两季平均生物量为 97.57 g/m^2,平均栖息密度为 241 个/m^2,生物量和栖息密度均以软体动物居首位,生物量以甲壳动物占第二位,栖息密度以多毛类占第二位(图 2)。

软相潮间带 3 种生态相的数量及各类群的百分组成是不同的。在泥滩中,生物量和栖息密度均以软体动物居首位,依次是多毛类和甲壳动物(图 3A);泥沙滩中,生物量以甲壳动物居首位,软体动物居第二位,栖息密度以多毛类占第一位,甲壳动物占第二位(图 3B);沙滩中,数量均以多毛类占第一位,甲壳动物占第二位(图 3C)。数量分布也不同。生物量以泥滩(72.59 g/m^2)>泥沙滩(14.62 g/m^2)>沙滩(7.06 g/m^2);栖息密度以泥滩(325 个/m^2)>沙滩(90 个/m^2)>泥沙滩(83 个/m^2)。生物量和栖息密度均以泥滩为大。

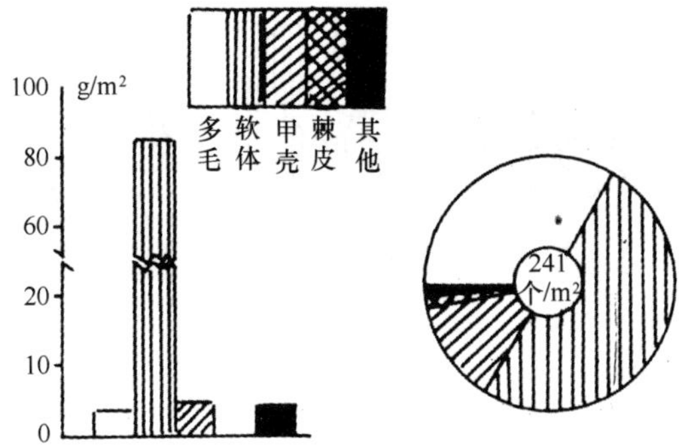

图 2　软相潮间带生物主要种群数量组成

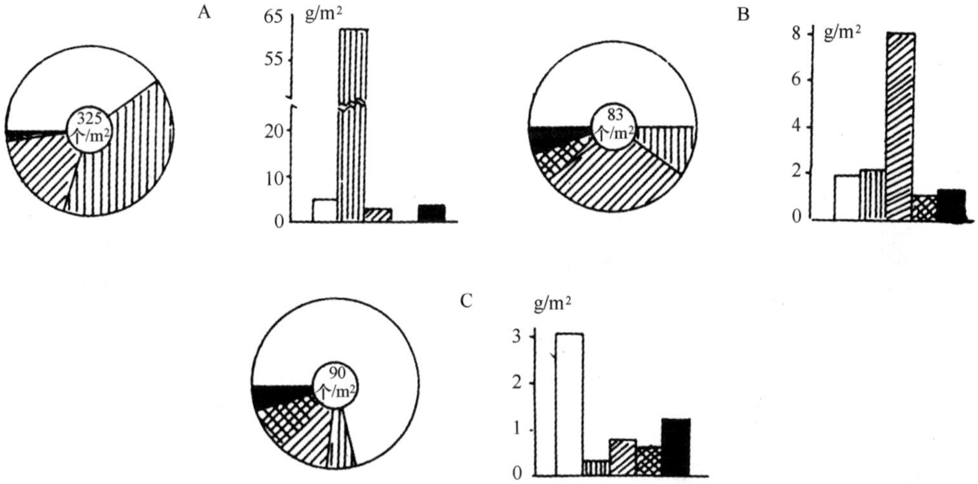

图 3　3 种生态相中各类群数量及百分组成

软相潮间带数量的垂直分布,生物量以中潮区(264.47 g/m^2)>高潮区(15.15 g/m^2)>低潮区(13.09 g/m^2);栖息密度以中潮区(434 个/m^2)>高潮区(159 个/m^2)>低潮区(130 个/m^2)。数量以中潮区为大,低潮区较小(图 4)。

不同生态相间数量的垂直分布略有差异,除泥滩高潮区的栖息密度(567 个/m^2)>中潮区(271 个/m^2)外,泥沙滩和沙滩的生物量和栖息密度均以中潮区为大(图 5)。

软相潮间带生物数量的季节变化,生物量以夏季(184.46 g/m^2)>冬季(10.67 g/m^2);栖息密度同样以夏季(403 个/m^2)>冬季(77 个/m^2)。各类群数量的季节变化,除棘皮动物冬季的生物量大于夏季外,其他类群的生物量和栖息密度均以夏季大于冬季(图 6)。

数量垂直分布的季节变化,生物量高潮区夏季(23.06 g/m^2)>冬季(7.24 g/m),中潮区夏季(511.71 g/m^2)>冬季(17.22 g/m^2),低潮区夏季(18.61 g/m^2)>冬季(7.56 g/m^2);栖息密度高潮区(276 个/m^2)>冬季(18 个/m^2),中潮区夏季(725 个/m^2)>冬季(143 个/m^2),低潮区夏季(209 个/m^2)>冬季(49 个/m^2),3 个潮区的数量均以夏季>冬季。

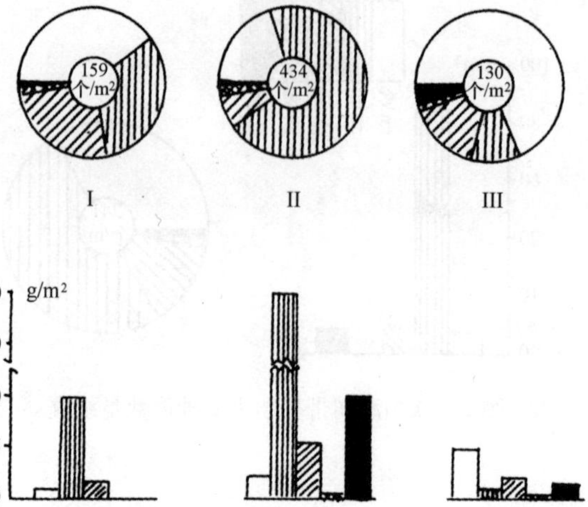

图 4　软相潮间带数量垂直分布及各类群百分组成

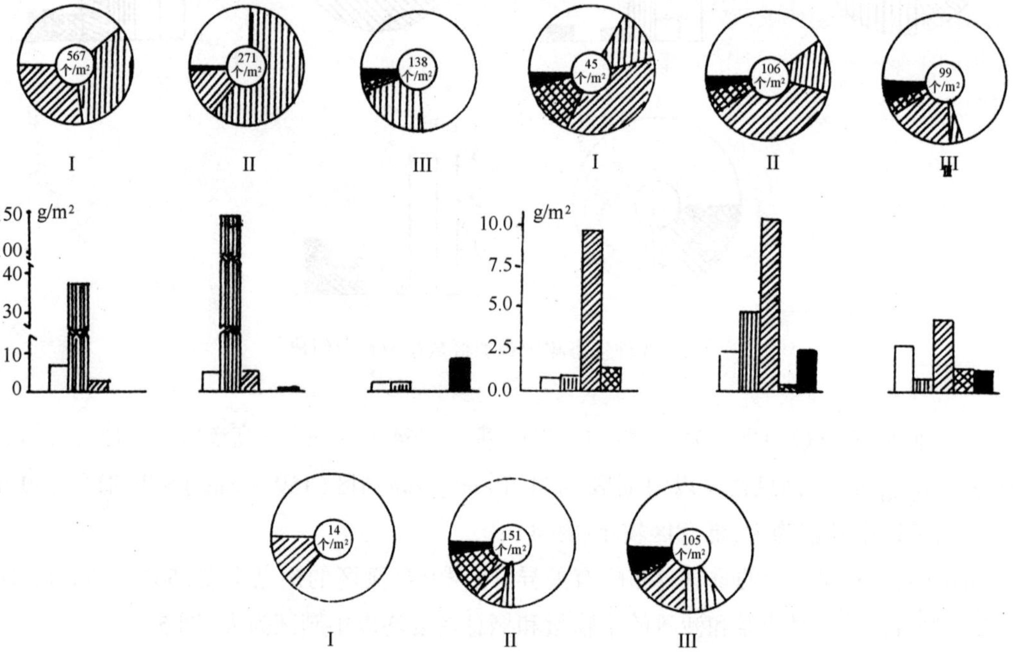

图 5　3 种生态相数量的垂直分布

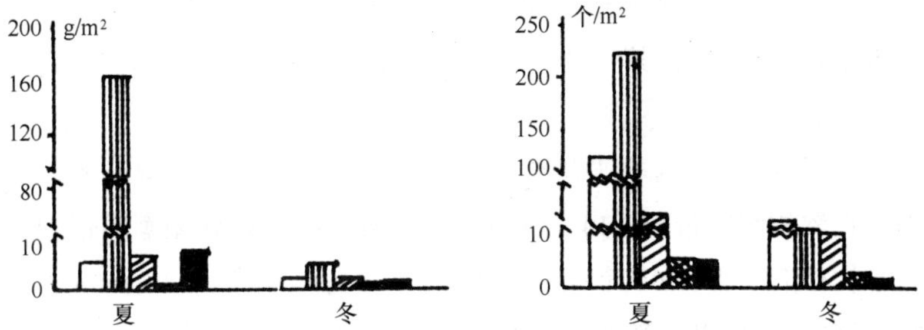

图 6　软相潮间带生物数量季节变化

4　结语与讨论

厦门岛软相潮间带生物已鉴定有 256 种，较大嵛山岛（119 种）多①，比东山岛（278 种）少②，岛屿间种数比较，自北而南随纬度减少，种数呈递增趋势（表 2）③。厦门岛软相潮间带 3 种生态相的种数以泥滩（123 种）大于泥沙滩（115 种）大于沙滩（92 种）。尽管岛屿间 3 种生态相的种数有所不同，但种类的组成均以多毛类、软体动物和甲壳动物占多数，三者构成软相潮间带生物的主要类群（表 2）。

表 2　潮间带生物种类组成与比较

地点		多毛	软体	甲壳	棘皮	其他	合计
大嵛山		39	39	27	7	7	119
三都		46	34	28	1	22	131
大嶝		83	59	34	6	13	195
厦门		83	75	57	15	26	256
东山		91	62	88	11	26	278
厦门	泥滩	42	47	21	4	9	123
	泥沙滩	46	31	22	8	8	115
	沙滩	45	12	17	5	13	92

与历史资料比较，某些种类至今仍保持有重要的地位，如珠带拟蟹守螺和纵带滩栖螺。曾经报道 1959 年纵带滩栖螺（纵带锥螺）的最大生物量和栖息密度分别为 392.00 g/m^2 和 424 个/m^2[1]，现其生物量和栖息密度仍可达 32.32 g/m^2 和 40 个/m^2。优势种珠带拟蟹守螺

① 李荣冠，闽东海岛资源综合调查报告：潮间带生物，1992。
② 蔡尔西等，中国海湾志，第八分册：东山湾潮间带生物，1990。
③ 李荣冠，厦门市海岛资源综合调查：潮间带生物调查报告，1991。

(珠带磁螺),现最大的生物量和栖息密度仍可达 135.44 g/m^2 和 496 个/m^2。以往不曾被人注意的渤海鸭嘴蛤和凸壳肌蛤,其生物量分别高达 604.00 g/m^2 和 2 464.00 g/m^2,栖息密度可达 276 个/m^2 和 4 418 个/m^2。

厦门岛软相潮间带夏、冬两季平均生物量为 97.57 g/m^2,平均栖息密度为 241 个/m^2。生物量高于福建省软相潮间带(38.14 g/m^2)和福建省岛屿岸段软相潮间带(44.46 g/m^2);栖息密度高于全省软相潮间带(164 个/m^2)低于福建省岛屿岸段(299 个/m^2)。[2] 3 种生态相比较,生物量和栖息密度均以泥滩为大。数量的组成,除沙滩外,泥滩和泥沙滩的生物量和栖息密度均以多毛类、软体动物和甲壳动物占多数。

软相潮间带数量的垂直分布,生物量和栖息密度均以中潮区为大,低潮区最小。不同生态相比较,除泥滩的高潮区栖息密度(567 个/m^2)大于中潮区(271 个/m^2),泥沙滩和沙滩的数量均以中潮区为大。这是由于泥滩的高潮区下层与中潮区交界处分布有数量较大的渤海鸭嘴蛤和凸壳肌蛤所致。

参考文献

[1] 福建省海洋研究所,厦门大学.厦门及其附近潮间带生物生态调查.厦门大学学报,1960(3):74-95.

[2] 福建省海岸带和海涂资源综合调查领导小组办公室.福建省海岸带和海涂资源综合调查报告.北京:海洋出版社,1990.

李荣冠,江锦祥,鲁琳,郑凤武,徐惠州,黄心光.

原载《厦门市海岛调查研究论文集》1996:80-85

厦门岛岩相潮间带生物种类组成与数量分布

摘要 本文报道了厦门岛岩相潮间带生物276种,其中藻类、软体动物和其他动物占总数的65.21%。夏季和冬季平均生物量为1 365.09 g/m^2,平均栖息密度为3 110个/m^2。生物量以甲壳动物居首位,软体动物居第二位;栖息密度以软体动物居首位,甲壳动物占第二位。

关键词 岩相潮间带生物;种类组成;数量分布

Species composition and quantity distribution of intertidal rocky benthos, Xiamen Island

Abstract: All of 276 species of intertidal rocky benthos. Xiamen Island are reported in this paper. Algae, Molluscs and the others comprised 65.21% of all species. The average biomass and density were 1 365.09 g/m^2 and 3 100 ind./m^2, respectively in summer and winter. The Crustaceans was the first in the biomass, Molluscs the second; but the Molluscs was the first in density, the Crustaceans the second. The horizontal distribution of the quantity, semi-sheltered transection had larger quantity than sheltered transection, and the sheltered larger biomass than the exposed; but the exposed transection was more than semi-sheltered transection, and semi-sheltered was more than sheltered in density. In the vertical distribution of quantity, the middle tidal zone has the largest, and the high tidal zone the smallest. The seasonal variation of the quantity was larger in summer than in winters.

Key words: Intertidal rocky benthos, species composition, quantity distribution

厦门海岛资源综合调查是国家“八五”科技攻关项目。潮间带生物是项目中主要内容之一,旨在查清厦门岛潮间带生物资源,为合理开发利用海岛,制定厦门市发展规划提供科学依据。1987年进行的厦门嵩屿火电厂及其附近潮间带生态调查,目的在于评价嵩屿火电厂的可行性及投产后对该水域海洋环境的影响。近年来,对厦门岛潮间带生物曾进行多次调查,但有关岩相潮间带生态的研究尚未见报道。

1 环境特征

厦门岛位于24°25′24″—24°33′14″N，118°03′58″—118°11′48″E，面积约128.14 km²，是福建省的第四大岛。1955年10月，高集海堤建成后厦门岛成为半岛。岛的沿岸多为泥滩、泥沙滩和沙滩，只有少数的岩石岸。

厦门岛地处南亚热带，属于南亚热带季风性气候。温和多雨，年均气温20.7℃，年均表层水温21.1℃。夏、秋季表层水盐度24.49~31.43，冬季为28.69~33.83。潮汐特征为正规半日潮，最大潮差6.92 m，平均潮差3.99 m。

2 材料与方法

根据1992年厦门市海岛资源综合调查潮间带生物专业调查报告及资料整理。1991年7月和1992年1月（代表夏、冬季），岩相潮间带生物调查共设4条断面（图1），其中隐蔽断面2条（XR3、XR7B），半隐蔽断面1条（XR7A）和开敞断面1条（XR5）。每断面布设7个站位：高潮区（Ⅰ）个；中潮区（Ⅱ）3个；低潮区（Ⅲ）2个。取样与标本处理按《全国海岛资源综合调查简明规程》、《全国海岛资源综合调查简明规程补充规定》和《福建省海岛资源综合调查技术细则》等要求进行。

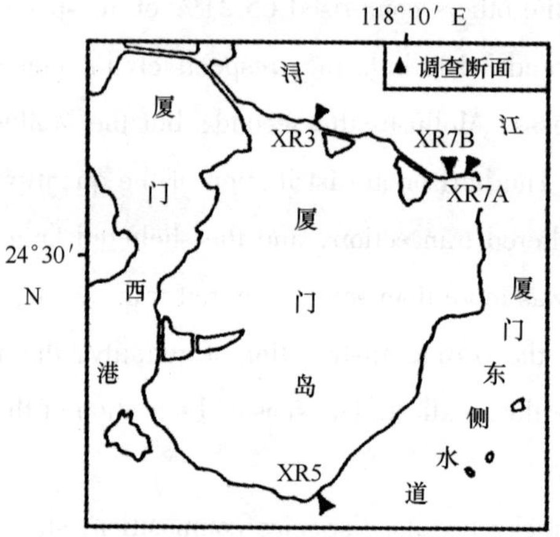

图1　调查断面的分布

Fig.1　Distribution of survey sections

潮区划分根据Vaillant（1891）和Stephenson（1949）原则[1-2]，参考厦门港潮汐资料，将潮间带划分为高、中、低3个潮区。

3 结果

3.1 种类组成与分布

3.1.1 种类组成

厦门岛岩相潮间带生物已鉴定有276种,各类群的组成见表1。种数以藻类占第一位,软体动物居第二位,其他动物居第三位,三者占总种数的65.21%。

表1 各断面底栖生物种类的组成

Tab.1 Species composition of benthos on sections

类群	隐蔽		半隐蔽	开敞	合计
	XR3	XR7B	XR7A	XR5	
藻类	4	11	25	39	69
多毛类动物	16	26	29	30	33
软体动物	34	34	44	37	61
甲壳动物	15	9	9	17	44
棘皮动物	8	9	10	12	19
其他动物	11	9	18	18	50
合计	88	98	135	153	276

岩相潮间带4条断面,按其所处的地理位置受风浪、潮汐、潮流等水动力作用影响之强弱可划分为隐蔽断面(XR3,XR7B)、半隐蔽断面(XR7A)和开敞断面(XR5)。

隐蔽断面的种类组成,软体动物居第一位,多毛类居第二位,甲壳动物居第三位;半隐蔽断面以软体动物居第一位,多毛类居第二位,藻类居第三位;开敞断面以藻类占第一位,软体动物退居第二位,多毛类退居第三位。在3种类型断面中,以藻类组成的差异最显著,隐蔽断面仅4~11种,半隐蔽断面上升至25种,开敞断面高达39种(表1)。藻类的组成随着断面开敞程度的增加而增加。

优势种,按数量和出现频率,岩相潮间带生物优势种有:珊瑚藻(*Corallina officinalis*)、无柄珊瑚藻(*C.sessilis*)、羊栖菜(*Sargassum fusiforme*)、鼠尾藻(*S.thunbergii*)、黑荞麦蛤(*Xenostrobus atratus*)、僧帽牡蛎(*Saccostrea cucullata*)、棘刺牡蛎(*Saccostrea echinata*),敦氏猿头蛤(*Chama dunkeri*)、覆瓦小蛇螺(*Serpulorbis imbricata*)、疣荔枝螺(*Thais clavigera*)、日本菊花螺(*Siphonaria japonica*)、白脊藤壶(*Balanus albicostatus*)、鳞笠藤壶(*Tetraclita squamosa squamosa*)和小相手蟹[*Nanosesarma* (*N.*) *minutum*]等。

经济种,厦门岛岩相潮间带生物经初步估计有经济种53种。主要有:红毛菜(*Bangia*

atropurpurea)、细毛石花菜(*Gelidium crinale*)、小石花菜(*G. divaricatum*)、鸡毛菜(*Pterocladia capillacea*)、舌状蜈蚣藻(*Grateloupia livida*)、鹿角沙菜(*Hypnea cervicornis*)、小杉藻(*Gigartina intermedia*)、铁丁菜(*Ishige okamurai*)、羊栖菜、鼠尾藻、礁膜(*Manostroma nitidum*)、浒苔(*Entermorpha prolifera*)、蛎菜(*Ulva conglobata*)、石莼(*U. lactuca*)、弯齿围沙蚕(*Perinereis camiguinoides*)、青蚶(*Barbatia virescens*)、翡翠贻贝(*Perna viridis*)、新加坡掌扇贝(*Volachlamys singaporinus*)、草莓海菊蛤(*Spondylus fragum*)、僧帽牡蛎、棘刺牡蛎、敦氏猿头蛤、嫁䗩(*Cellana toreuma*)、锈凹螺(*Chlorostoma rustica*)、单齿螺(*Monodonta labio*)、粒花冠小月螺(*Lunella coronata granulata*)、齿纹蜒螺[*Nerita* (*Ritena*) *yoldii*]、覆瓦小蛇螺、疣荔枝螺、龟足(*Capitulum mitella*)、日本蟳(*Charybdis japonica*)、日本大眼蟹[*Macrophthalmus* (*Mareotis*) *japonicus*]和紫海胆(*Anthocidaris crassispina*)等。其中多为贝藻类。

3.1.2 种类分布

厦门岛岩相潮间带生物种类水平由大到小依次为:开敞断面(153 种)、半隐蔽断面(135 种)、隐蔽断面(88~98 种)。垂直分布由大到小依次为:隐蔽断面为中潮区(49 种)、低潮区(39 种)、高潮区(4 种);半隐蔽断面为中潮区(71 种)、低潮区(61 种)、高潮区(3 种);开敞断面为中潮区(68 种)、低潮区(53 种)、高潮区(3 种),3 种断面种类的垂直分布均以中潮区最大:高潮区最小。

优势种的分布:岩相潮间带生物优势种分布因断面类型而异。珊瑚藻、僧帽牡蛎和白脊藤壶多分布在背浪的隐蔽断面[3];鼠尾藻和棘刺牡蛎多分布在半隐蔽断面;羊栖菜和鳞笠藤壶则多分布于开敞断面。其中许多种类在不同类型断面中可交替出现,只是数量多寡而已。黑荞麦蛤、覆瓦小蛇螺和小相手蟹既可以在隐蔽断面又可在半隐蔽断面出现。疣荔枝螺则在 3 种类型断面中均有分布。

3.2 数量组成与分布

3.2.1 数量组成

厦门岛岩相潮间带夏、冬两季平均生物量为 1 365.09 g/m^2,其中藻类为 21.46 g/m^2,多毛类 3.34 g/m^2,软体动物 645.97 g/m^2,甲壳动物 654.45 g/m^2,棘皮动物 0.29 g/m^2,其他动物 9.62 g/m^2;平均栖息密度为 3 110 个/m^2,其中多毛类为 155 个/m^2,软体动物 1 466 个/m^2,甲壳动物 1 386 个/m^2,棘皮动物 14 个/m^2,其他动物 89 个/m^2。生物量以甲壳动物居首位,软体动物居第二位;栖息密度以软体动物占第一位,甲壳动物占第二位,二者在数量上构成岩相潮间带生物的主要类群。

在 3 种类型断面中,生物的数量和各类群组成是不同的。隐蔽断面,生物量和栖息密度均以甲壳动物居首位,软位动物居第二位(图 2a);半隐蔽断面,生物量和栖息密度也均以甲壳动物居第一位,软体动物居第二位(图 2b);开敞断面,生物量以甲壳动物居第一位,软体动物居第二位,栖息密度以软体动物居第一位,甲壳动物退居第二位(图 2c)。在各断面中,藻类的差异较显著,其生物量的组成自隐蔽断面为零,分别上升至半隐蔽断面的 1.25%和开敞断面的 5.05%。

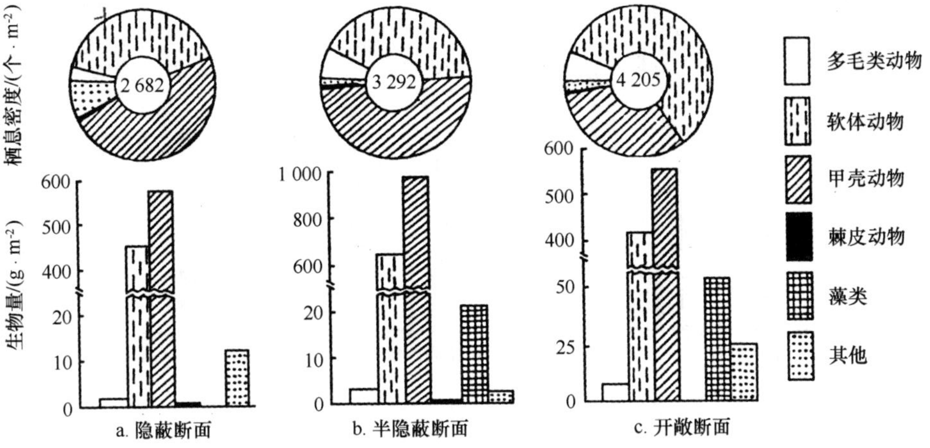

图 2　各断面底栖生物的生物量和栖息密度组成

Fig.2　Biomass and density composition of benthos sections

3.2.2　数量分布

厦门岛岩相潮间带 3 种断面的数量分布不尽相同，生物量由大到小依次为半隐蔽断面(1 670.58 g/m^2)、隐蔽断面(1 161.71 g/m^2)、开敞断面(1 058.31 g/m^2)；栖息密度由大到小则为开敞断面(4 205 个/m^2)、半隐蔽断面(3 292 个/m^2)、隐蔽断面(2 682 个/m^2)。

数量的垂直分布，生物量由大到小依次为中潮区、低潮区、高潮区；栖息密度同样由大到小依次为中潮区、低潮区、高潮区。数量以中潮区为最大，高潮区最小(表 2)。

表 2　厦门岛岩相潮间带底栖生物数量垂直分布

Tab.2　Vertical distribution of biomass and density on intertidal benthos

项目		藻类	多毛类动物	软体动物	甲壳动物	棘皮动物	其他动物	合计
生物量/(g/m^2)		21.46	3.34	645.97	654.45	0.29	9.62	1 365.09
密度/(个/m^2)		-	155	1 466	1 386	14	89	3 110
Ⅰ	生物量/(g/m^2)	5.86	0	20.89	34.13	0	0.01	60.88
	密度/(个/m^2)	-	0	223	214	0	2	439
Ⅱ	生物量/(g/m^2)	21.85	2.68	617.64	1 761.40	0.15	8.95	2 412.73
	密度/(个/m^2)	-	135	3 578	3 573	7	121	7 414
Ⅲ	生物量/(g/m^2)	36.66	7.33	1 299.39	167.82	0.72	19.89	1 621.67
	密度/(个/m^2)	-	330	597	1 386	36	9.62	1 477

隐蔽断面、半隐蔽断面和开敞断面尽管数量不尽相同，但三者的共同点数量由大到小依

次为中潮区、低潮区、高潮区(图 3a、b、c)。

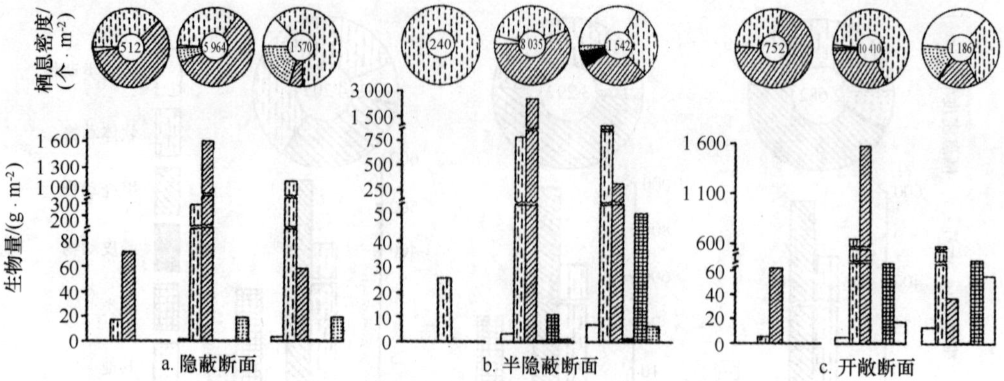

图 3　各断面底栖生物数量的垂直分布

Fig.3　Vertical distribution of biomass and density of benthos on sections

3.3　数量季节变化

厦门岛岩相潮间带生物数量的季节变化,生物量为夏季(1 605.31 g/m²)大于冬季(1 124.87 g/m²);栖息密度同样为夏季(3 097 个/m²)大于冬季(2 618 个/m²)。各类群数量的季节变化见图 4。

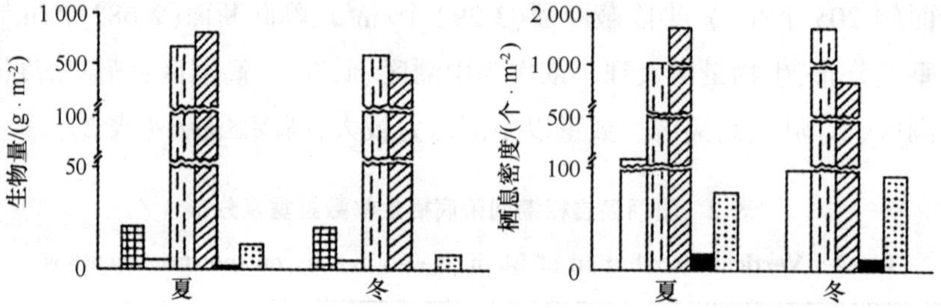

图 4　底栖生物数量的季节变化

Fig.4　Seasonal variation of biomass and density of benthos

4　结语与讨论

厦门岛岩相潮间带生物有 276 种,与鼓浪屿(257 种)接近[4],较胶州湾(89 种)和舟山(170 种)多[5-6],但较大亚湾(286 种)少[7],这同样反映了生物种类分布随纬度增加而减少的自然规律。Asakura 曾将日本太平洋沿岸岩相潮间带软体动物区系按纬度梯度分为 5 种模型:热带(tropical)、热温带(tropicai-temperate)、暖温带(warm-temperate)、温带(temperate)和北方带(boreal)。他的实验证明在北方模型(即高纬度区)中软体动物的种类最少(39 种)[8]。厦门岛岩相潮间带软体动物 61 种,较胶州湾(11 种)多,较大亚湾(103 种)少,此结果似乎与 Asakura 的研究较吻合[8]。

厦门岛岩相潮间带与其他区域比较，其种类组成有些相似性。如优势种鼠尾藻、珊瑚藻、黑荞麦蛤、僧帽牡蛎和白脊藤壶可分布到胶州湾；羊栖菜和鳞笠藤壶也可分布在大亚湾。但厦门岛岩相潮间带生物组成更有其特点，如胶州湾的优势种藓羽藻（*Bryopsis hypnoides*）和东方小藤壶（*Chthamalus challengeri*）却不曾在厦门岛出现[9]；大亚湾的习见种和优势种半叶马尾藻（*Sargassum hemiphyllum*）、大马蹄螺[*Trochus*（*Tectus*）*niloticus maximus*]、银口凹螺（*Chlorostoma argyrostoma*）和渔舟蜒螺[*Nerita*（*Theliostyla*）*abicilla*]也不能进入厦门岛[10-11]。

厦门岛岩相潮间带生物，厦、冬两季平均生物量为 1 365.09 g/m^2，平均栖息密度为 3 110 个/m^2。其中软体动物和甲壳动物在数量上列居第一、二位。数量的水平分布，生物量由大到小依次为半隐蔽断面、隐蔽断面、开敞断面；栖息密度由大到小依次为开敞断面、半隐蔽断面、隐蔽断面。藻类的数量随断面开敞程度的增加而增加。数量垂直分布，生物量和栖息密度均以中潮区为最大，高潮区最小。数量和季节变化，生物量和栖息密度均为夏季大于冬季。

参考文献

[1] Vaillant L. Nouvelles etudes sur les zone littorales. Ann Sci Nat Zool, 1891,120:39-50.

[2] Stephenson T A & Stephenson A. The universal features of enation between tidemarks on coasts. Jour Ecol, 1949,37:289-305.

[3] Morton B. The rocky shore ecology of Qingdao, Shandong Province, People's Republic of China. Asian Marine Biol, 1990(7):167-187.

[4] 李荣冠，江锦祥，郑凤武，等．鼓浪屿岩相潮间带生物种类组成与数量分布//厦门海洋科学文集Ⅰ．北京：海洋出版社，1995.

[5] 范振刚.胶州湾潮间带生态学的研究Ⅰ.岩石岸潮间带.生态学报，1981，1(2)：117-125.

[6] 蔡如星，郑锋，王彝豪，等．舟山潮间带生态学研究．东海海洋，1990，8(1)：51-60.

[7] 李荣冠，吴启泉，江锦祥，等.大亚湾岩相潮间带底栖生物的生态//大亚湾海洋生态文集（Ⅰ）.北京：海洋出版社，1989：82-92.

[8] Asakura A, Suzuki H. Zoogeographical aspects of rocky intertidal molluscan fauna of the Pacific coasts of Japan. Mar Biol,1987,95:75-81.

[9] 杨宗岱.胶州湾底栖海藻生态学的初步研究//海洋科学集刊，北京：科学出版社，1984，22：97-112.

[10] 李荣冠，江锦祥.大亚湾前鳃类软体动物的分布及区系//大亚湾海洋生态文集（Ⅱ）.北京：海洋出版社，1990：353-363.

[11] 李荣冠，江锦祥，鲁琳，等.大亚湾潮间带底栖生物种类组成与分布.海洋与湖沼，1993，24(5)：527-575.

李荣冠，江锦祥，鲁琳，郑凤武，张水浸，徐惠州，黄心光．

原载《台湾海峡》1996，15(3)：293-298

鼓浪屿岩相潮间带生物种类组成与数量分布

摘要 鼓浪屿岩相潮间带生物经鉴定共有257种，其中藻类78种，多毛类24种，软体动物81种，甲壳动物31种，棘皮动物18种和其他动物25种。年均生物量为1 970.78 g/m²，年均栖息密度为5 665个/m²，生物量以软体动物、甲壳动物和藻类占多数，栖息密度以甲壳动物和软体动物占多数。

Species Composition and Distribution of Biomass and Density on Benthos in Rocky Shore, Gulangyu

Abstract: Benthos in rocky shore, Gulangyu were surveied in February, May, August and November 1990, for evaluating the effect of the discharge of pollutant of fire power plant and the waste water and product from city on marine environment, and for making a thorough investigation of the source of benthos.

Of 257 species benthos in rocky shore are identified: 78 species of algae, 24 species of polychaetes, 81 species of molluscs, 31 species of crustaceans, 18 species of echinoders and 25 species of miscellaneous. Molluscs, crustaceans and algae comprised 73.93% of all species and were the three main groups of benthos in rocky shore.

Species number at sheltered transection (159) > misesheltered transection (154) > exposed transection (150) in three form transections. According to the vertical distribution of species number, species number at middle tidal zone > that of low tidal zone > that of high tidal zone.

The average biomass and density were 1 970.78 g/m² and 5 665 ind./m² respectively in rocky shore, Gulangyu. Molluscs, crustaceans and algae accounted for most of biomass, and crustaceans and molluscs accounted for most of density. The horizontal distribution of biomass and density, that of the biomass, sheltered transection (2 521. 65 g/m²) > misesheltered transection (1 810.93 g/m²) > exposed transection (1 775.26 g/m²), that of density, misesheltered transection (8 931 ind./m²) > exposed transection (5 268 ind./m²) > sheltered transection (4 006 ind./ m²). The vertical distribution of biomass and density, it is more that of middle tidal zone than low tidal zone, and more that of low than high tidal zone. The seasonal variation of biomass and density, that of biomass is the largest in winter, and the smallest in summer; that of density is the highest in winter, the lowest in spring.

1 自然环境特征

鼓浪屿位于24°26′22″—24°27′17″N，118°03′06″—118°04′18″E，地处厦门岛西南部，相隔一条宽约600 m的莺江水道。岛屿略呈椭圆形，长1 800 m，宽1 000 m，面积1.78 km^2。海岸线蜿蜒曲折，有9个小半岛，10处暗礁群，7处峭壁带，地质以中生代花岗岩为主。岛屿沿岸为狭窄的冲积平原与海滩地，岸滩较高。近湾口段多为岩石陡崖，海蚀崖发育。

鼓浪屿地处南亚热带，属南亚热带季风性气候，温和多雨，夏无酷暑，冬无严寒，年均气温20.7℃，年均湿度约79%，年均降雨量为1 188 mm。沿岸表层水温14~30℃，盐度29~33.5。潮汐类型属正规半日潮，最大潮差为6.92 m，平均潮差3.99 m。

2 材料与方法

根据厦门海岛资源综合调查潮间带生物调查报告整理而成①，同时参考了厦门嵩屿火电厂及其附近潮间带生态调查报告。按照《全国海岛资源综合调查简明规程》、《福建省海岛资源综合调查技术细则》的要求，1990年2月、5月、8月和11月(分别代表冬、春、夏和秋季)对鼓浪屿岩相潮间带两条断面(MGRI、MGR2)进行生物调查(图1)。每条断面布设7个站，高潮区(Ⅰ)2个；中潮区(Ⅱ)3个；低潮区(Ⅲ)2个。每站用25 cm×25 cm定量框取样2次。对易敲碎的牡蛎和藤壶，在计数后刮取藻类，计算覆盖面积。同时对各潮区进行定性取样和观察。

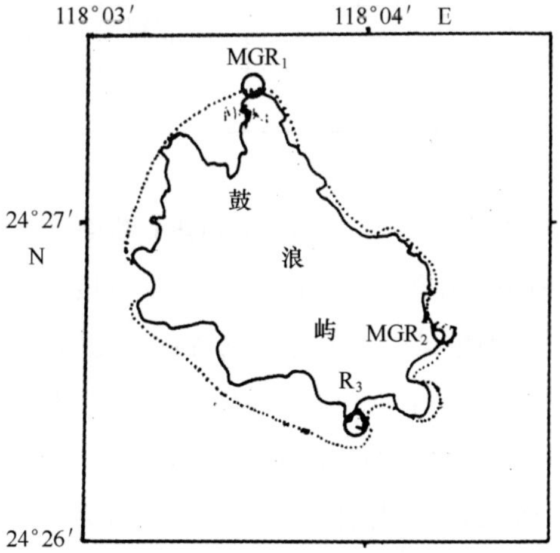

图1 鼓浪屿岩相潮间带生物调查断面

① 李荣冠.厦门市海岛资源综合调查潮间带生物调查报告.国家海洋局第三海洋研究所，1992。

潮区划分根据瓦杨(Vaillant)和斯蒂芬森(Stephenson)原则,结合生物自然分布及厦门港潮汐资料,将潮间带划分为高、中、低3个潮区。

3 结果

3.1 种类组成与分布

鼓浪屿岩相潮间带生物已鉴定有257种,其中藻类78种,多毛类24种,软体动物81种,甲壳动物31种,棘皮动物18种和其他动物25种。种数以软体动物居第一位,藻类居第二位,甲壳动物居第三位,三者占总种数的73.93%,构成鼓浪屿岩相潮间带生物的3个主要类群。

鼓浪屿岩相潮间带3条断面,按其所处的地理位置,受风、浪、潮流等水动力作用影响之强弱,可分为隐蔽型断面(MGR1)、半隐蔽型断面(MGR2)和开敞型断面(R3)①。

在隐蔽型断面,种类组成以软体动物居第一位,藻类居第二位,其后是多毛类和甲壳动物;在半隐蔽型断面,软体动物和藻类分别列居第一、二位;在开敞型断面,种类组成同样以软体动物居第一位,藻类居第二位(表1)。

表1 鼓浪屿岩相潮间带生物种类组成

断面	藻类	多毛	软体	甲壳	棘皮	其他	合计
隐蔽(MGRl)	23	22	62	20	17	13	159
半隐蔽(MGR2)	34	18	67	14	3	18	154
开敞(R3)	46	21	55	18	4	6	150
合计	78	24	81	31	18	25	257

鼓浪屿岩相潮间带生物的水平分布,种数以MGR1断面(159种)大于MGR2断面(154种),MGR2断面大于R3断面(150种),即随着断面开敞程度的增加,种数逐渐减少,在隐蔽型断面种数最多,开敞型断面种数最少。但藻类的种数却随着隐蔽型、半隐蔽型至开敞型断面逐渐增加,在开敞型断面藻类最多(表1)。岩相潮间带生物种数的垂直分布由大到小依次为:中潮区、低潮区、高潮区,中潮区种数最多,高潮区种数最少。

根据数量和出现频率,鼓浪屿岩相潮间带优势种有:鹿角沙菜(*Hypnea cervicornis*)、瓦氏马尾藻(*Sargassum vachellianum*)、黑荞麦蛤(*Xenostrobus atraus*)、僧帽牡蛎(*Saccostrea cucullata*)、棘刺牡蛎(*S. echinata*)、敦氏猿头蛤(*Chama dunkeri*)、覆瓦小蛇螺(*Serpulorbis imbricata*)、白脊藤壶(*Balanus albicostatus*)、鳞笠藤壶(*Tetraclita squamosa squamos*)、日本笠

① 断面R2为历史资料。

藤壶(*T. japonica*)、小相手蟹(*Nanosesarma minutum*)、厦门真枝螅(*Eudendrium pusillum amogicum*)等。

鼓浪屿岩相潮间带生物有经济种44种,其中主要有:小石花菜(*Gelidium divaricatum*)、鹿角海萝(*Gloiopeltis tenax*)、蜈蚣藻(*Grateloupia filicina*)、鹿角沙菜、芋根江蓠(*Gracilaria blodgettii*)、小杉藻(*Gigartina intermedia*)、鹧鸪菜(*Caloglossa leprieurii*)、铁丁菜(*Ishige okamurai*)、羊栖菜(*Sargassum fusiforme*)、瓦氏马尾藻、蛎菜(*Ulva conglobata*)、石莼(*U. lactuca*)、弯齿围沙蚕(*Perinereis camiguinoides*)、翡翠贻贝(*Perna viridis*)、僧帽牡蛎、棘刺牡蛎、敦氏猿头蛤、嫁䗩(*Cellana toreuma*)、锈凹螺(*Chlorostoma rustica*)、粒花冠小月螺(*Lunella coronata granulata*)、平背蜞(*Gaetice depressus*)和紫海胆(*Anthocidaris crassispina*)等,经济种多为藻类和软体动物。

3.2 数量组成、分布与季节变化

3.2.1 数量组成

鼓浪屿岩相潮间带生物年均生物量1 970.78 g/m^2,年均栖息密度为5 665个/m^2,生物量以软体动物居第一位(1 074.40 g/m^2),甲壳动物居第二位(591. 87 g/m^2),藻类居第三位(279. 08 g/m^2);栖息密度以甲壳动物占第一位(4 610个/m^2),软体动物占第二位(1 148个/m^2),其后为多毛类、其他动物和棘皮动物。

鼓浪屿岩相潮间带隐蔽、半隐蔽和开敞型断面间,数量的组成略有不同。隐蔽型断面,生物量以甲壳动物占第一位,软体动物占第二位;栖息密度同样以甲壳动物占第一位,软体动物占第二位(图2)。半隐蔽型断面,生物量以软体动物居第一位,甲壳动物居第二位;栖息密度以甲壳动物占第一位,软体动物占第二位(图3)。开敞型断面,生物量和栖息密度均以甲壳动物居第一位,软体动物居第二位(图4)。

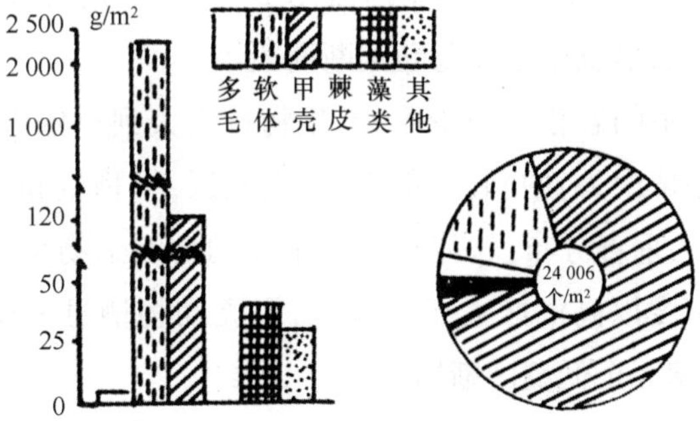

图2 隐蔽型断面生物量和栖息密度组成

3种类型断面潮间带生物的数量组成尽管略有差异,但其共同的规律栖息密度均以甲壳动物居首位,软体动物居第二位。且藻类的生物量随着开敞程度的增加,呈递增趋势。

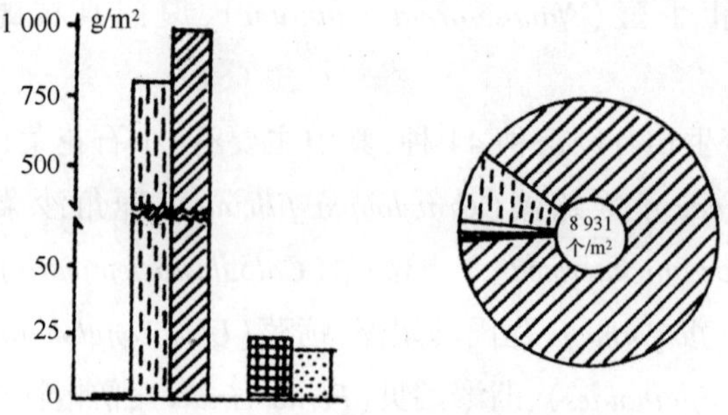

图 3　半隐蔽型断面生物量和栖息密度组成

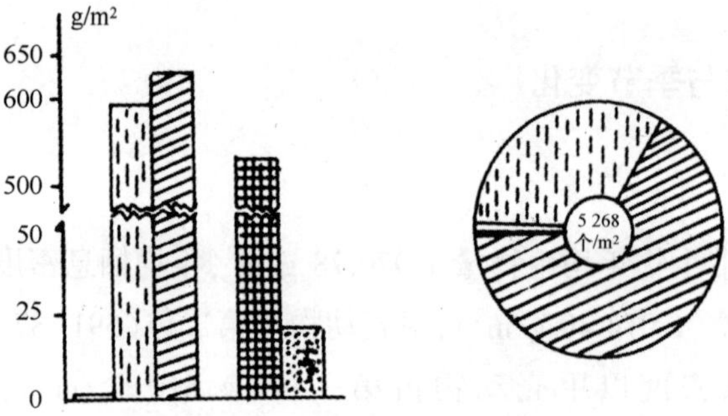

图 4　开敞型断面生物量和栖息密度组成

3.2.2　数量分布

鼓浪屿岩相潮间带生物数量的水平分布，生物量由大到小依次为：隐蔽型断面（2 521.65 g/m^2）、半隐蔽型断面（1 810.93 g/m^2）、开敞型断面（1 775.26 g/m^2）；栖息密度由大到小依次为：半隐蔽型断面（8 931 个/m^2）、开敞型断面（5 268 个/m^2）、隐蔽型断面（4 006 个/m^2）。生物量以隐蔽型断面最大，栖息密度以隐蔽型断面最小。

数量的垂直分布，鼓浪屿岩相潮间带生物，生物量由大到小依次为：中潮区、低潮区、高潮区；栖息密度由大到小依次为：中潮区、低潮区、高潮区，生物量和栖息密度均以中潮区为大（表 2）。各类群数量的垂直分布，软体动物和甲壳动物的生物量和栖息密度均以中潮区最大，软体动物的栖息密度以高潮区大于低潮区，甲壳动物栖息密度则以低潮区大于高潮区。藻类的生物量自高潮区至低潮区渐增。

表 2　鼓浪屿岩相潮间带数量组成及垂直分布

数量	藻类	多毛	软体	甲壳	棘皮	其他	合计
生物量/（g/m^2）	279.08	2.31	1 074.40	591.87	0.15	22.98	1 970.78
密度/（个/m^2）		77	1 148	4 610	8	23	5 665

续表

数量		藻类	多毛	软体	甲壳	棘皮	其他	合计
Ⅰ	生物量/(g/m²)	10.86	0.50	24.97	288.42	0	0.04	324.32
	密度/(个/m²)		3	1 195	2 047	0	7	3 251
Ⅱ	生物量/(g/m²)	99.18	3.55	2 707.26	1 445.78	0.95	6.98	4 262.62
	密度/(个/m²)		144	1 748	7 008	6	46	8 950
Ⅲ	生物量/(g/m²)	727.39	3.29	490.96	41.42	0.36	61.93	1 325.33
	密度/(个/m²)		84	501	4 777	16	25	5 403

3 种类型断面数量的垂直分布略有不同。隐蔽型断面生物量以中潮区为大,栖息密度则以低潮区为大(图 5)。半隐蔽型断面,生物量和栖息密度均以中潮区为大(图 6)。开敞型断面,生物量和栖息密度以中潮区为大(图 7)。

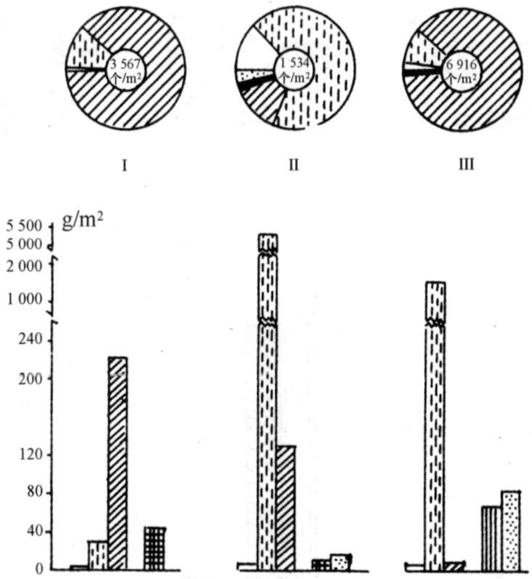

图 5　隐蔽型断面数量垂直分布

3.2.3　数量季节变化

鼓浪屿岩相潮间带生物数量季节变化,3 种类型断面各不相同。隐蔽型断面,生物量以夏季最大,春季最小;栖息密度以冬季最大,秋季最小(图 8a)。半隐蔽型断面,生物量以秋季最大,春季最小;栖息密度以冬季最大,夏季最小(图 8b)。开敞型断面,生物量和栖息密度均以冬季最大,春季最小(图 8c)。总体来说,鼓浪屿岩相潮间带生物量以冬季为大,夏季最小;栖息密度以冬季最大,春季最小(图 8d)。

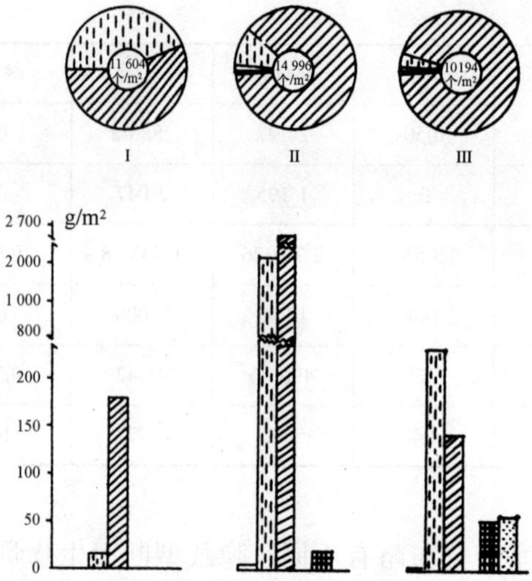

图 6　半隐蔽型断面数量垂直分布

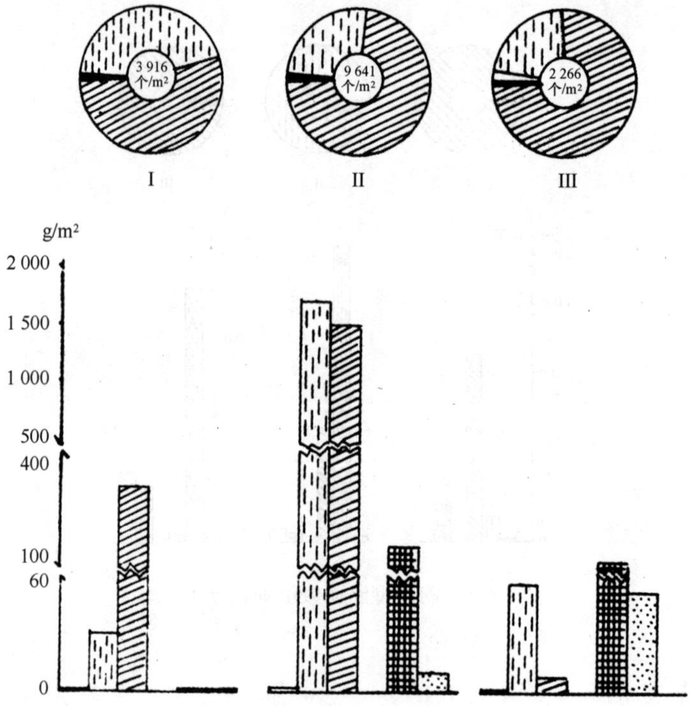

图 7　开敞型断面数量垂直分布

4　结语与讨论

鼓浪屿岩相潮间带生物有 257 种，较胶州湾岩相潮间带生物 89 种[6]，和大嵛山岛、西洋

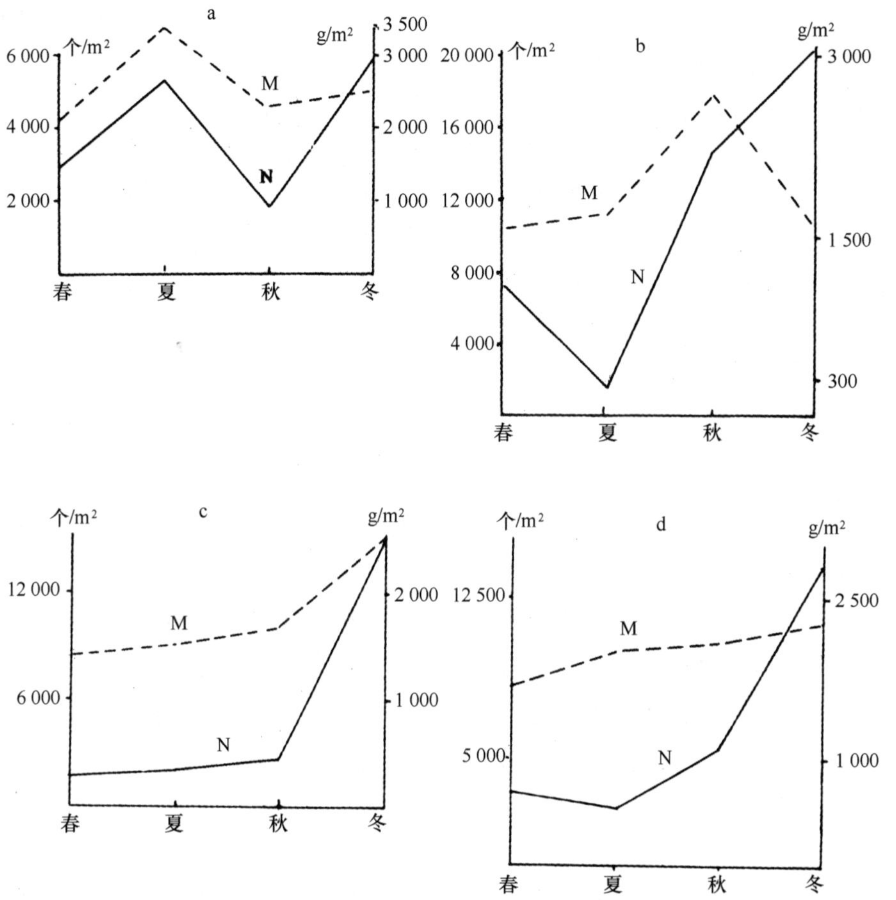

图 8　鼓浪屿岩相潮间带生物数量季节变化

a. 隐蔽型断面；b. 半隐蔽型断面；c. 开敞型断面；d. 岩相潮间带

M 为生物量；N 为栖息密度

岛和三都岛多①（分别是 163 种、165 种和 118 种），而较大亚湾（286 种）少[2]，这又进一步证实了随着纬度的减少，生物的种数逐渐增加的普遍规律。鼓浪屿 3 种类型断面比较，种数由大到小依次为：隐蔽型断面（159 种）、半隐蔽型断面（154 种）、开敞型断面（150 种）。种数的垂直分布由大到小依次为：中潮区、低潮区、高潮区。尽管 3 种类型断面的种数、种类组成有差异，但总体来看软体动物、藻类和甲壳动物构成了岩相潮间带生物的主要类群，三者占总种数的 73.93%。

3 种类型断面由于所处的地理位置不同，其优势种也各不相同。隐蔽型断面，优势种为僧帽牡蛎、黑荞麦蛤；半隐蔽型断面，优势种有棘刺牡蛎、鳞笠藤壶；开敞型断面，优势种有马尾藻、鳞笠藤壶和日本笠藤壶。与其他海区比较，虽然鳞笠藤壶在浙江南部沿岸也可出现，但数量明显减少[7]。同理，胶州湾的优势种鼠尾藻（*Sargassum thunbergii*）和藓羽藻（*Bryopsis*

---

① 李荣冠，闽东海岛资源综合调查报告、潮间带生物，国家海洋局第三研究所，1992。

hypnoides)在鼓浪屿很少或几乎不出现[5]，在大亚湾习见的银口凹螺（*Chlorostoma argyrostoma* ）和渔舟蜒螺(*Nerita* （*Theliostyla*） *albicilla*)鼓浪屿也不曾出现[3-4]。

鼓浪屿岩相潮间带生物年均生物量 1 970.78 g/m²,年均栖息密度为 5 665 个/m²。生物量高于大亚湾(1 705.07 g/m²)和东山岛(853.40 g/m²),低于香港 TOLO 港(2 792.40 g/m²)和洞头(2 421.20 g/m²)；栖息密度由大到小依次为香港 TOLO 港(4 739 个/m²)、东山岛(4 075个/m²)、洞头(3 662 个/m²)、大亚湾(1 398 个/m²)。数量的水平分布,生物量以隐蔽型断面最大,开敞型断面最小;栖息密度以半隐蔽型断面最大,隐蔽型断面最小。数量的垂直分布,生物量和栖息密度由大到小均以中潮区、低潮区、高潮区,这种情形与大亚湾极吻合。

鼓浪屿岩相潮间带生物数量组成,生物量以软体动物、甲壳动物和藻类为三大主要类群;栖息密度以甲壳动物、软体动物和多毛类为三大主要类群。各类群在 3 种类型断面中的数量、生物量、藻类以开敞型断面最大,软体动物大小顺序是隐蔽型断面、半隐蔽型断面、开敞型断面,甲壳动物大小顺序是半隐蔽型断面、开敞型断面、隐蔽型断面。

数量的季节变化,鼓浪屿岩相潮间带生物量和栖息密度均以冬季最大。冬季正值藻类生长的繁茂季节,马尾藻等大个体藻类大量发展,使生物量明显增加。随着藻类的大量生长,栖息于其中的小型甲壳动物如端足类、等足类、麦秆虫等也获得较好发展,其生物量虽不大,但栖息密度则相当高,此乃是导致冬季栖息密度最大的原因之一。

参考文献

[1] 福建省海洋研究所,厦门大学.厦门及其附近潮间带生物生态调查.厦门大学学报,1960(3):74-95.

[2] 李荣冠,等. 大亚湾岩相潮间带底栖生物的生态//大亚湾海洋生态文集(Ⅰ).北京:海洋出版社,1989:82-92.

[3] 李荣冠,等.大亚湾前鳃类软体动物的分布及区系//大亚湾海洋生态文集(Ⅱ).北京:海洋出版社,1990:355-363.

[4] 李荣冠,等. 大亚湾潮间带底栖生物种类组成与分布. 海洋与湖沼,1993,24(5):527-535.

[5] 杨宗岱.胶州湾底栖海藻生态学的初步研究. 海洋科学集刊,1984,22:97-112.

[6] 范振刚.胶州湾潮间带生态学的研究. 生态学报,1981,1(2):117-124.

[7] 蔡如星,等.浙江南部沿岸(岩相)潮间带生态初步研究,1983,2(1):51-60.

[8] Jiang J X, Z Qinlin. A preliminary survey of the rocky intertidal community along TOLO harbour. Hong Kong. Proceedings of the first international marine biological workshop: The marine flora and fauna of Hong Kong and southern China. 1980:673-686.

李荣冠,江锦祥,鲁琳,郑凤武,徐惠州,张水浸,黄心光.

原载《厦门市海岛调查研究论文集》1996:86-93

鼓浪屿软相潮间带生态初步研究

关键词 鼓浪屿;软相潮间带;生态

鼓浪屿位于24°26′22″—24°27′17″N,118°03′06″—118°04′18″E,地处厦门岛西南侧,相隔一条宽约500 m的莺江水道。略呈椭圆形,长约1 800 m,宽1 000 m,面积1.78 km^2。海岸线蜿蜒曲折,四周有9个小半岛,10处礁石群,7处峭壁带,地质以中生代花岗岩为主。岛屿沿岸为狭窄的冲积平原与海滩地,岸滩较高。近湾口段多为岩石陡崖,海蚀崖发育。南岸以沙滩为主,宽者数百米,北岸为泥和泥沙滩。

鼓浪屿地处南亚热带,属南亚热带季风性气候。温和多雨,夏无酷暑,冬无严寒。年均气温20.7℃,年均温度约79%,年均降雨量1 188 mm。潮汐类型属正规半日潮,最大潮差6. 92 m,平均潮差为3.99 m。

1 材料与方法

根据1990年2—11月,厦门市海岛资源综合调查潮间带生物4个季度月调查资料整理而成。软相潮间带生物调查布设泥滩和泥沙滩各一条断面(图1)。每条断面布设7个站位:高潮区(Ⅰ)2个,中潮区(Ⅱ)3个,低潮区(Ⅲ)2个。每站按25 cm×25 cm定量框取样4次或8次。样品用“WSB1”底栖生物涡旋分选器搅拌后经网目1 mm套筛分选出标本。同时对各潮区进行定性取样与观察。群落分析应用种类个体几何级数分布及ABC法,通过微机运算[1-3]。

2 结果

2.1 种类组成与分布

鼓浪屿软相潮间带生物经初步鉴定有150种,其中多毛类58种,软体动物51种,甲壳动物24种,棘皮动物5种和其他动物12种。多毛类、软体动物和甲壳动物为软相潮间带生物的3个主要类群,3者占总种类的88.67%。

在鼓浪屿软相潮间带,泥滩的种数(107种)大于泥沙滩的种数(86种)。这种情形与厦门和三都群岛软相潮间带相同,即种数均以泥滩大于泥沙滩。且两者的种类组成均以多毛类、软体动物和甲壳动物占多数(表1)。

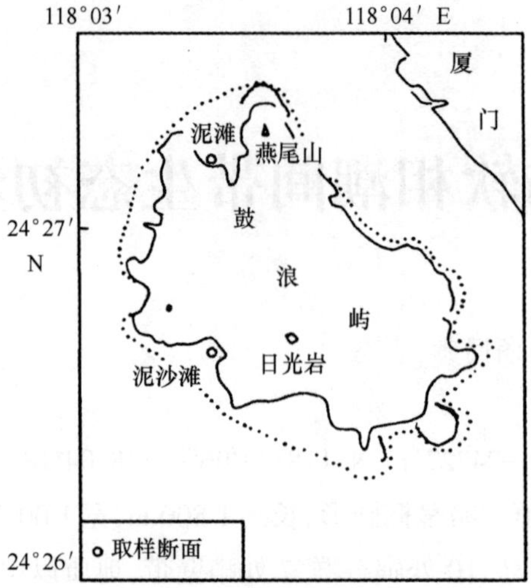

图 1　鼓浪屿软相潮间带生物取样断面

表 1　鼓浪屿软相潮间带种类组成比较

类群		多毛	软体	甲壳	棘皮	其他	合计
鼓浪屿		58	51	24	5	12	150
鼓浪屿	泥滩	43	34	20	2	8	107
	泥沙滩	36	26	15	4	5	86

软相潮间带生物种类的垂直分布，夏季泥滩种类的分布是中潮区（34 种）、低潮区（20 种）、高潮区（18 种）；泥沙滩种类分布是中潮区（32 种）、低潮区（17 种）、高潮区（1 种），泥滩和泥沙滩的种数均以中潮区最大，高潮区最小。

根据数量和出现频率，鼓浪屿软相潮间带优势种有：欧文虫（*Owenia fusformis*）、被角樱蛤（*Angulus vestalioides*）、凸壳肌蛤（*Musculista senhausia*）、渤海鸭嘴蛤（*Laternula marilina*）、金星蝶铰蛤（*Trigonothracia jimxingae*）、珠带拟蟹守螺（*Cerithidea cingulata*）、纵带滩栖螺（*Batillaria zonalis*）、淡水泥蟹（*Ilyoplax tansuiensis*）和滩栖阳遂足（*Amphiura vadicola*）等。

鼓浪屿软相潮间带的经济种初步估计有 30 种，其中主要经济种有：多齿围沙蚕（*Perinereis muntia*）、裸体方格星虫（*Sipunculus nudus*）、凸壳肌蛤、渤海鸭嘴蛤、彩虹明樱蛤（*Moerella iridescens*）、尖刀蛏（*Cultellus scalprum*）、菲律宾蛤仔（*Ruditapes philippinarum*）、中国绿螂（*Glauconome chinensis*）、珠带拟蟹守螺、纵带滩栖螺、泥螺（*Bullacta exarata*）、日本大眼蟹［*Macrophthalmus* (*Mareotis*) *japonicus*］和孔虾虎鱼（*Trypauchen vagina*）等。

2.2　数量组成与分布

鼓浪屿软相潮间带年均生物量为 43.80 g/m^2，年均栖息密度为 94 个/m^2。数量的组成，生物量和栖息密度以软体动物居首位，生物量以甲壳动物居第 2 位，栖息密度以多毛类居第

2 位。软体动物、甲壳动物和多毛类构成软相潮间带生物数量的 3 个主要类群(表 2)。

表 2 各断面潮间带生物数量比较

类群		多毛	软体	甲壳	棘皮	其他	合计
软相	生物量/($g \cdot m^{-2}$)	1. 79	36.65	2.89	0.47	2.00	43.80
	密度/(个 · m^{-2})	35	44	11	2	2	94
泥滩	生物量/($g \cdot m^{-2}$)	2.43	69.70	5.40	0.17	3.26	80.96
	密度/(个 · m^{-2})	42	67	15	1	2	127
泥沙滩	生物量/($g \cdot m^{-2}$)	1.14	3.60	0.37	0.78	0.74	6.63
	密度/(个 · m^{-2})	27	20	7	4	2	60

软相潮间带泥滩与泥沙滩断面的数量组成有所不同。泥滩断面生物量与栖息密度以软体动物居首位,生物量以甲壳动物居第 2 位,栖息密度多毛类居第 2 位;泥沙滩断面生物量和栖息密度以软体动物居第 1 位,多毛类居第 2 位,泥滩和泥沙滩的数量均以软体动物居第 1 位(表 2)。

软体潮间带生物数量的水平分布,泥滩与泥沙滩相同,生物量以泥滩(80.96 g/m^2)大于泥沙滩(6.63 g/m^2);栖息密度同样以泥滩(127 个/m^2)大于泥沙滩(60 个/m^2)。

数量的垂直分布,泥滩数量的垂直分布,生物量以高潮区(162.90 g/m^2)最大,中潮区(68.70 g/m^2)、低潮区(11.27 g/m^2)次之;栖息密度均以高潮区(206 个/m^2)最大,相继为中潮区(135 个/m^2)、低潮区(43 个/m^2),生物量和栖息密度以高潮区最大,低潮区最小。究其原因在于数量大的凸壳肌蛤、中国绿螂和渤海鸭嘴蛤大多分布于高潮区下层与中潮区交界处所致。泥沙滩数量的垂直分布,生物量以中潮区(13.16 g/m^2)最大,低潮区(6. 73 g/m^2)、高潮区(0 g/m^2)次之;栖息密度同样以中潮区(147 个/m^2)最大,低潮区(31 个/m^2)、高潮区(0 个/m^2)次之。总体看来,软相潮间带数量的垂直分布,生物量相继为高潮区大于中潮区和低潮区;栖息密度以中潮区最大,高潮区、低潮区次之,数量以低潮区最小(图 2)。

数量的季节变化,泥滩的生物量由大到小依次为夏季(284.63 g/m^2)、秋季(27.72 g/m^2)、冬季(6.32 g/m^2)、春季(5.19 g/m^2);栖息密度由大到小依次为夏季(328 个/m^2)、秋季(114 个/m^2)、冬季(42 个/m^2)、春季(28 个/m^2)。生物量和栖息密度均以夏季最大,春季最小。泥沙滩的生物量相继为夏季(9.45 g/m^2)、秋季(6.24 g/m^2)、冬季(6.09 g/m^2)、春季(4. 75 g/m^2);栖息密度由大到小依次为冬季(111 个/m^2)、秋季(50 个/m^2)、夏季(49 个/m^2)、春季(26 个/m^2)。生物量以夏季最大,栖息密度以冬季最大。尽管泥滩和泥沙滩数量的季节变化有所差异,但总的趋势为软相潮间带生物量和栖息密度以夏季为大,春季较小(图 3)。

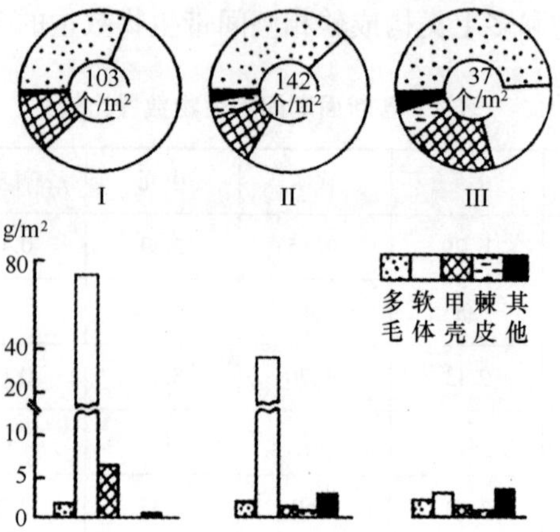

图 2　软相潮间带生物数量垂直分布

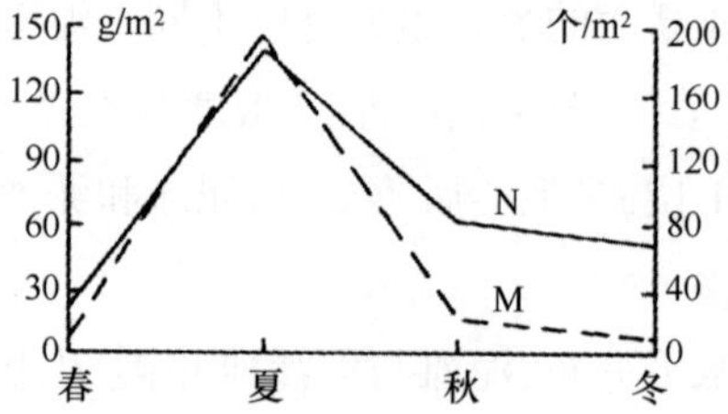

图 3　软相潮间带生物数量季节变化

M 为生物量;N 为栖息密度

2.3　群落结构

鼓浪屿软相潮间带生物群落,按底质类型可划分为泥滩群落和泥沙滩群落;按受风浪、潮汐和潮流等水动力作用影响之强弱,又可划分为隐蔽群落和半隐蔽群落。

2.3.1　*泥滩群落*

该群落位于岛北端船厂附近,滩面宽约 250 m。高潮区底质为中粗砂、粉砂黏土,中潮区为粉砂黏土,低潮区为砂-粉砂-黏土。该群落的一个重要特征是中国绿螂、渤海鸭嘴蛤和纵带滩栖螺数量较大。

高潮区:中国绿螂-清白招潮[*Uca*（*Celuca*）*lactea*]。本区的特征种中国绿螂,在下层秋季的生物量和栖息密度分别为 29.96 g/m² 和 528 个/m²。清白招潮自本区向下可延伸至中潮区,生物量和栖息密度以本区为大,夏季的生物量和栖息密度分别为 64.56 g/m² 和 96 个/m²;秋季为 28.16 g/m² 和 72 个/m²。本区的下层与中潮区交界处开始出现渤海鸭嘴蛤、凸壳肌蛤、纵带滩栖螺、珠带拟蟹守螺等。

中潮区:渤海鸭嘴蛤-纵带滩栖螺-凸壳肌蛤-珠带拟蟹守螺带。本区优势种渤海鸭嘴蛤自高潮区下界至中潮区上界中层有分布,数量以本区上层为大,夏季的生物量和栖息密度分别高达 996.00 g/m^2 和 496 个/m^2。纵带滩栖螺分布较广,遍布整个中潮区,夏季的最大生物量和栖息密度分别为 283.12 g/m^2 和 224 个/m^2。凸壳肌蛤只在夏季采到,生物量和栖息密度分别为 39.20 g/m^2 和 180 个/m^2。珠带拟蟹守螺分布广,出现率高,四季均出现。数量以本区中层为大,夏季的生物量和栖息密度分别为 17.88 g/m^2 和 48 个/m^2。习见种有红角沙蚕(*Ceratonereis erythraeensis*)、欧文虫、织纹螺、青蛤、被角樱蛤、泥螺(*Bullacta exarata*)、裂纹格特蛤(*Marcnia hiantina*)、淡水泥蟹等。

低潮区:被角樱蛤-橄榄拳蟹-星虫-弦毛内卷齿蚕带。该区种类较中潮区少,数量也低。弦毛内卷齿蚕(*Aglaophamus lynochacto*)只在本区出现,春季的生物量仅 0.40 g/m^2,栖息密度相对较高(36 个/m^2)。星虫,栖息密度仅 4 个/m^2,生物量高达 24.32 g/m^2。橄榄拳蟹(*Philyra olivacea*)只在本区出现,夏季的生物量和栖息密度分别为 2.44 g/m^2 和 4 个/m^2。被角樱蛤分布较广,自中潮区可延伸分布至此,但数量不大,夏季的生物量和栖息密度分别仅 0.80 g/m^2 和 4 个/m^2。习见种有:智利巢沙蚕(*Diopatra chiliensis*)、纳加索沙蚕(*Lumbrineris nagae*)、裸盲蟹(*Typhlocarcinus nudus*)、浅古铜吻沙蚕(*Glycera subaenea*)等(图 4)。

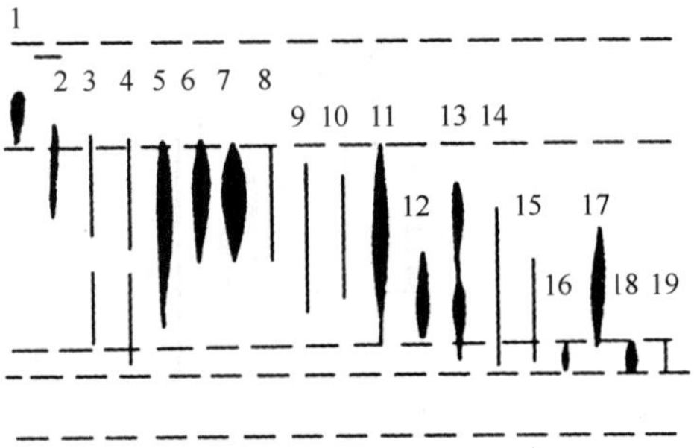

图 4　泥滩生物群落主要种的垂直分布

1.中国绿螂;2.清白招潮;3.红角沙蚕;4.欧文虫;5.珠带拟蟹守螺;6.凸壳肌蛤;7.渤海鸭嘴蛤;8.菲律宾蛤仔;9.泥螺;10.裂纹格特蛤;11.纵带滩栖螺;12.淡水泥蟹;13.青蛤;14.被角樱蛤;15.裸盲蟹;16.橄榄拳蟹;17.织纹螺;18.星虫;19.弦毛内卷齿蚕

2.3.2　泥沙滩群落

该群落位于鼓浪屿西岸,民船泊处,滩面宽约 200 m。高潮区至中潮区上层为中细砂、砾砂,中潮区大多为黏土质粉砂,低潮区为粉砂质砂。底质有机质含量为 1.26,冬、夏季的水温 16.1～28.2℃,盐度 27.01～24.46。该群落的特点是优势种的数量不大。

高潮区:痕掌沙蟹(*Ocypode stimpsoni*)带。本区的生物种类贫乏,除定性采集到痕掌沙蟹和小个体的海跳蚤外,无其他生物。

中潮区:珠带拟蟹守螺-欧文虫-被角樱蛤-淡水泥蟹带。珠带拟蟹守螺为本区主要代表种,该种分布较广,自本区上层至下层均有出现。数量以中层为大,春季的生物量为 15.08 g/m^2,栖息密度 44 个/m^2;冬季的最大栖息密度为 104 个/m^2。欧文虫主要分布在本区上层,冬季的生物量为 7.52 g/m^2,栖息密度为 480 个/m^2 是本区中栖息密度最高者。被角樱蛤在整个潮区均有出现,数量以上层为大,秋季的生物量和栖息密度分别为 6.64 g/m^2 和

40 个/m^2,下层相对减少分别仅 0.94 g/m^2 和 4 个/m^2。该种向下延伸可分布至低潮区上层。淡水泥蟹自本区上层至低潮区上层均有出现,数量以本区上层为高,生物量和栖息密度分别为 1.88 g/m^2 和 64 个/m^2。该区习见种尚有不倒翁虫(*Sternaspis seutata*)、彩虹明樱蛤、短拟沼螺(*Assiminea brevicula*)、纵带滩栖螺、小翼拟蟹守螺(*Cerithidea mieroptera*)、织纹螺、泥螺、裸盲蟹、福建余氏蟹(*Serfukiensis*)和洼颚倍棘蛇尾(*Amphioplus depressus*)等。

低潮区:尖刀蛏-滩栖阳遂足-裸体方格星虫带。代表种尖刀蛏,自中潮区下层延伸分布至此。在该区的生物量和栖息密度分别为 1.40 g/m^2 和 4 个/m^2。滩栖阳遂足的分布范围较广,中潮区中层至本区上层均有分布,数量以本区为大,生物量和栖息密度分别为 1.12 g/m^2 和 12 个/m^2。裸体方格星虫为本区的特征种,该种冬季的生物量为 6.76 g/m^2 是本区生物量的最高者。其他习见种有:浅古铜吻沙蚕、金星蝶铰蛤、波纹巴非蛤[*Paphia* (*paratapes*) *undulata*]等(图 5)。

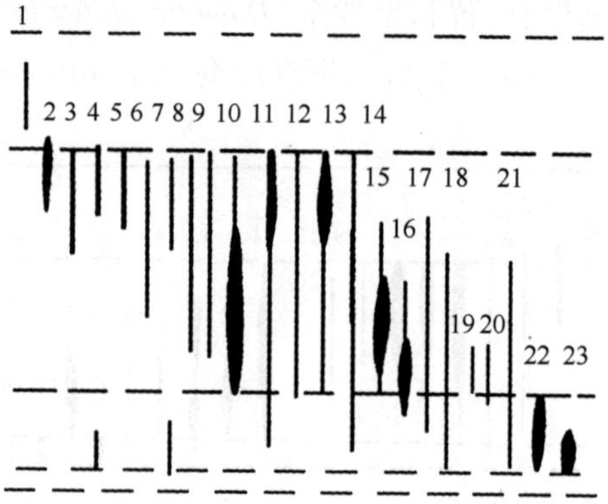

图 5 泥沙滩生物群落主要种垂直分布

1.角眼沙蟹; 2.彩虹明樱蛤; 3.鸭嘴蛤;4.浅古铜吻沙蚕;5.欧文虫; 6.短拟沼螺; 7.泥螺; 8.织纹螺; 9.小翼拟蟹守螺; 10.珠带拟蟹守螺; 11.淡水泥蟹;12.不倒翁虫;13.被角樱蛤;14.纽虫; 15.雕刻织纹螺; 16.洼颚倍棘蛇尾;17.纵带滩栖螺;18.金星蝶铰蛤; 19.裸盲蟹;20.福建余氏蟹;21.滩栖阳遂足; 22.尖刀蛏;23.裸体方格星虫

2.3.3 群落的稳定性

丰度生物量比较法分析泥滩和泥沙滩群落表明,两个群落略有扰动,且泥滩群落较明显。两群落的丰度生物量复合 k-优势度曲线前端分别交叉与翻转(图 6a 和图 6b);种内个体几何级数图形显示,泥滩群落的分布图显现出拐点(图 6c)。泥滩群落位于船厂附近,周围几家工厂和市区生活污水的排放沟距该群落东侧约 100 m 处,从高潮区到低潮区,5 m 宽的排污沟发出的气味恶臭难闻,污水浓黄黑。根据同期底质有机质的分析,沉积物中有机质含量最高可达 4.33,氧化还原电位为-86。初步认为泥滩群落的扰动与排污沟的废水废物有关。泥沙滩群落的扰动则认为在于人为的物理扰动,即群落所处的民船停泊点,来往船只引起水体和底质的搅动所致。该处的沉积物有机质含量相对较低,最高仅 1.62,氧化还原电位 158。总体趋势,鼓浪屿软相潮间带生物群落较稳定,丰度生物量复合 k-优势度曲线不交叉不重叠不翻转(图 6d)。

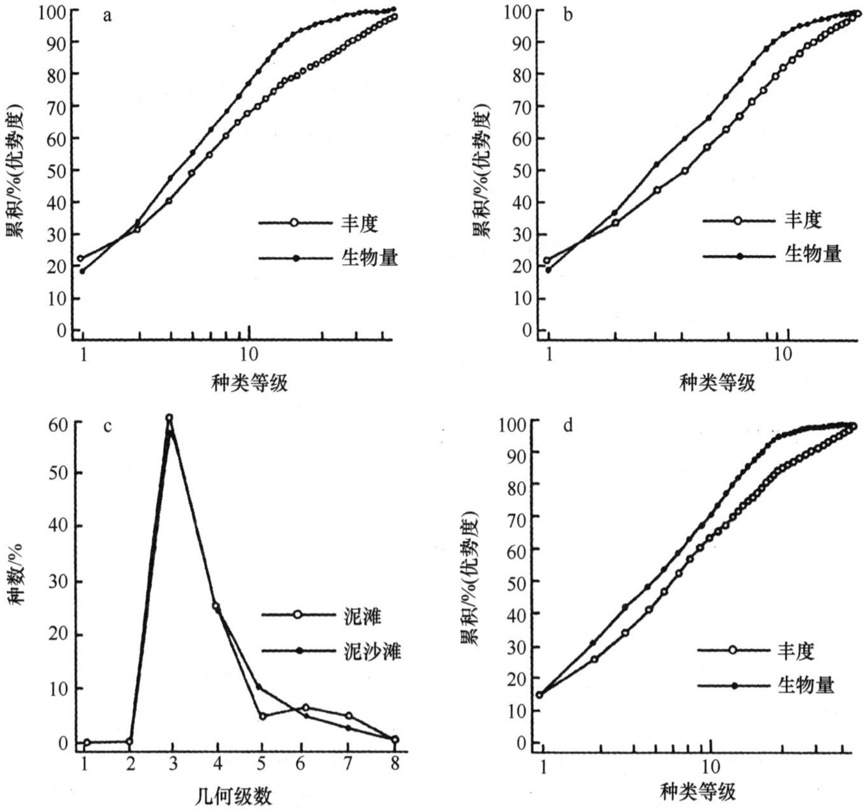

图 6 群落丰度生物量复合 k-优势度曲线

a.泥滩;b.泥沙滩;c.个体几何级数分布;d.泥滩和泥沙滩

3 结语与讨论

鼓浪屿软相潮间带生物已鉴定的共有 150 种,其中多毛类、软体动物和甲壳动物占总种数的 88.66%。种类的水平分布以泥滩的种类(107 种)大于泥沙滩(86 种),垂直分布由大到小依次为中潮区、低潮区、高潮区。

鼓浪屿软相潮间带年均生物量为 43.80 g/m^2,年均栖息密度为 94 个/m^2。生物量和栖息密度以软体动物居首位,生物量以甲壳动物居第 2 位,栖息密度以多毛类占第 2 位,3 者在数量上构成软相潮间带生物的主要类群。

数量的水平分布,生物量和栖息密度均以泥滩(80.96 g/m^2 和 127 个/m^2)大于泥沙滩(6.63 g/m^2 和 60 个/m^2)。垂直分布,生物量相继为高潮区、中潮区、低潮区。高潮区的高生物量在于其下层出现了优势种中国绿螂、渤海鸭嘴蛤和珠带拟蟹守螺所致。栖息密度由大到小依次为中潮区、高潮区、低潮区。数量的季节变化,生物量和栖息密度均以夏季最大(147.02 g/m^2 和 188 个/m^2),春季最小(5.19 g/m^2 和 28 个/m^2)。夏季的最大数量在于渤海鸭嘴蛤和凸壳肌蛤均在该季出现所致。

鼓浪屿软相潮间带生物群落，按底质类型可划分为泥滩群落和泥沙滩群落；按受风浪、潮汐和潮流之影响，又可分为隐蔽和半隐蔽群落（表3）。应用丰度生物量复合 k-优势度曲线和种内个体几何级数分布图形分析，泥滩和泥沙滩群落均受轻度扰动。泥滩群落的不稳定认为归因于附近排污沟的影响；泥沙滩群落的不稳定则受人为的物理因素干扰。从总体看，鼓浪屿软相潮间带生物群落相对稳定。

表3 软相潮间带生物群落各潮区代表种

潮区	高潮区	中潮区	低潮区	水动力
泥滩	中国绿螂-清白招潮	渤海鸭嘴蛤-纵带滩栖螺-凸壳肌蛤-珠带拟蟹守螺	被角樱蛤-橄榄拳蟹-星虫-弦毛内卷齿蚕	隐蔽
泥沙滩	痕掌沙蟹	珠带拟蟹守螺-欧文虫-被角樱蛤-淡水泥蟹	尖刀蛏-滩栖阳遂足-裸体方格星虫	半隐蔽

参考文献

[1] 李荣冠，江锦祥.应用丰度生物量比较法监测海洋污染对底栖生物群落的影响.海洋学报，1992，14(1)：108-114.

[2] Gray J S, et al. Detection of initial effects of pollution on marine benthos: an example from the Ekofisk and Eldfisk oilfields, North Sea. Mar Ecol Prog Ser, 1990, 66: 285-299.

[3] Gray J, et al. Analysis of community attributes of the benthic macrofauna of Frierfiord-Langesundfjord and in a mesocosm experiment. Mar Ecol Prog Ser, 1988, 46: 151-165.

李荣冠，江锦祥，鲁琳，郑凤武，徐惠州，黄心光.

原载《海洋学报》1996，18(2)：123-129.

大亚湾核电站邻近水域潮间带生物数量与分布

摘要 本文分析了大亚湾潮间带生物数量与分布特点，结果表明，其平均生物量为 732.85 g/m^2，平均栖息密度为 1 239 个/m^2，生物量以藻类居第一位，栖息密度以软体动物居首位。岩石、沙滩和红树林泥滩生态相数量比较，生物量以岩石相最高，栖息密度以沙滩最高。数量垂直分布，生物量和栖息密度由大到小依次为低潮区、中潮区、高潮区。

关键词 潮间带生物；生物量；密度；大亚湾

Quantitation and distribution of intertidal benthos, near nuclear power station of Daya Bay

Abstract: The characteristics of quantitation and distribution of intertidal benthos. Daya Bay are analysed in this paper. The average biomass and density were 732.85 g/m^2 and 1 239 ind./m^2 respectively. The algae was the first in biomass, while mollusca was the first in density. The biomass of macrobenthos in rocky habitat was the highest, and those in the sandy shore was the first in density among three ecological habitat, rocky, sandy shore and muddy-mangrove shore. The biomass and density were higher in low tidal zone than middle, and more in middle than low in the vertical distribution of the quantity. The comparison of seasonal quantitate variation reveal that biomass was higher in winter than in fall and the density was higher in winter than infall.

Key words: Intertidal benthos; biomass; density; Daya Bay

为了评价大亚湾核电站投产后，由冷却水排出的余热对大亚湾生态、水产和海洋环境的影响，受法国电力公司(EDF)委托，国家海洋局第三海洋研究所对大亚湾水域进行了为期两年的海洋生态零点调查。有关大亚湾潮间带生物种类与群落结构的特点已有报道[1-2]，本文分析大亚湾潮间带生物数量与分布特点，旨在确定核电站运行前该水域的潮间带生物数量的组成与分布的特点，为核电站投产后对海洋环境的影响评价提供背景数据。

1　材料与方法

1986 年 12 月至 1989 年 9 月对大亚湾核电站附近水域进行潮间带生态调查。对第二年海洋生态零点调查报告潮间带生物部分资料进行分析[1]。按照法国电力公司第二年海洋生态零点调查大纲要求，于 1988 年 9—10 月和 1989 年 1 月（分别代表秋、冬）对潮间带 20 条断面（图 1）进行生物取样。其中岩石相 11 条（隐蔽：A3R；半隐蔽：B1R，B9R；开敞：A1R，A2R，A4R，A6R，A7R，A8R，A9R，A10R），沙滩 8 条（隐蔽：A3S，A4S，A5S，A6S，B8S；开敞：A2S，A10S，B2S），红树林泥滩 1 条（B7M）。每条断面高潮区（Ⅰ）布设 1 个站，中潮区（Ⅱ）3 个站，低潮区（Ⅲ）1 个站。每站用 25 cm×25 cm 定量框取样 2～8 次，泥、砂样经涡旋分选器和 1 mm 套筛淘洗，样本以 5%福尔马林溶液浸泡 3 d 后，冲洗吸干表面水分，以扭力天平称湿重；干重样本以 110～140℃烘箱烘至恒重，大的双壳类和单壳类去壳，管栖多毛类去管。

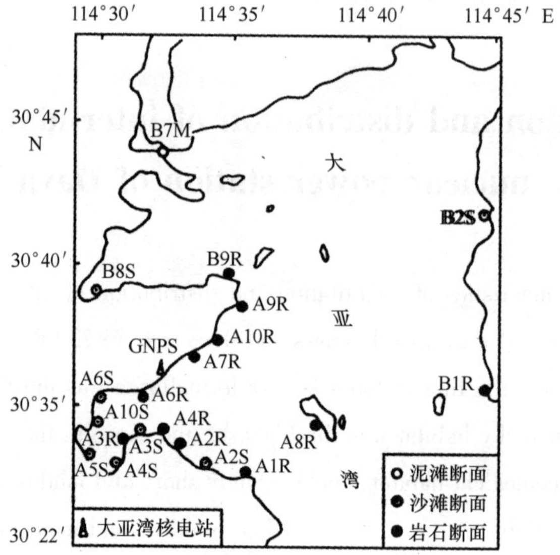

图 1　大亚湾潮间带生物取样断面

Fig.1　Sampling transections of intertidal benthos in Daya Bay

根据大亚湾潮汐资料，结合生物的自然分布，综合 Vaillant（1891）和 Stephenson 等（1949）原则[3-4]，将潮间带划分为高、中、低 3 个垂直带。

2　结果

2.1　数量

大亚湾潮间带生物平均生物量为 732. 85 g/m^2，平均栖息密度为 1 239 个/m^2，生物量以藻类居第一位（占 40.52%），软体动物居第二位（29.99%），甲壳动物居第三位（27.17%），由大到小依次为其他动物、棘皮动物和多毛类。栖息密度以软体动物居首位(79.58%),甲壳动物居第二位(13.16%),其他由大到小依次为多毛类、其他动物、棘皮动物(图2)

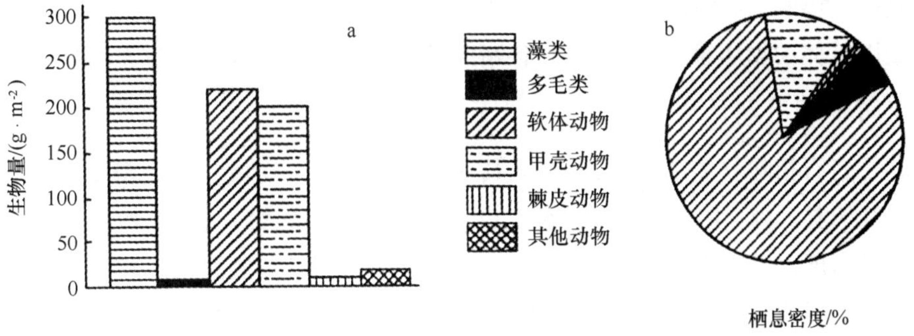

图2　大亚湾潮间带生物生物量(a)和栖息密度(b)

Fig.2　Biomass (a) and density (b) on intertidal benthos Daya Bay

2.1.1　不同生态岸相潮间带生物数量

大亚湾潮间带生物的数量,在岩石、沙滩和红树林泥滩生态相中各不相同。生物量,岩石相以藻类居第一位(890.66 g/m^2),甲壳动物居第二位(589.75 g/m^2),软体动物居第三位(345.11 g/m^2);沙滩和红树林泥滩均以软体动物居第一位,分别为92.69%和82.67%;沙滩,其他动物生物量最低(0.79 g/m^2);红树林泥滩,多毛类生物量最低(3.82 g/m^2)。栖息密度,岩石相以甲壳动物居第一位(53.95%),软体动物居第二位(35.89%),棘皮动物最低(0.36%);沙滩和红树林泥滩均以软体动物居第一位,分别为94.60%和69.96%;沙滩,其他动物栖息密度最低(4个/m^2);红树林泥滩,棘皮动物栖息密度最低(1个/m^2)(图3)。

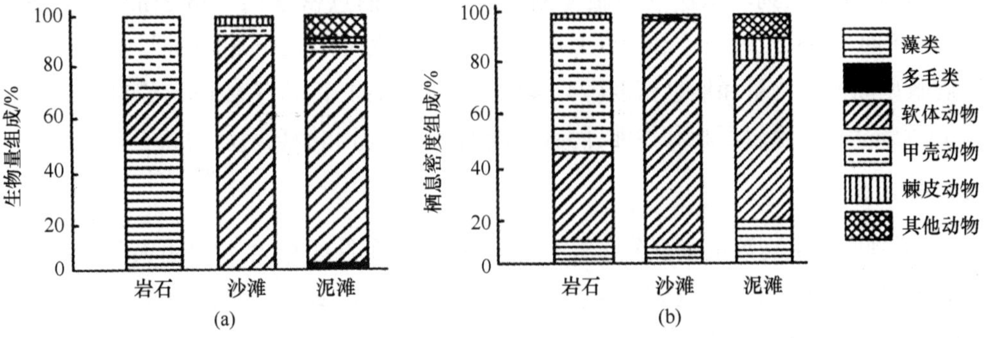

图3　3种生态相潮间带生物生物量(a)和栖息密度(b)

Fig.3　Biomass (a) and density (b) on intertidal benthos of three ecologica habitat

2.1.2　潮间带不同隐蔽程度断面生物数量

在同一种生态岸相中,隐蔽型断面、半隐蔽型断面和开敞型断面间,生物数量组成不尽相同,如岩石相,隐蔽型断面生物量和栖息密度均以软体动物居第一位;半隐蔽型断面和开敞型断面,除个别断面外,生物量和栖息密度均以藻类和甲壳动物居第一位。沙滩,隐蔽型断面除个别断面生物量以棘皮动物居首位,栖息密度除以多毛类居第一位外,其余各断面生物量和栖息密度均以软体动物居第一位。开敞型断面,除个别断面栖息密度以多毛类居首位,生物量以软体动物居第一位外,其余各断面生物量和栖息密度均以甲壳动物居第一位。

2.1.3 潮间带不同潮区生物数量

高潮区,岩石相除软体动物外,几乎无其他生物;沙滩,生物量和栖息密度均以软体动物居第一位;红树林泥滩,生物量和栖息密度也均以软体动物居第一位,生物量以甲壳动物居第二位,栖息密度以多毛类居第二位。中潮区,岩石相生物量和栖息密度均以甲壳动物居第一位,软体动物居第二位;沙滩,生物量和栖息密度均以软体动物居第一位,棘皮动物栖息密度最低,其他动物生物量最低;红树林泥滩,生物量和栖息密度也均以软体动物居第一位,多毛类生物量最低,棘皮动物栖息密度最低。低潮区,岩石相藻类生物量最高,甲壳动物栖息密度最高,软体动物生物量和栖息密度均居第二位;沙滩和红树林泥滩,生物量和栖息密度均以软体动物居第一位(表 1)。

2.2 分布

2.2.1 水平分布

大亚湾潮间带生物数量水平分布主要与底质类型有关,生物量由大到小依次为岩石相(1 837.56g/m^2)、红树林泥滩(202.77 g/m^2)、沙滩(158.24 g/m^2);栖息密度由大到小依次为沙滩(2 647 个/m^2)、岩石相(836 个/m^2)、红树林泥滩(235 个/m^2)。生物量以岩石相为最高,栖息密度以沙滩为最高。

在同一种生态相中,隐蔽型断面、半隐蔽型断面和开敞型断面之间,生物数量分布也不尽相同。岩石相由大到小依次为隐蔽型断面生物量和栖息密度(2 646 g/m^2 和 2 258 个/m^2)、开敞断面(1 739.91 g/m^2 和 696 个/m^2)、半隐蔽型断面(1 205.80 g/m^2 和 392 个/m^2);沙滩,隐蔽型断面生物量和栖息密度(242.42 g/m^2 和 4 194 个/m^2)大于开敞型断面(1.48 g/m^2 和 40 个/m^2),无论岩石相和沙滩,隐蔽型断面的生物量和栖息密度均高于开敞型断面。

2.2.2 垂直分布

大亚湾潮间带生物数量垂直分布主要与潮汐、波浪强弱有关:生物量由大到小依次为低潮区(1 694.64 g/m^2)、中潮区(948.24 g/m^2)、高潮区(81.40 g/m^2);栖息密度由大到小依次为低潮区(4 183 个/m^2)、中潮区(705 个/m^2)、高潮区(165 个/m^2)。生物量和栖息密度均以低潮区最大,高潮区最小。

在同一种生态相中,隐蔽型断面、半隐蔽型断面和开敞型断面之间,生物数量垂直分布也不尽相同。岩石相,隐蔽型断面数量由大到小依次为中潮区、低潮区、高潮区;半隐蔽型断面和开敞型断面,生物量由大到小依次为低潮区、中潮区、高潮区,栖息密度由大到小依次为中潮区、低潮区、高潮区。沙滩,隐蔽型和开敞型断面数量由大到小依次为中潮区、低潮区、高潮区。红树林泥滩,数量由大到小依次为中潮区、高潮区、低潮区(表 1)。

表 1　3 种生态相 3 个潮区潮间带生物各类群数量组成

Tab.1　Quantitative composition of groups on intertidal benthos in three zones of three habitat

潮区	断面 / 单位 / 类群	隐蔽岩石		半隐蔽岩石		开敞岩石		隐蔽沙滩		开敞沙滩		泥　滩	
		g/m^2	个$/m^2$	g/m^2	个$/m^2$	g/m^2	个$/m^2$	g/m^2	个$/m^2$	g/m^2	个$/m^2$	g/m^2	个$/m^2$
I	藻类	—	—	—	—	—	—	—	—	—	—	—	—
	多毛类	—	—	—	—	—	—	0.22	1	—	—	6.04	24
	软体动物	11.89	164	26.02	284	17.15	275	55.07	85	—	—	57.96	28
	甲壳动物	—	—	—	—	—	—	5.72	6	0.47	1	6.28	20
	棘皮动物	—	—	—	—	—	—	—	—	—	—	—	
	其他动物	—	—	—	—	—	—	0.04	1	—	—	23.44	12
	合计	11.89	164	26.02	284	17.15	275	61.05	93	0.47	1	93.72	84
Ⅱ	藻类	37.74	—	162.45	—	284.06	—	—	—	—	—	—	
	多毛类	2.49	127	5.80	40	1.27	110	6.85	339	0.14	5	1.40	42
	软体动物	4 710.14	2 913	641.03	183	166.31	161	283.11	559	0.68	4	215.75	218
	甲壳动物	111.74	1 836	918.76	222	1 804.12	629	8.41	35	0.17	26	1.70	9
	棘皮动物	—	—	—	—	0.05	3	14.75	8	0.01	1	9.46	2
	其他动物	35.92	78	0.60	12	1.95	18	2.81	11	0.01	1	17.97	35
	合计	4 897.92	4 956	1 723.49	456	2 257.75	921	315.93	952	1.01	37	246.28	306

续表

潮区	断面/单位/类群	隐蔽岩石		半隐蔽岩石		开敞岩石		隐蔽沙滩		开敞沙滩		泥　滩	
		g/m^2	个/m^2	g/m^2	个/m^2	g/m^2	个/m^2	g/m^2	个/m^2	g/m^2	个/m^2	g/m^2	个/m^2
Ⅲ	藻类	33.16	—	1 835.00	—	2 873.38	—	—	—	—	—	—	—
	多毛类	3.88	308	1.84	112	1.36	65	2.01	153	0.49	57	0.40	8
	软体动物	2 937.24	1 064	9.18	22	34.91	85	335.38	11 330	1.07	4	10.50	35
	甲壳动物	54.04	284	2.56	288	1.44	719	2.23	36	0.81	23	1.00	5
	棘皮动物	—	—	0.22	6	0.17	6	9.80	13	—	—	3.50	5
	其他动物	—	—	19.10	8	33.61	23	0.80	6	0.04	1	0.51	2
	合计	3 028.32	1 656	1 867.90	436	2 944.87	898	350.22	11 538	2.41	85	15.91	54

2.2.3 优势种和主要种数量分布

物种的习性决定了其对生存环境的选择,对底质类型和潮区的选择。在适宜的生境中,物种大量繁生,生物量、栖息密度及出现率都较高,发展成为主要种、甚至优势种,如僧帽牡蛎(*Saccostrea cucullata*)在岩石隐蔽相中潮区的生物量和栖息密度分别高达 3 316.85 g/m^2 和 1 109 个/ m^2;肋蜎螺(*Umbonium costatum*)在隐蔽沙滩低潮区栖息密度可高达 19 260 个/m^2(图 4)。

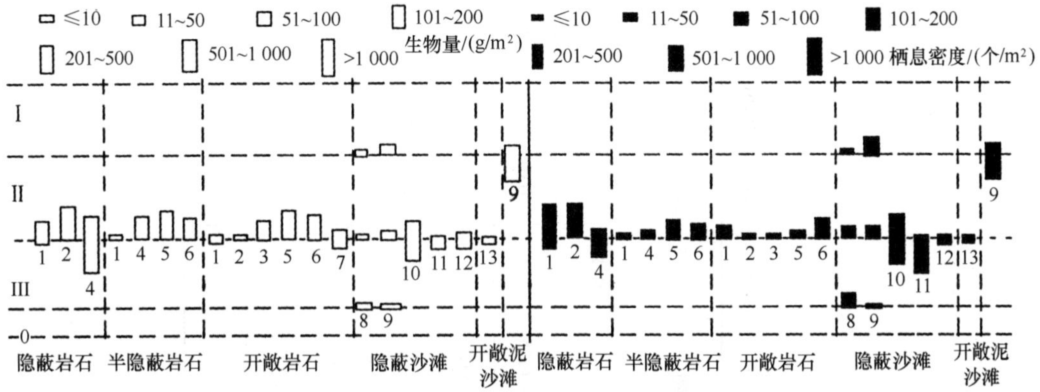

图 4 优势种和主要种数量分布

Fig.4 Quantitative distribution of dominance and main species

1.变化短齿蛤(*Brachidontes variabilis*);2.僧帽牡蛎;3.咬齿牡蛎(*S.mordax*);4.敦氏猿头蛤(*Chama duker*);5.鳞笠藤壶(*Tetraclita*, *squanmosa*);6.日本笠藤壶(*T.japonica*);7.半叶马尾藻(*Sargassum hemiphyllum*);8.奥莱彩螺(*Clithon oualaniensis*);9.小翼拟蟹守螺(*Cerithidea microptera*);10.纵带滩栖螺(*Butillaria zonalis*);11.肋蜎螺;12.鳞杓拿蛤(*Anomalodiscus squamosa*);13.紫藤斧蛤(*Donax* (*Chion*) *semigranosus tropicus*)

2.3 季节变化

大亚湾潮间带生物数量季节变化,生物量为冬季(837.44 g/m^2)大于秋季(628.10 g/m^2),栖息密度为秋季(1 799 个/m^2)大于冬季(676 个/m^2)。

3 种生态相中,岩石相在物量为冬季(2 229.05 g/m^2)大于秋季(1 446.02 g/m^2),栖息密度为冬季(944 个/m^2)大于秋季(724 个/m^2),生物量和栖息密度以冬季为大;沙滩生物量秋季(164.25 g/m^2)大于冬季(152.20 g/m^2),栖息密度为秋季(4 362 个/m^2)大于冬季(928 个/m^2),生物量和栖息密度以秋季为大;红树林泥滩生物量为秋季(274.46 g/m^2)大于冬季(131.05 g/m^2),栖息密度为秋季(310 个/m^2)大于冬季(158 个/m^2),生物量和栖息密度以秋季为大(表 2)。

表 2　3 种生态相潮间带生物数量季节变化

Tab.2　Seasonal variation of quantity on intertidal benthos in three ecological habitat

底质	季节 \ 类群	藻类		多毛类		软体动物		甲壳动物		棘皮动物		其他动物		合计	
		秋季	冬季	秋季	冬季	秋季	冬季	秋季	冬季	秋季	冬季	秋季	冬季	秋季	冬季
岩石	生物量/(g/m^2)	246.31	1 535.01	0.73	1.28	395.03	295.18	792.74	386.75	0.06	0.01	11.15	10.76	1 446.02	2 229.05
	密度/(个/m^2)	–	–	67	67	287	313	360	542	4	2	9	20	727	944
沙滩	生物量/(g/m^2)	–	–	1.61	2.43	155.18	138.15	3.18	4.10	3.46	6.77	0.82	0.75	164.25	152.20
	密度/(个/m^2)	–	–	99	124	4 242	765	12	31	4	5	5	3	4 362	928
泥滩	生物量/(g/m^2)	–	–	7.24	0.39	212.19	123.04	7.89	0.17	9.46	0	37.68	7.45	274.46	131.05
	密度/(个/m^2)	–	–	59	13	181	129	27	4	2	0	41	12	310	158

3 结语与讨论

大亚湾潮间带生物平均生物量为 732.85 g/m^2,平均栖息密度为 1 239 个/m^2,生物量以藻类居第一位,栖息密度以软体动物居首位。岩石、沙滩和红树林泥滩生态相间,因底质类型不同所以数量组成有差异。岩石相,生物量以藻类居第一位,甲壳动物居第二位;栖息密度以甲壳动物居第一位,软体动物居第二位。沙滩和红树林泥滩,生物量和栖息密度均以软体动物居第一位。

大亚湾潮间带生物数量分布特点,生物量由大到小依次为岩石相、红树林泥滩、沙滩;栖息密度由大到小依次为沙滩、岩石相、红树林泥滩。生物量以岩石相为最高,这是由于岩石相中优势种僧帽牡蛎、敦氏猿头蛤、鳞笠藤壶、日本笠藤壶等所致,僧帽牡蛎在中潮区的生物量可达到 3 316.85 g/m^2;敦氏猿头蛤在中潮区和低潮区分别达 332.25 g/m^2 和 1 989.47 g/m^2;鳞笠藤壶和日本笠藤壶在开敞岩石相中潮区分别可达到 732.85 g/m^2 和 712.68 g/m^2。栖息密度以沙滩为最高,肋蜡螺在低潮区的栖息密度可高达 19 260 个/m^2。岩石相平均生物量为 1 837.56 g/m^2,平均栖息密度为 836 个/m^2,较鼓浪屿岩石相平均生物量 1 970.78 g/m^2,平均栖息密度 5 665 个/m^2 都低[5-6]。沙滩平均生物量 158.24 g/m^2,平均栖息密度为 2 647 个/m^2,较厦门岛沙滩平均生物量(7.06 g/m^2)和平均栖息密度(90 个/m^2)高得多[7-8]。红树林泥滩平均生物量为 120.30 g/m^2,较厦门岛泥滩(72.59 g/m^2)和鼓浪屿泥滩(80.96 g/m^2)高,平均栖息密度为 148 个/m^2,较厦门岛滩(325 个/m^2)低,较鼓浪屿泥滩(127 个/m^2)高[9]。数量垂直分布,生物量由大到小依次为低潮区、中潮区、高潮区;栖息密度由大到小依次为低潮区、中潮区、高潮区。生物量和栖息密度均以低潮区为最大,高潮区为最小。

大亚湾潮间带生物数量季节变化,生物量为冬季大于秋季,栖息密度为秋季大于冬季。

参考文献

[1] 李荣冠,江锦祥,鲁琳,等. 大亚湾潮间带生物种类组成与分布.海洋与湖沼,1993,24(5):527-535.

[2] 李荣冠,江锦祥,吴启泉,等.大亚湾核电站附近潮间带生物群落.海洋与湖沼,1995,26(5):88-98.

[3] Vaillant L. Nouvelles etudessur les zonelittorales. Ann Sci Nat Zool, 1891,120:39-50.

[4] Stephenson T A & Stephenson A. The universal features of enation between tidemarks on rocky coasts. Jour Ecol, 1949,37(2):289-305.

[5] 李荣冠,江锦祥,鲁琳,等. 鼓浪屿岩相潮间带生物种类组成与数量分布//厦门市海岛调查研究论文集. 北京:海洋出版社,1996:86-93.

[6] 李荣冠,江锦祥,鲁琳,等.厦门岛岩相潮间带生物种类组成与数量分布.台湾海峡,1996,15(3):293-298.

[7] 李荣冠,江锦祥,鲁琳,等,厦门岛软相潮间带生物种类组成与数量分布//厦门市海岛调查研究论文集. 北京:海洋出版社,1996:80-85.

[8] 李荣冠,江锦祥,鲁琳,等.厦门岛软相潮间带生物群落//台湾海峡及邻近海域海洋科学讨论会论文集. 北京:海洋出版社,1995:386-393.
[9] 李荣冠,江锦祥,鲁琳,等.鼓浪屿软相潮间带生物生态研究.海洋学报,1996,18(3):117-123.

李荣冠,江锦祥,吴启泉,李传燕,郑凤武,鲁琳,黄心光.

原载《台湾海峡》1999,18(4):365-371

厦门及其附近潮间带生态调查

摘要　厦门内港具有岩岸、沙岸及泥沙岸等不同类型的潮间带。前者生物的垂直分布交替基本上符合瓦扬对潮间带的分区原则。后两者生物的垂直分布则和底质成分有密切的联系。

按生物量的周年平均值大小，这3种海岸排列如下：岩岸（511.5 g/m²）>泥沙岸（40.6 g/m²）>沙岸（39.7 g/m²）。岩相中以僧帽牡蛎、白纹藤壶、藻类和苔藓虫等固着生物为主。泥沙岸及沙岸以腹足类、短尾类及多毛类为主。

在初步鉴定的401种生物，植物占29种，无脊椎动物占361种，鱼类占11种。这些大多是热带及亚热带种属。

综合利用潮间带，应合理利用野生资源（如铁钉菜、星虫等）；同时应利用潮间带各个潮区，大力发展海涂养殖事业。本文对这两方面提出了初步建议。

潮间带生物的垂直分布反映了水生生物对陆生生活不同程度的适应。岩相生物的分层现象，以及泥沙岸生物的镶嵌分布现象反映了生物本性与无机环境及有机环境有着复杂规律性的联系。

厦门位于台湾海峡南部，潮间带有着丰富的海洋生物资源，有些种类可作为采捕的对象（藻类、星虫、文蛤、青蟹等）；有些种类已经是养殖对象（蛏、牡蛎、海藻等）或可以发展为养殖对象；有的种类是沿岸底层经济鱼类和甲壳类的天然饵料（沙蚕、端足类、海参类等）。因此，查清潮间带生物资源及其周年生物量的变动情况，对合理利用潮间带的野生资源，指导养殖和捕捞事业将有一定的帮助；同时可为潮间带综合利用提供科学依据，并为潮间带生物生态及区系分布的深入研究打下基础，很多潮间带生物能分布至潮下带，在这些种类中有些是船壳、浮标、码头及其他沿岸建筑物的有害生物（包括船蛆，团水虱等穿孔动物及水螅，藤壶等附着生物），对这些生物进行生态调查，可提供有关部门作为防除海产有害生物的参考资料。海岸带有多种能发声（鼓虾等）或发光（海仙人掌、燐沙蚕等）的动物；对这些种类进行充分调查，在渔业上有一定意义。许多潮间带生物（海豆芽、苔藓虫、双壳类及海胆类等）在不同地质年代都有它们的代表，查清这些生物的生活底质、分布规律及其演变历史，对地质学，特别是海洋地质学的研究，将有帮助。潮间带环境因子极其复杂，经常变化无常，在这种环境中栖息着不同生态类型的生物群落。每一个群落的种类组成及它们与外界环境之间有着千丝万缕的联系，所以潮间带生物生态的研究，对进一步充实和丰富进化论及辩证唯物主义的自然观有着相当大的意义。

厦门位于亚热带地区，和我国黄、渤海的温带地区及南海的热带地区显然不同。从整个西太平洋沿岸看来,它和北方的远东海沿岸及南方的越南、南洋群岛等差别更大,亚热带潮间带生态研究,不论在国外或国内,都几乎是空白点。因此,厦门地区潮间带生物生态调查有助于这门学科的发展。

西太平洋沿岸潮间带的生态学研究以苏联远东海沿岸作的较为彻底。20 世纪在 K.M.捷留金(K.M.Дерюгиэ)领导下,开始进行了这项工作。他的学生 E.Φ.古丽亚诺娃(E.Φ.Гуръяеоеа)和 Д.В.乌沙科夫(Д.В.Ymakob)继续进行研究,近年来,Т.Φ.萨波娃(Т.Φ.Щапова)和 O.B.莫基耶夫斯基(O.B.Мокиевский)对潮间带生态也做了不少工作。

我国海洋生物区系调查于 20 世纪 30 年代分别在青岛、厦门等地区开始,但是工作较为零碎,并缺乏系统性。50—60 年代中国科学院海洋研究所、厦门大学、山东海洋学院及沿海有关研究机构做了不少很有价值的工作。1958 年福建、山东两省分别进行沿海海涂普查,初步调查沿海生物资源及海涂养殖面积。1957 年由苏联专家 E.Φ.古丽亚诺娃、П.В.乌沙科夫等和中国科学院海洋研究所共同组成考察队对黄、渤海潮间带进行了短期的比较性研究,于 1958 年发表初步报告[12],详尽地介绍了他们的工作方法。接着,由中国科学院海洋研究所在胶州湾继续进行周年定量调查。1959 年 E.Φ.古丽亚诺娃等又和海洋研究所组成了南海考察团,对海南岛潮间带进行了考察,获得很大收获。1958 年 O.B.莫基耶夫斯基、O.A.斯卡拉托和中国科学院海洋研究所曾在海南岛及浙江沿海进行调查。浙江动物研究室对舟山群岛的动物生态类型也作过定性调查研究。

我们于 1959 年夏、秋间在厦门潮间带进行普查,在这基础上选定了 3 个不同生态区——岩石区(A),沙滩区(B)及泥沙滩区(C)进行 4 个季度的定性及定量调查。我们选定 4 月、7 月、10 月、1 月 4 个月份作为春、夏、秋、冬 4 个季节的代表。从 1959 年 7 月开始至 1960 年 7 月,共进行了 5 个季度的野外调查。

在分析各个生物群落中错综复杂的关系时,我们注意了生物内在因素及其对各种错综复杂的外界因子的联系。

这项工作才进行一年多,所掌握的资料还不够全面,有待于今后深入调查研究。今后研究可从两方面进行:在个体生态方面重点结合贝类和藻类养殖进行研究,以期解决生产上的实际问题;在群落生态方面结合亚热带潮间带的基本理论进行研究。这些研究首先应该摸清生物内在生理变化的规律,同时联系到复杂多变环境的影响,这样才能很好地解释现象,掌握规律,达到为改造自然服务的目的。

1　自然环境

厦门本岛西南面是九龙江口的出口处。本岛沿岸有岩岸、沙岸、泥砂岸及泥岸等几种不同类型的潮间带。

厦门港内几个小岛的东南面经常受到风浪的冲击和急剧潮流的冲洗,因此露出岩相海岸,栖息着岩相海岸特有的生物群落。本岛有较多的、面积不大的沙或泥沙底质潮间带。此外,在本岛附近还分布着面积广阔而平坦的泥底及沙泥底的潮间带。这些地区正是贝类养殖的良好场所。

厦门地区是规则的半日潮。因此，潮间带生物群落大多具有显著的水陆两适性特点。

厦门四面临海，具有典型的亚热带气候特点，年平均气温 21℃，变化幅度 4.2～37.4℃，历年最低气温为 4.2℃。高潮时 1 m 水层的冬季水温平均变化幅度 12.2～16.4℃。这种气候有利于亚热带生物的生长，并给热带生物的发展和繁殖以良好的条件。历年最高气温为 37.4℃。高潮 1 m 水层的夏季水温平均变化幅度 24.2～27.2℃，夏季晴天退潮时，留在潮间带的水沼经太阳曝晒，水温可升至 37℃以上，特别是潮间带的岩礁和沙滩，当夏、秋季退潮时，由于吸热关系，温度可上升至 40℃以上，所以夏、秋的强烈阳光和炎热大大影响潮间带高潮区生物的栖息和繁殖。

对潮间带生物具有重大意义的另一个气候特点——春、夏两季多阴雨和暴雨雷雨，秋、冬两季多风而干旱，在最热的季节（夏末秋初）里，阴雨较多，使潮间带高潮区生物免受强烈阳光的威胁。但另一方面大量雨水，特别是由河流带下来的洪水，淡化了潮间带滩涂水分的盐度，对于河口潮间带生物非常不利。

冬季表层海水盐度平均幅度为 28.69～33.83，夏秋则下降至 24.49～31.43。在洪水季节表层海水的盐度可降至 10 左右。厦门沿岸海水透明度很少超过 2 m，一般不超过 1 m，和外海相比，波浪对沿岸的冲击并不算大，这对岩岸和沙滩藻类的繁殖有密切关系。

2　潮间带生态区的划分及特点

厦门的潮汐是有规则的半日潮，同时具有日潮不等的特征，这对于潮间带生物的区系组成及其分布有密切关系。

自从 19 世纪末叶以来，各国学者曾记载过潮间带动、植物区系的垂直分区（层）情况，并提出潮间带垂直分区（层）的原则，一部分学者采用瓦扬（Vaillant，1896）的原则，即依据潮汐水位划分潮区；另一些学者采用斯蒂芬森（A.Stephenson，1949）的原则，即是以潮间带生物的自然分布进行分区。我们主要根据厦门港内潮汐资料，同时又结合底质的特点及生物的自然布分，并综合了瓦扬和斯蒂芬森的原则，把潮间带划分为高、中、低 3 个垂直区，其中每一个潮区都具特有的生活条件，栖息着其他两区所没有的，或者是极少见的生物。厦门地区具有明显的日潮不等现象。因此，又可把各区分为不同的层。

高潮区（Ⅰ）：这是潮间带的最高部分，被水淹盖的时间很短，只有在大潮时才被水淹盖。高潮区的上界是最大大潮时满潮的水面，下界是小潮满潮的平均水面。但是大的大潮和小的大潮的高度差别很大。因此，又把该区以小的大潮满潮水面为界线分为两层：上层（$Ⅰ_1$）仅在最大的两个大潮周期时（5～6 d）才被水淹盖，其余的 22～23 d 均暴露在空气中，下层（$Ⅰ_2$）在每月两个大的大潮和小的大潮周期（12～14 d）均被水淹盖。

中潮区（Ⅱ）：这是厦门潮间带占大部分的地区，无论是在大潮或小潮时，都具有昼夜节奏现象。栖息在这一区的生物在整月中都是两栖性的。因此，这是典型的潮间区，它的上界是小潮满潮时的平均水面。厦门潮汐明显地表现出小潮日潮不等的现象。因此，又可把中潮区分为 3 层。上层($Ⅱ_1$)在小潮时每昼夜仅被水淹盖一次,具有昼夜的节奏,中层($Ⅱ_2$)在每月中都是每昼夜露出水面两次,永远具有周期的半日节奏,下层($Ⅱ_3$)与上层恰好相反,小潮时每昼夜仅露出水面一次。

低潮区(Ⅲ)和高潮区完全相反,大部分时间都浸在水中,只在大潮低潮时的很短时间内才露出水面。它的上界是小潮低潮时的平均水面,即中潮区的下界,其下界节是理论上的基准面(海面上深度的基准面)。本区也可以分为两层。上层($Ⅲ_1$)在一般大潮退潮时每昼夜露出水面一次,仅在夏季大的大潮退潮时,每昼夜露出水面两次,具有昼夜的节奏。下层($Ⅲ_2$)几乎全部时间都淹盖在水中,只在夏季最大大潮退潮时的很短时间内才露出水面——每昼夜仅露出水面一次。

我们的调查是按季度进行。在 1959 年 10 月和 1960 年 1 月、4 月、7 月的大潮期间各调查一次,采集的方法是在不同类型的海岸(岩岸、泥沙岸、沙岸),自高潮区至低潮区一条直线上定距离取样。取样的距离依潮区的长短及潮间带的坡度而定。每点取样是挖取单位面积的生物(岩岸 1/16 m^2,泥、沙岸 1/4 m^2),并测量底质温度。在每一采集点的周围进行定性观察,尤其注意优势种类的生活习性,将每次采集的标本依次编号,分别保存于 5%的中性甲醛中,3 d 后称它的生物量并计算各种标本的数目。

3 厦门不同类型的潮间带生态

3.1 岩岸潮间带生态

厦门的 A(岩岸)为较典型的岩石岸相,整个潮间区有大小不同的岩礁星罗棋布,这些岩礁的方向不同,有的直接受到外海大浪的冲击和潮流的冲洗,有的互相遮蔽,减少了潮流和大浪的影响,形成局部缓流地区。这样,整个 A 区岸礁中便分布着各种不同类型的固着生物及其他生物群落。本区距离市区不远,市区排污系统及九龙江口经常带下的丰富无机盐类,同时水质不太混浊。因此,不但生物种类繁多,而且生物量也很大,藻类丛生和各种固着动物繁多是该区的特点。

我们选定了岩石区面向东南的岩石的垂直面,按上述分区原则进行周年定量调查,同时也观察岩石中的其他生态类型和生物群落。

这区动植物的垂直分布的交替现象,显示了其界限基本上与按瓦扬对潮间带的分区的各区和层的界限相符(表 1),高潮区(Ⅰ 区)滨螺类[小滨螺(*Tectarius vilis*),粒滨螺(*Tectarius granulais*),滨螺(*Melarhaphe intermedia*)]和海蟑螂(*Ligia exotica*)占重要地位。其中滨螺、粒滨螺可以分布到中潮区的第二层,这两种腹足类有季节性垂直移动的现象。一般在寒冷的冬季和炎热的夏季向下移动,春、秋两季较不明显。在炎热或干燥时,它们有逃避在石缝间、岩石阴面及藤壶死壳中的习性。但小滨螺却分布在高潮区,尤其在石缝里特别多,由于小滨螺具有特殊的,布满血管的外套腔表皮,能够呼吸空气,在环境不良时,且能分泌一种薄膜封闭壳口,以减少水分的蒸发,所以能在高潮区大量繁殖,值得提出的是:海蟑螂和小滨螺能随着潮水涨落作上下移动。前者在退潮时向下移动，在岩石表面的藻类间觅食微小动物及有机碎片，在涨潮时又复返高潮区，常群栖在岩石的隙缝间。这种动物甚至可以在离潮上带相当远的杂草及岩缝中发现，可以说是接近陆栖的动物了。

表 1. A岩石区生物区系垂直分佈表（1959.7—1960.7）

<table>
<tr><th colspan="2">潮区</th><th colspan="8">習見种类的垂直分布</th></tr>
<tr><td rowspan="2">高潮区(I)</td><td>1</td><td colspan="8">Tectarius vilis 小濱螺</td></tr>
<tr><td>2</td><td colspan="8">Tectarius vilis 小濱螺</td></tr>
<tr><td rowspan="3">中潮区(II)</td><td>1</td><td rowspan="2">Ligia exotica 海蟑螂</td><td rowspan="2">Melarhaphe intermedio 濱螺</td><td rowspan="2">Tectarius granularis 粒濱螺</td><td rowspan="3">Balanus amphitrie albicostatus 白紋藤壺</td><td colspan="4">Mitella mitella 龜足
Modiola atrate 黑偏顶蛤
Gelidium divaricatum 小石花菜</td></tr>
<tr><td>2</td><td colspan="2">Diadumene luciae
Anthopleura stella
Acanthochiton rubrolineatus
Onithochiton sp.
Patelloida sp.
Chlorostoma rusticum
Turbo coronatus granulatus
Nerita polita
Pyrene variana
Onchidium verruculatum</td><td colspan="2">Siphonaria japonica
Modiola atrata
Sesarma sp.
Tetraclita squamosa japonica
Ishigo okamurai
Ulva sp.</td></tr>
<tr><td>3</td><td></td><td rowspan="3">Watersipora sp. 血苔藓虫</td><td>Ostrea cucullata 僧帽牡蠣</td><td colspan="2">Chalina amoynsis
Reniera japonica
Diadumene luciae
Anthopleura sp.
Hydroides norvegica
Nereis cultrifera
Polynoe squamata
Acanthochiton rubrolineatus
Onithochiton sp.
Patelloida sp.
Chlorostoma rusticum
Monodonta labio</td><td colspan="2">Rapana bezoar
Thais luleostoma
Thais clavigera
Lemintina imbricata
Sesarma sp.
Xanthodius sp.
Notorchus loachii freeri
Arca virescens
Sargassum fusiformis
Sargassum thunbergii
Gelidium amansii</td></tr>
<tr><td rowspan="2">低潮区(III)</td><td>1</td><td rowspan="2">Telestro sp. 石花虫</td><td colspan="3">Chalina amoynsis
Reniera japonica
Tethya sp.
Eudendrium pusillum var. amoyicum</td><td>Pennaria sp.
Tubularia sp.
Aglaophenia sp.
Nereis cultrifera
Chlorostoma rusticum</td><td>Monodonta labio
Thais luleostoma
Thais clavigera
Notorchus loachii freeri
Sesarma sp.</td><td>Hemigrapsus sp.
Pentacta tuberculosus
Comanthus parvicirra
Temnopleurus toreumaticus</td></tr>
<tr><td>2</td><td colspan="3">Renier japonica
Pennaria sp.
Tubularia sp.
Corallium sp.</td><td colspan="2">Aglaophenia sp.
Chlorostoma rusticum
Thais clavigera
Notorchus loachii freeri</td><td>Balanus tintinnabalum rosa
Hemigrapsus sp.
Sargassum fusiformis
Sargassum thunbergii</td></tr>
</table>

生活在这一区的动物，都是良好地适应空气中剧烈变化着的环境条件：高温和低温，干燥和酷热，本区只在大潮时才被海水短期淹盖。小滨螺、粒滨螺的大量出现，可以认为是高潮区的标志。由于这一区的外界环境对水生动物是较严酷的，能够适应这样环境的生物很少。因此，生物的种类组成相当贫乏，生物量也很小，在秋季最高（10 月），每平方米的平均生物量仅为 27.45 g（表 2 和表 3）。

表 2 A 岩石区生物量及栖息密度的季节变化(1959 年 7 月至 1960 年 7 月)

潮区		生物量及密度类别	春(4 月)		夏(7 月)		秋(10 月)		冬(1 月)	
			个/m²	g/m²	个/m²	g/m²	个/m²	g/m²	个/m²	g/m²
Ⅰ	1	软体	269	2.56	–	–	264	2.40	–	–
		甲壳	–	–	–	–	48	3.40	–	–
		总生物量	–	2.56	–	–	–	5.80	–	–
	2	软体	120	1.65	280	1.60	185	1.65	120	2.72
		总生物量	–	1.65	–	1.60	–	1.65	–	2.72
Ⅱ	1	藻类	–	–	–	–	–	2.40	–	–
		软体	2 584	16.32	800	7.60	133	36.86	1 016	3.51
		甲壳	6 416	122.72	2 760	70.20	1 112	56.00	3 320	100.00
		总生物量	–	139.04	–	77.80	–	95.26	–	103.51
	2	藻体	–	–	–	36.20	–	2.86	–	2.68
		多毛类	93	4.62	60	1.70	49	1.92	50	2.30
		拟软体	–	122.00	1 543	18.70	–	75.20	–	87.30
		软体	523	630.80	106	459.00	1 867	1 158.7	1 189	1 254.00
		甲壳	185	40.81	–	33.60	1 598	717.78	373	606.50
		其他	–	–	–	0.40	–	4.82	–	7.50
		总生物量	–	804.23	–	549.60	–	1 961.28	–	1 975.28
	3	藻类	–	207.90	–	397.40	–	498.24	–	408.80
		多毛类	56	2.83	140	11.90	–	–	16	0.69
		拟软体	–	563.40	–	112.40	–	563.20	–	357.50
		软体	8	0.66	136	642.70	812	1 511.83	36	46.16
		甲壳	24	36.3	152	227.10	48	10.80	76	18.36
		其他	–	–	–	149.20	–	–	–	1.92
		总生物量	–	817.09	–	1 540.70	–	2 557.10	–	833.33

续表

潮区		生物量及密度类别	春(4月)		夏(7月)		秋(10月)		冬(1月)	
			个/m²	g/m²	个/m²	g/m²	个/m²	g/m²	个/m²	g/m²
Ⅲ	1	藻类			–	88.00	–	55.54	–	45.40
		多毛类			–	–	–	–	14	0.84
		软体			–	–	260	287.66	–	12.00
		甲壳			16	0.16	192	6.32	23	20.30
		其他			–	9.10	–	129.48	50	60.60
		总生物量			–	97.76	–	372.68	–	178.54
	2	藻类					–	12.93		
		软体					84	121.66		
		甲壳					14	11.80		
		其他					–	29.92		
		总生物量					–	176.31		

表3　A岩石区主要生物栖息密度及生物量分布(10月)

潮间带的区和层		种名	栖息密度/(个/m²)	生物量/(g/m²)
I	1	*Ligia exotica* 海蟑螂	48	3.40
		Tectarius vilis 小滨螺	16	0.16
	2	*Melarhaphe infermedia* 滨螺	61	0.85
		Tectareus grapularis 粒滨螺	24	0.80

续表

潮间带的区和层		种名	栖息密度/（个/m^2）	生物量/（g/m）
Ⅱ	1	*Balanus amphitrite albicostus* 白纹藤壶（小）	112	80.00
		Modiola atrata 黑偏顶蛤	32	24.00
		Gelipiurn divaricatum 小石花菜	-	2.40
	2	*Balanus amphitrite albicostatus* 白纹藤壶（大）	1 512	700.00
		Ostrea cucullata 僧帽牡蛎	887	1 149.00
		软体	49	9.70
		甲壳	86	17.78
		多毛类	44	1.92
	3	*Ostrea cucullata* 僧帽牡蛎	720	1 159.00
		Watersipora sp.血苔藓虫	-	563.20
		Sargassum thumbergii 鼠尾藻	-	498.24（湿重）
		软体	92	52.83
		甲壳	48	10.80
Ⅲ	1	*Telestro* sp.石花虫	-	96.00
		Sargassum thunbergii 鼠尾藻	-	24.60（湿重）
		Ulva conglobata 花石莼	-	16.00（湿重）
		软体	260	287.66
		甲壳	192	6.32
	2	*Telesto* sp.石花虫	-	28.00
		软体	84	121.66
		甲壳	14	11.80
		藻类	-	12.93（湿重）

中潮区（Ⅱ区）占潮间带地区最大部分，这一区的生物都是水陆两适性的。因此，该区是典型的潮间带。在中潮区的上层（$Ⅱ_1$）幼小的白纹藤壶（*Balanus amphitrite albicostatus*）占优势，并形成一条很有规则的、几乎与水面平的梯带，其中也杂有少数大的白纹藤壶；它们大多进入了下层的牡蛎带。与牡蛎一起组成了中潮区的优势种类。$Ⅱ_2$ 层除了白纹藤壶以外，尚有以足丝营固着生活的黑偏顶蛤（*Modiola atrata*），以及亚热带、热带海特有的龟足（*Mitella mitella*）；隐居在牡蛎壳后的小型多毛类及藻类的小石花菜（*Gelidium divaricatum*）等，这 3 种生物同样进入了牡蛎带。藻类的出现和白纹藤壶的大量出现可以认为是中潮区的开始。在

中潮区的第 2~3 层(Ⅱ$_2$、Ⅱ$_3$)的垂直面上,最引人注目的是密集生长的僧帽牡蛎(*Ostrea cucullata*),它和其他生物组成了复杂的生物群落,这就形成了所谓牡蛎带。在这区岩石之间的阴面处,生长着大量的黑藤壶(*Tetraclita squamosa japonica*)形成单一种类的群落。从Ⅱ$_2$开始,出现了腔肠动物的纵条肌海葵(*Diadumene luciae*)及绿海葵(*Anthopleura stella*),它们常生活在岩石凹陷的积水洼和积水沟里。此外,在岩石裂缝中尚有软体动物的毛石龟(*Acanthochiton rubrolineatus*)、锦蜓螺(*Nerita polita*)、粒蝾螺、多形核螺(*Pyrenevariana*)、石磺(*Onchidium verruculatum*);也还有吸附力很强的笠贝(*Patelloida* sp.),菊花螺(*Siphonaria japonica*),以及藻类的铁钉菜(*Ishige okamurai*),花石莼(*Ulva coglobata*)等。从Ⅱ$_3$开始,除了上层的生物参与生物群落组成以外,还出现上层没有的血苔藓虫(*Watersipora* sp.),它们常大量地丛生在不受海浪冲击岩石的阴面;并且与多毛类、端足类及短尾类共同组成特殊的生物群落。在裸露的岩石表面以及岩缝里可以找到腹足类的砂皮荔枝螺(*Thais luleostoma*),单齿螺(*Monodonta labio*),锈凹螺(*Chlorostaoma rustica*)。青斑背肛海兔(*Notarchus leachi* var. *freeri*)以及营固着生活的蛇螺(*Lemintina imbricata*)。此外,藻类中的鼠尾藻(*Sargassum thunbergii*),羊栖菜(*Sargassum fusiforme*)和花石莼的大量滋生也是这层的特点。例如在秋季(10月),藻类每平方米的平均生物量达 498.24 g(湿重)。

低潮区(Ⅲ)大部分时间浸在水中,只有在大潮退潮的短时间内才露出水面。因此,这一区的生活环境比较稳定,栖息着对空气环境适应力较差的生物群落。海绵动物、水螅虫类和棘皮动物的大量出现是这区的标志,在本区的上层开始出现大量的石花虫(*Telestro* sp.),厦门真枝螅(*Eudendrium pusillum* var. *amoyensis*),笔螅(*Pennaria* sp.),藓筒螅等腔肠动物。在海锦动物中常见的有日本矶海绵(*Reniera japonica*),球海绵(*Tethya* sp.),厦门指海绵(*Chalina amoyensis*)等,它们常与其他动物,如多毛类的盘管虫(*Hydroides norvegica*),沙蚕(*Nereis* sp.)及 *Polynoe squamata*,甲壳动物的相手蟹(*Sesarma* sp.),近方蟹(*Hemigrapsus* sp.),习扇蟹(*Xanthodius* sp.)等,组成了本区特殊的生物群落。常在岩石上爬行的软体动物中有锈凹螺、疣荔枝螺(*Thais clavigera*),青斑背肛海兔,侧鳃海牛(*Pleurobranchaea* sp.)以及棘皮动物的疣五角参(*Pentacta tuoerculosus*),方柱五角参(*Pentacta quadrangularis*);小卷栉羽枝(*Comanthula parvicirra*),以茎盘附着在岩石的阴面,而细雕刻肋海胆(*Temnopleurus toreumaticus*)则生活在岩石的低洼处和石缝中。藻类以鼠尾藻、羊栖菜占绝对优势;在它们上面还有甲壳动物的端足类(如沟虾、麦秆虫等)。Ⅲ$_2$除了上层的动物参与组成外,另有本区特有的代表种类:红珊瑚(*Corallium* sp.),黑珊瑚(*Plexaura* sp.),紫红藤壶(*Balanus tintinnabalum rosa*),羽螅(*Aglaophenia* sp.)以及某些苔藓动物。这些种类只在最大大潮的落潮短期内才露出水面,它们的出现可作为低潮区下界的标志,值得提出的是:在低潮区附近风化的岩石中,栖息着特有的钻石动物如短石蛏(*Lithodomus curta*)及马特海笋(Martesia sp.)等,这类动物在坚硬的花岗岩中则没有发现。

A 区附近的岩石都是由坚硬的花岗岩组成的,经常受着潮汐和波浪的冲击,没有特殊保护器官或固定器官的动物通常不能在这里的垂直面上生存。所以在这区域内栖息着岩岸的各种生物类群,常有各种不同的适应方式。例如营固着生活的白绞藤壶、黑籐壶、僧帽牡蛎、龟足、复瓦蛇螺以及某些管栖多毛类,海绵动物,腔肠动物的珊瑚虫类和水螅虫类等都有特殊构造适应固着生活;此外,如黑偏顶蛤、青蛤等,都以坚韧的足丝固着于岩缝间,这些动物终生都营固着生活,依靠潮汐的涨落,带来丰富的饵料,并依靠潮流在水中进行受精,它们的卵子被潮流带到其他地方,以延续后代,在吸着动物中最常见的是毛石龟、嫁蝛。它们具有非常强的吸附能力,同时作上下扁平的形态结构,这是对波浪冲击环境的适应,此外,在 A 区风化的岩石中栖息着另外一类群的钻石动物——短石蛏和马特海笥。它们在石灰岩中特别多。

从上述动物的垂直分布和各种不同的生态类群中,可明显地看出海洋动物之间复杂的种间关系。固着群落中的白纹藤壶和僧帽牡蛎之间的关系最为突出,尤其在幼体附着期。例如藤壶和牡蛎的幼体常是成群紧密地生活在一起,这样在加强对不良外界环境的抵抗力有一定的作用。如减轻潮汐波浪冲击的威力;减少天然敌害的侵袭[4]。在老农养殖实践上已能准确掌握牡蛎和藤壶的不同的附着周期,先使少量藤壶附着,造成了局部的缓流小区和粗糙面,更有利于小牡蛎的附着。过多的藤壶附着或过密的牡蛎附着对牡蛎生长都有不少影响。

从表 2 和表 3 可以清楚地看出,A 岩生物种群的组成以软体动物,甲壳动物以及藻类占优势。而软体动物以僧帽牡蛎占绝对优势,甲壳动物以白纹藤壶、黑藤壶占绝对优势,藻类以鼠尾藻和羊栖菜占绝对优势。因此,这些种类的数量变动将直接影响 A 岩岸潮间带的总生物量。从表 3 可以明显看出:各类生物的栖息密度及生物量有从高潮区向低潮区逐渐增加的趋势,而其中以中潮区的下层(II_3)生物量达到最高峰。例如在生物量最高的季节——秋季(10 月),中潮区下层(II_3)平均生物量达 2 557.1 g/m^2,而在同一季节的高潮区上层,平均生物量仅 5.8 g/m^2,下层(I_2)更少,仅 1.65 g/m^2。

根据 E.Φ.古丽亚诺娃等[12] 1958 年 7 月青岛中港石墙潮间带生物栖息密度及生物量分布表来看,该区的生物栖息密度及生物量比同月份厦门岩岸的生物栖息密度和生物量大得多。例如在同一个月份青岛中港石墙高潮区上层(I_1),栖息密度为 1 865 个/m^2,生物量为 190 g/m^2,而厦门岩岸的 I_2 即为零,I_2 仅 280 个/m^2、1.6 g/m^2。III_1 青岛中港的生物量为 2 369.4 g/m^2(湿重),而厦门仅 97.76 g/m^2(湿重)。这正符合生物量由温带向热带逐渐递减的规律。

从总的趋势来看,秋季(10 月)和冬季(1 月)的生物量偏高,这是因为厦门地区僧帽牡蛎的繁殖期是在 5—6 月,到了秋季已经长到相当大的个体;此外,藻类在这两个季节也大量繁殖,这将直接影响到总生物量的变化。

3.2 沙岸潮间带生态

B 区是厦门较典型的沙滩区,地势平坦。沿着海岸有很长的沙滩;潮间带自高潮区上界至最低潮线长度超过 600 m,是一片相当广阔的沙滩地带。

B 区沙滩动植物种类的垂直分布及分层交替现象也是很明现的,B 区潮间带生物的分

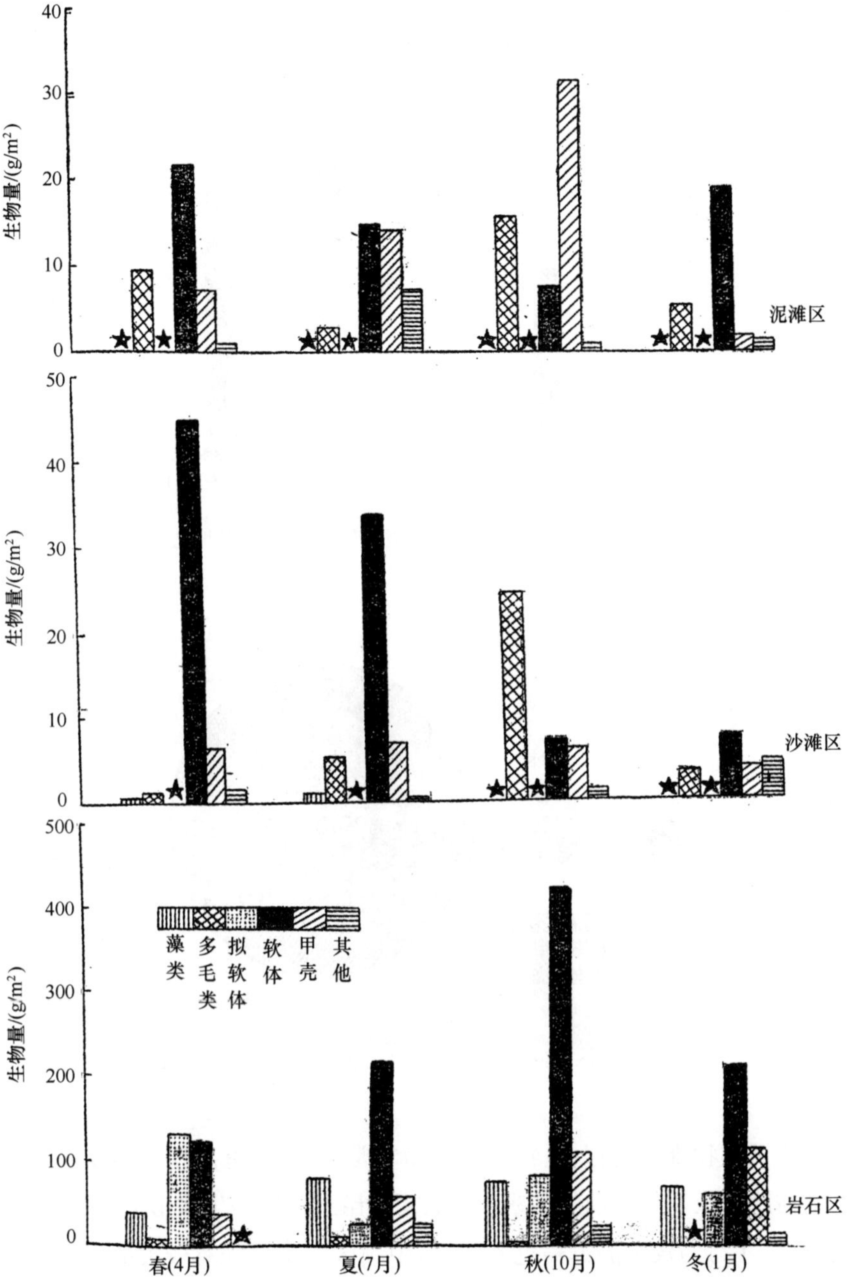

图 1　厦门地区不同生态类型各类生物生物量的季节变化(星号表示没有生物)

布,除了受潮汐节奏的制约外,底质、坡度及潮流等因子对它们的分布也有很大的影响。B 区虽说是沙滩,但是在潮间带之间还有泥沙、黏泥互相交替及镶嵌地分布着;因此,B 区生物除了有规则的分层分布外,尚有特殊的镶嵌型分布的特点。

从表 4 可以明显地看出生物种类的垂直分层现象。高潮区的上层(I_1)是黄褐色的粗砂粒,本层只在最大潮的满潮时才被淹没,而在其他时间都暴露在空气中,底质经常是干燥的,夏秋因粗砂吸热关系,温度升得很高;冬季海风不断吹走表面沙粒。这种干燥酷热及不

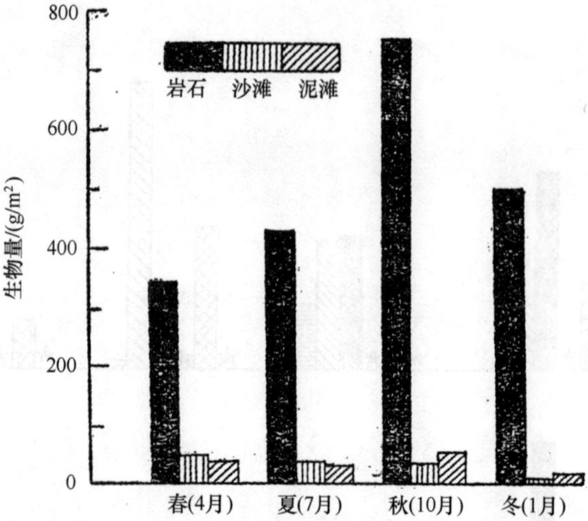

图 2　厦门地区不同生态类型纯生物量的季节变化

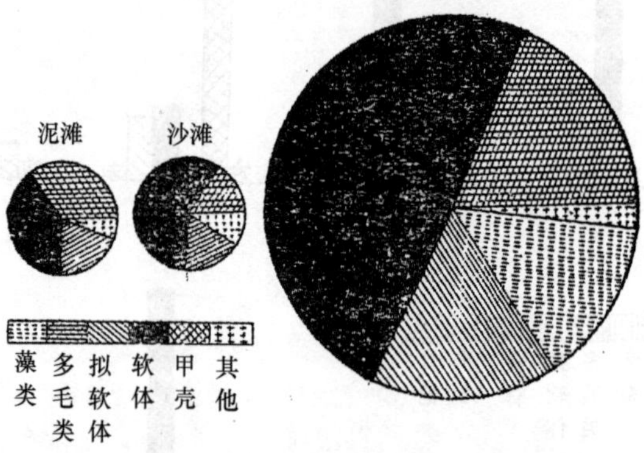

图 3　厦门地区不同生态区各类主要生物生物量的百分组成

稳定的底质使表层生物难于生存，生物种类因而非常贫乏，仅有某些盐碱植物，偶然可以发现埋在沙中的海跳蚤及能够飞动的鞘翅目和膜翅目昆虫。这些生物形成了暂时性的生物群落。本区的下层（Ⅰ$_2$）为较细的黄褐色砂粒，与中潮区的交界处有较大的倾斜度，生活环境基本上与上层相同，没有任何植物的分布，生物种类仍很贫乏。其中有一种（背面有黄斑）海跳蚤（*Gammaridea*）常隐居在被海水漂来的杂草间或在沙滩 3～4 cm 的底层。数量极多，每平方米可达 208 个，形成了单一种类的群落。海跳蚤善于跳跃，不易捕捉。Ⅰ$_1$、Ⅱ$_2$ 都有它的分布，但栖息密度不如这层，痕掌沙蟹（*Ocypode stimpsoni*）挖洞穴居在 30～35 cm 深外，洞口都有成堆的沙粒，所以很容易发现。这种沙蟹在这一层中形成一条几乎与潮线平行的狭窄地带，它一般不分布到上层，也不会向下层延伸，它的栖息密度虽很小（1/2 个/m^2），但个较大，加上分布的规律性，因此可作为亚热带沙滩高潮区下层（Ⅰ$_2$）的典型代表。

自中潮区（Ⅱ）开始，地势非常平坦，坡度很小，底质潮湿。本区占潮间带的大部分地区，生物的种类也特别多。栖息在这一区的生物都是两适性的,因此,这是很重要的典型潮间区。本区的上层($Ⅱ_1$)开始出现管栖多毛类的沙蚕(*Nereis* sp.)以及甲壳动物的圆球股窗蟹(*Scopimera globosa*)和刺寄居蟹(*Diogenes* sp.)。在表面小石块上偶然也可以发现为数不多的白纹藤壶,因此这些动物的出现是中潮区开始的标志。但是这些动物也向下层延伸,有的可达本区的下层($Ⅱ_3$)。

中潮区的中层($Ⅱ_2$)表面是黄褐色的细砂,在 2 cm 以下则为黑色细砂,带有砂砾和碎贝壳。本层的面积很大,生物种类繁多,由于底质成分的不同,生态群落也随着不同,如沙蚕、欧文沙蚕(*Owenia fusiformis*)、圆球股窗蟹、长腕和尚蟹(*Mictyris longicarpus*),泥蟹(*Ilyoplax delsmani serrata*),光裸星虫(*Sipunculus nudus*)等动物群就常呈现镶嵌型的分布。每一种群的栖息密度相当密集,例如沙蚕的栖息密度有 192 条/m^2,而欧文沙蚕可达 336 条/m^2,这些多毛类是鱼类的良好饵料。有经济价值的光裸星虫的栖息密度可达 32 条/m^2,重量为 58.88 g/m^2。光裸星虫的分布范围相当广,数量也大,是群众下海挖掘的重要对象。招潮(*Uca marionis nitidus*),小海豆芽(*Lingula anatina*),秉氏厚蟹(*Helice tridens pingi*),伊萨伯簾蛤(*Venus isabellina*),等边浅蛤(*Gomphina* sp.)都是本层的代表种类。圆球股窗蟹在这里特别活跃,在退潮以后,常成群结队地在沙滩上觅食,如果受到惊扰立即迅速地潜入砂穴中。数量很大而又有经济意义的丝带锥螺(*Batillaria zonalis*)也很引人注目,它们有集群栖息在积水的低洼处的习性,在寒冷的冬季或酷热的夏季都能潜入泥砂中 1~2 cm 的深度,也是当地群众采捕的重要对象。每人在每个潮期可采捕 15~20 kg,其数量之大,可想而知。本层的许多种类,如珠带礁螺(*Tympanotomus cingulatus*),索沙蚕(*Lumbriconereis* sp.),丝带锥螺、欧文沙蚕、厚蟹、扁平蛛网胆(*Arachnoides placenta*)、圆球股窗蟹、刺寄居蟹、浒苔(*Enteromorpha intestinealis*)等一直分布到下层($Ⅱ_2$),有的甚至到低潮区的上层($Ⅲ_1$)(表 4)。此外,在这一层还可发现贝类养殖的敌害——斑玉螺(*Natica maculosa*)。

中潮区的下层($Ⅱ_3$),底质基本上与上层相似,但是镶嵌分布着黑色沙泥,表面有薄层的稀泥。因此长腕和尚蟹、扁平珠网海胆和多毛类的沙蚕(*Marphysa sanguinea*)等也呈现镶嵌型的分布特点。很多上层动物都参与这一层生态群落的组成。短脊鼓虾(*Alpheus brevicristatus*)、寄居蟹(*Pagurus* sp.)也可以在本层发现;另外还出现了上层未曾发现的发光种类——燐沙蚕(*Chaetopterus variopedatus*),形成了特殊的燐沙蚕滩。因此这种多毛类的出现是本层的标志,每平方米的栖息密度可有 4~5 条。它常以管子的末端成群地竖立在地面上,在它的管子内常有一种强蟹(*Tritodynamia* sp.)共栖着。

从低潮区开始,底质的成分即与上区完全不同,灰黑色的软粒泥达 20~30 cm 厚,因此出现了与 C 泥滩低潮区相仿的种类。海仙人掌(*Cavernularia habereri*)的出现是本区的标志。本区的上层(III_1)和下层(III_2)底质和动物群东川的组成基本上相同。许多上区的动物都参与本区动物群落的组成。本区的代表种类,除了海仙人掌外,还有棘皮动物的棘刺锚海参(*Protankyra bidentata*),在它们的洞口周围有纹状的花纹,这可能是它在觅食时所留下来的痕迹,如果在泥滩上发现这种标志,这就是棘刺锚海参无疑。

表 4　B 沙灘区生物区系垂直分佈表（1959．7-1960．7）

<table>
<tr><th>潮区</th><th>層次</th><th>層次距离(M)</th><th>底質</th><th colspan="5">習見生物种类的垂直分布</th></tr>
<tr><td>潮上帶</td><td></td><td></td><td rowspan="2">較粗的黃褐色砂粒．</td><td colspan="5">雜草　昆虫</td></tr>
<tr><td rowspan="2">高潮区（I）</td><td>1</td><td>＞8</td><td rowspan="3">Cammaridea 海跳蚤</td><td colspan="4">鹽碱植物　鞘翅目昆虫　膜翅目昆虫</td></tr>
<tr><td>2</td><td>8</td><td>緻密黃褐細砂</td><td colspan="4">Ocypoda stimpsoni 痕掌沙蟹</td></tr>
<tr><td rowspan="3">中潮区（II）</td><td>1</td><td>16</td><td>黃色細砂拌有小砂礫</td><td rowspan="3">Scopimera globosa 圓球鼓窩蟹
Diogenes sp. 刺寄居蟹</td><td colspan="3">Nereis sp, 沙蚕</td></tr>
<tr><td>2</td><td>348</td><td>表層有 1-2 cm 的黃褐色細砂其下層为黑細砂及貝売．</td><td rowspan="3">Lumbriconer eis sp. 索沙蚕
Marphysa sp.,
Tympanotomus cingulatus 珠帶碇螺
Niotha margarat-iferus
Philyra carinata 脊綫絲蟹</td><td rowspan="2">Enteromorpha intestinalis 虎苔
Owenia fusiformis 歐文虫
Capitellidae 小头沙蚕科
Batillaria zonalis 縱帶錐螺
Araehnoides placenta 扁平蛛网海胆
Helice sp. 厚蟹
Mictyris longicarpus 長腕和尚蟹
Pratarkyra sp.</td><td colspan="2">Phyllodoce malmgreni
Eteone sp.
Clycera sp.
Onuphis sp.
Nereis sp.
Sipunculus nudus
Lingula anatina
Nassarius acutidentata
Gomphina sp.
Tetilla sp.
Acteocina sp.
Cistenides gould
Camptandrium elongatum
Venus isabellina.
Uca marionis nitidus
Charybdis spp.
Ilyoplax delsmani.
Helice tridens pingi
Penaeus japonicus
Alpheus spp.
Nemertinea</td></tr>
<tr><td>3</td><td>131</td><td>灰黑色沙泥，表面有薄層稀泥．</td><td rowspan="2">Chaetopterus variopedatus
Porcellana spp.
Tritoaynamia sp.
Marphysa sanguiea</td><td>Lumbriconereis sp.
Pyrene martenst
Pagurus sp.
Arachnoides placenta.
Philyra carinata</td></tr>
<tr><td rowspan="2">低潮区（III）</td><td>1</td><td>100</td><td rowspan="2">灰黑色的軟粘泥 20-30 cm，其下層为黑褐砂粒．</td><td colspan="2" rowspan="2">Cavernularia habereri 海仙掌人
Protaukyra bidentata 棘刺錨海参
Virgularia gustariana 紫海鞭</td><td>Audouinia sp.
Sabellidae
Philyra pisnm
Metapenaeus burkenroadi
Dorippe japonica
Pyrene variana.</td></tr>
<tr><td>2</td><td>＞50</td><td></td><td colspan="2">Squilla scorpoi　Aphelodactyla hyaloeides
Squilla oratoria</td></tr>
</table>

表 5　B 沙滩区生物量及其栖息密度的季节变化

层	区	生物量类别	春(4 月)		夏(7 月)		秋(10 月)		冬(1 月)	
			个/m²	g/m²	个/m²	g/m²	个/m²	g/m²	个/m²	g/m²
I	1	甲壳	–	–	168	2.24	–	–	–	–
		其他	–	–	40	2.40	–	–	–	–
		总生物量	–	–	–	2.64	–	–	–	–
	2	藻类	–	0.08	–	–	–	–	–	–
		甲壳	400	11.80	1	3.50	300	2.83	2	0.08
		总生物量	–	11.88	–	3.50	–	2.83	–	0.08
II	1	多毛类	–	–	–	–	336	16.76	–	–
		甲壳	2	0.12	–	–	3	0.08	52	5.81
		总生物量	–	0.12	–	–	–	16.84	–	5.81
	2	藻体	–	0.52	–	1.24	–	–	–	0.23
		多毛类	3	0.64	31	11.20	62	124.56	41	10.15
		软体	139	71.76	303	128.40	4	31.68	23	23.46
		甲壳	41	6.22	110	5.90	58	20.00	21	7.61
		其他	–	–	–	–	–	5.70	–	1.24
		总生物量	–	79.14	–	146.76	–	181.94	–	42.69
	3	藻类	–	–	–	2.80	–	–	–	–
		多毛类	12	4.40	24	15.76	14	11.56	14	8.40
		软体	190	189.77	48	38.80	32	5.60	108	18.22
		甲壳	8	0.64	112	21.68	27	13.62	9	11.20
		其他	–	–	–	–	–	0.40	–	11.27
		总生物量	–	194.81	–	79.04	–	31.18	–	49.09
III	1	多毛类	16	2.72	–	–	33	12.48	20	3.28
		软体	14	1.08	–	–	43	4.80	9	5.00
		甲壳	16	11.02	–	–	4	1.43	2	–
		其他	8	6.56	–	–	–	–	–	13.20
		总生物量	–	21.38	–	–	–	18.71	–	21.48
	2									

从表 5 我们可以明确地看出：B 沙滩区生物种类的组成以软体动物、甲壳动物及环节动物占优势。软体动物的丝带锥螺，不但栖息密度大，而且生物量也很大，最多的达 424 个/m^2，生物量为 392 g/m^2。甲壳动物中以圆球股窗蟹占绝对优势，它有很大的栖息密度，可达 68~82 只/m^2，但个体重量一般不超过 0.2 g。环节动物中以沙蚕，欧文沙蚕占优势，它们有很大的栖息密度，如欧文沙蚕可达 336 条/m^2，但个体重量不超过 0.01 g，因此它对总生物量的影响不大。从 B 区动物的栖息密度可以看出，动物栖息密度的大小，与动物个体的大小有关。例如个体较大的长腕和尚蟹最多不超过 5~6 只/m^2，而个体较小的圆球股窗蟹可达 68~82 只/m^2。同样的，大型多毛类鳞沙蚕最多不超过 4~5 条/m^2，而小型的欧文沙蚕，可达 336 条/m^2。

B 沙滩生物量的分布同样有从高潮区向中潮区逐渐增加的趋势，而以中潮区的中层和下层生物量特别高。

高潮区的上层（I_1）生物的栖息密度和生物量都很小，仅在夏季（7 月）甲壳类生物量达 2.64 g/m^2。本区的下层（I_2）同样为甲壳类栖息处，但生物量有了显著的增加（0.08~11.88 g/m^2）。

自中潮区开始，生物的栖息密度和生物量有了显著的增加。II_1 环虫代替了甲壳动物而占优势，其密度为 336 条/m^2，生物量 16.76 g/m^2。II_2 以软体动物占绝对优势，不但生物量大，而且有很大的栖息密度（生物量 23.46~128.4 g/m^2，密度 23~303 个/m^2）。其次为甲壳类，（栖息密度为 21~110 只/m^2，生物量为 5.90~20.00 g/m^2）。这层是本区生物量最高的一层。II_3 与上层（II_2）相同，同样以软体动物和甲壳动物占优势。在低潮区的上层（III_1）环虫代替了软体动物而占优势，密度为 16~33 个/m^2，生物量为 2.72~12.48 g/m^2。这里应该特别指出的是：由于我们采取了直线定量取样法，本区的重要代表种类（海仙人掌、棘刺锚海参等）栖息密度小，在定量采集时经常采不到，因此仅能作为定性资料。生物群落镶嵌型的分布，是 B 区潮间带的特点，因而在潮间带的生物量分布出现不规则现象。

3.3 泥沙岸潮间带生态

我们进行周年定量及定性调查 C 泥沙滩的潮间带高潮区和中潮区的上层为附近建筑物所环抱，形成凹入内陆的小湾澳，很少受到涨退潮流的直接影响。但由于近岸建设工程在施工，不断流入泥沙及碎砾，同时也经常有污水入侵。因此本区的环境极不稳定，底质变化无常。中潮区下层及低潮区为较广宽的海面，环境较为稳定，受到近岸的内陆影响较小，基本上直接由潮流所控制。

整个潮区可大致分为 3 种不同类型的底质（表 6），高潮区第一层是纯碎干燥的中砂，这层纵深 10 m 左右，垂直深度小于 0.5 m。高潮区第二层至中潮区第二层由湿的泥质沙组成，含有不同大小的砾石。这层纵深约 265 m，垂直深度 5 m。中潮区第二层以下均由烂泥底质组成，纵深大于 475 m，垂直深度 2.6 m。我们所调查的潮间区的垂直断面明显地区分着 3 种不同的底质，从表 6 不难看出有些生物按着上述底质的分层，而有显著的种类垂直交替现象；虽然泥沙底质所占的潮区特别大（Ⅰ$_2$、Ⅱ$_1$、Ⅱ$_2$），但垂直深度和纵深不同，加上其他外界因子的综合作用，同一底质成分的潮间带还有很多生物呈现着明显的垂直分层现象。

高潮区（Ⅰ），不论从底质成分还是潮汐的不同或生物的分布，都可截然分成两层：上层（Ⅰ$_1$）是干燥的泥沙狭窄带，其上界是建筑物的石墙，和B区相同的海跳蚤是这层的很好指标。由于底质不同，它不分布到本区第二层（Ⅰ$_2$）（B区可分布至Ⅱ$_1$）。这种生物通常埋于砂中，摄食砂中的有机物质。实际上，它仅于每月大潮涨潮的几个小时内浸在水中，其他时间几乎全埋在稍湿的砂中，对这潮区的干旱及温度剧烈变化能很好适应。基于上述情况，这一层的生物非常贫乏，在中潮区大量出现的圆球鼓窗蟹在这一层偶然也有看到，但为数很少。此外，还可以发现已脱离水中生活的海蟑螂，以及营两栖性生活的小弹涂鱼（*Periophthalmus cantonensis*）等爬在石头上，它们经常跟着潮水涨落而作上下垂直移动。这几种生物在这一层中组成了简单的生物群落。下层（Ⅰ$_2$）底质成分和上层不同，表面含有一薄层淤泥，上面还有一层水，形成了一个积水沼，其中出现了特有的潮间带水沼生物群落，与上层明显分开。这层大量聚集着刺寄居蟹，沿着潮间带的小水沟，一直分布到中潮区的中层。这种寄居蟹隐居在3种汇螺科的小螺壳中，壳上偶然附着布纹藤壶（*Balanus amphitrita communis*），这属寄居蟹在黄海或苏联远东各海一般在螯足掌部都附有海葵。在C泥沙滩中也经常看到它们寄居的壳上有两个小海葵附着。在干潮时，这种寄居蟹常在潮间带小水沟中觅食。在烈日暴晒下则潜伏在泥沙中。在这层中还经常可以发现成群聚集在一起的纵带锥螺和为数不多的光裸星虫，以及本区唯一的藻类——浒苔（*Enteromorpha* sp.）等。

中潮区（Ⅱ）占潮间带大部分，按潮汐底质以及生物的分布，可以分为上、中、下3层。大量的不同种属的蟹滩出现是这个潮区上层及中层（Ⅱ$_1$及Ⅱ$_2$）最主要的特征。第一层（Ⅱ$_1$）有圆球鼓窗蟹，这种小蟹当涨潮时埋于砂中，退潮时立即作洞穴居，由于这种蟹常成群栖息在松的砂中，在它的洞外四周常有许多粒状沙球，呈花纹状排列，故又称为捣米蟹。除了一些高潮区生物继续分布到这一层外，底埋型的沙蚕及光裸星虫也密集在这一区。在每年夏秋退潮时当地居民常大量采捕星虫，有时每平方米超过300条。沙蟹科（Ocypodidae）及方蟹科（Grapsidae）的很多种属从这一层开始一直分布到下一层（Ⅱ$_2$），有的甚至分布到低潮区。这些蟹类平时在蟹滩表面觅食，但当人接近时，或在烈日暴晒下，经常钻入穴中或隐蔽在石头下面，捕之不易。中潮区中层（Ⅱ$_2$）所占的面积最大，底质是硬的泥质沙，整个带面还镶嵌分布着许多大小不同的沙滩和水沼，同时有很多纵横的小水沟。这层底质成分复杂多变，加之泥砂经常移动，生态群落也较复杂。有成群占居一小沙滩的招潮蟹（*Uca lactea*，*U. marionis nitidus*），也有集中在大面积沙滩上的圆球窗蟹。在泥砂底质中则经常分散着中型的大眼蟹（*Macrophthalmus dilatatus*，*M.japonicus*，*M.thmentosus*，*M.erato*）及小型的泥蟹（*Ilyoplax* spp.），角眼切腹蟹（*Tmethypocoeiis ceratophora*），及多种厚蟹（*Helica* spp.）和长方蟹（*Metaplax elegans*）。在水沼和水沟中有固着在沙泥底上的茄海绵（*Tetilla* sp.），它至秋后即腐烂。刺寄居蟹、小螺及许多潮间带的小鱼在水沼中也经常出现。最引人注意的是水沼中经常有小鳖及背上装有树叶或贝壳的端正关公蟹（*Dorippe dolita*）。这些生物共同构成了潮间带水沼中的生物群落。水是这一生物群落的重要环境因子之一。茄海绵是这个群落较典

表6　C泥沙灘区生物区系垂直分佈表（1959. 7—1960. 7）

潮区	層次	層次距离	基上准高面度	底質		跨層分佈种类	習見生物种类的分佈
高潮区（I）	1	10M	>6.5M	純乾而松褐黄色中砂、上界石壁			Gammaridea, Ligia exotica, Pachygrapsus crassipes, Periophthalmus cantonensis
	2	10M	5.5M	泥質砂	上面積水，表面有泥，下層褐黑色中砂	Scopimera globosa de Haan 圓球鼓窗蟹；Sipunculus nudus Linnè 光裸星虫；Nereis sp. 沙蚕；Diogenes sp. 刺寄居蟹；Batillaria zonalis 縦帯錐螺	Phyllodoce malmgreni, Eteone sp., Tereisia sp., Actiniaria, Nassarius sp., Macrophthalmus tometosus, Pachygrapsus crassipes, Periophthalmus cantonensis
中潮区（II）	1	15M	5 M		松而湿的暗褐色泥砂，含有石礫		Terevisia sp., Natica maculosa, Philyra carinata, Nemertinea, Pagurus sp., Macrophthalmus tomentosus, Periophthalmus cantonensis, Ilyoplax delsmani serrata
	2	240M	2.5M		黄褐色硬泥砂粒，不規則鑲嵌分佈沙灘和水沼	Owenia fusiformis	Goniada sp., Travisia sp., Onuphis sp., Glycera chirori, Amaea sp., Lingula anatina, Nassarius caelatui, Acteocina sp., Pyrene martensis, Bullacta exarata, Tympanotomus elinguatatus, Nassarius sp, Uca lactea, Helice pingi, Ilyolax delsmanin serrata, Macrophthalmus tomeosus, Tmethypocoelis ceratophora, Philyra carinata, Macrophthalmus dilatatus, Pagurus sp.
	3	275M	2 M	爛泥	爛泥約 8cm 厚，含有少許沙粒（僧帽牡蠣养殖地区）	Cavernularia habereri 海仙人掌；Virgularia gustariana 紫海鰓	Cirratulus cirratus, Nephthys sp., Andonina sp., Nassarius caelatui, Potamides fluviatilis, Tympanotomus elingulatus, Tachypleus tridentatus, Squilla scorpio, Camptandriun sexdentatum, Helice pingi, Alpheus sp., Periophthalmus cantonensis
低潮区（III）	1	150M	0.6M		爛泥 10cm 以上厚度，不含砂粒	Pteroeides chinensis 中華棘海鰓；Porcellanella picta 紫斑拟瓷蟹	Diopatra dentata, Audouinia sp., Tympanotomus elingulatus, Potamides fluviatilis, Metapenaeus burkenroadi, Litocheira amoyensis, Charybdis spp., Protankayra spp., Aphelodactyla sp., Squilla spp.
	2	>50M					Scylla serrata, Squilla oratoria, Squilla scorpio, Protankayra spp., Aphelodactyla hyaloeides

型的指标种之一。欧文沙蚕是这一层特有生物，它不能生活在下一层（Ⅱ$_3$）的烂泥底质中，但在上一层（Ⅱ$_1$）也没有它的踪迹。

在中潮区下层（Ⅱ$_3$），烂泥底质和上层（Ⅱ$_2$）的硬泥砂底质分界明显，生物群相应地也有着很明显的交替现象；除了极少数种类外，绝大多数上层没有发现，而本层另有它特殊的种属。发光的海仙人掌及紫海笔（*Virgularia gustariana*）从这一层开始，一直分布到低潮线以下。这两种腔肠动物的出现标志着Ⅱ$_3$的开始。这层是贝类养殖的主要地带；闽南内湾中养殖的僧帽牡蛎大都坐落在这一层。我们调查地的两侧也是面积很大的牡蛎养殖场，它们恰好位于Ⅱ$_3$的上下界之间，周月潮水淹没的时间一般较长，由表 6 得知，Ⅱ$_3$垂直深度仅 0.5 m，而纵深却达 275 m，倾斜度还不到 1°。这种坡度极小而面积极大的滩涂，与青岛沧口潮间带有些相似[12]。不过底质成分并不一样，至于青岛沧口大量出现的竹蛏在本层则没有发现。

低潮区（Ⅲ）同样是烂泥底质，比Ⅱ$_3$更厚。由于潮汐关系，我们未能在这区下层（Ⅲ$_2$）工作，因此，我们仅能根据退潮时渔民在潮线下所捕获的一些生物，加以概括的了解。Ⅲ的上下层差别并不大。它和Ⅱ$_3$有些相似，能发光的腔肠动物除了上述两种外，这层又增加了中国棘海鳃（*Pteroeides chinensis*），在每个海鳃上面都有一对小型紫斑拟瓷蟹（*Porcellanella picta*）与它共栖。这 3 种腔肠动物都以长柄埋于泥中，仅羽枝及茎部分露出泥土表面，如碰到化学或机械刺激在夜间即发出耀眼的燐光。在泥底中营底埋生活的还有柔软的海地瓜（*Aphelodactyla* sp.）等海参类以及多毛类的许多种属。还经常能在烂泥积水处采到多种对虾类及其幼小个体（*Penaeus japonicus*，*Metapenaeus burkenroad*，……）和虾蛄类（*Squilla scorpio*，*S.oratoria*，*S.kempi*，……）等。它们也是潮线下经常出现的种类。这些种类当退潮时虽也偶然暴露在空气中，但并没有对空气环境有充分的适应能力。由于Ⅲ区露出水面的时间短，大潮干潮时都在清早黄昏，没有强烈阳光照射（小潮低潮是在中午，但这区并不露出水面），对它们的生活无大害。具有较大经济意义的锯缘青蟹（*Scylla serrata*）在这区附近浅水处育肥长大，退潮时经常能采到正在脱壳的青蟹，以及其他蟹类（*Charybdis* spp.，*Neptunus* spp.）。

节肢动物肢口纲在我国唯一的代表——鲎（*Tachypleus tridentatus*）也分布在的 B、C 的潮间区。5—8 月间常雌雄成对地埋伏于潮线附近，它们在高中潮区的沙中挖穴产卵，每穴数百个，借助阳光的温度来孵化。

从表 7 可以看出，栖息在 C 区潮间带的生物以甲壳类、腹足类及环形动物最占优势。甲壳类不但有较大的生物量，同时栖息密度也很大，而环形动物则有更大的栖息密度。

第Ⅰ区上下两层生物量分布有很大的差异；上层（Ⅰ$_1$）生物量及其密度都很小，以甲壳类的端足类及圆球鼓窗蟹占优势，不易看出周年的季节变化。Ⅰ$_2$层总生物量急剧上升到 5.20~49.89 m^2。这一层的沙蚕栖息密度很大而且分布均匀（304 条/m^2），由于个体重量不超过 0.01 g，因此对总生物量的影响不大。密度和生物量较大的纵带锥螺在总生物量上起着决定性影响，但由于它们常群聚在一起，分布相当不均匀，有的季节没有采到，这就造成总生物量周年变化的不规则性，刺寄居蟹也是这层中较主要的种类，其分布经常随着潮间带水沼的变动而改变。

第Ⅱ区第一二两层的生物量显著高于第一区(Ⅰ),同时,也高于$Ⅱ_3$和$Ⅲ_1$,其总生物量变动在31.60~144.60 g/m^2之间,在对总生物量起决定性影响的三大类生物中;环形动物在这两层中不但密度增大,而且种属也增多,腹足类在这一区的镶嵌分布特别显著,故采得量时多时少,如10月份在本区中层($Ⅱ_2$)所取的样品中每平方米平均达588个,而7月份在同一层中却没有采到,在甲壳类中以种类极多的短层类最占优势,其中以方蟹科中的一些种类(*Helice* spp., *Ilvoplax* spp.)的密度最大(达208个/m^2),同时分布也较均匀,个体重量一般只在0.01 g左右,在总生物量中所占的比重不大。而沙蟹科中的一些种类(*Uca* spp., *Macrophthalmus* spp.),虽然栖息密度并不算大,个体重量均在1 g左右,在总生物量上起着较大的影响。

$Ⅱ_1$和$Ⅲ_1$两层底质相似,故其生物的种类组成也有相似处,如多毛类环虫以个体较大的缨鳃沙蚕(*Cirratulus* sp.)代替了上面几层小个体的沙蚕,而软体动物则以川汇螺(*Potamides fluviatilis*)等占绝对优势。甲壳类以长尾类和虾蛄类代替了上几层的短尾类或歪尾类。各个季度总生物量的平均变动在11.02~72.53 g/m^2,这两层生物的个体大而栖息密度小。

总的看来,秋春两季平均总生物量较高(55.44 g/m^2及40.23 g/m^2),冬、夏两季较低(27.43 g/m^2及39.20 g/m^2)。各层的季节变化略有不同,表7便能很好地反映出这一点。促使生物量改变的原因很多,除了生物本身繁殖,生长有差异外,外界环境因子(温度、底质等)的推移,以及生物间互相蚕食等也起着很大作用。我们所选择的A、B、C,3个定量调查地区在退潮时都是居民采掘活动的地区(如采野生海藻、挖掘星虫、采捕软体动物等)。这对潮间带生物资源的自然蕴藏量起了很大的变动。今后加强对这类地区的调查,提出合理的采掘和保护措施将可以使研究更好地为生产服务。

表7 C泥沙滩生物量及其栖息密度的季节变化(1959.7—1960.7)

层	区	生物量类别	春(4月)		夏(7月)		秋(10月)		冬(1月)	
			个/m^2	g/m^2	个/m^2	g/m^2	个/m^2	g/m^2	个/m^2	g/m^2
Ⅰ	1	甲壳	16	5.64	24	1.28	–	–	–	–
		总生物量	–	5.64	–	1.28	–	–	–	–
	2	多毛类	80	7.16	304	3.40	4	3.28	8	5.20
		软体	144	23.41	80	41.60	–	–	–	–
		甲壳	28	3.41	48	4.80	64	20.00	–	–
		总生物量	–	33.98	–	49.80	–	23.28	–	5.20

续表

层	区	生物量类别	春(4月)		夏(7月)		秋(10月)		冬(1月)	
			个/m^2	g/m^2	个/m^2	g/m^2	个/m^2	g/m^2	个/m^2	g/m^2
Ⅱ	1	多毛类	408	12.74	48	1.84	42	1.04	-	-
		软体	132	84.88	-	-	588	21.44	12	80.00
		甲壳	24	3.54	440	29.90	121	56.78	-	-
		其他	-	1.04	-	0.16	-	1.88	-	-
		总生物量	-	102.22	-	31.60	-	81.14	-	80.00
	2	多毛类	23	4.03	51	9.60	60	87.15	255	15.56
		软体	35	11.07	27	1.70	-	-	34	11.50
		甲壳	27	31.32	112	39.76	88	55.37	56	8.47
		其他	-	0.05	-	5.70	-	2.08	-	1.99
		总生物量	-	46.92	-	56.76	-	144.60	-	37.52
	3	多毛类	168	18.48	16	2.40	30	2.38	46	6.14
		软体	17	15.42	8	10.40	8	7.50	22	7.02
		甲壳	7	0.60	31	11.60	6	1.14	6	1.06
		其他	-	0.37	1	36.80	-	-	-	0.72
		总生物量	-	34.87	-	61.20	-	11.02	-	14.94
Ⅲ	1	多毛类	6	15.54	11	0.14	-	-	6	6.00
		软体	-	-	53	34.90	8	15.13	18	19.10
		甲壳	-	-	16	1.35	4	57.40	-	-
		其他	-	2.10	-	-	-	-	1	4.80
		总生物量	-	17.64	-	36.39	-	72.53	-	29.90

根据我们对厦门3种不同生态类型潮间带的比较研究结果,可清楚地看出:各种不同生态类型的潮间带生物都有明显的垂直分层交替现象,在底质因子固定的情况下,这种垂直交替与潮汐及潮流关系最大,生物的分区分层基本上符合瓦扬对潮间带的分区原则。这在A岩岸表现得特别明显(表1)。但是应着重指出,厦门潮间带除了岩相海岸外,绝大部分的泥岸或沙岸很难找出由同样底质组成的单一的潮间带。这两种类型的潮间带一般是复杂多变的,高潮区经常是沙或泥沙成分,而低潮区或中低潮区则以软泥成分为主;这样,潮间带生物除了受潮汐的制约外,底质的影响也就表现得特别明显。例如在A和B两个潮间带,海跳蚤

和海仙人掌的垂直分布就有些不同(表4和表6),前者在B从高潮区一直分布至中潮区的上层($Ⅰ_1$、$Ⅰ_2$、$Ⅱ_1$),而以高潮区下层($Ⅰ_2$)数量最大。这3层恰好都是较干燥的砂粒底质,在下一层较湿的砂底中就没有它的分布。它在C区只少量分布在高潮区上层($Ⅰ_1$),往下的层次都没有它的分布。这一层是干燥的砂粒底质,而$Ⅰ_2$就是积水地带。这就很明显地看出干燥的砂底对这一种海跳蚤的分布关系很大。海仙人掌在C泥滩区从中潮区下层($Ⅱ_3$)一直分布至潮下带,这些层次都是软泥底质,而B区软泥底质由低潮区下层($Ⅲ_3$)开始,海仙人掌也由此往下分布。紫海笔、圆球鼓窗蟹、刺寄居蟹、扁平蛛网海胆等在B区和C区的分布也有较大的差异。从上述情况中,可以明显地看出潮汐、底质成分、底质含水量及温度和潮流等各种环境因子都会影响到潮间带生物的垂直分布。而这些因子又有紧密的相互关系,它们绝对不是孤立地对生物起作用的。由此证明:对潮间带的分区工作,若按瓦扬的分区原则(潮汐)固然可以避免过多的主观因素,但还应考虑底质成分,潮间带的坐落方向和受潮流影响的情况以及生物的自然分布等综合因子,才能避免机械分区的缺点及孤立的条件论。

表8 不同生态区主要类别生物量及其百分组成

生态区	计量单位	藻类	多毛类	拟软体(苔藓虫)	软体	甲壳	其他	总生物量
泥滩	g/m^2	-	4.82	-	15.89	13.83	2.42	40.56
	%	-	20.70	-	39.2	34.14	5.96	
沙滩	g/m^2	-	8.78	-	23.09	5.93	1.89	39.69
	%	-	22.15	-	57.93	14.94	4.78	
岩石	g/m^2	71.54	-	81.55	254.45	86.38	17.54	511.46
	%	13.98	-	15.94	49.78	16.88	3.42	

从表8和图3可以清楚地看出,3种不同生态区周年平均总生物量是有差别的,其中泥岸及沙岸较为接近(分别为40.6 g/m^2及39.7 g/m^2);而岩岸生物量高达511.5 g/m^2,后者约为前二者的12.8倍。岩岸的野生藻类约占总生物量的14%,而其他两个生态区却几乎没有藻类。能作为沿岸底层鱼类饵料的多毛类,在泥滩及沙滩区占20.7%~22.2%(带管的沙蚕都去管而计算重量),而岩石区的多毛类则很少。岩石区的苔藓虫占16%,而泥滩及沙滩则根本没有这类生物。上述3类生物在3种生态区中的分布恰好形成对照;环虫在泥滩及沙滩中的生物量最大,这也是厦门泥滩及沙滩潮间带的特点之一,而在岩石区则很少;藻类和苔藓虫的分布恰好与多毛类相反。软体动物在这3种生态区中的生物量都很大,占各大生物类中的首位,在泥滩及沙滩中分别占39.2%及57.9%,主要是腹足类汇螺科的小螺。软体动物在岩岸中占49.8%,主要是瓣鳃类的僧帽牡蛎。这些软体动物都有很大的栖息密度,这是生物量偏高的一个因素,但更主要的是它们都有很重的石灰质外壳(计算生物量时带壳称

重),这是提高生物量的主要因素。从饵料角度来衡量,虽然软体动物的生物量大大高于环虫,但饵料价值不大。甲壳类的生物量在 3 种类型的潮间带也不小;其中泥滩最多(34.1%),约为沙滩(14.9%)的 1 倍以上,以短尾类占绝对优势。泥滩蟹类的种类及其生物量大大高于沙滩,这是厦门沙滩及泥滩潮间带生物的主要不同点之一,岩石区甲壳类的生物量占 16.9%,其中含有石壳质外壳的藤壶占绝对优势。

厦门内港 15 m 以内泥沙底质潮下带的总生物量为 55.9 g/m^2,其中棘皮动物生物量为 29.3 g/m^2,其次为软体动物,环虫和甲壳类。应该着重指出,厦门内港潮下带的总生物量高于相同底质潮间带的总物量,这和人们经常在潮间带大量采捕有很大关系,事实上潮下带生物的自然蕴藏量不一定高于潮间带,关于这点 E.Φ.古丽亚诺娃在黄海潮间带生态研究中也特别强调。不过潮下带棘皮动物在总生物量方面常占很大的比重,而在潮间带却很小,这是潮下带和潮间带生物主要不同的地方,因为厦门内港海参类多分布在潮下带。

在苏联北温带地区各海域,潮间带生物量通常达到数百克或数千克,黄海才勉强达到 150~200 g[12],而在厦门内港泥滩或泥沙滩的生物量只有 40 g 左右。还应指出,我们工作地点是在内港,相信旷野潮间带生物量应与内港潮间带不同。

厦门潮间带各潮区及各层次的生物量的分布规律与黄海潮间带有很大差别。如青岛沧口泥滩 7 月份生物量是低潮区>高潮区>中潮区(即 231 g/m^2 ∶ 221 g/m^2 ∶ 54 g/m^2);而厦门泥滩 7 月份生物量则是中潮区>潮区>高潮区(即 47 g/m^2 ∶ 36 g/m^2 ∶ 26 g/m^2),其中高潮区的差别特别大,因为前者有栖息密度很大的短尾类而后者的短尾类则很少。青岛中港石墙 7 月份生物量是中潮区>低潮区>高潮区,厦门岩岸虽也有同样规律,不过生物量相差很大,前者从高潮区至低潮区生物量分别为 190 g/m^2、5 164 g/m^2、2 370 g/m^2,后者是 0.8 g/m^2、209.8 g/m^2、98 g/m^2。两个地区中的低潮区都有较高的生物量,这反映出藻类分布的一般规律。高潮区生物差别那么大的原因在于青岛石墙的高潮区有着栖息密度极大(28 630 个/m^2),而且个体较大的短滨螺(*Littorina brevicula*),而厦门岩岸高潮区则只分布着个体小的滨螺、小滨螺及粒滨螺,它们的栖息密度最多也不过 140 个/m^2。

4 总结

生态类型:厦门潮间带具有岩岸、沙岸、泥岸,它们具有各自的特点。岩岸大量发展着固着生物(牡蛎,藤壶和藻类)其种类分布随潮区不同而有明显的垂直交替现象。波浪对岩岸冲击较大,这里的固着动物都有与这种环境相适应的构造。沙滩和泥沙滩生物群落较相似,这里短尾类、腹足类及多毛类最点优势。其种类垂直分布不但与潮区有关,并且和底质成分有密切的关系。

生物量:不同底质的潮间带生物量也有差异,岩相底质和沙及泥沙底质的生物量相差更为悬殊,其全年平均总生物量:岩石(511.2 g/m^2)>泥(40.6 g/m^2)>沙(39.7 g/m^2)(图 2 和表 8)。在岩相中牡蛎占绝对优势,藤壶,藻类及苔藓虫的生物量也不少。砂、泥底质的总生物量以腹足类、短尾类及环虫最占优势。与黄、渤海区相比较,组成生物量的类别基本相似,但种类组成有较大的差异;如青岛沧口泥滩具高生物量的大蝼蛄虾(*Upogebia* sp.),竹蛏(*Solen* sp.),绿螂(*Glaucomga* sp.)和蓝蛤(*Aloidis* sp.)等种[12],在厦门泥滩中却很少或根本没有。厦门潮间带生物种类多而且物量不大,这是与北方海区潮间带生物的不同点。

生物区系:厦门潮间带生物大多是热带亚热带种属,调查中初步整理出401种习见潮间带生物,其中植物29种,无脊椎动物361种,鱼类11种。这些种类大多来自南方沿海,北方沿海的种属很少侵入至本地区。例如3种红树,铁丁菜,红珊瑚,黑珊瑚,窗贝,蓝斑背肛海兔,短石蛏,羽状裂江瑶,复瓦牡蛎,棘刺牡蛎,密节铠船蛆,卵形马特海笱,龟足,黑籐壶,长腕和尚蟹。红点黎明蟹,太平洋长臂虾,滨虾,小卷栉羽枝海羊齿,黄五角海星等是较典型的热带种属,其中有些还能分布至浙江沿岸,但绝对没有延伸至黄、渤海沿岸,有些种类从厦门起往南分布,它们是热带海区常见的种类。

资源利用问题:厦门潮间带潜藏着丰富的底栖生物资源,这些资源的利用可以从几方面着手:① 充分利用和保护有经济价值的野生藻类(铁丁藻,江蓠,鼠尾藻,石花菜等),星虫类(光裸星虫,小土参等)软体动物(文蛤、血蛤、纵带锥螺等),甲壳类(籐壶、短尾类等)和海参类(海地瓜、锚海参、瓜参等)。海涂是取之不尽的肥料宝库,向海洋索取肥料对支援农业有着重大的意义;闽南农民已成功地大量利用野生纵带锥螺、籐壶及海参类作为肥料。② 发展海涂养殖事业,充分综合利用潮间带。厦门地区对泥沙或泥底潮间带的中低潮区在贝类养殖业上利用较为充分,但对岩岸及沙岸以及多数高潮区却没有充分利用。建议对厦门地区的岩岸进行对野生藻类的试养(石花菜、鼠尾藻、江蓠等);对高、中潮区的泥沙滩也应养殖或保护野生星虫类及其他经济野生生物。在厦门附近海口高潮区的小土参是应加以重视的一种野生资源。日本鸭嘴蛤养殖成本小,花劳动力又不大,而繁殖和生长活力又强,是家禽的良好饲料,可考虑作为养殖对象,这在支援农业上对解决劳动力不足和家禽饲料不足问题均有重大意义。

从理论上探讨:潮间带生物的垂直分布很明显地反映出从水生生活到陆地生生活的复杂的适应过程。低潮区的海地瓜,海仙人掌露出水面的时间很短,它们的柔软身体受不了干旱和炎热,呼吸系统也不能适应空气环境。中潮区生物为典型的两适性生物,它们既能在涨潮时适应水中生活,又能在退潮时适应空气中生活。高潮区的生物与低潮区的生物完全相反,它们只在大潮高潮时的很短时间内生活在水中,其他时间则暴露在空气中。小弹涂鱼及粒滨螺是很好的例子。潮上带的海蟑螂已脱离水中生活,但又不能离开水边,它们必须呼吸岸边的潮湿空气。这种适应现象首先在呼吸系统上发生;同时身体外皮加厚,防止了水分的蒸发。潮间带生物的垂直分层现象特别显著,岩石海岸形成了单纯种群的牡蛎带和籐壶带等,这两种不同种群在幼苗附着期互相间关系至为复杂;泥沙滩动物的镶嵌分布,表现了生物本性与底质之间的联系极为密切。

厦门潮间带的不同的底质均有其特有的生物,例如泥滩的海地瓜,沙滩的痕掌沙蟹。这可供研究底质成分的参考。厦门泥滩和泥沙滩有大量的发光生物(海鳃、海笔、海仙人掌、鳞沙蚕等),这可供为研究发光生物的材料。低潮线附近有多种能发声的鼓虾,其大螯在突然搅扰时能发出声音,这对水声的研究也是有意义的。

参考文献

[1] 毛泽东. 矛盾论. 毛泽东选集第一卷 . 1937.

[2] 刘瑞玉.黄海和东海经济虾类区系的特点. 海洋与湖沼,1959,2(1).

[3] 何景. 红树林的生态学. 生物学通报,1957(8).

[4] 汪德耀. 海滨动物是否有繁殖过剩和种内斗争的初步观察. 生物学通报,1956(6).

[5] 金德祥. 福建海产生物采集调查报告. 海产生物研究场刊物,1936,1(1).

[6] 张云. 胶州湾潮面动物的初步调查. 海洋湖沼学报,1951,1(1).

[7] 张云,等. 中国南海经济软体动物区系. 海洋与湖沼,1959,2(1).

[8] 张云. 中国黄海与东海经济软体生物区系. 海洋与湖沼,1959,2(1).

[9] 曾呈奎. 黄海和东海的经济藻类区系. 海洋与湖沼,1959,2(1).

[10] 厦门海洋气象台. 厦门地区海洋水文气象资料(1957—1960).

[11] 厦门大学生物系. 九龙江口工作调查报告(油印本)1958.

[12] E.Φ. 古丽亚诺娃等. 黄海潮间带生态学研究. 中国科学院,海洋生物研究所丛刊,1958,1(2).

[13] H.A. 别烈齐娜. 水生生物学. 北京:科学出版社,1953.

[14] H.U. 斯费德鲁普等. 海洋. 1946:13.

[15] 中央农业部米丘林农业植物选种及良种繁育讲习班编译. 达尔文主义. 北京:科学出版社,1953.

[16] Гуръяиоеа, Е. Ф, 1959 Исследоефеея осчщеой эоны Китаиских морей иэв. АН ccop9 Gерня биодогоческая 57

[17] Умаков, Л.В. 1951 Литораь Охотскояо морин. Докд. АИ СССР, Т. 76, 1.

[18] Щацова, Т.Ф., Моиеовск О.В. Пастареак А. Фдера и фауна литорали эападнояо Сакхалиеа. Тр. Иеот. Океаеолояии АН СССР, Т. ХХХ111

[19] Chin, T, G. 1939 The tides of Amoy harbor in 1935, Marine Biological Station, The University of Amoy, Vol. 1, No.1

[20] Clarke, G. L. 1957 Elements of ecology. New York

[21] Harvey, L. A. 1958 The pattern of distribution of littoral animals. Science Progress, Vol. XLVI No.183

[22] MacGinitie, G. E. and MacGinitie, N. 1949. Natural history of marine animals. New York.

[23] Ping, G. 1930 Zoological notes on Amoy and its vicinity, Bull. Fan Mem. Inst. Biol. Vol.1.

[24] Shen. C. J. 1940 On the Collections of Crabs of South China, Bull. Fan Mem. Int. Biol., Zool. Ser., Vol. X, No.2.

[25] Shen, C. J. Second addition to the fauna of brachyuran Crustacea of the species recorded in this particular region, Contr. Inst. Zool. Nat. Acad. Peiping, Vol. III, No.6

黄宗国,蔡如星,江锦祥,李复雪.

原载《厦门大学学报》1960(3):74-95

杭州湾北岸潮间带生态学研究

Ⅰ.软相底栖动物群落调查

A Study on Ecology of Intertidal Zones along Northern Coast in Hangzhou Bay

Ⅰ. A Survey on the Benthic Fauna Community in the Soft Bottom

Abstract: Shanghai Petroleum-Chemical Industry Combine lies in the middle of the northern coast in Hangzhou Bay. In order to compare the ecological changes in the bay before and after the operation of the combine, a survey has been conducted since May, 1975 for the benthic faunal community in the soft bottom intertidal zone along the northern coast in the bay. In all, five sampling sections were chosen, namely sections A, B, C, D and E respectively. This paper, for the first time, reports the annual data of benthic fauna taken for the periods form May 1975 to July 1976.

The results indicated that the number of species in this survey area were comparatively poor. For five sections, only 82 species of macrofauna have been identified, in which, 23 species were found to be dominant species. Species composition was dominated by Crustaceans. Both the habitat density and biomass were also comparatively low, the mean were 442 ind./m^2 and 22.1 g/m^2 respectively. Except for section A, number of species, density and biomass in all other sections turned out to decline progressively from high tide regions to low tide regions.

The calculation of "percentage community affinity" for five sections indicated that sections B, C, D and E were very similar. The similarity of community at sections B, C, D and E were equally different from that of section A.

The seasonal variation of organisms in this area could be attributed to the seasonal fluctuations of temperature and the seasonal transport of sediments due to seasonal winds.

The community structure in this area was normal. The results from the analysis of the contents of adverse matters in water and substrate showed no signs of pollutions in this area.

1 前言

地处陆、海交界的潮间带,底栖生物与栖息环境密切相关,环境一旦受污染,生物群落结构将发生变化,影响到生态平衡。位于杭州湾北岸中部的上海石油化工总厂,投产后对该湾环境质量是否有潜在污染的可能性,将是个重大问题。为了比较本厂投产后对本区域生态学的影响,在上海市环境保护局的领导下,上海石油化工总厂、上海市卫生防疫站、国家水产总局东海水产研究所和国家海洋局第三海洋研究所等单位相互协作,自 1975 年 5 月开始在该湾软相潮间带设 5 个断面,逐年定期地开展调查。本文首先报道该厂投产前 5 个断面的生态学基线资料。

2 调查地点与方法

5 个调查断面的设置:在总厂所在地金山卫设 A、B、C 3 个断面;总厂西侧的乍浦镇、东侧的柘林镇,分别设 D、E 两个断面。调查范围约 60 km(图 1)。

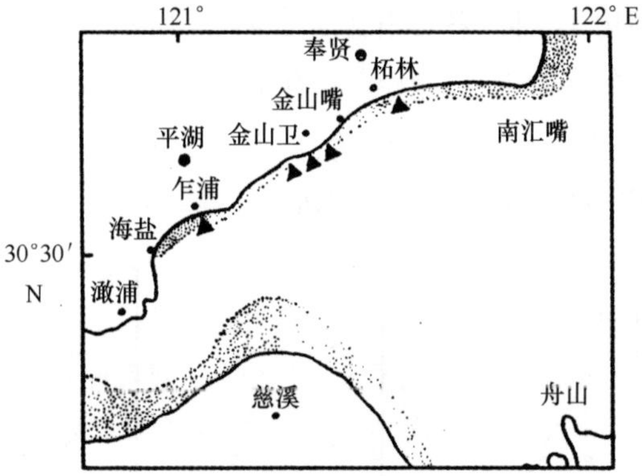

图 1　杭州湾北岸软相潮间带调查地点

(▲号为取样断面)

站点布设,生物定量、定性采集和资料整理等调查方法,参见国家海洋局编制的“海洋污染调查暂行规范”。每次生物取样,同时测定水温等 5 项水文要素,并采满潮和低潮水样供检测水质中石油等 12 项有害物质。取某些站点的底质样品作底质中硫化物、石油等 6 项有害物质的检测和粒度分析。

本文采用 1975 年 5 月至 1976 年 7 月期间,5 个断面的调查资料,定量资料仅用 1976 年 5 月(参考 1975 年 5 月)、7 月和 1975 年 9 月、12 月的 4 次资料,分别代表春、夏、秋、冬 4 个季节。

3 环境概况

杭州湾位于钱塘江口外,和长江口相毗邻。金山嘴东、西两侧分别为微弱堆积和强侵蚀人工稳定海岸。该湾属于正规半日潮，最大潮差 7.57 m（乍浦）。

历次水文测定结果：表层水温季节波动于 −1～32℃，盐度 8.4～9.0，pH 值 8.0 左右，溶解氧通常在 5 mg/L 以上，耗氧量 2～30 mg/L。

水质和底质中有害物质检测结果：除石油在断面 D 的水样中含量较高外，其他 11 项基本未检出或检出值低；底质中硫化物，在断面 D、E 超过 300 mg/kg，其他 5 项属正常范围，但各断面底质中石油含量有逐次上升的趋向。

5 个断面各区层的底质粒径以 0.01～0.1 mm 为主；其次是 0.01 mm，其中断面 A 低潮区和断面 B 高潮区各占 50%左右；大于 0.1 mm 在各区层所占的比例较少。

4 5 个断面大型底栖动物群落结构

4.1 断面 A

本断面位于总厂生活区东侧，高潮区和中潮区上层为石块防波堤，调查滩面约 500 m，设 14 个取样站。

5 次调查共得底栖动物 41 种。各类群组成如图 2a 所示，以环节动物和甲壳动物为主，生物种类冬季贫乏，其他季节较丰富。优势种有帚虫（*Phoronis* sp.）、多鳃才女虫［*Polydora*（*Boccardia*）*polybranchia*］、螠虫（*Listriolobus* sp.）、泥螺（*Bullacta exarata*）、四角蛤蜊（*Mactra veneriformis*）和宽身大眼蟹（*Macrophthalmus dilatatus*）等。

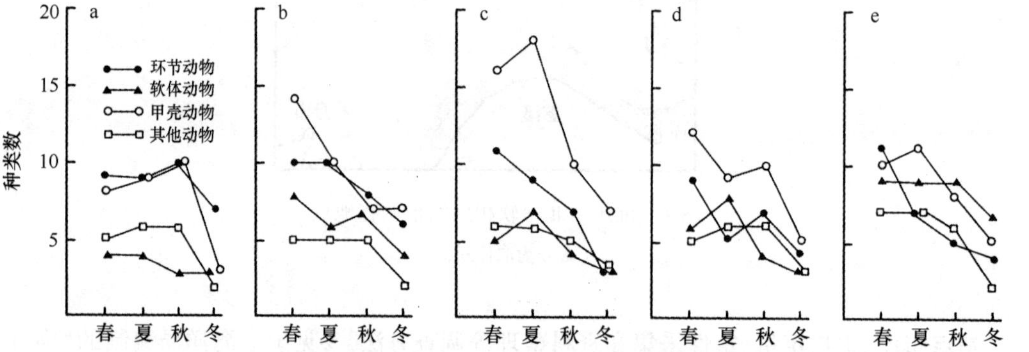

图 2　5 个断面底栖动物种类组成

从表 1 可看出：本断面最高栖息密度和生物量均出现在低潮区；密度中起支配地位的仅是多鳃才女虫和帚虫，如春季分别达 2 700 个/m^2 和 2 650 个/m^2；生物量以螠虫起主导作用。中潮区的密度和生物量是由软体动物和甲壳动物所支配；密度春高冬低，生物量秋季大，其他 3 个季节均低。

如图 3a 所示，本断面生物可分为如下两个垂直分布带。

（1）泥螺－四角蛤蜊－宽身大眼蟹带：本带位于中潮区，习见种有多鳃齿吻沙蚕（*Nephthys polybranchia*）、育囊尖锥头虫（*Scoloplos marsupialis*）和彩虹明樱蛤（*Moerella iridescens*）等。

表 1　5 个断面主要生物类群栖息密度和生物量垂直分布

断面	类别	高潮区								中潮区								低潮区							
		春		夏		秋		冬		春		夏		秋		冬		春		夏		秋		冬	
		个/m²	g/m²	个/m²	g/m²	个/m²	g/m²	个/m²	g/m²	个/m²	g/m²	个/m²	g/m²	个/m²	g/m²	个/m²	g/m²	个/m²	g/m²	个/m²	g/m²	个/m²	g/m²	个/m²	g/m²
A	环节动物	石堤								894	0.9	4	0.7	2	0.2	4	0.3	2 708	5.5	206	2.3	551	4.0	111	2.3
	软体动物									15	6.5	11	2.7	23	39.3	1	4.4	8	3.3	/	/	1	0.2	/	/
	甲壳动物									3	2.8	4	3.2	8	3.9	1	0.1	2	0.6	13	1.4	22	4.8	6	2.4
	其他动物									2	1.0	1	0.8	1	0.5	1	27	2 684	13.5	647	9.3	3 190	28.2	62	37.7
	总计									914	11.2	20	7.4	34	43.9	7	7.5	5 402	22.9	866	13.0	3 764	27.2	179	42.4
B	环节动物	56	2.4	59	3.0	86	4.3	20	0.3	17	0.9	8	0.4	20	0.6	28	1.3	1	0.1	/	/	/	/	/	/
	软体动物	370	51.4	13	2.5	726	92.4	532	65.6	71	14.1	19	16.1	29	19.1	13	11.2	6	13.9	3	6.3	3	15.6	/	/
	甲壳动物	8	4.3	40	26.6	40	6.0	16	6.3	2	0.3	7	6.6	5	3.1	1	0.7	/	/	2.7	1	0.1	/	/	
	其他动物	6	0.4	7	2.4	12	7.7	/	/	3	0.3	3	5.9	3	0.5	1	0.4	/	/	2	6.0	/	/	/	/
	总计	440	58.5	119	34.5	864	110.4	568	72.2	93	15.6	37	29.0	57	23.3	43	13.6	7	14.0	7	15.0	4	15.7	/	/
C	环节动物	24	1.6	199	6.9	588	9.3	173	2.6	10	0.4	9	0.4	14	0.6	10	0.4	2	0.2	1	0.1	/	/	/	/
	软体动物	/	/	89	3.3	/	/	/	/	95	11.9	47	14.8	21	20.5	5	11.5	1	7.1	4	3.3	2	3.9	2	3.4
	甲壳动物	14	6.4	99	26.4	14	12.4	9	3.0	1	0.1	4	2.8	4	1.9	1	1.1	2	0.1	7	0.2	/	/	/	/
	其他动物	4	4.0	80	1.0	12	17.3	13	6.7	3	2.1	3	1.4	2	1.3	1	0.4	/	/	/	/	1	1.4	/	/
	总计	42	12.0	467	37.6	614	39.0	195	12.3	109	14.5	63	19.4	41	24.3	17	13.4	5	7.4	12	3.6	3	8.3	2	3.4
D	环节动物	底质为砾石粗砂，生物极少								12	1.3	4	1.0	9	1.3	4	0.3	/	/	/	/	2	0.2	/	/
	软体动物									185	3.4	1815	19.2	12	5.0	6	2.2	/	/	3	1.2	/	/	/	/
	甲壳动物									5	7.4	15	3.7	7	5.3	3	2.3	1	4.5	/	/	2	2.6	/	/
	其他动物									3	4.7	5	4.9	6	19.1	2	0.9	9	13.2	16	19.1	4	18.4	/	/
	总计									205	16.8	1839	28.8	34	30.7	15	5.7	10	17.7	19	20.3	8	21.2	/	/
E	环节动物	12	0.9	24	1.3	95	2.4	36	0.9	48	2.8	20	0.5	4	0.2	6	0.2	1	0.1	1	0.1	/	/	/	/
	软体动物	73	8.3	5	7.2	1385	17.4	25	4.5	73	3.8	23	15.2	721	14.0	3	4.8	2	9.5	6	9.6	4	22.6	/	/
	甲壳动物	13	24.6	9	30.9	39	24.0	7	3.3	8	0.1	21	2.5	1	0.6	/	/	2	0.1	22	0.6	/	/	/	/
	其他动物	2	5.9	2	9.1	12	1.7	4	1.3	1	1.5	3	3.7	1	0.4	/	/	/	/	1	1.3	/	/	/	/
	总计	100	39.7	40	48.5	1531	45.5	72	10.00	130	8.2	67	21.9	727	15.2	9	5.0	5	9.7	30	11.6	4	22.6	/	/

（2）多鳃才女虫-帚虫-蛤虫带：本带位于低潮区，底质为泥质粉砂，相对比较稳定。本生物带是由一些适于这种底质类型的种类所组成，以一种小海葵（*Actiniaria*）、锐足沙蚕（*Nereis oxypoda*）、岩虫（*Marphysa sanguinea*）、狭颚绒螯蟹（*Eriocheir leptognathus*）和刺螯鼓虾（*Alpheus hoplocheles*）为习见种。

中潮区下层是上、下生物带的明显交替层，上、下带一些种类可延伸至此。这种现象同样出现在下述其他断面。

4.2 断面B、C

断面B、C分别位于总厂第一化工厂和污水处理厂附近。两断面相距3 km，生境十分相似，高潮区与中潮区交界处被一条石块防波堤隔开。底质以沙质粉砂为主，滩面长分别为700 m和800 m，各设14个和16个取样站。

两断面各获得底栖动物49种和50种，如图2b、c所示：以甲壳动物为主，环节动物次之；种类春、夏季丰富，冬季贫乏。优势种有疣吻沙蚕（*Tylorrhynchus heterochaetus*）、育囊尖锥头虫、中国绿螂（*Glaucomya chinensis*）、泥螺、彩虹明樱蛤、四角蛤蜊、焦蓝蛤（*Aloidis ustulata*）和宽身大眼蟹等。

如表1所示：两断面的栖息密度和生物量均以高潮区为高，并向低潮区递减。断面B高潮区的密度和生物量以中国绿螂占优势，如秋季二者高达725个/m^2和91.8 g/m^2，优势度（个体数百分比）为83.9%；疣吻沙蚕和一些蟹类也占一定比例。断面C高潮区的密度以疣吻沙蚕占优势，秋季高达546个/m^2，优势度为89%；中国绿螂仅在夏季起作用，这可能是由于采集站点的偏差所引起的；生物量主要取决于几种蟹类；中潮区至低潮区的代表种左右了该区的密度和生物量。两个断面密度和生物量均以冬季为低，断面B以秋季为高，断面C的密度是夏、秋季高，生物量是秋季大。

如图3b、c，两断面均有如下3个生物垂直分布带。

（1）中国绿绿螂-疣吻沙蚕-蟹类带：本带位于高潮区，蟹类较丰富，如弧边招潮（*Uca arcuata*）锯脚泥蟹（*Ilyoplax dentimerosa*）和长足长方蟹（*Metaplax longipes*）等；习见种有弹涂鱼（*Periophthalmus cantonensis*）等。

（2）泥螺-蛤类-宽身大眼蟹带：本带位于中潮区上、中层。代表种有泥螺、彩虹明樱蛤和宽身大眼蟹。习见种有多鳃齿吻沙蚕、育囊尖锥头虫和焦蓝蛤等。两断面的中潮区上层均被一片绿色的高等植物——海三棱藨草（*Scirpus mariguetir*）所覆盖。

（3）焦兰蛤带：底质为粉砂的低潮区，种类单纯。

4.3 断面D

本断面位于乍浦镇附近湾内，与断面C相距约30 km，左侧有总厂陈山输油码头和一拆船厂，高潮区底质为砾石粗砂，滩面长约1 000 m，设18个取样站。

共发现底栖动物50种，以甲壳动物为主；生物种类春季丰富，冬季贫乏（图2d）。优势种有双齿围沙蚕（*Perinereis aibuhitensis*）、中国绿螂、泥螺、日本大眼蟹（*Macrophthalmus ja-*

pomicus)、彩虹明樱蛤、安瓦海葵(*Synandwakis* sp.)、光滑狭口螺(*Stenothyra glabra*)、麂眼螺(*Rissoina* sp.)和红狼牙虾虎鱼(*Odontamblyopus rubicundus*)等。

本断面栖息密度和生物量以中潮区上层为高,春、夏、秋三季,密度是由软体动物的光滑狭口螺和麂眼螺占绝对优势,如夏季,分别达 683 个/m² 和 2 750 个/m²;冬季,密度以双齿围沙蚕为主;生物量则取决于某些蟹类。中潮区中层和低潮区由该区层的代表种所支配。如表 1 所示:密度和生物量呈现夏季高,冬季低的季节变化。

如图 3d 所示:本断面分为如下 3 个生物垂直分布带。

(1)中国绿螂-双齿围沙蚕-小螺带:本断面中潮区上层与断面 B、C 一样,被海三棱藨草所占据,动物相以中国绿螂、双齿围沙蚕、光滑狭口螺和麂眼螺为代表种。

(2)泥螺-彩虹明樱蛤-日本大眼蟹带:本带位于中潮区中层,除代表种外,习见种有上、下生物带延伸至此的种类。

(3)安瓦海葵-红狼牙虾虎鱼带:底质是以泥质粉砂为主的低潮区,以上述两种为代表种。

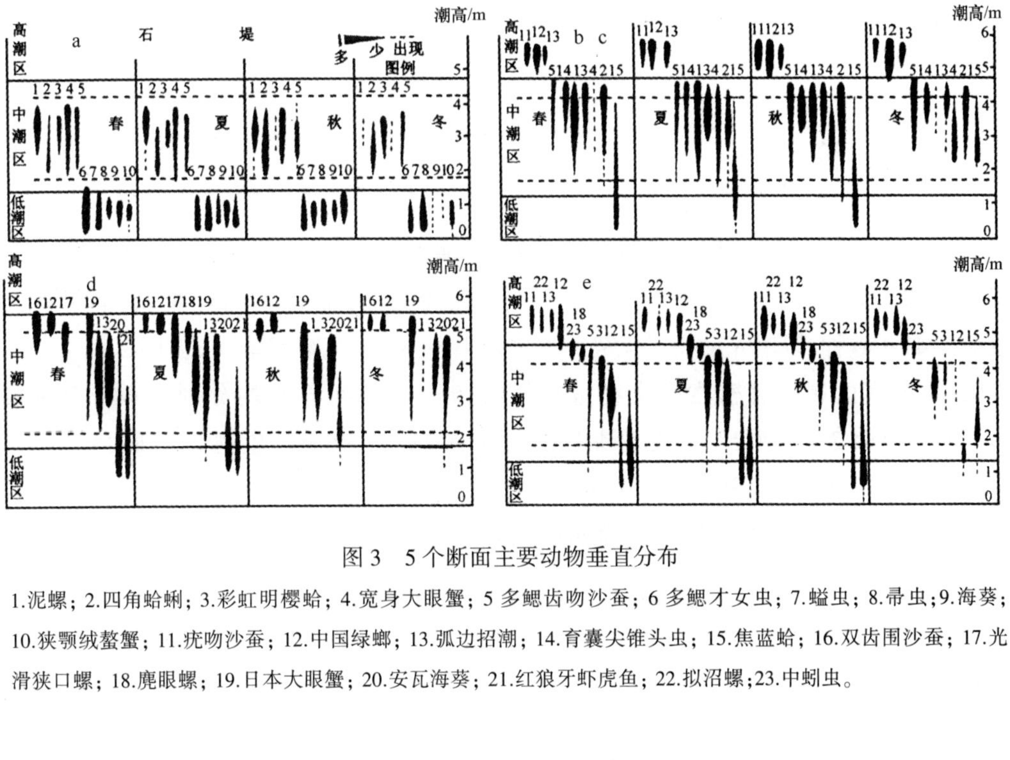

图 3　5 个断面主要动物垂直分布

1.泥螺; 2.四角蛤蜊; 3.彩虹明樱蛤; 4.宽身大眼蟹; 5 多鳃齿吻沙蚕; 6 多鳃才女虫; 7.蛤虫; 8.帚虫; 9.海葵; 10.狭颚绒螯蟹; 11.疣吻沙蚕; 12.中国绿螂; 13.弧边招潮; 14.育囊尖锥头虫; 15.焦蓝蛤; 16.双齿围沙蚕; 17.光滑狭口螺; 18.麂眼螺; 19.日本大眼蟹; 20.安瓦海葵; 21.红狼牙虾虎鱼; 22.拟沼螺; 23.中蚓虫。

4.4 断面 E

本断面位于柘林镇附近,距断面 C 约 30 km,底质以粉砂为主,滩涂平坦,长达 2 000 m,设 21 个取样站。

历次共采获底栖动物 49 种,以甲壳动物为主,生物种类和各类群组成呈现出明显季节变化(图 2e)。优势种有疣吻沙蚕、中蚓虫(*Mediomastus californiensis*)、中国绿螂、拟沼螺(*Assiminea* sp.)、麂眼螺,泥螺、彩虹明樱蛤、弧边招潮、四角蛤蜊和焦蓝蛤等。

栖息密度和生物量的最大值分别出现于中潮区上层和高潮区。高潮区的密度以拟沼螺为主,秋季高达 1 350 个/m^2,生物量取决于一些蟹类。中潮区上层的密度是由麂眼螺和中蚓虫共同起作用;麂眼螺主要在春、秋季大量出现,秋季高达 3 900 个/m^2,中蚓虫在夏、冬季居优势。中潮区中层至低潮区,均由软体动物起决定作用。密度和生物量的季节变化如表 1 所示,二者以秋季为高,冬季为低。

本断面可分为如下 4 个生物垂直分布带(图 3e)。

(1)中国绿螂-疣吻沙蚕-蟹类带:本带位于以茂盛的芦苇(*Phramites communis*)为标志的高潮区,栖息于芦苇丛中的底栖动物的代表种组成本生物带;习见种有拟沼螺、中蚓虫、弹涂鱼和斑尾复虾虎鱼(*Synechogobius ommaturus*)等。

(2)麂眼螺-中蚓虫-多鳃齿吻沙蚕带:中潮区上层与断面 B、C、D 一样被海三棱藨草所占据,栖息于藨草丛中的代表种形成本生物带;习见种有中国绿螂、泥螺、彩虹明樱蛤。

(3)泥螺-蛤类带:本带位于底质为粉砂的中潮区中层,习见种有多鳃齿吻沙蚕和宽身大眼蟹等。

(4)四角蛤蜊-焦蓝蛤带:本带在低潮区,其代表种可向上延伸,又可向下分布至潮下带。

5 结论与讨论

(1)本调查区域大型底栖动物较贫乏,历次采集共鉴定 82 种,大部分属河口广盐性种类,其中有 23 种优势种,多数是 5 个断面的共有种,少数是各断面的固有种。5 个断面的种类数都在 41~50 种,以甲壳动物居优势。生物种类春、夏季丰富,冬季贫乏(图 2)。

(2)本调查区域栖息密度和生物量均偏低,5 个断面年总平均分别为 442 个/m^2 和 22.1 g/m^2。从表 2 可以看出:密度是断面 A 最高,断面 B、C 较低。生物量是断面 B 最大,依次是断面 A、E、D、C。5 个断面的季节变化是,从密度来看,断面 A、D 分别以春季和夏季为高,其他断面均以秋季为高;就生物量而论,各断面都是秋季量大;二者均以冬季为低。

表 2 5 个断面栖息密度和生物量总平均表

断面	春		夏		秋		冬		平均	
	个/m^2	g/m^2	个/m^2	g/m^2	个/m^2	g/m^2	个/m^2	g/m^2	个/m^2	g/m^2
A	3 158	17.1	443	10.2	1 899	40.6	93	25.0	1 398	23.2
B	180	29.4	54	26.2	308	49.8	204	28.6	187	33.5
C	52	11.3	181	20.2	219	23.9	71	9.7	131	16.3
D	108	17.3	929	24.6	21	26.0	8	2.9	267	17.7
E	78	19.2	46	27.3	754	27.8	27	5.0	226	19.8
平均	715	18.9	331	21.7	640	33.6	81	14.2	442	22.1

(3)从各断面生物种类和数量分布趋势来看,除断面 A 自低潮区向上一区层递减外,其他断面有从低潮区向高潮区递增的分布趋势。

(4)5 个断面生物垂直分布带大同小异:高潮区,除断面 A、D 外,均以相同的动物相形成第 1 带;中潮区上层,断面 B、C、D、E 不同程度地覆盖着一片海三棱藨草,栖息于藨草丛中的动物相是,断面 D、E 各自形成第 1 带和第 2 带,断面 B、C 与中潮区中层的代表种构成第 2 带,与断面 A、D 和 E 的第 1、2 和 3 带是相同的动物带;低潮区,断面 A、D 各自呈现出第 2 带和第 3 带,其他断面分别是第 3 带或第 4 带,中潮区下层均为上、下生物带的交替层(表 3)。

表 3　5 个断面动物分布带比较

<table>
<tr><th>断面
潮区</th><th>A</th><th>B</th><th>C</th><th>D</th><th>E</th></tr>
<tr><td>高潮区</td><td rowspan="2">石堤</td><td colspan="2">中国绿螂-疣吻沙蚕-蟹类带</td><td>底质为砾石、粗砂,生物极少</td><td>中国绿螂-疣吻沙蚕-蟹类带</td></tr>
<tr><td rowspan="3">中潮区</td><td colspan="2">泥螺-蛤类-宽身大眼蟹带</td><td>中国绿螂-双齿围沙蚕-小螺带</td><td>麂眼螺-中蚓虫-多鳃齿吻沙蚕带</td></tr>
<tr><td colspan="5">泥螺-蛤类-宽身大眼蟹(日本大眼蟹)带</td></tr>
<tr><td colspan="5">上、下生物带交替层</td></tr>
<tr><td>低潮区</td><td>多鳃才女虫-帚虫-螠虫带</td><td colspan="2">焦蓝蛤带</td><td>安瓦海葵-红狼牙虾虎鱼带</td><td>四角蛤蜊-焦蓝蛤带</td></tr>
</table>

(5)用 Whiftaker 和 Fairbanks(1958)群落系数计算公式:

$$c = \frac{c}{a + b - c}\%.$$

式中,a、b 分别为 A、B 样品的种类数,c 为 A、B 样品的共有种。

对 5 个断面分析比较(图 4):断面 B、C、D、E 群落相似性较高,断面 A 与其他断面群落相似性低。

(6)潮间带生物的分布除了受潮汐、温度、盐度影响外,与底质的季节变化及颗粒大小密切相关。应该指出,历次野外调查观察到 5 个断面低潮区和中潮区下层,冬、春季堆积一层 20 cm 左右的淤泥;夏、秋季淤泥被冲刷掉,这种底质季节性迁移现象主要是受季风影响所造成的。该湾冬季吹西北风,致使北岸泥沙堆积;夏季刮东风和东南风,加剧对该岸的侵蚀,淤泥被冲刷掉。底质不稳定,致使生物种类单纯,群落结构简单,季节变化又大。

如上所述,动物的分布也受到底质颗粒大小的影响,5 个断面各区层底质粒径基本类似,所不同的是,断面 A 低潮区底质粒径较细,相对较稳定,因此,栖息于该区的种类组成和数量分布不同于其他 4 个断面。

水质和底质中有害物质检测结果,对各断面群落结构尚未发现不利影响。值得注意的是,断面 D,春、夏两季大量出现一种耐有机物污染的指标生物——光滑狭口螺,这是否与该断面水质、底质中石油含量较高有关,正在进一步观察。

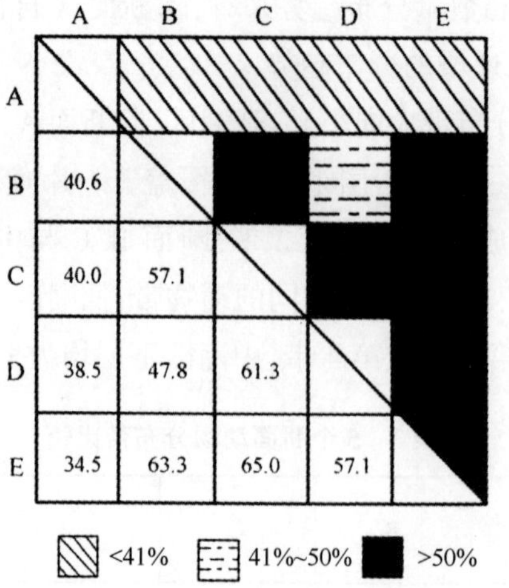

图4　5个断面群落相似性方格

参考文献

1　古丽亚诺娃 E.Φ,刘瑞玉,等. 黄海潮间带生态学研究. 中国科学院海洋生物研究所丛刊,1958,1(2):1-43.

2　福建海洋研究所海洋生物研究室等 . 厦门及其附近潮间带生态调查. 厦门大学学报,1960,16:74-79.

3　Boesch D F. Classification a dn community structure of macrobenthos in Hampton Roads area Virginia. Mar. Biol, 1973,21:226-244.

4　Chander J R. A biological approach to water quality management. Wat Pollut Control, 1970,4:415-422.

5　Heck K L. Community structure and the effect of pollution in sea-grass meadows and adjacent habitats. Mar Biol, 1976,35(4):345-400.

6　Livingston R J. Diurnal and seasonal fluctuations of organism in a North Florida estuary. Estuarine and Coastal Marine Science, 1976,4(4):373-400.

7　Pearson T H. The benthic ecology of Loch Linnhe and Loch Eil, a sea-loch system on the west coast of Scotland Ⅳ. Changes in the benthic fauna attributable to organic enrichment. J Exp Mar Biol Ecol, 1975,20:1-41.

8　Susan E K. Quest for an index of community structure sensitive to water pollution. Enviromental pollution, 1976,11(4):269-288.

9　Vaillant L. Nouvelles etudes sur les zones littorales. Ann du Sci Nat Zool, 1891,7(12):2950.

蔡尔西,林双淡,张水浸,江锦祥,吴启泉,徐惠州,刘泉顺.原载《海洋学报》1980,2(4):122-131.

杭州湾北岸软相潮间带底栖动物群落结构的分析

摘要　本文应用群落结构4个主要参数——Shannon-Wiever种类多样性指数(H')、Margalef种类丰度指数(d),Pielous种类均度指数(J)和McNauchton种类优势度指数(D_2),分析本调查区域底栖动物群落结构的特征。结果表明:(1)本调查区域底栖动物群落结构较简单,4个指数值的平均值分别是$H'=2.06$、$d=3.34$,$J=0.46$和$D_2=0.73$;(2)5个断面各指数值呈现不同程度的季节变化;(3)各调查断面的4个指数值也具有相当大的差异。

1　前言

多样性指数(diversity index)是描述群落结构特征的一个重要参量,它通常简单地表示存在于群落或生态系中的种类数量,但是,随着多样性指数逐渐在生态领域的应用和发展,它被一些学者视为种类丰度(richness)和种间个体数量分布均度(evenness)两者结合的一种量度,所谓多样性指数,实际上是种类及其数量的信息函数,它可较系统地反映群落结构的特征,因此,自20世纪50年代以来,多样性指数的应用,逐渐受到生态学家的普遍重视,尤其近几年,国外许多学者已相当广泛地用它来描述海洋生物群落的特点[1-5]。

本文试图采用描述群落结构的主要4个参数:种类多样性、种类丰度、种类均度和种类优势度(dominance),分析1975年5月至1976年7月在杭州湾北岸大约60 km范围内软相潮间带的5个调查断面A、断面B、断面C、断面D和断面E(图1)所取得的定量调查资料,以求进一步说明该区底栖动物群落结构的基本特征,季节变化和地区性差异。有关这5个断面的生态学基本特点,我们已作过详细报道[6]。

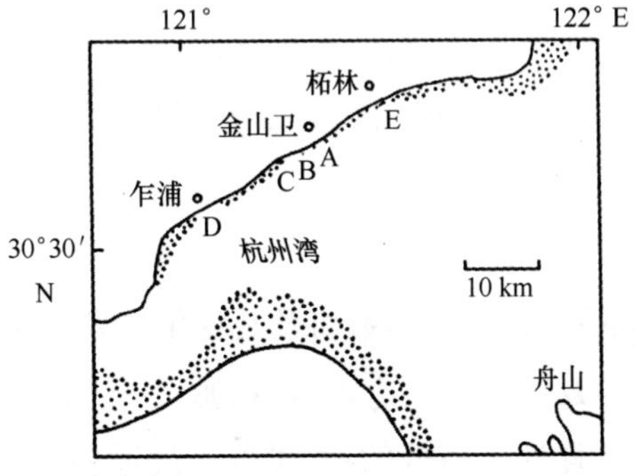

图1　杭州湾北岸软相潮间带取样断面

2 分析方法

应用目前国外较普遍采用的 Shannon-Wiever 种类多样性指数(H')、Margalef 种类丰度指数(d)、Pielous 种类均度指数(J)和 McNaughton 种类优势度指数(D_2)等计算方程[2-4,7]。

即:

$$H' = -\sum_{i=1}^{S} P_i \log_2 P_i \text{(Shannon-Wiever, 1963)} \tag{1}$$

式中,S 为样品中的种类总数;P_i 为第 i 种的个体数与样品中总个体数的比值;H'值反映了群落结构的复杂程度,当种间个体分布趋于均等时,该值随种类增多而增高。

$$d = \frac{S-1}{\log_2 N} \text{(Margalef, 1958)} \tag{2}$$

式中,S 为样品中的种类总数;N 为样品中的总个体数。d 值侧重于考虑群落叶中的种类数量,目前,该指数值一般作为种类丰度的一个量度。

$$J = \frac{H'}{H_{max}} = \frac{H'}{\log_2 S} \text{(Pielous, 1969)} \tag{3}$$

式中,S 为样品中的种类总数;J 值是测量种间个体均匀分布的量度,其值为 0~1,最大值表示种间个体分布近于均等。

$$D_2 = \frac{N_1 + N_2}{N_T} \text{(McNaughton, 1969)} \tag{4}$$

式中,N_1、N_2 分别为样品中居第一位和第二位的优势种的个体数;N_T 为样品中的总个体数。D_2 值显示出群落中前两种优势种的优势程度,其值也为 0~1。当前两种优势种在群落中占绝对优势时,该值接近于 1。而均度(J 值)恰恰相反,接近于 0。

3 分析结果

根据 1976 年 5 月(春季)、7 月(夏季)和 1975 年 9 月(秋季)、12 月(冬季)4 个季度在 5 个断面所取得的定量资料,用上述 4 个方程,分别计算其种类多样性(H')、种类丰度(d)、种类均度(J)和种类优势度(D_2)等 4 个指数值,其结果按断面逐一分析。

3.1 断面 A

图 2 显示出本断面不同季节的 4 个指数值及其变化趋势。其中,H'和 J 值最低(分别仅有 1.07~1.64 和 0.23~0.42);D_2 值最高(达 0.74~0.98);d 值居中(2.06~3.0)。这清楚地表明:本断面底栖动物的种类多样性是较低的;种类的丰度适中;种间个体分布极不均匀而两种优势种的优势度很高。导致本断面底栖动物群落结构的优势度高而种类的多样性低的主要因素是,本断面的低潮区不同于其他 4 个断面,有两种小型的底栖动物——帚虫(*Phoronis* sp.)和多鳃才女虫(*Polydora* (*Boccardia*) *polybranchia*),大量繁生于该区。

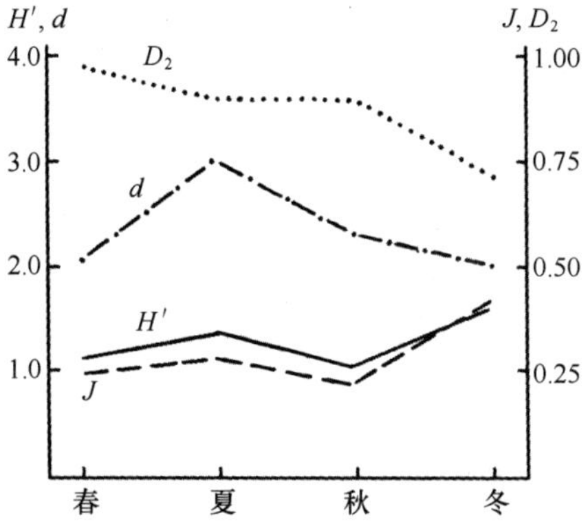

图 2 断面 A 总潮区 H'、d、J 和 D_2 值的季节变化

从图 2 的 4 个指数值的季节变化趋势来看,尽管 H'、J 值冬季略高于春、夏、秋三季,而 d 和 D_2 值夏季稍高于春、秋、冬三季,并于冬季最低,但是,其变化幅度都不大,因此,可以认为,本断面底栖动物群落多样性的季节变化不甚明显,群落结构相对稳定。

3.2 断面 B

如图 3 所示,断面 B 的 H',d 和 J 等 3 个指数值,均以夏季最高(分别为 3.59、3.65 和 0. 81);春、秋次之(分别是 1.82、3.07、0.40 和 1.57,2.38、0.32);冬季最低(分别仅有 1.06、2. 08 和 0.26),而 D_2 值恰恰相反,夏季低于春、秋、冬三季,而以冬季最高。这表明本断面底栖动物群落结构的特点是:夏季的种类丰度高,种间个体分布较均匀而优势度低,因此,其种类多样性较高;反之,在春、秋、冬三季,尽管种类丰度仍然较高,但是,由于种间个体分布不均匀,两种优势种的优势度相当高,所以,这 3 个季度的种类多样性是偏低的。总的来看,该断面底栖动物群落结构也是属于较简单的。

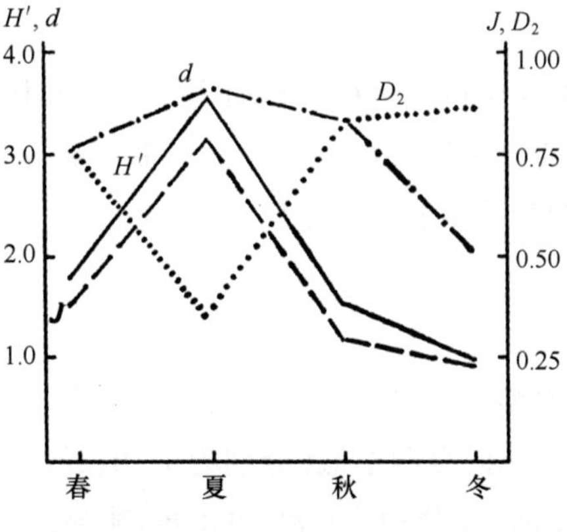

图 3 断面 B 总潮区 H'、d、J 和 D_2 值的季节变化

从图 3 还可清楚地看出,本断面的 H',d,J 3 个指数值的季节变化趋势是相似的,均自春

季上升至夏季为最大值，随后，于秋、冬两季递降，并在冬季出现最小值。D_2 值的变化趋势恰与前 3 个指数值相反，夏季为最小值，秋、冬出现最大值。由此看出，本断面底栖动物群落的季节变化规律是夏季多样性高，冬季低。

3.3 断面 C

由于本断面与断面 B 相距仅 3 km 左右，其生境非常相似，因此，两个断面各季节的 4 个指数值相当接近（比较图 3 和图 4）。但是，两个断面也略有不同之处，以种类丰度（d）而言，断面 C 一年四季分别为 3.71、4.93、3.59 和 2.21，均不同程度地高于断面 B，尤以夏季为甚。就 H' 和 J 值而论，夏、秋两季，本断面稍低于断面 B；春、冬两季，则本断面略高于断面 B。至于 D_2 值，恰与上述两个指数相反。根据以上分析表明：C、B 两断面底栖动物结构具有大体相同的特征，其季节变化规律也是相似的，所不同的是，由于本断面种类丰度略高于断面 B，因此，其种类多样性也相应地较断面 B 为高。

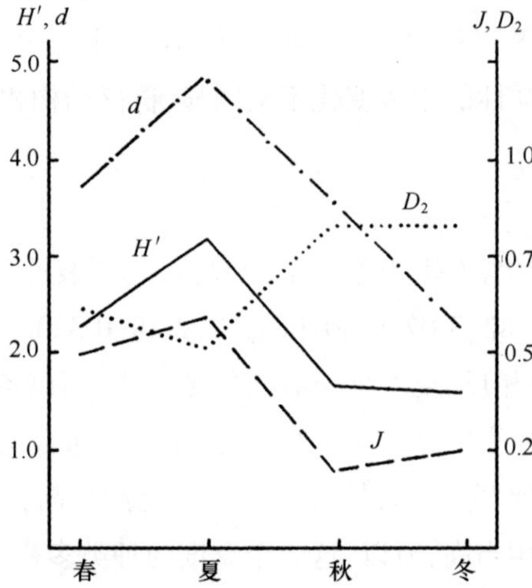

图 4 断面 C 总潮区 H'、d、J 和 D_2 值的季节变化

在此，必须着重指出，断面 B 和断面 C 底栖动物群落结构出现明显的季节变化的主要因素，乃取决于栖息在高潮区的疣吻沙蚕（*Tylorrhynchus heterochaetus*）和一种双壳类——中国绿螂（*Glaucomya chinensis*）两种数量的季节变化。

3.4 断面 D

从图 5 可清楚地看出，本断面的 H'、d、J 3 个指数值均以秋、冬两季高（分别达 3.63、5.32、0.79 和 2.99、4.21、0.81）；春，夏两季低（分别为 1.26、2.37、0.35 和 1.20、2.13、0.81）；而 D_2 值则与此恰恰相反，春、夏两季（分别达 0.86 和 0.96）明显地高于秋、冬两季（分别为 0.35 和 0.59）。由此而论，本断面底栖动物群落结构的特点是，春、夏两季，尽管种类丰度较高，但由于种间个体分布不均匀而出现两种优势种的优势度甚高，所以，这两季的种类多样性偏低。秋、冬两季种类丰度急剧增高，优势度又降至最低，故这两季种间个体数的分配相对比较均匀，而种类多样性显著较高，但是，从总体来看，本断面的种类多样性，如同前3个断面一样，仍属偏低。

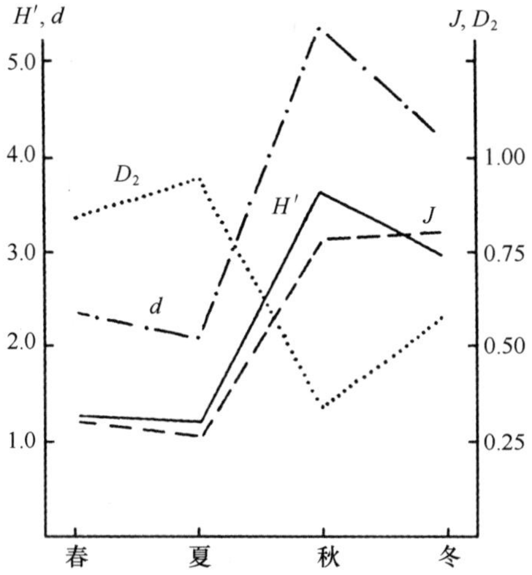

图5　断面D总潮区 H'、d、J 和 D_2 值的季节变化

根据以上分析，本断面4个指数值的季节变化规律，与上述的B、C两断面有所不同，H'、d、J 3个指数的最高值均由夏季向秋季推移，随之出现的是 D_2 的最小值也推移至秋季。由此表明，本断面种类多样性是自春、夏两季向秋、冬两季增加，并以秋季最高。这一变化规律与栖息于中潮区上、中两层的两种小型腹足类——光滑狭口螺（*Stenothyra glabra*）和麂眼螺（*Rissoina* sp.）数量的季节变化密切相关。

3.5　断面E

图6反映了本断面的4个指数值具有明显的季节变化，其变化趋势是波浪式的。夏季为 d、H' 和 J 值的高峰季节，分别高达6.38、4.19和0.81；秋季该3个指数值分别为2.72、1.54和0.32，系属低峰季节。反之，D_2 值夏季出现低峰（仅0.26），秋季则为高峰（达0.91）。至于春、冬两季的4个指数值，则均处于高、低峰之间，可谓中值。根据上述4个指数值及其变化幅度，不难看出，本断面底栖动物群落具有较高的种类多样性，同样，种类的丰度、优势度和均度，也说明了这一特点。若从种类多样性的季节变化规律来看，本断面乃类似于断面B和断面C，所不同的是，其季节变化规律取决于栖息在高潮区和中潮区上层的麂眼螺、拟沼螺（*Assimines* sp.）和中蚓虫（*Mediomastus californiensis*）等季节性数量变动。

图7-Ⅰ-Ⅳ比较了5个断面不同季节的 H'、d、J 和 D_2 等4个指数值，以求了解其地区性差异。从图7中显然可以看出，在春、夏两季，H'、d、J、3个指数值均以断面E为最高；断面C次之；其余由大到小依次为断面B、断面A、断面D。而 D_2 值与此相反，以断面A为最大；而断面B、断面C、断面D次之；断面E最小。在秋、冬两季，H'、d、J 3个指数值由大到小依次为断面D、断面E、断面C、断面B、断面A；D_2 值也恰恰相反，断面由大到小依次为断面A、断面B、断面C、断面E、断面D。为了进一步比较，我们把5个断面，各指数值的4个季度平均

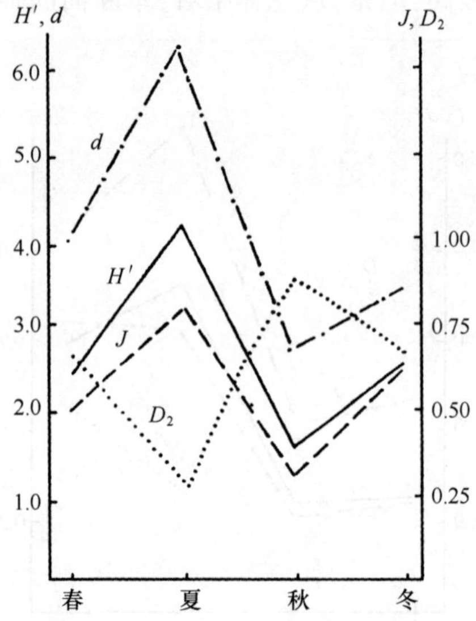

图 6　断面 E 总潮区 H'、d、J 和 D_2 值的季节变化

值列于表 1,它更清楚地表明:在所调查的 5 个断面中,无论是种类的多样性,还是种类的丰度、均度和优势度,都反映了该区底栖动物群落结构,以断面 E 较复杂;断面 D、断面 C、断面 B 次之;断面 A 较简单(其中断面 B、断面 C 两断面非常接近)。

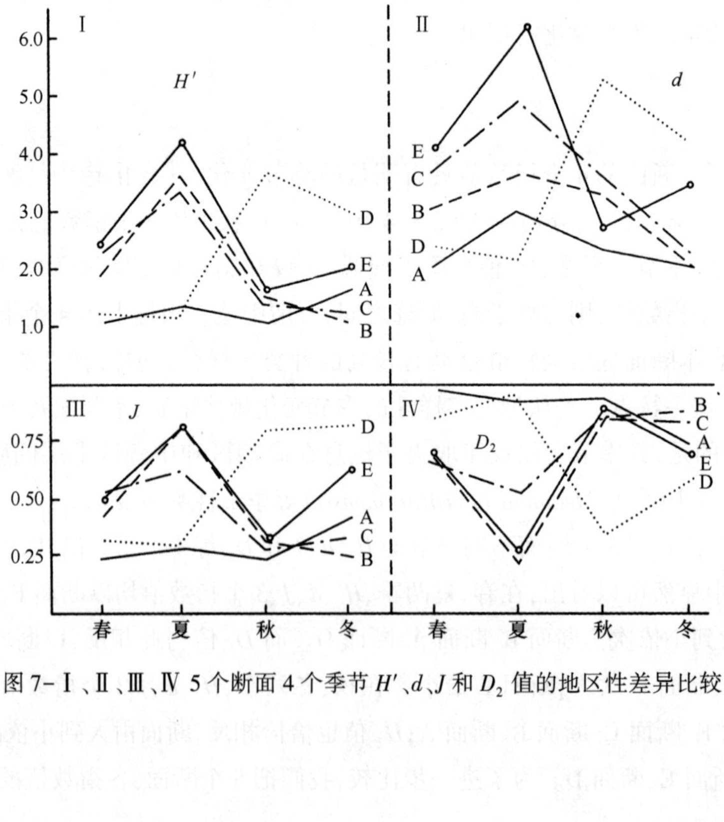

图 7- Ⅰ、Ⅱ、Ⅲ、Ⅳ 5 个断面 4 个季节 H'、d、J 和 D_2 值的地区性差异比较

表 1　5 个断面各个指数值 4 个季度平均值比较

指数	断面				
	A	B	C	D	E
H'	1.30	2.01	2.06	2.27	2.68
d	2.36	3.06	3.60	3.51	4.15
J	0.30	0.45	0.44	0.55	0.56
D_2	0.89	0.72	0.72	0.69	0.63

从图 7-Ⅰ、Ⅱ、Ⅲ、Ⅳ还可以看出，4 个指数值在 5 个断面的季节变化规律和幅度也不尽相同，从其变化幅度来看，以断面 A 最小；断面 B、断面 C、断面 D 次之；断面 E 变化最大。就其变化规律而言，断面 A、断面 B、断面 C 和断面 E 4 个断面大体是相似的，尤以后 3 个断面相似性更大，其 H' d、J 3 个指数值均以夏季最大，冬季最小；D_2 值反之。它说明了这 3 个断面底栖动物种类多样性以夏季最高，冬季最低。至于断面 D 的季节变化规律与其他断面的差别在于：该断面 H'、d、J 的最大值出现在秋季；春、夏两季为最小值；D_2 值也恰恰相反，这也正好说明本断面底栖动物种类多样性的高峰季节由夏季推移到秋季。

4　结论

（1）根据上述 5 个调查断面 4 个季度各个指数值的分析结果，大体可以表明，本调查区域的底栖动物群落结构较简单[8-9]，各指数值 5 个断面的总平均值是：$H'=2.06$，$d=3.34$、$J=0.46$、$D_2=0.73$。这与我们以前的调查结果是一致的[6]。而该调查区底栖动物群落结构较简单的这一特点，看来是与属于河口低盐性状（小于 10%）以及底质结构的不稳定（具有季节性迁移）等因素密切相关。

（2）各断面底栖动物群落结构的分析、比较，反映了本调查区的底栖动物群落具有不同程度的季节变化，其中，断面 E 的变幅最大，断面 B、断面 C、断面 D 次之，断面 A 变幅最小。各断面的变化规律也不尽相同，断面 B、断面 C 和断面 E 的种类多样性，均以夏季最高，冬季最低；断面 D 则由春、夏两季向秋、冬两季剧增，并于秋季出现种类多样性的高峰。导致本调查区域底栖动物群落结构季节变化的主要因素，我们以前的报道已作了详细分析[6]，这里仅着重强调：季风引起的不同断面底质的不同程度的季节性迁移是其主要原因。断面 A 底栖动物群落结构较其他 4 个断面稳定，乃因它面对大、小金山岛，濒临金山深槽，潮流经过此地，流速增大，泥砂不易淤积，底质结构相对稳定之故。

（3）本调查区域底栖动物群落结构还具有明显的地区性差异，其中，断面 E 群落结构较复杂；断面 B、断面 C 和断面 D 次之（其中断面 B 和断面 C 非常接近）；断面 A 较简单。这些差异仍然与各断面生境复杂程度有密切关系。正如我们以前的报道那样[6]，断面 E 的高潮区和中潮区上层分别生长有茂密的高等植物——芦苇（*Phramites communis*）和海三棱藨草

(*Scirpusmariguetri*),它们为底栖动物提供了良好的栖息条件,因此,栖息于该两区、层的底栖动物的种类和数量较为丰富;断面 B、断面 C、断面 D 的中潮区上层也不同程度地被三棱藨草覆盖,生境同样相对较复杂;而断面 A,由于筑堤,高潮区至中潮区上层为岩相堤岸,在我们调查过程中,没有定量取样,仅作一般的定性观察,所以,其定量调查范围仅有中潮区中、下层和低潮区,其生境显然比较简单。

(4)根据上述情况,本文应用群落结构的 4 个主要参数,综合分析本调查区域底栖动物群落结构的特点,结果与我们以前的报道[6]基本一致,由此,我们认为,该 4 个指数作为分析群落结构的基本特征,是有一定应用价值的。

参考文献

1 陈宽智. 环境科学,1979(2):64-70.

2 Dexter D M. Estuar. Coast Mar Scie, 1979,9(5):543-558.

3 Livingston R J. Estuar Coast Mar Scie, 1976,4(4):373-400.

4 Susan E K. Envin. Poll., 1976,11(4):269-288.

5 Watling, L., J. Exp. Mar. Biol. Ecol., 1975,19(3):275-313.

6 蔡尔西,等. 海洋学报,1980,2(4):121-131.

7 Subrahmanyan, C. B, Drake, S, H., Bull. Mar. Scie., 1975,37(4):445-465.

8 Lolland, A. F. and Polagar, T. T., Mar biol. Scie, 1976,37(4):341-348.

9 Moore, R. H. Estuar. Coast. Mar. Scie., 1979,6(5):496-501.

林双淡,张水浸,蔡尔西,江锦祥,吴启泉,徐惠州. 原载《海洋学报》1984,6(2):235-243.

东山及其附近岛屿潮间带生态初步研究

Ⅰ. 岩石岸潮间带生态

1 前言

东山位于23°35′—23°47′N,117°20′—117°35′E之间,是福建省东南端一较大海岛,海岸线长约105 km,附近小岛屿甚多。作者曾于1961—1964年对其岩石、砾石、沙、泥沙和泥滩等各种类型的潮间带进行了较为广泛的调查。为提供潮间生态学研究以及有关方面开发野生资源和合理利用潮间带的基本资料,现将结果整理成文。本文仅报告该区岩石岸潮间带生态部分。

东山地区潮汐属不正规半日潮,$\frac{H_{K_1}+H_{O_1}}{H_{M_2}}>0.5$,日不等现象非常显著,无论大潮(分点潮)或小潮(回归潮),都存在着高高潮、低高潮、低低潮等几条不同潮线。根据这一特点,我们按瓦杨(Vaillant 1891)以潮汐水位划分潮区的一般原则[10],以小潮高高潮和低低潮两条平均潮线,将潮间带划分为高、中、低3个区(或称带),并以小潮低高潮和高低潮两条平均潮线,把中潮区分为上、中、下3层。定量计算按上述划分的各区、层布站取样,每层最少取样两次,取样面积采用25 cm×25 cm$\left(\frac{1}{16}\text{m}^2\right)$方框。所得样品经初步分类后,浸泡于5%~6%的福尔马林溶液中。标本称重时,经吸水纸吸干表面水分后进行。

2 种类组成

在该区的城关、对面屿、塔屿、大澎屿、沃角、白屿、宫前、歧下和外海的兄弟屿等岩石岸潮间带(图1)采集的标本,经初步分析鉴定有:藻类142种,无脊椎动物174种,隶属于表1和表2中各生物类群。

表1 海藻各门类种数

蓝藻门	绿藻门	褐藻门	红藻门	总计
7	26	35	74	142

表2 无脊椎动物各类群种数

海绵动物	腔肠动物	多毛类	星虫纲	拟软体动物	软体动物	甲壳动物	棘皮动物	总计
2	7	28	2	4	83	35	13	174

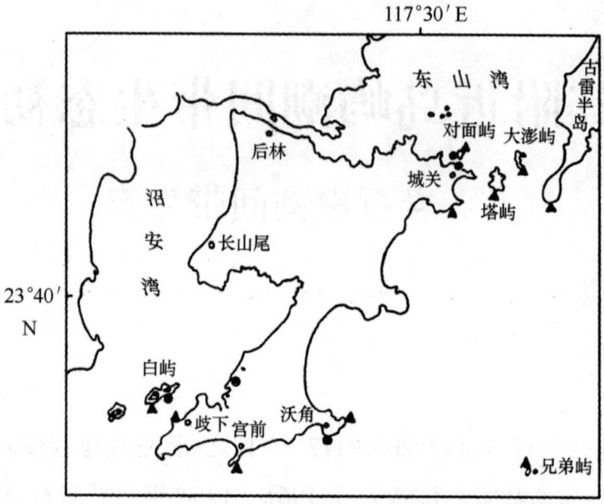

图1 东山及其附近岛屿岩石岸潮间带工作地点

●定量取样点 ▲定性采样点

这些种类除了一些沿岸广布种外,许多种类具有外海高盐或者暖水性特点。例如:藻类的绒毛蕨藻 *Caulerpa webbiana*、冈村蕨藻 *C. okamurai*、总伏蕨藻 *C. racemosa*、网球藻 *Dictyosphaeria cavernosa*、异胞网球藻 *D. bokotensis*、假双管藻 *Pseudodictomosiphon constricta*、亨氏马尾藻 *Sargassum henslowianum*、垫形皮丝藻 *Dermonema pulvinata*、乳节藻 *Galaxaura oblongata*、芋根江蓠 *Gracilaria blodgettii*、密毛沙菜 *Hypnea boergesenii* 等;腔肠动物的 3 种石珊瑚(*Favia speciosa*、*Plesiastrea versipora*、*Turbinaria peltata*);多毛类的参差脆鳞虫 *Lepidasthenia interrupta*、扁凿围沙蚕 *Perinereis vancaurica*、*Lysidice collaris*、*Cirratulus cirratus*;软体动物的耳鲍 *Haliotis asinina*、斑马蹄螺 *Trochus*(*T.*) *maculatus*、阿拉伯绶贝 *Mauritia* (*Arabica*) *arabica*、棕蚶 *Arca* (*Barbatia*) *fusca*、豆荚胭蛤 *Pedalion leguman*、缘凿牡蛎 *Ostrea* (*Lopha*) *crenulifera*、异纹心蛤 *Cardita varigata*;甲壳动物的绿鳞笠藤壶 *Tetraclita squamosa viridis*、台湾鳞笠藤壶 *T. squamosa formosana*、刺藤壶 *Balanus valcano*、锐刺短浆蟹 *Thalamita stimpsoni*、双额短浆蟹 *T. sina*、光滑异装蟹 *Heteropanope glabra*;棘皮动物的沙氏幅蛇尾 *Ophiactis ssvignyi*、小刺蛇尾 *Ophiothrix exigua*、绿蛛蛇尾 *Ophiarachnella gorgoina* 等,在福建大陆沿岸,特别是河口地带,并不多见。

3 垂直分布

为阐明东山岩岸潮间带生物的垂直分布与潮汐的关系,这里按上述划分的各潮区、层加以叙述。

3.1 高潮区

上界是大潮最高高潮线,下界是小潮平均高高潮线。本区仅在大潮期间能短时间被潮水部分淹没或浪花溅湿,生物种类贫乏。主要种类是粒屋顶螺 *Tectarius granularis* 和平凡屋

顶螺 *T.vilis*。有时还可发现短滨螺 *Littorina brevicula*、中间拟滨螺 *Littorinopsis intermedia* 和具胶质勒的蓝藻 *Lyngbya* spp.等。春、冬两季,在沃角以及某些浪击较强的小岛上,常生长大量的长紫菜 *Porphyra dentata*、绉紫菜 *P.crispata*。跑动很快的海蟑螂 *Ligia exotica* 也常在这里活动。特别有趣的是日本菊花螺 *Siphonaria japonica* 随潮水涨落有规律地上、下移动,涨潮时,它随之爬动至本区,并在水线附近交配,待至落潮,它亦转头向下。

3.2 中潮区

于小潮高高潮线和低低潮线之间。本区分 3 层。在小潮期间,上层每昼夜可被潮水淹没一次,下层每昼夜露出一次,中层是两次淹没,两次露出的半日节奏。

该区的上、中两层,以棘刺牡蛎 *Ostrea echinata* 和鳞笠藤壶 *Tetraclita squamasa* 占绝对优势。这两种大型附着种类有竞争附着地盘现象,同一水层不同岩面上,常分别出现不连续短带。本生物群落,除高潮区的一些种类在上层发生种类交替现象外,在棘刺牡蛎的凹隙处和藤壶的死壳内,常有锈凹螺 *Chlorostoma rusticum* 和凯利蛤 *Lasaea* sp.大量栖息。常见的还有:礁膜 *Monostroma nitium*、蛎菜 *Ulva conglobata*、小石花菜 *Gelidium divaricatum*、海萝 *Gloiopeltis furcata*、鹿角海萝 *G.tenax*、矮拟帽贝 *Patelloidaapygmaca*、嫁蝛 *Cellana toreuma*、黑偏顶蛤 *Modiolus atrata*、曲线短齿蛤 *Brachydontes curvatus*、褶牡蛎 *Ostrea plicatula*、团聚牡蛎 *O.*(*pycnodonta*) *glomerata*、白脊藤壶 *Balanus albicostatus*、小藤壶 *Chthamalus* spp.、棘花龟足 *Mitella mitella* 以及多毛类的 *Lepidonotus caelorus* 和围沙蚕 *Perinereis* spp.等。

下层,复瓦小蛇螺 *Serpulorbis imbricata* 的大量出现以及羊栖菜 *Sargassum fusiforme*、半叶马尾藻 *S.hemiphyllum*、孔石莼 *Ulva pertusa* 或角叉菜 *Chondrus ocellatus* 的成带分布,是其最显著标志。但因藻类随环境和季节的不同,缺乏固定成员,故称之为复瓦小蛇螺-藻类亚带。小杉藻 *Gigartinia intermedia*、囊藻 *Colpomenia sinuosa*、多管藻 *Polysiphonia fragilis*、马氏核螺 *Pyrene martensi*、多形核螺 *P.varians*、日本棱蛤 *Libitina japonica*、敦氏猿头蛤 *Chama dunkeri* 等,基本属于本层新出现种类。在藻层中,多毛类的 *Perinireis* spp.、*Platynereis* spp.、*Syllis* spp.、绿巧言虫 *Eulalia viridis* 和甲壳类的卡氏异足虫 *Tanais cabolinii*、腔齿海底水蚤 *Dynoides dentisinus*、藻钩虾 *Apmhithoe* sp.等,均得到很好发展。此外, 这层的种类交替现象特别明显,上、中两层的许多种类(包括棘刺牡蛎和鳞笠藤壶)可分布至此,低潮区的一些种类(包括小珊瑚藻 *Corallina pilulifera*),在这里也有发现。

3.3 低潮区

上界是小潮低低潮线,下界是大潮最低低潮线。本区仅在大潮低潮时短时间露出水面,个体柔软或脆弱的种类,可以生活于此。小珊瑚藻、叉珊藻 *Jania* spp.、叉节藻 *Amphiroa* spp.等的大量密集丛生,并形成一条延伸相当远的浅粉红色带,是本区最突出的特点。菊花珊瑚 *Favia speciosa*、黑珊瑚 *Euplexaura erecra*、海鸡头 *Nephthya* sp.的出现是这个区开始的良好标志。常见的种类还有:沙菜 *Hypnea* spp.、凹顶藻 *Laurencia* spp.、粗茎软骨藻 *Chondria crassicaulis*、环节藻 *Champia prvula*、爬管藻 *Herpsipsiphonia* spp.、羽熄 *Dentitheca* sp.、复海鞘 *Amarou-*

cium pliciferum、总合草苔虫 *Bugula neritina*、厦门海丝瓜 *Chalama amoyensis* 以及多毛类的 *Lysidice collaris*、三犄旋鳃虫 *Spirrobranchus tricornigerus*、内刺盘管虫 *Hydroides ejoensls* 等。最值得提出的是在基准面附近至数米深处，常有铜藻 *Sargassum horneri* 和其他马尾藻类大量生长，藻体可达数米，枝叶借助气囊漂浮于水面。

图 2 提供城关断面的 22 种主要生物垂直分布模式。大体可反映上述基本特点。同时，清楚地说明了生物在潮间带的分布具有一定的分布中心、上下临界水位和非常明显的分层交替现象。

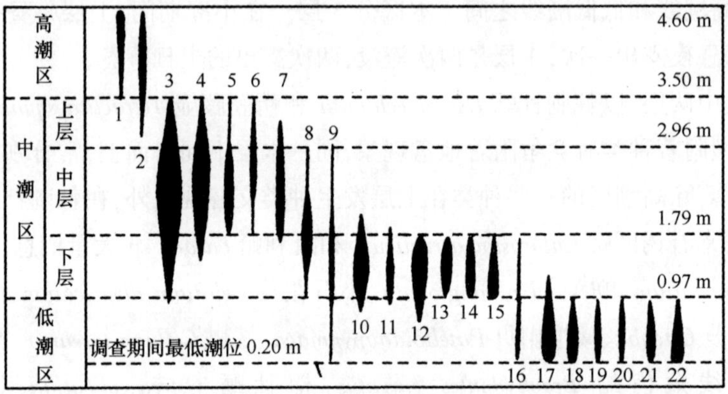

图2　东山城关岩石岸潮间带主要生物垂直分布

1.平凡屋顶螺 *Tectarius*；2.粒屋顶螺 *Tectaris granularis*；3.棘刺牡蛎 *Ostrea echinata*；4.鳞笠藤壶 *Tetraclita squamosa*；5.锈凹螺 *Chlorostoma rusticum*；6.凯利蛤 *Lasaea* sp.；7.小石花菜 *Gelidium divaricatum*；8.曲线短齿蛤 *Brachydontes curvatus*；9.*Lepidonotus caelorus*；10.孔石莼 *Ulva. pertusa*；11.卡氏异足虫 *Tanais cavolinii*；12.复瓦小蛇螺 *Serpulorbis imbricata*；13.半叶马尾藻 *Sargassum hemiphyllum*；14.羊栖菜 *Sargassum fusiforme*；15.角叉菜 *Chondrus ocellatus*；16.*Lysidice collaris*；17.小珊瑚藻 *Corallina pilulifera*；18.宽角叉珊藻 *Jania adhaerens*；19.羽螅 *Dentitheca* sp.；20.厦门海丝瓜 *Chalana amoyensis*；21.海鸡头 *Nephthya* sp；22.菊花珊瑚 *Favia speciosa*.

4　数量

在对东山及其附近小岛进行较全面普查、采集的基础上，选择了城关（A）、对面屿（B）、白屿（C）、沃角（D）等 4 个断面进行定量取样（以下简称断面 A、断面 B、断面 C、断面 D）。表 3 仅列出断面 A（禁区）两个季度的月资料，其余各断面将于下面比较中予以叙述。

从表 3 可以清楚地看出，断面 A 的生物量以软体动物、藻类和甲壳动物为主。高峰出现于中潮区中层（2 348～2 718 g/m^2）。整个潮带各区、层平均，可达 1 kg/m^2 以上。各类群生物量的分布，大体有如下趋势：自高潮区至低潮区，软体和甲壳动物所占比例渐减；藻类：多毛类和其他类群所占比例渐曾。就其具体种类而言，高潮区，密度虽达 1 110～1 400 个/m^2，但主要是小型软体动物——粒屋顶螺和平凡屋顶螺，生物量很低（10～15 g/m^2）。中潮区上、中两层，在生物量中起决定作用的实际上只有棘刺牡蛎和鳞笠藤壶两种，以中层为例，棘刺牡蛎可高达 1 194～2 283 g/m^2，鳞笠藤壶也有 307～848 g/m^2，两者生物量之和，在春、夏两季分别占该层总生物量的86%～95%。至于栖息密度，这里应举出锈凹螺和凯利蛤 *Lasaea* sp.，春季，在中潮区中层分别高达1 576个/m^2 和4 468个/m^2。中潮区下层至低潮区，藻类和复瓦小蛇螺占有最大比重。然而，由于中潮区下层栖息着较大型的经济种类——孔石莼、羊栖菜、半叶马尾藻和角叉菜，低潮区是以小型珊瑚藻类为主，因此在中潮区下层得到比低潮区较高的生物量。

表3　东山岩石岸潮间带城关断面A主要生物类群栖息密度和生物量

潮区(层)		时间/项目/生物类群	1963年9月2日 密度/(个·m^{-2})	1963年9月2日 生物量/(g·m^{-2})	1963年9月2日 生物量百分组成/%	1964年3月29日 密度/(个·m^{-2})	1964年3月29日 生物量/(g·m^{-2})	1964年3月29日 生物量百分组成/%
高潮区		软体	1 120	15.5	100	1 386	10.7	100
中潮区	上层	藻类	–	–		–	1.4	
		多毛类	16	1.3		–	–	
		软体	6 100	1 341.0	98.5	2 696	510.6	92.2
		甲壳	10	17.7		16	41.7	7.5
		合计	6 126	1 360.0		2 712	553.7	
	中层	藻类	–	3.4		–	165.2	7.0
		多毛类	152	2.2		104	2.2	
		软体	5 824	2 102.5	88.4	7 508	1 318.8	56.2
		甲壳	339	309.6	11.4	1 292	860.9	36.7
		其他	–	0.2		80	0.8	
		合计	6 315	2 717.9		8 984	2 347.9	
	下层	藻类	–	286.8	45.4	–	651.2	49.4
		多毛类	216	29.1	4.6	200	6.6	0.7
		软体	344	248.1	39.3	1 368	447.0	33.5
		甲壳	120	62.2	9.9	1 456	205.4	15.6
		其他	88	5.4		192	9.0	
		合计	768	631.6		3 216	1 319.2	

续表

潮区(层) \ 生物类群 \ 项目 \ 时间		1963 年 9 月 2 日			1964 年 3 月 29 日		
		密度 /(个·m⁻²)	生物量 /(g·m⁻²)	生物量百分组成 /%	密度 /(个·m⁻²)	生物量 /(g·m⁻²)	生物量百分组成 /%
低潮区	藻类	-	128.0	24.3	-	599.6	49.6
	肠腔	-	148.8	28.3	-	1.7	
	多毛类	288	10.2	2.0	264	35.8	3.0
	软体	528	233.9	44.6	824	482.2	39.9
	甲壳	32	0.2		1 296	12.8	
	其他	128	3.8		192	75.8	
	合计	976	524.9		2 576	1 207.9	

注:藻类和动物群体不计算密度。

5 不同生境的比较

本区岩岸潮间带生态现象非常复杂。除因它具有一般南方海区的带点,生物分布呈簇状镶嵌型外,岩礁的所处位置、坐落方向、坡度陡缓、浪击大小等,对生物的种类、数量和垂直分布影响也是很明显的,甚至在同一调查点、断面附近的不同岩礁上,也可发现截然不同的生物群。例如:断面 A 同一岩礁的背浪(背阳)面,完全见不到向浪面大量生长的藻类和鳞笠藤壶,其中潮区上、中两层为单一的棘刺牡蛎群落,下层以敦氏猿头蛤最引人注目,密度和生物量达 192 个/m^2 和 1 984 g/m^2;低潮区则大量生长着血苔虫 *Wetersipora cucullata* 和海鸡头。又如在离断面 A 仅 20 多米,坡度为 30°~40°的岩坡上,中潮区上、中层,被海萝和小藤壶 *Chthamlus* sp.所覆盖,春季,海萝生物量为 176 g/m^2,小藤壶可达 4 800 个/m^2 和 49.6 g/m^2。

图 3 比较了 4 个断面夏季各生物类群的生物量,可以看出如下分布规律:按断面 A、断面 B、断面 C、断面 D 排列顺序,藻类和甲壳动物生物量渐增;软体动物和其他类群生物量渐减(断面 B、C 略有反常,下面另加说明)。在温、盐度(33~34)基本相同的情况下,4 个断面的最大差别在于受浪冲击程度的大小。按浪冲击程度分级①,它们大致分别为 4 级、3 级、2 级和 1 级。藻类生物量随浪冲击度增强而增加的规律,看来是与夏季的激浪能避免岩面干燥时间过长,减少烈日暴晒威胁以及岩面较干净有利孢子附着有关。甲壳动物生物量变动规律如同藻类,显然是外海兼好浪的大型鳞笠藤壶和刺藤壶,在浪击大的地方得以更好生

① 浪冲击度分级依据,请参阅曾呈奎等编著的《中国经济海藻志》附录第 178 页。

长。反之,左右着软体动物生物量变动的棘刺牡蛎,相对是较内湾性的,它在较隐蔽的断面A大量生长繁殖。而在浪击猛烈的沃角断面D几乎缺失(仅在背浪面见到少数个体)。至于腔肠动物、多毛类等一些体质柔软的种类,其生物量随浪冲击度增强则减少的规律,也并不难理解。

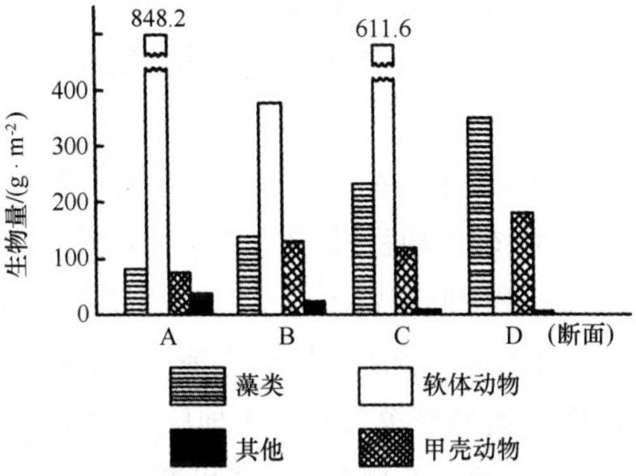

图3　东山岸石岸潮间带4个断面主要类群生物量比较

对断面B和断面C反常现象的分析,也许又能为上述变化规律进一步提供依据。在仔细研究了两断面的布站情况后,发现在断面C取样时,中潮区上、中层有4个取样站布设于岩石侧浪面,那里的受浪冲击程度反而比断面B小,因此,在该区、层栖息的棘刺牡蛎和鳞笠藤壶,正好得到相反的结果。

此外,必须指出:在4个断面比较中,还可以看到波浪引起生物乃至生物带上移现象。以浪击猛烈的断面D为例:粒屋顶螺和平凡屋顶螺的分布水位,可比断面A高出30 cm;鳞笠藤壶分布于向浪面的可比背浪面的高出40 cm左右;更甚者,低潮区的珊瑚藻类上移并完全覆盖了中潮区下层,使得其中潮区下层和低潮区组成同一的珊瑚藻类带,普遍存在于其他3个断面的复瓦小蛇螺-藻类亚带在该断面消失。

综上所述,可见由于环境条件的改变,生物群落也处于不断演替之中。

6　结语

(1)本研究初步鉴定了东山及其附近岛屿岩石岸潮间带生物共计藻类142种,无脊椎动物174种。许多种类具有外海岛高盐或暖水性的特点。

(2)该岩石岸潮间带生物的垂直分布与潮汐、浪击密切相关。出现两种基本类型:① 在浪冲击度4~2级的断面A、断面B、断面C上,具有4个生物带(包括一个亚带)。它们是高潮区的粒屋顶螺-平凡屋顶螺带;中潮区上、中层的棘刺牡蛎-鳞笠藤壶带;中潮区下层的复瓦小蛇螺-藻类亚带;低潮区的珊瑚藻类带;② 在浪冲击度为1级的断面D,仅有3个生物带,即:高潮区(包括浪花带)的粒屋顶螺-平凡屋顶螺带;中潮区上、中层的单一鳞笠藤壶带;中潮区下层和低潮区的珊瑚藻类带。普遍存在的4个生物带,是东山特殊潮汐类型长期作用的结果;而3个生物带的出现,是因该地波浪代替潮汐(淹盖潮汐特点)作用所产生的。若与斯蒂芬森(Stephensen,T. A. 1949)方案中提出的3个标准带(滨螺带、藤壶带、混杂藻类带)[9]相比,后一种类型更具普遍性。

(3)东山岩石岸潮间带生物量,夏季4个断面平均为813 g/m^2,起决定作用的种类是棘刺牡蛎、鳞笠藤壶、复瓦小蛇螺、马尾藻和珊瑚藻类。

各生物类群生物量的垂直变化,有自高潮区至低潮区,软体和甲壳动物比例渐减;藻类、多毛类和其他类群比例渐增的趋势。

从4个断面比较表明:生物量的水平配置与浪冲击度大小密切相关,随着浪冲击度的增强,藻类和甲壳动物生物量递增,软体动物、其他生物类群以及总生物量递减。

(4)东山及其附近岛屿岩石岸潮间带资源丰富,其中,最主要的食用种类有冬春季盛产的紫菜、浒苔、礁膜及牡蛎等;可作为琼胶工业原料或辅助原料的有:石花菜、江蓠、沙菜、角叉菜、粗茎软骨藻和凹顶藻等种属;马尾藻类在东山地区非常丰富,是提取褐藻胶和制碘的原料;海萝可提取浆纱的海萝胶。此外石珊瑚和贝壳可煅烧石灰;藤壶和其他贝藻类是农业上的良好肥料。

综上所述,作者认为,在利用该区岩石岸潮间带时,应以养殖和保护繁殖有经济价值的藻类为主。紫菜在东山养殖历史已近百年,但养殖面积小,建议充分利用各大小岛屿朝北方向浪冲击度1~2级的高潮区和中潮区上层,大力开展紫菜石潭养殖(可考虑炸石增潭)。在浪冲击度2~3级的中潮区上、中两层,海萝养殖潜力很大,我们曾于1964年4月初在沃角南面湾内一保护繁殖区得到2 800 g/m^2(折干重600 g/m^2)的生物量。至于中潮区下层和低潮区,主要是保护羊栖菜和其他马尾藻类的自然繁殖,到一定季节予以采收。

参考文献

1 E.Φ.古丽亚诺娃,刘瑞玉,等. 中国科学院海洋生物研究所丛刊.1958,1(2):1-43.

2 E.Φ.古丽亚诺娃,刘瑞玉,等. 太平洋西部渔业研究委员会第四次全体会议论文集. 1963:96-105.

3 杨宗岱.海洋科学集刊.1978,14:129-138.

4 福建省海洋研究所海洋生物研究室等.厦门大学学报(自然科学报),1960,16:74-95.

5 Dayton, P. K. Ecol, Monoger., 1971,41:351-389.

6 Dayton, P. K. Ecol, Monoger., 1975,45:137-159.

7 Doty, M. S. Ecology, 1946,27:315-328.

8 Lewis, R. J. Biology of Benthic Organisms, 1976. 417-424.

9 Stephenson, T. A. and Stephenson, A. Jour. Ecol., 1949,37(2):289-305.

10 Vaillant, L. Ann. du Sci. Nat. Zool., 1981,(7)12:39-50.

张水浸,蔡尔西,江锦祥,吴启泉. 原载《海洋通报》1982,1(6):37-44.

杭州湾北岸潮间带生态研究

Ⅱ.软相底栖动物群落的变化

摘要 本文以杭州湾北岸软相潮间带 A、B、C、D、E 5 条断面(图 1)的连续 6 年(1975—1980)底栖动物生态调查资料为依据,分析上海石油化工总厂于 1977 年投产后对该区环境质量的影响。结果表明,底栖动物群落的变化相当明显。这是水质、底质和地形环境改变综合作用的结果。其中,断面 A 主要是因附近筑堤填海、泥沙淤积所造成;其他 4 条断面主要与不同程度的有机污染密切相关。

Ecology of Intertidal Zone along Northern Coast of Hangzhou Bay

Ⅱ. Variations of Benthic Faunal Community in Soft-Bottom

Abstract: Effect of the operation of the Shanghai Petroleum Industry Combine, which was started in 1977, on adjacent soft-bottom intertidal zone has been analyzed basing on data obtained from six years of ecological surveys (1975—1980) over five transects, A to E (Fig.1) changes in community structure of benthic fauna were very obvious. These changes were brought about by the complex effect of water and bottom soil quality and topographic changes. Transect A was related largely to the construction of a dam nearby and siltation, while the other four transects were, on the whole, related to organic pollution in different degrees.

1 前言

对杭州湾北岸软相潮间带底栖动物群落的背景状况调查,我们曾有较详细报道[1,4]。本文则根据在该调查区内的连续 6 年(1975—1980)生态调查监测资料,分析上海石油化工总厂(以下简称"总厂")投产后底栖动物群落的变化,为该区环境质量综合评价提供某些生态学依据。

历年的调查监测地点仍是背景状况调查时所布设的 5 条断面,即:厂区附近的 A、B、C 3 条断面和离厂区 20~30 km 的乍浦(D)和柘林(E)两条断面(图 1)。各取样站也是背景状况调查时分别在各断面布设的14~25个站。调查监测时间为每年的5月和9月两个月份。调查方法均按《海洋污染调查暂行规范》(国家海洋局1979)。

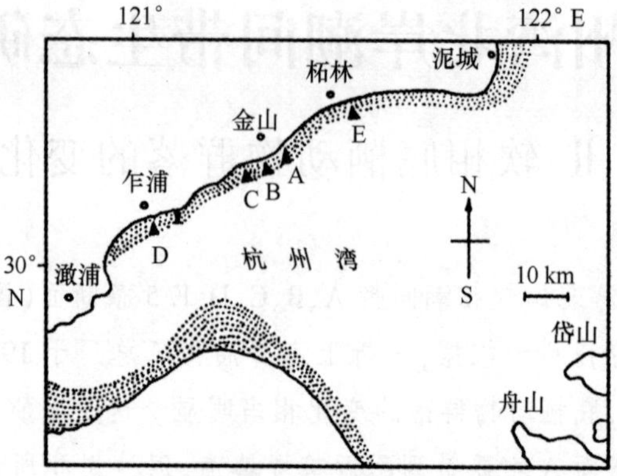

图1 杭州湾北岸潮间带调查地点

(▲断面位置)

Fig.1 A sketch map of the intertidal zones along the northern coast of Hangzhou Bay

(▲ Location of transects)

从调查区的环境质量情况来看,自总厂投产后,水体中的化学耗氧量(COD)、5日生化需氧量(BOD5)和氨氮(NH_4-N)等,绝大多数样品均超过地面水卫生标准的最高允许浓度,并呈逐年增高的趋势;沉积物中的石油烃、硫化物和有机质等,也呈逐年上升趋势。此外,由于填海建厂,个别断面的地形、沉积物组分和粒度也发生了一定程度的改变。

本文着重从底栖动物的种类组成、数量和各潮区群落优势种的变化进行分析比较。*

2 种类组成的变化

调查期间内,栖息于各断面的种类数有着不同程度的变化。从图2可以看出:断面A变化最为显著,其种类数1977年前有32~34种,但1977年后迅速减少,至1980年仅有18种;断面B、断面C、断面D在1977—1979年是下降的。见图2,于总厂投产初期的1977—1979年间,略有增加趋势,尤以断面D较明显;而远离厂区的断面E,种类数历年保持相对稳定,变动范围在36~41种之间。

在各断面的种类组成中,变化比较明显的是,各动物类群种数的比例关系(简称编组比率)于不同时期有不同程度的改变。其中,多毛类的编组比率逐年上升,投产前的多毛类种数分别占各断面种类总数的23.7%~38.9%,而投产后的1980年,却分别占了33.3%~44.4%,相对比较,多毛类增加了10%~15%;反之,甲壳动物的编组比率呈逐年下降趋势,投产前后比较,相对下降了5%~10%(图3);至于软体动物和其他动物类群的编组比率,目

* 1976年9月资料缺,由7月资料辅以分析。

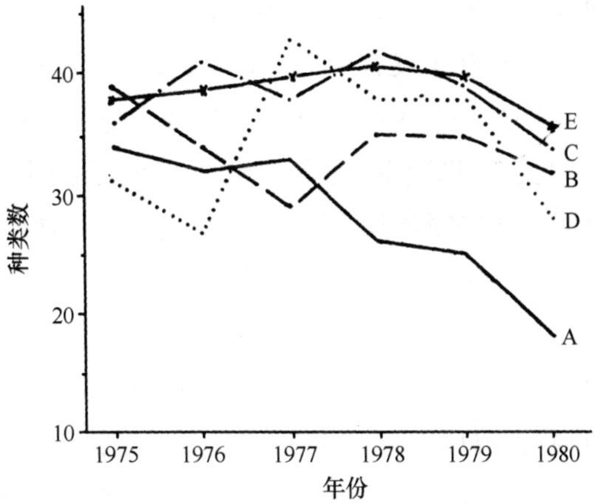

图 2　5 条断面种类总数的变化(1975—1980)

Fig.2　Variation of species number at five transects (1975-1980)

——断面 A;---断面 B;— · — · 断面 C;······断面 D; ∗ — ∗ — ∗ 断面 E

前尚无明显改变,其变动范围大体均小于 5%。从图 3 还可以清楚地看出,各断面多毛类和甲壳动物编组比率的变化,断面 A 最大,断面 B、断面 C、断面 D 次之,断面 E 最小。

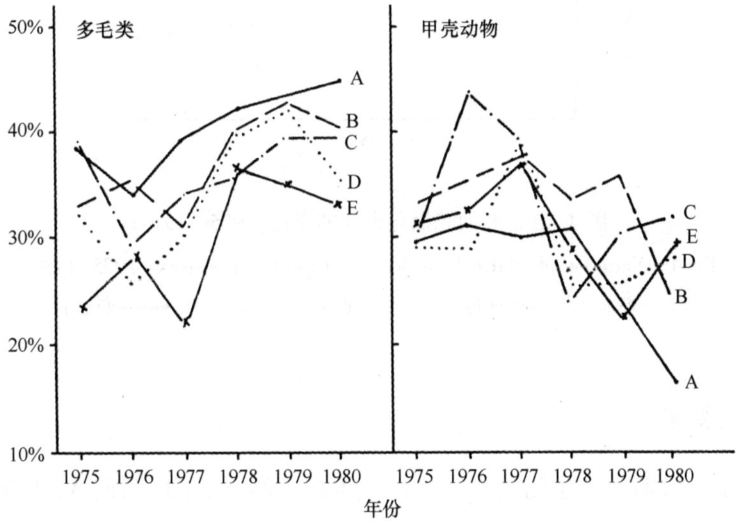

图 3　5 条断面多毛类和甲壳动物编组比率的变化(1975—1980)

Fig.3　Variation rate of organizational groups of Polychaeta and Crustacea at the five transects(1975—1980)

——断面 A;---断面 B;— · — · 断面 C;······断面 D;×—×—×断面 E

3　数量变动

3.1　栖息密度的变动

各断面历年总平均栖息密度的变动如图 4 所示。从整体来看,在总厂投产前的 1975—

1976 年,其栖息密度均处于相对稳定,而 1977 年正式投产后,各有较大变化。其中,断面 A 的总平均栖息密度迅速下降,1980 年仅有 11 个/m^2,为投产前的 1/200 左右。其余 4 条断面的变动规律大同小异,均于投产后的 1977—1978 年出现栖息密度的最大值(断面 D 略有提前),尔后,1979—1980 年间,也都迅速下降,最大栖息密度和最小栖息密度分别相差 15~29 倍。然而,应引起注意的是,尽管各断面的总平均栖息密度于 1979—1980 年急剧下降,但多毛类的栖息密度在总栖息密度中所占的比率(相对值)却明显上升(图 5)。其中,断面 D 1979 年的多毛类达 51 个/m^2,占总栖息密度的 63.8%;厂区附近的 A、B、C 3 条断面,1980 年的多毛类栖息密度分别为 5.5 个/m^2、30.5 个/m^2 和 60.5 个/m^2,各占该断面总栖息密度的 50.0%、51.3%和 63.7%;只有在离厂区较远的断面 E,多毛类栖息密度的比率没有明显增加,其历年的最高比率仅达 25%~30%。至于 1977—1978 年间各断面的多毛类栖息密度比率均相对较低,乃因断面 A 的优势种多鳃才女虫[*Polydora* (*Boccardia*) *polybranchia*)]消失和其余 4 条断面大量出现一些小螺所致。

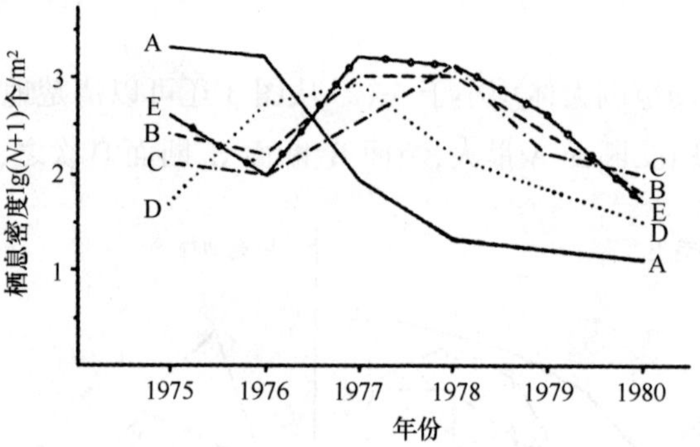

图 4　5 条断面总栖息密度的变化(1975—1980)

Fig.4　Variation of total habitat density at the five transects (1975-1980)

——断面 A;---断面 B;·—·—·断面 C;······断面 D;—•—•—断面 E

3.2　生物量的变动

图 6 反映了 5 条断面的生物量变动规律大体有 3 种类型:① 断面 A,随着调查时间向后推移,生物量明显地逐年降低,1975 年,其生物量为 26.6 g/m^2,而至 1980 年,只有 6.8 g/m^2;② 断面 B 和断面 C 的生物量,于总厂投产前相对稳定,投产初期(1977—1978 年)显著增高,分别达 223.0 g/m^2 和 95.7 g/m^2,但 1979—1980 年也都迅速下降;③ 断面 D 和断面 E,其生物量则随调查时间的推移,呈逐年增加趋势,以断面 E 而言,1980 年达 42.6 g/m^2,比 1975 年的 23.1 g/m^2,增加了近 1 倍。

这里也应指出,除断面 A 外,其余 4 条断面的多毛类生物量,也均呈逐年上升现象,尤以排污口附近的断面 B 和断面 C 为甚,1975 年分别只有 1.5 g/m^2 和 2.5 g/m^2,而 1980 年却分别达 7. 7 g/m^2 和 10.5 g/m^2,增加了 3~4 倍。

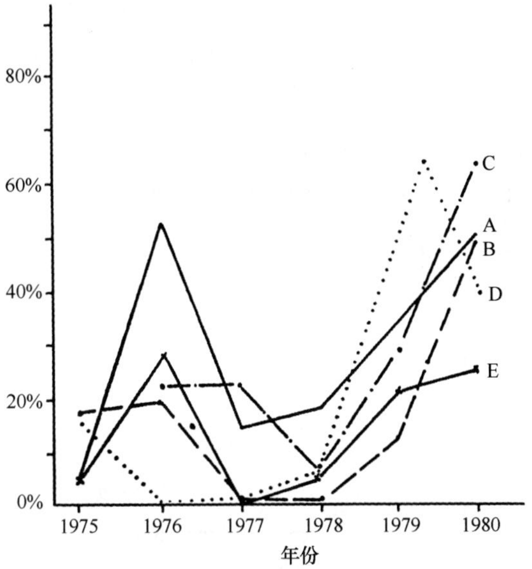

图 5　5 条断面多毛类栖息密度比率的变化(1975—1980)

Fig.5　Variation of habitat density of Polychaeta at the five transects (1975-1980)

——断面 A;---断面 B;·—·—·断面 C;······断面 D;×—×—×断面 E

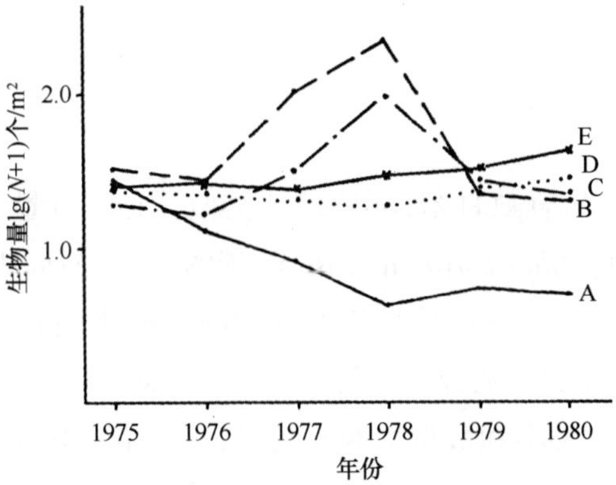

图 6　5 条断面生物量的变动(1975—1980)

Fig.6　Variation of biomass at the five transects (1975-1980)

4　群落优势种的变化

4.1　断面 A

在背景调查时(1975 年),本断面具有 3 个不同的底栖动物群落:① 高潮区至中潮区上层为岩相潮间带(人工石堤),是中间拟滨螺(*Littorinopsis intermedia*)-齿纹蜒螺(*Nerita yoldi*)-海蟑螂(*Ligia exotica*)群落(它非软相潮间带,仅做定性观察);② 中潮区中层是泥螺(*Bullacta exarata*)-宽身大眼蟹(*Moctophthalmus dilatatus*)-蛤类[主要有四角蛤蜊(*Mactra veneriformis*)、彩虹明樱蛤(*Moerella iridescens*)]群落;③ 低潮区的帚虫(*Phoronia* sp.)-多鳃才女虫-短吻蛤虫(*Listriobus brevirostris*)群落。前两个群落,在整个调查期间基本稳定,只有四角蛤蜊目前已难采到。而低潮区的生物群落,自1977年后,发生了极明显的变化,帚虫、多鳃才女虫、短吻蛤虫等群落优势种和常见种小海葵(*Actiniaria*)、刺螯鼓虾(*Alpheus hoplocheles*)基本消失,原有群落瓦解,且无其他生物能组成新的群落(图7)。

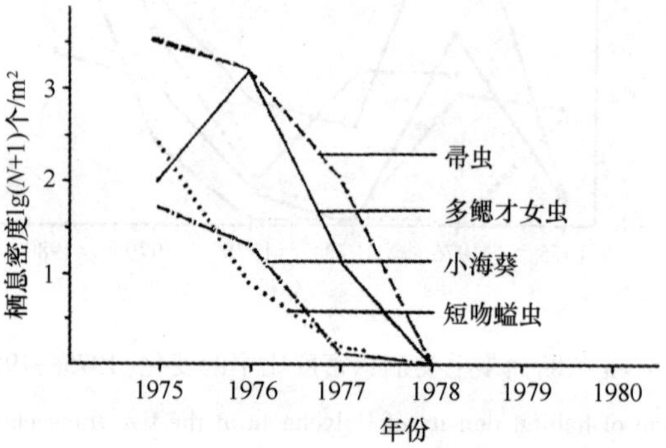

图7　断面A低潮区群落优势种的变化(1975—1980)

Fig.7　Variation of dominant species of community at low tidal zone of transect A (1975—1980)

4.2　断面B和断面C

这两个断面由于相差只有数百米,环境条件类似,因此,背景调查时,底栖动物群落相同。其高潮区是中国绿螂(*Glaucomya chinensis*)-疣吻沙蚕(*Tylorrhynchus heterochaetus*)-蟹类[主要有弧边招潮(*Uca arcuata*)、长足长方蟹(*Metaplax longipes*)、谭氏泥蟹(*Ilyoplax deschampsi*)]群落;中潮区是泥螺-宽身大眼蟹-蛤类群落;低潮区(包括中潮区下层一部分)的底质为不稳定的浮泥,生物种类和数量均非常贫乏,只见个别焦河蓝蛤(*Polamocorbula ustulata*),不能形成群落。

由于该两断面分别处于第2污水泵站和污水处理厂排污口附近,因此,总厂投产后,高潮区原有底栖动物群落的优势种发生明显的更替现象,其中,疣吻沙蚕于1977—1978年被较耐污的中蚓虫(*Mediomastus californiensis*)所取代;而1979—1980年间,被视为有机污染指标生物之一的双齿围沙蚕(*Perinereis aibuhitensis*)[3],又取代了中蚓虫而成为群落优势种(图8和图9)。

此外,群落中的蟹类也明显减少。至于中潮区的泥螺-宽身大眼蟹-蛤类群落,调查期内尚无明显改变,仅四角蛤蜊有逐年减少的现象。

4.3　断面D

本断面高潮区底质为粗砂、石砾,底栖生物极端贫乏。而中潮区至低潮区有3个不同群落。其中,中潮区上层的中国绿螂-双齿围沙蚕-泥蟹群落,在不同时期有着一定程度的变化,1976—1978 年,群落中出现了大量的光滑狭口螺(*Sternothyra glabra*)和麂眼螺(*Rissonia* sp.),但 1979—1980 年间,这些小螺连同中国绿螂几乎绝迹,群落组成趋于简单化,只有双齿围沙蚕占有绝对优势(图 10)。而中潮区中、下层的泥漯-日本大眼蟹(*Macrophthalmus japonicus*)-蛤类群落和低潮区的安瓦海葵(*Synanwaria* sp.)群落,在整个调查期间内没有明显改变。

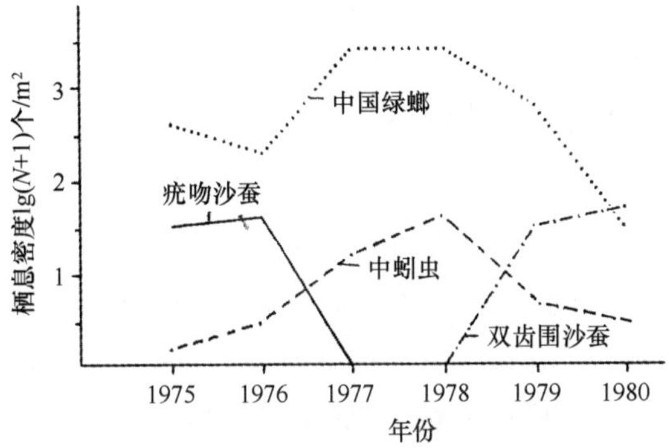

图 8　断面 B 高潮区群落优势种的变化(1975—1980)

Fig.8　Variation of dominant species of community at high tidal zone of transect B (1975-1980)

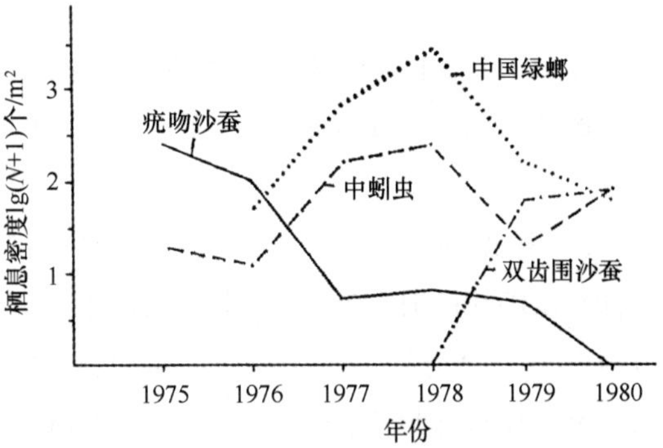

图 9　断面 C 高潮区群落优势种的变化(1975—1980)

Fig.9　Variation of dominant species of community at high tidal zone of transect C (1975-1980)

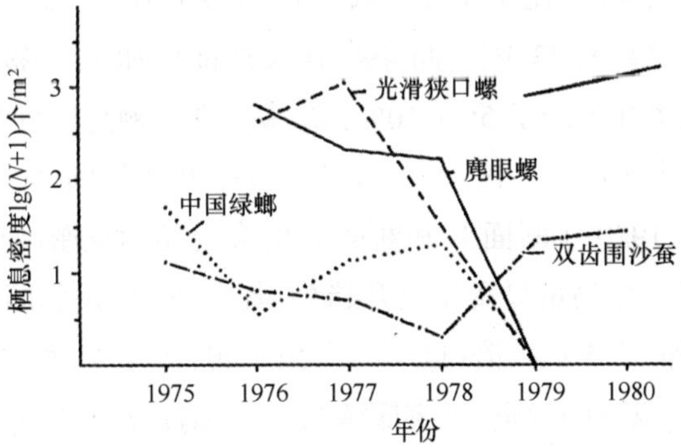

图 10　断面 D 中潮区上层群落优势种的变化(1975—1980)

Fig.10　Variation of dominant species of community at the upper middle tidal zone of transect D (1975-1980)

4.4　断面 E

该断面自高潮区至低潮区有 4 个底栖动物群落。高潮区为疣吻沙蚕-弹涂鱼(*Perrioph-*

thalmus catonensis)-蟹类群落；中潮区上层是中蚓虫-中国绿螂-绯拟沼螺(*Assiminea latericea*)群落；中潮区中层为泥螺-宽身大眼蟹-蛤类群落(中潮区下层是上、下两群落的交替带)；低潮区系焦河蓝蛤四角蛤蜊群落。这4个群落在整个调查期间内均保持相对稳定，尽管数量有所增减，但优势种历年基本不变。

5 讨论

综上所述，本调查区的底栖动物群落结构自总厂投产后有不同程度的变化，综合比较，以断面A变化最大；断面B、断面C、断面D次之；断面E变化较小。其主要原因主要有以下几方面。

(1)根据前言提及，调查区内水体的COD、BOD_5和NH_4-N等，于总厂投产后有明显提高，如：COD和NH_4-N的含量，1976年7月分别只有1.96~3.75 mg/L和3~12 μg/L，而1979年9月则分别达3.10~9.50 mg/L和22~106 μg/L；底质沉积物的石油烃、硫化物和有机质也呈现逐年增多的趋势。加之由于填海建厂，个别断面的地形、底质粒度和组分发生某些变化，因此，其底栖动物群落结构的变化，是环境诸因素综合作用的结果。

(2)根据具体情况具体分析，我们认为：导致各断面群落结构变化的主要原因有所不同。其中，断面A主要是因1976年底至1979年初在其西侧近百米处筑堤填海(堤岸直伸至低潮区)，改变了地形，减缓了潮流速度，施工过程泥沙流失、淤积，造成生物窒息死亡或迁移所致。调查中常可发现一层黄泥覆盖(可产生氧化层)、生物取样时发现有许多帚虫和多毛类空管道，可为佐证。其余4条断面主要则与不同程度的有机污染有关，依据是：① 在种类组成中，该4条断面的多毛类编组比率于总厂投产后明显上升，1979—1980年间，多毛类的种类数分别占各断面种类总数的33.3%~44.4%，比投产前增加了10%~15%；反之，对污染较敏感的甲壳动物编组比率却下降了5%~10%；② 多毛类的栖息密度在总栖息密度中所占比率也于总厂投产后(特别是1979—1980年)显著增高，1979年断面D的多毛类栖息密度竟占总栖息密度的63.8%，1980年断面B和断面C的多毛类栖息密度也分别占总栖息密度的52%~63.7%；③ 多毛类的生物量呈逐年上升趋势，其中，断面B和断面C的多毛类生物量，1980年比1975年增加了3~4倍；④ 一些耐有机污染的种类，如中蚓虫、异蚓虫(*Heteromastus filiformis*)、双齿围沙蚕、乳突腹钩虫(*Scolelepis papillosus*)、光滑狭口螺(*Grandidierella japonica*)等，相继分别在该4条断面出现，甚至有些成为群落优势种；而某些对污染较敏感的种类，如疣吻沙蚕、四角蛤蜊、刺螯鼓虾、长足长方蟹、潭氏泥蟹、弧边招潮等，明显减少。这些现象，与国内外报道的底栖动物和有机污染的相关模式很相似。

(3)根据环境的历史和现状，我们还认为，受有机污染的B、C、D、E 4条断面的污染源不尽相同。断面B主要受第2泵站抽排的废水的影响(废水成分有未经处理厂的洗涤水、生活污水、冷却水和部分只经初级处理的工业废水)。断面C主要来自于污水处理厂排放的大量经二级生化处理的工业废水的影响。断面D和断面E虽也有可能受上述两方面污水扩散的影响，但其更直接的因素看来还是与它们所处的历史环境有关，据1975年的背景调查，我们已发现该两断面潮间带上部存在着有机污染迹象，如双齿围沙蚕、光滑狭口螺、中蚓虫等，分别有相当数量。其中，乍浦镇居民的生活排污、湾内的渔船泊地、水产收购站、水产加工厂、拆船厂等的废水排放，显然对湾内断面 D 的环境质量早有影响，而 1976 年后，陈山输油码头的建成输油，可能也带来一定影响；至于柘林盐场附近的断面 E，其高潮区和中潮区上层分别长有十分茂盛的芦苇和海三棱藨草，它们每年的落叶、死亡、腐败，显然也是有机质的丰富来源，但自总厂投产后，本断面的底栖动物群落结构变化不明显，通常只表现在优势种群的数量变动上。

(4)根据 4 条受污断面底栖动物群落的变化主要是在高潮区和中潮区上层的这一事实，可以认为：目前该 4 条断面的受污范围主要在潮间带上部。由于这部分潮间带的底质沉积物颗粒较细、含泥量较高，对有害物质的吸附能力较强；且因该段潮间带地势不平坦、坑洼多、潮流缓、污水易于滞留而不易扩散。故这种局部受污现象是可以理解的。然而，也应指出，从各方面综合来看，至目前为止，该调查区范围内，污染程度尚不严重。

参考文献

1 林双淡，张水浸，等．杭州湾北岸软相潮间带底栖动物群落的分析．海洋学报，1984，6(2)：235-243.

2 陈宽智，李泽冬，等．沧口区海滩环境污染对大型底栖无脊椎动物生态学影响的初步研究．山东海洋学院学报，1983，13(4)：38-46.

3 贾树林，王淑华，等．排污对锦州湾大型底栖动物生态的影响．海洋环境科学，1982，(2)：79-87.

4 蔡尔西，林双淡，等．杭州湾北岸潮间带生态学研究Ⅰ.软相底栖动物群落调查. 海洋学报，1980，2(4)：122-130.

5 北森良之介．底质と底生动物-污染指标とにの底生动物．Ocean Age 3(12)：16-19.

6 Hack K L. Commumity structure and the effects of pollution in sea Grass Meadows and adjacent Habitats. Mar Biol, 1976, 35:345-358.

7 Johns G. The fauna of the polluted river Tees estuary. Estuar Coast Mar Sci, 1976,4:653-676.

8 Pearson T H. The benthic ecology of Loch Linnhe and Loch Eil, a sea Loch system on the west coast Scotland. Ⅳ. Changes in the benthic fauna attributable to organic enrichment. J Exp Mar Biol Ecol, 1975, 20:1-41.

9 Pearson T H. The Loch Eil project: assessment and synthesis with discussion of certain biolocal questions arising from a study of the organic pollution sediments. J Exp Mar Biol Ecol, 1982, 57:93-123

10 Susan E K. Quest for an index of community structure sensitive to water pollution. Eoviron pollut, 1976,11:269-289.

张水浸，林双淡，江锦祥，吴启泉，郑凤武，蔡尔西，徐惠州，刘泉顺，李荣冠，何明海．原载《生态学报》1986，6(3)：253-261.

大亚湾沙滩的生物群落

摘要 根据1987—1989年大亚湾沙滩潮间带13个断面的4次调查资料，分析了该湾沙滩的环境特征、生物群落结构、空间分布与季节差异。

Community in sandy zone in Daya Bay

Abstract: Based on the data obtained from 4 surveys along 13 transects of sandy zone in the Daya Bay, China from 1987 to 1989, the environment characteristics, the community structure features, the community spacial distribution characters and seasonal variations were analysed. The results show that sandy communities in the bay are obviously infuenced by sandy environment characteristics and may be classified into sheltered and exposed communities.

(1) Sheltered community: the sediment environment is stable and the community structure is complicated, with high species diversity ($H'>3$) and high average quantity of 286.26 g/m^2 and 3 476 ind./m^2.

(2) Exposed community: the sediment environment is unstable and the community structure is simple, with poor species, large species variance, low species diversity ($H'<2$) and low average quantity of 7.34 g/m^2 and 23 ind./m^2.

大亚湾地处亚热带，为山地溺谷半封闭型海湾。潮汐属不正规半日混合潮，潮差小，平均小于1 m。本调查进行两年，共布设13个断面，依其潮间带区环境特征的差异分为隐蔽型和敞开型断面。

1 材料与方法

本文根据1987年3—4月(春季)、9月(秋季)和1988年9—10月(秋季)、1988年12月至1989年1月(冬季)的沙滩潮间带13个断面资料，应用Bray-Curtis(1957)的群落相似性指数(CC)，Shannon-Wiever(1963)的种类多样性(H')、Margalef(1958)的种类丰度(d)、Pielous(1969)的种类均匀度(J)和McNaughton的种类优势度(D)等参数，分析了大亚湾沙滩生物群落结构特点及季节差异[1-2]。调查方法按EDF海洋生态零点调查规程进行。潮区划分,根据香港潮汐资料,运用瓦杨(Vailant, 1891)原则并参考生物自然分布和环境特征,将潮间带分为高、中、低3个潮区。

2 大亚湾沙滩环境特征

大亚湾沙滩的主要特征系潮间带区狭窄[3]。大部分潮间带区宽度小于50 m,只有大鹏澳、哑铃湾和范和港内局部岸段潮间带区宽度大于200 m(表1)。根据潮间带区受水动力作用强度的差异和环境特征的不同,可将13个断面分为"隐蔽"和"敞开"两大类型。隐蔽型断面受风浪和潮流的作用强度小,其潮间区宽度大,沉积物分选较差,有机质含量较高;敞开型断面受风浪和潮流的作用强度大,其断面长度很小,沉积物分选较好,沉积物中有机质含量都很低(表1)。

3 沙滩生物群落的种类组成

大亚湾沙滩13个调查断面共记录生物260种;主要由多毛类(102种)、软体动物(82种)和甲壳动物组成(表2)。应用Bray-Curtis相似性指数进行聚类分析,分成隐蔽型和敞开型断面(图1)。但各断面的种类组成不尽相同,可明显分为种类组成高多样性和种类贫乏两种类型:前者系隐蔽型断面,种类多,均系多毛类和软体动物占优势,甲壳动物居次;后者为敞开型断面,沉积环境很不稳定,生物种类相当贫乏,在此类型环境生活的种类中,除了高潮区营洞穴生活的沙蟹类和中潮区底埋生活的斧蛤类,由于特定的生活方式适应多变的特定环境以外,其他种类变化很大,而且密度很小,常随沉积环境的变化而消失,称为"临时栖息"的种类。

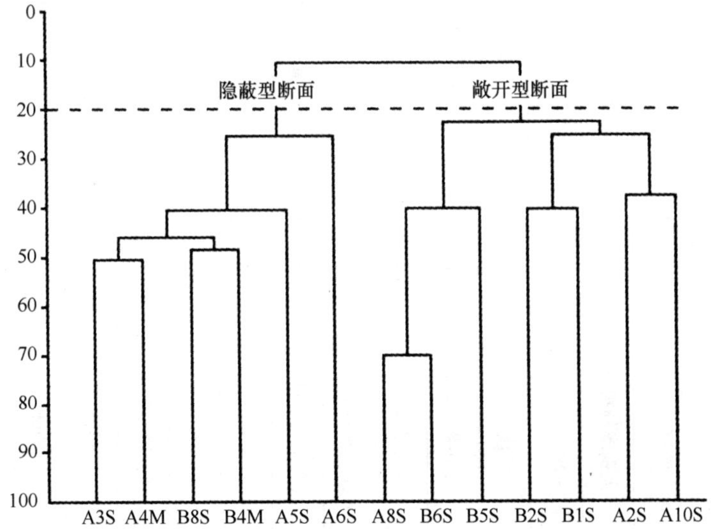

图1 沙滩生物群落种类组成的相似聚类

表 1　大亚湾沙滩潮间带主要环境特征

断面	位　　置	断面宽度 /m	沉积物类型	沉积物粒度参数		沉积物有机质/%	水动力扰动动度	沉积物稳定性	环境类型
				$Md\phi$	$QD\phi$				
A2S	大鹏澳杨梅坑	32	Ⅰ区砂，Ⅱ区中粗砂，Ⅲ区中砂	1.39	0.27	0.10	很大	最不稳定	敞开
A3S	大鹏澳大碓村	200	Ⅰ区粗中砂，Ⅱ区和Ⅲ区粗砂	0.51	0.81	0.25	很小	较稳定	隐蔽
A4M	大鹏澳红螺排	580	Ⅰ区粗砂，Ⅱ区和Ⅲ区中粗砂	0.82	1.28	0.45	很小	很稳定	隐蔽
A5S	大鹏澳龙岐排	500	Ⅰ区砾砂，Ⅱ区和Ⅲ区细砂	2.15	1.07	0.46	很小	很稳定	隐蔽
A6S	大鹏澳鹏城	320	Ⅰ区粗砂，Ⅱ区砾砂，Ⅲ区中细砂	0.59	0.67	0.27	小	稳定	隐蔽
A8S	大辣甲村西南码头	20	Ⅰ区中细砂，Ⅱ区和Ⅲ区均砾砂	0.71	0.80	0.15	大	不稳定	敞开
A10S	大鹏澳龙岐排东	20	Ⅰ区粗砂、Ⅱ区中粗砂，Ⅲ区中砂	0.95	0.68	0.08	大	不稳定	敞开
B1S	烟囱湾沙厂	25	Ⅰ区中细砂，Ⅱ区和Ⅲ区细砂	2.42	0.48	0.15	大	不稳定	敞开
B2S	巽寮港	22.4	全部细砂	2.35	0.77	0.12	大	不稳定	敞开
B8S	哑铃湾洋稠村	320	Ⅰ区中细砂，Ⅱ区粗砂黏土质细砂，Ⅲ区细砂	3.88	1.68	0.11	很小	很稳定	隐蔽
B5S	晓阳村	42	Ⅰ区中细砂，Ⅱ区和Ⅲ区细砂	1.61	0.98	0.13	大	不稳定	敞开
B6S	南坑村	33	全部中细砂	2.19	0.48	0.08	大	不稳定	敞开
B4M	范和港淡水江	250	Ⅰ区砂，Ⅱ区中细砂，Ⅲ区细砂	2.41	1.05	0.76	很小	很稳定	隐蔽

表 2　大亚湾沙滩生物群落各断面种数的比较

生物类群	隐蔽型						敞开型						
	A3S	A4M	ASS	A6S	B4M	B8S	A2S	A8S	A10S	B1S	B2S	B5S	B6S
多毛类	38	33	29	43	19	35	4	4	3	2	7	5	1
软体动物	34	39	27	13	22	35	3	2	4	3	6	2	1
甲壳动物	11	16	8	11	15	10	2	6	2	2	2	4	3
棘皮动物	1	0	3	1	6	1	0	0	0	0	1	0	0
其他动物	6	5	2	2	2	6	0	0	1	0	0	0	1
合计	90	93	69	70	64	87	9	12	10	7	16	11	6

大亚湾沙滩生物群落主要种类计 29 种。这些主要种多数丰度较大,出现的频次多,是大亚湾沙滩环境具有代表性的种类;但并非所有沙滩环境这些种类都能生存,绝大多数种类是栖息于特定沙滩环境中。在分布上有垂直分布的不同,也有水平分布的差异(图 2)。

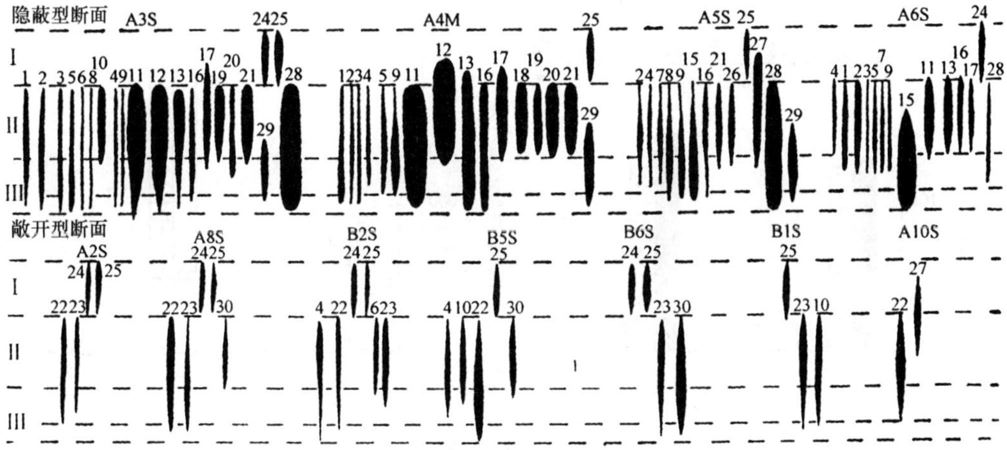

图 2　大亚湾沙滩潮间带生物主要种的垂直分布

1.*Aonides oxycephala*; 2. *Ceratoneries erythraensis*; 3. *Malacoceros indicus*; 4. *Glycera tesselate*; 5. *Mediomastus californiensis*; 6. *Owenia fusiformis*; 7. *Heteromastus filiformis*; 8. *Onuphis eremita*; 9. *Poecilochaetus serpens*; 10. *Timarete* sp.; 11. *Batillara zonalis*; 12. *Batillara cumingi*; 13. *Clithon coalanensis*; 14. *Ulmbonium costatum*; 15. *Nassarius dealdtus*; 16. *Cerithidea microptera*; 17. *Gafrarium tumidum*; 18. *Gafrarium pectinatum*; 19. *Anomalodisus squamojsa*; 20. *Anomalocardia flexuosa*; 21. *Donax* (*chion*) *semigranosus tipicus*; 22. *Donax* (*Latona*) *cuneatus*; 23. *Ocypoda stimpsoni*; 24. *Ocypode ceratophthalma*; 25. *Mjctyris longicarpus*; 26. *Scopimera glodosa*; 27. *Arachnoides piacenta*; 28. *Sipunculus nudus*; 29. *Pseudarcopagia* sp.

3.1 垂直分布上的差异

有的种类只分布于沙滩高潮区或潮上带，代表种类如痕掌沙蟹、角眼沙蟹和招潮（*Uca* sp.）等；但绝大多数种类在高潮区没有分布，只分布于中、低潮区，其代表种如多毛类全部主要种，软体动物的习见织纹螺、纵带滩栖螺，甲壳动物的长腕和尚蟹，棘皮动物的扁平蛛网海胆和星虫动物的方格星虫。应特别提出的肋蝠螺在A6S断面低潮区数量特别大（2 664个/m^2）。

3.2 水平分布上的差异

表现在隐蔽型断面不仅种类特别多，而且种类丰度特别大，绝大多数种类在敞开型断面没有分布（图2）

4 沙滩生物群落的数量

大亚湾沙滩生物平均生物量148.30 g/m^2，平均栖息密度为1 750个/m^2。年际差异较大（图3）。各断面数量差异悬殊，隐蔽型断面的密度为敞开型断面的151倍，生物量之比为40∶1，这也是年际差异大的主要因素（第二年取样隐蔽型断面多）。

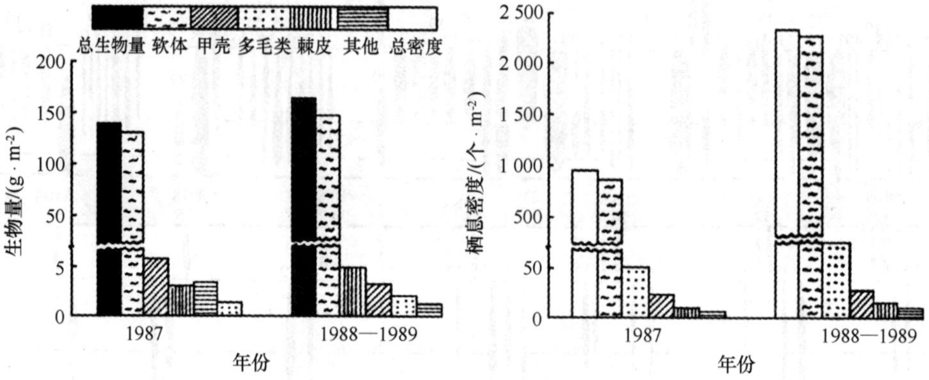

图3 沙滩生物量（左）和栖息密度（右）的年际比较

4.1 数量的垂直分布

无论生物量或栖息密度均自高潮区向低潮区增加，而且垂直分布上的差异与断面类型关系密切（表3）。敞开型断面：高潮区只有甲壳动物沙蟹；中潮区主要是软体动物和甲壳动物；低潮区主要是多毛类软体动物和甲壳动物。隐蔽型断面高潮区主要为软体动物和甲壳动物；中潮区则为软体动物、多毛类和甲壳动物；低潮区以软体动物占绝对优势，多毛类和甲壳动物也较多。

表 3　沙滩生物量与密度的垂直分布

断面类型	高潮区		中潮区		低潮区		平均	
	生物量/($g \cdot m^{-2}$)	密度/(个 · m^{-2})	生物量/($g \cdot m^{-2}$)	密度/(个 · m^{-2})	生物量/($g \cdot m^{-2}$)	密度/(个 · m^{-2})	生物量/($g \cdot m^{-2}$)	密度/(个 · m^{-2})
隐蔽型	64.23	148	303.70	847	568.67	7 470	289.26	3 476
敞开型	1.55	1	4.80	25	12.66	36	7.34	23
平均	32.89	75	154.25	436	290.67	3 898	148.30	1 750

4.2　数量的水平分布

各断面差异极大(图 4 和图 5),可归为高数量和低数量两类,隐蔽型断面均属高数量类型,敞开型断面为低数量类型。

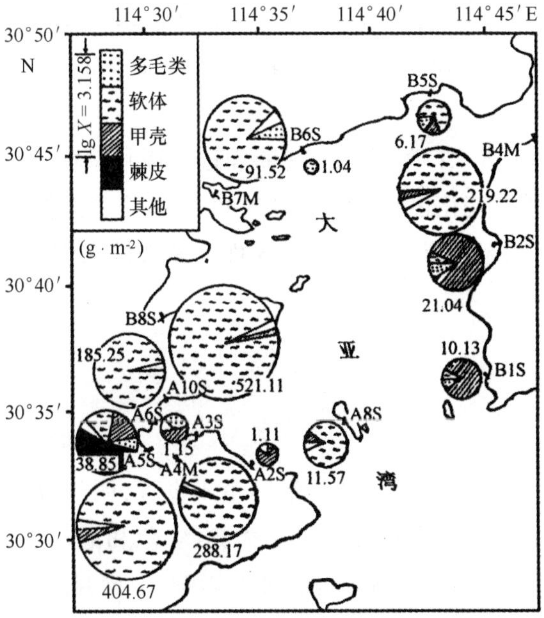

图 4　沙滩平均生物量的平面分布

5　沙滩生物群落的结构和季节变化

表 4 列出沙滩两种类型群落结构的 4 个主要参数。由其可见,隐蔽型断面群落结构较复杂,种类多样性较高,除了断面 A6S 由于肋蝙螺的数量特别大(在低潮区高达 96 354 个/m^2)致使该群落优势度(D)较高,相应群落多样性值(H')较低外,其余隐蔽型断面种类多样性均较高($H'>3$);敞开型断面群落结构极简单,种类多样性(H')均为低值。表 4 还表明各断面群落结构 4 个主要参数值在不同季节也有所不同,说明沙滩生物群落的季节

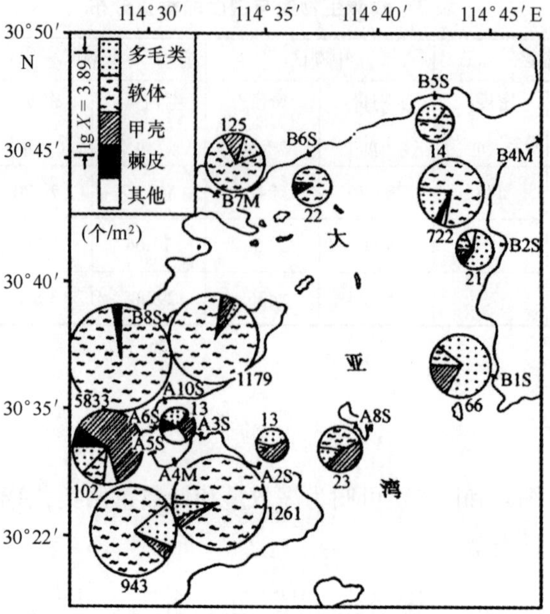

图 5　沙滩平均栖息密度的平面分布

变化是明显的。对核电站进水口附近的 A6S 断面进行逐月取样,表明种类组成的季节变化不显著,但数量组成的季节变化很明显。2—3 月和 5—9 月为低谷;峰值在 4 月和 10 月至翌年 1 月初。两年大亚湾生态零点沙滩潮间带大面积调查结果与 A6S 断面逐调查基本相同(表 5)。

6　讨论

大亚湾系亚热带半封闭型海湾。沙滩潮间带不发育,明显分敞开型和隐蔽型沙滩[3]。敞开型沙滩占大部分岸段;隐蔽型沙滩只见于大鹏澳、范和港及哑铃湾内风浪影响小的岸段。大亚湾沙滩生物群落明显受沙滩环境特征的影响,生物群落也明显分为隐蔽型和敞开型两类。

(1)隐蔽型沙滩生物群落:其沉积环境稳定,生物群落结构较复杂,种类多样性较高($H'>3$),数量也很大(289.26 g/m^2 和 3 476 个/m^2)[4-7]。

(2)敞开型沙滩生物群落:沉积环境不稳定,生物群落结构简单,组成种类贫乏,变化大,$H'<2$,生物数量也很少(7.34 g/m^2 和 23 个/m^2)[4-7]。

大亚湾沙滩生物群落种类组成季节变化不明显,但数量季节变化较大。其变化表现为两个峰值与两个低谷:2—3 月和 5—9 月为低谷;4 月和 10 月至翌年 1 月初为高峰值。

表 4　大亚湾沙滩生物群落结构的主要参数值

项目		H'			J			d			$D/\%$		
		春（3—4 月）	秋（9—10 月）	冬（12 月至翌年 1 月）	春（3—4 月）	秋（9—10 月）	冬（12 月至翌年 1 月）	春（3—4 月）	秋（9—10 月）	冬（12 月至翌年 1 月）	春（3—4 月）	秋（9—10 月）	冬（12 月至翌年 1 月）
隐蔽型	A3S	3.21	3.15	3.2	0.52	0.52	0.52	6.84	4.48	7.74	66.52	65.47	64.77
	A4M	3.07	3.07	3.60	0.52	0.52	0.62	6.01	5.86	5.91	57.31	58.65	51. 51
	A5S	5.02	4.99	4.26	0.83	0.88	0.82	7.25	7.69	5.19	31.25	55.25	32.71
	A6S	2.82	1.24	0.85	0.50	0.32	0.15	5.21	4.40	3.56	51.25	80.30	93.73
	B4M	3.25	3.65	—	0.60	0.61	—	5.60	7.81	—	60.10	58.90	—
	B8S	3.89	3.84	3.10	0.61	0.58	0.63	7.21	8.28	8.62	53.30	52.84	55.73
敞开型	A2S	1.61	1.88	1.58	0.92	0.81	1.00	1.31	1.26	1.26	67.00	66.67	66.67
	A8S	1.32	1.68	—	0.93	0.94	—	1.32	1.45	—	69.20	68.70	—
	A10S	—	2.58	1.37	—	1.00	0.86	—	1.93	0.86	—	33.33	80.00
	B1S	1.71	1.32	—	0.95	0.93	—	1.41	1.52	—	61.20	59.20	—
	B2S	2.11	2.41	2.09	0.93	0.93	0.48	1.85	1.67	2.73	60.30	50.00	75.20
	B5S	1.82	1.32	—	0.89	0.79	—	1.32	1.51	—	60.20	50.20	—
	B6S	1.62	1.52	—	0.91	0.94	—	1.45	1.32	—	59.10	56.20	—

表 5　大亚湾沙滩 13 个断面生物群落平均数量

项目		生物量/(g·m^{-2})	栖息密度/(个·m^{-2})	备注
1987 年	3 月底 4 月初	160.40	1 225	高峰期
	9 月	110.40	620	低谷期
1988—1989 年	9 月底—10 月	16.25	4 362	高峰期
	12 月底至翌年 1 月	152.20	928	高峰后期

参考文献

1　李冠国．多样性指数的应用．海洋科学,1981(2):4-8.

2　陈宽智．介绍四种多样性指数及均匀度测量．环境科学,1979(2):64-70.

3　陈峰,等．大亚湾表层沉积物的粒度结构与沉积环境．大亚湾海洋生态文集．北京:海洋出版社,1989:7-13.

4　庄启谦,等．胶州湾沧口潮间带生态学研究．海洋科学集刊．北京:科学出版社,1984,22:79-94.

5　蔡尔西,等．杭州湾北岸潮间带生态学研究Ⅰ．软相底栖动物群落调查．海洋学报,1980,4(2):121-131.

6　林双淡,等．杭州湾北岸软相潮间带底栖动物群落结构的分析．海洋学报,1984,6:235-243.

7　Watling L. Analysis of Structual Variations in a Shallow Estuarine Deposit-Feeding Community. J Exp Mar Biol Eco,1975,19(3):275-315.

吴启泉,江锦祥,郑凤武,李荣冠,鲁琳,徐惠州,蔡尔西,黄心光,何明海．

原载《大亚湾海洋生态文集(Ⅱ)》,1990:291-297.

三沙湾西北部滨海湿地潮间带生物生态研究

摘要 本研究报道三沙湾西北部滨海湿地潮间带生物109种,其中多毛类、软体动物和甲壳动物占总种数的89.90%,三者构成潮间带生物主要类群。断面间比较,Sch1断面的种数最少(42种),Sch3断面的种数最多(73种)。种类季节变化,以春季种数(83种)大于秋季(59种)。三沙湾西北部滨海湿地潮间带生物平均生物量12.45 g/m^2,平均栖息密度为368个/m^2。生物量以软体动物居第一位(7.34 g/m^2),甲壳动物居第二位(2.55 g/m^2);栖息密度以软体动物居第一位(196个/m^2),多毛类居第二位(154个/m^2)。数量垂直分布,生物量由大到小依次为中潮区(15.20 g/m^2)、高潮区(12.37 g/m^2)、低潮区(9.78 g/m^2);栖息密度由大到小依次为低潮区(563个/m^2)、中潮区(483个/m^2)、高潮区(56个/m^2)。数量季节变化,生物量以春季(16.69 g/m^2)大于秋季(8.21 g/m^2);栖息密度以春季(677个/m^2)大于秋季(58个/m^2)。三沙湾西北部滨海湿地潮间带生物按断面和所处的位置可分为3个群落:Sch1泥沙滩群落,高潮区:黑口滨螺–粗糙滨螺带;中潮区:中蚓虫–鸭嘴蛤–秀丽长方蟹带;低潮区:似蛰虫–焦河蓝蛤–鸭嘴蛤带。Sch2泥沙滩群落,高潮区:黑口滨螺–粗糙滨螺带;中潮区:才女虫–鸭嘴蛤–淡水泥蟹带;低潮区:似蛰虫–侧底理蛤–鸭嘴蛤带。Sch3泥沙滩群落,高潮区:黑口滨螺–粗糙滨螺带;中潮区:才女虫–鸭嘴培–短拟沼螺–弧边招潮带;低潮区:不倒翁虫–侧底理蛤–齿腕拟盲蟹带。结果分析表明:春季Sch1和Sch2群落不稳定,秋季Sch1、Sch2群落和Sch3群落相对稳定,总体显示,三沙湾西北部滨海湿地潮间带生物群落发生扰动,初步分析认为与优势种鸭嘴蛤和优势种才女虫季节演替有关。

关键词 三沙湾;滨海湿地;潮间带生物;物种多样性;生态

An ecological study on the benthos in intertidal wetlands of northwestern Sansha Bay, Fujian Province

Abstract: Species of 109 benthos in intertidal wetlands of Northwestern Sansha Bay, Fujian Province, are reported in this paper. Polychaetes, Molluscs and Crustaceans occupied 89.90% of all. The species number was the highest at transect Sch3, the least at transect Sch1, and the numbers was higher in spring than autumn.

The average biomass and density were 12.45 g/m^2 and 368 ind./m^2, respectively. The biomass of Molluscs was the highest and Crustaceans the second. the Molluscs was the first, Polychaetes the second in the density. In the vertical distribution of the quantity, the biomass was higher at middle tidal zone than that of high, and higher at high tidal zone than that of low, the density was higher at low tidal zone than middle, and higher at middle than that of high. In the seasonal variation of the quantity, the biomass and density were higher in that of spring than that of autumn.

There were three communities of intertidal benthos of shore wetlands in the Northwestern Sansha Bay, Fujian Province. It was that Sch1 silt deposit community, *Littoraria* (*Palustorina*) *melanostoma-Littoraria* (*Palustorina*) *articulate* at high tidal zone, *Mediomastus* sp. -*Laternula* (*Laternula*) *anatine-Metaplax elegans* at middle tidal zone, *Amaeana trilobata-Potamocorbula ustulata-Laternula* (*Laternula*) *anatine* at low tidal zone. that Sch2 silt deposit community, *Littoraria* (*Palustorina*) *melanostoma-Littoraria* (*Palustorina*) *articulate* at high tidal zone, *Polydora* sp. -*Laternula* (*Laternula*) *anatine-Ilyoplax tansuiensis* at middle tidal zone, *Amaeana trilobata-Theora lata-Laternula* (*Laternula*) *anatine* at low tidal zone. and that Sch3 silt deposit community, *Littoraria* (*Palustorina*) *melanostoma-Littoraria* (*Palustorina*) *articulate* at high tidal zone, *Polydora* sp. -*Laternula* (*Laternula*) *anatine-Assiminea brevicula-Uca* (*Deltuca*) *arcuata* at middle tidal, *Sternaspis scutata-Theora lata-Typhlocarcinops denticarpes* at low tidal zone.

The results were showed and indicated that community construction of Sch1 and Sch2 in spring were instability, but others were stability relatively. To sum up, it was obviously that disturbance of community construction of intertidal benthos on shore wetlands in the Northwestern Sansha Bay, Fujian Province was relative to seasonal succession of *Laternula* (*Laternula*) *anatine* and *Polydora* sp.

Key words: Sansha Bay; shore wetlands; ecology; intertidal benthos; species diversity

1　材料与方法

2007 年 11 月和 2008 年 3 月,对三沙湾西北部滨海湿地 3 条断面进行潮间带生物取样(图 1)。每断面布设 5 个站位,每站取样面积 0.125~0.25 m^2。泥滩、泥沙滩和沙滩样品经“WSB1”型底栖生物涡旋分选器分选,或经网目为 1 mm 和 0.5 mm 的套筛淘洗。同时进行各潮区的定性取样与观察。标本处理按《海洋调查规范》。

潮区划分参照湄洲湾潮汐资料,根据瓦扬(Vaillant, 1891)和斯蒂芬森(Stephenson, 1949)原则及生物自然分布,将潮间带划分为高、中、低 3 个潮区。

群落分析采用 Shannon-Wiener 种类多样性指数(H')、Pielous 种类均匀度指数(J)、Margalef 种类丰度指数(d)和 Simpson 优势度(D)生态特征值,以及丰度生物量比较法等,数据使用 Primer 软件经微机处理[1-3]

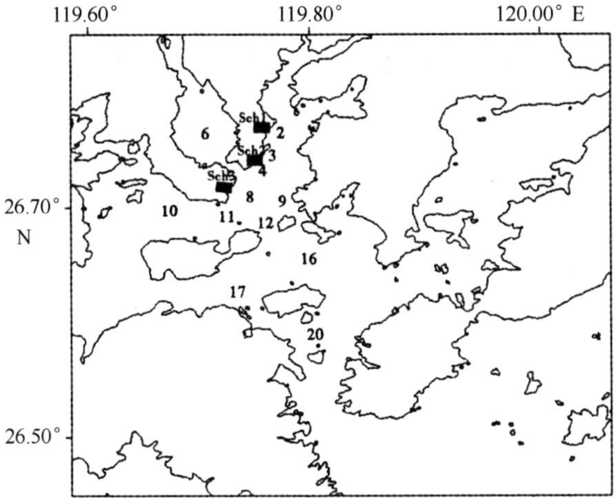

图 1　三沙湾潮间带生物调查断面

Fig.1　Transects for intertidal benthic investigation of Sansha Bay

2　调查结果

2.1　物种多样性与分布

三沙湾西北部滨海湿地潮间带生物已鉴定的种类共有 109 种，其中多毛类 48 种，软体动物 20 种，甲壳动物 30 种，其他生物 8 种和藻类 3 种（图 2）。多毛类、软体动物和甲壳动物占总种数的 89.90%，三者构成潮间带生物主要类群。

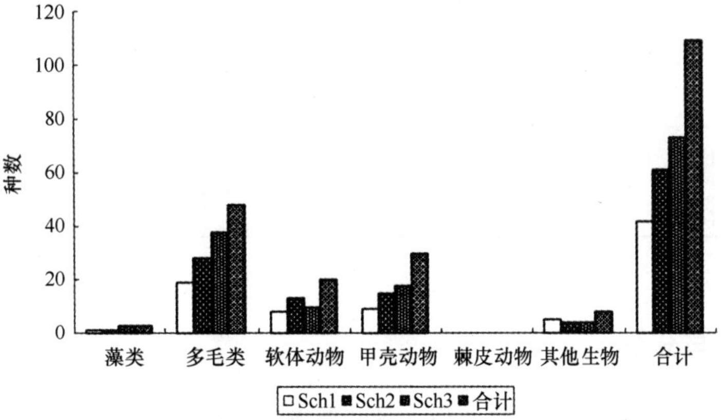

图 2　滨海湿地潮间带生物种类组成

Fig.2　Species composition of benthos in intertidal wetlands

图 2 显示三沙湾西北部滨海湿地软相潮间带生物 3 条断面种数和种类组成不尽相同，Schl 断面的种数最少（42 种），Sch3 断面的种数最多（73 种）。各断面的种类组成均以多毛

类、软体动物和甲壳动物占多数。

根据数量和出现率，三沙湾西北部滨海湿地潮间带生物主要种和优势种有：新多鳃卷吻沙蚕（*Nephtys neopolybranchia*）、才女虫（*Polydora* sp.）、稚齿虫（*Prionospio* sp.）、独毛虫（*Tharyx* sp.）、中蚓虫（*Mediomastus* sp.）、西奈索沙蚕（*Lumbrineris shiinoi*）、不倒翁虫（*Sternaspis scutata*）、似蛰虫（*Amaeana trilobata*）、侧底理蛤（*Theora lata*）、鸭嘴蛤[*Latemula*（*Latemula*）*anatina*]、粗糙滨螺[*Littoraria*（*Palustorina*）*articulata*]、黑口滨螺[*L.*（*P.*）*melanostoma*]、珠带拟蟹守螺（*Cerithidea cingulata*）、短拟沼螺（*Assiminea breuicula*）、织纹螺（*Nassarius* sp.）、薄片蜾蠃蜚（*Corophium lamellatum*）、淡水泥蟹（*Ilyoplax tansuiensis*）、秀丽长方蟹（*Metaplax elegans*）、长足长方蟹（*Metaplax longipes*）、四齿大额蟹（*Metopograpsus quadridentatus*）和革囊星虫（*Phascolosoma* sp.）等.

三沙湾西北部滨海湿地潮间带生物种类季节变化（表1），以春季种数（83种）大于秋季（59种），各断面种类季节变化，Schl断面春季（36种）大于秋季（15种），Sch2断面春季（52种）大于秋季（27种），Sch3断面春季（51种）大于秋季（39种）。

表1　滨海湿地潮间带生物种类季节变化

Tab.1　Seasonal variation of the species numbers of benthos in intertidal wetlands

季节	断面	藻类	多毛类	软体动物	甲壳动物	棘皮动物	其他生物	合计
春季	Schl	1	19	6	6	0	4	36
	Sch2	1	24	11	14	0	2	52
	Sch3	3	27	8	11	0	2	51
	合计	3	39	15	21	0	5	83
秋季	Schl	0	4	3	6	0	2	15
	Sch2	1	12	6	5	0	3	27
	Sch3	1	20	5	10	0	3	39
	合计	2	25	10	17	0	5	59

2.2　数量组成与分布

三沙湾西北部滨海湿地潮间带生物3条断面潮间带生物平均生物量12.45 g/m²，平均栖息密度为368个/m²。生物量以软体动物居第一位（7. 34 g/m²），甲壳动物居第二位（2.55 g/m²）；栖息密度以软体动物居 第一位（196个/m²），多毛类居第二位（154个/m²）。

三沙湾西北部滨海湿地潮间带3条断面生物数量和组成，各断面不尽相同。生物量Sch2断面（18.82 g/m²）较大，Sch3断面（8.92 g/m²）较小；栖息密度Sch2断面（669个/m²）较大，Sch1断面（215个/m²）较小（表2和表3）。

表 2　滨海湿地潮间带生物生物量组成与分布

Tab.2　Composition and distribution of benthic biomass in intertidal wetlands　g/m²

断面	藻类	多毛类	软体动物	甲壳动物	棘皮动物	其他生物	合计
Sch1	0.06	0.74	6.58	1. 75	0	0.47	9.61
Sch2	0.08	2.86	11. 69	3.83	0	0.37	18.82
Sch3	0.89	1.03	3.75	2.08	0	1.17	8.92
平均	0.34	1.54	7.34	2.55	0	0.67	12.45

单位：g/m²，下同

表 3　滨海湿地潮间带生物密度组成与分布

Tab.3　Composition and distribution of benthic density in intertidal wetlands　个/m²

断面	多毛类	软体动物	甲壳动物	棘皮动物	其他生物	合计
Sch1	80	120	11	0	4	215
Sch2	247	401	16	0	4	669
Sch3	134	65	16	0	2	219
平均	154	196	14	0	4	368

三沙湾西北部滨海湿地潮间带生物数量垂直分布（图 3 和图 4），生物量由大到小依次为中潮区（15.20 g/m²）、高潮区（12.37 g/m²）、低潮区（9.78 g/m²）；栖息密度由大到小依次为低潮区（563 个/m²）、中潮区（483 个/m²）、高潮区（56 个/m²）。

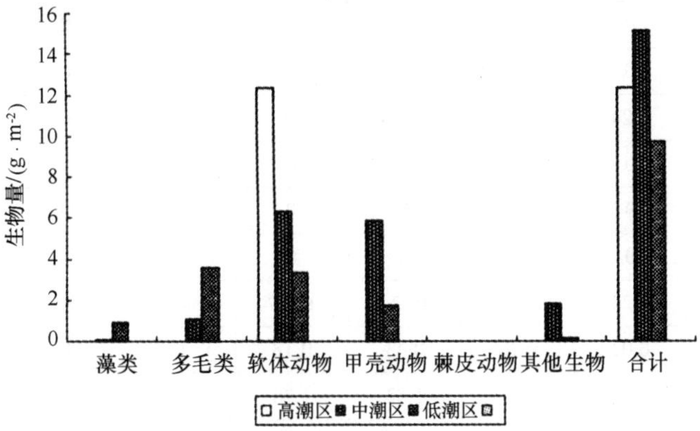

图 3　潮间带生物生物量垂直分布

Fig.3　Vertical distribution of benthic biomass in intertidal wetlands

三沙湾西北部滨海湿地潮间带生物数量垂直分布，各断面也不尽相同。春季 Sch1 断面生物量（表 4）由大到小依次为中潮区（21.32 g/m²）、低潮区（7.40 g/m²）、高潮区（4.24 g/

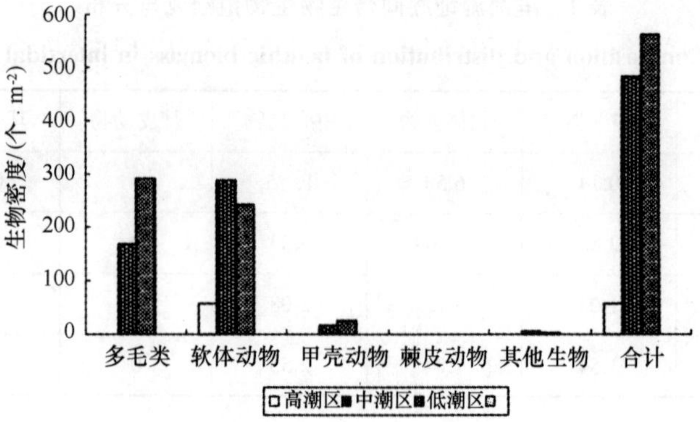

图 4　潮间带生物密度垂直分布

Fig.4　Vertical distribution of benthic density in intertidal wetlands

m^2)；栖息密度由大到小依次为低潮区(585 个/m^2)、中潮区(548 个/m^2)、高潮区(40 个/m^2)。Sch2 断面生物量由大到小依次为中潮区(34.91 g/m^2)、高潮区(23.52 g/m^2)、低潮区(20.50 g/m^2)；栖息密度由大到小依次为中潮区(1 945 个/m^2)、高潮区(1 837 个/m^2)、低潮区(80 个/m^2)。Sch3 断面生物量由大到小依次为低潮区(14.70 g/m^2)、中潮区(13.38 g/m^2)、高潮区(10.24 g/m^2)；栖息密度由大到小依次为低潮区(650 个/m^2)、中潮区(347 个/m^2)、高潮区(64 个/m^2)。

表 4　春季滨海湿地潮间带生物量和密度垂直分布

Tab.4　Vertical distribution of benthic biomass and abundance in intertidal wetlands

g/m^2，个/m^2

潮区	类群	Sch1	Sch2	Sch3	生物量	Sch1	Sch2	Sch3	密度
高潮区	藻类	0	0	0	0	0	0	0	0
	多毛类	0	0	0	0	0	0	0	0
	软体动物	4.24	23.52	10.24	12.67	40	80	64	61
	甲壳动物	0	0	0	0	0	0	0	0
	棘皮动物	0	0	0	0	0	0	0	0
	其他生物	0	0	0	0	0	0	0	0
	合计	4.24	23.52	10.24	12.67	40	80	64	61
中潮区	藻类	0.02	0.10	0.43	0.18	0	0	0	0
	多毛类	1.23	2.28	1.82	1.78	127	577	213	306
	软体动物	9.92	14.68	2.62	9.07	378	1223	113	572
	甲壳动物	7.52	15.94	8.18	10.55	25	32	15	24
	棘皮动物	0	0	0	0	0	0	0	0
	其他生物	2.63	1.90	0.33	1.62	18	5	5	9
	合计	21.32	34.91	13.38	23.20	548	1837	347	911

续表

潮区	类群	Sch1	Sch2	Sch3	生物量	Sch1	Sch2	Sch3	密度
低潮区	藻类	0.35	0.30	4.85	1. 83	0	0	0	0
	多毛类	3.00	5.05	3.25	3.77	330	860	450	547
	软体动物	3.90	11.40	4.60	6.63	240	1 030	180	483
	甲壳动物	0.15	3.50	2.00	1. 88	15	40	20	25
	棘皮动物	0	0	0	0	0	0	0	0
	其他生物	0	0.25	0	0.08	0	15	0	5
	合计	7.40	20.50	14.70	14.20	585	1945	650	1 060

秋季 Schl 断面生物量(表 5)由大到小依次为高潮区(14.00 g/m^2)、中潮区(10.53 g/m^2)、低潮区(0.15 g/m^2);栖息密度由大到小依次为高潮区(56 个/m^2)、中潮区(46 个/m^2)、低潮区(15 个/m^2)。Sch2 断面生物量由大到小依次为高潮区(19.28 g/m^2)、低潮区(12.50 g/m^2)、中潮区(2.22g/m^2);栖息密度由大到小依次为高潮区(72 个/m^2)、中潮区(45 个/m^2)、低潮区(35 个/m^2)。Sch3 断面生物量由大到小依次为中潮区(8.85 g/m^2)、低潮区(3. 40 g/m^2)、高潮区(2.96 g/m^2);栖息密度由大到小依次为低潮区(150 个/m^2)、中潮区(77 个/m^2)、高潮区(24 个/m^2)。

表 5 秋季滨海湿地潮间带生物量和密度垂直分布

Tab.5 Vertical distribution of benthic biomass and abundance in intertidal wetlands in autumn

g/m^2,个/m^2

潮区	类群	Sch1	Sch2	Sch3	生物量	Sch1	Sch2	Sch3	密度
高潮区	藻类	0	0	0	0	0	0	0	0
	多毛类	0	0	0	0	0	0	0	0
	软体动物	14.00	19.28	2.96	12.08	56	72	24	51
	甲壳动物	0	0	0	0	0	0	0	0
	棘皮动物	0	0	0	0	0	0	0	0
	其他生物	0	0	0	0	0	0	0	0
	合计	14.00	19.28	2.96	12.08	56	72	24	51

续表

潮区	类群	Sch1	Sch2	Sch3	生物量	Sch1	Sch2	Sch3	密度
中潮区	藻类	0	0	0	0	0	0	0	0
	多毛类	0.09	0.25	0.57	0.30	11	30	58	33
	软体动物	7.45	1.25	2.07	3.59	8	3	8	6
	甲壳动物	2.84	0.67	0.17	1.22	24	7	7	12
	棘皮动物	0	0	0	0	0	0	0	0
	其他生物	0.15	0.05	6.05	2.08	3	5	3	4
	合计	10.53	2.22	8.85	7.20	46	45	77	56
低潮区	藻类	0	0.05	0.05	0.03	0	0	0	0
	多毛类	0.10	9.60	0.55	3.42	10	15	85	37
	软体动物	0	0	0	0	0	0	0	0
	甲壳动物	0	2.85	2.15	1.67	0	20	55	25
	棘皮动物	0	0	0	0	0	0	0	0
	其他生物	0.05	0	0.65	0.23	5	0	5	3
	合计	0.15	12.50	3.40	5.35	15	35	150	67

三沙湾西北部滨海湿地潮间带生物量季节变化(表6),生物量以春季(16.69 g/m^2)大于秋季(8.21 g/m^2)。

表6 滨海湿地潮间带生物数量和密度季节变化

Tab.6 Seasonal variation of benthic biomass and abundance in intertidal wetlands

g/m^2,个/m^2

断面	季节	藻类	多毛类	软体动物	甲壳动物	棘皮动物	其他生物	合计
Sch1	秋季	0	7	21	8	0	3	39
	春季	0	152	219	13	0	6	391
	密度	0	80	120	11	0	4	215
	秋季	0	0.06	7.15	0.95	0	0.07	8.23
	春季	0.12	1.41	6.02	2.56	0	0.88	10.99
	生物量	0.06	0.74	6.58	1.75	0	0.47	9.61

续表

断面	季节	藻类	多毛类	软体动物	甲壳动物	棘皮动物	其他生物	合计
Sch2	秋季	0	15	25	9	0	2	51
	春季	0	479	778	24	0	7	1 287
	密度	0	247	401	16	0	4	669
	秋季	0.02	3.28	6.84	1. 17	0	0.02	11. 33
	春季	0.13	2.44	16.53	6.48	0	0.72	26.31
	生物量	0.08	2.86	11.69	3.83	0	0.37	18.82
Sch3	秋季	0	48	11	21	0	3	84
	春季	0	221	119	12	0	2	354
	密度	0	134	65	16	0	2	219
	秋季	0.02	0.37	1.68	0.77	0	2.23	5.07
	春季	1. 76	1.69	5.82	3.39	0	0.11	12.77
	生物量	0.89	1.03	3.75	2.08	0	1.17	8.92
白马门	秋季	0	23	19	12	0	2	58
	春季	0	284	372	16	0	5	677
	密度	0	154	196	14	0	4	368
	秋季	0.01	1.24	5.22	0.96	0	0.77	8.21
	春季	0.67	1. 85	9.46	4.14	0	0.57	16.69
	生物量	0.34	1.54	7.34	2.55	0	0.67	12.45

栖息密度以春季（677 个/m^2）大于秋季（58 个/m^2）。各断面也不尽相同。Sch1 断面生物量以春季（10.99 g/m^2）大于秋季（8.23 g/m^2）；栖息密度以春季（391 个/m^2）大于秋季（39 个/m^2）。Sch2 断面生物量以春季（26.31 g/m^2）大于秋季（11.33 g/m^2）；栖息密度以春季（1 287个/m^2）大于秋季（51 个/m^2）。Sch3 断面生物量以春季（12.77 g/m^2）大于秋季（5.07 g/m^2）；栖息密度以春季（354 个/m^2）大于秋季（84 个/m^2）。

3 群落类型、结构、生态特征值及季节演替

3.1 群落类型

三沙湾西北部滨海湿地潮间带生物按断面和所处的位置可分为：

Sch1 泥沙滩群落，高潮区：黑口滨螺，粗糙滨螺带；中潮区：中蚓虫（*Mediomastus* sp.）–鸭

嘴蛤[*Laternula* (*Latemula*) *anatine*]-秀丽长方蟹(*Metaplax elegans*)带;低潮区:似蛰虫(*Amaeana trilobata*)-焦河蓝蛤(*Potamocorbula ustulata*)-鸭嘴蛤带。

Sch2 泥沙滩群落,高潮区:黑口滨螺-粗糙滨螺带;中潮区:才女虫(*Polydora* sp.)-鸭嘴蛤-淡水泥蟹(*Ilyoplax tansuiensis*)带;低潮区:似蛰虫-侧底理蛤(*Theoa lata*)-鸭嘴蛤带。

Sch3 泥沙滩群落,高潮区:黑口滨螺-粗糙滨螺带;中潮区:才女虫-鸭嘴蛤-短拟沼螺(*Assiminea breuicula*)-弧边招潮[*Uca* (*Deltuca*) *arcuata*]带;低潮区:不倒翁虫(*Stemaspis scutata*)-侧底理蛤(*Theora lata*)-齿腕拟盲蟹(*Typhlocarcirwps denticarpes*)带。

3.2 群落结构

(1)Sch1 泥沙滩群落,该群落所处滩面底质类型高潮区石堤,中潮区至低潮区泥沙,滩面宽度约 800~900 m(图 5)。

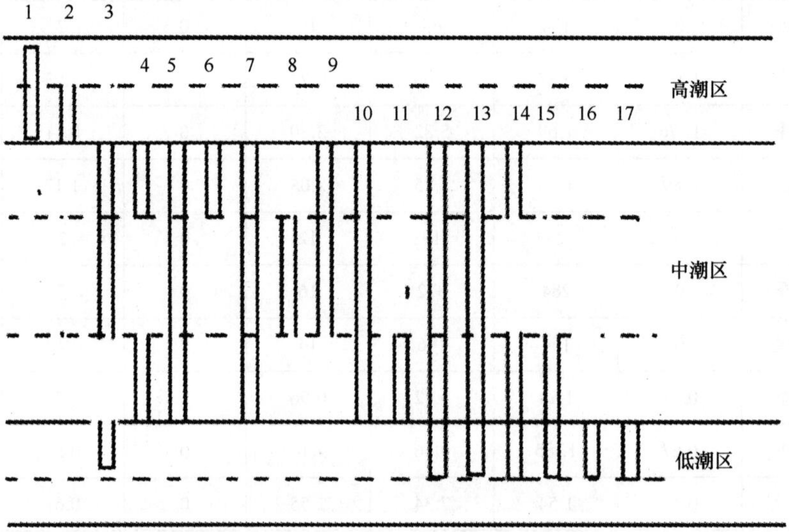

图 5 Sch1 泥沙滩群落主要种垂直分布

Fig.5 Vertical distribution of important species in silt deposit community at Schl

1.黑口滨螺,2.粗糙滨螺,3.长吻吻沙蚕,4.才女虫,5.奇异稚齿虫,6.弧边招潮,7.淡水泥蟹,8.革囊星虫,9.珠带拟蟹守螺,10.秀丽长方蟹,11.疣吻沙蚕,12.新多鳃卷吻沙蚕,13.中蚓虫,14.似蛰虫,15.鸭嘴蛤,16.独指虫,17.焦河蓝蛤

高潮区:黑口滨螺-粗糙滨螺带。该潮区种类贫乏,数量不高,代表种黑口滨螺的春季生物量和栖息密度不高,分别为 2.88 g/m^2 和 32 个/m^2。粗糙滨螺的生物量和栖息密度分别为 1.36 g/m^2 和 8 个/m^2。此外还有海蟑螂(*Ligia exotica*)等。

中潮区:中蚓虫-鸭嘴蛤-秀丽长方蟹带。该潮区优势种中蚓虫,自本区可向下延伸分布至低潮区,在本区上层的生物量和栖息密度分别为上层 0.15 g/m^2 和 30 个/m^2,中层为 0.10 g/m^{2}和 20 个/m^2,下层为 0.25 g/m^2 和 75 个/m^2。优势种鸭嘴蛤,自本区下层可向下延伸分布至低潮区,在下层的数量较大,生物量和栖息密度分别为 22.75 g/m^2 和 1 120 个/m^2。

秀丽长方蟹,仅在中潮区出现,在中层的生物量和栖息密度分别为 6.00 g/m^2 和 15 个/m^2,下层分别为 13.95 g/m^2 和 20 个/m^2。其他主要种和习见种有,疣吻沙蚕(*Tylorrhynchus heterochaetus*)、长吻吻沙蚕(*Glycera chirori*)、新多鳃卷吻沙蚕(*Nephtys neopolybranchia*)、才女虫(*Polydora* sp.)、奇异稚齿虫(*Paraprionospio pinnata*)、珠带拟蟹守螺(*Cerithidea cingulata*)、薄片蜾蠃蜚(*Corophium lamellatum*)、弧边招潮(*Uca* (*Deltuca*) *arcuata*)、淡水泥蟹(*Ilyoplax tansuiensis*)、秀丽长方蟹(*Metaplax elegans*)、革囊星虫(*Phascolosoma* sp.)等。

低潮区:似蛰虫-焦河蓝蛤-鸭嘴蛤带。该潮区主要种似蛰虫,从中潮区可延伸分布至低潮区,在本区的生物量和栖息密度分别为 1.75 g/m^2 和 225 个/m^2。焦河蓝蛤,仅在本区出现,生物量和栖息密度分别为 0.50 g/m^2 和 50 个/m^2。鸭嘴蛤,从中潮区下层延伸分布至低潮区上层,在本区的生物量和栖息密度分别为 1.95 g/m^2 和 170 个/m^2。其他习见种和主要种有,独指虫(*Aricidea fragilis*)、独毛虫(*Tharyx* sp.)、智利巢沙蚕(*Diopatra chiliensis*)、异足索沙蚕(*Lumbrineris heteropoda*)、日本大螯蜚(*Grandidierella japonica*)和角突麦杆虫(*Caprella scaura*)等。

(2)Sch2 泥沙滩群落,该群落所处滩面底质类型高潮区岩石块,中潮区上至低潮区泥沙。中潮区上层分布有斑块互花米草,滩面宽度 500~600 m(图 6)。

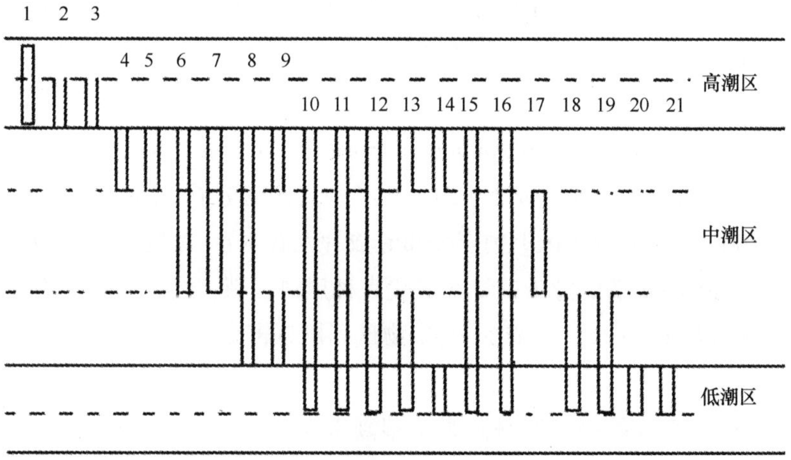

图 6　Sch2 泥沙滩群落主要种垂直分布

Fig.6　Vertical distribution of important species in silt deposit community at Sch2

1.黑口滨螺,2.粗糙滨螺,3.粒结节滨螺,4.奇异稚齿虫,5.双唇索沙蚕,6.小翼拟蟹守螺,7.日本鼓虾,8.薄片蜾蠃蜚,9.淡水泥蟹,10.新多鳃卷吻沙蚕,11.才女虫,12.中蚓虫,13.西奈索沙蚕,14.尖刀蛏,15.侧底理蛤,16.鸭嘴蛤,17.中国绿螂,18.织纹螺,19.中华拟亮钩虾,20.似蛰虫,21.不倒翁虫

高潮区:黑口滨螺-粗糙滨螺带。该潮区代表种黑口滨螺,数量不高,生物量和栖息密度分别为 4.64 g/m^2 和 40 个/m^2。粗糙滨螺,生物量和栖息密度分别为 12.00 g/m^2 和 24 个/m^2。此外还有粒结节滨螺[*Nodilittorina* (*N.*) *radiate*]等。

中潮区:才女虫-鸭嘴蛤-淡水泥蟹带。该区优势种才女虫,自本区上层可向下延伸分布至低潮区,在本区上层的生物量和栖息密度分别为 0.30 g/m^2 和 450 个/m^2,中层为

0.25 g/m^{2}和 260 个/m^2,下层为 0.20 g/m^2 和 205 个/m^2。优势种鸭嘴蛤,自本区上层可向下延伸分布至低潮区,在本区上层的生物量和栖息密度分别为 8.50 g/m^2 和 615 个/m^2,中层为 9.10 g/m^2 和 905 个/m^2,下层相对较大高达 19.60 g/m^2 和 1 900 个/m^2。特征种淡水泥蟹,仅在本区采集到,在上层的生物量和栖息密度分别为 0.15 g/m^2 和 5 个/m^2,下层为 0.40 g/m^{2}和 10 个/m^2。其他主要种和习见种有,双须虫(*Eteone* sp.)、智利巢沙蚕(*Diopatra chiliensis*)、新多鳃卷吻沙蚕(*Nephtys neopolybranchia*)、奇异稚齿虫(*Paraprionospio pinnata*)、独毛虫(*Tharyx* sp.)、中蚓虫(*Mediomastus* sp.)、双唇索沙蚕(*L. cruzensis*)、中国绿螂(*Glauconme chinensis*)、小翼拟蟹守螺(*Cerithidea microptera*)、织纹螺(*Nassarius* sp.)、薄片蜾蠃蜚(*Corophium lamellatum*)、明秀大眼蟹[*Macrophalmus* (*Mareotis*) *definitus*]、秀丽长方蟹(*Metaplax elegans*)、长足长方蟹(*Metaplax longipes*)、四齿大额蟹(*Metopograpsus quadridentatus*)和虾虎鱼等。

低潮区:似蛰虫-侧底理蛤-鸭嘴蛤带。该区主要种似垫虫,仅在本区采集到,生物量和栖息密度分别为 0.75 g/m^2 和 160 个/m^2。优势种侧底理蛤,自中潮区延伸分布至此,在本区的生物量和栖息密度较低,分别为 0.90g/m^2 和 90 个/m^2。优势种鸭嘴蛤,自中潮区延伸分布至此,在本区的生物量和栖息密度分别为 10.35 g/m^2 和 935 个/m^2。其他主要种和习见种有,软疣沙蚕(*Tylonereis bogoyawleskyi*)、新多鳃卷吻沙蚕、丝鳃稚齿虫(*Priorwspio malmgreni*)、背蚓虫(*Notomastus* sp.)、西奈索沙蚕(*Lumbrineris shiirwi*)、不倒翁虫(*Sternaspis scutata*)、尖刀蛏(*Cultellus scalprum*)、光背团水虱(*Sphaeroma retrolaevis*)、中华拟亮钩虾(*Paraphotis sinensis*)、明秀大眼蟹[*Macrophalmus* (*Mareotis*) *definitus*]等。

(3)Sch3 泥沙滩群落,该群落所处滩面底质类型高潮区岩石,中潮区至低潮区泥沙。整个滩面宽度约 800~900 m,中潮区上中层分布有成片互花米草,宽度 200~250 m(图 7)。

高潮区:黑口滨螺-粗糙滨螺带。该潮区代表种黑口滨螺,数量不高,生物量和栖息密度分别为 4.32 g/m^2 和 32 个/m^2。粗糙滨螺,生物量和栖息密度分别为 3.68 g/m^2 和32 个/m^2。此外还有粒结节滨螺等。

中潮区:才女虫-鸭嘴蛤-短拟沼螺-弧边招潮带。该区主要种才女虫,自本区下层可向下延伸分布至低潮区,在本区生物量和栖息密度分别为 0.35 g/m^2 和 280 个/m^2。鸭嘴蛤,仅在本区下层出现,生物量和栖息密度分别为 1.40 g/m^2 和 230 个/m^2。短拟沼螺,仅在本区出现,在上层生物量和栖息密度分别为 1.20 g/m^2 和 35 个/m^2,中层分别为 2.45 g/m^2 和 65 个/m^2。弧边招潮是本区特征种,在上层生物量和栖息密度分别为 1.20 g/m^2 和 5 个/m^2,中层分别为 19.35 g/m^2 和 5 个/m^2。其他主要种和习见种有,多齿全刺沙蚕(*Nectoneanthes multignatha*)、新多鳃卷吻沙蚕、尖锥虫(*Scoloplos* sp.)、丝鳃稚齿虫(*Prionospio malmgreni*)、中蚓虫、智利巢沙蚕(*Diopatra chiliensis*)、异足索沙蚕(*L. heteropoda*)、似蛰虫(*Amaeana trilobata*)、尖刀蛏、小翼拟蟹守螺、淡水泥蟹(*Ilyoplax tansuiensis*)、秀丽长方蟹(*Metaplax elegans*)和模糊新短眼蟹(*Neoxenophthalmus obscurus*)等。

低潮区:不倒翁虫-侧底理蛤-齿腕拟盲蟹带。该区优势种为不倒翁虫,自中潮区延伸分布至本区,在本区的生物量和栖息密度分别为 0.40 g/m^2 和 200 个/m^2。主要种侧底理蛤,仅

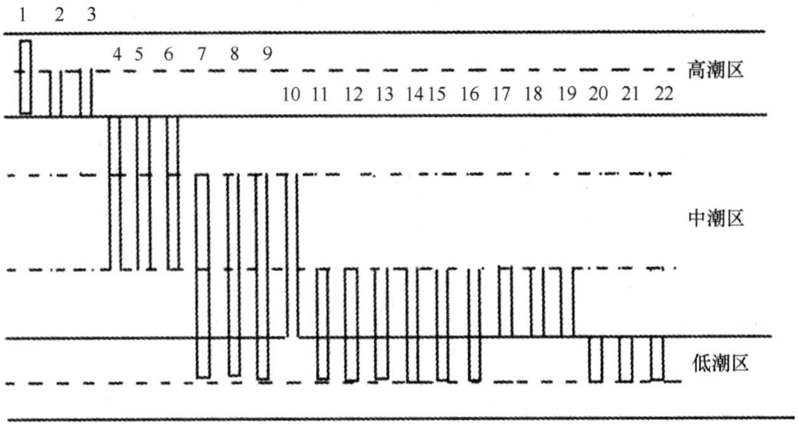

图 7　Sch3 泥沙滩群落主要种垂直分布

Fig.7　Vertical distribution of important species in silt deposit community at Sch3

1.黑口滨螺,2.粗糙滨螺,3.粒结节滨螺,4.小翼拟蟹守螺,5.短拟沼螺,6.弧边招潮,7.稚齿虫,8.独毛虫,9.中蚓虫,10.异足索沙蚕,11.双须虫,12.新多鳃卷吻沙蚕,13.才女虫,14.智利巢沙蚕,15.不倒翁虫,16.似蛰虫,17.尖刀蛏,18.鸭嘴蛤,19.秀丽长方蟹,20.双鳃内卷齿蚕,21.背毛背蚓虫,22.侧底理蛤

在本区出现,生物量和栖息密度分别为 4.60 g/m^2 和 180 个/m^2。齿腕拟盲蟹,仅在本区出现,生物量和栖息密度分别为 1.85 g/m^2 和 5 个/m^2。其他主要种和习见种有:双鳃内卷齿蚕(*Aglaophamus dibranchis*)、背毛背蚓虫(*Notomastus aberans*)、智利巢沙蚕、双唇索沙蚕、似蛰虫、日本拟花尾水虱(*Paranthura japonica*)、弯指伊氏钩虾(*Idunella curidactyla*)和极地蚤钩虾(*Pontoctates altamanimus*)等。

3.3 生态特征值

根据 Shannon-Wiener 种类多样性指数(H')、Pielous 种类均匀度指数(J)、Margalef 种类丰度指数(d)和 Simpson 优势度(D)显示,三沙湾西北部滨海湿地潮间带生物群落丰度指数(d)以 Sch3 断面较高(5.870 0),Schl 断面较低(3.085 0);多样性指数(H')以 Sch3 断面较高(3.135 0),Sch1 断面较低(2.030 0);均匀度指数(J)以 Sch3 断面较高(0.852 0),Sch2 断面较低(0.659 0);Simpson 优势度(D)则相反,以 Sch1 断面较高(0.251 5),Sch3 断面较低(0.064 9)。各断面特征值的季节变化见表 7。

表 7　滨海湿地潮间带生物群落特征值

Tab.7　Index of the benthic communities in intertidal wetlands

断面	季节	Richness (d)	Shannon (H')	Evenness(J)	Simpson(D)
Sch1	春季	3.890 0	1. 830 0	0.532 0	0.358 0
	秋季	2.280 0	2.230 0	0.870 0	0.145 0
	平均值	3.085 0	2.030 0	0.701 0	0.251 5

续表

断面	季节	Richness (d)	Shannon (H')	Evenness(J)	Simpson(D)
Sch2	春季	5.380 0	1. 770 0	0.454 0	0.367 0
	秋季	3.690 0	2.630 0	0.864 0	0.109 0
	平均值	4.535 0	2.200 0	0.659 0	0.238 0
Sch3	春季	6.030 0	2.960 0	0.774 0	0.083 4
	秋季	5.710 0	3.310 0	0.930 0	0.046 4
	平均值	5.870 0	3.135 0	0.852 0	0.064 9

3.4 季节演替

应用丰度生物量比较法和部分优势度对三沙湾西北部滨海湿地潮间带生物群落结构进行分析,丰度与生物量比较曲线是将生物量和丰度的 k-优势度曲线绘入同一幅图中。图中 x 轴是依种类丰度或生物量的重要性的相对种数(对数)排序,y 轴是丰度或生物量优势度的累积百分比。

图中的结果表明:春季 Sch1 群落和 Sch2 群落不稳定,丰度生物量复合 k-优势度曲线出现交叉、翻转和重叠,生物量优势度曲线部分或全部位于丰度下方(图 8 和图 9);秋季 Schl 群落、Sch2 群落和 Sch3 群落相对稳定,丰度生物量复合 k-优势度曲线不交叉、不翻转、不重叠,生物量优势度曲线始终位于丰度上方(图 10 至图 13);总体显示,三沙湾西北部滨海湿地潮间带生物群落发生扰动,初步分析认为主要与 Sch1 群落的优势种鸭嘴蛤在该季节的大量繁生有关,如鸭嘴蛤在中潮区的生物量和栖息密度分别高达 22.75 g/m^2 和 1 120 个/m^2;在 Sch2 群落,优势种才女虫,在中潮区上层的栖息密度高达 450 个/m^2,中层达 260 个/m^2,下层达 205 个/m^2;优势种鸭嘴蛤,在中潮区上层的生物量和栖息密度分别为 8.50 g/m^2 和

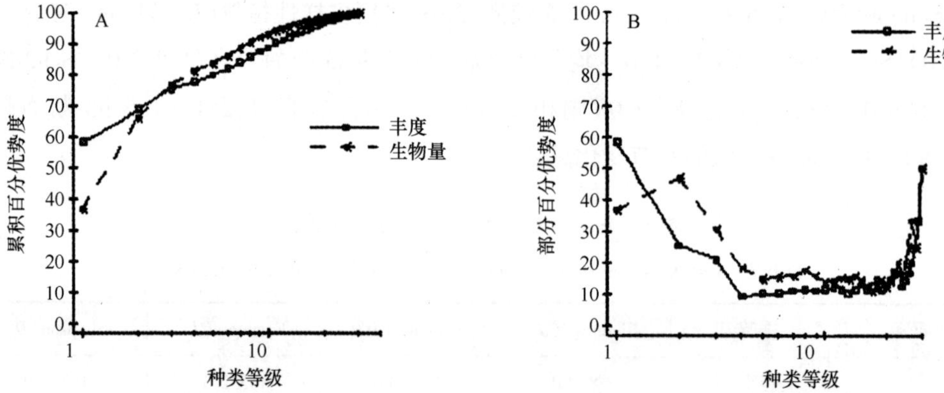

图 8 春季 Sch1 群落丰度生物量复合 k-优势度(A)和部分优势度(B)曲线

Fig.8 Curves of abundance biomass comparison and partial k-dominance of community Sch1 in spring

615 个/m^2，中层为 9.10 g/m^2 和 905 个/m^2，下层相对较大高达 19.60 g/m^2 和 1 900 个/m^2（图 14）。

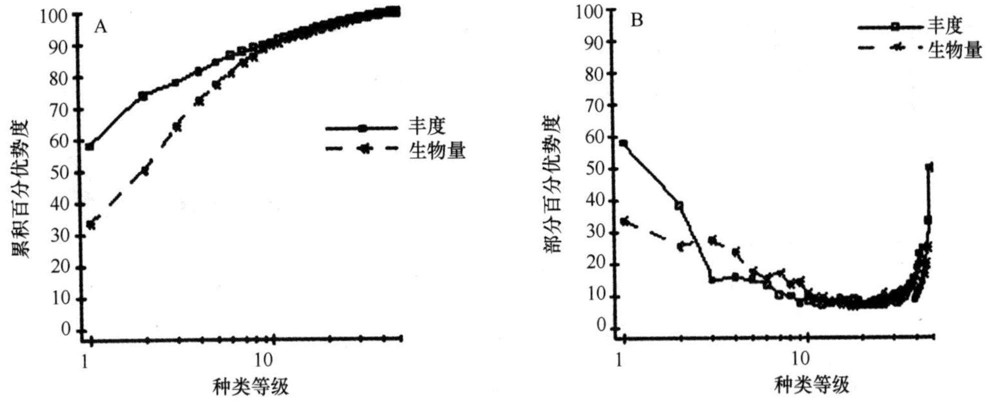

图 9　春季 Sch2 群落丰度生物量复合 *k*-优势度（A）和部分优势度（B）曲线

Fig.9　Curves of abundance biomass comparison and partial *k*-dominance of community Sch2 in spring

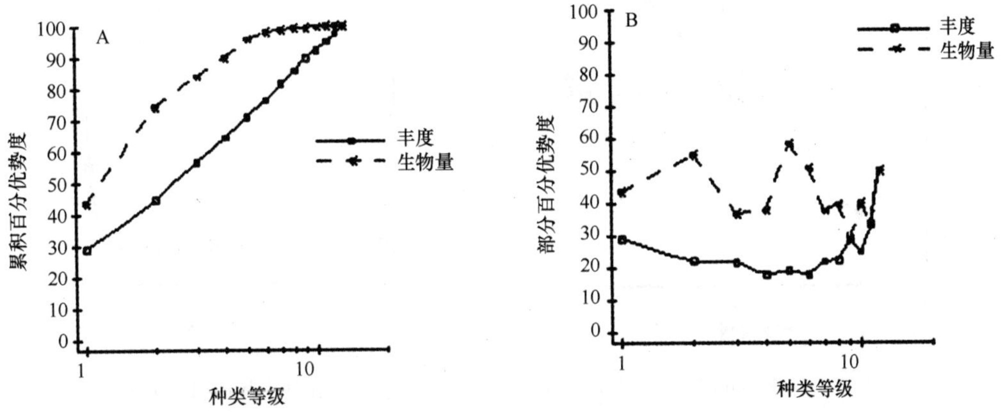

图 10　秋季 Sch1 群落丰度生物量复合 *k*-优势度（A）和部分优势度（B）曲线

Fig.10　Curves of abundance biomass comparison and partial *k*-dominance of community Schl in autumn

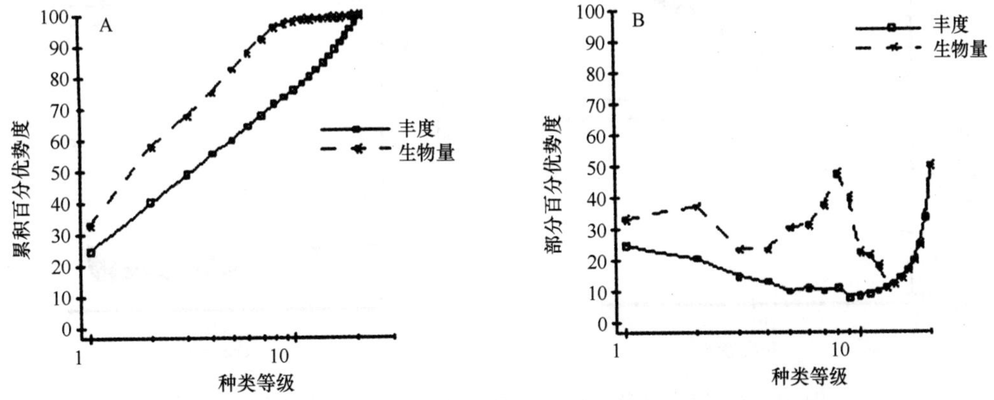

图 11　秋季 Sch2 群落丰度生物量复合 *k*-优势度（A）和部分优势度（B）曲线

Fig.11　Curves of abundance biomass comparison and partial *k*-dominance of community Sch2 in autumn

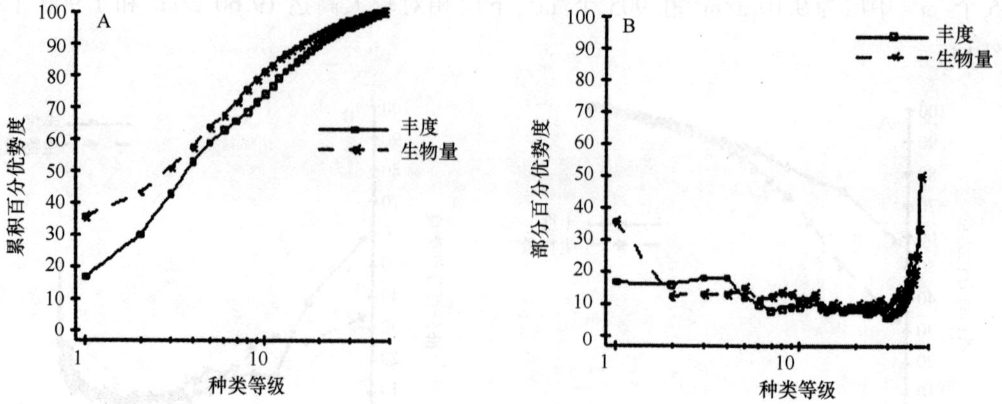

图 12　春季 Sch3 群落丰度生物量复合 k-优势度(A)和部分优势度(B)曲线

Fig.12　Curves of abundance biomass comparison and partial k-dominance of community Sch3 in spring

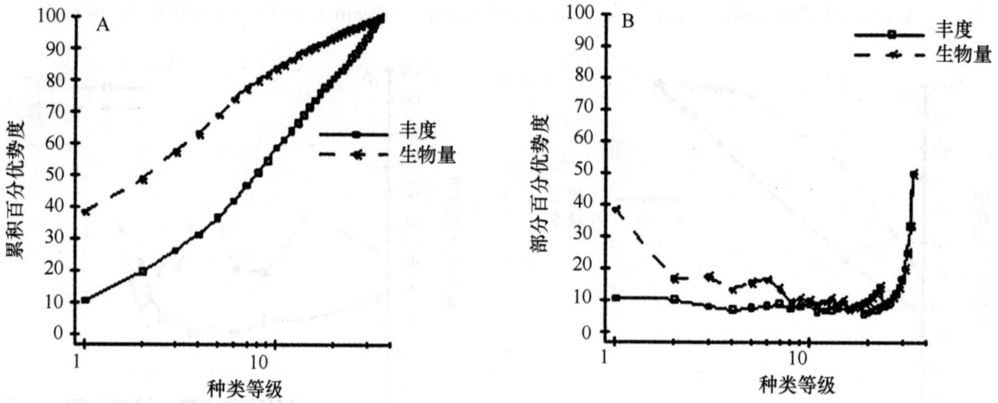

图 13　秋季 Sch3 群落丰度生物量复合 k-优势度(A)和部分优势度(B)曲线

Fig.13　Curves of abundance biomass comparison and partial k-dominance of community Sch3 in autumn

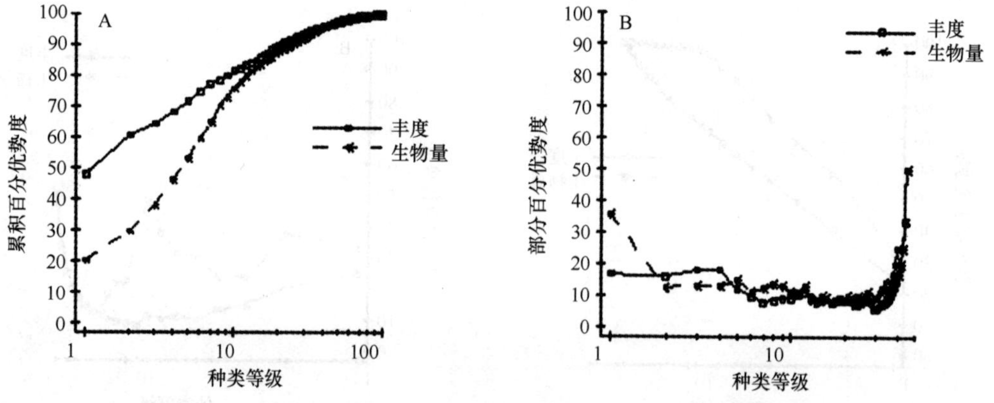

图 14　群落丰度生物量复合 k-优势度(A)和部分优势度(B)曲线

Fig.14　Curves of abundance biomass comparison and partial k-dominance

4 结语与讨论

三沙湾西北部滨海湿地潮间带生物已鉴定的种类共有 109 种,其中多毛类、软体动物和甲壳动物占总种数的 89.90%,三者构成潮间带生物主要类群。种数与鼓浪屿软相潮间带生物(150 种)、厦门岛软相潮间带生物(256 种)和大亚湾滩潮间带生物(222 种)比较,明显偏少;但较长乐国际机场附近沙滩潮间带生物(60 种)多。[4~9]

三沙湾西北部滨海湿地潮间带生物 3 条断面潮间带生物平均生物量 12.45 g/m^2,平均栖息密度为 368 个/m^2。生物量与鼓浪屿软相潮间带生物(43.00 g/m^2)、厦门岛软相潮间带生物(97.57 g/m^2)和大亚湾滩潮间带生物(158.24 g/m^2)比较,明显低得多,但较长乐国际机场附近沙滩潮间带生物(4.34 g/m^2)多;栖息密度与鼓浪屿软相潮间带生物(94 个/m^2)、厦门岛软相潮间带生物(241 个/m^2)和长乐国际机场附近沙滩潮间带生物(15 个/m^2)比较,高得多[4-10]但其共有特征,数量均以多毛类、软体动物和甲壳动物占多数。数量垂直分布,生物量由大到小依次为中潮区(15.20 g/m^2)、高潮区(12.37 g/m^2)、低潮区(9.78 g/m^2);栖息密度由大到小依次为低潮区(563 个/m^2)、中潮区(483 个/m^2)、高潮区(56 个/m^2)。通常来说,潮间带生物数量垂直分布由大到小依次为中潮区、低潮区、高潮区,该区域出现生物量高潮区大于低潮区,主要在于秋季 Sch1 和 Sch2 断面高潮区有个体较大生物量较高的黑口滨螺;栖息密度低潮区大于中潮区,则在于春季低潮区多毛类和软体动物密度,秋季低潮区多毛类的密度高于中潮区所致。数量季节变化,生物量以春季(16.69 g/m^2)大于秋季(8.21 g/m^2);栖息密度以春季(677 个/m^2)大于秋季(58 个/m^2)。

三沙湾西北部滨海湿地潮间带生物按断面和所处的位置可分为 3 个群落:

Sch1 泥沙滩群落,高潮区:黑口滨螺-粗糙滨螺带;中潮区:中蚓虫-鸭嘴蛤-秀丽长方蟹带;低潮区:似蛰虫-焦河蓝蛤-鸭嘴蛤带。

Sch2 泥沙滩群落,高潮区:黑口滨螺-粗糙滨螺带;中潮区:才女虫-鸭嘴蛤-淡水泥蟹带;低潮区:似蛰虫-侧底理蛤-鸭嘴蛤带。

Sch3 泥沙滩群落,高潮区:黑口滨螺-粗糙滨螺带;中潮区:才女虫-鸭嘴蛤-短拟沼螺-弧边招潮带;低潮区:不倒翁虫-侧底理蛤-齿腕拟盲蟹带。群落代表种与鼓浪屿、大亚湾等滨海湿地潮间带生物比较存在较大差异。

结果分析表明:春季 Sch1 和 Sch2 群落出现了一定扰动,秋季 Sch1、Sch2 群落和 Sch3 群落相对稳定。总体显示,三沙湾西北部滨海湿地潮间带生物群落发生了扰动,初步分析认为与优势种鸭嘴蛤和才女虫季节演替有关。

参考文献

[1] 李荣冠,江锦祥. 应用丰度生物量比较法监测海洋污染对底栖生物的影响[J].海洋学报,1992,14(1):108-114.

[2] Gray J S, Aschan M, Carr M R. et al. Analysis of community attributes of the benthic macrofauna of Frierf-

jord Langesunfjiord and in a mesocosm experiment[J]. Mar Ecol Prog Ser,1988,(46) :151-165.
[3] Warwick R M. Analysis of community attributes of the macrobenthos of Frierfjord Langesunfjiord at taxonomic levels higher than species[J]. Mar Ecol Prog Ser, 1988,46:167-170.
[4] 李荣冠,江锦祥,鲁琳,等. 大亚湾潮间带底栖生物种类组成与分布[J]. 海洋与湖沼,1993,24(5):527-535.
[5] 李荣冠,江锦祥. 长乐国际机场附近沙滩潮间带的生态[J]. 台湾海峡,1994,13(3):290-296.
[6] 李荣冠,江锦祥,吴启泉,等. 大亚湾核电站附件潮间带生物群落[J]. 海洋与湖沼,1995,26(5):91-101.
[7] 李荣冠,江锦祥,鲁琳,等. 厦门岛软相潮间带生物群落[C]//台湾海峡及邻近海域科学讨论会论文集编辑部. 台湾海峡及邻近海域科学讨论会论文集. 北京:海洋出版社,1995:386-393.
[8] 李荣冠,江锦祥,鲁琳,等. 厦门岛软相潮间带生物种类组成与数量分布[C]//郑家麟. 厦门市海岛调查研究论文集. 北京:海洋出版社,1996:80-85.
[9] 李荣冠,江锦祥,鲁琳,等. 鼓浪屿软相潮间带生物生态初步研究[J]. 海洋学报,1996,18(2):123-129.
[10] 李荣冠,江锦祥,吴启泉,等. 大亚湾核电站邻近水域潮间带生物数量与分布[J].台湾海峡,1999,18(4):365-371.

黄雅琴,李荣冠,郑成兴,郑凤武,王建军,林俊辉,李淑珠,江锦祥. 原载《台湾海峡》2009,28(2):279-292.

湄洲湾潮间带底栖生物多样性

摘要 为了了解福建省湄洲湾潮间带底栖生物的物种多样性、数量时空分布及群落结构现状，2005年11月和2006年4月在湄洲湾潮间带选择了灵川(Mch1)、苏厝(Mch2)、郭厝(Mch3)、东吴(Mch4)和东桥(Mch5)5条断面进行了调查。共鉴定潮间带底栖生物225种，其中多毛类、软体动物和甲壳动物占总种数的88.00%，三者构成潮间带底栖生物的主要类群。断面间比较，东桥断面种数较多，苏厝断面较少。季节比较，春季各断面种类较秋季多。平均生物量22.91 g/m^2，以软体动物居第一位，甲壳动物居第二位；平均栖息密度为388个/m^2，以多毛类居第一位，软体动物居第二位。生物量由大到小依次为中潮区、低潮区、高潮区；栖息密度由大到小依次为低潮区、中潮区、高潮区。调查结果显示湄洲湾潮间带底栖生物物种多样性较高，群落结构相对稳定。

关键词 滨海湿地；生态；群落结构

Intertidal benthos diversity in the Meizhou Bay, Fujian Province

Abstract: In order to understand the biological diversity and the stability of intertidal communities in Meizhou Bay, and to conduct assessement on the environmental quality, we investigated the benthic diversity in Meizhou Bay, Fujian Province in November 2005 and April 2006. A total of 225 species of intertidal benthos from shore wetlands in Meizhou Bay was reported. Polychaetes, Molluscs and Crustaceans accounted for 88% of all species. The number of benthic species differed between transects and was greater in spring than autumn. Average biomass and density were 22.91 g/m^2 and 388 inds./m^2, respectively. In terms of biomass, Molluscs exhibited the highest and Crustaceans the second, and in terms of density Polychaetes showed highest, followed by Molluscs. Biomass of middle tidal zones was higher than that of high or low tidal zones. Density of benthic invertebrates among tidal zones, ranked from highest to lowest, was as follows: low tidal zone, middle tidal zone, and high tidal zone. Both biomass and density were lowest in the high tidal zone. Both biomass and density were higher in spring than in autumn. Using the ABC (abundance biomass comparison) curve to analyze the structure of the intertidal community in Meizhou Bay, it was found that the overall disturbance is not apparent. The results suggest that this area retains some of its environmental carrying capacity.

Key words: shore wetlands, ecology, community structure

潮间带滩涂是滨海湿地的一个重要类型，处于海陆过渡地带，是海洋生态系统中生产力较高的区域，提供无法替代的生态系统服务功能。随着沿海经济的快速发展，这一区域受到开发利用的影响十分显著，环境问题日显突出。海洋生境的变化通常导致潮间带底栖生物物种多样性、数量和群落的响应。近年来，我国沿海有关潮间带底栖生物生态学的研究报道逐年增加（周时强等，2001；葛宝明等，2005；张青田和胡桂坤，2005；鲍毅新等，2006；胡知渊等，2006；李新正等，2006，2007；金亮等，2007；李欢欢等，2007）。

湄洲湾是我国福建沿海重要的港湾之一，具有优越的自然环境和丰富的海洋生物资源，海域生物多样性高。随着沿海经济的发展，一大批炼油厂、石化厂兴建上马，港工码头运营，来往船只和吨位的增加以及水产养殖盲目扩张，浅海滩涂围填与日俱增，海域污染的压力日趋严重。曾有学者对湄洲湾贝类养殖滩涂的底栖生物进行了零星研究（林秀春和蔡立哲，2005，2006），但区域和类型有限。为了全面了解湄洲湾潮间带底栖生物的现状，国家海洋局第三海洋研究所于2005年11月和2006年4月在湄洲湾滨海湿地潮间带选择5条断面进行取样，并对底栖生物物种的多样性及其群落结构的稳定性进行分析研究。

1 自然环境特征

湄洲湾位于福建中部沿海，北邻兴化湾，南邻泉州湾，湾口有湄洲岛作屏障。湾内三面被大陆环抱，湾口朝向东南，入台湾海峡。湄洲湾海岸线长186.57 km，海湾总面积达374 km^2，湾内大部分水域水深在10 m以上，是福建沿海天然优良港湾之一。湄洲湾属南亚热带，受海洋性气候影响，全年温暖湿润，降水充沛，干湿季分明。年平均气温20.3℃，年平均降水量1 300.8 mm。由于地处东南沿海，湄洲湾受热带风暴侵袭几率较大。

2 材料与方法

2.1 样品采集

2005年11月和2006年4月，在湄洲湾滨海湿地潮间带选择灵川（Mch1）、苏厝（Mch2）、郭厝（Mch3）、东吴（Mch4）和东桥（Mch5）5条断面进行潮间带底栖生物取样（图1），其中灵川（Mch1）和苏厝（Mch2）两条断面高潮区为石堤，中潮区和低潮区底质以泥沙为主；郭厝（Mch3）和东吴（Mch4）两条断面高潮区为石堤，中潮区底质以泥沙质组成，低潮区以软泥为主；东桥（Mch5）高潮区为石堤，中潮区底质以泥沙质组成，低潮区以软泥为主。

每条断面在高、中、低3个潮区共布设5个站位，定量取样每站用25 cm×25 cm的样方在岩相断面采集2次，泥沙滩断面采集2～4次，沙滩断面采集4～8次，样品经“WSBl”型底

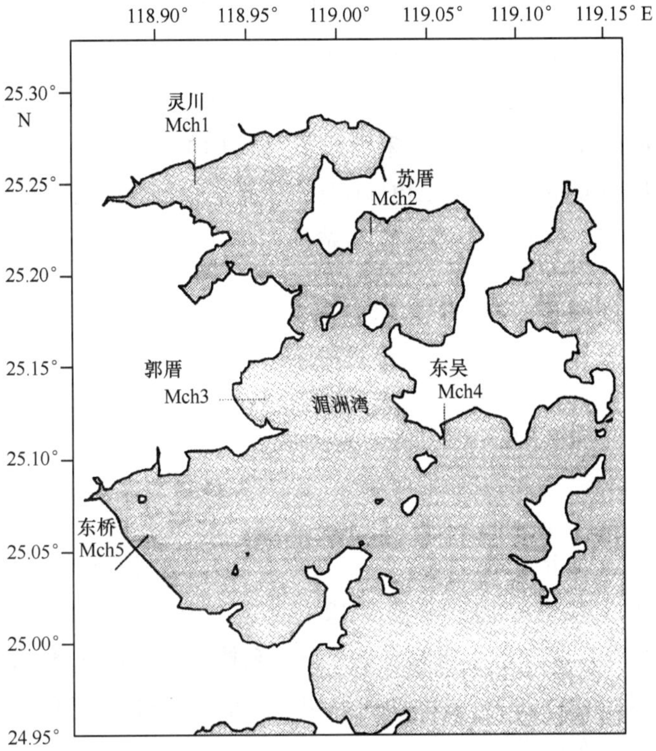

图 1　湄洲湾潮间带底栖生物取样断面

Fig.1　Sampling transects of intertidal benthos in Meizhou Bay, Fujian Province

栖生物涡旋分选器分选后,再经网目为 1 mm 和 0.5 mm 的套筛淘洗,套筛内残渣一起装入标本瓶内,贴上标签,样品用 7%的中性福尔马林溶液固定,带回实验室进行分类鉴定、计数和称重。同时,在采样点附近进行定性采集与生态观察。样品的取样、保存、分离和处理按国标《海洋调查规范》(GB/T 12763.6—2007)进行。

2.2　数据分析

采用下列指数分析潮间带底栖生物群落的多样性(马克平和刘玉明,1994):

Margalef 物种丰富度指数:

$$d = (S - 1)/\log_2 N \tag{1}$$

Shannon-Wiener 指数:

$$H' = -\sum_{i=1}^{S} P_i \log_2 P_i \tag{2}$$

Pielou 均匀度指数:

$$J = H'/\log_2 S \tag{3}$$

Simpson 优势度指数:

$$C = \sum_{i=1}^{S} (P_i)^2 \tag{4}$$

式中：S 为采泥样品中的种类总数；N 为所有种类的总个体数目；P_i 为第 i 种的个体数与样品中的总个体数的比值（n_i/N）。采用 Primer 5.0 软件（Warwick，1986）进行上述指数的计算。

丰度数据经四次方根转化及标准化后，在 Bray-Curtis 相似性测量的基础上，组合使用等级聚类（Cluster）（组平均连接法）来分析群落结构的相似性，并采用丰度/生物量比较法（abundance biomass comparison，ABC）（周红和张志南，2003）分析生物群落受污染或其他因素扰动的情况，物种丰度为物种在各站位的平均分布密度，如某站没有出现该种，则不计入。

3 结果

3.1 种类组成与分布

本次调查共鉴定潮间带底栖生物 225 种，其中多毛类 105 种，软体动物 41 种，甲壳动物 52 种，棘皮动物 5 种，其他生物 10 种和藻类 12 种。多毛类、软体动物和甲壳动物占总种数的 88.00%，三者构成潮间带底栖生物的主要类群。东桥断面（Mch5）种数最多（122 种），苏厝断面（Mch2）种数最少（81 种）。各断面种数均为春季大于秋季。该潮间带底栖生物优势种和关键种及其季节分布见附录 I。

3.2 生物量和栖息密度的组成与分布

3.2.1 水平组成与分布

潮间带底栖生物平均生物量 22.91 g/m^2，其中软体动物居第一位（14.77 g/m^2），甲壳动物居第二位（5.03 g/m^2）；平均栖息密度为 388 个/m^2，多毛类居第一位（175 个/m^2），软体动物居第二位（136 个/m^2）。5 条断面按生物量由大到小排列依次为灵川（Mch1）、苏厝（Mch2、东吴（Mch4）、郭厝（Mch3）、东桥（Mch5）；栖息密度由大到小依次为灵川（Mch1）、东吴（Mch4）、郭厝（Mch3）、苏厝（Mch2）、东桥（Mch5）。

3.2.2 垂直组成与分布

生物量由大到小依次为中潮区（32.78 g/m^2）、低潮区（20.60 g/m^2）、高潮区（15.36 g/m^2）；各断面不尽相同，苏厝（Mch2）和郭厝（Mch3）两条断面生物量由大到小依次为中潮区、高潮区、低潮区，东吴（Mch4）和东桥（Mch5）两条断面生物量由大到小依次为中潮区、低潮区、高潮区，灵川断面（Mch1）生物量由大到小依次为低潮区、中潮区、高潮区（4 个/m^2）。栖息密度由大到小依次为低潮区（636 个/m^2）、中潮区（397 个/m^2）、高潮区（95 个/m^2）；灵川（Mch1）、郭厝（Mch3）、东吴（Mch4）、东桥（Mch5）4 条断面栖息密度由大到小依次为低潮区、中潮区、高潮区，而苏厝断面（Mch2）由大到小依次为中潮区、高潮区、低潮区。

3.2.3 季节变化

春季生物量和栖息密度均大于秋季，各断面生物量和栖息密度也是春季大于秋季，而且二者间差异较大,这与春季潮间带底栖生物的大量繁殖有关(图2)。

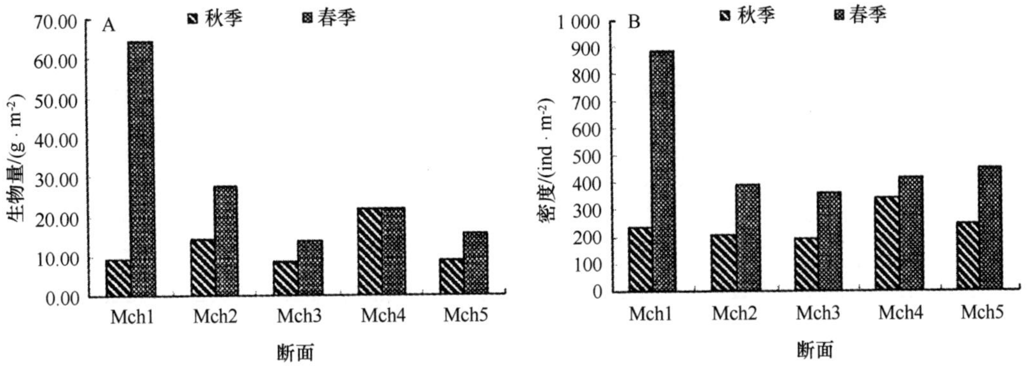

图2 湄洲湾潮间带底栖生物生物量(A)和栖息密度(B)季节变化

Fig.2 Seasonal variation of biomass (A) and density (B) of intertidal benthos in Meizhou Bay, Fujian Province

3.3 群落多样性

各断面的 Shannon-Wiener 多样性指数(H')、Pielou 均匀度指数(J)、Margalef 物种丰富度指数(d)和 Simpson 优势度(C)见表1。

秋季丰富度指数(d)以灵川断面(Mch1)最高,苏厝断面(Mch2)最低;多样性指数(H')和均匀度指数(J)以郭厝断面(Mch3)最高,东吴断面(Mch4)最低;Simpson 优势度(C)则相反,以郭厝断面(Mch3)最低,东吴断面(Mch4)最高。春季丰富度指数(d)以东吴断面(Mch4)最高,苏厝断面(Mch2)最低;多样性指数(H')和均匀度指数(J)以东吴断面(Mch4)最高,灵川断面(Mch1)最低,Simpson 优势度(C)则相反,以东吴断面(Mch4)最低,灵川断面(Mch1)最高(表1)。

表1 湄洲湾潮间带底栖生物群落多样性

Tab.1 Community diversity of intertidal benthos in Meizhou Bay, Fujian Province

季节	断面	物种数	Margalef 物种丰富度指数(d)	Shannon-Wiener 多样性指数(H')	Pielou 均匀度指数(J)	优势度指数(C)
秋季	灵川(Mch1)	61	8.16	3.13	0.761	0.101 0
	苏厝(Mch2)	41	5.56	2.93	0.789	0.091 3
	郭厝(Mch3)	49	6.85	3.32	0.853	0.058 5
	东吴(Mch4)	47	6.26	2.88	0.747	0.102 0
	东桥(Mch5)	46	6.36V3.21	0.838	0.060 9	

续表

季节	断面	物种数	Margalef 物种丰富度指数(d)	Shannor-Wiener 多样性指数(H')	Pielou 均匀度指数(J)	优势度指数(C)
春季	灵川(Mch1)	69	8.18	2.04	0.483	0.379 0
	苏厝(Mch2)	59	7.55	2.51	0.615	0.203 0
	郭厝(Mch3)	67	8.58	3.37	0.802	0.056 7
	东吴(Mch4)	81	10.50	3.61	0.822	0.049 4
	东桥(Mch5)	77	9.62	3.36	0.775	0.067 4

3.4 群落聚类和稳定性

等级聚类分析将湄洲湾潮间带5条断面底栖生物群落分成3大组,群落结构组成相似的聚成一组:群落A,包括灵川(Mch1)和苏厝(Mch2)两条断面;群落B包括郭厝(Mch3)和东吴(Mch4)两条断面;群落C为东桥断面(Mch5)(图3)。

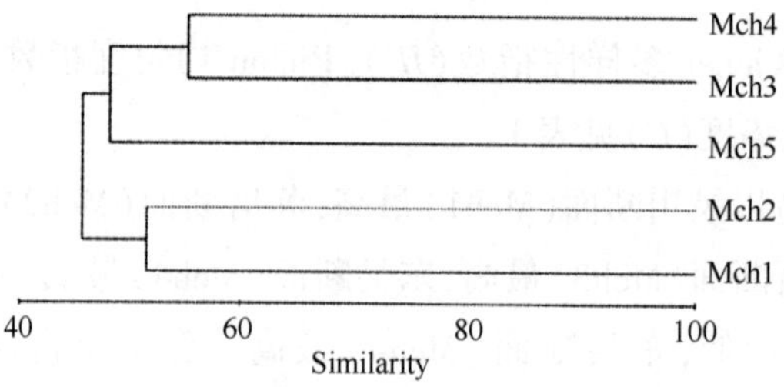

图3 湄洲湾潮间带底栖生物群落树状聚类

Fig.3 Hierarchical cluster dendrogram of benthic communities in Meizhou Bay, Fujian Province

应用丰度生物量比较法和部分优势度对湄洲湾滨海湿地潮间带底栖生物群落结构进行分析,结果表明:群落A春季与秋季丰度和生物量曲线在前端有所交叉,群落结构不稳定;群落C生物量优势度曲线始终位于丰度上方,群落结构稳定;群落B生物量累积百分优势度秋季和春季分别高达75%和65%。总体而言,湄洲湾滨海湿地潮间带底栖生物群落相对稳定(图4)。

4 讨论

4.1 潮间带底栖生物种数

本研究结果表明,湄洲湾潮间带底栖生物物种数以春季大于秋季,这与大多数生物在春季大量繁殖有关。与其他海区比较,湄洲湾潮间带底栖生物种数高于鼓浪屿软相潮间带

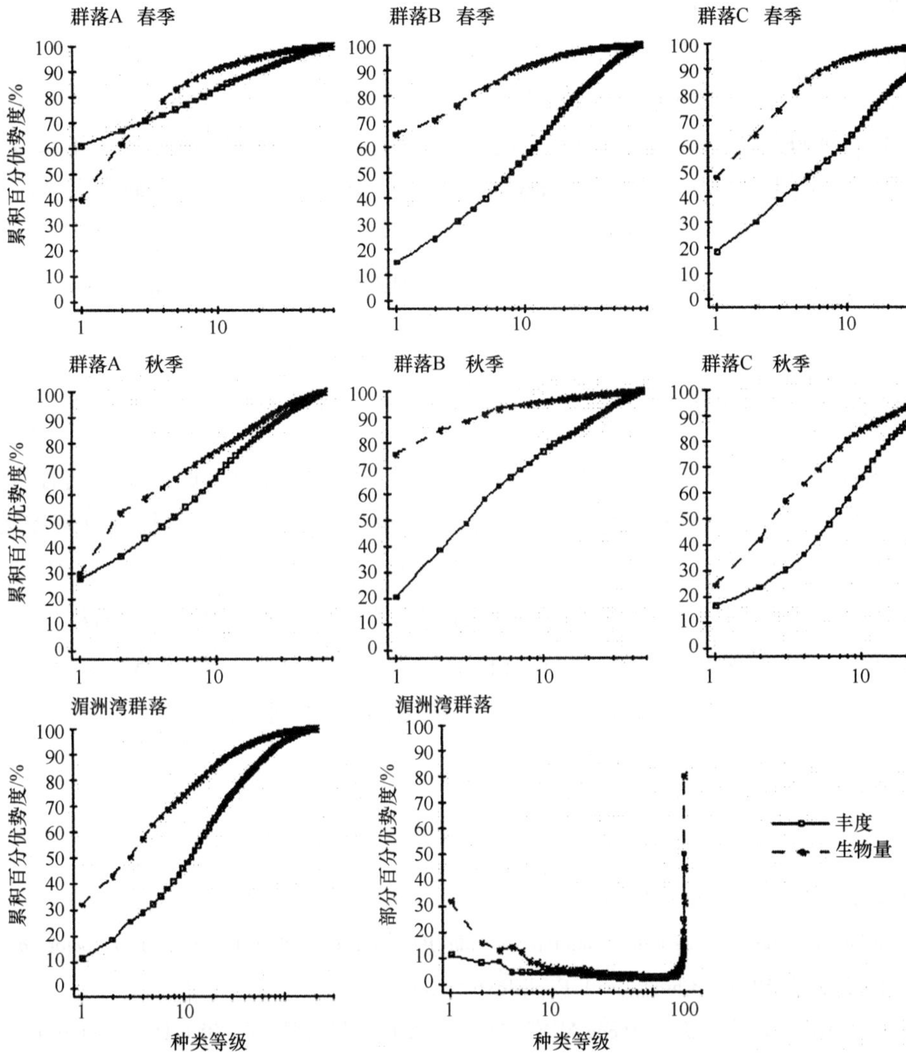

图 4 湄洲湾群落丰度生物量复合 k-优势度和部分优势度曲线

Fig.4 Curves of abundance biomass comparison and partial k-dominance of intertidal benthos in Meizhou Bay

(150 种)(李荣冠等, 1996)、长乐国际机场附近沙滩潮间带(60 种)(李荣冠和江锦祥, 1994)和大亚湾沙滩潮间带(222 种)(李荣冠等,1993,1995a,1999);但低于厦门岛软相潮间带(256 种)(李荣冠等,1995b)。主要因底质类型不同所致,一般而言,在相同纬度条件下潮间带底栖生物以泥沙底质的物种数较多,软泥和沙底质的相对较少。

4.2 潮间带底栖生物量

通常来说,潮间带底栖生物栖息密度由大到小依次为中潮区、低潮区、高潮区,但湄洲湾栖息密度由大到小依次则为低潮区、中潮区、高潮区,主要由于灵川群落低潮区软体动物密度高于中潮区所致。如春季繁殖季节优势种菲律宾蛤仔(*Ruditapes philippinarum*)在低潮区的栖息密度高达 1 924 个/m^2。

湄洲湾潮间带底栖生物生物量,较鼓浪屿软相潮间带(43.80 g/m^2)(李荣冠等,1996)、厦门岛软相潮间带(97.57 g/m^2)(李荣冠等,1995b)和大亚湾潮间带(158.24 g/m^2)(李荣冠等,1993,1995a,1999)明显低得多,较长乐国际机场附近沙滩潮间带底栖生物(4.34 g/m^2)(李荣冠等,1994)高得多。栖息密度为 388 个/m^2,与鼓浪屿软相潮间带(94 个/m^2)(李荣冠等,1996)、厦门岛软相潮间带(241 个/m^2)(李荣冠等,1995)和长乐国际机场附近沙滩潮间带底栖生物(15 个/m^2)(李荣冠等,1994)比较,则高得多。其共有特征,数量均以多毛类、软体动物和甲壳动物占多数。

4.3 群落结构稳定性分析

群落结构分析表明,群落 A 春季和秋季丰度生物量复合 k-优势度曲线在前端有所交叉和重叠,原因在于春季繁殖季节优势种菲律宾蛤仔大量繁殖,个体小重量轻栖息密度大,在低潮区生物量仅 95.84 g/m^2,而栖息密度却高达 1 924 个/m^2 所致,其余群落的生物量优势度曲线始终位于丰度曲线上方,群落结构相对稳定;群落 C 生物量优势度曲线始终位于丰度上方,群落结构稳定;群落 B 生物量累积百分优势度秋季和春季分别高达 75%和 65%,这与优势种珠带拟蟹守螺(*Cerithidea cingulata*)春、秋季生物量在中潮区较高有关。总体而言,湄洲湾潮间带底栖生物群落结构相对稳定。

参考文献

Bao YX(鲍毅新),Ge BM(葛宝明), Zheng X(郑祥), Cheng HY(程宏毅) (2006) Spatial distribution and seasonal variation of the macrobenthic community on tidal flats of Tianhe,Wenzhou Bay. *Acta Zoologica Sinica* (动物学报),52:45-52. (in Chinese with English abstract)

Ge BM(葛宝明), Bao YX(鲍毅新), Zheng X(郑祥), Cheng HY(程宏毅) (2005) The structure of macrobenthic community and niche analysis at a tidal flat of Lingkun Island. *Acta Ecologica Sinica* (生态学报), 25:3037-3043. (in Chinese with English abstract)

Hu ZY(胡知渊), Bao YX(鲍毅新), Ge BM(葛宝明),Li HH (李欢欢) (2006) Macrobenthic community and niche analysis creeks during autumn in diked tidal flat. *Acta Zoologica Sinica* (动物学报), 52: 800-809. (in Chinese with English abstract)

Jin L(金亮), Cai LZ(蔡立哲), Zhou XP(周细平), Xu HL(徐华林) (2007) Secondary production of macrobenthos on themudflat of northern Shenzhen Bay. *Journal of Oceanography in Taiwan Strait* (台湾海峡),26: 413-421.(in Chinese with English abstract)

Li HH(李欢欢), Bao YX(鲍毅新), Hu ZY(胡知渊), Ge BM (葛宝明) (2007) Seasonal dynamics of macro benthic functional groups and trophic levels in the construction zone of Hangzhou Bay, China. *Acta Zoologica Sinica* (动物学报), 53:1011-1023. (in Chinese with English abstract)

Li RG(李荣冠), Jiang JX(江锦祥), Lu L(鲁琳), Zheng FW (郑凤武), Wu QQ(吴启泉), Li CY(李传燕) (1993) Speciescomposition and distribution of benthos in intertidal zone of Daya Bay. *Oceanologia et Limnologia Sinica* (海洋与湖沼), 24:527-535. (in Chinese with English abstract)

Li RG(李荣冠), Jiang JX(江锦祥)(1994) Ecology on intertidal benthos of sandy beach around international airport, Changle. *Journal of Oceanography in Taiwan Strait* (台湾海峡), 13:290-296. (in Chinese with English abstract)

Li RG(李荣冠), Jiang JX(江锦祥), Wu QQ(吴启泉), Lu L (鲁琳), Zheng FW(郑凤武), Huang XG(黄心光) (1995a) Communities of intertidal benthos near the Daya Bay Nuclear Power Station. *Oceanologia et Limnologia Sinica* (海洋与湖沼), 26(Suppl.), 91-101. (in Chinese with Englishabstract)

Li RG(李荣冠), Jiang JX(江锦祥), Lu L(鲁琳), Zheng FW (郑凤武), Xu HZ(徐惠州), Huang XG(黄心光) (1995b) Communities of benthos in soft intertidal zone of Xiamen Island. In: *Proceedings of Symposium of Marine Sciences in Taiwan Strait and Its Adjacent Waters*(台湾海峡及邻近海域海洋科学讨论会论文集). 386-393. Ocean Press, Beijing. (in Chinese with English abstract)

Li RG(李荣冠), Jiang JX(江锦祥), Lu L(鲁琳), Zheng FW (郑凤武), Xu HZ(徐惠州), Huang XG(黄心光) (1996) Ecological study on soft intertidal zone in Gulangyu Island. *Acta Oceanologica Sinica* (海洋学报), 18:117-123. (in Chinese with English abstract)

Li RG(李荣冠), Jiang JX(江锦祥), Wu QQ(吴启泉), Li CY(李传燕), Zheng FW(郑凤武), Lu L(鲁琳), Huang XG(黄心光)(1999) Quantitation and distribution of intertidal benthos, near Nuclear Power Station of Daya Bay. *Journal of Oceanography in Taiwan Strait* (台湾海峡), 18:365-371. (in Chinese with English abstract)

Li XZ(李新正), Li BQ(李宝泉), Wang HF(王洪法), Wang JB(王金宝), Zhang BL(张宝琳) (2006) Macrobenthic community of intertidal zone of Jiaozhou Bay. *Acta zoologica Sinica* (动物学报), 52:612-618. (in Chinese with English abstract)

Li XZ(李新正), Li BQ(李宝泉), Wang HF(王洪法), Wang SQ(王少青), Wang JB(王金宝), Zhang BL (张宝琳) (2007) Macrobenthic community characters of Zhubi Reef, Nansha Islands, South China Sea. *Acta Zoologica Sinica* (动物学报), 53:83-94.(in Chinese with English abstract)

Ma KP(马克平), Liu YM(刘玉明) (1994) Measurement of biotic community diversity. I. α diversity(Part 2). *Chinese Biodiversity* (生物多样性), (2):231-239.(in Chinese)

Warwick RM (1986) A new method for detecting pollution effects on marine macrobenthic communities. *Marine Biology*, 92, 557-562.

Warwick RM, Pearson TH, Ruswahyuni (1987) Detection of pollution effects on marine macrobenthos: further evaluation of the species abundancelbiomass method. *Marine Biology*, 95:193-200.

Zhang QT(张青田), Hu GK(胡桂坤) (2005) Investigation and structure analysis of macrobenthos community in Tanggu intertidal zone. *Journal of Zhejiang Ocean University Natural Science* (浙江海洋学院学报(自然科学版)), 24:16-21. (in Chinese with English abstract)

Zhou SQ(周时强), GuoF(郭丰), Wu LS(吴荔生), Li RG(李荣冠) (2001) The study on the ecology of the benthic community in intertidal zone, Fujian Islands. *Acta Oceanologica Sinica* (海洋学报(中文版)), 23 (5):104-109. (in Chinese with English abstract)

Zhou H(周红), Zhang ZN(张志南) (2003) Rationale of the multivariate statistical software Primer and its application in benthic community ecology. *Journal of Ocean University of Qingdao* (青岛海洋大学学报), 33:58-64. (in Chinese with English abstract)

附录Ⅰ 湄洲湾潮间带优势种和关键种的季节分布

Appendix Ⅰ Seasonal distribution of dominant and dey species in Meizhou Bay, Fujian Province

物种	秋季	春季	物种	秋季	春季
环节动物门 Annelida			似蛰虫 *Amaeana trilobata*	+	+
背褶沙蚕 *Tambalagamia fauveli*	+		树蛰虫 *Pista cristata*	+	+
拟突齿沙蚕 *Paraleonnates uschakovi*	+	+	软体动物门 Mollusca		
长吻吻沙蚕 *Glycera chirori*	+	+	刀明樱蛤 *Moerella culter*	+	+
寡节甘吻沙蚕 *Glycinde gurjanvoae*	+	+	缢蛏 *Sinonovacula constricta*		+
多鳃卷吻沙蚕 *Nephtys polybranchia*	+		菲律宾蛤仔 *Ruditapes philippinarum*		+
寡鳃卷吻沙蚕 *N.oliobranchia*	+	+	渤海鸭嘴蛤 *Laternula* (*Exolaternula*) *marilina*		+
无叉矛毛虫 *Phylo kupfferi*	+	+	短拟沼螺 *Assiminea brevicula*	+	+
丝鳃稚齿虫 *Prionospio malmgreni*	+	+	珠带拟蟹守螺 *Cerithidea cingulata*	+	+
独毛虫一种 *Tharyx* sp.	+	+	秀丽织纹螺 *Nassarius* (*Reticunassa*) *festivus*	+	+
中蚓虫一种 *Mediomastus* sp.	+	+	泥螺 *Bullacta exarata*	+	+
异蚓虫一种 *Heteromastus* sp.	+	+	节肢动物门 Arthropoda		
毡毛岩虫 *Marphysa stragulun*	+	+	塞切尔泥钩虾 *Eriopisella sechellensis*	+	+
特矶蚕 *Euniphysa aculeata*	+	+	廉形叶钩虾 *Jassa falacata*		+
纳加索沙蚕 *Lumbrineris nagae*	+	+	哥伦比亚刀钩虾 *Aoroiudes columbiae*		+
异足索沙蚕 *L.heteropoda*	+		日本大螯蜚 *Grandidierella japonica*	+	+
四索沙蚕 *L.tetraura*	+	+	角突麦秆虫 *Caprella scaura*	+	+
双唇索沙蚕 *L.cruzensis*	+	+	模糊新短眼蟹 *Neoxenophthalmus obscurus*	+	+
不倒翁虫 *Sternaspis scutata*	+	+	弧边招潮 *Uca* (*Deltuca*) *arcuata*	+	+
梳鳃虫 *Terebellides stroemii*	+	+	秀丽长方蟹 *Metaplax elegans*	+	+

黄雅琴,李荣冠,王建军,郑成兴,郑凤武,林俊辉,江锦祥,李淑珠.原载《生物多样性》2010,18(2):161-167.

二、红树林湿地底栖生物多样性与生态学

Studies on the Biodiversity of Mangrove Ecosystem of Dongzhai Harbor, Hainan

Abstract This paper was formed according to the results of investigation on the biodiversity of mangrove ecosystems in the mangrove natural reserve at Dongzhai Harbor in January and March 1995. There were 6 sections in the mangrove natural reserve and 8 stations in the Dongzhai coastal waters. The results showed that there was a rich diversity of marine flora and fauna in the mangrove natural reserve, with a total of 560 species. There were 252 species of flora and fauna distributed in the mangrove natural reserve, including 31 species of mangrove plants, 47 species of coastal plants, and 174 species of macrobenthos in the mangrove areas. Macrobenthos included 18 species of algae, 36 species of polychaetes, 67 species of mollusks, 45 species of crustaceans, and 8 species of others. There were 298 species of marine flora and fauna distributed in the Dongzhai coastal warter including 42 species of phytoplankton, 44 species of zooplankton and 212 species of fishes.

Eight new species of mangrove plants naturally distributed were found in the investigation, inclouding *Rhizophora apiculate*, *Lunnitzera littorea*, *Xylocarpus granaturn*, *Scyphiphora hydrophyllacea*, *Sonneratia caseolaris*, *Pongamia pinnata*, *Pemphis acidula* and *Thespesia popunea*. Among them, *Lunnitzera littorea* was an endangered mangrove plant. In addition, the mangrove natural reserve had successfully introduced four species of sea mulberry.

During the investigation, the ecological environment elements of the mangrove area were measured, including the organic matter, sulfide, pH value, Eh value, size analysis of sediment , water temperature and salinity of sediment. The relationship between the biodiversity of mangrove ecosystems and their ecological environment factors was discussed.

Key words biodiversity; mangrove ecosystems; Dongzhai Harbor

海南省东寨港红树林生态系生物多样性研究

摘　要:本文根据1995年1月和3月,在海南省东寨港国家红树林自然保护区进行红树林生态系生物多样性调查的资料撰写而成。东寨港红树林自然保护区设6条断面,东寨港海域布设8个测站。调查结果表明:东寨港红树林自然保护区的海洋动植物种类多样性丰富,共有560种。分布于红树林自然保护区的动植物种类计有252种,其中红树林植物31种、海岸植物47种、红树林区大型底栖生物174种。大型底栖生物包括海藻类18种,多毛类36种,软体动物67种,甲壳动物45种,其他动物8种。分布于东寨港海域海洋动植物有298种。其中浮游植物42种、浮游动物44种和鱼类212种。

本次调查发现自然分布的红树林植物新增加8种,即红树(*Rhizophora apiculata*)、红榄李(*Lunnitzera littorea*)、木果楝(*Xylocarpus granaturn*)、瓶花木(*Scyphiphora hydrophyllacea*)、海桑(*Sonneratia caseolaris*)、水黄皮(*Pongamia pinnata*)、水芫花(*Pemphis acidula*)和杨叶肖槿(*Thespesia popunea*)等。其中红榄李为濒危红树植物。另外,东寨港红树林自然保护管理处还成功地引进了4种海桑。

调查期间,同时测定了红树林区生态环境要素,包括底质的有机质、硫化物、pH值、Eh值、沉积物粒度分析和底质间隙水温、盐度等。文中讨论了红树林生态系生物多样性与其生态环境因素的关系。

关键词:生物多样性;红树林生态系统;海南东寨港

1 Materials and Methods

In January and March 1995, 2 investigations on the biodiversity were conducted in the reserves of Dongzhai Harbor Mangrove. 6 transects were set up as Transect D_1(Tashi), D_2(Bodu), D_3(Bowen), D_4(Shanliang), D_5(Sanjiang north), and D_6(Sanjiang south) (Fig.1).

2 Survey in Mangrove Reserve of Dongzhai Harbor

Among the 6 transects, transects D_1, D_3 and D_5 were selected for the study of mangrove biodiversity, community structures and distribution. 3 quadrates, each with $(10\times10)\,m^2$ or $(10\times5)\,m^2$ in areas, were chosen along a transect from high tidal zone to lower tidal zone. Mangrove plants and its associates in the frame were measured for their high, trunk perimeter, hat span and high of trunk besides the records of parameters such as living state, climatic phase and environmental conditions. For the data handling, the comprehensive eigenvalue, important value, frequency and biodiversity (Shannon-Weaver) were used for the analysis.

6 transects were set for the macrobenthos quantitative sampling. 4 sampling stations were set at each transect from high tidal zone to low tidal zone. Among them 1 at high tidal zone, 2 at mid-tidal zone and one at low tidal zone. The quadrate area is 50 cm × 50 cm. All samples was treated with a sieve of 1 mm mesh size.

3 sampling stations were set at high tidal zone, the upper part and middle part of mid-tidal zone on each 4 transects, i. e. SD_2, SD_3, SD_4 and SD_5, in the seaward fringe of mangle and tidal

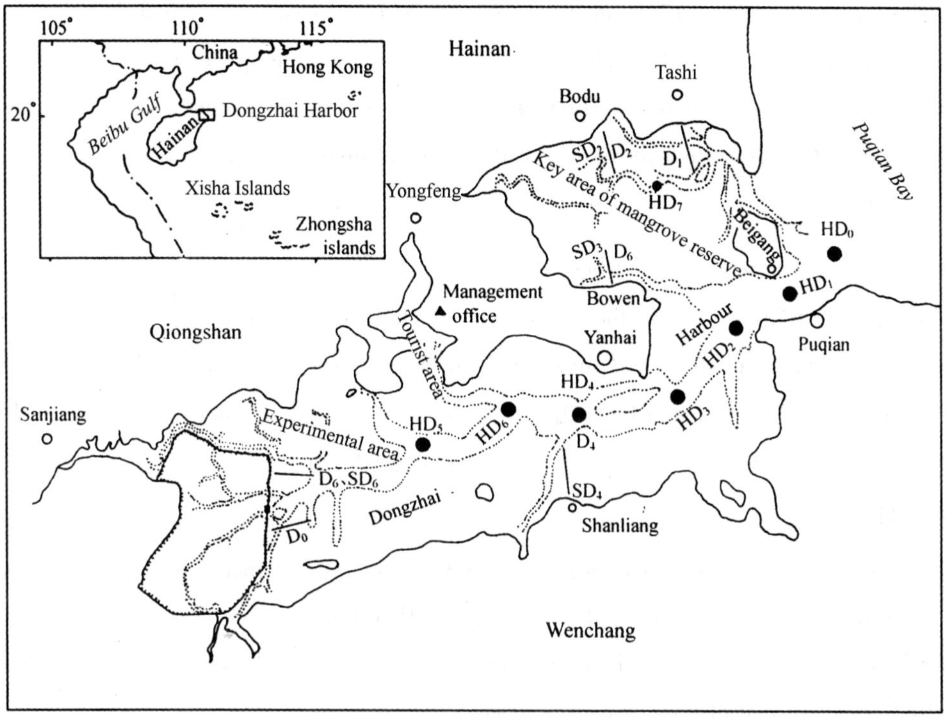

Fig.1 Sampling transections and stations on the sea for the survey in mangrove reserve of Dongzhai Harbour

canals. 10 cm × 10 cm quadrate was used at each sampling station.

8 stations were set in the survey area (Fig.1) for chlorophyll-a study. 200 mL water sample was taken from the surface water layer at each station and a 500 mL water sample taken from the same layer. Samples of zooplankton were taken by a tow horizontally in the depth of 1 m below the surface layer with the net of shallow water Ⅰ. The column of filtering water was measured with a flowmeter at the same time.

3 Results

3.1 Environmental conditions of mangrove areas

3.1.1 Organic matters

It can be seen from Table 1 that the contents of organic matter in the sediments of each transect are different. The highest content is found in Transect D_3 with average value of 4.45%; the next in D_4 with value of 3.29%. Then it comes D_1 with value 2.87%, D_5, 2.25%, D_6, 1.56% and D_2, 1.51%. The value decreases in sequence.

In general, the contents of organic matter are higher in mangrove areas than in non mangrove areas. The former averages 3.17% and the later only 1.11%. In view of vertical distribution, high content of organic matter is in the high tidal zone. The highest value appeared at D_{4-1} with value of 7.16% of which the sediment type is fine sand. The lowest organic matter is at D_{3-4} in low tidal zone, averaged 0.67%, of which the sediment type is sand-fine-sand-silt.

3.1.2 Sulfate

Except for one transect (D_3) where the content of sulfate is over the standards, the contents of sulfate in other transects are in the normal range. The overall average sulfate is 175.5 mg/kg. The highest content of sulfate is at Transect D_3 with average value of 642.7 mg/kg; the next is at D_6 with value 112.9 mg/kg; and then D_4 with value 93.6 mg/kg. It drops from D_1、D_5 to D_2 with values of 89.1 mg/kg, 61.3 mg/kg and 53.4 mg/kg, respectively.

3.1.3 pH

The value of pH was measured in range of 6.33–7.30 with average 6.87. The pH values are not quite different judged from Table 1. The highest pH of the sediment appeared at transect D_{3-4} with value of 7.30. The lowest pH is at D_{4-2} with value 6.33. pH values at the mangrove area are generally lower than that of none mangrove areas.

3.1.4 Eh

Eh of the sediments is mostly less than 100 mV. Thus the sediments belong to the reduced sediments environment. Only the Eh of a few patches of sediments is higher than 200 mV, which belongs to weak oxidized sediment environment. In all the variation of the sediment components, it is relatively low showing a much stabler sediment environment (Tab.1).

Table 1 Chemical environmental factors of sediment on the transects of mangrove area

sites	station	pH	Eh/mV	organic matter/%	sulphuret/(mg/kg)
D_1	1	6.61	288	3.58	24.0
	2	6.84	73	4.66	78.7
	3	6.92	51	2.21	28.8
	4	7.59	28	1.02	225.0
D_2	1	6.80	156	1.18	34.9
	2	6.91	36	1.91	56.7
	3	6.76	33	2.03	65.4
	4	7.28	132	0.93	56.4

sites	station	pH	Eh/mV	organic matter/%	sulphuret/(mg/kg)
D_3	1	6.96	39	6.97	1 010.0
	2	6.69	54	6.30	763.0
	3	7.13	37	3.87	742.0
	4	7.30	−73	0.67	55.9
D_4	1	6.54	144	7.16	195.0
	2	6.33	116	3.14	3.143 2
	3	6.62	117	1.53	42.6
	4	7.16	19	1.34	104.0
D_5	1	6.75	116	2.74	23.2
	2	6.95	105	2.25	43.0
	3	6.70	44	2.39	149.0
	4	6.91	261	1.60	30.0
D_6	1	6.47	106	2.27	78.0
	2	6.66	194	1.59	19.2
	3	6.74	18	1.30	282.0
	4	7.25	−15	1.07	72.3

3.1.5 Type and distribution of sediment

6 types of sediments can be divided according to the size spectrum of surface sediment at 25 sampling stations on 6 transects. It is listed as follows:

(1) **YT** It is a main sediment type in the mangrove areas occupying 44% of total samples. The average content of fine sand accounts for 56.40%, silt accounts for 32.31% and sand 11.29%. It mostly distributes on D_5, D_6 and D_3.

(2) **STY** STY type mainly locates on Transect D_3 and with a few samples on D_1, D_2 and D_6. The silt content of sediments accounts for 41.83% of the total, sand content, 30.11% and fine sand, 25.44%.

(3) **ST** It distributes mostly at the high tidal zone and low tidal zone of Transect D_2 and middle tidal zone of Transect D_4. Fine sand content is the highest with average 51.82%. Sand content averages 33.40% and silt content is the lowest averaged 14.48%.

(4) **TS** TS distribute mostly at the middle and low tidal zone of D_4 and low tidal zone of D_1. Sand content is the highest averaged 60.06%. Fine sand content averages 28.89 and silt only aver-

ages 11.05%.

(5) **T** This type of sediments only distribute at the high tidal zone. The main composition is fine sand with average value of 63.63%. The contents of silt and sand average 19.54% and 16.82%, respectively.

(6) **FS** This type only distributes at the lower part of middle tidal zone of Transect D_{1-3}. Sand dominates with value reaching 74.67% in the sediment. Sand content averages 19.55 and silt only 5.83%.

3.2 Species, community structure and distribution

3.2.1 Species composition of mangrove flora

There are totally 31 species, which account for 84.7% of the total species of the country, found at Dongzhai Harbor mangrove ecosystem according to the investigation as well as the existed data. Among them, true mangrove counts 24 species belonging to 15 genus of 12 families and semi-mangrove, 7 species belonging to 6 genus of 5 families.

It was reported that there were 19 species of mangrove in Dongzhai Harbor by Chen Huanxiong and Chen Erying (1985) and Lin Peng (1985). However, more than 12 species i. e. 31 species were recorded by this study. Except for 4 species which were induced, 8 new recorded are *Rhizophora stylosa*, *Lumnitzera littorea*, *Xylocarpus granatum*, *Scyphiphora hydrophllacea*, *Sonneratia caseolaris*, *Pongamia pinnata*, *Pemphis acidula and Thespesis populnea.*

Dominant species in Dongzhai Harbor are *Rhizophora stylosa*, *Bruguiera gynmorrhiza*, *B. sexangula*, *Ceriops tagal*, *Kandelia candel*, *Avicennia marina*, *Aegiceras corniculatum* and *Sonneratia caseolaris* etc. They are composed of 8 mangrove communities.

Rhizophoraceae

(1) *B. gymnorhiza* (L.) Savigny.

(2) *B. sexangula* (Lour) Poir.

(3) *B. sexangula* (Lour) Poir v. rhynchopetala Ko

(4) *Ceriops tagal* (Perr.) C. B. Rob.

(5) *Kandelia candel* (L.) Druce

(6) *Rhizophora apiculata* Bl.

(7) *R. stylosa* Griff.

Acanthaceae

(8) *Acanthus ilicifolius* L.

(9) *A. ebracteatus* Vahl.

Lecythidaceae

(10) *Barringtonia racemosa* (L.) Spreng.

Combretaceae

(11) *Lumnitzera littorea* (Jack.) Voight

(12) *L.racemosa* (L.) Willd.

Euphorbiaceae

(13) *Excoecaria agallocha* L.

Meliaceae

(14) *Xylocarpus granatum* Koenig

Myrsinaceae

(15) *Aegiceras corniculatum* (L.) Blanco

Palmae

(16) *Nypa fruticans* Wurmb.

Rubiaceae

(17) *Scyphiphora hydrophyllacea* Gaertn

(18) *Sonneratia alba* Sm.

(19) *S.caseolaria* (L.) Engl.

(20) *S.hainanensis* Ko. E. Y. Chen et W. Y. Chen.

(21) *S.apetala* Buch-Ham.

(22) *S.ovata* Backer.

Sterculiaceae

(23) *Heritiera littoralis* (Dryand.) Ait.

Verbenaceae

(24) *Avicennia marina* (Forsk) Vierb.

Acrostichaceae

(1) *Acrostichum aureum* L.

(2) *A.speciosum* Willd.

Apocynaceae

(3) *Cerbera manghas* L.

Leguminosae

(4) *Pongamia pinnata*(L.) Merr.

Lythraceae

(5) *Pemphis acidula* J. R. et Forst.

Malvaceae

(6) *H. tiliaceus* L.

(7) *Thespesia populnea* (L.) Soland. et Corr.

3.2.2 Community structure and distribution

3 transects were selected in the key area and experiment area of the reserves. Community

structures along the transection from high tidal zone to the lower part of mid-intertidal zone were analyzed according to 9 quadrates from 3 locations with total areas of 683 m^2 at Tashi (Transection D_1), Bowen (Transection D_2) and Shanjiang (Transection D_5), it shows that there existed 11 species including 7 dominant mangroves. In this area, the community structure is much simple. There were less species and most of them were composed by a single species especially for *Rhizophora apiculata*. In the forest it mingled with a few species of other shrubs or plants.

3.2.2.1 Community characters

The height of communities were measured mostly between 2 to 4 m with exception of some plants reaching the height of 12 m. The trunk diameters were mostly measured 4 to 6 cm with some reaching 15 cm. The coverage of community reached around 80%. Plants in these areas grew quite well under the conditions of high temperature and high humidity. As results, quite a number of young plants found under the woods, showing a high renewing capacity of the community.

3.2.2.2 Community structure and distribution

Based on the standard using dominant species to group the community, the results of statistic shows that 6 communities along 3 transects could be recognized. They are:

(1) *Rhizophora stylosa* forest;

(2) *Kandelia candel* forest;

(3) *Bruguiera sexangula-Ceriops tagal* forest;

(4) *Avicennia marina* forest;

(5) *Sonneratia caseolaris-Kandelia candel* forest;

(6) *Bruguiera gymnorrhiza-Rhizophora apiculat* Jorest.

The community structure differs with tidal zones at different localities (transects). For example, Community *Avicennia marina* occupied areas at high tidal zone on Transection I Where the weighty value, a comprehensive index evaluating the dominant reached 71%. Community *Burger gymnorhiza-Rhizophora stylosa-Bruguiera sexangula* occupied the upper part of mid-intertidal zone on D_3 with weighty value of 45%, 25% and 22%, respectively. Community *B. sexangula-Ceriops tagal* located at high tidal zone on D_5, where both of the species with weighty value of 44%. Community *Sonneratia caseolaris-kandelia candle* were found at lower part of mid-intertidal zone where their weighty values come to 64% and 24%, respectively.

Table 2 demonstrates that the areas in fact can be named as the woods of *R. stylosa*. Judged from the matrix describing the mangroves on 3 transects in Dongzhai Harbor. The numbers, trunk diameter and the coverage of the species dominated the areas, where they reached 59%, 48% and 24%, respectively. Thus, its weighty value comes to as high as 44% in contrast to other species whose weighty values are all less than 12%.

Table 2　Species characters of mangrove by sampling quadrates (10×10^2) on 3 locations of Dongzhai Harbor

Species	Height/m		Diameter/cm		Number	Trunk area /cm²	Frequency	Relative abundance	Relative signi ficance	Relative frequency	Weight value
	mean	max.	mean	max.							
R. stylosa	2.2	4.0	4.0	8.3	150	2 134.1	66.6	59.28	48.36	24.00	43.88
K. candel	2.2	2.5	4.7	11.1	27	544.6	33.3	10.67	12.34	12.00	11.67
S. caseoaris	9.0	12.0	9.2	15.3	12	672.4	11.1	4.74	15.24	4.00	7.99
A. corniculatum	0.9	1.5	1.1	3.8	15	35.3	44.4	5.93	0.80	16.00	7.58
C. tagal	4.1	5.0	4.3	7.3	13	206.5	33.3	5.14	4.68	12.00	7.27
A. marina	2.3	3.5	5.8	8.9	13	320.0	22.2	5.14	7.25	8.00	6.80
B. sexangula	3.9	5.0	4.6	6.7	14	259.3	22.2	5.53	5.88	8.00	6.47
B. gymnorrhica	3.6	5.5	6.5	8.0	6	202.3	11.1	2.37	4.58	4.00	3.65
P. pinnata		3.5		6.4	1	32.2	11.1	0.40	0.73	4.00	1.71
H. tiliaceus		2.5		2.1	1	3.3	11.1	0.40	0.08	4.00	1.49
R. apiculata		1.1		1.9	1	2.8	11.1	0.40	0.06	4.00	1.49
Total					253	4 412.8	100.00	100.00	100.00	100.00	100.00

3.2.2.3 The species diversity of community

In general, high diversity of a community means relative high stability of the community because of its varied trophic linkages help the composition of the community. The index can be expressed by Shannon-Weaver as

$$D = 3.321\ 9\ (\lg N - 1/N \sum n_i \lg n_i)$$

Table 3 Species diversity of the Dongzbai Harbor Mangrove

Transection	Total species	Numbers	Diversity(D)
D_1	5	65	1.441 0
D_3	5	120	0.817 9
D_5	8	68	2.575 5
combined	11	253	2.317 0

It shows from Table 3 that there were less species numbers in 3 transects of mangrove communities. However. the dominance of the species are quite prominent among the community. For example, *Avicennia marina* occupied 71% of the total in Transect D_1. 3 species. *Rhizophora stylosa*, *Bruguiera gymnorrhiza* and *B. sexangula* accounted for 92% of the total in Transect D_3. At the same time, *Sonneratia caseolaris* and *Kandelia candel* occupied 88% of the total in Transect D_5. Thus the biodiversity of the community is not so high, which is averaged 2.3 in range from 0.8 to 2.6.

Besides, the sample analysis in the nearby areas shows that there were 47 plants belonging to 41 genus of 20 families growing on the coast, among which some were medicinal plants, dune-fixing plants, vascular and woody plants.

3.3 Macrobenthos in Dongzhai Harbor mangrove area

3.3.1 Macrobenthos in the sediments of mangrove area

3.3.1.1 Species composition and distribution

There were 138 species recorded for sediment macrobenthos by preliminary analyses, among which 18 were algae, 23 polychaetes, 51 mollusks, 32 crustacean and 8 others. Mollusks has the highest species numbers accounting for 37% of the total, the next, crustacean, 23%, and the third, polychaete, 21%.

It demonstrates from Fig.2 that the percentage of mollusk species is the highest whether in the whole surveyed area, mangrove area or non-mangrove area. For crustacean it is the highest in the whole area and in mangrove area. For Polychaete it is higher in non-mangrove area except for the other areas.

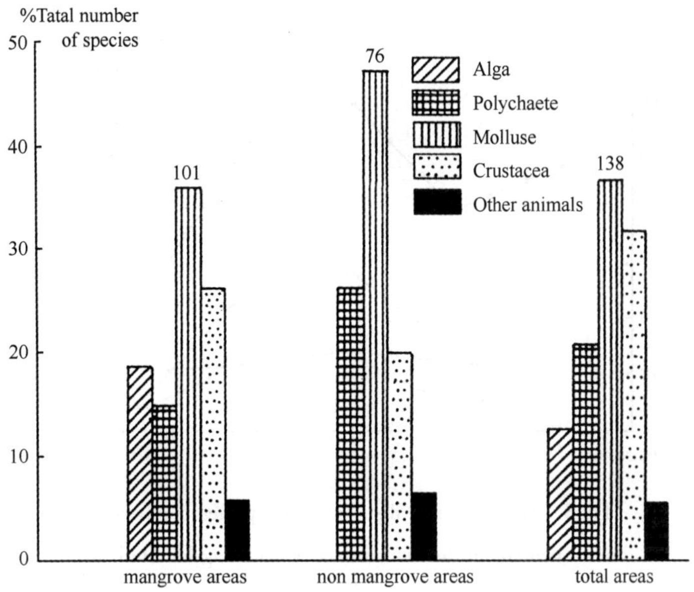

Fig.2 The percentage of species of macrobenthos in the mangrove areas at Dongzhai Harbour

Dominant species of macrobenthos in the soft bottom of Dongzhai Harbor

Polychaeta

Neanthes succina, *Onuphis eremita*, *Gwenia fusiformis*, *Notomastus latericeus*, *N. abrans*, *Mediomastus californiensis.*

Sipuncula

Pnascolosoma esculenta

Mullusca

Cerithidea cingulata, *C. microptera*, *C. ornata*, *Terabralia sulcata*, *Batillaria zonalis*, *Nassarius festivus*, *Phacoides scarlatoi*, *Anomalodisous squamosus*, *Glauconme chinensis*, *Laternula anatina*, *Merella culter*, *Angulaus vestalioides*, *Merisca diaphana*, *Clausinella chlorotica.*

Crustacea

Uca (*Deltuca*) *arcuata*, *Macrophthalmus* (*Mareotis*) *difinitus*, *Paracleistostoma depressum*, *Ilyoplax tansuiensis*, *Sesarma* (*Chiromantes*) *biden*, *S.* (*Parasesarma*) *pictum*, *Metaplax elegans.*

As to the horizontal distribution of macrobenthos in the mangrove area, the highest species number appeared at transection D_3 where 60 species were recorded. The next was at D_4 where 53 species were recorded. The next in sequence were at D_1 with 48 species, D_2, 40 species, D_6, 30 species, D_5, the least with 24 species.

The horizontal distribution of species number differs with the groups. Distribution of MULLUSCA and polychaete species coincided with the trend of total species distribution. The species distribution of crustacean was almost the same at each transects (Fig.3).

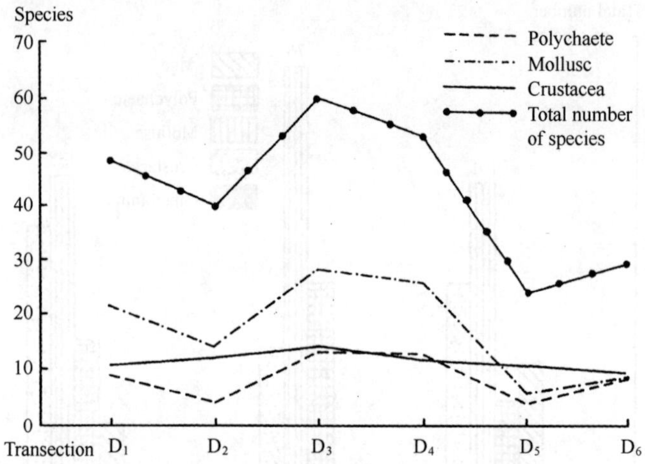

Fig.3 The horizontal distribution of species numbers of macrobenthos in the mangrove areas at Dongzhai Harbour

3.3.1.2 Numerical composition and distribution

(1) Biomass

The biomass of macrobenthos in the area studied was averaged 150.54 g/m^3, among which mollusk had the highest biomass with average 137.08 g/m^2, crustacean the next, 9.39/m^2, and polychaete the least, only 0.56 g/m^2. The total average biomass was 168.29 g/m^2 in spring which was higher than that of 132.79 g/m^2 in winter. The biomass of mollusks and crustacean were higher in spring than in winter.

It is clear from Figure 4 that total biomass distribution was coincided with the mollusk distribution at each transaction in either mangrove area or non-mangrove area.

(2) Density (abundance)

Total average density of macrobenthos in the survey area reached 249 ind./m^2. While for mollusk it was 190 ind./m^2, the next abundance was crustacean with average 41 ind./m^2. It was lower for polychaete, only 10 ind./m^2 in total density. The total average density in spring (269 ind./m^2) was higher than in winter (230 ind./m^2). It was the same for the average density of mollusks and crustaceans in these 2 seasons.

It shows clearly that from Fig.5 that the distribution of total density coincided with that of mollusks at each transection either in mangrove area or in non-mangrove area. The density distributions of the total and of the mollusks were quite similar.

It is also clear from Table 4 that mollusk density and biomass is higher in non-mangrove area than in mangrove area. It is the same for polychaete. However, density and biomass of crustacean in mangrove area is higher than in non-mangrove area.

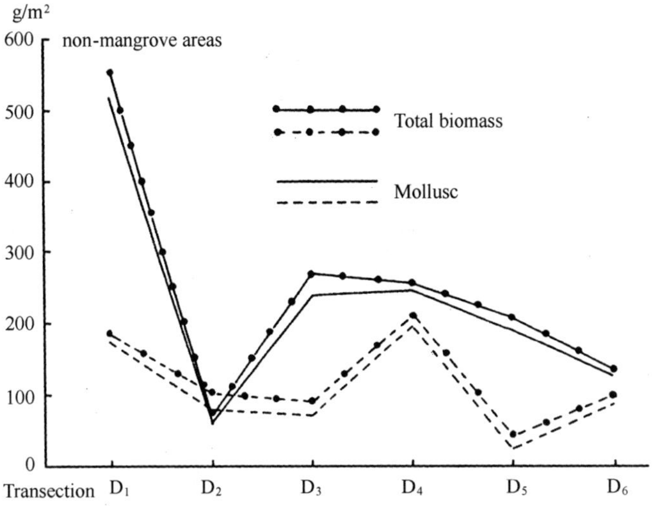

Fig.4 The horizontal distribution of biomass of macrobenthos in the mangrove areas at Dongzhai Harbor

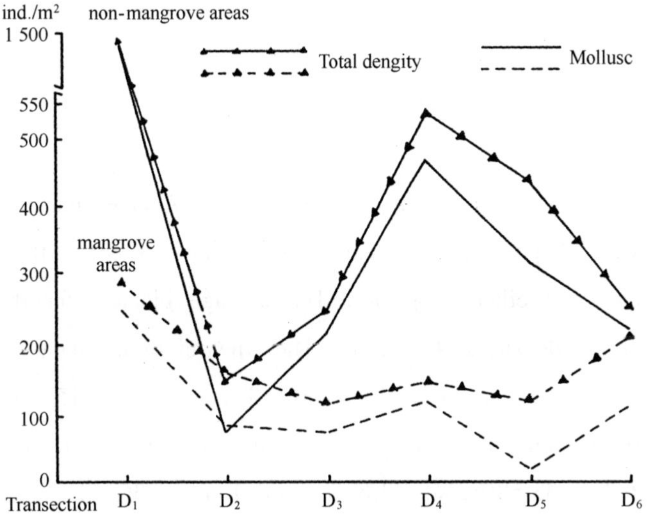

Fig.5 The horizontal distribution of habitat density of macrobenthos in the mangrove areas at Dongzhai Harbor

Table 4 Comparisons of macrobenthos biomass and density in areas of mangrove and non-mangrove on each transection of Dongzhai Harbor

Sites	Groups	Polychaete		Mollusc		Crustacea		Other animal		Total	
		g/m²	ind./m²	g/m²	ind./m²	g/m²	ind./m²	g/m²	ind./m²	g/m²	ind./m²
D_1	Mangrove	0.48	2	173.14	247	5.21	25	4.49	11	183.32	285
	Nonmangrove	2.14	40	545.26	1 332	0.20	4	3.50	2	551.10	1 378

Sites	Groups	Polychaete		Mollusc		Crustacea		Other animal		Total	
		g/m²	ind./m²	g/m²	ind./m²	g/m²	ind./m²	g/m²	ind./m²	g/m²	ind./m²
D_2	Mangrove	0.70	5	79.36	85	8.99	31	11.30	38	100.35	159
	Nonmangrove	0.04	8	61.50	78	4.30	34	5.76	28	71.60	148
D_3	Mangrove	0.52	12	69.26	74	18.71	26	1.47	4	89.96	116
	Nonmangrove	1.16	18	261.06	207	3.60	14	0.68	2	266.50	241
D_4	Mangrove	0.15	2	194.45	120	13.14	22	0.42	2	208.16	146
	Nonmangrove	2.24	48	244.94	464	4.78	18	0.14	4	252.10	534
D_5	Mangrove	0.28	4	23.40	20	14.23	91	2.13	4	40.04	119
	Nonmangrove	0.04	2	187.30	312	4.78	66	12.62	2	204.74	382
D_6	Mangrove	0.41	10	89.85	112	9.39	82	0.14	3	99.79	207
	Nonmangrove	0.24	10	125.02	214	3.20	20	2.04	6	130.50	250

3.3.1.3 Community structure and vertical distribution

(1) Communities in key area of reserves

There were 91 species of macrobenthos in the key area. Among them the species of mollusk came to the highest with 32 species, crustacean the next with 22 species, than polychaete 18 species, algae 14 species and other 5 species. The average biomass for the communities was 165.14 g/m² with average density 284 ind./m². The types of sediments were mainly STYU and YT, which accounted for 69.2% of the total stations. ST accounted for 15.4%. TS and S each accounted for 7. 7%. The contents of sediment was mainly composed of silt sand. Besides, the contents of sand accounted for 33.68%, silt 22.67%, gravel only 1.3%. The organic matter in sediments were measured between 0.67% to 4.66% with average 2.94%. The pH of sediment were between 6.61 to 7.30, with average value 6.99.

(2) Three zoning patterns can be divided into the area:

a. *Terebralia sulcata-Uca arcuata-Glauconme chinensis* Zone

The zone stretched from high tidal zone to the upper part of mid-intertidal zone, where representative species was *Terebralia sulcata* with maximum biomass 72.00 g/m², and maximum density 28 ind./m².

b. *Cerithidea cingulata-C. microptera-Phascolosoma esculenta* zone

It mainly distributed in the mid-intertidal with a few species spreading upward to the lower part of high tidal zone and downward to low tidal zone, interlocking with the adjacent zones. The representative species was *Cerithidea cingulata* which had great numbers reaching 320 ind./m^2 and biomass 149.16 m^2.

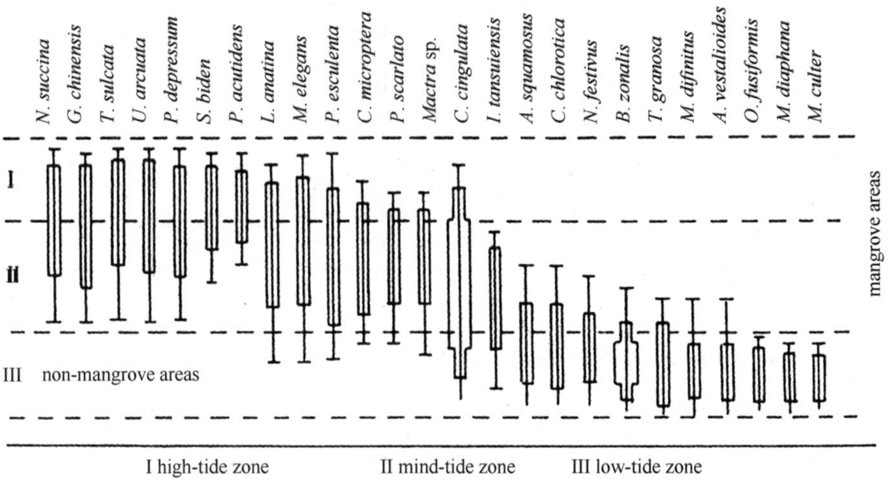

Fig.6 The vertical distribution of macrobenthos community in the mangrove areas at Dongzhai Harbor

c. *Batillaria zonalis-Cerithidea cingulata-Anomalodisous squamosus* zone

It was mainly distributed in the low tidal zone, i. e. non-mangrove area. The representative species, *Batillaria zonalis*, reached the highest density 1 200 ind./m^2 and biomass 245.68 g/m^2. Extending from upper zone, *Cerithidea cingulata* got still high numbers with maximum density 348 ind./m^2 and biomass 180.04 g/m^2.

3.3.2 Macrobenthos attaching on mangrove

3.3.2.1 Species composition and distribution

25 species of macrobenthos on the trees have been recorded, among which there were 7 algae species, 1 polychaete, 10 mollusks, 6 crustacean and 1 others.

Dominant species include *Saccostrea cucullata*, *Balanus albicostauts*. Common species include *Brachidontes variabilis*, *Littoraria articculata*, *L. melanostoma*, *Cerithidea ornata*, *Balanus amphitrite amphitrite*, *Euraphis withersi* and *Nanosesarma minutum* etc.

It shows by vertical distribution of species numbers that there were 16 species at the upper part of mid-intertidal zone, 14 at high tidal zone and 5 at the middle part of mid-intertidal zone.

3.3.2.2 Numerical composition and distribution

The average biomass was 2 122.75 g/m^2 and density 2 187 ind./m^2 for macrobenthos on the trees. Mollusks dominated in terms of biomass and crustacean the next. In contrast, crustacean dominated in terms of density and mollusks the next (Table 5).

Table 5 Numerical composition and vertical distribution of macrobenthos on the trees

Tide zonw	Total		Polychaete		Molluse		Curstacea		Algae	Other animal	
	g/m²	ind./m²	g/m²	ind./m²	g/m²	ind./m²	g/m²	ind./m²	g/m²	g/m²	ind./m²
I	865.33	2 738	0.33	14	71.34	166	756.17	2 541	31.17	0.33	17
II 1	4 083.58	2 483	1.50	25	3 147.33	1 083	930.25	1 350	3.25	1.25	25
II 2	1 419.83	1 341	–	–	1 034.00	583	303.75	758	82.08	–	–
Means	2 122.75	2 187	0.61	14	1 417.39	609	663.39	1 550	40.83	0.53	14

3.3.2.3 Community structure and vertical distribution

Three zoning pattern can be recognized for the macrobenthos on the trees.

(1) High tidal: *Littoraria–Balanus albicostatus* zone

The biomass and density of *Littoraria articulata* are 275.00 g/m^2 and 200 ind./m^2 in spring, respectively. The biomass and density of *L. melanostoma* are 120.00 g/m^2 and 100 ind./m^2 in spring, respectively. That of *Balanus albicostatus* are 95.00 g/m^2 and 1 700 ind./m^2, respectively.

(2) The upper part of mid-intertidal: *Balanus albicostatus-Saccostrea cucullata* zone *B. albicostatus* could spread to high tidal zone and to the middle part of mid-tidal. In the upper part of this zone, the biomass and density reached 2 220.00 g/m^2 and 3 400 ind./m^2, respectively. That of *S. cucullata* reached 31.00 g/m^2 and 500 ind./m^2.

(3) Middle part of mid-intertidal: *Saccostrea-cucullata-Balanus amphitrite amphitrite* zone These 2 species have extended from the upper part of mid-intertidal zone. The biomass and density of *S.cucullata* came to the highest 3 440.00 g and 900 ind./m^2, respectively. Those of *B.amphitrite* amphitrite came to 1 047.00 g/m^2 and 2 800 ind./m^2, respectively.

3.4 Chlorophyll-a and plankton in the sea of Dongzhai Harbor

3.4.1 Chlorophyll-a

It can be seen from Table 6 that the contents of chlorophyll-a are not so different between January and March. The variations of horirontal distributions of chlorophyll-a were little in the harbor, ranging from 1.82 to 2.94 mg/m^3. The contents of chlorophyll-a were lower outside the harbor, averaged 1.767 mg/m^3. It was higher at the opening of the harbor, normally with values over 2 mg/m^3. The average chlorophyll-a in the area was 2.1 mg/m^3, which is normal in general.

Table 6 Distribution of chlorophyll-a and plankton abundance at Dongzhai Harbor

Stations	Chlorophll-a/(mg/m^3)			Phytoplankton/(cells×10/m^3)			Zooplankton individuals/m^3					
							Hydromedusae			Copepoda		
	Jan	Mar	mean	Jan	Mar	mean	Jan	Mar	mean	Jan	Mar	mean
HD_0	-	1.67	1.67	-	28.4	28.4	-	3.03	3.03	-	3.03	3.03
HD_1	2.74	2.05	2.40	18.4	15.2	16.8	2.36	2.86	2.61	15.25	2.78	9.02
HD_2	2.15	2.94	2.55	1 367.2	29.6	698.4	1.59	1.85	1.72	7.22	24.21	15.72
HD_3	2.24	2.27	2.26	403.2	64.9	234.1	0.04	0.98	0.51	0.33	16.63	8.48
HD_4	1.82	2.17	2.00	140.8	52.8	96.8	0.63	0.73	0.68	1.93	12.71	7.32
HD_5	1.93	1.89	1.9	79.2	39.2	59.2	0.28	0.39	0.34	0.47	5.20	2.84
HD_6	2.40	2.37	2.39	24.8	66.4	45.6	1.04	0.16	0.60	0.18	1.15	0.67
HD_7	1.71	1.57	1.64	-	-	-	-	-	-	-	-	-
Total mean	2.14	2.12	2.10	338.9	42.4	168.5	0.99	1.43	1.36	4.23	9.39	6.73

3.4.2 Pohytoplankton

42 species of phytoplankton were recorded in Dongzhai Harbor, which belongs to 29 genus of 13 families. There were 6 dominant species.

The horizontal distribution of species number shows that the species were less in the opening and in the outside harbor. 8 species were found at HD_0 and HD_1. The number of species was high inside the harbor. The highest number occurred at HD_3 with 19 species. They were between 14 to 17 at other stations.

The total cells number of phytoplankton averaged $168.5\times10^6/m^3$. It was higher in January ($338.9\times10^6/m^3$) than that in spring ($42.4\times10^6/m^3$). The dominant species were *Plagiogramma vanheurckii* and *Thalassiosira rotula*. The horizontal distribution of cell number shows that high density area was located at HD_3 with value of $1\ 367.2\times10^6/m^3$. The next highest was at HD_4 with value of $403.2\times10^6/m^3$. The lowest one was at HD_1 in the opening of Harbor with value of $18.4\times10^6/m^3$. The cell number of phytoplankton was low in March.

3.4.3 Zooplankton

There were total 44 species of zooplankton recorded during the survey, among which there were 13 species of medusa and 31 species of copepods. 9 species dominated in the waters.

3.4.3.1 Species composition and numerical distribution of medusa

There were 13 species of medusa recorded, among which 8 species were hydromedusa, 3 siphonophora and 2 Ctinophora. These species all belong to warm water species.

The horizontal distribution of species shows that the number of species was high at stations near the harbor opening. For example, there were 8 and 7 species occurred at station HD_1 and HD_6, respectively. In contrast, there were only 3 and 1 species found at the station inside the harbor. The species number of medusa was not high during the 2 survey where 9 and 8 species were recorded in January and March, respectively.

The horizontal distribution of density shows that total number averaged 1.36 ind./m^3 in January and 0.99 ind./m^3 in March. High number was located in the opening and outside the harbor. The number was evidently low inside the harbor.

3.4.3.2 Species composition and numerical distribution of copepods

There were 31 species of copepods recorded in Dongzhai Harbor. There were 25 species in January, only 14 in March. It averaged 4.32 ind./m^3 and 9.39 ind./m^3 in January and March, respectively. High dense area appeared at station with 24.21 ind./m^3. The next was at HD_3, HD_4 with values of 16.63 and 12.71 ind./m^3. The lowest density was located inside the harbor with value of 1.15 ind./m^3.

3.5 Survey for the fishery resource in Dongzhai sea waters

3.5.1 Species composition

Among the catches of Dongzhai Harbor, the fish dominated and occupied 85% to 90% of the total catch. Other catches such as crabs, shrimps and cephalopod occupied 10% to 15% of the total. There were 212 species recorded from the specimen belonging to 115 genus of 68 families in 17 orders. For those species, around 80 were dominant species and 40 were high economical species.

There were 35 species collected during the survey including 25 species of shirmps, 8 species of crabs, 2 stomatopods and 3 cephalopods.

3.5.2 Catches

Totally 305 tons of catch produced by 4 fishing ports in 1994. The highest production was from Puqian Town with 150 tons. The next was from Binhai Town with 85 tons. Productions from Yanfeng and Shanliang were 45 and 25 tons, respectively. All the catch was mostly small garbage fishes and no centered fishing ground formed in this area. The busy season was the period from June to November. Others were slack season.

Annex

Dominant species of plankton in Dongzhai Harbor

Phytoplankton

Thalassiosira rotula, *Leptocylindrus danicus*, *Thalassionema nitzschioides*, *Plagiogram vanheurckii*, *Bacillaria paradoxa*

Zooplankton

Copepoda: *Calanus sinicus*, *Conthocalanus pauper*, *Euchaeta concinna*, *Candacia bradyi*, *Calanopia thompsonis*, *Acartia pacifica*

Hydromedusae: *Pleurobrachia globosa*, *Diphyes chamissonis*, *Aglaura hemistoma*

Acknowledgment

Authors sincerely thank Professor Zhang Raoting for his help in terms of mangrove species identification and his support to this work. Thanks also go to Prof. Zhang Jinbiao and Prof. Lian Guangshan for the identification of zooplankton samples and Prof. Chen Qifan for the measurement of chlorophyll-a.

References

1 Chen Huanxiong and Chen Erying. Present situations of mangrove distribution of Hainan Island. Tropical Sea 1985,(493):74-79.

2 Zhen Den Zhang, Liao Baonu. Study on the mangrove forest and their biotops at Qinglan Harbor and Dongzhai Harbor of Hainan Island. Forest Science Research. 1989,2(5):433-441.

3 Zhang Raoting and Lin Peng. Study on the mangrove flora in the coast of China. Academia Xiamen University, nature and science version 1984,23(2):232-239.

4 Zhou Shiqiang and Li Fuxue. Community ecology of macrobenthos in the mangrove of Jiulongjiang Estuary, Fu jian. Journal Oceanography of Taiwan Strait. 1986,5(1):78-85.

5 Gao, S. H. & F. X. Li. Community ecology of ground-dwelling macrofauna of mangrove in the Jiulongjiang Estuary. Journal Oceanography of Taiwan Strait 1985,4:179-191.

6 Jiang, J. X. & R. G. Li. An ecological study on the mollusca in mangrove areas in the estuary of the Jiulongjiang river. Hydrobiologia 1995,295:213-220.

7 Li, R. G., J. X. Jiang, Lu, L., F. W. Zheng, X. G. Huang and Q. Q. Wu. A study of the macrobenthos ecology on the mangrove region in Puyuzhou, Daya Bay. Research and Management on China Mangrove. Science Press. 1995, 136-145.

8 Lin, P. Distribution of species and the physiognomic classification of mangrove forests in China. Transactions of environmentalScience and Ecology. Xiamen University Press. 1993,74-79.

9 He M. H., E. X. Cai, H. Z. Xu, J. X. Jiang, F. W. Zheng and R. G. Li. Studies on benthic ecology in mangrove in Jiulongjiang Estuary, Fujian. Journal Oceanography of Taiwan Strait. 1993, 12(1):61-68.

10 Sasecuma, A. Distribution of Macrofauna on a Malaya Mangrove Shore, J. Anim. Ecol. 1974,43:51-69.

11 Wells, F. E. Comparative distributions of macromollusks and macrocrustaceans in a Northwestern Australian mangrove system. Aust. J. Mar. Freshwat. Res, 1984,35:591-596.

Jiang Jinxiang, Li Rongguan, Lu Lin, Zhang Shuijin, Zheng Fengwu and Lin Shuangdan. 原载《Proceedings of the Ecotone Ⅵ》.1997:161-183.

A Study on the Biodiversity Conservation of Mangrove Ecosystem of Qinglan Harbor in Hainan, China

Abstract An investigation on the biodiversity of mangrove ecosystem was carried out seasonally along 12 transects in the national mangrove forest conservation and adjacent waters in Qinglan Harbor, Hainan from 1993 to 1995. The species and number of marine flora and fauna in the mangrove ecosystem were found out basically. And the results reported for the first time that there totally were 1006 species of biota in the area, which included 29 species of mangrove plants. 95 seashore plants. 2 seaweed. 333 macrobenthos, 61 phytoplankton. 37 zooplankton. 95 benthic diatom. 300 fishes and 54 insects. Meanwhile, among the species mentioned above there were 250 high economic species in which 76 species were plants and 174 animals.

Furthermore, the results indicated that in the investigation area *Lingula anatina* Lamarck a first class marine animal of national priority for protection, was found with great numbers. And one of rare species of mangrove plant for national priority for conservation. *Sonneratia hainanensis* Ko. was found only distributing in Qinglan Harbor. Also there were 2 species of endangering mangrove plants *Lumnitzera littorea* and *Nypa fruticans* in the area.

Besides, the environmental factors such as sediment organic matter, sulphide, pH, Eh, and sediment grain size in the mangrove forest area were determined during the investigation.

Key words Biodiversity, Mangrove ecosystem, Qinglan Harbor, Hainan

1 Introduction

Mangrove ecosystems have very significant ecological and environmental value for tropical and subtropical coastlines. In the Island of Hainan, many luxuriant mangrove forests grow along with the coastlines. For about 20 years a few researchers have done a lot of works on mangrove in Hainan, and the number of mangrove species have been recorded more and more. Lin Peng and Lu Changyi (1981), and Gao Yunzhang (1981) reported respectively there were 27 species of mangrove in Hainan. Zhang Raoting, Lin Peng (1984) reported 28 species. 29 species involved 25 species in Qinglan Harbor were recorded by Chen Huanxiong and Chen Erying (1985). Lin Peng and Lu Changyi (1985) also reported totally 29 species involved 20 species in Dongzhai Harbor and 26 in Qinglan Harbor, and divided all the mangroves of Hainan into 12 communities. Lin Peng

(1993) reported in all-sided that there were 34 species of mangrove which included 24 true mangrove and 10 semi-mangrove in Hainan. In the book "Mangrove Ecosystem in China" (Lin Peng, 1997), 35 species were recorded from Hainan which included 25 true mangrove and 10 semi-mangrove. Furthermore, the development of mangrove research in China, ecological environments, mangrove communities and others concerned were discussed in the book. Besides, some researches on the adaptability, biomass, productivity, succession and management of mangrove of Qinglan Harbor in Hainan have been discussed (Zheng Dezhang et al., 1995).

Concerning macrobenthos research for mangtove areas of Qinglan Harbor have not been reported so far. Our investigation was carried out not only dealt with mangrove but studied macrobenthos in the survey areas. This paper completely reports the species composition, numbers, distribution and community constructs of macrobenthos in the mangrove area of Qinglan Harbor in Hainan.

2 Materials and Methods

From November 1993 to March 1995, 4 seasonal investigations on the biodiversity were conducted in the national reserves of Qinglan Harbor mangrove in spring, summer, autumn and winter respectively.

12 transects were set up in the investigation area (Fig. 1), in which 6 transects (L1, L3, L4, L6, L8 and L9) were representatively selected from high tidal zone to lower part of mid-tidal zone for the studies of mangrove biodiversity, community structure and distribution. 3 quadrates, each with $(10\times10)\,m^2$ in areas, were chosen in the mangrove forest zone. Mangrove plants and their associates in the frame were measured for their high, trunk perimeter, hat span and high of trunk besides the records of pararneters such as living state, climatic phase and environmental conditions.

For the macrobenthos quantitative and qualitative sampling 12 transects were set. 4 sampling stations were set along each transect from high tidal zone to low tidal zone. Among them 3 stations were set inside the mangrove area, one outside the mangrove zone and at the low tidal area. 4 parallel cubes of surface layer sediment, $(25\times25\times25)\,cm^3$ in size for each, were sampled at every sampling station. All samples were treated with a sieve of 1 mm mesh size.

In January and March 1995, 2 cruises for the studies of chlorophyll-a, primary productivity, phytoplankton and zooplankton were carried out at 12 stations in the survey area (Fig.1).

The environmental parameters in the mangrove area, such as the contents of organic matter and sulphide, pH, Eh, sediment particle size, interstitial water temperature and salinity, were sampled and determined *in situ* at every station along each transect respectively.

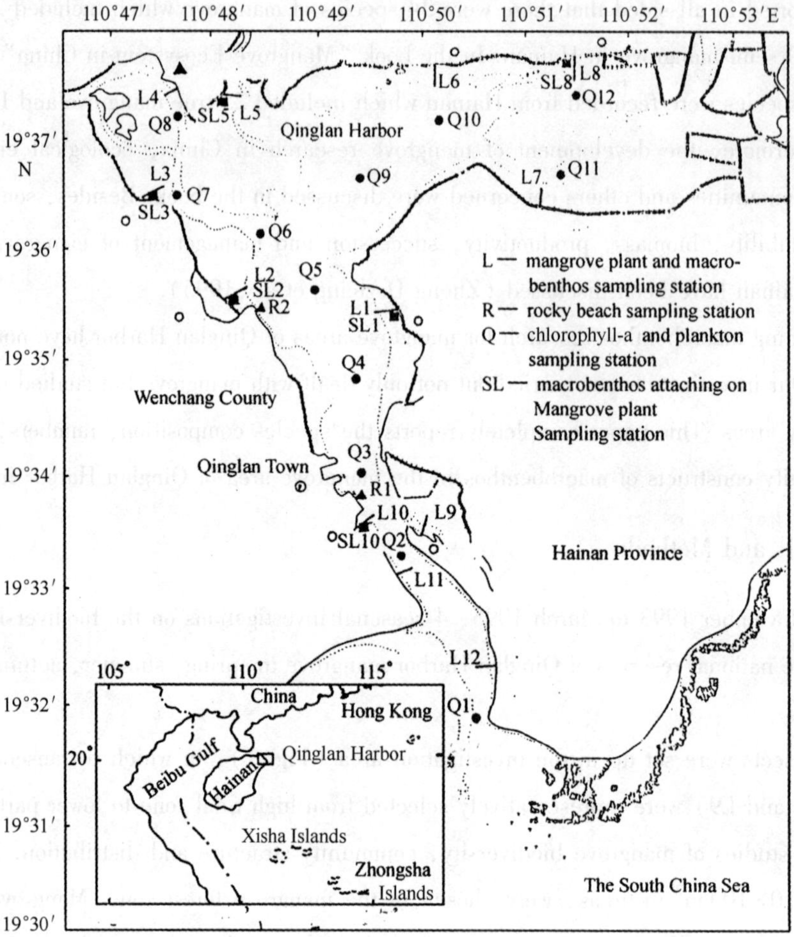

Fig.1 Sampling transects and stations for the survey in mangrove reserve of Qinglan Harbor

3 Results and Conclusion

3.1 Environmental conditions of the mangrove area

The results show that there was a high content of organic matter with average value of 4.14% in the sediment of the survey areas, in which the highest value reached to 25.61% and the lowest was 0.43%. The contents of organic matter were higher in mangrove area than those in non-mangrove area. The former averages 5.0% and the later only 1.37%. In view of vertical distribution, contents of organic matter in the high and the mid-tidal zone were higher than that in the low tidal zone in all of transects. The main reason for the high content of organic matter in the mangrove zone is due to the withered and fallen leaves of mangrove that decomposed in the sediment. Meanwhile, it is closely related to the sediment grain size because organic matter is apt to adhere to the fine particles of sediment and to be preserved in the reductive environment. Therefore, the contents of organic matter go up with the rise of fine sediment particles in proportion.

The contents of sulphide in the survey area were in normal values except a couple of stations in which the contents of sulphide surpassed the standard level. The average pH value of sediment was 6.18 ranging between 4.12 and 7.38 in the investigation areas.

There were 7 types of sediments in the investigation areas, in which FS was a main sediment type and it occupied 60% of total samples. MFS type and GS type each occupied 10% of total samples. STY, YS, TS and GST only occupied a small proportion in the samples.

3.2 Species and community structure of mangrove flora

There were totally 29 species, which account for 78.4% of the total species of the country, found at Qinglan Harbor mangrove ecosystem according to the investigation as well as the existed data. Among them, true mangrove counts 23 species and semi-mangrove 6 species. In this study, there were 3 species of mangrove more than those reported before, and they were *Lumnitzera littorea*, *Pongamia pinnata* and *Pluchea indica*.

It was first time to use Transect Line Plots Method for quantitative description of the species composition and community structure of mangrove forests in Qinglan Harbor. 18 plots were established along 6 transects through the mangrove zone with total areas of 1 652 m^2.

The results showed that dominant species in Qinglan Harbor were *Sonneratia caseolaris*, *Bruguiera sexangula*, *Rhizophora stylosa*, *Bruguiera gymnorrhiza*, *Rhizophora apiculata*, *Lumnitaera racemosa*, *Ceriops tagal* and *Avicennia marina*.

Based on the standard using dominant species to group the community, and calculating the value of comprehensive characters, relative significance and relative frequency, the results of statistic (Table 1) showed that the communities along 6 transects were different from each other. They were:

L1: *Sonneratia caseolaris-Lumnitzera racemosa-Rhizophora stylosa-Avicennia marina* community;

L3: *Sonneratia caseolaris-Bruguiera sexangula-Lumnitzera racemosa* community;

L4: *Bruguiera sexangula-Bruguiera gymnorrhiza-Rhizophora apiculata* community;

L6: *Sonneratia caseolaris-Bruguiera sexangula* var. *rhynchopetata-Ceriops tagal* community;

L8: *Sonneratia caseolaris-Rhizophora stylosa-Ceriops tagal* community;

L9: *Sonneratia caseolaris-Rhizophora stylosa-Rhizophora apiculata* community.

Table 1　Species characters of mangrove by sampling quadrates (10 m×10 m) on 6 locations of Qinglan Harbor

Tide zone	Species name	Number	Trunk area /cm^2	Frequency /%	Relative abundance /%	Relative significance /%	Relative frequency /%	Weight value
High tidal zone	*Brugiliera sexangllla*	28	3 158.2	66.7	17.61	46.37	11.44	25.14
	Sonneratia caseolaris	14	1 554.7	33.3	8.81	22.83	5.71	12.45
	Lumnitzera racemosa	31	68.8	66.7	19.50	1.01	11.44	10.65
	Excoecaria agallocha	8	853.3	33.3	5.03	12.53	5.71	7.75
	Ceriops tagal	20	91.1	33.3	12.58	1.34	5.71	6.54
	Bruguiera gymnorrhiza	13	106.7	50.0	8.18	1.57	8.57	8.10
	Rhiwphora stylosa	12	80.0	50.0	7.55	1.19	8.57	5.77
	Bruguiera sexangula var.*rhynchopetata*	5	380.4	33.3	3.14	5.58	5.71	4.81
	Hibiscus tiliaceus	3	155.2	50.0	1.89	2.28	8.57	4.25
	Xylocarpus granatun	7	126.2	33.3	4.40	1.85	5.71	3.99
	Aegiceras cirniculatum	5	11.1	50.0	3.14	0.16	8.57	3.96
	Rhizophora apiculata	8	75.1	33.3	5.03	1.10	5.71	3.95
	Avicennia marina	4	15.4	33.3	2.51	0.23	5.71	2.82
	Cerbera manghas	1	133.8	16.7	0.63	1.96	2.87	1.82
Midtidal zone	*Sonneratia caseolaris*	116	2 640.8	100.0	25.66	32.47	14.64	24.26
	Bruguiera sexangula	69	1 248.7	33.3	15.27	15.36	4.87	11.83
	Bruguiera gymnorrhiza	27	1 164.3	66.7	5.97	14.32	9.76	10.02
	Rhizophora stylosa	54	317.7	83.3	11.95	3.91	12.19	9.35
	Rhizophora apiculata	42	878.9	50.0	9.29	10.18	7.32	9.14
	Lunmitzera racemosa	20	535.2	66.7	4.42	6.58	9.76	6.92
	Xylocarpus granatun	14	579.8	33.3	3.10	7.12	4.87	5.03
	Ceriops tagal	31	47.3	50.0	6.86	0.58	7.32	4.92
	Excoecaria agallocha	8	444.6	50.0	1.77	5.47	7.32	4.85
	Avicennia manna	25	90.6	50.0	5.53	1.11	7.32	4.65
	Aegiceras cirniculatum	16	34.5	50.0	3.54	0.43	7.32	3.76
	Bruguiera serangula var. *rhynchopetata*	13	130.2	33.3	2.88	1.60	4.87	3.12
	Lumnitzera litlorea	17	19.6	16.7	3.76	0.24	2.44	2.15

Communities that mainly structured by *Sonneratia caseolaris-Bruguiera sexangula* or *Bruguiera sexangula-Sonneratia caseolaris* were growing most luxuriantly in all the mangrove communities.

The most remarkable feature of the mangrove communities was that there was a mangrove belt formed phenomenon composed by dominant species running roughly parallel to the seashore. This phenomenon was closely related to the submerging frequency of tide, the component of sediments, the effect of waves and the salinity of interstitial water as well as other environmental factors. Also varying species of mangrove plants required and adapted to different circumstances. Therefore, the distribution of mangrove communities was in many distinct belts where they could grow well.

The height of communities was measured mostly between 2 and 4 m with exception of some plants reaching as high as 14 m. The trunk diameters were mostly measured 4 to 6 cm with some reaching 30 cm, and the coverage of community reached around 80%. Plants in these areas grew quite well under the conditions of high temperature and high humidity. As results, quite a number of young plants were found under the woods, showing a high renewing capacity of the community.

The age structure analytical results of main species of mangrove communities indicate that the patterns of dominant species, *Bruguiera sexangula* and *Sonneratia caseolaris*, looked as pyramid shape, showing these two communities to be in growing stage. But between the two communities the pattern of *Sonneratia caseolaris* was more typical, and the third and fourth step plants of *Bruguiera sexangula* were relatively fewer in numbers. The young plant numbers of *Bruguiera sexangula* also were found to be fewer in our on-the-spot investigation. and it would be needed artificially planting a number of saplings properly. The patterns of *Rhizophora stylosa* and *Lumnitzera racemosa* were in growing phase. but the pattern of *Bruguiera gymnorrhiza* was in spindle shape and its first step plants (saplings) were obviously fewer in numbers (Fig.2). According to the viewpoint of vegetation ecology that the succession dynamics of woody-plant communities are determined by the succession dynamics of constructive species of communities. the mangrove forests of Qinglan Harbor are in a rising phase of development period recently. And the relative stability of mangrove communities in the whole harbor area is in a high degree. Using Shannson Wearer formula to calculate the index of species diversity of communities. $D = 3.42$, shows that there was relative high species diversity of mangrove communities in the survey area. And this result was in agreement with the relative high stability of the community dynamics.

It was reported for the first time that there were 95 species of sea bank and beach plants in the Qinglan Harbor, and the most of them were the species growing only under the specific seashore environments. Among the species about 50% were economic plants, some were pharmaceutical plants. soil and sand-fixation forests as well as fiber and timber plants.

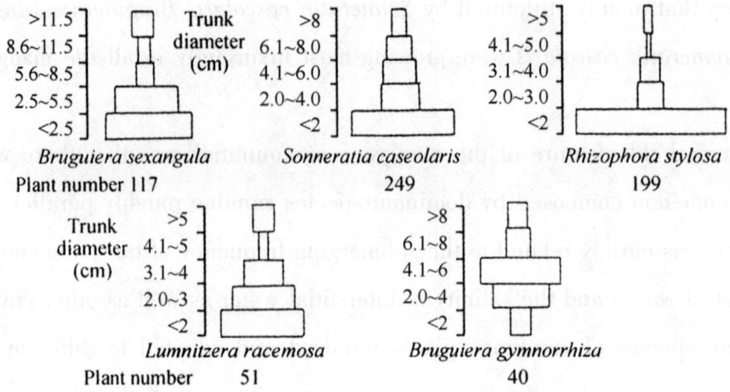

Fig.2 The age structure of dominant species of mangrove

(width showing percent of plant individuals)

3.3 Macrobenthos biodiversity in various ecosystems in the mangrove area

3.3.1 Macrobenthos in the bottom phase of mangrove zone

The species of macrobenthos were in a great variety, and the numbers of macrobenthos were very high in the sediments of Qinglan Harbor mangrove area. There were 249 species recorded for the sediment macrobenthos by preliminary analyses, among which 31 were algae, 28 polychaetes, 112 mollusks, 60 crustaceans, 13 benthic fishes and 5 other animals.

The total average biomass of sediment macrobenthos in the mangrove area was 181.79 g/m^2, among which mollusk had the highest biomass with average 173.57 g/m^2 and occupied 95% of the total biomass, crustacean the next, 7.02 g/m^2, and polychaete the least, only 0.83 g/m^2. The total average density of macrobenthos in the survey area reached 559 ind./m^2. Mollusk also dominated the density composition with average 524 ind./m^2 and occupied 94% of the total density. The next abundance was crustacean with average 24 ind./m^2. It was lower for polychaete, only 10 ind./m^2 in density.

Comparing the macrobenthos of mangrove area with those of non-mangrove area in the investigation zone, the result shew not only the total biomass but also the total density of mangrove area were quite different from those of non-mangrove area. The average total biomass with 224.75 g/m^2 and the total density with 822 ind./m^2 in the non-mangrove area were higher than those in the mangrove area with 157.40 g/m^2 and 407 ind./m^2 respectively.

The macrobenthos communities of mangrove ecosystems in Qinglan Harbor could be divided into 3 vertical distribution zones, among which 2 were located in the mangrove area and 1 in the non-mangrove area.

(1) *Glauconme chinensis-Terebralia sulcata-Uca chlarophthalmus* zone. The zone stretched

from the high tidal zone to the upper part of mid-intertidal zone, where representative species was *Glauconme chinensis* with maximum biomass 558.36 g/m^2 and maximum density 3 428 ind./m^2.

(2) *Cerithidea cingulata-Lucina scarlatai-Cerithidea micraptera* zone. This zone mainly distributed in the mid-tidal zone of mangrove area with a few species spreading upward to the lower part of high tidal zone and downward to the low tidal zone that presented a phenomenon of species alternative distribution. The representative species was *Cerithidea cingulata* which had great numbers reaching to the highest density 736 ind./m^2 and biomass 249.44 g/m^2, meanwhile the species had a wide distribution existing in all transects with the high appearing frequency of 144 in sampling stations. Besides, in this zone, *Lucina scarlalai* is a new recording in China. This species had great numbers and wide distribution as well as high appearing frequency with the highest density 3 780 ind./m^2, biomass 684.88 g/m^2, and 119 appearing frequency. *Lucina scarlatai* had become the species occupied the highest density and biomass in the whole survey areas.

(3) *Batillaria zanalis-Cerithidea cingulata-Maerella culter* zone. It mainly distribution in the low tidal zone, i. e. non-mangrove area. The representative species, *Batillaria zanalis*, reached the highest density 920 ind./m^2 and biomass 520.36 g/m^2. *Moerella culter* also mainly distributed in the low tidal zone and got still high numbers with maximum density 1 040 ind./m^2 and biomass 194.48 g/m^2.

Comparing with those in other mangrove areas which had been investigated, the biodiversity of macrobenthos in the bottom phase of mangrove area in Qinglan Harbor was quite abundant. The number of species here was higher than that in the natural mangrove reserve of Dongzhai Harbor, Hainan (138 species, Jiang Jinxiang et al., 1995). It was also higher than those in the natural mangrove reverse of Shankou, Guangxi (111 species, Wei Qingshou et al., 1993), in the mangrove zone of Daya Bay, Guangdong (70 species, Wu Qiquan et al. 1992; 87 species, Li Rongguan et al., 1995) and in the mangrove zone of the mouth of Jiulongjiang River, Fujian (172 species, He Minghai et al. 1985; 60 species, Gao Shihe et al., 1982), respectively.

3.3.2 Macrobethos attaching on mangrove

52 species of macrobenthos on the trees have been recorded, among which there were 13 species algae, 1 polychaete, 31 mollusks and 7 crustaceans. The dominant species included *Bastrychia binderi*, *Catenella impudica*, *Saccastrea cucullata*, *Littararia articulata*, *Littoraria melanostoma*, *Cerithidea rhizophorarum*, *Cerithidea ornata*, *Terebralia sulcata*, *Balanus albicostatus* and *Euraphia withersi* etc.

3.3.3 Macrobenthos in the sand beach

There were 42 species of macrobenthos appearing in the intertidal sandy beach of Qinglan Harbor by preliminary analyses, among which there were 7 polychaetes, 26 mollusks, 6 crustaceans, 1 echinoderm and 2 others. The average total biomass and density were 51.97 g/m^2 and

166 ind./m^2 respectively. Mollusks dominated this area occupied 87% of the total biomass and 80% of the total density.

According to tidal lines, the macrobenthos communities of sandy beach areas could be divided into 3 vertical distribution zones: (1) high tidal zone: *Ocypode stimpsoni-Latona cuneata-Scopimera curtelsoma*; (2) mid-tidal zone: *Pillucina pisidia-Batillaria zonalis*; (3) low tidal zone: *Potamocorbula ustulata-Nassarius festivus-Lumbrineris tetraura.*

3.3.4 Macrobenthos in the rocky beach

53 species of macrobenthos on the rocky beach of Qinglan Harbor were preliminarily identified. Among those species there were 13 algae, 1 polychaete, 31 mollusks, 6 crustaceans and 2 others. The average total biomass and density were 4 196.67 g/m^2 and 2 758 ind./m^2. Mollusks had the highest biomas and density, and the next was crustacean in this area.

The macrobenthos communities on the rocky beach could be roughly divided into 3 vertical distributing zones: (1) high tidal zone: *Nodilittirina radiata-Euraphia withersi*; (2) mid-tidal zone: *Balanus albicostatus-Saccostrea cucullata-Polysiphonia yokoskensis*; (3) low tidal zone: *Brachidontes variabilis-Balanus uliginosus-Nanosesarma minutum.*

3.4 Chlorophyll-a, plankton and fishes in the sea of Qinglan Harbor

3.4.1 Chlorophyll-a

The variations of horizontal distribution of chlorophyll-a in the waters were a relative low content with average1.26 mg/m^3 in the mouth part of harbor, a mid-content with average 2.87 mg/m^3 in the central part and a relative high content with average 3.88 mg/m^3 in the nearshore. The average content of chlorophyll-a in the survey area was 2.62 mg/m^3, which was normal in general.

3.4.2 Plankton

There were 61 species of phytoplankton in the sea of Qinglan Harbor according to the data gained from winter and spring investigations. The species included 55 diatoms, 5 dinoflagellates and 1 blue green algae in which the main species were *cerataulina compacta. Chaetoceros brevis*, *C. Lauderi*, *C. Pseudocurvisetus* and *Nitzschia longissima* ect. The average density of phytoplankton was 43.4×10^3 cells/dm^3.

Zooplankton in the waters was 37 species among which were 15 medusae and 22 copepods. The main species were *Moerisia inkermanica*, *Pleurobrachia globosa*, *Diphy chamisonis*, *Oithona brevicornis*, *Tortanus forcipatus. Acartia erythraea* and *Canthocalanus pauper* etc. The average density of medusae was 25.90 ind./m^3 and copepods 0.22 ind./m^3.

There were 300 species of fishes in the waters of Qinglan Harbor. The species that included 96% of bony fishes and 4% of cartilaginous fishes were belonging to 23 orders, 90 families and 181 genera. The composition of fish fauna was absolutely dominated by warm-water-fishes with 288 species, warm-temperate-fishes only 12 species. No cold-water-fishes and cold-temperate-fishes appeared in the survey areas.

Besides, 95 species of benthic diatoms on the beaches of mangrove areas were preliminarilyrecorded, and there also were 54 species of insects existing in the mangrove forests.

Furthermore, the results indicated that in the investigation area *Lingula anatina* Lamarck, a first class marine animal of national priority for protection, was found with great numbers. And one of rare species of mangrove plant for national priority for conservation, *Sonneratia hainanensis* Ko, was found only distributing in Qinglan Harbor. Also, there were 2 species of endangering mangrove plants *Lumnitzera littorea* and *Nypa fruticans* in the survey areas.

4 Conclusion

The results of investigation shows that there were 29 species of mangrove plants at Qinglan Harbor, which included 23 species of true mangrove plants and 6 semi-mangrove plants, and 3 species of mangrove were found more than those reported before. Based on the standard using dominant species to group the community, and calculating the value of comprehensive characters, relative significance and relative frequency, the results of statistic show that the community structures along 6 transects were different from each other.Communities that mainly structured by *Sonneratia caseolaris-Bruguiera sexangula* or *Bruguiera sexangula-Sonneratia caseolaris* were growing most luxuriantly in all the mangrove communities.

The age structure analytical results of main species of mangrove communities indicate that the mangrove forests of Qinglan Harbor are in a rising phase of development period, and the relative stability of mangrove communities in the whole harbor area is in a high degree. The index of species diversity of communities, $D = 3.42$, also shows a relative high species diversity of mangrove communities in the survey area.

The investigation firstly reported that there were 95 species of sea bank and beach plants in Qinglan Harbor, and the most of them were the species growing only under the specific seashore environments.

The species of macrobenthos were in a great variety, and the numbers were very high in the sediments of Qinglan Harbor mangrove area. There were 249 species recorded for the sediment macrobenthos. The total average biomass was 181.79 g/m^2, and the total average density reached 559 ind./m^2.

There were 52 species of macrobenthos on the mangrove trees. 42 species of macrobenthos appeared in the intertidal sandy beach with average total biomass 51.97 g/m^2 and density 166 ind./m^2. And 53 species of macrobenthos on the rocky beach were recorded with average total biomass and density of 4 196.67 g/m^2 and 2 758 ind./m^2 respectively.

In the waters of Qinglan Harbor, the average content of chlorophyll-a was 2.62 mg/m^3 ranging inside normal level in general. 61 species of phytoplankton were recorded with average density of 43.4×10^3 cells/dm^3. And zooplankton was 37 species which included 15 species of medusae with average density 25.90 ind./m^3 and 22 cope pods wi th average density 0.22 ind./m^3.

There were 300 species of fishes in the waters of Qinglan Harbor. The composition of fish fauna was absolutely dominated by warm-water-fishes with 288 species occupied 96% of all the species, and warm-temperate-fishes only 12 species.

Besides, 95 species of benthic diatoms on the beaches of mangrove areas were preliminarily recorded, and there also were 54 species of insects existing in the mangrove forests.

Furthermore, the results indicated that in the investigation area *Lingula anatina* Lamarck, a firstclass marine animal of national priority for protection, was found with great numbers. And one of rare species of mangrove plant for national priority for conservation, *Sonneralia hainanensis* Ko, was found only distributing in the survey area. Also, there were 2 species of endangering mangrove plants *Lumnitzera littorea* and *Nypa fruticans* in Qinglan Harbor.

Acknowledgement

The authors are especially grateful to Prof. Zhang Raoting for his help in identification of the species of mangrove and sea bank plants. We also thank Prof. Zhang Jinbiao and Prof. Lian Guangshan for their help to identify zooplankton specimens. Thanks also give to Prof. Chen Qihuan for determination of chlorophyll-a and to Associate Prof. Chen Xingqun for identification of benthic diatoms.

References

1 Chen H. and E. Chen. Present situations of mangrove distribution of Hainan Island. Tropical Sea 1985, 4(3): 74-79.

2 Gao. S. H. and F. X. Li.Community ecology of ground-dwelling macrofauna of mangrove in the Jiulongjiang Egstuary. Journal Oceanography of Taiwan Strait 1985, 4:179-191.

3 Gao. Yunzhang. Chinese Mangroves. Guihaia. 1981,Vol.1 (4):9-15.

4 He,M. H., E. X. Cai, H. Z. Xu, J. X. Jiang, F. W. Zheng and R. G. Li. Studies on benthic ecology in mangrove in Jiulongjiang Estuary, Fujian. Journal Oceanography of Taiwan Strait. 1993, 12(1):61-68.

5 Jiang, J. X. and R. G. Li. An ecological study on the mollusca in mangrove areas in the estuary of the Jiulongjiang River. Hydrobiologia. 1995, 295: 213-220.

6 Jiang,J. X.,R. G. Li,L., Lu, S. J., Zhang, F. W., Zheng and S. D.,Lin. A study on the biodiversity of mangrove ecosystem of Dongzhai Harbor in Hainan Province. Proceedings of the ECOTONE Ⅵ. 1997, 161-183.

7 Li, R. G., J. X. Jiang,L. Lu, F. W. Zheng, X. G. Huang and Q. Q. WU. A study of the macrobenthos ecology on the mangrove region in Puyuzhou, Daya Bay. Research and Management on China Mangrove. Science Press. 1995:136-145.

8 Lin P. Ecological notes on mangroves in southeast coast of China including Taiwan Province and Hainan Island. Acta Ecologica Sinica. 1981, Vol.1(3):283-290.

9 Lin, P.Distribution of species and the physiognomic classification of mangrove forests in China. Transactions of Environmental Science and Ecology. Xiamen University Press. 1993:74-79.

10 Lin P. Mangrove Ecosystem in China. Science Press. 1997:1-342.

11 Sasecuma, A. Distribution of Macrofauna on a Malaya Mangrove Shore. J. Anim. Ecol., 1974, 43:51-69.

12 Wells, F. E. Comparative distributions of macromollusks and macrocrustaceans in a Northwestrn Australian mangrove system. Aust. J. Mar. Freshwat. Res 1984,35:591-596.

13 Zhang Raoting and Lin Pengo Study on the mangrove flora in the coast of China. Adademica Xi amen University (nature and science version). 1984,23(2):232-239.

14 Zheng D., S. Zheng and B. Liao. The dynamic studies on mangrove of Qinglan Harbor in Hainan Island. Guangzhou: GuangdongScience and Technology Press. 1995:1-137.

Jiang Jinxiang, Li Rongguan, Lu Lin, Zhang Shuijin, Zheng Fengwu and Lin Shuangdan,原载:《Symposium on Science and Management of Mangrove Ecosystems》,Taipei City,Taiwan, China. 1998,11:23-27.

海南省清澜港红树林生态系生物多样性

摘要 1993—1995年在海南省清澜港国家红树林自然保护区设12条断面,按春、夏、秋、冬4个季度进行红树林生态系生物多样性调查。通过调查研究,基本查清清澜港红树林生态系中动植物种类和数量现状,首次报道了清澜港红树林自然保护区及其周围海域的海洋动植物种类共有1 006种,其中红树林植物29种;海岸植物95种;海草植物2种;大型底栖生物333种;浮游植物61种;浮游动物37种;底栖硅藻95种;鱼类300种;昆虫54种。具有较高经济价值的种类有250种,其中经济植物76种,经济动物174种。

值得指出的是,调查区发现属于中国优先保护一类海洋动物海豆芽(*Lingula anatina*)的数量相当大;中国优先保护珍稀红树林植物海南海桑(*Sonneratia hainanensis*)只分布于清澜港;濒危红树林植物有红榄李(*Lumnitzera littorea*)和水椰(*Nypa fruticans*)。

调查期间,同时测定了红树林区生态环境要素,包括底质的有机质、硫化物、pH值、Eh值和沉积物粒度分析等。

关键词 生物多样性;红树林生态系;海南清澜港

A study on the biodiversity of mangrove ecosystem of Qinglan Harbor in Hainan, China

Abstract An investigation on the biodiversity of mangrove ecosystem was carried out seasonally along 12 transects in the national mangrove forest conservation and adjacent waters in Qinglan Harbor, Hainan from 1993 to 1995. The species and number of marine flora and fauna in the mangrove ecosystem are found out basically. And the results are reported for the first time that there totally are 1 006 species of biota in the area, which include 29 species of mangrove plants, 95 seashore plants, 2 seaweed, 333 macrobenthos, 61 phytoplankton, 37 zooplankton, 95 benthic diatom, 300 fishes and 54 insects. Meanwhile, among the species mentioned above there are 250 high economic species, in which 76 species are plants and 174 animals.

Furthermore, the results indicate that in the investigation area *Lingula anatina* Lamarck, a first class marine animal of national priority for protection, is found with great numbers. And one of rare species of mangrove plant for national priority for conservation, *Sonneratia hainanensis* Ko, is found distributing only in Qinglan Harbor. Also, there are 2 species of endangering mangrove plants *Lumnitzera littorea* and *Nypa fruticans* in the area.

Besides, the environmental factors such as sediment organic matter, sulphide, pH, Eh and sediment grain size in the mangrove forest area are determined during the investigation.

Key words Biodiversity, mangrove ecosystem, Qinglan Harbor of Hainan

1 引言

较早报道海南岛红树林植物的有林鹏、卢昌义和高蕴章[1],有 27 种。张娆挺、林鹏[2],报道 28 种;陈焕雄、陈二英[3]对海南红树林分布做了较详细的调查,报道了 29 种,其中清澜港红树林植物有 25 种。林鹏、卢昌义[4]在《海南岛的红树群落》中报道了 29 种,其中东寨港 20 种,清澜港 26 种,全岛红树林划分为 12 个群落。林鹏[5]较全面地报道了海南岛红树植物有 34 种,其中真红树植物 24 种,半红树 10 种。林鹏[6]发表《中国红树林生态系》专著,论述了中国红树林研究的发展历史、生境、植物种类和群系、动物和微生物、生物量和生产力、物质循环和能量分布等。报道海南红树植物 35 种,其中真红树植物 25 种,半红树 10 种。另外,郑德璋等[7]发表《海南岛清澜港红树林发展动态研究》,对清澜港红树林进行了红树植物适应性、生物量和生产力、演替和经营管理方面的研究工作。

清澜港红树林区大型底栖生物调查研究至今尚未见报道。本研究较全面地报道了清澜港红树林区大型底栖生物种类的组成、数量分布和群落结构。

2 材料与方法

1993 年 11 月至 1995 年 3 月在海南省清澜港国家级红树林自然保护区,接春、夏、秋、冬 4 个季度进行红树林生态系生物多样性调查研究。调查区布设 12 条断面(图 1)。

在 12 条断面中,选择了具有代表性的 6 条断面(即断面 L_1,L_3,L_4,L_6,L_8,L_9)进行了红树林样带调查,每条断面自高潮区至中潮区下界,在红树林区内设 3 个样方,每个样方的面积为$(10×10)\ m^2$(少数样方为$(5×5)\ m^2$)。对每个样方内的红树林植物和伴生植物,按种逐株测量树高度、胸围、冠幅、枝下高,观察记录每种红树林植物的生活力、物候相以及生长环境等。

红树林区大型底栖生物调查,在 12 条断面同时进行定量取样和定性采集。每条断面自高潮区至低潮区布设 4 个取样站,其中第 1~3 取样站布设在红树林区内,第 4 取样站设在非红树林区。每站取表层沉积物面积为$(25×25)\ cm^2$ 的 4 个平行样品,挖取深度为 25 cm。泥样放入网目为 1 mm 的套筛淘洗,然后把套筛内的标本取回。

1995 年 1 月和 3 月在清澜港海域进行两航次叶绿素 a、初级生产力、浮游植物和浮游动物调查,调查海区布设 12 个测站(图 1)。

清澜港红树林区底质有机质、硫化物、pH 值、Eh 值、沉积物粒度样品和底质间隙水温、

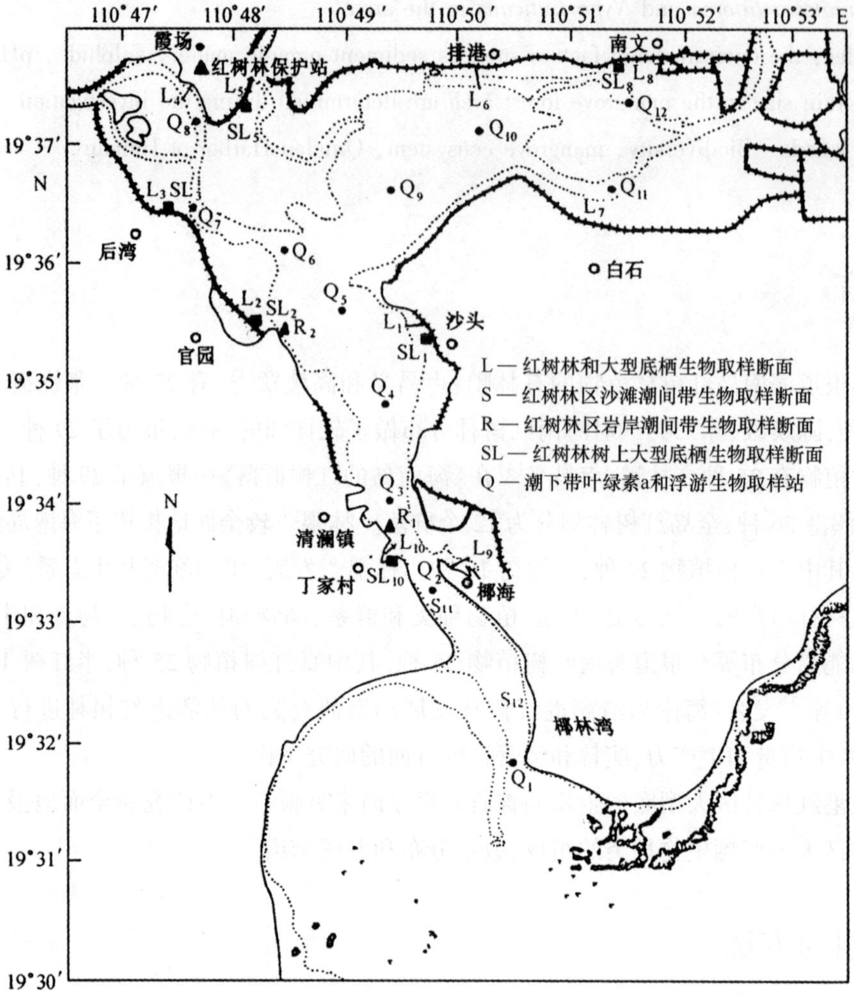

图1　清澜港红树林区调查断面及海域站位

盐度的测定，按每条断面逐站进行取样和现场测定。

3　结果和讨论

3.1　清澜港红树林区环境要素

调查研究结果表明，调查区底质中有机质含量较高，平均含量为4.14%，最高含量达25.61%，最低含量为0.43%。红树林区有机质含量（5.0%）高于非红树林区（1.37%）；由有机质垂直分布来看，各断面有机质含量均以高潮区和中潮区高于低潮区。红树林区的沉积物有机质含量较高，主要原因是与红树林凋落物在沉积物中腐烂有关系，同时也与沉积物粒度粗细有着密切相关，因为有机质是一种易被细颗粒沉积物吸附的物质，且在还原环境中易被保存下来，因此，有机质含量随着沉积物细颗粒比例的增加而升高。调查区沉积物中硫化物含量除个别站超标外，大部分站位沉积物的硫化物含量均属于正常范围。底质 pH 值在 4. 12~7.38，全区底质 pH 值平均为 6.18。

调查区沉积物分为 7 种类型，其中以细砂(FS)类型为主，其出现频率占总取样站的 60%；其次是中细砂(MFS)和砾砂(GS)类型，各占 10%；砂-粉砂-黏土(STY)、黏土质砂(YS)、粉砂质砂(TS)和砾-砂-粉砂(GST)等类型占的比例很小。

3.2 清澜港红树林种类和群落结构

根据以往报道的资料和本次调查结果，清澜港红树林植物共有 29 种，占全国红树植物种数(37 种)的 78.4%。其中真红树有 24 种，半红树 5 种。本次调查的红树植物种类比以往报道增加 3 种，它们是红榄李(*Lumnitzera littorea*)、水黄皮(*Pongamia pinnata*)和阔苞菊(*Pluchea indica*).

由表 1 可以看出，全国红树植物以海南岛的种类最多(35 种)，而海南岛则以清澜港和东寨港的种类为主。清澜港占海南岛总种数的 82.9%；根据江锦祥等[8]的报道，东寨港红树植物有 31 种，其中有 4 种海桑是引进种，实际上自然分布的种类有 27 种，占海南岛总种数的 77.1%。此外，红树植物种类依次为广东、台湾、广西等相对较多。

表 1　中国红树植物的种类及其分布

红树林	清澜港	东寨港	海南	香港	澳门	广东	广西	台湾	福建	浙江
真红树	24	21(25)	25	10	5	13	11	10	8	
半红树	5	6	10	1	0	6	3	7	1	0
合计	29	27(31)	35	11	5	19	14	17	9	1

首次在清澜港采用样带法选择 6 处样地(即 6 条断面)设 18 个定量样方，调查面积共 1 625 m^2，进行红树林群落结构分析。

调查结果红树植物优势种有海桑(*Sonneratia caseolaris*)、海莲(*Bruguiera sexangula*)、红海榄(*Rhizophora stylosa*)、木榄(*Bruguiera gymnorrhiza*)、红树(*Rhizophora apiculata*)、榄李(*Lumnitzera racemosa*)、角果木(*Ceriops tagal*)、白骨壤(*Avicennia marina*)8 种。

根据以优势种作为划分群落的标准，通过计算各植物种群的综合特征值、存在度、多度和重要值(表 2)，发现 6 条断面的红树林群落结构各不相同，断面 L_1 是海桑-榄李-红海榄-白骨壤群落；断面 L_3 是海桑-海莲-榄李群落；断面 L_4 是海莲-木榄-红树群落；断面 L_6 是海桑-尖瓣海莲(*Bruguiera sexangula* var. *rhynchopetala*)-角果木群落；断面 L_8 是海桑-红海榄-角果木群落，断面 L_9 是海桑-红海榄-红树群落。

表 2　清澜港 6 个样地高、中潮区红树林调查综合样方 6×(10 m×10 m)

潮区	种名	株数	胸断面积 /cm²	存在度 /%	相对多度 /%	相对显著度 /%	相对存在度 /%	重要值
高潮区	*Bruguiera semngula*	28	3 158.2	66.7	17.61	46.37	11.44	25.00
	Sonneratia caseolaris	14	1 554.7	33.3	8.81	22.83	5.71	12.23
	Lumnitzera racemosa	31	68.8	66.7	19.50	1.01	11.44	10.44
	Excoecaria agallocha	8	853.3	33.3	5.03	12.53	5.71	7.53
	Ceriops tagal	20	91.1	33.3	12.58	1.34	5.71	6.33
	Bruguiera gynnorrhiza	13	106.7	50.0	8.18	1.57	8.57	8.00
	Rhizophora stylosa	12	80.0	50.0	7.55	1.19	8.57	5.57
	Bruguiera sexangula var. *rhynchopetala*	5	380.4	33.3	3.14	5.58	5.71	4.71
	Hibiscus tiliaceus	3	155.2	50.0	1.89	2.28	8.57	1.15
	Xylocarpus granatum	7	126.2	33.3	4.40	1.85	5.71	3.89
	Aegiceras corniculatum	5	11.1	50.0	3.14	0.16	8.57	3.86
	Rhizophora apiculata	8	75.1	33.3	5.03	1.10	5.71	3.85
	Avicennia marina	4	15.4	33.3	2.51	0.23	5.71	2.72
	Cerbera manghas	1	133.8	16.7	0.63	1.96	2.87	1.72
中潮区	*Sonneratia caseolaris*	116	2 640.8	100.0	25.66	32.47	14.64	24.26
	Bruguiera sexangula	69	1 248.7	33.3	15.27	15.36	4.87	11.83
	Bruguiera gymnorrhiza	27	1 164.3	66.7	5.97	14.32	9.76	10.02
	Rhizophora stylosa	54	317.7	83.3	11.95	3.91	12.19	9.35
	Rhizophora apiculata	42	878.9	50.0	9.29	10.18	7.32	9.14
	Lumnitzera racemosa	20	535.2	66.7	4.42	6.58	9.76	6.92
	Xylocarpus granatum	14	579.8	33.3	3.10	7.12	4.87	5.03
	Ceriops tagal	31	47.3	50.0	6.86	0.58	7.32	4.92
	Excoecaria agallocha	8	444.6	50.0	1.77	5.47	7.32	4.85
	Avicennia marina	25	90.6	50.0	5.53	1.11	7.32	4.65
	Aegiceras corniculatum	16	34.5	50.0	3.54	0.43	7.32	3.76
	Bruguiera sexangula var. *rhynchopetata*	13	130.2	33.3	2.88	1.60	4.87	3.12
	Lumnitzera littorea	17	19.6	16.7	3.76	0.24	2.44	2.15

红树林群落最突出的特征是有一个大致与海岸平行的优势种成带现象,这些成带现象是与潮汐淹没的频度、沉积物的成分和性质、浪潮作用以及底质间隙水盐度等的环境因子相互联系和相互制约的。不同种的红树植物对环境因子的要求和适应不尽一致,因此群落分布就因地而异。

由高潮区和中潮区的群落分布来看,高潮区样地群落以海莲占优势,占总重要值的

25.14%；中潮区样地则以海桑占优势，占总重要值的24.26%；两种分布成带现象十分明显。

群落高度多在2~4 m，少数树高达14 m；树木胸径多在4~6 cm，少数达到30 cm。群落总覆盖度一般在80%左右。在高温高湿气候条件下，树种长势普遍较旺盛。树下苗木也较多，显示群落具良好的更新力。

群落常用树种年龄结构分析方法是将某树种由幼苗、中树到大树各个年龄个体，按其胸径大小划分成5个等级，求算各个等级个体数占总个体数的百分比后，绘出年龄结构图式。由红树林群落主要树种的年龄结构分析结果表明，优势种海莲和海桑的图式均呈金字塔形，显示该两种群现状处于增长阶段，但海桑的图式更为典型，而海莲的第3~4级立木数相对偏少些。我们在现场调查也发现海莲的苗木较少，需要适当进行人工营造树苗。红海榄和榄李的图式也呈增长型，但木榄的图式呈纺锤形，其1级（苗木）个体明显偏少（图2）。由植被生态学观点看，乔木群落的演替动态主要由群落建群种的演替动态而定，所以清澜港红树林目前正处于上升发展时期，全港区红树林群落的相对稳定性是高的。应用Shannon-Weaver公式计算群落种类多样性指数 $D=3.42$，说明调查区红树林群落种类多样性是较高的，这与群落动态上具有较高的稳定性是相一致的。

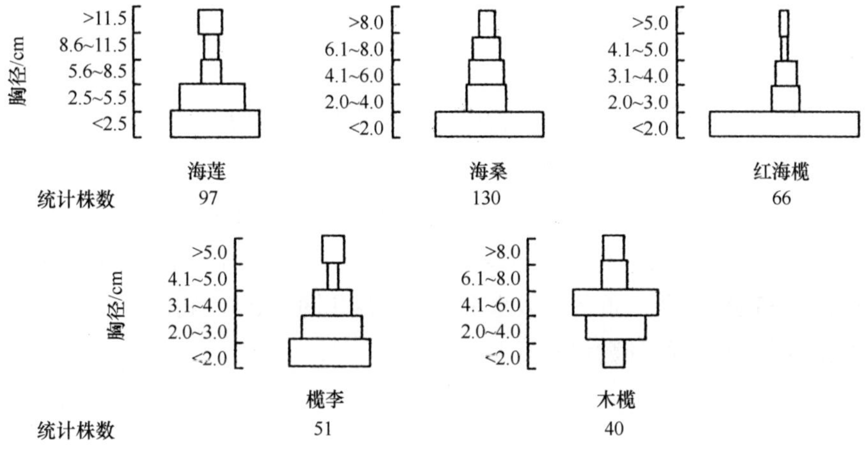

图2　红树林主要树种的年龄结构（图示横轴宽度表示个体百分数）

首次报道清澜港海岸及岸滩植物有95种，绝大部分是海滨特定环境中生长的种类，其中50%是经济植物，有些是药用植物、固土固沙植物、纤维植物和木材植物等。

3.3　清澜港红树林区不同生态类型生物多样性

3.3.1　红树林区底相大型底栖生物

清澜港红树林区底相大型底栖生物种类繁多，数量大。本次调查初步鉴定底栖生物共有249种，其中海藻类（Algae）31种；多毛类28种；软体动物种类最多，计有112种；甲壳动物60种；底栖鱼类13种，其他动物5种。

表 3　中国红树林区底相大型底栖生物种数、密度及生物量比较

类群	海南		深圳福田（1995 年）	广东大亚湾（1995 年）	广西英罗港（1993 年）	福建九龙江口（1993 年）
	清澜港（1999 年）	东寨港（1997 年）				
海藻类	31	18	0	0	0	0
多毛类	28	29	0	27	1	41
软体动物	112	51	37	35	49	51
甲壳动物	60	32	27	14	44	57
棘皮动物	0	0	0	1	0	3
鱼类	13	4	11	1	11	11
其他动物	5	4	9	9	6	9
合计	249	138	84	87	111	172
密度/(个・m^{-2})	559	249	–	148	301	311
生物量/(g・m^{-2})	181.79	150.54	–	120.30	147.20	48.03

由表 3 可以看出，清澜港红树林区底相大型底栖生物的种数最多(249 种)，其次是福建九龙江口(172 种)，东寨港居第 3 位(138 种)。

由图 3 可以看出，大型底栖生物种数的水平分布特点：清澜港港口及中部断面的种数相对较多，港湾内断面 L_3、L_4、L_5 的种数较少。种数最多出现在断面 L_1(83 种)，种断面数最少分布于断面 L_3(35 种)。各类群的种数水平分布不尽相同，软体动物的分布趋势与总种数基本一致，甲壳动物各断面的种数相差不大。

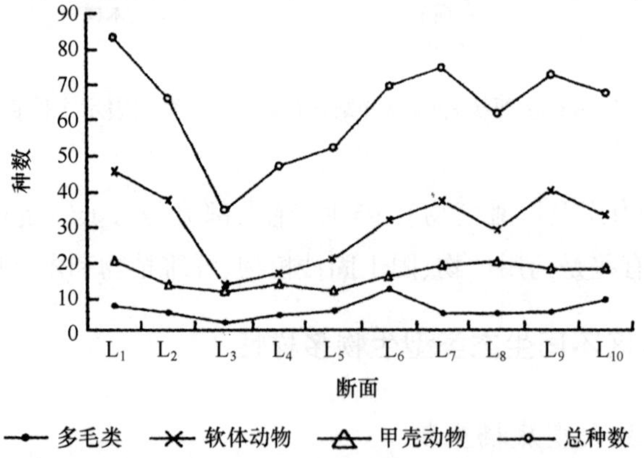

图 3　清澜港红树林区底相大型底栖生物种类水平分布

清澜港红树林区底相大型底栖生物平均总生物量为 181.79 g/m^2，生物量组成以软体动物居首位，平均生物量为 173.57 g/m^2，占总生物量的 95%，甲壳动物次之，平均生物量为

7.02 g/m^2;多毛类生物量最低,仅 0.83 g/m^2。平均总密度为 559 个/m^2,密度组成仍以软体动物占优势,平均密度为 524 个/m^2,占总密度的 94%。其次是甲壳动物,平均密度为 24 个/m^2;多毛类密度最低,仅 10 个/m^2。

按调查区的红树林区与非红树林区进行比较,无论是总生物量或者是总密度两者相差很大,非红树林区平均总生物量(224.75 g/m^2)和平均总密度(822 个/m^2)都大于红树林区平均总生物量(157.40 g/m^2)和平均总密度(407 个/m^2)。

由图 4 和图 5 可以看出,各断面的总生物量和总密度与软体动物的生物量及密度的分布特点,无论是红树林区或者是非红树林区,两者的生物量和密度的水平分布相当吻合。

由表 3 可以明显看出,清澜港红树林区底相大型底栖生物无论是栖息密度或者是生物量均居首位,分别为 559 个/m^2 和 181.79 g/m^2。密度居第 2 位的是福建九龙江口(311 个/m^2),生物量则以东寨港占第 2 位(150.54 g/m^2)。

清澜港红树林区底相大型底栖生物群落可划分 3 个生物垂直分布带,其中两个生物带分布于红树林区;另一个生物带分布于非红树林区。

(1)中国绿螂(*Glauconme chinensis*)-沟纹笋光螺(*Terebralia sulcata*)-粗腿绿眼招潮(*Uca chlorophthalmus*)带,本带分布于红树林区的高潮区至中潮区上层。代表种 *Glauconme chinensis* 数量很大,最大栖息密度达 3 428 个/m^2,生物量为 558.36 g/m^2。

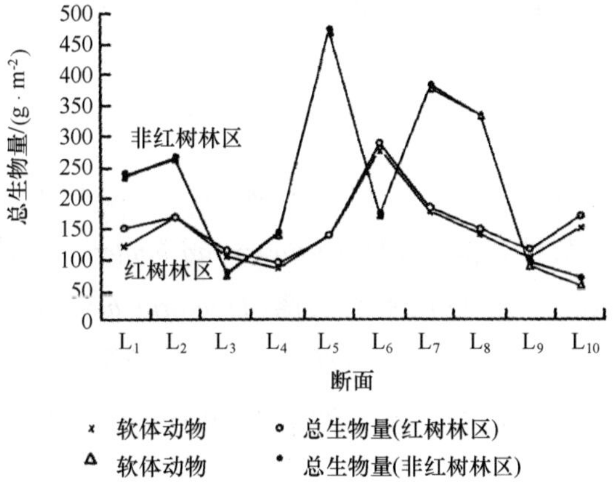

图 4　清澜港红树林区底相大型底栖生物量水平分布

(2)珠带拟蟹守螺(*Cerithidea cingulata*)-斯氏满月蛤(*Lucina scarlatoi*)-小翼拟蟹守螺(*Cerithidea microptera*)带,本带主要分布于红树林区的中潮区,有些种类可向上分布至高潮区下界或向下延伸到低潮区,出现交替分布现象。代表种 *Cerithidea cingulata* 数量相当大、分布广,各断面均有出现,其出现频率达 144 站次。最高栖息密度为 736 个/m^2,生物量为 249.44 g/m^2。*Lucina scarlatoi* 是我国新记录种,本种在红树林区数量大、分布广且出现频率高,共出现 119 站次。最大栖息密度达 3 780 个/m^2,生物量为 684.88 g/m^2,成为全区栖息密度中生物量最高的种类。

(3)纵带滩栖螺(*Batillaria zonalis*)-珠带拟蟹守螺(*Cerithidea cingulata*)-刀明樱蛤

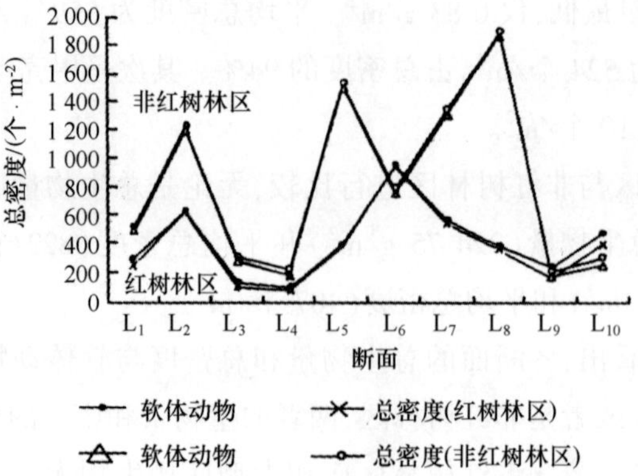

图 5　清澜港红树林区底相大型底栖生物密度水平分布

(*Moerella culter*)带,本带主要分布于低潮区,即非红树林区。代表种 *Batillaria zonalis* 在低潮区数量很大,最大密度达 920 个/m^2,生物量为 520.36 g/m^2。*Moerella culter* 主要分布于低潮区,最大密度为 1 040 个/m^2,生物量为 194.48 g/m^2。

清澜港红树林区底相大型底栖生物种类(249 种)比东寨港红树林保护区底相大型底栖生物种类(138 种)[9]多,也比广西山口红树林保护区大型底栖生物种类(111 种)[10]、广东大亚湾红树林区底相大型底栖生物种类(87 种)[11]、九龙江口红树林区底相大型底栖生物种类(172 种)[12]和 60 种[13]多。

3.3.2　红树上大型底栖生物生态类型

清澜港红树上大型底栖生物共有 52 种,其中海藻(Algae)13 种,多毛类 1 种,软体动物 31 种和甲壳动物 7 种。优势种有多管卷枝藻(*Bostrychia binderi*)、节附链藻(*Catenella impuldica*)、僧帽牡蛎(*Saccostrea cucullata*)、粗糙滨螺(*Littoraria articulata*)、黑口滨螺(*Littoraria melanostoma*)、红树拟蟹守螺(*Cerithidea rhizophorarum*)、彩拟蟹守螺(*Cerithidea ornata*)、沟纹笋光螺(*Terebralia sulcata*)、白脊藤壶(*Balanus albicostatus*)和白条地藤壶(*Euraphia withersi*)等。

清澜港红树上大型底栖生物群落大体可划分 3 个生物垂直分布带:① 高潮区,滨螺-藤壶带;② 中潮区上层,白脊藤壶-僧帽牡蛎-胃螺-多管卷枝藻带;(3) 中潮区中层,僧帽牡蛎-曲线索贻贝-节附链藻带。

3.3.3　红树林区沙滩潮间带底栖生物

清澜港沙滩潮间带底栖生物初步鉴定有 42 种,其中多毛类 7 种,软体动物 26 种,甲壳动物 6 种,棘皮动物 1 种和其他动物 2 种。平均总生物量为 51.97 g/m^2,平均总密度为 166 个/m^2,生物量和栖息密度均以软体动物居首位,分别占 87%和 80%。

清澜港沙滩潮间带底栖生物群落,按潮区可划分为 3 个垂直分布带:① 高潮区,痕掌沙蟹(*Ocypode slimpsoni*)-楔形斧蛤(*Latona cuneata*)-短尾股窗蟹(*Scopimera curtelsoma*)带;② 中潮区,豆满月蛤(*Pillucina pisidia*)-纵带滩栖螺(*Batillaria zonalis*)带;③ 低潮区,焦河蓝蛤

(*Potamocorbula ustulata*)-秀丽织纹螺(*Nassarius festivus*)-四索沙蚕(*Lumbrineris tetraura*)带。

3.3.4 红树林区岩岸潮间带底栖生物

清澜港红树林区岩岸潮间带底栖生物初步鉴定有53种,其中海藻13种,多毛类1种,软体动物31种,甲壳动物6种和其他动物2种,平均总生物量为4 196.67 g/m^2,平均总密度为2 758个/m^2。生物量和栖息密度均以软体动物居第1位,甲壳动物占第2位。

清澜港岩岸潮间带底栖生物群落大体可划分为3个垂直分布带:① 高潮区,粒结节滨螺(*Nodilittorina radiata*)-白条地藤壶(*Euraphia withersi*)带; ② 中潮区,白脊藤壶(*Balanus albicostatus*)-僧帽牡蛎(*Saccostrea cucullata*)-多管藻(*Polysiphonia yokoskensis*)带;③ 低潮区,变化短齿蛤(*Brachidontes variabilis*)-泥藤壶(*BaLanus liginosus*)-小相手蟹(*Nanosesarma monutum*)带。

3.4 清澜港海域叶绿素a、浮游生物及鱼类等

3.4.1 叶绿素a

清澜港海域叶绿素a含量分布特点是:港口水域叶绿素a含量较低,平均为1.26 mg/m^3;港中部水域叶绿素a含量平均为2.87 mg/m^3;港内水域叶绿素a含量较高,平均为3. 88 mg/m^3。全港水域叶绿素a含量平均为2.62 mg/m^3,属于正常范围。

3.4.2 浮游生物

根据冬、春两季调查资料,清澜港浮游植物共有61种,其中硅藻55种,甲藻5种,蓝藻1种。主要种类有 *Cerataulina compacta*, *Chaetoceros brevis*, *C. lauderi*, *C. pseudocurvisetus* 和 *Nitzschia longissima* 等。浮游植物的数量(细胞个数)平均为43.4×10^3个/dm^3。

清澜港浮游动物共有37种,其中水母类15种,浮游桡足类22种。主要种类有 *Moerisia inkermanica*, *Pleurobrachia glodosa*, *Diphy chamisonis*, *Oithona brevicornis*, *Tortanus forcipatus*, *Acartia erythraea* 和 *Canthocalanus pauper* 等。水母个体平均密度为25.90个/m^3,浮游桡足类个体数量平均为0.22个/m^3。

3.4.3 鱼类

清澜港鱼类共有300种,其中硬骨鱼类占96%,软骨鱼类只占4%,它们隶属于23目90科181属。鱼类区系组成特点,以暖水性种类占绝对优势,有288种;暖温性种类只有12种;没有出现冷水性和冷温性的种类。主要经济种类有74种。

红树林区滩涂底栖硅藻初步鉴定95种。另外,红树林区昆虫种类有54种。值得指出的是,调查区发现属于中国优先保护一类海洋动物海豆芽的数量相当大;中国优先保护珍稀红树林植物海南海桑只分布于清澜港。濒危红树植物有红榄李和水椰。

4 结语

本次调查结果,清澜港红树植物共有29种,其中真红树24种,半红树5种。红树植物

种类比以往报道增加 3 种。根据以优势种作为划分群落标准,通过计算各植物种群的特征值、存在度、多度和重要值,发现 6 条断面的红树林群落结构不尽相同。其中以海桑-海莲或海莲-海桑组成的群落为主。

红树林群落主要树种的年龄结构分析结果表明,清澜港红树林目前正处于上升发展时期,全港区红树林群落的相对稳定性是高的,群落多样性指数($D=3.42$)亦较高。首次报道清澜港海岸植物 95 种,绝大部分是海滨特定环境中生长的种类。

清澜港红树林区底相大型底栖生物种类繁多,数量大。大型底栖生物共有 249 种;平均总生物量为 181.79 g/m^2,平均总密度为 559 个/m^2。

红树上大型底栖生物有 52 种;沙滩潮间带大型底栖生物 42 种;岩滩潮间带大型底栖生物 53 种。沙滩大型底栖生物平均总生物量为 51.97 g/m^2,平均总密度为 166 个/m^2。岩滩大型底栖生物平均总生物量为 4 196.67 g/m^2,平均总密度为 2 758 个/m^2。

叶绿素 a 含量平均为 2.62 mg/m^3,属于正常范围。浮游植物 61 种,其数量(细胞个数)平均为 43.4×10^3 个/dm^3;浮游动物 37 种,其中水母类 15 种,浮游桡足类 22 种。水母个体平均密度为 25.90 个/m^3;浮游桡足类个体数量平均为 0.22 个/m^3。

清澜港鱼类 300 种,其区系特点是,以暖水性种类占绝对优势,有 288 种,占 76%;暖温性种类只有 12 种。

红树林滩涂底栖硅藻初步鉴定 95 种,另外,红树林区昆虫有 54 种。值得指出的是,调查区发现属于中国优先保护一类海洋动物海豆芽的数量相当大;中国优先保护珍稀红树林植物海南海桑只分布于清澜港;濒危红树林植物有红榄李和水椰。

笔者感谢张娆挺教授帮助鉴定红树林种类和海岸植物;感谢张金标教授和连光山教授协助鉴定浮游动物标本、陈其焕教授测定叶绿素 a、陈兴群副教授鉴定底栖硅藻标本、蒋国芳副教授鉴定昆虫标本以及林荣澄副教授和丘喜昭副教授协助本项工作。感谢清澜港红树林保护站协助野外调查工作。

参考文献

1 高蕴璋.中国的红树林.广西植物,1981,1(4):9-15.

2 张娆挺,林鹏.中国海岸红树植物区系研究.厦门大学学报(自然科学版),1984,23(2):232-239.

3 陈焕雄,陈二英.海南岛红树林分布的现状.热带海洋,1985,4(3):74-79.

4 林鹏,卢昌义.海南岛的红树林群落.厦门大学学报(自然科学版),1985,24(1):117-123.

5 林鹏.中国红树植物种类分布和林相类型.环境与生态论丛.厦门:厦门大学出版社,1993:74-79.

6 林鹏. 中国红树林生态系.北京:科学出版社,1997:1-342.

7 郑德璋,郑松发,廖宝文.海南岛清澜港红树林发展动态研究.广东:广东科学技术出版社,1995:1-137.

8 Jiang J X, Li R G, Lu L, et al. A study on the biodiversity of mangrove ecosystem of Dongzhai Harbor in Hainan Province. Proceedings of the ECOTONE VI. 1997:161-145.

9 Jiang J X, Li R G. An ecological study on the mollusca in the estuary of the Jiulongjiang River. Hydrobiologia. 1995,295:213-220.

10 韦受庆,陈坚,范航清.广西山口红树林保护区大型底栖动物及其生态学的研究.广西科学院学报,

1993,9(2):45-57.
11 李荣冠,江锦祥,鲁琳,等.大亚湾埔渔洲红树林区大型底栖生物生态研究//中国红树林研究与管理. 北京:科学出版社,1995:136-145.
12 何明海,蔡尔西,徐惠州,等. 九龙江口红树林区底栖动物生态.台湾海峡,1993,12(1):61-68.
13 高世和,李复雪.九龙江口红树林区底相大型底栖动物的群落生态.台湾海峡,1985,4(2):179-191.
14 余日清,陈桂珠,蓝崇王,等.深圳福田红树林大型底栖动物的种类组成研究.中国红树林研究与管理. 北京:科学出版社,1995:130-135.
15 陈树培,梁志坚,邓义.海南岛的红树林及其保护问题.生态科学,1986(1):12-19.
16 陈灵芝.中国的生物多样性现状及其保护对策.北京:科学出版社,1993:1-432.
17 林鹏,林光辉.海莲、秋茄两种红树群落掉落物能流的研究.海洋学报,1990,12(4):523-528.
18 林鹏. 红树林.北京:海洋出版社,1984:1-102.
19 周时强,李复雪.福建九龙江口红树林上大型底栖动物的群落生态.台湾海峡,1986,5(1):78-85.
20 高蕴璋. 海桑属的新分类群.植物分类学报,1985,23(4):311-314.
21 郑德璋,廖宝文.海南岛清澜港和东寨港红树林及其生境的调查研究.林业科学研究,1989,2(5):433-441.
22 国家环境保护总局.中国生物多样性保护行动计划.北京:中国环境科学出版社, 1994:1-121.
23 Sasecuma A. Distribution of macrofauna on a Malaya mangrove shore. J Anim Ecol,1974,43:51-69.
24 Wells F E.Comparative distributions of macromollusks and macrocrustaceans in a Northwesten Australian mangrove system. Aust J Mar Freshwat Res,1984,35:591-596.

江锦祥,李荣冠,鲁琳,张水浸,郑凤武,林双淡,徐惠州,黄心光. 原载《海洋学报》2000,22(增刊):261-271.

Mangroves and development around Xiamen, China

Abstract This paper reports recent detailed ecological studies undertaken on mangrove associated ecosystems around Xiamen, China. The area is undergoing rapid industrial development and represents one of China's Special Economic Zones (SEZs). Environmental planning and sustainable development are seen as the approach for the future. Sustainable development requires forms of development aimed at enhancing nature's contribution to human welfare. Along shoreline environments sustainable development can be realized most effectively through a coastal zone management program. Resource assessment represents a preliminary component of any such program. This paper focuses on studies conducted near a proposed site for a coal-fired power station (Zhen'an) in the Xiamen area. Sites nearby were also surveyed to serve as controls. Quantitative sampling was undertaken to obtain indices of mangrove standing crop and productivity, and to assess the abundance of benthic fauna. Special consideration was given to the role of crabs, due to their importance in the utilisation and recycling of mangrove productivity. The paper concludes with the remarks on modeling of mangrove ecosystems.

1 Introduction

In recent years, China has experienced increasing industrial growth and development. Among the areas selected are the country's five Special Economic Zones: Xiamen, Shenzhen, Shantou, Zhuhai and Hainan. Together with Hong Kong and Taiwan, these zones can be regarded as a South East Asian economic powerhouse.

In many parts of the world, development has been poorly planned and has all too often led to unprecedented crises (e. g. species extinctions, degradation of coastal resources, deforestation, imbalance of global geochemical cycles). Sustainable development, on the other hand, implies forms of development aimed at enhancing nature's contribution to human welfare, not just anticipating and preventing undesirable side effects. Development needs to be better integrated with conservation, based on interactions of ecology, economy and equity (see IUCN, in press).

Along shoreline environments, sustainable development can be realised most effectively through a coastal zone management program. In china, developing resources of the Xiamen coastal area and other special economic zones for long term future use and viability represents an enormous challenge to the People's Republic of China.

This paper considers assessment of one ecosystem, or biotope (mangroves) in Xiamen, an important part of China undergoing rapid industrial and economic development. However, it is recognised that effective resource appraisal (and management) in one coastal area also requires knowledge of resources over a much wider area, for example at the provincial or even national level. Appraisal of habitats (e. g. mangroves) and other resources (e. g. fisheries) represents a preliminary and vital component of any coastal zone management programme or plan.

Mangroves and their associated fauna and flora have recently been the subject of intense research (e. g. Clough 1982, Hutchings and Saenger 1987, Lugo and Snedaker 1974, and Snedaker 1984). Mangrove productivity is recognised as of great significance, both within the mangroves and in adjacent areas. The routes whereby this productivity is utilized are of considerable interest. Detrital pathways are of paramount importance (Odum & Heald 1975), and in a later phase of this study we intend to investigate these in detail.

In the present study, special consideration in this study is given to the role of crabs in mangroves. Evidence exists that, at least in other parts, of the world, crabs of the family Grapsidae eat a significant proportion of mangrove leaf production (Giddins et al. 1986, Malley 1978). This is thought to play an important role in making mangrove productivity available to the decomposition pathways, and also in retaining it within the mangrove ecosystem. The latter point may be particularly important in the mangroves of the Jiulong Jiang Estuary (i. e. around Xiamen), where the height of the tides could otherwise flush virtually all of the leaf litter out of the mangrove zone. Selective predation by grapsid crabs of mangrove seedlings may also restrict mangrove expansion (Smith 1987). Additionally, crab burrowing acrivity affects the topography, aeration and nutrient cycling within the mangrove soil (Robertson 1986).

Earlier studies on the mangroves of the Jiulong Jiang estuary (Gao & Li 1985, Lin 1981, Zhang 1984) have been limited to faunal or floral studies of mangrove trees or benthic fauna, rather than of the ecosystem as a whole.

2 Study Area

Xiamen is located in the southern of Fujian Province, China. The present study was conducted on the northern bank of the Jiulong Jiang, a river with a catchment of 13 000 km^2 and enters the East Sea at the mouth of Xiamen. At its mouth the Jiulong Jiang narrows to a width of about 8 km; at this point, the depth is 10 m, upstream (to the west of the point) is less than 5 m, but to the east of the mouth, the depth increases rapidly. The Jiulong Jiang estuary is illustrated in the map in Figure 1. In 1981 the discharge of the Jiulong Jiang was about 1.64×10^{10} m^3. The salinity in the estuary varies between 7.95 and 29.74.

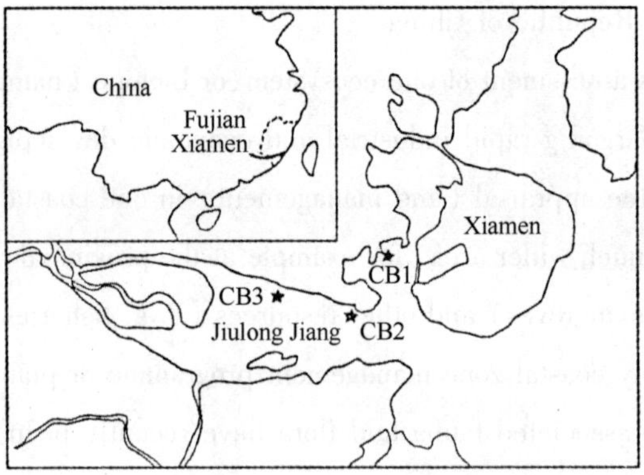

Fig.1 Map showing location of study sites in Xiamen area of Jiulong Jiang estuary, Fujian Province, China. (CBI: Dongyu, CB2: Zhen'an, CB3: Haicang)

The Jiulong Jiang is navigable. and in addition serves to discharge flood waters. Formerly vessels of 50–100 tons could travel upriver at high tide; recently silting has rendered it impossible for laden vessels to do this. Silting may have resulted from altered patterns of agriculture and control of flow by dams along the river. Most of the intertidal area in the Jiulong Jiang estuary is either mud or mixed sand and mud, with sporadic rocky outcrops and some sand banks in the upper estuary.

In China, mangroves are naturally distributed in five southeastern coastal provinces: Guangdong, Guangxi, Fujian, Taiwan and Hainan. In total 31 species in 20 genera and 16 families have been recorded. The numbers of species decreases northwards, so that 29 species are recorded from Hainan and only seven from Fujian: *Avicennia marina*, *Kandelia candel*, *Aegiceras corniculatum*, *Acanthus ilicifolius*, *Hibiscus tiliaceus*, *Bruguieria gymnorrhiza* and *Excoecaria agallocha*. Amonth these, the first five grow in the Jiulong Jiang estuary (Lin 1987). The mangrove fauna and flora of the Jiulong Jiang estuary have been discussed by Lin (1981), Gao and Li (1985), Zhang (1984) and Zhou and Li (1986).

Mangroves were formerly distributed along both banks of the Jiulong Jiang. Within the last 20 years the extent of the mangal has decreased due to removal for timber, and the present distribution is patchy. Unaltered mangal is now found only on the south bank at Fu Gong where local government, in order to achieve management of the mangrove ecosystem, is to establish a reserve. The present study sites are situated in an area designated as "under protection and development".

3 Methods

Monitoring sites were established at three locations: Dongyu (CBl). Zhen'an (CB2) and Haicang (CB3) (Fig.1). Site CB2 was chosen as a principal monitoring site because it is in the proximity to the site of a planned coal fired power station. Ecological and environmental recordings were made at this location to provide baseline information, against which changes in conditions could be assessed over time. Sites CBl and CB3 provide control sites outside the area of likely immediate influence of the power station. The following attributes were directly or indirectly determined.

Standing crop Estimates of true standing crop depend on the actual measurement of biomass of mangrove trees, both above and below ground; such destructive sampling is rarely possible. Instead, it was decided to measure the height, basal diameter and tree density (number of plants per unit area) as indices of the standing crop, and valuable descriptive information on the composition of mangrove stands. Measurements were made in November 1987 and will be repeated at approximately 3 monthly intervals.

All 3 indices were recorded within a 5 m×5 m plot (Quadrat CB2-1) on the upper mangrove zone. The dominant species was *Aegiceras corniculatum.* The heights of trees were recorded by using a pole marked at 0.2 m intervals. Basal cross-sectional areas were calculated from the diameters at approximately 0.1 m above ground level, summed for each tree where more than one stems were present.

Heights and tree density (but not the more time-consuming basal diameters) were recorded in a 10 m×10 m plot (Quadrat CB2−2) at the same site. Here, *Avicennia marina* was the principal species. The same measurements were recorded in two 5 m×5 m plot at site CDl (CB1-1) and (CB1-2), and a 10 m×10 m quadrat at CB3, where the dominant species were, respectively, *Avicennia marina* and *Kandelia candel.*

Productivity As with standing crop, direct measurement of productivity is difficult to achieve in the field. Gross primary productivity, and respiration, can be measured satisfactorily in the laboratory using methods such as infrared gas analysis (IRGA), and net primary productivity derived: in the field accurate measurements repeated with the necessary frequency are generally impracticable.

Net primary productivity (NPP) can be measured indirectly by investigation its subsequent fate: if all components can be measured, their sum equals net primary productivity. Broadly, there are three destinations of NPP: (i) increase in biomass; (ii) loss through eating by herbivores (e.g. insects); and (iii) the fall of leaves and other material. Of these, insect damage locally is probably minor. We did not attempt to measure this, but rapid observation suggests that less than 5% of leaf material, and a negligible proportion of twig and trunk material, is lost in this way. The insects concerned include leaf miners and a case building lepidopteran larva.

Two methods were used for obtaining indices of change of tree biomass: (i) Two quadrats (CB2-1 and CB3) have been permanently marked, so that the relevant measurements can be repeated in order to assess changes in tree dimensions and density. The first repeat measurements are to be made after one year; (ii) on 10 trees of *Aegiceras corniculatum* at site CB2 a total of 26 branches were permanently marked with numbered tags. In each case the basal diameter of the branch was measured, and the number of leaves, leaf buds and reproductive structures counted. These measurements will also be repeated after a year and any changes recorded.

Leaf and other litter production are also being measured. Eight *Aegiceras corniculatum* at site CB2 were completely enclosed with fine netting to trap all leaves, twigs, seedling scas they fall. The litter is collected at monthly intervals, separated into its major constituents, and weighed after drying to constant weight at 70℃.

Benthic fauna: At site CB2, benthos was sampled quantitatively by taking four replicate 0.25 m×0.25 m mud cores to a depth of 0.3 m at approximately 75 m intervals along two 300 m transects (20 m apart) perpendicular to the shore. Mangroves were present at the upper (landward) two sites of each transect, but absent from the lower three sites. Samples were separated by flotation and passage through 0.5 mm, 1 mm, and 2 mm mesh sieves. Data presented here relate to specimens collected in the 1 mm sieve. All specimens were preserved in 5% formnlin and transferred to 75% ethanol for later identification.

Crab studies: To assess the significance of leaf eating by crabs, two investigations were initiated: (i) analysis of crab foregut contents. Suitable collections of crabs were made during field work, and analysis of foregut contents subsequently made in the laboratory according to the method of Williams (1981); (ii) the rate of intake of leaf material by captive crabs was assessed.

"Standing crop" of leaf litter: Newly fallen leaves on the mud surface were very sparse, apart from a tenuous strandline. It has been observed (Robertsoll, 1986) that some sesarmid crabs rapidly remove fallen leaves down burrows; these may later be eaten, or simply decay *in situ*. Litter "standing crop" estimates should therefore include determination of fallen leaf biomass within the mud as well as on its surface.

Benthic sampling methods have therefore been extended as a means of assessing the standing crop of leaf litter, both on the surface of the mud within the mangrove area, and under the surface. Such material represents primary productivity immediately available to grapsid crabs such as *Sesarma plicata*, and other direct mangrove consumers.

4 Results

Monitoring Sites: At site CBl both quadrats were dominated by *Avicennia marina*, with only isolated *Kandelia candel*. Tree heights were low, with modal heights of 0.2–0.4 m and <0.2 m respectively. Tree densities were high: 23.1 and 26.7 trees m^{-2}.

The upper quadrat at site CB2 is dominated by *Aegiceras corniculatum*; 89.6% of the trees were of this species, at a density of 12.4 trees m^{-2}. The modal height lay between 1 and 1.2 m.

Kandelia candel comprised 10% of the quadrat population, and included a small number of relatively tall trees. Relatively few seedlings and very young *Aegiceras* were present (2.9%<0.4 m); the proportion of *Kandelia* in this size range was 15.2%. Possibly the density of adult trees inhibits seedling establishment, to a greater extent in *Aegiceras* than *Kandelia*. Only very small numbers of *Avicennia marina* were interspersed.

It should be noted that, because of the low maximum height attained by mangrove trees at CB1 and CB2, the majority of trees are totally immersed with every high tide.

Quadrat CB2-1 contrasts with Quadrat CB2-2, lower on the shore at site CB2. Here *Avicennia marina* completely dominated, at a considerably lower density of only 1.6 trees m^{-2}. The modal tree height was similar to that of the *Aegiceras* dominated Quadrat CB2-1. Only a single *Aegiceras* was present within the quadrat.

The composition of mangroves within the quadrat at site CB3 is characterized by a low tree density (1.4 trees m^{-2} for all species combined). *Kandelia candel* was the dominant species, comprising 74.1% of the total trees counted. *Aegiceras* was represented by 24.5% of trees, with a size distribution not greatly different from that of the species at Quadrat 1. The quadrat included single specimens of *Avicennia marina* and *Acanthus ilicifolius*. The population structure is clearly different from that in the CB1 and CB2 quadrats; apart from the dominance of *Kandelia*, the size distribution of this species shows a very high proportion of small (≤0.4 m) trees, as well as a small number much larger (up to 3.7 m) that any found at CB2. The CB3 Quadrat showed extensive evidence of felling of mature trees some years previously. This thinning may have facilitated proportionately higher recruitment of new seedlings than is possible in the denser CB2 mangal.

The results of the basal cross sectional area determinations on *Aegiceras corniculatum* in quadrat CB2-1 are not presented here. These measurements correlate with tree height, as would be expected, but the relationship shows high variance due chiefly to coppicing effect: when a principal stern is cut, or naturally broken, many smaller shoots emerge from the stump. The tree height is taken as the height of the tallest of these, but the cross sectional area as the total or the cross sectional areas of all shoots summated.

Leaf Litter: The collection of leaf litter was initiated in November 1987; monthly collections have been taken on the eight netted trees since then. No seasonal pattern has yet emerged. The figures can, however, be used for initial estimation of one component of Net primary Productivity (see above). Assuming that, at least to a first approximation, the trees selected for litter measurement are representative of all trees close to the modal height, and ignoring all trees less than 0.8 m in height, the average rate of leaf litter production is of the order of 250 g/(m^2 · a). This seems a reasonable provisional estimate, given that Xiamen is near the northern limit of the geographical range of mangroves. Estimates of leaf litter production in other areas range from 162 g/(m^2 · a) at the extreme southern limit (*Avicennia marina*; Love 1981 quoted in van der Valk & Attiwill 1984) to 1 000 g/(m^2 · a) (Queensland; several species; Bunt 1982).

"Standing crop" of leaf litter: Initial results indicate a "standing crop" of leaves, within the top 25 cm of mud, of 58.6 g/m^2(WF).

Benthos: Table 1 illustrates the distribution of total faunal biomass in the quarterly samples for each of the five shore levels, as the mean of the equivalent quadrats of the two parallel transects (see section 3). Overall, the two highest shore levels appear to support higher biomass pet unit area. This is probably altributable to the fact that the upper two quadrats of each transect lay within the mangrove zone, although it cannot be ruled out that the relatively high faunal biomass here is due to shore level perse.

Table1 Total faunal biomass in benthic samples from site CB2 (Zhen'an)

	Month of collection (1987)			
	Feb	May	Aug	Nov
Quadrat 1	50.1	49.2	52.3	125.85
Quadrat 2	201.4	57.5	44.3	77.5
Quadrat 3	18.1	13.6	46.0	44.5
Quadrat 4	24.0	14.4	22.1	13.4
Quadrat 5	11.7	44.9	8.2	7.2

(g $quadrat^{-1}$; mean of 2 replicates. Quadrats numbered from upper shore downwards, with Quadrats 1 and 2 within the mangrove zone.)

The samples within the mangrove zone probably greatly underestimate the actual faunal biomass. Firstly, a large number of animals live in or on the mangrove trees themselves, and they are excluded by the benthic sampling technique: barnacles (*Balanus albicostatus*) and the gastropod *Littorina melanostoma* being especially abundant. Secondly, the more agile animals tend to be under represented in benthic samples: in particular, the grapsid crab *Sesarma plicata* was recorded only sporadically in samples, yet was observed to be common on the mud surface between mangrove trees. The total faunal biomass within the mangrove zone is therefore considerably greater than Table 1 indicates.

Much of the variation in total biomass is due to differences, between quadrats and with time of year, in the molluscan component. No clear seasonal trends are apparent.

In the abundance figures for the commoner crustacean species (not given here), vertical zonation is evident, with the two *Uca* species common at the higher levels, and succeeded by *Scopimera bitympanus*, *Macrophthalmus japonicus* and *Ilyoplax tansuiensis*. *Scopimera* and *Ilyoplax* show considerable variation in numbers, which appears more likely to have resulted from sporadic aggregations than consistent seasonal trends in abundance.

The molluscan fauna mainly comprised the bivalve *Glaucomya chinensis* and the gastropods *Cerithidea cingulata*, *Batillaria zonalis* and *B.cumingl*. These were not evenly distributed along the transects; *G.chinensis* was found only at the uppermost quadrat, with a density of 15 m^{-2} and biomass of 515 m/m^2. *Cerithidea cingulata*, *B. zonalis* and *B. cumingl* mainly occurred at the two upper quadrats and were rarely found lower down the shore. In general, the vertical distribution of mollusks was highest toward the upper shore, in the mangrove zone, and diminished downwards.

The polychaete fauna was dominated by *Perinereis aibuhitensis*, *Owenia fusiformis*, *Onuphis eremite. Glycera chirori*, and *Lumbrinereis* sp.. Both density and biomass were highest in the quadrats immediately below the mangrove zone, and in this respect differed from crustacea and molluscs. The distribution pattern may relate to substrate difference and preferences; however, Wells (1983) has observed that even within the intertidal area of a mangrove swamp the bulk of secondary production by animals may take place outside the tree zones themselves.

The significance of crabs: Initial results from the investigation of the foregut contents of three of the common species of brachyuran crabs are shown in Table 2. The predominant component in both the Fiddler crab *Uca arcuata* and the grapsed *Metopograpsus quadriedentatus* was fine organic material, of indeterminate origin. *Uca* species are known to be deposit feeders (Jones, 1984) on fine organic detrital material. The dot of Motopotrausus would appear to be similar.

Table 2 Relative abundance of different food materials in crab foreguts

(Calculated by method of Williams 1981)

	Uca arcuata	*Metopograpsus quadridentatus*	*Sesarma plicata*
crustacean	2	4	1
mollusc + polychaete	2	1	0
microalgal	1	1	1
higher plant	2	6	67
fine organic	90	81	27
sand & other mineral	6	8	5

In contrast, *Sesarma plicata* feeds largely on higher plant leaf material, presumably from fallen mangrove leaves. In many instances, the foregut was completely full of apparently fresh leaf material. Although no quantitative measurements have yet been made, it was observed that the hindguts often contain much smaller pieces of apparently unaltered leaf material. The principal significance of this species may therefore be that by breaking down leaf litter into smaller places it makes it accessible for more rapid action by detrital bacteria and fungi. Assimilation by the crab itself may be very low, possibly consisting largely of the microorganisms that rapidly colonise newly fallen leaves (Newell, Miller and Fell, 1987). The abundance of sesarmid crabs suggests that they have an important role in facilitating energy flow through detrital pathways.

The herbivorous diet of *S.plicata* has been confirmed by preliminary results of experiments in which laboratory held crabs were fed on mangrove leaves; a consumption rate of 0.24–0.45 g · m^{-1} (DW) per crab is indicated. *Metopograpsus quadridentatus* ate very little leaf material, and *Uca arcuata* none.

5 Discussion

A desirable objective in any ecosystem study is to formulate a conceptual model of all relevant rantmee or the ecosystem. At the least, such a model conveniently summarises the ecosystem as a whole, and highlights remaining areas of ignorance. Figure 2 outlines the major interactions between elements of the mangrove ecosystem of the Jiulong Jiang estuary.

A quantitative model is of even greater value, since potentially it enables the testing of specific hypotheses about the importance of particular elements of the ecosystem and their interactions, and the identification of critical controlling factors. In addition, such a model is potentially of great value as predictive device, making it possible in principle to evaluate the likely impact of environmental changes and planning decisions before they are put into effect. The nature of ecosystem models, their uses and limitations, are revised e. g. by Hall & Day (1977), Mann (1982) and Rinaldi (1982).

Before a simple conceptual model such as that in Figure 2 can be of use it is necessary to quantify both the different elements of the system (such as sesarmid crab population density, and the separate components of mangrove biomass) and the processes connecting them (e. g. Net Primary Productivity, rates of leaf fall and degradation, feeding rates of sesarmid crabs). This requires, *inter alia.* the prolonged and extensive field measurements of many intransigent variables. and has in practice seldom been attained. The limited measurements we have initiated should at least make it possible to begin assessing the relative importance of the routes of energy flow shown in Figure 2 although a detailed quantitative model is a distant prospect.

To be useful a model could not of course be restricted only to the mangrove habitats in isolation; interactions between mangrove and adjacent ecosystems are well established, both in the present survey and in previous ones (e. g. Hamilton & Sneclaker 1984, Robertson 1986, Roberlson & Duke 1987, Wells 1983). It is therefore essential to view the mangrove ecosystem in the wider context of the Jiulong Jiang estuary and Xiamen Harbor as a whole.

The present investigation is therefore seen as complementary to the earlier detailed survey undertaken in Xiamen Harbour from August 1980 to October 1981. This comprised a comprehensive

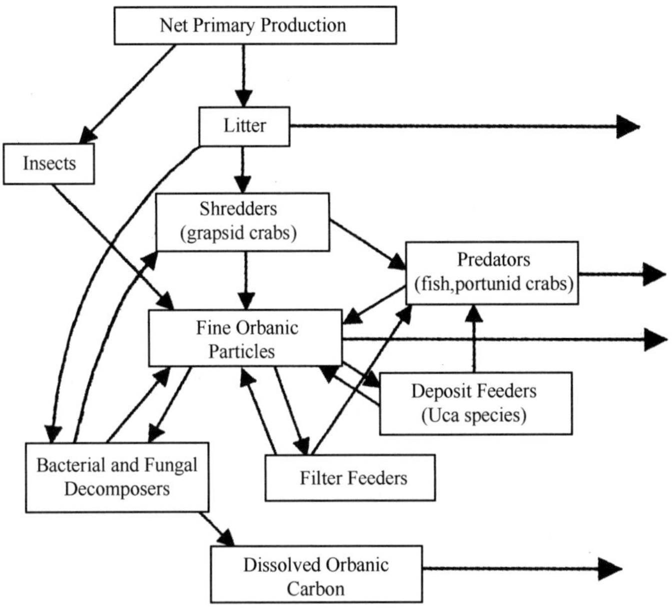

Fig.2 Energy flow through the mangrove ecosystem

and multidisciplinary study, encompassing marine hydrometeorology (e. g. Du Huahui 1987), seawater chemistry (e. g. Chen and Chen 1987), sedimentation (Hong et al. 1988) and marine biology (Wu et at. 1988, Yang 1988, Zhang 1988). The main purpose was to provide baseline information for harbour construction, marine environmental protection and aquaculture, and for planning of the Xiamen harbour area in general (Liu 1987).

Results of the comprehensive survey indicate that causeway and reclamation projects since 1954 have reduced the sea area of Xiamen harbour, weakening tidal influx and accelerating deposition; at the same time siltation has increased, for instance from land soil dumping and coastal soil erosion (Zhou 1988). Variation in densities of benthic fauna were thought to be closely related to factors such as waste input and decrease in run off from the Jiulong Jiang (Wu et al. 1988) .

Since these earlier surveys were conducted in the subtidal zone, mangroves was not included. It is hoped that our current studies on the mangrove habitats will make it possible to attain a sound understanding of the whole Jiulong Jiang and Xiamen Harbour area, with a view to guiding planning decisions that affect the natural resources of the area as a whole.

Acknowledgements

We wish to thank colleagues at the Third Institute of Oceanography. Xiamen, China, the International Union for the Conservation of Nature and Natural resources (IUCN), Switzerland, the Britisl Council, and the Tropical Marine Research Unit of the University of York, UK, for insistance or collaboration during various phases of the studies inferred to in this paper.

References

1 Bunt, J. S., "Studies of mangrove litter fall in tropical Australia", Mangrove Ecosystems in Australia. Structure, Function and Management. B. F. Clough ed., AIMS and Australian National University Press, Canberra. pp.223-237.

2 Chen, Y. and Chen, J., "Comprehensive survey report on marine environment of the Xiamen Harbour I. Chapter 3. Seawater Chemistry. Section 1. Dissolved oxygen in the Xiamen Harbour area", J. Oceanograh Taiwan Strait Vol. 6 No.4, 1987, pp. 358-368.

3 Clough, B. F. (ed.), Mangrove Ecosystems in Australia. Structure, Function and Management. AIMS and Australian National University Press, Canberra, 1982, p. 351.

4 Du, H., "Comprehensive survey report on marine environment of the Xiamen Harbour I. Chapter 2. Marine hydrometeorology. Section 1. Climate", J. Oceanogr. Taiwan Strait Vol. 6, No.4, 1987, pp. 327-331.

5 Gao, S. and Li, F., "Community ecology of ground dwelling macrofauna of mangrove in the Jiulong Jiang estuary, Fujian", Taiwan Strait Vol. 4, 1985, pp.179-191.

6 Giddins, R.L., Lucas, J. S., Neilson, M. J. and Richards, G. N., "Feeding ecology of the mangrove, crab, Neosarmatium smithi (Crustacea: Oecapoda: Sesarmidae)", Ecol, Prog, Ser, Vol. 33, 1986, pp. 147-155.

7 Hall, C. A. S. and Day, J. W. (eds), Ecosystem Modeling in Theory and Practice; an Introduction and Case Histories, John Wiley, 1977, p. 648.

8 Hamilton, L. S. and Snedaker, S. C. (eds), Handbook for Mangrove Area Management, IUCN and UNESCO, 1984, p 123.

9 Hong, H., Chen, C., Liu, W. and Shao, H., "Comprehensive survey report on marine environment of the Xiamen Harbour I. Chapter 5. Marine sedimentation. Section 1. Geology and geomorphology around Xiamen Harbour", J. Oceanogr. Taiwan Strait Vol. 7, No. 1, 1988, pp. 36-39.

10 Hutchings, P. and Saenger, P., "The fauna of Australian mangrove", Proc. Linn. Soc. N. S. W. Vol. 106, No. 1, 1987, pp. 83-121.

11 IUCN, in press: From Strategy to Action; how to implement the report of the World Commission on Environment and Development, IUCN Report.

12 Jones. D. A., "Crabs of the mangal ecosystem", Hydrobiology of the Mangal, F. D. Par and I. Dor, I. (eds), W. Junk, The Hague, 1984. pp. 89-109.

13 Lin. P., "Ecological notes on mangroves in southeast coast of China including Taiwan Province and Hainan Island", Acta Ecologica Sinica Vol. I, 1981, pp. 283-291.

14 Lin. P., "The mangrove ecosystem in China", Mangrove ecosystems of Asia and the Pacific, Status, exploitation and management, Proceedings of the Research for Development Seminar, Australian Institute of Marine Science, Townsville. 1985, C. D. Field and A. J. Dartnall (eds), AIMS, 1987, pp. 40-52.

15 Liu, C., "Comprehensive survey report on marine environment of the Xiamen Harbour I. Introduction", J. Oceanogr. Taiwan Strait Vol. 6, 1987, NO.4, pp. 321-326.

16 Lugo, A. E. and Snedaker, S. C., "The ecology of mangroves". Ann. Rev. Ecol. Syst. Vol. 5, 1974, pp. 39-64.

17 Malley, D. F, "Degradation of mangrove leaf litter by the tropical sesarmid crab Chiromanthes

onychophorum", Mar, Biol. Vol. 49, 1978, pp.377-386.

18 Mann, K. H., Ecology of coastal waters. A systems approach, Studies in Ecology, Vol. 8, Blackwell Scientific Publications, 1982. pp. 322.

19 Newell, S. Y., Miller, J. D. and Fell, J. W., "Rapid and pervasive occupation of fallen mangrove leaves by a marine zoosporic fungus", Appl. environm, Microbiol, Oct. 1987, pp. 2 464-2 469.

20 Odum, W. E. and Heald, E. J., "The detritus-based food web of an estuarine mangrove community", Estuarine Research, L. E. Cronin (ed), Academic Press, 1975, pp. 265-286.

21 Wnaldi, S. (ed.), Environmental systems analysis and management, North Holland, 1982. p.828.

22 Robertson, A.I., "Leaf-burying crabs: their influence on energy flow and export from mixed mangrove forests (*Rhizophora* spp.) innortheastern Australia", J. Exp. Mar. Bio. Ecol. Vol. 102, 1986, pp. 237-248.

23 Robertson, A. I. and Duke, N. C., "Mangroves as nursery sites: comparisons of the abundance and species composition of fish and crustaceans in mangrove and other nearshore habitats in tropical Australia", Mar. Biol. Vol. 96, 1987, pp. 193-205.

24 Van der Valk, A. G. and Attiwill, P. M., "Decomposition of leaf and root litter of Avicennia marine at West emport Bay, Victoria, Australia", Aquatic Botany Vol. 18, 1984, pp. 205-221.

25 Warren, J. H. and Underwood. A. J. (1986): "Effects of burrowing crabs on the topography of mangrove swamps in New South Wales", J. Exp. Mar. Biol. Ecol. Vol. 102, 1986, pp. 223-235.

26 Wells, F. E., "An analysis of marine invertebrate distributions in a mangrove swamp on northwestern Auistralia", Bull, Mar. Sci. Vol. 33, 1983, pp. 736-744.

27 Williams, M., "Methods for analysis of natural diet in purtumiel crabs (Crustacea: Decapoda: Portunidae)", J. Exp. Mar. Sci. Vol. 52, 1981, pp. 103-113.

28 Vu, Q., Cai, E. and He, M., "Comprehensive survey report on marine environment of the Xiamen Harbour I. Marine biology. Section 3. Benthos" J. Oceanogr. Taiwan Strait Vol. 7, No.1, 1988. pp.17-35.

29 Yang, Q., "Comprehensive survey report on marine environment of the Xiamen Harbour I. Chapter 4. Marine biology. Section I. Phytoplankton", J. Oceanogr. Taiwan Strait Vol. 7, No.1, 1988, pp. 1-10.

30 Zhang, J., "Comprehensive survey report on marine environment of the Xiamen Harbour I. Chapter 4. Marine biology. Section 2. Zooplankton", J. Oceanogr. Taiwan Strait Vol. 7, No.1, 1988, pp.11-16.

31 Zhang, R., "The species composition and geographical distribution of the mangrove plants in the Taiwan Strait", Taiwan Strait Vol. 3, 1984, pp. 112-118.

32 Zhou, D., "Comprehensive survey report on marine environment of the Xiamen Harbour I. Marine sedimentation. Section 9. Change of bottom siltation", J. Oceanogr. Taiwan Strait Vol. 7, No.1, 1988, pp. 11-16.

33 Zhou, S. and Li, F., "Community ecology of benthic macrofauna dwelling on mangrove trees in the Jiulong Jiang estuary, Fujian", Taiwan Strait Vol. 5, 1986, pp. 78-85.

Peter J. Hogarth, Jiang Jinxiang, Cai Erxi, Andrew R. G. Price, Rupert F. G. Ormond. 原载《OASTAL ZONE'》89:4832-4846.

Assessment of Mangroves and other Marine Resources in the Context of Coastal Zone Planning and Management, with Special Reference to China

Abstract Resource assessment represents a preliminary and essential component in any environmental evaluation and coastal zone planning process. This paper considers aspects of resource assessment surveys undertaken during an Anglo-Chinese exchange programme currently in progress, as well as on collabo-rative initiatives undertaken elsewhere, involving government agencies, other departments, the International Union for Conservation of Nature and Natural Resources (IUCN) and affiliated organisations. Emphasis is given to the range of methods used to characterise mangroves, other habitats and associated resources, from the use of satellite imagery to quantitative in-situ observations on habitat biota. Included are semi-quantitative techniques, whose value is becoming increasingly recognised as a means of assessing extensive tracts of the coastal environment. Selected results on intertidal habitat characteristics, both from China and other regions, are also given to illustrate the approach and methodology used. The paper also includes consideration of mangrove ecology, particularly those aspects which have some relevance to coastal management.

1 Introduction

1.1 Mangroves and coastal zone management

Many countries, including China, value development as a means of enhancing the prosperity, dignity and well-being of their people. However, because unprecedented crises (e. g. species extinctions, disturbance of global geochemical cycles, degradation of renewable coastal resources) have often accompanied development, environmental planning and sustainable development are now seen by many as the approach for the future. This attempt to balance the needs of development with conservation is also becoming embodied in national and regional development plans, since governments are recognising that renewable marine resources are of major significance to all people, not just to coastal inhabitants. In addition, the coastal environment is becoming of increasing recreational value (Salm, 1986).

Mangroves and other tropical marine habitats (e. g. seagrasses, coral reefs) occupy extensive tracts of coastline in China and most other maritime nations. Together with their associated plant and animal species these habitats represent a resource base of appreciable magnitude and value. As such, marine habitats can be usefully regarded. as "ecological foundation stones" since all coastal and marine species (including fisheries) depend ultimately on habitats for their occurrence. Assessment of mangroves, other habitats and resources represents a preliminary component of any management plan. Knowledge of marine habitats is therefore of fundamental importance in coastal resource management (see IUCN, 1980; Salm & Clark, 1984).

This paper considers some aspects of resource assessment surveys undertaken during an Anglo-Chinese exchange programme currently in progress, as well as on collaborative initiatives undertaken elsewhere, involving government agencies, other departments, the International Union for Conservation of Nature and Natural Resources (IUCN) and affiliated organisations. Emphasis isgiven to the range of methods used to characterise mangroves and other renewable marine resources, from the use of satellite imagery to quantitative in-situ observations on habitat biota. Included are semi-quantitative techniques, whose value is becoming increasingly recognised as a means of assessing extensive tracts of the coastal environment. Selected results on intertidal habitat characteristics, both from China and other regions, are also given to illustrate the approach and methodology used. The paper includes consideration of resource ecology, particularly those aspects which have some relevance to coastal management.

1.2 Overall importance of mangroves

Mangroves are one of several recognised critical marine habitats (see Ray, 1976), which are of both direct human value and of ecological significance. Apart from providing primary productivity, mangroves are important for a number of reasons: as a controlling influence against coastal erosion; in buffering salinity changes, by occluding and absorbing terrestrial freshwater runoff; as a substratum for epiphytic algae and bacteria, which contribute substantially to the food chains; as a habitat for complex meiofaunal and other invertebrate assemblages; as nurseries for commercial and other fish and shellfish, by providing structural shelter and refuges for juveniles from predators; as a refuge for wildlife such as birds and even dugong; as aquaculture areas; and as a source of forestry, medical and other products for human use. Many reviews on the ecological and conservational attributes of mangroves are available in the literature (e. g. IUCN, 1983; Hamilton & Snedaker, 1984; Por & Dor, 1984; Hutchings & Saenger, 1987).

2 Aspects of Mangrove Ecology

The ecology and community structure of the mangal (mangrove ecosystem, including associated biota) have been extensively discussed (e. g. MacNae, 1968; Lugo & Snedaker, 1974; Clough, 1982; Hutchings & Recher, 1982; Por & Dor, 1984). Salient features of mangrove ecosystems include (1) high primary productivity in areas (usually soft sediments) that are otherwise devoid of large plants and often of relatively low primary productivity; and (2) high energy flow through detrital pathways. Typically, much of the productivity is exported from the mangal itself, but may be retained locally, for example in estuaries; this may be offset by the trapping of imported organic matter by the mangrove vegetation. Lugo and Snedaker (1974) aptly summarise the basic mangrove ecosystem as "two coupled storages (above-ground structure and muds) linked by the cycling of matter and powered by the interaction of sunlight and matter through photosynthesis." Important objectives in the investigation of mangrove ecology are the assessment of storage (i.e. biomass) and cycling (i.e. energy flow through the different components of the system). Of great significance is the degree to which fisheries benefit directly or indirectly from the occurrence of mangroves.

2.1 Biomass and productivity

Few estimates of total biomass of mangrove trees have been made, largely because of the difficulty of accurately determining the below-ground component; mangroves commonly have a relatively high ratio of root to stem/leaf. Total biomasses ranging from 12.1–47.3 kg/m^2, and above-ground biomasses of 0.9–28.3 kg/m^2 have been recorded (Christensen, 1978; Clough & Attiwill, 1984).

Net primary productivity is difficult to measure in situ, not least because of the size of mangrove trees and the field conditions in which measurement is attempted. Christensen (1978), studying regeneration of a *Rhizophora* forest in Thailand, estimated an annual increment in trunks, branches and prop roots of 2.7 $kg/(m^2 \cdot a)$. Most studies assess only a part of the net primary productivity, generally the rate of production of leaf litter or other material shed by mangrove trees (Brown, 1984). This is perhaps in any case the element of productivity which is of most direct relevance to the other components (e. g. consumers) of the ecosystem. Rates of leaf litter production vary considerably, both within and between sites. Figures of 162–700 $g/(m^2 \cdot a)$ have been recorded (Clough & Attiwill, 1984).

Mangrove trees are of course not the only autotrophs within the mangal. Macroalgae are scarce, but epiphytic microalgae grow on mangrove trunks, and on the surface of the mud, and will contribute to productivity of the ecosystem as a whole.

2.2 Consumers

Consumers of mangrove production derive from both marine and terrestrial biota. Leaf-eating insects, including lepidopteran larvae and leaf-miners, may be present. Comparatively few studies have been carried out on their significance; estimates of the proportion of leaf production eaten by insects range up to 20%, but figures of around 5% are more typical (Johnstone, 1981; Robertson & Duke, 1987). In some areas, mammalian browsers may be of importance. Terrestrial animals are clearly limited by the extent to which the mangal is immersed at high tide.

Apart from the Caribbean grapsid crab *Aratus pisoni*, few marine herbivores appear to eat mangrove leaves on the tree (Jones, 1984). This may be due to high leaf concentrations of tannins and similarly aversive compounds (Neilson et al., 1986). An important exception to this may be the vulnerability of mangrove seedlings to leaf-eating crabs; selective predation of seedlings appears to be an important and possible decisive factor in limiting the spread of mangrove vegetation (Smith, 1987).

In general, mangrove leaf material is ingested only after it has fallen and decomposition been initiated. A number of grapsid crabs, particularly *Sesarma* species, have been shown to depend largely on leaf litter (Malley, 1987; Jones, 1984; Leh & Sasekumar, 1985; Giddins et al., 1986). Burying of leaves by *S. messa* and other sesarmids may retain material within the mangal that would otherwise be exported (Robertson, 1986). The eating of leaf litter, and associated leaf-burying behaviour. appear to be widespread in Indo-West Pacific mangrove communities, but not in those of the Neotropics.

The fate of the woody portions of mangrove trees in not clear. Few organisms appear to eat live wood, although boring isopods and teredinid molluscs have been reported (Hutohings & Recher, 1982; Rao, 1986).

It is not clear whether crabs feeding on leaf litter assimilate the leaf material itself, or merely-extract colonising bacteria and fungi. Hindgut contents of sesarmid crabs largely comprise leaf material apparently unaltered, except for having been broken down into smaller particles than those found in the foregut. The most significant role of the sesarmid crabs may therefore be to shred mangrove material, and deposit it in faeces in the form of small particles which make it more accessible to deposit feeders and decomposition by bacteria and fungi.

2.3 Deposit and filter feeders

Important deposit feeders include gastropod molluscs (e. g. *Cerithidea*, *Clithon*), thalassinid mud lobsters, and ocypodid crabs, principally *Uca* species (MacNae, 1968; Malley, 1977; Jones, 1984; Dye & Lasiak, 1987). Few attempts have been made to quantify energy flow through the deposit feeding mode in mangrove ecosystems. The abundance of *Uca* in many mangrove habitats suggests that turnover of organic matter by deposit feeders may be rapid.

The principal items extracted by deposit feeders are probably meiofauna, with microalgae of secondary importance (Dye & Lasiak, 1986); *Uca* have been shown to have a harvesting and extraction efficiency of 38%, representing an estimated 10% of microbial production (Robertson et al. 1980). An assimilation efficiency of >98% for ingested bacteria has been measured (Dye & Lasiak. 1987).

Filter and deposit feeding are overlapping categories. True filter feeders may include annelids, and barnacles attached, often thickly, to mangrove trunks and leaves. In estuarine mangrove communities both filter and deposit feeders may depend, to a greater or lesser extent, on fine organic material originating outside the mangal itself.

2.4 Predators and scavengers

Many predators and scavengers are found in mangrove ecosystems. Mudskippers (e. g. *Periophthalmus*) are permanent residents of the mangal; other predators such as portunid crabs and many species of fish, depending on the topography of the mangal, are either semi-permanent residents or commute with the tide. Terrestrial predators including birds and mammals may also be important. Depending on the tidal rise and the mangal topography, these may also be residents or commuters (Hutchings & Recher, 1982).

2.5 Decomposers

Decomposing bacteria and fungi are crucial to the mangrove ecosystem. Few if any of the leaf-eating animals contain cellulase enzymes. Utilization of plant material therefore probably depends largely on prior action by decomposing microorganisms. Mangrove leaves have been shown to be significantly colonised by fungal zoospores within a few hours of falling (Newell et al., 1987). However, the total microbial biomass associated with mangrove detritus has been estimated at substantially less than 1%, so it is unlikely that leaf-eating crabs, and detritivores in general, could depend solely on microorganisms as an energy source (Blum et al., 1988). Herbivores, deposit feeders, filter feeders and predators will also, in the form of faces, make material again available for processing by deposit feeders and decomposition pathways.

2.6 The mangrove ecosystem

In the present state of knowledge, it is not possible to give more than an outline of the more important interactions between the principal components of typical mangrove ecosystems. Figure 1 summarises some salient features.

The dominant path of energy flow is detrital: leaf-eating crabs may be seen as merely facilitating this flow by physically breaking leaf material into smaller particles, with a greater surface area

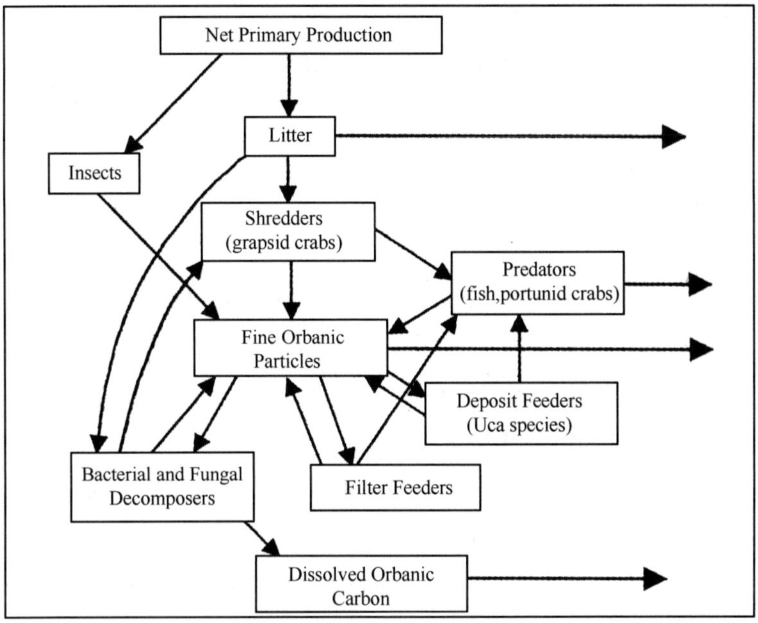

Fig.1 Energy Flow Through the Mangrove Ecosystem

for microbial action. Deposit feeders harvest a proportion of bacterial production from sediments, returning the remainder in the form of faecal material for further microbial activity. A considerable amount of recycling within the ecosystem is apparent.

Apart from relationships within the mangal, it is necessary to consider transfer of material between the mangal and adjacent areas. Depending on circumstances, mangrove habitats may trap and retain organic material originating elsewhere; this is probably true in particular of estuarine mangroves.It can lead to an increase in mangal area, with a succession possibly culminating in the extension of terrestrial habitats.

Conversely, much of the production is probably exported from the mangal, whether in the form of floating leaf litter, suspended organic particles, dissolved organic carbon (DOC), or transfer to marine or terrestrial areas by commuting herbivores or predators. Much of the mangal production probably enters adjacent marine ecosystems, and may contribute very significantly to commercial fisheries.

Except for the assessment of productivity by the mangrove trees themselves—and even this is far from straight forward—little progress has been made in quantifying the major routes of energy flow through the system, or of the quantitative relationships between mangal and linked ecosystems.

While ecologican interactions between mangrove and adjacent ecosystems are complex and interesting scientifically, available evidence (UNEP, 1985) suggests that they are much less important than the influence of physical factors (e. g. coastal terrain, topography, substratum, water movement patterns). In the case of mangroves, productivity is an order of magnitude greater around areas with terrestrial runoff than in areas lacking external nutrient supplies (UNEP, 1985).

3 Environmental Impacts

Degradation of mangroves results principally from direct exploitation; coastal development, particularly infilling; indirect effects of construction work; agriculture and aquaculture; oil and other pollution; solid and liquid waste disposal. Several reviews on the subject are available in the literature (e.g. IUCN, 1983; IUCN/UNEP, 1985a, b).

In China, overexploitation of mangroves for fuel wood, felling for development and other human activities are known to have impinged on mangroves in the past, at least in certain coastal areas. Mangroves in China reach their peak of development in Hainan Island, an area designated to become a Special Economic Zone (SEZ), and consequently one in which mangroves and other coastal ecosystems may become increasingly threatened unless development is managed and sustainle.

4 Assessment of Mangroves

The nature, distribution and abundance of marine habitats (e. g. mangroves) and other resources often need to be determined using a combination of methods, depending on the specific objectives of the survey (see Dawson Shepherd & Ormond, 1987; Price et al., 1987 a, 1988).

4.1 Mapping overall distribution

Distributional maps of mangroves, other marine habitats and resources are a basic requirement in any coastal zone management programmes. From such maps, the linear and areal extent of habitats can be quantified. The value of geographical information systems (GIS) in natural resource assessment is becoming increasingly recognised (Howey & Blackmon, 1987).

4.1.1 Satellite imagery and aerial photographs

Satellite imagery can be useful for obtaining an initial approximation of habitat boundaries, and is particularly valuable in regions where aerial photographs are unavailable. We have recently (1987) attempted to determine the overall distribution of mangroves of the Xiamen area (Fujian Province) using Thematic Mapper (TM) imagery, but the enhancement available was not suitable for clearly distinguishing mangroves from other coastal features. Satellite imagery has been a great asset in recent resource assessments of the Arabian Gulf (see Vine, 1986: p. 48; Price et al.,

1987a; IUCN, in press; Vousden et al., in press) and elsewhere (see Watson, 1984). Aerial photographs and coastal maps also often provide a valuable source of resource information.

4.1.2 Aerial surveys

Aerial surveys (e.g. by helicopter or light aircraft) are useful for verifying some of the gross features (e.g. mangroves, fringing & patch reefs, shallow seagrass beds) seen on satellite imagery. Principal areas associated with fishing, oil slicks and sedimentation can also be identified, and the overall status of the coastal and marine environment determined during coastal overflights. The value of low level aerial surveillance in assessing tropical coastlines is further discussed by Watson (1984).

4.1.3 Ground-truthing

In the intertidal zone, it may be possible to inspect and ground truth virtually the entire coastline using a 4-wheel drive vehicle. Shorelines of both the Red Sea (Dawson Shepherd & Ormond, 1987; Price et al., 1988) and Gulf coast (Price et al., 1987a, b; IUCN, in press) of Saudi Arabia have been surveyed in this manner during recent studies. These investigations have involved Saudi Arabia's Meteorology and Environmental Protection Administration (MEPA) in collaboration with the International Union for Conservation of Nature and Natural Resources (IUCN). Spot dives and transects provided a means of confirming, clarifying or distinguishing offshore benthic habitat types and boundaries as recognised from the satellite imagery, aerial photographs and during coastal overflights.

Habitats can be broadly classified and described according to their main biophysical features. Physical attributes normally recorded include substratum type (e.g. rock, sand, mud, coral, seagrass, mangrove). Biological features of interest include the major characteristic species or species groups. In some cases (e.g. mangroves) the habitat category is clear-cut, but in others (e.g. <5% seagrass cover on silty sand) the habitat is more difficult to determine convincingly. Mixed habitats can be of common occurrence in tropical marine environments (see IUCN, in press).

The estimated extent of intertidal habitats along the Arabian Gulf coast of Saudi Arabia is indicated below, based on the foregoing methods (Price et al., 1987a).

Table 1

Habitat	Extent			
	Linear/km	Linear/%	Areal/km^2	Areal/%
Sand or sand/rook beach	433	40	5	2
Sand/mud beach	144	13	7	3
Mud flat	84	8	36	18
Mangroves	12	1	4	2

continue

Habitat	Extent			
	Linear/km	Linfar/%	Areal/km^2	Areal/%
Sand/mud flat	109	10	86	42
Rock flat with sand	190	18	26	13
Rock flat with sand/mud	51	5	4	2
Sand flat	49	5	35	17
Total	1 072	100	203	99

In more and more detailed assessments of habitats, for instance at monitoring sites (see 4.2 & 4.3 below), information on community structure and other ecological attributes is often collected to supplement basic habitat classification and description (above).

4.2 Semi-quantitative site assessments

The value of semi-quantitative methods for recording resource and other environmental information at specific sites is becoming increasingly recognised, particularly when extensive tracts of coastline need to be assessed. During recent studies in the Arabian Gulf (Price et al.,1987b; IUCN, in press) and the Red Sea (Dawson Shepherd & Ormond, 1987; Price et al., 1988), semi-quantitative observations were made at a series of "site inspection quadrats" on habitat abundance; associated species (a first approximation of community structure), including birds; and human activities/impacts. Each quadrat comprised an area of 500 m×500 m bisecting the beach, thereby covering both the intertidal and shallow subtidal zones. Within each sample area of 250 000 m^2(500 m×500 m) the abundance of habitats and associated dominant biota was recorded using a semi-logarithmic scale (0–6) as follows:

Table 2

Abundance Score (semi-log scale)	Areal Extent (m^2): Habitat or No. of Individuals: Associated Biota
0	0
1	1–9
2	10–99
3	100–999
4	1 000–29 999
5	30 000–99 999
6	100 000+

The magnitude of activities and impacts, such as construction, fishing/collecting and pollution (oil, other pollution & driftwood), was estimated visually and recorded using the same (0–6) scale.

4.3 Quantitative site assessments

Methods for the quantitative assessment of mangrove sites have recently been reviewed (Snedaker & Snedaker, 1984). A major objective of quantitative site assessment is to achieve a sufficiently detailed description of a site to enable comparison with other sites, and as a baseline from which subsequent deviations can be measured. Ideally, this should include measurement of the standing crop and productivity of the mangrove vegetation, together with analysis of the significance of at least the major elements of the mangrove fauna.

In practice, direct measurement of standing crop and productivity in the field are generally impractical, and a variety of indices, or partial estimates are employed as alternatives. The following sections refer, by way of example, to our recently initiated survey (Fig.2) of the mangrove areas of the Jiulong Jiang estuary (Xiamen, Fujian Province, China).

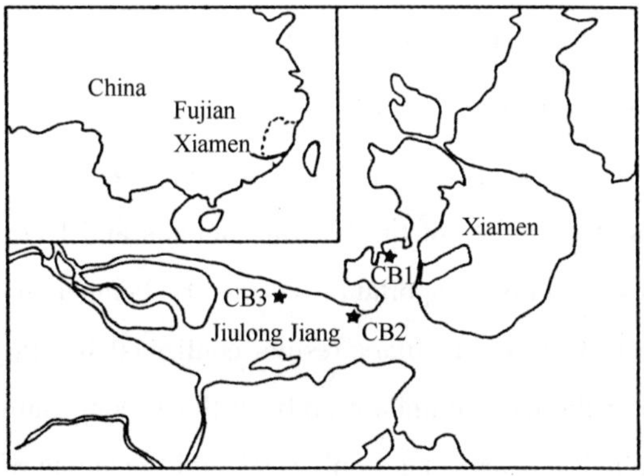

Fig.2 Map showing location of study sites in Xiamen area of Jiulong Jiang estuary, Fujian Province, China (CB1:Dongyu, CB2: Zhen'an, CB3 Haicang)

4.3.1 Standing crop

True standing crop estimations depend inevitably on extensive destructive sampling. A more practical mode of site description is to measure tree density, tree height, and tree diameter at breast height (dbh). At three sites (CB1, CB2 & CB3) within the Jiulong Jiang estuary (Fig.2) we therefore established a total of five quadrats; two of these were 10 m×10 m and three 5 m×5 m. In each quadrat all trees (in-cluding seedlings) were counted and their heights recorded to the nearest 0.2 m. Mangrove zones varied very considerably both between and within sites, both in species composition and height distribution.

It is obvious that dbh is not an appropriate measure to use where the majority of the trees are less than 1.2 m in height. In one quadrat (CB2-1), we therefore measured the diameter of stems at approximately 0.1 m above the surface. This was complicated by the frequent occurrence of multiple stems. We therefore converted stem diameters to cross-sectional area (assuming a circular cross-section) and recorded total stem cross-sectional area for eath tree.

4.3.2 Productivity

As a method of assessing one component of productivity, we have initiated a programme of regular collection of leaf and other litter from sample trees in quadrat CB2-1. The methods of litter collection by positioning open-topped net trays or cages, as described by Brown (1984), was inappropriate to conditions in the Jiulong Jiang estuary, since the majority of trees appear to be completely immersed at high tide. To prevent the removal of litter material at high tide, we therefore completely surrounded 8 sample trees with netting. Collections are being made at monthly intervals and weight recorded after drying at 70℃. Although some loss of material by decomposition and leaching must occur, more frequent collection is not possible. Initial results suggest that the production rate of leaf litter is of the order of 250 $g/(m^2 \cdot a)$. Sampling of the mud within the mangrove zones, by means of 0.25 m × 0.25 m quadrats, suggests a "standing crop" of leaf litter available for detritivores of approximately 59 g/m^2(WF).

4.3.3 Mangrove leaf litter and food chains

In order to clarify the subsequent fate of mangrove leaf litter, and the role of sesarmid crabs in particular, we have initiated studies of the foregut contents and feeding behaviour of several of the more abundant species. Relative importance of dietary components was recorded using the method of Williams (1981). Our prelimainary results confirmed the importance of mangrove leaf material in the diet of one of the most abundant crabs of the Jiulong Jiang mangal, Sesarma plicata. The other crabs so far studied appear to take only negligable amounts of mangrove material.

Feeding experiments carried out in the laboratory confirm this impression, and suggest an intake of 3-5 dry wt./a per crab.

4.3.4 Monitoring sites

One purpose of the systematic delineation of mangrove habitats in this way is to provide monitoring sites; areas where the habitat is known with sufficient precision for changes to be rapidly detected. The Xi amen area is a Special Economic Zone (SEZ) and a variety of developments may in consequence be expected; and, specifically, a coal-fired power station is shortly to be built close to site eB2 (see map). The measurements we have made and the programmes initiated should provide the basis for effective monitoring of environmental impacts in the Jiulong Jiang estuary.

Acknowledgements

We wish to thank colleagues at the Third Institute of Oceanography, Xiamen. China, the Meteorology and Environmental Protection Administration (MEPA), Saudi Arabia, the International Union for Conservation of Nature and Natural Resources (IUCN), Switzerland and York University's Tropical Marine Research Unit (TMRU), UK, for assistance or collaboration during various phases of the studies referred to in this paper.

References

Blum, L. K., Mills, A. L., Zieman, J. C. & Zieman, R. T. 1988. Abundance of bacterial and fungi in seagrass and mangrove detritus. Marine Ecology Progress Series 42:73-78.

Brown, M. S. 1984. Mangrove litter production and dynamics. In: Snedaker, S. C. & Snedaker, J. G. (eds). The Mangrove Ecosystem: Research Methods. Unesco, pp.231-238.

Christensen, B. 1978. Biomass and primary production of Rhizophora apiculata Bl. in a mangrove in southern Thailand. Aquatic Botanv 4:43-52.

Clough, B. F. (ed.) 1984. Mangrove ecosystems in Australia. Structure, function and management. AIMS & Australia National University Press, Canberra.

Clough, B. F. & Attiwill, B. F. 1984. Primary production of mangroves. In: Clough, B.F. (ed.). Mangrove ecosystems in Australia. Structure, function and management. AIMS & Australia National University Press, Canberra, pp. 213-222.

Dawson Shepherd, A. R. & Ormond, R. F. G. 1987. Techniques for field survev in the eastern Red Sea. In: Magoon, O. T. et al. (eds.) Coastal Zone'87. American Society of Civil Engineers, pp. 1984-1994.

Dye A. H. & Lasiak, T. A. 1986. Microbenthos, meiobenthos and fiddler crabs: trophic interactions in a tropical mangrove sediment. Marine Ecology Progress Series. 32:259-264.

Dye, A. H. & Lasiak, T. A. 1987. Assimilation efficiencies of fiddler crabs and deposit-feeding gastropods from tropical mangrove sediments. Comparative Biochemistry & Physioloey. 87A:341-344.

Giddins, R. L., Lucas, J. S., Neilson, M. J. & Richards, G. N. 1986. Feeding ecology of the mangrove crab Neosarmatium smithi (Crustacea: Decapoda: Sesarmidae). Marine Ecology Progress Series 33:147-155.

Hamilton, L. S. & Snedaker, S. C. 1984 (eds). Handbook for Mangrove Area Management. UNEP/East-West Center, Environment & Policy Institute, pp.123.

Howey, T. W. & Blackmon, J. B. 1987. Use of a geographical information system as a tool for making land use management decisions for coastal wetlands in a state regulatory program. In: Magoon, O. T. et al. (eds.) Coastal Zone'87. American Society of Civil Engineers, pp. 399-413.

Hutchings, P. & Recher, H. F. 1981. The fauna of Australian mangroves. Proceedings of the Linnaean Society, NSW 106(1):83-121.

Hutchings, P. A. & Saenger, P. 1987. Ecology of Mangroves. University of Queensland Press. pp. 388.

IUCN, 1980. The World Conservation Strategy: Living Resource Conservation for Sustainable Development. IUCN/UNEP/WWF.

IUCN. 1983. Global Status of Mangrove Ecosystems. IUCN Commission on Ecology Papers No.3, pp.88.

IUCN, in press. An assessment of biotopes and management requirements for the Saudi Arabian Gulf. IUCN Report to MEPA (Saudi Arabia).

IUCN/UNEP, 1985a. Management and conservation requirements of renewable marine resources in the Indian Ocean region: overview. UNEP Regional Seas Reports and Studies, No. 60, pp.78.

IUCN/UNEP, 1985b. Management and conservation requirements of renewable marine resources in the East Asian Seas region. UNEP Regional Seas Reports and Studies, No. 65, pp. 86.

Johnstone, I. M. 1981. Consumption of leaves by herbivores in mixed mangrove stands. Biotropica 13:252-259.

Jones, D. A. 1984. Crabs of the mangal ecosystem. In: Por, F. D. & Dor, I. (eds). Hydrobiology of the Mangal. W. Junk, The Hague, pp.89-109.

Leh, C. M. U. & Sasekumar, A. 1985. The food of sesarmid crabs in Malaysian mangrove forests. Malaya Nature Journal 39:135-145.

Lugo, A. E. & Snedaker, S. C. 1974. The ecology of mangroves. Annual Review of Ecology and Systematics, 5:39-64.

MacNae, W. 1968. A general account of the fauna and flora of mangrove swamps and forests in the Indo-West Pacific region. Advances in Marine Biology, 6:73-270.

Malley, D. F. 1977. Adaptations of decapod crustaceans to life in mangrove swamps. Marine Research in Indonesia, 18:63-72.

Malley, D.F. 1978. Degradation of mangrove leaf litter by the tropical sesarmid crab Chiromanthes onychophorum. Marine Biology, 49:377-386.

Neilson, M. J., Giddins, R. L. & Richards, G. N. 1986. Effects of tannins on the palatability of mangrove leaves to the tropical sesarminid crab Neosarmatium smithi. Marine Ecology Progress Series, 34:185-186.

Newell, S. Y., Miller, J. D. & Fell, J. W. 1987. Rapid and pervasive occupation of fallen mangrove leaves by a marine zoosporic fungus. Applied Environmental Microbiology, Oct. 2464-2469.

Por, F. D. & Dor, I. (eds) 1984. Hydrobiology of the Mangal. The Ecosystem of the Mangrove Forests. W. Junk, The Hague.

Price, A. R. G., Chiffings, T. W., Atkinson, M. J. & Wrathall, T. J. 1987. Appraisal of resources in the Saudi Arabian Gulf. In: Magoon, O. T. et al. (eds.) Coastal Zone'87. American Society of Civil Engineers, pp. 1031-1045.

Price, A. R. G., Wrathall, T. J. & Bernard, S. M. 1987b. Occurrence of tar and other pollution on the Saudi Arabian shores of the Gulf. Marine Pollution Bulletin 18 (12):650-651.

Price, A. R. G., Crossland, C. J., Dawson Shepherd, A. R., McDowall, R. J., Medley, P. A. H., Stafford Smith, M. G., Ormond, R. F. G. & Wrathall, T. J. 1988. Aspects of seagrass ecology along the eastern coast of the Red Sea. Botanica Marina, 31:83-92.

Rao, M. V. L. 1986. Notes on wood borers from the mangroves of the Godavari estuary, India. In: Thompson et al. (eds). Indian Ocean, Biology of Benthic Marine Organisms, Balkema, pp. 579-588.

Ray, G. C. 1976. Critical marine habitats. IUCN Publications New Series, No. 37, pp.15-19.

Robertson, A. I. 1986. Leaf-burying crabs: their influence on energy flow and export from mixed mangrove forests (*Rhizophora* spp.) in northeastern Australia. Journal of Experimental Marine Biology & Ecology, 102:237-248.

Robertson, J. R. Bancroft, K., Vermeer, G. & Plaisier, K. 1980. Experimental studies on the foraging behaviour of the sand fiddler crab *Uca pugilator* (Bosc 1802). Journal of Experimental Marine Biology & Ecology, 44:67-83.

Robertson, A. I. & Duke, N. C. 1987. Insect herbivory on mangrove leaves in North Queensland. Australian Journal of Ecology, 12: 1-7.

Salm, R. V. 1986. Coral reefs and tourist carrying capacity: the Indian Ocean experience. Industry & Environment, 9(1): 11-14.

Salm, R. V. & Clark, J. R. 1984. Marine and Coastal Protected Areas: A Guide for Planners and Managers. IUCH, pp.302.

Smith, T. J. 1987. Seed predation in relation to tree dominance and distribution in mangrove forests. Ecology, 68: 266-273.

Snedaker, S. C. & Snedaker, J. G. (eds) 1984. The Mangrove Ecosystem: Research methods. Unesco, Paris.

UNEP, 1985. Ecological interactions between tropical coastal ecosystems. UNEP Regional Seas Reports and Studies, No. 73, pp. 71.

Vine, P. 1986. Pearls in Arabian Waters: The Heritage of Bahrain. Immel Publishing, pp. 159.

Vousden, D. H. P. in press. Critical marine habitats of Bahrain. Report to ROPME.

Watson, R. M. 1984. Appropriate methods for tropical coastal resource inventory and monitoring. In: Bannink, B. A. (ed.) Integration of Ecological Aspects in Coastal Engineering Projects. Water Science & Technology, 16 (2), pp. 541-550.

Williams, M. J. 1981. Methods for analysis of natural diet in portunid crabs (Crustacea: Decapoda: Portunidae). Joual of Experimental Marine Biology & Ecology, 52: 103-113.

A. G. G. Price, P. J. Hogarth, R. F. G. Ormond, Jiang Jinxiang and Cai Erxi. 原载:《The Fifth MICE Symposium for Asia and the Pacific: Ecosystem and Environment of Tidal Flat Coast Effected by Human Beings' Activities》, 240-253.

大亚湾埔渔洲红树林区大型底栖生物生态研究

摘要 研究大亚湾红树林区大型底栖生物种类组成、数量分布和群落结构特点,同时分析了生物群落与环境因子的关系。

关键词 红树林;大型底栖生物;生态学

A Study of the Macrobenthos Ecology on the Mangrove Region in Puyuzhou, Daya Bay

Abstract The community structure, species composition and the distribution of the biomass and density of macrobenthos in mangrove at Daya Bay are studied in this recent paper, and the relationship among the community and the physical and chemical environmental factors are simply analysed.

The community structure of macrobenthos in mangrove at Daya Bay falls into three zones: *Glauconme chinensis*-*Sesarma* (*Chironantes*) *bidens*-*Tmethypocoelis ceratphora* in the high tidal zone; *Cerithidea microptera*-*Cerithidea cingulata*-*Sipunculus angasoides* in the middle tidal zone, and *Protankyra* sp. -*Moerella culter*-*Angulus* sp. in the low tidal zone.

Polychaeta, Molluscs and Crustacea are three main groups of macrobenthos in the mangrove region. The average biomass and density of the community are 202.77 g/m^2 and 235 ind./m^2 respectively. The vertical distribution of biomass and density in mangrove is more in the middle tidal zone than in the high tidal zone, and more in the high tidal zone than in the low tidal zone.

The community structure, species composition and the distribution of biomass and density of macrobenthos in the mangrove are mainly influenced by the physical factors of sediment form and hydrodynamics.

Key words macrobenthos, mangrove, ecology

红树林是生长于热带和亚热带海岸和河口潮间带的植物群落,红树林区生态是潮间带5种生态类型之一。近年来,红树林生态系的研究日益受到重视。人们在开发、利用和保护红树林方面做了不少工作,但至今,对红树林区大型底栖生物的研究较少,在我国则更少[1-5]。

初步分析了大亚湾红树林区大型底栖生物生态特点，旨在为红树林区生物的开发、利用和保护提供科学依据，为大亚湾核电站投入运行后的污染排放，特别是热污染排放的评价提供背景数据。

1　自然环境

大亚湾位于南海北部，在 22°—22°50′N，114°30′—114°50′E，属南亚热带气候。西邻香港大鹏湾，东为红海湾，面积约 6 万 hm^2。三面环山，无大河注入，是一个温盐变幅较小的高盐性海湾。

潮汐特征属不正规半日混合潮，存在日潮不等现象。平均潮差为 1 m 左右，最大潮差在 2.0~2.8 m，湾顶潮差大于湾口。平均潮位具明显的年变程，冬季半年潮位高于夏季半年。

该湾海岸线曲折，岸线长约 92 km。潮间带滩面较窄，红树林面积分布约 300 hm^2，主要分布于范和港和埔渔洲一带[6-7]。

2　材料与方法

根据 1988 年 9 月至 1989 年 9 月大亚湾海洋生态零点调查报告潮间带生物部分以及参考 1987—1988 年的资料整理而成。调查方法按法国电力公司（EDF）和法国海洋研究开发中心、广东核电公司等单位起草的“大亚湾核电站海洋生态调查大纲”进行①。调查断面布设在大亚湾埔渔洲（图 1）。断面设 5 个取样站，每站用 25 cm×25 cm 定量框取样 4~8 次，同时进行各潮区和红树林生物的定性取样和观察。

潮区的划分，根据瓦扬和斯蒂芬森的原则，结合潮汐资料和生物自然分布，将潮间带划分为高、中、低 3 个垂直分布带。

3　结果

3.1　种类组成的特点

大亚湾红树林区大型底栖生物经初步鉴定共有 87 种，其中多毛类 27 种，软体动物 35 种，甲壳动物 14 种，棘皮动物 1 种，其他动物 10 种（表 1）。

① 国家海洋局第三海洋研究所. 1990，大亚湾核电站第二年海洋生态零点调查。

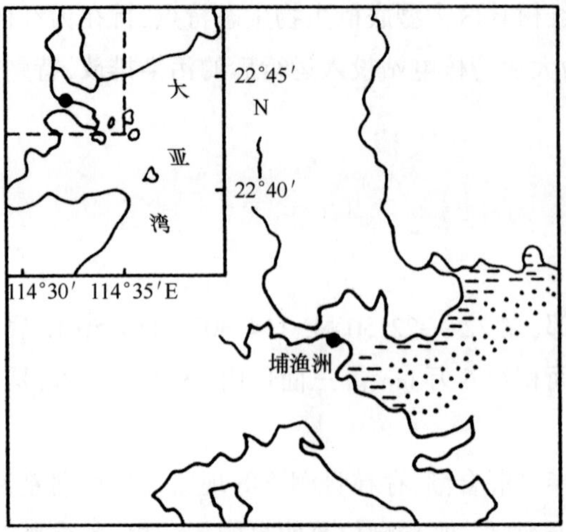

图 1　大亚湾埔渔洲红树林区大型底栖生物取样断面

Fig.1　Sampling transect of on macrobenthos in a mangrove region of Puyuzhou, Daya Bay

表 1　大亚湾埔渔洲红树林区大型底栖生物种类名录

Tab.1　A species checklist of macrobenthos in a mangrove region of Puyuzhou, Daya Bay

中文名	学名
叶须虫	*Phyllodocidaes* spp.
花冈钩毛沙蚕	*Sigambra hanaokai* (Kitamori)
单叶沙蚕	*Namalycastis aibiuma* (Müller)
沙蚕	*Nereis* sp.
琥珀刺沙蚕	*Neanthes succienea* (Frey et Leuckart)
刺沙蚕	*Neanthes* sp.
等齿角沙蚕	*Ceratonereis burmensis* (Monro)
红角沙蚕	*C.erythraeenis* Fauvel
双齿围沙蚕	*Perinereis aibuhitensis* Grube
角吻沙蚕	*Goniada emerita* Audouin et Milne-Edwards
长单锥虫	*Haploscoloplos elongatus* (Johnson)
热带杂毛虫	*Poecilochaetus tropicus* Okuda
蛇杂毛虫	*P.serpens* Allen
巴林虫	*Barantolla* sp.
背蚓虫	*Notomastus latericeus* Sar
丝异蚓虫	*Heteromastus filiformis* (Claparede)

续表

中文名	学名
异蚓虫	*Heteromastus* sp.
拟异蚓虫	*Parheteromastus tenuis* Monro
拟节虫	*Praxillella praetermissa* (Malmgren)
长尾头节虫	*Chlymenura* (*Cephalata*) *longicaudata* Imajima
欧努菲虫	*Onuphis eremita* Audouin et Milone-Edwards
岩虫	*Marphysa sanguinea* (Montogu)
岩虫	*Marphysa* sp.
索沙蚕	*Lumbrineris* sp.
欧文虫	*Owenia fusiformis* Delle Chiaje
美米列虫	*Melinna aberrans*
六肾拟无吻缢	*Para-arhynchite nexoronale* Chon
厥目革囊星虫	*Phascolosoma scolops* (Selenka, De Man et Bulow)
革囊星虫	*Phascolosoma* sp.
安岛反体星虫	*Antillesoma antillarum* (Grube et Oersted)
澳洲管体星虫	*Siphonosoma australe* (Keferstein)
棘管枝触星虫	*Themiste spinulum* (Chen et Yeh)
裸体方格星虫	*Sipunculus nudus* Linnaeus
拟安氏方格星虫	*S.angasoides* Chen et Yeh
方格星虫	*Sipunculus* sp.
舵毛蚶	*Scapharca gubernaculum* (Reeve)
变化短齿蛤	*Brachidontes variabilis* (Krauss)
黑荞麦蛤	*Xenostrobus atrata* (Lischke)
难解不等蛤	*Enigmonia aenigmatica* (Holten)
僧帽牡蛎	*Saccostrea cucullata*(Born)
棘刺牡蛎	*S. echinata* (Quoy et Gaimard)
蛤蜊	*Mactra* sp.
尼科巴立蛤	*Meropesta nicobarica* (Gmelin)
紫藤斧蛤	*Chion semigranostls*(Dunker)
斧蛤	*Chion* sp.

续表

中文名	学名
刀明樱蛤	*Moerella culter* (Hanley)
彩虹明樱蛤	*M. iridescens* (Benson)
小亮樱蛤	*Nitidotellina minuta* (Lischke)
亮樱蛤	*N.nitidula* (Dunker)
角衣蛤	*Angulus* sp
砚	*Geloina* sp.
伊萨伯雪蛤	*Clausinella isabellina* (Philippi)
雪蛤	*Clausinella* sp.
裂纹格特蛤	*Marcia hiantina* (Lamarck)
理纹格特蛤	*M.marmorata* (Lamarck)
中国绿螂	*Glauconme chinensis* Gary
鸭嘴蛤	*Laternula* (*L.*) *anatina* Linnaeus
鸭嘴蛤	*Laternula* sp.
锦蜒螺	*Nerita* (*Amphinerita*) *polita* Linnaeus
齿纹蜒螺	*N.* (*Ritena*) *yoldi* Ricluz
黑口滨螺	*Littoraina* (*Palastorina*) *melanostoma* (Gray)
粗糙滨螺	*L.* (*Palustorina*) *artculata* (Philippi)
纵带滩栖螺	*Batillaria zonalis* (Brugriere)
小翼拟蟹守螺	*Cerithidea microptera* (Kiener)
珠带拟蟹守螺	*C.cingulata* (Gmelin)
红树拟蟹守螺	*C.rhizophorarum* A. Adams
粒比底螺	*Bittium* sp.
蛹螺	*Pupa* sp.
石磺	*Oncidium verruculatum* Cuvier
鸭嘴海豆芽	*Lingula anatina* Bouiguiere
白脊藤壶	*Balanus albicostatus* Pilsbry
锯缘青蟹	*Scylla serrata* (Fårska)
柔毛梭子蟹	*Portunus pubescens* (Dana)
长腕和尚蟹	*Mictyris longicar pus* Laterille

续表

中文名	学名
弧边招潮	*Uca* (*Deltuca*) *arcuata* (De Haan)
招潮	*Uca* sp.
明秀大眼蟹	*Macrophthalmus* (*Mareotis*) *definintus* Adams et White
淡水泥蟹	*Ilyoplax tansuiensis* Sakai
锯眼泥蟹	*I.serrata* Shen
泥蟹	*Ilyoplax* sp.
角眼切腹蟹	*Tmethypocoelis ceratophora* (Koelbel)
圆球股窗蟹	*Scopimera globosa* de Haan
双齿相手蟹	*Sesarma* (*Chiromantes*) *bidens* (de Haan)
长足长方蟹	*Metaplax longipes* Stimpson
刺锚参	*Protankyra* sp.

从表1可见，多毛类、软体动物和甲壳动物占了总种数的87.35%，构成红树林区大型底栖生物的3个主要类群。

这些种类中，栖息、固着于红树茎叶和根部裸露处的有石磺（*Oncidium verruculatum*）、锦蜒螺［*Nerita* (*Amphinerita*) *polita*］、黑口滨螺［*Littoraria* (*palastorina*) *melanostoma*］、变化短齿蛤（*Brachidontes variabilis*）、僧帽牡蛎（*Saccostrea cucullata*）和白脊藤壶（*Balanus albicostatus*）等，而大多为生活于底表的种类。暖水种有锦蜒螺、石磺、拟蟹守螺等；广盐性的种类有双齿相手蟹［*Sesarma* (*Chiromantes*) *bidens*］、僧帽牡蛎和白脊藤壶等。

3.2 数量组成与分布

大亚湾埔渔洲红树林区大型底栖生物平均生物量为120.30 g/m^2，其中多毛类2.61 g/m^2，软体动物94.73 g/m^2；甲壳动物8.83 g/m^2，棘皮动物4.32 g/m^2，其他动物8.25 g/m^2。图2a显示了各类群的生物量，软体动物居首位，多毛类最低。

红树林区底栖生物的平均栖息密度为148个/m^2，其中多毛类为25个/m^2，软体动物为94个/m^2，甲壳动物和棘皮动物，分别仅11个/m^{2}和2个/m^2，其他动物为16个/m^2，从图2b可见，栖息密度同样以软体动物占第一位，棘皮动物最低（图2b）。

红树林区底栖生物数量的垂直分布由大到小依次为生物量中潮区（246.2 g/m^2）、高潮区（98.72 g/m^2）、低潮区（15.19 g/m^2）；栖息密度同样由大到小依次为中潮区（305个/m^2）、高潮区（84个/m^2）、低潮区（54个/m^2）（图3和图4）。

由图3和图4中可见，高潮区生物量和密度均以软体动物居首位（57.96 g/m^{2}和28个/m^2），依次为多毛类、甲壳动物和其他动物。中潮区，生物量和栖息密度仍以软体动物居第一

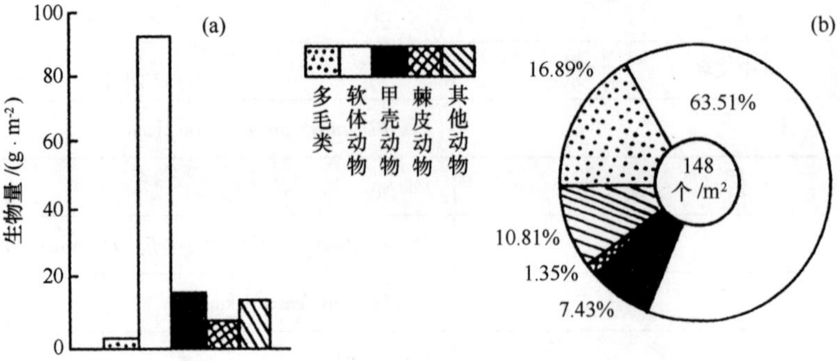

图 2　各类群生物量(a)和密度(b)百分比组成

Fig.2　Biomass (a) and Percentage of habitat density (b) of groups

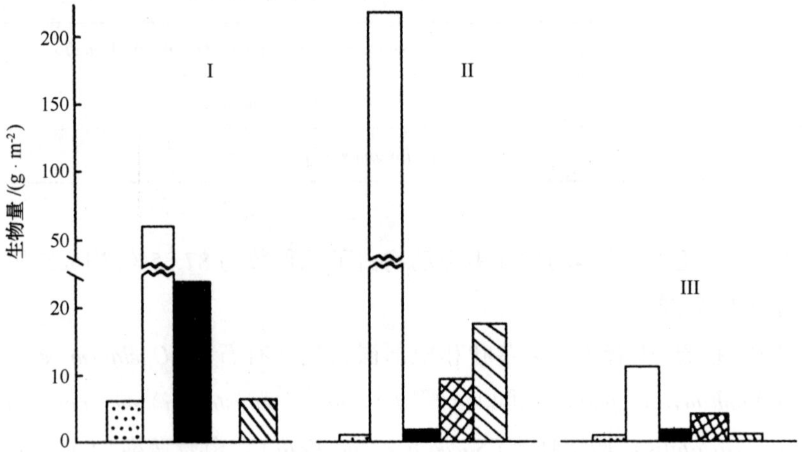

图 3　高潮区(Ⅰ)、中潮区(Ⅱ)和低潮区(Ⅲ)各类群的生物量

Fig.3　Biomass of groups in the high (Ⅰ), middle (Ⅱ) and low tidal zone (Ⅲ)

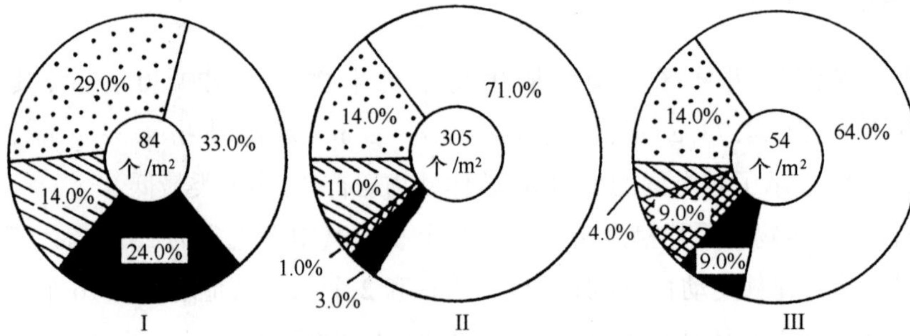

图 4　高潮区(Ⅰ)、中潮区(Ⅱ)和低潮区(Ⅲ)中各类群的栖息密度及百分组成

Fig.4　Habitat density and percentage of groups in the high (Ⅰ), middle (Ⅱ) and low tidal zone(Ⅲ)

位(215.75 g/m² 和 218 个/m²),多毛类的生物量(1.40 g/m²)和棘皮动物的密度(2 个/m²)在该区均为最小。低潮区,生物量和栖息密度以软体动物占优势(10.58 g/m²)和

(35 个/m^2)，而多毛类的生物量(0.40 g/m^2)和其他动物的密度(2 个/m^2)均最小。3 个潮区的生物量和栖息密度均以软体动物居首位。

3.3 群落结构

大亚湾埔渔洲红树林区,高潮区底质为粉砂质砂,中潮区为黏土质粉砂,低潮区为粉沙质砂,底质相对稳定。高潮区和中潮区的中上层生长茂盛的红树林,主要有秋茄(*Kandelia candel*)、白骨壤(*Avicennia marina*)、桐花树(*Aegiceras corniculatum*)、木榄(*Bruguiera gymnorrhiza*)和海漆(*Excoecaria agallocha*)等。树高一般 2 m 以上。

该群落的特点:种类多样性不高(1.81~2.68),种类均匀度偏低(0.46~0.52),种类优势度较高,特别冬季可达83.66。群落的另一个重要特征,小翼拟蟹守螺(*Cerithidea microptera*)在中潮区占绝对的优势。

高潮区:中国绿螂(*Glauconme chinensis*)-双齿相手蟹-角眼切腹蟹(*Tmethypocoelis ceratophora*)带。

红树林高潮区的种类较丰富。代表种有中国绿螂、双齿相手蟹和角眼切腹蟹。习见种有琥珀刺沙蚕(*Neanthes succinea*)、单叶沙蚕(*Namalycastis aibiuma*)、长足长方蟹和六肾拟无吻缢(*Para-arhynchite hexorenale*)等。小翼拟蟹守螺主要分布在高潮区与中潮区交界处以下的潮区。该区的生物量和栖息密度均不大。此外,在红树上尚可采到较耐干燥的种类如黑口滨螺、白脊藤壶等(图 5)。

中潮区:小翼拟蟹守螺-珠带拟蟹守螺(*Cerithidea cingulata*)-拟安氏方格星虫(*Sipunculus angasoies*)带。

该区中,小翼拟蟹守螺的生物量和密度均最大,从中潮区上层至中层形成一条约 2 m 宽的分布带,秋季分别可高达 201.11 g/m^2 和 288 个/m^2。其次为珠带拟蟹守螺,冬季的生物量和密度分别为 81.81 g/m^2 和 92 个/m^2。另外,拟安氏方格星虫的数量也较大,秋季的生物量和栖息密度为 16.48 g/m^2 和 16 个/m^2。其他习见种有厥目革囊星虫(*Phascolosoma sclolpsi*)、拟异蚓虫(*Praheterom astustenuis*)、异蚓虫(*Heteromastus* sp.)、欧努菲虫(*Onuphis eremira*)、美米列虫(*Melinna aberrans*)、亮樱蛤(*Nitidotellina nitidula*)、角蛤(*Angulus* sp.)、红树拟蟹守螺(*Cerithidea rhizophorarum*)、弧边招潮、淡水泥蟹和刺锚参(*Protankyra* sp.)等。该潮区种数最多,种类最丰富。有些种类可自高潮区分布至此,如琥珀刺沙蚕、双齿相手蟹等。在红树茎秆、根部可采到僧帽牡蛎,变化短齿蛤、锦蜒螺和石磺等。固着在高潮区下层红树干上的白脊藤壶也可延伸到中潮区的上层,形成明显的生物交替分布(图 5)。

低潮区:刺锚参-刀明樱蛤(*Moerella culter*)-角蛤带。

该区的主要种为刺锚参、刀明樱蛤和角蛤。习见种还有背蚓虫(*Notomastus latericeus*)、拟安氏方格星虫等。而角蛤、刺锚参和拟安氏方格星虫从低潮区可向上分布至中潮区(图 5)。

3.4 群落与环境因子的关系

潮间带处于水、气、陆交汇之所,是海岸中最为复杂的地带。周期性处于水、气作用之

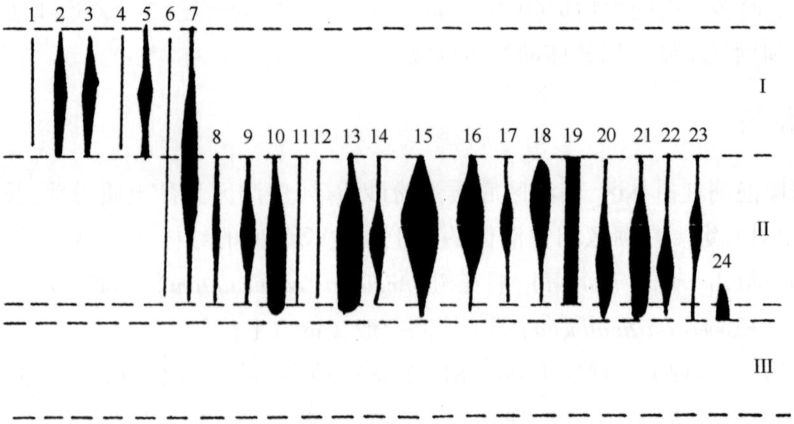

图 5 主要种类的垂直分布

Fig.5 Vertical distribution of main species

Ⅰ.高潮区；Ⅱ.中潮区；Ⅲ.低潮区

1.单叶沙蚕 *Namalycastis aibiuma*；2.六肾拟无吻缢 *Para-arhynchite nexoronale*；3.中国绿螂 *Glauconme chinensis*；4.角眼切腹蟹 *Tmethypocoelis ceratophora*；5.长足长方蟹 *Metaplax longipes*；6.琥珀刺沙蚕 *Neanthes succinea*；7.双齿相手蟹 *Sesarma* (*Chiromantes*) *bidens*；8.异须虫 *Heteromastus filiformis*；9.拟异蚓虫 *Parheteromastus tenuis*；10.亮樱蛤 *N. nitidula*；11.欧努菲虫 *Onuphis eremita audouin*；12.美米列虫 *Melinna aberrans*；13.厥目革囊星虫 *Phascolosoma scolops*；14.革囊星虫 *Phascolosoma* sp.；15.小翼拟蟹守螺 *Cerithidea microptera*；16.珠带拟蟹守螺 *C. cingulata*；17.红树拟蟹守螺 *C. rhizophorarum*；18.弧边招潮 *Uca* (*Deltuca*) *arcuata*；19.淡水泥蟹 *Ilyoplax tansuiensis*；20.拟安氏方格星虫 *S. angasoides*；21.刺锚参 *Protankyra* sp.；22.角蛤 *Angulus* sp.；23.刀明樱蛤 *Moerella culter*；24.异蚓虫 *Heteromastus* sp.

下，既受海洋环境因素的制约，又受大气因素的影响。大亚湾红树林区生物的种类组成，数量分布及群落结构，主要与生境的底质类型和水动力作用密切相关。

3.4.1 群落与底质类型的关系

生物的生活方式和习性，决定了其对生境，即选择其最适宜的底质类型的要求。红树林区的生境较非红树林区复杂得多。一些种类附着和栖息于红树茎叶及根部裸露处如滨螺、白脊藤壶和僧帽牡蛎等，有的匍匐于底表和潜入底内。红树林生态系又是世界上高生产力的生态系之一，红树的残片、落叶在沉积中腐烂分解，丰富了底质中有机质的含量，一些食腐食有机碎屑的种类如蟹类等大量发展；某些底内生活的种类，则由于底质中丰富的有机质存在，硫化物含量的升高，大大减少[8-9]。

3.4.2 群落与水动力作用的关系

大亚湾红树林区为较隐蔽的生境，受风浪、潮流作用的影响较小，生物种类多为背浪种，如附着在红树茎上的白脊藤壶、僧帽牡蛎等，喜浪的种类在此不曾出现。且潮汐对群落的垂直分布作用同样很明显。高潮区和中潮区上层，红树上习见的为较耐干燥的黑口滨螺、白脊藤壶；在底表和底内则是中国绿螂、蟹类等。中潮区下层和低潮区，则主要是不耐干燥的刺锚参、角蛤和樱蛤等。每一潮线有一种界限作用，当超越这个界限时，暴露和干燥的时间会骤然成倍地增加，相应的物理和化学因素也必然引起较大的变化[9-11]。红树林区生物垂直分布的状况，同样反映了潮汐对群落结构的重要作用。

4 结语

（1）大亚湾红树林区大型底栖生物已鉴定共有87种，其中多毛类、软体动物和甲壳动物占总种数的87.35%，构成该群落的3个主要类群。

（2）大亚湾红树林区大型底栖生物平均生物量为120.30 g/m²，栖息密度为148个/m²。生物量和栖息密度均以软体动物居第一位。数量的垂直分布，生物量和栖息密度由大到小依次为中潮区、高潮区、低潮区。这主要在于中潮区的中层，小翼拟蟹守螺形成了一条宽2~3 m的分布带，其生物量干重在中潮区平均高达245.73 g/m²，栖息密度高达298个/m²。

（3）大亚湾红树林区大型底栖生物群落结构与环境因素密切相关。在诸因子中起主导作用的有底质类型和水动力的作用。红树林区生境既具有硬相潮间带的性质，又具有软相潮间带的特性，其群落结构独具特性。在红树覆盖的高、中潮区，有营底表生活和以有机碎屑为食的种类，且得到很好的发展，也有完全营底内生活的种类。由于风浪、潮流的影响较小。固着红树上的大多是背浪种。

参考文献

1 周时强，等. 福建九龙江口红树林上大型底栖动物的群落生态. 台湾海峡，1986，5(1)：78-85.

2 高世和，等. 九龙江口红树区底相大型底栖动物的群落生态. 台湾海峡，1985，4(2)：179-191.

3 韦受宁，等. 广西山口红树林保护区大型底栖动物及其生态学的研究. 广西科学院学报，1993，9(2)：45-47.

4 吴启泉，等. 大业湾红树林区底相大型动物的群落. 台湾海峡，1992，11(2)：161-166.

5 何明海，等. 九龙江口红树林区底栖动物的生态. 台湾海峡，1993，12(1)：61-68.

6 李荣冠，等. 大亚湾岩相潮间带底栖生物的生态//大亚湾海洋生态文集（Ⅰ）. 北京：海洋出版社，1989：62-92.

7 徐恭昭. 大亚湾环境与资源. 合肥：安徽科学技术出版社，1989.8.

8 Macnae W A. General account of the fauna and flora of mangroves swamps and forests in the Indowest-Pacific region. Adv. Mar. Biol., 1968，6：73-270.

9 Doty M S. Critical tide factor that are correlated with the vertical distribution of marine algal and other organisms along the Pacific coast. Ecol., 1946，24(4)：135-328.

10 Colman B A. The nature of the intertidal zonation of plants and animals. J. Mar. Biol. Assoc. U. K., 1933, 18(2)：435-476.

11 Sasccumar A. Distribution of macrofauna on a Malaya mangrove shore. J. Anim. Ecol.，1974，43：51-69.

李荣冠，江锦祥，鲁琳，郑凤武，黄心光，吴启泉. 原载《中国红树林研究与管理》. 北京：科学出版社，1995：136-145.

大亚湾红树林区底栖大型动物的群落

摘要 本文据1987—1989年实地调查资料,研究了大亚湾红树林区底栖生物的种类组成与数量分布。结果表明,分布于湾顶5种红树林内的底栖生物70种,主要由多毛类(23种)、软体动物(23种)、甲壳动物(12种)和星虫动物(8种)组成:平均生物量219.77 g/m^2,平均栖息密度281个/m^2,在数量上以软体动物的腹足类占优势。文中应用群落结构指数进行分析,并与九龙江口的作了比较。

关键词 红树林区;大型底栖动物群落;大亚湾

Benthic communities of mangrove area in Daya Bay

Abstract Based on the data obtained from four surveys along two transects or mud flat and flat with mangrave in the Daya Bay from 1987 to 1989, distribution, environment characteristics, species composition and quantity of benthic communities in mangrove area was analysed and discussed. The results are as follows:

(1) Mangroves in the Daya Bay are only distributed on the sheltered coast of the inner bay. The distribution is in close relationship with substrate and wind waves. The mangroves on mud flat beyond wind waves are relatively denser while those on sand flat beyond wind waves are thin, short and small. There are no mangroves, or only one or two short *Excoecaria agallocha* are occasionally in sight, on sand flat influenced by wind waves.

(2) The species composition and distribution of large benthic community in the mangrove area is in close relationship with mangrove density and substrate. The structure of large benthic community is complicated where mangrove is thin.

(3) There are many species of large benthic animal in the mangrove area in the Daya Bay. The species diversity is high ($H'=2.25$), and the biomass is large (131.00−406.07 g/m^2). The community structure is more complicated than that in the estuary of the Jiulongjiang River, Fujian.

Key words Benthic community, Mangrove, Guangdong

海岸红树林是热带、亚热带海湾与河口特有的生态类型。进行红树林区不同生境动物生态研究,不仅可了解动物与红树林生态的关系,而且为潮间带资源的开发与环境保护提供一定的科学依据。

1 材料与方法

根据 1987 年 4 月、9 月、1988 年 10 月和 1989 年 1 月对大亚湾埔渔洲断面 B7M 和哑铃湾断面 B8M 的定量与定性资料进行整理(图 1)。

取样方法:每一断面设 5 个取样站,每站用 1/16 m^2 取样框随机取样 4 次,泥样用 WSBI 型漩涡分选装置分选,全部标本的处理按我国海洋调查规范进行,并采用了种类多样性(H')、种类丰度(d)、种类均匀度(J)和种类优势度(D)4 个参数分析了群落结构待点[2-3]。

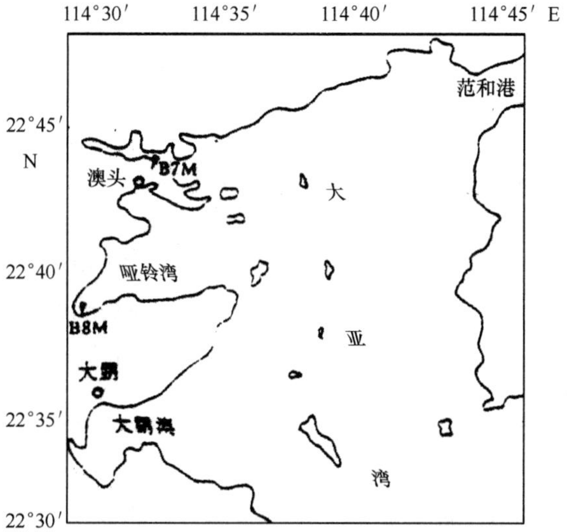

图 1 采样断面的分布

Fig.1 Distribution of sampling transects

2 红树林的分布及其环境特点

大亚湾红树植物主要有秋茄(*Kandelia candel*)、白骨壤(*Avicennia marina*)、桐花树(*Aegiceras corniculatum*)、木榄(*Bruguiera gymnorriza*)和海漆(*Excoecaria agallocha*)5 种[5-6]。红树林主要分布于范和港、澳头港附近的埔渔洲和哑铃湾顶局部岸段(图 1)。其共同环境特点是全部属隐蔽型海岸,没有大河注入,盐度终年较高,风浪和海流的影响极小,沉积环境相当稳定[1]。大亚湾红树林的分布与底质和风浪关系密切:主要分布于没有风浪影响的泥滩;虽在没有风浪直接影响的哑铃湾顶局部中粗砂底质也有红树林,但红树植株较稀疏而矮小(表 1);绝大部分沙滩是直接受风浪影响的,没有红树林。

表 1　大亚湾红树林与底质类型概况

Tab.1　List of mangroves and bottom sedimentary types in Daya Bay

潮区	B7M		B8M	
	底质	红树林概况	底质	红树林概况
高潮区	粉砂质黏土	红树繁茂,树高 2 m,秋茄为优势种,其他有白骨壤、木榄、桐花树和海漆	粉砂	红树稀疏,树高 0.56 m,种类有桐花树、白骨壤
中潮区	粉砂质黏土	红树繁茂,树高>2 m,秋茄为优势种,其他有木榄、桐花树和白骨壤	黑色中粗砂	红树丰度不大,树高 1.6 m;主要种为秋茄;白骨壤和木榄高度只有 1 m
低潮区	淤泥	无红树植物	中粗砂	无红树植物

3　红树林区底相大型动物群落的种类组成

大亚湾红树林区底相大型动物两个调查断面共记录 70 种(表 2)。主要由多毛类(23 种)、软体动物(23 种)、甲壳动物(12 种)和星虫动物(8 种)组成。应用群落结构 4 个指数对两个调查断面的群落结构进行分析,结果表明两者有较大不同,B8M 的群落结构比 B7M 更复杂(表 3)。B7M 的优势种较少,主要是珠带拟蟹守螺和小翼拟蟹守螺;此外,革囊星虫、双齿围沙蚕、长单锥虫、背蚓虫、锯眼泥蟹和刀明樱蛤等 6 种数量也较大;而 B8M 数量大的种类明显较多,优势种不突出(表 2)。两个断面主要种的组成及其垂直分布见图 2。

表 2　大亚湾红树林区底相大型动物的种类

Tab.2　The species of benthic organism of mangrove area in Daya Bay

种名	B7M	B8M
纽形动物 Nemertea	+	+
长单锥虫 *Haploscoloplos clongatus*	+	+
热带杂毛虫 *Poecilochaetus tropicus*	+	+
Barantolia sp.	+	
背蚓虫 *Notomastus latericens*	+	+
须异蚓虫 *Heteromastus füiformis*		+
异蚓虫 *Heteromastus* sp.	+	
细巧似异蚓虫 *Parheteromastus tenuis*	+	+
拟节虫 *Praxillella praetermissa*	+	+
长尾伪节虫 *Clymenura* (*Cephalata*) *longicandata*		+

续表

种名	B7M	B8M
叶须虫 *Phyllodocidae* spp.	+	
花冈钩毛虫 *Sigambra hanaokai*	+	+
双齿围沙蚕 *Perinercis avbuhatensis*	+	+
等齿角沙蚕 *Ceratomereis burmensts*	+	
红角沙蚕 *C.crytiracensis*	+	+
刺沙蚕 *Neanthes* sp.	+	+
琥珀刺沙蚕 *N.stecurca*	+	
单叶缘目沙蚕 *Namaiycastis aibinm*		+
角吻沙蚕 *Goniada emerita*	+	
欧努菲虫 *Onuphis crcmita*	+	+
岩虫 *Marphysa* sp.	+	+
索沙蚕 *Lambrueris* sp.	+	+
欧文虫 *Owenia fusitformis*		+
米列虫 *Melinna oberrans*	+	+
拟革囊星虫 *Phascolosoma similis*	+	+
裸体方格星虫 *Siptmculus nmdus*		+
达维革囊星虫 *Phascalosoma dunucichi*	+	+
革囊星虫 *Phascoiosoma* sp.	+	+
拟安氏方格星虫 *Sipanculus angasoides*	+	+
澳洲巨体星虫 *S. australe*	+	+
棘管枝口星虫 *Dendrostomon spinulum*	+	+
舟形蚶 *Scapharoa cornca*		+
斧蛤 *Donax* sp.	+	+
紫廉斧蛤 *D.semigranosus*		+
蛤蜊 *Meropesta nicobarica*		+
角蛤 *Angulus* sp.	+	
蛤蜊属 *Mactra* sp.	+	+
雪蛤 *Chiome* sp.	+	
小亮樱蛤 *Nitidotellina minnta*	+	+

续表

种名	B7M	B8M
亮樱蛤 *N.nitidula*		+
拟弧樱蛤属 *Psendarcopagia* sp.		+
刀明樱蛤 *Moerella culter*	+	
彩虹明樱蛤 *M.iridescens*		+
中国绿螂 *Glamcomya chinensis*	+	+
鸭嘴蛤 *Laternala*（*L.*）*anatina*	+	
加夫蛤 *Gafrartum pectinatim*		+
鳞杓拿蛤 *Anomalodiscus squamosa*		+
厚大蛤 *Codakia* sp.		+
小翼拟蟹守螺 *Cerithidea microptera*	+	+
珠带拟蟹守螺 *C.cingulata*	+	+
红树拟蟹守螺 *C.rhizoporarum*	+	+
红带滩栖螺 *Batillaria zonalis*		+
奥莱彩螺 *Clithon onalaniensis*		+
锦蜒螺 *Nerita*（*Amphinerita*）*polita*		+
石磺 *Onchidrum verruculatam*	+	
柔毛梭子蟹 *Pabescens portunns*	+	
招潮 *Uca* sp.		+
弧边招潮 *Uca*（*Deltaca*）*arcuata*	+	
锯眼泥蟹 *Ilyoplax settata*	+	+
淡水泥蟹 *I.tansuiensis*	+	+
双齿相手蟹 *Sesarma*（*Chiromastes*）*bidens*	+	+
圆球股窗蟹 *Scopimera globosa*		+
透明大眼蟹 *Macrophthalmus*（*Moreotis*）*definintus*		+
角眼切腹蟹 *Tmethypocoelis ceratophora*	+	+
锯缘青蟹 *Scylla serrata*	+	+
长腕和尚蟹 *Mictyris longicarpus*		+
长脚长方蟹 *Metaplax longipes*	+	
锚海参 *Protankyra* sp.	+	

续表

种名	B7M	B8M
白氏文昌鱼 *Branchiostoma betcheri*		+
鸭嘴海豆芽 *Lingula anatina*		+

表 3　大亚湾红树林区底相大型动物群落的指数

Tab.3　Indexes of benthic community of mingrove area in Daya Bay

断面	H'	J	d	D
B7M	2.25	0.50	3.85	75.56
B8M	3.37	0.68	4.59	54.29

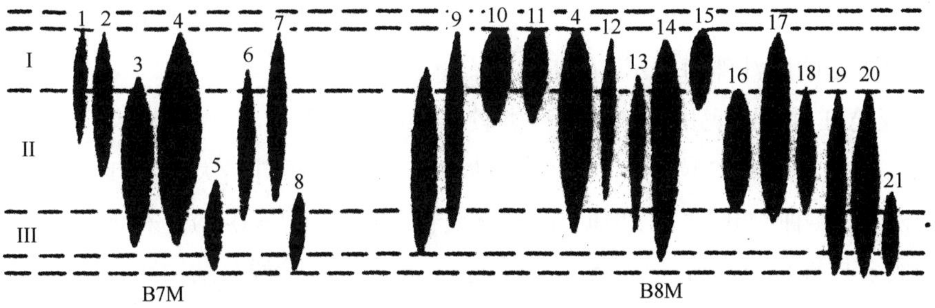

图 2　大亚湾红树林区底栖生物群落主要种的垂直分布

Fig.2　Vertical distribution of main species of benthic community in the mangrove area of Daya Bay

1. *Perinereis aibshilensis*; 2. *Cerithidea muctoplera*; 3. *Haploscoloplos elongatus*; 4. *Cerithidea cingidata*; 5. *Moerella cuiter*; 6. *Ilyoplax serrata*; 7. *Phasoolosoma* sp.; 8. *Natomustus latericeas*; 9. *Ceratonereis erythaeensis*; 10. *Scoyimera globosa*; 11. *Mactophthalmus* (*Macrotis*) *definitus*; 12. *Sipencuius nadus*; 13. *Lingula anatina*; 14. *Clithon oualaniensis*; 15. *Tmethypocoelis ceratophora*; 16. *Mactra* sp. 17. *Batillaria zonalis*; 18. *Mictyris longicarpus*; 19. *Anomalodiscus squamasa*; 20. *Codakia* sp.; 21. *Gafrarium pectinatum*

4　红树林区底相大型动物群落的数量分布

大亚湾红树林区底相大型动物的平均数量为 281 个/m^2 和 219.77 g/m^2(表 4)。数量的组成以底上生活的软体动物腹足类占优势。但两个断面底相大型动物的数量差别很大,断面 B8M 为 B7M 的 2 倍;两者垂直分布的趋势基本相同;均为高潮区大于中潮区。

表 4 大亚湾红树林区底相大型动物的数量分布

Tab.4 Numerical distribution of benthic organism of mangrove area in Daya Bay

项目		高潮区	中潮区	平均
B7M	密度/(个/m^2)	71	257	164
	生物量/(g/m^2)	65.85	226.02	145.94
B8M	密度/(个/m^2)	122	673	398
	生物量/(g/m^2)	143.82	443.35	293.59

5 结论

(1)大亚湾红树林区全部属隐蔽型海岸。红树植物主要是秋茄、桐花树、白骨壤、木榄和海漆等5种。大亚湾红树林的分布与生长发育明显受底质类型和风浪的影响。泥滩红树林的生长发育较好,树枝高而密度大;不受风浪影响的沙滩虽然有红树林存在,但红树林稀疏而矮小;受风浪影响的沙滩海岸,没有红树林。

(2)大亚湾红树林区底相大型动物种类较多(50~54种)。生物量较大(145~293.59 g/m^2)。与厦门港九龙江口红树林区底相大型动物相比有明显不同:大亚湾红树林区底相生物群落结构较复杂,种类丰度大,种间个体分配极不均匀($J=0.5$)。种类优势度大($D=75.56$),种类多样性也较高($H'=2.25$):相比之下,九龙江口其群落结构明显较简单[4]。

(3)大亚湾红树林区底相大型动物群落的种类组成及分布与红树林繁茂程度及底质类型关系密切:红树林相对繁茂的断面B7M以底上生活的种类占优势;红树林生长发育不好的断面B8M数量大的种类,多数是为底内生活的种类,群落结构明显较复杂(表2和表3)。

参考文献

[1] 陈峰,等. 大亚湾海洋生态文集(1). 北京:海洋出版社,1989:7-13.

[2] 李冠国. 多样性指数的应用. 海洋科学, 1981(2):4-8.

[3] 陈宽智. 介绍四种多样性指数及均匀度测量. 环境科学,1979(2):64-70.

[4] 高世和,李复雪. 九龙江口红树林区底相大型底栖动物的群落生态. 台湾海峡,1985,4(2):179-190.

[5] 张娆挺. 台湾海峡红树植物的种类组成与地理分布. 台湾海峡,1984,3(1):113-118.

[6] 林鹏. 红树林. 北京:海洋出版社,1984:1-104.

吴启泉,郑凤武,鲁琳,江锦祥,李荣冠,蔡尔西,何明海,黄心光. 原载《台湾海峡》,1992,11(2):161-167.

九龙江口红树林区底栖动物的生态

摘要 根据1987年2月、5月、8月和11月的调查资料，研究了福建九龙江口红树林区底栖动物生态。结果表明，该区共有底栖动物172种，主要由多毛类、软体动物和甲壳动物组成，以近岸广盐性种类占优势。平均生物量和栖息密度分别为48.03 g/m^{2}和311个/m^2，以甲壳动物占优势；数量的季节变化显著；中潮区数量较大。潮沙、盐度和沉积物是影响本区底栖动物分布的主要因素。

关键词 红树林区；底栖动物生态学；福建

Studies on benthic ecology in mangrove in Jiulong River Estuary, Fujian

Abstract This paper studies the ecological characteristics of composition, distribution and seasonal variation of benthic fauna, based on the data obtained from mangrove regions in the Jiulong River Estuary in Feb. to Nov. 1987.

In all, 172 species indentified, the main components were polychaeta, crustacea and mollusca. The neritic euryhaline species were dominant. The average biomass (wet weight) and density were 48.03 g/m^2 and 311 ind./m^2 respectively. The biomass and density and sediment were the major factors which influence the ecological characteristics of benthic fauna in this area.

Key words mangrove zone, benthic ecology, Fujian

1 材料与方法

根据1987年2月、5月、8月和11月所进行的4个生物季节（分别代表冬、春、夏、秋）的调查资料整理而成。调查地点选择在红树林发育较好、面积较大并具有代表性的浮宫、海门和贞庵（图1）各布设一条断面。

生物定量取样，每条调查断面设5个取样站（高潮区1个，中潮区3个，低潮区1个），每个站用面积为25 cm^2、高35 cm的定量框取8个样方，样方间距5 m。泥样用网目为1 mm的“WSB_1型游涡分选装置”[1]分选。定性样品的采集及标本处理均按我国海洋污染调查暂行规范进行。

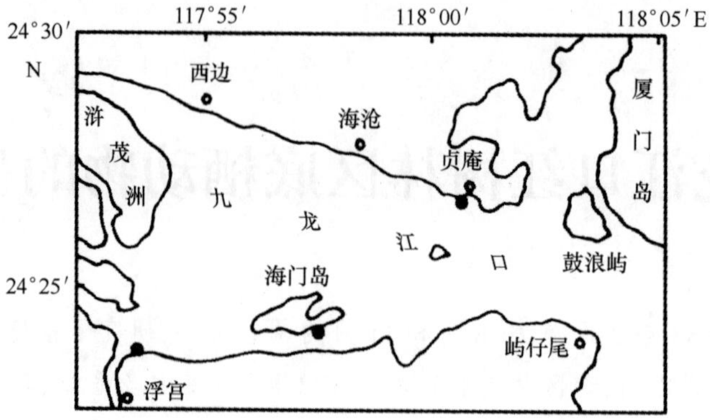

图 1　底栖动物调查地点的分布

Fig.1　Distribution of survey stations benthic fauna

理化环境因子的调查与生物取样同期进行。潮区的划分依照瓦扬(Vaillant,1891)原则,并结合本地区明显的日不等现象的潮汐特点,将中潮区分为上层、中层和下层[2]。

2　结果

2.1　理化环境特征

本调查区的潮汐属于正规半日潮,同时具有日潮不等的特征。

水质调查结果,浮宫和海门两个断面相近,其年变化范围为:水温 17.4~32.2℃,盐度2~26.9,溶解氧$(4.8\sim6.2)\times10^{-3}(V/V)$,氧饱和度 59.3%~110.6%。pH 值 7.2~8.4。贞庵断面年变化范围为:水温 16.2~30.4℃,盐度 13.7~29.1,溶解氧$(4.5\sim5.8)\times10^{-3}(V/V)$,氧饱和度 92.8%~116.0%,pH 值 7.8~8.4。沉积物环境要素 4 个季度的变化不大,其平均值如表 1 所示。

表 1　各断面沉积物的特征

Tab.1　Characteristics of sediment in every transect

项目			沉积物名称	粒度系数		pH 值	有机质 /%
				Md_ϕ	QD_ϕ		
浮宫	高潮区		黏土质粉砂	7.80	1.67	6.65	3.24
	中潮区	上层	黏土质粉砂	7.85	1.61	6.84	2.53
		中层	黏土质粉砂	7.63	1.55	7.01	2.06
		下层	黏土质粉砂	7.10	1.84	7.37	1.91
	低潮区		黏土质粉砂	7.38	1.61	7.40	2.13

续表

项目			沉积物名称	粒度系数		pH 值	有机质/%
				Md_ϕ	QD_ϕ		
海门	高潮区		砾砂	1.47	1.18	—	0.19
	中潮区	上层	黏土-粉砂质砂	5.16	2.90	7.13	1.20
		中层	砂-黏土质粉砂	7.00	2.22	7.30	2.11
		下层	黏土-砂质粉砂	5.24	2.33	7.35	2.00
	低潮区		黏土-砂质粉砂	5.98	2.52	7.44	1.87
贞庵	高潮区		砾砂	0.74	1.73	—	0.51
	中潮区	上层	中细砂	1.96	0.68	7.36	0.33
		中层	黏土-粉砂质砂	2.91	3.09	7.31	0.90
		下层	黏土质粉砂	7.14	1.77	7.27	1.28
	低潮区		粉砂-黏土质砂	6.01	3.16	7.30	1.20

2.2 种类组成

经鉴定,本调查的浮宫、海门和贞庵 3 个断面共有底栖动物 172 种。其中,多毛类 41 种(占 23.8%),软体动物 51 种(占 29.7%),甲壳动物 57 种(占 33.1%),棘皮动物 3 种(占 1.8%),底栖鱼类 11 种(占 6.4%),其他类群动物 9 种(占 5.2%)。各季种类组成具有一定的差异:冬季和秋季种类较多,分别为 92 种和 90 种;春季和秋季种类较少,分别为 71 种和 81 种。各季种类组成均以甲壳动物居首位(27~32 种),其次是软体动物(17~28 种),多毛类居第三(17~23 种),其他类群种类较少。

底栖动物种类组成以近岸广盐性种类为主,其主要代表种有羽鳃稚齿虫(*Prionospio pinnata*)、利波巢沙蚕(*Diopatra neapolitana*)、不倒翁虫(*Sternaspis scutata*)、亚热带杂毛虫(*Poecilochaetus paratropicus*)、欧文虫(*Owenia fusiformis*)、岩虫(*Marphysa sanguinea*)、异足索沙蚕(*Lumbrineris heteropoda*)、可口革囊星虫(*Phascolosoma esculenta*)、裸体方格星虫(*Sipunculus nudus*)、缢蛏(*Sinonovacula constricta*)、珠带拟蟹守螺(*Cerithida cingulata*)、清白招潮(*Uca* (*Celuca*) *lacteus lacteus*)、日本大眼蟹(*Macrophthalmus* (*Mareotis*) *japonicus*)和锯缘青蟹(*Scylla serrata*)等[3-5];其次是河口低盐种,主要分布于盐度较低的浮宫和海门断面,较常见的有鳃蚕(*Potamilla* sp.)、彩虹明樱蛤(*Moerella iridescens*)、尖齿灯塔蛏(*Pharella acutidens*)、焦河蓝蛤(*Potamocorbula ustulata*)、泥虾(*Laomedia astacina*)、屠氏招潮(*Uca dussumieri*)、宽身闭口蟹(*Cleistostoma dilataum*)和锯脚泥蟹(*Ilyoplax dentimerosa*)等。此外,还有少数偏高盐的狭盐性种类,如后指虫(*Laonice cirrata*)、滩栖阳遂足(*Amphiura uadicola*)和洼颚倍棘蛇尾(*Amphiopius depressus*)等,其仅出现于盐度较高的贞庵断面。

2.3 数量分布与季节变化

3个调查断面底栖动物平均总生物量为48.03 g/m^2,平均总栖息密度为311.4个/m^2。生物量和栖息密度组成均以甲壳动物占绝对优势。甲壳动物平均生物量为31.21 g/m^2,占总生物量的65.0%;平均栖息密度为223.6个/m^2,占总栖息密度的71.8%。在生物量组成中居第二位的是软体动物,为7.99 g/m^2,占16.6%;栖息密度则以多毛类居第二,为53.6个/m^2,占17.2%。棘皮动物的生物量和栖息密度均很低,仅占1%以下。各断面底栖动物的数量组成如图2所示。

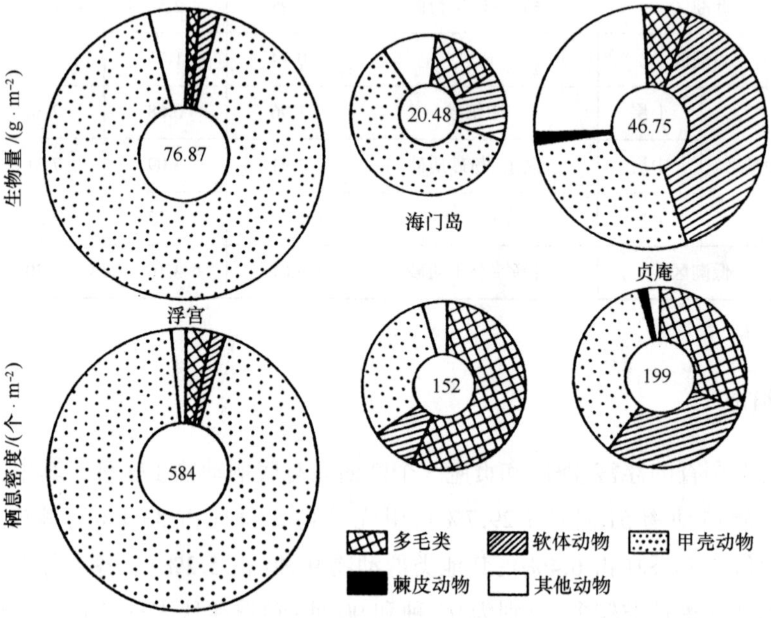

图2 各断面底栖动物的数量组成

Fig.2 Composition of biomass and density of benthic fauna in every transect

底栖动物数量的季节变化较大[6~8]。总生物量由大到小依次为秋季(66.45 g/m^2)、冬季(47.28 g/m^2)、夏季(45.17 g/m^2)、春季(33.24 g/m^2);总栖息密度由大到小依次为秋季(458.3个/m^2)、夏季(359.4个/m^2)、冬季(225.0个/m^2)、春季(202.8个/m^2)。总生物量和栖息密度的季节变化主要受甲壳动物的支配,而甲壳动物的数量变化又为莱氏异额蟹(*Anomalifrons lightana*)所左右(图3)。主要类群数量的季节变化以甲壳动物较大,其次为软体动物,多毛类的变化较小(图4)。

底栖动物数量的垂直分布见表2。由表2可见,总生物量和总栖息密度均以中潮区较高,分别为53.11 g/m^{2}和386.6个/m^2。中潮区又以下层的数量最高,为65.91 g/m^{2}和637.0个/m^2。生物量最低的为低潮区(34.65 g/m^2),而栖息密度则以高潮区(112.2个/m^2)最低。各潮区无论生物量或栖息密度组成均以甲壳动物占优势。从表2还可以看出,多毛类主要分布于中潮区中层和下层,软体动物于中潮区中层以上的数量较多,甲壳动物的数量以中潮区下层为中心向高潮区和低潮区递减，棘皮动物仅分布于中潮区中层以下。

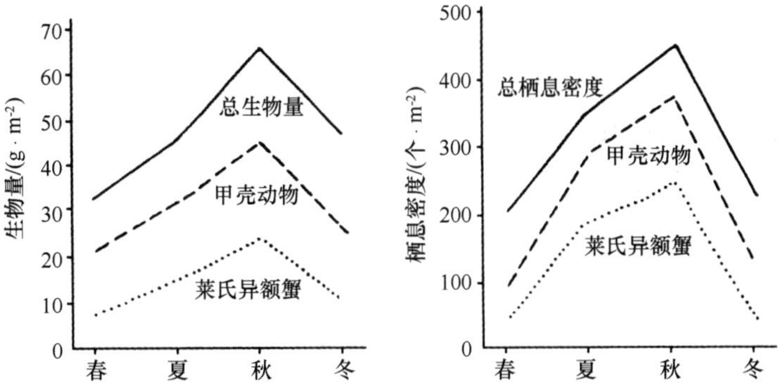

图 3　底栖动物、甲壳动物和莱氏异额蟹数量的季节变化

Fig.3　Seasonal variation of biomass and density of benthic fauna, Crustacea and *Anomalifrons lightana*

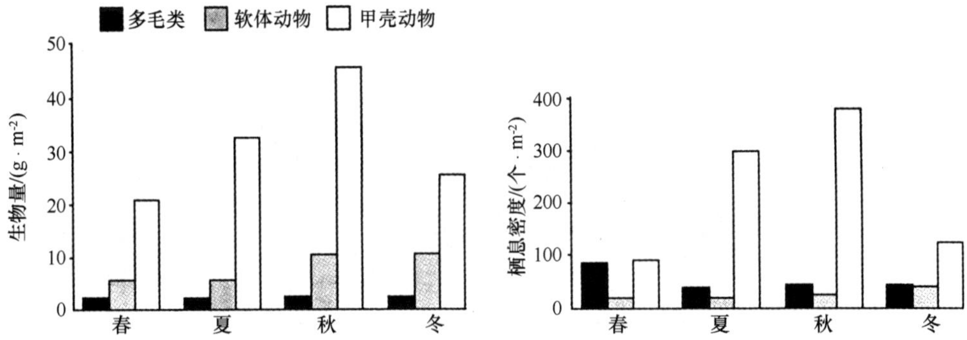

图 4　主要类群数量的季节变化

Fig.4　Seasonal variation of biomass and density of major benthic fauna

表 2　底栖动物及其主要类群生物量和栖息密度的垂直分布

Tab.2　Vertical distribution of benthic biomass and density

类群		多毛类		软体动物		甲壳动物		棘皮动物		鱼类		其他		合计	
		g/m²	个/m²	g/m²	个/m²	g/m²	个/m²	g/m²	个/m²	g/m²	个/m²	g/m²	个/m²	g/m²	个/m²
高潮区		2.41	19.0	11.39	24.2	24.42	61.3	0	0	0.64	0.5	7.38	7.2	46.25	112.2
中潮区	上层	1.53	17.0	15.61	34.2	25.57	64.7	0	0	0.03	0.2	10.53	9.6	53.27	125.7
	中层	3.17	63.3	4.52	40.0	28.25	279.8	0.07	0.5	0.53	0.5	3.59	13.2	40.13	397.3
	下层	2.67	149.9	2.76	17.8	54.56	459.0	0.95	3.3	2.71	1.8	3.26	5.2	65.91	637.0
	平均	2.46	76.7	7.63	30.7	36.13	267.8	0.34	1.3	1.09	0.8	5.46	9.2	53.11	386.6
低潮区		2.09	18.8	5.64	9.0	23.22	252.3	0.09	0.7	2.34	1.2	1.27	2.5	34.65	284.5

2.4 各断面底栖动物的分布特点

2.4.1 浮宫断面

本断面底栖动物种类最少,仅 56 种。其中,多毛类 8 种,软体动物 16 种,甲壳动物 20 种,鱼类 9 种,其他动物 3 种。各季底栖动物的种类组成均以甲壳动物最多(9~14 种),其次是软体动物(3~8 种),多毛类和其他动物的种类较少。种类数的垂直分布以中潮区最多(39 种),其次是高潮区(24 种),低潮区最少(19 种)。

底栖动物平均总生物量为 76.87 g/m^2。平均栖息密度为 584 个/m^2。数量组成以甲壳动物占绝对优势。甲壳动物平均生物量为 69.20 g/m^2,占总生物量的 90.0%;平均栖息密度为 577 个/m^2,占总栖息密度的 95.4%。甲壳动物的数量以秋季最高(116.63 g/m^2,1 066 个/m^2),其次为夏季(64.64 g/m^2,789 个/m^2),冬季(54.51 g/m^2,192 个/m^2)和春季(41.02 g/m^2,182 个/m^2)较低。高数量区集中于中潮区下层(151.34 g/m^2,1 327 个/m^2)和中层(78.63 g/m^2,794 个/m^2)。在底栖动物数量分布及季节变化中起主要作用的种类是莱氏异额蟹。本断面可分为如下 3 个生物垂直分布带。

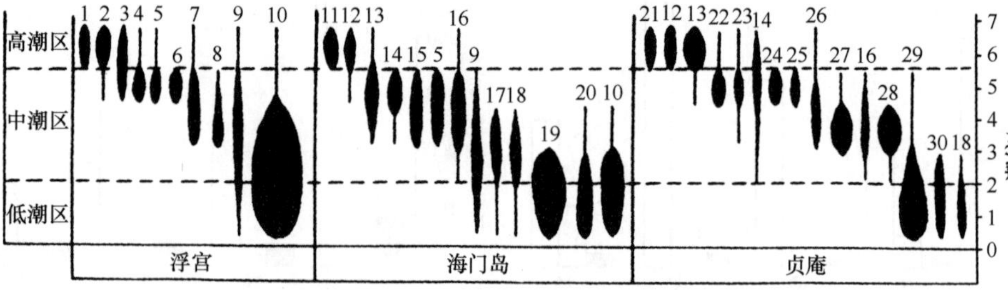

图 5 各断面主要种类的垂直分布

Fig.5 Vertical distribution of major species in every transet

1.尖齿灯塔蛭;2.褶痕相守蟹;3.屠氏招潮;4.宽身闭口蟹;5.秀丽长方蟹;6.长足长方蟹;7.锯脚泥蟹;8.台湾泥蟹;9.背蚓虫;10.莱氏异额蟹;11.韦氏毛带蟹;12.中国绿螂;13.清白招潮;14.弧边招潮;15.淡水泥蟹;16.日本大眼蟹;17.彩虹明樱蟹;18.不倒翁虫;19.长手沙蚕;20.利波巢沙蚕;21.彩拟蟹守螺;22.双扇鼓窗蟹;23.古氏滩栖螺;24.纵带滩栖螺;25.习见织纹螺;26.双齿围沙蚕;27.欧文虫;28.婆罗囊螺;29.螺蠃蜚;30.羽鳃稚齿虫

(1)尖齿灯塔蛭-褶痕相守蟹[*Sesarma* (*Parasesarma*) *plicata*]带。本带位于高潮区,习见种类有背蚓虫(*Notomastus latericeus*)、屠氏招潮、弧边招潮[*Uca* (*Deltuca*) *arcuata*]和可口革囊星虫等。

(2)宽身闭口蟹-秀丽长方蟹(*Metaplax elegans*)-长足长方蟹(*Metaplax longipes*)带。本带位于中潮区上层,习见种有屠氏招潮、锯脚泥蟹和弹涂鱼(*Periophthalmus cantonensis*)等。

(3)莱氏异额蟹带。位于中潮区中层至低潮区。本带莱氏异额蟹数量特别大,平均栖息密度达 736 个/m^2,占底栖动物总栖息密度的 80.4%。习见种有背蚓虫、鳃蚕(*Potamilla* sp.)、焦河蓝蛤和河蚬(*Corbicula fluminea*)等。

2.4.2 海门断面

本断面底栖动物种类较少，为 58 种。其中，多毛类 12 种，软体动物 18 种，甲壳动物 20 种，鱼类 5 种，其他动物 3 种。各季种类组成以甲壳动物（8～14 种）、多毛类（7～10 种）和软体动物（5～9 种）为主。

本断面底栖动物平均总生物量为 20.48 g/m^2，平均总栖息密度为 152 个/m^2。生物量组成以甲壳动物占优势（12.42 g/m^2，占 60.1%），多毛类（3.10 g/m^2）和软体动物（2.89 g/m^2）次之。栖息密度组成则以多毛类居首位（93 个/m^2，占 59.2%），其次是甲壳动物（40 个/m^2），软体动物较少（11 个/m^2）。总生物量的季节变化较小，由大到小依次为夏季（25.81 g/m^2）、秋季（21.22 g/m^2）、春季（18.19 g/m^2）、冬季（16.72 g/m^2）。总栖息密度的季节变化较大，并且与生物量的变化不同，由大到小依次为春季（282 个/m^2）、冬季（164 个/m^2）、夏季（97 个/m^2）、秋季（64 个/m^2）。春季的栖息密度最高而生物量则不然，主要是该季的数量组成以个体较小的种类［如长手沙蚕（*Magelona cinata*）］为主的缘故。数量的垂直分布由大到小依次为中潮区（24.87 g/m^2，213 个/m^2）、高潮区（16.00 g/m^2，73 个/m^2）、低潮区（11.83 g/m^2，48 个/m^2）。

如图 5 所示，本断面可分为如下 3 个生物垂直分布带。

（1）中国绿螂（*Glaucomya chinesis*）-韦氏毛带蟹（*Dotilla wichimanni*）带。本带位于高潮区，习见种有日本大眼蟹、秀丽长方蟹和弹涂鱼等。

（2）蟹类带。位于中潮区上层。本带蟹类有 14 种，且数量较大，主要有清白招潮、弧边招潮、台湾泥蟹（*llyoplax formosensis*）、淡水泥蟹（*Ilyoplax tansuiensis*）、日本大眼蟹和秀丽长方蟹等。

（3）长于沙蚕-利波巢沙蚕-莱氏异额蟹带。本带位于中潮区下层和低潮区，习见种有亚热带杂毛虫、背蚓虫、长吻沙蚕（*Glycera chirori*）、不倒翁虫和彩虹明樱蛤等。

2.4.3 贞庵断面

本断面底栖动物种类最多，计 135 种。其中，多毛类 37 种，软体动物 33 种，甲壳动物 48 种，棘皮动物 3 种，鱼类 6 种，其他动物 8 种。各季底栖动物种类组成均以甲壳动物（15～23 种）、多毛类（14～20 种）和软体动物（9～23 种）为主。

本断面底栖动物平均总生物量为 46.75 g/m^2，平均总栖息密度为 199 个/m^2。生物量组成以软体动物居首位（19.29 g/m^2），其次是甲壳动物（12.00 g/m^2），多毛类较少（3.19 g/m^2）。栖息密度以甲壳动物最高（73 个/m^2），多毛类（61 个/m^2）和软体动物（59 个/m^2）次之。底栖动物数量的季节变化明显，生物量和栖息密度均以冬季最高（为 60.54 g/m^2 和 292 个/m^2），依次为秋季（53.64 g/m^2，217 个/m^2）、夏季（36.44 g/m^2，161 个/m^2）、春季（36.41 g/m^2，124 个/m^2）。主要类群数量的季节变化以软体动物和多毛类较大。生物量的垂直分布由大到小依次为高潮区（71.44 g/m^2）、中潮区（48.26 g/m^2）、低潮区（17.51 g/m^2）；栖息密度由大到小依次为中潮区（217 个/m^2）、低潮区（177 个/m^2）、高潮区（166 个/m^2）。生物量和栖息密度的这种差异主要是由于欧文虫和羽鳃稚齿虫等个体较小的种类在中潮区或低潮区数量较大的缘故。

如图 5 所示,本断面可分为如下 4 个生物垂直分布带。

(1)彩拟蟹守螺(*Cerithida ornata*)-中国绿螂-清白招潮带。本带位于高潮区,习见种有珠带拟蟹守螺、弧边招潮和长足长方蟹等。

(2)纵带滩栖螺(*Batillaria zonalis*)-习见织纹螺(*Nassarius dealbatus*)-双扇鼓窗蟹(*Scopimera bitympana*)带。本带位于中潮区,习见种有双齿围沙蚕(*Perinereis aibuhitensis*)、古氏滩栖螺(*Batillaria cumingi*)、弧边招潮和裸体方格星虫等。

(3)欧文虫-婆罗囊螺[(*Retusa* (*Coelophysis*) *boensis*)]带。本带位于中潮区中层,习见种有双齿围沙蚕、短叶索沙蚕(*Lumbrineris latreilli*)、日本大眼蟹、淡水泥蟹和鸭嘴海豆芽(*Lingula anatina*)等。

(4)羽鳃稚齿虫-不倒翁虫-蜾蠃蜚(*Corophium* sp.)带。本带位于中潮区下层和低潮区,习见种有短叶沙蚕、长吻沙蚕、丝线沙蚕(*Driloneris filum*)、模糊新短眼蟹(*Neoxenoph thalmus obscurus*)和淡水泥蟹等。

3 讨论

(1)本调查的九龙江口 3 个红树林断面共获底栖动物 172 种;种类的分布,贞庵断面(135 种)明显地多于浮宫(56 种)和海门(58 种),主要是受盐度影响较大的缘故。九龙江入海径流量年均为 $148\times10^8\ m^3$,入海江水主要由九龙江口南部向外海扩散[5]。因此,浮宫和海门断面不仅盐度低而且变化大,贞庵断面盐度较高、变化较小(表 1)。由于不同的生物对盐度的适应范围不同,盐度的显著差异就使许多种类的分布受到限制,贞庵断面的一些习见种如欧文虫、短叶索沙蚕、后指虫、纵带滩栖螺、习见织纹螺、鸭嘴海豆芽、明秀大眼蟹等,以及棘皮动物在浮宫和海门断面不分布。

(2)各调查断面底栖动物呈现明显的分层现象,并随着潮间带不同的高度而具有不同的生物垂直分布带(图 5)。底栖动物的这种垂直分布现象主要是潮汐作用的结果。受潮汐的作用,潮间带不同潮区每天曝露于空气中的时间显然不同,各种理化环境因子对生物的影响也有很大的差别。各种生物经过长期适应,既反映出其分布上的严格性,又表现了对环境适应能力的差异。

(3)沉积物与底栖动物的关系密切[4,6]。本调查 3 个断面的沉积物以黏土质粉砂为主,并具有砾砂、中细砂和黏土-粉砂质砂等砂质类型(表 1)。由于不同种类的底栖动物对沉积物颗粒组成的要求不同,那些对沉积物具有较强选择性的种类的分布就受到限制。例如,欧文虫、岩虫和裸体方格星虫仅分布于贞庵断面中潮区的上层和中层,中潮区下层和低潮区没有出现,而在该海区潮下带又断续分布[5]。原因是它们选择颗粒较粗的砂质沉积物栖息。贞庵断面中潮区上层和中层颗粒较粗的中细砂黏土-粉砂质砂(Md_ϕ 值在 1.96~2.91 之间),中潮区下层和低潮区由细颗粒的黏土质粉砂(Md_ϕ 值在 6.01~7.14 之间),潮下带又断续出现了中细砂等砂质。

（4）浮宫断面底栖动物种类最少，但是栖息密度和生物量反而最高。主要是由于适应河口低盐的种类少，使种间生存竞争少，加上沉积物中有机质较丰富（4 季各潮区平均值为 2.37%，最高达 3.73%），给适应于该生境的莱氏异额蟹提供了丰富的营养，因此数量达到很高的丰度。

（5）与福建全省不同类型的软相潮间带底栖动物调查结果比较，本调查区底栖动物平均生物量（48.03 g/m^2）比福建沿岸泥沙滩（49.66 g/m^2）略低，但比沙滩（37.18 g/m^2）和泥滩（21.77 g/m^2）高得多。此外，福建沿岸泥沙滩、沙滩和泥滩最占优势的动物类群分别为软体动物、棘皮动物和甲壳动物。而本调查则以甲壳动物占绝对优势，棘皮动物几乎可忽略不计。这反映了红树林海岸潮间带底栖动物组成的一般特点[9-10]。

（6）近年来，高世和等对九龙江口红树林区大型底栖动物的群落生态已有报道[7]。我们的调查与高世和等的调查结果有明显不同，例如高世和等报道的种类共 66 种，而我们为 172 种。其主要原因是我们采用了 WSB_1 型底栖动物分选装置[1]，标本采集的效果较好。此外，我们的调查区除了红树林分布的高、中潮区外，还包括了低潮区，而高世和等的调查仅为红树林区。

参考文献

1 吴启泉等. WSB_1 型底栖动物漩涡分选装置. 台湾海峡，1986，5（2）：189-192.

2 福建省海洋研究所海洋生物研究室等. 厦门及其附近潮间带生态调查. 厦门大学学报（自然科学版），1960，7（3）：74-95.

3 寨尔西等. 杭州湾北岸潮间带生态学研究，Ⅰ. 软相底栖动物群落调查. 海洋学报，1980，2（4）：122-131.

4 江锦祥等. 台湾海峡西部近海底栖生物生态初步研究. 海洋学报，1984，6（3）：389-398.

5 何明海等. 九龙江口底栖动物生态研究. 生态学报，1988，8（2）：133-139.

6 何明海等. 厦门西港底栖生物的生态. 台湾海峡，1988，7（2）：189-193.

7 高世和等. 九龙江口红树林区大型底栖动物的群落生态. 台湾海峡，1985，2（2）：179-191.

8 Holland, A. F. and T. T. Polgar. Seasonal Changes in the Structure of an Intertidal Community, Mar. Biol. 1976，37：341-348.

9 Sasecumar, A. Distribution of Macrofauna on a Malaya Mangrove Shore. J. Anim. Ecol., 43（1974），51-69.

10 Shokita, S. et al. Distribution and Abundance of Benthic Macrofauna in the Funaura mangal of Iriomote Island, Galaxea, 1989，8：17-30.

何明海，蔡尔西，徐惠州，江锦祥，郑凤武，李荣冠. 原载《台湾海峡》，1993，12（1）：61-68.

红树林生态退化机制评估指标体系构建与漳江河口案例研究

摘要 通过总结目前红树林面临的各类生态退化机制，利用"压力-状态-响应(PSR)"分析模型，构建了红树林生态退化机制评估指标体系，并应用于福建省漳江河口红树林生态系统的案例研究。评价结果显示：漳江河口红树林生态退化压力仍处在较小的范围内，主要压力源来自生物入侵以及海岸带水产养殖和围垦；对影响显著的生态退化因子已经采取了有效的控制措施；保持并加强保护措施，将有助于当地红树林生态系统在未来维持稳定的状态。

关键词 海洋生态学；红树林；生态退化；指标体系；评估；PSR 模型；漳江河口

Indicator system for assessing mangrove ecological degradation and a case study of the Zhangjiang Estuary

Abstract An assessment indicator system was constructed based on a summary of various mangrove ecological degradation mechanisms using a "pressure-state-response (PSR)" model. This model was then applied to a case study of mangroves in the Zhangjiang Estuary of Fujian Province. The results showed that the mangrove is facing small ecological stress that mainly stems from alien species invasion, coastal reclamation and aquaculture. Several influential ecological degradations have been effectively controlled by conservation measures, which will contribute to maintaining the stable state of the mangrove in the near future.

Key words marine ecology; mangrove; ecological degradation; indicator system; assessment; PSR model; Zhangjiang Estuary

红树林是目前国内外生物多样性保护和滨海湿地生态保护的重要对象。红树林湿地生态系统作为海岸生态关键区，具有维持生物多样性和物质生产、防风消浪护岸、净化污染物等强大的生态服务功能[1-4]。红树林生态系统是我国海岸带湿地生态系统的重要类型之一，自然分布于海南、广西、广东、福建、台湾等省、自治区，总面积约 1.36×10^4 hm^2[5-7]。尽管红树林生态系统在防浪护岸、维持海岸带生物多样性和提供栖息地等方面的服务功能显著，但由于其直接的经济价值不高，其生态价值和重要性容易被人类低估。20 世纪 60 年代以来的毁林围海造田、毁林围塘养殖、毁林围海造地等人类不合理开发活动,使我国红树林面积剧减,使其提供多种服务功能的能力逐渐变弱。因此,当前急需加强对红树林生态系统生态退化机制及评估方法等方面的科学研究,为实现红树林生态系统的恢复和可持续发展提供科学的依据。

目前还没有针对红树林生态系统退化机制的专门评价研究,但是与红树林生态退化的相关研究并不少,这些都为本研究的开展奠定了良好的理论和方法基础。近年来针对红树林生态系统组成、结构和功能等单独方面的研究较多[8-14]。而在红树林生态系统的生态评价方面方法仍比较局限于传统的成分或功能的单一评价,尽管一些新的方法开始尝试适用于红树林生态评估,例如对生态系统生态价值进行评估[15-16],非使用价值评估[17]、能值价值评估[7]。还有些学者对全球变化与海平面上升、石油泄漏、城市污水等以及人类活动对红树林生态系统的影响也展开了研究[18-22],但综合生态系统退化面临的风险、生态健康以及人类管理反馈能力的综合评估仍非常少见。本文试图通过总结目前红树林面临的各类生态退化机制,利用"压力-状态-响应(PSR)"分析模型,构建红树林生态退化机制评估指标体系,将现有红树林生态系统面临的主要退化机制中的主导因子,按照退化产生的因果逻辑关系有机组织,分成压力、状态和响应 3 个部分进行详细评估,进而进行综合分析评价。文中针对福建省典型红树林系统——漳江河口红树林开展了案例研究,以期为对全国红树林生态系统进行科学评价,为红树林生态环境保护和行政管理以及海洋经济提供科学依据。

1 红树林生态退化机制评估方法构建

1.1 红树林生态退化机制评估指标体系构建

"压力-状态-响应(pressure-state-response,PSR)"模型是用来分析环境问题时常用的分析模型。最早的 PSR 模型是 20 世纪 70 年代加拿大的统计学家 Anthony 提出来的[23],并被经济合作和发展组织中的环境状态组(state of the environment,SOE)采纳[24-26],用于全面地展现环境问题产生的逻辑(因果)关系。在此,"压力"是指对该系统产生负面环境问题的直接因素,如污染排放、湿地破坏等;"状态"是指环境的现状,在压力作用下能够观察到的生态系统成分组成、结构或功能变化,如环境质量、生态系统健康等;"响应"是指人类社会实施的解决环境问题的积极反馈,是人类社会对驱动力、压力、状态和影响做出的正反馈,包括实现生态安全的各种具体措施和途径。

本研究将机理分析与定量评估相结合,技术路线见图 1。首先通过文献参考和实地调研,进行数据收集,通过由红树林生态学专家组鉴别出的 11 类影响红树林生态退化的类型,采用 PSR 模型进行机理分析,整理出各类退化机制的压力、现存状态和人类维护红树林的响应,以及红树林对压力的适应性调整并进行总结归纳。然后通过红树林专家对各类退化机制的分析,分别对不同地区红树林生态退化的压力、状态和响应进行评估因素的提取。最后总结出各项红树林生态退化机制 PSR 因素分析结果,将各个因素按照压力、状态和响应框架构建评估指标体系(表1)。

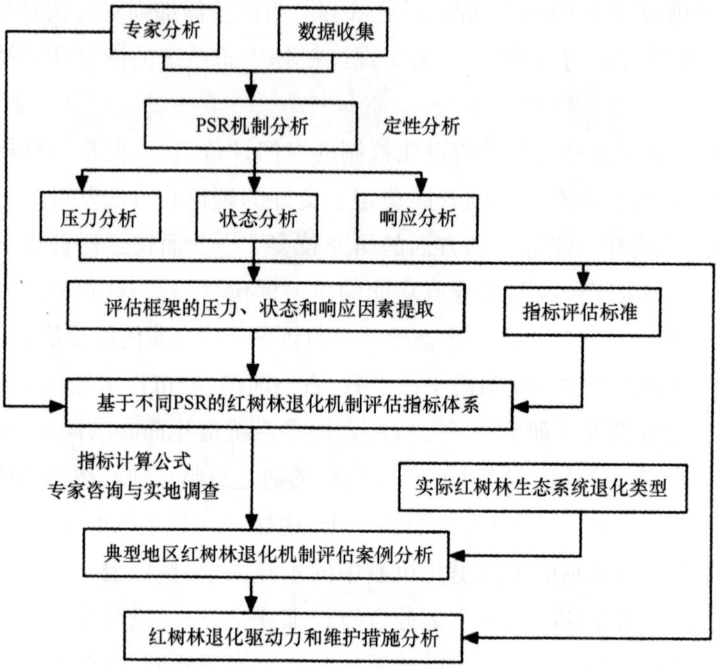

图1 红树林生态退化机制评估技术路线

Fig.1 Technical route of mangrove ecological degradation assessment

表1 基于PSR模型的红树林生态退化机制评估指标体系

Tab.1 Indicator system of mangrove ecological degradation assessment based on the PSR model

退化机制类型	压力特征	健康状态	相应措施
围塘养殖	(1)围塘养殖侵占红树林的面积 (2)围塘养殖的废水污染	(1)红树林可能被改造为养殖池的面积 (2)受围塘养殖污染红树林退化的面积比例 (3)红树林系统景观格局受围塘养殖影响的破碎化程度	(1)落实湿地保护管理协调机制 (2)对沿海滩涂进行了系统的勘查、登记工作 (3)实行滩涂水产养殖证制度 (4)开展退塘还林工作
水产养殖污染	(1)养殖污染排放的总量 (2)养殖污染排放物质的毒性 (3)养殖底质污染沉积	(1)红树林受污染影响的面积比例 (2)红树林体内污染物富集的程度	(1)采取生态养殖模式 (2)轮换养殖区 (3)采用生物修复技术 (4)发展集约化养殖技术和提高管理水平

续表

退化机制类型	压力特征	健康状态	相应措施
船舶兴波	(1)红树林周边航道船舶通行密度 (2)红树林与周边航道的距离 (3)红树林周边航道产生船舶兴波的强度	(1)红树林受船舶兴波影响的面积比例 (2)红树林抵抗船舶兴波的状态	(1)调整红树林种植结构 (2)限制来往于红树林区段的快艇速度 (3)改变航道,划为无干扰区 (4)建立防浪的栏板,以阻挡波浪侵袭 (5)实施生态补偿制度
大型藻类过度生长	(1)大型藻类过度生长覆盖红树林的范围	(1)红树林被大型藻类覆盖后退化的面积比例 (2)红树林系统土壤表层的厌氧状态	(1)人工物理消除 (2)人工化学消除 (3)人工生物消除 (4)综合处理手段
过度捕捞	(1)过度捕捞的严重程度 (2)非法捕捞的严重程度	(1)红树林渔获总量下降趋势 (2)红树林底栖生物生境的破碎程度 (3)物种多样性 (4)捕捞行为伴随的环境污染	(1)对过度捕捞的管理技术 (2)对过度捕捞造成危害的公众意识
海平面上升	(1)红树林能够耐受的海平面上升速率	(1)红树林的沉积速率 (2)红树林所在地区的泥沙输入量 (3)红树林向陆发展的阻碍程度	(1)红树林受海平面上升影响评估 (2)应对海平面上升,红树林生态种植种类调整 (3)红树林恢复工程
海堤建设	(1)海堤建设侵占当地红树林的面积比例 (2)海堤建设对周边现存红树林的干扰作用	(1)红树林受海堤建设侵占的面积比例 (2)红树林生态系统能流与物流的影响 (3)红树林受海堤建设带来的相对海平面上升的影响	(1)海堤建设对红树林生态影响评估 (2)海堤建设时对周边红树林保护的规划 (3)海堤建设造成红树林丧失的生态补偿机制
生物入侵	(1)入侵生物侵占红树林生境的面积比例 (2)入侵生物的繁殖扩展速度	(1)红树林与入侵生物的生存竞争能力 (2)入侵生物对红树林生态系统生物多样性的影响 (3)入侵生物对红树林生态系统物理化学环境的影响	(1)物理控制手段 (2)化学控制手段 (3)生物控制手段 (4)综合控制手段

续表

退化机制类型	压力特征	健康状态	相应措施
城市污染	(1)城市污水排放总量 (2)城市污水毒性 (3)城市污水对底泥的污染沉积	(1)红树林受污染影响的面积比例 (2)红树林体内污染物富集的程度	(1)城市污水处理网络建设 (2)城市污水处理能力 (3)城市污水排放控制与管理能力
病虫害	(1)病虫害灾害的强度 (2)病虫害面积比例	(1)病虫害对红树林繁殖生存的影响 (2)病虫害对红树林生态系统其他组成的影响	(1)红树林从该类病虫害中自动恢复的能力 (2)人工处理病虫害的能力
污损(附着)生物	(1)附着生物的危害强度 (2)附着面积比例	(1)附着生物对红树林自身繁衍的影响 (2)附着生物对红树林生态系统其他组成的影响	(1)人工处理附着生物的能力 (2)红树林生态系统对附着生物的适应能力

1.2 红树林生态退化机制定量评估方法

针对各种生态退化机制的分析,提取相应的定量评分标准。其中对于压力和状态指标采用分段式量化评分,即针对不同指标采用5种渐进变化的评语并给出对应的自然数,例如大为4,比较大为3,中等为2,小为1,没有为0。而对响应指标部分除了采用分段式量化评分之外,主要采用措施得分累计法,总计5分,标准化后转变为4分制。

最后选取典型红树林生态系统(漳江河口)进行实证研究。在实际应用中根据实地调查通过专家对各类生态退化机制类型在该地区的影响范围和影响程度进行评分。其中,影响范围大的评8~10分,比较大的评6~8分,中等的评4~6分,小的评2~4分,没有的评0~2分;影响程度严重的评8~10分,比较严重的评6~8分,中等的评4~6分,不严重的评2~4分,没有的评0~2分。利用式(1)对比评分结果以确定各种生态退化机制类型的权重;然后利用式(2)计算某类生态退化机制类型的综合评分;最后利用式(3)计算出各地区红树林生态退化综合评价指数:

$$W_i = (A_i/\sum A_i + E_i/\sum E_i)/2 \tag{1}$$

$$I_i = [(P_i + S_i)/2] - R_i \tag{2}$$

$$I = \sum (I_i \cdot W_i) \tag{3}$$

式中,I代表某地区红树林生态退化综合评价指数,其数值越高,表明红树林生态退化越严重;I_i代表该地区第i类生态退化机制类型的评分;W_i为该类退化机制类型的权重;A_i代表i项生态退化机制类型影响的范围;E_i代表i项生态退化机制类型影响的程度。P_i、S_i、R_i分别代表该地区面临的生态压力、状态和响应评价值。

该地区某项生态退化的评分越高,表明该类型退化的状况越严重,而响应是对压力和破坏状态的有效维护,响应越高,抵消的负面作用越大。评价分值最高为 4 分,积越靠近 0,表示红树林受到该类型退化的影响越小,生态健康状态越好;评分低于 0,表示该退化机制类型已经有较好的应对方法措施,或控制手段。按照 0~4 的区间分布,本研究设定<0 表示生态退化对红树林的生态健康没有影响,0~1 表示影响较小,1~2 表示影响中等,2~3 表示影响较大,3~4 表示影响严重。

2　漳江河口红树林生态系统案例分析

2.1　漳江河口红树林生态系统概况

福建漳江河口红树林位于福建省南部的云霄县东厦镇境内,建有红树林保护区,是中国红树林自然分布最北的大面积重要的红树林,蕴含着多种生态系统及其景观。其全区总面积为 2 360 hm^2,其中森林面积为 117.9 hm^2,全部为天然红树林,含白骨壤(*Avicennia marina*)纯林面积 20 hm^2。该保护区内有红树林植物 5 科 6 属 6 种。按照《中国植被》的分类系统,将漳江河口红树林湿地植被类型分成 3 个植被型,13 个群系,22 个群丛[9]。

2.2　漳江河口红树林生态退化评估结果

从漳江河口红树林生态退化机制类型的权重分布可以获知各种退化机制类型在漳江河口红树林生态系统中的重要性或受重视程度(图 2)。生物入侵排在第 1 位,水产养殖污染和过度捕捞并列排在第 2 位,可见由于人类渔业活动对红树林的影响在漳江河口仍比较显著。围塘养殖和海堤建设并列第 3 位,两者对红树林生态退化的影响主要是通过人工侵蚀或破坏原有红树林生长地所致。其他退化压力对漳江河口红树林也有相当大的影响,但总体上并不很显著。

从图 3 中压力、状态和响应 3 个方面分别来看:围塘养殖、水产养殖污染、过度捕捞和生物入侵都对漳江河口红树林造成比较大的压力,船舶兴浪和海堤建设也产生相当大的胁迫作用,其他退化压力影响很小。从红树林生态系统状态受各种退化机制类型的影响来看,总体与受压力程度的相关性并不强,受压力大的退化机制类型同时受到的反馈作用也比较大,因此造成的状态影响不显著。响应方面对各种退化机制类型都已产生反馈,并较好地维护了红树林现状。这表明有关单位、部门对漳江河口红树林生态退化的管理和维护工作成效显著。

漳江河口红树林生态退化的综合评价指数为 0.23,处在生态退化对系统健康影响较小的范围。从总体趋势来看,其压力仍比较大,状态受影响较显著的生态退化机制类型有些已经有显著的反馈(城市污染、病虫害和污损生物),但仍有一些反馈较小(船舶兴波、大型海藻过度生长)。从各种类型的分项和综合评价结果来看(图 3 和图 4),对漳江河口红树林生

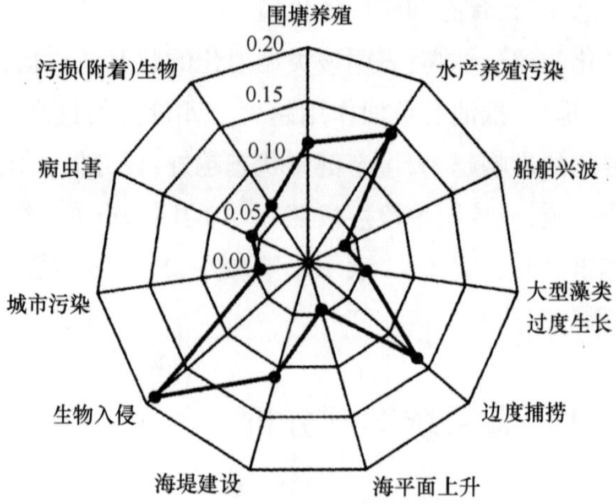

图 2　漳江河口红树林生态退化机制类型重要性对比

Fig.2　Comparison of the importance of mangrove ecological degradation types in Zhangjiang Estuary

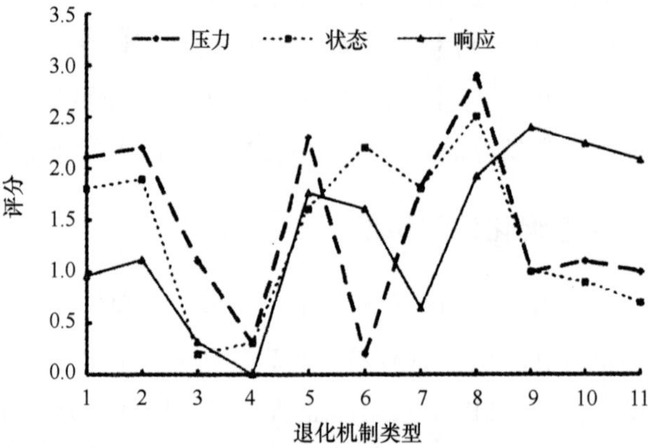

图 3　漳江河口红树林生态退化机制类型压力、状态和响应指标评价

Fig.3　Pressure, state, and response assessment of mangrove ecological degradation in Zhangjiang Estuary

1～11 退化机制类型分别表示圈塘养殖、水产养殖污染、船舶兴波、大型藻类过度生长、过度捕捞、海平面上升、海堤建设、生物入侵、城市污染、病虫害和污损(附着)生物

态系统威胁较大的生物入侵已经有较好的反馈作用,能够控制该类别的生态退化风险。但是对于围塘养殖和水产养殖污染方面的管理仍不够,亟须加强。这两个方面均来自人类开发海岸带区域的活动。此外,大型藻类过度生长与沿岸海水水质有密切关系,虽然目前并没有造成显著的压力,但由于至今尚无任何相应的控制措施,在今后一段时间仍存在着退化风险,船舶兴浪的问题目前在漳江河口也不突出,如果今后漳江河口发展滨海旅游,该类退化机制将伴随着人类活动而加剧。

总之漳江河口红树林生态退化的压力仍处在较小的范围内,主要压力源来自生物入侵以及海岸带养殖和围垦。从目前来看,影响显著的生态退化因子已经落实了有效的控制措施,保持并加强保护措施,将有助于当地红树林生态系统在未来维持稳定的状态。

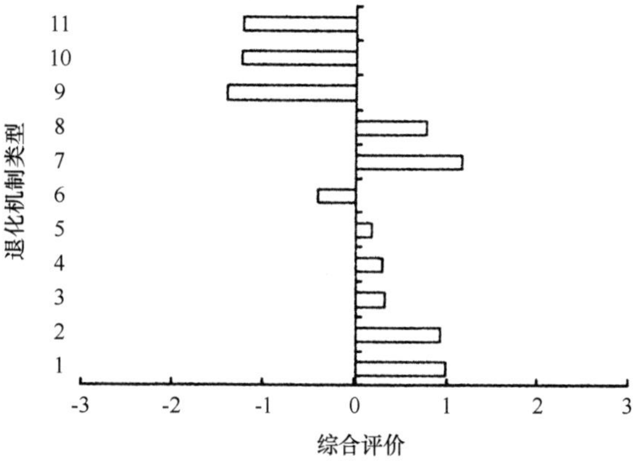

图4　漳江河口红树林生态系统面临的各种退化机制类型综合评价

Fig.4　Synthetic assessment of mangrove ecological degradation types in Zhangjiang Estuary

注:1~11为退化机制类型分别表示围塘养殖、水产养殖污染、船舶光波、大型藻类过度生长、过度捕捞、海平面上升、海堤建设、生物入侵、城市污染、病虫害和污损(附着)生物

参考文献

[1] Salif D. Vulnerability assessments of mangroves to environmental change[J]. Estuarine, Coastal and Shelf Science, 2003,58:1-2.

[2] 王文卿,王瑁.中国红树林[M].北京:科学出版社,2007.

[3] 王伯荪,廖宝文,王勇军,等.深圳湾红树林生态系统及其持续发展[M].北京:科学出版社,2002.

[4] 卢昌义,叶勇.湿地生态与工程:以红树林湿地为例[M].厦门:厦门大学出版社,2006.

[5] 林鹏.中国红树林生态系[M].北京:科学出版社,1997.

[6] 林鹏中国红树林研究进展[J].厦门大学学报:自然科学版,2001,40(2):592-603.

[7] 赵晟,洪华生,张珞平,等.中国红树林生态系统服务的能值价值[J].资源科学,2007,29(1):147-154.

[8] 辛琨,黄星,张淑萍.海南东寨港红树林湿地生态功能评价[J].湿地科学与管理,2008,4(4):28-31.

[9] 陈铁晗.福建漳江口红树林湿地自然保护区生态系统现状与评价[J].福建林业科技,2001,28(4):25-26.

[10] 王雨,雷安平,谭凤仪,等.深圳福田红树林区浮游藻类时空分布的研究[J].厦门大学学报:自然科学版,2007,46(增刊1):176-180.

[11] 刘亚云,孙红斌,陈桂珠.红树林滩涂海水种植-养殖湿地锯缘青蟹重金属含量及评价[J].海洋环境科学, 2008,27(3):206-208.

[12] 陆志强,郑文教,马丽.九龙江口及邻近港湾红树林区沉积物中多环芳娃污染现状及评价[J].台湾海峡,2007,26(3):321-326.

[13] 李武峥.山口红树林保护区互花米草分布调查与评价[J].南方国土资源,2008(7):39-41.

[14] 昝启杰,王伯荪,王勇军,等.深圳湾红树林引种海桑、无瓣海桑的生态评价[J].植物学报,2003,45(5):544-551.

[15] 韩维栋,高秀梅.中国红树林生态系统生态价值评估[J].生态科学,2000,19(1):40-45.

[16] 邓培雁,刘威.湛江红树林湿地价值评估[J].生态经济,2007,133(6):126-128.

[17] 伍淑婕,梁士楚.广西红树林湿地资源非使用价值评估[J].海洋开发与管理,2008,25(2) :23-28.

[18] Daniel M A. Mangrove forests: resilience, protection from tsunamis, and responses to global climate change [J] . Estuarine, Coastal and Shelf Science, 2008,76:1-13.

[19] Essien J P, Antai S P. Chromatium species: an emerging bioindicator of crude oil pollution of tidal mud flats in the Niger Delta mangrove ecosystem, Nigeria[J] . Environmental Monitoring and Assessment, 2008,135(1/4):95-102.

[20] Seto K C, Fragkias M. Mangrove conversion and aquaculture development in Vietnam: a remote sensing-based approach for evaluating the Rarnsar Convention on Wetlands[J]. Global Environmental Change, 2007,17:486-500.

[21] 陈桂葵,陈桂珠,黄玉山,等.人工污水对白骨壤生长的影响[J].海洋环境科学,2003,22(3):39-43.

[22] Aguilar-Perera A, Appeldoorn R S. Spatial distribution of marine fishes along a cross-shelf gradient containing a continuum of mangrove-seagrass-coral reefs off southwestern Puerto Rico[J]. Estuarine,Coastal and Shelf Science, 2008,76:378-394.

[23] Lin T, Xue X Z, Lu C Y. Analysis of coastal wetland changes by using "DPSIR" model a case study in Xiarnen, China[J]. Coastal Management,2007,35 (2/3):289-303.

[24] Organization for Economic Cooperation and Development (OECD). OECD core set of indicators for environmental performance reviews[R]. Paris: OECD,1993.

[25] Bowen R E, Riley C.Socio-economic indicators and integrated coastal management[J]. Ocean & Coastal Management, 2003, 46:299-312.

[26] Organization for Economic Cooperation and Development (OECD). Towards sustainable development: environmental indicators[R]. Pairs:OECD, 1998.

卢昌义,吝涛,叶勇,江锦祥,李荣冠. 原载《台湾海峡》2011,30(1):97-102

福建洛阳江口红树林湿地大型底栖动物多样性及季节变化

摘要 基于2013—2014年福建洛阳江口红树林湿地的周年调查资料,研究了该湿地大型底栖动物的物种多样性现状、季节变化以及红树林恢复对底栖动物群落的影响。本次调查共鉴定大型底栖动物78种,环节动物和节肢动物种类最为丰富,节肢动物对总生物最贡献最大,短拟沼螺(*Assiminea brevicula*)为本区第一优势种。林区底栖动物的密度和生物量明显低于光滩,部分优势种仅在林区出现,此外,林区群落与光滩有显著差异。本区底栖动物的密度高值出现在冬、春季,生物量高值出现在春、夏季,群落结构季节变化明显。本区底栖动物种类组成特点反映出洛阳江口红树林处在年轻期,群落的季节变化可能跟优势种的繁殖特点有关。研究结果也表明红树林植被会影响底栖动物群落结构,林区群落已然不同于光滩,与2009年调查结果相比,林区底栖动物密度虽明显下降,但褶痕拟相手蟹(*Parasesarma plicata*)数量增加,是优势种之一。洛阳江口红树林和光滩支撑着不同的生物组成,因此,红树林恢复应当保持栖息地的多样性/异质性。

关键词 大型底栖动物;种类多样性;季节变化;红树林湿地;红树林恢复;多元分析;洛阳江口

Macrobenthic diversity and seasonal changes in the mangrove swamp of Luoyangjiang Estuary, Fujian Province

Abstract Based on a year round survey conducted in the mangrove swamp of Luoyangjiang Estuary in Fujian from August 2013 to April 2014, macrobenthic diversity, seasonal changes, and the impact of mangrove rehabilitation on the macrobenthic community were analyzed. We recorded a total of 78 species from 7 phyla in the study area and the community was dominated by annelids and arthropods. The gastropod, *Assiminea brevicula* (Assimineidae), was the most dominant species and was more abundant in mangrove forests than in mudflats. ANOSIM analysis showed that faunal communities were significantly different between mangrove forests and mudflats, with the former characterized by much lower macrobenthic density and biomass. Moreover, some of dominant species, such as *Parasesarma plicata* and *Phascolosoma arcuatum*, were only found in mangrove forests. Higher value of macrobenthic density was found in winter and spring, while mean biomass was higher in spring and summer. Significant differences in macrobenthic communites were observed among seasons except between winter and spring. The present study demostrated that, species composition of the mangrove macrobenthos indicated characteristics of a young mangrove plantation and seasonal changes in macrobenthic communities might be due to different breeding seasons of the dominant species. Mangrove vegetation had a noticeable impact on macrobenthic communities, as evidenced by significant difference in macrobenthic communites between the two habitats. Density of macrobenthos in mangrove forests was much lower than that found in 2009, but the sesarminid crab *Parasesarma plicata* became much abundant. Since mangrove forests and mudflats support different species composition of macrobenthos, planning is needed in mangrove rehabilitatio. for the protection of habitat diversity and heterogeneity.

Key words macrobenthos; species diversity; seasonal changes; mangrove swamp; mangrove rehabilitation; multivariate analysis; Luoyangjiang Estuary

红树林是一种受周期性潮水浸淹的耐盐性木本植物群落,大致分布在南北纬30°之间的热带亚热带海岸地带(Giri et al. ,2011)。它是世界上最高产的生态系统之一(Lee,2008),支撑着邻近的陆地和水生食物网(Robertson & Alongi,1992;卢昌义等,1995)。由于海岸带过度开发利用,在过去的20年间,全球超过1/3的红树林消失,2001年我国红树林面积为22 680.9 hm^2,不及历史峰值的10%(王友绍,2013),Duke等(2007)认为红树林退化速度要比内陆热带雨林和珊瑚礁来得更快。对红树林生态系统真正价值的日益重视,促使人们作出新的努力去保护和恢复它们(Macintosh et al. ,2002)。目前,世界范围内开展红树林恢复的国家持续增多,恢复面积不断扩大。

底栖动物能够调节红树林的结构和功能,是红树林碎屑与河口次级生产之间重要的营养枢纽(Lee,2008),其中,不少腹足类和蟹类种类能处理大量的红树林凋落物,显著改变这种有机质的理化性质(Lee,1998; Proffitt & Devlin,2005)。因此,底栖动物的多样性和密度能反映红树林生态系统的状况和功能(Macintosh et al. ,2002),同时,也是衡量红树林恢复状态的一个可靠指标(Bosire et al. ,2008)。目前,多数红树林恢复地的后续跟踪监测普遍存在年限较短的问题,秋茄(*Kandelia obovata*)等红树植物还处于死亡率较高的幼苗期。当幼苗长成幼树后,红树植物主要从周围环境汲取营养,这将对恢复地的环境和生物产生影响,然而,有关幼树期以后大型底栖动物群落的多样性特点却报道较少。福建洛阳江口湿地于2002—2004年间大规模造林,期间虽报道过相对有限的红树林底栖动物多样性研究,如蟹类(李伟等,2010)、软体动物(黄雅琴等,2011)和不同生境间的底栖动物多样性比较(郭涛等,2014),但对整块红树林湿地的恢复状态和底栖动物多样性现状仍了解不够。本研究拟采用调查断面方式研究洛阳江口湿地底栖动物群落的多样性特点,为红树林恢复效果的评估提供重要数据。

1　材料与方法

1.1　研究区域

洛阳江口红树林湿地位于泉州湾内湾，24°47′37″—25°01′30″N，118°37′45″—118°42′44″E 之间，北自洛阳桥闸，南至后渚大桥，西接洛江区界，东临洛阳江岸堤（刘荣成，2010）。区内潮汐属正规半日潮，平均潮差 4.27 m，最大潮差达 6.68 m。影响本区的河流主要是洛阳江和晋江，盐度变化范围为 3.5～28.9，适宜红树林生长。本区属南亚热带海洋季风气候，月平均气温 20℃，1—2 月最冷，平均温度为 11.9℃，年均降水量为 1 095.4 mm，主要集中于夏季。主要底质类型为黏土质粉砂。洛阳江口原本是红树林分布区，面积多达数百公顷，由于乱砍滥伐，至 2001 年年底仅存红树林 17.112 hm^2，2002 年起惠安县林业局在此大力开展红树林造林和补植工作，目前林区面积已达 400 hm^2 以上，大多为新营造的恢复林，2003 年该湿地被确立为省级自然保护区（刘荣成，2010）。本区现生长着 4 种红树植物，分别是桐花树（*Aegieeras corniculatum*）、秋茄、白骨壤（*Avicennia marina*）和老鼠簕（*Acanthus ilicifolius*），以桐花树和秋茄为主。

1.2　采样方法

2013 年 8 月、10 月以及 2014 年 1 月、4 月在洛阳江口红树林湿地开展周年 4 季的调查，湿地内从北到南依次设置 3 条红树林断面，分别定义为 QZLH1、QZLH2 和 QZLH3，洛阳桥以北设光滩断面 l 条（QZLH4）（图 1）。QZLH1 和 QZLH2 断面红树植被郁闭度高，植株高1.5～3 m；QZLH3 断面红树植株矮，冠幅小，呈斑块分布，滩面伴有互花米草（*Spartina alterniflora*）和泥滩。每一红树林断面设 3 个采样点，分别位于红树林陆缘、海缘和中间站位林下滩涂；光滩同样设 3 个站点，潮位与红树林 3 个站点接近。每一站点以 25 cm×25 cm 的定量框随机取 3 个样方，挖深 30 cm，泥样装入塑料袋后运到水闸边淘洗，并用网目为 0.5 mm 的套筛分选出其中所有标本。野外来样均在当地低潮时进行。标本处理和室内分析均按《海洋调查规范》（GB/T 12763.6-2007）的要求进行。

1.3　数据分析

采用以下公式计算大型底栖动物优势度和群落的多样性指数：

优势度指数（陈亚瞿等，1995）：

$$Y = P_i \times f_i \tag{1}$$

Margalef 物种丰富度指数（Margalef，1968）：

$$d = (S - 1)/\log_2 N \tag{2}$$

Shannon-Wiener 多样性指数（Shannon & Weaver，1949）：

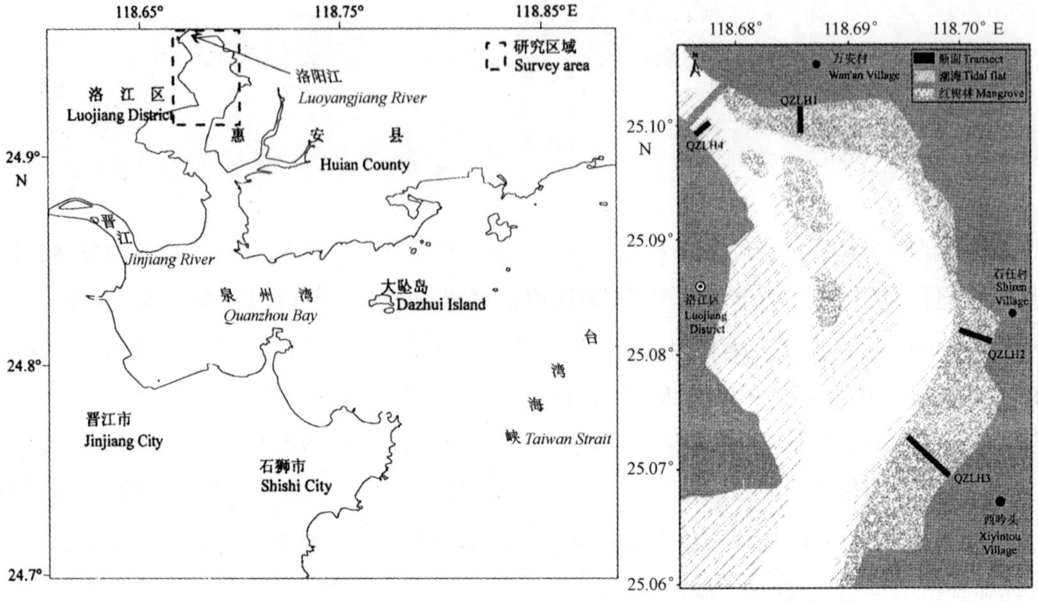

图 1　泉州湾研究区域示意图(调查断面(QZLH1-4)用黑色条常表示)

Fig.1　Map of the study area in Quanzhou Bay. The four investigated transects (QZLH1-4) are represented by the dark bars

$$H' = -\sum_{i=1}^{S} P_i \log_2 P_i \tag{3}$$

Pielou 均匀度指数(Pielou,1975)

$$J' = H'/\log_2 S \tag{4}$$

式中,S 为样品中的物种总数;N 为总个体数;P_i 为第 i 种的个体数与总个体数的比值;f_i 为第 i 种在各站的出现率。$Y \geq 0.02$ 的种类确定为优势种。

采用 SPSS 17.0 对密度和生物量以及多元参数数据进行断面×季节双因素方差分析,以检验不同断面及季节是否对底栖动物分布情况造成显著影响。底栖动物群落分析基于种-密度矩阵,数据矩阵经方根转换后,计算 Bray-Curtis 相似性系数,以组平均法进行等级聚类(CLUSTER),Two-way crossed ANOSIM 对不同季节和断面进行双因素差异显著性检验,以检验群落差异的显著性,同时用 SIMPER 分析探讨对群落结构之间相似性/不相似性贡献最大的种类。

2　结果

2.1　种类组成和分布

福建洛阳江口红树林湿地周年调查共采获大型底栖动物 78 种,隶属于 7 门 43 科,其中,红树林内发现 62 种(附录 1)。从门类看,环节动物和节肢动物种类最为丰富,分别有 28

种和 32 种，软体动物、刺胞动物、纽形动物、星虫动物和脊索动物等门类物种数较少。从断面看，除星虫动物仅分布在红树林，其他门类在所有断面都有出现，各个断面的种类组成均以环节动物和节肢动物为主(图 2)，断面的种类数介于 33～44 种，QZLH2 断面最丰富。红树林断面的优势种组成与光滩有明显不同，前者以短拟沼螺(*Assiminea brevicula*)最为常见，且优势度最高，后者以薄片蜾蠃蜚(*Corophium lamellatum*)和宁波泥蟹(*Ilyoplax ningpoensis*)的优势度较高(表 1)。从季节看，各季的种类组成也以环节动物和节肢动物为主(图 2)，秋季种类最多，有 44 种，夏季最少，为 32 种，短拟沼螺是四季都重要的优势种，薄片蜾蠃蜚、中华仙影海葵(*Cereus sinensis*)和日本刺沙蚕(*Neanthes japonica*)是个别季度的优势种，不少虾蟹种类是夏、秋季重要优势种(表 1)。

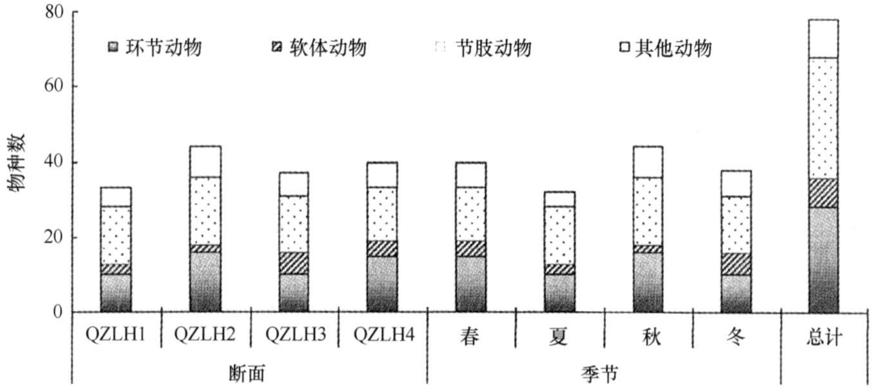

图 2 洛阳江口红树林湿地大型底栖动物的种类组成(QZLH1-4：调查断面)

Fig.2 Species composition of macrobenthos in the mangrove swamp of Luoyangjiang Estuary. QZLH1-4, investigated transects

表 1 洛阳江口红树林湿地大型底栖动物的优势度指数值(优势种为黑斜体数字对应的种类)

Tab.1 Values of dominance index of macrobenthos in the mangrove swamp of Luoyangjiang Estuary (Dominant species were those highlighted with number marked in bold italic)

种类	断面				季节			
	QZLH1	QZLH2	QZLH3	QZLH4	春季	夏季	秋季	冬季
环节动物 Annelida								
疣吻沙蚕 *Tyrrohynchus heterochaetus*	-	***0.027***	<0.001	-	0.002	-	0.003	<0.001
日本刺沙蚕 *Neanthes japonica*	0.006	-	0.011	0.010	***0.100***	<0.001	-	
圆锯齿吻沙蚕 *Dentinephtys glabra*	0.015	***0.032***	0.011	0.020	0.005	***0.062***	***0.026***	0.007
软体动物 Mollusca								
短拟沼螺 *Assiminea brevicula*	***0.455***	***0.225***	***0.578***	***0.045***	***0.405***	***0.192***	***0.239***	***0.181***

续表

种类	断面				季节			
	QZLH1	QZLH2	QZLH3	QZLH4	春季	夏季	秋季	冬季
节肢动物 Anthropoda								
薄片蜾蠃蜚 *Corophium lamellatum*	0.002	0.002	<0.001	***0.294***	0.009	0.005	–	***0.332***
细巧仿对虾 *Parapenaeopsis tenellus*	0.001	0.007	0.002	<0.001	<0.001	***0.029***	–	–
褶痕拟相手蟹 *Parasesarma plicata*	***0.020***	0.024	0.001	–	0.002	<0.001	0.009	0.003
秀丽长方蟹 *Metaplax elegans*	0.016	0.014	***0.056***	0.001	0.005	***0.059***	0.006	0.015
宁波泥蟹 *llyoplax ningpoensis*	–	–	<0.001	***0.165***	0.018	***0.060***	0.027	0.011
弧边招潮 *Uca arcuata*	0.037	0.018	***0.037***	0.012	0.019	***0.037***	0.036	0.010
刺胞动物 Cnidaria								
中华仙影海葵 *Cereus sinensis*	***0.037***	***0.072***	0.003	***0.037***	0.003	0.003	0.197	0.007
星虫动物 Sipuncula								
弓形革囊星虫 *Phascolosoma areuatum*	***0.020***	0.006	0.001	–	0.001	0.004	0.006	0.001

注:"–"表示不存在;"–"represents the absence of species.

不少底栖动物种类的分布范围相对局限,仅 11 个种类分布在所有断面,多达 35 种仅出现于单一断面,部分种类仅在红树林内采获,如疣吻沙蚕(*Tyrrohynchus heterochaetus*)、巨指长臂虾(*Palaemon macrodactylus*)、日本美人虾(*Callianassa japonica*)、褶痕拟相手蟹(*Parasesarma plicata*)、秉氏厚蟹(*Helice pingi*)和弓形革囊星虫(*Phascolosoma arcuatum*)等。从出现季节来看,16 种底栖动物四季都采集到,37 种出现于单一季节。

2.2 密度和生物量

洛阳江口红树林湿地大型底栖动物的年平均密度和生物量分别是 416 个/m^2 和 45.84 g/m^2。光滩 QZLH4 断面的年平均密度和生物量均高过红树林断面,红树植被覆盖较好的 QZLH1 和 QZLH2 断面底栖动物密度和生物量较低。尽管各断面的生物量组成均以节肢动物为主,但各断面的密度组成存在差异,如光滩以节肢动物为主, QZLH3 则以软体动物为主。季节变化上,底栖动物平均密度冬、春季高,夏、秋季低;平均生物量春、夏季高,秋、冬季低。不同季节的生物量组成均以节肢动物占优势,密度组成一般以软体动物和节肢动物为主,环节动物密度高峰出现在春季,其他动物高峰值位于秋季(图 3)。

密度和生物量的双因素方差分析结果表明,大型底栖动物密度在不同断面和季节间差异极显著(P<0.001),且季节和断面之间的交互作用也达到显著水平(P=0.003)。生物量在不同季节(P=0.004)和不同断面(P=0.009)间均差异显著,季节与断面之间的交互作用不显著(表 2)。

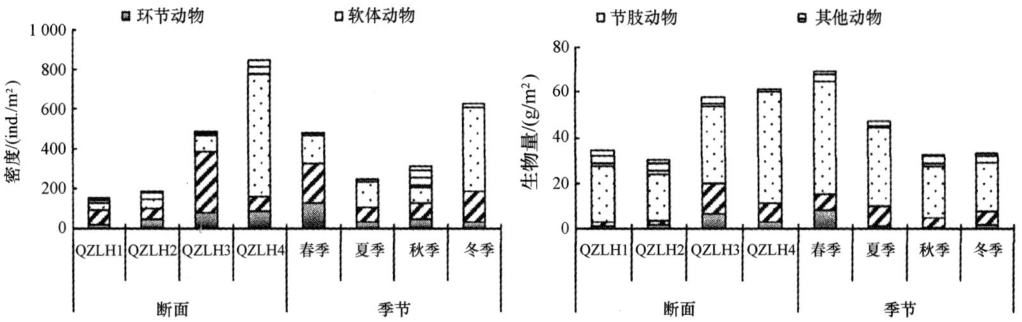

图 3　洛阳江口红树林湿地大型底栖动物的密度和生物量组成

Fig.3　Composition of macrobenthic density and biomass in the mangrove swamp of Luoyangjiang Estuary

表 2　洛阳江口红树林湿地大型底栖动物群落参数的双因素方差校验

Tab.2　Two-way ANOVA on community parameters of macrobenthos in the mangrove swamp of Luoyangjiang Estuary

参数	季节		断面		季节×断面	
	F	*P*	*F*	*P*	*F*	*P*
平均密度	4.476	0.000**	16.266	0.000***	3.624	0.003**
平均生物量	5.493	0.004**	4.574	0.009**	1.119	0.378
Margalef 丰富度指数(*d*)	0.730	0.542	2.156	0.113	0.242	0.985
Shannon-Wiener 多样性指数(*H′*)	1.415	0.256	3.327	0.032*	0.727	0.681
Pielou 均匀度指数(*J′*)	2.271	0.099	5.524	0.004**	1.066	0.413

注：* $P<0.05$；** $P<0.01$；*** $P<0.001$。

由图 4 可以看出，QZLHI 和 QZLH2 两条断面密度较小，且季节波动小。相反，光滩 QZLH4 断面的密度相对较高，同时季节变化也大。以各断面生物量的季节变化而言，QZLH1 和 QZLH2 断面生物量的季节变化最大。表 3 表明，QZLH1 和 QZLH2 断面密度组成相对分散，而 QZLH3 和 QZLH4 断面密度集中于少数种类。不同种类的密度高峰季节不同，多毛类如日本刺沙蚕主要出现在春季，短拟沼螺高峰出现在冬、春季，中华仙影海葵主要出现在秋季，端足类如薄片蜾蠃蜚和上野蜾蠃蜚(*Corophium uenoi*)高峰期是冬、春季。

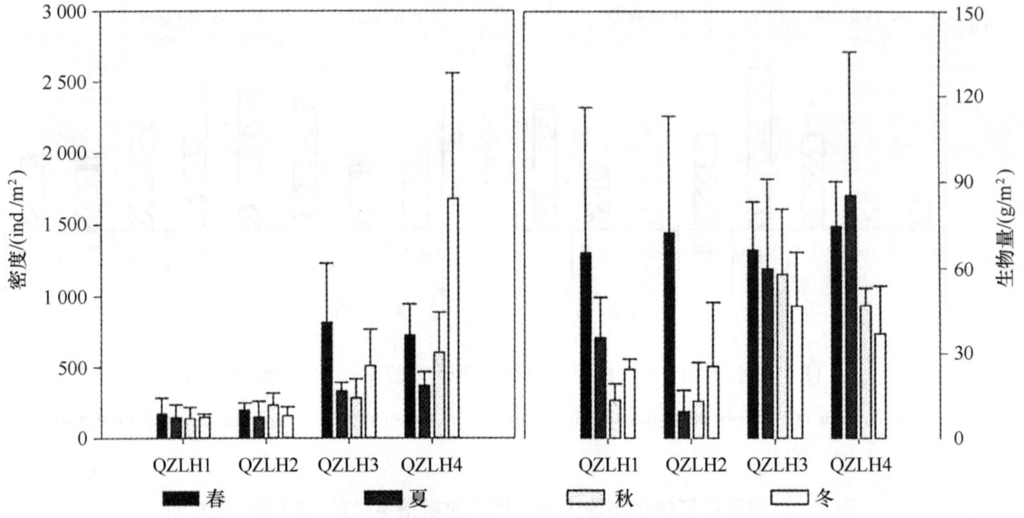

图 4　不同断面内的密度和生物量季节变化

Fig.4　Seasonal changes of density and biomass on the investigated transects

表 3　洛阳江口红树林大型底栖动物密度在不同断面的季节变动

Tab.3　Seasonal changes of macrobenthic density (ind./m^2) on the investigated transects in the mangrove swamp of Luoyangjiang

个/m^2

断面	种类	春	夏	秋	冬	均值
QZLH1	**总密度 Total density**	176	146	139	149	152
	短拟沼螺 *Assiminea brevicula*	112	62	41	62	69
	中华仙影海葵 *Cereus sinensis*	0	0	50	18	17
	弧边招潮 *Uca arcuata*	12	4	5	9	8
	弓形革囊星虫 *Phascolosoma arcuatum*	0	16	4	5	6
	微赤根丝蚓 *Rhizodrilus russus*	12	0	0	11	6
	秀丽长方蟹 *Metaplax elegans*	2	14	0	7	6
	圆锯齿吻沙蚕 *Dentinephtys glabra*	5	4	7	5	5
	褶痕拟相手蟹 *Parasesarma plicata*	2	4	11	5	5

续表

断面	种类	春	夏	秋	冬	均值
QZLH2	**总密度 Total density**	199	149	231	158	184
	短拟沼螺 *Assiminea brevicula*	89	9	27	75	50
	中华仙影海葵 *Cereus sinensis*	21	2	84	0	27
	疣吻沙蚕 *Tyrrohynchus heterochaetus*	25	0	50	4	20
	细巧仿对虾 *Parapenaeopsis tenellus*	0	62	0	0	16
	圆锯齿吻沙蚕 *Dentinephtys glabra*	4	9	20	9	10
	微赤根丝蚓 *Rhizodrilus russus*	0	0	5	21	7
	褶痕拟相手蟹 *Parasesarma plicata*	9	2	4	12	7
	秀丽长方蟹 *Metaplax elegans*	5	11	0	5	5
	弧边招潮 *Uca arcuata*	9	2	5	4	5
	长足长方蟹 *Metaplax longipes*	0	7	11	0	4
QZLH3	**总密度 Total density**	818	331	281	508	484
	短拟沼螺 *Assiminea brevicula*	498	167	171	386	305
	日本刺沙蚕 *Neanthes japonica*	249	0	0	0	62
	秀丽长方蟹 *Metaplax elegans*	12	34	21	52	30
QZLH4	**总密度 Total density**	512	217	484	1 541	688
	薄片螺蠃蜚 *Corophium lamellatum*	71	21	0	1,397	372
	宁波泥蟹 *Ilyoplax ningpoensis*	140	176	135	107	140
	中华仙影海葵 *Cereus sinensis*	0	4	229	20	63
	上野蜾蠃蜚 *Corophium uenoi*	222	0	30	0	63
	短拟沼螺 *Assiminea brevicula*	78	16	89	18	50

注：每一断面所列种类的平均密度总和占该断面总密度的80%以上。

On each transect, the sum of average density of all the species listed in the table accounted for more than 80% of the total density.

2.3 种类多样性变化

洛阳江口红树林湿地底栖动物多样性整体较低（图5），站位的丰富度指数（d）介于0.983和1.867，均匀度指数（J'）范围为0.253~0.820，多样性指数（H'）介于0.754和2.480之间。断面差异上，丰富度指数（d）由大到小依次为QZLH2、QZLH4、QZLH1、QZLH3，多样性指数（H'）和均匀度指数（J'）由大到小依次为QZLH2、QZLH1、QZLH4、QZLH3。季节变化上，丰富度指数(d)春、夏季高,秋、冬季低;多样性指数(H')和均匀度指数(J')均表现为夏、秋季高,冬、春季低。双因素方差分析结果表明(表2),多样性指数(H',$P=0.032$)和均匀度指数(J',$P=0.004$)在断面间存在显著差异。

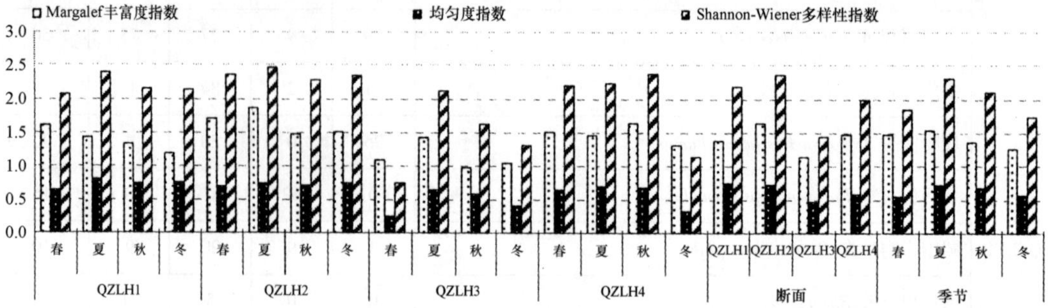

图5 洛阳江口湿地大型底栖动物群落的多样性指数(QZLHl-4:断面)

Fig.5 Diversity indices for macrobenthic communities in the mangrove swamp of Luoyangjiang Estuary QZLH1-4, transects

2.4 聚类分析

聚类分析表明(图6),光滩QZLH4断面的底栖动物群落结构与红树林断面相似性较低。Two-way crossed ANOSIM分析表明(表4),不同季节($P=0.001$)和不同断面间($P=0.001$)的群落结构均存在显著差异,成对检验进一步表明,光滩QZLH4断面与3条红树林断面间都有显著差异;除冬、春季群落结构未有显著差异外,其他成对季节均有显著不同。

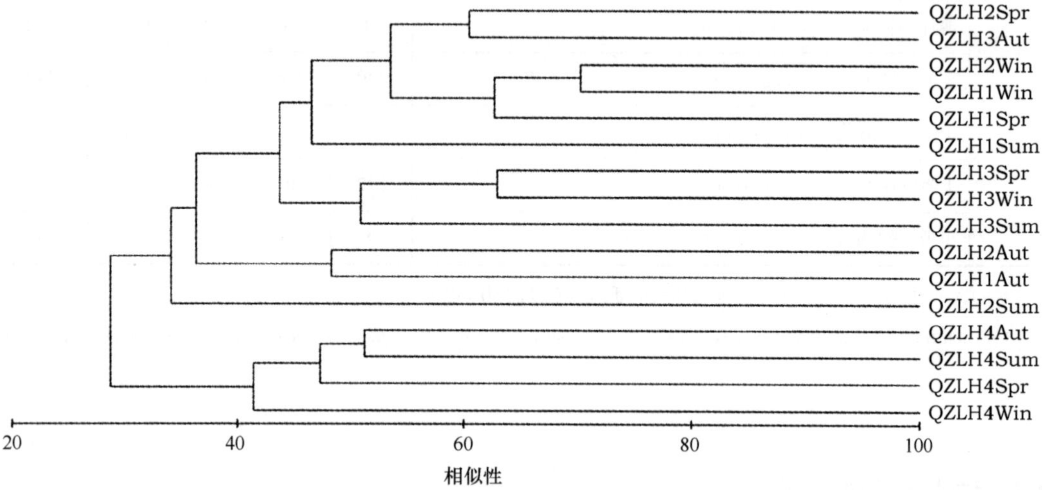

图6 洛阳江口红树林湿地大型底栖动物群落聚类

(QZLHl-4:断面; Spr:春季; Sum:夏季; Aut:秋季;Win:冬季)

Fig.6 Cluster dendrogram of the macrobenthic communities in the mangrove swamp of Luoyangjiang Esturay

(QZLH1-4, transects; Spr, Spring; Sum, Summer; Aut, Autumn; Win, Winter)

表 4　季节×断面双因素交叉 ANOSIM 检验

Tab.4　Results of two-way crossed ANOSIM between seasons and transects

检验范围	季节之间			断面之间		
		R	*P*/%		*R*	*P*/%
总体		0.318	0.1		0.485	0.1
成对	春/夏	0.417	0.2	QZLH1/QZLH2	0.157	13.7
	春/秋	0.388	0.2	QZLH1/QZLH3	0.148	11.1
	春/冬	0.083	27.1	QZLH1/QZLH4	0.823	0.1
	夏/秋	0.408	0.7	QZLH2/QZLH3	0.317	1.2
	夏/冬	0.454	0.6	QZLH2/QZLH4	0.859	0.1
	秋/冬	0.284	2.3	QZLH3/QZLH4	0.553	0.1

周年数据的 SIMPER 分析表明,对红树林断面相似性贡献最大的种类是短拟沼螺、中华仙影海葵、圆锯齿吻沙蚕(*Dentinephtys glabra*)、弧边招潮(*Uca arcuata*)、秀丽长方蟹(*Metaplax elegans*)、弓形革囊星虫、褶痕拟相手蟹和细巧仿对虾(*Parapenaeopsis tenellus*),上述种类贡献了 61%的相似性。

3　讨论

3.1　洛阳江口林区底栖动物的多样性特征

红树林有机质丰富(张雅芝等,1999),是不少生物部分或全部生活史中的理想栖息地(Nagelkerken et al. ,2008)。截至本调查时,洛阳江口红树林植被的恢复时间已有 10 年。本研究中,林内共采获大型底栖动物 7 门 62 种,环节动物和节肢动物种类最为丰富,但软体动物密度最大,环节动物的密度和生物量都低。本区红树林底栖动物的物种多样性明显多于其他恢复林,如西门岛(黄丽等,2013)和九龙江口红树林(陈光程等, 2008),而略低于一些成熟天然林,如湛江红树林(唐以杰,余世孝,2007)、海南东寨港(邹发生等,1999)和马来亚红树林等(Sasekumar,1974)。相比洛阳江口红树林,上述提及的几块恢复林和天然林出现的多毛类和端足类种类偏少,这可能是受到采样和分类鉴定水平等因素的影响。本区底质虽为黏土质粉砂,但由于采样站点位于高中潮区,被海水浸泡时间短,加上入海口处盐度波动大,这限制了多毛类的分布,因此其密度和生物量不高。虽然九龙江口恢复林的多毛类密度高于其他类群(陈光程等,2008),但其主要是小头虫(*Capitella capitata*)占据主导地位,估计是沉积物受到周边养殖废水排放的影响,有机质含量过高引发小头虫的大量繁衍。

洛阳江口林区短拟沼螺优势度最高,密度明显高于其他种类,其他优势种还有圆锯齿吻沙蚕、疣吻沙蚕、褶痕拟相手蟹、秀丽长方蟹、弧边招潮、中华仙影海葵和弓形革囊星虫等。短拟沼螺是一种小型腹足类动物，郭涛等(2014)也报道过其在本区具有较高的密度，该种也是集美凤林红树林(林秀春等,2006)的重要优势种。现有研究表明，拟沼螺科的种类可在年轻的恢复林中以密度优势种出现，如西门岛(黄丽等, 2013)和九龙江口红树林幼林(陈光程等,2008)。拟沼螺可摄食碎屑、藻类和水生植物，对底质有机物移除率高达20.9%(李涛等,2014)，同时可作为青蟹和高潮时进入红树林的鱼类的重要食物来源(Macintosh et al., 2002)，因而其可能在恢复林食物网中发挥重要作用。本区优势种弧边招潮和秀丽长方蟹同样是九龙江口红树林的优势种(李蓉等, 2007;陈光程等, 2008)，秀丽长方蟹更多出现于幼林。弓形革囊星虫和褶痕拟相手蟹仅出现在红树林内，但数量不高。Macintosh等(2002)比较了天然林和退化林的底栖动物种类组成特点，认为招潮蟹(*Uca* spp.)、滨螺科、拟沼螺科和汇螺科种类在年轻的种植林可起主导作用，成熟红树林区则以相手蟹和有肺的腹足类(如耳螺科)占优势，结合本区红树林底栖动物优势种类组成特点，洛阳江口红树林尚处于年轻期。

表5 本调查(2013—2014)与2009年(刘荣成,2010)底栖动物的物种多样性和密度的结果比较

Tab.5 Comparison of macro benthic diversity and density from the present study (2013—2014) with 2009 (Liu,2010)

参数	年份	QZLHI		QZLH2		QZLH3		QZLH4		数据来源
		春季	秋季	春季	秋季	春季	秋季	春季	秋季	
密度/(ind./m^2)	2009年	655	194	878	504	1 061	220	636	672	刘荣成,2010
	环节动物	144	219	414	275	533	42	330	219	刘荣成,2010
	软体动物	373	69	355	125	495	168	148	69	刘荣成,2010
	节肢动物	133	59	76	65	24	3	100	59	刘荣成,2010
	2013—2014年	176	139	199	231	818	281	512	484	本调查
种类数	2009年	21	12	25	15	15	10	17	15	刘荣成,2010
	2013—2014年	17	12	19	17	18	13	20	23	本调查

3.2 洛阳江口红树林湿地底栖动物的季节变化

本区底栖动物总密度表现出冬、春季高，夏、秋季低，生物量则是春、夏季高，秋、冬季低，夏季虽然密度最低，但生物量却较高的特点，这是因为夏季蟹类占总密度的比例高，蟹类体型较大，所以生物量高；相反，冬季密度虽然最高，生物量却最低，主要是因为该季密度优势种为小型端足类薄片蜾蠃蜚。集美凤林红树林底栖动物总密度同样表现为冬、春季高，夏、秋季低(林秀春等, 2006)，但东寨港无论是密度还是生物量都是夏季高于冬季(邹发生等,1999)，表明不同海区红树林底栖动物的季节变化规律不一致。陈光程等(2013)认为，底栖动物数量的季节变化，可能与环境参数的季节变化以及底栖动物自身的生理及繁殖特性等有关。底栖动物总密度的季节变动是各个优势种类数量季节变化的叠加结果,本区短拟沼螺和薄片蜾蠃蜚数量远大于其他种类,二者数量高峰都在冬、春季,故总密度冬、春两季高。其他优势种的季节变化特征也有不同,秀丽氏方蟹、宁波泥蟹和细巧仿对虾主要出现在夏季,小部分种类密度的季节变化不大,如弧边招潮。从群落组成看,冬、春两季的底栖动物群落未发现有显著不同,可能是因为两季气候条件更为接近,都处于干季,水温较低,降水较少。

3.3 洛阳江口湿地红树林恢复对底栖动物的影响及指导意义

自 2002 年造林和补植以来,洛阳江口红树林面积扩大了 20 余倍,改变了原有栖息地的理化性质,如光照、水分蒸发和沉积物等。Lee(1998)认为,红树林植被促进栖息地生境的多样性/异质性,以及与红树林生态系统相关的种类多样性。本调查中,林区与光滩底栖动物门类虽然类似,断面的总物种数接近,但优势种组成明显不同,双因素交叉 ANOSIM 分析也表明了光滩底栖动物群落结构与红树林断面均存在显著差异。可见,红树植被的引入为一些种类提供了适宜栖息地,增加了与红树林有关的物种多样性,如弓形革囊星虫和褶痕拟相手蟹等仅在红树林内出现。然而,红树林会降低底栖动物的数量水平,本调查中植被郁闭度较好的 QZLHl 和 QZLH2 断面的密度和生物量显著低于光滩断面。澳大利亚和新西兰红树林同样存在林内底栖动物物种多样性和密度低于邻近的其他河口生境的情况(Wells,1983; Alongi et al. ,2000; Alfaro,2006)。张雅芝等(1999)认为,红树林区沉积物 H_2S 含量较高,且伴随着缺氧和土壤酸化,可能是造成红树林区底栖生物生物量较低的重要原因,尤其是底内生活的种类。不少研究人员认为,红树林碎屑和泥土的丹宁含量高,不利于底栖动物栖息、(Alongi et al. ,2000; Ellis et al. ,2004; Alfaro,2006)。与 2009 年调查结果相比(表 5),红树林植被恢复较好的 QZLH1 和 QZLH2 断面种类数减少,密度明显下降, 而 QZLH3 和光滩 QZLH4 断面种类有所增加,密度略有减少;其次,前后调查的密度优势类群虽同为环节动物和软体动物,但生物量优势类群由软体动物转变成节肢动物,且能直接摄食红树林凋落物的相手蟹数量增多,成为 QZLH1 和 QZLH2 断面的优势种组成,这表明 4 年间洛阳江口红树林对底栖动物群落的影响日益显现,底栖动物种类组成发生了变化。

本调查中光滩与红树林群落有显著差异,也表明了不同的生境适宜不同生物栖息,从保护湿地生物多样性出发,应尽可能保持生境的多样性/异质性。红树林在河口发挥着重要作用,保堤护岸,为河口生态系统提供大量有机质。同样,红树林邻近的栖息地,如潮滩和河岸也为底栖动物提供了重要的栖息地和其他食物,如微藻(Nguyen et al. ,2012)。相比红树凋落物,微藻具有较高的营养价值和可消化性。不少研究认为应当统筹保护好河口栖息地多样性,如红树林、潮滩及林内溪流(WWF,2006;李蓉等,2007; Nguyen et al. ,2012),除能够提高底栖动物多样性外,也特别有利于迁徙性滨鸟的摄食和栖息(Huang et al. ,2012)。因此,红树林植被恢复应当尽可能保护生境的多样性,规划好植被区。

参考文献

Alfaro A C (2006) Benthic macro-invertebrate community composition within a mangrove/seagrass estuary in northern New Zealand. Estuarine, Coastal and Shelf Science, 66, 97-110.

Alongi D M, Tirendi F, Clough B F (2000) Below-ground decomposition of organic matter in forests of the mangroves *Rhizophora stylosa* and *Avicennia marina* along the arid coast of Western Australia. Aquatic Botany, 68, 97-122.

Bosire J O, Dahdouh-Guebas F, Walton M, Crona B I, Lewis R R III, Field C, Kairo J G, Koedam N (2008) Functionality of resorted mangroves: a review. Aquatic Botany, 89, 251-259.

Chen G C, Ye Y, Lu C Y (2008) Effect of *Kandelia candel* mangrove rehabilitation on macro-benthic fauna in Jiulongjiang River Estuary. Journal of Xiamen University (Natural Science), 47, 260-264. (in Chinese with English abstract) [陈光程,时勇,卢昌义(2008)九龙江口秋茄红树林恢复对大型底栖动物群落的影响.厦门大学学报(自然科学版),47,260-264.]

Chen G C, Yu D, Ye Y, Chen B (2013) Impacts of mangrove vegetation on macro-benthic faunal communities. Acta Ecologica Sinica, 33, 327-336. (in Chinese with English abstract) [陈光程,余丹,叶勇,陈彬(2013)红树林植被对大型底栖动物群落的影响.生态学报,33,327-336.]

Chen Y Q, Xu Z L, Wang Y L, Hu F X, Hu H, Gu G C (1995) An ecological study on zooplankton in plume front zone of Changjiang (Yangtze) River Estuarine Area.I. Biomass distribution of dominant species. Journal of Fishery Sciences of China, 2(1), 49-58. (in Chinese with English abstract) [陈亚瞿,徐兆礼,王云龙,胡方西,胡辉,谷国传(1995)长江口河口锋区浮游动物生态研究. I. 生物量及优势种的平面分布. 中国水产科学,2(1),49-58.]

Duke N C, Meynecke J-O, Dittmann S, Ellison A M, Anger K, Berger U, Cannicci S, Diele K, Ewel K C, Field C D, Koedam N, Lee S Y, Marchand C, Nordhaus I, Dahdouh-Guebas F (2007) A world without mangroves? Science, 317, 41-42.

Ellis J, Nicholls P, Craggs R, Hofstra D, Hewitt J (2004) Effects of terrigenous sedimentation on mangrove physiology and associated macrobenthic communities. Marine Ecology Progress Series, 207, 71-82.

Giri C, Ochieng E, Tieszen L L, Zhu Z, Singh A, Loveland T, Masek J, Duke N (2011) Status and distribution of mangrove forests of the world using earth observation satellite data. Global Ecology and Biogeography, 20, 154-159.

Guo T, Cai L Z, Zhuo Y, Rao Y Y, Li X, Chen X W, Fu S J, Ji J F (2014) Comparison of benthic macrofaunal communities in two mangrove habitats of Luoyangjiang Estuary in Quanzhou Bay. Journal of Applied Oceanography, 33, 204-211. (in Chinese with English abstract) [郭涛,蔡立哲, 卓异,饶义勇,李想,陈昕韩,傅素晶,纪剑锋(2014)泉州湾洛阳江口 2 种红树林生境大型底栖动物群落多样性比较.应用海洋学学报,33, 204-211.]

Huang L, Chen S B, Qiu J B, Ding W Y, Zheng C F, Wu J G, Zhou Z M, Wang N (2013) Influences of artificial *Kandelia obovata* mangrove forest rehabilitation on the macrobenthos in Ximen Island. Acta Ecologica Sinica, 33, 3138-3147. (in Chinese with English abstract) [黄丽, 陈少波,仇建标,丁文勇,郑春芳,伍锦姑,周志明,王宁(2013)西门岛人工秋茄林恢复对大型底栖生物的影响.生态学报, 33,3138-3147.]

Huang S C, Shih S S, Ho Y S, Chen C P, Hsieh H L (2012) Restoration of shorebird-roosting mudflats by partial removal of estuarine mangroves in northern Taiwan. Restoration Ecology, 20, 76-83.

Huang Y Q, Li R G, Jiang J X (2011) Biodiversity and distribution of mollusk around the Luoyangjiang River Mangrove Nature Reserve. Marine Sciences, 35(10), 110-116. (in Chinese with English abstract) [黄雅琴,李

荣冠,江锦祥（2011）泉州湾洛阳江红树林自然保护区潮间带软体动物多样性及分布. 海洋科学,35(10),110–116.]

Lee S Y (1998) The ecological role of grapsid crabs in mangrove ecosystems: implications for conservation. Marine and Freshwater Research, 49,335–343.

Lee S Y (2008) Mangrove macrobenthos: assemblages, services, and linkages. Journal of Sea Research, 59, 16–29.

Li R, Ye Y, Chen G C, Weng J (2007) Effect of *Aegiceras cornicluata* mangrove rehabilitation on macro-benthic animals in Jiulongjiang River Estuary. Journal of Xiamen University (Natural Science), 46,109–114. (in Chinese with English abstract)[李蓉,时勇,陈光程,翁劲(2007)九龙江口桐花树红树林恢复对大型底栖动物的影响. 厦门大学学报(自然科学版),46,109–114.]

Li T, Ma S, Xu T (2014) Nutritional analysis and appraisement of *Assiminea* sp. Progress in Fishery Sciences, 35(6),90–96 (in Chinese with English abstract)[李涛,马甡,徐涛（2014）拟沼螺(*Assiminea* sp.)营养成分分析与评价渔业．科学进展,35(6),90–96.]

Li W, Cui L J, Wang Y F, Zhang M Y (2010) The research on the effect of crabs density by mangrove wetland restoration in Luoyangjiang estuary, Fujian. Ecology and Environment, 19, 2929 – 2933. (in Chinese with English abstract)[李伟, 崔丽娟,王义飞,张曼胤.（2010)福建洛阳江口红树林湿地恢复对蟹类密度的影响. 生态环境学报, 19,2929–2933.]

Lin X C, Cai L Z, Ma L, Gao Y, Yang L, Liu W M (2006) The macrofauna I community in Fenglin mangrove area, Xiamen. Biodiversity Science, 14, 128–135. (in Chinese with English abstract)[林秀春,蔡立哲,马丽,高阳,杨丽,刘炜明（2006)厦门凤林红树林湿地大型底栖动物群落. 生物多样性,14,128–135.]

Liu R C (2010) Mangrove of Luoyangjiang in Huian County, China. China Forestry Publishing House, Beijing. (in Chinese)[刘荣成(2010)中国惠安洛阳江红树林.中国林业出版社,北京.]

Lu C Y, Lin P, Ye Y, Wang H H (1995) Review on impact of global climate change on mangrove ecosystems and research countermeasures. Advance in Earth Sciences, 10, 341–347. (in Chinese with English abstract)[卢昌义,林鹏,叶勇, 汪和海(1995)全球气候变化对红树林生态系统的影响与研究对策.地球科学进展, 10, 341–347.]

Macintosh O J, Ashton E C, Havanon S (2002) Mangrove rehabilitation and intertidal biodiversity: a study in the Ranong mangrove ecosystem, Thailand. Estuarine, Coastal and Shelf Science, 55, 331–345.

Margalef R (1968) Perspectives in Ecological Theory. University of Chicago Press, Chicago.

Nagelkerken J, Blaber S J M, Bouillon S, Green P, Haywood M, Kirton L G, Meynecke J-O, Pawlik J, Penrose H M, Sasekumar A, Somerfield P J (2008) The habitat function of mangroves for terrestrial and marine fauna: a review. Aquatic Botany, 89, 155–185.

Nguyen T T, Hideki H, Atsushi S, Tran D Q,Mai T N,Koji O (2012) Food sources of macro-invertebrates in an important mangrove ecosystem of Vietnam determined by dual stable isotope signatures. Journal of Sea Research, 72, 14–21.

Pielou E C (1975) EcologyDiversity. John Wiley & Sons, New York.

Proffitt C E, Devlin O J (2005) Grazing by the intertidal gastropod *Melampus cofoieus* greatly increases mangrove leaf litter degradation rates. Marine Ecology Progress Series, 296, 209–218.

Robertson A I, Alongi D M (1992) Tropical Mangrove Ecosysterns. Coastal and Estuarine Studies. American Geophysical Union, Washington, DC.

Sasekumar A (1974) Distribution of macrofauna of a Malayan mangrove shore. Journal of Animal Ecology, 43, 51-69.

Shannon C E, Weaver W (1949) The Mathematical Theory of Communication. University of Illinois Press, Urbana.

Tang Y J, Yu S X (2007) Spatial zonation of macrofauna in the Zhanjiang Mangrove Nature Reserve, Guangdong. Acta Ecologica Sinica, 27, 1703-1714. (in Chinese with English abstract)[唐以杰,余世孝(2007)广东湛江红树林保护区大型底栖动物群落的空间分布带. 生态学报, 27,1703-1714.]

Wang Y S (2013) Assessment and Remediation Techniques of Mangrove Ecosystems. Science Press, Beijing. (in Chinese) [王友绍(2013)红树林生态系统评价与修复技术.科学出版社,北京.]

Wells F E (1983) An analysis of marine invertebrate distributions in a mangrove swamp in northwestern Australia. Bulletin of Marine Science,33,736-744.

WWF Hong Kong (2006) Management Plan for the Mai Po Nature Reserve. WWF Hong Kong, Hong Kong.

Zhang Y Z, Chen C Z, Wang Y Y, Chen PJ, Yang R Q (1999) The ecology of benthos in Fujian mangrove swamps. Acta Ecologica Sinica, 19, 896-901.(in Chinese with English abstract)[张雅芝,陈灿忠,王渊源,陈品健,杨瑞琼(1999) 福建红树林区底栖生物生态研究.生态学报, 19,896-901.]

Zou F S, Song X J, Chen W, Zheng X R, Chen J H (1999) The diversity of benthic macrofauna on mud flat in Dongzhaigang Mangrove Reserve, Hainan. Chinese Biodiversity, 7, 175 - 180. (in Chinese with English abstract)[邹 发生,宋晓军,陈伟,郑馨仁,陈建海(1999)海南东黎港红树林滩涂大型底栖动物多样性的初步研究.生物多样性,7,175-180.]

附录 Supplementary Material

附录 1　洛阳江口红树林湿地大型底栖动物种类名录

Appendix 1 Species list of macrobenthos in the mangrove swamp of Luoyangjiang Estuary http://www.biodiversitv-science.net/fileup/PDF/2015328-1.pdf

附录 1　洛阳江口红树林湿地大型底栖动物种类名录

Appendix 1　Species list of macrobenthos in the mangrove swamp of Luoyangjiang Estuary

门类	种类	QZLH1	QZLH2	QZLH3	QZLH4	夏季	秋季	冬季	春季
环节动物	色斑神须虫 *Eteone maculata*	+			+	+		+	+
	长双须虫 *Eteone longa*				+		+		
	渤海格鳞虫 *Gattyana pohaiensis*	+	+	+	+			+	+
	短须钩裂虫 *Ancistrosyllis brevicirris*				+		+		
	钩毛虫 *Sigambra* sp.		+						+
	疣吻沙蚕 *Tyrrohynchus heterochaetus*		+++	+			++	+	++
	日本刺沙蚕 *Neanthes japonica*	++		+++	++	++			+++
	腺带刺沙蚕 *Neanthes glandicincta*	+	+				+		
	光突齿沙蚕 *Leonnates persica*	+	+		+	+	+		+
	拟突齿沙蚕 *Paraleonnates uschakovi*	++	+	+	++	+		++	++
	沙蚕 *Nereis* sp.			+				+	
	双齿围沙蚕 *Perinereis aibuhitensis*		+	+			+	+	+
	多齿围沙蚕 *Perinereis nuntia*			+					+
	长吻吻沙蚕 *Glycera chirori*	+	+			+		+	
	圆锯齿吻沙蚕 *Dentinephtys glabra*	++	++	++	++	++	++	++	++
	锥虫 *Haploscoloplos* sp.		+				+		
	腹沟虫 *Scolelepis* sp.		+			+			
	才女虫 *Polydora* sp.				+			+	
	膜质伪才女虫 *Pseudopolydora kempi*				+		++		
	日本稚齿虫 *Prionospio japonica*			+	+	+			+
	独毛虫 *Tharyx* sp.		++		+	++			+
	小头虫 *Capitella capitata*	+		+					+
	异蚓虫 *Heteromastus filiformis*		++			+	+		
	巴林虫 *Barantolla* sp.		+			+			
	印度节裂虫 *Mastobranchus indicus*				+	+	+	+	+
	岩虫 *Marphysa sanguinea*		+					+	
	刺樱虫 *Potamilla* sp.				+			+	
	微赤根丝蚓 *Rhizodrilus rassus*	++	++		+	+	+	++	++

续附录

门类	种类	QZLH1	QZLH2	QZLH3	QZLH4	夏季	秋季	冬季	春季
软体动物	褐蚶 *Didimacar tenebrica*			+			+		
	对称拟蚶 *Arcopsis symmetrica*			+	+	+	+		
	缢蛏 *Sinonovacula constricta*				++	++	+	++	
	尖齿灯塔蛏 *Pharella acutidens*		+	+		+		+	+
	光滑河蓝蛤 *Potamocorbula laevis*				+		+	+	+
	短拟沼螺 *Assiminea brevicula*	+++	+++	+++	++	+++	+++	+++	+++
	绞孔胃螺 *Cassidula plectorematoides*	+		+		+	+		
	黑口滨螺 *Littoraria*（*Palustorina*）*melanostoma*	+		+			+		
节肢动物	细螯原足虫 *Leptochelia dubia*				+				+
	短角双眼钩虾 *Ampelisca brevicornis*				+		+		
	朝鲜马尔他钩虾 *Melita koreana*				+				+
	施氏玻璃钩虾 *Hyale schmidti*		+	+			+		+
	大角玻璃钩虾 *Hyale grandicornis*	+							+
	日本大螯蜚 *Grandidierella japonica*		+					+	
	薄片蜾蠃蜚 *Corophium lamellatum*	++	+	+	+++	++		+++	++
	三角柄蜾蠃蜚 *Corophium trigulapedarum*			+	++	++			++
	上野蜾蠃蜚 *Corophium uenoi*				++	+	++	+	+++
	细巧仿对虾 *Parapenaeopsis tenellus*	+	++	+	+	++			+
	日本毛虾 *Acetes japonicus*				+	++			
	锯齿长臂虾 *Palaemon serrifer*			+		+			
	巨指长臂虾 *Palaemon macrodactylus*	+	+	++		++			
	背尾白虾 *Palaemon carinicauda*	+				+			
	日本鼓虾 *Alpheus japonicus*	+	+			+			
	短脊鼓虾 *Alpheus breviristatus*			+		+			
	刺螯鼓虾 *Alpheus hoplocheles*			+		+		+	
	安乐虾 *Eualus* sp.	+	+			+			
	日本美人虾 *Callianassa japonica*	++	+	+				+	+
	四齿大额蟹 *Metopograpsus quadridentatus*				+		+		
	方蟹幼体 Grapsidae und.		+		+		+		

续附录

门类	种类	QZLH1	QZLH2	QZLH3	QZLH4	夏季	秋季	冬季	春季
	褶痕拟相手蟹 *Parasesarma plicata*	++	++	+		+	++	+	+
	双齿拟相手蟹 *Perisesarma bidens*		+	+		+	+	+	+
	中华泥毛蟹 *Clistocoeloma sinensis*		+				+		
	秀丽长方蟹 *Metaplax elegans*	++	++	++	+	++	++	++	++
	长足长方蟹 *Metaplax longipes*	+	++	+	+	++	+	+	+
	秉氏厚蟹 *Helice pingi*	++	+			+	+		+
	少疣长方蟹 *Metaplax takahashii*	+					+		
	六齿猴面蟹 *Camptandrium sexdentatum*	+	+					+	
	宁波泥蟹 *Ilyoplax ningpoensis*			+	+++	+++	+++	++	++
	弧边招潮 *Uca arcuata*	++	++	++	++	++	++	++	++
	屠氏招潮 *Uca dussumieri*		+				+		
刺胞动物	爱氏海葵 *Edwardsia* sp.		+						+
	中华仙影海葵 *Cereus sinensis*	+++	+++	+	++	+	+++	++	++
	乳头适风海葵 *Anemonactis nazelii*				+		+		
纽形动物	原细首纽虫 *Procephalathrix* sp	+	+		+			+	+
	脑纽虫 *Cerebratulus* sp.	++	+	+	+	++	+	+	+
	脑纽虫 *Cerebratulus* sp.1		++	+	+	++	+	+	+
	脑纽虫 *Cerebratulus* sp.2		+	+	+	+	+	+	+
星虫动物	弓形革囊星虫 *Phascolosoma arcuatum*	++	++	++		++	++	+	+
脊索动物	犬牙细棘虾虎鱼 *Acentrogobius caninus*				+			+	
	弹涂鱼 *Periophthalmus cantonensis*	+	+	+			+	+	+

注：+++个体数量达到总数量的10%；++达到总数量的1%～10%；+不到总数量的1%。

林俊辉，何雪宝，王建军，林和山，黄雅琴，刘坤，牟剑锋，张舒怡，江锦祥. 原载《生物多样性》，2016，24(7)：791-801.

北仑河口和珍珠港红树林湿地大型底栖生物生态初步研究

摘要 2002年5月27日至6月8日在北在河口和珍珠港的海洋自然保护区红树林泥地进行大型底栖生物生态调查。获得大型底栖生物共155种,其中软体动物种类最多,有62种,占总种数的40%,节肢动物次之(41种),环节动物37种,其他动物9种,鱼类5种。

北仑河口大型底栖生物总种数(124种)比珍珠港(109种)多,主要类群为环节动物、软体动物和节肢动物。

北仑河口红树林湿地大型底栖生物平均总生物量为388.02 g/m;其中红树林区大型底栖生物平均生物量为418.78 g/m^2,而非红树林区大型底栖生物平均生物量为340.98 g/m^2。平均总密度为590个/m^2,其中非红树林区平均密度(645个/m^2)大于红树林区平均密度(562个/m^2)。

珍珠港红树林湿地大型底栖生物平均总生物量为192.08 g/m^2,其中红树林区大型底栖生物平均生物量(200.51 g/m^2)高于非红树林区(175.16 g/m^2)。平均总密度为383个/m^2,其中非红树林区平均密度(436个/m^2)大于红树林区(357个/m^2)。

北仑河口和珍珠港红树林湿地大型底栖生物群落结构各划分为3个生物垂直分布带。

关键词 红树林;大型底栖生物生态;北仑河口和珍珠港

Preliminary Study on The Ecology of Macrobenthos in The Beilun Estuary and Pearl Harbor Mangrove Wetland

Abstract: From May 27 to June 8, 2002, a survey was conducted in the mangrove wetlands of the Beilun River Estuary and Pearl Harbor Marine Nature Reserve about the ecology of macrobenthos. A total of 155 species of macrobenthos were obtained, of which 62 were the largest variety of mollusks, accounting for 40% of the total species, followed by crustaceans (41 species), 37 species of polychaetes, 9 species of other animals, and 5 species of fish.

The total number of macrobenthos in the Beilun Estuary (124 species) is higher than that of Pearl Harbor (109 species). The main groups are polychaetes, mollusks and crustaceans.

The average total biomass of macrobenthos in the mangrove wetland of Beilun Estuary is 388.02 g/m^2, and the average biomass of macrobenthos in mangrove area is 418.78 g/m^2, and the average biomass of macrobenthos in non-mangrove area is 340.98 g/m^2. The average total density is 590/m^2, and the average density of non-mangrove areas (645/m^2) is higher than the average density of mangrove areas (562/m^2).

The average total biomass of macrobenthos in the Pear Harbor mangrove wetland is 192.08 g/m^2, and the average biomass of macrobenthos in the mangrove area (200.51 g/m^2) is higher than that in the non-mangrove area (175.16 g/m^2). The average total density is 383/m^2, and the average density of non-mangrove areas (436/m^2) is greater than that of mangrove areas (357/m^2).

The community structure of macrobenthos in the Beilun Estuary and Pearl Harbor Mangrove Wetlands is divided into three vertical distribution zones.

Key words: mangroves, macrobenthic ecology, Beilun Estuary and Pearl Harbor

1 调查结果

1.1 材料与方法

2002年5月27日至6月8日在北仑河口和珍珠港的海洋自然保护区红树林进行大型底栖生物生态调查。调查区域共布设6条断面,其中北仑河口红树林区布设3条断面,分别为断面B1(竹山)、断面B2(榕树头〉和断面B3(巫头);珍珠港红树林区布设3条断面,分别为断面Z1(山心)、断面Z2(班埃)、断面Z3(石角)(图1)。每条断面自高潮区至低潮区设6个取样站,其中在红树林区内设4个取样站,在红树林区外设2个取样站。每站取样面积为(25×25)cm^2×4(即0.25 m^2),挖取样品深度为25~30 cm。泥样通过网目在1 mm套筛冲洗,分离出底栖生物标本,同时在每条断面进行定性采集。

调查方法按国标"海洋监测规范"(1999年)进行野外调查和室内资料整理。

1.2 红树林区大型底栖生物种类组成及分布

北仑河口和珍珠港红树林区大型底栖生物初步鉴定共155种,其中多毛类37种,软体动物种类最多,计有62种,占总种数的40%,甲壳动物42种,占总种数的26%,棘皮动物1种,其他动物9种,底栖鱼类5种(种名录见附表1)。

根据种类的数量和出现频率,北仑河口和珍珠港红树林区大型底栖生物的优势种,多毛类有日本刺沙蚕、日本角沙蚕、拟异蚓虫和背蚓虫:软体动物有珠带蟹守螺、菲律宾明樱蛤、尖硬壳蚬(红树蚬)、奥莱彩螺、花蚬、菲律宾无齿蛤、中国绿螂、紫游螺和纵带滩栖螺:甲壳动物有扁平拟闭口蟹、斑点相手蟹、长腕和尚蟹和秀丽长方蟹等,共20种。

大型底栖生物种类的水平分布特点,种数最多出现在珍珠港的断面Z3(石角)有79种:种数最少分布于北仑河口的断面B1(竹山)仅50种。珍珠港种数分布趋势是Z3(79种)>Z2(64种)>Z1(55种);北仑河口则以B2(86种)>B3 (68种)>Bl (50种)。

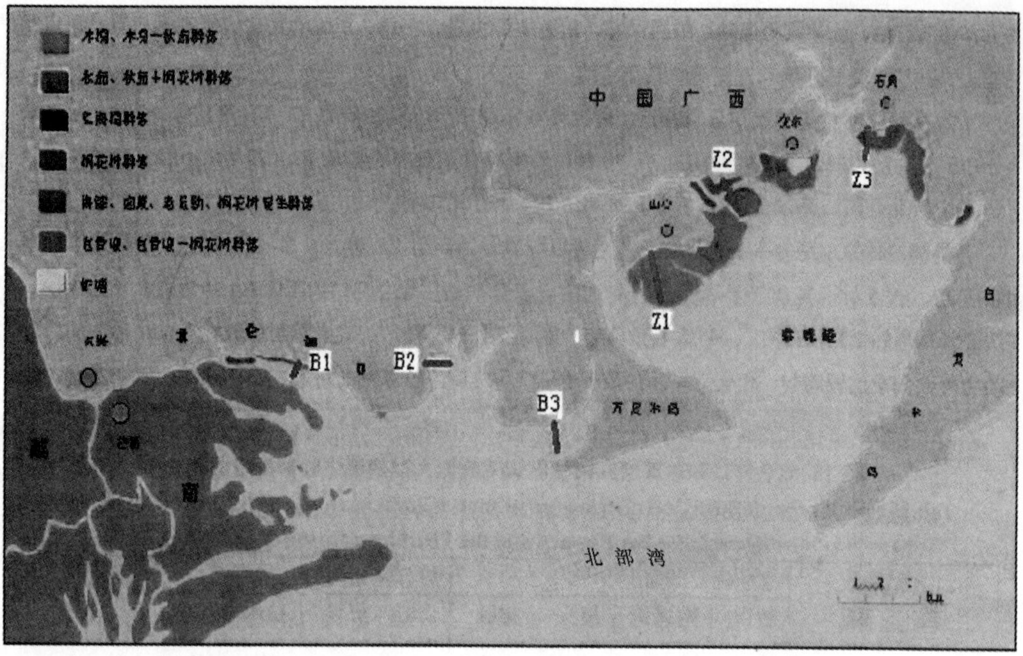

图 1　广西北仑河口海洋自然保护区红树林生态调查断面

Fig.1　Map and transects for mangrove surve in the Marine Nature Reseve of Beilun Estuary in Guangxi

各类群的种数水平分布不尽相同,多毛类以珍珠港的断面 Z3 种数最多(17 种),种数最少出现在断面 Z2,仅 5 种,其余断面种数在 10 种左右。软体动物以北仑河口的断面 B2 种数最多(35 种),其次是珍珠港的 Z2(31 种),种数最少分布于断面 B1(15 种),其余断面种数在 15~30 种。甲壳动物种数分布比较均匀,北仑河口的种数在 20~27 种,珍珠港的种数在 20~26 种(表 1 和图 2)。

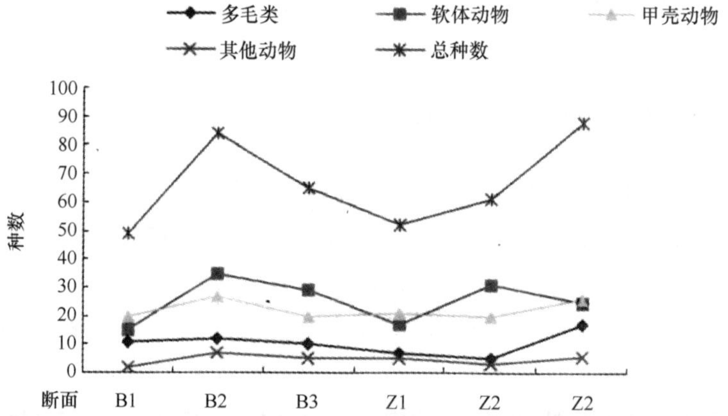

图 2　北仑河口和珍珠港红树林区大型底牺生物种数水平分布

Fig.2　Numbers of species and genus of macrobenthos in the mangroves of Beilun Estuary and the Pearl Bay

表 1　北仑河口和珍珠港红树林区调查断面大型底栖生物种类组成及分布

Tab.1　Species composition and distribution of macrobenthos along the transect of mangrove regions in Beilun Estuary and the Pearl Bay, Guangxi

类群	北仑河口断面				珍珠港断面				两区合计
	竹山 B1	榕树头 B2	巫头 B3	全区	山心 Z1	班埃 Z2	石角 Z3	全区	
多毛类	11	12	10	27	7	5	17	23	37
软体动物	15	35	29	48	17	31	25	43	62
甲壳动物	20	27	20	35	21	20	26	31	41
棘皮动物	0	1	0	1	0	1	1	1	1
底栖鱼类	2	4	4	5	4	4	4	5	5
其他动物	2	7	5	8	5	3	6	6	9
合计	50	86	68	124	55	64	79	109	155

可以看出,北仑河口大型底栖生物总种数(124 种)比珍珠港总种数(109 种)多。主要类群的多毛类、软体动物和甲壳动物,北仑河口的种数也多于珍珠港。

1.3　红树林区大型底栖生物生物量和栖息密度组成及分布

1.3.1　北仑河口

北仑河口红树林区大型底栖生物平均总生物量为 388.02 g/m^2,生物量组成以软体动物居首位,平均生物量达 308.53 g/m^2,占总生物量的 80%。甲壳动物次之,平均生物量为 64.22 g/m^2;多毛类生物量较低,平均生物量为 2.16 g/m^2;棘皮动物生物量最低,仅 1.29 g/m^2(表 2)。从表 2 可以看出,北仑河口各断面的总生物量有所差别,总生物量分布特点呈现从河口断面 B1(412.98 g/m^2)>断面 B2(393.22 g/m^2)>断面 B3(357.85 g/m^2)。各类群生物量分布不尽相同,多毛类和软体动物生物量的分布趋势与总生物量基本一致,甲壳动物生物量则以断面 B1>断面 B3>断面 B2。

北仑河口红树林区与非红树林区的大型底栖生物量相差不大,红树林区平均总生物量为 418.78 g/m^2,而非红树林区平均总生物量为 326.51 g/m^2,这主要取决于软体动物的生物量大小,软体动物在红 树林区平均生物量(340.98 g/m^2)高于非红树林区平均生物量(243.65 g/m^2),它们分别占两区总生物量的 81%和 75%。从图可以清楚地看出,各断面总生物量和软体动物生物量分布,无论是红树林区或者是非红树林区,两者生物量的水平分布相当吻合。

甲壳动物平均生物量以红树林区(68.41 g/m^2)略高于非红树林区(5.86 g/m^2),但各断面生物量分布情况不尽一致,断面 B1 红树林区甲壳动物生物量(137.24 g/m^2)明显高于非红树林区(12.34 g/m^2),而断面 B2、B1 却以非红树林区的生物量高于红树林区。多毛类在红树林区和非红树林区的生物量分布情况与甲壳动物相同(表 3)。

表 2　广西北仑河口海洋自然保护区内红树林区底栖生物栖息密度和生物量分布

Tab.2　Benthic density and biomass distribution in mangrove areas in Beilun Estuary and the Pearl Bay of Marine Nature Reseves of Beilun Estuary, Gunagxi

类群	区域	北仑河口						珍珠港						北仑河口各断面平均		珍珠港各断面平均	
		B1 竹山		B2 榕树头		B3 巫头		Z1 山心		Z2 班埃		Z3 石角					
		个/m²	g/m²	个/m²	g/m²	个/m²	g/m²	个/m²	g/m²	个/m²	g/m²	个/m²	g/m²	个/m²	g/m²	个/m²	g/m²
多毛类	A	29	2.74	9	1.74	9	0.94	7	0.28	5	0.84	35	2.22	16	1.81	16	1.11
	B	50	1.12	20	4.06	16	3.48	12	1.28	6	1.04	114	3.44	29	2.88	44	1.92
	全区	36	2.19	13	2.51	11.3	1.78	9	0.61	5	0.90	61	2.62	20	2.16	25	1.38
软体动物	A	301	332.44	345	412.16	462	278.34	263	143.77	235	193.36	278	133.50	369	340.98	259	156.88
	B	984	280.66	238	202.08	210	248.20	204	154.00	508	115.96	298	94.60	477	243.65	337	121.52
	全区	529	315.18	309	342.13	378	268.29	243	147.18	326	167.56	285	120.59	405	308.53	285	145.11
甲壳动物	A	325	137.24	82	24.14	111	43.84	63	52.18	48	18.91	113	43.86	173	68.41	75	38.32
	B	108	12.34	76	33.46	166	121.78	64	107.08	24	8.45	38	8.54	117	55.86	42	41.36
	全区	253	95.60	80	27.24	129	69.82	57	70.48	40	15.42	88	32.08	154	64.22	62	39.33
棘皮动物	A	-	-	-	-	-	-	1	1.10	-	-	4	4.24	-	-	2	1.78
	B	-	-	4	11.60	-	-	6	8.80	-	-	-	-	1.3	3.87	2	2.93
	全区	-	-	1.3	3.86	-	-	3	3.66	-	-	2.7	2.82	0.4	1.29	2	2.16
其他动物	A	-	-	8	8.32	4	14.43	7	4.08	1	0.16	11	3.03	4	7.58	6	2.42
	B	-	-	24	35.76	40	25.00	26	17.32	2	0.88	26	4.10	21	20.25	18	7.43
	全区	-	-	13.3	17.46	16	17.95	13	8.49	1	0.40	16	3.38	9.77	11.80	10	4.09
合计	A	655	472.42	445	446.36	586	337.55	341	201.41	289	213.27	441	186.94	562	418.78	357	401.95
	B	1 142	294.12	360	286.96	432	398.46	292	288.48	540	126.36	475	110.68	645	326.51	436	175.16
	全区	817	412.98	417	393.22	535	357.85	325	230.43	373	184.30	452	161.52	590	388.02	383	192.08

注:表格中 A 为红树林区;B 为非红树林区。

北仑河口大型底栖生物平均总密度为 590 个/m^2,密度组成仍以软体动物占优势,平均密度为 405 个/m^2,占总密度的 69%。其次是甲壳动物,平均密度为 154 个/m^2,多毛类栖息密度较低,平均密度为 20 个/m^2。

从表 2 可以看出,北仑河口各断面的总密度差别相当大,最大栖息密度达 817 个/m^2,分布于断面 B1(竹山);其次是断面 B3(巫头),平均密度为 535 个/m^2;栖息密度最低出现于断面 B2(榕树头),平均密度为 417 个/m^2。

北仑河口红树林区与非红树林区大型底栖生物栖息密度相差较大,非红树林区平均总密度(645 个/m^2)大于红树林区平均总密度(562 个/m^2),显然,这是由于软体动物在非红树林区的密度(477 个/m^2)明显大于红树林区(369 个/m^2)所引起。它们分别占两区总密度的 74%和 66%。从图 3 和图 4 可以清楚看出,各断面的总密度和软体动物密度的分布特点,无论是红树林区或者是非红树林区,两者密度的水平分布规律相当一致。

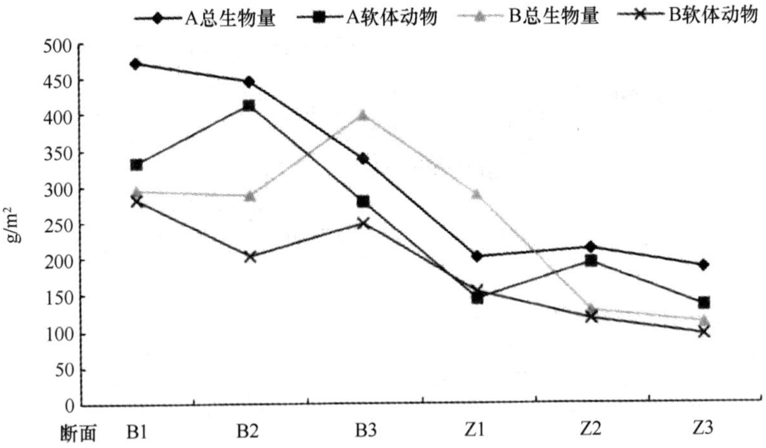

图 3 北仑河口红树林区与非红树林区生物量分布比较

注:A 为红树林区;B 为非红树林区

Fig.3 Biomass comparison inside and outside the mangrove areas,

note: A is mangrove area and B is outside the mangrove area

甲壳动物的平均密度则以红树林区(173 个/m^2)明显大于非红树林区(117 个/m^2)。除断面 B3 外,断面 B1、B2 均以红树林区的密度大于非红树林区。相反,多毛类平均密度却以非红树林区(29 个/m^2)高于红树林区(16 个/m^2),各断面多毛类的栖息密度均以非红树林区高于红树林区。

1.3.2 珍珠港

珍珠港红树林区大型底栖生物平均总生物量 192.08 g/m^2,明显低于于北仑河口(388.02 g/m^2)。生物量组成同样以软体动物居首位,平均生物量为 145.11 g/m^2,占总生物量的 76%。甲壳动物占第二位,平均生物量为 39.33 g/m^2;多毛类生物量最低,仅 1.38 g/m^2。甲壳动物和多毛类的生物量均低于北仑河口。

不难看出,珍珠港各断面的总生物量差别较大,总生物量分布趋势呈现从断面 Z1

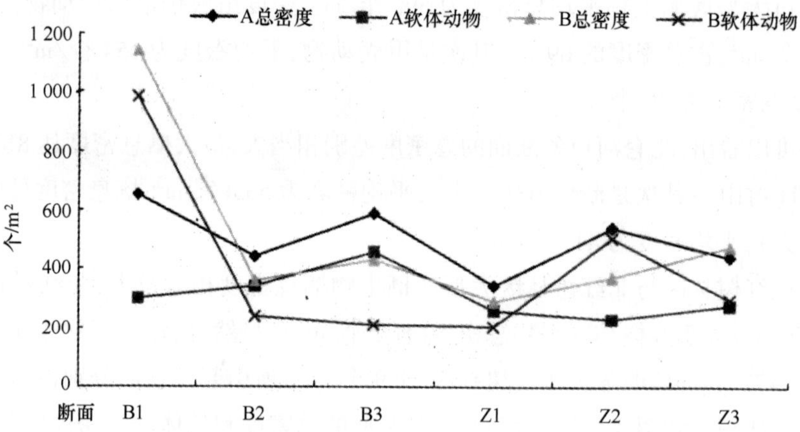

图 4　北仑河口红树林区与非红树林区密度水平分布比较

注：A 为红树林区；B 为非红树林区

Fig.4　Density levels camparison of benthos inside and outside the mangrove areas, note: A is mangrove area and B is outside the mangrove area.

(230.43 g/m²)>断面 Z2(184.30 g/m²)>断面 Z3(165.52 g/m²)。各类群生物量分布各不相同，软体动物生物量以断面 Z2>断面 Z1>断面 Z3，各断面生物量相差不大，平均生物量在 120.59~167.56 g/m²。甲壳动物生物量在各断面相差很大，如断面 Z1 平均生物量为 70.48，而断面 Z2 平均生物量仅 15.42 g/m²，成为本次调查生物量最低的断面。多毛类生物量除了断面 Z3 较高外，断面 Z1、Z2 的生物量均小于 1 g/m²，这与沉积物类型有关。

珍珠港红树林区与非红树林区大型底栖生物量相差不大，红树林区平均总生物量(200.51 g/m²)高于非红树林区(175.16 g/m²)。在总生物量组成中起决定作用的软体动物，红树林区平均生物量(156.88 g/m²)略高于非红树林区(121.52 g/m²)，它们分别占两区总生物量的 78%和 69%。可以看出，珍珠港各断面大型底栖生物总生物量和软体动物生物量无论是红树林区或者是非红树林区都低于北仑河口的断面。

甲壳动物平均生物量以非红树林区(41.36 g/m²)高于红树林区(38.32 g/m²)，但各断面生物量分布情况各不相同，断面 Z1 以非红树林区(107. 08 g/m²)明显高于红树林区(52.18 g/m²)，而断面 Z2、Z3 却以红树林区明显高于非红树林区。多毛类平均生物量和各断面的生物量均以非红树林区高于红树林区。

珍珠港大型底栖生物平均总密度为 383 个/m²，明显低于北仑河口(590 个/m²)。密度组成仍然以软体动物占优势，平均密度为 285 个/m²，占总密度的 47%。甲壳动物次之，平均密度为 62 个/m²，多毛类栖息密度较低，平均密度为 25 个/m²。

从表 2 可以看出，珍珠港各断面的总密度有所差别，断面 Z3(石角)总密度最大，平均密度为 452 个/m²，断面 Z2(班埃)和 Z1(山心)总密度分别为 373 个/m² 和 325 个/m²。

珍珠港红树林区与非红树林区大型底栖生物栖息密度相差较大，非红树林区平均总密度(436 个/m²)大于红树林区(357 个/m²)，主要由于软体动物在非红树林区的密度

(337 个/m^2)大于红树林区(285 个/m^2)所造成。它们分别占两区总密度的 77%和 80%。各断面的总密度和软体动物密度的分布特点,无论是红树林区或者是非红树林区,两者密度的水平分布规律相当一致。

1.4 红树林区大型底栖生物群落结构及垂直分布

1.4.1 北仑河口

北仑河口红树林区大型底栖生物群落结构可划分 3 个生物垂直分布带,其中 2 个生物垂直分布带分布于红树林区,一个生物垂直分布带分布于非红树林区。

(1)红树蚬—珠带拟蟹守螺—中国绿螂带

本带分布于高潮区至中潮区上层。代表种红树蚬数量相当大,分布广且出现频率高。最大栖息密度为 36 个/m^2,生物量达 418.84 g/m^2。本带平均密度为 19 个/m^2,平均生物量为 146.82 g/m^2。珠带拟蟹守螺不仅分布广出现频率最高,而且数量非常大。最大栖息密度达 288 个/m^2,生物量为 292.20 g/m^2。本带平均密度为 160 个/m^2,平均生物量为 152.42 g/m^2。中国绿螂在本带虽然分布广且出现频率高,但是数量分布不均匀,个别断面最大密度达 476 个/m^2,生物量为 165.80 g/m^2,多数断面栖息密度在 4~12 个/m^2。本带常见的有菲律宾无齿蛤、地蛤、菲律宾明樱蛤、鸭嘴蛤、奥莱彩螺、紫游螺、沟纹笋螺、黑口滨螺、长腕和尚蟹、扁平拟闭口蟹、角眼切腹蟹、斑点相手蟹、双齿相手蟹、日本刺沙蚕、背蚓虫和双齿围沙蚕等。

(2)珠带拟蟹守螺—奥莱彩螺—扁平拟闭口蟹—青蛤带

本带主要分布于中潮区,有些种类可向上分布至高潮区下界或向下延伸到低潮区,出现某些种类交替分布现象。代表种珠带拟蟹守螺从(1)带延伸下来,其数量明显增加;最大栖息密度达 424 个/m^2,生物量为 296.60 g/m^2;本带平均密度为 205 个/m^2,平均生物量为 161.47 g/m^2。奥莱彩螺亦是从(1)带延伸来,成为本带优势种之一,最大密度为 48 个/m^2,生物量为 11.20 g/m^2。扁平拟闭口蟹在本带数量剧增,最高栖息密度高达 492 个/m^2,其中幼体占 58%;生物量为 41.80 g/m^2。本带平均密度为 8 个/m^2,平均生物量为 7.81 g/m^2。青蛤主要分布于本带,其最大密度为 12 个/m^2,生物量为 143.92 g/m^2。平均密度为 8 个/m^2,平均生物量为 94.19 g/m^2。该种是当地居民赶“小海”挖采的经济贝类之一。

本带常见种类有红树蚬、菲律宾明樱蛤、菲律宾无齿蛤、鸭嘴蛤、黑口滨螺、织纹螺、长腕和尚蟹、角眼切腹蟹、斑点相手蟹、斑纹清白招潮、小拳蟹、太平大眼蟹、四齿大额蟹、双齿围沙蚕、背蚓虫和不倒翁虫等。本带新出现种类有红明樱蛤、条纹短齿蛤和石磺等。

(3)纵肋滩栖螺—珠带拟蟹守螺—蛤类带

本带主要分布于低潮区,即非红树林区。代表种纵肋滩栖螺主要分布于本带,最大栖息密度为 104 个/m^2,生物量为 118.80 g/m^2,平均密度 61 个/m^2,平均生物量为 73.86 g/m^2。珠带拟蟹守螺从(2)带延伸到本带,其数量明显减少,最高栖息密度为 192 个/m^2,生物量为 94.28 g/m^2,平均密度下降为 84 个/m^2,平均生物量只有 38.63 g/m^2。本带出现上述(1)、(2)两带没有采到的一些双壳类,例如,大竹蛏、日本镜蛤、伊萨伯雪蛤、透明美丽蛤、麦氏偏顶蛤等组成蛤类带。值得指出是,断面 B1 低潮区采到数量非常大的蚬科的花蚬,其密度高达 1 720 个/m^2,生物量 454.00 g/m^2。此外,还出现一些本带特有种,例如,鸭嘴海豆芽、日本拟背尾水虱、棘刺锚参等。常见种类有菲律宾无齿蛤、彩虹明樱蛤、红明樱蛤、青蛤、秀丽织纹螺、奥莱彩螺、韦氏毛带蟹、长腕和尚蟹、强壮大眼蟹、悦目大眼蟹、斑点相手蟹、角眼切腹蟹、仿倒颚蟹、长吻沙蚕、日本角吻沙蚕、欧努菲虫、伍氏厚蟹和裸体方格星虫等。

1.4.2 珍珠港

珍珠港红树林区大型底栖生物群落结构和垂直分布特点与北仑河口基本相似,同样可划分为 3 个垂直分布带,其中 2 个生物垂直分布带分布于红树林区;一个生物垂直分布带分布于非红树林区。

(1)珠带拟蟹守螺—红树蚬—菲律宾明樱蛤带

本带分布于高潮区至中潮区上层。代表种珠带拟蟹守螺分布广,出现频率高且数量大。最大栖息密度达 272 个/m^2,最高生物量为 190.72 g/m^2。本带平均密度为 177 个/m^2,平均生物量为 122.43 g/m^2。珍珠港的红树蚬的数量比北仑河口少,最大密度为 20 个/m^2,最高生物量为 101.52 g/m^2。平均密度为 9 个/m^2,平均生物量为 37.49 g/m^2。菲律宾明樱蛤分布广且出现频率较高,但数量不大,最大密度为 48 个/m^2,生物量为 2.68 g/m^2。

本带常见种类有刀明樱蛤、彩虹明樱蛤、菲律宾无齿蛤、中国绿螂、鸭嘴蛤、奥莱彩螺、沟纹笋光螺、黑口滨螺、紫游螺、扁平拟闭口蟹、角眼切腹蟹、斑点相手蟹、长足长方蟹、颗粒鼓窗蟹、双齿围沙蚕、长锥虫、付栉虫、异蚓虫和拟异蚓虫等。

(2)珠带拟蟹守螺—扁平拟闭口蟹—鸭嘴蛤带

本带主要分布于中潮区,某些种类由(1)带分布下来,且数量明显增加并成为本带的优势种。代表种珠带拟蟹守螺在本带不仅分布广出现频率高,且数量明显增加,最大密度高达 824 个/m^2,生物量为 293.36 g/m^2,成为本次调查最高者。本带平均密度为 185 个/m^2,平均生物量 85.53 g/m^2。扁平拟闭口蟹从(1)带延伸到本带,其出现频率较高,但数量不大,最大密度为 88 个/m^2,生物量为 10.16 g/m^2。鸭嘴蛤作为本带的特征种,其出现频率较高,但数量不大,最大密度为 12 个/m^2,生物量为 6.48 g/m^2。

本带常见种较多,软体动物有彩虹明樱蛤、菲律宾明樱蛤、菲律宾无齿蛤、刀明樱蛤、透明美丽蛤、灯白樱蛤、红树舰、青蛤、中华拟蟹守螺、紫游螺、黑口滨嫖、节织纹螺;甲壳动物的环纹清白招潮、双齿相手蟹、角眼切腹蟹、小拳蟹、淡水泥蟹、锯眼泥蟹、长足长方蟹、六齿猴面蟹;多毛类的日本角吻沙蚕、双齿围沙蚕、日本刺沙蚕、拟异蚓虫和欧努菲虫等。

(3)珠带拟蟹守螺—纵肋滩栖螺—蛤类带

本带主要分布于低潮区,即非红树林区。代表种珠带拟蟹守螺从(1)带和(2)带延伸下来,仍然成为本带的优势种。最大密度为 308 个/m^2,生物量为 95.44 g/m^2;平均密度为 142 个/m^2,平均生物量为 47.12 g/m^2。纵肋滩栖螺主要分布于非红树林区,最大栖息密度为 272 个/m^2,生物量为 189.00 g/m^2。本带除上述数量较大的代表种外,另一特点是蛤类种类较多,但优势种不突出,故没有明显的代表种。本带出现上述两带没有采到的一些蛤类,例如大竹蛏、日本镜蛤、麦氏偏顶蛤、凸壳肌蛤和齐氏发布蛤等与常见的双壳类组成蛤类带。值得指出是，在断面 Z2 低潮区采到数量很大的蚬科的花蚬，其密度为 304 个/m^2，生物量为 73.40 g/m^2。这与北仑河口在断面 B1 低潮区采到同一种。说明两个海域大型底栖生物群落结构和种类组成很相似。

本带常见种类有彩虹明樱蛤、菲律宾明樱蛤、菲律宾无齿蛤、透明美丽蛤、亮樱蛤、青蛤、环纹清白招潮、太平大眼蟹、明秀大眼蟹、扁平拟闭口蟹、小拳蟹、长足长方蟹、沈氏长方蟹、淡水泥蟹、日本角吻沙蚕、羽须鳃沙蚕、斑角吻沙蚕、巴林虫、拟异蚓虫和背蚓虫等。

(4)北仑河口和珍珠港大型底栖生物群落相似性分析

从图 5 可以清楚看出，经过聚类分析后，每条断面的 6 个取样站，各站之间的相似性组合形成 3 个明显的聚类群。第一个聚类群由第 1-2 站或 1-1 站组合，即组合为分布于高潮区至中潮区上层的(1)红树蚬—珠带拟蟹守螺中国绿螂或菲律宾明樱蛤群落。第二个聚类群由第 3-4 站或 3-3 站组合，即组合为分布于中潮区的(2)珠带拟蟹守螺—奥莱彩螺—扁平拟闭口蟹—青蛤—鸭嘴蛤群落。同时出现少数的第 2-3 站或 4-5 站组合，这种交错组合进一步说明潮间带生物垂直分布具有上下层种类交替分布现象。第三个聚类群由第 5-6 站或 5-5 站组合，其相似性最好，即组合为分布于低潮区的(3)纵肋滩栖螺—珠带拟蟹守螺—蛤类群落。

综上所述，北仑河口和珍珠港红树林区大型底栖生物群落划分为 3 个生物垂直分布带与聚类分析的结果基本相吻合。为建立北仑河口红树林自然保护区大型底栖生物群落模式提供了基础资料。

1.5 红树林区大型底栖生物物种多样性(H')、均匀度(J)、丰度(d)

从表 3 可以看出，北仑河口和珍珠港红树林区大型底栖生物无论是物种多样性(H')或者是均匀度(J)和丰度(d)都很接近。从各断面分析结果来看，物种多样性(H')以断面 B2(榕树头)最高，平均 $H'=2.916$，多样性(H')最低出现于断面 B1(竹山)，平均 $H'=2.210$。均匀度(J)和丰度(d)都以断面 B2 最高，分别为 $J=0.683$ 和 $d=3.115$。均匀度最低仍然出现在断面 B2，平均 $J=0.547$；丰度最低出现在断面 B3(巫头)，$d=2.329$。

就北仑河口而言，各断面大型底栖生物多样性 H' 总平均为 2.555，属于正常范围。断面 B2 多样性 H' 较高($H'=2.916$)，其次是断面 B3($H'=2.539$)，断面 B1 最低，$H'=2.210$。从各站大型底栖生物多样性来看，多样性 H' 大于 3 有 4 个站，多样性最高出现在断面 B2 第 4 站，$H'=3.864$。多样性小于 2 有 3 个站，多样性最低分布于断面 B1 第 3 站，$H'=1.517$。各断面均匀度(J)总平均为 0.624，属于适中范围。断面 B2 均匀度较高(0.683)>断面 B3(0.624)>断面 B1(0.547)。各站之间的均匀度差别较大，断面 B2 第 5 站的均匀度最高为 0.850，而断面 B1 第 5 站的均匀度最低仅 0.375。各断面的丰度(d)同样以断面 B2 较高(3.115)，断面 B1 和 B2 的丰度很接近，分别为 2.363 和 2.329。各站之间的丰度有所差别，断面 B2 第 4 站的丰度最高达 4.250，而断面 B3 第 1 站的丰度最低为 1.511，但大部分取样站的丰度在 2~3 之间。

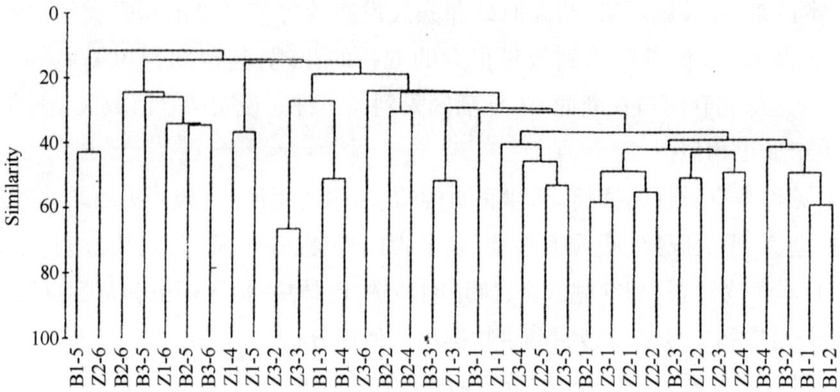

图 5　北仑河口和珍珠港红树林潮间带大型底栖生物聚类分析

Fig.5　Cluster analysis for the macrobenthos community in mangroves of Beilun Estuary and the Pearl Bay

表 3　北仑河口红树林保护区大型底栖生物多样性比较

Tab.3　Comparison for the macrobenthic diversity in mangrove areas in the Marine Nature Reseves of Beilun Estuary of Guangxi

北仑河口断面	多样性 H'	均匀度 J	丰度 d	珍珠港断面	多样性 H'	均匀度 J	丰度 d
B1-1	2.727	0.631	2.724	Z1-1	2.348	0.563	2.814
B1-2	2.879	0.690	2.647	Z1-2	2.080	0.520	2.573
B1-3	1.517	0.388	2.171	Z1-3	2.503	0.612	2.549
B1-4	2.333	0.651	1.942	Z1-4	3.040	0.879	2.257
B1-5	1.593	0.375	2.329	Z1-5	3.489	0.872	2.865
				Z1-6	1.911	0.489	2.307
平均值	2.210	0.547	2.363	平均值	2.562	0.656	2.561
B2-1	2.139	0.578	2.039	Z2-1	1.498	0.534	1.045
B2-2	2.372	0.607	2.337	Z2-2	1.804	0.451	2.539
B2-3	2.311	0.544	2.727	Z2-3	2.902	0.683	3.141
B2-4	3.864	0.843	4.250	Z2-4	3.160	0.809	2.759
B2-5	3.673	0.850	3.456	Z2-5	2.556	0.625	2.512
B3-6	3.134	0.675	3.882	Z2-6	2.049	0.482	2.893
平均值	2.916	0.683	3.115	平均值	2.328	0.597	2.482
B3-1	1.599	0.462	1.511	Z3-1	1.979	0.660	1.507
B3-2	2.707	0.637	2.829	Z3-2	2.816	0.704	2.568
B3-3	2.152	0.565	2.059	Z3-3	3.116	0.842	2.146

续表

北仑河口断面	多样性 H'	均匀度 J	丰度 d	珍珠港断面	多样性 H'	均匀度 J	丰度 d
B3-4	2.815	0.689	2.613	Z3-4	1.763	0.363	4.015
B3-5	2.913	0.746	2.283	Z3-5	2.217	0.490	3.609
B3-6	3.049	0.746	2.680	Z3-6	3.080	0.713	3.108
平均值	2.539	0.641	2.329	平均值	2.495	0.629	2.826
总平均	2.555	0.624	2.602	总平均	2.462	0.627	2.624

珍珠港各断面大型底栖生物多样性（H'）总平均为 2.462，略低于北仑河口 $H'=2.555$。但是均匀度和丰度则略高于北仑河口，它们分别为 $J=0.627$ 和 $d=2.624$。各断面之间的多样性、均匀度和丰度相差不大，多样性以断面 Z1（2.562）>断面 Z3（2.495）>断面（2.328）。均匀度和多样性一样，断面 Z1>Z3>Z2。丰度则以断面 Z3>断面 Z1>断面 Z2。从各站之间的多样性比较来看，各站多样性差别较大，断面 Z1 第 5 站的多样性为 3.489，最低多样性出现在断面 Z2 第 1 站，仅 1.498。多样性大于 3 有 5 个站，而小于 2 也有 5 个站，其余 8 个站的多样性在 2~3 之间。各站之间的均匀度相差较大，均匀度最高分布于断面 Z1 第 4 站，$J=0.879$，而均匀度最低出现在断面 Z3 第 4 站，$J=0.363$，两者相差 2.4 倍。大部分取样站的均匀度大于 0.5，占总站数的 72%。各站之间丰度相差不大，除个别站丰度较高（4.015）外，大部分取样站（83%）的丰度在 2~3 之间。

2 总结

本次调查所获得的大型底栖生物定量和定性标本，经初步鉴定共 155 种，其中软体动物种类最多，有 62 种，占总种类的 40%，甲壳动物次之（42 种），多毛类 37 种，其他动物 9 种，底栖鱼类 5 种

北仑河口红树林湿地大型底栖总类数（124 种）比珍珠港（109 种）多。主要类群是多毛类、软体动物和甲壳动物。

根据种类的数量和出现频率，北仑河口和珍珠港红树林湿地大型底栖生物的优势种，多毛类有日本刺杀蚕、日本角沙蚕、拟异蚓虫和背蚓虫：软体动物有珠带拟蟹守螺、菲律宾明樱蛤、红树蚬、奥莱彩螺、花蚬、菲律宾无齿蛤、中国绿螂、紫游螺和纵肋滩栖螺：甲壳动物有扁平拟闭口蟹、斑点相手蟹、长腕和尚蟹和秀丽长方蟹等，共 20 种

2.1 大型底栖生物种类的水平分布特点

种类最多出现在北仑河口断面 B2（榕树头），有 86 种，北仑河口种类分布趋势是 B2（86 种）>B3（68 种）>B1（50 种）；珍珠港则以 Z3（79 种）>Z2 （64 种） >Z1（55 种）。

2.2　红树林湿地大型底栖生物生物量和栖息密度组成及分布

(1)北仑河口:北仑河口红树林湿地大型底栖生物平均总生物量为388.02 g/m^2,生物量组成以软体动物居首位(308.53 g/m^2),占总生物量的80%。甲壳动物次之(64.22 g/m^2),多毛类生物量较低(2.16 g/m^2),棘皮动物生物量最低,仅1.29 g/m^2。各断面生物量分布特点呈现从河口断面B1(412.98 g/m^2)>断面B2(393.22 g/m^2)>断面B3(357.85 g/m^2)递减的趋势。

北仑河口红树林区(418.78 g/m^2)与非红树林区(326.51 g/m^2)大型底栖生物生物量相差不大,这主要取决于软体动物生物的大小,软体动物生物量在红树林区(340.98 g/m^2)高于非红树林区(243.65 g/m^2)。

北仑河口红树林湿地大型底栖生物平均总密度为590个/m^2,密度组成仍以软体动物占优势(405个/m^2),占总密度的69%。其次是甲壳动物(154个/m^2),多毛类栖息密度较低(20个/m^2)。

北仑河口红树林区(562个/m^2)与非红树林区(645个/m^2)栖息密度相差较大,显然,这是由于软体动物与非红树林区的密度(477个/m^2)明显大于红树林区(369个/m^2)所引起。甲壳动物的密度则以红树林区(173个/m^2)明显大于非红树林区(117个/m^2);相反,多毛类的密度都以非红树林区(29个/m^2)高于红树林区(16个/m^2)。

(2)珍珠港:珍珠港红树林湿地大型底栖生物平均总生物量192.08 g/m^2,明显低于北仑河口(388.02 g/m^2)。生物量组成同样以软体动物居首位(145.11 g/m^2),占总生物量的76%。甲壳动物占第二位(39.33 g/m^2),多毛类生物量最低,仅1.38 g/m^2)。总生物量分布趋势呈现从断面Z1(230.43 g/m^2)>断面Z2(184.30 g/m^2)>断面Z3(165.52 g/m^2)递减的趋势。

珍珠港红树林区(200.51 g/m^2)在非红树林区(175.16 g/m^2)大型底栖生物生物量相差不大。在生物量组成中起决定作用的软体动物,在红树林区生物量(156.88 g/m^2)略高于非红树林区(121.52 g/m^2)。

珍珠港非红树林区(436个/m^2)大于红树林区(357个/m^2)栖息密度。主要由于软体动物与非红树林区的密度(337个/m^2)大于红树林区(285个/m^2)所造成。

2.3　红树林湿地大型底栖生物群落结构及垂直分布

(1)北仑河口:北仑河口红树林湿地大型底栖生物群落结构可划分为3个生物垂直分布带。其中①红树蚬—珠带拟蟹守螺—中国绿螂带和②珠带拟蟹守螺—奥莱彩螺—扁平拟闭口蟹—青蛤带分布于红树林区;③纵肋滩栖螺—珠带拟蟹守螺—蛤类带分布于低潮区,即非红树林区。

(2)珍珠港:珍珠港红树林湿地大型底栖生物群落结构和垂直分布特点与北仑河口基本相似,同样可划分为了3个垂直分布带。其中①珠带拟蟹守螺—红树蚬—菲律宾明樱蛤带和②珠带拟蟹守螺—扁平拟闭口蟹—鸭嘴蛤带分布于红树林区;③珠带拟蟹守螺—纵肋滩栖螺—蛤类带分布于低潮区,即非红树林区。

综上所述,北仑河口和珍珠港红树林湿地大型底栖生物群落划分为 3 个生物垂直分布带与聚落分析的结果基本相吻合。为建立北仑河口红树林自然保护区大型底栖生物群落模式提供了基本资料。

2.4 红树林湿地大型底栖生物物种多样性(H')、均匀度(J)、丰度(d)

北仑河口和珍珠港红树林湿地大型底栖生物无论是物种多样性(H')或者是均匀度(J)和丰度(d)都很接近,而且都属于正常的范围。物种多样性(H')北仑河口总平均为 2.555,珍珠港总平均为 2.462;均匀度(J)北仑河口总平均为 0.624,珍珠港总平均为 0.627;丰度(d)北仑河口总平均为 2.602,珍珠港总平均为 2.624。

附表 1：北仑河口和珍珠港红树林区大型底栖生物种类名录

种名	北仑河口	珍珠港
Haliplanella luciae(Verrill) Hand 纵条肌海葵		+
Procephalathrix sp.原细首纽虫	+	
Cerebratulidae 脑纽科	+	+
Sigambra sp.钩毛虫		+
Neanthes glandicincta Southen 腺带刺沙蚕	+	
* *Neanthes japonica izuka* 日本刺沙蚕	+	+
Nereis sp.沙蚕	+	+
Leonnates sp.突齿沙蚕		+
Dendronereis pinnaticirris Grube 羽须鳃沙蚕	+	+
Perinereis aibuhitensis Grube 双齿围沙蚕	+	+
Perinereis camiguinoides Augener 弯齿围沙蚕	+	
Tylorrhynchus heterochaetus Quatrefages 疣吻沙蚕	+	
Tylonereis bogoyawleskyi Fauvel 软疣沙蚕	+	
Namalycastis aibiuma Müller 单叶沙蚕	+	
Glycera chirori Izuka 长吻沙蚕	+	
* *Goniada japonica* Izuka 日本角吻沙蚕	+	+
Goniada maculata Oersted 色斑角吻沙蚕	+	+
Glycinde sp.甘吻沙蚕	+	+
Haploscoloplos sp. 长锥虫	+	+
Scoloplos sp.尖锥虫	+	
Aricidea sp.独指虫		+
Lainice cirrata Sars 后指虫		+
Heteromastus filiformis Clapareden 异蚓虫		+
Barantolla sp.巴林虫		+
* *Parheteromastus* sp. 拟异蚓虫		+
* *Notomastus latericeus* Sars 背蚓虫	+	+
Armandia sp. 阿曼吉虫	+	
Eurythoë sp. 犹帝虫	+	+
Chloeia parva Baird 梯斑海毛虫	+	

续附表

种名	北仑河口	珍珠港
Euphrosine sp. 海刺虫	+	
Onuphis sp. 欧努菲虫	+	+
Lumbrineris heteropoda Marenzeller 异足索沙蚕	+	+
Lumbrineris sp. 索沙蚕		+
Sternaspis scutata Ranzani 不倒翁虫	+	
Owenia fosiformis Delle 欧文虫	+	
Pectinaria conchilega Grube 似足笔帽虫		+
Isolada pulchella Müller 等栉虫		+
Paramphicteis sp. 付栉虫	+	+
Amphitritinae	+	
Loimia medusa 扁蛰虫	+	
Sipunculus nudus Linnaeus 裸体方格星虫	+	+
Phascolosoma esculenta（Chen et Yeh）可口革囊星虫	+	+
Phascolosoma perlucens Baird 高突革囊星虫	+	
Ochetostoma erythrogrammon Leuckart et Ruppell 绛体管口螠	+	
Modiolus（Modiolus）*metcalfei*（Hanley）麦氏偏顶蛤	+	+
Musculus senhousia（Benson）凸壳肌蛤		+
Brachidontes striatulus（Hanley）条纹短齿蛤	+	
Brachidontes variabilis（Krauss）变化短齿蛤		+
Xenostonbus atrata（Lischke）黑荞麦蛤	+	+
Enigmonia aenigmatica（Holten）难解不等蛤	+	+
Saccostrea cucullata（Born）僧帽牡蛎	+	+
* *Anodontes philippinana*（Reeve）菲律宾无齿蛤	+	+
Pseudopythina ochetostomae Morton et Scatt 螠虫寄生蛤	+	
Atactodea sp. 坚石蛤	+	
Coecella turgida Deshayes 锈色朽叶蛤		
Merisca diaphana（Deshayes）透明美丽蛤	+	+
Arcopaginula sp. 蚶叶蛤		+
Moerella culter（Hanley）刀明樱蛤	+	+

种名	北仑河口	珍珠港
Moerella iridescens (Benson) 彩虹明樱蛤	+	+
* *Moerella philippinurum* (Hanley) 菲律宾明樱蛤	+	+
Moerella rutila (Dunker) 红明樱蛤	+	
Nitidotellina nitidula (Dunker) 亮樱蛤	+	+
Nitidotellina minuta (Lischke) 小亮樱蛤	+	
Fabulina tsichungyeni Scarlato 齐氏法布蛤	+	+
Macoma (*Psammacoma*) *lucerna* (Hanley) 灯白樱蛤		+
Apolymetis sp. 巧蛤		+
* *Cyrenodonax formosana* Dall 花蚬	+	+
Soletellina atrata Reeve 黑紫蛤	+	
Soletellina acula (Cai et Zhuang)尖紫蛤	+	
Psammotaena elongata (Lamarck) 长拟紫云蛤	+	
Psammotaena sp. 拟紫云蛤	+	
Solen grandis Dunker 大竹蛏	+	
Solen strictus Gould 长竹蛏	+	
Trapezium liratum (Reeve) 纹斑棱蛤		+
* *Gelonia coaxans* (Gmelin) 尖硬壳蚬(红树蚬)	+	+
Clausinella isabellina (Philippi) 伊萨伯雪蛤		
Dosinia (Phacosoma) *japonica* (Reeve) 日本镜蛤	+	+
Meretrix meretrix (Linnaeus) 文蛤	+	
Cyclina sinensis (Gmelin) 青蛤	+	+
* *Glaucomya chinensis* (Gray) 中国绿螂	+	+
Potamocorbula fasciata (Reeve) 射带河蓝蛤		+
Laternula (*Latemula*) *anatina* (Linnaeus) 鸭嘴蛤	+	+
Patelloida sp. 拟帽贝	+	+
Lunella coronata granulata (Gmelin) 粒花冠小月螺	+	
Nerita (Ritena) *yoldii* Rechuz 齿纹蜒螺	+	
* *Clithon oualaniensis* (Lesson) 奥莱影螺	+	+
* *Neritina* (*Dostia*) *violacea* (Gmelin) 紫游螺	+	+

续附表

种名	北仑河口	珍珠港
Littoraria (*Palustorina*) *articulata* (Philippi) 粗糙滨螺	+	+
Littoraria (*Palustorina*) *melanostoma* Gray 黑口滨螺	+	+
Assiminea brevicula Pfeiffer 短拟沼螺		+
* *Cerithidea cingulata* (Gmelin) 珠带拟蟹守螺	+	+
Cerithidea sinensis (Philippi) 中华拟蟹守螺	+	+
Cerithidea rhizophorarum A. Adams 红树拟蟹守螺	+	
Cerithidea ornata (A. Adams) 彩拟蟹守螺		+
Cerihidea sp. 拟蟹守螺		+
Terebralia sulcata (Born) 沟笋光螺	+	+
* *Batillaria zonalis* (Burguiere) 纵带滩栖螺	+	
Nassarius festivus (Powys) 秀丽织纹螺	+	
Nassarius variciferus (A.Adams) 纵肋织纹螺	+	
Nassarius thersites (Bruguiere) 胆形织纹螺		+
Nassarius hepticus (Pulteney) 节织纹螺		+
Nassarius sp. 织纹螺	+	
Cassidula plecotrematoides (Möllendorff) 绞孔胃螺	+	+
Meleaampus triticeus (Küster) 医巫螺		+
Laemodonta sp. 左式螺		+
Onchidium verruculatum Cuvier 石磺	+	+
Tachypleus tridentatus (Leach) 中国鲎	+	+
Balanus albicostatus Pilsbry 白脊藤壶	+	+
Paranthura japonica Richardson 日本拟背尾水虱	+	
Exopalaemon sp. 白虾		+
Alpheus bisincisus de Haan 双凹鼓虾	+	
Alpheus sp. 鼓虾	+	+
Upogebia sp. 蝼蛄虾	+	
Cloridopsis scorpio (Latreille) 蝎形拟绿虾蛄	+	
Philyra olivaca Rathbun 橄榄拳蟹	+	+
Philyra minuta Chen et Türkay 小拳蟹	+	+

续附表

种名	北仑河口	珍珠港
Philyra scabra（Dai）疖痂拳蟹		+
Philyra biprotubera Dai et Guan 双疣拳蟹	+	
Scylla serrata（Fôrskal）锯缘青蟹	+	+
Charybdis japonica（A.Milne-Edwards）日本蟳		+
Thalamita sp. 短桨蟹	+	
Heteropilumnus sp. 异毛蟹	+	
Mortensenella forcepe Rathbun 仿倒颚蟹	+	+
* *Mictyns longicarpus* Latreille 长腕和尚蟹	+	+
* *Uca*（*celuca*）*annlipes*（H.Milne-Edwards）环纹清白招潮	+	+
Macrophthalmus definitus Adams et White 明秀大眼蟹	+	+
Macrophthalmus crassipes（H.Milne-Edwards）强壮大眼蟹	+	
Macrophthalmus erato de Man 悦目大眼蟹	+	
* *Macrophthalmus pacificus* Dana 太平大眼蟹	+	+
Macrophthalmus sp. 大眼蟹	+	+
Camptandrium sexdentatum Stimpson 六齿猴面蟹	+	+
* *Paracleistostoma depressum* de Man 扁平拟闭口蟹	+	+
Ilyoplax tansuiensis Sakai 淡水泥蟹		+
Ilyoplax serrata Shen 锯眼泥蟹	+	
Ilyoplax fomosensis Rathbun 台湾泥蟹	+	+
* *Tmethypocoelis ceratophora*（Koelbel）角眼切腹蟹	+	+
Scapimera tuberculata Stimpson 颗粒鼓窗蟹		+
Dotilla wichmanni de Man 韦氏毛带蟹	+	
Metopograpsus quadridentatus Stimpson 四齿大额蟹	+	+
* *Sesarma*（*Parasesarma*）*pictum*（de Haan）斑点相手蟹	+	+
Sesarma（*Chiromantes*）*bidens*（de Haan）双齿相手蟹	+	+
Sesrama sp. 相手蟹	+	+
Nanosesarma（N.）*pontianacensis*（de Man）刺指小相手蟹	+	
Helice wuana Rathbun 伍氏厚蟹	+	+
Metaplax longipes Stimpson 长足长方蟹	+	+

续附表

种名	北仑河口	珍珠港
Metaplax sheni Gordon 沈氏长方蟹		+
* *Metaplax elegans* de Man 秀丽长方蟹	+	+
Metaplax sp. 长方蟹	+	
Lingula anatina Lamarck 鸭嘴海豆芽	+	+
Protankyra bidentata（Woodward et Barrett）棘刺锚参	+	+
Periophthalmus cantonensis（Osbeck）弹涂鱼	+	+
Boleophthalmus pectinirostris（Linnaeus）大弹涂鱼	+	+
Scartelaos viridis（Hamilton-Buchanan）青弹涂鱼	+	+
Odontamblyopus rubicundus（Hanilton）红狼牙虾虎鱼	+	+
Bathygobius fuscus（Ruppell）云斑深虾虎鱼	+	+

注：* 为优势种

参考文献(略)

江锦祥，唐森铭，黄心光，郑凤武，李荣冠，范航清. 原载《北仑河口海洋自然保护区红树林生态调查报告》，2002 年 10 月

国家海洋局第三海洋研究所、广西红树林研究中心 28-38，附表 1。

三、海湾与河口底栖生物多样性和污染生态学

大亚湾底栖生物的种类组成和数量分布

摘要 根据1987年3月和9月在大亚湾进行底栖生物定量采泥和定性拖网调查所获资料,研究了该湾底栖生物种类组成、数量分布及季节变化,讨论了底栖生物分布与其环境因子的关系。

Species composition and quantitative distribution on benthic animals in Daya Bay

Abstract: In March and September, 1987, two cruises of survey on benthic animals in the Daya Bay China were conducted, from which 473 species of benthic animals were preliminarily identified, of these polychaeta accounted for 149, molluse 125, crustacea 100, echinoderm 30, ground fish 57 and the others 12.32 species were belong to the species with higher occurence probability and higher number. The species number of benthic animals decreased obviously from south to north of the bay, with higher species numbers in waters between Dapeng ao and Dalajia Island. The average total biomass and total density of benthic animals were 123.55 g/m^2 and 585 ind./m^2 respectively. In composition of biomass and density, the mollusc was dominant over the others with 57% for biomass and 56% for density. High biomass was distributed in the waters between the mouth of Dapeng ao and Dalajia Island and neritic area of north Daya Bay. Both total biomass and total density appearing in Spring were higher than that in Autumn.

Key words: benthic animal, ecology, South China Sea

根据1987年3月和9月在大亚湾潮下带进行两个航次底栖生物调查所获得的资料整理而成。3月(春季)调查海区布设30个测站,其中定量采泥30个测站,拖网11个测站;9月(秋季)布设24个测站,其中定量采泥24个测站,拖网10个测站(图1)。

底栖生物定量取样,采用面积0.1 m^{2}的曙光HNM型采泥器,每站连续取样5次。泥样放入底栖动物漩涡分选器淘洗,并用网目1 mm过筛器分选。定性拖网是使用网口宽为1.5 m的三角形拖网。每站在海底拖曳时间为15 min,船速一般为3 kn。

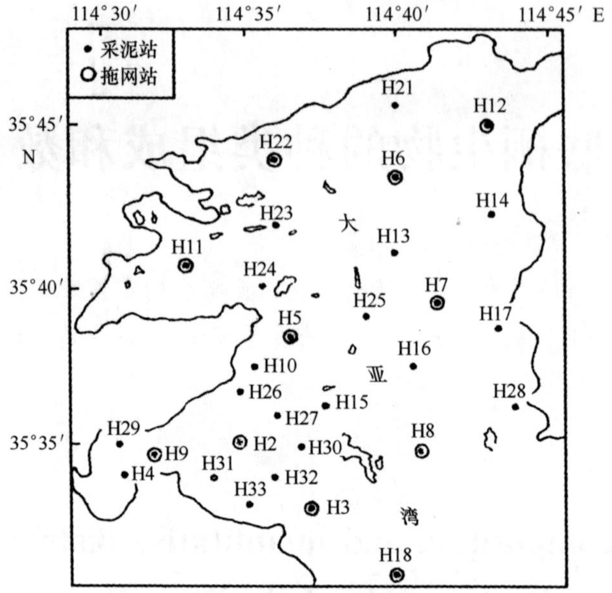

图 1　大亚湾底栖生物调查站位的分布

1　种类组成及分布

1.1　种类组成

大亚湾底栖生物经鉴定 473 种。多毛类居首位，软体动物占第二位，其他依次是甲壳动物、底栖鱼类和棘皮动物（表 1）。

表 1　大亚湾底栖生物种数及百分比

类群	3 月（春季）		9 月（秋季）		两季	
	种数	%	种数	%	种数	%
多毛类	92	25.9	91	31.6	149	31.5
软体动物	104	29.3	64	22.2	125	26.4
甲壳动物	87	24.5	61	21.2	100	21.1
棘皮动物	24	6.8	18	6.2	30	6.3
鱼类	36	10.1	44	15.3	57	12.1
其他动物	12	3.4	10	3.5	12	2.5
合计	355	100	288	100	473	100

多毛类在采泥样品中占优势，其中数量较大、出现频率高的种类有双鳃内卷齿蚕和袋稚

齿虫等 8 种(表 2)。

软体动物以瓣鳃类的种类最多(60 种);腹足类次之(52 种);后鳃类 6 种;掘足类 4 种;头足类 3 种。优势种有小鳞帘蛤和波纹巴非蛤等 8 种。

甲壳动物以蟹类的种类最多,有 68 种;虾类 22 种。主要种类有模糊新短眼蟹和宽突赤虾等 8 种。

棘皮动物的海参类和蛇尾类的种类较多,均为 12 种;海胆类和海星类的种类均很少。数量较大、出现频率较高的种类有:光滑倍棘蛇尾和凹裂星海胆等。

底栖鱼类以虾虎鱼最多,有 14 种。主要种类有触角沟虾虎鱼和小头栉孔虾虎鱼等 5 种(表 2)。

表 2　大亚湾底栖生物主要的种类

种名	水深/m	底质
Aglaophamus dibranchis 双鳃内卷齿蚕	5~21	TY,YT
Aglaophamus lyrochaeta 弦毛内卷齿蚕	4~20.5	TY,YT
Sternaspis scutata 不倒翁虫	6~21	TY,YT
Paraprionospio pinnata 奇异稚齿虫	5~16	TY,YT
Prionospio malmgreni 丝鳃稚齿虫	6~12.5	TY,YT
Prionospio ehlersi 袋稚齿虫	6~21	TY,YT
Loimia medusa 扁蛰虫	5~18	TY,YT
Terebellides stroemi 梳鳃虫	5~15	TY,YT
Mabellarca consociata 联珠蚶	10~21	TY,YT
Veremolpa micra 小鳞帘蛤	5~15	TY,YT
Panhia undulata 波纹巴非蛤	5~21	TY,YT
Chione calophylla 美叶雪蛤	4~15.5	TY,YT
Ostrea pestigris 猫爪牡蛎	5~10	TY,YT
Solen dunkerianus 短竹蛏	5~20.5	TY,YT
Turritella bacillum 棒锥螺	6.9~16	TY,YT
Turricula nelliae spurius 假奈拟塔螺	6.9~15	TY, YT
Metapenaeopsis palmensis 宽突赤虾	5~21	TY, YT
Miyadiella podophthalmus 长眼对虾	10~21	TY,YT
Alpheus distinguendus 鲜明鼓虾	5~12	TY,YT
Callianassa petalura 突尾玉虾	6.9~21	TY,YT
Typhlocarcinus nudus 裸盲蟹	8~21	TY,YT

续表

种名	水深/m	底质
Scalopidia spinospes 刺足掘沙蟹	9~16	TY,YT
Hexapus anfractus 弯六足蟹	5~21	TY,YT
Neoxenophthalmus obscurus 模糊新短眼蟹	5~21	TY,YT
Schizaster lacunosus 凹裂星海胆	7~15.5	TY,YT
Amphioplus laevis 光滑倍棘蛇尾	5~21	TY,YT
Amphiodia obtecta	6~21	TY,YT
Callicnymus kaianus 基岛䲗	5~18	TY,YT
Oxyurichthys tentacutans 触角沟虾虎鱼	7~21	TY,YT
Oxyurichthys microlepis 小鳞沟虾虎鱼	6~18	TY,YT
Ctenotrypauchen microcephalus 小头栉孔虾虎鱼	6~21	TY,YT
Trypauchen vagina 孔栉虾虎鱼	7~21	TY,YT

注:TY 为粉砂质泥;YT 为泥质粉砂。

1.2 种类组成季节差异

大亚湾底栖生物种类组成具有明显的季节差异,春季的种类(355 种)比秋季的种类(288 种)多。两季的各类群的种类数虽然各不相同,但是各类群的种类数的百分比率却相差不大。

两季均以多毛类、软体动物和甲壳动物占的比例较大。春季以软体动物>多毛类>甲壳动物;秋季则以多毛类>软体动物>甲壳动物;两季的棘皮动物占的比例均最小(表 1)。

1.3 种类分布特点

种数平面分布用定量采泥的资料。从图 2 可以看出,底栖生物种数较多的测站,主要分布于大鹏澳至大辣甲岛之间海域,平均种数为 60 种/站,种数最多达 80 种(H9 站)。中部海域的种数较少,平均为 55.4 种/站,但在东面近岸有两个测站的种数相当高,即 H17 站为 74 种,H28 站达 100 种,成为全海区的最高者。北部海域的种数明显减少,平均为 36.3 种/站,种数最多仅 46 种(H11 站)。

图 3 显示了春、秋两季底栖生物种数平面分布的特点。春季大部分测站的种数比秋季多,前者的种数在 21~73 种,平均为 36 种/站;后者的种数为 11~51 种,平均仅 28 种/站。然而,两季的种数较多的测站,同样分布于大鹏澳至大辣甲岛之间,以及大亚湾东南面近岸水域。春季种数最高出现于 H17 站(73 种),其次是 H28 站有 62 种;秋季种数最高为 51 种(H9 站)。

各类群种数的平面分布规律与总种数基本相似。但各类群的种类数差别较大,多毛类的种数多且分布较均匀;软体动物和甲壳动物的种数较少,而且分布不太均匀;棘皮动物的种数既少且分布又不均匀。

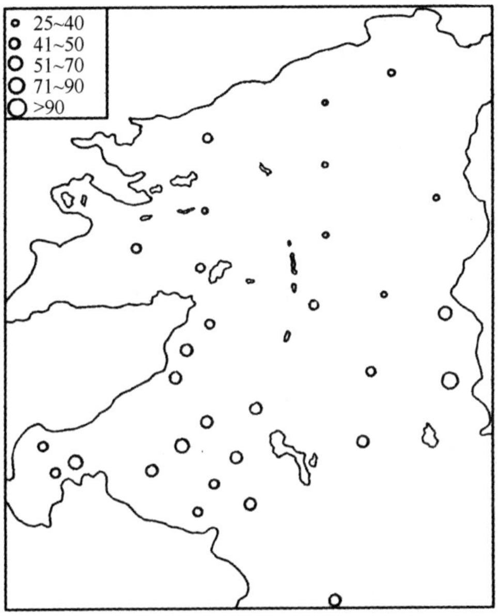

图 2 底栖生物总种数的分布

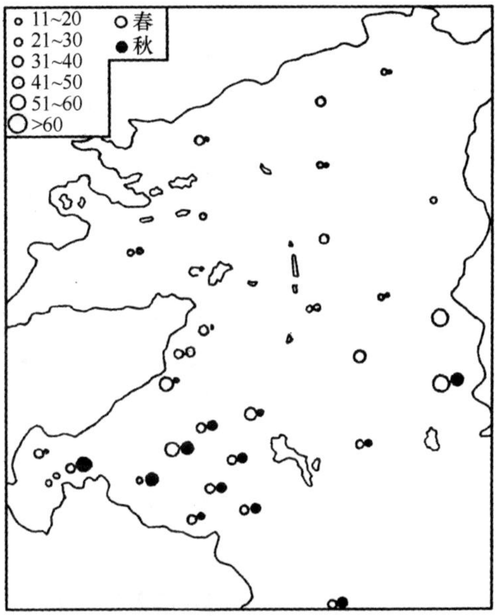

图 3 底栖生物春秋两季种数的分布

1.4 主要种类

1.4.1 双鳃内卷齿蚕

本种(图 4)广泛分布于大亚湾,它不仅出现频率高(42 站次),而且数量也较大。栖息密度大部分测站在 20~42 个/m^2,最大密度达 78 个/m^2(H25 站,9 月),其次是 H7 站的密度为 62 个/m^2。

1.4.2 袋稚齿虫

本种(图 4)主要分布于大鹏澳至大辣甲之间的海域,出现频率不高,共 24 站次。栖息密度一般为 4~16 个/m^2,最大密度为 22 个/m^2(H31 站)。大亚湾东北部广大海域只出现 5 站次,栖息密度在 8 个/m^2 以下。

1.4.3 联珠蚶

本种(图 5)主要分布于大鹏澳至大亚湾中部海域,虽然出现频率不高(25 站次),但其数量在某些测站相当大。例如在 H27 站其密度达 864 个/m^2,生物量为 166.0 g/m^2;在 H15 站其密度为 260 个/m^2,生物量为 97.6 g/m^2。

1.4.4 小鳞帘蛤

本种(图 5)是一种小型双壳类,它在大亚湾浅水区数量相当大,无论是定量采泥或是底

图 4　双鳃内卷齿蚕、袋稚齿虫、模糊新短眼蟹和弯六足蟹的分布

图 5　联珠蚶、小鳞帘蛤、波纹巴非蛤和光滑倍棘蛇尾的分布

栖拖网均能采到大量的标本。例如在范和港外 H12 站,定量采泥 5 次,平均密度达 2 440 个/m^2,生物量为 356.0 g/m^2;底栖拖网采获 23.2 kg/网。在 H22 站其密度高达 4 750 个/m^2,生物量为 334 g/m^2;底栖拖网采获 40 kg,计 15.6 万余个。又如在 H2 站其密度为 1 374 个/m^2,生物量 198.0 g/m^2;底栖拖网获得 16 180 个/网。此外,在 H7、H9、H11、H21 等站的数量也相当大。

1.4.5 波纹巴非蛤

本种(图 5)在大亚湾是优势种,中部海域的数量较大,如 H8 站春季栖息密度达 132 个/m^2,生物量为 23.5 g/m^2;秋季 26 个/m^2,51.38 g/m^2。在 H25 站春季的密度为 98 个/m^2,生物量 22.4 g/m^2;秋季 38 个/m^2,99. 64 g/m^2。显然,春季采获的波纹巴非蛤大部分是幼体,平均个体重量为 0.17~0.50 g;秋季采获的个体较大,平均个体重量为 1.97~3.82 g。

1.4.6 模糊新短眼蟹

本种(图 4)小型蟹类在大亚湾采泥样品中出现频率很高,共 38 站次。密度一般为 4~20 个/m^2,最大密度为 26 个/m^2。本种在大辣甲岛西面水域(即 H15、H30、H32 站)数量较大。

1.4.7 弯六足蟹

本种(图 4)广泛分布于大亚湾,在采泥样品中出现的频率相当高,共 39 站次。栖息密度一般在 4~22 个/m^2,最大密度为 38 个/m^2(H7 站),其次为 34 个/m^2(H2 站)。

1.4.8 光滑倍棘蛇尾

本种(图 5)主要分布于大鹏澳至大辣甲一带海域,虽然数量不大,但是出现频率较高,共 32 站次,是采泥样品中常见种类。栖息密度一般为 2~24 个/m^2,最大密度为 32 个/m^2(H3 站)。

2 底栖生物数量分布及季节变化

2.1 数量分布特点

2.1.1 总生物量及总密度

大亚湾底栖生物量和密度相当大,平均总生物量为 123.55 g/m^2,平均总密度达 585 个/m^2。在总生物量组成中,软体动物居首位,占总生物量的 56.7%;其次是棘皮动物占 9.8%。在密度组成中,软体动物居首位,占总密度的 55.9%;多毛类次之,占 19.9%(表 3)。

表 3 大亚湾底栖生物生物量及栖息密度

类群	春季		秋季		两季平均	
	g/m^2	个/m^2	g/m^2	个/m^2	g/m^2	个/m^2
多毛类	6.72	86	6.15	147	6.44	116
软体动物	89.95	571	50.24	83	70.10	327
甲壳动物	10.09	45	9.69	58	9.89	52
棘皮动物	14.16	41	10.02	15	12.09	28
底栖鱼类	3.70	1	1. 26	20	2.48	11

续表

类群	春季		秋季		两季平均	
	g/m²	个/m²	g/m²	个/m²	g/m²	个/m²
其他动物	24.75	10	20.37	92	22.55	51
合计	149.37	754	97.73	415	123.55	585

调查海区总生物量分布特点是:大鹏澳口至大辣甲岛之间和北部海域形成两个高生物量区;哑铃湾和中、南部海域生物量较低,生物量在50~100 g/m²;低生物量区分布于大鹏澳内、大辣甲岛西南面和大亚湾东面的局部水域(图6)。

第一个高生物量区平均生物量为324.85 g/m²(H2、H27站),平均密度为1 045个/m²。构成高生物量区的主要种类是软体动物的小鳞帘蛤和联珠蚶,两者占该区总生物量的36%。其次是棘皮动物的光滑倍棘蛇尾和凹裂星海胆;甲壳动物的弯六足蟹等。

第二个高生物量区分布于大亚湾北部(即H12、H21、H22站),平均生物量为367.22 g/m²,平均密度达3 704个/m²。该区主要是小鳞帘蛤起决定作用,其平均生物量和密度,分别为282.97 g/m²和3 532个/m²,占该区总生物量和总密度的77%和95%。

总密度分布趋势与总生物量略有不同,除了高密度区与总生物量相一致外,还出现4个密度较高小区,平均密度为500~1 000个/m²。大部分测站的密度在250~500个/m²;密度较低分布于哑铃湾口及港口列岛一带海域,其密度为100~250个/m²(图7)。

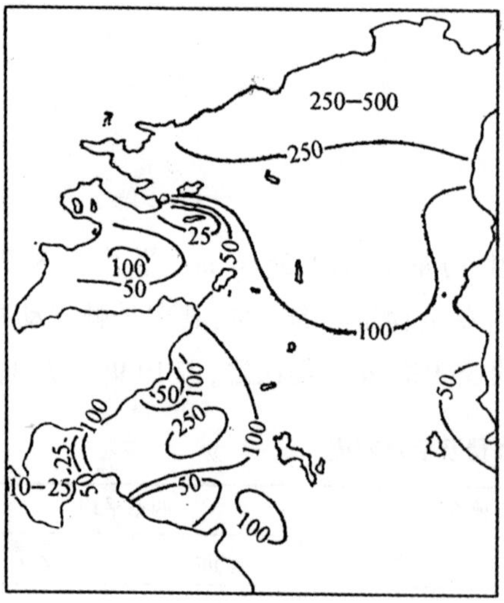

图6 底栖生物平均总生物量(g/m²)的分布

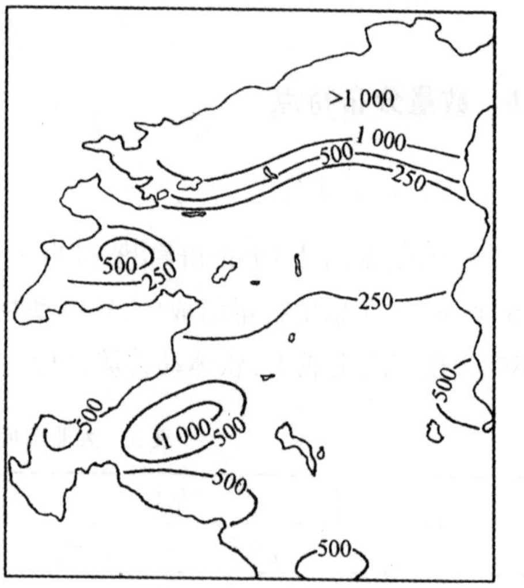

图7 底栖生物平均总密度(个/m²)的分布

2.1.2 主要类群数量分布

软体动物生物量和密度分布很不均匀,数量悬殊,最高生物量可达475.08 g/m²(H21站),密度为6 556个/m²,最低生物量仅1 g/m²,左右。但是高生物量区分布趋势与总生物量相当吻合。第一个高生物区的平均生物量和密度,分别为 163.14 g/m^2 和 644 个/m^2;第二个高生物量区的平均生物量和密度,分别为 344.22 g/m^2 和 3 573 个/m^2。大部分测站的生物量在 50~100 g/m^2。密度分布特点与生物量基本相似(图 8 和图 9)。构成高生物量区和高密度区的优势种是小鳞帘蛤、联珠蚶和波纹巴非蛤;主要种类还有美叶雪蛤、猫瓜牡蛎、短竹蛏、假奈拟塔螺和浅缝骨螺(*Murextrapa*)等。

棘皮动物生物量及密度分布不均匀,生物量较高(20~50 g/m^2),主要分布于小辣甲岛西北面至港口列岛附近海域,大部分测站(73%)的生物量在 10 g/m^2 以下,其中有一半测站的生物量小于 5 g/m^2,低生物量区主要分布于大鹏澳内、哑铃湾以及范和港附近水域。密度分布趋势与生物量基本相似,大部分海域的密度在 25~100 个/m^2,主要种类有光滑倍棘蛇尾、*Amphioda obtecta*、凹裂星海胆和扁拉文海胆(*Lovenia subcarinata*)等。

甲壳动物生物量分布较均匀,大部分测站(55%)生物量在 5~25 g/m^2。生物量较高分布于大辣甲岛西南面,生物量较低主要分布于港口列岛东边及大亚湾口水域。密度分布趋势与生物量大致相同,大部分测站(58%)密度在 30~100 个/m^2。优势种有弯六足蟹、模糊新短眼蟹、刺足掘沙蟹和裸盲蟹等。

多毛类生物量分布均匀,全海区没有出现高生物量区,最高生物量为 18.19 g/m^2(H2 站)。大部分测站(53%)生物量在 5~10 g/m^2,10~20 g/m^2 仅占 10%。密度分布亦较均匀,绝大部分测站(66%)的密度在 50~100 个/m^2。密度较高分布于大鹏澳,平均密度为 209 个/m^2。主要种类有双鳃内卷齿蚕、弦毛内卷齿蚕、奇异稚齿虫、丝鳃稚齿虫和不倒翁虫等。

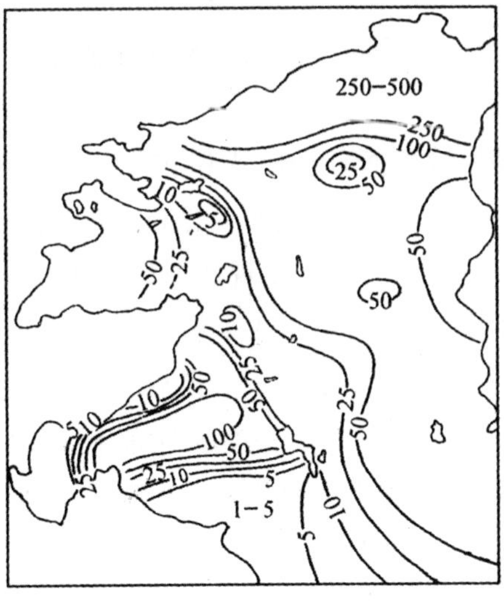

图 8　软体动物平均生物量(g/m^2)的分布

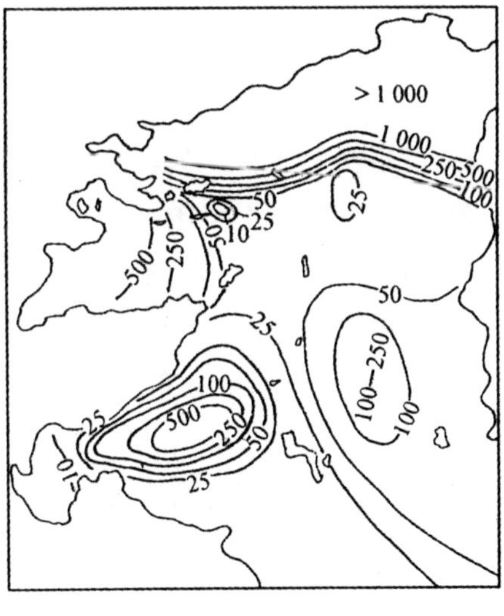

图 9　软体动物平均密度(个/m^2)的分布

2.2 数量分布的季节变化

2.2.1 生物量的季节变化

大亚湾底栖生物生物量组成具有明显的季节变化。无论是总生物量或者各类群生物量均以春季高于秋季。其中软体动物春、秋两季的生物量相差较大(表3)。主要原因是由于秋季优势种小鳞帘蛤的数量显著减少所引起的,尤其在浅水区其数量从每平方米数千个减少到几个。例如,H12站该种在3月采到2 440个/m^2,生物量为356.00 g/m^2,而9月仅采到4个/m^2,小鳞帘蛤数量显著减少。据初步分析,可能与高温季节,加之该区水动力条件较差,从而引起底层海水缺氧有关。该区沉积物化学环境属于较强还原区,有机质含量也较高(>2.0%)。值得注意是,我们在采集过程中,该站采到大量的小鳞帘蛤死贝壳。这一现象有待进一步深入研究。

调查海区底栖生物总生物量平面分布呈现季节差异。从生物量平面分布总趋势来看,两季基本相似,全海区两季形成同样的两个高生物量区,第一个高生物量区分布于大鹏澳口至大辣甲岛之间;第二个高生物量区分布于大亚湾北部近岸水域。但是,两季的高生物量区及各级生物量分布区的范围则明显不同。秋季,第一个高生物量区缩小,并且从近岸水域向外移。第二个高生物量区,春季生物量在250~500 g/m^2的范围,而秋季却下降为100~250 g/m^2。秋季生物量大于100 g/m^2的范围明显缩小,然而,生物量在50~100 g/m^2和低生物量区则明显增大。

2.2.2 密度的季节变化

大亚湾底栖生物栖息密度同样具有季节变化。春季总密度(754个/m^2)大于秋季(415个/m^2),但是各类群动物的密度季节变化各不相同,软体动物和棘皮动物均以春季大于秋季,而多毛类和甲壳动物则以秋季大于春季。应该指出的是,软体动物春季的密度(571个/m^2)与秋季(83个/m^2)之所以相差甚大,同样亦是由于秋季的小鳞帘蛤的数量显著减少而引起的。

总密度平面分布季节差异较明显。首先两季的密度平面分布趋势不相同,春季总密度分布趋势与总生物量基本相似,全区形成两个高密度区;秋季总密度平面分布不管是高密度区或是各级密度分布区的范围与春季都有较大的差别。秋季全区出现3个高密度区,第一个高密度区由春季的2个测站缩小为1个测站,而且数量也减少,即由平均密度为1 380个/m^2下降到1 106个/m^2。分布于北部的第二个高密度区,由春季的3个测站缩小为1个测站,其平均密度也由4 767个/m^2下降为1 106个/m^2。第三个高密度区分布于大亚湾口(H18站),密度为1 136个/m^2。密度在250~500个/m^2,春季主要分布于大鹏澳至港口列岛海域。密度为100~250个/m^2,春季主要分布于大亚湾中北部海域和大鹏澳南面沿岸水域;秋季主要分布于大辣甲岛以北海域。

3 底栖生物数量分布与沉积物的关系

大亚湾调查海区沉积物,大致可分成4种类型:①泥质粉砂(占63.34%);②粉砂质泥(占27.5%);③砂质泥(占7.5%);④泥质砂(占1.67%)。

从表4可以看出,总生物量和总密度均以泥质粉砂的底质为最高,分别为136.06 g/m^2

和 730 个/m^2。其次是粉砂质泥，平均生物量为 118.08 g/m^2；砂质泥底质的生物量和密度均最低。

各类群动物数量分布在不同沉积物类型中不尽相同，其中除了多毛类的数量在大多数底质类型中相差不大外，其余各类群动物都有较大的差别。

多毛类的生物量及密度均以泥质砂底质为最高，分别为 16.48 g/m^2 和 232 个/m^2；其余底质类型的生物量在 4.52~6.93 g/m^2，密度在 89~127 个/m^2。

软体动物的生物量及密度均以泥质粉砂和粉砂质泥较高，而砂质泥或泥质砂底质均较低。其中泥质粉砂最高，分别为 76.47 g/m^2 和 450 个/m^2。

表 4　大亚湾底栖生物数量分布与沉积物的关系

沉积物类型 / 类群	泥质粉砂		粉砂质泥		砂质泥		泥质砂	
	g/m^2	个/m^2	g/m^2	个/m^2	g/m^2	个/m^2	g/m^2	个/m^2
多毛类	6.93	127	4.52	89	5.48	97	16.48	232
软体动物	76.47	450	71.28	239	32.83	54	40.12	76
甲壳动物	8.82	41	15.48	31	4.30	177	17.82	94
棘皮动物	16.24	31	3.46	28	2.72	16	7.60	60
其他动物	27.60	81	23.34	13	10.74	47	12.38	12
合计	136.06	730	118.08	400	56.07	391	94.40	474

甲壳动物分布特点是：生物量以泥质砂为最高（17.82 g/m^2）；其次是粉砂质泥（15.48 g/m^2）；最低是砂质泥。但是，栖息密度却以砂质泥为最大（177 个/m^2），密度最小是粉砂质泥，仅 31 个/m^2。

棘皮动物的生物量以泥质粉砂为最高，而密度则为泥质砂为最大；砂质泥类型的生物量和密度均最低。

4　结语

（1）大亚湾底栖生物种类繁多，经初步鉴定共 473 种。其中多毛类 149 种，软体动物 125 种，甲壳动物 100 种，棘皮动物 30 种，底栖鱼类 57 种和其他动物 12 种。调查海区主要种类 32 种。种类组成特点不同于台湾海峡西部近海，而与厦门港较相似[1-2]。

调查海区底栖生物种类组成具有明显的季节差异，春季（355 种）比秋季（288 种）多。两季的各类群的种数虽然各不相同，但是各类群的种数百分比率却相差不大。

大亚湾底栖生物种数平面分布特点，种数从湾的南部向北部明显减少，其中种数较多的主要分布于大鹏澳至大辣甲岛之间的海域。本次获得的底栖生物种类组成及其分布的结果，可作为海洋生态环境变化较可靠的对比资料。

(2)大亚湾底栖生物数量相当大，比其他海区的生物量高[1-4]。平均总生物量为123.55 g/m^2，平均总密度为585个/m^2。在生物量组成中，以软体动物占优势(70.10 g/m^2，占总生物 量的56.7%)。依次是棘皮动物(12.09 g/m^2)、甲壳动物(9.89 g/m^2)和多毛类(6.44 g/m^2)。在密度组成中，仍以软体动物居首位，平均密度为327个/m^2，占总密度的55.9%。其次为多毛类(116个/m^2)；甲壳动物和棘皮动物均较低，分别为52个/m^{2}和11个/m^2。

调查海区底栖生物无论是总生物量或总密度均以春季高于秋季。春季分别为149.37 g/m^{2}和754个/m^2；秋季为97.73 g/m^{2}和415个/m^2。各类群动物数量的季节差异不尽相同，软体动物春、秋两季的生物量及密度相差较大；多毛类、甲壳动物和棘皮动物虽然都以春季高于秋季，但是两季的数量相差不大。

全海区形成两个高生物量区及高密度区，第一个分布于大鹏澳口至大辣甲岛之间，平均生物量及密度分别为324.85 g/m^{2}和1 045个/m^2，第二个分布于大亚湾北部近岸海域，平均生物量及密度分别为367.22 g/m^{2}和3 704个/m^2。这两个高数量区起主导作用是双壳类的小鳞帘蛤和联珠蚶。

(3)底栖生物数量分布与沉积物类型密切相关[5-6]。调查海区底栖生物总生物量和总密度均以泥质粉砂的底质为最高，分别为136.06 g/m^{2}和730个/m^2。其次是粉砂质泥；砂质泥底质最低。

参考文献

1 江锦祥等. 台湾海峡西部近海底栖生物生态初步研究. 海洋学报，1984，6(3)：389-398.

2 吴启泉等.厦门港湾海洋环境综合调查报告(Ⅱ)，第四章第三节底栖生物.台湾海峡，1988，7(1)：17-35.

3 江锦祥等.东海大陆架及邻近海区底栖生物数量分布初步研究.海洋学报，1985，7(2)：244-254.

4 沈寿彭，南海综合调查研究报告(二)，底栖生物.北京：科学出版社，1985：403-426.

5 Rhoads. D. C. Organism-Sediment relations on the muddy sea floor, Oceanogr. Mar. Biol. Ann. Rev., 1974(12)：263-300.

6 Sanders. H. L. Benthic Studies in Buzzards Bay Ⅰ. Animal-Sediment relationships. Limnoloy and Oceanography, 1958(3)：245-258.

江锦祥，蔡尔西，吴启泉，徐惠州，李荣冠，郑凤武，何明海，林双淡，黄心光.原载《大亚湾海洋生态文集(Ⅱ)》，北京：海洋出版社，1990：238-247.

大亚湾底栖动物群落结构分析

摘要　根据1988年10月、12月和1989年7月对大亚湾进行底栖生物调查所获资料，研究该湾底栖动物的群落结构。文中把它划分为6个群落，讨论了各群落的分布与环境因子的关系。

Analysis of Benthic Community Structure in Daya Bay

Abstract: This report is based on the data obtained from the surveys on the subtotal zone in the Daya Bay in October and December, 1988, and July, 1989. The benthos in the bay are divided into six communities: (1) The community of *Marphysa belli oculata-Terebellides stroemi-Eurythoë parvecarunculata-Typhlocarcinus* sp.; (2) The community of *Listriolobus brevirostris-Amphioplus laevis-Schizaster lacunosus*; (3) The community of *Veremolpa micra-Mabellarca consociata-Paphia undulata-Amphioplus laevis*; (4) The community of *Onuphis* sp.-*Philine argentata-Ampelisca* spp.; (5) The community of *Lovenia subcarinata-Prionospio malmgreni-Schizaster lacunosus*; (6) The community of *Veremolpa micra-Eurythoë parvecarunculata-Linopherus hirsuta-Listriolobus brevirostris-Protankyra bidentata*. There are different dominant species, species composition, quantity distribution, diversity (H'), abundance (d) and evenness (J) in different communities. The community structure reflect the characteristics of sediments and water dynamics. The relationship between community distribution and environmental factors is discussed.

Key words: benthic community structure, South China Sea

本文根据国家海洋局第三海洋研究所对大亚湾进行海洋生态零点调查的3个航次资料写成。其中，1988年10月份航次布设20个测站；1988年12月份和1989年7月份航次均布设50个测站。在定量采样方面，采用面积0.1 m^2 的曙光（HNM型）采泥器，每站连续取样5次。泥样放入底栖动物漩涡分选装置淘洗，使用孔径为0.5 mm的筛网过滤。

1　结果与分析

根据底栖生物优势种的分布及其与沉积物、水温、盐度和海流等因素的关系，以及采用种类多样性(H')、种类丰度(d)和种类均度(J)参数。大亚湾底栖动物群落初步划分为6个群落(图1)。

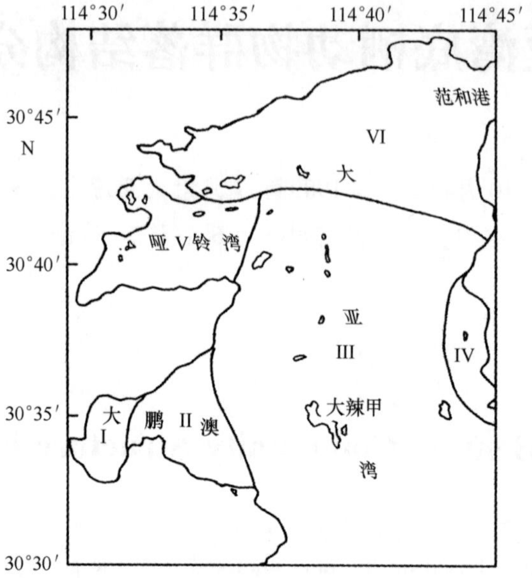

图1 大亚湾底栖动物群落的分布

Ⅰ.*Marphysa belli oculata-Terbbellides stroemi-Eurythoë parvecarunculata-Typhlocarcinus* sp.群落;Ⅱ.*Listriolobus brevirostris-Amphioplus laevis-Schizaster lacunosus* 群落;Ⅲ. *Veremolpa micra-Mabellarca consosciata-paphia undulata-Amphioplus laevis* 群落;Ⅳ.*Onuphis* sp.-*Philine argentata-Ampelisca* spp.群落;Ⅴ.*Lovenia sudcarinata-Prionospio malmgreni-Schizaster lacunosus* 群落;Ⅵ. *Veremolpa micra-Eurythoë parveca-ruunculata-Linopherus hirsuta-Listriolobus brevirostris-Protankyra bidentata* 群落

1.1 白氏岩虫-小瘤犹帝虫-梳鳃虫-盲蟹群落

本群落分布于大鹏澳,深度较浅(2~7.7 m),底层水温为15.5~31.0℃,底层盐度较高(31.0~33. 0)。沉积物的类型较复杂,从澳内向澳口,沉积物的颗粒由粗变细。该澳的北面由于潮流和波浪动力的作用较强,沉积物为粉砂质砂、细砂,有机质含量较低(<0.75%),属于弱氧化环境。澳的南面水动力的作用较弱,沉积物为黏土质粉砂,有机质含量较高(>1. 5%)。沉积物耗氧量变化幅度较大[$(0.701 \sim 2.039)\times10^{-3}$]*。

本群落底栖动物种类计有191种,其中以多毛类占优势(98种);软体动物次之(48种);甲壳动物居第三位,棘皮动物最少,仅12种。

从图2和图3可以看出,这个群落结构的显著特点是,多毛类的种类多(占51%),且栖息密度大(占72%)。特征种白氏岩虫出现频率高,数量相当大,平均密度为110个/m^2,最大密度为218个/m^2,小瘤犹帝虫和梳鳃虫的最大密度分别为154个/m^2和146个/m^2。多毛类组成另一特点是,不同沉积物类型都有代表种,特别是砂质沉积物的种类数量相当大,

* 本文使用的水文、沉积物资料根据《大亚湾核电站第二年(1988—1989)海洋生态零点调查报告》,1990.

例如,仅出现于本群落的滑指矶沙蚕最大密度达 868 个/m²。数量较大的还有小型多毛类的福威独指虫、背褶沙蚕和多毛拟刺虫等。双壳类的凸壳肌蛤和带偏顶蛤在局部水域数量亦相当大。从表 1 可以看出,该群落种类多样性和种类丰度适中,种间个体分配较均匀,这些特点说明该群落结构较复杂。

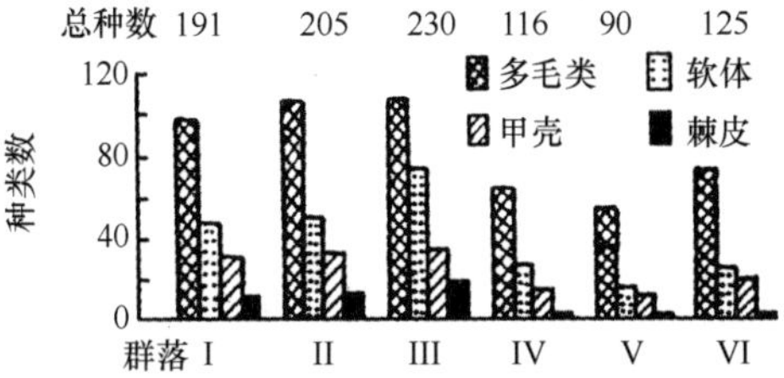

图 2　大亚湾底栖生物群落的种类数

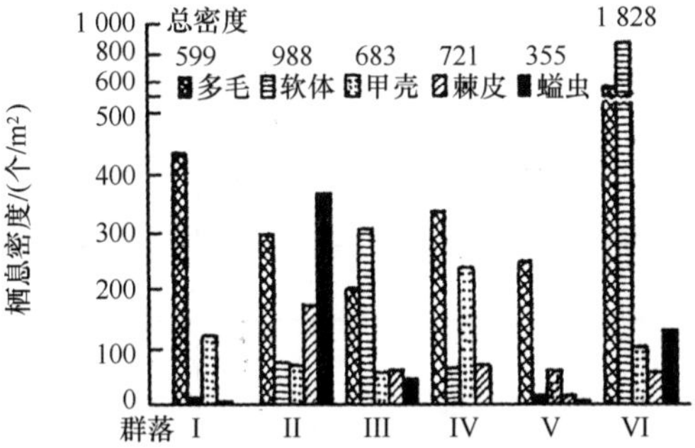

图 3　大亚湾底栖生物群落的栖息密度

1.2　短吻螠虫–光滑倍棘蛇尾–凹裂星海胆群落

本群落分布于大鹏澳口外侧海域,即大亚湾核电站冷却水排放的主要海域。水深在 5~12.6 m,底温为 15.4~30.0℃,底盐较高(31.5~34.0)。该群落北面由于潮流和波浪反复作用较强,近岸一带的沉积物为细砂,有机质含量较低(0.74%~1.30%),沉积物耗氧量变化幅度小[(0.503~0.712)$\times10^{-3}$];大部分海域的沉积物为黏土质粉砂,有机质含量在 1.5%以上,沉积物耗氧量变化幅度较大[(0.536~1.799)$\times10^{-3}$]。

这个群落底栖动物种类繁多,共有 205 种。其中多毛类的种类最多(107 种),占总种数的 52%;其次是软体动物(50 种);甲壳动物和棘皮动物较少,分别为 32 种和 13 种。

本群落结构不同于群落Ⅰ,种类组成虽然以多毛类居首位,但是栖息密度和生物量却以螠虫占优势,分别为 367 个/m² 和 207.64 g/m²。值得指出的是棘皮动物的密度(173 个/m²)和生物量(67.43 g/m²)均相当大,居各群落之冠。特征种短吻螠虫在群落中分布均匀,且数量大(104~1 052 个/m²,12 月),平均密度为 455 个/m²,平均生物量为 245.4 g/m²。凹裂星海胆栖息密度虽然不大(平均为 4 个/m²),但是其生物量相当高,平均生物量为 31.8 g/m²,最高生物量为 80.60 g/m²。多毛类的中蚓虫、双鳃内卷蚕、弦毛内卷蚕和狭叶健足虫等数量亦较大。本群落种类多样性较低。种类丰度略高于群落Ⅰ,然而种类均匀度则比群落Ⅰ低。群落Ⅱ平均总生物量居各群落首位(340.89 g/m²),主要原因是短吻螠虫的生物量起主导作用(占61%)。

表1　大亚湾底栖动物群落结构

项目 \ 群落		Ⅰ	Ⅱ	Ⅲ	Ⅳ	Ⅴ	Ⅵ
测站数		7	13	21	2	2	5
种类数		191	205	230	116	90	125
密度/(个/m²)		599	988	683	721	355	1 828
生物量	湿重/(g/m²)	78.28	340.89	238.28	51.72	143.32	222.07
	干重/(g/m²)	42.49	103.62	118.01	25.81	82.46	120.40
种类多样性(H')		3.47	3.04	3.76	4.24	2.81	2.98
种类丰度(d)		3.97	4.55	4.80	5.65	3.96	3.80
种类均度(J)		0.69	0.55	0.69	0.75	0.54	0.56
特征种和主要种							
Maphysa belli oculata 白氏岩虫		*				+	
Eurythoë parvecarunculata 小瘤犹帝虫		*	+			+	*
Terebellides stroemi 梳鳃虫		*				+	+
Typhlocarcinus sp.盲蟹		*	+	+		+	+
Listriolobus brevirostns 短吻螠虫			*	+			*
Amphioplus laevis 光滑倍棘蛇尾		+	*	*	+		+
Schizaster lacunosus 凹裂星海胆			*	+		*	+
Veremolpa micra 小鳞帘蛤			+	*			*
Mabellarca consociata 联珠蚶			+	*			
Paphia undulata 波纹巴非蛤			+	*	+		+
Onuphis sp.欧努菲虫					*		
Philine argentata 银白壳蛞蝓					*		
Ampelisca spp.双眼钩虾		+			*		
Lovenia subcarinata 扁拉文海胆				+		*	
Prionospio malmgreni 丝鳃稚齿虫		+	+		+	*	
Linopherus hirsuta 多毛拟刺虫		+	+				*

续表

项目 \ 群落	Ⅰ	Ⅱ	Ⅲ	Ⅳ	Ⅴ	Ⅵ
Protankyra bidenta 棘刺锚参					+	*
Tambalagamia fauveli 背褶沙蚕	+					
Aricidea fauveli 福威独指虫	+					
Euniphysa aculeata 特矶沙蚕	+			+		
Mediomastus californiensis 中蚓虫		+	+			+
Agiaophamus dibranchis 双鳃内卷蚕		+	+			+
Aglaophamus lyrochaeta 弦毛内卷蚕		+	+			+
Podarke angustifrons 狭叶健足虫		+	+		+	
5igambra hanaokai 花冈钩毛虫		+	+		+	+
Paraprionospio pinnata 奇异稚齿虫		+				
Glycera convoluta 卷旋吻沙蚕		+	+	+		
Heterocossura aciculata 足刺异单指虫			+			
Prionospio ehlersi 袋稚齿虫			+			
Laonice cirrata 后指虫			+			
Sternaspis scutata 不倒翁虫			+			
Diopatra neapolitana 利波巢沙蚕				+		
Ophelina grandis 大海蛹					+	
Musculus senhousei 凸壳肌蛤	+					+
Nitidotellina nitidula 亮樱蛤	+			+		
Pinctada martensi 马氏珠母贝	+					
Modiolus comptus 带偏顶蛤	+					
Chione calophylla 美叶雪蛤		+	+			
Solen dunkerianus 短竹蛏			+			
Zozia coarctata 狭左吉蛤			+			
Atrina pectznata 栉江珧					+	
Angulus emarginatus 缘角蛤					+	
Cardium coronatum 镶边鸟蛤					+	
Ostrea pestigris 猫爪牡蛎	+				+	

续表

项目＼群落	Ⅰ	Ⅱ	Ⅲ	Ⅳ	Ⅴ	Ⅵ
Strombus vittatus 带凤螺	+					
Babylonia lutosa 泥东风螺		+				
Babylonia areolata 方斑东风蝶				+		
Turritella bacillum 棒锥螺			+			
Turricula nelliae spurius 假奈拟塔螺		+				
Turricula javana 爪哇拟塔螺						+
Macrophthalmus latreillei 拉氏大眼蟹	+					
Raphidopus ciliatus 绒毛细足蟹	+					
Hexapus granuliferus 颗粒六足蟹		+	+			+
Neoxenophthalmus obscurus 模糊新短眼蟹		+	+		+	+
Typhlocarcinus nudus 裸盲蟹			+			
Chasmocarcinops gelasimoides 拟光宽甲蟹						+
Alpheus sp.鼓虾	+		+	+		
Leptochela pugnax 猛细蟹虾		+	+			
Callianassa petalura 突尾玉虾		+	+	+		
Amphiodia obtecta		+	+		+	+
Amphioplus lucidus 光亮倍棘蛇尾		+		+		
Ophiura pteracantha 翅棘真蛇尾		+	+	+		
Luidia limba	+					
Leptopentacta typica 细五角爪参	+	+				

* 表示特征种；+表示主要种；本表均同。

1.3 小鳞帘蛤-联珠蚶-波纹巴非蛤-光遭铿棘蛇尾群落

本群落分布于大亚湾的中、南部海域，分布范围最大，测站最多（21 个站）。水深在 5~20 m，底温为 16.0~30.0℃，底盐为 31.5~34.5。沉积物以黏土质粉砂和粉砂质黏土为主，有机质含量为 1.14%~2.04%，该群落北部属于还原环境，南部则属于弱还原环境。沉积物耗氧量变化幅度较大[$(0.397\sim2.08)\times10^{-3}$]。

这个群落底栖动物的种类最多，计 230 种。其中以多毛类占优势（108 种），软体动物次之（73 种），甲壳动物 35 种，棘皮动物最少，仅 10 种。

本群落的结构与群落Ⅱ有着明显不同之处,即软体动物无论是栖息密度或者生物量都占优势地位,前者为 304 个/m^2,后者为 120.50 g/m^2。显然,短吻蛤虫的数量在本群落明显减少,平均密度为 47 个/m^2,相差近 10 倍。群落的特征种极为明显,双壳类小鳞帘蛤大量的出现,是这个群落的重要标志。本种在一半以上的测站,密度大于 500 个/m^2,最大密度达 3 734 个/m^2。其密集区在群落Ⅱ至大、小辣甲岛之间的水域。经济种波纹巴非蛤广泛分布于本群落,该种在核电站北面局部水域的数量较多,最大密度为 86 个/m^2,生物量为 621.24 g/m^2。联珠蚶主要分布于本群落,最大密度达 864 个/m^2。光滑倍棘蛇尾出现频率高,分布均匀,但其数量从群落Ⅱ与群落Ⅲ交界处向外逐渐减少。常见种与群落Ⅱ基本相似。本群落的种类多样性和丰度较高,种类均度适中。

1.4 欧努菲虫-银白壳蛞蝓-双眼钩虾(*Ampelisa* spp.)群落

本群落分布于大亚湾东部近岸局部水域,只有两个测站,水为深 7 m 左右。由于近岸潮流和波浪动力作用强,沉积物为细砂,有机质含量低(0.41%~0.74%),属于弱氧化环境。

这个群落的生境比较特殊,底质单纯,为细砂。种类组成和数量都以生活在砂质的动物占优势。特征种欧努菲虫仅出现于本群落。群落结构以多毛类种类最多(65 种),占 56%,其次是软体动物(27 种)。栖息密度以多毛类和甲壳动物占优势,分别为 335 个/m^2 和 240 个/m^2。端足类双眼钩虾最大密度为 420 个/m^2。群落Ⅳ的生物量最低,平均总生物量为 51.72 g/m^2,软体动物生物量较高(25.60 g/m^2);其次是多毛类(7.91 g/m^2)。软体动物生物量之所以较高,是由于特征种后鳃类银白壳蛞蝓出现频率高,数量大,最大密度为 56 个/m^2,生物量为 25.62 g/m^2,以及采到方班东风螺所造成。常见种有利波巢沙蚕、特矶沙蚕、卷旋吻沙蚕、鼓虾、多种双眼钩虾、光滑倍棘蛇尾和光亮倍棘蛇尾等。群落的种类多样性较高,种类丰度大,种类均度也配

1.5 扁拉文海胆-丝鳃稚齿虫-凹裂星海胆群落

本群落分布于哑铃湾,水深 5~8 m, 只有两个测站。底温为 16.0~31.0℃,底盐为 31.5~33.5。沉积物为黏土质粉砂,有机质含量为各群落最高者(1.96%~2.39%),属于较强还原环境。这种生境有利于食有机碎屑和吞食沉积物的底栖动物的生长与繁殖。沉积物耗氧量变幅较小[$(1.541\sim2.520)\times10^{-3}$]。

本群落的底栖动物种类最少(91 种),除多毛类种类较多(56 种)外,其他各类群的种类均少于 20 种。群落结构较简单,特征种数量不大。吞食沉积物的扁拉文海胆和凹裂星海胆出现频率较高,虽然栖息密度不大,但由于个体大,其生物量相当高。例如扁拉文海胆最高生物量为 132.40 g/m^2,密度只有 2 个/m^2。另外,棘刺锚参也是组成棘皮动物生物量的主要成员。本群落平均密度最小(355 个/m),实际上是多毛类起决定作用,其平均密度为 250 个/m^2,占 70%。然而,群落的平均生物量(100.02 g/m^2)则高于群落Ⅰ和Ⅳ,主要是上述几种棘皮动物(平均为 67.39 g/m^2)起主导作用。丝鳃稚虫出现频率高且数量较大,平均密度为 50 个/m^2。常见种有小瘤犹帝虫、花冈钩毛虫、大海蛹、梳鳃虫、双鳃内卷蚕、猫爪牡蛎、栉

江珧、模糊新短眼蟹和光滑倍棘蛇尾等。本群落的种类多样性和均度都比较低。

1.6 小鳞帘蛤–小瘤犹帝虫–多毛拟刺虫–短吻蛤虫–棘刺锚参群落

这个群落分布于大亚湾北部海域,水深较浅(3.7~8.6 m),底温为16.0~30.5℃,底盐为31.3~33.5。这里水动力作用弱,沉积物稳定,细颗粒的粉砂质黏土有利于有机质保存,因此,有机质的含量较高,为1.51%~2.40%。沉积物化学环境有两种类型,大部分海域属于还原环境;靠近范和港为较强还原区。沉积物耗氧量为[(0.782~1.908)$\times10^{-3}$]。

本群落以食有机碎屑的底栖动物为主,共有125种,其中多毛类占优势(73种),软体动物和甲壳动物分别为25种和20种。

这个群落的显著特点是软体动物和多毛类的栖息密度很大,成为各群落之冠,分别为941个/m^2和588个/m^2,两者占全群落总密度的84%。主要由于特征种小鳞帘蛤的数量非常大,平均密度为1 643个/m^2,最高密度达7 120个/m^2(12月)。值得注意是,本种在高温季节(7月)数量剧减,各测站采到的小鳞帘蛤几乎都是死贝壳。这种死亡现象在第一年(1987年)生态零点调查时也有出现。小鳞帘蛤大量死亡的现象,除了本种具有生长、繁殖与死亡的自然规律外,无疑与其栖息的环境有着密切关系。因为本种在群落Ⅲ的死亡现象没有那样严重,这与群落Ⅲ的深度较深,海域开阔,水动力作用较强有一定的关系。本群落另一特点是,小型多毛类—多毛拟刺虫的数量很大,最大密度达1 036个/m^2。另外,吞食沉积物的底栖动物得到充分发展,例如,短吻蛤虫在本群落出现高密集区,特别是在有机质含量高的范和港,其密度高达828个/m^2,生物量为308.0 g/m^2。棘刺锚参在局部水域的数量也相当大(122个/m^2)。在群落的西北面近岸浅水区,出现大量的凸壳肌蛤,最大密度达1 640个/m^2,生物量为574.26 g/m^2。常见种类与邻近群落大致相同(表1)。本群落的种类多样性和均度都比较低。

2 结语与讨论

(1)大亚湾底栖动物群落初步划分为6个群落,归纳为3种生态类型。

群Ⅰ、群落Ⅴ、群藻Ⅵ属于内湾性类型。由于水动力的条件不同,沉积物类型有所差别,所以这3个群落的结构不尽相同。群落Ⅰ的结构较复杂,既有砂质的种类又有软泥的种类,种类多样性、丰度和均度都是适中。群落Ⅴ、群落Ⅵ的结构比较简单,种类组成以食有机碎屑和吞食沉积物的动物为主,特征种的数量大,种类多样性和均度都比较低。

群落Ⅲ、群落Ⅳ属于开阔性类型,水动力的作用较强,但是由于沉积物类型不相同,两个群落的结构差别较大。群落Ⅲ的结构较复杂,底栖动物种类最多(230种)。沉积物为黏土质粉砂和粉砂质黏土,种类组成以营底内生活的动物占优势,特征种极为明显,小鳞帘蛤、波纹巴非蛤和联珠蚶既广泛分布于本群落,又有各自的密集区。这些双壳类的数量分布的格局合理,它们对群落Ⅲ的数量变化起着举足轻重的作用。群落Ⅳ的生境比较特殊,底质单纯,为细砂,种类组成以砂质的动物为主,端足类双眼钩虾大量的出现是本群落的重要标志。

种类多样性、丰度和均度都较高。

群落Ⅱ属于过渡性类型，介于群落Ⅰ与群落Ⅲ之间，群落的北面水动力作用较强，底质为细砂，而群落的南面水动力作用较弱，底质为黏土质粉砂。底栖动物种类繁多，群落结构复杂，但是由于特征种的数量大，所以种类多样性反而较低，种类丰度较大，种间个体分配显得不太均匀。

（2）大亚湾底栖生物各群落各类群的种类数的比例十分有规律，每个群落的种数都是多毛类>软体动物>甲壳动物>棘皮动物。这与邻近海区[1-3]不相同。这种组合特点说明该湾的生态环境稳定，有利于底栖动物的生长与繁殖，维持了良好的生态平衡。

（3）各群落的数量组成略有差异，就栖息密度而言，群落Ⅰ、群落Ⅳ、群落Ⅴ均以多毛类占优势，其次是甲壳动物；群落Ⅲ、群落Ⅵ则以软体动物占优势，多毛类次之；群落Ⅱ与上述的群落截然不同，它是以螠虫的密度占优势，其次是多毛类。从生物量来看，多数群落（Ⅰ、Ⅲ、Ⅳ、Ⅵ）都以软体动物居首位，只有群落Ⅱ仍以螠虫占优势；群落Ⅴ是棘皮动物生物量最高。

大多数群落的湿、干重生物量的比值为1.84%~2.00%，差别不明显，但群落Ⅱ的湿、干重生物量比值（3.30）高于其他群落，这是因为该群落短吻螠虫失水率高所致（图4）。

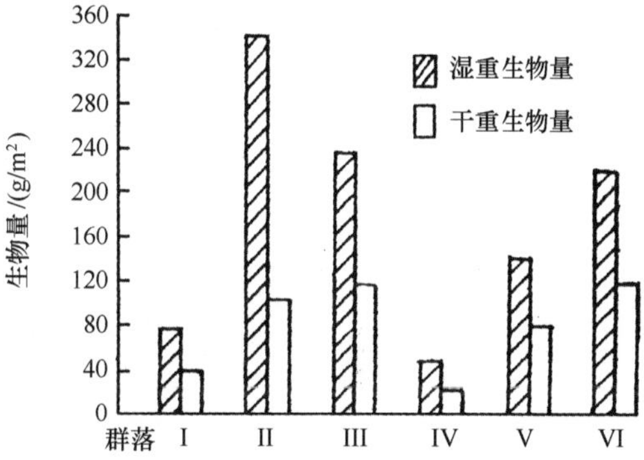

图4　大亚湾底栖生物群落的生物量

（4）综上所述，大亚湾底栖动物群落结构及其生态属于正常。与其他海区比较[4-9]，大亚湾底栖动物群落作为评价今后该湾环境质量变化，提供了很有价值的生态学本底资料。

参考文献

1　江锦祥等. 台湾海峡西部近海底栖生物生态初步研究. 海洋学报，1984，6（3）：389-398.

2　江锦祥等. 东海大陆架底栖生物群落分布特点. 台湾海峡，1986，5（1）：70-77.

3　吴启泉等. 台湾海峡西部海域底栖生物生态研究Ⅰ.厦门港底栖动物群落分析. 海洋学报，1985，7（3）：378-387.

4　崔玉珩，孙道元. 渤海湾排污区底栖动物调查初步报告. 海洋科学，1983，3：29-35.

5　贾树林等. 排污对锦州湾大型底栖动物生态的影响，海洋环境科学，1982，1（2）：79-87.

6　Bilyard，G. R. The Value of Benthic Infauna in Marine Pollution Monitoring Studies. Mar. Poll. Bull.，1987，18

(1):581-585.

7 Mirza, F. B. and J. S. Gray, The Fauna of Benthic Sediments from the Organically Enriched Osilofjord, Norway. J. Exp. Mar. Biol. Ecol., 1981,54:181-207.

8 Rhoads, D. C. & D. K. Young, The Influence of Deposit-Feeding Organisms on Sediment Stability and Commnity Trophic Structure. J. Mar. Res.,1970,26:150-170.

9 Wu,R. S. S. & J. Richarda, Variations in Benthic Community Structure in a Sub-Tropical Estuary. Mar. Biol., 1981,64:191-198.

江锦祥,李荣冠,郑凤武,鲁琳,吴启泉,徐惠州,黄心光. 原载《大亚湾海洋生态文集(Ⅱ)》,北京:海洋出版社,1990:283-289.

The Effects of Urban Sewage on Benthic Community Structure in Xiamen Bay, China

Abstract The effects of urban sewage discharge on benthic community structure in Xiamen Bay based on a quantitative benthic monitoring survey undertaken from March 1988 to February 1989, was investigated. Variations in benthic community structure were described by means of analysis of the following parameters: species diversity (H'), richness (D), evenness (J) and the log-normal distribution species comprising each community.

The benthic communities of Xiamen Bay can be divided into three types: (1) an *Aglaophamus dibranchis* Grube, *Poecilochaetus paratropicus* Gallardo and, *Haploscoloplos* sp. community; (2) a *Nucula* cf. *kawamruai* Kuroda, *Trigonothracia jinxingae* Xu, *Aglaophamus dibranchis*, and *Neoxenophthalmus obscurus* (Henderson) community and (3) a *Neoxenophthalmus obscurus*, *Amphioplus laevis* (Lyman), and *Amphioplus impressus* (Ljungman) community. The distribution of these communities was closely related to urban sewage discharge, sediment types and hydrography.

1 Introduction

Many research studics on sublittoral and estuarine benthic community structure have been reported upon (Sanders, 1960; Boesch and Wass 1976; Wu and Richards, 1981; Dugan and Livingson, 1982; Mahoney and Livingson, 1982).

In China; some studies on the benthic ecology of Jinzhou Bay, Bohai Bay, Jiaozhou Bay, Changjiang River estuary, Hangzhou Bay and Xiamen Bay have been reported upon (Jia et al. 1982; Cui and Sun, 1983; Wu et al., 1985; He et al., 1988; Li and Jiang, 1989a). In the present study, variations in benthic species numbers and community structure in relation to seasonal changes in environmental factors were studied in Xiamen Bay to provide ecological information useful for local economic development and marine environmental protection.

2 Materials and Methods

Benthic surveys were undertaken in Xiamen Bay from March 1988 to February 1989. The quantitative information was based on monthly sampling at 10 stations during a study period of one year. The study area was from 20°04′0″ to 24°33′30″N and 118°02′0″ to 118°05′0″E. Quantitative sampling was with a grab (Model 50 Ocean) with a sampling area of 0.05 m^2. Five replicate samples were taken at each station. The benthic organisms collected in the samples were separated from the sediment by washing through a 1 mm mesh sieve.

Species diversity at each station was calculated using the Shannon-Weaver equation:

$$H' = - \sum_{i=1}^{s} \frac{n_i}{N} \log_2 \frac{n_i}{N};$$

Species richness was calculated using the Margalef equation:

$$d = \frac{s-1}{\log_2 N};$$

Species evenness was calculated using Pielou's equation:

$$J = \frac{H'}{\log_2 S};$$

The coefficient of similarity was calculated using the Sanders equation:

$$PSC = 100 - 50 \sum | a' - b' |.$$

Where S is the number of species in the sample; n_i is the individual numbers of the first dominant species and N is the total number of individuals in the sample; a' and b' are the percentage densities of the same species at two different stations.

3 Results

Based on the distributions of dominant species and the relationships between sediment, water temperature, salinity and current flow and, by using community parameters, i. e., community similarity coefficient, species diversity, richness and evenness, the benthic organism communities in Xiamen Bay have been divided into three types (Figs. 1 and 2). The distributional features of these communities can be de scribed as follows:

3.1 The *Aglaophamus dibranchis*, *Poecilochaetus paratropicus* and *Haploscoloplos* sp. community.

This community, designated as community I, was distributed in the northern area of the Western Harbour, Xiamen, and included Stations 1,2,3 and 4. Of a total of 84 species in this community, polychaetes were the dominant group with 36 species comprising 43% of the total species numbers. There were 28 species of molluscs and 15 species of crustaceans as well as 5 species of echinoderms (Fig.3). Dominant species included *Poecilochaetus paratropicus*, *Aglaophamus dibranchis*, *Haploscoloplos* sp., *Lumbrineris* sp., *Theora lata* (Hinds), *Neoxenophthalmus obscurus* (Henderson), *Nassarius hepaticus* (Pulteney), *Zeuxis* sp., *Graptacme buccinula* (Gould) and *Euniphysa aculeata* (Wesenberg-Lund). This benthic community had a lower species diversity and

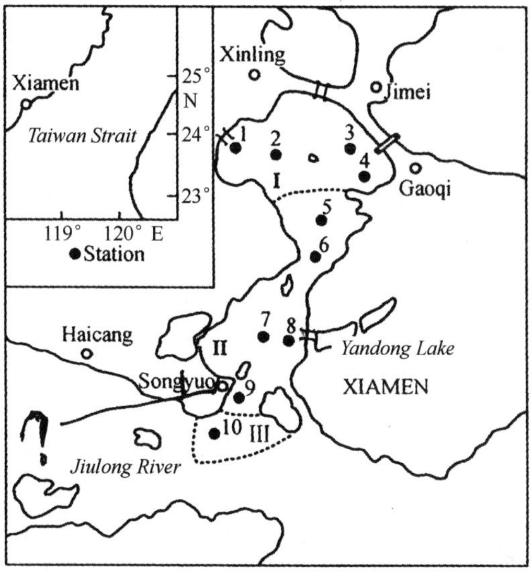

Fig.1 Distribution of benthic communities in Xiamen Bay. I, *Aglaophamus dibranchis* Grube, *Poecilochaetus paratropicus* Gallardo and *Haplosocoloplos* sp. community. II. *Nucula* cf. *kawamurai* Kuroda, *Trigonothracia jinxingae* Xu, *Aglaophamus dibranchis* and *Neoxexophthalmus obscurus* (Henderson) community. III, *Neoxenophthalmus obscurus*, *Amphioplus laevis* (Lyman) and *Amphioplus inpressus* (Ljungman) community

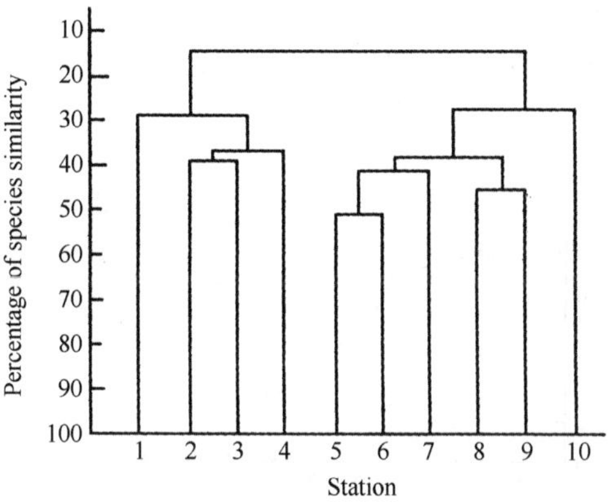

Fig.2 Community assemblages in Xiamen Bay based on species percentages

richness in comparison with other assemblages in the study area (Table 1).

Table 1 Species diversity (H'), species richness (D) and species evenness (J) at sampling stations in Xiamen Bay

Station	1	2	3	4	5	6	7	8	9	10
H'	2.56	2.73	2.52	2.86	2.03	3.03	3.77	3.81	3.50	3.00
D	1.05	1.19	1.04	1.25	1.01	1.95	1.91	2.23	1.73	2.06
J	0.91	0.91	0.98	0.95	0.64	0.74	0.99	0.91	0.95	0.71

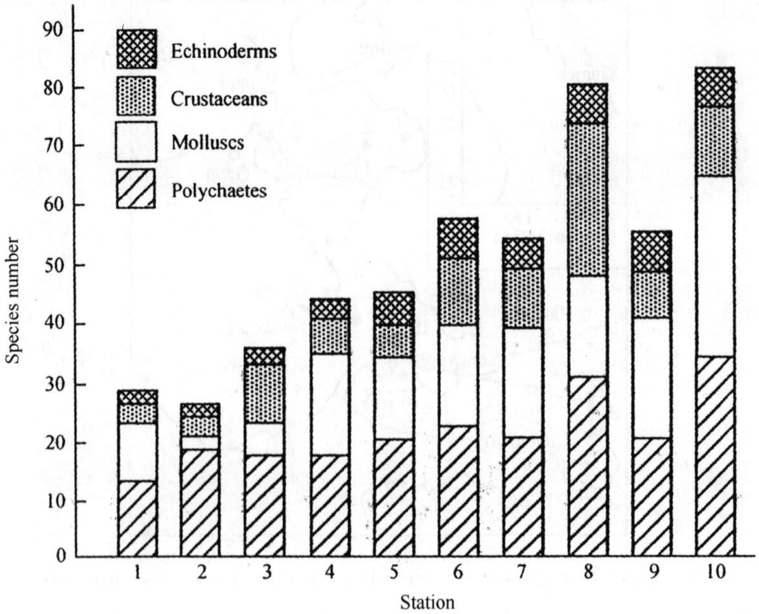

Fig.3 Comparison of benthic species numbers at sampling stations in Xiamen Bay

The species numbers of this community also varied seasonally. From Figure 4, it is clear that the greatest number of species occurred in April (25 species) and the least in September (5 species). The number of species in March, May, June and October were higher and in the range of 20 to 23 species. This variation in species numbers was mainly due to the number of polychaete species collected.

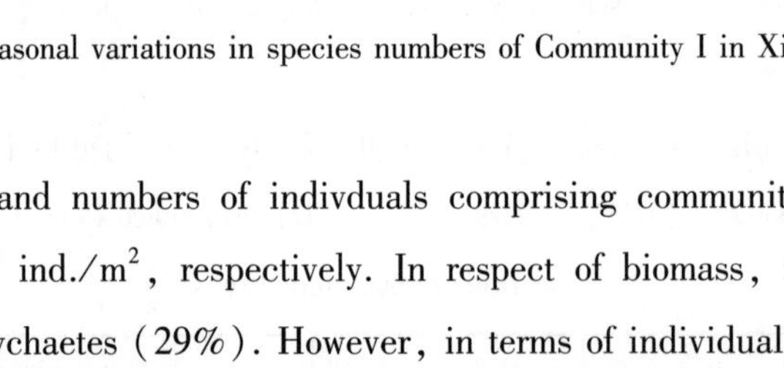

Fig.4 Seasonal variations in species numbers of Community I in Xiamen Bay

The total biomass and numbers of indivduals comprising community I was relatively olw, i. e., 6.7 g/m^2 and 47 ind./m^2, respectively. In respect of biomass, molluscs were dominant (32%) followed by polychaetes (29%). However, in terms of individual density, the dominance was by polychaetes (60%) followed by Mollusca (25%). The proportions of Crustacea and Echinoderms were relatively low in terms of both biomass and density.

Both total biomass and the individuals of this community shared a marked seasonal variation (Fig.5). A maximum occurred in May with the biomass of 20.67 g/m^2 and a density of 112 ind/

m². The lowest occurred in September and February with a biomass of 1.87 g/m² and 1.75 g/m², respectively, and a density of 16 ind./m². Such seasonal variations were mainly related to changes in polychaete biomass and individuals (Fig.6).

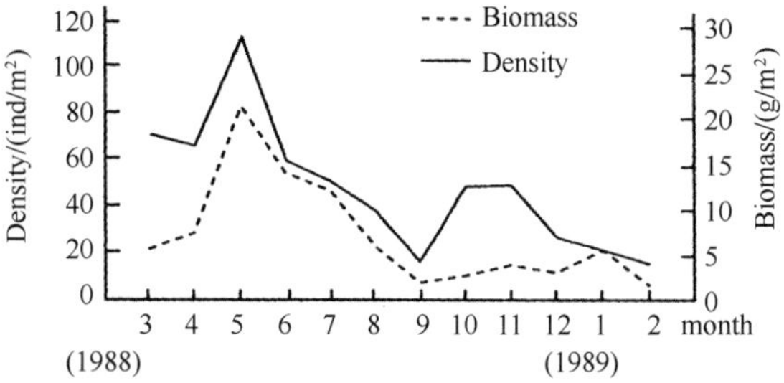

Fig.5 Seasonal variations in total biomass and total density of Community I in Xiamen Bay

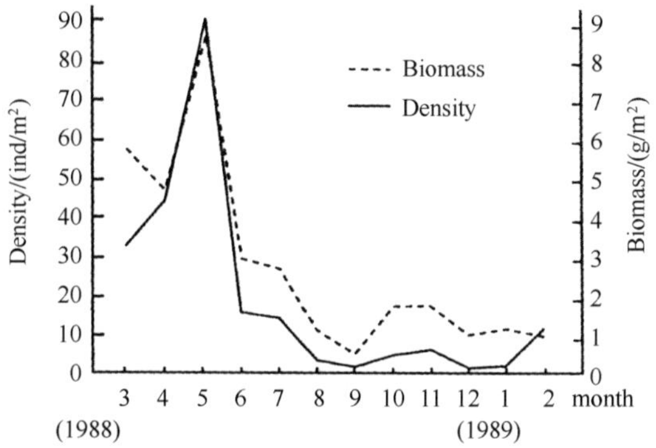

Fig.6 Seasonal variations in the polychaetes of Community I in Xiamen Bay

3.2 The *Nucula* cf. *kawamruai*, *Trigonothracia jinxingae Aglaophamus dibranchis* and *Neoxenophthalmus obscurus* community

This community, designated as community II, was distributed in the centre and southern areas of Xiamen Bay, including Stations 5, 6, 7, 8 and 9. The community structure was complex with a record of 143 species. The dominant species group was the Polychaeta (56 species) followed by molluscs (40 species), Crustacea (30 species) and Echinoderms (14 species). Dominant species included *Nucula* cf. *kawamurai*, *Neoxenophthalmus obscurus*, *Trigonothracia jinxingae*, *Aglaophamus dibranchis*, *Hexapus granuliferus*, *Lumbrineris* sp., *Euniphysa aculeata*, *Diopatra neapolitana* Della Chiaje, *Protankyra bidentata* (Woodward and Barrett) and *Typhlocarcinus* sp. This community had a high diversity (3.03–3.81 except Station 5), high species richness (1.73–2.23) and high evenness.

Species unmbers in this community showed little seasonal change (Fig.7), with most species being recorded in June (44 species) and the least in January (27 species). The biomass of this community was also high with a total of 39.87 g/m^2 and a total annual average density of 127.8 ind./m^2. Echinoderms were dominant (70%) with respect to biomass and the Mollusca second (18%). In terms of density, polychaetes were dominalt (51 ind./m^2, 40%), Mollusca second (30%) and echinoderms least, i.e., 15 ind./m^2. The community was characterized by seasonal variations (Fig.7), with three peaks in biomass occurring in April, October and June, i.e., 76.84, 70.02 nant group was curstaceans with a biomass of 6.06 g/m^2 and a density of 48 ind./m^2. Both the biomass and density of molluscs were rather low, being 3.85 g/m^2 and 27 ind./m^2, respectively.

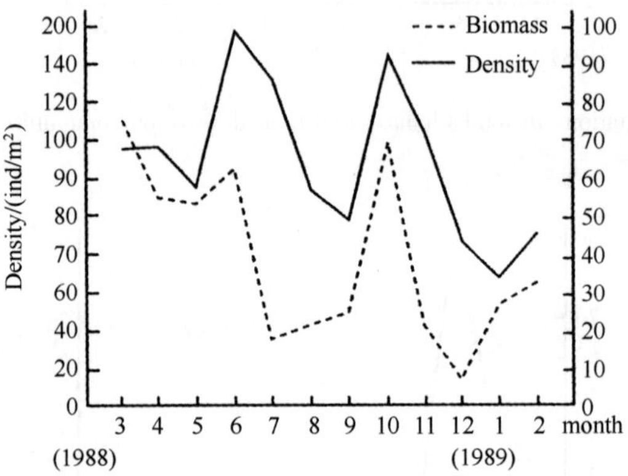

Fig.7 Seasonal variations in total biomass and total density of Community II in Xiamen Bay

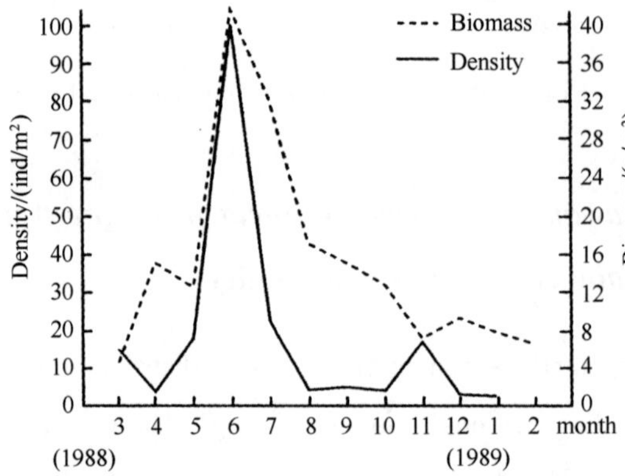

Fig.8 Seasonal variations in mollusc numbers of Community II in Xiamen Bay

Biomass and density of this community also showed marked seasonal changes (Fig.10). The maximum biomass value was recorded in December, resulting from a single large-sized individual of *Asterina* sp. in the sample with a wet weight of 200.44 g. With omission of this individual, the highest biomass was recorded in August (40.08 g/m^2). For individual densities, greatest numbers occurred in June and August, being 456 individuals/m^2 and 412 individuals · m^{-2}, respectively. Such seasonal variations were mainly due to the occurrence of *Amphioplus laevis*, *Amphioplus im-*

pressus and *Neoxenophthlmus obscurus*. The seasonal variations in the main groups of this community were similar, except for echinoderms (Fig.11).

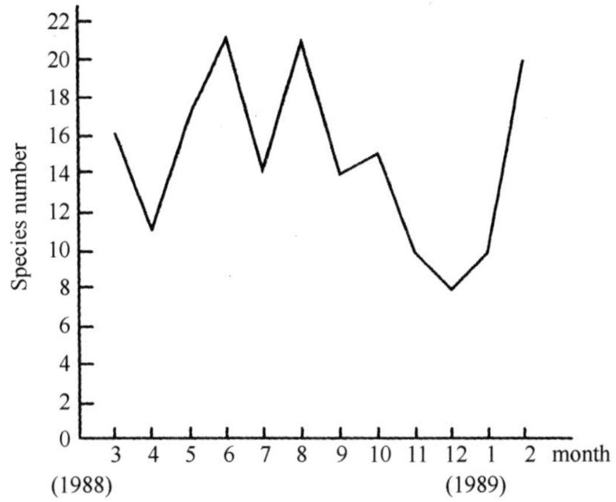

Fig.9 Seasonal vaariations in species numbers of Community III in Xiamen Bay

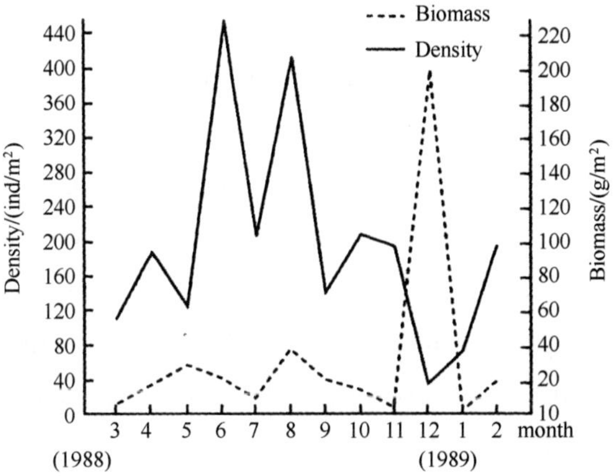

Fig.10 Seasonal variations in total biomass and density of Community III in Xiamen Bay

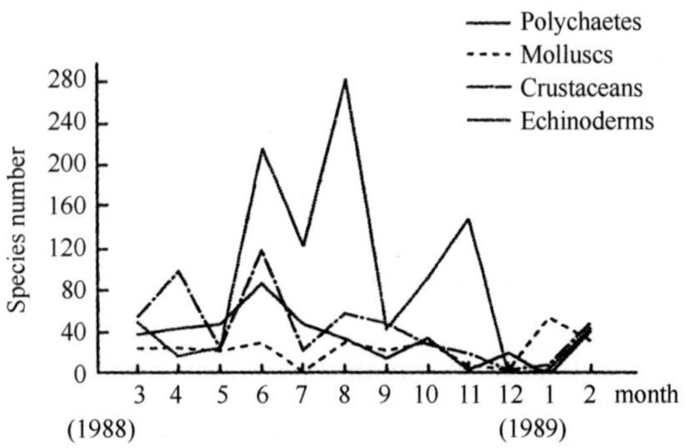

Fig.11 Seasonal variations in main species group densities of Community III in Xiamen Bay

3.3 Community distributions in relation to hydrodynamics

Residual flow in terms of river runoff and tidal residual flow exist in most areas of Xiamen Bay. The surface residual flow is mainly towards the mouth of the day, whereas the bottom current flows into the bay. Because of such residual flow, floating pollutants can be carried easily out of the bay but not submerged substances (Chen et al., 1985).

Community I is distributed in northern Xiamen Bay where both the surface and bottom residual flows move around Baozhu Island in an anticlockwise direction due to obstruction by the Jimei-Gaoge sea wall. A large amount of waste water from industrial areas in Xinglin is discharged from Maluan Bay into this area. In addition, treated waste water from Yandang Lake is carried by tidal currents into Xiamen Bay. As a result, pollutants are trapped in this area and are deposited on the bottom. Such deposition changes the characteristics of the water column and sediment and influences the original habitat, disturbing community sturcture. Therefor, rather low species numbers (84) and relatively low biomass and individual densities (6.79 g/m^2 biomass, 47 ind./m^2 density) characterise this community. Species diversity and richness are also low.

Community II is located in the central and southern areas of Xiamen Bay, where there is a strong tidal current and residual flow. With the incoming tide, waste water from Yandang Lake can be dispersed towards the bay along Stations 5 and 6. During low tide, however, part of the waste water returns through Stations 5 and 6 and converges at the waste water discharge outlet near Stations 7 and 8. Such flows move the Xiagu Strait and Songgu Water towards the open sea. The effects of waste water on this. area is thus not as evident as in the northern part of the bay. Only Stations 7 and 8 are affected by such waste water discharges, The structure of this community is rather complex and rich in species(143 species)with a high biomass and individual density (39.89 g/m^2 biomass and 128 ind./m^2). A rather even distribution of individuals among species is also typical of this community.

Community III is located in the estuarine area of the Jiulong River, where there exists a greater water exchange due to strong tidal action and better water quality. In addition, this area has a rather stable sediment regime with a low organic content (0.89%) . The benthic community of this area is diverse and has a high individual density (201 ind./m^2) .

3.4 Community distribution in relation to sediment

The effects of sediment on benthic community structure are complex, involving not only the types of sediment but also the deposition rate of suspended matter, nutrient composition and pollutant content.Sediment types at sampling stations in Xiamen Bay are similar, i.e., either silty clay or clay-silt, except Station 10 with sand-silt-clay.

The organic matter in the sediment of community I was high (1.6%–2.2%) with the highest record located at the western side of the community (more than 2.0% at Station 10 over the study period). This community had a low species diversity (2.56), few species (28 species) and low biomass. The annual average for biomass and density was 0.30 g/m^2 and 13.5 ind./m^2, respectively. It is apparent that sampling Station 1 is seriously organically polluted.

The organic matter content of the sediment of Community II was 1.3%–1.9%. Station 8 is located at the discharge outlet of Yandang Lake, where the organic matter content was 1.3%–2.0% . Although this station is near the outlet, pollutants can be carried quickly by strong tidal currents and residual flow. As a result, organic matter at this station was rarely high. Species diversity at this station was high, with many species (80) and high biomass and individual density values.

The organic matter content in the sediment of Community III was low (0.89%) due to greater water exchange. Pollutants can, therefore, be carried quickly by the outflow from the Jiulong River into the sea.

3.5 Long-normal distribution

Figure 13 indicates, that the four stations Species of Community I are polluted to diffient extents. Since Station 1 and 2 are influenced directly by waste water from Maluan Bay and the industrial areas of Xinglin, the slope of the correlation line is small, indicating that community structure has been seriously disturbed by polluted discharges. The correlation lines for Stations 3 and 4 bend, indicating that community structure has been disturbed and is now at a transitional stage.

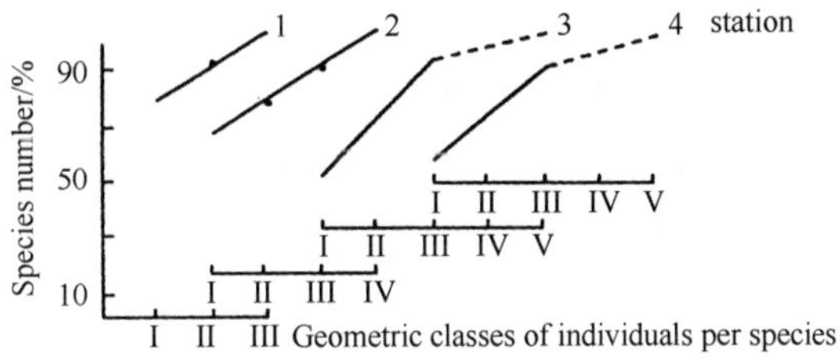

Fig.12 Log-normal distribution of benthic individuals among species of Community I in Xiamen Bay

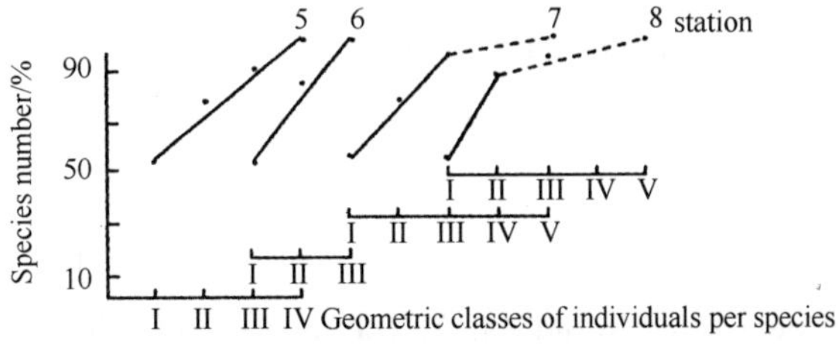

Fig.13 Log-normal distribution of benthic individuals among species of Community II in Xiamen Bay

Two different situations are shown in Figure 14 for Community II, the correlation lines of Station 5 and 6 with large slopes and short spans indicate that community structure is not disturbed.

However, the correlation lines for Stations 7 and 8 bend and have a long span indicating that disturbance to the benthic community has taken place.

For Community III, the correlation lines have a large slope and short span (Fig.15). Both Stations 9 and 10 have a stable benthic community structure.

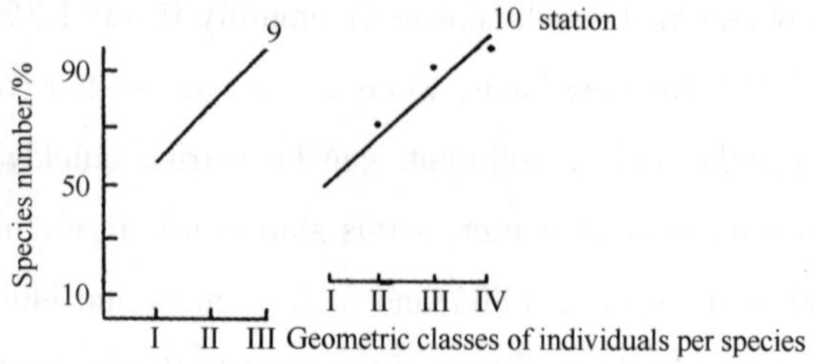

Fig.14 Log-normal distribution of benthic individuals among species of Community III in Xiamen Bay

4 Discussion

Three benthic communities characterize Xiamen Harbour. The structure of Community I is simple with a few species (84), low biomass (6.7 g/m^2) and low individual densities (47 ind./m^2). The dominant species in this community are polychaetes and some rare echinoderms. This community is characterized by low species diversity (H': 2.56–2.73) and richness (D: 1.05–1.19).

The main reason for such a few species and the low individual density of this community is poor hydrodynamic conditions, high organic matter content and sulphide in the sediment. This area is also affected by tidal currents, bottom water and local circulation, all of which slow down dilution and dispersion of pollutants. In particular, particulate pollutants tend to stay in the sediment and pollutants from Maluan Bay also accumulate here. As a result, the organic matter content (about 2%) is higher than that of other areas, but lower than an evalution standard (3.4%) for sediment pollution. It is thus shown that because of the effects of urban sewage on the sediment, this area is polluted. Analysis of benthic community structure has shown that the sewage discharge outlet in the northern part of Xiamen Bay (the area where Stations 1 and 2 are located) should be relocated.

The structure of Community II is complex, with high diversity (143 species), biomass (39.87 g/m^2) and individual density (128 ind./m^2). The numbers of echinoderm species in this community was higher than that in Community I, contributing 70% to the total biomass. The numbers of polychaete, mollusc and crustacean species were similar. Both species diversity (H': 3.03–3.81, except Station 5) and richness (D: 1.73–2.23) were high and individuals among species were evenly distributed.

From the structure and composition of the community, it is apparent that the influence of urban sewage was slight. Although this area is located at the discharge outlet of Yandang Lake which receives a large amount of waste water from Xiamen City, strong tidal currents and good water exchange cause rapid dispersion of pollutants, including particulates.

Community III was characterized by a single station. Its species numbers were high, equalling the total species numbers of all four stations of Community I. The biomass (34.17 g/m^2) and density (201 ind./m^2) were also high in comparison toCommuniy I. A feature of this community was that echinoderms were dominant with regard to both biomass and density, i.e.,60% and 44%, respectively. Relatively high species diversity (H': 3.00), richness (D: 2.06) and moderate evenness (J:0.71) values characterize this community. This community is located in the mouth of Xiamen Bay where there is mixing between the bay and the Jiulong River, with good water exchange, better water quality and low organic matter content (0.89%). Since this community is not influenced by urban sewage, the community composition is typical of a subtropical estuarine habitat.

Acknowledgements

We are grateful to Zheng Fengwu, Wu Qiguan, Lu Lin, Li Rongguan, Cai Erxi, Xu Huizhou and Li Shuangdan for their help in identification of species.

References

1 Boesch, D. F. and Wass, M. L. 1976. The dynamic of estuarine benthic communities. In Estuarine Processes, Vol. 1: Uses, Stresses and Adaptation to the Estuary, 177~96. New York: Academic Press.

2 Chen,J. Q., Fu. Z. L., He. F. X., Ke. X. H., Liu, M. S. and You, Q. M. 1985. Tidal and residual currents in the Xiamen Bay and their effects on the movement of silt and polluting substances. Journal of Oceanography in Taiwan Strait,4:16-20.

3 Cui, Y. H. and Sun, D. Y. 1983. A quantitative survey of the macrobenthos in the outfall area of the Bohai Bay. Marine Sciences 3:29-35.

4 Dugan, P. J. and Livingson, R. J. 1982. Long-term variation of macroinvertertebrate assemblages in Apalachee Bay. Florida. Estuarine, Coastal and Shelf Science, 14:391-403.

5 He, M. H., Cai, E. X., Wu, Q. Q., Jiang, J. X., Lin, S. D., Xu, H. Z.,Liu,Q. S., Zheng, F. W. and Li, R. G. 1988. Ecology of benthos in west harbour of Xiamen. Journal of Oceangraphy in Taiwan Strait, 7:194-198.

6 Jia, S. L., Wang,S. H., Tian, L. and Zhuang, Y. H., 1982. Pollution effects of Wulihe River outfall on the benthic communities of the Jinzhou Bay. Marine Environmental Science, 1:79-87.

7 Li, R. G. and Jiang,J. X. 1989a. Variation of macrobenthos community in the western waters. Xiamen. Journal of Oceanography in Taiwan Strait, 8:144-149.

8 Li, R. G. and Jiang, J. X. 1989b. The relation of Mollusca species diversity to the sediments in Xiamen Bay.

Acta Ecologica Sinica, 9:271-273.

9 Mahoney, B. M. S. and Livingson. R. J. 1982. Seasonal fluctuations of benthic macrofauna in the Apalachicola estuary, Florida, USA: the role of predation. Marine Biology 69:207-213.

10 Sanders, H. L. 1960. Benthic studies in Buzzards Bay. III. The structure of the soft-bottom community. Limnology and Oceanography 5:138-153.

11 Wu, Q. Q., Cai, E. X., He, M. H., Jiang, J. X., Lin, S. D., Xu, H. Z. and Liu, Q. C. 1985. Ecological study on the benthic organisms in west area of Taiwan Strait. I. Analysis of benthic animal community. Acta Oceanologica Sinica 7:378-387.

12 Wu, R. S. S. and Richards, J. 1981. Variations in benthic community structure in a sub-tropical estuary. Marine Biology 64:191-198.

J. X. Jiang, J. S. Song and Z. G. Huang. 原载《The Marine Biology of the South China Sea》, 321-334.

The Relationship between Benthic Community Diversity and Environmental Factors in Dayawan

Abstract: The relationship between benthic community diversity and environmental factors has been studied based on data obtained from the Marine Ecological Baseline Survey for Guangdong Nuclear Power Station in Dayawan (Bay) during 1988—1989. Benthic community diversity in Dayawan is high, >4 at 39.0% of stations, from 3 to 4 at 27.0%, from 2 to 3 at 22.0%, from 1 to 2 at 10.0% and <1 at only 2.0%. Relationships between community diversity and sediment types, organic matter contents, redox state of the environment and hydrodynamics are discussed.

Key words: benthic community diversity, Dayawan (Bay)

1 Introduction

Benthic communities are widely used to detect marine pollution effects because these animals, living on the bottom and in sediment and moving little, can reflect not only the environmental condition at the time when samples are collected but also the overall environmental conditions over a past period.

Gray et al. (1988) suggested that benthos living in sediment corresponds to the movement of pollutants. Some species can tolerate pollutants. others can be killed. The most common effect of pollutants in a given community is that abundance increases for some species and decreases for most species while the rest keep constant. Benthic communities are, therefore. widely used to detect pollution effects in shallow sea deposits.

Farrukh and Gray (1981) analysed the effects of the accumulation of organic matter in sediment on the diversity of benthos in Oslofjord. Norway, using diversity indices. He divided the fjord into five classes according to the distribution of diversity and discussed the relationship between diversity and organic matter content.

Some new methods used in analysing pollution effects on benthic communities have been put forward since the 1980s. For example, Gray (1981) proposed the use of log-normal distributions of individuals of benthos species. Warwick (1986) suggested the abundance biomass comparison (ABC) method, which is used to detect pollution effects on marine macrobenthic communities.

Combined K-dominance curves for species biomass and numbers are used in the ABC method to take three possible forms representing unpolluted, moderately polluted and grossly polluted conditions. Warwick (1987) made a further evaluation of the ABC method with new data, which shows that it is a sensitive indicator of natural physical and biological disturbance as well as pollution-induced disturbance over both spatial and temporal scales.

Some other papers also deal with the ABC method (Gray et al., 1988; Warwick, 1988, 1990; Li and Jiang, 1992.)

This paper emphasizes the abundance biomass comparison method used in analysing and discussing disturbance effects on benthic communities in some areas of Dayawan.

2 Materials and Methods

Data were obtained from the Marine Ecological Baseline Survey of Dayawan by the Third In titute of Oceanography during 1988–1989. Fifty stations were set in the surveyed area. Quantitative sediment samples (5 duplicates) were collected with a 0.1 m^2 HNM grab from each station. For benthic fauna classification, the sediment samples were put into a Spiral Benthos Elutriation Apparatus, and washed through a sieve with a mesh of 0.5 mm.

3 Results

The benthos of Dayawan is divided into six communities (Fig. 1), according to the relationship between benthos and sediment, water temperature, salinity, current and three ecological parameters, i. e., diversity (H'), species abundance (D) and species evenness (J). The community structure and distribution characteristics of benthos in this area have been discussed (Jiang et al., 1990). This paper emphasizes the relationships between benthic community structure and environmental factors in Dayawan. The abundance biomass comparison (ABC) method was used to analyse natural physical and biological disturbance to the benthic community. An ecological baseline model has been established to evaluate the environmental effects of the operation of the Guangdong Nuclear Power Station on the benthic communities and their ecological succession in Dayawan.

Diversity analysis

Benthic diversity (H') in Dayawan is high, i. e., >4 at 39.0% of sampling stations in the surveyed area, from 3 to 4 at 27.0% of stations, from 2 to 3 at 22.0% of stations and from 1 to 2 at only 10.0% of stations.

Figure 2 shows that high diversity ($H'>4$) is mainly distributed in the central area of

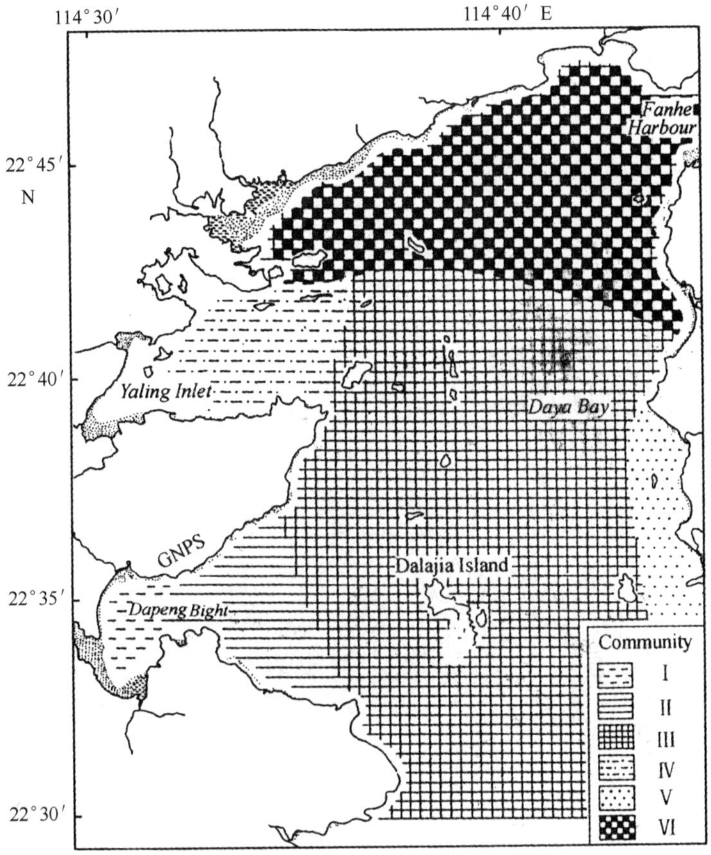

Fig.1 Distribution of benthic communities in Dayawan

(Ⅰ.*Marphysa belli oculata-Terebellides stroemii-Eurythoe parvecarunculata-Typhlocarcinus* sp.; Ⅱ. *Listriolobus brevirostris-Amphiollus laevis-Schizaster lacunosus*; Ⅲ. *Timoclea scabra-Mabellarca consociata-Paphia undulata-Amphioplus laevis*; Ⅳ. *Onuphis* sp. -*Philine orientalis-Ampelisca* spp.; Ⅴ. *Lovenia subcarinata-Prionospio malmgeni-Schizaster lacunosus*; Ⅵ. *Timoclea scabra-Eurythoe parvecarunculata-Linopherus hirsuta-Listriolobus brevirostris-Protankyra bidentata*)

Dayawan with a sediment type of clay-silt (YT) or silt-clay (TY) and organic matter contents of 1.5%–2.0%. High diversity also appears in the coastal waters in north Dayawan and inside Dapengao (Bight), the former waters with the sediment type of YT and the latter with silt-sand (TS) or sand-silt-clay (STY), both containing between 1.5%~2.0% organic matter. Middle diversity ($H'=3-4$) is mostly distributed in the areas between the Nuclear Power Station and Dalajia Island with a main sediment type of YT and an organic matter content of 1.0%–1.5%. In the coastal shallow-water area near GNPS, the sediment type is fine middle sand (FMS) and organic matter content is low (0.5%–1.0%). Low diversity ($H'=2-3$) is mainly distributed in the areas outside Dapengao and at Fanhe Harbour, the former with a sediment type of YT and an organic matter content of 1.5%–2.0%, the latter with a sediment type of YT and an organic matter content > 2.0%. The lowest diversity ($H'=1-2$) only occurred in small areas of Dayawan (Fig.2).

It is indicated in Figure 3 that there is a positive correlation between diversity (H') and even-

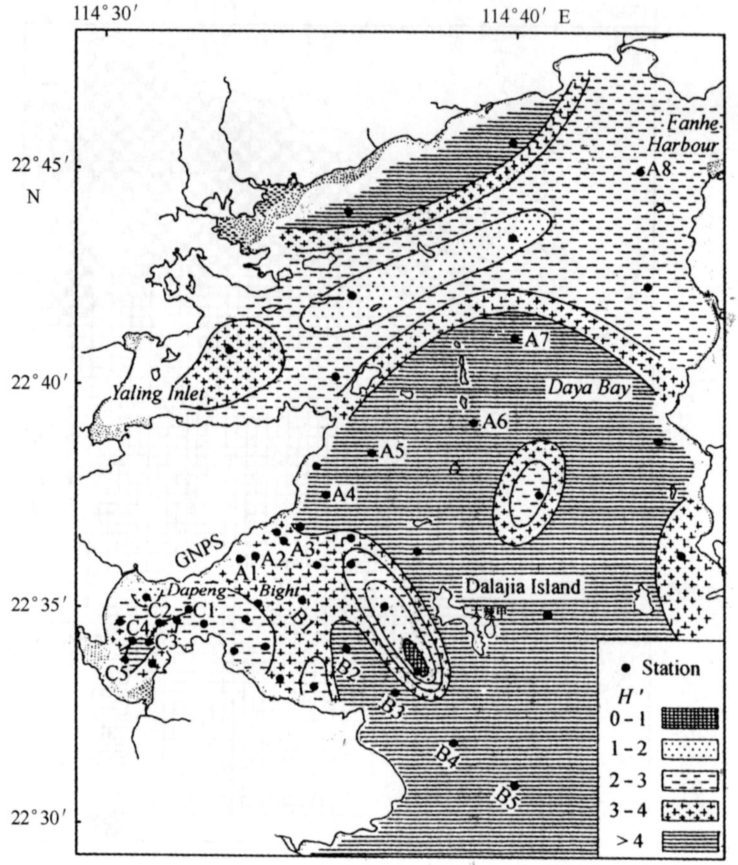

Fig.2 Distributions of benthic diversity in Dayawan

ness (J), i. e., diversity is high where evenness is high and, conversely, diversity is low where evenness is low.

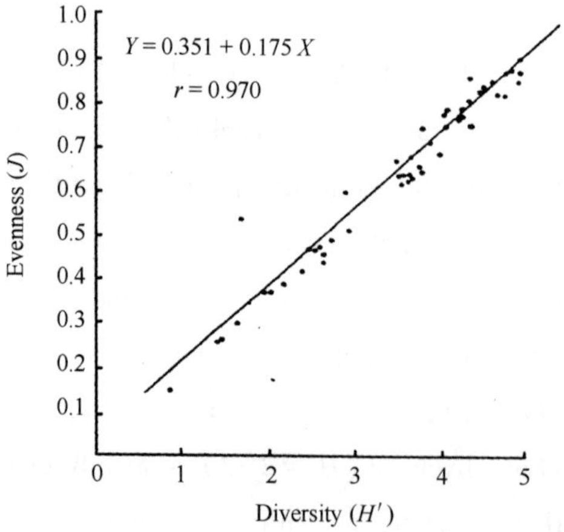

Fig.3 Relationship between benthic diversity (H') and evenness (J) in Dayawan

3.1 Diversity analysis of different communities

Community Ⅰ *Marphysa belli oculata-Terebellides stroemii-Eurythoe parvecarunculata-Typhlocarcinus* sp. community.

The diversity of this community decreased from the inside to the mouth of Dapengao, from $H'>4$ to $H'<2$, with an average of 3.47. There are 191 benthic species in this community, of which polychaetes have the largest species numbers (51.0%) and the highest density (72.0%). The diversity of this community is closely related to species numbers and the density of polychaetes. For example, at the station of high diversity ($H'=4.23$), there were 32 species of polychaetes with a mean density of 376 ind./m^2. At the station of low diversity ($H'=1.63$) there were only 3 species of polychaetes, but the mean density was high (504 ind/m^2) and the evenness is low ($J=0.54$). The abundant species and the large quantities of polychaetes are related to the complicated sediment types. From the inside to the mouth of Dapengao, sediment grains vary from coarse to fine (Fig.4). In thenorth of the Bight, the sediment types are silt-sand (TS) and fine sand (FS) with a low organic matter content (<0.75%). This benthic habitat belongs to an oxidative environment, because of the strong effect of tidal currents and wave dynamics. In the south of the Bight the sediment type is YT with a high organic matter content (>1.5%) because of weak hydrodynamics. The range of sediment oxygen consumption values was large (0.701×10^{-3}–2.039×10^{-3}).

Community Ⅱ *Listriolobus brevirostris-Amphioplus laevis-Schizaster lacunosus* community.

The diversity of this community increased from the mouth of Dapengao to the Nuclear Power Station, i.e., from 2–3 to 3–4, with a mean of 3.04. There were totally 205 species of benthos in this community. The Polychaeta was the richest group with 107 species, accounting for 52% of the total number of species; the Mollusca was next with 50 species; and the Crustacea and Echinodermata with 32 and 13 species, respectively. Although polychaetes were the most diverse group in this community, density and biomass were dominated by the echinoid *L.brevirostris* with an appearance rate of 100% and a density of 104–938 ind./m^2(December 1988). The great abundance of this species is probably why the diversity of this community is low. The result is consistent with what Gray (1981) pointed out, a rare species has little influence on diversity, whereas a dominant species has great influence on diversity when its quantity changes.

In the north of the community, because of strong and repeated effects of tidal currents and waves on the sediment, the sediment type alongshore is fine sand with a low organic matter content (0.74%–1.30%) and small range in sediment oxygen consumption (0.503×10^{-3}–0.712×10^{-3}). The habitat in this area favours the growth and reproduction of the echinoderm *Amphiopius laevis.* Its density reaches 268 – 472 ind./m^2 with an average of 339 ind./m^2. The abundance of the species is one of the reasons why diversity is low. Most sediment for this community is YT with an

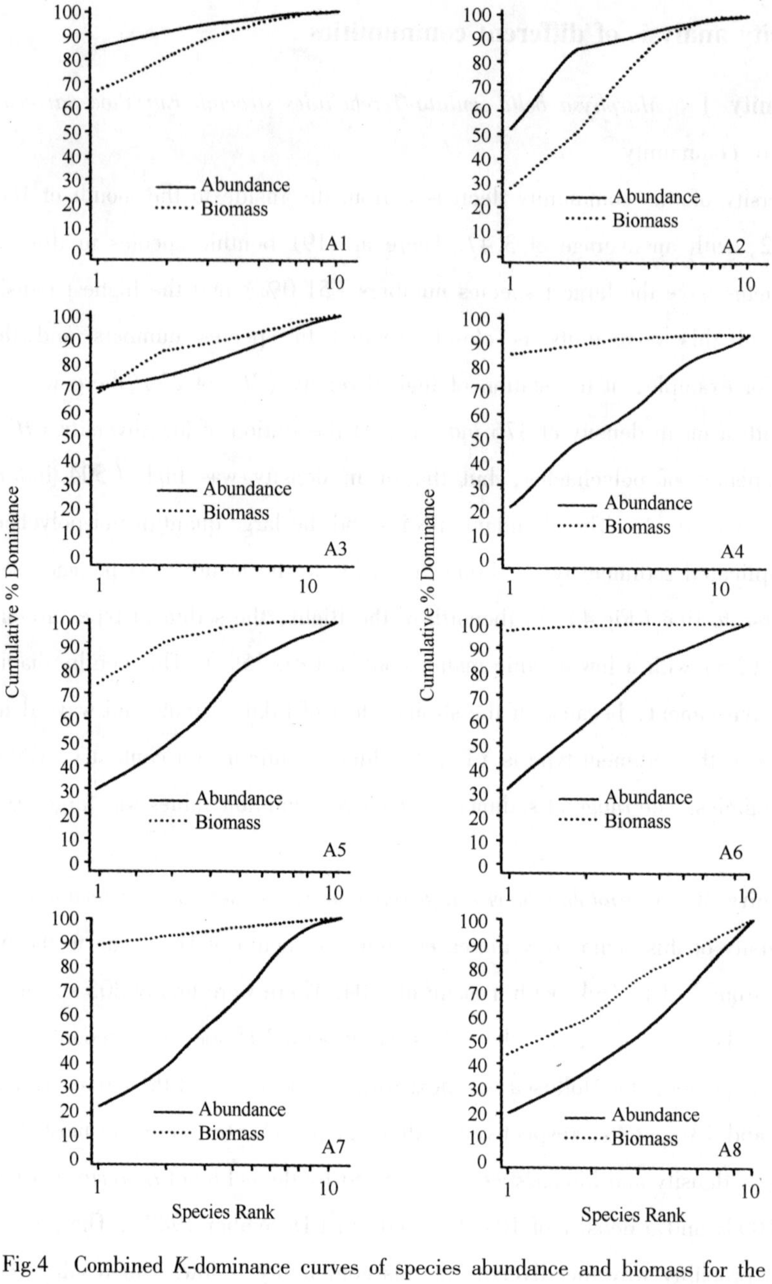

Fig.4 Combined *K*-dominance curves of species abundance and biomass for the benthic community at transect A

organic matter content >1.5% and great variability in sediment oxygen consumption (0.536×10^{-3} – 1.799×10^{-3}).

Community Ⅲ *Timoclea scabra-Mabellarca consosciata-Paphia undulata-Amphioplus laevis* communit.

The high diversity values ($H'>4$) for this community, with the largest percentage (62%) among all the communities, are distributed in deep water (10 – 20 m) in the south of central

Dayawan.Low diversity ($H'=1-3$) was distributed to the west Dalajia Island. The mean diversity value was high ($H'=3.76$). The number of benthic species in this community was the highest (230 species), of which the Polychaeta was the first with 108 species; the Mollusca next with 73 species; the Crustacea third with 35 species and the Echinddermata with only 10 species.

There are distinct differences between this community and community Ⅱ. Molluscs are dominant in terms of both density and biomass with 304 ind./m^2 and 120.5 g/m^2 on average, respectively. The quantity of *L.brevirostris* was obviously low in this community with 47 ind./m^2 on average. Instead, the bivalve *T.scabra* appears in great numbers with a density >500 ind./m^2 at most of the sampling stations. The areas of low diversity were where *T.scabra* was concentrated with a density of 840 ind./m^2, 1 452 ind./m^2 and 3 734 ind./m^2, respectively. The abundance of this species results in diversity reduction of the community. content was 1.4%–2.0%. The north of this community belongs to a reductive environment and the south belongs to a weakly reductive environment. The range of sediment oxygen consumption was wide ($0.397\times10^{-3}-2.080\times10^{-3}$).

Community Ⅳ *Onuphis* sp. -*Philine orientalis-Ampelisca* ssp. community.

This community was distributed along the nearshore parts East Dayawan. There were only 2 sampling stations both with a high diversity of 3.59 and 4.88, respectively. The habitat for the communities was characterized by a sediment type of fine sand and low organic matter content (0.41%~0.74%) due to the strong action of nearshore tidal currents and wave dynamics. They belong to a weakly oxidative environment.

A total of 116 species of benthos were identified for the community. Of these, the Poly-chaeta complised 65 species, accounting for 56.0% of the total number of species, and the Mollusca was next with 27 species. Another characteristic of this community was that polychaetes and crustaceans were dominant in density with 335 ind./m^2 and 240 ind./m^2, respectively. The densities of molluscs and echinoderms were also high. The diversity and the species abundance of this community was high and the species evenness moderate.

Community Ⅴ *Lovenia subcarinata-Pri onospio malmgreni-Schizaster lacunosus* community.

This community was found at 2 sampling stations in Yalingwan. Species diversity and evenness were high ($H'=4.0, J=0.78$, respectively) inside the bay, whereas the diversity and evenness were low ($H'=1.62, J=0.30$ separately) outside. The sediment type for this community was YT with the highest organic matter content (1.96%–2.39 %) of all. The habitat, which was reductive, is beneficial to the growth and reproduction of benthic animals feeding on organic debris and sediment. The range in sediment oxygen consumption was small ($1.541\times10^{-3}-2.520\times10^{-3}$).

The number of species for this community was low (91 species). Apart from polychaetes (56 species), the species number of other groups was <20. The appearance rates of *L.sudcarinata*, *S. lacunosus* and *Protankyra bidentata*, that feed on sediment, are high, but their density was low. In fact, polychaetes were dominant in terms of density with an average of 250 ind./m^2, accounting for 70% of all species present. As a result, both diversity ($H' = 2.81$) and evenness ($J = 0.54$) values were low.

Community Ⅵ *Timoclea scabra-Eurythoe parvecarunculata-Linopherus hirsuta-Listriolobus brevirostris-Protankyra bidentata* community.

This community was distributed at a depth of 3.7–8.6 m in the north of Dayawan, where the action of hydrodynamics is weak and the sediment is stable with a high organic matter content (1.5%~2.4%) This community was in a reductive environment.

Diversity was high ($H'>4$) in the northern nearshore area of the bay and low ($H' = 1.39$) in the south and near Fanhe Harbour due to the high density of the dominant bivalve *T. scabra* and echinoid *L. brevirostris*. For example, the highest density of *T. scabra* was 7 120 ind./m^2; for *L. brevirostris* it was 828 ind./m^2 (December 1988).

The community contained 125 species and was mainly composed of infauna feeding on organic debris, among which polychaetes were dominant (73 species). The Mollusca accounted for 25 species, the Crustacea 20 species, and echinoderms only 4 pecies. This community was characterised by a great density of polychaetes and molluscs, the greatest among all the communities. In contrast, the densities of crustaceans and echinoderms were low. The diversity and evenness of this community were, therefore, also low, i.e., 2.98 and 0.56, respectively.

3.2 Abundance Biomass Comparison

The abundance biomass comparison (ABC) method (Warwick 1986) is used worldwide to assess the effect of marine pollution on or disturbance to benthic community structure. The ABC method has been used to monitor variations in benthic community structure in the west of Xiamen Harbour and it has been shown that the method reflects objectively the effect of marine environmental pollution on benthic communities. The ABC method has also been used to study the status of benthic community structure in Dayawan in order to assess community structure variation after operation of the Nuclear Power Station (GNPS) in 1994. The results from three transects in Dayawan are compared and analysed.

Transect A included 8 stations (Al–A8) from the cooling water discharge outlet of GNPS to Fanhe Harbour (Fig.4).

In Figure 4, stations Al and A2, the combined *K*-dominance curves for species abundance and biomass, with the abundance curve almost above the biomass curve but crossed and overlapping both, indicate a disturbance to benthic community structure, a stress on the biotope and moderate or gross disturbance (or pollution). Though the combined *K*-dominance curve for species abundance and biomass crossed somewhere near A3, the abundance curve is basically under the biomass curve. This shows that the benthic community structure is disturbed less at A3 than at Al and A2, indicating moderate disturbance at A3. The combined *K*-dominance curve from A4 to A8

(Fig.4) shows that the biomass curve is always above the abundance curve without crossing and overlapping, showing a decreasing disturbance to the sediment and water body due to further distance from the cooling water dischage outlet, a stable biotope and a normal benthic commullity structure.

Various disturbances to benthic community structure at stations A1, A2 andA3 are related to the dumping of mud and sand on a large scale in the coastal waters during the construction of GNPS.

Transect B included 4 stations (B1 to B4) from the power station towards the mouth of Dayawan (Fig.2).

Figure 5 shows the combined *K*-dominance curves for species abundance and biomass at stations B1, B2 and B3 and that the biomass curve is almost above the abundance curve despite crossing and overlapping, which means that the sea bed is moderately disturbed. The disturbance is severer at station B3 than at B1 and B2, which may be related to the effect of suspended matter resulting from the dumping of dredged sand and mud in the waters between B2 and B3 during the construction of the power station. However, the curves for abundance and biomass are apparently separated, and the biomass curve is above the abundance curve for station B4 which indicates less disturbance to the sediment and waters, a more stable biotope and almost no effect on benthic community structure at B4 in comparison with B1, B2 and B3.

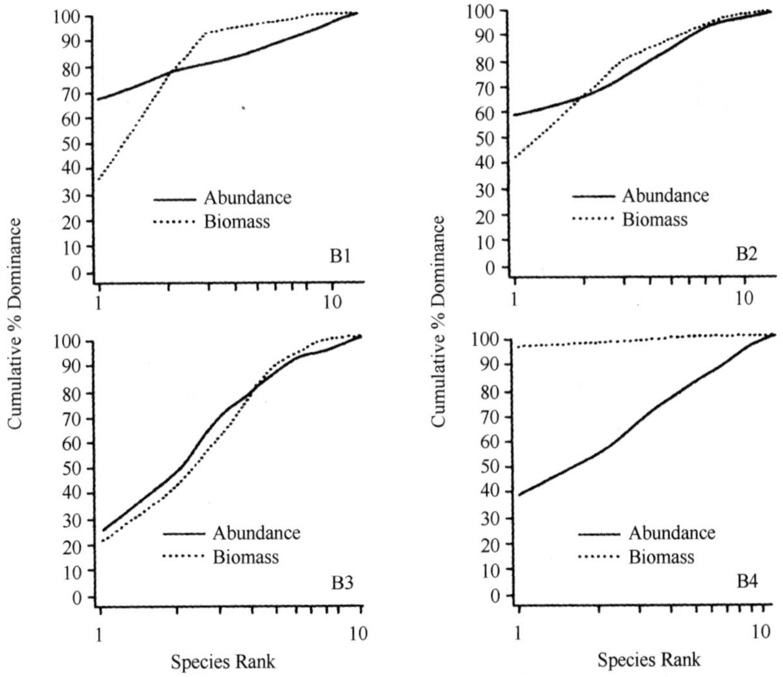

Fig.5 Combined *K*-dominance curves of species abundance and biomass for the benthic community at transect B

Transect C included 5 stations (C1 to C5) distributed from the inside to the outside of Dapengao.

The apparent separation of combined *K*-dominance curves for species abundance and biomass and the abundance curve above the biomass curve are shown in Figure 6 for stations C1 and C3. This indicates gross disturbance (or pollution) to the waters, an unstable status for the biotope, a greater effect on benthic community structure and a lower community diversity ($H'=2-3$) at the two stations. In contrast, the combined *K*-dominance curves for abundance and biomass cross and overlap for stations C2, C4 and C5, indicating that the benthic community at the three stations has been moderately disturbed.

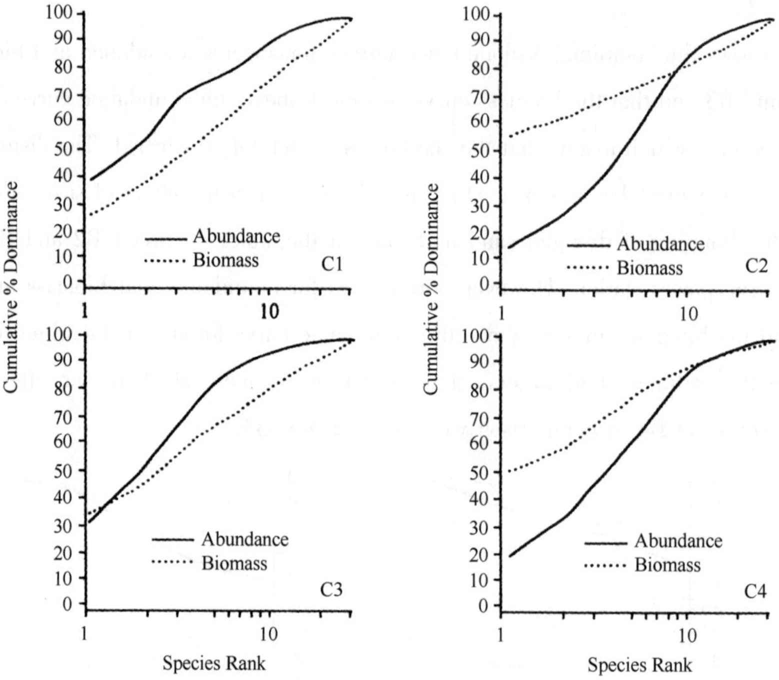

Fig.6 Combined *K*-dominance curves of species abundance and biomass for the benthic community at transect C

Because the effects of GNPS construction and sewage are greater along transect C than transects A and B. the combined *K*-dominance curves show that the waters here have been disturbed moderatly and grossly.

4 Discussion

Benthic diversity (H') in Dayawan is high; >4 at 39.0% of sampling stations, from 3 to 4at 27.0% of stations, from 2 to 3 at 22.0% of stations and from 1 to 2 at 10.0% of stations. High diversity ($H'>4$) is mainly restricted to the open waters of central Dayawan, medium diversity ($H'=3-4$) mainly in the area between GNPS and Dalajia Island and low diversity ($H'=2-3$) occurs at Fanhe Harbour and outside Dapengao Inlet.

It is worth noticing that the diversity (H') of benthos in Dayawan is positively correlated with evenness (J).

Diversity of the communities is closely related to species numbers, species dominance as well as environmental factors.

The diversity of Community Ⅰ was reduced gradually from inside Dapengao ($H'>4$) to outside the Bight ($H'<2$), which is related to the variation in the species numbers and density of polychaetes. However, they are close related to sediment grain size and organic matter content.

The diversity of Community Ⅱ ($H'=3.04$ on average) is lower, especially at the mouth of Dapengao ($H'=2-3$). This is due to the abundance of *L. brevirostris* and *Amphioplus laevis* with mean densities of 455 ind./m^2 and 339 ind./m^2, respectively. This community was disturbed by the great quantity of mud and sand dumped during construction of GNPS.

Among the communities, Community Ⅲ had the highest diversity ($H'->4$), accounting or 62% of the total. It results from the high numbers of species (230), high evenness and moderate abundance in the community. A notable characteristic of the community is that molluscs were dominant both in density and in biomass. The high density of the bivalve *Timoclea seabra* caused low diversity in some areas.

The diversity of Community Ⅳ was high ($H'=3.59-4.88$). The habitat of the community was special with a sediment type of fine sand because of the strong effect of nearshore tidal currents and waves. For that reason, animals living in sandy sediment are dominant both in terms of species composition and quantity. Polychaetes and crustaceans were dominant in density, and mollusc and echinoderm density were high also.

The diversity of Community Ⅴ was low ($H'=1.62-4.00$). This community had the least number of species and the lowest density resulting in a low species abundance ($D=3.96$) and low evenness ($J=0.54$).

The diversity of Community Ⅵ was high ($H'>4$) in the north and low ($H'=1.39-2.50$) in the south and at Fanhe Harbour. The low diversity was due to the high density of the bivalve *T. seabra* and the echinoid *L. brevirostris*, reaching 7 120 ind./m^2 and 828 ind./m^2, respectively.

A species abundance biomass comparison analysis gave the following results. The combined *K*-dominance curves for species abundance and biomass for Transect A from the cooling water discharge outlet of GNPS to Fanhe Harbour show that the disturbance to benthic community structure decreases, with distance, from the former, i. e., from serious disturbance, moderate disturbance to nondisturbace. Such an artificial disturbance results from the dumping of a great quantity of mud and sand into the coastal waters during GNPS construction.

Curves for species abundance and biomass along Transect B from GNPS to the mouth of Dayawan show that stations B1–B3 were moderately disturbed while B3 was disturbed slightly more than the other two as the two curves re-cross. The suspended matter from the dumping of mud and sand dredged from GNPS wharf in the waters near B2–B3 may affect the stability of benthic community structure. Because B4 is far from the dumping area, the curves for species abundance and biomass are separated with the biomass curve above the abundance curve, indicating an undisturbed benthic community at station B4.

Transect C is located in Dapengao. It was severely disturbed (or polluted) as abundance and biomass curves show a trend of gross to moderate disturbance from the outside to the inside of the Bight. Disturbance, resulting from dumping in the opening to inlet waters, due to GNPS construction and sewage discharges is why the benthic community at C1 is effected grossly.

The results of this ABC analysis are consistent with that of community diversity analyses, i.e., ABC analysis shows no disturbance or pollution in areas with high community diversity and moderate and gross disturbance only in areas with low community diversity.

References

1 Farrukh, B. M. and Gray, J. S. 1981. The fauna of benthic sediments from the organically enriched Oslofjord, Norway. J. Exp. Mar. Biol. Ecol., 54:181–207.

2 Gray, J. S. 1981. The Ecology of Marine Sediments—An Introduction to the Structure and Function of Benthic Commities. London: Cambridge University Press.

3 Gray, J. S., Aschan, M., Carr, M. R. et al. 1988. Analysis of community attributes of the benthic macro fauna of Frierfjord/Jangesundfjord and in a mesocosm experiment. Mar. Ecol. Prog. Ser., 46:151–165.

4 Jiang Jinxiang, Cai Erxi, Wu Qiquan et al. 1990. Species composition and quantitative distribution on benthic animals in Daya Bay. In Collections of Papers on Marine Ecology in the Daya Bay (Ⅱ) (ed. Third Institute of Oceanography, State Oceanic Administration), 237–247. Beijing: China Ocean Press (in Chinese).

5 Li Rongguan and Jiang Jinxiang. 1992. Detection of pollution effects on marine benthic communities with abundance/biomass method in Xiamen Harbour, China. Acta Oceanologica Sinica, 14(1):108–114 (in Chinese).

6 Warwick, R. M. 1986. A new method for detecting pollution effects on marine macrobenthic communities. Marine Biology, 92:557–562.

7 Warwick, R. M. 1987. Detection of pollution effects on marine macrobenthos: further evaluation of the species abundance/biomass method. Marine Biology, 95:193–200.

8 Warwick, R. M. 1988. Analysis of community attributes of the macrobenthos of Frierfijord/Langesundifjord at taxonomic levels higher that species. Mar. Ecol. Prog. Ser., 46:167–170.

9 Warwick, R. M. 1990. Analysis of macrobenthic and meiobenthic community structure in relation to pollution and disturbance inHamilton Harbour, Bermuda, J. Exp. Mar. Biol. Ecol., 138:119–142.

Jiang Jinxiang, Li Rongguan, Lu Lin, Wu Qiquan and Zheng Fengwu. 原载《The 2nd International Conference on the Marine Biology of the South China Sea》, 1993.

应用丰度生物量比较法监测海洋污染对底栖生物群落的影响

摘要 应用生物丰度生物量比较法,分析了厦门西部港水域底栖生物群落结构的变化,且将该方法与种内个体对数正态分布做了比较。结果表明,该水域已受到不同程度的污染,底栖生物群落结构受到一定的扰动。在筼筜湖排污口和宝珠屿一带水域,底栖生物群落的丰度生物量复合 K-优势度曲线相互交叉、相互重叠,所反应的情形与种内个体对数正态分布极为吻合。该水域底栖生物群落不稳定的根本原因在于人为的污染,即填海筑堤造成的海洋生境的扰动和工业污水废物倾倒排放所产生的有机质压力。

在海洋底栖生物研究中,描述群落结构的几个主要参数(种类多样性、种类丰度、种类均匀度和种类优势度)和多种的相似性指数已获得广泛的应用,Connell 的中度扰动假设和 Huston 的种类多样性假设已被普遍接受,作为解释污染引起底栖生物和其他生物群落扰动的基本理论。本文试图应用丰度生物量比较(abundance biomass comparision)法分析污染(扰动与压力)对厦门西部水域底栖生物群落的效应,促使人们对合理开发、利用海洋、治理"三废"、保护海洋生态环境和海洋资源的重视。

1 材料与方法

1980 年 8 月至 1981 年 10 月,国家海洋局第三海洋研究所在厦门西部水域进行了多学科的综合调查,本文系根据 1980 年 11 月该水域 10 个测站的底栖生物调查资料整理而成。其中站 25、27、34 和 40 位于宝珠屿一带水域,站 51、57、59 和 63 位于筼筜湖排污口附近水域,站 76 和 77 位于嵩鼓水道(图 1)。

采泥使用 0.1 m^2 HNM 型采泥器,每站连续取样 2 次,泥样经孔目上层为 1 mm,下层为 0.5 mm的套筛冲洗,再以简易淘洗法分离挑选出余渣中的标本,标本按《海洋调查规范》生物分册处理。

应用丰度生物量比较法(以下简称 ABC 法)分析了厦门西部水域底栖生物群落结构的变化[1-2]。ABC 法根据在稳定的海洋环境中,底栖生物群落结构近似平衡,群落的生物量由 1 个或几个大型的种占优势,且每个种有几个个体。当群落失去平衡时,在数量上占优势的种是随机的较小的种。在此情况下,种内丰度的分布比生物量分布更显优势,可进行每个种生物量和丰度对应点的比较。ABC 法采用了 K-优势度曲线(K-dominace curve)[3],在此曲线中,不同种按丰度的大小等级在 x 抽上由左至右(转换为对数尺度)排列,百分优势度累积

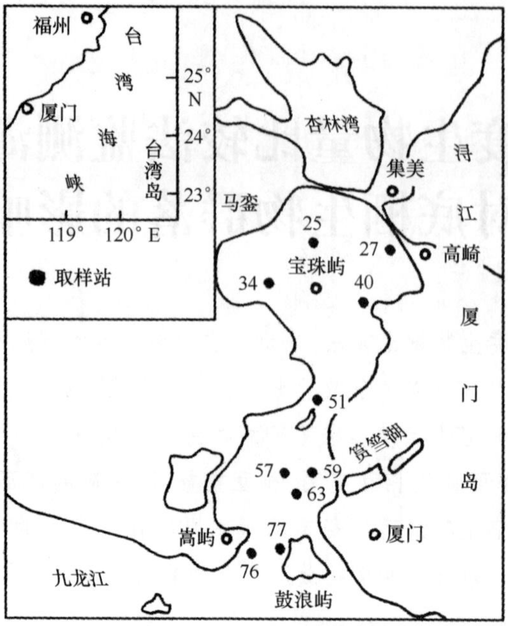

图 1 厦门西部水域底栖生物取样站水域

尺度标在 y 轴上。

对于未污染的群落，所期望的是整条生物量曲线位于丰度曲线上方，说明丰度比生物量具更高的多样性；中度污染时，大个体的竞争优势种消失且丰度与生物量优势度间不平衡降低，生物量和丰度曲线间的差异不存在，或相互交叉，或重叠在一起；当严重污染时，底栖生物群落的个体数由 1 个或几个个体非常小的种（通常是环节动物的小头虫或寡毛类）占优势（尽管生物量以几个大型的种占较大的比例），丰度曲线整条位于生物量上方，生物量比丰度具有更高的多样性[1-2,4-5]。

用上述资料将 ABC 法与种内个体对数正态分布进行比较，其共同的优点是在时间和空间上不依赖对照样品，避免了复杂烦琐的统计和计算[6~8]。

2 结果

2.1 筼筜湖排污口群落

该水域群落由特征种尖喙小囊蛤（*Saccella cuspidata*）-锥虫（*Hapolpscoloso* sp.）-胶州湾角贝（*Dentalium kiaochowwanence*）构成，其重要的特点是尖喙小囊蛤在栖息密度上占绝对优势，种类比率多毛类占 45%以上[9]。

图 2 显示出，该水域站 57、59 和 62 种的丰度和生物量的复合 K-优势度曲线，其共同点是两条曲线均相互交叉、相互重叠。站 59 丰度与生物量曲线二次交叉且近乎重叠；站 63 两曲线也两次交叉；站 57 二次交叉且部分线段重叠。以上 3 个测站所显示的这种曲线图形与

ABC 法所描述的第 2 种图像比较,极为相似。这表明底栖生物群落结构已发生了一定的扰动,生物生境有一定的压力,水域已受到中度的污染。

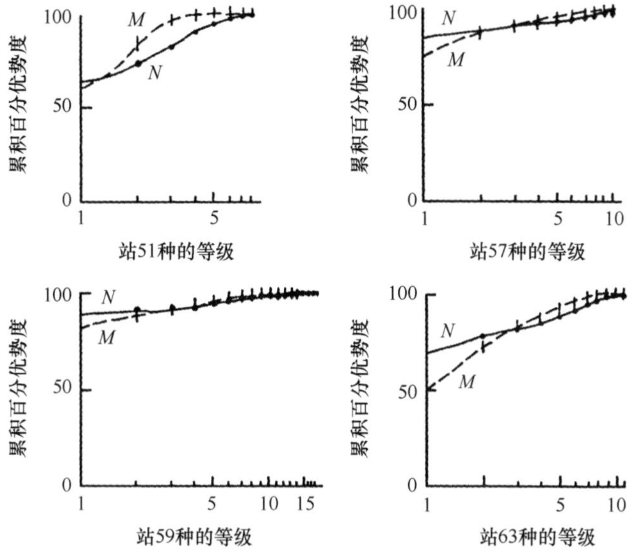

图 2　筼筜湖排污口底栖生物群落种类丰度(*N*)和生物量(*M*)复合 K-优势度曲线

筼筜湖原是一个半封闭的天然小海湾,自 1964 年填海筑堤后,成了一个近乎封闭的湖泊。市区的生活污水和附近工业废物不断倾倒注入该湖,使之成为市区的主要纳污坑。随潮汐的涨落,该湖排出的污染物向附近水域释放扩散,使之成为西港水域主要的污染源之一。根据同期调查的氧化-还原沉积环境的划分,筼筜湖排污口附近水域属弱还原区,有机质含量较高,表层沉积物中的含量达 1.5%左右。流场模拟分析,自建筑筼筜湖海堤后,沿厦鼓海峡厦门岛侧至筼筜湖南,平均每秒流速减少 15 cm 以上,厦鼓海峡中部及筼筜湖口至嵩口至嵩鼓浪屿一侧的大片海域,每秒也减少 10 cm 以上,由此减慢了污染物的扩散,加剧了泥沙和沉性污染物的淤积。虽然,随着离排污口距离的增加,污染浓度梯度逐渐减小,但对附近的海域仍有影响。离排污口水域较近的测站 51,丰度生物量的复合 K-优势度曲线也相互交叉,两曲线间的差异消失,证明底栖生物群落结构受到中度的扰动。

该群落中,一些食沉性和滤食有机碎屑的小型底内种类大量繁殖,发展成为主要的优势种。如特征种尖喙小囊蛤,在站 57 和站 59 分别占总密度的 85.4%和 89.2%,在站 63 占总密度的 69.5%,而该种在 1962 年调查时未出现。

ABC 法与种内个体对数正态分布所获得的结果是一致的。在站 57、59 和 63,种内个体对数正态分布的曲线明显折断,个体几何级数高达Ⅶ-Ⅸ级,跨度大斜率小;离排污口水域较近的站 51,线条也折断,所不同的是级数跨度略小些(图 3)。因此可认为,筼筜湖排污口附近水域受到中度的污染,底栖生物群落结构受到一定的扰动。

2.2　宝珠屿水域群落

该群落以特征种拟特须沙蚕(*Paralacydonia paradora*)-亚热带杂毛虫(*Poecilochaetus pa-*

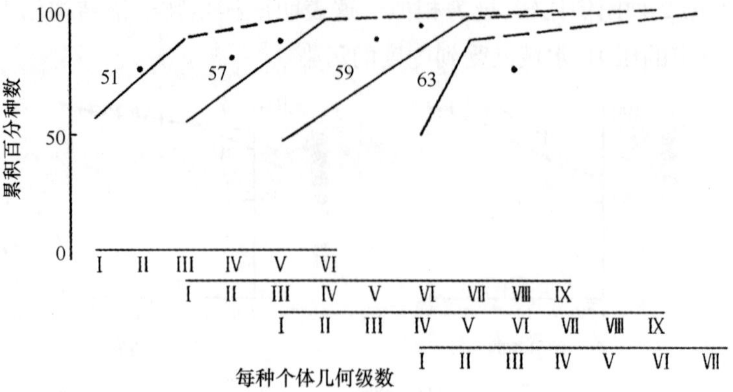

图 3　筼筜湖排污口种内个体对数正态分布

ratropicus)-锥虫为代表构成。其特点是多毛类种类比率高达 50%,多毛类栖息密度占总密度的 51%以上。

站 34、25、40 和 27 位于西港顶部宝珠屿一带水域。由图 4 可以看出,站 34 和 25 丰度和生物量曲线分别在尾部交叉;站 40 丰度和生物量曲线两次交叉(图 4)。这说明以上 3 个测站水域遭到中度污染,底栖生物群落结构失去平衡。尽管站 25 与站 34、40 的底质类型有所不同,前者为沙质泥,后者为粉沙质泥,但 ABC 法对不同的沉积物类型(砂、黏土和泥沙等)及不同深度生境中底栖生物变化的反应同样是敏感的。

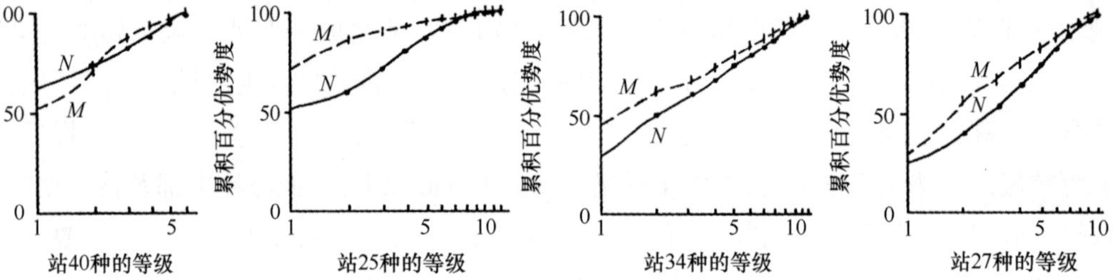

图 4　宝珠屿水域底栖生物群落种类丰度(*N*)和生物量(*M*)复合 K-优势度曲线

在种内个体对数正态分布图形中,站 34、25 和 40 的个体几何级数Ⅴ-Ⅶ,线条均折断,且斜率小。这种情形与 ABC 法所反映的结果同样一致(图 5)。

站 34 位于宝珠屿西侧,马銮海堤外;站 25 位于宝珠屿北侧,杏林工业区附近;站 40 则位于宝珠屿东侧。由于高集海堤的筑建,杏林、马銮湾及筼筜湖大面积的围垦,使西港的纳潮量减少了约 1.2×10^8 m^3,导致落潮流速减慢,该水域最大的涨落潮流速仅 0.1~0.2 m/s。同时,一般逆时针的余流绕宝珠屿旋转,加上南口底层余流不断流入,使沿岸大量来沙包括植被破坏由水土流失带来的泥沙不断淤积;由马銮、杏林工业区排出的污水污物,特别是沉性污染物在这种低能高速沉积环境中不易外泄,加剧了有害物质的积累。

该水域表层沉积物有机质含量为西港的最高区,有的测站高达 1.95%。这种生境有利于某些以沉积物或有机碎屑为食的种类繁生。如拟特须沙蚕可达总密度的 51%;在站 34 亚

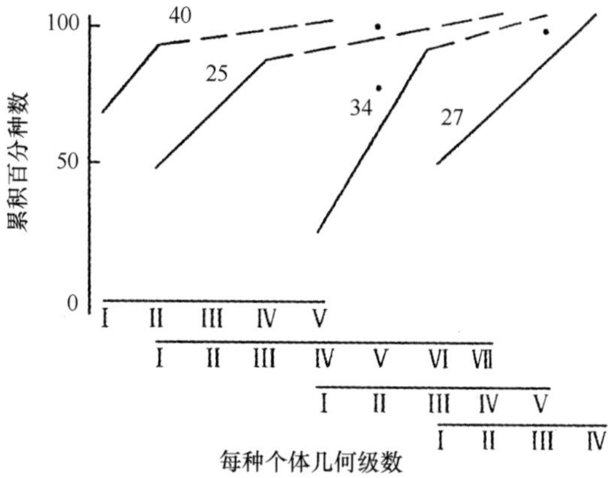

图 5　宝珠屿水域种内个体对数正态分布

热带杂毛虫、拟特须沙蚕、锥虫和多鳃齿吻沙蚕(*Nephtys polybranchia*)占总密度的 64.9%;在站 25 拟特须沙蚕、多鳃齿吻沙蚕和锥虫占了总密度的 69.5%。而一些个体大、生命周期长的种几乎消失。

站 27 位于宝珠屿东侧。由于该站靠近海堤桥孔处,退潮时有一股"舌状流"伸入浔江,加强了水体交换,减轻了有害物质对生物的毒害。该站丰度生物量曲线交叉不明显。

因此可以认为,水动力条件的扰动和污染物压力的叠加作用是引起该水域生物群落变化的主要原因。

2.3　嵩鼓通道群落

该群落以尖喙小囊蛤、*Allopeas pyrgula* 为代表构成,主要种类还有双鳃内卷齿蚕(*Aglaophanus dibranchis*)、纵带织纹螺(*Nassarius variciferus*)等。群落的重要特点是种内个体分布均匀,食沉性的底内动物多毛类比率低。

站 76、77 位于嵩屿与鼓浪屿之间水道,远离筼筜湖排污口。该处为西港潮流进出的主要通道,水体交换活跃。自筼筜湖海堤筑建后,这里底层余流向内不向外,加上九龙江水的抑制作用,沉性污染物难以至此并排出外海。

图 6 显示出,站 76、77 的丰度生物量曲线既不相交叉也不重叠,且生物量曲线一直位于丰度曲线的上方。这说明该处底质和水体相对健康,生物的生境较为稳定。种内个体对数正态分布图像显现出,两站的个体几何级数少(Ⅵ),跨度小斜率大,线条不折断(图 7)。群落中种类个体分布较均匀,其中栖息密度最大的尖喙小囊蛤和 *Allopeas pyrgula* 分别仅每平方米 14 个和 15 个。

3　结论

应用丰度生物量比较法结合对照种内个体对数正态分布分析表明,厦门西部水域筼筜

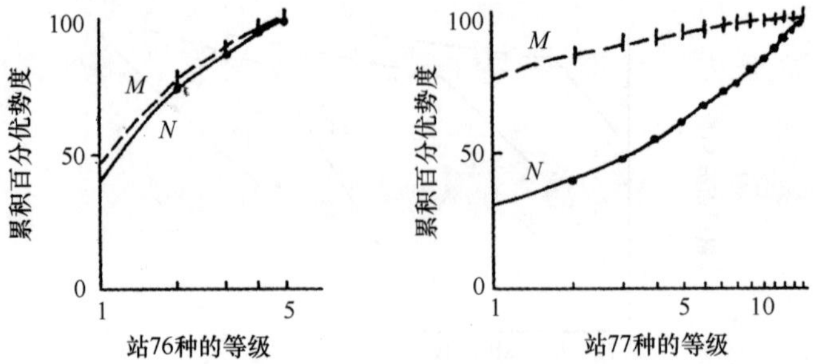

图 6　嵩鼓水道底栖生物群落种类丰度(N)和生物量(M)复合 K-优势度曲线

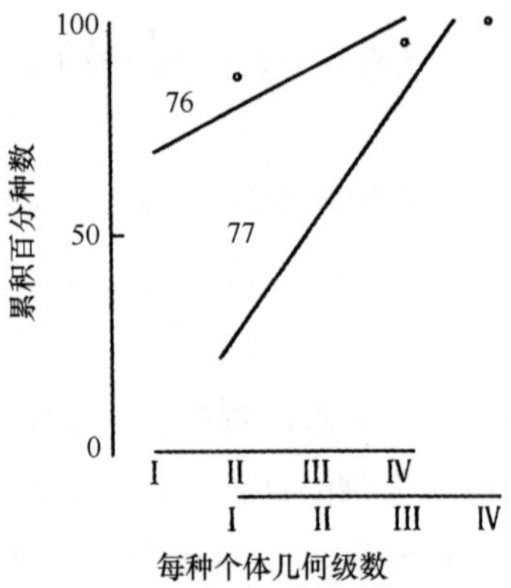

图 7　嵩鼓水道种内个体对数正态分布

湖排污口及宝珠屿一带水域受到中度的污染(扰动和压力),底栖生物群落结构失去平衡。种类丰度生物量复合 K-优势度曲线相互交叉且重叠,丰度与生物量优势度间不平衡降低,两曲线间的差异不存在;种内个体对数正态分布线条折断,个体几何级数跨度大,曲线斜率小。这反映了底栖生物群落的种类组成不稳定,大个体优势种消失,小个体生活周期短的沉积食性和有机碎屑食性的种类在种数和个体数占绝对的优势。多毛类的拟特须沙蚕、亚热带杂毛虫、多鳃齿吻沙蚕、锥虫在宝珠屿一带大多水域高达总密度的 64.9%~69.5%;尖喙小囊蛤、锥虫和双鳃内卷齿蚕在筼筜湖排污口水域为主要优势种,其中尖喙小囊蛤占总密度的 69.5%~89.2%。

厦门西部水域底栖生物群落变化的根本原因在于人为的污染,即扰动和压力。自高集海堤、马銮湾、杏林湾及筼筜湖海堤筑建后,西港的纳潮量减少了近 1.2×10^{8} m^{3} 使落潮流速减慢,现宝珠屿一带水域最大落潮流速仅 0.1~0.2 m/s。据估计宝珠屿一带水域,年平均淤积速率达 15.8 cm,浅滩-5 m 等深线每年向南推移大约 10 m,高集水道宽度已减少 100 m,深度减少 5~6 m。筼筜湖排污口水域,流场虽未改变而流速减小了 15 cm/s 以上。筼筜湖海堤还改变了嵩鼓海峡底层余流的方向,使原向湾外的底层余流转向湾内,阻止湾内泥沙和沉性污染物向外搬运,加剧了湾内污染物的累积。位于嵩鼓海峡的站 76、77,因较远离污染源,该处水体交换活跃,底栖生物群落结构未表现出明显的扰动。站 27 由于靠近高集海堤,海堤桥孔下有一股余流自西港涌向浔江,被污染的海水经桥孔以一明显的"舌状"伸入浔江,所以减轻了该处环境的压力,生物群落结构也未呈明显的变化。因此,填海筑堤所引起的海洋生境的扰动是西港水域底栖生物群落变化的一个潜在因素。

生物群落变化的另一原因,可认为是有机污染所造成的压力。马銮、杏林工业区排放的污水污物,在宝珠屿一带低能高速率沉积的环境中不易外泄和稀释,且有一股逆时针的余流环绕宝珠屿旋转,加剧了有害物质的累积,使该水域表层沉积物有机质含量为西港最高区,个别测站有机质含量高达 1.95%。属弱还原区。筼筜湖是厦门市区的纳污坑,也是排污口水域主要污染源。市区 10 多个重要工厂排放的 Cu、Zn、Pb 等重金属元素含量和污水等有机污染物也倾倒流注于此。排污口的污物随潮流稀释扩散,且因排污口正面鳗尾礁附近有一逆时针的环余流,污物可作较长时间的滞留沉积,故该处表层沉积物有机质含量也高达 1.5%,同样属弱还原区,这种生境自然有利于食沉性及滤食有机碎屑种类的大量繁生,而一些个体大、寿命长的优势种几乎消失。

以上结果分析表明,ABC 法能较客观地反映出海洋环境污染对底栖生物群落结构的影响,与种内个体对数正态分布所获得的结果较吻合。当然,ABC 法的意义仍需在实践中不断加以检验。

参考文献

1 Warwick,R. M. A new method for detecting pollution effects on marine macrobenthic communities. Mar. Bioi., 92(1986)557-562.

2 Warwick, R. M., T. H. Pearon and Roswahyumi. Detection of pollution effects on marine macrobenthos further evaluation of the species abundance biomass method. Mar. Biol., 95(1987), 193-200.

3 Lambshead, P. J. D., H. M. Platt and K. M. Shaw. The detection of differences among assemblages of marine benthic species based on an assessment of dominance and diversity. J. Nat. Hist.,17(1983),859-874.

4 Lambshead,P. J. D. Sub-catastrophpic seawage and industrial waste contamination as revealed by marine nematode faunal analysis. Mar. Ecol. Prog. Seri.,29(1986),247-260.

5 Warwick,R. M. The level of Taxonomic discrimination required to detect pollution effects on marine benthic communities. Mar. Poll. Bull.,19(1988),6:259-268.

6 Gray,J. S. & F. B. Mirza. A possible method for the detection of pollution-induced disturbance on marine benthic communities. Mar. Poll. Bull.,10(1979),142-146.

7 Gray, J. S. Detecting pollution induced changes in communities using the log-normal distribution of individuals among species. Mar. Poll. Bull., 12(1981),173-176.

8 Bonsdorff E. and V. Koivisto. The use of the log-normal distribution of individuals among species in monitoring zoobenthos in the Northern Baltic Archipelago. Mar. Foll. Bull., 13(1982),9:324-327.

9 李荣冠,江锦祥. 厦门西部海域大型底栖生物群落变化. 台湾海峡,9(1989),2:144-149.

李荣冠,江锦祥. 原载《海洋学报》,1992,14(1):108-114.

厦门西部海域大型底栖生物群落变化

摘要 本文应用种内个体对数正态分布，分析了厦门西部海域大型底栖生物群落的变化，并将对数正态分布与传统使用的种类多样性指数进行比较，说明它可作为监测污染引起大型底栖生物变化的一种可靠方法。

Variation of Macrobenthos Community in the Western Waters, Xiamen

Abstract: The variation of macrobenthos communities in the western waters, Xiamen are analyzed by using log-normal distribution of individuals among species in the paper. The results show, different community disturbances. The most seriously disturbed communities are located at sewage outfall area where community structure is disequilibrium. The log-normal plots of benthic community data give a small slope line with a break, the data covering 7−10 geometric classes. In the areas near the outfall the community structures are disturbed and unstable. The line has a shallow slope with a break and the data cover 4−6 geometric classes. Further away from the outfall the community structures are relatively stable and a normal pattern of a steep slope with adta covering only 3−5 geometric classes presents.

In addition, the log-normal distribution of individuals among species are compared with the traditional species diversity indices used in this paper. The results are conformable and indicate that the log-normal distribution is more sensitive to environmental changes. Therefore, it provides a new way to monitor the variation of macrobenthos communities under pollution stress.

20 世纪 60 年代初，人们普遍使用大型底栖生物区系，即种类的存在与否，常见种的丰度和生物量为依据来评价海洋生物生境的状况，直到 70 年代，种类多样性指数 Shannon-Wiener 函数才被广泛使用，Leppäkoski 和 Westerberg 介绍的底栖生物污染指数(BPI)和底栖生物群落指数(BCI)存在着一定的局限性，较少被使用[1-4]。对数正态分布可以替换较费时而烦琐的其他监测方法，是对监测污染物质引起底栖生物群落结构变化方法的一个重要补充，具有更高的敏感性[1]。本文应用种内个体对数正态分布，分析厦门西港筼筜湖排污口水域及其附近大型底栖生物群落的变化。

1 材料与方法

根据1981年2—3月厦门西部海域13个站位大型底栖生物调查资料(其中,57、59、63号站位于筼筜湖排污口水域,40、50、51、78号站位于该排污口附近,27、34、76、77、118、133号站距离排污口较远)(图1),应用种内个体对数正态分布进行分析。对数正态分布,将种类按个体数的不同算术尺度分成相应的不同几何级数,累加不同几何等级的种数,绘制成个体几何级数与种数累加百分数的相关性线。当群落结构稳定时,相关性线不折断,坡度大,跨度小;反之直线折断,坡度小,跨度大。坡度愈小,跨度愈大,群落结构愈不平衡[5~8]。

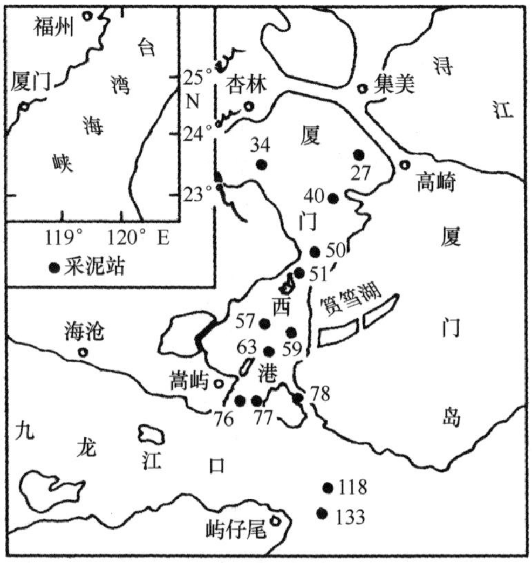

图1 大型底栖生物调查的站位

Fig.1 Macrobenthos survey stations

2 结果

本文将厦门西部海域划分为筼筜湖排污口水域(57、59、63站)、接近筼筜湖排污口水域(40、50、51、78站)和远离筼筜湖排污口水域(27、34、76、77、118、133站)分别进行分析。表1列出了厦门西港调查水域大型底栖生物种内个体对数正态分布的算术尺度和几何标尺。

表1 底栖生物种内个体对数正态分布的算术尺度和几何标尺

Tab.1 The arithmetic and geometric sales used in plotting the log-normal distribution of individuals among benthos species

几何标尺	算术尺度	排污口			近排污口				远离排污口					
		57	59	63	40	50	51	78	76	77	34	27	118	133
I	1	16	17	13	14	14	11	10	12	5	10	11	4	7

续表

几何标尺	算术尺度	排污口			近排污口				远离排污口					
		57	59	63	40	50	51	78	76	77	34	27	118	133
Ⅱ	2~3	8	5	10	5	3	4	4	3	10	5	5	5	3
Ⅲ	4~7	2	9	1	1		2	2		2	3	7	2	2
Ⅳ	8~15	2	2	1		1	1		1		1	1	1	1
Ⅴ	16~31		1		1			2			2			
Ⅵ	32~63						1							
Ⅶ	64~127			1										
Ⅷ	128~255													
Ⅸ	256~511	1												
Ⅹ	512~1 023		1											
Ⅺ	1 024~2 047													

2.1 排污口水域

从图 2 明显看出,篔筜湖排污口水域 3 个站的直线均已折断,且直线坡度小,种内个体几何级数跨度大,高达Ⅶ~Ⅹ级。其中 63 站几何组数Ⅶ,57 站Ⅸ级,离排污口最近的 59 站高达Ⅹ级。这说明篔筜湖排污口水域大型底栖生物群落结构发生了强烈的扰动,失去了平衡。

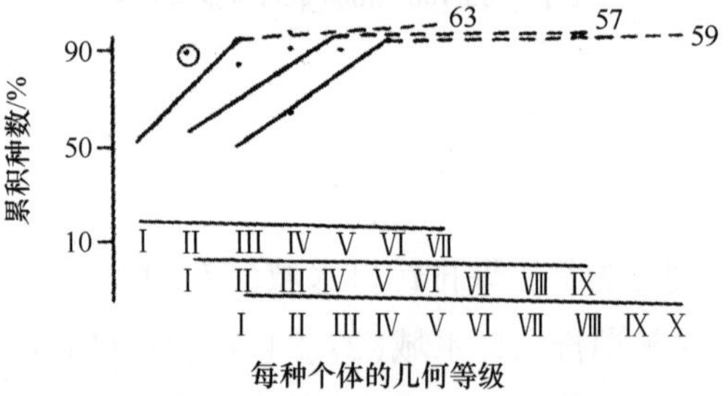

图 2　排污口水域底栖生物种内个体对数正态分布

Fig.2　Log-normal plots of benthos around the sewage outfall

篔筜湖排污口水域主要种类有亚热带杂毛虫(*Peocilochaetus paratropicus*)、锥虫(*Haploscoloplos* sp.)、双鳃内卷齿蚕(*Aglaophanus dibranchis*)、尖喙小囊蛤(*Saccella cuspidata*)、胶州湾角贝(*Dentalium kiaochwwanense*)和西格织纹螺(*Zeuxis siquijoiensis*)。种类比率多毛类占 45. 20%,软体动物 27.31%,甲壳动物 18.13%,棘皮动物 6.24%,其他动物占 3.12%。其中 63 号站多毛类占 51%。

表 2 显示出,筼筜湖排污口水域 57、59、63 站的种类多样性指数值 H' 为 1.59~2.79,均匀性指数值 J 为 0.33~0.59,显然这两个指数值都很低。这 3 个站位的 H' 和 J 值与接近排污口的站位(40、50、51、78)和远离排污口的站位(27、34、76、77、118、133)的 H'(3.02~3.92)和 J 值(0.76~0.96)比较也明显低得多。种内个体对数正态分布所反映的情形与种类多样性和均匀性指数所反映的情形极为吻合。

表 2　各站沉积物类型及种类多样性指数等要素

Tab.2　Sediment types and species diversity index factors

因素 \ 站位 \ 水域	排污口			近排污口				远离排污口						
	57	59	63	40	50	51	78	76	77	34	27	118	133
沉积物类型	粉砂质泥			粉砂质泥				粉砂质泥					
有机质含量/%	1.71	1.64	1.63	1.61	1.74	1.61	-	1.57	1.82	1.62	1.53	1.79	1.82
多样性指数(H')	1.59	2.16	2.79	3.36	3.72	2.52	2.77	3.02	3.92	3.79	3.89	3.22	3.06
均匀性指数(J)	0.33	0.42	0.59	0.77	0.89	0.59	0.66	0.76	0.96	0.86	0.84	0.90	0.83
丰度性指数(D)	3.35	3.48	3.60	3.51	3.53	2.75	2.63	3.00	3.12	3.32	3.78	2.20	2.34

2.2　近排污口水声

从图 3 可以看出,接近筼筜湖排污口水域的 40、50、51 和 78 站其线条都折断,与排污口水域站位不同的只是折断的程度差异,坡度较大,几何级数小(Ⅳ),跨度较小。这表明该水域底栖生物群落结构也受到了干扰,但比排污口水域的扰动小些。

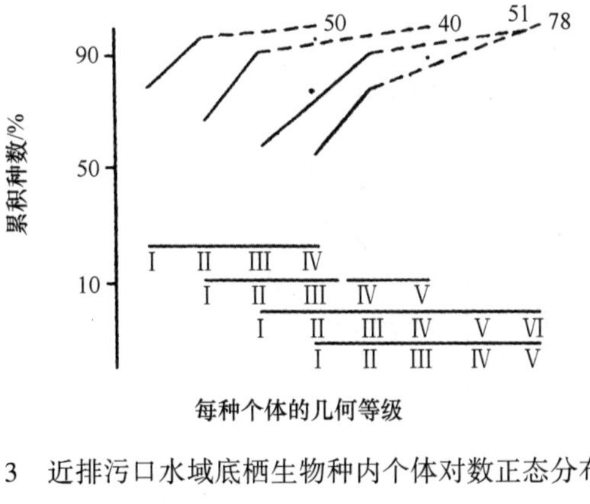

图 3　近排污口水域底栖生物种内个体对数正态分布

Fig.3　Log-normal plots of benthos near the outfall

厦门港湾的大多数海区都有相当明显的余流存在。厦门湾余流含有径流成分和潮余流成分。上层余流大多指向湾外,下层余流大多指向湾内。余流的这种特性有利于本港湾的漂浮性污染物质向湾外排放，而不利于沉性污染物质向外输送[9]。涨潮时，来自筼筜湖口的漂浮性污染物随潮水向51、50和40站扩散；退潮时又部分折回40、50和51站，同时再汇聚排污口，源源不断的污水向78站扩散；下层余流大多指向湾内，沉性污染物质不向外海输出，由此改变了这4个站的水体和底质化学性质，破坏了生物原有的生境，导致底栖生物群落结构的扰动和变化。但这4个站位的扰动又因它们与筼筜湖排污口的距离有所不同。离排污口较近的51和78站所受的扰动较大；离排污口较远的50和40站相对较小。这种情形与种类多样性和均匀性指数所反映的情形是一致的。51和78站的种类多样性指数为2.55~2.77，均匀性指数为0.59~0.66；离排污口较远的40和50站的多样性和均匀性指数（H'，J）分别为3.36~3.72和0.77~0.89，其值都高于51和78站。

接近筼筜湖排污口水域的主要种类有：锥虫、*Aglaophanus vietnamunsis*、内卷齿蚕、尖喙小囊蛤、裸赢蜚（*Corophium* sp.）、豆形短眼蟹（*Xenophthalmus pinnotheroides*）、洼腭倍棘蛇尾（*Amphiura depressus*）。种类比率多毛类占51%，软体动物16%，甲壳动物24%，棘皮动物9%。

2.3 远离排污口水域

从图4可见，27、34、76、77、118和133站都远离筼筜湖排污口水域，其中27和34站位于西港的北部水域。由于海堤的修筑导致该水域潮流速度减慢，且上下层余流具有逆时针环绕宝珠屿旋转的趋势，加上该海域南口底层余流不断往火烧屿—东渡之间水道流入，由潮流带来的沉性污染物在此停留较长时间，必然引起污染物在此海域滞留沉积。另外，由杏林工业区、马銮湾排出的工业等废物也流入该水域，影响该区底栖生物群落结构。从图4a可以看出，27、34站的直线也被折断。因此，可以认为27、34站虽远离筼筜湖排污口，却因受附近杏林工业区、马銮湾污染源的叠加影响，底栖生物群落结构也受到扰动。但因厦门西港的余流经桥孔以一明显的"舌状"伸入浔江，所以又减轻了污染物对生物群落的扰动程度。种内个体对数正态分布，几何级数跨度Ⅳ~Ⅴ级；表2也显示出27、34站种类多样性和均匀性指数也不低（H'为3.59~3.79；J为0.84~0.86）。

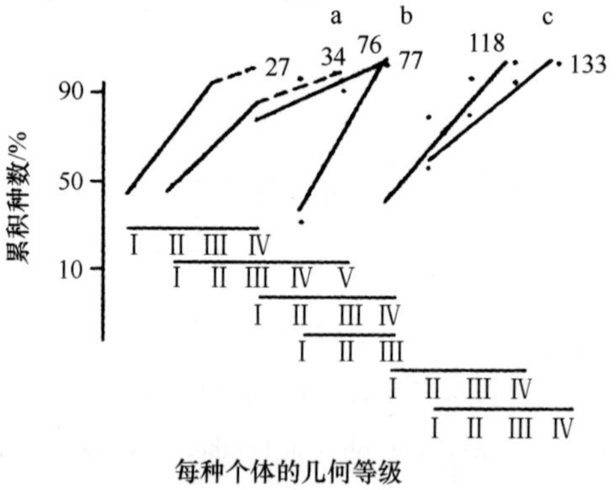

图4　远离排污口水域底栖生物种内个体对数正态分布

Fig.4　Log-normal plots of benthos away from the outfall

27 和 34 站的主要种类有:亚热带杂毛虫、锥虫、齿吻沙蚕(*Nephtys polybranchia*)、尖喙小囊蛤、囲蛤(*Theora lata*)、角贝(*Graptacme buccinulum*)、裸赢蜚等。种类比率多毛类占 50%,软体动物 21%,甲壳动物 23%,其他动物占 6%。

76 和 77 站,从距离上看仅稍远于 78 站与排污口的距离,但由于 76 和 77 站在鼓嵩水道,78 站位于厦鼓水道,二者受潮流的影响不同。78 站靠近筼筜湖排污口一侧,退潮时直接承受了排污口的污染物,底栖生物遭受危害较大。而 76 和 77 站位于鼓嵩水道之间,1962 年(未建筼筜海堤)底层余流向外,现在底层余流则向湾内;退潮时加以九龙江水的抑制,筼筜湖排污口的污染物对其影响甚微。因此,底栖生物群落结构相对平衡(图 4b)。从图 4 中可见其直线跨度小,几何级数仅Ⅲ~Ⅳ级,且不折断;种类多样性和均匀性指数也高(H'为 3.02~3.92;J 为 0.76~0.96)。这两站的主要种类有:双鳃内卷齿蚕、锥虫、西格织纹螺、纵带织纹螺。种类比率多毛类占 46%,软体动物占 24%,甲壳动物占 26%,棘皮动物 4%。

图 4c 显示出 118 和 133 站种内个体几何级数均为Ⅳ级,跨度小,且直线不折断。这表明底栖生物群落结构未受扰动,相对稳定。虽然这两站种类丰度低(D 为 2.20~2.34),但种类多样性和均匀性指数均较高(H'为 3.06~3.22;J 为 0.83~0.90)。

118 和 133 站远离排污口,位于厦门外港与外海连接。该水域风浪大,海水交换活跃,筼筜湖排出的污染物经长途扩散,其浓度已甚低,因此未表现出对底栖生物群落结构的威胁。该区主要种类有:索砂蚕(*Lumbrinereis shiinoi*)、不倒翁虫(*Sternaspis scutata*)、裸赢蜚、囲蛤、纵带织纹螺等。种类比率多毛类 29%,软体动物 29%,甲壳动物 32%,棘皮动物 5%,其他动物 5%。显然,种类组成与其他各区有所不同,多毛类比率尤其低得多。

3 结论

(1)厦门西港水域大型底栖生物群落结构受到了扰动,扰动的程度在不同海区有所不同。筼筜湖排污口水域(57、59、63 站)底栖生物群落结构失去平衡,受到严重扰动;接近筼筜湖排污口水域(40、50、51、78 站)也受到比较严重的扰动;随着与排污口距离的增加,这种扰动相对减弱。76 和 77 站,从距离上看仅比 78 站稍远离排污口。由于 78 站位于厦鼓水道东侧,即靠近排污口一侧,退潮时直接承受着潮水带来的污染物和该站附近码头污染物的影响;而 76 和 77 站位于嵩鼓水道之间,底层余流向湾内,排污口的沉性污染物少经此处,因此 76 和 77 站的生物群落比 78 站受到较轻的扰动。在远离排污口水域,生物群落结构相对稳定(118、133 站)。27、34 站和 118、133 站都远离筼筜潮排污口,由于 27、34 站位于厦门西港北部顶端,受海堤的阻挡,该区与浔江水的交换减弱,潮水流速减慢,且上下层余流具有逆时针环绕宝珠屿旋转的趋势,必然引起污染物在此滞留沉积。此外,从杏林工业区、马銮湾排出的污染物破坏了生物原有的生境,这是造成 27、34 站生物群落结构扰动的主要原因。118 和 133 站位于厦门外港口,与外海相连。该水域风浪大,潮流急,水体交换活跃,远处而来的低浓度的污染物只能作短暂的停留,甚至根本不停留,不产生对生物生境的破坏,故该水域生物群落结构十分稳定。

从种类组成和比率方面看，扰动的水域和稳定的水域是不同的。在扰动的生物群落中，多毛类占45%以上，而稳定群落中多毛类仅占29%。

(2)种内个体对数正态分布是监测污染引起底栖生物群落结构变化的一种重要方法。筼筜湖排污口水域底栖生物群落严重扰动，种类多样性和均匀性指数最低(H'为1.59~2.79；J为0.33~0.59)，从种内个体对数正态分布分析，几何级数高达Ⅶ~Ⅹ级，且直线明显折断；接近筼筜湖排污口水域，生物群落也受扰动，种类多样性和均匀性指数也低(H'为2.52~3.72；J为0.59~0.89)。从种内个体对数正态分布分析，个体几何级数Ⅳ~Ⅵ级，直线也折断，在远离筼筜湖排污口水域，生物群落相对稳定(76,77,118和133站)，种类多样性和均匀性指数都很高(H'为3.02~3.92，J为0.76~0.96)，种内个体正态分布分析，个体几何级数(Ⅲ~Ⅴ级)小，跨度小(Ⅰ~Ⅴ级)，直线不折断。至此，可以证明种内个体对数正态分布所反映的大型底栖生物群落结构变化的情形与种类多样性和均匀性指数所反映的情形完全一致，甚至更敏感。例如，27、34站的H'和J值与118、133站极为相近，而种内个体对数正态分布以27、34站直线的折断揭出该水域底栖生物受到了扰动。因此，种内个体对数正态分布可以作为监测污染引起底栖生物群落变化的一种方法，特别在污染梯度研究中，它可以节省时间和经费，且避免了复杂的计算程序[1]。

参考文献

1 Erik Bonsdorff & Vesakoivisto. The Use of the Log-Normal Distribution of Individuals among Species in Monitoring Zoobenthos in the Northern Baltic Archipelago. Mar Poll Bull, 1982, 13(9): 324-327.

2 Leppäkoski, E. Assessment of Degree of Pollution on the Basis of Macrozoobenthos in Marine and Brackish-water Environments. Acta Acard Aboser B, 35, 1975: 1-90.

3 Westerberg, J. Macrobenthos Diversity and Organic Pollution in the Archipelago of Aland (N.Baltic). Aqua Fenn., 1978: 70-77.

4 李冠国. 多样性指数的应用. 海洋科学，1981(2)：4-8.

5 Gray J S, Mirza F B. A Possible Method for the Detection of Pollution-Induce Disturbance on Marine Benthic Community. Mar Poll Bull, 1979, 10: 142-146.

6 Gray J S. Detecting Pollution induced Changes in Community Using the Log-Normal Distribution of Individual among Species. Mar. Poll. Bull., 1981, 12(5): 173-176.

7 Gray J S. The Ecology of Marine Sediments. Cambridge University Press, 1981: 120-130.

8 Hartley J P. Methods for Monitoring Offshore Macrobethos. Mar Poll Bull, 1982, 13(5): 150-154.

9 陈金泉，等. 厦门湾潮、余流及其对泥砂、污染物质迁移的影响. 台湾海峡，1985，4(1)：16-20.

李荣冠，江锦祥. 原载《台湾海峡》1989，8(2)：144-149.

福清湾大型底栖生物生态研究

摘要 分析了福清湾潮下带大型底栖生物的种类组成、数量分布，应用 Bray-Curtis 系数和多维尺度排序及优势度曲线划分群落，且描述、分析了该湾群落结构的特点。

关键词 大型底栖生物；生态；福清湾

从20世纪60年代初至今，福清湾曾进行了多次海洋综合调查，但有关大型底栖生物生态的研究尚未见报道，研究底栖生物生态，对于摸清福清湾大型底栖生物种类多样性和现存量，合理开发利用海洋生物资料，评价港工码头及附近元洪开发区建设对该湾海洋环境的影响等提供重要的背景资料和科学依据。

1 自然环境

福清湾位于福建省沿海中段，25°32′00″—25°47′36″N、119°23′—119°38′E。海湾略呈方形，湾口向东，于海坛海峡北口入台湾海峡，是个半封闭的海湾。该湾海岸曲折，岬湾相间，岸线长 55.5 km，面积 130 km^2，其中滩涂面积 101.8 km^2，零米线以下水域面积 28 km^2。湾内大部分海域水深为 0~5 m。海底较平坦，底质沉积物有中细砂、黏土质粉砂、砂-粉砂-黏土、砂质粉砂和砾砂等 13 种类型。

福清湾属亚热带海洋性季风气候，年均气温 19.5~20.0℃，最高 28.2℃，最低 10.7℃。雨量适中，年均降水量为 1 337.4 mm，相对湿度 77%。夏、秋两季水温分别为 27.1℃和 22.3℃，盐度分别为 33.13 和 27.21。潮汐性质为正规半日潮。

2 材料与方法

根据 1990 年 7 月和 10 月在福清湾进行的大型底栖生物调查资料整理而成。调查共布设 10 个测站(图 1)。定量取样每站用 0.05 m^2，采样器取样 5 次，同时选择测站做定性取样。样品按《海洋调查规范》处理。

群落划分应用 Bray-Curtis 相似性系数进行聚类和多维尺度排序[1~4]，群落结构分析应用丰度生物量比较法[5~8]。数据经 IBM 微机处理。

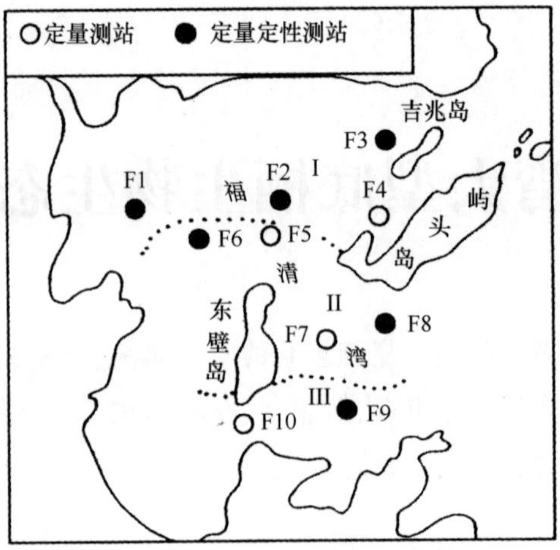

图 1　福清湾大型底栖生物取样站和群落（Ⅰ、Ⅱ、Ⅲ）

3　结果

3.1　种类组成与分布

福清湾潮下带大型底栖生物已鉴定的有 162 种，其中多毛类动物 41 种，软体动物 49 种，甲壳动物 42 种，棘皮动物 11 种和其他动物 19 种。软体动物、甲壳动物和多毛类动物占总种数的 81.48%，三者构成底栖生物的主要类群。

按数量和出现频率，福清湾大型底栖生物优势种有：滑指矶沙蚕（*Eunice indica*）、凸壳肌蛤（*Musculista senhausia*）、肋蜎螺（*Umbonium costatum*）、模糊新短眼蟹（*Heoxenophthalmus obscurus*）、扁平蛛网海胆（*Arachnoides placenta*），其分布见图 2。

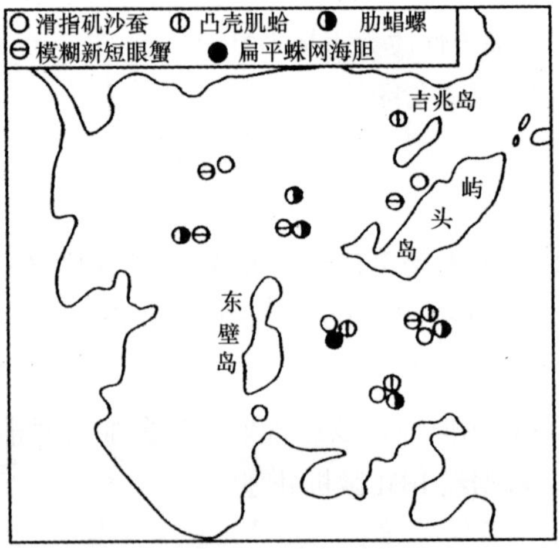

图 2　大型底栖生物优势种的分布

福清湾大型底栖生物经济种有 38 种,其中主要有:锐足全刺沙蚕(*Nectoneanthes oxypoda*)、疣吻沙蚕(*Tylorrhynchus heterochaetus*)、长吻沙蚕(*Glycera chirori*)、异足索沙蚕(*Lumbrineris heteropoda*)、内奇索沙蚕(*L. nagae*)、裸体方格星虫(*Sipunculus nudus*)、凸壳肌蛤、弯竹蛏(*Solen arcuatus*)、凸镜蛤[*Dosinia* (*sinodia*) *derupta*]、菲律宾蛤仔(*Ruditapes philippinarum*)、光滑河蓝蛤(*Potamocorbula Laevis*)、全海笋[*Barna* (*B.*) *candida*]、方斑玉螺(*Natica onca*)、扁玉螺(*Neverita didyma*)、脉红螺(*Rapana venose*)、方斑东风螺(*Babylonia areolata*)、卵蛸(*Octopus ovulum*)、短蛸(*O. ocellatus*)、长额仿对虾(*Parapenaeopsis hardwickii*)、鹰爪虾(*Trachypenaeus curvirostris*)、须赤虾(*Metapenaeopsis barbata*)、鲜明鼓虾(*Alpheus distinguendus*)、脊尾白虾(*Exopalaemon carinicauda*)、三疣梭子蟹(*Portunus tribuberculatus*)、模糊新短眼蟹、皮氏叫姑鱼(*Johnius belengri*)、斑鲆(*Pseudorhombus arsius*)和孔虾虎鱼(*Trypauchen vagina*)等。

3.2 数量组成与分布

福清湾大型底栖生物的平均生物量为 14.72 g/m^2,平均栖息密度为 96 个/m^2。由表 1 清楚可见,数量的组成生物量以棘皮动物居首位,软体动物和甲壳动物分别居第 2、3 位,多毛类最低;栖息密度以软体动物名列第 1,依次为多毛类和甲壳动物。

表 1 福清湾大型底栖生物及各类群数量组成

类群	多毛	软体	甲壳	棘皮	其他	均值
生物量/(g·m^{-2})	0.83	3.52	2.35	7.10	0.93	14.72
密度/(个·m^{-2})	29	32	28	5	2	96

福清湾大型底栖生物的数量分布不均匀,高生物量区主要集中在湾的东部即湾口水域,尤以湾口南部东壁岛东侧和屿头岛西南端之间为高(79.0 g/m^2),其次在湾口北部吉兆岛和屿头岛之间(28.04~31.54 g/m)。生物量最低的区域出现在中部,即东壁岛北端和城头镇南部水域和西部水域(图 3a)。栖息密度的分布与生物量大体吻合,即高密度区分布在湾口一带水域,以湾口北部吉兆岛西侧和屿头岛西侧水域为高(257~368 个/m^2)。自湾口至湾顶,密度呈递减趋势。在湾底即西部水域,栖息密度最低(图 3b)。

3.3 群落结构

福清湾大型底栖生物,按 Bray-Curtis 相似性系数聚类分析和多维尺度排序,可划分为 3 个群落:群落Ⅰ、Ⅱ和Ⅲ(图 4 和图 5)。

群落Ⅰ:该群落由 F1、F2、F3 和 F4 四个测站组成,位于海湾北部,底质为中细砂、黏土质粉砂。群落代表种为:模糊新短眼蟹-凸壳肌蛤-光滑倍棘蛇尾。秋季,模糊新短眼蟹的生物量和栖息密度可达 13.16 g/m^2 和 416 个/m^2。夏季,凸壳肌蛤的生物量和栖息密度分别为

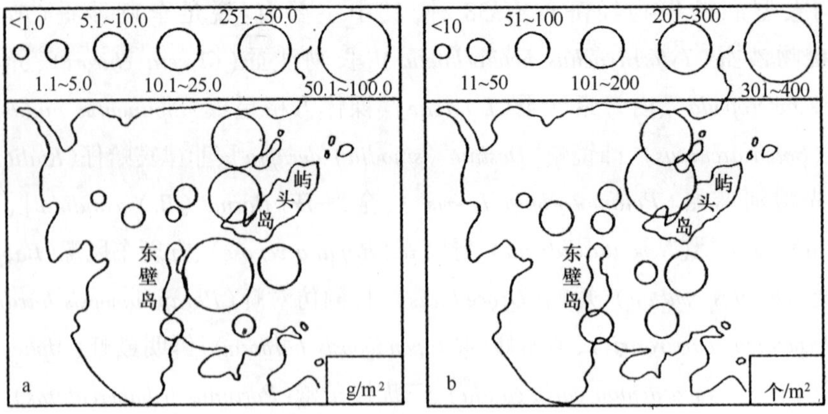

图 3　福清湾大型底栖生物生物量(a)和栖息密度(b)分布

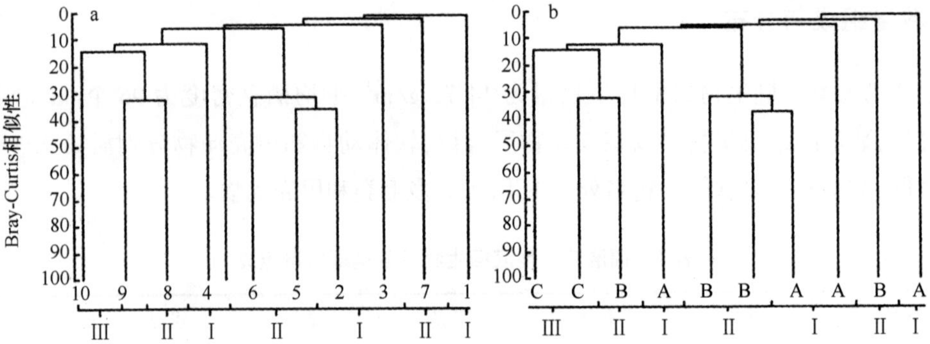

图 4　福清湾 10 个测站定量样品相似性聚类分析

a.10 个样品相似性聚类树枝图;b.10 个样品代码转换后相似性聚类树枝图;

Ⅰ、Ⅱ、Ⅲ:分别为群落Ⅰ、Ⅱ、Ⅲ

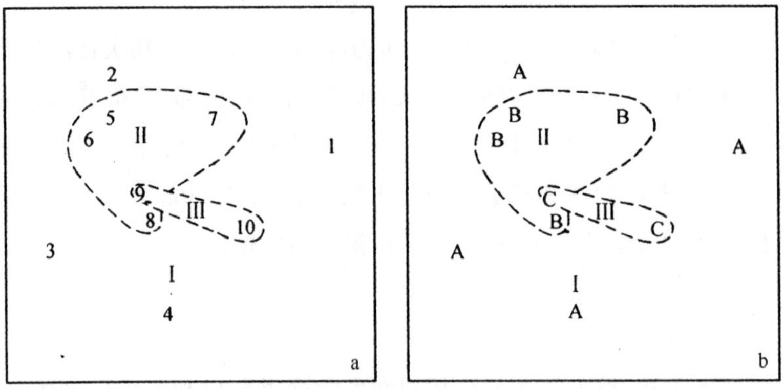

图 5　福清湾 10 个测站定量样品多维尺度(MDS)排序

a、b:分别为样品代码转换前后的多维尺度排序

Ⅰ、Ⅱ、Ⅲ:分别为群落Ⅰ、Ⅱ、Ⅲ

24.84 g/m^2 和 208 个/m^2。光滑倍棘蛇尾(*Amphioplus laevis*)的数量不大,但出现率较高。该群落的主要种还有白色吻沙蚕(*Glycer alba*)、江户明樱蛤(*Moerella jedoensis*)、日本对虾(*Penaeus japonicus*)、光亮倍棘蛇尾(*Amphioplus lucidus*)等。

群落Ⅱ:由 F5、F6、F7 和 F8 四个测站组成,位于海湾中部和近南部湾口,底质主要为中细砂、砂-粉砂-黏土。该群落的代表种为凸亮肌蛤-白龙骨乐飞螺-模糊新短眼蟹-扁平蛛网海胆。优势种凸壳肌蛤,在夏季生物量高达 7 750 g/网,栖息密度高达 340 780 个/网。白龙骨乐飞螺,两季均出现,秋季的生物量和栖息密度分别为 6.92 g/m^2 和 8 个/m^2。扁平蛛网海胆的出现率和栖息密度均不高,但生物量可高达 150.16 g/m^2。该群落的主要种和习见种还有:滑指矶沙蚕、锐足全刺沙蚕、金星蝶铰蛤(*Trigonothracia jimxingae*)、尖高旋螺(*Acrilla acuminata*)、假主棒螺(*Clavatula pseudoprinciplis*)、假奈拟塔螺(*Turricula nelliae spurius*)、鹰爪虾、红星梭子蟹(*Portunus sanguinolentus*)、纤手梭子蟹(*P.gracilimanus*)等。

群落Ⅲ:该群落由 F9 和 F10 两个测站组成,位于海湾南部近湾口一带。底质为砾砂、砂质粉砂。代表种为滑指矶沙蚕-肋蜎螺。滑指矶沙蚕的生物量不高,但夏、秋两季均出现,栖息密度分别为 20 个/m^2 和 36 个/m^2。肋蜎螺在以上两群落中都曾出现,但数量以本群落为高,夏季的生物量和栖息密度分别为 4.36 g/m^2 和 80 个/m^2。该群落的习见种还有:异足索沙蚕、多丝丝鳃虫(*Cirratulus filiformis*)、中华内卷齿蚕(*Aglaophamus sinensis*)、菲律宾蛤仔、方斑东风螺、脉红螺、旗短口螺(*Brachytoma vexillum*)、美丽蕾螺(*Gemmula speciosa*)、假奈拟塔螺、长额仿对虾等。

应用丰度生物量比较法对以上 3 个群落结构进行分析表明,除群落Ⅰ,即模糊新短眼蟹-凸壳肌蛤-光滑倍棘蛇尾群落的丰度生物量的复合 *K*-优势度曲线相互交叉,群落结构受到一定扰动外;群落Ⅱ:凸壳肌蛤-白龙骨乐飞螺-模糊新短眼蟹-扁平珠网海胆群落和群落Ⅲ:滑指矶沙蚕-肋蜎螺群落均相对稳定(图 6-Ⅰ、Ⅱ、Ⅲ)。群落Ⅰ结构的扰动,可能归因物理因素的扰动。根据水体化学要素和底质化学要素分析,海湾中各种污染物含量均属正常,符合国家Ⅰ类海水水质标准。pH 值、溶解氧、化学耗氧量、活性硅酸盐、硝酸盐、亚硝酸盐、铵盐以及重金属和油类调查分析表明,仅屿头岛南北侧个别站位的铅、锌含量出现超标外,福清湾表层沉积物中铜、镉含量属正常范围,硫化物及油类均未超标。福清湾整体的丰度生物量复合 *K*-优势度曲线也显示出底栖生物群落的稳定性(图 6-Ⅳ)。

4 结语与讨论

福清湾大型底栖生物共有 162 种,其中软体动物、甲壳动物和多毛类占总种数的 81.48%。与大亚湾(473 种)、北部湾北部(300 种)底栖生物比较,种数少得多[9];与三都湾(343 种)和罗源湾(225 种)底栖生物比较,种数也少得多。但该湾底栖生物的种类组成与以上海湾却有共同的规律,即均为多毛类、软体动物和甲壳动物构成海湾底栖生物的 3 个主要类群。

福清湾大型底栖生物平均生物量为 14.72 g/m^2,平均栖息密度为 96 个/m^2。海湾间生

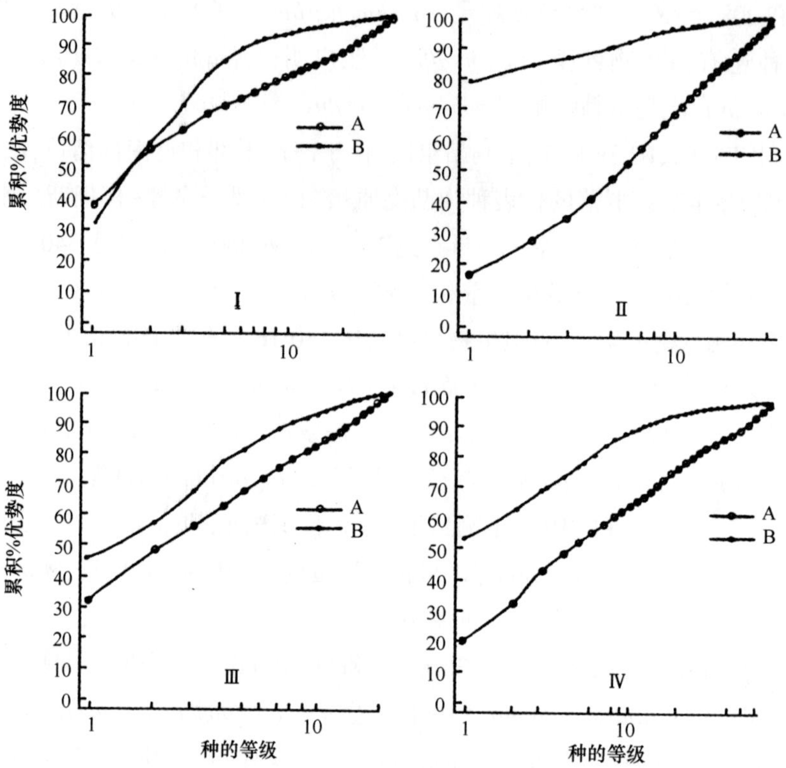

图 6　群落Ⅰ、Ⅱ、Ⅲ和福清湾群落(Ⅳ)种类丰度(A)及生物量(B)复合 *K*-优势度面线

物数量比较,生物量由大到小依次为:大亚湾(123.55 g/m^2)、福清湾(14.72 g/m^2)、三都湾(12.47 g/m^2)、罗源湾(7.01 g/m^2)[1),2)];栖息密度由大到小依次为大亚湾(585 个/m^2)、福清湾(96 个/m^2)、三部湾(87 个/m^2)、罗源湾(48 个/m^2)[9]。福清湾底栖生物的数量组成,生物量以棘皮动物、软体动物和甲壳动物为主要类群,三者占总生物量的 88.11%;栖息密度以软体动物、多毛类和甲壳动物为主要类群,三者占总密度的 92.70%。

福清湾大型底栖生物有 3 个群落:模糊新短眼蟹-凸壳肌蛤-光滑倍棘蛇尾群落;凸壳肌蛤-白龙骨乐飞螺-模糊新短眼蟹-扁平蛛网海胆群落和滑指矶沙蚕-肋蜎螺群落。应用丰度生物量比较法分析表明,除模糊新短眼蟹-凸壳肌蛤-光滑倍棘蛇尾群落受轻微的扰动外,该湾总体群落结构相对稳定。模糊新短眼蟹-凸壳肌蛤-光滑倍棘蛇尾群落受扰动的原因,初步分析归因于物理的因素。该群落位于测站 F1、F2、F3 和 F4,即福清湾航道两侧。由于频繁的船只来往,特别是退潮时使原本不深的航道显得更浅,船只活动所引起的噪音及水体和底层沉积物的扰动,多少将对周围水域的海洋生物和底栖生物群落带来一定的影响。根据水体和底质化学要素分析表明,该湾各种污染物含量均属正常范围,除屿头岛南北侧个别站位的铅、锌含量略超标外,表层沉积物中铜、镉、硫化物和油类均未超标。当然,引起底栖生物群落不稳定的因素是多方面的复杂的,某些问题尚有待于进一步研究和探索。

参考文献

1 Gray J S, K P Clarke, R M Warwick, et al. Detection of initial effects of pollution on marine benthos: an example from the Ekofisk and Eldfisk oilfields, North Sea. Mar. Ecol Prog. Ser.,1990,66:285-299.

2 Warwick R M. Analysis of community attributes of the macrobenthos of Frierfiord/Langesundfjord at taxonomic levels higher than species. Mar. Ecol. Prog. Ser., 1988,46:167-170.

3 Gray J S, et al. Analysis of community attributes of the benthic macrofauna of Frierrjord/Langesundfjord and in a mesocosm experiment. Mar. Ecol. Prog. Ser., 1988,46:151-165.

4 Field J G, K R Clarko, R M Warwick. A practical strategy for analysing multispecies distribution patterns. Mar. Ecol. Prog. Ser., 1982,8:37-52.

5 Mirza F B, J S Gray. The fauna of benthic sediments from the organically enriched Oslofjord, Norway. J. Exp. Mar.BioI.Ecol., 1981,54:181-207.

6 Warwick R M. A new method for detecting pollution effect on marine macrobenthic communities. Mar. Bio., 1986,92:557-562.

7 Warwick R M,T H Pearson. Detection of pollution effects on marine macrobenthos: further evaluation of the species abundance/biomass method. Mar. Biol.,1987,95:193-200.

8 李荣冠,江锦祥. 应用丰度生物量比较法监测海洋污染对底栖生物群落的影响. 海洋学报,1992,14(1):108-114.

9 江锦祥,等. 大亚湾底栖生物的种类组成和数量分布//大亚湾海洋生态文集(Ⅱ). 北京:海洋出版社,1990:237-247.

李荣冠,江锦祥,蔡尔西,徐惠州. 原载《海洋学报》,1995,17(1):90-96.

闽江口及邻近水域大型底栖生物生态研究

摘要 闽江口及邻近水域大型底栖生物已鉴定有129种,平均生物量为18.00 g/m²,平均栖息密度为135个/m²。按Bray-Curtis相似性指数和多维排序尺度可划分为3个群落。应用丰度生物量比较法(ABC)和部分优势度显示群落受到扰动,引起群落扰动的原因主要在于生物的自然演替繁殖、群落所处底质的不稳定性以及与生境污染压力有关。

关键词 河口生态;闽江口;大型底栖生物

1 前言

大型底栖生物生态研究包括物种、数量的组成和时空分布,群落结构及其与环境因子的关系等。以往的研究多采用传统的方法对种类、生物量和栖息密度的百分组成、时间和空间的分布进行分析,本研究应用先进的Bray-Curtis相似性系数、多维排序尺度、丰度生物量比较法和部分优势度等划分和分析群落,其结果较令人满意。

2 自然环境特征

闽江长约541 km,流域面积60.992 km²,是福建省第一大河。多年平均入海径流量620×10^8 m³,多年平均悬移质输沙量为745.28×10^4 t。闽江口位于福建省东部,呈扇形向东南展布包括了内拦门沙和外拦门沙,前缘水深15 m,面积约1 800 km²,是有名的大潮区之一。多年平均气温为19.6℃,年降雨量1 347.7 mm,相对湿度77%。由于径流大,底层余流仍沿江而下。盐度分布与水温相似,由近岸向远岸由北向南逐渐增加,等值线分布与岸线基本平行。大部海区表层盐度25.50~32.00,底层29.00~32.00。表层沉积物为中粗砂、中砂、中细砂、细砂、粉砂质砂、黏土质粉砂、粉砂质黏土和砂-粉砂-黏土等8种类型。

3 材料与方法

根据1984年4月至1985年4月,福建省海岸带资源综合调查·大型底栖生物调查资料整理而成。调查共布设11个站位(图1),每站用0.1 m² 采泥器取样2~5次且选择站位进行定性取样。样品经"WSB"底栖生物涡旋器分离,1 mm套筛淘洗。标本按《海洋调查规范》(生物分册)处理。

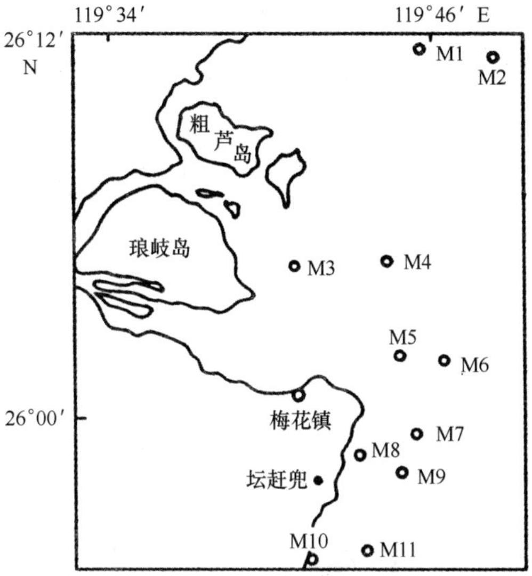

图 1　大型底栖生物调查站位

群落划分应用 Bray-Curtis 相似性系数、多维排序尺度,群落分析应用丰度生物量比较法和部分优势度等,数据经微机处理[1-5]。

4　结果

4.1　种类组成与分布

4.1.1　种类组成

闽江口及邻近水域大型底栖生物已鉴定有 219 种,其中多毛类 65 种,软体动物 55 种,甲壳动物 54 种,棘皮动物 11 种和其他动物 34 种。多毛类、软体动物和甲壳动物占总种数的 79.45%,3 者构成大型底栖生物的主要类群。

根据种类的数量和出现率,闽江口及邻近水域大型底栖生物的优势种有:西施舌(*Coellomactra antiquata*)、波纹巴非蛤(*Paphia undulata*)、棒锥螺(*Turritella bacillum*)、泥东风螺(*Babylonia lutosa*)、长额仿对虾(*Parapenaeopsis hardwickii*)、光滑倍棘蛇尾(*Amphioplus laevis*)、棘刺锚参(*Protankyra bidentata*)、凤鲚(*Coilia mystus*)、棘头梅童鱼(*Collichthys lucidus*)等。

闽江口及邻近水域大型底栖生物经济种有 48 种,主要有:锐足全刺沙蚕(*Nectoneanthes oxypoda*)、裸体方格星虫(*Sipunculus nudus*)、四角蛤蜊(*Mactra veneriformis*)、西施舌、文蛤(*Meretrix meretrix*)、波纹巴非蛤、棒锥螺、扁玉螺(*Neverita didyma*)、泥东风螺、方斑东风螺(*Babylonia areolata*)、短蛸(*Octopus ocellatus*)、长额仿对虾、日本对虾(*Penaeus japonicus*)、红星梭子蟹(*Portunus sanguinolentus*)、三疣梭子蟹(*Portunus* (*P.*) *trituberculatus*)、口虾蛄(*Oratosquilla oratoriq*)、凤鲚、棘头梅童鱼等。

4.1.2 种类分布

闽江口及邻近水域优势种西施舌和长额仿对虾分布最广，几乎遍布海区。西施舌主要分布在闽江口南侧梅花镇、石壁坛赶兜和漳港外一带水域；棒锥螺分布在闽江口南、北侧，中部未出现；波纹巴非蛤的分布范围与棒锥螺大致相同；光滑倍棘蛇尾和棘头梅童鱼分散在部分水域(图 2)。

闽江口及邻近水域大型底栖生物种数分布不均匀。在 11 个测站中，1～5 种/站的站有 3 个，分别分散于琅岐岛、梅花、坛赶兜外和近漳港一带水域；6～10 种/站的站有 3 个，主要分布在南部水域；11～25 种/站，26～50 种/站和 101～250 种/站的站分别仅一个，分布在南、北、中部水域；51～100 种/站的站有 2 个，1 个在闽江口北部，另 1 个分布在南部水域。种数分布主要有 3 个高区：1 个位于道澳外，1 个位于琅岐岛外，另 1 个位于梅花至坛赶兜外的中段水域(图 3)。

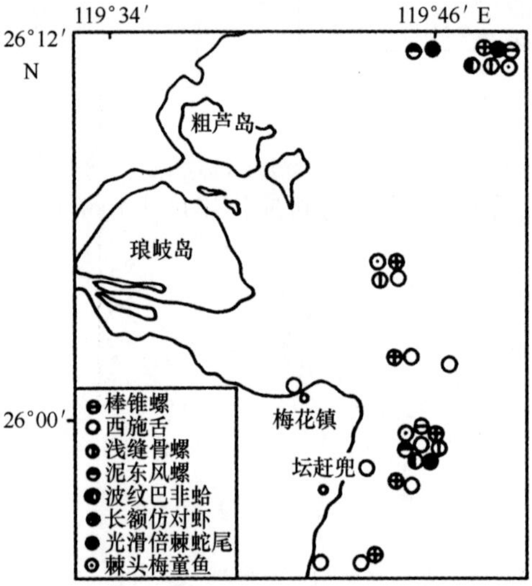

图 2　大型底栖生物的优势种分布

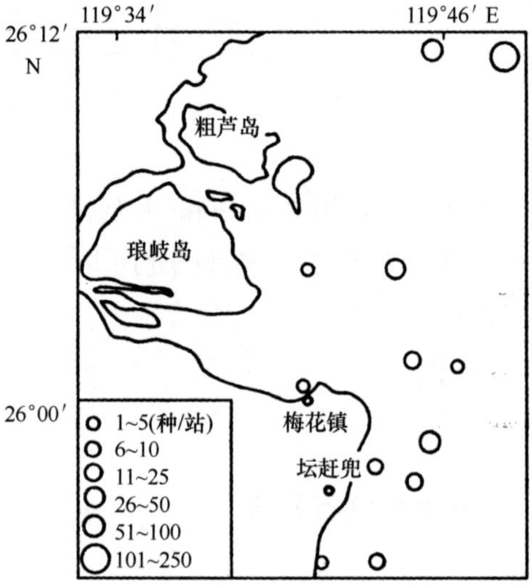

图 3　闽江口及邻近水域大型底栖生物种数分布

4.2 数量组成与分布

4.2.1 数量组成

闽江口及邻近水域大型底栖生物平均生物量为 18.00 g/m^2，平均栖息密度为135 个/m^2。数量组成，生物量以棘皮动物居首位，软体动物居第 2 位；栖息密度以软体动物占第 1 位，多毛类占第 2 位。其余各类群数量组成详见表 1。

4.2.2 数量分布

闽江口及邻近水域大型底栖生物数量分布不均匀，生物量较高的区域达 65.15 g/m^2，低生物量区仅 0.05 g/m^2；栖息密度最大的达 1 210 个/m^2，最小则仅 5 个/m^2。在 11 个测站中，生物量 50.01～100 g/m^2 的站 1 个，分布在闽江口北部；5.01～10.00 g/m^2 的站 3 个，主要分布在闽江口北侧至梅花、坛赶兜外一带水域； 1.01～5.00 g/m^2 的站 2 个，分布在坛赶兜外一带

表 1　闽江口及邻近水域大型底栖生物各类群数量组成

季节	多毛类		软体动物		甲壳动物		棘皮动物		其他动物		总计	
	(个/m^2)	(g/m^2)	(个/m^2)	(g/m^2)	(个/m^2)	(g/m^2)	(个/m^2)	(g/m^2)	(个/m^2)	(g/m^2)	(个/m^2)	(g/m^2)
春季	82	2.65	17	3.96	20	1.46	16	7.12	4	2.16	139	17.35
夏季	54	1.72	8	0.37	30	1.27	18	24.10	9	0.23	119	27.69
秋季	26	2.23	179	5.34	4	0.23	7	1.28	2	0.18	218	9.26
冬季	37	2.55	1	0.20	4	0.80	13	11.55	3	2.60	58	17.70
平均	50	2.29	51	2.47	15	0.94	14	11. 01	5	1. 29	135	18.00

水域;小于 0.50 g/m² 的站仅 1 个,在琅岐岛外侧。栖息密度大于 500 个/m² 的站 1 个,在梅花镇东北向水域;251~500 个/m² 的站 2 个,均分布于坛赶兜东侧;101~250 个/m² 的站 2 个,位于闽江口北部一带水域;26~50 个/m² 的站 4 个,分散于南部水域;栖息密度最低(5 个/m²)的站也出现于琅岐岛外侧,与生物量吻合。总体看来,高生物量小区出现在闽江口北部一带水域;高密度小区则出现于南部梅花至坛赶兜外一带水域。中部数量相对偏低(图 4)。

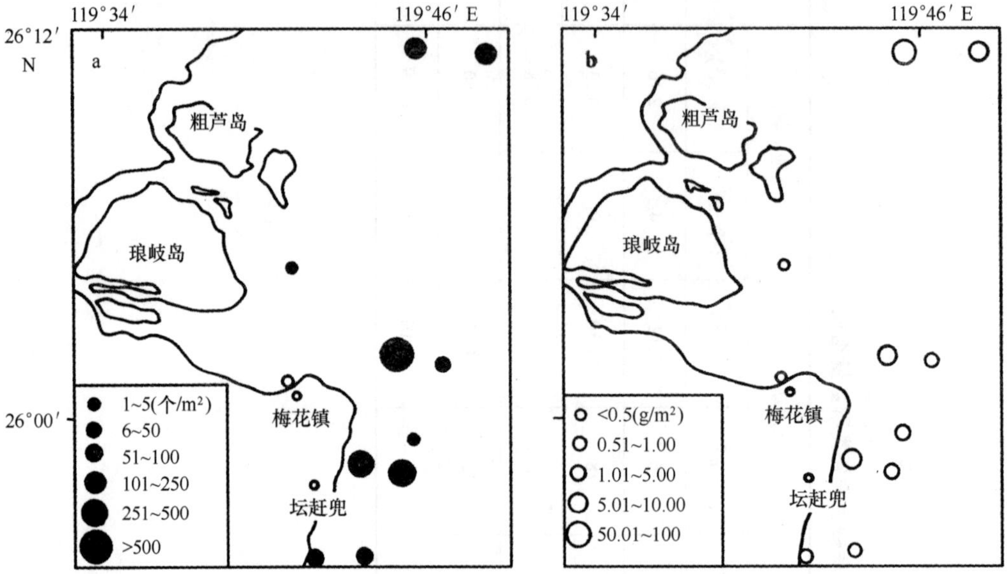

图 4　大型底栖生物栖息密度(a)和生物量(b)的分布

4.2.3　数量季节变化

闽江口及邻近水域大型底栖生物生物量由大到小依次为夏季(27.69 g/m²)、冬季(17.68 g/m²)、春季(17.35 g/m²)、秋季(9.24 g/m²);栖息密度由大到小依次为秋季(216 个/m²)、春季(135 个/m²)、夏季(119 个/m²)、冬季(58 个/m²)。各类群数量季节变化,生物量以多毛类春季最高(2.65 g/m),夏季最低(1.72 g/m²);软体动物秋季最高(5.34 g/m²),冬季最低(0.20 g/m²);甲壳动物春季最高(1.46 g/m²),秋季最低(0.23 g/m²);棘皮动物夏季最高(24.10 g/m²),秋季最低(1.28 g/m²);其他动物冬季最高(2.60 g/m²),秋季最低(0.18 g/m²)。各类群栖息密度季节变化见表 1。

4.3　群落

4.3.1　群落类型

闽江口及邻近水域大型底栖动物,按照 Bray-Curtis 相似性聚类和多维排序尺度,可划分为 3 个群落:群落Ⅰ,棒锥螺-波纹巴非蛤-棘刺锚参-幽僻新短眼蟹(*Neoxenophthalmus obscurus*);群落Ⅱ,棘头梅童鱼-凤鲚-长额仿对虾;群落Ⅲ,西施舌-加州齿吻沙蚕(*Nephtys californiensis*)-棘头梅童鱼(图 5)。

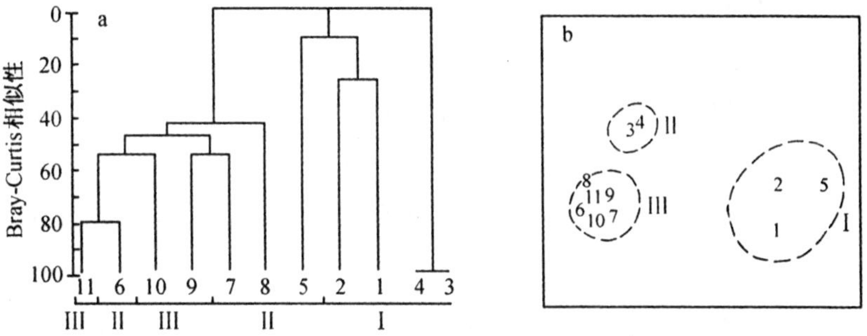

图 5　闽江口及邻近水域大型底栖生物群落

a. 11 个测站 Bray-Curtis 相似性聚类；b.11 个测站样品多维排序尺度

Ⅰ、Ⅱ、Ⅲ：群落Ⅰ、群落Ⅱ、群落Ⅲ

4.3.2　*群落结构*

群落Ⅰ：棒锥螺-波纹巴非蛤-棘刺锚参-幽僻新短眼蟹。该群落位于闽江口南北侧，水深 9～19 m，盐度 28.49～28.79。底质为粉砂黏土和黏土粉砂。代表种棒锥螺，秋季最大生物量为 37.50 g/m^2，春季定性采样 45 个/网。波纹巴非蛤，定性采样获得 161 个/网。棘刺锚参，夏季的生物量和栖息密度分别为 53.90 g/m^2 和 45 个/m^2。幽僻新短眼蟹的出现率较高，但数量不大，冬季的生物量和春季的栖息密度分别为 4.00 g/m^2 和 50 个/m^2。其他习见种有中华内卷齿蚕（*Aglaophamus sinensis*）、加州中蚓虫（*Neomediomastus californiensis*）、欧努菲虫（*Onuphis fujianensis*）、文蛤、中华蛤蜊（*Mactra chinensis*）、锯齿巴非蛤（*Paphia gallus*）、扁玉螺、乳玉螺（*Polynices mammata*）、浅缝骨螺（*Murex trapa*）、蛙螺（*Bursa rana*）、泥东风螺、方斑东风螺、伶鼬榧螺（*Oliva mustellina*）、纵肋织纹螺（*Nassarius variciferus*）、白龙骨乐飞螺（*Lophiotoma leucotropis*）、细肋蕾螺（*Gemmula deshayesii*）、假主棒螺（*Crassispira pseudoprinciplis*）、黄色薪对虾（*Metapenaeus joyneri*）、脊尾白虾（*Exopalaemon carinicauda*）、长额仿对虾、中华绒螯蟹（*Eriocheir sinensis*）、裸盲蟹（*Typhlocarcinus nudus*）、口虾蛄、二角赛瓜参（*Thyme bicornis*）、镶边海星（*Craspidaster hesperus*）、光滑倍棘蛇尾、日本单鳍电鳐（*Narke japonica*）等。

该群落平均生物量为 36 g/m^2，平均栖息密度为 146 个/m^2。生物量以棘皮动物、软体动物占优势；栖息密度以多毛类、甲壳动物和棘皮动物占优势。

群落Ⅱ：棘头梅童鱼-凤鲚-长额仿对虾。该群落位于闽江口中部琅岐岛外侧，水深 9～12 m，盐度 28.00～28.69，底质为粗砂。代表种棘头梅童鱼，夏季的栖息密度可高达 3 380 个/网，秋季为 136 个/网。凤鲚的栖息密度夏季也可达 183 个/网。其他习见种有：中华内卷齿蚕、幽辟新短眼蟹、光滑倍棘蛇尾等。

该群落共有 49 种，其中居前 3 位的分别为甲壳动物、其他动物和软体动物。但定量数量极低，平均生物量仅 1.71 g/m^2，栖息密度仅 17 个/m^2。为 3 个群落中数量最低的群落。

群落Ⅲ：西施舌-加州齿吻沙蚕-棘头梅童鱼。该群落位于梅花镇东北、坛赶兜外至漳港北侧一带水域，水深 2～6 m，盐度 25.56～28.64，底质为细砂。代表种西施舌，分布广且栖息密度大。在梅花镇东北水域,其幼体秋季栖息密度高达 1 210 个/m^2;在坛赶兜外水域也达到 270~340 个/m^2。加州齿吻沙蚕,其数量虽不大,但出现率较高。棘头梅童鱼,定性采样栖息密度可达 59 个/网。其他习见种有:带荚蛏(*Siliqua fasciata*)、美叶雪蛤(*Clausinella calophylla*)、闪光橘蛤(*Pulvinus micans*)、橄榄蚶(*Estellarca olivacea*)、樱蛤(*Cadella* sp.)、扁玉螺、西格织纹螺(*Nassarius siquijorensis*)、纹尾长眼虾(*Ogyrides striaticauda*)、长额仿对虾、角仿对虾(*Parapenaeopsis cornuta*)、拥剑梭子蟹(*Portunus haanii*)、龙头鱼(*Harpodon nehereus*)等。

该群落平均生物量为 3.22 g/m^2,平均栖息密度为 358 个/m^2。生物量和栖息密度均以软体动物占优势。

4.3.3 群落的稳定性

应用丰度生物量比较法和部分优势度对闽江口及邻近水域大型底栖生物 3 个群落结构进行分析,结果表明:群落Ⅰ,棒锥螺-波纹巴非蛤-棘刺锚参-幽僻新短眼蟹群落相对稳定。其丰度生物量复合 *K*-优势度曲线不交叉、不重叠、不翻转(图 6a)。群起Ⅱ,棘头梅童鱼-凤鲚-长额仿对虾群落,由于底质为粗砂,生境不稳定,底内与底表几乎无生物存在,定量数量极低,丰度生物量比较法和部分优势度无法表示,群落结构完全失去平衡。群落Ⅲ,西施舌-加州齿吻沙蚕-棘头梅童鱼群落,虽其丰度生物量复合 *K*-优势度曲线不交叉、不重叠、但完全翻转(图 6b)。总体水域也表明,闽江口及邻近水域大型底栖生物群落也出现扰动,其丰度生物量复合 *K*-优势度曲线既交叉、重叠、又翻转;其部分优势度曲线也出现交叉、重叠(图 6c,d)。

究其原因,初步认为群落结构的扰动可能在于群落内个别物种的大量繁殖,如群落Ⅲ的代表种西施舌在梅花镇东北水域,其幼体秋季栖息密度可高达 1 210 个/m^2;其次,群落的生境,尤其其底质类型组成,群落Ⅲ所处的底质以粗砂为主,群落Ⅲ以细砂为主,二者的底质组成类型均为不稳定。值得引起重视的是群落结构发生扰动,可能与闽江每年排出的污染物入海有关。据同期数据统计,每年闽江径流携带约近 17×10^4 t 的工业废物、废料、废水、城市生活废水等污染物入海。

5 结语与讨论

闽江口及邻近水域大型底栖生物共有 219 种,比九龙江口(440 种)少[6],较黄河口及邻近海域(150 种)多[7]。尽管各河口间种数不同,但种类组成均以多毛类、软体动物、甲壳动物为主要类群。且出现了许多河口种如,软疣沙蚕(*Tylonereis bogoyawleskyi*)、脊尾白虾、狭颚绒螯蟹(*Ericcheir leptognathus*)、凤鲚、刀鲚(*Coilia ectenes*)、棘头梅童鱼、短吻舌鳎(*Cynoglossus abbreviatus*)等, 以及广盐性种如智利巢沙蚕(*Diopatra chilienis*)、特矶沙蚕(*Euniphysa aculeata*)、不倒翁虫(*Sternaspis scutata*)、棒锥螺、西格织纹螺、纵肋织纹螺、幽僻新短眼蟹、锯缘青蟹(*Scylla serrata*)、隆线强蟹(*Eucrate crenata*)、弯六足蟹(*Hexapus anfractus*)、光滑倍棘蛇尾等。

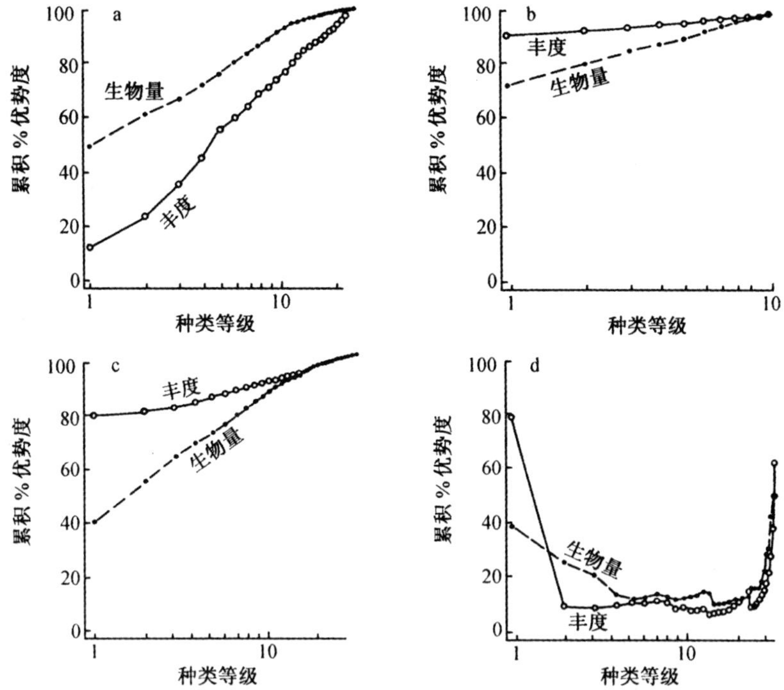

图 6　群落丰度生物量复合 *K*–优势度和部分优势度曲线

a.群落Ⅰ丰度生物量复合 *K*–优势度曲线；b.群落Ⅲ丰度生物量复合 *K*–优势度曲线；c.总体水域群落丰度生物量复合 *K*–优势度曲线；d.总体水域群落部分优势度曲线

闽江口及邻近水域大型底栖生物平均生物量为 18.00 g/m^2；平均栖息密度为135 个/m^2；分别较九龙江口(56.17 g/m^2 和 358 个/m^2)和黄河口及邻近海域(35.28 g/m^2 和577 个/m^2)低[6-7]，但生物量与珠江口(17.80 g/m^2)相近[8]。数量的组成，黄河口、闽江口、九龙江口和珠江口大型底栖生物生物量均以棘皮动物和软体动物居第 1、2 位。

闽江口及邻近水域大型底栖生物有 3 个群落：棒锥螺–波纹巴非蛤–棘刺锚参–幽辟新短眼蟹群落；棘头梅童鱼–凤鲚–长额仿对虾群落；西施舌–加州齿吻沙蚕–棘头梅童鱼群落。其中，群落Ⅱ和群落Ⅲ发生扰动。究其原因初步认为有以下 3 点：① 群落内种类的自然繁殖演替所至，如群落Ⅲ的优势种西施舌，秋季其幼体栖息密度可高达 1 210 个/m^2。② 群落所处的生境底质不稳定。由于闽江长、流域广、径流量大，每年约有 620×10^8 m^3 水体东流入海，且携带沙量约 740×10^4 t/a。秋、冬季，在东北强风和潮流作用下，闽江口外大片浅滩的泥沙又被掀起，水体混浊，平均含沙量高达 0.138 kg/m^3。而且，泥沙有往海潭岛东侧顺流而下，拐向南日岛的趋势。春、夏季，闽江东流入海的泥沙，除夏季可能部分向西洋岛运移外，大部分却沿岸南流至海潭海峡。泥沙在往南日岛和海潭海峡运送过程中，部分沉降或逗留在了群落Ⅱ和群落Ⅲ所处的位置，从而强风、潮流和泥沙运动的综合作用，导致群落生境的不稳定。③ 据调查同期(1984 年)估计，每年闽江东流入海的水体约携带 17×10^4 t 的有机质、总汞、Cu、Pb、Zn、Cd、油类和有机氯农药等污染物进入海域。虽闽江口大，开阔，水体交换能力和自净力强，化学耗氧量能迅速稀释降解，重金属在咸淡水交汇处大部分沉积到表层底质中，但闽江下游水质仍受油污染，平均值为 0.42 mg/dm^3，超标率为 47.6%；闽江口外的 M4 站，底质中油类含量可高达 57 mg/kg。底质污染状况分析表明：闽江口及邻近水域，除群落Ⅰ所处的部分区域属Ⅰ类无污染物超标类型外，大部分区域属两种污染物质超标污染类型：即 Pb-Zn 污染亚类和 Zn-Pb 污染亚类。据统计，每年由闽江入海的 Pb 含量约 330 t。闽江口外的站 M4，Pb 的含量可高达 51.9 mg/kg，Cu 的含量达 21.0×10^{-6}，Zn、Cd 和 Hg 的含量分别可达 134 mg/kg，0.236 mg/kg 和 0.08×10^{-6}。海区综合环境质量状况评价也表明，其结果与底质污染状况分析相吻合。由此认为海区环境质量的压力是导致大型底栖生物群落扰动的重要、潜在的因素之。当然，闽江口及邻近水域大型底栖生物群落不稳定的原因尚待进一步研究与探索。

参考文献

1 李荣冠，江锦祥. 应用丰度生物量比较法监测海域污染对底栖生物群落的影响. 海洋学报，1992，14(1)：108-114.

2 李荣冠，等. 福清湾大型底栖生物生态研究. 海洋学报，1995，17(1)：90-96.

3 Gray J S，K R Clarke，R M Warwich，G Hobbs. Detection of initial effects of pollution on marine benthos：an example from the Ekofisk and Eldfisk oilfields，North Sea. Mar. Ecol. Prog. Ser.，1990，156：285-299.

4 Warwick R M，T H Pearson. Detection of pollution effects on marine macrobenthos：further evaluation of the species abundance biomass method. Mar. Biol.，1987，95：193-200.

5 Warwick R M. Analysis of community attributes of the macrobenthos of Frierfjord Langesundsfjord at taxonomic levels higher than species. Mar. Ecol. Prog. Ser.，1988，46：167-170.

6 何明海，等. 九龙江口底栖生物生态研究. 生态学报，1988，8 (2)：133-139.

7 张志南，等. 黄海口及邻近海域大型底栖动物初步研究. 青岛海洋大学学报，1990，20(1)：37-45.

8 沈寿彭，等. 潮下带生物、海洋底栖生物. 广东省海岸带和海涂资源综合调查报告. 北京：海洋出版社，1987：222-229.

9 Gray J S et al. Analysis of community attributes of the benthic macrofauna of Frierfjord Langesundsfjord and in a mesocosm experiment. Mar Ecol Prog Ser，1988，46：151-165.

10 Field J G，K R Clarke，R M Warwick. A practical strategy for analysing multis pecies distribution patterns. Mar Ecol Prog Ser，1982(8)：37-52.

11 Mirza F B，J S Gray. The fauna of benthic sediments from the organically enriched Oslofjord，Norway. J. Exp. Mar BioI Ecol，1981，54：181-207.

12 Warwick R M. A new method for detecting pollution effect on marine macrobenthic communities. Mar Biol，1986，92：557-562.

李荣冠，江锦祥，吴启泉，蔡尔西，徐惠州，林双淡.

原载《海洋学报》，1997，19(5)：114-123.

广东海门湾大型底栖生物生态研究

摘要 海门湾大型底栖生物已鉴定193种，其中多毛类、软体动物和甲壳动物占总种数的79.79%。两季平均生物量为133.21 g/m^2，平均栖息密度为543个/m^2。根据Bray-Curtis相似性系数和多维排序尺度可划分为3个群落：Ⅰ短吻螠虫-长腿三强蟹-奇异鳃稚虫-彩虹明樱蛤群落；Ⅱ奇异鳃稚虫-鸟啄小脆蛤-艾氏活额寄居蟹-短吻螠虫群落；Ⅲ棒锥螺-纵肋织纹螺-弯六足蟹群落。应用丰度生物量比较法和部分优势度显示群落Ⅱ受到扰动，群落Ⅰ、Ⅱ相对稳定。

关键词 大型底栖动物；生态；海门湾；广东

Macrobenthic ecological study in Haimen Bay, Guangdong

Abstract: The species composition, quantity distribution and community structure are analyzed in this paper. All of 193 species of macrobenthos have been identified in Haimen Bay, Guangdong. Three groups of species number, Polychaetes, Mollusc and Crustaceans account for 79.79% of that of all species number. The average biomass and inhabit density are 133.21 g/m^2 and 543 ind./m^2 respectively in May and September. There are 3 communities of macrobenthos in Haimen Bay: community Ⅰ: *Listriolobus brevirostris-Tritodynamia loongipropodum-Paraorionospio pinnata-Moerella iridescens*; Community Ⅱ: *P. pinnata-Raetellopes pulchella-L. brevirostris*; Community Ⅲ: *Turritella bacillum-Nassarius variciferus-Hexapus anfracfus*. Community Ⅱ has been subjected to disturbance and, but both community Ⅰ and Ⅲ show a relative high stability.

Key words: macrobenthos, ecology, Haimen Bay, Guangdong

海门湾位于潮阳县与惠来县东部交界处(23°06′—23°13′N，16°31′—16°38′E)，北起海门角，南至贝告角。呈弓形，湾口朝东南，口宽12.1 km，纵深6.2 km，弧长24.4 km，面积约65.55 km^2。表层沉积物有9种类型：砾砂(GS)、粗砂(CS)、中砂(MS)、中细砂(MFS)、细砂(FS)、砂质粉砂(ST)、砂-粉砂-黏土(STY)、黏土质粉砂(YT)和粉砂质黏土(TY)，以细颗粒沉积物类型为主，黏土质粉砂占绝对优势，近岸粗，远岸细，湾顶部沉积物类型变化较大。岸线长35.3 km，海岸类型为基岩海岸和沙质海岸。大部分水深5~10 m，最大水深13.4 m。潮流为典型往复流，流向主要为ENE—WSW。余流流速表层为1.9~8.5 cm/s，底层2.3~

12.8 cm/s。流向,9 月表层向湾内,底层向湾外;5 月表层向湾内,底层向湾外。海门湾属亚热带海洋性气候,年均气温 21.5℃,年降雨量 1 724.5 mm。径流小,盐度高且变化小(34.148 ~32.052)。

1 材料与方法

根据 1991 年 9 月和 1992 年 5 月广东海门湾潮下带大型底栖生物调查资料整理而成。调查共布设 6 个站位(图 1),每站用 0.1 m^2 采泥器取样 2~5 次且选择站位进行定性取样。样品经"WSB"底栖生物涡旋器分离,1 mm 套筛淘洗。标本按《海洋调查规范 · 生物分册》处理。

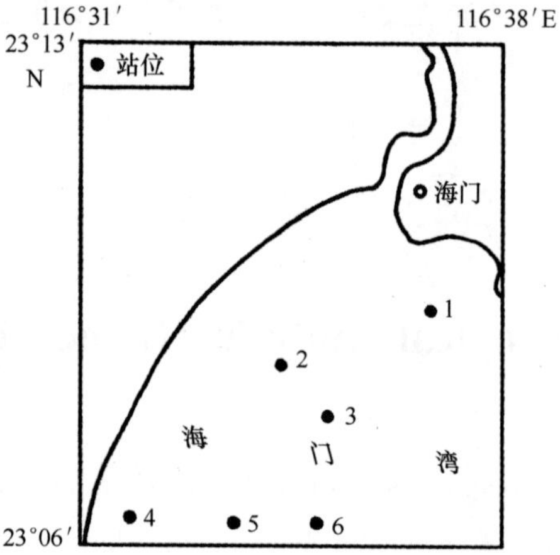

图 1 调查站位的分布

Fig.1 Distribution of survey stations

群落划分应用 Bray-Curtis 相似性系数聚类和多维排序尺度(MDS)。用聚类树枝图表示样本间的相似性比相似矩阵更直观,但聚类分组有一定的随意性,聚类树枝图过分强调了样本间的相似性的非连续特性,在聚类树枝图中,两相邻样本不一定最相似。一般在聚类分析后还应进行(MDS)分析,以克服聚类树枝图的缺点。(MDS)分析方法将样本间的相似关系转变为低维相似关系,一般是在二维平面上连续展示样本间的相似关系。(MDS)把样本间的生物相似性关系转变成图上样本间的距离来表示,使复杂的样本间群落结构的相似或差异关系一目了然。Bray-Curtis 相似性系数聚类分析和(MDS)往往结合使用,相互弥补。群落分析应用丰度生物量比较法和部分优势度[1-5]。

2 结果

2.1 种类组成与分布

2.1.1 种类组成

海门湾大型底栖生物已鉴定193种,其中多毛类56种,软体动物49种,甲壳动物49种,棘皮动物9种和其他动物30种。多毛类、软体动物和甲壳动物占总种数的79.79%,三者构成海门湾大型底栖生物的主要类群。

根据种类的数量和出现率,海门湾大型底栖生物的优势种有:奇异鳃稚虫(*Paraorionospio pinnata*)、不倒翁虫(*Sternaspis scutata*)、鸟啄小脆蛤(*Raetellopes pulchella*)、棒锥螺(*turritella bacillum*)、纵肋织纹螺(*Nassarius variciferus*)、弯六足蟹(*Hexapus anfractus*)、赛瓜参(*Thyne* sp.)和短吻蛰虫(*Listriolobus brevirostris*)等。

初步估计海门湾大型底栖生物经济种有55种。主要有:疣吻沙蚕(*Tylorrhynchu heterochaetus*)、锐吻沙蚕(*Glycera rouxi*)、智利巢沙蚕(*Dinpatra chiliensis*)、中华岩虫(*Marphysa sinensis*)、内奇索沙蚕(*Lumbrineris nagae*)、彩虹明樱蛤(*Moerella iridescens*)、直线竹蛏(*Solen linearis*)、棒锥螺、线纹玉螺(*Natica lineata*)、扁玉螺(*Neverita didyma*)、泥东风螺(*Babylonia lutosa*)、中华管鞭虾(*Solenocera crassicornis*)、长眼对虾(*Miyadiella podophthalmus*)、刀额仿对虾(*Parapenaeopsis tenella*)、中国毛虾(*Acetes chinensis*)、日本毛虾(*A. Japonicus*)、短脊鼓虾(*Alpheus brevicristatus*)、红星梭子蟹(*Portunus sanguinolentus*)、皮氏叫姑鱼(*Johnius belengerii*)、棘头梅童鱼(*Collichthys lucidus*)和大鳞舌鳎(*Cynoglossus melampetalu*)等。

2.1.2 种类分布

海门湾大型底栖生物种类的分布不均匀。在6个定量站位中,每站种数少于30种的有3个站;每站种数31~40种的有两个站;每站种数41~50种的有一个站。3个定性取样站中,每站的种数均在40种以上(图2)。

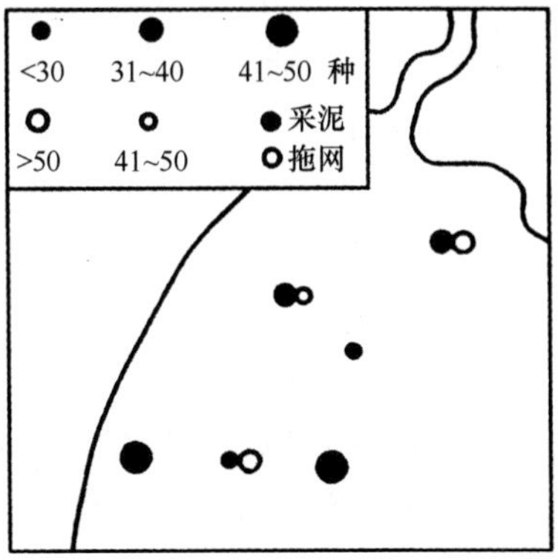

图2 大型底栖生物种数的分布

Fig.2 Species numbers distribution of macrobenthos

海门湾大型底栖生物优势种和主要种的分布，除位于湾西部和西南部的站位鸟啄小脆蛤、赛瓜参和鸟啄小脆蛤、棒锥螺、纵肋织纹螺没有出现外，其他种类均有分布(图3)。

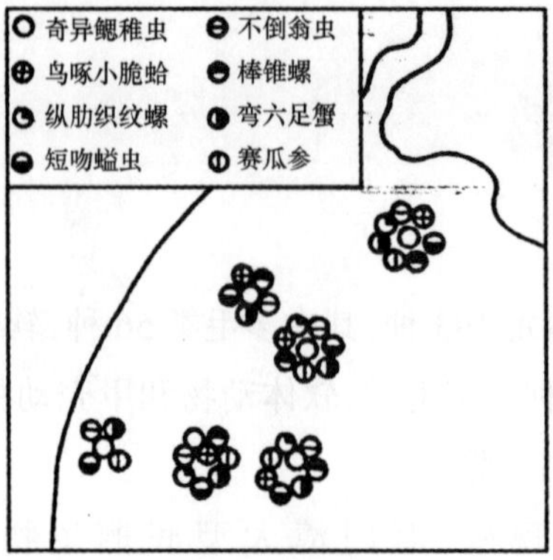

图3　优势种和主要种的分布

Fig.3　Distribution of dominant and major species

2.2　数量组成与分布

2.2.1　数量组成

海门湾大型底栖生物两季平均生物量为133.21 g/m^2，平均栖息密度为543个/m^2。生物量以其他动物居首位(62.20 g/m)，软体动物居第二位(29.65 g/m^2)，甲壳动物居第三位(21.23 g/m^2)，依次是多毛类(13.86 g/m^2)和棘皮动物(6.29 g/m^2)；栖息密度以多毛类占第一位(409个/m^2)，软体动物占第二位(66个/m^2)，甲壳动物占第三位(35个/m^2)，依次是其他动物(26个/m^2)和棘皮动物(7个/m^2)。

2.2.2　数量分布

海门湾大型底栖生物生物量小于50 g/m^{2}的站有一个，位于湾的东南部；101～150 g/m^{2}的站有3个，占总站位数的50%，位于该湾的中部和西部；151～200 g/m^{2}和大于200 g/m^{2}的站各一个，分别位于湾的南、北部。栖息密度在101～200个/m^{2}的站有两个，分别位于湾的西部和南部；301～400个/m^{2}的站有两个，分别位于湾的北部和东南部；大于500个/m^{2}的站各一个，分别位于湾的中部和西南部(图4)。

2.3　群落

2.3.1　群落类型与结构

海门湾大型底栖生物根据Bray-Curtis相似性系数聚类分析和多维排序尺度可划分为3个群落：Ⅰ短吻蛤虫-长腿三强蟹-奇异鳃稚虫-彩虹明樱蛤；Ⅱ奇异鳃稚虫-鸟啄小脆蛤-艾氏活额寄居蟹-短吻蛤虫群落；Ⅲ棒锥螺-纵肋织纹螺-弯六足蟹群落(图5a、b)。

群落Ⅰ。短吻蛤虫-长腿三强蟹-奇鳃稚虫-彩虹明樱蛤群落：该群落位于湾东北和西

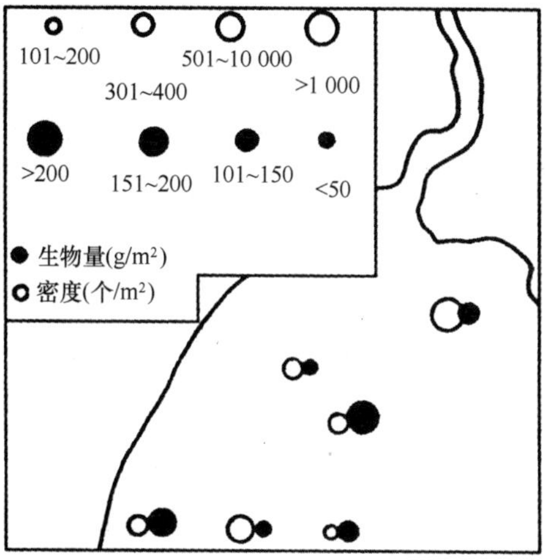

图 4　大型底栖生物数量分布

Fig.4　Quantity distribution of macrobenthos

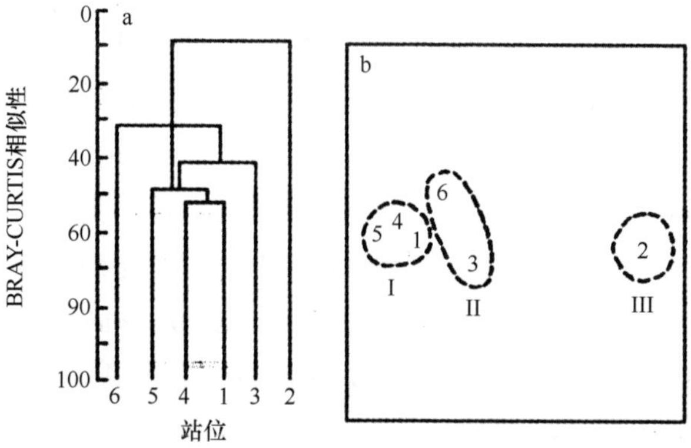

图 5　Bray-Curtis 相似性树枝图(a)和多维排序尺度(b)

Fig.5　Bray-Curtis similarity dendrograms (a) and MDS (b)

南侧,底质以砂-粉砂-黏土、砂质粉砂、黏土质粉砂为主,水深 12~13 m。优势种短吻蛤虫,秋季的生物量和栖息密度分别为 358.75 g/m² 和 55 个/m²;长腿三强蟹分别为 7.40 g/m² 和 25 个/m²;奇异鳃稚虫,秋季的生物量和栖息密度可高达 20.75 g/m² 和 1 480 个/m²,春季的生物量和栖息密度分别为 24.35 g/m² 和 990 个/m²;彩虹明樱蛤仅在本群落出现,春季的生物量和栖息密度分别为 2.60 g/m² 和 28 个/m²。习见种有:毛须鳃虫(*Cirriformia filigera*)、持真节虫(*Buclymene annandalei*)、鸟啄小脆蛤、柱状卵蛤[*Pitar* (*Pitarina*) *sulfurea*]、小亮樱蛤(*Nitdotellina minuta*)、被角樱蛤(*Angulus vestalioides*)、浅缝骨螺(*Murex trapa*)、习见蛙螺(*Bursa rana*)、纵肋织纹螺、红带织纹螺(*Nassarius succinctus*)、中国小铃螺(*Minolia chinensis*)、鹧鸪轮螺(*Architectonica perdix*)、泥东风螺、榧螺(*Oliva mustellina*)、爪哇拟塔螺(*Turricula java*)、假奈拟塔螺(*Turricula nelliae spurius*)、黄短口螺(*Brachytoma flavidulus*)、细肋蕾螺(*Gemmula deshayesii*)、假主棒螺(*Clavatula pseudopriciplis*)、白龙骨乐飞螺(*Lophiotoma *leucotropis*)、双层笋螺(*Diplomeriza dupicata*)、弯六足蟹、红星梭子蟹、细巧仿对虾(*Parapenaeopsis tenella*)、口虾蛄(*Oratosquilla oratoria*)、日本毛虾、豆形拳蟹(*Philyra pisum*)、赛瓜参、棘刺锚参(*Protankyra bidentata*)、龙头鱼(*Harpodon nebereus*)、大鳞舌蹋、棘头梅童鱼、海仙人掌(*Cavernularia obesa*)等。

群蓝Ⅱ。奇异鳃稚虫-鸟啄小脆蛤-艾氏活额寄居蟹(*Diogenes edwardsii*)-短吻蛤虫群落:该群落位于湾中部,底质以黏土质粉砂为主,水深约 13 m。群落优势种奇异鳃稚虫数量大,秋季的生物量和栖息密度可达 18.35 g/m^2 和 2 440 个/m^2;鸟啄小脆蛤,春季的生物量和栖息密度为 7.35 g/m^2 和 80 个/m^2;秋季的生物量和栖息密度为 1.90 g/m^2 和 60 个/m^2;艾氏活额寄居蟹,秋季的生物量和栖息密度分别为 1.50 g/m^2 和 20 个/m^2;短吻蛤虫,秋季的生物量和栖息密度分别为 1.50 g/m^2 和 20 个/m^2。其他习见种有双鳃内卷齿蚕(*Aglaophamus dibranchis*)、不倒翁虫、小荚蛏(*Siliqua minima*)、棒锥螺、纵肋织纹螺、弯六足蟹、日本双眼沙钩虾(*Byblis japonicus*)、洼颚倍棘蛇尾(*Amphioplus depressus*)、光滑倍棘蛇尾(*AmphlopIus laevis*)、赛瓜参等。

群落Ⅲ。棒锥螺-纵肋织纹螺-弯六足蟹群落:该群落位于近湾底,底质以黏土质粉砂为主,水深 10~12 m。该群落代表种棒锥螺,数量占较大优势,秋季的生物量和栖息密度分别可达 171.65 g/m^2 和 40 个/m^2;纵肋织纹螺春秋两季均出现,秋季的生物量和栖息密度分别为 11.75 g/m^2 和 55 个/m^2;弯六足蟹的数量相对较低,秋季的生物量和栖息密度分别仅 0.9 g/m^{2}和 10 个/m^2。其他习见种有智利巢沙蚕、不倒翁虫、小荚蛏、美丽日本日月贝(*Amusium japonicum formosum*)、泥东风螺、扁玉螺、红带织纹螺、西格织纹螺、爪哇塔螺、白龙骨乐飞螺、假奈拟塔螺)、双层笋螺、细巧仿对虾、弯螯寄居蟹(*Diogenes deflectomanus*)、日本毛虾、豆形拳蟹、口虾蛄、日本关公蟹(*Dorippe japonica*)、皮氏叫姑鱼、红狼牙虾虎鱼(*Odontamblyopus rubicundus*)(图 6)等。

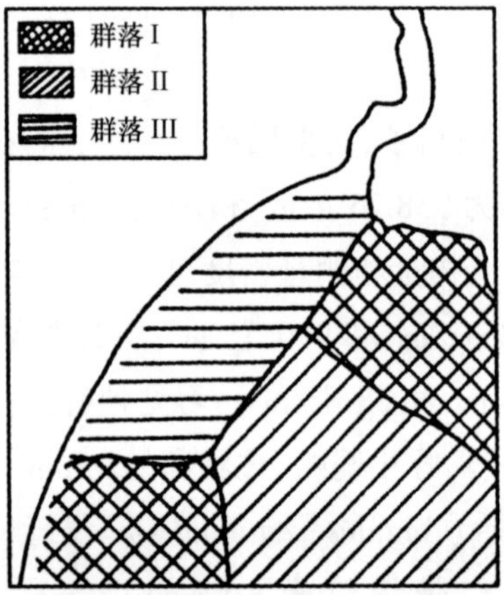

图 6 大型底栖生物群落分布

Fig.6 Distribution of macrobenthos communities

2.3.2 群落的稳定性

丰度生物量比较法和部分优势度图显示，丰度生物量复合-K优势度曲线和部分优势度曲线出现部分交叉、重叠与翻转（图7c、d），表明群落Ⅱ受到扰动；群落Ⅰ和Ⅲ，曲线无交叉、翻转（图7a、b、e、f），表明两群落结构相对平衡稳定。群落Ⅱ受到扰动的原因，初步认为在于奇异鳃稚虫大量繁生所至，秋季其栖息密度可高达2 440个/m^2。

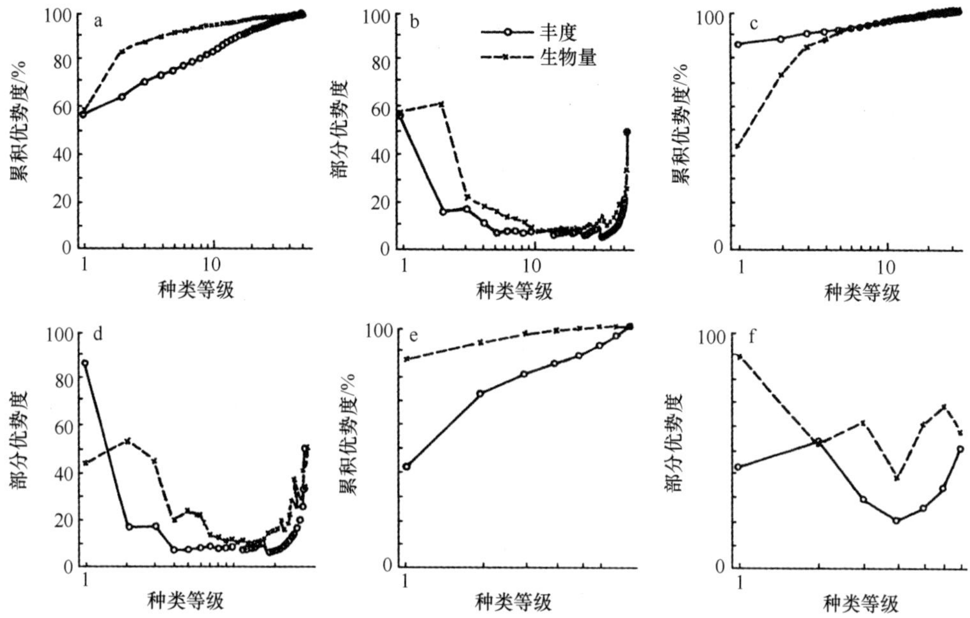

图7 群落（Ⅰ、Ⅱ、Ⅲ）丰度生物量复合-K优势度（a、c、e）和部分优势度曲线（b、d、f）

Fig.7 Curves of abundance biomass combine-K dominance (a,c,e) and partial dominance (b,d,f) of communities (Ⅰ, Ⅱ and Ⅲ)

3 结语

海门湾大型底栖生物已鉴定193种，较福清湾（162种）多，较大亚湾（473种）少，但其共同点均以多毛类、软体动物和甲壳动物占多数，三者构成港湾大型底栖生物的主要类群[2,6-7]。

海门湾大型底栖生物平均生物量为133.21 g/m^2，平均栖息密度为543个/m^2。生物量较福清湾（14.72 g/m^2）和大亚湾（123.55 g/m^2）高；栖息密度较福清湾（96个/m^2）高，较大亚湾（585个/m^2）低。数量组成，生物量其他动物、软体动物和甲壳动物占84.88%；栖息密度多毛类、软体动物和甲壳动物占93.92%。

海门湾大型底栖生物可划分为3个群落：Ⅰ短吻蛤虫-长腿三强蟹-奇异鳃稚虫-彩虹明樱蛤群落；Ⅱ奇异鳃稚虫—鸟啄小脆蛤-艾氏活额寄居蟹-短吻蛤虫群落；Ⅲ棒锥螺-纵肋织纹螺-弯六足蟹群落。群落Ⅱ受到扰动，群落Ⅰ、Ⅱ相对稳定。群落Ⅱ受到扰动的原因初步认为与奇异鳃稚虫大量繁生等因素有关。

参考文献

1 李荣冠,江锦祥.应用丰度生物量比较法监测海洋污染对底栖生物的影响.海洋学报,1992,14(1):108-114.

2 李荣冠,江锦祥,蔡尔西,等.福清湾大型底栖生物生态研究.海洋学报,1995,17(1):90-96.

3 Gray J S, K R Clarke, Warwick R M et al. Detection of initial effects of pollution on marine benthos: an example from the Ekofisk and Eldfisk oilfields, North Sea. Mar. Ecol. Prog. Ser., 1990,66:285-299.

4 Warwick R M, Pearon T H and Roswahyumi. Detection of pollution effects on marine macrobenthos: further evaluation of the species abundance/biomass method. Mar. Biol., 1987,95:193-200.

5 Wawick R M. Analysis of community attributes of the macrobenthos of Frierf jord/Langesundf jord at taxonomic levels higher than species. Mar. Ecol. Prog. Ser., 1988,46:167-170.

6 Jiang J X. Li R G, Lu Lin. Relations between benthic community diversity and environmental factors in Daya Bay. Proceedings of the 2nd international conference on the marine biology of the South China Sea, 1995: 142-150.

7 江锦祥,蔡尔西,吴启泉,等.大亚湾底栖生物的种类组成和数量分布.大亚湾海洋生态文集(Ⅱ).北京:海洋 出版社,1990:237-247.

李荣冠,江锦祥,蔡尔西,徐惠州,吴启泉,林双淡.

原载《台湾海峡》,1997,16(2):217-222.

兴化湾大型底栖生物生态研究

摘要 兴化湾大型底栖生物已鉴定有314种,平均生物量为36.60 g/m^2,平均栖息密度为162个/m^2。按Bray-Curtis相似性指数和多维排序尺度可划分为4个群落。应用丰度生物量比较法(ABC)和种类个体几何级数显示群落结构相对稳定。

关键词 兴化湾;大型底栖生物;生态

Macrobenthic ecological study in the Xinghua Bay, Fujian

Abstract: The species composition. quantity distribution and community structure are analyzed. All of 314 species of macrobenthos have been identified in the Xinghua Bay, Fujian. The average biomass is 36.60 g/m^2, the inhabited density is 162 ind./m^2. There are four communities of macrobenthos in the Xinghua Bay which are divided according to Bray-Curtis similarity and multidimensional scaling ordination. The relatively stability of communities are shown based on abundance biomass comparison method and species individual geometric progression.

Key words: Xinghua Bay, Fujian, macrobenthos, ecology

1 引言

兴化湾大型底栖生物尚未进行专题生态研究,本研究除采用传统的方法对种类、生物量和栖息密度的百分组成、时间和空间的分布进行分析外,还应用Bray-Curtis相似性系数、多维排序尺度、丰度生物量比较法和种类个体几何级数等划分和分析研究群落结构。

2 自然环境特征

兴化湾位于福建省沿海中段,在25°14′—25°37′N、119°00′—119°37′E之间。海湾略呈长方形,由北向东展布。湾中岛屿众多,多呈NE向斜列式分布。海湾隐蔽,湾口朝向东南,出南日群岛经兴化水道和南日水道与台湾海峡相通。兴化湾是福建省最大的海湾,长达28 km,宽23 km,岸线长223.4 km(不含岛屿),面积约为619.4 km^2。海湾深入内陆,岬湾相间，岸线曲折，岛礁星罗棋布。湾顶有木兰溪等河流注入。湾内水浅，大部水深在 10 m 之内，20 m以上的深水区仅见于湾口，兴化水道和南日水道最大水深在 30 m 以上。湾内滩涂宽阔，面积达 250 km^2，占该湾面积的 30%以上。多年平均气温为 20.2℃，年降雨量 1 289.5 mm，相对湿度 78%。丰水期平均水温为 20.4℃，枯水期为 9.54℃，湾内高于湾口，表层高于底层。表层盐度平均为 32.34，底层为 32.90，最大值为 34.05，最小值为 31.79，底层高于表层，湾口高于湾顶，是一个高盐而变幅小的海湾。表层沉积物复杂，有砾石（G）、砾砂（GS）、粗砂（CS）、中粗砂（MCS）、粗中砂（CMS）、砂（S）、细砂（FS）、粉砂质砂（TS）、中砂（MS）、砾石-砂-粉砂（GST）、砾石-粉砂-黏土（GTY）、粉砂（T）、砂-粉砂-黏土（STY）、黏土质粉砂（YT）、粉砂质黏土（TY）15 种类型。

3 材料与方法

根据 1984 年 4 月至 1985 年 2 月，福建省海岸带资源综合调查的大型底栖生物调查资料整理而成。调查共布设 29 个站位（图 1），每站用 0.1 m^2 采泥器取样 2~5 次，且选择站位进行定性取样。样品经 WSB 底栖生物涡旋器分离，1 mm 套筛淘洗。标本按《海洋调查规范·生物分册》处理。

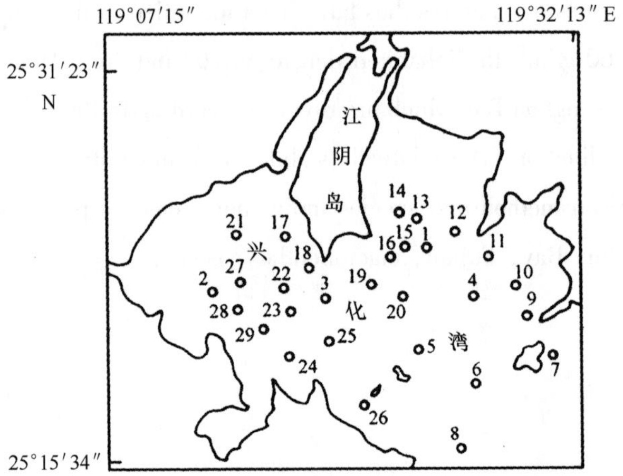

图 1 大型底栖生物调查站位

群落划分应用 Bray-Curtis 相似性系数聚类分析和多维排序尺度（multidimensional scaling ordination），用聚类分析树枝图表示样本间相似性比相似矩阵更直观，聚类分组有一定的随意性，聚类树枝图过分强调了样本间的相似性的非连续特性，而在聚类树枝图中，两相邻样本不一定最相似。一般在聚类分析后还进行 MDS 分析，以克服聚类分析的缺点。MDS 分析方法将样本间的相似关系转变为低维相似关系，一般是在二维平面上连续的展示样本间的相似关系。MDS 把样本间的生物相似性关系转变成图上样本间的距离来表示，使复杂的样本间群落结构的相似或差异关系一目了然。Bray-Curtis 相似性系数聚类分析和

MDS 往往结合使用,相互弥补。群落分析应用丰度生物量比较法和种类个体几何级数等[1-10],数据经微机处理。

4 结果

4.1 种类组成和分布

4.1.1 种类组成

兴化湾大型底栖生物已鉴定有 314 种,其中多毛类有 109 种,软体动物有 73 种,甲壳动物 77 种,棘皮动物有 29 种,其他动物有 26 种。多毛类、软体动物和甲壳动物占总种数的 82.48%,三者构成大型底栖生物的主要类群。

根据种类的数量和出现率,兴化湾大型底栖生物的优势种有:特矶沙蚕(*Euniphysa sculeata*)、双腮内卷齿蚕(*Aglaophamus dibranchis*)、滑指矶沙蚕(*Eunice indica*)、波纹巴非蛤(*Paphia undulata*)、棒锥螺(*Turritella bacillum*)、弯六足蟹(*Hexapus anfractus*)、幽僻新短眼蟹(*Neoxeaophthalmus obscurus*)、棘刺锚参(*Protankyra bidentata*)等。

兴化湾大型底栖生物经济种有 63 种,其中主要的有:软疣沙蚕(*Tylonereis bogoyawleskyi*)、长吻沙蚕(*Glycera chirori*)、利玻巢沙蚕(*Diopatra neapolitana*)、岩虫(*Marphysa sanguinea*),异足索沙蚕(*Lumbrineris heterpoda*)、布氏蚶(*Arca boucardi*)、结蚶(*Tegillarca nodifera*)、凸壳肌蛤(*Musculista senbousia*)、裂江珧(*Pinna* sp.)、孔扇贝(*Chlanys* sp.)、四角蛤蜊(*Mactra venoriformis*)、长竹蛏(*Solen gouldii*)、短竹蛏(*S. dunkerianus*)、直线竹蛏(*S. linearis*)、缢蛏(*Sinonovacula constricta*)、凸镜蛤(*Dosinia gibba*)、波纹巴非蛤、棒锥螺、扁玉螺(*Neverita aidyma*)、伶鼬榧螺(*Oliva mustellina*)、短蛸(*Octopus ocellatus*)、鹰爪虾(*Trachypenaeus curvirostris*)、红星梭子蟹(*Portunus sanguinolentus*)、三疣梭子蟹(*P. tritubercula-tus*)等。

4.1.2 种类分布

兴化湾优势种特矶沙蚕和双鳃内卷齿蚕分布最广,几乎遍布兴化湾。波纹巴非蛤自湾口的牛屿、牛头尾西部水域至歧尾和球尾间水域、江阴岛南端的壁头角至东、西箬杯岛以西大部水域均有分布,尤以牛头尾西部水域和东、西箬杯岛西侧水域数量最大;棒锥螺仅在湾口的野马屿东侧和东、西箬杯岛一带水域出现;幽僻新短眼蟹主要分布在湾口以西、后青屿以北至牛屿以南一带水域;中华豆蟹则分布于岐尾以西和东著杯岛以西水域;棘刺锚参从湾口的牛屿、黄瓜屿及东、西箬杯岛以西大部水域均有出现(图 2)。

兴化湾大型底栖生物种数分布不均匀,在种数最多的水域可高达 136 种,而最少的却仅有 3 种。在 29 个测站中,1~5 种的站有 4 个,分别分散于黄瓜屿西南侧、西箬杯岛西北侧、岐尾西部和牛头尾西侧一带水域;6~10 种的站有 5 个,分散在江阴岛南端至东箬杯岛西侧、歧尾至牛头尾中段及牛屿西北部水域一带;11~25 种的站有 10 个,为种数级别中站位数最多的一种,主要分布在江阴岛南端至东、西箬杯岛以西和牛屿、麦屿附近一带水域。在4个季度月取样的8个站中,种数在51~100种的站有6个,分散在湾内各处;101~250种的站有2个,一个分布在湾西部近湾底一带,另一个在湾中部、后清屿东北部近湾口一带(图3)。显然,在有拖网站位的海区种数相对较多。

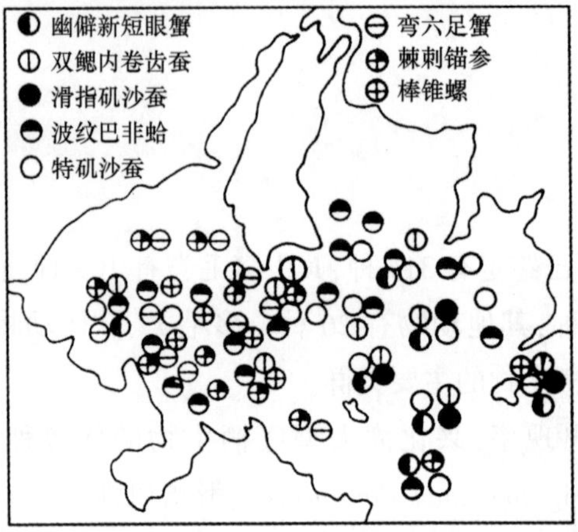

图2　大型底栖生物的优势种分布

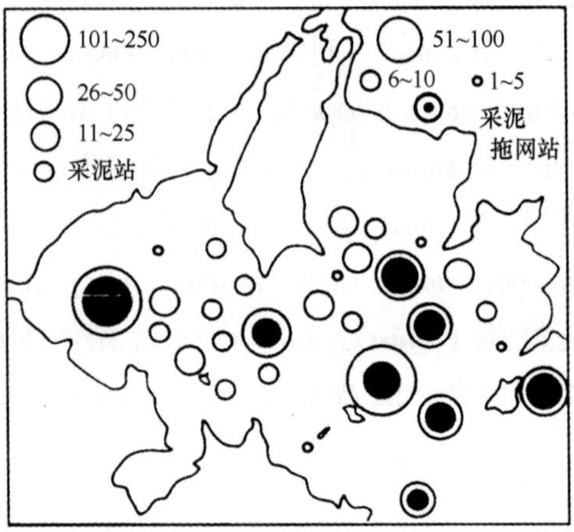

图3　兴化湾大型底栖生物种数分布

兴化湾大型底栖生物种数的季节变化不显著,由大到小依次为:夏季(152)、春季(148种)、秋季(147种)、冬季(114种),夏季种数最多,冬季最少。

4.2　数量组成和分布

4.2.1　数量组成

兴化湾大型底栖生物平均生物量为36.60 g/m^2,平均栖息密度为162个/m^2。数量组成中,生物量以棘皮动物居首位,软体动物居第二位,多毛类居第三位;栖息密度以多毛类占第一位,甲壳动物占第二位,棘皮动物占第三位,其余各类群数量组成详见表1。

表 1 兴化湾大型底栖生物各类群数量组成

数量	多毛类	软体动物	甲壳动物	棘皮动物	其他动物	合计
生物量/($g \cdot m^{-2}$)	5.38	9.27	4.68	14.38	2.88	36.60
密度/(个 · m^{-2})	77	9	48	21	7	162

4.2.2 数量分布

兴化湾大型底栖生物数量分布不均匀，生物量有两个高区和 1 个低区，高生物量区中一个位于江阴岛壁头角南端至东、西箬杯岛以西一带，生物量多在 50.0 g/m^2 左右，其中心点高达 200.0 g/m^2 以上，该区中，大于 200.0 g/m^2 的站有两个，大于 100.0 g/m^2 的站有 1 个。另一个高生物量区较小，位于湾口东南侧即牛头屿西侧水域，中心点生物量高达 400.0 g/m^2 以上。低生物量区有 1 个，主要分布在湾的中部牛屿岛附近水域，大多数生物量低于 10.0 g/m^2，最低的站仅有 3.3 g/m^2。栖息密度同样有两个高区和 1 个低区，一个高密度区位于湾底西箬杯岛以西一带，中心点栖息密度大于 300 个/m^2；另一个位于湾口野马屿西南侧水域，密度也大于 250 个/m^2。低密度区分散在湾东部和中部近岸边的水域外，在牛屿岛附近有一个低密度区（小于 50 个/m^2）。除以上的高、低密度区，该湾的大部水域栖息密度在 101~250 个/m^2（12 个站），其次为 51~100 个/m^2（10 个站）（图 4）。

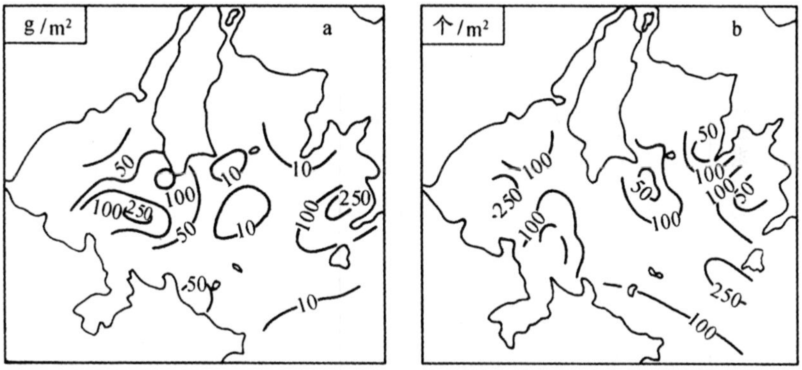

图 4 大型底栖生物数量分布

a.生物量；b.栖息密度

4.2.3 数量季节变化

兴化湾大型底栖生物生物量以秋季最高（55.26 g/m^2），春季最低（21.98 g/m^2）；栖息密度以夏季最大（206 个/m^2），秋季最小（112 个/m^2）。各类群栖息密度季节变化见表 2。

表 2　兴化湾大型底栖生物各类群数量季节变化

季节	多毛类/		软体动物/		甲壳动物/		棘皮动物/		其他动物/		总计	
	(个·m^{-2})	(g·m^{-2})	(个·m^{-2})	(g·m^{-2})	(个·m^{-2})	(g·m^{-2})	(个·m^{-2})	(g·m^{-2})	(个·m^{-2})	(g·m^{-2})	(个·m^{-2})	(g·m^{-2})
春季	80	5.21	3	0.33	56	4.41	31	11.28	4	0.75	174	21.98
夏季	90	3.58	10	2.04	78	5.73	18	25.76	9	5.06	205	42.17
秋季	44	3.14	15	33.99	29	2.42	21	15.13	3	0.58	112	55.26
冬季	95	9.58	6	0.75	31	6.19	14	5.36	13	5.13	159	27.01

4.3 群落

4.3.1 群落类型

兴化湾大型底栖生物,按照 Bray-Curtis 相似性聚类和多维排序尺度,可划分为 4 个群落:群落Ⅰ,短叶索沙蚕(*Lunbrineris Iatreilli*)-特矶沙蚕-幽僻新短眼蟹-洼颚倍棘蛇尾(*Amphioplus depresses*);群落Ⅱ,大海蛹(*Ophelina grandis*)-不倒翁虫(*Sternaspis scutata*)-变态蟳(*Charybdis variegata*)-钩倍棘蛇尾(*AmphiopIus ancistrotus*);群落Ⅲ,滑指矶沙蚕-幽辟新短眼蟹-光滑倍棘蛇尾(*Amphioplus laevis*)和群落Ⅳ,日本刺梳鳞虫(*Leanira japonica*)-波纹巴非蛤-棒锥螺-中华豆蟹(*Pinnotheres sinensis*)-棘刺锚参群落(图 5a、b)。

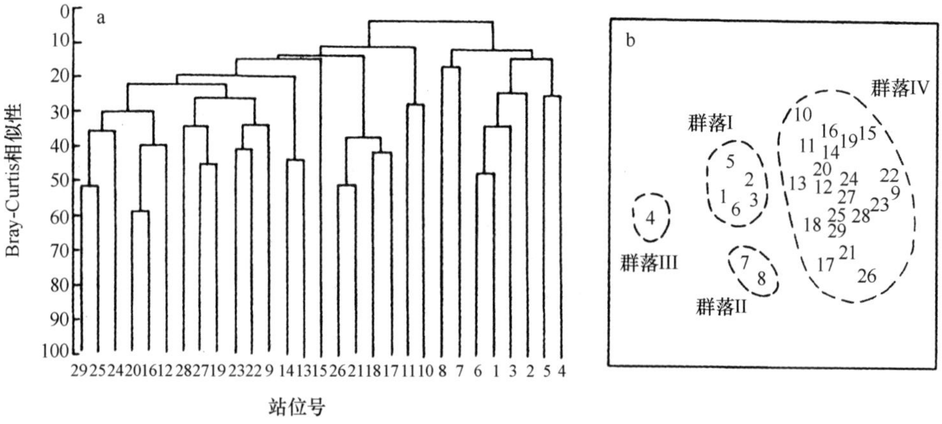

图 5 兴化湾大型底栖生物群落

a.29 个测站 Bray-Curtis 相似性聚类;b.29 个测站样品多维排序尺度

4.3.2 群落结构

群落Ⅰ:短叶索沙蚕-特矶沙蚕-幽僻新短眼蟹-洼颚倍棘蛇尾。该群落位于湾中西部,水深为 8~36 m,秋季底盐为 30.135~30.875,底温为 20.55~20.68℃。底质主要为黏土质粉砂、中粗砂。主要代表种为短叶索沙蚕,秋季最大生物量为 1.50 g/m^2,栖息密度为15 个/m^2,且各站均有。特矶沙蚕,其数量较短叶索沙蚕大,秋季的最大生物量和栖息密度分别为 6.45 g/m^2 和 50 个/m^2。幽辟新短眼蟹,在各站中出现率高,分布广,秋季的最大生物量和栖息密度分别为 11.50 g/m^2 和 95 个/m^2。洼颚倍棘蛇尾出现率不高,在湾西部的生物量和栖息密度分别为 3.5 g/m^2 和 35 个/m^2。其他主要种和习见种有中华内卷齿蚕(*Aglaophamus sinensis*)、岩虫、柱状卵蛤(*Pitar* (*Pitarina*) *sulfurea*)、鹧鸪轮螺(*Architectectonica perdix*)、黄短口螺(*Brachytoma flavidulus*)、旗短口螺(*B.vexillium*)、假主棒螺(*Clavatula pseudopriciplis*)、细肋蕾螺(*Gemmula deshayesii*)、凶猛细螯虾(*Leptochela pugnax*)、盲蟹(*Typhlocarcimus nudus*)、毛盲蟹(*T.villosus*)、细雕刻肋海胆(*Temnopleurus toreumaticus*)、鲬(*Platycephalus indicus*)等。

该群落主要特征为种类数多,包括拖网站共出现有 285 种,平均生物量为 37.82 g/m^2,

平均栖息密度为 214 个/m^2。生物量以棘皮动物、多毛类和甲壳动物占优势，栖息密度以多毛类和甲壳动物占优势。

群落Ⅱ：大海蛹-不倒翁虫-变态蟳-钩倍棘蛇尾。该群落位于湾口，水深为 15~27 m，秋季底盐为 29.922~30.62，底温为 20.75~20.87℃。底质为砾石-砂-粉砂和中粗砂。主要代表种中大海蛹夏季生物量为 1.25 g/m^2，栖息密度为 55 个/m^2；不倒翁虫春季最大生物量为 1.70 g/m^2，栖息密度为 10 个/m^2，秋季分别为 13.65 g/m^2 和 10 个/m^2；变态蟳秋季生物量和栖息密度分别为 0.85 g/m^2 和 10 个/m^2，钩倍棘蛇尾春季最大生物量为 2.20 g/m^2，栖息密度为 15 个/m^2。其他习见种和主要种有双鳃内卷齿蚕、后指虫（*Laonice cirrata*）、利玻巢沙蚕、闪光桔蛤（*Pulvinus micans*）、鹧鸪轮螺、扁玉螺、蛙螺（*Bursa rana*）、浅缝骨螺（*Murex trapa*）、红带织纹螺（*Nassarius succinctus*）、伶鼬榧螺、细肋蕾螺、活额寄居蟹（*Diogenes edwardsii*）、弯六足蟹、幽僻新短眼蟹、南方隆背蟹（*Carcinoplax meridionalis*）、光滑倍棘蛇尾、异常盘棘蛇尾（*Ophiocenthrus anomalus*）、仿指刺锚参（*Protankyra pseudo-digitata*）等。

该群落的主要特征为分布范围小，种数少，包括拖网站共 104 种，或许与该群落所处的底质类型大多为砾石-砂-粉砂和中粗砂有关。平均生物量为 6.75 g/m^2，平均栖息密度为 74 个/m^2。生物量和栖息密度以多毛类、棘皮动物和甲壳动物为多。

群落Ⅲ：滑指矶沙蚕-幽辟新短眼蟹-光滑倍棘蛇尾。该群落位于近湾口北侧，水深为 18 m，秋季底盐为 30.13，底温为 20.58℃。底质为砂-粉砂-黏土。主要代表种中滑指矶沙蚕秋季生物量为 10.20 g/m^2，栖息密度为 55 个/m^2。优势种幽僻新短眼蟹，春季生物量和栖息密度分别为 13.10 g/m^2 和 170 个/m^2，夏季分别为 14.15 g/m^2 和 100 个/m^2，冬季分别可达到 17.70 g/m^2 和 100 个/m^2。光滑倍棘蛇尾，春季生物量和栖息密度分别为 1.60 g/m^2 和 20 个/m^2，冬季较低分别仅 0.15 g/m^2 和 5 个/m^2。其他习见种和主要种有特矶沙蚕、索沙蚕（*Lumbrineris* sp.）、中华内卷齿蚕、暖温内卷齿蚕（*Aglaophamus tepens*）、须鳃虫（*CirriJormia tentaculata*）、六角角贝（*Dentalium actangulatum*）、仿盲蟹（*Typhlacarcinops* sp.）、盲蟹、钩倍棘蛇尾等。

该群落分布范围最小、种类数出现最少，共有 42 种，但数量较群落Ⅱ高。平均生物量为 22.91 g/m^2，平均栖息密度为 235 个/m^2。生物量和栖息密度均以甲壳动物和多毛类占优势。

群落Ⅳ：日本刺梳鳞虫-波纹巴非蛤-棒锥螺-中华豆蟹-棘刺锚参。该群落主要位于湾顶、南、北周边，水深为 0~6.6 m，秋季底盐为 29.81~31.53，底温为 20.50~22.90℃，底质主要为黏土质粉砂、砂-粉砂-黏土。主要代表种中日本刺梳鳞虫秋季生物量为 1.20 g/m^2，栖息密度为 20 个/m^2，分布也较广。优势种波纹巴非蛤，秋季最大生物量高达 411.50 g/m^2，栖息密度为 75 个/m^2，在西箬杯岛西北部近湾顶水域，夏季的密度高达 750 个/m^2，大的个体壳长 40 mm 高 25 mm，大多为 30 mm×20 mm，该种数量大，分布也较广；另一个优势种棒锥螺，分布不均匀，出现率不高，但数量相当大，秋季生物量为 24.90 g/m^2，栖息密度为 55 个/m^2，最大栖息密度为 440 个/网；中华豆蟹，秋季生物量可达 8.10 g/m^2，栖息密度可达 60 个/m^2，分布较广，几乎每站均出现。棘刺锚参分布广且数量大，最大的生物量和栖息密度分别为 126. 50 g/m^2，125 个/m^2。其他习见种和主要种有内齿索沙蚕、特矶沙蚕、双鳃内卷齿蚕、欧文虫(*Owenia fusiformis*)、太阳地蛤(*Gari hosoyai*)、凸镜蛤(*Docinia* (*Phacosoma*) *gibba*)、锯齿巴非蛤(*Paphia* (*Protapes*) *gallus*)、直线竹蛏、浅缝骨螺、红带织纹螺、黄短口螺、假主棒螺、弯六足蟹、中型三强蟹(*Tritodynamia intermedia*)、洼颚倍棘蛇尾、光辉倍棘蛇尾(*Amphioplus lucidus*)等。

该群落分布范围最广,出现种类数适中,共有106种,平均生物量为68.08 g/m^2,平均栖息密度为89个/m^2,生物量为4个群落中最高的一个。这是由于生物量上以软体动物、棘皮动物占优势所致,栖息密度则以多毛类、甲壳动物和棘皮动物占优势。

4.3.3 群落的稳定性

应用丰度生物量比较法对兴化湾大型底栖生物4个群落结构进行分析,结构表明,群落Ⅰ至群落Ⅳ均相对稳定。其丰度生物量复合*K*-优势度曲线不交叉、不重叠、不翻转,生物量优势度曲线始终位于丰度上方(图6)。

从总体水域看,兴化湾大型底栖生物群落也未出现扰动,群落结构相对平衡。其丰度生物量复合*K*-优势度曲线既不交叉、重叠、又不翻转(图7a);种类个体几何级数跨度小,无折断拐点,平稳下滑(图7b)。

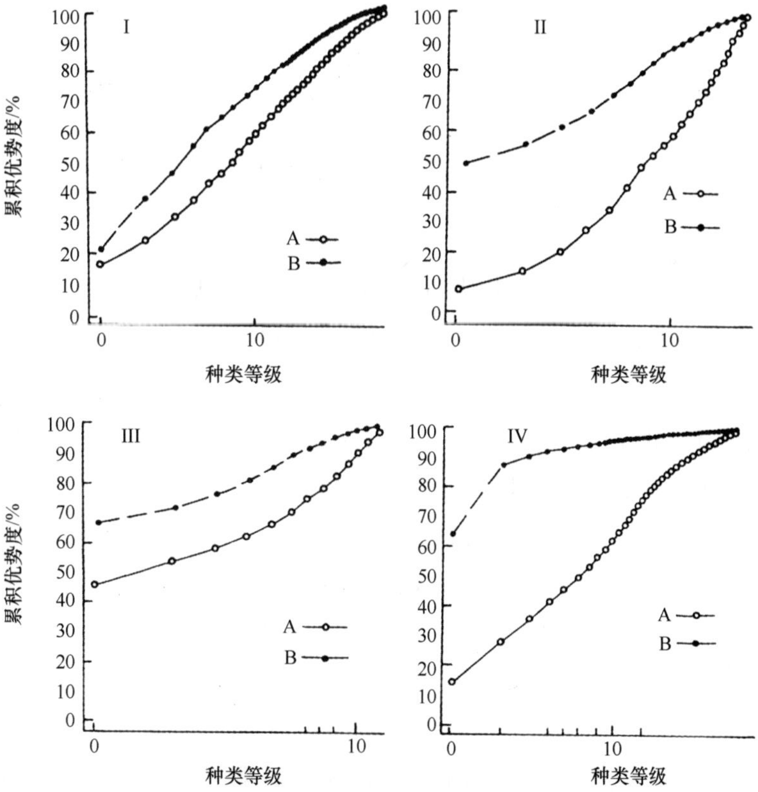

图6 群落Ⅰ至群落Ⅳ丰度生物量复合*K*-优势度曲线

A.丰度;B.生物量

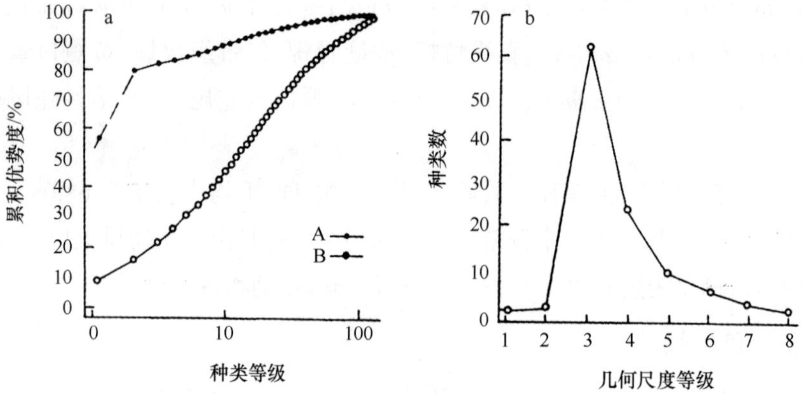

图 7　a.总体水域群落丰度生物量复合 *K*-优势度曲线；b.群落种内个体几何级数

5　结语和讨论

兴化湾大型底栖生物共有 314 种，较大亚湾（473 种）少，较海门湾（193 种）、福清湾（162 种）、罗源湾（225 种）多[11~13]，以上海湾的共同点是种类组成均以多毛类、软体动物和甲壳动物为主要类群，在该湾三者占总种数的 82.48%。优势种有特矶沙蚕、双鳃内卷齿蚕、波纹巴非蛤、棒锥螺、弯六足蟹、幽壁新短眼蟹、棘刺锚参等，经济种有 63 种。种数分布与底质类型有关，在黏土质粉砂和中粗砂中，种数相对较多；在砂-粉砂-黏土中相对较少。其次拖网站位和次数的多寡也有影响。

兴化湾大型底栖生物平均生物量为 36.60 g/m^2，平均栖息密度为 162 个/m^2。生物量较大亚湾（123.55 g/m^2）低，分别较福清湾（14.72 g/m^2）和罗源湾（7.01 g/m^2）高；栖息密度较大亚湾（585 个/m^2）低，较福清湾（96 个/m^2）和罗源湾（48 个/m^2）高[11~13]，生物量和栖息密度均较大亚湾小，较福清湾和罗源湾大。兴化湾大型底栖生物生物量有两个高区，一个位于江阴岛壁头角南端至东、西箬杯岛以西一带，其中心点高达 200.0 g/m^2 以上。另一个高生物量区较小，位于湾口东南侧即牛头屿西侧水域，中心点生物量高达 400.0 g/m^2 以上。栖息密度同样有两个高区，一个高密度区位于湾底西箬杯岛以西一带，中心点栖息密度大于 300 个/m^2；另一个位于湾口野马屿西南侧水域，密度也大于 250 个/m^2。

兴化湾大型底栖生物有 4 个群落：短叶索沙蚕-特矶沙蚕-幽僻新短眼蟹-洼颚倍棘蛇尾群落；大海蛹-不倒翁虫-变态蟳-钩倍棘蛇尾群落；滑指矶沙蚕-幽僻新短眼蟹-光滑倍棘蛇尾群落；日本刺梳鳞虫-波纹巴非蛤-棒锥螺-中华豆蟹-棘刺锚参群落，其中群落Ⅰ种数最多，群落Ⅲ最少。生物量以群落Ⅳ最高，这是该群落中个体大的类群如软体动物和棘皮动物占优势所致，群落Ⅱ最低。栖息密度以群落Ⅲ最大，小型甲壳动物和多毛类所占比例较大，群落Ⅱ最小。丰度生物量比较法和种类个体几何级数分析表明，群落Ⅰ至群落Ⅳ与总体水域大型底栖生物群落结构均相对平衡、稳定。

参考文献

1 Gray J S, Clarke K R. Warwick R M, et al. Detection of initial effects of pollution on marine benthos: an example from the Ekofisk and Eldfisk oilfields. NorthSea. Mar. Ecol. Prog. Ser., 1990, (66): 285-299.

2 Warwick R M. Analysis of community attributes of the macrobenthos of Frierfjord Langesundfjiord at taxonomic levels higher than species. Mar Ecol Prog Ser, 1988, (46): 167-170.

3 Gray J S, Aschan M, Carr M, et at. Analysis of community attributes of the benthic macrofauna of Frierfjord Langesundfjiord and in a mesocosm experiment. Mar Ecol Prog Ser, 1988, (46): 151-165.

4 Field J G, Clarke K R, Warwick R M. A practical strategy for analysing muitispecies distribution patterns. Mar Ecol Prog Ser, 1982, (8): 37-52.

5 Mirza F B, Gray J S. The fauna of benthic sediments from the organically enriched Oslofjord, Norway. J. Exp Mar. BioI. Ecol., 1981, (54): 181-207.

6 Warwick R M. A new method for detecting pollution effects on marine macrobenthic communities. Mar. Biol., 1986, (92): 557-562.

7 Warwick R M, Pearson T H. Detection of pollution effects on macrobenthos: futher evaluation of the species abundance biomass method. Mar Biol, 1987, (95): 193-200.

8 李荣冠,江锦祥.应用丰度生物量比较法监测海域污染对底栖生物群落的影响.海洋学报,1992,14(1):108-114.

9 李荣冠,江锦祥. 厦门西海域大型底栖生物群落变化. 台湾海峡,1989,8(2):144-149.

10 李荣冠,江锦祥,蔡尔西,等.闽江口大型底栖生物生态研究.海洋学报,1997,19(5):116-123.

11 李荣冠,江锦祥,蔡尔西,等.福清湾大型底栖生物生态研究.海洋学报,1995,17(1):90-96.

12 李荣冠,江锦祥,蔡尔西,等.广东海门湾大型底栖生物生态研究.台湾海峡,1997,16(2):217-222.

13 江锦祥,蔡尔西,吴启泉,等.大亚湾底栖生物的种类组成和数量分布.大亚湾海洋生态文集(Ⅱ).北京:海洋出版社,1990:237-247.

李荣冠,江锦祥,蔡尔西,徐惠州,吴启泉,林双淡.

原载《海洋学报》,1999,21(5):101-109.

厦门东侧海域大型底栖生物生态研究

摘要 本研究以大型底栖生物为指标，评价厦门-金门海峡西部海域海洋环境的现状和质量。分析研究了厦门东侧海域大型底栖生物的种类组成，物种多样性，数量的时空变化及群落结构的特点。该海域已鉴定大型底栖生物有343种，平均生物量为105.40 g/m^2，平均栖息密度为149个/m^2。按照Bray-Curtis相似性系数和多维排序尺度(MDS)可划分为3个群落，应用丰度生物量比较法(ABC)和个体几何级数分析显示海区群落结构相对平衡、稳定，表明厦门及邻近海域多年来虽然进行了一定的港工建设、工业废水和城市污水大量的排放和大面积海洋养殖，由于采取了有效措施，该海域海洋环境未出现明显扰动。

关键词 大型底栖生物；生态学；厦门东侧海域

1 前言

随着厦门经济特区城镇建设与经济建设的高速发展，港工建设扩大泊位、围滩造地扩建保税区、机场、大面积的海水养殖导致海域纳潮量的减少和水动力条件减弱；工业区的扩大、港口吞吐量的增加和城市人口的增加所带来的工业废水和城市污水都大大增加，且全都排放入海，虽然已有和在建筹建的污水处理厂到2000年将达到62.5万t/d，采取达标排放的原则，但海洋环境质量的现状如何？为了评价厦门-金门海峡西部海城海洋环境的现状和质量，本文以厦门东侧海域大型底栖生物作指标，分析了该海域大型底栖生物的种类组成、数量分布的时空特点，且划分研究了群落的结构及其稳定性[1-4]，从大型底栖生物生态学角度评价该海域海洋环境质量的现状。

2 自然环境特征

厦门东侧海域位于厦门岛东、南部与小金门岛之间的海域。水域宽阔，水深4~14 m，最深达26 m。海区南部岛屿众多，礁石棋布，主要有三屿、上屿、槟榔屿、烟屿和赤礁等。海底起伏大，覆盖层厚度不等，并有基岩裸露。主要沉积类型有砾砂(GS)、粗砂(CS)、中粗砂(MCS)、中细砂(MFS)、砂(S)、砂-粉砂-黏土(STY)、黏土质粉砂(YT)和黏土-砾砂(YGS)等。多年平均气温为20~22℃，年降雨量1 000~1 200 mm，相对湿度78%。海区表层水温14.75~27.87℃，底层14.52~27.52℃，表层盐度27.28~30.62，底层28.84~30.98。海水透明度为0.80~2. 60 m。该海域具有pH值适中、年变化幅度小、高氧饱和度、无机氮频丰、少磷等特征。水化主要受闽浙沿岸流、外海水和九龙江冲淡水影响。

3 材料与方法

根据1990年2—11月，厦门海岛资源综合调查，大型底栖生物资料整理而成。调查在厦门东侧海域共布设8个站位(图1)，每站用0.1 m^2 采泥器取样2~5次；且选择站位进行定性取样，定性拖网使用网口宽1 m的三角形拖网，每站拖曳10 min，拖网时速控制在5.4 km/h之内。样品经《WSB》底栖生物涡旋器分离，1 mm套筛淘洗。标本按《海洋调查规范·生物分册》处理。

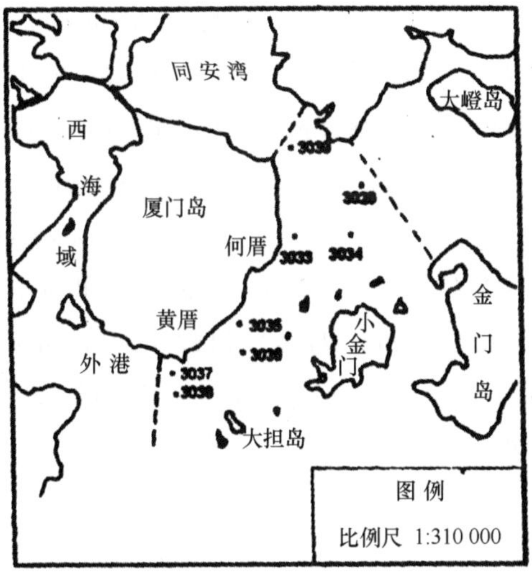

图1 大型底栖生物调查站位

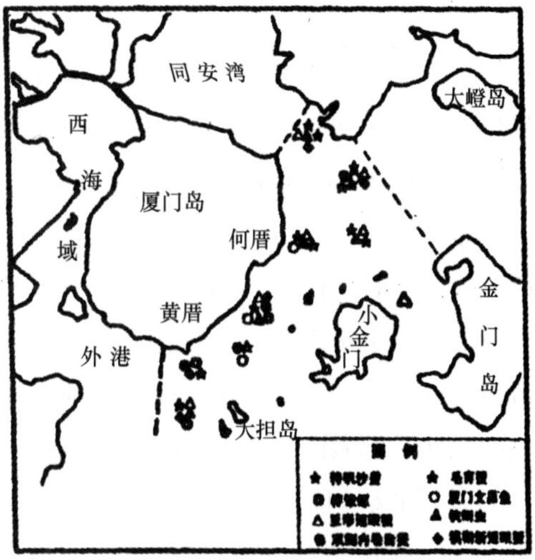

图2 大型底栖生物优势种分布

群落划分应用Bray-Curtis相似性系数、多维排序尺度，群落分析应用丰度生物量比较法和个体几何级数等，数据经微机处理[1,2,5-13]。

4 结果

4.1 种类组成与分布

4.1.1 种类组成

厦门东侧海域大型底栖生物已鉴定有343种，其中多毛类101种，软体动物54种，甲壳动物104种，棘皮动物30种和其他动物54种。多毛类和甲壳动物种数最多，占总种数的59.77%，二者构成大型底栖生物的主要类群。

根据种类的数量和出现率，优势种和主要种有特矶沙蚕(*Euniphysa aculeata*)、棒锥螺(*Turritella bacillum*)、模糊新短眼蟹(*Neoxeaophthalmus obscurus*)、梳鳃虫(*Terebellides* stroemii)、毛盲蟹(*Typhlocarcinus villosus*)、豆形短眼蟹(*Xenophthalmus pinnocheroides*)、双鳃内卷齿蚕(*Aglaophamus dibranchis*)、厦门文昌鱼(*Branchiostoma belcheri*)、马氏独毛虫(*Tharyx marioni*)、智利巢沙蚕(*Diopatra neapolitana*)、太平洋单蛰虫(*Lysilla pacifica*)、侧底理蛤(*Theora lata*)、浅缝骨螺(*Murex trapa*)、假奈拟塔螺(*Turricula nelliae spurius*)、旗短口螺(*Brachytoma vexillum*)、白龙骨乐飞螺(*Lophiotoma leucotropis*)、鲜明鼓虾(*Alpheus distinguendus*)、隆线强蟹(*Eutrate crenata*)、变态蟳(*Charybdis vafiegata*)、贪精武蟹(*Parapanope euagora*)、滩栖阳遂足(*Amphiura vadicola*)等。

厦门东侧海域大型底栖生物经济种主要有:裸体方格星虫(*Sipnuculus nudus*)、双鳃内卷齿蚕、智利巢沙蚕、双纹须蚶(*Barbatia bistrigata*)、四角蛤蜊(*Mactra venoriformis*)、平蛤蜊(*Mactra* (*M.*) *mera*)、锯齿巴非蛤(*Paphia gallus*)、巴非蛤(*P.sinuosa*)、短竹蛏(*Solen dunkerianus*)、小荚蛏(*Siliqua minima*)、帆镜蛤(*Dosinia* (*Bonartemis*) *histrio*)、棒锥螺、大口乳玉螺(*Polinices macrostoma*)、双喙耳乌贼(*Sepiola birostrat*)、中华管鞭虾(*Solenocera crassicornis*)、周氏新对虾(*Metapenaeus joyneri*)、刀额新对虾(*M.ensis*)、哈氏仿对虾(*Parapenaeopsis hardwickii*)、角突仿对虾(*P.cornuta*)、鹰爪虾(*Trachypenaeus curvirostris*)、须赤虾(*Metapenaeopsis barbata*)、巨指长臂虾(*Palaemon macrodacttylus*)、日本对虾(*Penaeus japonicus*)、红星梭子蟹(*Portunus sanguinolentus*)、三疣梭子蟹(*Portunus* (*P.*) *trituberculatus*)、口虾蛄(*Ordtosquilla oratoria*)、无刺口虾蛄(*Oratosquilla inornata*)、赤魟(*Dasyatis akajei*)、皮氏叫姑鱼(*Johnius belengeri*)、斑头舌鳎(*Cynoglssus puncticeps*)、焦氏舌鳎(*C.joyneri*)、多指马鲅(*Polydactylus sextarius*)、厦门文昌鱼等。

4.1.2 种类分布

厦门东侧海域优势种梳鳃虫和豆形短眼蟹分布最广,几乎遍布海区。棒锥螺主要分布在中南部海域,厦门文昌鱼分布在中部近厦门岛水域。毛盲蟹则主要分布于中北部。特矶沙蚕自北至南均有分布,模糊新短眼蟹分布在海域的南、北侧,中部未出现(图2)。

厦门东侧海域大型底栖生物种数分布不均匀。在8个测站中,小于50种的站有3个,分别分散于中北部和近厦门岛一带水域;51~100种的站有两个,主要分布在中部水域;大于100种的站有3个,分布在南、北部水域(图3)。种类数的多寡除与底质类型直接有关,显然与每测站拖网的次数正相关。

4.1.3 种数季节变化

厦门东侧海域大型底栖生物种类数的季节变化,以春季(144种)>夏季(141种)>冬季(132种)>秋季(102种)。

4.2 数量组成与分布

4.2.1 数量组成

厦门东侧海域大型底栖生物平均生物量为105.40 g/m^2,平均栖息密度为149个/m^2。

生物量以软体动物占第一位(86.42 g/m^2),棘皮动物占第二位(6.15 g/m^2),甲壳动物占第三位(5.55 g/m^2),依次为多毛类和其他动物;栖息密度以多毛类占第一位(61 个/m^2),甲壳动物占第二位(41 个/m^2),棘皮动物占第三位(16 个/m^2),依次为软体动物和其他动物。

4.2.2 数量分布

厦门东侧海域大型底栖生物数量分布特点,生物量最高区出现在该海域西南部,靠近厦门一侧水域,M3035 站高达 328.85 g/m^2,M3037 站高达 363.23 g/m^2,这主要是棒锥螺的生物量所至。最低出现在北部和东北部水域,M3033 站和 M3029 站分别仅 8.87 g/m^2 和 10.20 g/m^2。栖息密度最高出现在东北部水域,即 M3039 站四季的平均栖息密度为 323 个/m^2,最低出现在东南部水域, M3038 站四季平均栖息密度仅为 61 个/m^2(图 4)。

4.2.3 数量季节变化

厦门东侧海域大型底栖生物数量的季节变化,生物量以冬季最高(166.46 g/m^2),夏季最低(10.93 g/m^2);栖息密度以冬季最高(169 个/m^2),秋季最低(134 个/m^2)。余各类群数量组成及季节变化详见表 1。

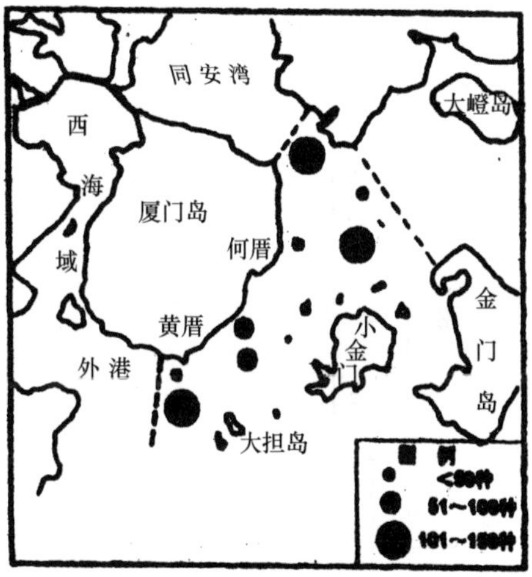

图 3 大型底栖生物种数分布

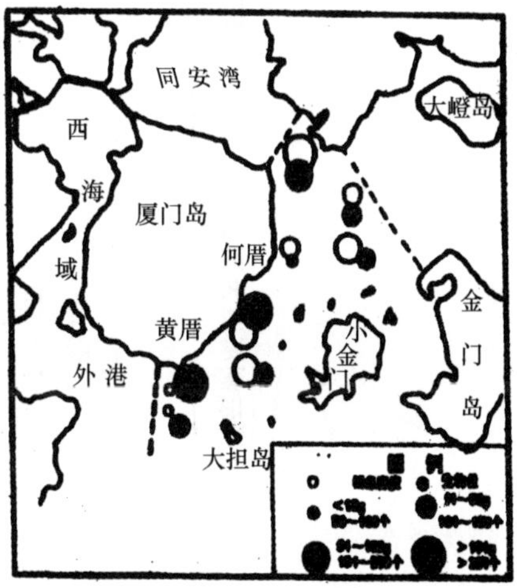

图 4 大型底栖生物数量分布

表 1　厦门东侧海域大型底栖生物各类群数量组成及季节变化

类群 / 季节	多毛类		软体动物		甲壳动物		棘皮动物		其他动物		合计	
	个/m^2	g/m^2	个/m^2	g/m^2	个/m^2	g/m^2	个/m^2	g/m^2	个/m^2	g/m^2	个/m^2	g/m^2
春季	65	3.26	17	48.08	21	13.46	17	18.24	16	5.00	136	88.04
夏季	77	3.80	9	1.45	44	2.18	10	2.01	15	1.49	155	10.93
秋季	41	1.81	16	143.38	30	2.49	30	3.25	17	5.27	134	156.18
冬季	60	5.31	19	152.81	68	4.06	8	1.10	14	3.18	169	166.46
平均	61	3.55	15	86.42	41	5.55	16	6.15	16	3.73	149	105.40

4.3 群落

4.3.1 群落类型

厦门东侧海域大型底栖生物，按照 Bray-Curtis 相似性聚类和多维排序尺度，可划分为 3 个群落：群落Ⅰ，特矶沙蚕-棒锥螺-模糊新短眼蟹；群落Ⅱ，梳鳃虫-毛盲蟹-豆形短眼蟹；群落Ⅲ，双鳃内卷齿蚕-棒锥螺-厦门文昌鱼(图 5a，b)。

4.3.2 群落结构

群落Ⅰ，特矶沙蚕-棒锥螺-模糊新短眼蟹群落。该群落位于海域南、北端，水深 5.50~18.0 m。底质主要为泥和泥砂。代表种棒锥螺，冬季最大生物量为 1 218.50 g/m^2，栖息密度达 100 个/m^2，夏季和秋季定性采样分别高达 10 000 个/网和 7 000 个/网，重量最大高达 150 kg/网以上。特矶沙蚕出现率较高，4 个季节均有出现，生物量和栖息密度在秋季分别达 3.85 g/m^2 和 120 个/m^2；冬季也分别达到 2.30/m^2 和 45 个/m^2。模糊新短眼蟹 4 个季节均出现，生物量在秋季和冬季分别达 4.35 g/m^2 和 5.00 g/m^2，栖息密度在夏季和秋季分别达 120 个/m^{2}和 60 个/m^2。其他习见种和主要种有马氏独毛虫、智利巢沙蚕、太平洋单蛰虫、侧底理蛤、浅缝骨螺、假奈拟塔螺、刺珊瑚螺(*Coralliobia fimbriata*)、旗短口螺、白龙骨乐飞螺、鲜明鼓虾、隆线强蟹、变态蟳、贪精武蟹、双斑蟳(*Charybdis bimaculata*)、道格拉蛇尾(*Dougaloplus echinatus*)等。

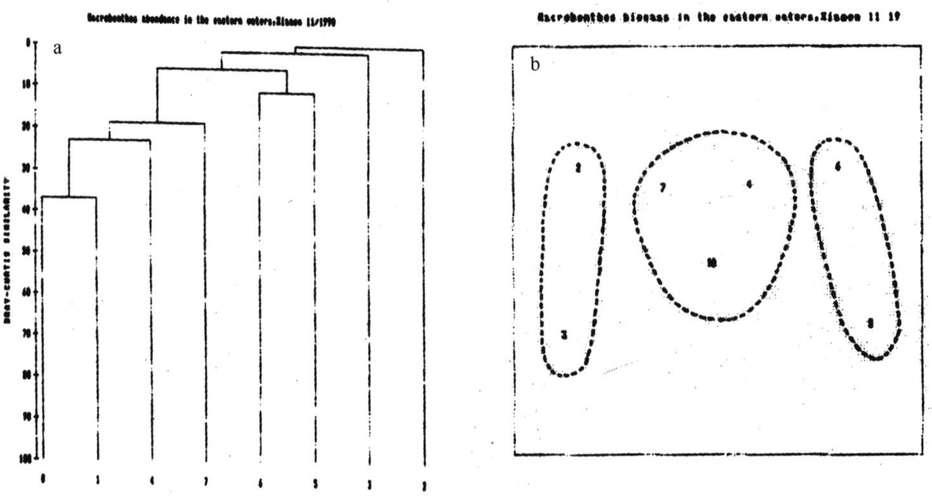

图 5　8 个测站 Bray-Curtis 相似性聚类(a)和多维排序尺度(b)

该群落共有 240 种，为 3 个样落中种类数最多的群落。平均生物量为 102.17 g/m^2，平均栖息密度为 161 个/m^2。生物量以棘皮动物、软体动物占优势；栖息密度以多毛类、甲壳动物占优势。

群落Ⅱ，梳鳃虫-毛盲蟹-豆形短眼蟹群落。该群落位于海域中北部，水深 5~13 m，盐度 28.00~28.69，底质为粗砂、泥砂。代表种梳鳃虫，夏季和冬季平均生物量分别达 0.15 g/m^2

和 1.40 g/m^2,栖息密度分别为 5 个/m^2 和 35 个/m^2,出现率也较高。毛盲蟹 4 个季节均出现,其中以夏季的生物量和栖息密度最大,分别为 2.95 g/m^2 和 20 个/m^2,冬季的生物量和栖息密度分别为 0.75 g/m^2 和 15 个/m^2。豆形短眼蟹在冬季的生物量和栖息密度分别为 2.75 g/m^{2}和 15 个/m^2。其他习见种和主要种有:背蚓虫(*Notomastus latericeus*)、覆瓦哈鳞虫(*Harmothoe imbricata*)、滑指矶沙蚕(*Eunice indica*)、帆镜蛤、日本胡桃蛤(*Nucula nipponica*)、锯齿巴非蛤、甲虫螺(*Cantharus cecillei*)、泥钩虾(*Eriopisella* sp.)长崎异背蟹(*Heteroplax nagasakiensis*)、锯额豆瓷蟹(*Pisidia serratifrons*)、疣背菱蟹(*Parthenope tuberculosus*)、隆线强蟹、角突麦秆虫(*Caprella scaura*)、拟矛尾虾虎(*Parachaeturichtys polynema*)等。

该群落共有 148 种,平均生物量 24.90 g/m^2,以甲壳动物和其他动物分居第一、二位;栖息密度 151 个/m^2,以甲壳动物和多毛类分居第一、二位。生物量为 3 个群落中最低的群落。

群落Ⅲ,双鳃内卷齿蚕-棒锥螺-厦门文昌鱼群落。该群落位于海域中南部水域,水深 5~9 m,底质为沙、沙泥、软泥。代表种双鳃内卷齿蚕,分布较广。冬季生物量和栖息密度分别为 0.35 g/m^2 和 10 个/m^2;夏季分别为 0.25 g/m^2 和 10 个/m^2。优势种棒锥螺,春季和秋季的生物量分别高达 300.00 g/m^2 和 1 140.60 g/m^2,栖息密度达 36 个/m^2 和 110 个/m^2。厦门文昌鱼 4 个季节均出现,秋季和冬季的生物量分别为 2.80 g/m^2 和 4.40 g/m^2,栖息密度达 105 个/m^2 和 225 个/m^2。其他习见种有:纳加索沙蚕(*Lumbrineris nagae*)、大口乳玉螺、甲虫螺、隆线强蟹、短刺蟳(*Charybdis vanegata*)、锯额豆瓷蟹、哈氏仿对虾、角突仿对虾、滩栖阳遂足、方柱五角瓜参(*Pentacta quadrangularis*)等。

该群落共有 85 种,是 3 个群落中种数最少的群落。平均生物量为 192.37 g/m^2,其中软体动物占 95.95%;平均栖息密度为 122 个/m^2,以其他动物和棘皮动物占优势。

4.3.3 群落的稳定性

应用丰度生物量比较法对厦门东侧海域大型底栖生物群落进行分析表明,群落Ⅰ特矶沙蚕-棒锥螺-模糊新短眼蟹群落,群落Ⅱ梳鳃虫-毛盲蟹-豆形短眼蟹群落和群落Ⅲ双鳃内卷齿蚕-棒锥螺-厦门文昌鱼群落结构相对稳定,其丰度生物量复合 K-优势度曲线不交叉、不重叠、不翻转(图 6a~c)。总体水域群落的个体几何级数和丰度生物量复合 K-优势度曲线也不交叉、不重叠、不翻转(图 6d-f)。

5 结语与讨论

厦门东侧海域大型底栖生物共有 343 种,较厦门港(731 种)和浔江(468 种)海域少[1~2]。但以上海域的共同点,种类组成均以多毛类、软体动物和甲壳动物为主要类群。优势种有:特矶沙蚕、棒锥螺、模糊新短眼蟹、梳鳃虫、毛盲蟹、豆形短眼蟹、双鳃内卷齿蚕、厦门文昌鱼等。种数分布与沉积类型有关,但在同类底质中拖网站位的种数较多。

厦门东侧海域大型底栖生物平均生物量为 105.40 g/m^2,平均栖息密度为 149 个/m^2。生物量较厦门港(59.49 g/m^2)和浔江(73.75 g/m^2)海域高;栖息密度,较厦门港(614 个/m^2)

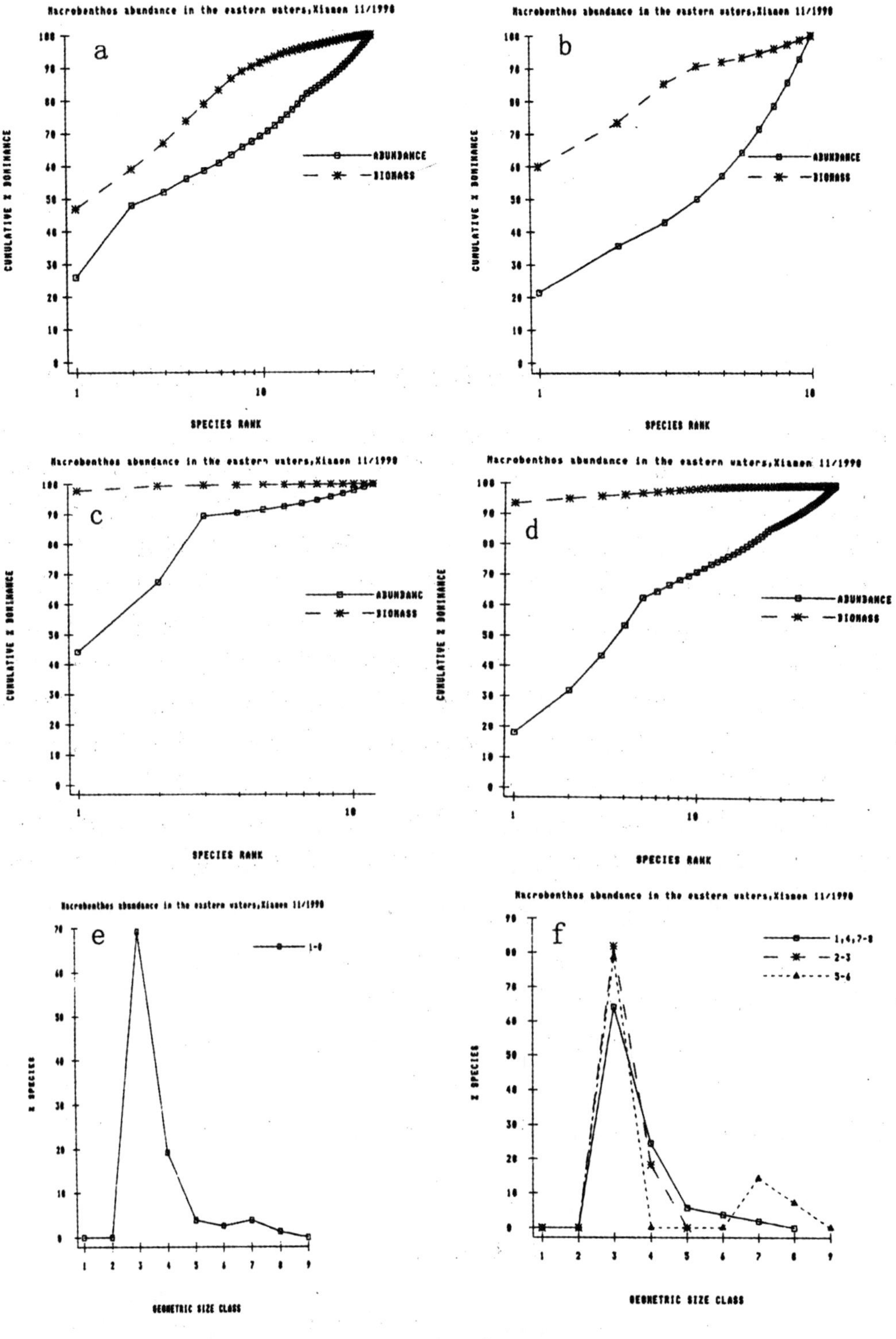

图 6　群落(Ⅰ、Ⅱ、Ⅲ)和总体水域丰度生物量复合
K-优势度(a、b、c、d)和种类个体几何级数(e、f)曲线

低,较浔江(48 个/m²)海域高[1-2]。生物量有两个高区,分别位于海域的中南部一带;栖息密度有 1 个高区,位于海域北端。

厦门东侧海域大型底栖生物有 3 个群落:群落Ⅰ,特矶沙蚕-棒锥螺-模糊新短眼蟹;群落Ⅱ,梳鳃虫-毛盲蟹-豆形短眼蟹;群落Ⅲ,双鳃内卷齿蚕-棒锥螺-厦门文昌鱼。其中群落Ⅰ种数最多,群落Ⅲ最少。生物量以群落Ⅲ最高,群落Ⅱ最低;这是该群落中个体大的类群如棘皮动物占优势所至;栖息密度以群落Ⅰ最大,此乃小型甲壳动物和多毛类所占比例较大所致,群落Ⅲ最小。丰度生物量比较法和种类个体几何级数分析研究结果表明:群落Ⅰ至群落Ⅲ与总体水域大型底栖生物群落结构均相当稳定,厦门及邻近海城多年来虽然进行了一定的港工建设、工业废水和城市污水大量增加和大面积的海水养殖,由于采取了有效措施,该海域海洋环境未出现明显扰动。

参考文献

1 李荣冠,江锦祥. 应用丰度生物量比较法监测海域污染对底栖生物群落的影响,海洋学报,1992,14(1):108-114.

2 李荣冠,江锦祥. 厦门西海域大型底栖生物群落变化. 台湾海峡,1989,8(2):144-149.

3 吴启泉,蔡尔西,何明海,等. 厦门港调查海洋生物:底栖生物. 台湾海峡,1988,7(1):17-35.

4 何明海,蔡尔西,吴启泉. 浔江底栖生物的种类组成与数量分布. 海洋通报,1988,7(2):78-86.

5 Gray J S, Clarke K R, Warwick R M, et al. Detection of initial effects of pollution on marine benthos: an example from the Ekofisk and Eldfisk oilfields. North Sea. Mar. Ecol. Prog. Ser., 1990, 66: 285-299.

6 Warwick R M. Analysis of community attributes of the macrobenthos of Frierfjord Langesundfjiord at taxonomic levels higher than species. Mar. Ecol. Prog. Sr., 1988, 46: 167-170.

7 Gray J S. Aschan M, Carr M R, et al. Analysis of community attributes of the benthic macrofauna of Frierifjord Langesundfjiord an in a mesocosm experiment. Mar. Ecol. Prog. Ser., 1988, 46: 151-165.

8 Field J G, Clarke K R, Warwick R M. A practical strategy for analysing multispecies distribuion patterns. Mar. Ecol. Prog. Sr., 1982, 8: 37-52.

9 Warwick R M. A new method for detecting pollution effect on marine macro benthic communities. Mar. Biol., 1986, 92: 557-562.

10 Warwick R M, Pearson T H. Detection of pollution effects on marine macro benthos: futher evaluation of the species abundance biomass method. Mar. Biol, 1987, 95: 193-200.

11 李荣冠,江锦祥,蔡尔西,等. 闽江口大型底栖生物生态研究. 海洋学报,1997,19(5):116-123.

12 李荣冠,江锦祥,蔡尔西,等. 福清湾大型底栖物生态研究. 海洋学报,1995,17(1):90-96.

13 李荣冠,江锦祥,蔡尔西,等. 广东海门湾大型底栖生物生态研究. 台湾海峡,1997,16(2):217-222.

李荣冠,江锦祥,蔡尔西,徐惠州,林双淡.

原载"第六届海峡两岸环境保护研讨会". 1999:381-388.

大嶝岛海域底栖生物

摘要 本文研究了大嶝岛区底栖生物种类组成、数量分布、季节变化以及资源概况等。结果表明该海域有底栖动物 347 种,以暖水性种居多。种类组成以甲壳动物居优势,依次是多毛类和软体动物。平均总生物量和总栖息密度分别为 46.33 g/m^2 和 136 个/m^2,生物量组成以软体动物为主,密度组成以多毛类为高。本海域较高经济价值的底栖动物有 40 余种。

Benthos in the sea-area around the Dadeng Island

Abstract:The present study concerns with composition of species, numberical distribution, seasonal variance as well as survey of resources on the benthos in the sea-area around the Dadeng Island. In all of 347 species, most of them are belong to warm-water species.As for the specie composition. Crustacea is dominant and next are Polychaeta and Mollusca. Biomass and density are 46.33 g/m^2 and 136 ind./m^2 separately. The biomass is mainly composed by the Mollusca and the density by the polychaeta. More than 40 species of benthos, included the fishing and fine culture species in fisheries and the race-precious species, in the sea-area have relatively high economic value.

海岛潮下带底栖生物是海岛区生物的一个重要组成类群。其种类组成、数量分布等特点,能直接反映出该海域生物资源的丰歉情况。底栖动物本身的许多种类是中、下层鱼类和天然优质饵料,有些种类是水产养殖和渔业捕捞对象。进行海岛底栖生物资源调查研究,无疑将为渔业生产、水产养殖及生态环境保护和治理等提供科学理论依据。

大嶝岛区海域布设底栖生物定量采泥站位 11 个,其中定性拖网站 4 个(图 1)。

1 种类组成

1.1 种类组成的特点

4 个航次调查共获底栖生物 347 种,隶属于 152 科,234 属。其中,甲壳动物 94 种(占 27.10%),多毛类 93 种(占 26.8%),软体动物 79 种(占 22.8%),棘皮动物 23 种(占 6.6%),

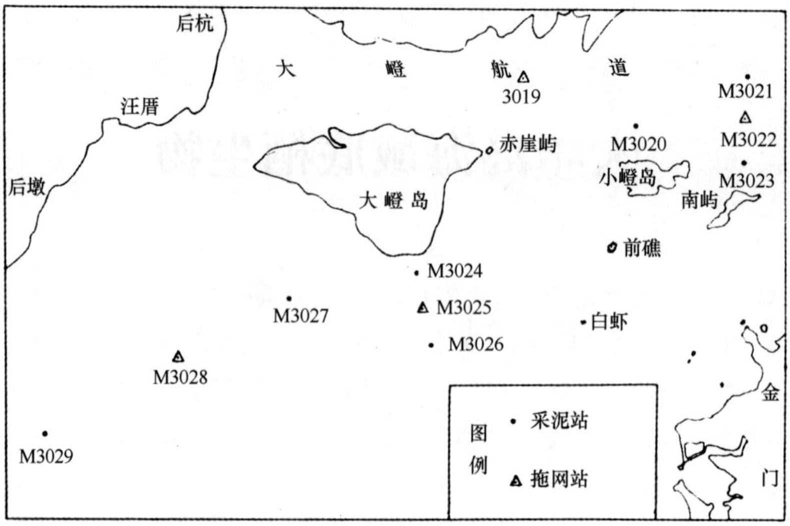

图 1　大嶝岛区底栖生物调查站位

鱼等其他类群动物 58 种（占 16.7%）。

在 347 种底栖动物中，以暖水性种为主，初步统计约占 68.8%。主要代表种：亚热带杂毛虫 *Poecilochaetus paratropicus*、白合甲虫 *Synelmis albini*、波斯沙蚕 *Nereis persica*、背褶沙蚕 *Tambalagamia fauveli*、方格吻沙蚕 *Glycera tesselata*、利玻巢沙蚕 *Diopatra neapolitana*、毡毛岩虫 *Marphysa stragulum*、西奈索沙蚕 *Lumbrineris shiioni*、亚洲鸟蛤 *Curdium asiaticum*、缘角樱蛤 *Angulus emarginatus*、直线竹蛏 *Solen linearis*、瑰斑竹蛏 *S. roseomaculatus*、波纹巴非蛤 *Paphia undulata*、锯齿巴非蛤 *P. gullus*、屈曲同巴非蛤 *P. sinuosa*、蛙螺 *Bursa rana*、印度对虾 *Penaeus indicus*、斑节对虾 *P. monodon*、沙栖新对虾 *Metapenaeus moyebi*、角突仿对虾 *Parapenaeopsis cornuta*、亨氏仿对虾 *P. hungerferdi*、宽突赤虾 *Metapenaeopsis palmensis*、红点玉蟹 *Leucosia haematosticta*、红星梭子蟹 *Portunus sanguinolentus*、锈斑蟳 *Charybdis feriatus*、香港蟳 *C. hongkongensis*、痕倍棘蛇尾 *Amphioplus impressus*、白氏文昌鱼 *Branchiostoma belcheri*、短棘银鲈 *Gerres lucidus*、黄鳍鲷 *Sparus latus*、印度赤鲉 *Hypodytes indicus* 等。暖温性种约占 6%，主要代表种：长锥虫 *Haploscoloplos elongatus*、日本臭海蛹 *Travisia japonica*、丝鳍鰧 *Callionymus virgis*、褐菖鲉 *Sebastiscus marnoratus*、木叶鲽 *Pleuronichthys cornutus* 等。上述特点，反映了大嶝岛区海域底栖动物区系的亚热带性质。

1.2　优势种、经济种及分布

依据其出现频率进行统计，大嶝岛区有优势种 10 种（表 1）。其分布情况：有眼特矶虫、梳鳃虫、隆线强蟹和毛盲蟹，较普遍分布于调查海域；假奈拟塔螺、白龙骨乐飞螺，主要分布于大嶝岛东北和南面海域；模糊新短眼蟹、内奇索沙蚕，主要分布于大嶝岛南部海域；特异鼓虾主要分布于大嶝岛西南海域；棒锥螺主要分布于大嶝岛东北海域。

表 1　大嶝岛区底栖动物优势种及出现频率

种名	出现频率/%(60 站次)
有眼特矶虫 *Euniphysa aculeata*	50.00
模糊新短眼蟹 *Neoxenophthalmus obscurus*	48.33
假奈拟塔螺 *Turricula nelliae*	45.00
梳鳃虫 *Terebellides stroemi*	43.33
隆线强蟹 *Eucrate crenata*	33.33
内奇索沙蚕 *Lumbrineris nagae*	31.67
特异鼓虾 *Alpheus distinguendus*	31.67
毛盲蟹 *Typhlocarcinus villosus*	31.67
棒锥螺 *Turritella bacillum*	28.33
白龙骨乐飞螺 *Lophiotoma leucotropis*	28.33

大嶝岛区海域有较高经济价值的底栖动物约 40 种(表 2)。这些经济种主要分布于该海域 4 个拖网站点(M3019、M3022、M3025、M3028),其次是大嶝岛南面两个定量采泥站点(M3026 和 M3027)。

表 2　大嶝岛区底栖动物经济种及分布

种名	M3019	M3020	M3021	M3022	M3023	M3024	M3025	M3026	M3027	M3028	M3029
美女白樱蛤 *Macoma* (*Psammacoma*) *candida*		+					+		+		
短竹蛏 *Solen dunkerianus*				+			+	+		+	
瑰斑竹蛏 *S. roseomaculatus*		+		+				+			
波纹巴非蛤 *Paphia* (*Paratapes*) *undulata*							+				
锯齿巴非蛤 *P.* (*Protapes*) *gallus*			+	+			+				
棒锥螺 *Turritella bacillum*	+	+		+		+	+		+		
方斑东方螺 *Babylonia areolata*				+							
长蛸 *Octopus variabilis*	+			+			+				
短蛸 *O. ocellatus*	+						+				
中华管鞭虾 *Solenocera crassicornis*									+		
近缘新对虾 *Metapenaeus affinis*	+								+		
刀额新对虾 *M. ensis*							+				

续表

种名	M3019	M3020	M3021	M3022	M3023	M3024	M3025	M3026	M3027	M3028	M3029
沙栖新对虾 *M.moyebi*							+			+	
细巧仿对虾 *Parapenaeopsis tenellus*				+			+		+	+	
角突仿对虾 *P.cornuta*				+				+			
刀额仿对虾 *P.cultrirostris*							+				
哈氏仿对虾 *P.hardwickii*										+	
亨氏仿对虾 *P.hungerfordi*							+				
鹰爪虾 *Trachypenaeus curvirostris*	+			+				+		+	
须赤虾 *Metapenaeopsis barbata*	+						+			+	
宽突赤虾 *M.palmensis*								+		+	
日本毛虾 *Acetes japonicus*				+							
短脊鼓虾 *Alpheus brevicristatus*									+		
特异鼓虾 *A.distinguendus*	+		+	+	+		+	+		+	
红星梭子蟹 *Portunus sanguinolentus*				+							
三疣梭子蟹 *P.trituberculatus*	+										
白氏文昌鱼 *Branchiostoma belcheri*		+			+					+	+
凤鲚 *Coilia mystus*	+										
多鳞鱚 *Sillago sihama*										+	
条纹叫姑鱼 *Johnius fasciatus*	+								+	+	
皮氏叫姑鱼 *J.belengerii*	+			+				+			
勒氏笛鲷 *Lutianus russelli*				+							
黄鳍鲷 *Sparus latus*				+							
鲬 *Platycephalus indicus*				+						+	
斑鲆 *Pseudorhombus arsius*										+	
木叶鲽 *Pleuronichthys cornutus*				+							
卵鳎 *Solea ovata*							+			+	
大鳞舌鳎 *Cynoglossus melampctalus*	+						+	+		+	
焦氏舌鳎 *C.joyneri*	+						+			+	
短吻舌鳎 *C.abbreviatus*	+										

1.3 种类数平面分布与季节变化

大嶝岛区海域年平均出现种数为 78.5 种/站,其平面分布有明显差异(图 2)。种数达 100 种/站以上者有 4 个测站,均为拖网站。其中,大嶝岛西南 M3028 号站 129 种为最高;其次是大嶝岛东北 M3019 号站 123 种;依次是小嶝岛东北 M3022 号站 118 种和大嶝岛南面 M3025 号站 116 种。从图 2 中可清楚看到:大嶝岛南面和西南面海域的种数明显高于小嶝岛北面和东北面海域的种数。定量采泥种数小于 40 种/站,有 3 个测站,分别出现于大、小嶝岛东北海域和大嶝岛南面海域。

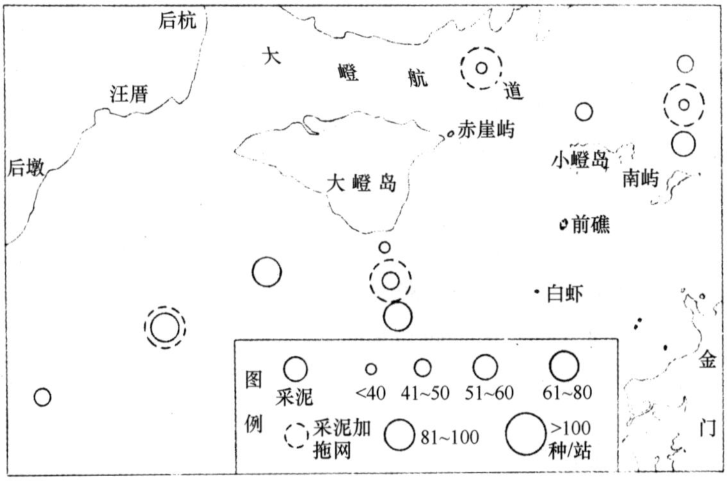

图 2　大嶝岛区底栖动物种数的平面分布

从表 3 可清楚地看出,大嶝岛海域春、夏季底栖动物种数高于冬、秋季。春、秋季以多毛类居优势,其次是甲壳动物;夏、冬季以甲壳动物居优势,其次是多毛类。

表 3　大嶝岛区各季底栖动物组成

类群/项目/季节	多毛类		软体动物		甲壳动物		棘皮动物		其他动物		合计
	种数	%	种数	%	种数	%	种数	%	种数	%	种数
春季	59	30.7	41	24.4	52	27.1	13	6.8	27	14.1	192
夏季	45	24.7	42	23.1	52	28.6	14	7.7	29	15.9	182
秋季	48	34.8	28	20.3	29	21.0	8	5.8	25	18.1	138
冬季	36	25.0	30	20,8	39	27.1	14	9.7	25	17.4	144

2 数量分布

2.1 总数量组成及分布

根据4个生物季节定量调查,大嶝岛区海域底栖生物平均总生物量和总栖息密度分别为46.33 g/m^{2}和136个/m^2。生物量组成以软体动物居优势,平均为32.84 g/m^2,占总生物量的70.88%。依次是甲壳动物(3.89 g/m^2,占9.40%)、鱼等其他动物(3.31 g/m^2,占7.14%)、多毛类(3.19 g/m^2,占6.89%)和棘皮动物(3.01 g/m^2,占6.69%)。栖息密度组成以多毛类居首位,平均为66个/m^2,占48.53%;其次是软体动物和甲壳动物,均为27个/m^2,占19.85%;棘皮动物和其他动物栖息密度较低,均为8个/m^2,占5.88%。

生物量平面分布:从图3a中可清楚看到,较高生物量区出现于赤崖屿东北海域,平均生物量为250~500 g/m^2。平均生物量10~25 g/m^{2}分布海域最广,主要分布于大嶝岛西南外侧海域和小嶝岛东北海域。平均生物量为25~50 g/m^2,主要分布于大嶝岛南面近岸海域和小嶝岛东面海域。栖息密度平面分布:从图3b可清楚看到,较高密度区出现于大嶝岛西南海域中部,平均为250~500个/m^2。平均密度为100~250个/m^{2}分布海域最广,主要分布于大嶝岛南面和西南海域,以及小嶝岛东面和北面海域。平均为50~100个/m^{2}相对较低密度区,仅分布于赤崖屿东北和小嶝岛东北海域。

2.2 主要类群动物数量平面分布

2.2.1 软体动物

在总生物量中居首位和总密度中居第二位的软体动物,其数量分布不甚均匀。平均为250~500 g/m^{2}较高生物量区,分布于赤崖屿东北海域,主要是棒锥螺起作用。平均生物量为10~25 g/m^{2}分布海域最广,主要分布于大嶝岛西南至小嶝岛东北一狭长海域。平均小于1 g/m^{2}低生物量区,分布于角屿最北海域和大嶝岛西南海域远岸处。密度分布:平均为10~25个/m^{2}和25~50个/m^2,各包括4个测站。前者主要分布于大嶝岛西南和小嶝岛东面海域;后者分布于赤崖屿北面至小嶝岛东北海域和大嶝岛西南海域近岸处。平均为5~10个/m^{2}较低密度区,分布于角屿最北海域和大嶝岛西南海域远岸处。

2.2.2 多毛类

在总密度中居首位和总生物量中居第四位的多毛类,其数量平面分布稍均匀。无高生物量区出现。平均生物量为1~5 g/m^{2}和5~10 g/m^2,分别有5个和4个测站。前者主要分布于小嶝岛周围和大嶝岛南面海域;后者主要分布于大嶝岛西南海域。平均小于1 g/m^{2}低生物量区,分布于小嶝岛北面一狭长海域。平均密度为50~100个/m^{2}分布海域最广,包括6个测站。主要分布于大嶝岛西南、小嶝岛东及东北海域。平均为10~15个/m^{2}较低密度区,分布于赤崖屿东北和小嶝岛东北等局部海域。

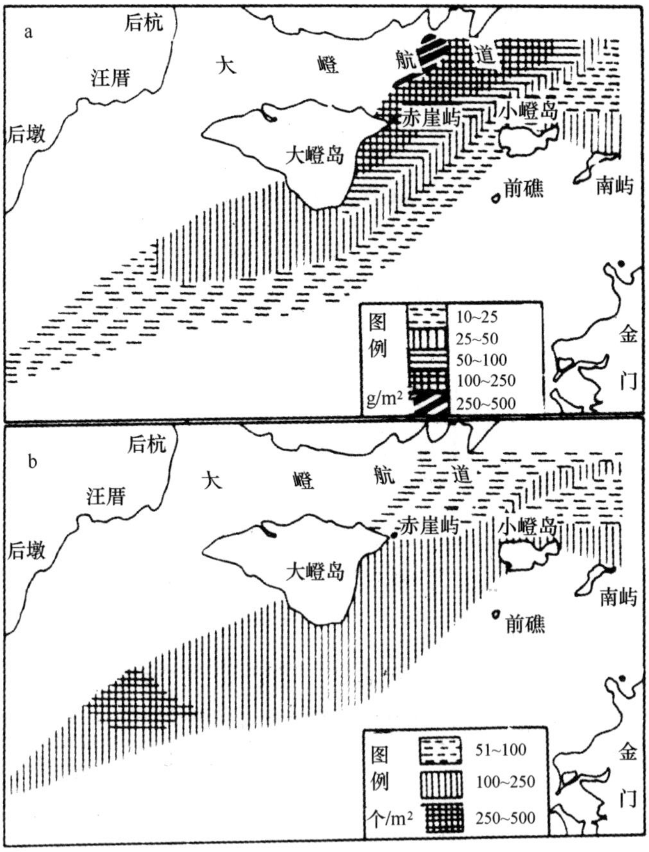

图 3　底栖生物数量分布

2.2.3　甲壳动物

在总数量中均居第二位的甲壳动物，其平面分布较均匀。平均生物量为 1～5 g/m²，分布海域最广，包括 9 个测站，主要分布于大嶝岛周围和小嶝岛东北海域。平均生物量为 5～10 g/m²，分布于大嶝岛南面近岸处和角屿北面海域。平均密度为 25～50 个/m²，分布海域较广，包括 5 个测站，主要分布于大嶝岛西南、小嶝岛东及东北海域。平均为 5～10 个/m² 较低密度区，分布于大嶝岛南面近岸海域。

2.2.4　棘皮动物

在密度中略高于其他动物，在生物量中位居末位的棘皮动物，其平面分布较均匀。平均小于 1 g/m² 低生物量区，主要分布于大嶝岛西南和南面远岸海域以及小嶝岛东北海域。平均为 1～5 g/m² 的较低生物量区，分布于大嶝岛西南和赤崖屿东北海域。平均密度为 5～10 个/m²，分布海域较广，包括 6 个测站，主要分布于大嶝岛西南和赤崖屿东北海域。平均小于 5 个/m² 的低密度区，分布于大嶝岛西南远岸海域和小嶝岛东北的局部海域。

2.2.5　其他动物

其他动物包括门类多、数量少。平均小于 1 g/m² 的低生物量区分布海域最广，包括 7

个测站，主要分布于大嶝岛西南、南和小嶝岛北面一带海域。平均小于 5 个/m^2 的低密度区分布海域最广，包括 6 个测站，分布于大嶝岛南、赤崖屿东北和角屿北面海域。

2.3 数量季节变化

大嶝岛区底栖生物数量具明显的季节变化。生物量由大到小变化趋势为：秋季、春季、冬季、夏季；栖息密度由大到小变化趋势为：春季、夏季、冬季、秋季（图 4）。其中，秋季数量有如此大的变化，主要是由于赤崖屿东北海域出现数量较大的棒锥螺，使得该季生物量变得很高。

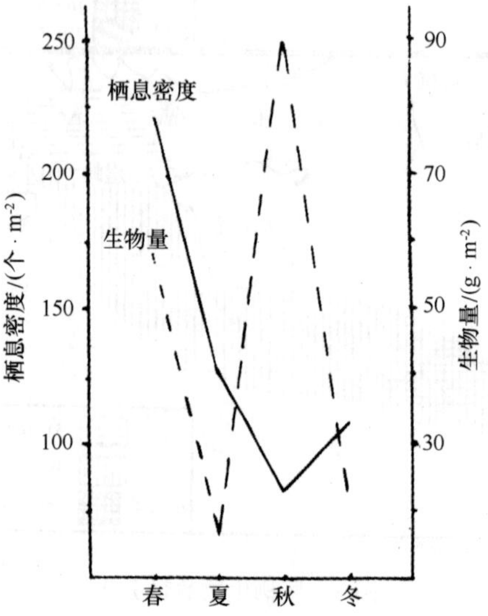

图 4　底栖动物数量的季节变化

4 个季节数量百分比组成不尽相同。从生物量看：4 个季度月均以软体动物居首位，分别占 62.77%、32.32%、90.67%和 40.91%。居第二位：春季是其他动物，占 16.53%；夏、秋季为甲壳动物，分别占 23%和 5.99%；冬季是棘皮动物，占 21. 91%。居第三位：春季为甲壳动物，占 7.37%；夏、秋季为棘皮动物，分别占 16.03%和 1.57%；冬季为多毛类，占 21. 01%。从栖息密度看：春、夏、冬三季均以多毛类居首位，分别占 53.10%、56.91%和 42.45%；秋季以甲壳动物居首位，占 40.23%。居第二位：春、夏季为软体动物，分别占 23.01%和 17.89%；秋季是多毛类；占 32.18%；冬季是甲壳动物，占 21.70%。居第三位：春、夏季是甲壳动物，分别占 13.27%和 17.07%；秋、冬季是软体动物，分别占 18.39%和 16.98%。

3 资源开发与保护

3.1 大嶝岛区底栖动物资源概况及分布

大嶝岛区海域底栖动物绝大多数为饵料种，有直接经济效益，可供人们直接食用的有 40

种以上。在这些种类中，有渔业生产的捕捞种，如对虾科、大型梭子蟹和底栖鱼类等；有我国数量较为稀少的海珍品文昌鱼；有当前水产养殖品种近缘新对虾和黄鳍鲷等。

现将5种数量相对较大的经济种分布情况作一介绍。

3.1.1 棒锥螺

主要分布于大嶝岛东北M3019号站，秋季密度高达100个/m^2；一年四季定性拖网均可采到，以夏季最高达1 100个/网。其次，大嶝岛南面M3025和M3027号站也有一定数量的分布。其中M3027号站，春季密度达20个/m^2；M3025号站，春季定性拖网为49个/网。

3.1.2 白氏文昌鱼

主要分布于大嶝岛西南M3028和M3029号站，其中前者冬季密度达60个/m^2，后者春季密度28个/m^2。其次小嶝岛北面M3020和东面M3023号站也有少量分布，前者秋季密度为15个/m^2、后者冬季密度为5个/m^2。

3.1.3 短竹蛏

主要分布于大嶝岛西南M3028号站，除夏季外均有出现，以冬季15个/m^2和秋季10个/m^2的密度较高。其次大嶝岛南面M3025和M3026号站也有少量分布，其夏季密度均为5个/m^2。

3.1.4 瑰斑竹蛏

主要分布于小嶝岛北面M3020号站，夏季密度高达50个/m^2；其次小嶝岛东北面M3020号站，夏季密度为10个/m^2。

3.1.5 大鳞舌鳎

此种为定性拖网种。主要分布于大嶝岛南面M3025号站，本站一年四季均可拖捕到；其次大嶝岛西南M3028号站，除秋季外均可拖捕到，但密度较低。定量采泥仅出现过一次，为大嶝岛南面M3024号站，其夏季密度仅5个/m^2。

3.2 资源开发与保护

白氏文昌鱼是我国二类重点保护动物。早在20世纪30年代初同安湾鳄鱼屿附近海域至刘五店西南海域之间，有文昌鱼渔场面积22 km^2，年产文昌鱼57 t左右。1970年年产量锐减到1 t左右；1975年以后，原来的文昌鱼渔场已经没有人去捕捞了。文昌鱼渔场的退化以致消失是由于海湾的淤积使文昌鱼赖以生存的砂质环境，不断为淤泥质沉积物所覆盖之故。本次大嶝岛区海域调查结果，共有4个测站出现白氏文昌鱼：它们是大嶝岛西南M3028号站和M3029号站以及小嶝岛北、东M3020号站和M3022号站。其分布较分散且密度也不高，最高M3028号站冬季仅60个/m^2。为保护和开发文昌鱼资源，今后应进一步组织专项调查，摸清现存资源量并相应设立保护区，严禁滥捕和破坏其栖息环境。

棒锥螺是大嶝岛区海域优势种动物之一，且具有较高经济价值的海鲜品。它的贝壳可烧石灰,所烧石灰质量很好;螺肉为海鲜品。棒锥螺分布较分散,栖息密度以大嶝岛东北海域较高,秋季平均为 100 个/m^2;夏季该海域定性拖网高达 1 100 个/网。今后应加强棒锥螺主要产地的管理,合理引导捕捞,这不但有利于增加产量和提高经济效益,同样也有利于棒锥螺的生长与繁殖。

参考文献

[1] 何明海,蔡尔西,等.九龙江口底栖生物生态研究.生态学报,1988,8(2):133-139.

[2] 何明海,蔡尔西,等.浔江底栖生物的种类组成与数量分布.海洋通报,1988,7(2):80-86.

[3] 李庆年,郭允谋.福建同安湾的泥沙来源及淤积问题.台湾海峡,1984,3(1):59-67.

蔡尔西,徐惠州,江锦祥,李荣冠,郑凤武,林双淡,黄心光.

原载《厦门市海岛调查研究论文集》,1996:94-101

湄洲湾大型底栖生物生态研究

摘要 本文报道湄洲湾大型底栖生物有316种,其中多毛类114种,软体动物60种,甲壳动物83种,棘皮动物29种和其他动物30种。多毛类、软体动物和甲壳动物占总种数的81.33%,三者构成大型底栖生物的主要类群。平均生物量为19.18 g/m^2,平均栖息密度为200个/m^2。数量组成,生物量以棘皮动物居首位9.73 g/m^2,多毛类居第二位4.42 g/m^2;栖息密度以多毛类占第一位135个/m^2,甲壳动物占第二位39个/m^2。湄洲湾大型底栖生物主要有两个群落:群落Ⅰ,特矶蚕-扁平管帽螺-塞切尔泥钩虾-印痕倍棘蛇尾群落;群落Ⅱ,丝鳃稚齿虫-畸形锤肢虫-短吻铲荚群落。群落Ⅰ物种丰度生物量复合K-优势度和部分优势度曲线出现交叉和重叠;群落Ⅱ物种丰度生物量复合K-优势度和部分优势度曲线不交叉、不翻转,生物量优势度曲线始终位于丰度上方。总体而言,湄洲湾大型底栖生物群落结构相对稳定。

关键词 物种多样性;数量;群落

An Ecological Study on Macrobenthos in Meizhou Bay

Abstract: The species diversity, distribution of biomass and individual density, and community of macrobenthos on Meizhou Bay are analyzed in this paper. The materials were collected from 13 stations in Meizhou Bay from August to November 2000. The samples were collected by a grab 0.05 m^2. There were all of 316 species, in which Polychaeta 114 species, Mollusca 60, Crustacea 83, Echinodermata 29 and other groups 30 species. Polychaeta, Mollusca and Crustacea occupy 81.33% of all species. There were important dominat species *Amaeana trilobata*, *Tharyx marioni*, *Tharyx* sp., *Euniphysa aculeate*, *Lumbrineris* sp., *Neoxenophthalmus obscurus*, *Eriopisella sechellensis*, *Leptochela aculeocaudata*, *Comantheria parvicirra* and *Amphioplus impressus*. The averaged biomass of macrobenthos is 19.18 g/m^2, and inhabit density is 200 ind./m^2 in Meizhou Bay, Fujian. The biomass of Echinodermata was the higest, in turn Polychaeta, and the inhabited density of Polychaeta was the higest, in turn Crustacea in Quantity composition. Two macrobenthic commumities in Meizhou Bay are reported in this paper. They are Community Ⅰ, *Euniphysa aculeata-Siphopatella walshi-Eriopisella sechellensis-Amphioplus impressus*, Community Ⅱ, *Prionospio malmgreni-Sphyrapus anomalus-Listriolobus brevirostris*, Commumities are relatively stability in

Meizhou Bay, but the disturbance characterizes the Community Ⅰ.

Key words: species diversity, quantity, communities

1 自然环境特征

湄洲湾位于福建中部沿海，北邻兴化湾，湾口有湄洲岛作为屏障，是福建沿海天然优良港湾之一。湾内三面被大陆环抱，东面为莆田县，西面为惠安县，西北面为仙游县。港口朝向东南，入台湾海峡。本湾海岸线曲折，主要由基岩海岸组成，局部出现淤泥质、砂质和红树林海岸。海岸钱 186.57 km。湄洲湾属于隐蔽性和稳定性较好的港湾，湾内具有潮差大和水深大的特征。海湾总面积达 423.77 km^2，其中滩涂面积为 207.04 km^2（并以潮滩为主，局部为海滩），水域面积为 216.73 km^2。湾内大部分水深均在 10 m 以上，并从湾内北侧、东西两侧向中心航道、南侧和湾口逐渐变深。最大水深达 52 m。湾内岛屿层层阻挡，口内有盘屿、大竹岛、小竹岛、大生岛，湾内又有横屿和山乐屿形成两道天然屏障。湄洲湾周边无大河溪注入（仅在西北角有一条枫亭小溪注入）。口门附近无拦门沙发育。湄洲湾为多口门的海湾，从东北部文甲口经采屿、大竹到西南部后屿等共有 4 个较大口门，其宽度共达 9.5 km。湄洲湾属构造成因的海湾。

湄洲湾属正规半日潮，最大潮差 7.59 m，平均潮差 5.12 m，最小潮差 2.22 m（秀屿）。多年平均气温 20.2℃，7 月最热 28.4℃，1 月最冷 11.6℃。9 月水温 24.86～28.02℃，平均 26.56℃，1 月水温 13.92～14.92℃，平均 14.45℃。多年平均降雨量 1 316.6 mm，最多年平均降雨量 1 818.1 mm，最少年平均降雨量 846.8 mm。多年平均相对湿度 77%，月最大相对湿度 89%，月最小相对湿度 62%。9 月盐度的测值范围 33.578～34.038，平均 33.836；1 月盐度的测值范围 29.940～30.538，平均 30.256，呈现由湾顶向湾口递增的趋势。

湄洲湾沉积物类型比较复杂，主要为砂砾、粗砂、中粗砂、中砂、中细砂、细砂、粉砂质砂、黏土质砂、黏土质粉砂、粉砂质黏土、砂-粉砂-黏土等 11 种类型。

2 材料与方法

根据 2000 年 8 月和 11 月湄洲湾大型底栖生物调查资料整理而成，且参考了 1984 年 5 月至 1985 年 2 月、1988 年 9 月和 1989 年 1 月的有关资料。① 2000 年 8 月和 11 月，在湄洲湾共布设 13 个大型底栖生物调查站位，其中秋季由于风浪大仅采集到 12 个站位（图 1）。每站采用 0.05 m^2 采泥器取样 5 次，样品经《WSB》底栖生物涡旋器和网目 1～0.5 mm 套筛分离、淘洗，标本和数据按《海洋调查规范·生物分册》和《海洋监测规范近海污染生态调查和生物监测》处理。

群落划分应用 Bray-Curtis 相似性系数聚类分析和多维尺度排序（Multidimensional scaling ordination），群落分析采用丰度生物量比较法等，数据经微机处理（李荣冠等，1992；

Gray J. S., et al. 1988; Warwick R. M. 1988）。

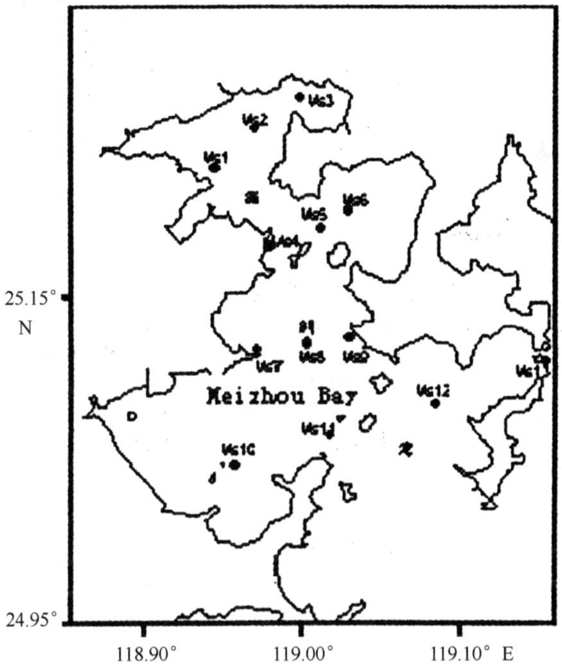

图 1　大型底栖生物调查站位

Fig.1　Sampling stations of macrobenthos

3　结果

3.1　物种多样性

3.1.1　物种组成

湄洲湾大型底栖生物已鉴定有 316 种，其中多毛类 114 种，软体动物 60 种，甲壳动物 83 种，棘皮动物 29 种和其他动物 30 种。多毛类、软体动物和甲壳动物占总种数的 81.33%，三者构成大型底栖生物的主要类群。

3.1.2　种数分布

湄洲湾大型底栖生物种数分布不均匀。在定量取样站，种数最多的水域 34 种，最少的仅 3 种。在 13 个测站中，夏季 5～10 种/站的站位有 5 个，分别分布在湾底和湾口；10～25 种/站的站位有 7 个，主要分布在湾西部；25～50 种/站的站位有 1 个，分布在中部。秋季 1～5 种/站的站位有 1 个，分布在中部西侧；5～10 种/站的站位有 2 个，分别分布在湾底；10～25 种/站的站位有 4 个，分别分布在湾底、湾口，25～50 种/站的站位有 4 个，主要分布在中部和湾口东部（图 2）。

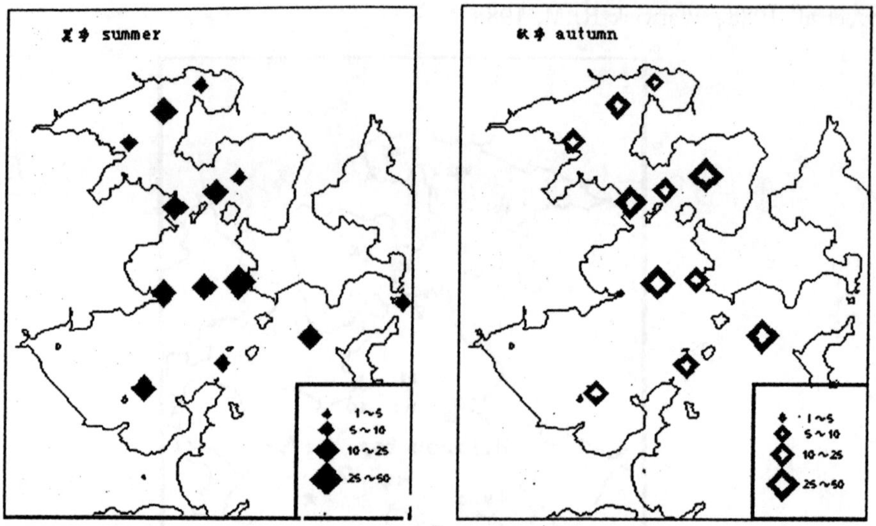

图 2　大型底栖生物种数分布(种/站)

Fig.2　Distribution of species number of macrobenthos (No. of species/station)

3.1.3　优势种及其分布

湄洲湾大型底栖生物优势种有：似蛰虫(*Amaeana trilobata*)、马氏独毛虫(*Tharyx marioni*)、独毛虫(*Tharyx* sp.)、特矶蚕(*Euniphysa aculeata*)、索沙蚕(*Lumbrineris* sp.)、模糊新短眼蟹(*Neoxenophthalmus obscurus*)、塞切尔泥钩虾(*Eriopisella sechellensis*)、尖尾组螯虾(*Leptochela aculeocaudata*)、小卷海齿花(*Comantheria parvicirra*)和印痕倍棘蛇尾(*Amphioplus impressus*)等。

湄洲湾大型底栖生物似蛰虫，出现率高，几乎遍布整个调查水域。独毛虫，出现率较高，主要分布在中、北部海区。特矶蚕，出现率高，几乎遍布整个调查水域。索沙蚕，出现率高，遍布整个调查水域。塞切尔泥钩虾，出现率较高，主要分布在南部湾口。尖尾细螯虾，出现率较高，主要出现在南部湾口。模糊新短眼蟹，出现率较高，几乎遍布整个调查水域。印痕倍棘蛇尾，出现率较高，数量不大。小卷海齿花，出现率不高，主要分布在湾的东部(图 3)。

3.2　数量时空分布

3.2.1　数量组成

湄洲湾大型底栖生物平均生物量为 19.18 g/m^2，平均栖息密度为 200 个/m^2。数量组成，生物量以棘皮动物居首位 9.73 g/m^2，多毛类居第二位 4.42 g/m^2；栖息密度以多毛类占第一位(135 个/m^2)，甲壳动物占第二位(39 个/m^2)，余各类群数量组成详见表 1。

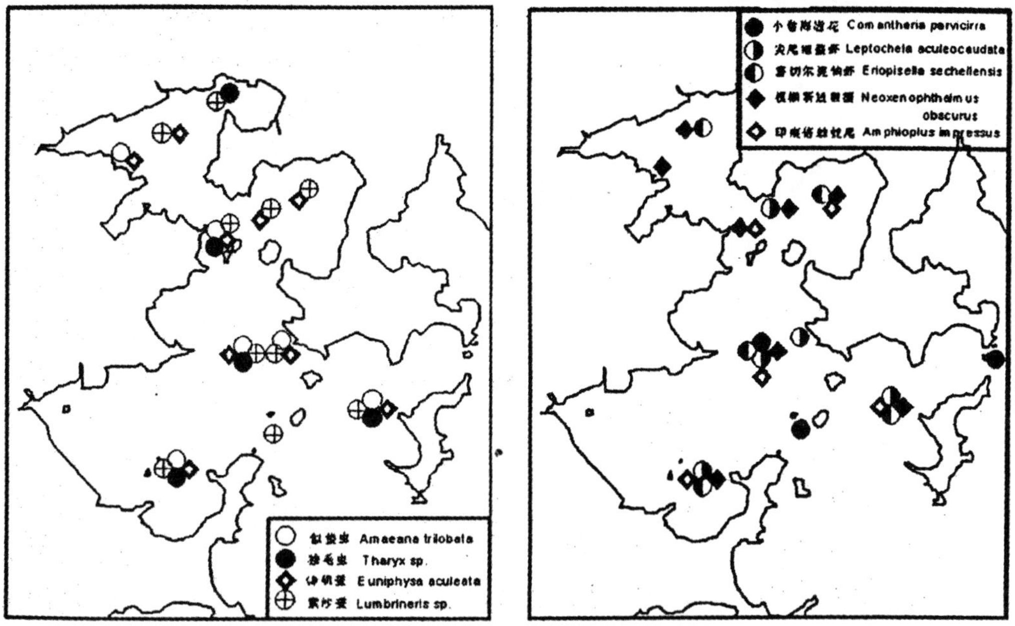

图 3　大型底栖生物优势种分布

Fig.3　Distribution of dominant species of macrobenthos

表 1　大型底栖生物数量组成

Tab.1　Compositions of biomass and density of macrobenthos

数量	多毛类	软体动物	甲壳动物	棘皮动物	其他动物	合计
生物量/(g/m^2)	4.42	0.74	0.99	9.73	3.32	19.18
密度/(ind./m^2)	135	8	39	11	8	200

3.2.2　数量分布与季节变化

湄洲湾大型底栖生物数量分布不均匀。生物量,夏季有 1 个高区,位于南部湾口,介于 100.00~250.00 g/m^2;余下水域大多介于 5.00~25.00 g/m^2。秋季,分布较均匀,中部大多水域大多介于 5.00~25.00 g/m^2;周边水域介于 0.00~5.00 g/m^2(图 4)。栖息密度,相对较均匀,夏季大多水域介于 100~500 个/m^2;秋季最高出现在中北部,介于 500~2 500个/m^2;余下水域大多介于 100~500 个/m^2(图 5)。

湄洲湾大型底栖生物数量季节变化,根据 2000 年 8 月和 11 月资料,生物量以夏季(33. 18 g/m^2)大于秋季(5.18 g/m^2);栖息密度以秋季(234 个/m^2)大于夏季(165 个/m^2)。生物量,夏季以棘皮动物居首位为 19.33 g/m^2,秋季以多毛类占第一位 2.21 g/m^2;栖息密度,夏、秋季均以多毛类占第一位(表 2 和表 3)。

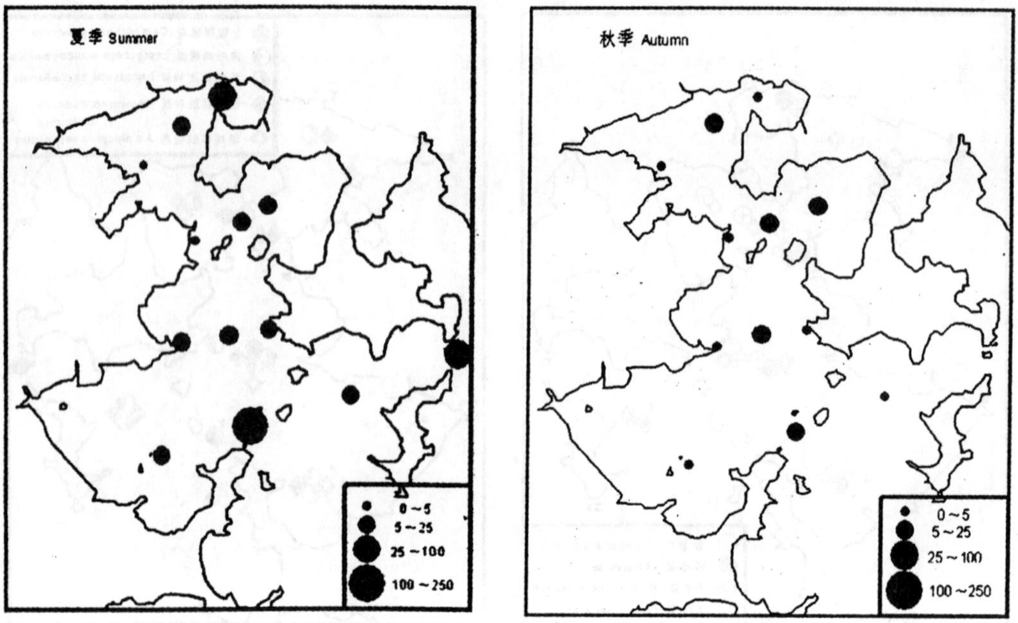

图 4　大型底栖生物生物量分布（g/m²）

Fig.4　Distribution of biomass of macrobenthos（g/m²）

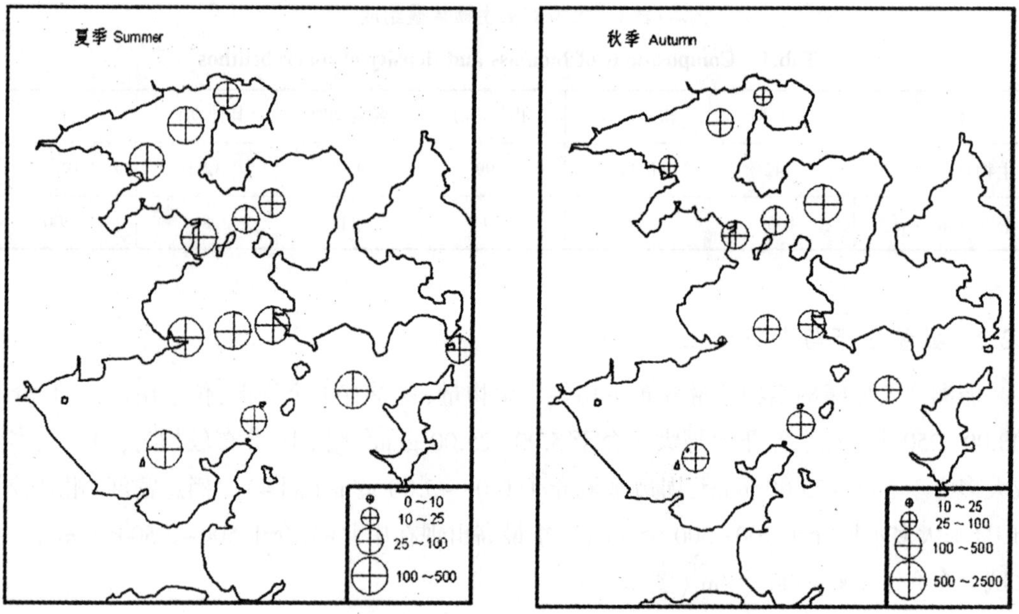

图 5　大型底栖生物栖息密度分布（个/m²）

Fig.5　Distribution of density of macrobenthos（ind./m²）

表 2　大型底栖生物生物量季节变化

Tab.2　Seasonal variations of biomass of macrobenthos

g/m^2

季节	多毛类	软体动物	甲壳动物	棘皮动物	其他动物	合计
夏季	6.62	1.33	0.40	19.33	5.49	33.18
秋季	2.21	0.14	1.57	0.13	1.14	5.18

表 3　大型底栖生物栖息密度季节变化

Tab.3　Seasonal variations of density of macrobenthos

$ind./m^2$

季节	多毛类	软体动物	甲壳动物	棘皮动物	其他动物	合计
夏季	107	7	27	15	8	165
秋季	162	8	51	6	8	234

3.3　群落生态类型

3.3.1　群落类型

湄洲湾大型底栖生物主要有两个群落。

群落Ⅰ:特矶蚕-扁平管帽螺(*Siphopatella walshi*)-塞切尔泥钩虾-印痕倍棘蛇尾群落。

群落Ⅱ:丝鳃稚齿虫(*Prionospio malmgreni*)-畸形锤肢虫(*Sphyrapus anomalus*)-短吻铲荚螠(*Listriolobus brevirostris*)群落(图 6 和图 7)。

3.3.2　群落结构

群落Ⅰ,特矶蚕-扁平管帽螺-塞切尔泥钩虾-印痕倍棘蛇尾群落。该群落位于湄洲湾的中部大多水域,水深 7~23 m,底质主要为粉砂质黏土、黏土质粉砂和中粗砂。优势种特矶蚕,出现率高,几乎遍布整个调查水域,秋季最大生物量达 53.65 g/m^2,栖息密度达55 个/m^2。代表种扁平管帽螺,出现率不高,个体小,栖息密度较低,最大生物量仅 0.10 g/m^2。优势种塞切尔泥钩虾,出现率较高,夏季最大生物量和栖息密度为 60.15 g/m^2 和 65 个/m^2,秋季最大生物量和栖息密度为 20.15 g/m^2 和 240 个/m^2。印痕倍棘蛇尾,出现率较高,数量不大,最大生物量和栖息密度为 0.20 g/m^2 和 15 个/m^2。其他主要种和习见种有:马氏独毛虫、独毛虫、异足索沙蚕(*Lumbrineris heteropoda*)、索沙蚕、等栉虫(*Isolda pulchella*)、滑指矶沙蚕(*Eunice indica*)、梳鳃虫(*Terebellides stroemii*)、鸭嘴蛤[*Laternula* (*Laternula*) *anatine*]、无齿蛤(*Anodontia edentula*)、斧薄蛤蜊(*Mactrimula dolabrata*)、胖蚶叶蛤(*Arcopaginula inflata*)、金星蝶铰蛤(*Trigonothracia jinxingae*)、模糊新短眼蟹、日本长吻海蜘蛛(*Nympho japonicum*)、齿腕拟盲蟹(*Typhlocarcinus denticarpes*)、日本圆柱水虱(*Cirolana japonensis*)、日本沙钩虾(*Byblis japonicus*)、洼颚倍棘蛇尾(*Amphioplus depressus*)、沙箸(*Virgularia* sp.)和爱氏海葵(*Edwardsia* sp.)等。

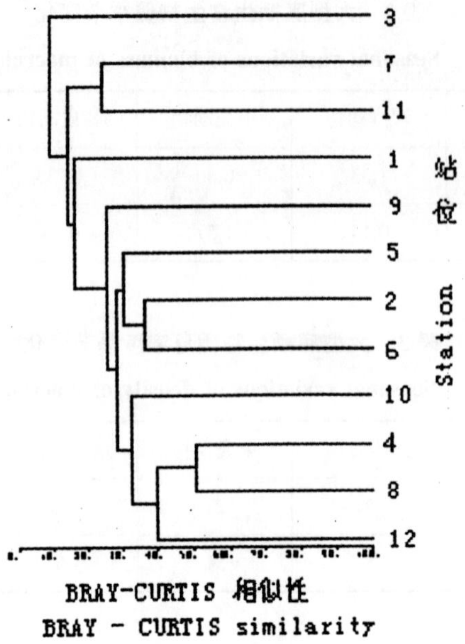

图 6　湄洲湾 12 个站 Bray-Curtis 相似性聚类

Fig.6　Dendrogram for hierachical clustering of 12 stations in Meizhou Bay

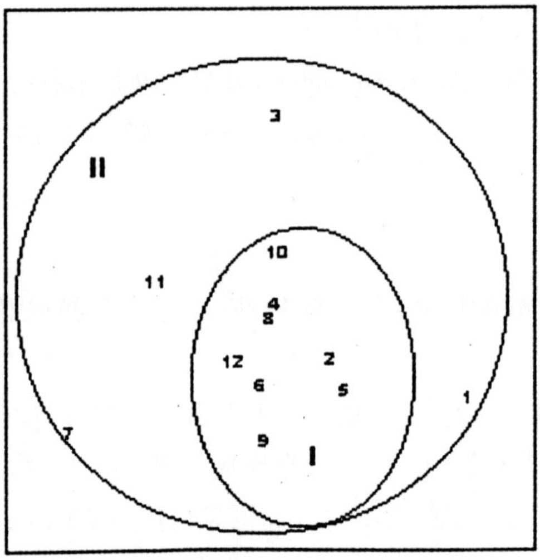

图 7　湄洲湾 12 个站多维尺度排序

Fig.7　Multi-dimensional scaling ordination of 12 stations in Meizhou Bay

群落Ⅱ,丝鳃稚齿虫-畸形锤肢虫-短吻铲荚螠群落。该群落位于湄洲湾中、北部和湾口,水深 2~25 m,底质主要为黏土质砂、黏土质粉砂和中砂、中细砂。主要种丝鳃稚齿虫,主要分布在中部和湾口,最大生物量仅为 0.15 g/m^2,最大栖息密度为 10 个/m^2。代表种畸形锤肢虫,主要分布在湾底和湾口,数量不高,最大生物量为 0.05 g/m^2,最大栖息密度为 5 个/m^2。短吻铲荚螠,出现率低,个体小,数量不高,最大栖息密度仅 5 个/m^2。该群落的特点,物种少,数量低。其他主要种和习见种有,索沙蚕、马氏独毛虫、裂虫(*Syllis* sp.)、似蛰虫、氈毛岩虫(*Marphysa slragulum*)、吻沙蚕(*Glycera* sp.)、唇英虫(*Gyplis* sp.)、多齿全刺沙蚕(*Nectoneanlhes mullignalha*)、变态蟳(*Charybdis variegala*)、小五角蟹(*Nursia minor*)等(图 13)。

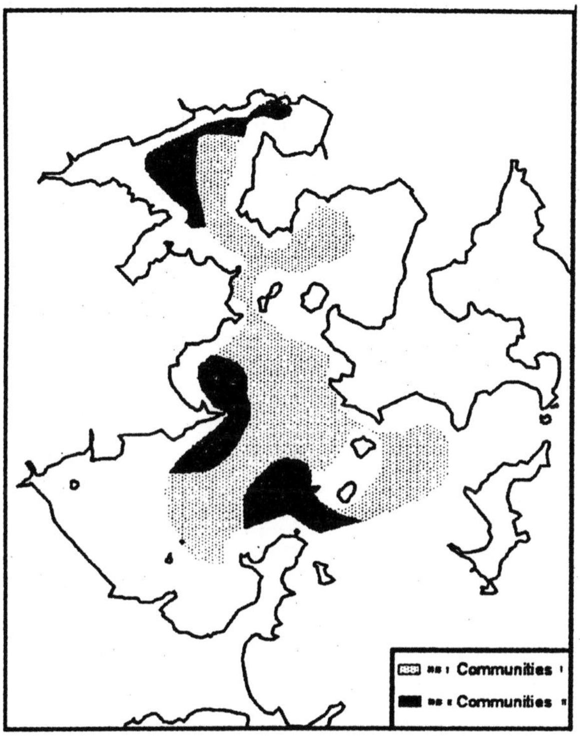

图 8　湄洲湾大型底栖生物群落分布

Fig.8　Communities distribution of macrobenthos in Meizhou Bay

3.3.3　群落多样性特征值

湄洲湾大型底栖生物群落Ⅰ,物种丰度值(d)3.570 0 和物种多样性值(H')2.536 3 分别较群落Ⅱ(1.679 8 和 1.882 5)高,均匀度值(J)0.862 3 较群落Ⅱ(0.933 0)低,优势度值(D)0.126 2,较群落Ⅱ (0.188 1)低。群落Ⅰ,d 值以 MS12 站位最高(4.770 0), MS5 站位最低(2.590 0);H'值以 MS12 站位最高(3.005 0),MS6 站位最低(2.155 0);J 值以 MS9 站位最高(0.925 5),MS8 站位最低(0.800 5);D 值以 MS6 站位最高(0.183 0),MS9 站位最低(0.066 8)。群落Ⅱ,d 值以 MS1 站位最高(1.970 0),H'值以 MS1 站位最高(2. 045 0),J 值以 MS3 站位最高(0.964 5),D 值以 MS7 站位最高(0.241 0),其余各参数值见表 4。

表 4　大型底栖生物群落特征值

Tab.4　The characteristic values of communities of macrobenthos

站位	*d*	*H'*	*J*	*D*
MS2	3.115 0	2.400 0	0.856 0	0.141 2
MS4	3.220 0	2.405 0	0.840 0	0.141 0
MS5	2.590 0	2.250 0	0.877 5	0.160 0
MS6	3.020 0	2.155 0	0.828 0	0.183 0
MS8	4.065 0	2.570 0	0.800 5	0.133 5
MS9	4.430 0	2.955 0	0.925 5	0.066 8
MS10	3.350 0	2.550 0	0.868 5	0.117 3
MS12	4.770 0	3.005 0	0.902 0	0.126 2
群落 I	3.570 0	2.536 3	0.862 3	0.126 2
MS1	1.970 0	2.045 0	0.908 5	0.160 5
MS3	1.565 0	1.880 0	0.964 5	0.165 0
MS7	1.409 0	1.675 0	0.954 5	0.241 0
MS11	1.775 0	1.930 0	0.904 5	0.186 0
群落 II	1.679 8	1.882 5	0.933 0	0.188 1

3.3.4　群落的稳定性

湄洲湾大型底栖生物群落 I 物种丰度生物量复合 *K*-优势度和部分优势度曲线出现交叉和重叠(图 9)；群落 II 物种丰度生物量复合 *K*-优势度和部分优势度曲线不交叉、不翻转，生物量优势度曲线始终位于丰度上方(图 10)。

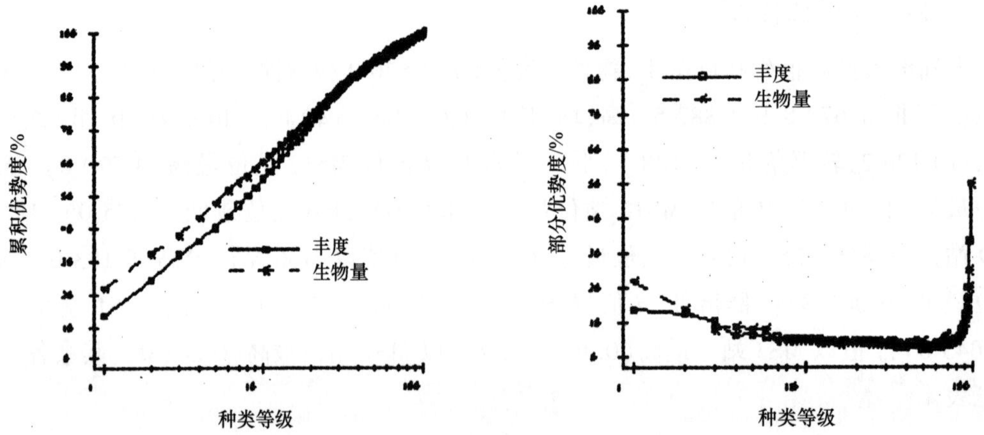

图 9　群落 I 丰度生物量复合 *K*-优势度和部分优势度曲线

Fig.9　Curves of abundance biomass comparison and partial *K*-dominance of community Ⅰ

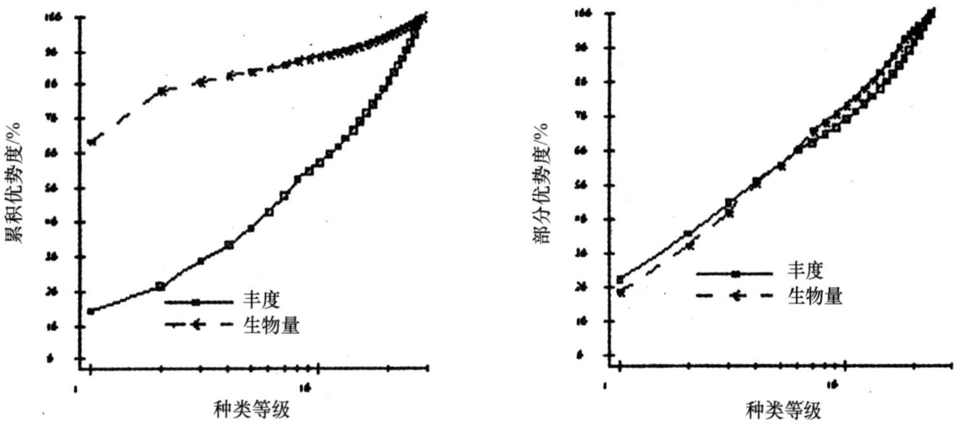

图 10　群落Ⅱ丰度生物量复合 *K*-优势度和部分优势度曲线

Fig.10　Curves of abundance biomass comparison and partial *K*-dominance of community Ⅱ

群落Ⅰ结构产生的扰动，主要在位于排污口的 MS4 站丰度生物量复合 *K*-优势度曲线的完全翻转和 MS2 站的丰度生物量复合 *K*-优势度曲线交叉、翻转所至（图 11）。

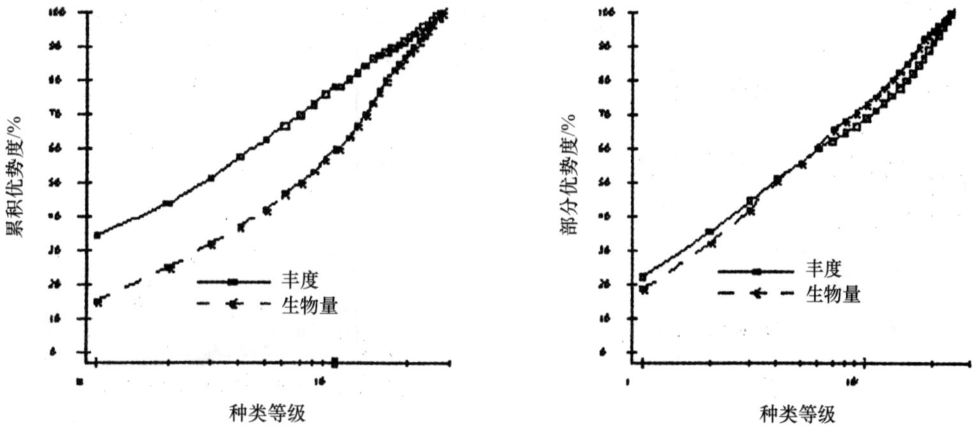

图 11　群落 1 MS4 站和 MS2 站丰度生物量复合 *K*-优势度曲线

Fig.11　Curves of abundance biomass comparison *K*-dominance of the stations MS4 and MS2 of community Ⅰ

排污口的 MS4 站共有 27 个物种，其中多毛类 22 种占该站总种数的 81.48%，该站总栖息密度 480 个/m^2，多毛类 425 个/m^2 占总密度的 88.54%，其中独毛虫 165 个/m^2。MS2 站共有 24 个物种，其中多毛类 13 种占该站总种数的 54.16%，该站总栖息密度 225 个/m^2，多毛类 130 个/m^2 占总密度的 57.77%。由此可见，排污口和内湾诱导多毛类的大量繁生是导致群落Ⅰ结构扰动的主要因素。群落Ⅱ结构总体稳定，但 MS1 和 MS3 站位生物量和密度小，诱发了 MS1 站位物种丰度生物量复合 *K*-优势度曲线交叉和翻转；诱发了 MS3 站位物种丰度生物量复合 *K*-优势度曲线的完全重叠，显示出处于内湾站位生境的差异，由于仅是局部现象，尚未构成对群落Ⅱ结构的影响（图 12）。总体而言，湄洲湾大型底栖生物群落结构相对稳定(图 13)。

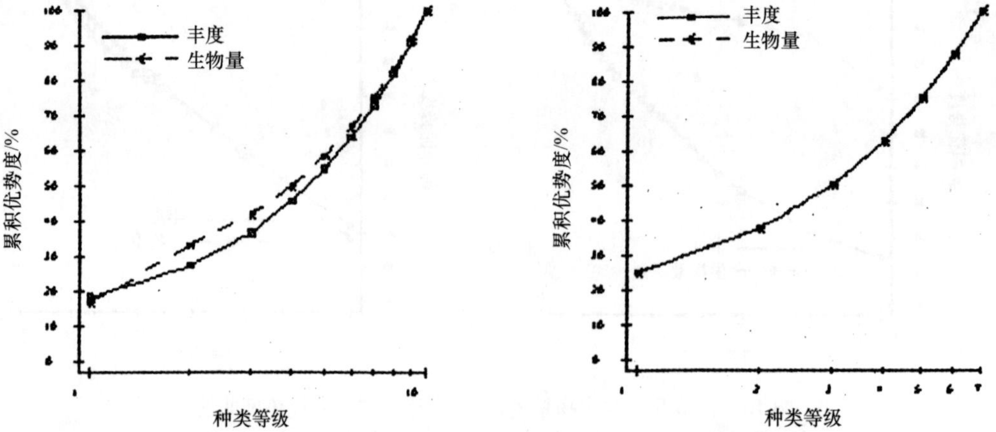

图 12 群落Ⅱ MS1 站和 MS3 站丰度生物量复合 *K*-优势度曲线

Fig.12 Curves of abundance biomass comparison *K*-dominance of the stations MS1 and MS3 of community Ⅱ

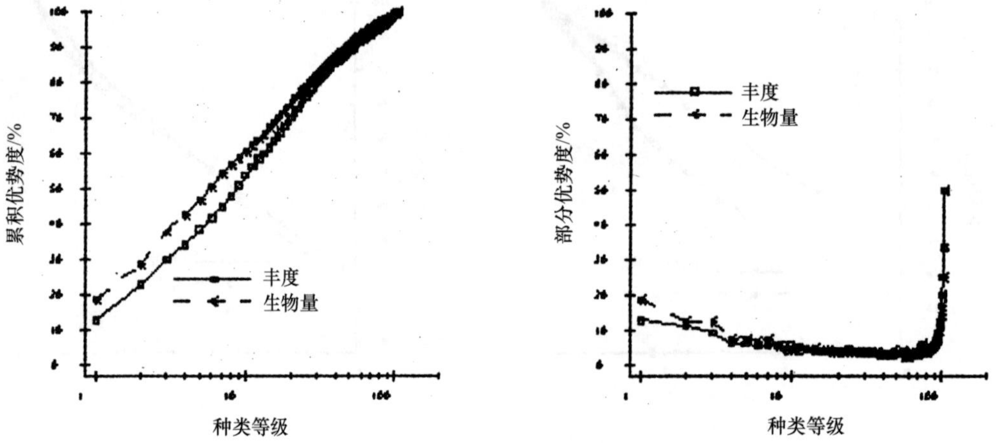

图 13 湄洲湾群落丰度生物量复合 *K*-优势度和部分优势度曲线

Fig.13 Curves of abundance biomass comparison and partial *K*-dominance of community in the Meizhou Bay

4 结语

湄洲湾大型底栖生物有 316 种,较福清湾(162 种)和兴化湾(314 种)多(李荣冠等,1995;1999)。物种组成,湄洲湾、福清湾和兴化湾多毛类、软体动物和甲壳动物物种数分别占总种数的 81.33%、81.48%和 82.48%,多毛类、软体动物和甲壳动物构成湄洲湾、福清湾和兴化湾大型底栖生物的主要类群。

湄洲湾大型底栖生物平均生物量为 19.18 g/m^2,平均栖息密度为 200 个/m^2。较福清湾生物量（14.72 g/m^2）和栖息密度（96 个/m^2）高，较兴化湾生物量（36.60 g/m^2）低，但较兴化湾栖息密度（162 个/m^2）高（李荣冠等，1995；1999）。数量组成，湄洲湾生物量以棘皮动物居首位，多毛类居第二位；栖息密度以多毛类占第一位，甲壳动物占第二位。福清湾生物量以棘皮动物居首位，软体动物居第二位；栖息密度以软体动物居第一位，多毛类占第二位。兴化湾以棘皮动物居首位，软体动物居第二位；栖息密度以多毛类占第一位。3 个海湾生物量均以棘皮动物居首位，栖息密度均以多毛类和软体动物占第一位。

湄洲湾大型底栖生物主要有两个群落：群落Ⅰ，特矶蚕－扁平管帽螺－塞切尔泥钩虾－印痕倍棘蛇尾群落；群落Ⅱ，丝鳃稚齿虫－畸形锤肢虫－短吻铲荚螠群落，较福清湾 3 个群落和兴化湾 4 个群落简单（李荣冠等，1995；1999）。尽管海湾中个别群落出现一定的扰动，但 3 个海湾大型底细生物群落结构相对稳定。

注释：

① 国家海洋局第三海洋研究所，海岸带和滩涂资源综合调查档案，底栖生物，1986，案卷号：DI6.5.2 和中国海湾志调查档案，底栖生物，1989，案卷号：K20.30。

参考文献

Gray J. S.，Aschan M. Carr M. R. et al.，1988. Analysis of community attributes of the benthic macrofauna of Frierfjord Langesunfjiord and in a mesocosm experiment. Mar. Ecol. Prog. Ser.，(46)：151－165.

Li，R. G.（李荣冠），Jiang，J. X.（江锦祥），1992. Detecting the effects of marine pollution on the benthic communities using the abundance biomass comparison. Acta Oceanogica Sinica（海洋学报）. 14(1)：108－114.（in Chinese）.

Li R.G.（李荣冠），Jiang J.X.（江锦祥），Cai E. X.（蔡尔西）and Xu H. Zh.（徐惠州），1995. Ecological study on the macrobenthos in Fuqing Bay. Acta Oceanogica Sinica（海洋学报），17(1)：90－96.（in Chinese）.

Li R. G.（李荣冠），Jiang J. X.（江锦祥），Cai E. X.（蔡尔西），Xu H. Zh.（徐惠州），Wu Q. Q.（吴启泉），and Lin Sh. D.（林双淡），1999. Ecological study on the macrobenthos in Xinghuan Bay Acta Oceanogica Sinica（海洋学报），21(5)：101－109.（in Chinese）.

Warwick R. M.，1988. Analysis of Community attributes of the macrobenthos of Frierfjord Langesunfjiord at taxonomic levels higher than species. Mar. Ecol. Prog. Ser.，(46)：167－170.

李荣冠，郑成兴，郑凤武，王建军，林俊辉，江锦祥.

原载《科学研究月刊》（应用基础研究），2008(38)19－24.

诏安湾大型底栖生物生态研究

摘要 本文报道诏安湾大型底栖生物有208种,其中多毛类94种,软体动物30种,甲壳动物61种,棘皮动物9种和其他动物14种。多毛类、软体动物和甲壳动物占总种数的88.94%,三者构成大型底栖生物的主要类群。种数季节变化,以春季(106种)大于夏季(50种),夏季大于秋季(41种)。

诏安湾大型底栖生物平均生物量为58.09 g/m^2,平均栖息密度为359个/m^2。数量组成,生物量以软体动物居首位(34.58 g/m^2),其他动物居第二位(6.89 g/m^2);栖息密度以甲壳动物占第一位(169个/m^2),软体动物占第二位(97个/m^2)。

诏安湾大型底栖生物主要有3个群落:群落Ⅰ,似蛰虫(*Amaeana trilobata*)–沟竹蛏(*Solen canaliculatus*)–美原双眼钩虾(*Ampelisca miharaensis*)–凯氏螺赢蜚(*Corophium kitamori*)–洼颚倍棘蛇尾(*Amphioplus depressus*)群落;群落Ⅱ,中蚓虫(*Mediomastlls californiensis*)–波纹巴非蛤[*Paphia* (*Neotapes*) *undulata*]–模糊新短眼蟹(*Neoxenophthalmus obscurus*)–近辐蛇尾(*Ophiactis affinis*)群落;群落Ⅲ,奇异稚齿虫(*Paraprionospio pinnata*)–豆形胡桃蛤[*Nucula* (*Leionucula*) *faba*]–尖尾细螯虾(*Leptochela aculeocaudata*)–滩栖阳遂足(*Amphiura vadicola*)。总体而言,诏安湾大型底栖生物群落结构相对稳定。

关键词 诏安湾;大型底栖生物;生态

An Ecological Study on Macrobenthos in Zhao'an Bay

Abstract: The species diversity, biomass and individual density distribution, and community of macrobenthos on Zhao'an Bay are analyzed in this paper. The materials were collected from 11 stations in Zhao'an Bay from spring to autumn 2001. The samples were collected by a grab 0.05 m^2. There are all of 208 species, in which Polychaeta 94 species, Mollusca 30, Crustacea 61, Echinodermata 9 and other groups 14 species. Polychaeta, Mollusca and Crustacea occupy 88.94% of all species. The number of species range in a declining order from spring (106), summer (50) to autumn (41). The averaged biomass of macrobenthos is 58.09 g/m^2, and inhabit density is 359 inds./m^2 in Zhao'an Bay. The biomass range in a declining order from spring (62.45 g/m^2), autumn (57.64 g/m^2) to summer (27.35 g/m^2), and that of individual density in a declining order from spring (749 inds./m^2), summer (156 inds./m^2) to autumn (106 inds./m^2).

Three macrobenthic communities in Zhao'an Bay are reported in this paper. They are Community Ⅰ, *Amaeana trilobata-Solen canaliculatus-Ampelisca miharaensis-Corophium kitamori-Amphioplus depressus*, Community Ⅱ, *Mediomastus californiensis-Paphia* (*Neotapes*) *undulata-Neoxenophthalmus obscurus-Ophiactis affinis*, Community Ⅲ, *Paraprionospio pinnata-Nucula* (*Leionucula*) *faba-Leptochela aculeocaudata-Amphiura vadicola*, Commumities are relatively stability in Zhao'an Bay, but the disturbance characterizes the Community Ⅰ.

Key words: Zhao'an Bay, macrobenthos, species diversity, ecological

1 自然环境特征

诏安湾位于23°34′24″—23°45′08″N,117°15′50″—117°22′34″E。地处诏安县东南沿海,西面为宫口半岛,东面是东山岛,东北面经八尺门海峡水道与东山湾相连,今已筑堤成为独立的海湾。湾口朝南,口门有城州岛和西屿等岛屿屏障,宽约7 km。海湾略呈南北伸展,长约17 km,宽约8 km,总面积为152.66 km^2,岩线长为61.49 m。

该湾周围多剥蚀低丘陵和台地,岬角深入湾内,岬湾相间,港湾众多,较大的有西浦湾。内海底宽浅又平坦,0~5 m等深线以浅的海域面积为110 km^2,约占整个海湾面积的2/3,其中滩涂面积为30.4 km^2。湾口海底地形起伏,水深5~10 m,多岛礁。

绍安湾属不正规半日潮,最高潮位2.80 m,最大潮差4.14 m,最小潮差0.43 m,平均潮差2.30 m。平均大、中、小潮的高、低潮容潮量分别为6.78×10^8 m^3、5.53×10^8 m^3和4.30×10^8 m^3,大、中、小潮时海水的半交换期分别为4.3 d、5.2 d和6.7 d。多年平均气温21.3℃,7月最热28.2℃,1月最冷13.1℃。5月水温26.88~23.90℃;10月水温23.80~22.95℃,平均23. 35℃。多年平均降雨量1 420.8 mm,最多年平均降雨量2 024.4 mm,最少年平均降雨量920.6 mm。多年平均相对湿度79%,月最大相对湿度89%,月最小相对湿度59%。5月盐度的测值范围31.88~29.83,平均30.93;10月盐度的测值范围31.99~30.64,平均31.32。

诏安湾沉积物类型主要为砾砂、粗砂、中粗砂、砂、中砂、细砂、砂质粉砂、粉砂质砂、黏土质砂、砂质黏土、黏土质粉砂、粉砂质黏土、砂-粉砂-黏土等13种类型。

2 材料与方法

根据2001年5月、8月和11月(分别代表春季、夏季和秋季)诏安湾大型底栖生物调查资料,参考1989年5月、10月调查资料整理而成。2001年5月、8月和11月,在诏安湾布设11个大型底栖生物调查站位(图1),每站采用0.05 m^2采泥器取样5次。样品经《WSB》底栖生物涡旋器分离,经1 mm和0.5 mm套筛淘洗。标本按《海洋调查规范·生物分册》处理。群落割分应用Bray-Curtis相似性系数聚类分析和多维尺度排序(Multidimensional scaling ordination),群落分析采用盐度生物量比较法等,数据经微机处理(李荣范等,1992;

Gray J. S., Aschan M. Carr M. R. et al., 1988; Warwick R. M., 1988)。

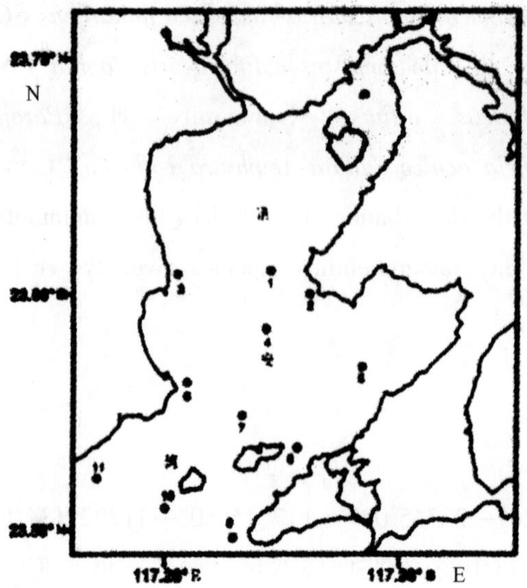

图1　大型底栖生物调查站位

3　结果

3.1　物种多样性

3.1.1　物种组成

根据1989年5月、10月和2001年5月、8月、11月资料,诏安湾大型底栖生物有208种,其中多毛类94种,软体动物30种,甲壳动物61种,棘皮动物9种和其他动物14种。多毛类、软体动物和甲壳动物占总种数的88.94%,三者构成大型底栖生物的主要类群(图2)。

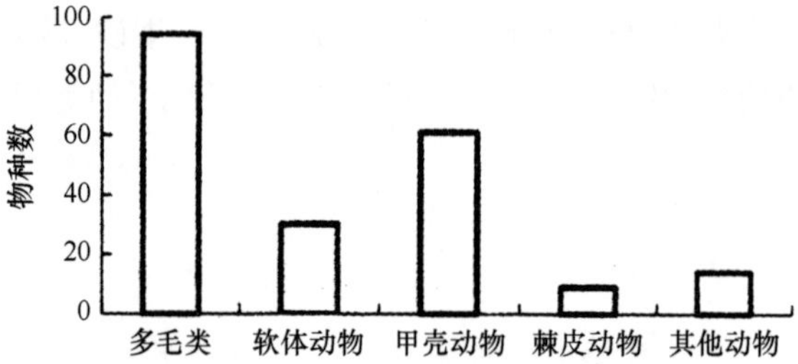

图2　诏安湾大型底栖生物物种组成

3.2　种数分布与季节变化

根据2001年5月、8月、11月资料,诏安湾大型底栖生物春、夏、秋季物种和物种组成略有差异，种数以春季（106 种）大于夏季（50 种），夏季大于秋季（41 种）。物种组成，春季以多毛类和甲壳动物分居第一、二位，夏季和秋季以多毛类和软体动物分居第一、二位（图 3）。

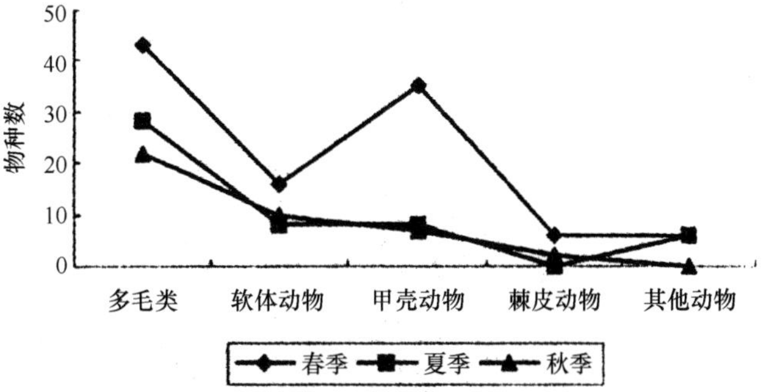

图 3　诏安湾大型底栖生物类群物种季节变化

根据 2001 年 5 月、8 月、11 月资料，诏安湾大型底栖生物种数分布不均匀。在定量取样站，春季种数最多的水域 29 种，最少的仅 9 种。在 10 个测站中，5~10 种/站的站位有 1 个，10~25 种/站的站位有 6 个，主要分布在湾口和调查海区东、西两侧；25~50 种/站的站位有 3 个，主要分布在海湾北部。夏季 1~5 种/站的站位有 1 个，5~10 种/站的站位有 3 个，分布在湾口；10~25 种/站的站位有 5 个，主要分布在中部和调查海湾区东、西两侧。秋季 1~5 种/站的站位有 3 个，5~10 种/站的站位有 6 个，主要分布在中、西部和湾口，10~25 种/站的站位有 1 个（图 4）。

3.3　优势种及其分布

诏安湾大型底栖生物的优势种主要有：梳鳃虫（*Terebllides stroemii*）、似蛰虫（*Amaeana trilobata*）、变鳃内卷齿蚕（*Aglaophamus dibrandus*）、背蛰虫（*Notomastus latericeus*）、索沙蚕（*Lumbrineris* sp.）、波纹巴非蛤［*Paphia*（*Neotapes*）*undulata*］、豆形胡桃蛤［*Nucula*（*Leionucula*）*Jaba*］、模糊新短眼蟹（*Neoxenophthalmus obscurus*）和齿腕拟盲蟹（*Typhlocarcinop denticarpes*）等。

诏安湾优势种似蛰虫，出现率最高，遍布整个调查海区。梳鳃虫、变鳃内卷齿蚕和索沙蚕，出现率较高，几乎遍布调查海区北部。背蚓虫，主要分布在调查海区北部。波纹巴非蛤，出现率不高，主要分布在调查水域中部和湾口。豆形胡桃蛤，出现率不高，主要分布在湾口。模糊新短眼蟹，出现 7 个站位，主要分布在调查水域北部和中部。齿腕凝盲蟹，出现 8 个站位，主要分布在调查水域的北部和中部（图 5）。

诏安湾大型底栖生物常见经济种有：中锐吻沙蚕、长吻吻沙蚕、智利巢沙蚕、纳加索沙蚕、异足索沙蚕、岩虫、结蚶、凸壳肌蛤、美女自樱蛤、短竹蛏、波纹巴非蛤、锯齿巴非蛤、日本对虾、刀额新对虾、纹尾长眼虾、日本鼓虾、鲜明鼓虾、短脊鼓虾、鞭腕虾、矛形梭子蟹、变态蟳、锈斑蟳、白氏文昌鱼、孔虾虎鱼、触角沟虾虎鱼和腾头鲉等。

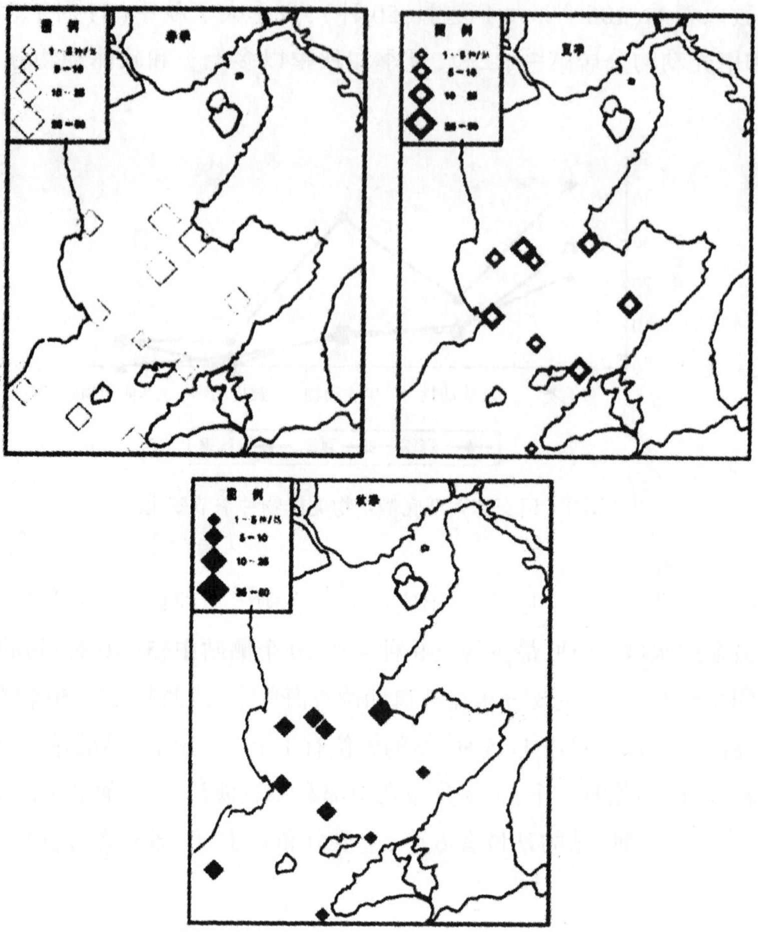

图 4　诏安湾大型底栖生物种数分布

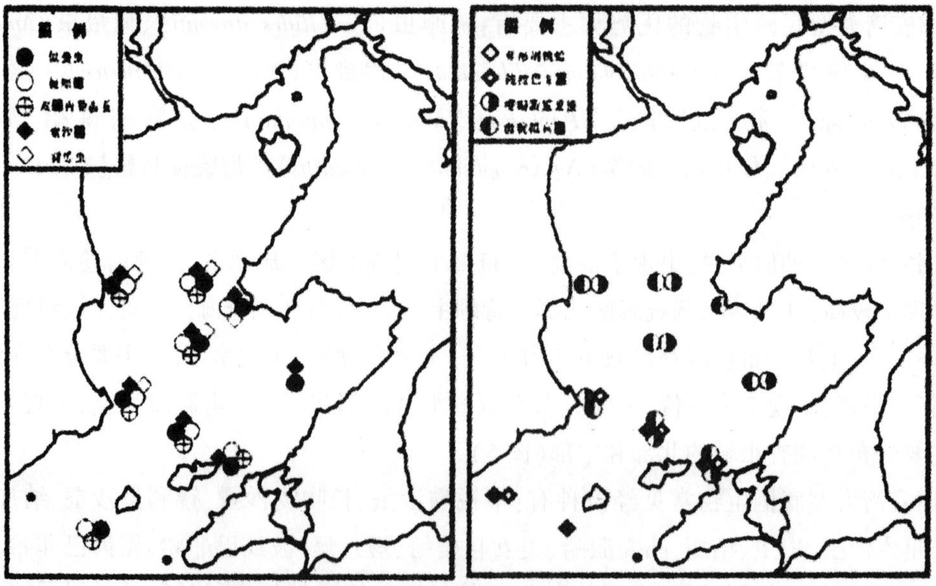

图 5　诏安湾大型底栖生物的优势种分布

3.4 数量时空分布

3.4.1 数量组成

根据 1989 年 5 月、10 月和 2001 年 5 月、8 月、11 月的资料，诏安湾大型底栖生物平均生物量为 58.09 g/m^2，平均栖息密度为 359 个$/m^2$。数量组成，生物量以软体动物居首位（34.58 g/m^2），其他动物居第二位（6.89 g/m^2）；栖息密度以甲壳动物占第一位（169 个$/m^2$），软体动物占第二位（97 个$/m^2$）。其余各类群数量组成详见表 1。

表 1　诏安湾大型底栖生物数量组成

数量	多毛类	软体动物	甲壳动物	棘皮动物	其他动物	合计
生物量/($g \cdot m^{-2}$)	3.70	28.76	6.90	4.80	5.05	49.15
密度/(个 $\cdot m^{-2}$)	74	70	182	4	6	337

3.4.2 数量分布与变化

根据 2001 年 5 月、8 月、11 月的资料，诏安湾大型底栖生物数量分布不均匀。春季、生物量在湾东西两侧各有 1 个高区，向中部和湾口呈递减趋势；栖息密度有 1 个高区位于调查区域北部，自北而南至湾口呈递减趋势（图 6）。

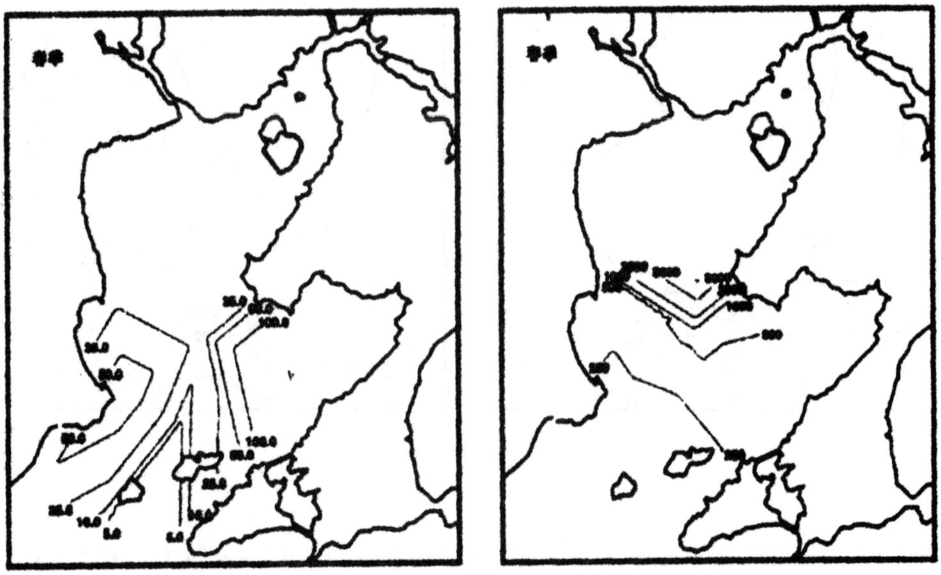

图 6　春季大型底栖生物数量分布

夏季，生物量在西部近湾口有 1 个高区，由西向东呈递减趋势；栖息密度有 1 个高区位于调查区域北部，自北而南至湾口呈递减趋势（图 7）。

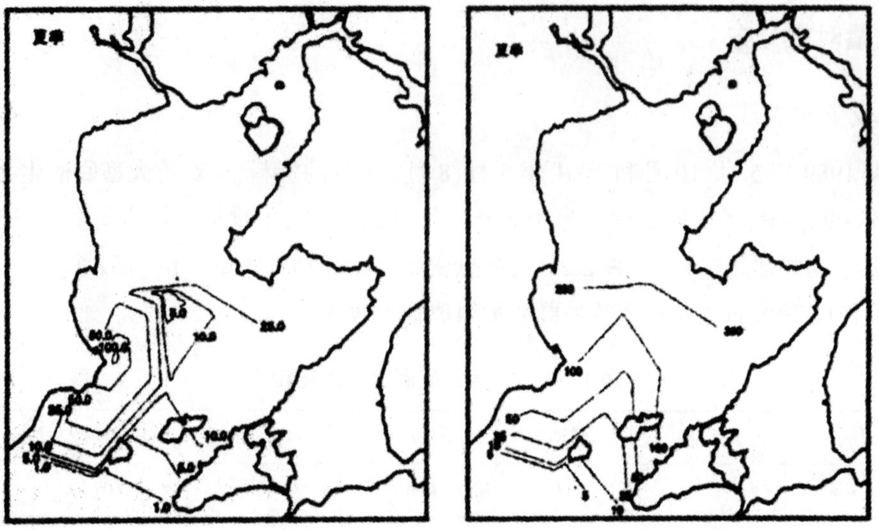

图 7　夏季大型底栖生物数量分布

秋季,生物量在调查海区东部有 1 个高区,由东向西朝湾口呈递减趋势;栖息密度自北而南至湾口、自东而西呈递减趋势(图 8)。

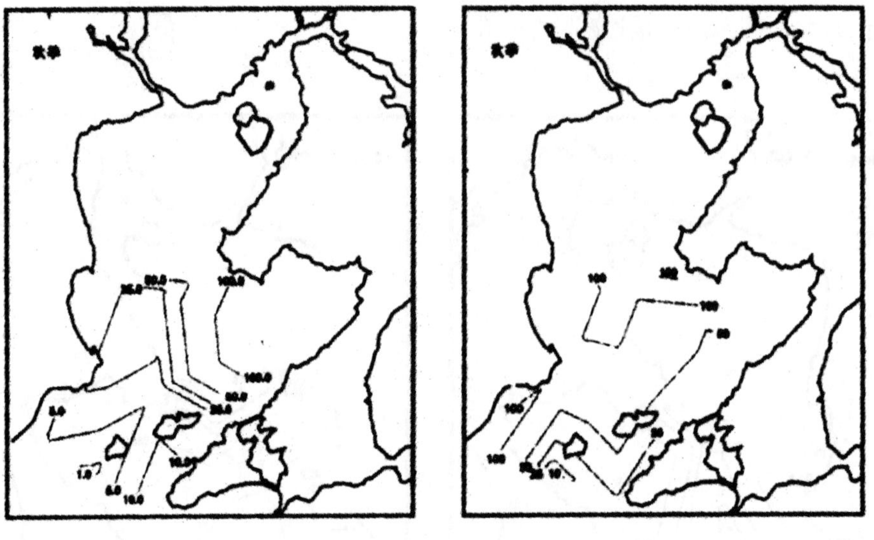

图 8　秋季大型底栖生物数量分布

诏安湾大型底栖生物数量季节变化,生物量以春季(62.45 g/m^2)大于秋季(57.64 g/m^2),秋季大于夏季(27.35 g/m^2);栖息密度以春季(749 个/m^2)大于夏季(156 个/m^2),夏季大于秋季(106 个/m^2)。生物量,春季以软体动物居首位(37.50 g/m^2);夏季以甲壳动物居首位(12.63 g/m^2);秋季以软体动物首位(36.41 g/m^2)。栖息密度,春季和夏季均以甲壳动物占第一位,秋季以多毛类占第一位(表 2 和表 3)。

表 2　诏安湾大型底栖生物生物量季节变化

季节	多毛类	软体动物	甲壳动物	棘皮动物	其他动物	合计
春季	6.07	37.50	4.05	5.43	9.41	62.45
夏季	2.17	12.38	12.63	0.00	0.33	27.35
秋季	2.85	36.41	4.01	8.96	5.42	57.64
平均	3.70	28.76	6.90	4.80	5.05	49.15

表 3　诏安湾大型底栖生物栖息密度季节变化

季节	多毛类	软体动物	甲壳动物	棘皮动物	其他动物	合计
春季	134	175	423	8	10	749
夏季	46	9	96	0	3	156
秋季	41	25	25	5	11	106
平均	74	70	182	4	8	337

3.5　群落生态类型

3.5.1　群落类型

诏安湾大型底栖生物主要有 3 个群落。

群落Ⅰ,似蛰虫-沟竹蛏(*Solen canaliculatus*)-美原双眼钩虾(*Ampelisca miharaensis*)-凯氏螺赢蜚(*Corophium kitamori*)-洼颚倍棘蛇尾(*Amphioplus depressus*)群落。

群落Ⅱ,中蚓虫(*Mediomastus californiensis*)-波纹巴非蛤-模糊新短眼蟹-近幅蛇尾(*Ophiactis affinis*)群落。

群落Ⅲ,奇异稚齿虫(*Paraprionospio pinnata*)-豆形胡桃蛤-尖尾细螯虾(*Leptochela aculeocaudata*)-滩栖阳遂足(*Amphiura vadicola*)(图 9 和图 10)。

3.5.2　群落结构

群落Ⅰ,似蛰虫-沟竹蛏-美原双眼钩虾-凯氏银赢蜚-洼颚倍棘蛇尾群落。该群落主要位于诏安湾北部,水深 3~5 m,底质主要为粉砂质砂、黏土质砂和砂质黏土。主要种似蛰虫,出现率较高,栖息密度大,春季最大生物量为 3.75 g/m^2,栖息密度达 195 个/m^2,代表种沟竹蛏,出现率较高,春季最大生物量和栖息密度分别为 0.35 g/m^2 和 35 个/m^2。优势种美原双眼钩虾,出现率较高,个体小,生物量不大,春季最大生物量和栖息密度分别达 4.50 g/m^2 和 1 800 个/m^2,优势种凯氏螺赢蜚,出现率不高,栖息密度较大,春季最大生物量和栖息密度分别为 5.05 g/m^2 和 2 240 个/m^2,代表种洼颚倍棘蛇尾,出现率不高, 数量不大,春季最大生物量和栖息密度分别达 0.45 g/m^2 和 10 个/m^2,其他主要种和习见种有,梳鳃虫、羊角沙蚕

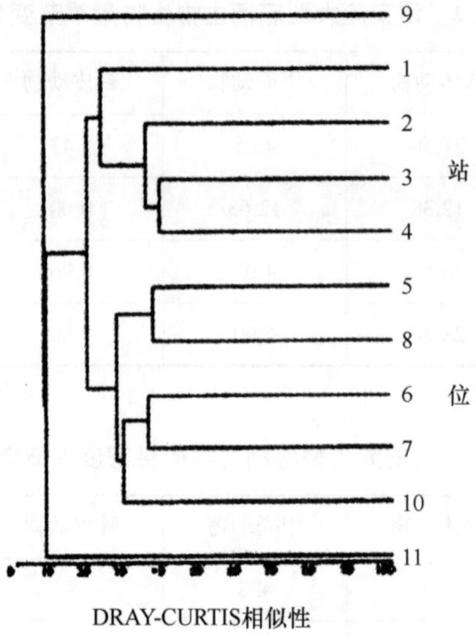

图 9　诏安湾群落 Bray-Curtis 相似性聚类

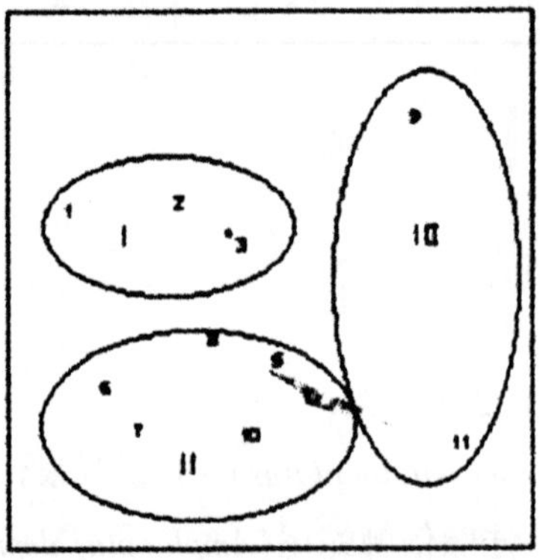

图 10　诏安湾群落多维尺度排序

(*Ceratonereis hircinicola*)、滑指矶沙蚕(*Eunice indica*)、中国不等蛤(*Anomia chinensis*)、被角樱蛤(*Angulus vestalioides*)、叉尾双眼钩虾(*A.furcigera*)、畸形锤肢虫(*Sphyrapus anomalus*)、杯尾水虱(*Cythura* sp.)、宽甲古涟虫(*Eocuma lata*)、棘背麦秆虫(*Caprella scaura*)、夏威夷亮钩虾(*Photis hawaiensis*)、好斗埃蜚(*Erithonius oygbax*)、极地蚤钩虾(*Pontocrates altamarimus*)等。

群落Ⅱ,中蚓虫-波纹巴非蛤-模糊新短眼蟹-近辐蛇尾群落。该群落位于诏安湾中部至湾口,水深 5~9 m,底质主要为粉砂质黏土和细沙。主要种中蚓虫,出现率不高,个体小,生物量不大,春季最大生物量仅为 1.65 g/m^2,最大栖息密度为 100 个/m^2。代表种波纹巴非蛤,出现率不高,数量较大,春季最大生物量为 232.55 g/m^2,最大栖息密度为 115 个/m^2;夏季,最大生物量为 53.90 g/m^2;秋季,最大生物量为 94.25 g/m^2。代表种模糊新短眼蟹,出现率不高,数量不大,春季最大生物量为 1.96 g/m^2,最大栖息密度 16 个/m^2;夏季,最大生物量为 19.75 g/m^2,最大栖息密度 170 个/m^2;秋季,最大生物量为 5.85 g/m^2,最大栖息密度

50 个/m^2。近辐蛇尾,出现率不高,数量不大,春季最大生物量为 0.68 g/m^2,最大栖息密度 16 个/m^2。其他主要种和习见种有,变鳃内卷齿蚕、梳鳃虫、不倒翁虫(*Sternaspis scutata*)、日本强鳞虫(*Sthenolepis japonica*)、狭细蛇潜虫(*Ophiodrimus angustifrons*)、侧理蛤(*Theora lata*)、光滑蓝蛤(*Patamocorbula laevis*)、日本胡桃蛤、壳蛞蝓(*Philine* sp.)、结蚶(*Tegillarca nodifera*)、日本沙钩虾(*Byblis japonicus*)、齿腕拟盲蟹、锯额豆瓷蟹(*Pisidia serratifrons*)、粗棘阳遂足(*Amphiura pachybactra*)和类革囊星虫(*Phascolosoma similis*)等。

群落Ⅲ,奇异稚齿虫-豆形胡桃蛤-尖尾细螯虾-滩栖阳遂足。该群落位于诏安湾东、西南侧湾口,水深 7~10 m,底质主要为沙和贝壳。奇异稚齿虫,出现率不高,数量不大,春季最大生物量为 0.05 g/m^2,最大栖息密度 55 个/m^2。豆形胡桃蛤,出现率不高,数量不大,春季最大生物量为 0.15 g/m^2,最大栖息密度 30 个/m^2,尖尾细螯虾,出现率较高,数量不大,春季最大生物量为 0.05 g/m^2,最大栖息密度 4 个/m^2。滩栖阳遂足,出现率不高,数量不大,春季最大生物量为 0.80 g/m^2,最大栖息密度 20 个/m^2。该群落的特点,物种少,数量较低。其他主要种和习见种有,长吻吻沙蚕、马氏独毛虫(*Tharyx marioni*)、中蚓虫、索沙蚕、欧努菲虫(*Onuphis* sp.)、梯斑海毛虫(*Chloeia parva*)、波纹巴非蛤、金星蝶铰蛤(*Trigonothracia jinxingae*)、长圆拟斧蛤(*Nipponomysella oblongata*)、短脚双眼钩虾(*Ampelisca brevicorni*)、宽甲古涟虫(*Eocuma lata*)、卵圆涟虫(*Bodotria ovalis*)和日本大螯蜚(*Grandidierella japonica*)等(图 11)。

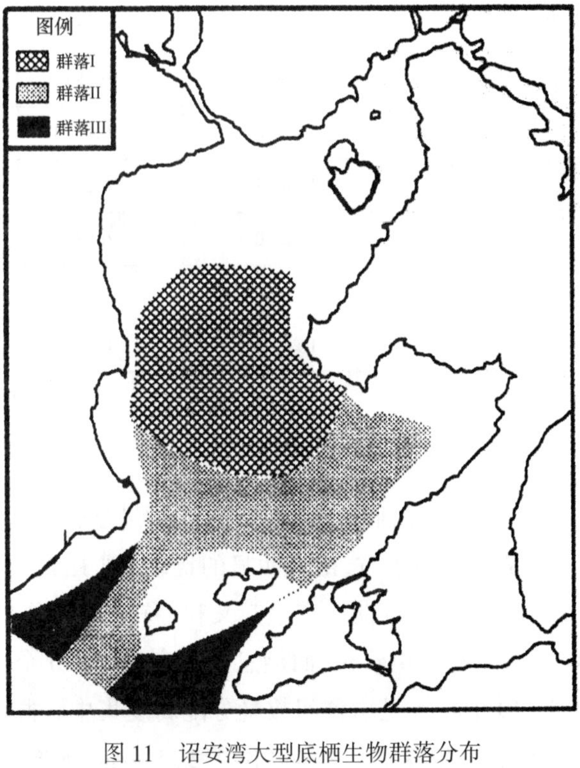

图 11　诏安湾大型底栖生物群落分布

3.5.3 群落多样性特征值

诏安湾大型底栖生物群落,物种丰度值(d),以群落Ⅰ(2.376 7)大于群落Ⅱ(1.965 6),群落Ⅱ大于群落Ⅲ(1.177 0);物种多样性值(H'),同样以群落Ⅰ(1.885 8)大于群落Ⅱ(1.782 3),群落Ⅱ大于群落Ⅲ(1.244 5);均匀度值(J),以群落Ⅱ(0.782 3)大于群落Ⅲ(0.719 8),群落Ⅲ大于群落Ⅰ(0.667 1);优势度值(D),以群落Ⅲ(0.431 1)大于群落Ⅱ(0.281 9),群落Ⅱ大于群落Ⅰ(0.256 4),其余各参数值见图4。

表4 大型底栖生物群落特征值

站位	d	H'	J	D
1	2.206 7	1.803 3	0.684 0	0.271 0
2	2.986 7	2.193 3	0.758 7	0.184 6
3	1.940 0	1.693 3	0.733 3	0.295 3
4	2.373 3	1.853 3	0.492 6	0.274 7
群落Ⅰ	2.376 7	1.885 8	0.667 1	0.256 4
5	1.634 7	1.453 3	0.709 3	0.355 3
6	2.583 3	2.363 3	0.916 0	0.123 4
7	1.450 0	1.526 7	0.750 7	0.334 0
8	2.460 7	2.100 0	0.884 7	0.193 6
10	1.699 5	1.468 0	0.651 0	0.403 0
群落Ⅱ	1.965 6	1.782 3	0.782 3	0.281 9
9	1.391 0	1.520 0	0.838 5	0.298 5
11	0.963 0	0.969 0	0.601 0	0.563 7
群落Ⅲ	1.177 0	1.244 5	0.719 8	0.431 1

3.5.4 群落的稳定性

诏安湾大型底栖生物位于内湾的群落Ⅰ物种丰度生物量复合K-优势度曲线翻转,丰度优势度曲线位于生物量优势度曲线上方,出现明显的扰动(图12),初步认为与该群落中1和3站物种丰度生物量复合K-优势度曲线产生交叉和翻转有关(图13)。群落Ⅰ1站优势种美原双眼钩虾,春季生物量仅4.50 g/m^2,而栖息密度高达1 800个/m^2;优势种凯氏螺赢蜚,春季栖息密度高达2 240个/m^2,显示种间数量分配高度集中。群落Ⅱ生物量累积优势度高达75%,主要在于波纹巴非蛤春季生物量高达232.55 g/m^2所至,但物种丰度生物量复合K-优势度曲线不交叉、不翻转、也不重叠(图12)。群落Ⅲ物种丰度生物量复合K-优势度和部分优势度曲线不交叉、不翻转、也不重叠(图14)。总体而言,诏安湾大型底栖生物群落结构相对稳定(图 15)。

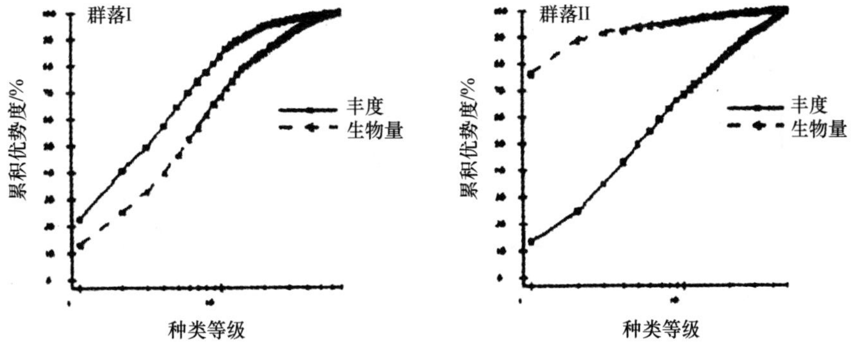

图 12　群落Ⅰ和Ⅱ丰度生物量复合 *K*-优势度曲线

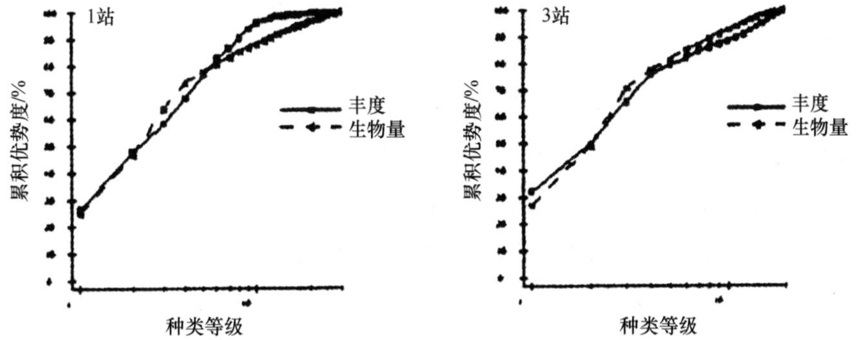

图 13　1 站和 3 站物种丰度生物量复合 *K*-优势度曲线

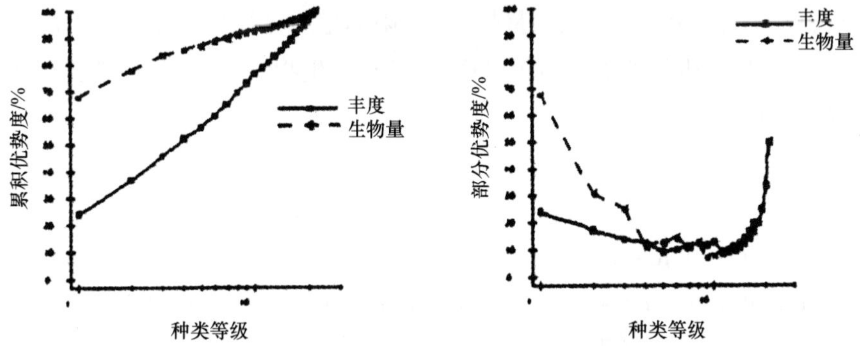

图 14　群落Ⅲ丰度生物量复合 *K*-优势度和部分优势度曲线

4　结语

诏安湾大型底栖生物有 208 种,较福清湾(162 种)和海门湾(193 种)多,较兴化湾(314 种)少(李荣冠,江锦祥,蔡尔西等,1995;华荣冠,江锦祥,蔡尔西等,1997;李荣冠,江锦祥,蔡

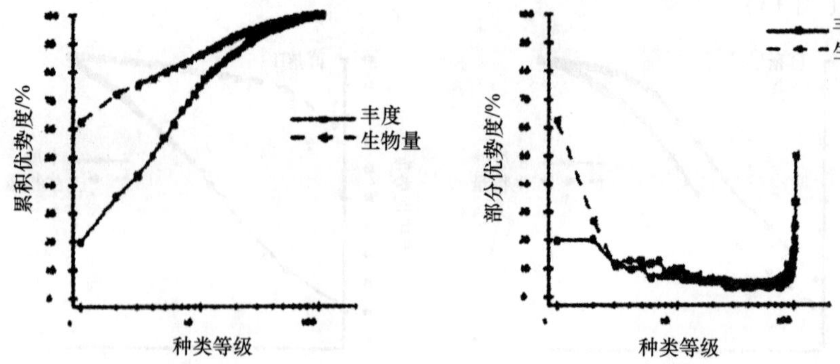

图 15　诏安群落丰度生物量复合 K-优势度和部分优势度曲线

尔西等,1999)。物种组成,诏安湾、福清湾、海门湾和兴化湾多毛类、软体动物和甲壳动物物种数分别占总种数的 80.61%、81.48%、79.79%和 82.48%,多毛类、软体动物和甲壳动物构成诏安湾、福清湾、海门湾和兴化湾大型底栖生物的主要类群。

诏安湾大型底栖生物平均生物量为 58.09 g/m^2,平均栖息密度为 359 个/m^2。生物量较福清湾生物量(14.72 g/m^2)和兴化湾(36.60 g/m^2)高,较海门湾(133.21 g/m^2)低,栖息密度较福清湾(96 个/m^2)和兴化湾(162 个/m^2)高,较海门湾(543 个/m^2)低。数量组成,诏安湾生物量以软体动物居首位,栖息密度以甲壳动物占第一位;福清湾生物量以棘皮动物居首位,栖息密度以软体动物居第一位。海门湾生物物种以其他动物居首位,栖息密度以多毛类占第一位。兴化湾以棘皮动物居首位,栖息密度以多毛类占第一位。

诏安湾大型底栖生物有 3 个群落;群落Ⅰ,似蛰虫-沟竹蛏-美原双眼钩虾-凯氏螺赢蜚-洼颚倍棘蛇尾群落;群落Ⅱ,中蚓虫-波纹巴非蛤-模糊新短眼蟹-近辐蛇尾群落;群落Ⅲ,奇异稚齿虫-豆形胡桃蛤-尖尾细螯虾-滩栖阳遂足。尽管海湾中群落Ⅰ出现一定的扰动,但该海湾大型底栖生物群落结构相对稳定,其丰度生物量复合 K-优势度和部分优势度曲线不交叉、不重叠、又不翻转。

参考文献

Gray J. S., Aschan M. Carr M. R. et al., 1988. Analysis of community attributes of the benthic macrofauna of Frierfjord Langesunfjiord and in a mesocosm experiment. Mar. Ecol. Prog. Ser., (46): 151-165.

Li, R. G. (李荣冠), Jiang, J. X. (江锦祥), 1992. Detecting the effects of marine pollution on the benthic communities using the abundance biomass comparison. Acta Oceanogica Sinica (海洋学报), 14(1): 108-114, (in Chinese).

Li R. G. (李荣冠), Jiang J. X. (江锦祥), Cai E. X. (蔡尔西) and Xu H. Zh. (徐惠州), 1995. Ecological study on the macrobenthos in Fuqing Bay. Acta Oceanogica Sinica (海洋学报), 17(1): 90-96. (in Chinese).

Li R. G. (李荣冠), Jiang J. X. (江锦祥), Cai E. X.(蔡尔西), Xu H. Zh. (徐惠州), Wu Q. Q.(吴启泉) and Lin Sh. D.(林双淡), 1999. Ecological study on the macrobenthos in Xinghua Bay. Acta Oceanogica Sinica (海洋学报), 21(5): 101-109. (in Chinese).

Li R. G. (李荣冠), Jiang J. X. (江锦祥), Cai E. X. (蔡尔西), Xu H. Zh.(徐惠州), Wu Q. Q.(吴启泉) and Lin Sh. D.(林双淡), 1999. Ecological study on the macrobenthos in Haimen Bay. Journal of Oceanography in Taiwan Strait (台湾海峡), 16 (2):217-222.(in Chinese).

Warwick R. M. 1988. Analysis of community attributes of the macrobenthos of Frierfjord Langesunfjiord at taxonomic levels higher than species. Mar. Ecol. Prog. Ser., (46):167-170.

李荣冠,郑凤武,郑成兴,王建军,林俊辉,黄雅琴,李淑珠,江锦祥.

原载《科学研究月刊》(学术探讨),2008(42):72-77.

东山湾大型底栖生物生态研究

摘要 本文报道东山湾大型底栖生物有521种,其中多毛类152种,软体动物121种,甲壳动物147种,棘皮动物42种和其他动物59种。多毛类、软体动物和甲壳动物占总种数的80.61%,三者构成大型底栖生物的主要类群。物种季节变化,春季(251种)大于秋季(248种),秋季大于冬季(227种),冬季大于夏季(209种),春季最大,夏季最小。

东山湾大型底栖生物平均生物量为247.42 g/m^2,平均栖息密度为218个/m^2。数量组成,生物量以软体动物居首位,棘皮动物居第二位;栖息密度以软体动物占第一位,多毛类占第二位,甲壳动物占第三位。数量季节变化,生物量冬季(571.98 g/m^2)大于秋季(229.50 g/m^2),秋季大于春季(103.76 g/m^2),春季大于夏季(84.45 g/m^2);栖息密度冬季(374个/m^2)大于夏季(209个/m^2),夏季大于春季(155个/m^2),春季大于秋季(136个/m^2)。

东山湾大型底栖生物有4个群落:群落Ⅰ,毡毛岩虫-侧底理蛤-裸赢蜚;群落Ⅱ,中华内卷齿蚕-波纹巴非蛤-棒锥螺-拟盲蟹-二色桌片参;群落Ⅲ,双鳃内卷齿蚕-棒锥螺-模糊新短眼蟹-光辉倍棘蛇尾-二色桌片参;群落Ⅳ.特矶蚕-细肋蕾螺-绒毛细足蟹-粗棘阳遂足。总体显示,东山湾大型底栖生物群落相对稳定,其丰度生物量复合*K*-优势度和部分优势度曲线不交叉、不重叠、又不翻转。

关键词 东山湾;大型底栖生物;物种多样性;生态

1 自然环境特征

东山湾位于台湾海峡南口的西岸,地界闽南沿海的东山、云霄和漳浦三地之间,东隔海200 km与澎湖列岛遥遥相对。其地理坐标为23° 43′ 12″—23° 55′ 10″ N、117°26′30″—117°36′48″E。

该湾三面为山丘环抱,成不规则的梨形深入陆地,南北长20 km,东西宽约15 km,湾顶有漳江入海。湾口朝南,口门狭窄,宽仅5 km,其间还有塔屿等大小岛屏障,是1个半封闭的海湾。湾内海域总面积达247.89 km^2,是闽南最大的海湾,滩涂面积为92.36 km^2,零米等深线以下海域面积为155.5 km^2。其中0~5 m等深线海域面积为117.2 km^{2}约占整个海湾面积的一半,10~20 m等深线海域面积仅11 km^2,水深20 m以上的深水区靠近湾口由塔屿东西两个水道深入湾内,东水道水深最大达30 m,宽约2 500 m;西水道水深最大为25 m,宽约700 m。

东山湾属非正规半日潮,最高潮位7.72 m,最大潮差4.14 m,最小潮差0.43 m,平均潮差

2.30 m。平均大、中、小潮的高、低潮容潮量分别为 1.134 33×10^9 m^3、0.914 142×10^9 m^3 和 0. 602 918×10^9 m^3,小潮时海水的半交换期为 10 d。多年平均气温 20.8℃,7—8 月最热 27. 3℃,2 月最冷 12.9℃。5 月水温平均 23.8℃,8 月水温平均 28.7℃,11 月水温平均 19. 0℃,2 月水温平均 15.5℃。多年平均降雨量 1 071.2 mm,最多年平均降雨量 1 583.7 mm,最少年平均降雨量 674.2 mm。多年平均相对湿度 80%,月最大相对湿度 92%,月最小相对湿度 55%。盐度的测值范围,5 月平均 32.00,8 月平均 33.00,11 月平均 29.62,2 月平均 31.29。

东山湾沉积物类型主要为砾砂、中粗砂、中砂、中细砂、细砂、砂、砾石-黏土质砂、粉砂质砂、黏土质砂、黏土质粉砂、粉砂质黏土、砂-粉砂-黏土等 12 种类型。

2 材料与方法

根据国家海洋局第三海洋研究所档案号:D30.4 调查资料整理而成。1988 年 5 月、8 月、11 月和 1989 年 2 月(分别代表春季、夏季、秋季和冬季),在东山湾布设 22 个大型底栖生物调查站位(图 1),每站采用 0.05 m^2 采泥器取样 5 次。样品经《WSB》底栖生物涡旋器分离,经 1 mm 和 0.5 mm 套筛淘洗。标本按《海洋调查规范 · 生物分册》处理。群落划分应用 Bray-Curtis 相似性系数聚类分析和多维尺度排序(Multidimensional scaling ordination),群落

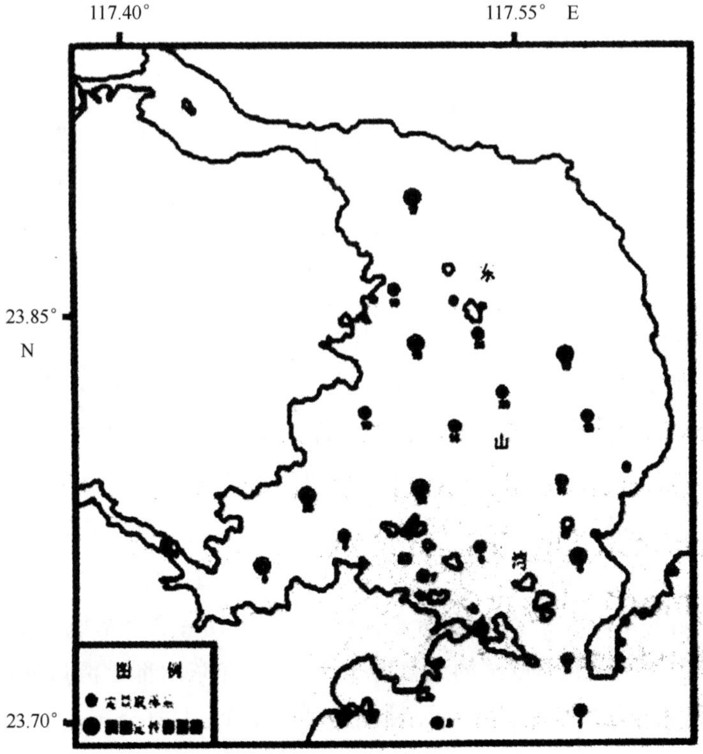

图 1　大型底栖生物调查站位

分析采用丰度生物量比较法等，数据经微机处理(李荣冠等，1992；Gray et al., 1988；Warwick R. M., 1988)。

3 结果与讨论

3.1 物种多样性

3.1.1 物种组成

东山湾大型底栖生物已鉴定有521种，其中多毛类152种，软体动物121种，甲壳动物147种，棘皮动物42种和其他动物59种。多毛类、软体动物和甲壳动物占总种数的80.61%，三者构成大型底栖生物的主要类群。

3.1.2 物种分布与季节变化

东山湾大型底栖生物物种季节变化，春季(251种)大于秋季(248种)，秋季大于冬季(227种)，冬季大于夏季(209种)，春季最大，夏季最小(表1)。

表1 东山湾大型底栖生物物种季节变化

季节	多毛类	软体动物	甲壳动物	棘皮动物	其他动物	合计
春季	95	47	71	22	16	251
夏季	64	50	54	15	26	209
秋季	58	58	75	29	28	248
冬季	50	46	81	26	24	227
合计	152	121	147	42	59	521

东山湾大型底栖生物种数分布不均匀。定性拖网取样站位的种数普遍高于定量取样的站位。在8个定性拖网站位中，种数大于100种/站的有5个，其中分布在湾口和近湾口的4站和5站物种数分别高达133种/站和188种/站。在22个测站中，春季41~60种/站的站位有5个，主要分布在湾口、湾底、西北和西南部；21~40种/站的站位有8个，主要分布在西北部和湾口水域；余下水域介于1~20种/站，主要分布在中部和中南部。夏季，61~80种/站的站位有1个，出现在东南部近湾口处；41~60种/站的站位有4个，主要分布在湾底和中北部；21~40种/站的站位有5个，主要分布在西南和东北部；余下水域介于1~20种/站，分散在海湾各处。秋季，61~80种/站的站位有1个，出现在东南部近湾口处；41~60种/站的站位有3个，主要分布在南部；21~40种/站的站位有7个，主要分布在近湾口和北部；余下水域介于1~20种/站。冬季，61~80种/站的站位有3个，出现在东南部近湾口和东北部；41~60种/站的站位有2个，主要分布在西南那；21~40种/站的站位有4个，主要分布在湾底、

湾口和西部；余下水域介于1~20种/站(图2)。

3.1.3 优势种及其分布

东山湾大型底栖生物的优势种主要有中华内卷齿蚕(*Aglaophamus sinensis*)、双鳃内卷齿蚕(*A.dibranchis*)、梳鳃虫(*Terebellides stroemii*)、波纹巴非蛤[*Paphia* (*Paratapes*) *undulata*]、棒锥螺(*Turritella bacillum*)、绒毛细足蟹(*Raphidopus ciliatus*)、模糊新短眼蟹(*Neoxenophthalmus obscurus*)、光滑倍棘蛇尾(*Amphioplus laevis*)等。

东山湾优势种中华内卷齿蚕，主要分布在港湾边缘四周，湾中部出现率相对较低。变鳃内卷齿蚕，主要分布在湾的中、南部，北部和东北部出现率较低。梳鳃虫，出现率较高，除湾口外几乎遍布整个港湾。波纹巴非蛤，主要分布在湾的西部水域，湾口未出现。棒锥螺，主要分布在湾的中、南部水域。绒毛细足蟹，主要分布在北部和湾的边缘四周，湾口未出现。模糊新短眼蟹，出现率最高，遍布整个港湾，且4个季节均出现的站位较多。光滑倍棘蛇尾，主要分布在东北部水域，西南部几乎不出现。

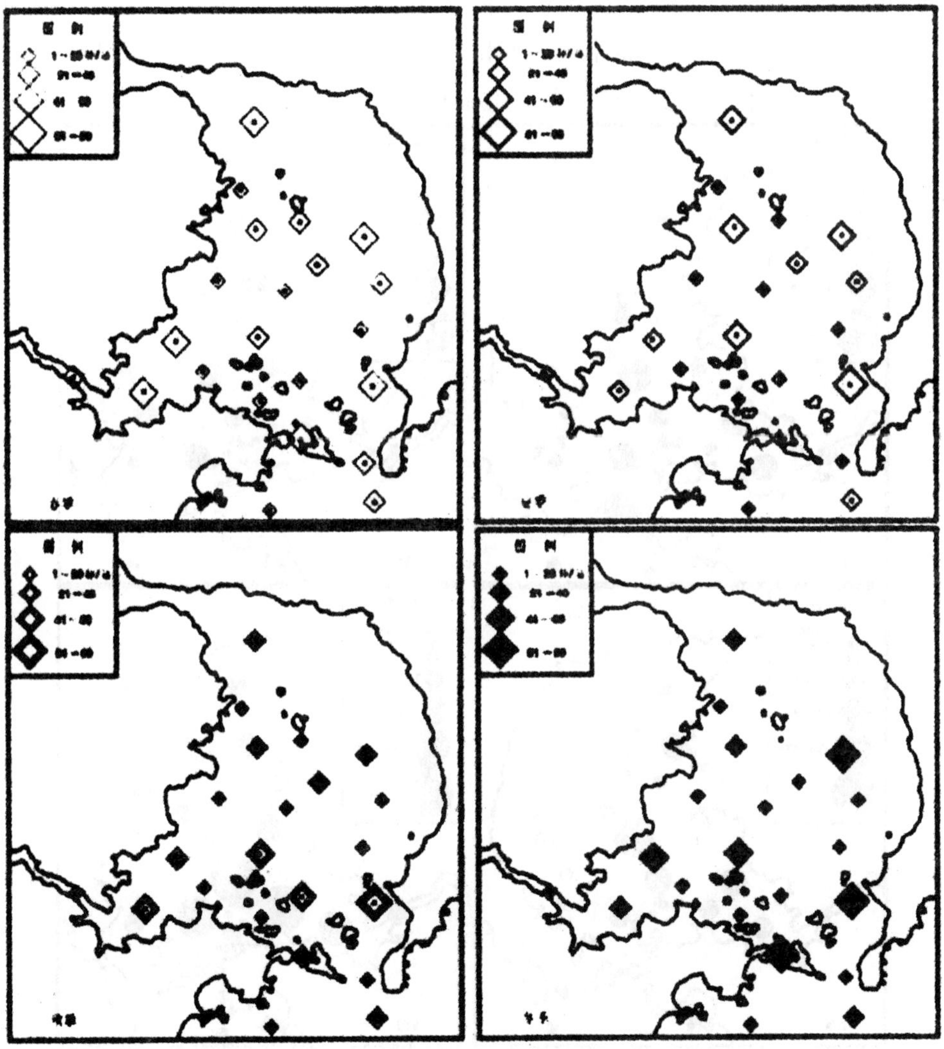

图2　东山湾大型底栖生物种数分布

3.2 数量时空分布

3.2.1 数量组成

东山湾大型底栖生物平均生物量为 247.42 g/m^2,平均栖息密度为 218 个/m^2。数量组成,生物量以软体动物居首位(177.41 g/m^2),棘皮动物居第二位(52.53 g/m^2);栖息密度以软体动物占第一位(84 个/m^2),多毛类占第二位(51 个/m^2),甲壳动物占第三位(45 个/m^2)。

3.2.2 数量分布与季节变化

东山湾大型底栖生物数量分布不均匀。生物量,春季有两个高区:1 个出现在近湾口的 4 站;另一个出现在湾中部的 14 站,分别高达 549.38 g/m^2 和 622.65 g/m^2;生物量低区主要分布在湾口和东部水域。夏季高区出现在湾的东南部和北部,6、11 和 17 站分别高达454.85 g/m^2、326.65 g/m^2 和 342.95 g/m^2;生物量低区主要分布在湾口和西南部水域。秋季高区出现在湾的中部水域,其中 13 和 14 站分别高达 1 705.35 g/m^2 和 1 515.30 g/m^2;生物量低区主要分布在湾口水域。冬季高区出现在湾的南部水域,6、8 和 12 站分别高达 1 672.30 g/m^2、5 390.95 g/m^2 和 3 708.70 g/m^2;生物量低区主要分布在湾口、北部和东部水域(图 3)。

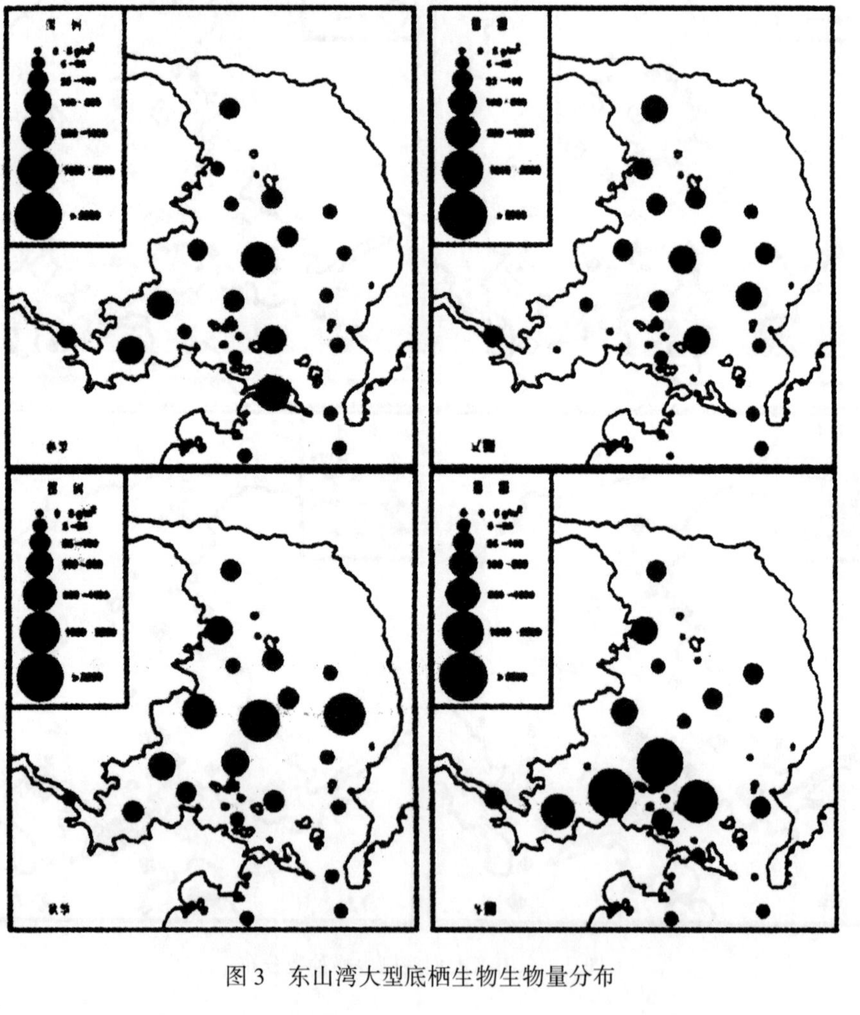

图 3 东山湾大型底栖生物生物量分布

栖息密度，春季高区出现在近湾口和中部，5 和 14 站分别高达 370 个/m² 和 300 个/m²；低密度区主要分布在西北部水域。夏季高区出现在湾口和东部水域，1 和 13 站分别高达 495 个/m² 和 1 120 个/m²；低密度区主要分布在西南部水域。秋季分布较均匀，高区出现在东部水域，13 站最高达 280 个/m²，冬季高区出现在湾的西部和南部水域，8 和 19 站分别高达 3 970 个/m² 和 1 170 个/m²；低密度区主要分布在湾口和近湾口水域（图 4）。

东山湾大型底栖生物数量季节变化，生物量冬季（571.98 g/m²）大于秋季（229.50 g/m²），秋季大于春季（103.76 g/m²），春季大于夏季（84.45 g/m²）；栖息密度冬季（374 个/m²）大于夏季（209 个/m²），夏季大于春季（155 个/m²），春季大于秋季（136 个/m²）。

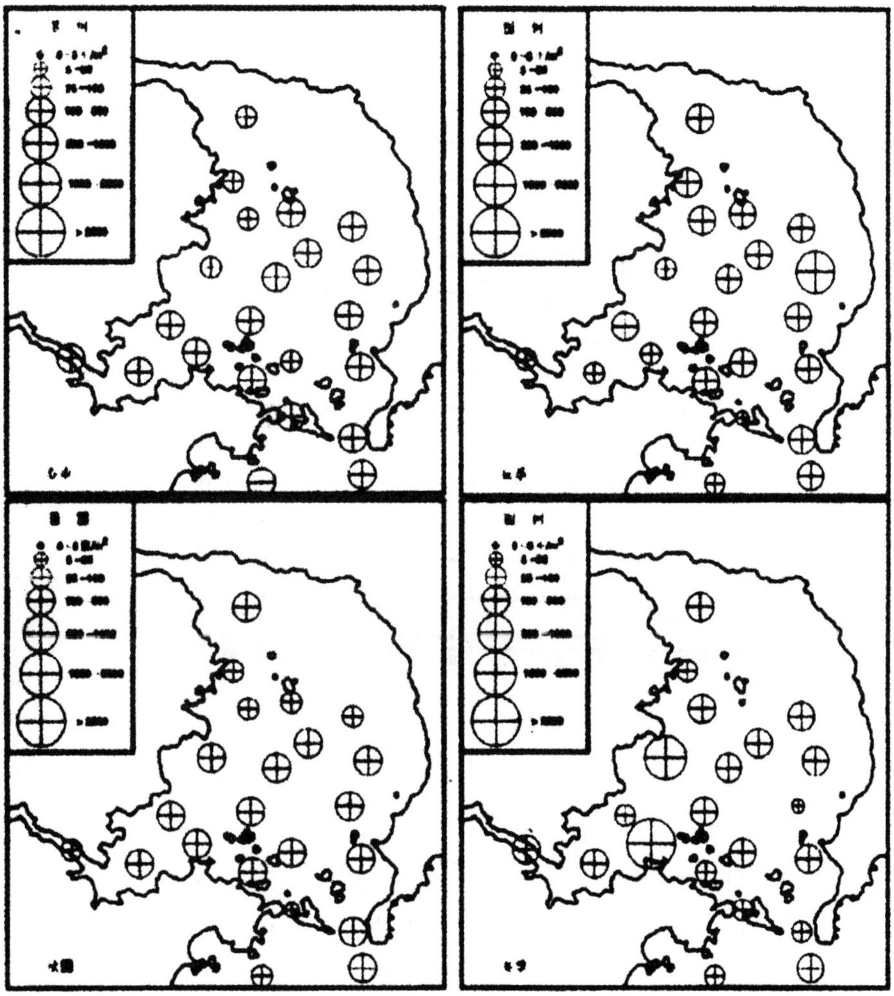

图 4　东山湾大型底栖生物栖息密度分布

3.3　群落生态类型

3.3.1　群落类型

东山湾大型底栖生物有 4 个群落。

群落Ⅰ,龟毛岩虫(*Marphysa stragulun*)-侧底理蛤(*Theora lata*)-裸赢蜚(*Corophium* sp.);群落Ⅱ,中华内卷齿蚕-波纹巴非蛤-棒锥螺-拟盲蟹(*Typhlocarcinops* sp.)-二色桌片参(*Mensamaria intercedens*);群落Ⅲ,双鳃内卷齿蚕-棒锥螺-模糊新短眼蟹-光辉倍棘蛇尾(*Amphioplus lucidus*)-二色桌片参;群落Ⅳ,特矶蚕(*Euniphysa aculeata*)-细肋蕾螺(*Gemmula deshayesii*)-绒毛细足蟹-粗棘阳遂足(*Amphiura pachybactra*)(图5和图6)。

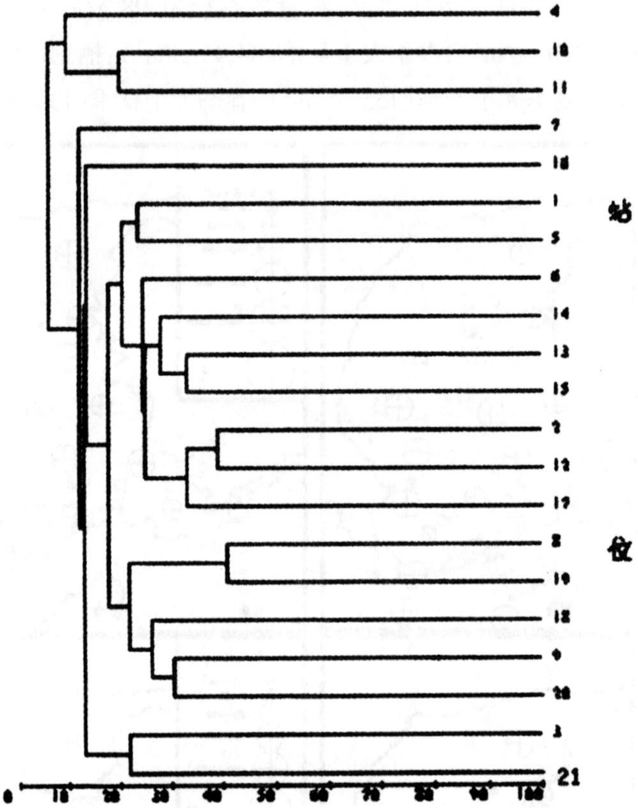

图5　东山湾大型底栖生物群落 Bray-Curtis 相似性聚类

3.3.2　*群落结构*

群落Ⅰ,龟毛岩虫-侧底理蛤-裸赢蜚。该群落分别位于东山湾西南通道、湾口附近水域,水深4.5~25 m,底质为贝壳粗砂、泥砂和软泥。龟毛岩虫,出现率不高,数量不大,冬季最大生物量和栖息密度为3.75 g/m^2 和5个/m^2。侧底理蛤,出现率也不高,冬季最大生物量和栖息密度为17.75 g/m^2 和80个/m^2。裸赢蜚,出现率也不高,个体小,生物量低,密度高,冬季最大生物量和栖息密度分别为2.50 g/m^2 和225个/m^2。其他习见种有线沙蚕(*Drilonereis filum*)、锦绣蛤蜊[*Mactra* (*Mactra*) *ornate*]、波纹巴非蛤、锯额豆瓷蟹(*Pisidia serratifrons*)、光辉圆扇蟹(*Sphaerozius nitidus*)、健全异毛蟹(*Heteropilumnus subinteger*)和在粗砂、细沙底质的特有种白氏文昌鱼(*Branchiostoma belcheri*)等。

群落Ⅱ,中华内卷齿蚕-波纹巴非蛤-棒锥螺-拟盲蟹-二色桌片参。该群落位于东山湾

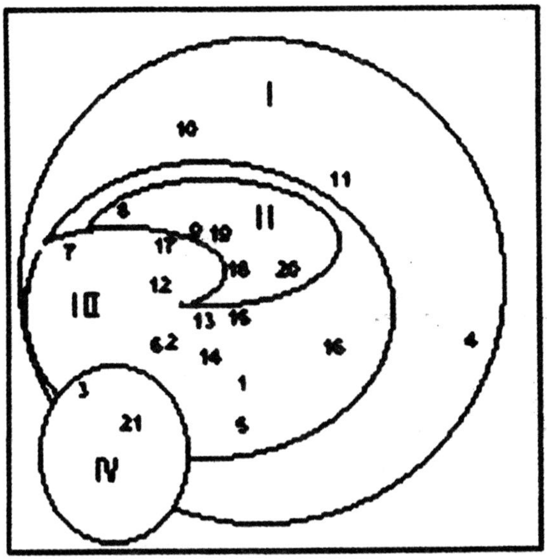

图 6　东山湾大型底栖生物群落多维尺度排序

西部,水深 3.5~13 m,底质软泥。优势种中华内卷齿蚕,出现率较高,冬季最大生物量和栖息密度分别为 0.75 g/m^2 和 20 个/m^2。优势种波纹巴非蛤出现率高,冬季最大生物量和栖息密度分别达 295.25 g/m^2 和 90 个/m^2。棒锥螺,出现率不高,冬季最大生物量和栖息密度分别高达 5 275.00 g/m^2 和 590 个/m^2。拟盲蟹,出现率高,个体小,数量不大,冬季最大生物量和栖息密度分别为 7.00 g/m^2 和 5 个/m^2。二色桌片参,出现率不高,个体大,数量高,冬季最大生物量和栖息密度分别为 650.00 g/m^2 和 40 个/m^2。其他主要种凸壳肌蛤(*Musclista senhausia*),冬季最大生物量和栖息密度分别达 95.00 g/m^2 和 3 250 个/m^2,习见种有日本强鳞虫(*Sthenolepis iaponica*)、短叶索沙蚕(*Lumbrineris latreilli*)、索沙蚕(*Lumbrineris* sp.)、梳鳃虫、亮樱蛤(*Nitidotellina nitidula*)、美女白樱蛤[*Macoma* (*Psammacoma*) *candida*]、短竹蛏(*Solen dunkerianus*)、美叶雪蛤(*Clausinella calophylla*)、弯六足蟹(*Hexapus anfractus*)、棘刺锚参(*Protankyra bidentata*)和倍棘蛇尾(*Amphioplus* sp.)等。

群落Ⅲ,变鳃内卷齿虫-棒锥螺-模糊新短眼蟹-光辉倍棘蛇尾。该群落位于湾口、湾中、北部一带水域,水深 4~30 m,底质泥质粉砂、软泥。优势种变鳃内卷齿蚕,出现率较高,分布广,冬季最大生物量和栖息密度分别为 0.65 g/m^2 和 25 个/m^2。棒锥螺,出现率不高,数量大,冬季最大生物量和栖息密度分别高达 3 700.00 g/m^2 和 375 个/m^2。模糊新短眼蟹,出现率高,分布广,冬季最大生物量和栖息密度分别达 6.85 g/m^2 和 80 个/m^2。光辉倍棘蛇尾,出现率较高,冬季最大生物量和栖息密度分别为 2.50 g/m^2 和 50 个/m^2。二色桌片参,出现率较低,个体大,数量高,冬季最大生物量和栖息密度分别可达 1 650.00 g/m^2 和 135 个/m^2。其他主要种和习见种有:长吻沙蚕(*Glycera chirori*)、特矶蚕、不倒翁虫(*Sternaspis scutata*)、短竹蛏、凸镜蛤[*Dosinia* (*Sinodia*) *derupta*]、波纹巴非蛤、裸盲蟹(*Typhlocarcinus nudus*)、弯六足蟹、豆形短眼蟹(*Xenophthalmus pinnotheroides*)、洼颚倍棘蛇尾(*Amphioplus depressus*)、光滑倍棘蛇尾和拟矛尾虾虎鱼(*Parachaturichthys polynema*)等。

群落Ⅳ,特矶蚕-细肋蕾螺-绒毛细足蟹-粗棘阳遂足。该群落位于湾口、湾中部水域,水深3.5~30 m,底质泥质粉砂、泥砂。特矶蚕,出现率较高,冬季最大生物量和栖息密度分别为2.35 g/m² 和 50 个/m²。细肋蕾螺,出现率不高,冬季最大生物量和栖息密度分别为1.80 g/m² 和 20 个/m²。绒毛细足蟹,冬季最大生物量和栖息密度分别为 0.75 g/m² 和 10 个/m²。粗棘阳遂足,出现率较高,冬季最大生物量和栖息密度分别为 4.10 g/m² 和 5 个/m²。其他主要种和习见种有:背蚓虫(*Notomastus latericeus*)、岩虫(*Marphysa sanguinea*)、不倒翁虫、似蛰虫(*Amaeana trilobata*)、日本圆柱水虱(*Cirolana iaponensis*)、毛盲蟹(*Typhlocarcinus villosus*)、长崎异背蟹(*Heteroplax nagasakiensis*)和豆形短眼蟹等(图7)。

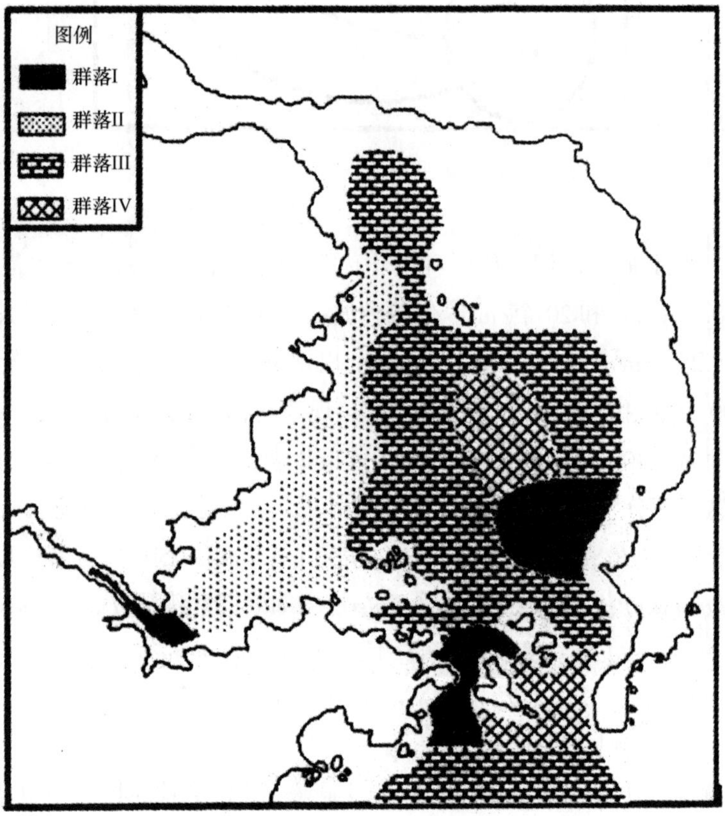

图7 东山湾大型底栖生物群落分布

3.3.3 群落多样性特征值

东山湾大型底栖生物群落,冬季物种丰度值(d),群落Ⅲ(2.663 8)大于群落Ⅳ(2.580 0),群落Ⅳ大于群落Ⅱ(2.260 0),群落Ⅱ大于群落Ⅰ(1.011 3);物种多样性值(H'),群落Ⅳ(2.205 0)大于群落Ⅲ(2.105 5),群落Ⅲ大于群落Ⅱ(1.579 6),群落Ⅱ大于群落Ⅰ(1.299 0);均匀度值(J),群落Ⅳ(0.896 0)大于群落Ⅰ(0.879 7),群落Ⅰ大于群落Ⅲ(0.810 5),群落Ⅲ大于群落Ⅱ(0.618 6);优势度值(D),群落Ⅱ(0.393 8)大于群落Ⅰ,群落

Ⅰ(0.367 0)大于群落Ⅲ(0.218 9),群落Ⅲ大于群落Ⅳ(0.157 5)。

3.3.4 群落的稳定性

东山湾大型底栖生物群落Ⅰ和群落Ⅲ,丰度生物重复合 *K*-优势度曲线不重叠、不翻转,生物量优势度曲线始终位于丰度曲线上方,但群落Ⅲ生物量累积百分数较高(图 8)。

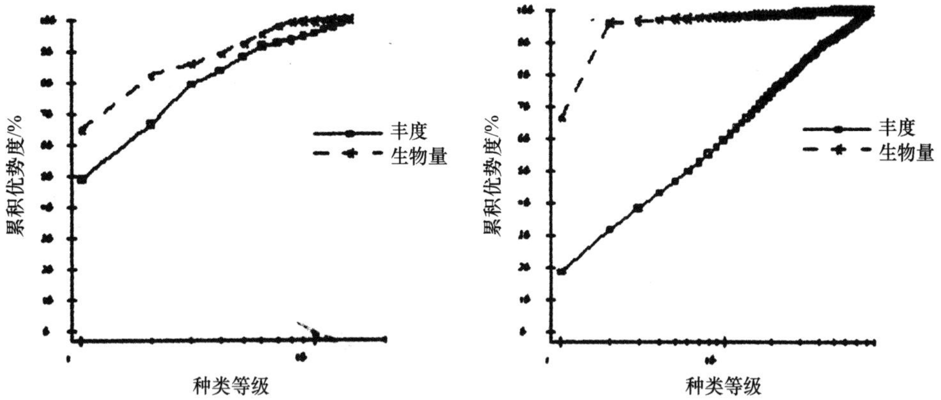

图 8　群落Ⅰ和群落Ⅱ丰度生物量复合 *K*-优势度曲线

群落Ⅱ,丰度生物量复合 k-优势度曲线在前端出现交叉、重叠,且丰度生物累积高达 80%。这主要与棒锥螺和凸壳肌蛤的数量有关,冬季棒锥螺的最大生物量和栖息密度分别高达 5 275.00 g/m^2 和 590 个/m^2。凸壳肌蛤冬季最大生物量和栖息密度分别达 95.00 g/m^2 和 3 250 个/m^2。均匀度值(J)提示,在 4 个群落中群落Ⅱ最低(0.618 6),优势度值(D)却最高(0.393 8),显示种间分布不均匀。群落Ⅳ,丰度生物量复合 *K*-优势度和部分优势度曲线既交叉、又翻转,主要由于特矶蚕,个体小,生物量低密度大,冬季最大生物量和栖息密度分别达 2.35 g/m^2 和 50 个/m^2 所致(图 9)。

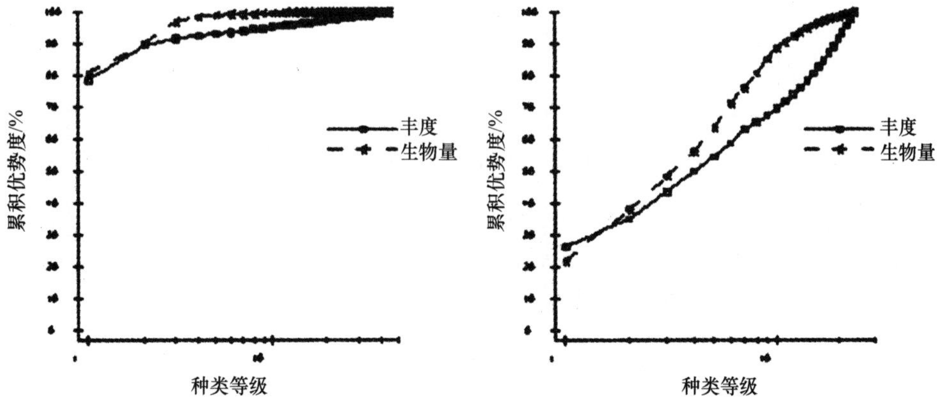

图 9　群落Ⅱ和群落Ⅲ丰度生物量复合 *K*-优势度曲线

总体显示,东山湾大型底栖生物群落相对稳定,其盐度生物量复合 *K*-优势度和部分优势度曲线不交叉、不重叠、又不翻转(图 10)。

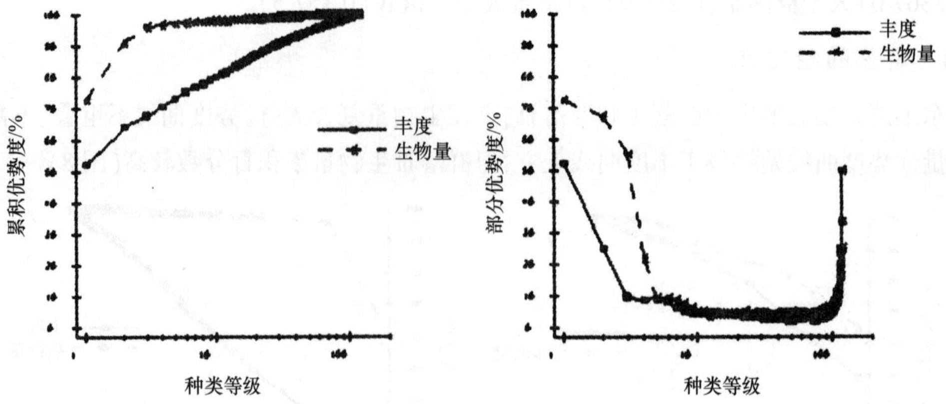

图 10　东山湾群落丰度生物量复合 K-优势度和部分优势度曲线

4　结语

东山湾大型底栖生物有 521 种,较福清湾(162 种)和兴化湾(314 种)多(李荣冠,江锦祥,蔡尔西等,1995;李荣冠,江锦祥,蔡尔西等,1999)。物种组成,东山湾、福清湾和兴化湾多毛类、软体动物和甲壳动物物种数分别占总数的 80.61%,81.48%和 82.48%、多毛类、软体动物和甲壳动物构成东山湾、福清湾和兴化湾大型底栖生物的主要类群。

东山湾大型底栖生物平均生物量为 247.42 g/m^2,平均栖息密度为 218 个/m^2。分别较福清湾生物量(14.72 g/m^2)和栖息密度(96 个/m^2)高,较兴化湾生物量(36.60 g/m^2)和栖息密度(162 个/m^2)高。数量组成,生物量以软体动物居首位,棘皮动物居第二位;栖息密度以软体动物占第一位,多毛类占第二位,甲壳动物占第三位。福清湾生物量以棘皮动物居首位,软体动物居第二位;栖息密度以软体动物居第一位,多毛类占第二位。兴化湾以棘皮动物居首位,软体动物居第二位;栖息密度以多毛类占第一位。(李荣冠,江锦祥,蔡尔西等,1995;李荣冠,江锦祥,蔡尔西等,1999)。

东山湾大型底栖生物有 4 个群落:群落Ⅰ,毡毛岩虫-侧底理蛤-裸赢蜚;群落Ⅱ,中华内卷齿蚕-波纹巴非蛤-棒锥螺-拟盲蟹-二色桌片参;群落Ⅲ,双鳃内卷齿蚕-棒锥螺-模糊新短眼蟹-光辉倍棘蛇尾-二色桌片参;群落Ⅳ;特矶蚕-细肋蕾螺-绒毛细足蟹-粗棘阳遂足,与福清湾 3 个群落和兴化湾 4 个群落较接近。尽管海湾中个别群落出现一定的搅动,但 3 个海湾大型底栖生物群落结构相对稳定,其丰度生物量复合 K-优势度和部分优势度曲线不交叉、不重叠、又不翻转。

参考文献

李荣冠,江锦祥. 1989. 厦门港软体动物种类多样性及其与沉积物的关系. 生态学报,9(3):271-273.
李荣冠,江锦祥. 1989. 厦门西海域大型底栖生物群落变化. 台湾海峡,8(2):144-149.
李荣冠,江锦祥. 1990. 大亚湾前鳃类软体动物的分布及区系//大亚湾海洋生态文集(Ⅱ). 355-363.

李荣冠,江锦祥. 1992. 应用丰度生物量比较法监测海洋污染对底栖生物的影响. 海洋学报,14(1):108-114.
李荣冠,江锦祥. 1993. 东山湾潮下带前鳃类软体动物的生态. 台湾海峡,12(2):171-179.
李荣冠,江锦祥. 1994. 中国海洋生物种类组成与分布前鳃类软体动物. 北京:海洋出版社,420-458.
李荣冠,江锦祥. 1995. 福清湾大型底栖生物生态研究. 海洋学报,17(1):90-96.
李荣冠,等. 1997. 闽江口及临近水域大型底栖生物生态研究. 海洋学报,18(2):116-123.
李荣冠,等. 1997. 广东海门湾大型底栖生物生态研究,台湾海峡,16(2):217-222.
李荣冠,等. 1999. 兴化湾大型底栖生物生态研究. 海洋学报,21(5):101-109.
李荣冠,等. 1999. 厦门东侧海域大型底栖生物生态研究//第六届海峡两岸环境保护研讨会论文集. 381-388.
李荣冠等. 2003. 楚科奇海及白令海大型底栖生物初步研究. 生物多样性,11(3):204-215.
李荣冠. 2003. 中国海陆架及临近海域大型底栖生物 1~164,附录Ⅰ 1~39,附录Ⅱ 1~42. 北京:海洋出版社.
李荣冠. 2006. 软体动物门腹足纲前鳃亚纲,厦门湾物种多样性. 北京:海洋出版社,184-193.
李荣冠,王建军,郑成兴,等. 2006. 泉州湾大型底栖生物群落研究. 生态学报,26(11):3562-3571.
李荣冠,郑成兴,郑凤武,等. 2008. 湄洲湾大型底栖生物生态研究. 科学研究月刊,38:19-24, 54.
Gray J. S., Aschan M., Carr M. R., et al. 1988. Analysis of community attributes of the benthic macrofauna of Frierfjord Langesunfjiord and in a mesocosm experiment. Mar. Ecol. Prog. Ser., (46):151-165.
Warwick R. M. 1988. Analysis of community attributes of the macrobenthos of Frierfjord Langesunfjiord at taxonomic levels higher than species. Mar. Ecol. Prog. Ser., (46):167-170.

李荣冠,王建军,郑成兴,郑凤武,林俊辉,黄雅琴,江锦祥.
原载《科学月刊》(基础研究),2008(40):3-8.

厦门西港底栖生物的生态

摘要 根据1980年11月和1981年2月、5月、8月在厦门西港调查的底栖生物资料,研究了本区底栖生物的生态特点。结果表明,本区底栖生物333种,主要由多毛类、甲壳动物和软体动物组成;其平均生物量46.53 g/m^2,平均栖息密度699个/m^2,这两者分布很不均匀,季节变化明显;环境质量和水动力是影响本区底栖生物分布的主要因子。

Ecology of Benthos in West Harbour of Xiamen

Abstract:The present paper studies the ecological characteristics of species composition and number distribution (density and biomass) of the benthic fauna and deals with the relationship between the benthic fauna and their inhabiting environments base on the data obtained from the comprehensive survey of the West Harbour of Xiamen from November, 1980 to October, 1981. In all the 333 species indentified, the main components were polychaeta, crustacea and mollusca. The average biomass (wet weight) and density of benthos were 46.53 g/m^2 and 699 ind./m^2 respectively. The biomass and density were extremely uneven in distribution and clear in seasonal variation. Among oceanographic conditions which influence the distribution of the benthos in this area environmental quality and hydrographic dynamics were the most important parameters. Owing to organic pollution in summer in parts of the investigated area, species number and density of benthos in these parts were low. Unstable sedimentary environment caused by strong hydrographic dynamics results in low number of species, and low value of biomass and density of benthos.

底栖生物是港湾生物的一个重要类群。它们中的许多种类(如多毛类和小型甲壳类等)是中、底层鱼类和经济虾、蟹类等的天然饵料,有些种类(如经济贝、虾类等)是重要的水产养殖和捕捞对象。进行港湾底栖生物的生态研究,无论对渔业生产、水产养殖以及环境保护,在理论和实践方面都具有重要意义。

厦门西港位于厦门本岛的西部,呈南北走向哑铃状的单口半封闭港湾。本文研究了厦门西港底栖生物种类组成、数量分布特点及其与环境因子的关系。

1　材料与方法

国家海洋局(现自然资源部)第三海洋研究所于1980年8月至1981年10月在厦门港湾进行多学科综合调查。本文材料系根据1980年11月和1981年2月、5月、8月(分别代表秋、冬、春、夏4个生物季节)的厦门西港调查资料整理而成。底栖生物调查共布设13个采泥站和3个拖网站(图1)。

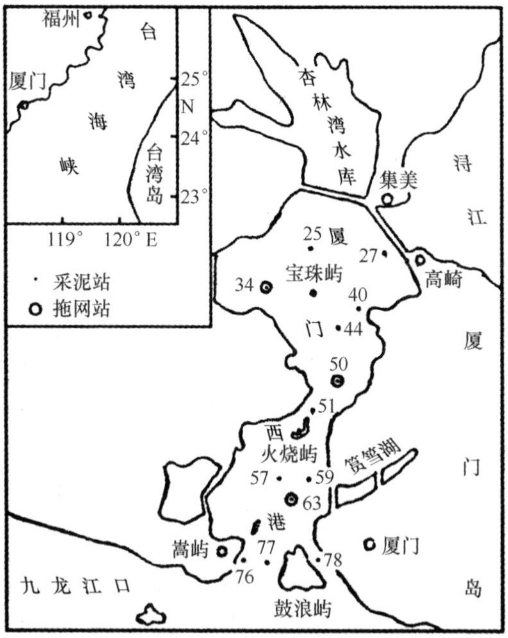

图1　底栖生物调查站位

采泥使用0.1 m^2HNM型采泥器,每站连续取样2次,泥样经孔径为0.45 mm的滤筛冲洗后,用简易淘洗法分离出标本[1]。拖网使用1.5 m宽的三角形网,每站拖曳5 min。标本按海洋调查规范(1975)处理。

2　结果

2.1　种类组成和种类数的分布

本调查共获底栖生物333种(其中鉴定到种的有268种),隶属多毛类(125种,占37.5%)、软体动物(67种,占20.1%)、甲壳动物(79种,占23.7%)、棘皮动物(27种,占8.15%)、底栖鱼类(18种,占5.4%)和其他动物(17种,占5.2%)。各季的种类组成具有明显的差异:冬季和春季种类较多,分别为192种和184种;夏季和秋季种类较少,分别为137

种和 118 种。主要类群动物种类组成的季节变化(图 2)不尽相同,但趋势与底栖生物总种数的季节变化基本相似。各季种类组成均以多毛类居首位,其次是甲壳动物和软体动物,其他类群较少。

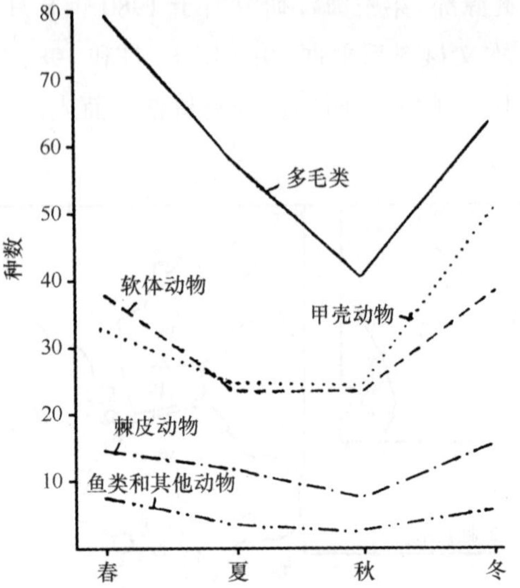

图 2　各类群动物种数的季节变化

就本区底栖生物种数的分布而言,定量采泥种数均为 31~70 种/站(图 3),定性拖网(含采泥的测站)种数为 85~114 种/站。定量采泥以多毛类占优势(平均占 55.1%),其次是软体动物(平均占 20.4%),甲壳动物居第三(平均占 13.4%),其余的类群较少;拖网的种类组成则依次为甲壳动物、软体动物、棘皮动物、鱼类、其他动物和多毛类。

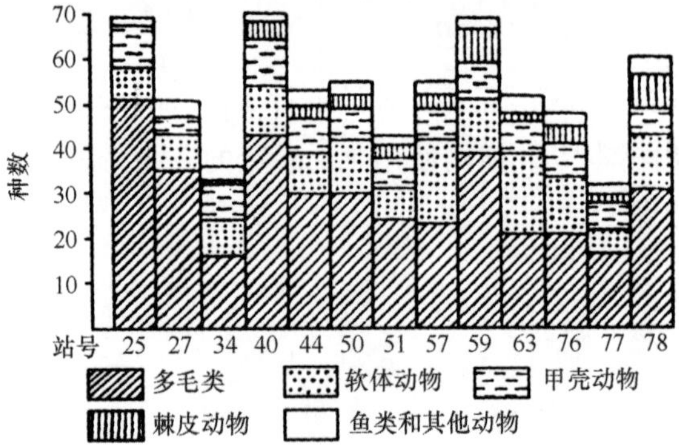

图 3　底栖生物种类数的分布

2.2　数量组成、分布及季节变化

本区底栖生物数量较大,平均总生物量为 46.53 g/m², 平均总密度为 699 个/m²。在生物量组成中,软体动物占优势(22.06 g/m², 占 47.4%),依次为棘皮动物(9.31 g/m², 占

20.0%)、多毛类(7.17 g/m², 占 15.4%)、甲壳动物(1.96 g/m², 占 4.2%)。密度组成仍以软体动物居首位,为 422 个/m²,占 60.4%;其次是多毛类,为 218 个/m²,占 31.2%;其余的动物类群密度都很小。

本区底栖生物数量的季节变化显著。生物量由大到小依次为夏季(60.78 g/m²)、春季(51.35 g/m²)、冬季(37.75 g/m²)、秋季(36.25 g/m²);密度由大到小依次为春季(1 073 个/m²)、冬季(826 个/m²)、夏季(681 个/m²)、秋季(219 个/m²)。秋季无论生物量或密度都最低,这与尖喙小囊蛤(*Saccella cuspidata*)等种类的季节性消长密切相关。由于夏季有些小个体的种类,如亚热带杂毛虫(*Poecilochaetus paratropicus*)和锥虫(*Haploscoloplos* sp.)密度很低,使夏季底栖生物的密度低于冬季。

各主要类群动物数量的季节变化如图 4 和图 5 所示。就生物量而言,多毛类、软体动物和棘皮动物的季节变化较大,密度则以多毛类和软体动物的季节变化为显著,其变化趋势与总密度的变化相似。可见,多毛类和软体动物对底栖生物总密度的季节变化起支配作用。起主导作用的种类有软体动物的尖喙小囊蛤,多毛类的亚热带杂毛虫、梳鳃虫(*Terebellides stroemii*)和锥虫等。

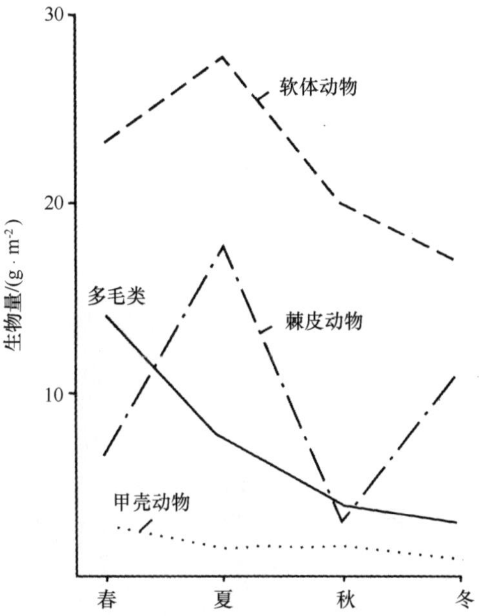

图 4　主要类群动物生物量的季节变化

本区底栖生物的数量分布见图 6。由图 6 可见,总数量的分布很不均匀,高低悬殊较大,生物量变化范围在 8.32~95.83 g/m²,密度变化范围为 135~2 320 个/m²。高数量区主要位于 57、59 和 63 站,平均生物量为 84.67 g/m²,平均密度为 1 588 个/m²,起支配作用的种类是软体动物的尖喙小囊蛤,该种类在 44 号站的数量也较大。此外,25 号和 27 号站栖息密度也较大,这是由于多毛类在这一带大量密集的缘故。

底栖生物数量分布的季节变化较大,尤其在宝珠屿以北水域特别明显。该域春季的生

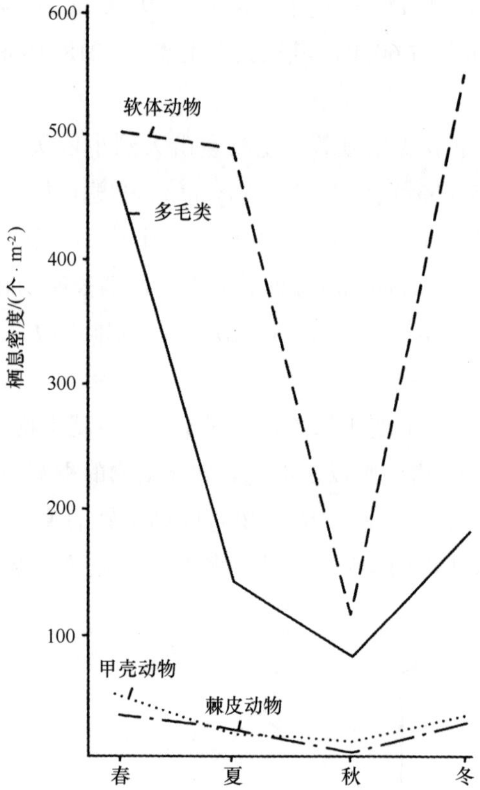

图 5　主要类群动物密度的季节变化

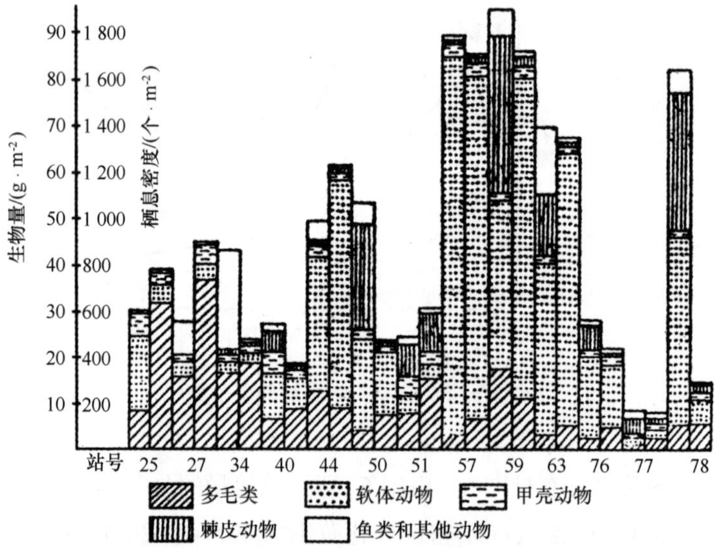

图 6　底栖生物及其主要类群动物生物量与栖息密度的分布

物量和密度分别可达 50.60 g/m^2 和 2 320 个/m^2，夏季则为本调查区最低数量区，其数量仅为 0.95 g/m^2 和 50 个/m^2，直至冬季才显著回升。影响该域数量季节波动的主要种类是多毛类的亚热带杂毛虫、梳鳃虫和锥虫。

2.3 优势种的数量分布与季节变化

本调查区有 8 种优势种(表 1)。它们的总密度为 552 个/m^2,占底栖生物的 73.7%,其中,尖喙小囊蛤占底栖生物总密度的 53.6%。

表 1 厦门西港底栖生物优势种及其排列次序

种名	所属类群	密度/(个·m^{-2})	出现频率/站次	优势次序
尖喙小囊蛤 *Saccella cuspidata*	软体动物	356	33	Ⅰ
亚热带杂毛虫 *Poecilochaetus paratropicus*	多毛类	54	19	Ⅱ
锥虫 *Haploscoloplso* sp.	多毛类	25	37	Ⅲ
梳鳃虫 *Terebellides stroemii*	多毛类	24	16	Ⅳ
不倒翁虫 *Sternaspis scutata*	多毛类	8	27	Ⅴ
索沙蚕 *Lumbrineris* sp.	多毛类	7	28	Ⅵ
幽僻新短眼蟹 *Neoxenophthalmus obscurus*	甲壳动物	7	25	Ⅶ
双鳃内卷齿蚕 *Aglaophamus dibranchis*	多毛类	9	22	Ⅷ

优势种的数量分布大致为 3 种情形:较均匀地分布于全调查区的种类有不倒翁虫、索沙蚕和幽僻新短眼蟹;主要分布于宝珠屿以北水域的种类有亚热带杂毛虫、梳鳃虫和锥虫;主要分布于筼筜湖以西海域的种类有尖喙小囊蛤和双鳃内卷齿蚕。尖喙小囊蛤的数量特别大,其原因尚待进一步研究。

优势种密度的季节变化见图 7。不同的种类季节变化各有所异。其中,亚热带杂毛虫、梳鳃虫、锥虫和尖喙小囊蛤的季节变化较大,且春季的密度都显著地高于秋季。

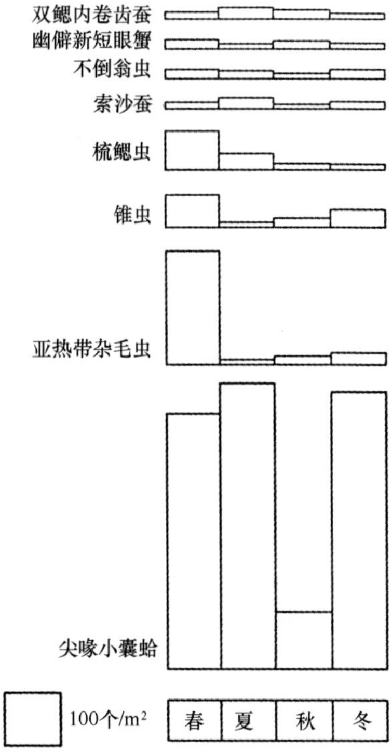

图 7 优势种密度的季节变化

3 讨论

本区沉积物类型较均匀[2],除 25 号站为砂质泥和 78 号站为泥质砂外,均由粉砂质泥组成。而且,本区盐度的变化不很大(年变化一般在 30±2 之间)。但是,底栖生物的种类组成、数量分布及其季节变化仍然较复杂。经初步分析，环境质量和水动力对本区底栖生物的影响较大。

本区夏季底栖生物的种类显著减少，密度也显著减小，这与环境质量有关。夏季底层水的溶解氧非常低，为4.37~4.54 mL/L，说明该季环境质量较差；而春季和冬季的溶解氧较高，分别高于5.20 mL/L和5.6 mL/L。同时，夏季温度较高，底温为27.43~30.02℃。夏季底层水溶解氧分布的趋势是自湾口向湾内递减，而温度则由湾口向湾内递增。厦门西港接纳着厦门市大部分的工业废水和生活污水。高温季节，加速了有机质等有害物质的分解和有机体的代谢。季节性的降雨也常把陆上大量的污染物冲刷入港。口小腹大的厦门西港稀释自净能力是有限度的，环境质量的变化势必在生物中引起反应。位于港湾最内侧的高集海堤附近，底栖生物的反应最明显，种类和数量的季节变化量大。夏季该域不仅种类较少，而且数量也大幅度减少。该域有机质含量为本调查区最高值（2.51%），比全调查区平均值（1.66%）高0.85%。此外，硫化物和重金属的含量也较高。其中硫化物达482 mg/kg。

水动力条件也是影响本区底栖生物分布的环境因素[3]。在宝珠屿以北水域，由于高集海堤的建成，以及马銮湾和杏林湾的围垦，改变了这里的水动力条件，使水流缓慢。染料扩散实验说明，该域涡动扩散系数仅0.6~1.0 m^2/s，最大涨落潮流速也仅0.1~0.2 m/s。低能高速率沉积环境不仅不利于悬浮泥沙的外泄和污染物的稀释，而且加剧了有害物质的积累。这种环境较有利于某些以沉积物或有机碎屑为食的种类（如亚热带杂毛虫、梳鳃虫和锥虫等）的繁生[4]。然而，水动力作用过于强烈也会影响底栖生物的分布。位于西港潮流进出通道的77号站，由于受水流和船只的扰动较大，沉积物表层不稳定，底栖生物的许多种类难以在此生存。因此，该测站的底栖生物无论种类或数量均为全调查区最低值。

参考文献

1 刘泉顺，等. 简易淘洗法在底栖生物调查方面的应用及效果分析. 海洋科学，1984，8(2)：49-51.

2 吴启泉，等. 台湾海峡西部海域底栖生物生态研究. 海洋学报，1985，7(8)：378-387.

3 刘维坤，等. 厦门港湾海底地貌及其冲淤变化. 台湾海峡，1984，3(2)：179-188.

4 Rhoads D C. Organism-Sediment Relations on the Muddy Sea Flood. Oceanogr. Mar Biol Ann Rev, 1974, 12: 263-300.

何明海，蔡尔西，吴启泉，江锦祥，林双淡，徐惠州，刘泉顺，郑凤武，李荣冠.

原载《台湾海峡》，1988，7(2)：189-194.

九龙江口底栖生物生态研究

摘要 本文研究了九龙江口底栖生物种类组成、数量分布、季节变化及其与环境因子的关系等生态特点。结果表明,九龙江口底栖生物种类丰富(计440种)。其分布具有3种生态类型:河口种、海水种和近岸广盐种。平均总生物量为56.17 g/m^2,平均栖息密度为358个/m^2。底栖生物与环境因子的关系密切:河口区底栖生物种群和数量的分布趋势是随着盐度的增高而增多;局部区域的水动力特点以及不同的沉积物类型也影响底栖生物种类和数量的分布。

Studies on the Ecology of Benthos in the Jiulong Jiang Estuary

Abstract: This paper studies the ecological characteristics of the composition, distribution and seasonal variation of the benthic fauna and deals with the relationship between the distribution and inhabiting environments of benthic fauna, based on the data obtained from the subtidal zone in the Jiulong Jiang Estuary August, 1980 to October, 1981.

In all, 440 species were identified in this area, they might be divided into three ecological groups, i. e. estuarine, neritic euryhaline and marine, and the neritic euryhaline species were the dominalt. The averages of the densities and the biomasses of the benthic fauna in this area are 358 ind./m^2 and 56.17 g/m^2 respectively. The distributions of the species, the densities and bi-masses of the benthos were extremely uneven. Among the oceanographic conditions which influence the ecological characteristics of the benthic fauna, salinity was the most important, followed by hydrographic dynamics and different sediments.

由于底栖生物的活动范围较小,能反映出连续一段时期环境质量变化的过程与程度,所以在海洋环境质量评价中较为人们所重视。因此,进行河口底栖生物生态学的研究,对渔业生产和环境保护理论与实践方面均具有重要意义。

1 材料与方法

材料系根据 1980 年 11 月和 1981 年 2 月、5 月、8 月所进行的 4 个生物季节(分别代表秋、冬、春、夏)的调查资料整理而成。底栖生物调查共布设 24 个采泥站和 6 个拖网站(图 1)。

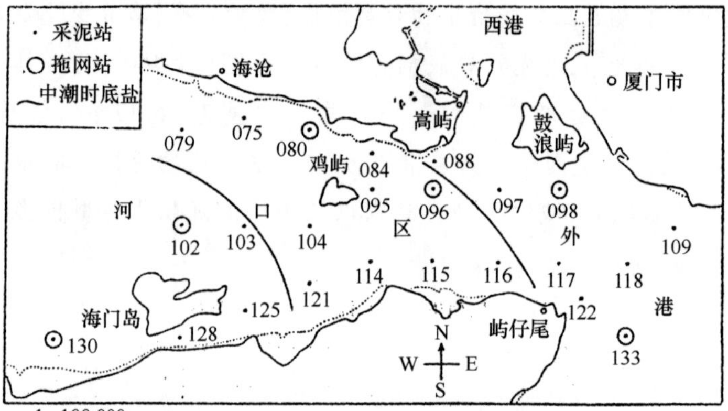

图 1　九龙江口底栖生物的调查站位

Fig.1　Stations for benthic survey on the Jiulong Jiang Estury

采泥使用 0.1 m^2HNM 型采泥器,每站连续取样两次,泥样经孔目为 0.45 mm 的筛子冲洗后,用简易淘洗法分离出底栖生物标本。拖网使用 1.5 m 宽的三角形网,每站拖曳 5 min。标本按国家《海洋调查规范》处理。

2 结果

2.1 种类组成和生态特点

2.1.1 种类组成

本调查共获底栖生物 440 种(其中鉴定到种有 366 种),隶属多毛类 151 种(占 34.3%),甲壳动物 112 种(占 25.5%),软体动物 99 种(占 22.5%),棘皮动物 23 种(占 5.2%),底栖鱼类 40 种(占 9.1%),其他动物(包括海绵动物、腔肠动物、纽形动物、帚虫动物、缢虫动物、星虫动物和脊索动物等)15 种(占 3.4%)。从表 1 可以看出,本区春、冬两季底栖生物种类数高于夏、秋两季。各季均以多毛类居优势,其次是软体动物或甲壳动物。

表 1 各季底栖生物的种类组成

Table 1 Composition of species of tenthic in different seasons

类群 / 季节	多毛类		软体动物		甲壳动物		棘皮动物		鱼类		其他		合计
	种数	%	种数	%	种数	%	种数	%	种数	%	种数	%	种数
春	94	39.2	56	23.3	46	19.2	18	7.5	17	7.1	9	3.7	240
夏	81	41.3	38	19.4	33	16.8	8	4.1	30	15.3	6	3.1	196
秋	61	33.3	43	23.5	44	24.0	14	7.7	15	8.2	6	3.3	183
冬	79	33.8	59	25.2	60	25.6	10	4.3	18	7.7	8	3.4	234

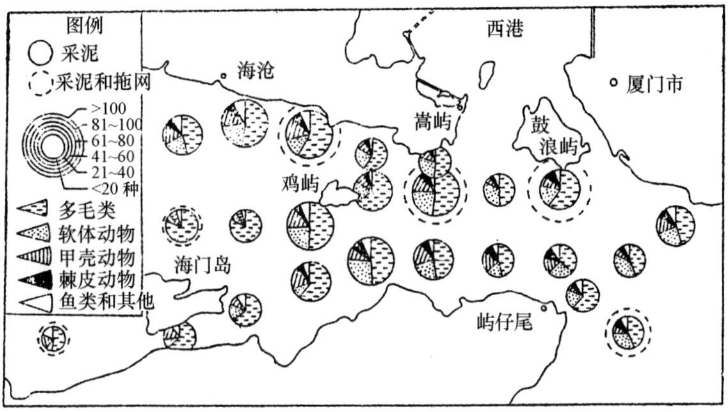

图 2 底栖生物种类和组成百分比分布

Fig.2 Distribution in percentage of the number of species and composition

从图 2 的动物类群组成看,采泥以多毛类占优势(一般占 50%以上),其次是软体动物(一般占 20%左右),其余类群种类较少。拖网的种类组成则依次为软体动物、甲壳动物、底栖鱼类、棘皮动物、多毛类和其他动物。

2.1.2 生态特点

本调查区氯度变化在 $3.2\times10^{-3}\sim18.1\times10^{-3}$(即盐度为 5.8~32.6),属于中盐水—海水范围。其中,海门岛周围为中盐水,鸡屿附近为多盐水,外港为海水。根据九龙江口底栖生物的分布特点,可分为以下 3 种生态类型。

(1)河口种:分布于中盐水—多盐水区,占 14.9%,能适应盐度的剧烈变化。较常见的有软庞江蚕(*Tylonereis bogoyawleskyi*)、日本刺江蚕(*Neanthes japonica*)、焦河蓝蛤(*Polamcorbula ustulata*)、中国小樱蛤(*Tellinides chinensis*)、河蚬(*Corbicula fluminea*)、脊尾白虾(*Exopalaemon carinicauda*)、巨指长臂虾(*Palaemon macrodactylus*)和帚虫动物(*Phoronida*)等。

(2)海水种:分布于海水区,占 23.8%。后指虫(*Laonice cirrata*)、足刺异单指虫(*Hetero-*

cossura aciculat)、胶州湾角贝(*Dentalium kiaochowwanense*)和海笔(*Virgularia gustariana*)等均属此类型。

(3)近岸广盐种:分布于中盐水—海水区或多盐水—海水区。本类型种类最多,占61.3%。常见种有多毛类的羽鳃稚齿虫(*Prionospio pinnata*)、异蚓虫(*Heteromastus filiformis*)、丝鳃稚齿虫(*Prionospio malmgreni*)、利波巢江蚕(*Diopatra neapolitana*)、不倒翁虫(*Sternaspis scutata*)、滑指肌沙蚕(*Eunice indica*)和欧文虫(*Owenia fusiformis*),软体动物的尖喙小囊蛤(*Saccela cuspidata*)、纵肋织纹螺(*Nassarius variciferus*)、西格织纹螺(*Nassarius siquijorensis*)和红带织纹螺(*Nassarius succincta*),甲壳动物的模糊新短眼蟹(*Neoxenophthalmus obscurus*)、弯六足蟹(*Hexapus anfractus*)、锯缘青蟹(*Scylla serrata*)和棘刺锚参(*Prodankyra bidentata*),底栖鱼类的红狼牙虾虎鱼(*Odontamblyopus rubicundus*)、中华栉孔虾虎鱼(*Ctenotrypauchen chinensis*)和焦氏舌鳎(*Cynoglossus joyneri*),其他动物的海仙人掌(*Cavernularia habereri*)和裸体方格星虫 (*Sipunculus nudus*)等。

2.1.3 优势种的分布

根据采泥获得的各种类的密度及出现频率的大小,本区底栖生物优势种有13种,依次为羽鳃稚齿虫、洼颚倍棘蛇尾、尖喙小囊蛤、西格织纹螺、帚虫、异蚓虫、纵肋织纹螺、光滑倍棘蛇尾、不倒翁虫、丝鳃稚齿虫、弯六足蟹、模糊新短眼蟹和棘刺锚参。它们的密度占底栖生物总密度的51.4%(为184个/m^2)。

优势种的数量分布大致有两种情况。① 不仅种类分布范围较广(几乎遍布于全调查区),而且数量分布较均匀(在测站中分布的密度不超过50个/m^2),种类有不倒翁虫、纵肋织纹螺、西格织纹螺、模糊新短眼蟹和弯六足蟹。② 分布不均匀,其数量主要分布于局部区域:羽鳃稚齿虫和洼颚倍棘蛇尾主要分布于鸡屿南侧,尖喙小囊蛤主要分布于外港北侧,帚虫主要分布于海门岛附近,棘刺锚参主要分布于鸡屿东南,异蚓虫、丝鳃稚齿虫和光滑倍棘蛇尾在鸡屿附近的数量较大。

优势种数量的季节变化随种类不同而异。变化最显著的是帚虫、羽鳃稚齿虫、尖喙小囊蛤和丝鳃稚齿虫;其次是光滑倍棘蛇尾、纵肋织纹螺、弯六足蟹、异蚓虫、不倒翁虫和棘刺锚参、西格织纹螺、模糊新短眼蟹和洼颚倍棘蛇尾数量的季节变化小。

2.2 数量组成与分布

根据4个生物季节的采泥调查,本区底栖生物平均总生物量和平均总密度分别为56.17 g/m^2 和358个/m^2。数量组成如表2所示。生物量组成见图3。

表 2 各季底栖生物的数量组成

Table 2 Composition of density and biomass of benthic in different seasons

季节 / 项目 / 类群	春				夏				秋				冬				全年			
	生物量		密度		生物量		密度		生物量		密度		生物量		密度		生物量		密度	
	g/m^2	%	个/m^2	%	g/m^2	%	个/m^2	%	g/m^2	%	个/m^2	%	g/m^2	%	个/m^2	%	g/m^2	%	个/m^2	%
多毛类	4.96	9.3	194	45.3	2.53	4.1	143	43.7	3.40	8.2	83	34.7	4.18	6.1	129	29.5	3.77	6.7	137	38.3
软体动物	5.18	9.7	62	14.5	9.72	15.7	69	21.1	4.62	11.2	101	42.3	4.84	7.1	105	24.0	6.09	10.8	84	23.5
甲壳动物	1.01	1.9	18	4.2	1.73	2.8	26	8.0	2.41	5.8	11	4.6	3.85	5.7	132	30.1	2.25	4.9	47	13.1
棘皮动物	32.57	61.3	71	16.6	39.20	63.1	57	17.4	26.46	63.9	40	16.7	51.27	75.4	47	10.7	37.38	66.5	54	15.1
鱼类和其他	9.44	16.8	83	19.4	8.91	14.3	32	9.8	4.53	10.0	4	1.7	3.85	5.7	25	5.7	6.68	12.0	36	10.0
合计	53.16	100	428	100	62.09	100	327	100	41.42	100	239	100	67.99	100	438	100	56.17	100	358	100

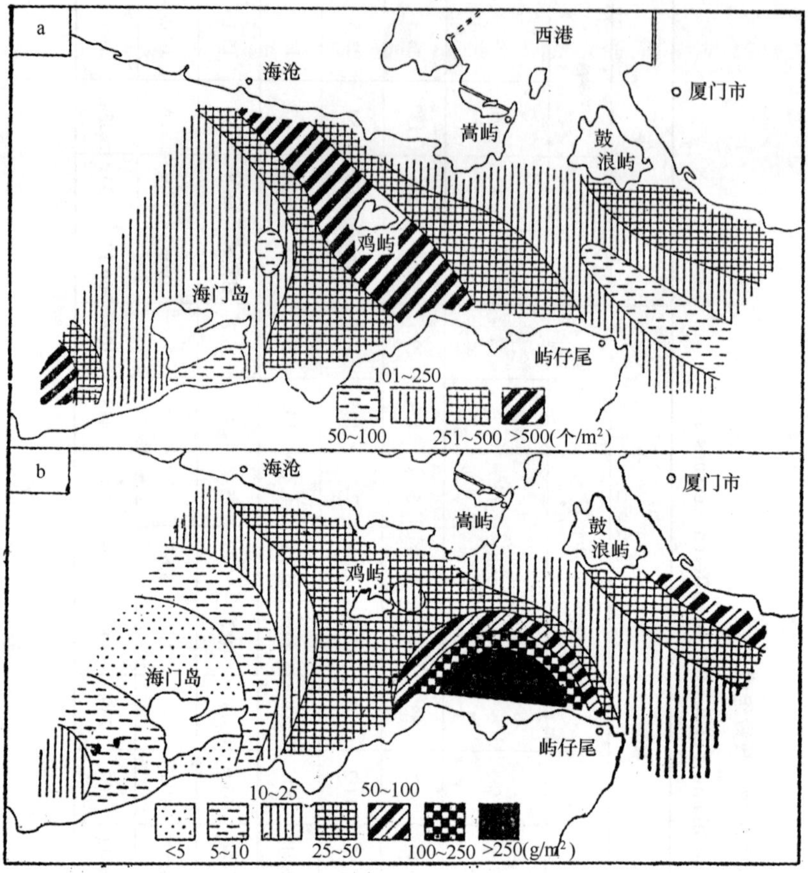

图 3　底栖生物的数量分布

Fig.3　Distributions of density and biomass of benthos

各主要类群动物的数量分布既不均匀，又各有所差异：多毛类主要集中在鸡屿东南侧，平均为 8.1 g/m^2 和 307 个/m^2，其他区域生物量和密度一般低于 5 g/m^2 和 150 个/m^2；软体动物主要分布于调查区北侧；甲壳动物的分布既不均匀，又没有形成明显的高数量区；棘皮动物主要分布于鸡屿附近，在海门岛周围没有出现。

2.3　底栖生物与环境因子的关系

上述结果表明，九龙江口底栖生物种类和数量的组成与分布是十分复杂的。这主要是由九龙江口错综复杂的环境因子所决定的。一定的环境具有一定的生态因素，而底栖生物的生存、发展与消亡均受这些因素的影响。根据主要环境特征与底栖生物的关系，可将本调查区划分为 3 个分区。表 3 示出各分区主要环境特征与底栖生物种类和数量的组成等特点。各种环境因子相互关联、相互影响，对底栖生物的作用是综合的。然而，起主导作用的是盐度、水动力和沉积物类型。

表 3　各分区主要环境特征与底栖生物

Table 3　Mainly characteristic of environments and benthos at each subarea

项目 \ 分区				河口区		外港
				海门岛周围	鸡屿附近	
实测站数				5	11	8
环境特征	沉积物	类型		泥砂,砂泥,砂,粉砂质泥	泥砂(为主),砂,粉砂质泥	粉砂质泥(为主),泥砂,砂泥,砂
		平均分选系统		1.72	2.98	2.16
		平均有机质含量/%		1.29	1.09	1.52
	水文	底层温度/℃		14.25~28.91	14.06~29.80	14.17~27.69
		底层盐度		17±11.5	25±7	29±3.5
			类型	中盐水	多盐水	海水
		平均水深/m		9	12	16
		底层水流速		大	中	最大
底栖生物	生物量/(g·m^{-2})	总生物量		10.34	91.85	31.94
		多毛类		1.94	5.31	2.74
		软体动物		2.47	7.25	6.94
		甲壳动物		0.98	3.87	0.86
		棘皮动物		0	69.29	16.95
		鱼类和其他		4.95	6.13	4.45
	栖息密度/(个·m^{-2})	总密度		330	461	212
		多毛类		47	221	78
		软体动物		91	72	97
		甲壳动物		90	45	20
		棘皮动物		0	108	15
		鱼类和其他		102	15	2
	彩泥种类数/(种/站)	总种数	范围	15~29	38~80	22~60
			平均	23	61	37
		多毛类		15	33	20
		软体动物		2	12	9
		甲壳动物		3	8	4
		棘皮动物		0	4	2
		鱼类和其他		3	4	2
	代表种			焦河蓝蛤	羽鳃稚齿虫	足刺异单指虫

2.3.1　底栖生物与盐度的关系

盐度是影响九龙江口底栖生物最主要的环境因素。九龙江 1981 年径流量约为 164.4×10 m^3,入海的九龙江淡水主要由西南向湾口扩散,因此,本区水体盐度分布呈西南向东北递增的斜向梯度。河口区盐度的大小不仅与淡水径流量有关，而且也随潮汐的涨落而不断变化。从表3可以看出，为中盐水的海门岛周围不仅盐度低而且梯度大，该区底栖生物贫乏，种类数和生物量均为最低，其中棘皮动物没有出现。鸡屿周围系多盐水区，盐度显著增高且梯度减小，这使众多的近岸广盐种能得以生存，有些还大量繁殖成优势种，因此，底栖生物的种类和数量均最多。其中，以中潮时盐度为26~28.5的测站底栖生物的种类和数量最多。

河口区底栖生物与盐度的关系还可以从底栖生物的种类和数量分布图(图2和图3)中明显看出，其分布趋势与盐度等值线(图1)基本吻合，呈现由西南向东北的纵向分布特点。可见，河口区底栖生物的分布趋势呈现随着盐度的增高而增多。盐度对底栖生物的影响是由生物本身的生态特性所决定，即一定生态类型的种类对盐度具有一定的适应范围。

2.3.2 底栖生物与水动力作用的关系

本调查区的外港底栖生物种类和数量较贫乏。这主要是受水动力影响较大的缘故。由于水动力的强烈作用，使外港常出现局部沉积物受蚀或堆积现象。这种不稳定的沉积环境使栖息于表层的许多种类难以生存。因此，外港的底栖生物显得格外贫乏，而外港本身从北向南底栖生物的种类和数量也呈现随着水动力作用的增强而减少的趋势。

2.3.3 底栖生物与沉积物类型的关系

本区受九龙江径流、潮汐和波浪的影响，沉积物真有砂、泥砂、砂泥和粉砂质泥(软泥)4种类型，并呈镶嵌分布。但总趋势是河口区内侧沉积物较粗，口外较细。由于盐度是影响河口区底栖生物的最主要的环境因素，下面以河口区盐度较相近且测站较集中的局部区域来探讨底栖生物与沉积物的关系。各类群动物在不同沉积物类型中的差异是由其组成种类的生活习性所决定的。不同种类对沉积物类型具一定的选择性。较典型的种类如图4所示。

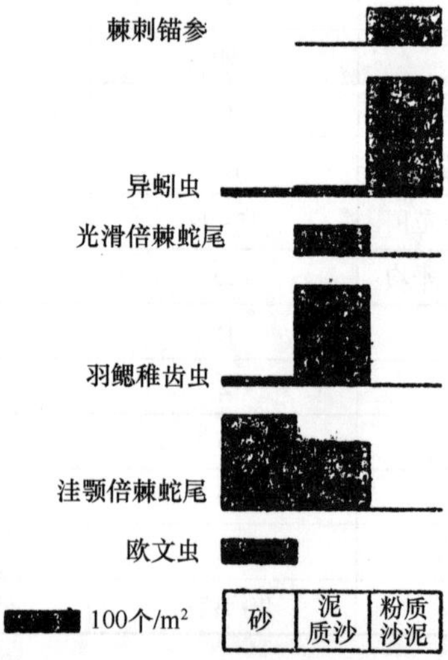

图4 某些种类与沉积物类型的关系

Fig.4 Relation of some species and sediment types

沉积物对底栖生物的影响与营养方式有关。在粉砂质泥中，以吞食沉积物或沉积物表层有机碎屑为生的种类为主，如双鳃内卷齿蚕(*Aglaophamus dibranchis*)、异蚓虫、梳鳃虫(*Terebellides stroemii*)、足刺异单指虫、白龙骨飞乐螺(*Lophiotoma* (*Lophioturris*) *leucotropis*)、日本鼓虾(*Alpheus japonicus*)、棘刺锚参和红狼牙虾虎鱼等。生活于泥砂和砂质的，以滤食性和捕食性种类为多。滤食性种类以悬浮物为生，如羽鳃稚齿虫、欧文虫、直线竹蛏(*Solen linearis*)、中国棘海鳃(*Pteroeides chinensis*)和海仙人掌等。营捕食性种类以底上动物为主，选择性地捕食动、植物或摄食有机碎屑等。

3 讨论与结语

本区受九龙江冲淡水的影响，底栖生物具有 3 种生态类型。其中以近岸广盐种占优势(占 61.3%)。这种类型的许多种类系福建海岸底栖生物优势种或常见种。它们不仅广泛分布于海水区，也分布于河口的多盐水或中盐水区。可见，许多海水性种类侵入河口后，可以适应河口盐度的激烈变化而成为河口生物。这是河口生物的重要来源。而生物种类和数量分布很不均匀。影响本区底栖生物的主要环境因子是盐度、水动力和沉积物类型。

本区底栖生物种类和数量的季节变化明显。冬季和春季种类不仅较夏、秋两季多，而且数量也较大。这与九龙江冲淡水影响有关。本区 1980—1981 年夏季降雨量最大，季节性的降雨常使盐度骤降，对于那些较敏感的种类起很大的破坏作用；冬季雨量少，径流量最小，不仅使河口区的许多种类能较好地生存与发展，而且外海的种类也向河口区延伸。

参考文献

刘泉顺，等. 1984. 简易淘洗法在底栖生物调查方面的应用及效果分析. 海洋科学，2：49-51.

江锦祥，等. 1984. 台湾海峡西部近海底栖生物生态初步研究. 海洋学报，6(3)：389-398.

吴启泉，等. 1985. 台湾海峡西部海域底栖生物生态研究. 海洋学报，7(8)：378-387.

王伟强，等. 1986. 福建九龙江口河海水混合特征. 台湾海峡，5(1)：10-17.

Liu Ruiy, et al. 1983. Ecology of Macrobenthos of the East China Sea and Adjacent Waters.Sedimentation on the Continental Shelf, with Special Reference to the East China Sea. China Ocean Press. 879-903.

Remane A.and C. Schlieper. 1971 Biology of brackish water.

Varshney P,K., K. Govindan and B N.Desai. 1981. Benthos of the Narmada estuary. Mahasagar-Buttetin of the Oceangraphy, 14(2): 141-148.

何明海，蔡尔西，吴启泉，江锦祥，林双淡，徐惠州，刘泉顺，郑凤武，李荣冠.

原载《生态学报》，1988，8(2)：133-139.

浔江底栖生物的种类组成与数量分布

浔江位于台湾海峡西岸的厦门岛北面，是一个半封闭海湾。湾口朝东南，湾内水深在20 m 以内，盐度周年变化一般在28.5～32.0。浔江海域自然环境优越，生产力高，生物资源丰富，具有发展增养殖的优良条件。底栖生物是海洋生物的一个重要类群，查清本海湾底栖生物种类组成和数量分布特点，对于水产资源的开发和环境保护均具有现实意义。

1 材料与方法

材料系根据1980年11月和1981年2月、5月、8月在浔江海域进行的4个生物季节（分别代表秋、冬、春、夏）的调查资料整理而成。底栖生物调查共布设16个采泥站和5个拖网站（图1）。

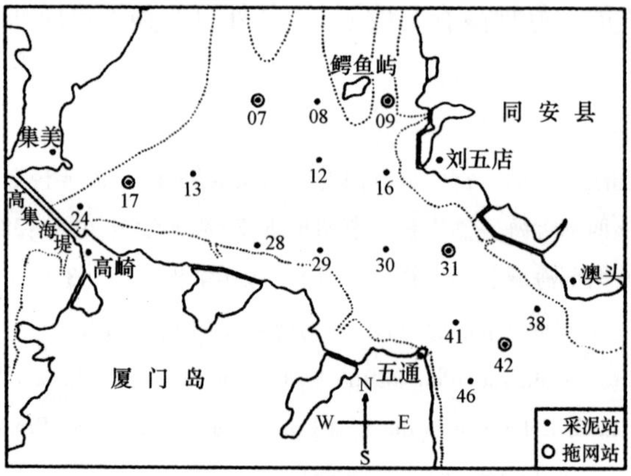

图1 调查站位

采泥使用0.1 m^2HNM型采泥器，每站连续取样两次，泥样经孔目为0.45 mm的筛子冲洗后，用简易淘洗法[1]分离出底栖生物标本。拖网使用1.5 m宽的三角形网，每站拖曳5 min。标本按《海洋调查规范》处理。

2 结果

2.1 种类组成及分布特点

2.1.1 种类组成

本调查获得的底栖生物定量和定性标本，经初步鉴定共 468 种，其中有 379 种鉴定到种。从种类组成看，多毛类居首位，为 178 种，占 38.0%；依次为软体动物（71 种，占 15.2%）：鱼类（51 种，占 10.9%）、棘皮动物（33 种，占 7.1%）、其他动物（26 种，占 5.5%）。

上述底栖生物的区系特点以热带、亚热带暖水种占优势。其中，亚热带杂毛虫（*Poecilochaetus partropicus*）、双鳃内卷齿蚕（*Aglaophamus didranchis*）、滑指矶沙蚕（*Eunice indica*）、尖喙小囊蛤（*Saccelle cuspidata*）、辅射荚蛏（*Siliqua radiata*）、隆线强蟹（*Eucrate crenata*）、刺足掘沙蟹（*Scalopidia spinosipes*）、洼颚倍棘蛇尾（*Amphioplus depressus*）、勒氏须鰔（*Sciaena russelli*）、卵鳎（*Selea ovata*）和飞海蛾（*Pegasus volitans*）等为典型暖水种。

2.1.2 种数分布

本区底栖生物种数的分布不均匀，采泥站种数在 38～105 种，拖网站为 89～182 种（图 2）。各站种数的组成均以多毛类占优势（一般占 50%～70%），其次是甲壳动物或软体动物，棘皮动物较少。

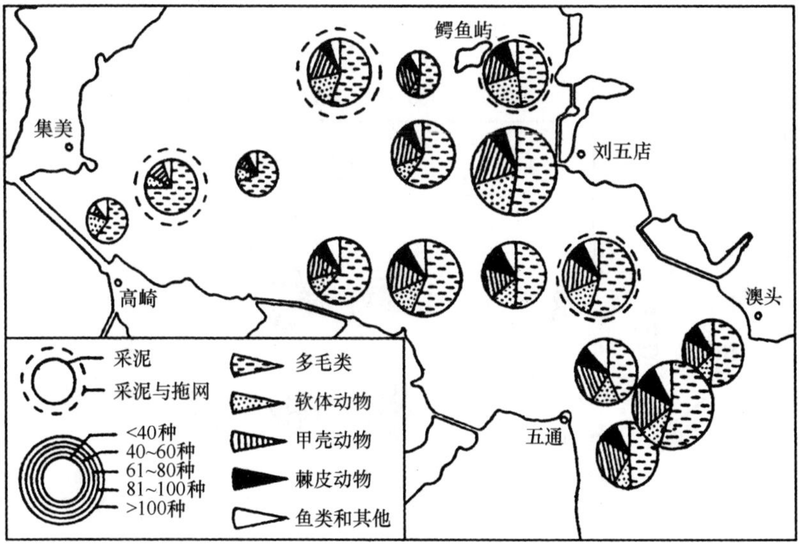

图 2 底栖生物数量组成和百分比分布

2.1.3 优势种分布

根据各个种类的密度及出现频率的大小，本区底栖生物优势种有 11 种。依次为尖喙小囊蛤、梳鳃虫(*Terebellides stroemii*)、亚热带杂毛虫、洼颚倍棘蛇尾、厚杆阳遂足(*Amphiura pachybactra*)、特矶沙蚕(*Euniphysa aculeata*)、利波巢沙蚕(*Dioptra nepolitana*)、羽毛海扇虫(*Pherusa plumosa*)、拟特须虫(*Paralacydonia paradoxa*)、印痕倍棘蛇尾(*Amphioplus impressus*)和模糊新短眼蟹(*Neoxenophthalmus obscurus*)。

优势种的分布见图3。从图3中可以看出,拟特须虫、梳虫、利波巢沙蚕、羽毛海扇虫和模糊新短眼蟹的分布较均匀,其余的种类分布不甚均匀。

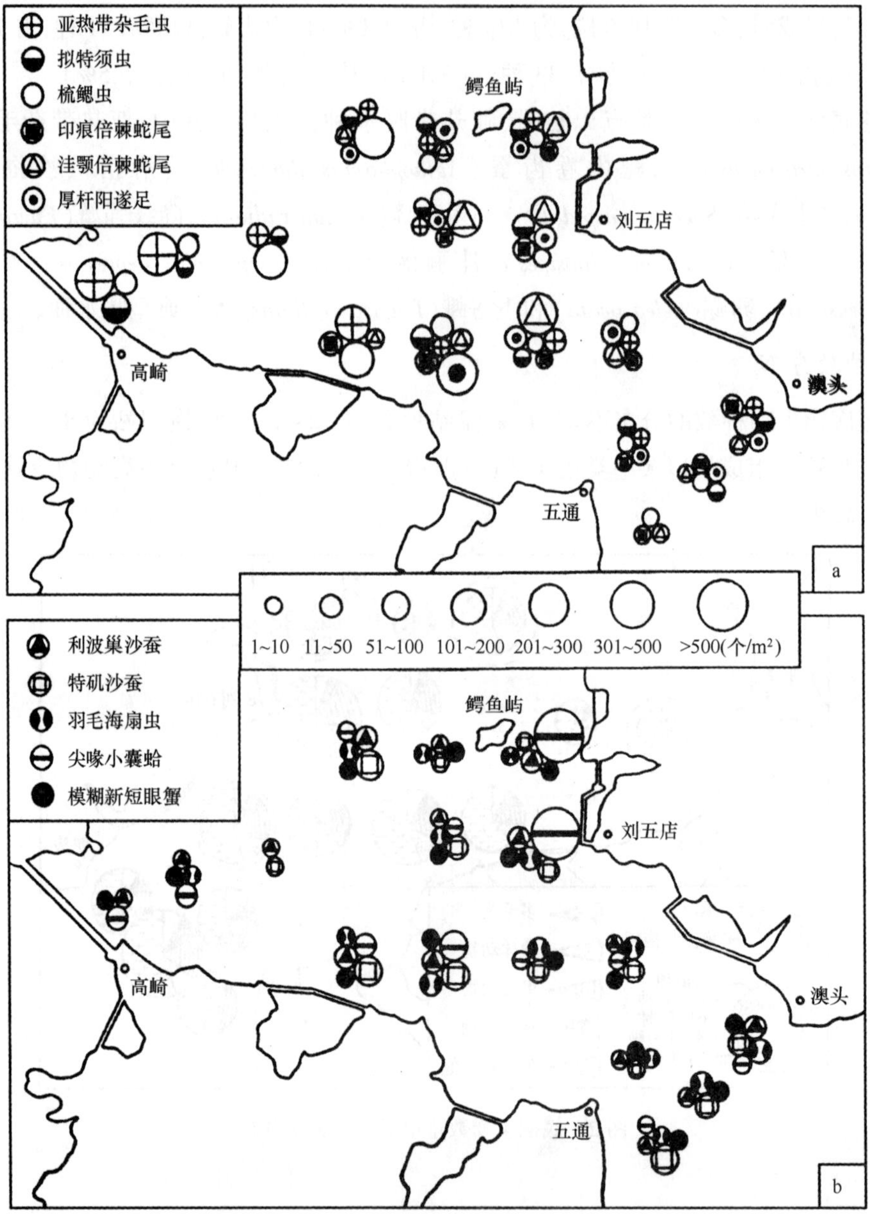

图3 优势种的分布

2.2 数量分布与季节变化

2.2.1 数量分布

本调查区底栖生物生物量和栖息密度较大，平均总生物量为 73.75 g/m^2，平均密度为 920 个/m^2。数量组成见表 1。

表 1 底栖生物平均数量组成

类群	生物量		栖息密度	
	g/m^2	%	个/m^2	%
多毛类	11.09	15.0	293	31.9
软体动物	14.32	19.4	448	48.7
甲壳动物	6.11	8.3	72	7.8
棘皮动物	21.91	29.7	94	10.2
鱼类和其他	20.32	27.6	13	1.4
合计	73.75	100	920	100

底栖生物的数量分布很不均匀，高低悬殊较大，总生物量在 13.00~172.23 g/m^2，密度为 215~4 033 个/m^2(图 4 和图 5)。不同类群的数量分布有所差异：多毛类在海湾内侧和近岸处的数量较大；软体动物主要集中于刘五店至鳄鱼屿一带，其生物量可达 84.81 g/m^2，密度高达 3 791 个/m^2；甲壳动物、棘皮动物和鱼类的数量主要分布于近湾口一侧，尤其是棘皮动物，在近湾口处生物量和密度分别高达 135.28 g/m^2 和 456 个/m^2。

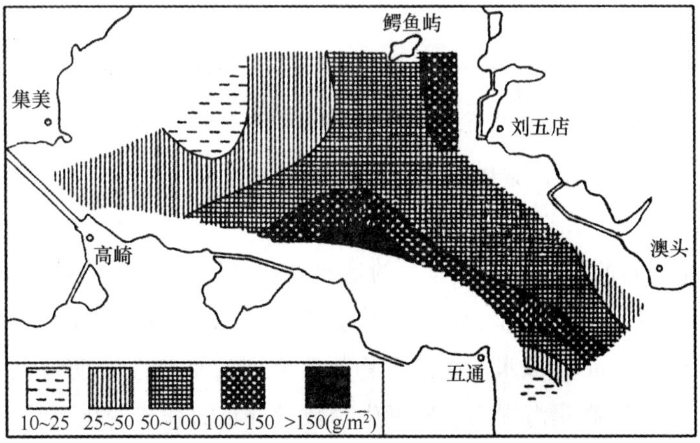

图 4 底栖生物平均生物量分布

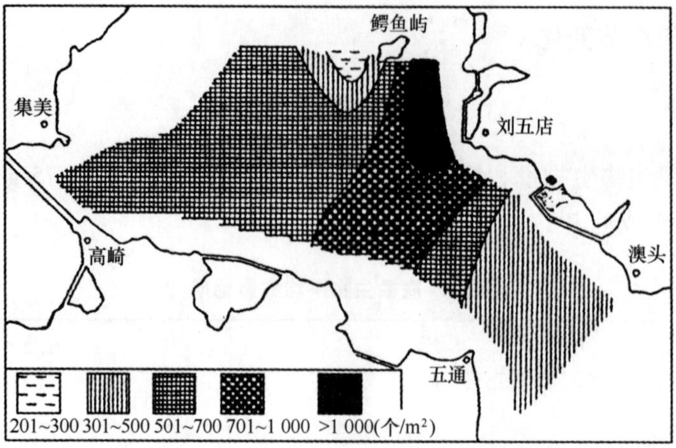

图 5　底栖生物平均栖息密度分布

2.2.2　数量的季节变化

本区底栖生物数量的季节变化明显，总的趋势由大到小依次为春季、冬季、秋季、夏季(图 6)。在主要动物类群中，软体动物数量的季节变化较大，其次是棘皮动物和多毛类。

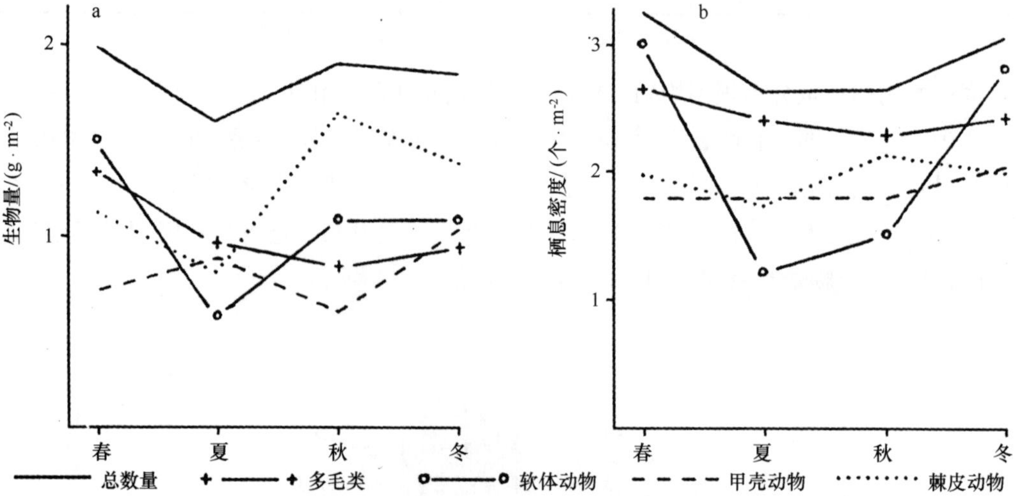

图 6　底栖生物及其主要类群数量的季节变化

底栖生物数量分布的季节变化最显著的是刘五店鳄鱼屿一带。春季该水域底栖生物数量高达 350 g/m^2 和 10 185 个/m^2，夏季和秋季均低于 50 g/m^2 和 500 个/m^2，冬季上升至 56.90 g/m^2 和 5 535 个/m^2。该水域底栖生物数量剧烈的季节性波动与尖喙小囊蛤的季节性消长密切相关。此外，高集海堤附近底栖生物数量分布的季节变化也较大，主要是由亚热带杂毛虫和梳鳃虫等优势种所引起。

2.3 底栖生物与沉积物的关系

沉积物是影响本调查海区底栖生物分布的主要环境因子。本区沉积物可分为中粗砂、泥质砂、砂质泥和粉砂质泥 4 种类型，并呈镶嵌分布。不同的沉积物类型，底栖生物的种类和数量都有明显的差别。从表 2 可以看出，在泥质砂和砂质泥底质类型中，底栖生物不仅种类较多，而且数量也大，而在中粗砂和粉砂质泥中，底栖生物的种类较少，数量也较小。

沉积物颗粒组成的不同，使沉积物具有不同类型。不同的生物种类对沉积物的粒级组成的要求也不同。有些种类对沉积物粒级的选择性较强，如喇叭助角贝（*Graptacme buccinula*）、亚热带杂毛虫和梳鳃虫等主要分布于粒径系数（$Md\phi$）7~10 的细颗粒沉积物中，白氏文昌鱼（*Brachiostoma belcheri*）仅分布于粒径系数小于 2 的中粗砂沉积物，而特矶沙蚕和印痕倍棘蛇尾则分别分布于粒径系数为 3~6 和 5~7 的泥砂混合的沉积物中。

沉积物有机质含量的多少与底栖生物的分布也呈一定的相关性（图 7）。当沉积物有机质含量为 0.8%~1.2%时，底栖生物种类最多，而有机质低于 0.6%或高于 1.4%时，底栖生物种类较贫乏。

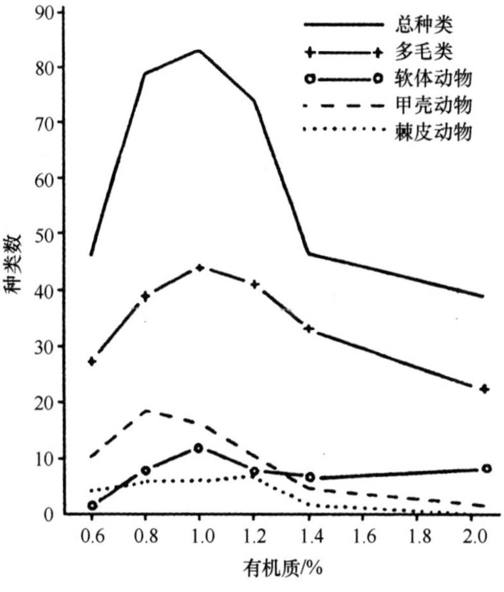

图 7　底栖生物及其主要类群种类数的分布与有机质的关系

表 2　不同沉积物类型中底栖生物的种类和数量

动物类群 / 项目 / 沉积物类型	实测站位	多毛类			软体动物			甲壳动物			棘皮动物			鱼类和其他			合计		
		种类数/(种)	生物量/(g/m^2)	密度/(个/m^2)	种类数/(种)	生物量/(g/m^2)	密度/(个/m^2)	种类数/(种)	生物量/(g/m^2)	密度/(个/m^2)	种类数/(种)	生物量/(g/m^2)	密度/(个/m^2)	种类数/(种)	生物量/(g/m^2)	密度/(个/m^2)	种类数/(种)	生物量/(g/m^2)	密度/(个/m^2)
中粗砂	2	30	5.41	170	5	1.77	14	12	2.86	19	6	52.15	244	4	1.70	23	57	63.89	470
泥质砂	3	45	9.92	234	13	52.91	2 207	15	6.64	57	6	12.26	90	4	10.35	7	83	98.08	2 595
砂质泥	8	41	11.55	289	8	6.21	37	18	7.31	99	6	24.54	90	7	31.65	19	80	81.26	534
粉砂质泥	3	29	16.58	463	6	2.85	70	4	1.22	46	1	0.02	1	4	14.45	10	44	35.16	590

沉积物对底栖生物的影响与营养类型有关。在泥质沉积物中,以沉积物中有机碎屑为食的种类为主,如亚热带杂毛虫、梳鳃虫、足刺异单指虫(*Heterocossura aciculata*)、海地瓜(*Acaudina molpadioides*)和红狼牙虾虎鱼(*Odontamblyopus rubicundus*)等,它们吞食富含有机质的沉积物或摄食沉积物表面的有机碎屑。在砂质沉积物中,以滤食性和肉食性种类为多。营滤食性的种类如眼蜂海绵(*Haliclona oculata*)、大盖粗胞苔虫(*Scrupocellaria maderensis*)、欧文虫(*Owenia fusiformis*)和白氏文昌鱼等;营肉食性的种类如特矶砂蚕、长吻沙蚕(*Glycera chirori*)、砂海星(*Luidia quinaria*)、厚杆阳遂足、尖吻蛇鳗(*Ophichthys apicalis*)和赤魟(*Dasyatis akaje*)等。

3 结语

本区底栖生物种类丰富,本调查共获 468 种。种类组成以多毛类、软体动物和甲壳动物为主。种类数分布不均匀。底栖生物区系特点以热带、亚热带暖水种占优势,主要是受南海暖流影响较大的缘故。

本区底栖生物数量较大,平均总生物量为 73.75 g/m^2,平均密度为 920 个/m^2。数量分布很不均匀,季节变化明显。

沉积物与底栖生物分布的关系密切。沉积物类型和有机质含量对底栖生物的影响较大。

参考文献

1 刘泉顺,等. 海洋科学,1984,2:49-51.

2 江锦祥,等. 海洋学报,1984,6(3):389-298.

3 吴启泉,等. 海洋学报,1985,7(3):878-887.

4 Pearson, T H. J. Exp. Mar. Biol. Ecol. 1970, 5:1-41.

5 Trueman, E. R. and Ansell, A. D. Oceanogr. Mar. Biol. Ann. Rev., 1969,7:315.

何明海,蔡尔西,吴启泉,江锦祥,林双淡,徐惠州,刘泉顺,郑凤武,李荣冠.

原载《海洋通报》,1988,7(2):80-86.

台湾海峡西部海域底栖生物生态研究

I.厦门港底栖动物群落分析

厦门港位于台湾海峡西部金门湾内,包括九龙江口、厦门外港、厦门西港和浔江海域[1],系一个亚热带河口港湾。本港不同程度地受到南海水系和浙闽南下沿岸流的影响,生物区系比较复杂。郑重、金德祥、黄宗国等已先后研究了该港的浮游动物、浮游植物、附着生物和潮间带生物[2-4]。但迄今为止,对厦门港浅海带和潮下带底栖动物生态学的研究,尚未见报道。

国家海洋局第三海洋研究所于1980—1981年对该港进行了周年逐月的综合调查,本文根据其中4个季度月(2月、5月、8月、11月)底栖动物资料整理而成。

1 材料与方法

调查区共布设54个表层采泥站和13个拖网站。采泥使用0.1 m^2HNM型抓斗采泥器,每站连续取样两次。泥样经孔目为0.45 mm的筛子冲洗,后用简易淘洗法分离出余渣中底栖动物标本[5]。拖网站使用著者设计的1.5 m宽的三角形网,每站拖曳5 min。标本按《海洋调查规划》处理。

应用Sanders(1960)描述的公式($PSC=100-50\sum|a'-b'|$)进行每两测站间种类组成百分相似性计算。式中a'、b'分别代表同一种类在两个测站的栖息密度百分比,而罕见种(即在全海区出现率小于1%、每次只采到一个个体的种)不参与计算。为取得具有代表性的种类百分相似性的聚类模式,除了分别对春、夏两季的种类进行统计外,还对全年的种类进行了统计,并按上述公式经电子计算机(PDP - 11/34A)运算,绘出对应站的种类百分相似性聚类图。

本文除了对各个底栖动物群落作了一般性描述外[6-7],还采用了种类多样性(H')、种类丰度(d)、种类均匀度(J)3个参数,进一步分析底栖动物群落结构的特点[8-10]。其计算方程是:

$$H'=-\sum_{i}^{S}P_i\log_2 P_i; \quad (1)$$

$$d=(S-1)/\log_2 N; \quad (2)$$

$$J=H'/H_{max}. \quad (3)$$

式中,S为样品的种类数;P_i为第i种个体数与总个体数的比值;N为样品的总个体数。

2 结果与分析

根据厦门港底栖动物在春季的种类多、数量大、代表性强的特点及种类百分相似性的计算结果，选择以该季的种类百分相似性聚类模式(图1)作为划群落分布区的基础，在此基础上参考了优势种和特有种的分布特点以及环境特征等资料，对某些测站的归属作适当处理，结果表明厦门港的底栖动物分8个群落，其栖息范围见图2。

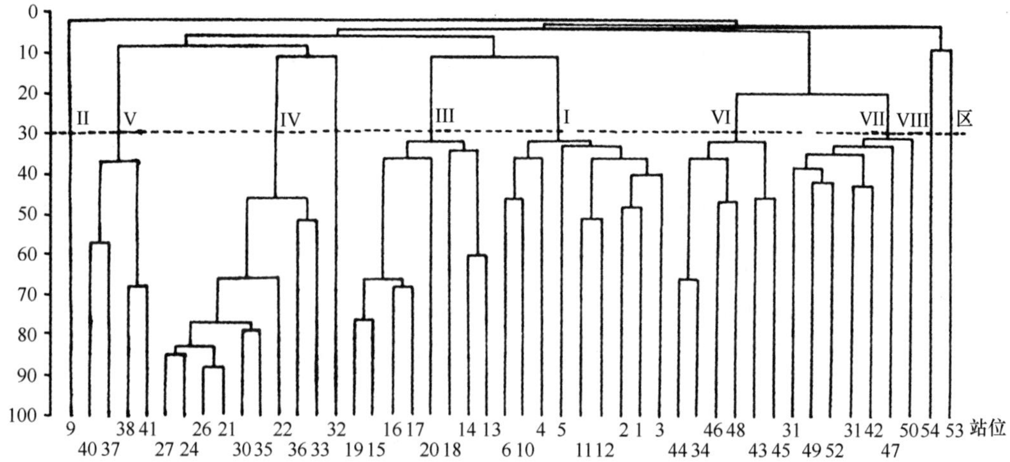

图1 厦门港底栖动物种类组成百分相似性系数站位聚类

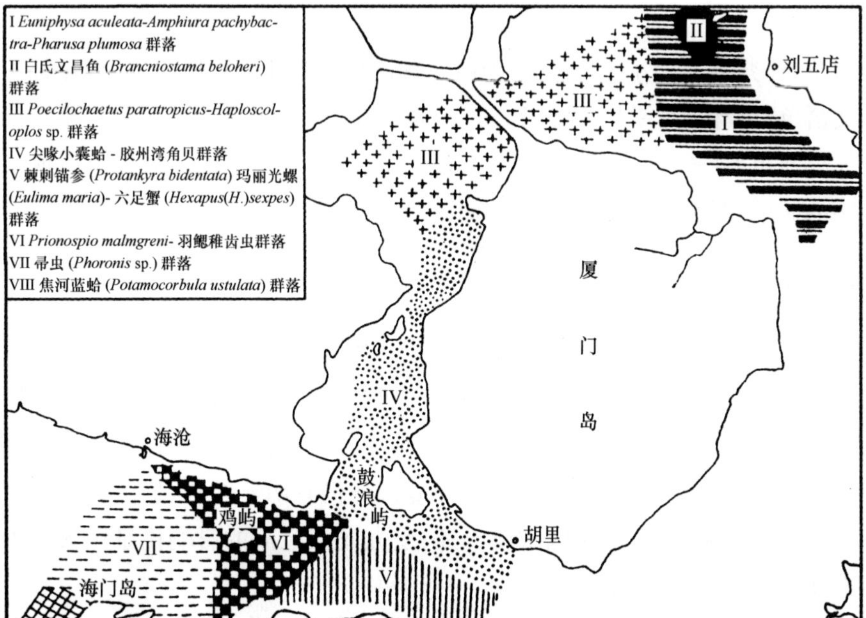

图2 厦门港底栖动物群落分布区

根据盐度和有关环境条件的差异及种类组成的特点，可将 8 个区归为河口、混杂和外海等 3 种不同性质群落。“群落分布与环境的关系”一节将进一步分析。表 1 列出这 8 个区群落的性质、组成和结构参数。

2.1 外海性群落

分布于浔江海区东部，包括群落Ⅰ区和群落Ⅱ区。共同的特点是盐度高而变幅小，基本上不受冲淡水的影响，一般底盐在 31±1；底栖动物组成没有出现咸淡水种。但两区沉积物环境完全不同：Ⅰ区底质类型复杂，主要为粉砂-砂质泥和粉砂-泥质砂，沉积物分选系数较高（$QD_\phi=4.20$）；Ⅱ区为中粗砂，沉积物分选系数极低（$QD_\phi=0.9$）。因此，两群落结构截然不同。

2.1.1 群落Ⅰ区

其结构十分复杂。表 1 说明本区具有下述特点：①种类组成极丰富，占厦门港所获种类（731 种）的 53%；② 优势种不明显，数量相对大的种类较多，其中多毛类（*Euniphysa aculeata*、*Pharusa plumosa*）和蛇尾类（*Amphiura pachybactra*）的分布均匀、出现率高、数量稍大，是群落代表种；③ 特有种类较多，仅常见特有种达 14 种，其中海瓜子（*Cnemidcarpa mollis*）和蜂海绵（*Haliclona* sp.）的数量可高达 50 个/m^2 和 100 g/m^2；④ 从营养类型来看，以沉积物食性种居优势（占 60%左右），其他为滤食性和捕食性动物；⑤ 群落结构的 3 个参数值的计算结果，表明该区的种类丰度值很高，种间个体分配较均匀，种类多样性指数为最高值。这些特点充分说明该区的群落结构十分复杂，是厦门港底栖动物多样性最高的群落。

2.1.2 群落Ⅱ区

结构简单、种类组成十分贫乏，基本上由滤食性和捕食性动物所组成，数量都不大，仅特有种白氏文昌鱼数量稍大（平均 41.5 个/m^2 和 8 g/m^2）。表 1 说明该区种类丰度值很低，尽管种间个体分配相当均匀，但多样性（H'）仍为低值，这正说明了该区的种类组成十分贫乏，导致其结构的简单，即为低多样性群落分布区。

2.2 混杂性群落

主要分布于厦门西港。共同的环境特征是有机物相当丰富，局部区域出现过量有机物，造成环境污染效应。包括群落Ⅲ区和群落Ⅳ区。两区底栖动物最显著的特点是栖息密度都很高，种数组成较相近，优势种极明显，而且均以食沉积物或有机碎屑的小体型底内动物为主，其中仅多毛类就占 50%左右。但两区的环境特征仍有明显差异：群落Ⅲ区水流不畅通，受到高沉积速率的影响；而群落Ⅳ区水流畅通，受九龙江径流的影响比Ⅲ区大。因此，两区底栖动物有明显的不同（表 1）。

表 1　厦门港底栖动物群落的性质及其结构

性质	群落序号	实测站数	种类数	生物量/（g/m^2）	栖息密度/（个/m^2）	多样性指数（H'）	种类丰度（d）	均匀度（L）	主要种	特有种
外海	Ⅰ	9	386	78.8	545	4.82	9	0.7	*Diopatra neapolitana*, *Lumbrineris* sp. 1, *Terebellides stroemi*, *Owenia fusiformis*, *Magelona cineta*, *Cirratulus filiformis*, * *Euniphysa aculeata*, * *Pharusa plumosa*, *Raphidopus ciliatus*, *Amphioplus impressus*, *Amphioplus depressus*, *Amphioplus ancistrotus*, * *Amphiura pachybactra*, *Lumbrineris latreilli*, *Eriopisella* sp., *Photis* sp.1	*Cnemidcarpa mollis*, *Ophionereis dubia sinensis*, *Peronella lesueuri*, *Caberea latatsu-chinensis*, *Byblis japonica*, *Byblis japonica*, *Byblis* sp., *Haliclona* sp., *eocuma* sp., *Cirolana japonesis*, *Alpheopsis* sp., *Upogebia* sp., *Pontocrates altamarimus*, *Kerguellenia* sp., *Botryllus schlossori*
	Ⅱ	1	50	67.0	215	2.48	1.8	0.8	* *Branchiostoma belcheri*	*Branchiostoma belcheri*
混杂	Ⅲ	8	262	34.0	609	3.40	4.7	0.6	* *Paralacydonia paradoxa*, *Haploscoloplos* sp., *Pista typha*, *Graptacme buccinula*, * *Peocilochaetus paratropicus*, *Terebellides stroemi*	
	Ⅳ	9	275	56.6	1 165	2.10	5.4	0.4	* *Dentalium kiaochowwanense*, *Lumbrineris* sp. 1, *Aglaophamus dibranchis*, *Graptacme buccinula*, *Lumbrineris shiinoi*, *Sternaspis scutata*, *Nassarius siquijorensis*, *Leionucula niponica*, *Nassarius variciferus*, * *Nuculana cuspidata*, *Xenophthalmus pinntheroides*, *Amphioplus depressus*	*Dentalium kiaochowwanense*

续表

性质	群落序号	实测站数	种类数	生物量/(g/m^2)	栖息密度/(个/m^2)	多样性指数(H')	种类丰度(d)	均匀度(L)	主要种	特有种
河口	Ⅴ	7	154	136.5	213	4.4	4.9	0.8	*Mediomastus californiensis*, *Heteromastus filiformis*, *Aglaophamus dibranchis*, *Sternaspis scutata*, * *Eulima maria*, * *Hexapus sexpes*, *Protankyra bidentata*	
	Ⅵ	7	266	37.0	556	4.5	7.2	0.8	*Glycera convoluta*, *Paralacydonia paradora*, * *Prionospio pinnata*, * *Prionospio malmareni*, *Tellinides chinensis*, *Mediomastus californisnsis*, *Heteromastus filiformis*, *Nassarius variciferus*, *Olivella* sp., *Reticunassa dermestina*, *Nassarius sipuijorensis*, *Amphioplus prasetans*, *Leionucula niponica*	
	Ⅶ	6	132	15.9	270	3.3	3.7	0.6	*Owenia fusiformis*, * *Phoronis* sp.	*Phoronis* sp.
	Ⅷ	2	50	14.6	869	0.5	1.5	0.1	* *Potamocorbula ustulata*, *Corophium* sp.5	*Potamocorbula ustulata*

*群落代表种。

2.2.1 群落Ⅲ区

主要优势种是多毛类，其中 *Peocilochaetus paratropicus* 和 *Haploscoloplos* sp.是群落代表种，数量特别大，分别高达 1 405 个/m^2 和 665 个/m^2；种类多样性适中。但应引起注意的是在局部受有机物污染的区域，底栖动物无论种类丰度和多样性指数均较低，棘皮动物没有出现；而多毛类特别繁多，无论种类数和栖息密度都占 80%左右。

2.2.2 群落Ⅳ区

最主要的特点是软体动物占绝对优势，栖息密度为总密度的 87%，其中又以群落特征种尖喙小囊蛤（*Nuculana cuspidata*）的密度最大，平均 672 个/m^2，占总密度的 62%，可见它的数量变动可代表该群落的变化。此外，胶州湾角贝（*Dentaliun kiaochowwanense*）是本区唯一的特有种，它的出现是本群落的重要标志。种类多样性指数的计算结果也说明了尖喙小囊蛤数量之大，是导致本区群落结构低多样性的主要因素。

2.3 河口性群落

它们均分布于九龙江河口，包括群落Ⅴ区、Ⅵ区、Ⅶ区和Ⅷ区。直接受九龙江径流的影响，盐度变幅都较大，底栖动物的种类组成均系广盐种和半咸淡水种。由表 1 可见，这 4 个区的群落代表种均为河口性种，但其环境特征和群落结构都有显著差异。

2.3.1 群落Ⅴ区

位于九龙江径流出海的通道，底盐为 25~32；主要环境特征系沉积物表层（厚度 1~2 cm）不很稳定，常出现弱冲淤现象，底质主要类型为粉砂质泥，局部为细砂和泥质细砂，因此，该区底栖动物不同于Ⅵ区：种类少，栖息密度低。这是由于栖息于沉积物表层（1~2 cm）的种类大多不能在此生存，如Ⅵ区的蛇尾类和某些多毛类均不在此出现。但应指出的是适宜在该区生活的棘刺锚参（*Protankyra bidentata*）则大量繁生，致使该区生物量比其他三区高 3~8 倍。棘刺锚参是河口附近泥食性动物（盐度范围为 25~32，最适盐度为 25~31），它的大量出现是该群落最重要的标志。此外，*Eulima maria* 和六足蟹（*Hexapus sexpes*）的数量较多，也是该群落的标志之一。从成员的食性来看，没有出现有柄或固着生活的滤食性动物，本群落主要由 3 种摄食方式的动物所组成：① 潜居底内无选择地摄食沉积物，棘刺锚参即为典型代表，此类型动物在群落中种类较多；② 潜居底内有选择性地摄食有机碎屑、单细胞藻和桡足类等丰富的细颗粒沉积物，以 *Eulima maria* 和六足蟹为代表，此类动物种类也较多；③ 底上肉食性动物无论种数和数量都较少。各群落结构参数说明该群落种类丰度略低，但种间个体分配很均匀，种类多样性指数为高值，可见该群落结构仍较复杂，是属于高多样性群落分布区。

2.3.2 群落Ⅵ

处径流和海水交汇混合区，底层水悬浮体含量高（50%~80%）；盐度比群落Ⅴ区低而梯度大（23.62~31.88）；底质比Ⅴ区较稳定，为粉砂质泥，有机物含量适中。栖息于该区的底栖动物种类多,密度大(比群落Ⅴ区高1倍以上),反映了一般亚热带河口咸淡水混合区生物组成十分繁盛的特点。应指出的是底栖动物明显比群落Ⅴ区多,主要是甲壳动物和鱼类,但数量大的仍是潜居底内吞食或滤食沉积物的种类,如多毛类羽鳃稚齿虫(*Prionospio pinnata*)、软体动物中国小樱蛤(*Tellinides chinensis*)、棘皮动物洼颗倍棘蛇尾(*Amphioplus depressus*)和薄倍棘蛇尾(*Amphioplus praestans*)等均为优势种,其中前两种为群落代表种。该群落种类丰度为高值,种间个体分配很均匀,多样性指数为高值,说明该群落结构较复杂,是厦门港高多样性群落分布区之一。

2.3.3　群落Ⅶ

主要环境特征是盐度比Ⅵ区低而梯度更大(18~29);沉积速率大,为粗粒沉积环境,但沉积物结构较复杂,表层采样分析,在3 cm以上为泥质细砂,3~10 cm为细砂,10 cm以下为中砂。本区底栖动物的特点是种类少,栖息密度和生物量都较低,优势种只有帚虫(*Phoronis* sp.)、欧文虫(*Owenia fusiformis*)和西格织纹螺(*Nassarius siquijorensis*)。其中帚虫是特征种,它常密集于河口区沉积物表层泥质细砂,而在3 cm以下为细砂的沉积物环境中,密度高达1 065个/m^2,其分布区是本群落的主要标志。群落多样性各指数值均明显比Ⅵ区低,可见高速率沉积环境会降低种类丰度,导致该区为中多样性群落。

2.3.4　群落Ⅷ

位于九龙江口海门岛西侧水域,系河口咸淡水群落,实测站仅2站。根据环境特征资料估计,该群落可向上分布至玉枕洲附近。最重要环境特征是盐度最低(16~24);有机质最丰富,春季于局部区域硫化物超标。该区底栖动物的最主要特点是种类组成最贫乏,邻近群落Ⅶ区的绝大多数种不在此分布;本区栖息密度大,这主要是群落特征种——焦河蓝蛤(*Potamocorbula ustulta*)的数量特别大,它在秋季为繁殖高峰期,可采到大量幼体(高达1 605个/m^2),但在春季则消失,原因不明。群落多样性几个参数的计算结果,也表明其群落结构最简单(表1)。

3　群落的分布与环境的关系

上述各群落的结构特点及其环境特征,下面再纵观各群落的结构及分布特点与其环境因素的关系。初步分析认为与下述两因素关系较密切。

3.1　底栖动物群落分布与径流的关系

九龙江径流虽然不特别大(年径流量为150亿m^3)但它对厦门港底栖动物群落的分布的影响特别明显。在8个群落分布区中,有4个区(Ⅴ、Ⅵ、Ⅶ、Ⅷ)直接受其影响,均系河口性群落,由于九龙江口底质环境较复杂,为了说明径流对底栖动物群落分布的影响,我们选择这4个区中底质类型大致相同的9个测站,进行种类多样性与其平均底层盐度的相关分析,结果表明,种类多样性与其平均底层盐度成正相关(图3)。由此可得到如下的认识:在沉积物环境大致相同的条件下,河口区底栖动物群落的多样性是随着经济的减弱和外海水影响的增强而增大[11]。

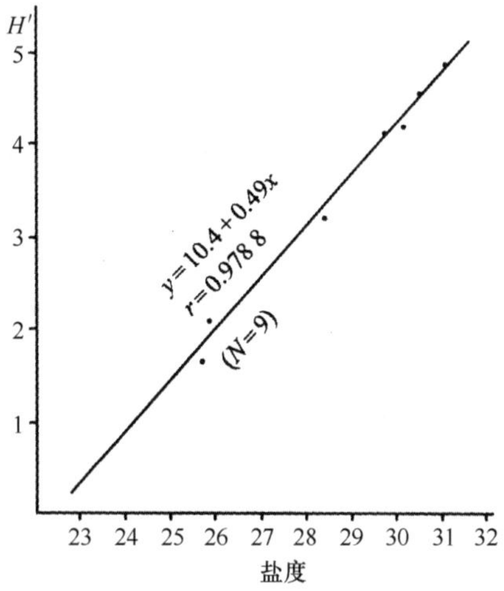

图 3　九龙江口底质相同的测站的种类多样性与其底盐的相关性

群落Ⅲ区和Ⅳ区受九龙江径流的影响较弱,但也有河口咸淡水种的分布,如脊尾白虾、巨指长臂虾和多鳃齿吻沙蚕等均系河口咸淡水种。应指出的是影响这两区群落结构的因素较多,其中城市排污所造成的环境压力是不可忽视的。群落Ⅱ区和Ⅰ区没有典型河口咸淡水种的分布,说明这两区受外海水的影响较强。因此,正如上面已提过的,根据盐度和其他环境条件对底栖动物群落分布影响的差异及种类组成特点的不同,可将厦门港底栖动物群落划分为 3 种不同生态性质群落:河口性群落;混杂性群落;外海性群落。

3.2　群落结构与沉积物的关系

Sanders 等学者已论述了底栖动物分布与沉积物的关系,其中 Rhoads 做了大量工作[12-13]。我们仅根据有限的调查资料,初步分析了厦门港沉积物环境对底栖动物群落结构的影响。

厦门港的沉积物环境对底栖动物群落结构特点的影响是错综复杂的,它不仅表现在沉积物类型方面,而且也表现在悬浮物的沉积速率、沉积物的分选性、沉积物的营养成分和沉积物受污染程度等方面,这些因素对底栖动物群落结构的影响往往又是综合的。根据资料分析结果表明,底栖动物群落结构的特点主要受沉积物类型的影响。由表 2 可见:当沉积物的中值粒径($Md\phi$)为 5~7 时,群落多样性(H')值较高;而当 $Md\phi$ 值在<5 或<7 时,多样性(H')值均较低。可见在一般情况下,底栖动物群落结构系以泥质砂或砂质泥海底的多样性为高值;而砂质或黏土质海底的多样性为低值。但应指出,沉积物类型对底栖动物群落的影响常伴随着其他沉积物因素的影响。由表 2 可见,沉积物的分选系数($QD\phi$)与底栖动物群落多样性(H')呈正相关($r=0.884\ 8, N=8$),可见 $QD\phi$ 值越高越有助于提高群落多样性(H'),相反则降低群落多样性(H');但当沉积物中有机质特别丰富或受到有机物污染时,群

落多样性趋向低值。

表 2　底栖动物群落结构与沉积因素

群落	多样性指数（H'）	种类丰度（d）	平均粒径系数（$Md\phi$）	平均分选系数（$QD\phi$）	有机质 /%	硫化物 /$\times10^{-6}$
Ⅰ	4.82	9	6.35	4.2	0.9	22
Ⅱ	2.48	1.8	1.10	0.9	0.9	14
Ⅲ	3.40	4.7	8.88	2.09	1.58	289
Ⅳ	2.10	5.4	8.78	1.98	1.68	193
Ⅴ	4.40	4.9	7.03	2.49	1.30	105
Ⅵ	4.50	7.2	5.5	3.20	1.22	64
Ⅶ	3.30	3.7	2.43	2.28	1.10	11
Ⅷ	0.50	1.5	7.15	2.29	1.90	516

4　讨论与结语

厦门港湾底栖动物群落可划分为 8 个分布区：Ⅰ区，*Euniphysa aculeata-Amphiura pachybactra-Pharusa plunosa* 群落；Ⅱ区，白氏文昌鱼群落；Ⅲ区，*Poecilochaetus paratropicus-Haploscoloplos* sp.1 群落；Ⅳ区，尖喙小囊蛤-胶州湾角贝群落；Ⅴ区，棘刺锚参-*Eulina maria*-六足蟹群落；Ⅵ区、*Prionospio malmgreni*-羽鳃稚齿虫群落；Ⅶ区，帚虫群落；Ⅷ区，焦河蓝蛤群落。这 8 个区可归为河口、混杂和外海 3 种不同性质生态类型；从群落结构特点来看，又可归为高多样性（$H'>4$）、中多样性（H'为 3～4）、低多样性（H'为 1～3）和最低多样性（$H'<1$）4 种结构类型。

4.1　河口性群落

即是群落Ⅴ、Ⅵ、Ⅶ、Ⅷ区。均位于九龙江河口区，同时受九龙江径流和外海水不同程度的影响，在相同沉积环境条件下，其群落结构系随着径流的减弱和外海水影响的增强而由低多样性趋向高多样性。

4.2　混杂性群落

包括群落Ⅲ区、Ⅳ区，主要位于厦门西港，均系中多样性群落，都受有机物丰富和局部污染的影响，但Ⅲ区还受高沉积速率的影响，而Ⅳ区受径流的影响比Ⅲ区稍强。

4.3　外海性群落

即群落Ⅰ区和Ⅱ区，位于浔江海区东部，均受外海水强烈影响。但两者底质类型完全不同，Ⅰ区主要为泥质砂或砂质泥，沉积物分选系数最高；而Ⅱ区底质为中粗砂，沉积物分选系数最低，因此，Ⅰ区群落为最高多样性，而Ⅱ区为低多样性。

综合上述结果，厦门港大型底栖动物的群落结构和分布均较复杂，基本反映了亚热带河口港湾底栖动物群落的生态特点。但与历史资料相比，却有明显变化，如群落Ⅳ区的代表种尖喙小囊蛤于本调查是厦门港湾数量最大的优势种，在西港区平均栖息密度 489 个/m^2，最高达 3 825 个/m^2，但在 1962 年调查时没有出现[6]；又如Ⅲ区的代表种 *Poecilochaetus paraptropicus* 于淤积严重的宝珠屿海域，本调查为主要优势种，平均 239 个/m^2，最高达 1 405 个/m^2，而在 1962 年只发现一条[6]。应特别指出的是，Ⅱ区的白氏文昌鱼群落有趋向“绝迹”的危险，该群落在 1956 年以前是世界著名的文昌鱼场，面积达 10 km^2，年产量稳定，一般达 5 万 kg/a 以上，估算近 1 000 条/m^2；但本调查仅在一站采到较多的白氏文昌鱼（平均 41 条/m^2），其余测站均偶然可采到 1～2 条/m^2。引起上述变化的因素错综复杂，有待深入研究。但初步分析认为，与城市排污量的增加和九龙江径流量减小，冲淡水的影响减弱以及沉积物的变化密切相关。从文昌鱼群落的变化来看，主要是沉积物由中粗砂变为泥质砂或砂质泥，从而改变其生态环境所造成的。

参考文献

1 刘维坤，唐宗福，刘强池．厦门港湾海底地貌及其冲淤变化．台湾海峡，1984(2)：179-188.

2 郑重．厦门海洋浮游动物的初步研究．厦门大学学报，1955(5)：1-16.

3 金德祥．厦门港 1954 年浮游生物定量调查．厦门大学学报，1955(5)：17-30.

4 福建省海洋研究所海洋生物研究室等．厦门及其附近潮间带生态调查．厦门大学学报（自然科学版），1960，7(3)：74-95.

5 刘泉顺，吴启泉，蔡尔西，等．简易淘洗法在底栖动物调查方面的应用及效果分析．海洋科学，1984(2)：49-51.

6 江锦祥，陈灿忠，吴启泉，等．台湾海峡西部近海底栖生物生态初步研究．海洋学报，1984，6(3)：389-398.

7 古丽娅诺娃，E.P.，吴宝铃．胶州湾的底栖生物群落．海洋科学集刊，1963(3)：51-61.

8 李冠国．多样性指数的应用．海洋科学，1981(2)：4-8.

9 陈宽智．介绍四种多样性指数．环境科学，1979(2)：64-70.

10 Margalef, R. Infomation theory in ecology. Gen Syst, 1958(3):36-71.

11 Perkins, E. J. Distribution of benthic organisms in relation to salinity. The Biology of Estuaries and Coastal Waters, 1974, 163-182.

12 Rhoads, D. C., Young, D. K. The influencuce of deposit-feeding organisms on sediment stability and community trophic structure. J. Mar. Res., 1970, 28(2):150-177.

13 Rhoads, D. C. Organism-sediment relations on the muddy sea flood. Oceanegr. Mar. Biol. Ann Rev., 1974, 12:263-300.

吴启泉，蔡尔西，何明海，江锦祥，林双淡，徐惠州，刘泉顺．

原载《海洋学报》，1985，7(3)：878-887.

大亚湾表层沉积化学环境及其与底栖生物分布的关系

摘要 根据1988—1989年大亚湾海洋生态零点调查获得的表层沉积物的有机质和全氮含量、Eh值、粒度以及底栖生物的调查资料,对大亚湾表层沉积化学环境进行了分区;探讨了该海区底栖生物分布与沉积化学环境的关系。

Relationship between chemical environment of surface sediment and distribution of benthic organisms in Daya Bay

Abstract: Based on the data of organic materials and total nitrogen in the surface sediment of the Daya Bay in December, 1988 and July, 1989, four types of sediment environments were classified; I. high organic material area (>2.0%); II. comparatively high organic material area (1.5%-2.0%); III. middle organic material area (1.0%-1.5%) and VI. low organic material area (0.5%-1.0%). About half of the total area has higher organic materials.

The relationship between the distribution of benthic organisms and chemical environment of the sediment is discussed. The results show that the total amount and density of benthic organisms are higher in the area with higher organic materials, 268.2 g/m^2 and 907 ind./m^2 respectively. The area with higher organic materials provides a good living environment for benthic molluscs and euchuroides in the Daya Bay.

Key words: sediment, organic matter, benthos, South China Sea

1 材料与方法

1988年12月和1989年7月两次布设50个测站(图1)。除有机质用丘林容量法测定外,其余项目均按国家海洋局《海洋调查规范》(1975年)进行。

文中数值,除Eh值以1989年7月的资料为主参考1988年12月和1987年2月资料,全氮只测1989年7月样品外,其他项目都是取1988年12月和1989年7月两次结果的平均值。

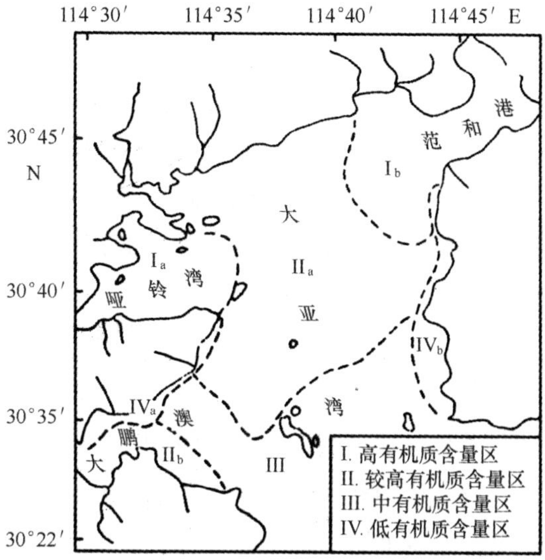

图 1　站位布设及沉积化学环境分区

2　沉积化学环境分区

大亚湾表层沉积物中有机质的含量范围在 0.26%~2.38%,高于广东海岸带有机质含量的平均值(1.14%)[1];其分布呈中部和北部高、南部低,湾内高、湾口低的趋势。全氮含量变化范围 0.013%~0.139%,平均 0.096%,其分布特征与有机质的相似。Eh 值的变化范围为 10~343 mV,平均 107 mV;中、北部广大海域及南部沿岸海域的 Eh 值<100 mV,南部海域的 Eh 值>100 mV,最高的是东、西沿岸海域,Eh 值为 118~343 mV。

本文以有机质和全氮含量的实测数据为主要依据,把大亚湾划分为 4 个沉积化学环境区(表 1 和图 1)。

表 1　大亚湾沉积化学环境划分指标

沉积化学环境区	有机质含量/%	全氮含量/%
I.高有机质含量区	>2	>0.13
II.较高有机质含量区	1.5~2.0	0.10~0.13
III.中有机质含量区	1.0~1.5	0.05~0.10
IV.低有机质含量区	0.5~1.0	0.025~0.05

2.1　高有机质含量区(I)

该区位于哑铃湾与范和港,水动力较弱;沉积物颗粒最细,中值粒径均值为 8.23ϕ;有机质和全氮含量为全湾最高区,平均值分别为 2.21%和 0.134%;Eh 值为全湾最低区,平均值为 43 mV。

2.2 较高有机质含量区(II)

该区位于大亚湾中、北部广大海域和大鹏澳南侧及湾南近岸海域,属于水动力作用微弱的低能环境区;沉积物颗粒较细,中值粒径平均值为 7.47ϕ;有机质和全氮含量平均值分别为 1.69%和 0.108%;Eh 均值为 83 mV。

2.3 中有机质含量区(III)

该区位于大亚湾的南部及出口处,受沿岸流和外海水的影响较大,水动力条件较上述两区强;沉积物颗粒较上述两区粗,中值粒径平均值为 6.88%ϕ;有机质和全氮含量平均值分别为 1.26%和 0.086%;Eh 均值为 131 mV。

2.4 低有机质含量区(IV)

该区位于大鹏澳西北侧沿岸和大亚湾东侧沿岸的小范围海域,水动力条件最强;沉积物颗粒粗,均为砂质类型,中值粒径均值为 3.19ϕ;有机质和全氮含量为全湾最低,平均值分别为 0.57%和 0.038%;Eh 值为全湾最高,平均值为 243 mV。

3 沉积化学环境与底栖生物分布的关系

底栖生物与其所栖息的沉积化学环境关系密切。不同的沉积化学环境,其底栖生物种类组成、生物量和栖息密度存在着较大的差别(表 2)。

表 2 各沉积化学环境区底栖生物总生物量和总密度的比较

沉积化学环境区		测站数	生物量/($g\cdot m^{-2}$)(湿重)		密度/(个 $g\cdot m^{-2}$)	
I 区	I_a	3	156.00	170.2	603	864.5
	I_b	2	184.45		1 126	
II 区	II_a	14	293.18	266.0	942	905.5
	II_b	13	240.70		869	
III 区	13		254.11		873	
IV 区	IV_a	3	133.23	92.5	580	650
	IV_b	2	51.70		720	

从表 2 可以看出:较高有机质含量区的平均总生物量和总密度为最高,中有机质含量区的次之,低有机质含量区的最低。

从图 2 可以看出:高生物量区(>300 g/m^2)在大亚湾的北部和大鹏澳口至大辣甲岛一

带。全湾 15 个高生物量测站中有 12 个(占 80%)分布在较高有机质含量区(主要在 II_a),3 个(占 20%)分布在中有机质含量区。

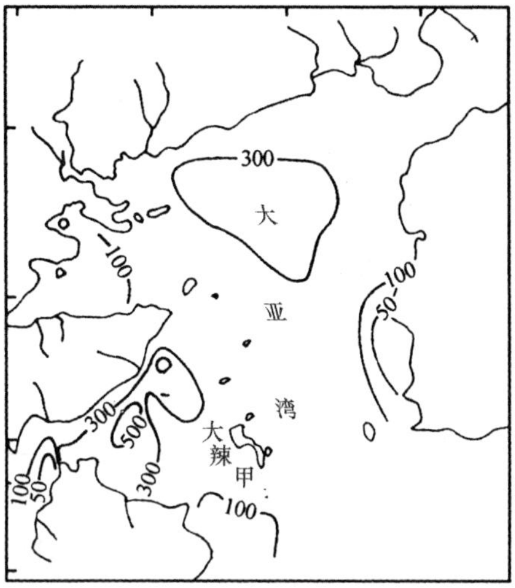

图 2　大亚湾底栖生物总生物量分布(g/m²)

从图 3 可以看出:高密度区(>1 000 个/m²)在大亚湾的北部、大鹏澳西侧、大鹏澳口以及大辣甲岛西南一带。全湾 14 个高密度测站中有 8 个(占 57%)分布在较高有机质含量区,5 个(占 36%)分布在中有机质含量区。

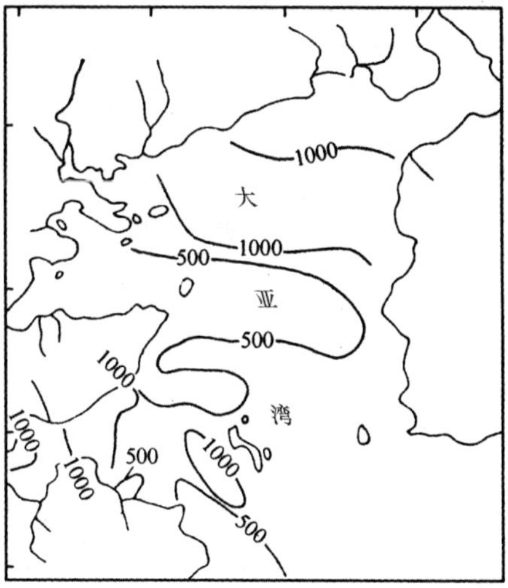

图 3　大亚湾底栖生物总密度分布(个/m²)

从表 3 可以看出:高生物量和高密度测站在各沉积化学环境区中出现频率最高的是较高有机质含量区和中有机质含量区。

大亚湾底栖生物生物量以软体动物和蠕虫为最高,分别为 91.89 g/m² 和 86.28 g/m²。密度以多毛类为最高(319 个/m²),软体动物次之(249 个/m²)。因此,大亚湾底栖生物生物量的主要类群是软体动物、螠虫和多毛类。主要种类有双壳类的小鳞帘蛤，波纹巴非蛤，短吻螠虫，多毛类的双鳃内卷齿蚕，多毛拟刺虫和中蚓虫等。我们有必要进一步讨论大亚湾底栖生物主要类群的分布与沉积化学环境的关系。

表 3　各化学环境区中高生物量和高密度测站出现的频率

沉积化学环境区		高总生物量（>300 g/m^2）测站		高总密度（>1 000 个/m^2）测站	
类型	总站数	站数	频率/%	站数	频率/%
Ⅰ区	5	0	0	1	20
Ⅱ区	27	12	44	8	30
Ⅲ区	13	3	23	5	38
Ⅳ区	5	0	0	0	0

从表 4 可以看出：软体动物生物量在Ⅱ$_a$分区最高，全调查区 5 个高生物量（>200 g/m^2）测站全分布在Ⅱ$_a$分区。螠虫生物量在Ⅱ$_b$分区最高，全调查区 7 个高生物量（>200 g/m^2）测站中有 5 个（占 71%）分布在Ⅱ$_b$分区。多毛类密度在Ⅰ$_b$分区最高，其次是Ⅱ$_b$分区，12 个高密度（>400 个/m^2）测站中有 6 个（占 50%）分布在Ⅱ$_b$分区，分布在Ⅰ$_b$和Ⅱ$_a$分区的各 2 个。软体动物的密度在Ⅱ$_a$分区最高，全调查区 9 个高密度（>400 个/m^2）测站中有 4 个（占 44%）分布在Ⅱ$_a$分区，1 个在Ⅱ$_b$分区。

表 4　各化学环境区底栖生物主要类群的平均生物量和密度

沉积化学环境区		生物量/（g · m^{-2}）				密度/（个 · m^{-2}）			
		软体动物		螠虫		多毛类		软体动物	
Ⅰ区	Ⅰ$_a$ Ⅱ$_b$	90.45 35.93	68.64	10.49 115.98	46.68	291 459	358	300 283	293
Ⅱ区	Ⅱ$_a$ Ⅱ$_b$	181.27 38.4	112.45	38.60 155.71	94.99	304 374	338	451 59	262
Ⅲ区			69.63		124.23		288		261
Ⅳ区	Ⅳ$_a$ Ⅳ$_b$	125.00 25.60	84.64	4.43 6.78	5.37	302 335	315	37 65	48

从表 5 可以看出：软体动物和螠虫高生物量测站在较高有机质含量区出现的频率最高。多毛类和软体动物高密度测站在高有机质含量区出现的频率最高，其次是较高有机质含量区。

从上述大亚湾底栖生物的总生物量、总密度的分布和高生物量、高密度在各沉积化学环境区的出现频率以及软体动物、螠虫的生物量，多毛类、软体动物的密度，高生物量、高密度在各沉积化学环境区的分布及其出现频率等各个不同方面比较。除多毛类的密度分布及其高密度出现的频率在高有机质含量区（$Ⅰ_a$）最高外，其他均是在较高有机质含量区（$Ⅱ_a$ 或 $Ⅱ_b$）最高。

表 5　各化学环境区底栖生物主要类群高生物量和高密度测站出现的频率

沉积化学环境区		高生物量（>200 g/m^2）				高密度（>400 个/m^2）			
		软体动物		蠕虫		多毛类		软体动物	
类型	总测站数	站数	频率/%	站数	频率/%	站数	频率/%	站数	频率/%
Ⅰ区	5	0	0	0	0	2	40	2	40
Ⅱ区	27	5	19	5	19	8	30	5	19
Ⅲ区	13	0	0	2	15	1	7.7	2	15
Ⅳ区	5	0	0	0	0	1	20	0	0

沉积物是底栖生物生活的重要环境之一。许多底栖生物都具有幼虫期选择底质的特点[2]。不同营养方式的底栖生物对其生活的沉积环境都有一定的选择和适应范围。因此，不同的沉积化学环境就会影响底栖生物种类和数量的分布。反过来，底栖生物的扰动、遗骸堆积和粪便，底栖微生物的分解作用都会影响沉积物的物理、化学性质和有机质含量[2]。

调查区有 90%以上测站位于细粒沉积的较高有机质含量（包括高、中有机质含量）区。在这种环境中栖息的底栖生物，主要属于底内和潜居生物。它们主要以摄食沉积物中的有机碎屑或吞食沉积物为生。大亚湾底栖生物类群中，生物量居首位的软体动物和居第二位的蠕虫适合在有机质和全氮含量适中的沉积化学环境中生活；栖息密度居首位的多毛类适合在高有机质含量的化学环境中生活。

4　结语

大亚湾表层沉积物有机质和全氮含量较丰富。划分为 4 种类型的沉积化学环境：Ⅰ.高有机质含量（>2.0%）区；Ⅱ.较高有机质含量（1.5%～2.0%）区；Ⅲ.中有机质含量（1.0%～1.5%）区；Ⅳ.低有机质含量（0.5%～1.0%）区。该湾约 1/2 面积为较高有机质含量区。

大亚湾底栖生物的总生物量和总密度分布，高生物量区和高密度区分布以及主要类群软体动物和蠕虫的高生物量分布，均是在较高有机质含量区最高。说明软体动物和蠕虫适于较高有机质和较高全氮含量的环境生活。

参考文献

1　广东省海岸带和海涂资源综合调查大队等. 广东省海岸带和海涂资源综合调查报告. 北京：海洋出版社，1987：297.

2　吴耀泉. 关于浅海底栖动物的生态分布和底质环境关系的概述. 海洋科学，1983(6)：58-61.

郭育廷，江锦祥. 原载《大亚湾海洋生态文集（Ⅱ）》. 1990：52-57.

四、海岸带及台湾海峡海域底栖生物多样性与生态学

福建海岸带底栖生物多样性与群落分布特点

摘要 福建海岸带底栖生物于1984年5月(春季)、8月(夏季)、11月(秋季)和1985年2月(冬季)进行4个季度调查,共布设101个测站。

福建海岸带底栖生物初步鉴定共1 221种,其中848种鉴定到种。主要动物类群组成:环节动物404种,软体动物291种,甲壳动物255种,棘皮动物85种,其他动物32种以及底栖鱼类154种。

调查海区底栖生物数量相当高,平均总生物量为41.93 g/m^2,平均总密度为147个/m^2。在总生物量组成中,棘皮动物居首位(19.75 g/m^2);在总密度组成中,则以环节动物栖息密度最大(70个/m^2)。

根据调查海区底栖生物种类组成和优势种分布与沉积物、水深、温度、盐度和海流等环境因子的关系,初步划分为7个群落:棒锥螺-细五角瓜参群落;锯羽丽海羊齿-后指虫群落;羽鳃稚齿虫-滩栖阳遂足群落;特矶沙蚕-细雕刻肋海胆群落;浅缝骨螺-光滑倍棘蛇尾-模糊新短眼蟹群落;二色桌片参-刺瓜参群落;厦门文昌鱼-欧文虫-澳洲五角瓜参群落。

关键词 底栖生物;多样性与群落;福建海岸带

Biodiversity and Community Distribution of Benthos in Coastal Zone, Fujian

Abstract: It was conducted four quarterly surveys in May 1984 (spring), August (summer), November (autumn) and February 1985 (winter) in the coastal zone of Fujian, with a total of 101 stations.

A total of 1 221 species of benthos in the coastal zone were identified, of which 848 species were identified. The main animal groups consisted of 404 species of annelids, 291 species of mollusks, 255 species of arthropods, 85 species of echinoderms, 32 species of other animals, and 154 species of benthic fishes.

The number of benthos in the area is quite high, with an average total biomass of 41.93 g/m^2 and an average total density of 147 ind./m^2. Among the composition of total biomass, the echinoderms were the first (19.75 g/m^2). Among the composition of total density, the polychaetes had the highest density (70 ind./m^2).

According to the relationship between the species composition and dominant species distribution of benthos in the area and environmental factors such as sediment, the depth of water, temperature, salinity and current, there were initially divided into 7 communities: *Turritella bacillum-Leptopentacta typica* community; *Antedon serrata-Laonice cirrata* community; *Prionospio pinnata-Amphiura vadicola* community; *Euniphysa aculeata-Temnopleus toreumaticus* community; *Murex trapa-Amphiopus laevis-Neoxenophthalmus obscurus* community; *Mensamaria intercedens-Cucumaria echinata* community; *Brachiostoma belcheri-Owenia fusiformis-cucumaria australis* community.

Key words: benthos, diversity and community, coastal zone of Fujian

1 调查结果

1.1 底栖生物数量分布及季节变化

1.1.1 底栖生物数量分布

1.1.1.1 总生物量及总密度分布

调查海区底栖生物数量相当高,平均总生物量为41.93 g/m²,平均总密度为147 个/m²。在总生物量组成中,棘皮动物居首位(19.75 g/m²),占平均总生物量47%;其次是软体动物(11.65 g/m²),占28%;多毛类和甲壳动物的生物量均较低,分别为4.24 g/m² 和3.15 g/m²。在总密度组成中,以多毛类栖息密度最大(70 个/m²),占平均总密度的48%;甲壳动物次之(36 个/m²),占24%;棘皮动物和软体动物的栖息密度均较小,分别为18 个/m² 和16 个/m²。

底栖生物总生物量及总密度的分布特点,呈现由北向南明显增加的趋势。南部海区最高,平均总生物量达89.27 g/m²,密度为178 个/m²;中部较低(37.15 g/m²),密度159 个/m²;北部最低,仅19.06 g/m²,密度104 个/m²。

从图1可以看出,调查海区总生物量分布不均匀,全海区出现4个高生物量区。Ⅰ区分布于南澳岛至诏安湾口,平均总生物量为268.25 g/m²(密度305 个/m²);Ⅱ区分布于东山湾北面,平均总生物量310.40 g/m²(175 个/m²);Ⅲ区分布于古雷半岛南面,平均总生物量108.36 g/m²(173 个/m²);Ⅳ区分布于平潭岛北面,平均总生物量为109.23 g/m²(252 个/m²)。大部分测站的生物量在5~25 g/m²,占全海区的56%。生物量在50~100 g/m²,占10%;小于5 g/m² 的低生物量区占14%,主要分布于大嵛山东北面、浮鹰岛东面至三都湾、闽江口、海坛海峡中部和南碇岛至将军澳东北面等水域。

总密度的分布趋势与总生物量相似,大部分测站(占全海区的56%)密度在100~250 个/m²;大于250 个/m² 的高密度区和小于50 个/m² 的低密度区,分别占7%和6%(图2)。

构成高生物量的主要种是棒锥螺(*Turritella bacillum*)、二色桌片参(*Mensamaria intercedens*)、滩栖阳遂足(*Amphiura vadicola*)、白肛海地瓜(*Acaudina leucoprocta*)、海棒槌(*Paracau-*

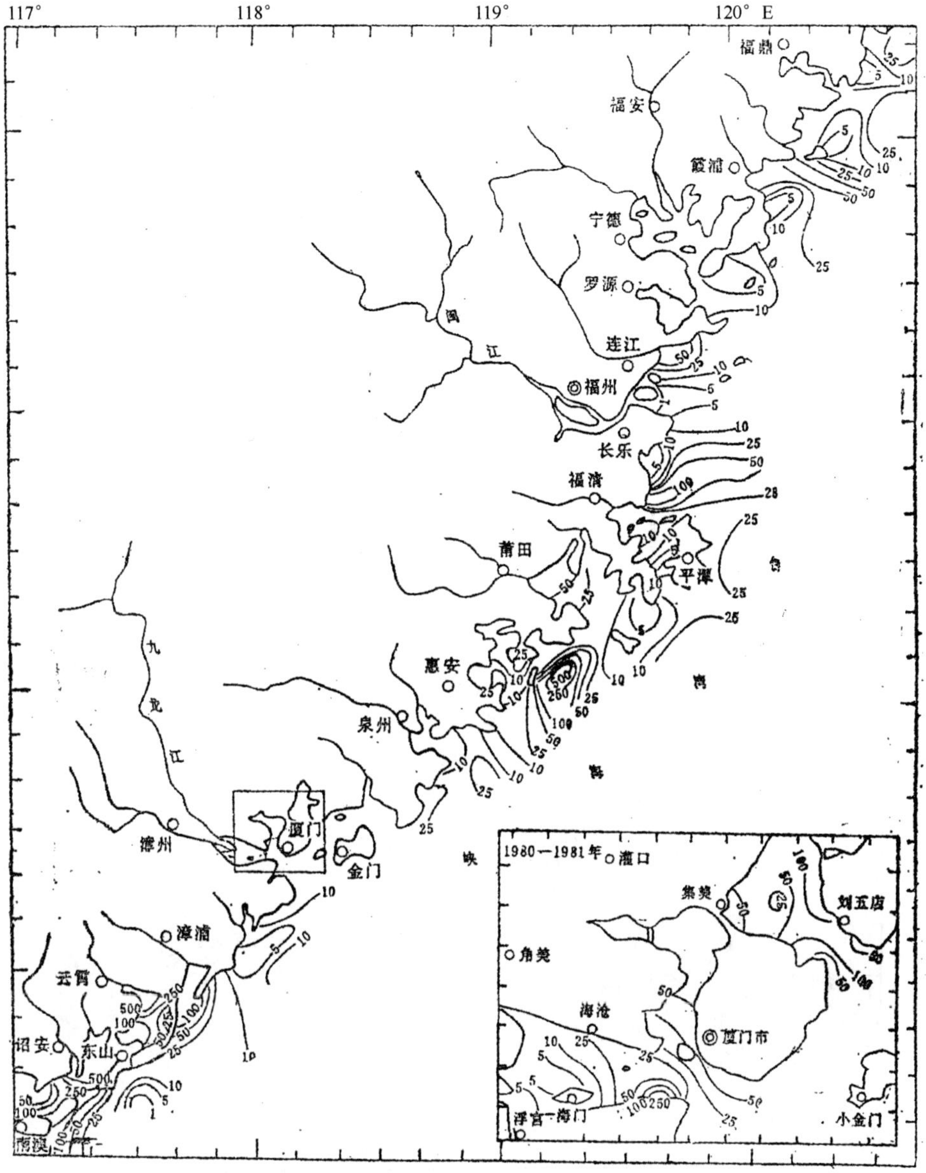

图 1　底栖生物年平均总生物量(1984—1985 年)(单位:个/m²)

dina chilensis rasonntii)、曼氏孔楯海胆(*Astriclypeus manni*)、模糊新短眼蟹和绿虾蛄(*Clorida* sp.)等。

1.1.1.2　主要类群数量分布

1)棘皮动物

棘皮动物生物量的分布特点与总生物量相一致,呈现南高北低的趋势。生物量的平面分布很不均匀,数量高低差别很大。全海区出现 3 个高生物量区,它们几乎构成总生物量的Ⅰ、Ⅱ、Ⅲ高生物量区。第一区分布于诏安湾口附近水域,平均生物量为 254.69 g/m²,平均密度 98 个/m²。第二区出现在东山湾西北面近岸水域,平均生物量 414.51 g/m²,密度 68

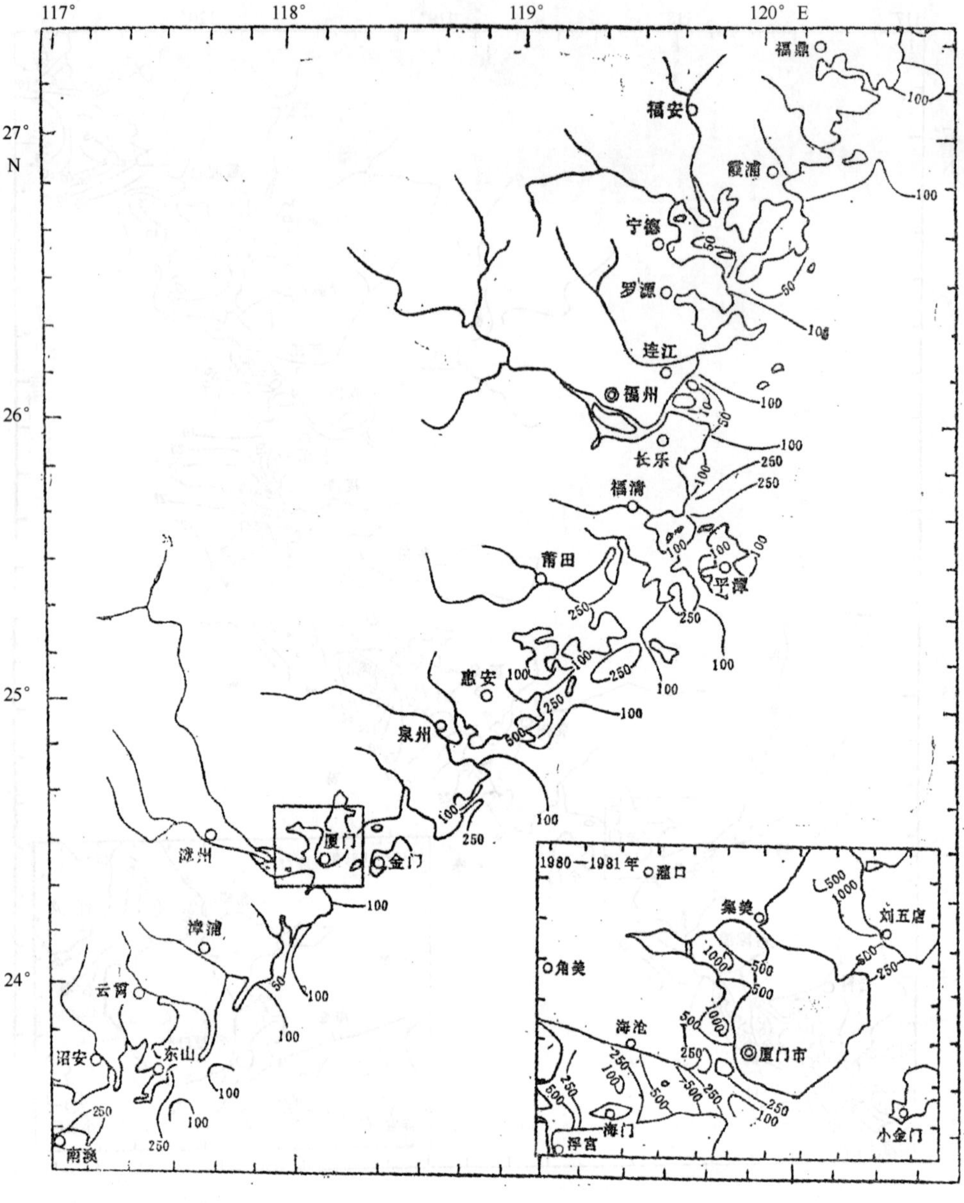

图 2　底栖生物年平均栖息密度(1984—1985 年)(单位:个/m^2)

个/m^2。第三区分布在平潭岛北面水域,平均生物量为 79.69 g/m^2,密度 73 个/米^2。构成高生物量区的主要种类,前两个区是二色桌片参和棘刺锚参(*Protankyra bidentata*);后一个区是滩栖阳遂足和白肛海地瓜。生物量在 1~10 g/m^2 的测站,占全海区的 46%;小于 1 g/m^2 的低生物量区范围也较大,占 30%,主要分布于沙埕东北面、闽江口南面、湄洲湾、泉州湾和东山湾口南面等水域。生物量为 10~25 g/m^2 和 25~50 g/m^2 的测站,分别占 11%和 7%。

棘皮动物的高密度区与高生物量区的分布相吻合,即高生物量区亦是高密度区。

2)软体动物

软体动物生物量分布特点也是南高北低。生物量平面分布不均匀,大部分测站(占全海区 61%)生物量均小于 1 g/m^2;1~5 g/m^2 之间测站占 22%;生物量大于 50 g/m^2 仅占 4%。个别测站平均生物量 100 g/m^2 以上,主要分布于南澳岛北面(M0702 站)、古雷半岛东面(M0616 站)和湄州岛东北面(M0448 站)。这些测站的共同特点,都是由于棒锥螺数量大而形成高生物量,其生物量占各测站平均生物量的 77%~99%。

软体动物高密度区与高生物量分布区基本相同。

3)多毛类

多毛类生物量分布趋势是,中部>南部>北部。平面分布相对比较均匀,大部分测站(61%)生物量均为 1~5 g/m^2;生物量 5~10 g/m^2 的占 26%;大于 10 g/m^2 的仅占 4%。其中位于惠安县崇武北面的 M0485 站生物量最高,平均值为 21.05 g/m^2(510 个/m^2)。生物量小于 1 g/m^2 的只占 7%,主要分布于里山湾至福宁湾附近、三沙湾、闽江口区和将军澳至赤湖附近等局部水域。组成生物量的主要种类,双鳃内卷齿蚕(*Aglaophamu dibranchis*)、梳鳃虫(*Terebellides stroemii*)、不倒翁虫(*Sternaspis scutata*)、后指虫(*Laonice cirrata*)和中华内卷齿蚕(*Aglaophamus sinensis*)等。

多毛类密度分布较不均匀,全海区一半以上的水域密度为 50~100 个/m^2;高密度区主要分布于东山岛的东南面,南碇岛附近、南澳岛东面、崇武北面、兴化湾内和平潭岛北面局部水域。低密度区主要分布于闽江口和三都澳。

4)甲壳动物生物量分布总趋势是南高北低,但平面分布相对比较均匀,数量高低差别不大。生物量高于 10 g/m^2 的测站仅占 5%,主要分布于诏安湾附近水域,最高生物量为 22.33 g/m^2,密度为 280 个/m^2。此外,兴化湾和浮鹰岛东北面个别测站的生物量也高于 10 g/m^2。整个调查海区 79%的测站,平均生物量低于 5 g/m^2,其中低生物量区(小于 1 g/m^2)占 36%。主要分布于北部海区,中部海区的北面,南部海区的将军澳至赤湖等水域。甲壳动物生物量组成以蟹类为主,最主要是模糊新短眼蟹(*Neoxenophthalmus obscurus*),其次是弯六足蟹(*Hexapus anfractus*)、裸盲蟹(*Typhlocarcinus nudus*)和隆线强蟹(*Eucrate crenata*)等。

甲壳动物高密度区主要分布于诏安县的柘林东面;东山岛南面;古雷半岛东面;深沪东面和兴化湾东北面等。这些水域平均密度约在 100 个/m^2 以上。

1.1.2 各港湾底栖生物数量分布比较

福建海岸带各港湾底栖生物数量分布有较大差别,东山湾平均生物量最高(197.54 g/m^2),依次是厦门港、兴化湾、闽江口、泉州湾、湄洲湾和三都澳。厦门港平均密度最高(614 个/m^2),最低为三都澳(45 个/m^2)。各港湾的生物量组成也不尽相同,三都澳、湄洲湾和泉州湾均以多毛类生物量居首位,其次是甲壳动物;但在闽江口、兴化湾、厦门港和东山湾均以棘皮动物占优势。栖息密度除了厦门港以软体动物居首位外,其他港湾均以多毛类的密度最高(表 1)。

1.1.3 底栖生物数量分布的季节变化

调查海区底栖生物数量分布具有明显的季节变化,无论是总生物量或者是总密度均以夏季最高,其次是春季,秋季居第三,冬季最低(表 2)。

表 1　福建海岸带各港湾底栖生物数量分布比较(生物量:g/m^2,密度:个/m^2)

岸段	三都澳			闽江口			兴化湾			湄洲湾			泉州湾			厦门湾			东山湾		
站数	3			6			8			5			3			53			5		
项目	种类数	生物量	密度	种类数	生物量	密度	种类数	生物量	密度	种类数	生物量	密度	种类数	生物量	密度	种类数	生物量	密度	种类数	生物量	密度
多毛类	28	1.82	25	96	3.56	61	108	7.01	94	61	4.05	56	57	4.47	43	248	6.88	206	71	4.14	64
软体动物	37	0.41	7	63	2.75	8	82	2.13	5	39	0.25	4	41	0.30	17	146	12.23	278	71	4.01	10
甲壳动物	39	1.66	8	69	2.13	28	61	5.48	56	50	2.65	38	48	1.86	31	175	3.38	51	69	5.42	61
棘皮动物	8	0.98	2	20	10.38	18	35	11.04	18	24	0.81	5	8	0.66	8	43	26.58	60	29	170.25	35
鱼类	10	0.98	3	34	1.16	6	21	2.44	9	11	1.70	2	8	2.23	3	84	10.42	19	15	13.69	9
合计	122	5.85	45	282	19.98	121	307	28.10	182	185	9.46	105	162	9.52	102	698	59.49	255	335	197.54	179

表 2　福建海岸带底栖生物量及栖息密度的季节变化

季度	春		夏		秋		冬		全年	
生物量及密度	g/m^2	个/m^2	g/m^2	个/m^2	g/m^2	个/m^2	g/m^2	个/m^2	g/m^2	个/m^2
多毛类	3.89	73	4.22	92	4.78	68	4.08	46	4.24	70
软体动物	22.39	33	7.40	18	15.86	11	0.93	3	11.65	16
甲壳动物	2.85	33	2.72	58	3.48	32	3.53	19	3.15	36
棘皮动物	15.52	19	40.43	23	13.94	16	9.21	14	19.75	18
鱼类	0.42	1	1.36	1	1.26	1	1.22	1	1.07	1
其他动物	1.78	6	1.43	12	1.80	2	3.25	3	2.07	6
总计	46.75	165	57.56	204	41.12	130	22.22	86	41.93	147

各类群数量的季节变化不尽相同，从图3、图4和表2可以看出，生物量季节变化最大的是软体动物和棘皮动物；多毛类和甲壳动物生物量季节变化不大，但是密度的季节变化最为显著。

4个季节生物量百分比组成也有差异，春、秋两季平均以软体动物居首位，棘皮动物次之，最低是多毛类（春季）和甲壳动物（秋季）。但夏、冬季却以棘皮动物占优势，而软体动物夏季占第二位，冬季则最低（图5）。多毛类在4个季节密度百分比组成中均居第一，软体动物除了春季较高外，其他季节均最低（图6）。

从图7至图10可以看出，调查海区生物量低于5 g/m^{2}的分布区的变化趋势是从春季向冬季逐渐增大。生物量高于100 g/m^{2}的分布区的变化趋势与低生物量分布区恰恰相反，即从春季向冬季逐渐减小。

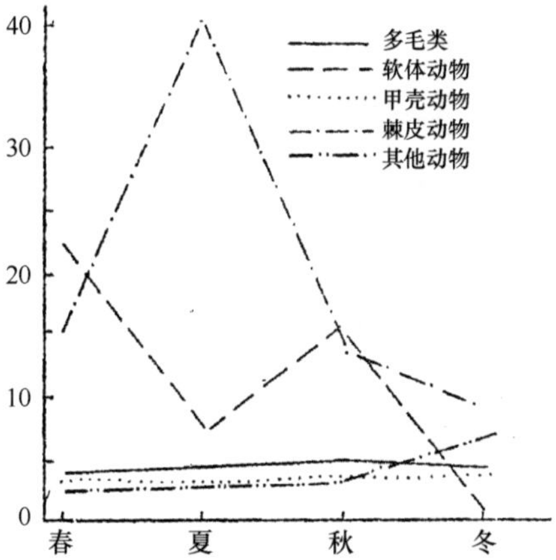

图3　各类群生物量季节变化

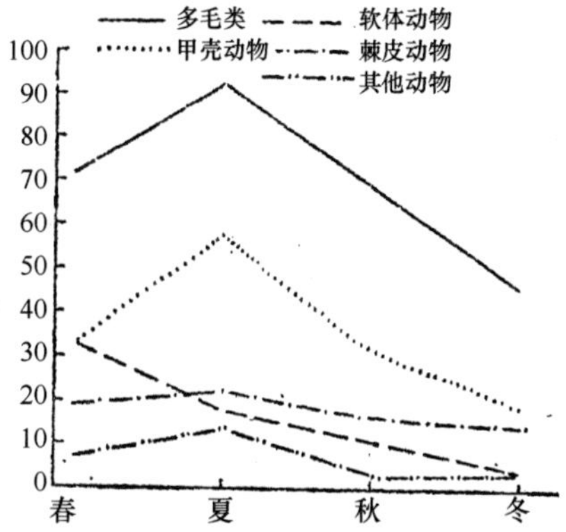

图4　各类群栖息密度季节变化

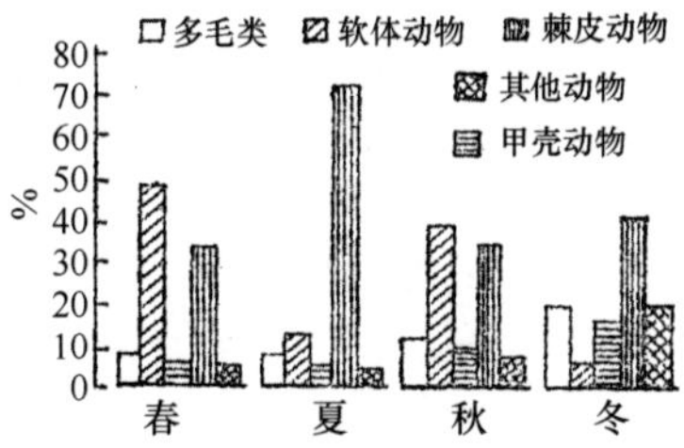

图5　各类群生物量百分比组成季节变化

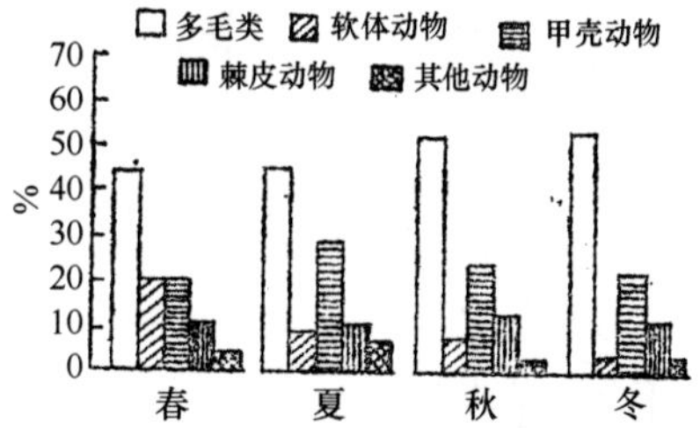

图6　各类群栖息密度百分比组成季节变化

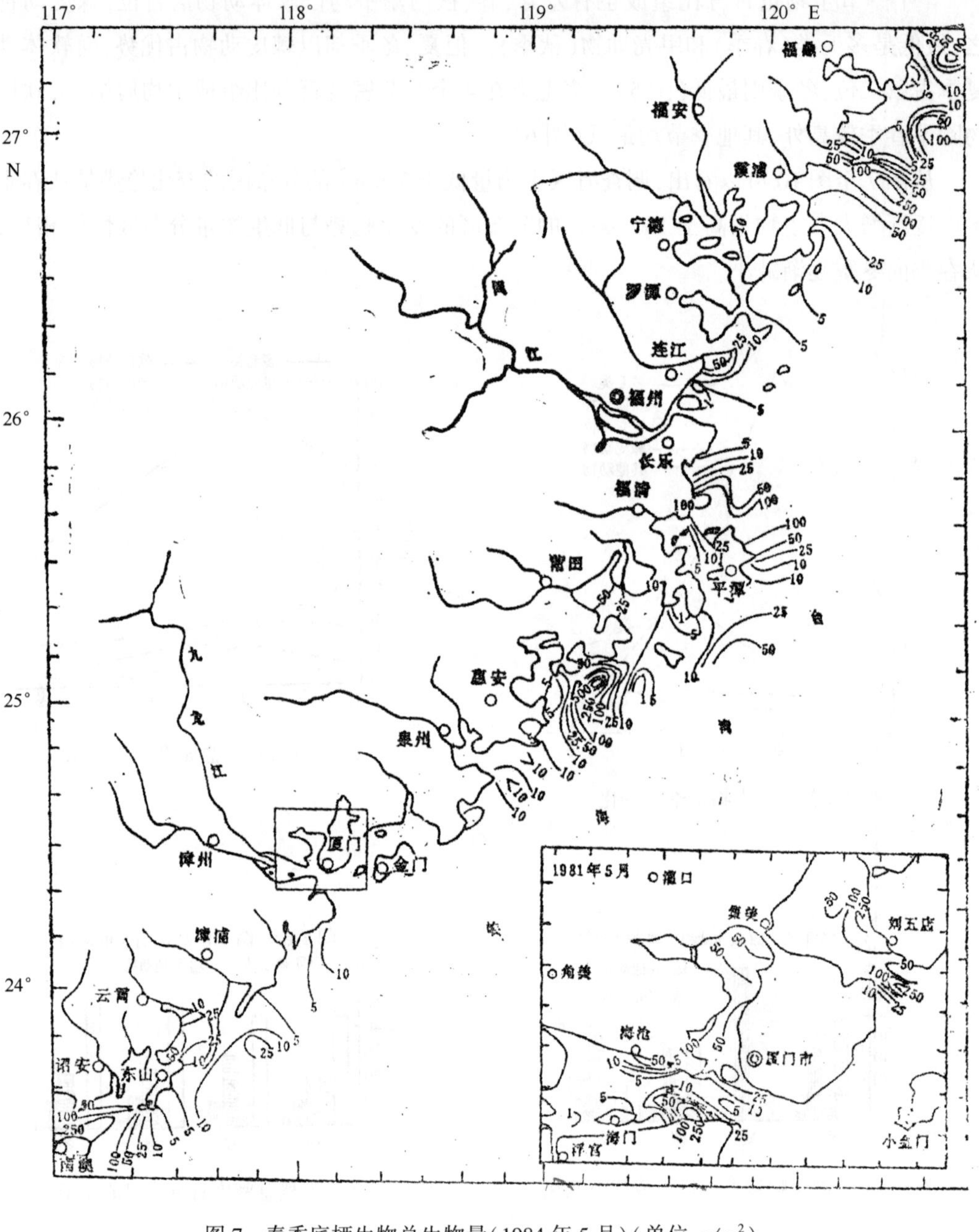

图 7　春季底栖生物总生物量(1984 年 5 月)(单位:g/m^2)

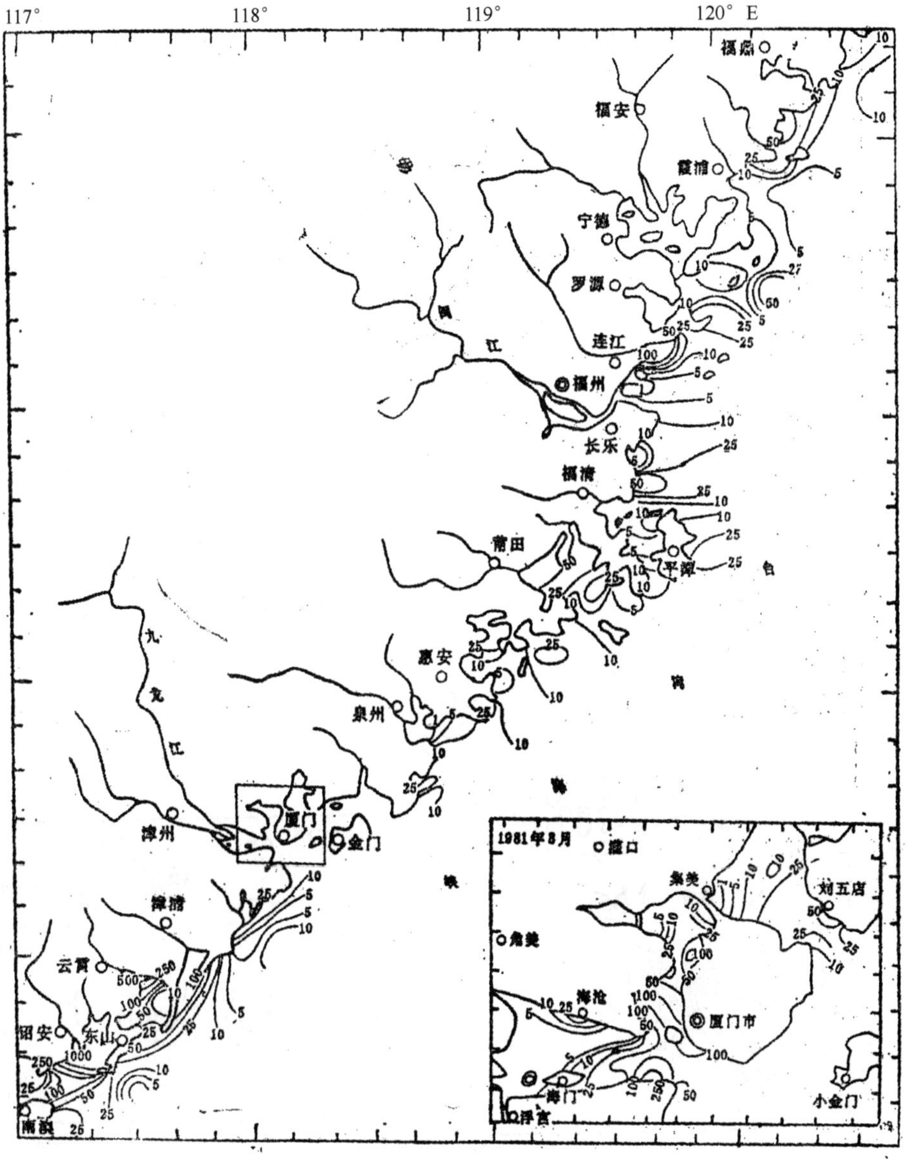

图 8　夏季底栖生物总生物量(1984 年 8 月)(单位:g/m²)

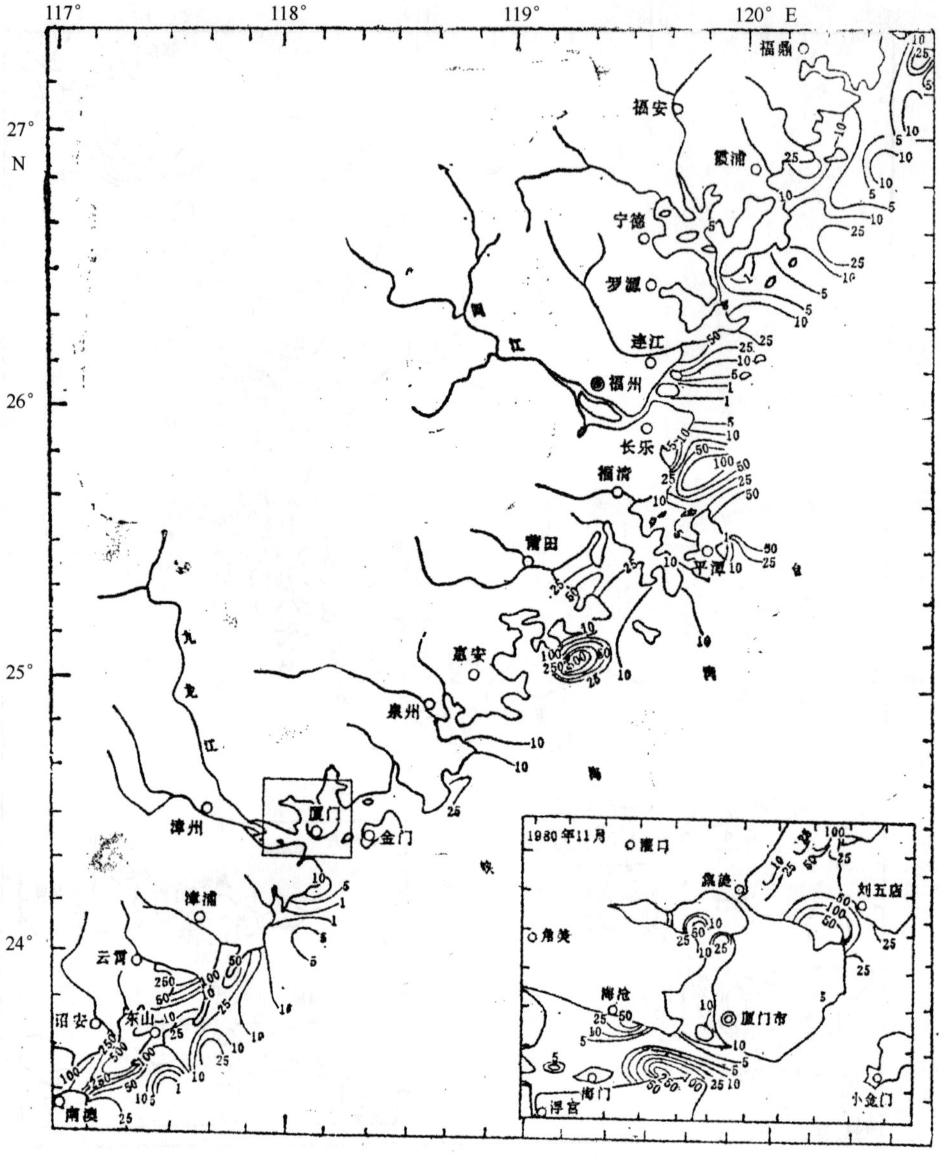

图 9　秋季底栖生物总生物量(1984 年 11 月)(单位:g/m²)

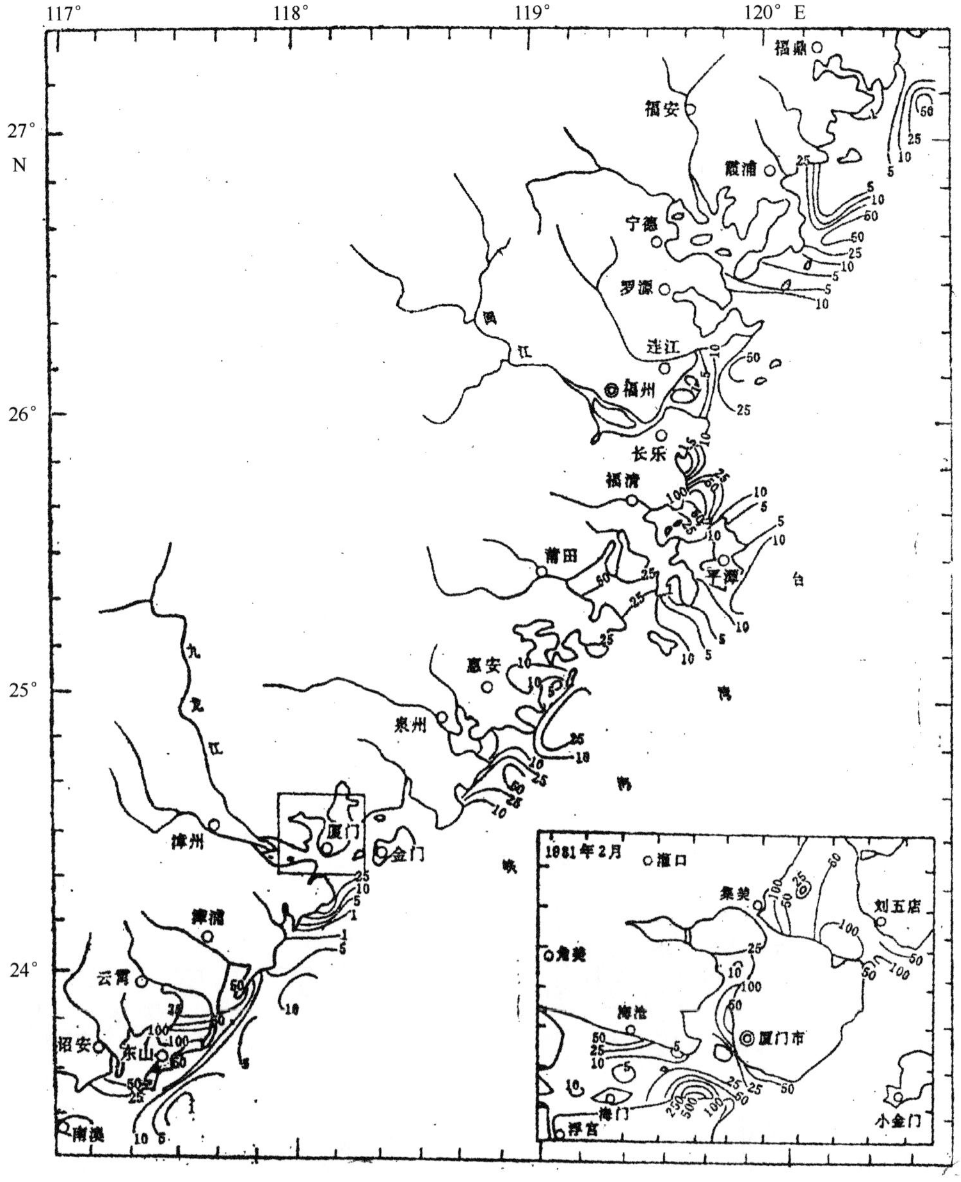

图 10　冬季底栖生物总生物量(1985 年 2 月)(单位:g/m^2)

从图 11 至图 14 可以看出,4 个季节密度平面分布呈现从南向北递减的趋势,特别是春、冬两季更为明显。密度平面分布具有显著的季节变化,密度在 100~250 个/m^2 之间的测站,夏季占的比例最高(52%),春季居第二(46%),秋季占 37%,冬季最低(26%)。密度小于 100 个/m^2 的测站,相反,冬季占的比例最高(71%),秋季次之(52%),春季占 38%,夏季最低,仅占 25%。

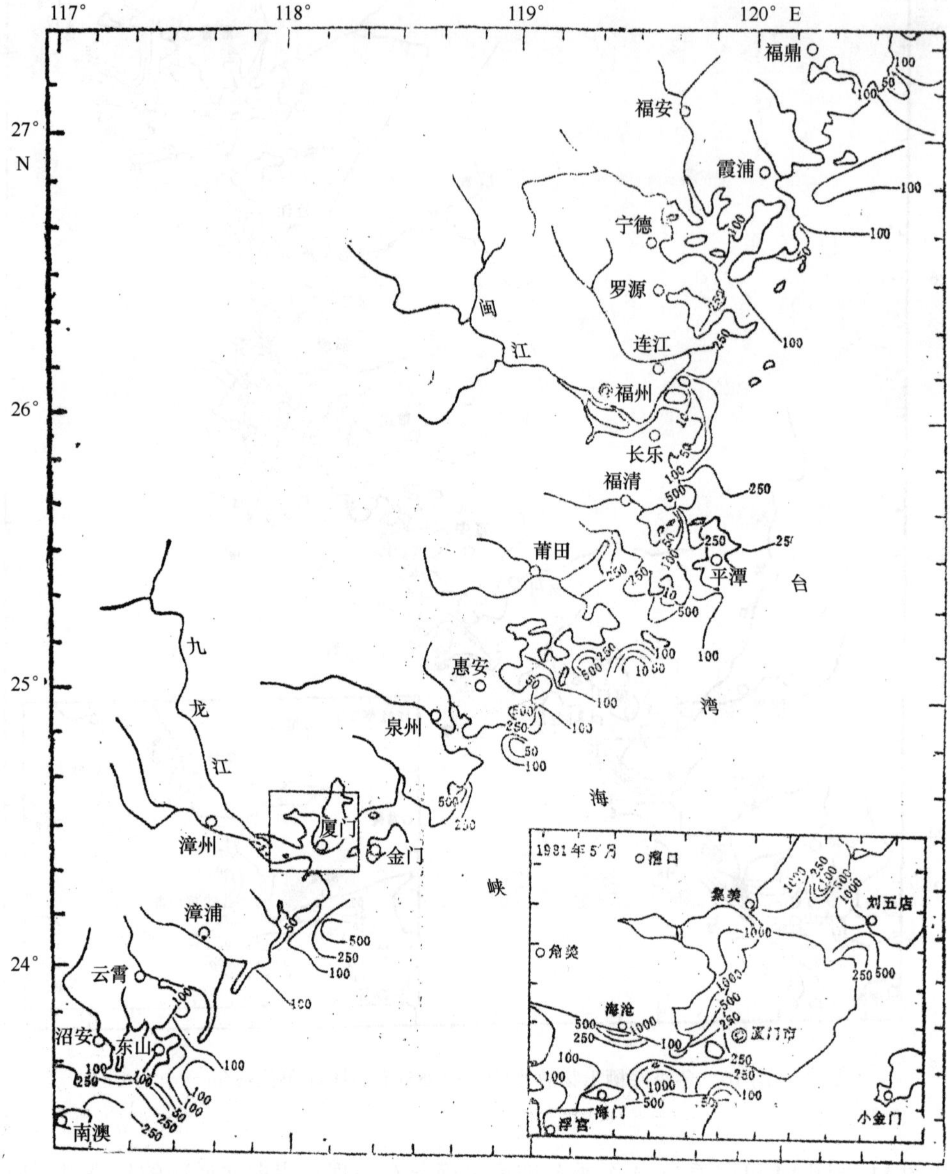

图 11　春季底栖生物栖息密度(1984 年 5 月)(单位:个/m^2)

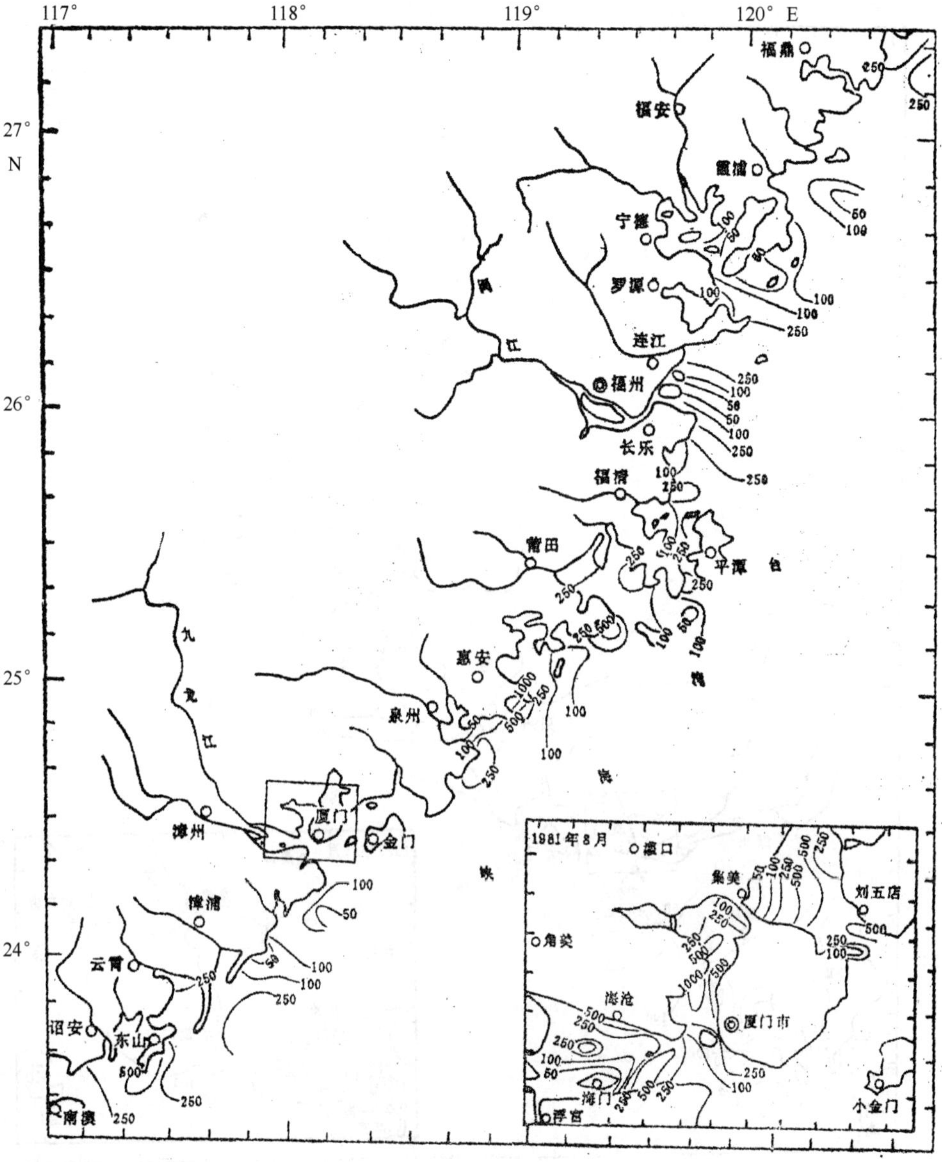

图 12　夏季底栖生物栖息密度(1984 年 8 月)(单位:个/m^2)

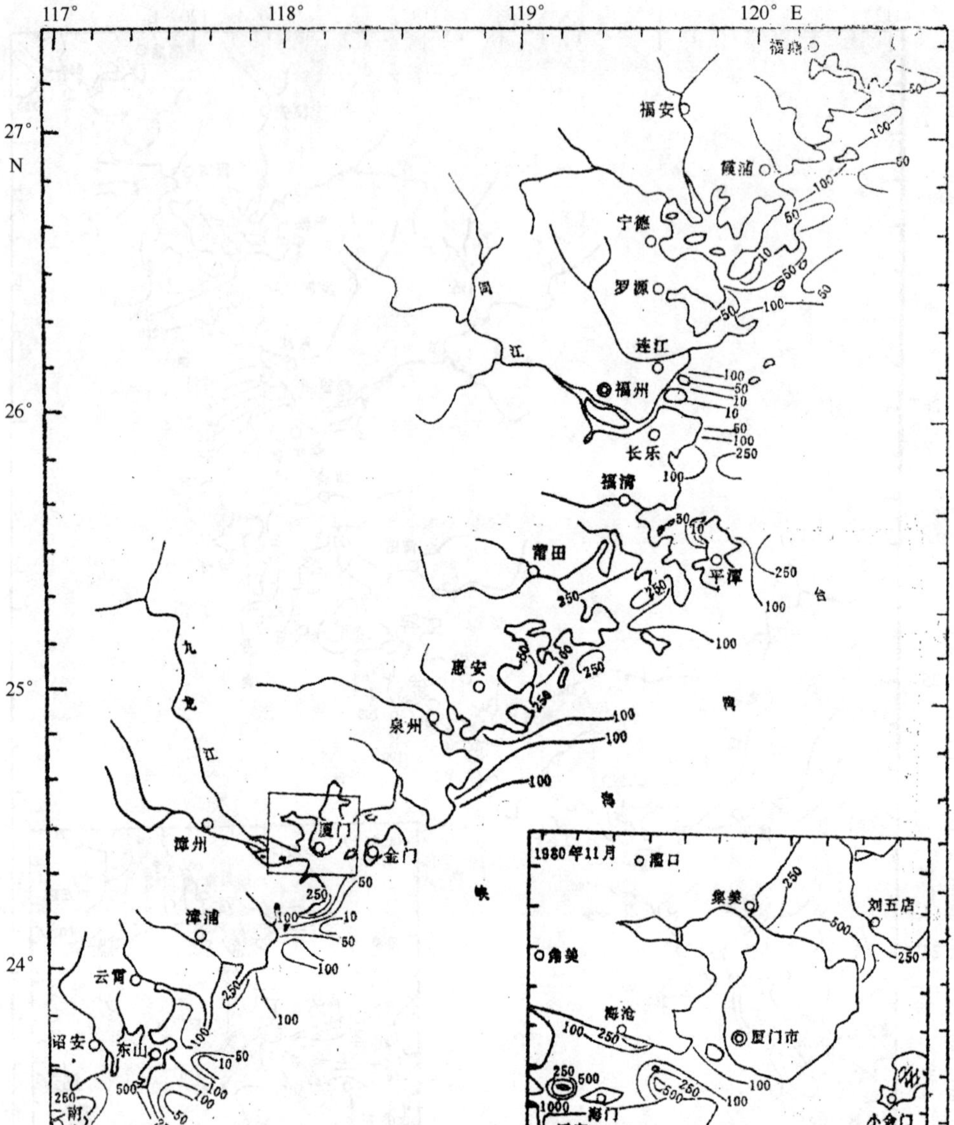

图 13　秋季底栖生物栖息密度(1984 年 11 月)(单位:个/m^2)

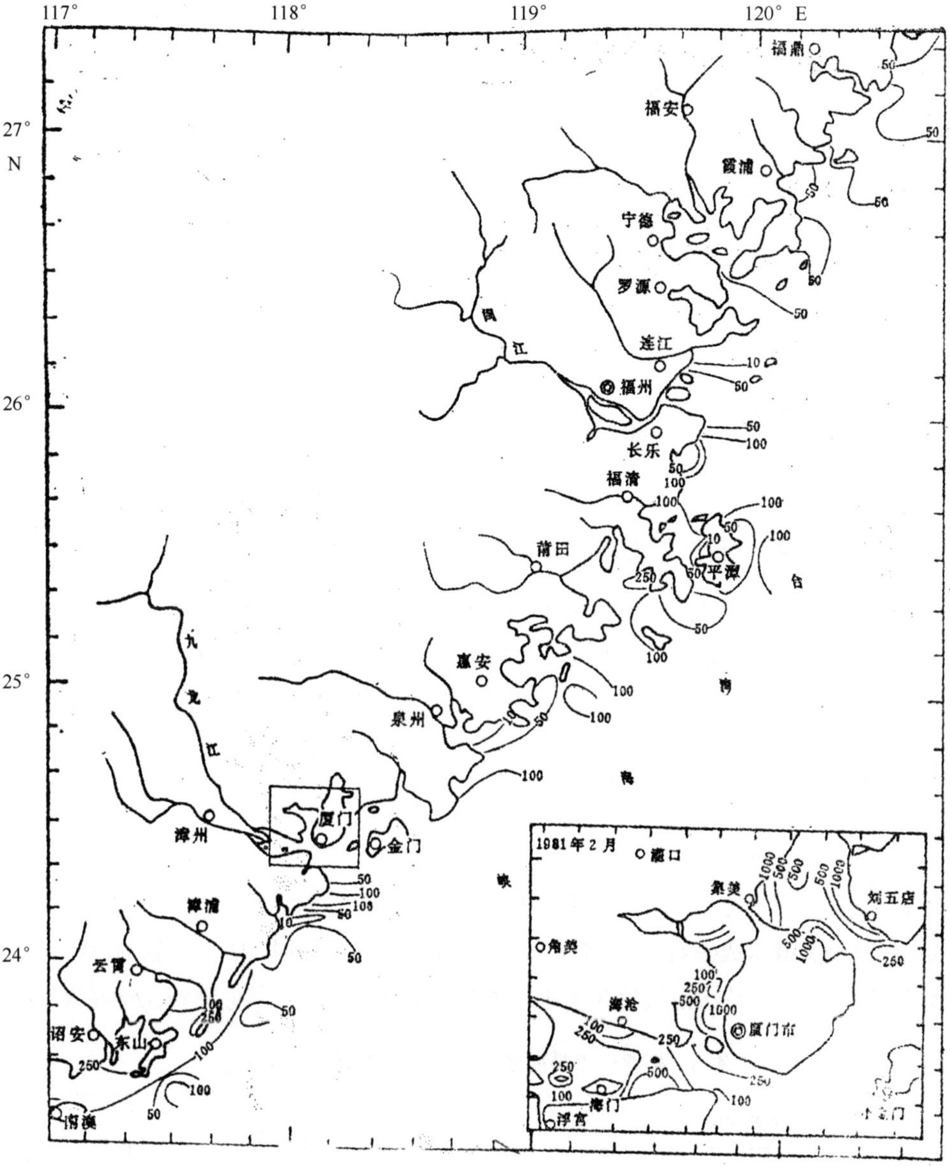

图 14　冬季底栖生物栖息密度(1985 年 2 月)(单位:个/m^2)

1.1.4　底栖生物数量分布与沉积物的关系

底栖生物数量分布在不同沉积物类型中差别较大。生物量以砂质泥(56.67 g/m^2)和泥质砂(54.22 g/m^2)底质最高;其次是软泥(41.22 g/m^2);砂和砾石底质的生物量均较低。分别为 24.64 g/m^2 和 12.00 g/m^2。栖息密度以泥质砂底质最高,平均为 182 个/m^2;砂和软泥底质的密度比较接近;砾石底质的密度最低,平均为 111 个/m^2。

从表 3 上可以看出,各类群生物量在不同底质中的分布不尽相同。棘皮动物生物量在砂质泥和泥质砂均较高,但在砂底质较低;软体动物以砂质泥和软泥的生物量较高,而砂底质最低;多毛类和甲壳动物生物量除在泥质砂较高外,其他底质的生物量均较接近(表 3)。

表 3　底栖生物数量分布与沉积物的关系

沉积物类型	软泥		砂质泥		泥质砂		砂		砾石	
生物量及密度	g/m²	个/m²	g/m²	个/m²	g/m²	个/m²	g/m²	个/m²	g/m²	个/m²
多毛类	4.09	66	4.38	54	5.53	81	3.97	82	4.52	62
软体动物	13.29	20	20.04	10	10.77	12	1.63	9	0.45	4
甲壳动物	2.90	34	3.42	34	5.74	59	2.54	27	2.66	31
棘皮动物	18.61	15	27.78	30	24.81	20	13.54	19	2.65	3
其他动物	2.33	6	1.05	4	7.37	10	2.96	9	1.72	11
合计	41.22	141	56.67	132	54.22	182	24.64	146	12.00	111

1.1.5　调查海区生物量与邻近海区比较

本海区底栖生物平均总生物量(41.93 g/m^2)高于浙江省海岸带(12.06 g/m^2)和广东近海(20.0 g/m^2)。总生物量组成与浙江省海岸带和广东近海均不同,这两个海区均以软体动物占优势,而本海区则以棘皮动物占首位,其次是软体动物,多毛类和甲壳动物都比较低。

1.2　底栖生物种类组成及分布

1.2.1　种类组成特点

本次调查所获得的底栖生物定量和定性标本,经初步鉴定共 1 221 种,其中 848 种鉴定到种。从主要动物类群组成来看,多毛类居首位,有 404 种;软体动物占第二位,有 291 种;甲壳动物占第三位,有 255 种;依次是底栖鱼类 154 种和棘皮动物 85 种;其他动物 32 种(表 4)。

表 4　福建海岸带底栖生物主要类群种数及百分比

类群	全部种类	%	科	属	鉴定到种
多毛类	404	33.1	46	192	191
软体动物	291	23.8	82	193	223
甲壳动物	255	20.9	63	149	190
棘皮动物	85	7.0	30	46	70
鱼类	154	12.6	50	101	153
其他动物	32	2.6	21	21	26
合计	1 221	100	292	707	848

另外,在福建海岸带海域发现两新种:多毛类的福建哈特曼(*Hartmaniella fujianensis*)和横带寡鳞虾虎鱼(*Oligolepis fasciatus*)。

调查海区底栖生物主要种和经济种共170种，其中出现频率高、数量大的优势种和经济种有60种(表5)。多毛类的双鳃内卷齿蚕、中华内卷齿蚕、梳鳃虫、不倒翁虫和后指虫的出现频率在122~206站次，最大栖息密度在40~95个/m^2。软体动物以棒锥螺的出现频率和数量最大，底栖拖网每网最多获得4 943个；定量采泥中最高生物量达1 300.0 g/m^2。本种在福建省沿岸水域蕴藏量丰富，具有开发利用的价值。经济种波纹巴非蛤和泥东风螺虽然出现频率不高，但是在局部水域数量相当大。前者最大数量达1 452个/网；后者最大数量为342个/网。甲壳动物以经济虾类的长额仿对虾、小仿对虾、鹰爪虾和中华管鞭虾的出现率较高(81~144站次)，数量较大(49~118个/网)。蟹类中以模糊新短眼蟹的出现频率较高，达382站次，成为优势种中最高者；最大栖息密度为275个/m^2。棘皮动物中除了光滑倍棘蛇尾(226站次)和细五角瓜参(130站次)出现频率较高外，其他种类出现频率都不高，但是数量比较大。例如，二色桌片参栖息密度为235个/m^2，生物量高达1 894.95 g/m^2；细雕刻肋海胆最大数量为761个/网。鱼类出现频率和数量较大的种类，例如，中华栉孔虾虎鱼、皮氏叫姑鱼、红狼牙虾虎鱼和焦氏舌鳎等。

表5　福建海岸带底栖生物主要种类

种名	水深/m	底质	出现站次
1.双鳃内卷齿蚕 *Aglaophamus dibranchis*	8~45	软泥	206
2.中华内卷齿蚕 *Aglaophamus sinensis*	7~45	软泥	124
3.梳鳃虫 *Terehellides stroemi*	7~45	砂质泥、泥质砂	148
4.不倒翁虫 *Sternaspis scutata*	5~44	软泥为主	132
5.后指虫 *Laonice cirrata*	5~45	软泥为主	122
6.特矶沙蚕 *Euniphysa aculeata*	7~36	泥质砂、砂质泥	50
7.滑指矶沙蚕 *Eunice indica*	9~35	泥质砂、砂质泥	52
8.中蚓虫 *Mediomastus californiensis*	7~45	软泥为主	56
9.足刺异单指虫 *Heterocssara aciculata*	9~45	软泥为主	55
10.长吻沙蚕 *Glycera chirori*	8~45	软泥为主	66
11.短竹蛏 *Solen dunkerianus*	7~37	软泥、泥质砂	49
12.波纹巴非蛤 *Paphis undulata*	8~34	软泥、泥质砂	59
13.棒锥螺 *Turritella bacillum*	5~40	软泥为主	176
14.鹧鸪轮螺 *Architectonica perdix*	8~45	软泥为主	95
15.习见蛙螺 *Bursa rana*	11~45	软泥、泥质砂	109
16.浅缝骨螺 *Murex trapa*	5~45	软泥为主	168
17.泥东风螺 *Babylonia lutosa*	9~34	软泥为主	40

续表

种名	水深/m	底质	出现站次
18.红带织纹螺 *Nassarius succincta*	8~45	软泥为主	78
19.细肋蕾螺 *Gemmula deshayesii*	5~47	软泥、泥质砂	108
20.白龙骨飞乐螺 *Lophiotoma leucotropis*	5~44	软泥为主	108
21.假奈拟塔螺 *Turricula nelliae spurius*	5~44	软泥为主	101
22.黄短口螺 *Brachytoma flavidulus*	8~45	软泥、砂质泥	89
23.颈圈笋螺 *Cinguloterbra torquata*	5~44	软泥为主	97
24.胶州湾角贝 *Dentalium kiaochowwanense*	5~45	软泥、泥质砂、砂质泥	108
25.中国毛虾 *Acetes chinsis*	9~45	软泥、泥质砂	65
26.长眼对虾 *Miyadiella podophthalmus*	8~45	软泥、砂质泥、泥质砂	90
27.小仿对虾 *Parapenaeopsis tenellus*	5~44	软泥、砂质泥、泥质砂	144
28.长额仿对虾 *Parapenaeopsis hardwickii*	9~45	软泥、砂质泥	177
29.鹰爪虾 *Trachypenaeus curvirostris*	5~45	软泥、砂质泥	81
30.窄指异对虾 *Atypopenaeus stenodactylus*	9~45	软泥、砂质泥	82
31.须赤虾 *Metapenaeopsis barbatus*	8~45	软泥、砂质泥	51
32.中华管鞭虾 *Solenocera crassicornis*	5~45	软泥为主	77
33.日本鼓虾 *Alpheus japonicus*	10~45	软泥为主	78
34.绒毛细足蟹 *Raphidopus ciliatus*	8~44	软泥、泥质砂、砂质泥	90
35.矛形梭子蟹 *Portunus hastatoides*	8~45	泥质砂、软泥	105
36.双斑蟳 *Charybdis bimaculata*	8~44	软泥、泥质砂	144
37.隆线强蟹 *Eucrata crenata*	8~55	软泥为主	133
38.裸盲蟹 *Typhlocarcinus nudus*	8~55	泥质砂、软泥	108
39.弯六足蟹 *Hexapus anfractus*	3.5~45	软泥为主	93
40.模糊新短眼蟹 *Neoxenophthalmus obscurus*	3.5~45	软泥、泥质砂、砂质泥	382
41.口虾蛄 *Oratosquilla oratoria*	5~45	软泥、泥质砂	130
42.细五角瓜参 *Leptopentacta typica*	8~42	软泥为主	51
43.二色桌片参 *Mensamaria intercedens*	9~34	泥质砂、软泥	17
44.海地瓜 *Acaudina molpadioides*	8~40	软泥、砂质泥	18
45.白肛海地瓜 *Acaudina leucoprocta*	8~40	软泥	18
46.棘刺锚参 *Protankyra bidentata*	8~30	软泥	41

续表

种名	水深/m	底质	出现站次
47.镶边海星 *Craspiaster hesperus*	5~45	软泥、泥砂	69
48.细雕刻肋海胆 *Temnopleus toreumaticus*	5~35	泥质砂、砂质泥、软泥	27
49.滩栖阳遂足 *Amphiura vadicola*	9~30	泥质砂、砂质泥、软泥	32
50.光滑倍棘蛇尾 *Amphioplus laevis*	5~45	软泥、泥质砂	226
51.皮氏叫姑鱼 *Johnius belengerii*	8~45	泥质砂、砂质泥、软泥	103
52.棘头梅童鱼 *Collichthys lucidus*	9~44	软泥为主	71
53.矛尾虾虎鱼 *Chaeturichthys stigmatias*	9~34	软泥为主	39
54.六丝矛尾虾虎鱼 *Chaeturichthys hexanema*	9~40	软泥、泥质砂	69
55.红狼牙虾虎鱼 *Odontamblyopus rubicundus*	8~38	软泥	82
56.孔虾虎鱼 *Trypauchen vagina*	9~42	软泥为主	75
57.中华栉孔虾虎鱼 *Ctenotrypauchen chinensis*	8~44	软泥为主	107
58.宽体舌鳎 *Cynoglossus robustus*	9~34	软泥、泥质砂	19
59.大鳞舌鳎 *Cynoglossus melampetalus*	5~34	软泥、泥质砂	30
60.焦氏舌鳎 *Cynolossus joyneri*	5~45	泥质砂、软泥	20

1.2.2 种类组成季节变化与不同海域的差异

1.2.2.1 季节变化

本海区底栖生物种类组成具有明显的季节变化，夏季的种数最多(804 种)，春季其次(777 种)，秋季 614 种，冬季最少，仅 551 种。

从图 15 可以清楚地看出，各类群季节变化不尽相同。多毛类、软体动物和棘皮动物的种数变化规律一样，即从春季向冬季明显地减少。多毛类春季有 277 种，冬季为 135 种，种数减少一半；软体动物种数变化幅度不大，春季 198 种，秋季 187 种，冬季最少也有 147 种；棘皮动物由春季 78 种到冬季减少为 47 种。甲壳动物和鱼类的种数均以夏季最多，分别为 210 和 108 种；甲壳动物在春、科、冬 3 季的种类数都很接近(155~158 种)；鱼类秋季 90 种，春、冬两季都是 67 种(图 15)。

1.2.2 不同海域的差异

从各海域底栖生物种类组成来看，南部海区的种数最多，有 774 种，中部海区 679 种，北部海区种数最少，仅 490 种。各类群动物种数在不同海区有些差别，多毛类以中部海区的种数最多，有 251 种，北部海区最少(172 种)；软体动物、甲壳动物、棘皮动物和鱼类都以南部海区的种数最多，中部海区占第二位，北部海区最少。各海区种类组成的另一特点，不同类

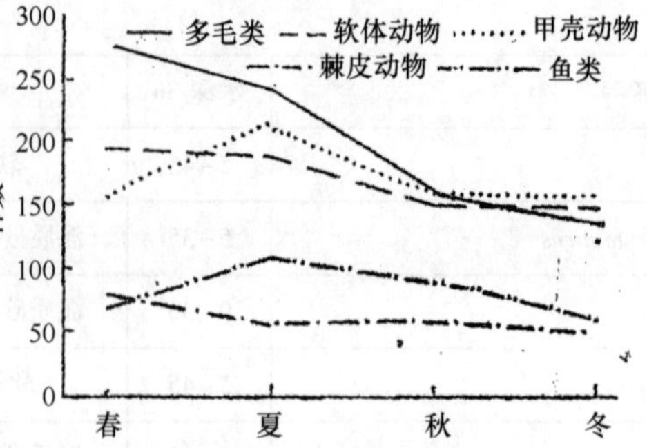

图 15　底栖生物各类群种数的季节变化

群种数组成百分比的变化规律一样,即 3 个海区皆是多毛类种数的比例较高(占 30%~37%),软体动物次之(占 25%~29%),甲壳动物占第三位(占 20%左右),鱼类占 10%~13%,而棘皮动物占的比例最小,仅 6%~9%(表 6)。

表 6　福建海岸带各海区底栖生物种数及百分比

海区	北部(34 站)		中部(48 站)		南部(28 站)		台湾海峡西部沿岸	
类群	种数	%	种数	%	种数	%	种数	%
多毛类	172	35.1	251	37.0	234	30.2	345	35.0
软体动物	133	27.2	170	25.1	221	28.6	263	26.7
甲壳动物	97	19.8	138	20.4	151	19.5	177	18.0
棘皮动物	31	6.3	55	8.1	71	9.2	85	8.6
鱼类	57	11.6	64	9.4	97	12.5	115	11.7
合计	490	100	678	100	774	100	985	100

台湾海峡西部沿岸水域(包括中、南部海区)底栖生物种类做了初步统计,共计 985 种,占本海区总种数的 80.4%。其中多毛类最多,有 345 种,占全海区多毛类总种数的 84.8%;软体动物 263 种,占全海区 90.7%;甲壳动物 177 种,占全海区 69.4%;棘皮动物 85 种,占全海区 100%;鱼类 115 种,占全海区 74.2%。由此可见,台湾海峡西部沿岸底栖生物种类相当丰富,这与该海域的水文条件、沉积物类型以及理化因素等有密切关系。

1.2.3　区系特点

调查海区底栖动物与黄、渤海共有种占 40.7%,与东海共有种占 66.0%,与南海共有种占 68.7%,与日本南部共有种占 58.5%,而与日本北部共有种只占 22.1%。

各类群动物与不同海区的共有种的比例各不相同。如与南海共有种,以软体动物和底栖鱼类的比例最大,分别占 84.0%和 88.2%,棘皮动物占 66.2%,甲壳动物和多毛类分别占 58.3%和 51.9%。与东海共有种,则以底栖鱼类的比例最高,占 90%,其次多毛类占 67.3%,

依次是软体动物(60.0%)、棘皮动物(57.7%)和甲壳动物(51.6%)。与黄、渤海共有种,除多毛类的比例较高(58.6%)外,软体动物、甲壳动物和棘皮动物都在28%左右,底栖鱼类占44.7%。各类群动物与日本南部共有种的比例较大,其中以软体动物和底栖鱼类最高,分别占72.9%和79.6%,甲壳动物占51.6%,棘皮动物和多毛类分别占49.3%和42.7%。

本海区底栖动物以亚热带暖水种占优势,占已鉴定到种的65%。各类群动物的暖水种占的比例各不相同,其中以棘皮动物的比例最大(72%),软体动物次之(67%),依次是底栖鱼类(61%),甲壳动物(56%)和多毛类(48%)。

值得指出的是,有不少暖水种(约65种)过去报道只分布于南海,而本次调查首次见于福建海区。这些暖水性种类大多数(73%)分布于平潭岛以南海区,其中有50%种类分布于厦门以南海区。

综上所述,清楚地说明了本海区底栖动物种类组成和区系性质具有东海和南海过渡海区的特点。

1.2.4 种类分布特点

1.2.4.1 种数的平面化分布与季节变化

调查海区底栖生物种类繁多,数量丰富。从图16可以清楚地看出,底栖生物种数的平面分布呈现从北向南明显增加的趋势。北部海区除了个别测站(M0199)种数为121~150种外,大部分测站在86~120种,占该区的68%。中部海区底栖生物种数明显增加,种数在121~150种的有11站,占该区的44%,86~120种的占48%。南部海区比中、北部海区的种数显著增加,最高种数达216种,出现在诏安湾M0680站,种数在151~200种的测站占50%,100~150种的占38%。

各类群种数平面分布有所差别,多毛类、软体动物和甲壳动物的分布规律与全年总种数平面分布基本相似。棘皮动物和底栖鱼类各测站的种数都比较少,少于10种的测站占50%以上。

种数分布季节变化特点是,春、夏两季高于秋、冬两季,然而4个季节共同特点都是南高北低(图17至图20)。

春季种数大于100种集中分布于南部的东山湾和诏安湾附近水域。81~100种也分布在南部海区,而66~80种主要分布于中部海区。大部分测站(60%)种数在31~62种。

夏季种数大于100种虽然仅在南部出现一站,但是81~100种和66~80种的站数比春季多,而且全海区都有分布,这与夏季各类动物大量繁殖生长有关。种数在31~65种占比(55%)比春季小。

秋季种数全海区普遍减少,没有出现大于80种的测站,仅仅在诏安湾至南澳附近出现3个站的种数66~80种。显然,多数测站为31~45种(占42%),而且11~30种比春、夏两季明显增多,占27%。

冬季种数平面分布比上述3个季节显著减少,特别中、北部海区的种数更少;只有南部海区出现3个站66~80种。大部分测站为11~30种,占52%,而且少于10种的测站明显增

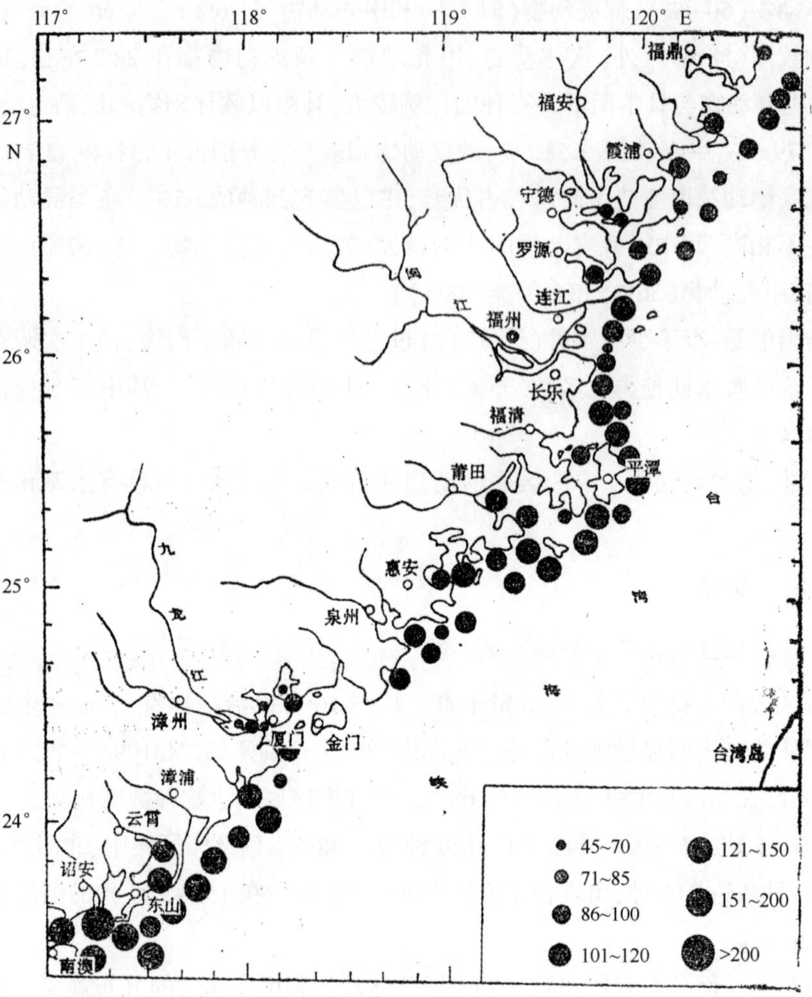

图 16　全年底栖生物种类数分布(1984—1985 年)

多,占 23%。

1.2.4.2　种类分布与水文因子的关系

福建海岸带处于亚热带海区,沿岸海域水文状况,既受闽浙沿岸流、外海高温高盐水和南海水系的影响,又受大陆径流的影响,这种复杂的水文特征,是决定本区底栖生物分布的重要因素。根据底栖动物区系组成、性质及其分布特点,调查海区底栖动物大体可分为 3 种生态类群。

1)河口半咸水类群

这类动物种类较少,主要分布于河口低盐区,典型代表种有多鳃齿吻蚕(*Nephtys polybranchia*)、河蚬(*Corbicula fluminea*)、焦河蓝蛤(*Potamocorbula ustulata*)、脊尾白虾(*Exopalaemon carinicauda*)、狭颚绒螯蟹(*Eriocheir lepiognathus*)和凤鲚(*Coilia mystus*)等。

2)近岸低盐类群

这类动物一般分布于近岸浅水区,盐度较低,但较河口区高,春、秋、冬 3 季一般盐度不

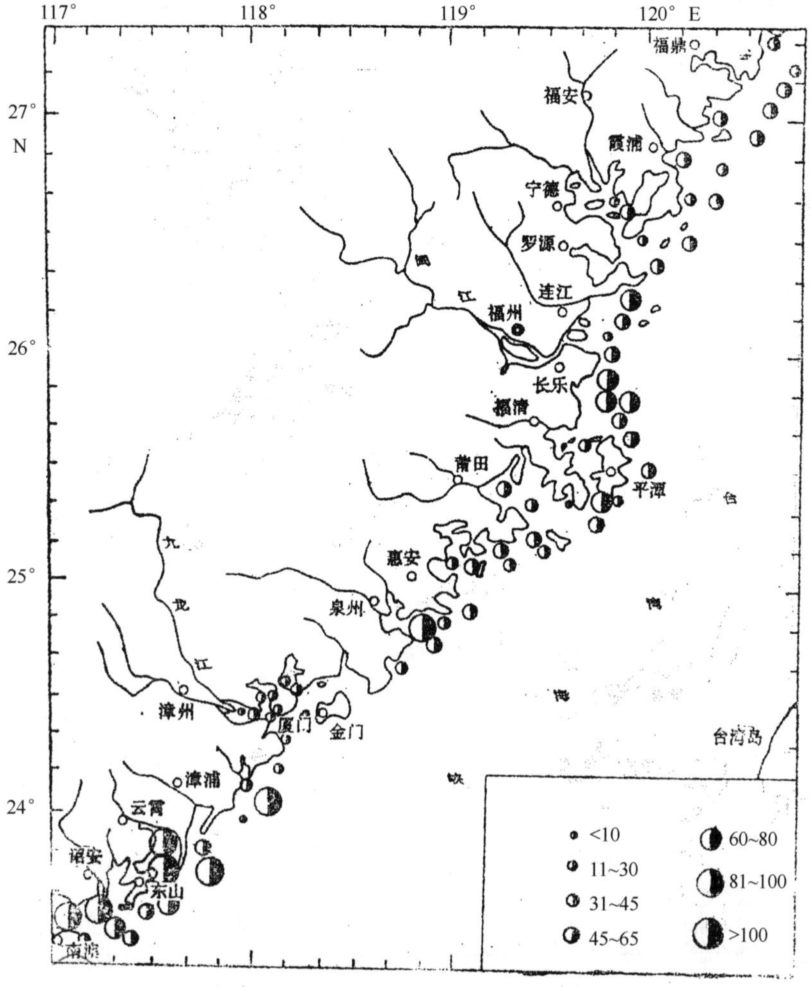

图 17　春季底栖生物种类数分布(1984 年 5 月)

超出 30~31,主要受闽浙沿岸流和大陆径流的影响。主要代表种有红带织纹螺、爪哇拟塔螺(*Turricula javana*)、小荚蛏(*Siliqua minima*)、滩栖阳遂足、棘刺锚参、细五角瓜参(*Leptopentacta typica*)、绒毛细足蟹和羽鳃稚齿虫(*Prionspio pinnata*)等。

3)外海高盐类群

这类动物属于外海高盐暖水种,本海区出现的种类和数量都不多,而且具有季节差异,以夏季的种数较多,出现频率亦较高;春、秋两季主要出现于中、南部海区;冬季没有出现。代表种有须赤虾(*Metapenaeopsis barbatus*)、红斑虾(*Plesionik izumiae*)、刀指蝉虾(*Scyllarus cultrifer*)、遁行长臂蟹(*Myra fugax*)、红色相机蟹(*Camatopsis rubida*)、沟纹巴非蛤(*Paphia exarata*)和砾壳衣笠螺(*Xenophora calculifera*)等。这些种类的出现,主要是受南海暖流和外海高温高盐水的影响。

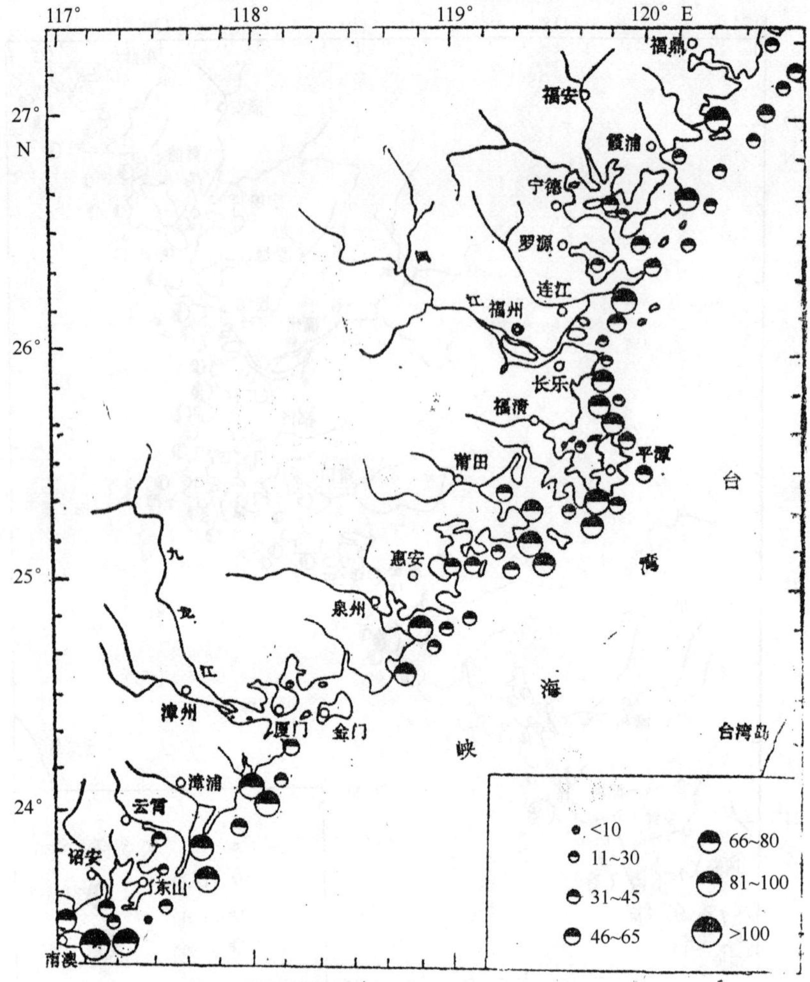

图 18　夏季底栖生物种类数分布(1984 年 8 月)

1.3　底栖生物群落分布特点

根据调查海区底栖生物种类组成和优势种分布与沉积物、水深、温盐度和海流等环境因素的关系,初步划分为 7 个群落(不含厦门港)(图 21)。

1.3.1　棒锥螺-细五角瓜参群落

本群落分布于闽江口以北沿岸海域,水深 8~24 m,底质为软泥。春、冬两季由于受到闽浙沿岸流的影响,底层盐度较低(26.0~29.0);但夏、秋两季底盐较高(34.0),有机质含量为 1%~1.5%。

构成本群落的种类生活于软泥底质的动物占多数。特征种棒锥螺不仅数量大,而且分布均匀,其密集区在大渔湾至福宁湾近岸水域,底栖拖网获得 1 000~4 600 个/网。细五角瓜参出现频率也较高,但数量不及棒锥螺。常见种有双鳃内卷齿蚕、不倒翁虫、小荚蛏、假奈拟塔螺、白龙骨飞乐螺、模糊新短眼蟹、棘刺锚参、红狼牙虾虎鱼和孔虾虎鱼等。

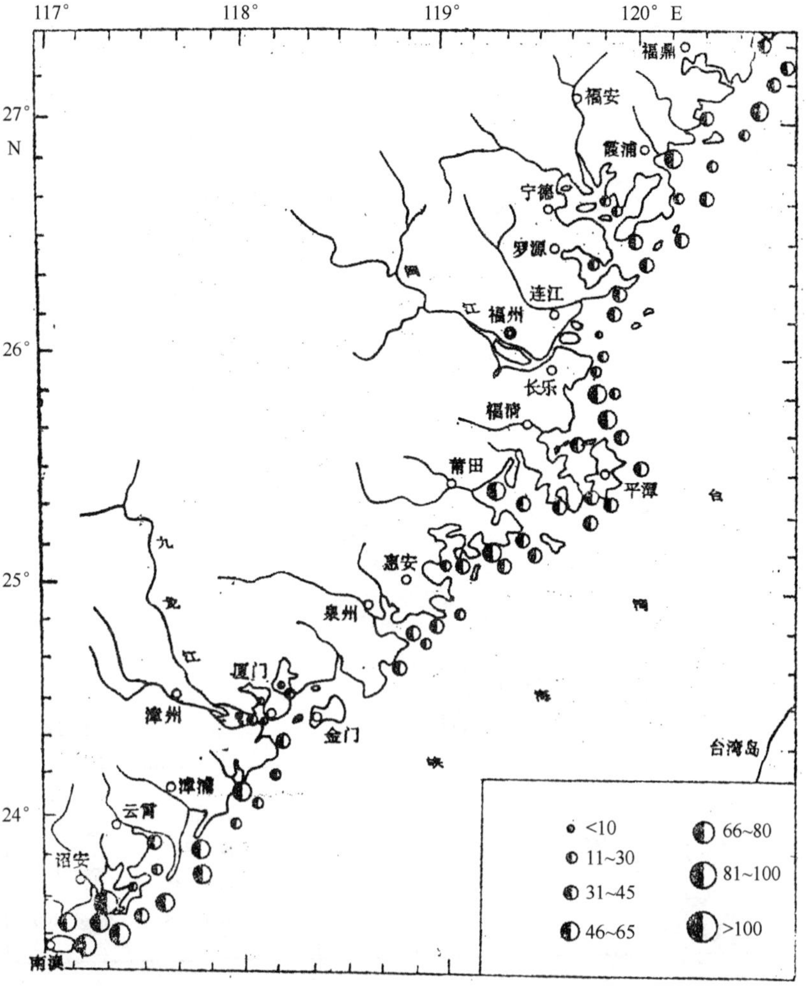

图 19　秋季底栖生物种类数分布(1984 年 11 月)

本群落有 319 种,平均生物量为 20.04 g/m^2,栖息密度在各群落中居首位,平均值为 443 个$/m^2$。

值得指出的是,棒锥螺的数量与历次调查资料比较,其资源量相当稳定,而且分布范围有所扩大,有待进一步开发利用。另外,在群落南端(M0199 站)波纹巴非蛤的数量相当大,底栖拖网最多采到 1 452 个/网。

1.3.2　锯羽丽海羊齿-后指虫群落

这个群落只分布于三都澳和罗源湾东部水域,水深 12~43 m,底质较复杂,有泥质砂、砾石和软泥 3 种类型。

群落结构比较简单,仅 179 种。特征种锯羽丽海羊齿的数量较大,在罗源湾最多 420 个/网。后指虫栖息密度不大,但分布较均匀。常见种有利波巢沙蚕、日本长手沙蚕、胶州湾角贝、纵肋织纹螺、矛形梭子蟹和双斑蟳等。

本群落的生物量和栖息密度在各群落中最低,分别为 6.81 g/m^2 和 81 个$/m^2$。

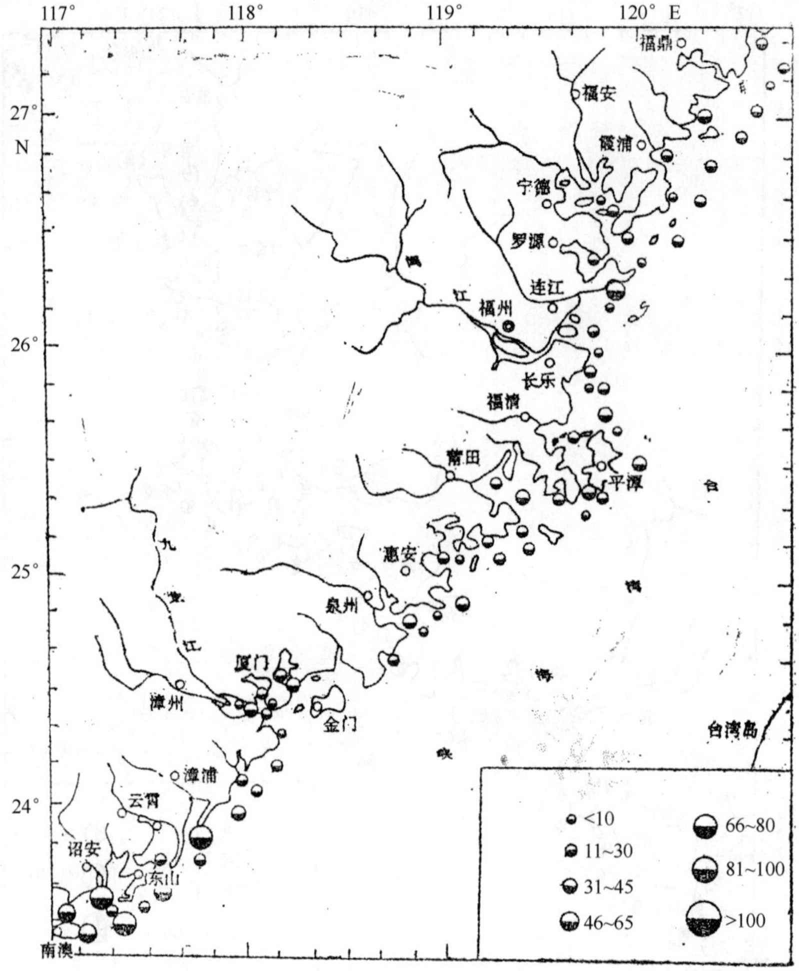

图 20　冬季底栖生物种类数分布(1985 年 2 月)

1.3.3　羽鳃稚齿虫-滩栖阳遂足群落

本群落分布于闽江口至平潭岛北面水域,水深 6~15 m。该群落直接受到闽江径流的强烈影响,盐度变化较大,底盐为 24~34。底质以软泥和砂质泥为主,有机质一般为 1%~1.5%,闽江口附近为 1.5%~2.7%。

群落组成较复杂(约 400 种),但大部分为低盐种和广盐种。羽鳃稚齿虫分布均匀,数量也较大,最大栖息密度为 65 个/m^2。滩栖阳遂足在群落的中南部形成密集区,最高生物量达 350 g/m^2,最大密度为 300 个/m^2。群落北部靠近闽江口局部水域,出现半咸淡水种,如脊尾白虾和狭颚绒螯蟹。群落南部常见种有梳鳃虫、双鳃内卷齿蚕、泥东风螺、颈圈笋螺、双斑蟳、隆线强蟹、小仿对虾、异色海盘车和砂海星等。

1.3.4　特矶沙蚕-细雕刻肋海胆群落

本群落较分散,分布于湄洲湾、兴化湾和海坛海峡的中、南部,水深 8~36 m。底质以泥质砂和砂质泥为主。盐度较高,变化不大。有机质含量为 1%~1.5%。

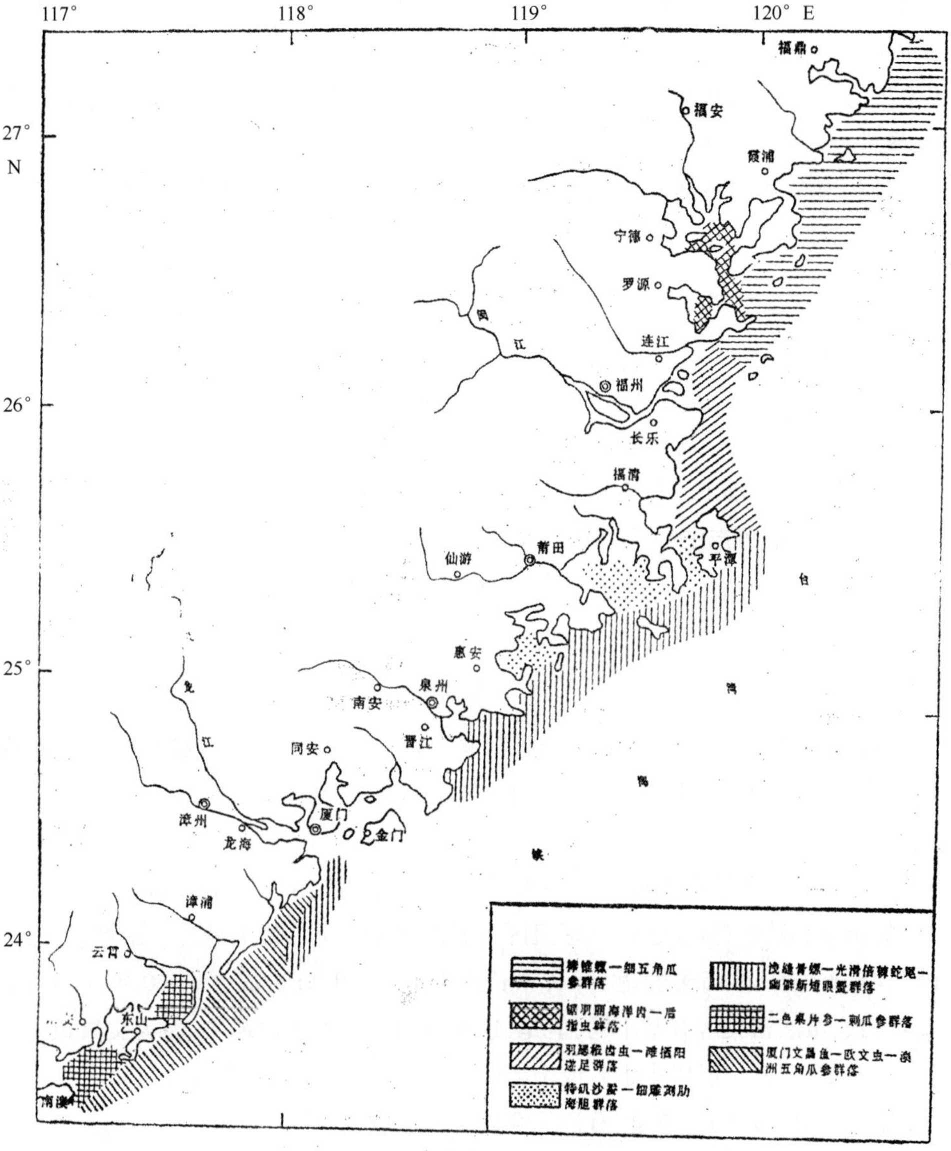

图 21　福建省海岸带底栖生物群落分布

群落较明显的特点是，特征种特矶沙蚕在群落中分布较均匀，且数量较大，生物量最高达 50 g/m²，密度为 170 个/m²。本种在邻近群落中几乎不出现。细雕刻肋海胆分布不均匀，主要密集于兴化湾，最高达 760 个/网。群落主要种有滑指矶沙蚕，南方矶沙蚕、羽毛海扇虫、细肋蕾螺、习见蛙螺、颗粒关公蟹、变态蟳小卷海齿花和棘刺锚参等。

本群落有 388 种，平均生物量 22.55 g/m²，平均密度 157 个/m²。

1.3.5　浅缝骨螺–光滑倍棘蛇尾–模糊新短眼蟹群落

该群落分布范围最广，北起平潭岛东南面，南至将军澳北面。水深 7～42 m；夏季底盐 33.8～34.4，冬季为 28.4～32.6；底质以软泥和泥质砂为主；有机质含量均在 1.5%左右。

群落的 3 种特征种遍布于整个群落,出现频率也较高。浅缝骨螺和光滑倍棘蛇尾的密集区分布于平潭岛南面、湄洲湾外和深沪湾附近。模糊新短眼蟹的最高密度达 270 个/m^2。群落主要种有后指虫、双鳃内卷齿蚕、中华内卷齿蚕、棒锥螺、胶州湾角贝、矛形梭子蟹、南海三强蟹、异常盘棘蛇尾和大鳞舌鳃等。

群落种类繁多,共 523 种。平均生物量为 37.10 g/m^2,平均密度为 155 个/m^2。

1.3.6 二色桌片参-刺瓜参群落

本群落分布于东山湾和诏安湾口至南澳岛之间水域。水深 7~34 m,底质主要是泥质砂和砂质泥。盐度变化不大,常年在 30.0~33.0。有机质含量在 1%以上。

该群落较显著的特点是二色桌片参在东山湾的 M0610 站和诏安湾口的 M680 站数量很大,分别为 1 894.95 g/m^2(285 个/m^2)和 1 389 g/m^2(180 个/m^2)。刺瓜参的数量也较大,最高可达 155 个/网。群落主要种有特矶沙蚕、日本刺疏鳞虫、滑指矶沙蚕、棒锥螺、方斑东风螺、鲜明鼓虾、洼颚倍棘蛇尾和镶边海星等。

本群落的种类最多,共有 629 种;而且生物量最高,平均达 192.9 g/m^2;栖息密度居第二位,平均为 222 个/m^2。

1.3.7 厦门文昌鱼-欧文虫-澳洲五角瓜参群落

本群落位于福建沿岸南部海区,北起东园角,南至东山岛南面。水深 6~40 m,底质以中、粗砂为主。盐度变化不大。全年底盐在 31.0~34.0,底温在 14~26℃,有机质贫乏,在 1%以下。

群落的特点是喜砂动物占优势。值得指出的是厦门文昌鱼(*Brachiostoma belcheri*)在本群落分布的范围和数量都比较大,其密集区从旧镇湾外侧至六鳌半岛近岸水域,一般栖息密度有 10~145 个/m^2。最高密度达 500 个/m^2,生物量为 29.20 g/m^2。同 60 年代调查的分布范围基本一致,虽然密集区有些不同,但是,这种变动是属于正常现象,因为文昌鱼与其栖息的底质环境密切相关,一般以中细砂或中粗砂底质最适宜。因此,厦门文昌鱼在福建海岸带南部近岸水域具有一定的资源量,有待于今后进一步调查研究。

特征种欧文虫和澳洲五角瓜参主要分布于群落的中、北部水域。群落常见种有管角海蛹、波斯稚齿虫、黄短口螺、锯齿巴非蛤、双斑蟳、金氏真蛇尾和日本单鳍电鳐等。

组成本群落的种类有 360 种,平均生物量为 27.05 g/m^2,平均密度 157 个/m^2。

2 总结

(1)本次调查所获得的底栖生物定量和定性标本,经初步鉴定共 1 221 种,其中 848 种鉴定到种。从各类群组成来看,多毛类居首位,有 404 种,软体动物占第二位,有 291 种,甲壳动物占第三位,有 255 种,依次是底栖鱼类 154 种和棘皮动物 85 种,其他动物 32 种。

另外,在福建海岸带海域发现两新种,多毛类的福建哈特曼(*Hartmaniella fujianensis*)和横带寡鳞虾虎鱼(*Oligolepis fasciatus*)。

调查海区底栖生物主要种和经济种共 170 种,其中出现频率高、数量大的优势种和经济种有 60 种。

(2)本海区底栖生物种类组成具有明显的季节变化,夏季的种数最多,有 804 种,春季其次,777 种,秋季 614 种,冬季最少,仅 551 种。

从各海域底栖生物种类组成来看,南部海区的种数最多,有 774 种,中部海区 679 种,北部海区种数最少,仅 490 种。

(3)区系特点:调查海区底栖动物与黄、渤海共有种占 40.7%,与东海共有种占 66.0%,与南海共有种占 68.7%,与日本南部共有种占 58.5%,而与日本北部共有种只占 22.1%。

本海区底栖动物以亚热带暖水种占优势,占已鉴定到种的有 65%。各类群动物的暖水种所占比例各不相同,其中以棘皮动物的比例最大(72%),软体动物次之(67%),依次是底栖鱼类(61%),甲壳动物(56%)和多毛类(48%)。

值得指出的是,在不少暖水种(65 种)过去报道只分布于南海,而本次调查首次见于福建海区。这些暖水性种类大多数(73%)分布于平潭岛以南海区,其中有 50%种类分布于厦门以南海区。

(4)调查海区底栖生物数量相当高,平均总生物量为 41.93 g/m^2,平均总密度为 147 个/m^2。在总生物量组成中,棘皮动物居首位(19.75 g/m^2)占平均总生物量的 47%;其次是软体动物(11.65 g/m^2),占 28%;多毛类和甲壳动物的生物量均较低,分别为 4.24 g/m^2 和 3.15 g/m^2。在总密度组成中,以多毛类栖息密度最大(70 个/m^2),占平均总密度的 48%,甲壳动物次之(36 个/m^2),占 24%,棘皮动物和软体动物的栖息密度均较小,分别为 18 个/m^2 和 16 个/m^2。

底栖生物总生物量及总密度的分布特点,呈现由北向南明显增加的趋势。南部海区最高,平均总生物量达 89.27 g/m^2,密度 178 个/m^2;北部最低,仅 19.06 g/m^2,密度 104 个/m^2。

调查海区底栖生物数量分布具有明显的季节变化,无论是总生物量或者是总密度均以夏季最高,其次是春季,秋季居第三,冬季最低。

本海区底栖生物平均总生物量(41.93 g/m^2)高于浙江省海岸带(12.6 g/m^2)和广东近海(20.0 g/m^2)。总生物量组成与浙江省海岸带和广东近海均不同,这两个海区均以软体动物占优势,而本海区则以棘皮动物占首位,其次是软体动物,多毛类和甲壳动物都比较低。

(5)根据调查海区底栖生物种类组成和优势种分布与沉积物、水深、温盐度和海流等环境因素的关系,初步划分为 7 个群落。

① 棒锥螺-细五角瓜参群落:分布于闽江口以北沿岸海域,水深 8~24 m,底质为软泥。本群落有 319 种,平均生物量为 20.04 g/m^2,栖息密度在各群落中居首位,平均值为 443 个/m^2。

② 锯羽丽海羊齿-后指虫群落:分布于三都澳和罗源湾东部水域,水深 12~43 m,底质较复杂,有泥质沙、砾石和软泥 3 种类型。群落结构比较简单,仅 179 种。本群落的生物量和栖息密度在各群落中最低,分别为 6.81 g/m^2 和 81 个/m^2。

③ 羽鳃稚齿虫-滩栖阳遂足群落:分布于闽江口至平潭岛北面水域,水深 6~45 m,底质

以软泥和砂质泥为主。群落组成较复杂，约 400 种，但大部分为低盐种和广盐种。

④ 特矶沙蚕-细雕刻肋海胆群落：分布于湄洲湾、兴化湾和海坛海峡的中、南部，水深 8 ~36 m。底质以泥质砂和砂质泥为主。群落较明显的特点是，特征种特矶沙蚕在群落中分布均匀，且数量较大，本种在邻近群落中几乎不出现。本群落有 388 种，平均生物量 22.55 g/m^2，平均密度 157 个/m^2。

⑤ 浅缝骨螺-光滑倍棘蛇尾-模糊新短眼蟹群落：分布范围最广，北起平潭岛东南面，南至将军澳北面。水深 7 ~ 42 m，底质以软泥和泥质砂为主。群落种类繁多，共 523 种。平均生物量为 37.10 g/m^2，平均密度为 155 个/m^2。

⑥ 二色桌片参-刺瓜参群落：分布于东山湾和沼安湾口至南澳岛之间水域。水深 7 ~ 34 m，底质主要是泥质砂和砂质泥。该群落较显著的特点是二色桌片参在东山湾和诏安湾口的数量很大。本群落的种类最多，共有 629 种；而且生物量最高，平均达 192.9 g/m^2，栖息密度在各群落中居第二位，平均为 222 个/m^2。

⑦ 厦门文昌鱼-欧文虫-澳洲五角瓜参群落；本群落位于福建沿岸南部海区，北起东园角，南至东山岛南面。水深 6 ~ 49 m，底质以找中、细砂为主。群落的特点是喜砂动物占优势。值得指出是厦门文昌鱼在本群落分布的范围和数量都比较大，其密集区从旧镇湾外侧至六鳌半岛近岸水域，一般栖息密度有 10 ~ 145 个/m^2，最高密度达 500 个/m^2。因此厦门文昌鱼在福建南部近岸海域具有一定的资源量，有待于今后进一步调查研究。组成本群落的种类有 360 种，平均生物量为 27.65 g/m^2，平均密度 157 个/m^2。

参考文献（略）

江锦祥，李荣冠，徐惠州，蔡尔西，郑凤武.

原载《福建省海岸带和海涂资源综合调查报告》，北京：海洋出版社，1990：173-197.

台湾海峡西部近海底栖生物生态初步研究

摘要 1961—1964 年于台湾海峡西部近海进行了七航次调查,其范围为 23°20′—25°54′N,117°11′—119°58′E,水深一般不超过 50 m,布设了定量采泥 189 站和定性拖网 33 站。

本次调查获得的底栖动物已鉴定到种的共 392 种。种类组成特点:以近岸浅水种占主导地位,而且热带亚热带种占绝对优势,显示了台湾海峡具有热带海区的特征。本海区底栖生物生物量总平均为 38.0 g/m^2,平均密度为 116 个/m^2。生物量组成以棘皮动物占优势,其次是软体动物。

群落的分布特点:① 阳遂足-海地瓜群落属于近岸低盐性质,主要分布在平潭岛以北受闽江径流影响较大的水域,底质为软泥。② 歪刺锚参-薄倍棘蛇尾-浅缝合骨螺群落则广泛分布于调查海区,群落种类繁多,结构较复杂,底质为软泥。③ 麦氏偏顶蛤-刘五店沙鸡子-阿曼吉娅虫群落以细砂底为主,局限于北部海区。④ 厦门文昌鱼-瑰斑竹蛏-中华岩虫-多鳃欧努菲虫群落则以粗、中砂为主,仅分布于南部海区。⑤ 日本俏羽枝-布纹蚶群落分布在港湾的出口处或岛屿之间,流速较大,底质为砾石或石块。

台湾海峡位于东海和南海之间,自然环境优越,生物资源十分丰富,底栖生物种类繁多。由于台湾海峡所处地理位置重要,加之资料缺乏,所以引起国内外许多海洋研究者的兴趣。由于多种原因,长期以来台湾海峡调查研究工作开展较少。迄今为止,底栖生物尚未进行过较全面、系统的调查研究,因此,对台湾海峡底栖生物进行深入调查研究,不但对于海洋生物的区系组成或群落生态研究,以及自然地理区划(如东、南海分界线问题)都有一定意义,而且也为台湾海峡渔业生产、海洋水文和海洋地质等研究提供必要的资料。

1961—1964 年,我们对台湾海峡西部近海底栖生物进行了七航次调查。其范围北起平潭岛,南至诏安湾(23°20′—25°54′N,117°11′—119°58′E)。水深一般不超过 50 m。为便于调查,将海区划分为北部(平潭岛至泉州湾)和南部(厦门港至诏安湾)两区。调查海区布设 10 个固定断面,共 33 个测站。按春、夏、秋、冬 4 个生物季节进行定量采泥和定性拖网采集。另外结合海洋地质调查,增设 156 个定量采泥测站。共获得定量样品 354 份,定性样品 144 份。

定量取样使用“大洋 50”型(Okean-50)采泥器,其面积为 0.1 m^2;定性取样用宽度为 1.5 m 的阿拖网或三角拖网。调查方法按《中国海洋调查规范》进行。

1 调查结果

1.1 种类组成及优势种的分布特点

本次调查获得的底栖生物已鉴定到种的共392种,计有多毛类82种,软体动物137种,甲壳动物77种,棘皮动物51种,鱼类43种以及其他动物2种。其中最占优势的种有:多毛类的滑指矶沙蚕(*Eunice indica*)、拟双丝索沙蚕(*Lumbrineris pseudobifilaris*)、双鳃齿吻沙蚕(*Aglaophamus dibranchis*)、拟垫龙介虫(*Terebellides stroemii*)、不倒翁虫(*Sternapis scutata*);软体动物的浅缝合骨螺(*Murex trapa*)、蛙螺(*Bursa rana*);甲壳动物的口虾蛄(*Oratosquilla oratoria*)。长额仿对虾(*Parapenaeopsis hardwickii*)、细巧仿对虾(*Parapenaeopsis tenella*)、矛形梭子蟹(*Portunus hastatoides*)双斑蟳(*Charybdis bimaculata*);棘皮动物的阳遂足(*Amphiura* sp.)①、薄倍棘蛇尾(*Amphioplus praestans*)、歪刺锚参(*Protankyra asymmetrica*)等。这些种类绝大多数广泛分布于调查海区,个别种类密集在局部水域,如阳遂足在平潭岛北面的数量特别大。

本海区底栖生物的区系组成特点,则以热带、亚热带种占绝对优势。例如,软体动物的双壳类和甲壳动物的蟹类的热带、亚热带种,分别占77%和87%。主要代表种有多毛类的艾氏真刺梳鳞虫(*Euleanira ehlersi*)、黄斑海毛虫(*Chloeia flava*)、双鳃齿吻沙蚕、滑指矶沙蚕、马氏矶沙蚕(*Eunice maerenzelleri*)、复腮岩虫(*Marphysa stragulum*)、拟双丝索沙蚕、格纹吻沙蚕(*Glycera tesselata*)、阿曼吉娅虫(*Armandia leptocirris*)、巨泡状盘管虫(*Hydroides exaltatus vesiculosus*);软体动物的马尼拉卵蛤(*Pitar manillae*)、瓷质楔形蛤(*Sunetta solanderii*)、面具美女蛤(*Circe stutzeri*)、对角蛤(*Anligona lamaellaris*)、鳞片雪蛤(*Chione imbricata*)、屈曲巴非蛤(*Paphia simosa*);甲壳动物的窝纹虾蛄(*Dictyosquilla faveolata*)、近缘新对虾(*Metapeneaeus affinis*)、角仿对虾(*Parapenaeopsis cornutus*)、伪装关公蟹(*Dorippe fachino*)、走蟹(*Dromiadehanni*)、七刺栗壳蟹(*Arcania heptacantha*)、海绵精干蟹(*Iphiculus spongiosus*)、疾进蟳(*Charybdis vadoeum*)、直额蟳(*Charybdis truncatus*);棘皮动物的细五角瓜参(*Leptopentacta typica*)、模式辐瓜参(*Actinocucumis typicus*)、方柱五角瓜参(*Pentacta quadragularis*)、雷氏饼干海胆(*Peronella lesueuri*)、印痕倍棘蛇尾(*Amphioplus impressus*)、沙氏辐蛇尾(*Ophiactis savignyi*)、锦疣蛇尾(*Ophiothela danae*)等。这些种的分布北界不超过我国长江口以北海区,某些种仅分布到平潭岛以南,如对角蛤、鳞片雪蛤、疾进蟳和直额蟳等。台湾海峡西部近海底栖无脊椎动物出现如此众多的热带性种类,主要是受台湾暖流和南海高温高盐水(亦称南海暖流)影响较大的缘故。因此,我们认为台湾海峡具有热带海区的特征。

---

① 以前鉴定为滩栖阳遂足(*Amphiura vadicola*).

1.2 数量分布

台湾海峡西部近海底栖生物生物量比较高,平均生物量为 38.0 g/m², 密度平均为 116.2 个/m²。这比广东近海(水深 50 m 以内)生物量 20.0 g/m²①,闽东海区 36.0 g/m²② 以及浙江近海 23.2 g/m²③ 都高。生物量季节变化不甚明显,以秋季的生物量最高(47.5 g/m²),其次是冬季(39.1 g/m²),春季较低(32.1 g/m²),夏季因资料不完整,不作比较。生物量组成以棘皮动物占的比例最大(57.0%),软体动物次之(14.1%),甲壳动物和多毛类最小,分别为 8.1%和 7.1%。栖息密度也以棘皮动物最大(39.9 个/m²),依次为甲壳动物(32.3 个/m²)、多毛类(24.0 个/m²)、软体动物(15.6 个/m²)。

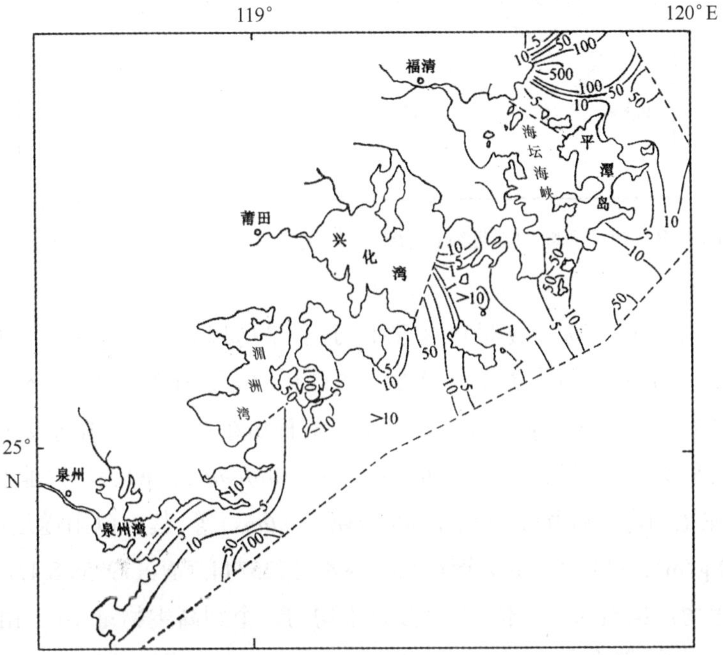

图 1-A 台湾海峡西部近海(北部)底栖生物总生物量分布(单位:g/m²)

从图 1-A 和图 1-B 可以看出,调查海区总生物量分布不均匀。全海区出现两个高生物量区,一个分布于平潭岛以北水域,平均生物量为 249.9 g/m²,最高生物量达 544.0 g/m²。另一个在南部六鳌以东水域(23°52′—24°00′N),平均生物量为 150.0 g/m²,最高生物量为 338.6 g/m²。大部分水域的生物量在 10~50 g/m²,低生物量区(1~5 g/m²)主要分布在南日岛东北部。湄洲湾至泉州湾的近岸区和东山湾口外侧水域,生物量小于 1 g/m² 的水域范围很小。

棘皮动物数量分布很不均匀,北部水域(37.5 g/m²,70 个/m²)比南部水域(5.7 g/m²,

① 刘瑞玉,唐质灿,南海底栖动物的数量分布,动物生态及分类区系专业学术讨论会论文摘要汇编,1962.

② 东海水产资源调查委员会福建分会,闽东渔场水产资源调查,底栖生物,1961.

③ 刘瑞玉,崔玉珩,等,浙江近海底栖生物生态的研究,浙江近海渔业资源调查报告,1964.

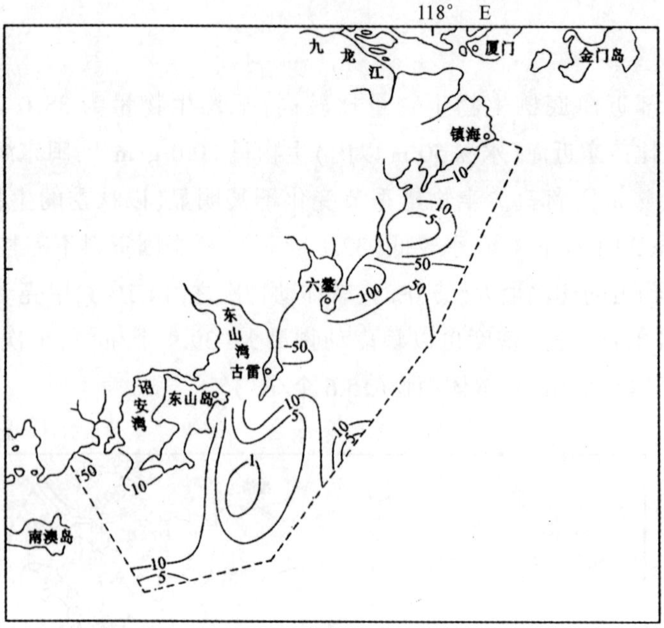

图 1-B　台湾海峡西部近海（南部）底栖生物总生物量分布（单位：g/m²）

9.7 个/m²）大 7 倍左右。高生物量区主要位于平潭岛以北水域，其生物量一般在 50～250 g/m²，平均值为 198.8 g/m²，最高生物量达 532.0 g/m²。生物量平面分布的特点是外海比近岸高，低生物量区（小于 1 g/m²）主要分布于南日岛东北面和东山岛以东广大水域。组成生物量的主要种类：阳遂足、海地瓜（*Acaudina molpaldioides*）、凹裂星海胆（*Schizaster lacunosus*）、薄倍棘蛇尾和弯倍棘蛇尾（*Amphioplus cyrtacanthus*）等，其中以阳遂足的数量最大，生物量高达 470.0 g/m²，密度为 1 680 个²（1963 年 4 月，25°44.3′N，119°38.8′E）。

软体动物生物量虽然居第二位，但是分布不均匀。个别高生物量小区，由于采到个体较大的种类所引起，如浅缝合骨螺、长梓螺（*Fusinus perlexus*）和耀目樱蛤（*Macomacandida*）等。生物量在 1～5 g/m² 之间的水域约占 26%，主要分布于南日岛西南面，泉州湾口附近、镇海角至六鳌外侧以及东山岛南面。而广大水域（60%）的生物量小于 1 g/m²。常见种有凸镜蛤（*Dosinia gibba*）和麦氏偏顶蛤等。

甲壳动物生物量分布既不均匀，又没有出现高生物量区，只有个别测站采到较大的蟹类才使生物量较高。绝大部分水域（61%）的生物量小于 1 g/m²，而生物量在 1～5 g/m²，主要分布于平潭岛南面、平海东南面、礼是列岛以北和东山岛西南方向。在生物量组成中，以蟹类占优势，其中短眼蟹（*Xenophthalmus* sp.）分布最广，数量亦较大，最大密度达 400 g/m²。兴化湾口北面及六鳌东南部水域的生物量之所以偏高，就是由于这种短眼蟹密集的结果。较常见种有：绒毛细足蟹（*Raphidopus ciliatus*）、拟裸盲蟹（*Typhlocarcinodes* sp.）和贪精武蟹（*Parapanope euagora*）等。

多毛类生物量比较均匀地分布于整个调查海区，很少出现特别高的高生物量区。在泉州湾口外侧唯一测站生物量高于 100 g/m²，这是由于采到小海毛虫（*Chloeia parva*）所引起。

绝大部分水域的生物量均在 1~5 g/m^2。生物量为 5~10 g/m^2，仅出现于镇海角和东山岛南端局部水域。组成生物量的主要种类：拟双丝索沙蚕、异足索沙蚕（*Lumbrineris heteropoda*）、滑指矶沙蚕以及拟蛰龙介虫等。

1.3 底栖生物分布与沉积物的关系

底栖生物分布与沉积物有相当密切的关系，在不同类型的沉积物中，种类和数量都有显著差别。调查海区的沉积物基本上可以分成 4 种类型：① 软泥（占 54%）①；② 泥砂（26%）；③ 中细砂（9%）；④ 砾石粗砂（11%）。

沉积物对底栖生物分布的影响主要表现在底栖生物的生活方式、营养类型及群落结构等方面。调查海区底栖动物基本上分为两种营养类型：① 食沉积物的动物主要分布于北部和南部的镇海角至六鳌的外侧水域的软泥底质，它们以摄食表面有机碎屑或吞食沉积物为生，主要种类有：拟双丝索沙蚕、双鲤齿吻沙蚕、异足索沙蚕、足刺异单指虫（*Heterossura aciculata*）、浅缝合骨螺、蛙螺、白龙骨塔螺（*Lophiotoma leucotropis*）、绒毛细足蟹、瘤五角瓜参（*Pentacta tuberculosa*）、歪刺锚多、海地瓜、紫纹芋海参（*Molpadia roretzii*）、凹裂星海胆、阳遂足薄倍棘蛇尾等，特别是以吞食沉积物为生的歪刺锚参、海地瓜、紫纹芋参以及凹裂星海胆等几乎局限于软泥底。② 食悬浮物的动物栖息于泥砂、中细砂和砾石底质，这类动物以固着生活或移动生活的方式摄食悬浮物。生活在泥砂底质的种类较多，最常见的有滑指矶沙蚕、锥唇吻沙蚕（*Glycera convoluta*）、凸镜蛤、瑰斑竹蛏（*Solen roseomaculatus*）、玉虾（*Callianassa* sp.）遁行长臂蟹（*Myra fugax*）、二色桌片参（*Mensamaria intercedens*）、日本棘蛇尾（*Amphioplus japonicus*）等。生活在中细砂底质的种类较少，比较典型的有：中华齿吻沙蚕（*Nephtys sinensis*）、阿曼吉娅虫、多螺欧努菲虫（*Onuphis ermita*）、海蛹科的 *Ophelia limacina* 以及厦门文昌鱼（*Branchiostoma belcheri*）等。在砾石（包括石块）类型的底质中，较常见有巨泡状盘管虫、圆眼无鳃三须虫（*Lysidice ninetta*）、布纹蚶（*Barbatia decussata*）、小五角蟹（*Nursia minor*）、小刺蛇尾（*Ophiothrix erigua*）和日本俏羽枝（*Iconometra japonica*）等。

底栖生物生物量在各种沉积物中，以软泥底质的生物量最高（43.5 g/m^2），其次是泥砂（24.7 g/m^2），砾石粗砂居第三（8.0 g/m^2），中细砂最低（5.8 g/m^2）。

各类群生物量在不同底质的水域分布各不相同，其中棘皮动物生物量变化较大。例如，它在软泥底质平均生物量为 31.0 g/m^2，但在中细砂仅 0.5 g/m^2。软体动物在软泥、泥砂、中细砂 3 种沉积物中的生物量比较接近。多毛类的生物量随着沉积物颗粒粒径减小而增加。甲壳动物以泥砂底质的生物量最大（4.7 g/m^2），依次是软泥、中细砂（表 1）。

---

① 软泥系指泥质粉砂和粉砂质泥，泥砂指泥质砂或砂质泥。括弧内数据指各类型沉积物占总站数的百分比。

表 1　台湾海峡西部近海底栖生物生物量与沉积物的关系

沉积物	总生物量/(g/m^2)	多毛类/		软体动物/		甲壳动物/		棘皮动物/		其他动物/	
		(g/m^2)	%	(g/m^2)	%	(g/m^2)	%	(g/m^2)	%	(g/m^2)	%
软泥	43.5	3.8	8.7	2.8	6.4	1.6	3.7	31.0	71.3	4.3	9.9
泥砂	24.7	3.0	12.1	3.1	12.6	4.7	19.0	3.8	15.4	10.1	40.9
中细砂	5.8	0.7	12.1	2.5	43.1	1.1	19.0	0.5	8.6	1.0	17.2
砾石粗砂	8.0	0.7	8.7	0.8	10.0	0.1	1.3	2.4	30.0	4.0	50.0

1.4　群落的分布特点

台湾海峡西部近海底栖生物群落,根据种类组成和优势种的分布与沉积物、海底地形、温度和盐度等环境因子的关系,划分为 5 个群落(图 2)。

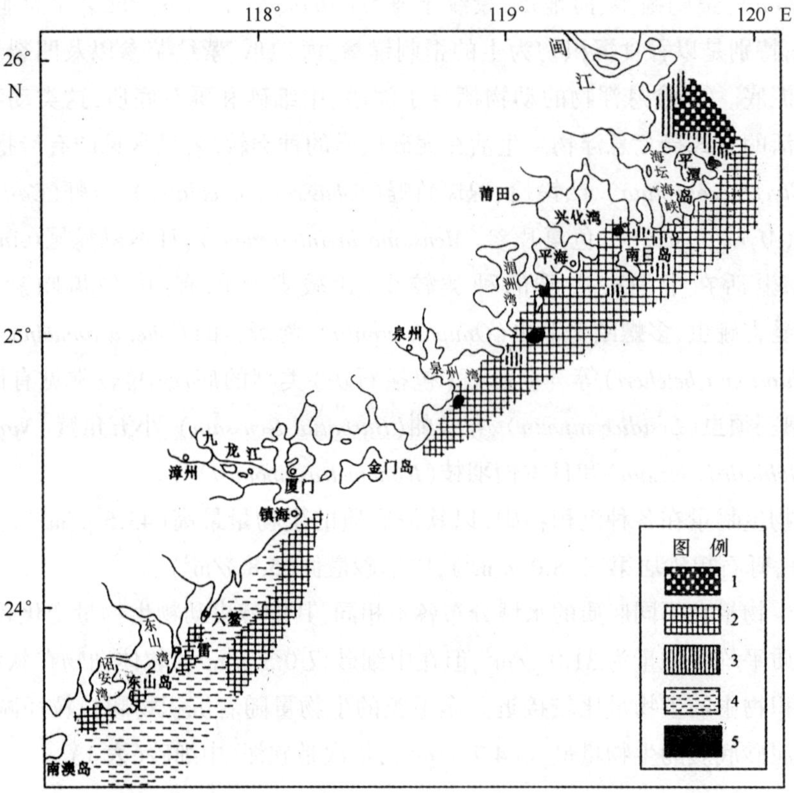

图 2　台湾海峡西部近海底栖生物群落分布

1.阳遂足-海地瓜群落;2.歪刺锚参-薄倍棘蛇尾-浅缝合骨螺群落;麦氏偏顶蛤-刘五店沙鸡子-阿蔓吉娅虫群落;4.厦门文昌鱼-瑰斑竹蛏-中华岩虫-多鳃欧努菲虫群落;5.日本俏羽枝-布纹蚶群落

1.4.1 阳遂足(*Amphiura* sp.)-海地瓜(*Acaudina molpadioides*)群落

本群落分布在平潭岛的北面水域,底质以软泥为主。水深 10~30 m;盐度变化较大,夏季为 33~34,冬季为 28~30;底温夏季为 22~26℃,冬季在 12℃左右。有机质含量丰富,大于 1.5%。

这个群落最显著的特点是,特征种阳遂足占绝对优势,其栖息密度一般为 200~800 个/m^2,最大密度达 1 680 个/m^2。值得注意的是,该种在其余广大水域只有零星分布,数量又不大。本群落约有 100 种,其中数量较大的有海地瓜、海仙人掌(*Cavernularia habereri*)、不倒翁虫、异足索沙蚕、双鳃齿吻沙蚕、长吻沙蚕(*Glycera chirori*)、白龙骨塔螺、矛形梭子蟹、口虾蛄、长额仿对虾、细巧对虾、歪刺锚参、细五角瓜参和凹裂星海胆等。

应该指出的是,在群落北部边缘(25°49.4′N,119°41.3′E)曾采到半咸水种羽鳃稚齿虫,其数量相当可观,每平方米达 350 个。因此,如果把调查范围向北扩展,可能将发现另一个由半咸水种构成的群落。这显然与闽江径流有一定的关系。

1.4.2 歪刺锚参(*Protankyra asymmetrica*)-薄倍棘蛇尾(*Amphioplus praestans*)-浅缝合骨螺(*Murex trapa*)群落

这个群落的分布范围最广,所占的面积最大。在北部海区,除平潭岛的北面外,其余水域几乎都为本群落所占据。南部海区主要分布于镇海岛至六鳌的外侧水域。群落分布的范围大体与软泥底质相一致。水深一般在 10~30 m。

群落特征种歪刺锚参特别密集在泉州湾口和兴化湾口外围,其最大栖息密度达到 180 个/m^2,生物量为 13 g/m^2。薄倍棘蛇尾遍布于整个群落,最大栖息密度为 75 个/m^2,生物量为 9.8 g/m^2。浅缝合骨螺是底拖网的常见种,一年四季都有出现,它几乎限于本群落。

群落结构较复杂,种类繁多,有 200 多种。出现频率较高的有:多毛类的拟双丝索沙蚕、双鳃齿吻沙蚕、拟蛰龙介虫、不倒翁虫;软体动物的蛙螺、白龙骨塔螺、胡桃蛤(*Eucucula* sp.);甲壳动物的口虾蛄、矛形梭子蟹、鹰爪虾(*Trachypenaeus cuvirostris*)、细巧仿对虾、长额仿对虾、中华管鞭虾(*Solenocera sinensis*);棘皮动物的凹裂星海胆、紫纹芋海参、瘤五角瓜参、细五角瓜参、锯棘砂海星(*Luidia prionota*)、细雕刻肋海胆(*Temnopleurus toreumaticus*)等。

1.4.3 麦氏偏顶蛤(*Modiolus metcalfei*)-刘五店沙鸡子(*Phyllophorus liuwutiensis*)-阿曼吉娅虫(*Armandia letocirris*)-中华齿吻沙蚕(*Nephtys-siuensis*)群落

本群落除了成片地分布在平潭岛的北面和西北面紧靠海岸的浅水区外,余者都分散在北部海区;南部海区没有出现。群落的这种分布特点,显然与细砂或泥砂底质的分布密切相关。水深较浅,一般为 5~10 m。

这个群落特征种在数量上远不如其他群落大,群落的种类较贫乏,仅 37 种。但本群落有其独特之处,即喜砂种类占主导地位。常见种有中华岩虫、浅古铜长吻沙蚕(*Glycera subaenea*)以及多鳃欧努菲虫等。

1.4.4 厦门文昌鱼(*Branchiostoma belcheri*)-瑰斑竹蛏(*Soleu roseomaculatus*)-中华岩虫(*Marphysa sinensis*)-多鳃欧努菲虫(*Onuphis eremita*)群落

本群落分布于南部海区,北起东园角,南至诏安湾口外,水深范围在 10~40 m。底质以粗、中砂为主,其次为细砂或泥砂。底层水温年变幅从 13~26℃;底盐为 30~34。

特征种厦门文昌鱼在诏安湾口外的两个站(即 23°03′N,117°23.32′E 和 23°23.1′N,117°26.5′E)最为密集,每平方米达到 65 个;此外,该群落的北部(从东园角至虎头山海区,沿着 20 m 等深线以内)也有一定的数量。构成本群落有 100 多种,以多毛类的种类最多(56 种),依次为软体动物(29 种),棘皮动物(25 种),甲壳动物最少(19 种)。

本群落种类组成特点以喜砂种类占绝对优势。除了特征种瑰斑竹蛏、中华岩虫和多鳃欧努菲虫外,常见种有海蛹科的 *Ophelia limacins*、中华齿吻沙蚕、锥唇吻沙蚕,滑指矶沙蚕、麦氏偏顶蛤、短眼蟹、小五角蟹、锦蛇尾(*Ophiura kinbergi*)和尖豆海胆(*Fibularia acuta*)等。

1.4.5 日本倘羽枝(*Iconometra japonica*)-布纹蚶(*Barbatia decussata*)群落

本群落的分布特点不同于上述各群落,即不连成一片,而且是作斑点状分布,一般都分布在港湾的出口处和岛屿之间,流速较大,底质为砾石或石块。

群落的特点是种类少,数量又不大,只有 33 种。棘皮动物的日本倘羽枝和以足丝固着的布纹蚶栖息密度最大,分别为 60 个/m^2 和 25 个/m^2。常见种有石珊瑚。毛多类的圆眼无鳃三须虫、多疣拟海鳞虫(*Parahalosydna pleiolepis*)和巨泡状盘管虫;双壳类海菊蛤科的(*Spondylus* sp.)甲壳类的小五角蟹、磁蟹(*Porcellana* sp.)和麦秆虫(*Caprella* sp.);棘皮动物的海燕(*Asterina limboonkengi*)和中华蜓蛇尾(*Ophionereisdubia sinensis*)等。

2 总结

(1)本海区已鉴定底栖动物 392 种。其种类组成特点:以近岸浅水种占主导地位,其中许多种类能分布到潮间带。热带亚热带种占绝对优势,例如,在双壳类和蟹类中的热带亚热带种,分别占 77%和 87%。其中许多种的分布北界不超过长江口以北,某些种仅分布到平潭岛以南,如对角蛤、鳞片雪蛤、疾进蟳、直额蟳等。从地理分布来看,在 73 种双壳类中,与南海和东海的共有种,分别占 93%和 55%;在 40 种蟹类中,与南海和东海的共有种,分别占 88%和 68%。调查海区出现如此众多的热带亚热带种,主要是受台湾暖流和南海暖流影响较大的缘故。因此我们认为台湾海峡具有热带海区的特征,而其南部(东山岛附近)可能是东海和南海的分界线。

(2)底栖生物生物量总平均为 38.0 g/m^2,平均密度为 116.0 个/m^2,北部海区(51.0 g/m^2)比南部海区(25.0 g/m^2)高。生物量组成以棘皮动物占优势(平均 21.6 g/m^2),其次为软体动物(平均 5.4 g/m^2)。

本海区底栖生物生物量不仅比广东近海(20.0 g/m^2)高,而且比浙江近海(23.2 g/m^2)和闽东海区(36.0 g/m^2)高。生物量组成基本上与浙江近海和闽东海区相似,但是与广东近海不相同，后者则以软体动物和甲壳动物占优势，棘皮动物次之。

构成生物量的主要种与邻近海区有所不同。如棘皮动物，本海区以阳遂足、薄倍蛇尾、歪刺锚参占优势；浙江近海却以凹裂星海胆、阳遂足、棘刺铺参为优势种；而广东近海则以扁拉文海胆(*Lovenia subcarinata*)、歪刺锚参、*Ophiopsila* sp.和 *Ophiura* sp.等为主要种。

(3)底栖生物分布与沉积物有相当密切的关系。例如，以吞食沉积物为生的双鳃齿吻沙蚕、歪刺锚参、海地瓜、紫纹芋参和凹裂星海胆等，它们几乎局限于软泥底质。滑指矶沙蚕、锥唇吻沙蚕、凸镜蛤、瑰斑竹蛏等为泥砂底质的常见种。中细砂底质的典型代表种：中华齿吻沙蚕、阿曼吉娅虫、多鳃欧努菲虫和厦门文昌鱼等。砾石粗砂类型有巨泡盘管虫、布纹蚶、小五角蟹和日本俏羽枝等。

生物量以软泥底质为最高(43.5 g/m^2)，依次为泥砂底质(24.7 g/m^2)，砾石粗砂底(8.0 g/m^2)，中细砂底质的生物量最低，仅 5.8 g/m^2。

(4)群落的分布特点反映了本海区底栖生物分布与沉积物、水深、温盐度和海流等因子的密切关系。适应于软泥底质的有：① 阳遂足-海地瓜群落和②歪刺锚参-薄倍棘蛇尾-浅缝合骨螺群落。前者①属于近岸低盐性质，主要分布在平潭岛以北受闽江径流影响较大的水域。特征种阳遂足在这一水域的数量非常大，但在平潭岛以南水域的数量却很少，主要原因是该群落受闽浙沿岸流影响较大。这与伍伯瑜[1]认为闽浙沿岸流仅影响到平潭一带的看法相吻合。本种在长江口局部水域的数量同样甚大(200 个/m^2，220 g/m^2，1976 年 8 月)①。群落②则广泛分布于调查海区，该群落种类繁多(200 种)，群落结构较复杂。③氏麦偏顶蛤-刘五店沙鸡子-阿曼吉娅虫群落和④厦门文昌鱼-瑰斑竹蛏-中华岩虫-多螺欧努菲虫群落虽然同属于砂栖类型，但群落③以细砂底为主，局限于北部海区；而群落④则以粗、中砂底为主，仅分布于南部海区。⑤日本俏羽枝-布纹蚶群落分布在港湾的出口处或岛屿之间，流速较大，底质为砾石或石块。

文稿承郑重教授、刘瑞玉教授、李少菁教授审阅修改，李滋德、苏文蔚参加海上调查工作，徐惠州参加资料整理工作，特此一并致谢。

参考文献(略)

江锦祥，陈灿忠，吴启泉，蔡尔西，张水浸，陈金堤.
原载《海洋学报》，1984，6(3)：381-398.

① 东海污染调查资料。

An ecological study of benthic organisms in the nearshore waters to the west of Taiwan Strait

Abstract In seven cruises on benthic organisms in the nearshore waters (>50 m) to the west of the Taiwan Strait (23°20′—25°54′N, 117°11′—119°58′E) in 1961—1964, altogether 189 stations of quantitative grabbing and 33 stations of qualitative trawling were made.

Altogether 392 species of benthic organisms have been identified. The composition was dominated by nearshore shallow water species, with tropical and subtropical species absolutely dominant. The total average of biomass was 38.0 g/m^2 and average density, 116.0 ind./m^2. The communities of benthic organisms in the area can be classified into five communities namely, (1) *Amphiura* sp. -*Acaudina molpadioides* Community; (2) *Protankyra asymmetrica-Amphioplus praestans-Murex trapa* Community; (3) *Modiolus meicalfei-Phyllophorus liuwutiensis-Armandia letocirris-Nephtys sinensis* Community; (4) *Branchiostoma belcheri-Solenr oseomaculatus-Marphysa sinensis-Onuphis eremita* Community; (5) *Iconomtra japonica-Barbatia decussata* Community.

Introduction

Seven cruises on benthic organisms in the nearshore waters (>50 m) to the west of the Taiwan Strait were conducted in a range from the Pingtan Island in the north to the Zhao'an Bay in the south (23°20′—25°54′N, 117°11′—119°58′E) in 1961—1964. Thirty-three stations in ten fixed transects were visited in four biological seasons. One hundred and fifty-six stations for quantitative dredging were added in cooperation with a geological survey. Altogether 354 quantitative samples by Okean-50 dredger (area 0.1 m^2) and 114 qualitative samples by Agassiz or trangle trawl (width 1.5 m) were collected. The survey was made on the basis of the Chinese Standard of Marine Survey.

1 Results

1.1 Species Composition and Dominant Species Distribution

Altogether 392 species of benthic organisms have been identified in this survey, of which, polychaete 82, mollusc 137, crustacea 77, echinoderm 51, fish 43 and other animals 2. The most dominant species were *Eunice idica*, *Lumbrineris pseudobifilaris*, *Aglaophamus dibranchis*, *Terebellides stroemii*, *Sternapis scutata*, *Murex trapa*, *Bursa rana*, *Oratosquilla oratoria*, *Parapenaeopsis hardwickii*, *Parapenaeopsis tenella*, *Portunus hastatoides*, *Charybdis bimaculata*, *Amphiura* sp., *Amphioplus praestans* and *Protankyra asymmetrica*. Most of these species were widely distributed in the survey area with individual species concentrated in local waters.

The absolute dominance of tropical and subtropical species characterized the faunal composition of benthic organisms in this area. Tropical and subtropical bivalves and crabs accounted for 77% and 87% respectively in the composition, with the following major representatives: *Euleanira ehlersi*, *Chloeia flave*, *A. dibranchis*, *E. indica*, *E. maerenzelleri*, *Marphysa stragulum*, *L. pseudobifilaris*, *Glycera tesselata*, *Armandia leptocirris*, *Hydroides exaltatus vesiculosus*, *Pitar manillae*, *Sunetta solanderii*, *Circe stutzeri*, *Anligona lamaellaris*, *Chione imbricata*, *Paphia simosa*, *Ditysquilla foveolata*, *Metapeneaeus affinis*, *P. cornutus*, *Dorippe fachino*, *Dromia dehanni*, *Arcania heptacantha*, *Iphiculus spongiosus*, *C. vadoeum*, *C. truncatus*, *Leptopentacta typica*, *Actinocucumis typicus*, *Pentacta quadragularis*, *Peronella lesueuri*, *A. impressus*, *Ophiactis savignyi*, *Ophiothela danae*. The distribution of these species was limited in the north by the Changjiang Estuary and some of them, such as *Anligona lamaellaris*, *C. imbricata*, *C. vadoeum*, *C. truncatus*, were restricted in the area south to the Pingtan Island. The presence of such a great amount of tropical species of benthic organisms in the survey area is closely related to the greater influences of the Taiwan Warm Current and the hyperthermal and hypersaline South China Sea Warm Current. Therefore, the survey area bears the features of tropical waters.

1.2 Quantitative Distribution

The biomass of benthic animals in this area was rather high, averagely 38.0 g/m^2, with an average density of 116. 2 ind./m^2, which is higher than that in the nearshore water of Guangdong (20.0 g/m^2, water depth less than 50 m)①, eastern Fujian waters (36.0 $g/m^2$② and that of nearshore waters in Zhejiang (23.2 g/m^2)③. The seasonal variation of biomass was not distinet with the maximum in autumn (47.5 g/m^2), secondly in winter (39.1 g/m^2) and the lowest in spring (32.1 g/m^2). Biomass in summer was not compared as no complete data was available. In biomass composition, echinoderm accounted for the greatest (57.0%), mollusc second (14.1%) and crus-

① Liu Ruiyu and Tan Zhican, The quantitative distribution of benthic animals in the South China Sea, Abstracts of the Proceedings of Faunal Ecology and Taxonomical Ecology, 1962.

② The Fujian Subcommittee of the East China Sea Fishery Resources Survey Committee, The Survey of Fisheries Resources in the Eastern Fujian Fishing Ground, Benthic Organisms, 1961.

③ Liu Ruiyu et al, The Study of the Benthic Ecology in the Nearshore Waters of Zhejiang, The Survey Report of the Fishery Resources in the Zhejiang Nearshore Waters, 1964.

tacea and polychaete the least (8.1% and 7.1% respectively). As for habitat density, echinoderm came first (39. 9 ind./m^2), crustacea second (32. 3 ind./m^2) and then polychaete (24.0 ind./m^2) and mollusc (15.6 ind./m^2).

Figs.1 (a) and 1 (b) show the uneven distribution of the total biomass in this area. There were two areas of high biomass: one in the waters north to the Pingtan Island with an average of 249.9 g/m^2 and a maximum of 544.0 g/m^2; another in the south, in waters to the east of Liu'ao (23°52′—24°00′N) with an average of 150.0 g/m^2 and a maximum of 338.6 g/m^2. Biomass in most of the waters was in the range of 10~50 g/m^2 and lower biomass occurred mainly in the waters northeast to the Nanri Island, nearshore waters from the Meizhou Bay to the Quanzhou Bay and that out of the mouth of the Dongshan Bay. Waters with a biomass lower than 1 g/m^2 were very small in area.

The quantitative distribution of echinoderm was quite uneven, which was about seven times higher in the northern waters (37.5 g/m^2, 70 ind./m^2) than in the southern waters (5.7 g/m^2, 9.7 ind./m^2). The high-biomass waters (generally 50−250 g/m^2, averagely 198.8 g/m^2, maximum 532.0 g/m^2) was mainly in the area north to the Pingtan Island. The horizontal distribution of biomass was higher in offshore than in nearshore waters. The low-biomass waters (less than 1 g/m^2) were mainly in water northeast to the Nanri Island and that east to the Dongshan Island. Main species forming biomass were *Amphiura* sp., *Acaudina molpaldioides*, *Schizaster lacunosus*, *A. praestans*, and *A. crytacanthus* of wihch *Amphiura* sp. had the greatest biomass (470.0 g/m^2) and density (1 680 ind./m^2) in the area of 25°44.3′N, 119°38.8′E in April, 1963.

The distribution of mollusc was uneven though it had the secondly large biomass. Some small areas with high biomass were due to the presence of the species with larger individuals, such as *M. trapa*, *Fusinus perlexus*, *Macoma candida* and others. Waters with a biomass in the range of 1−5 g/m^2 acounted for about 26% of the area, mainly in the areas to the southwest of the Nanri Island, near the mouth of the Quanzhou Bay, the offshore areas from Zhenghaijiao to Liu'ao and that lying south of the Dongshan Island. About 60% of the area had a biomass less than 1 g/m^2 with *Dosinia gibba* and *Modiolus metcalfei* as the common species.

There was neither even distribution nor high areas for the biomass of crustacea. Larger biomass occurred only when larger crabs were present. Biomass less than 1 g/m^2 covered most areas (61%) and a small number of areas had a biomass in the range of 1−5 g/m^2, mainly in areas lying south of the Pingtan Island, southeast of Pinghai, north of the Lishi Isles, and southwest of the Dongshan Island. Crabs dominated in the composition of biomass, of which, *Xenophthalmus* sp. had the broadest distribution, greatest density (400 ind./m^2) and larger quantity, leading to higher biomass in the areas to the north of Xinghua Bay, and that to the southeast of Liu'ao. *Raphidopus ciliatus*, *Typhlocarcinodes* sp. and *Parapanope euagora* were the common species.

The biomass of polychaete are quite evenly distributed in the whole area with only a few high-

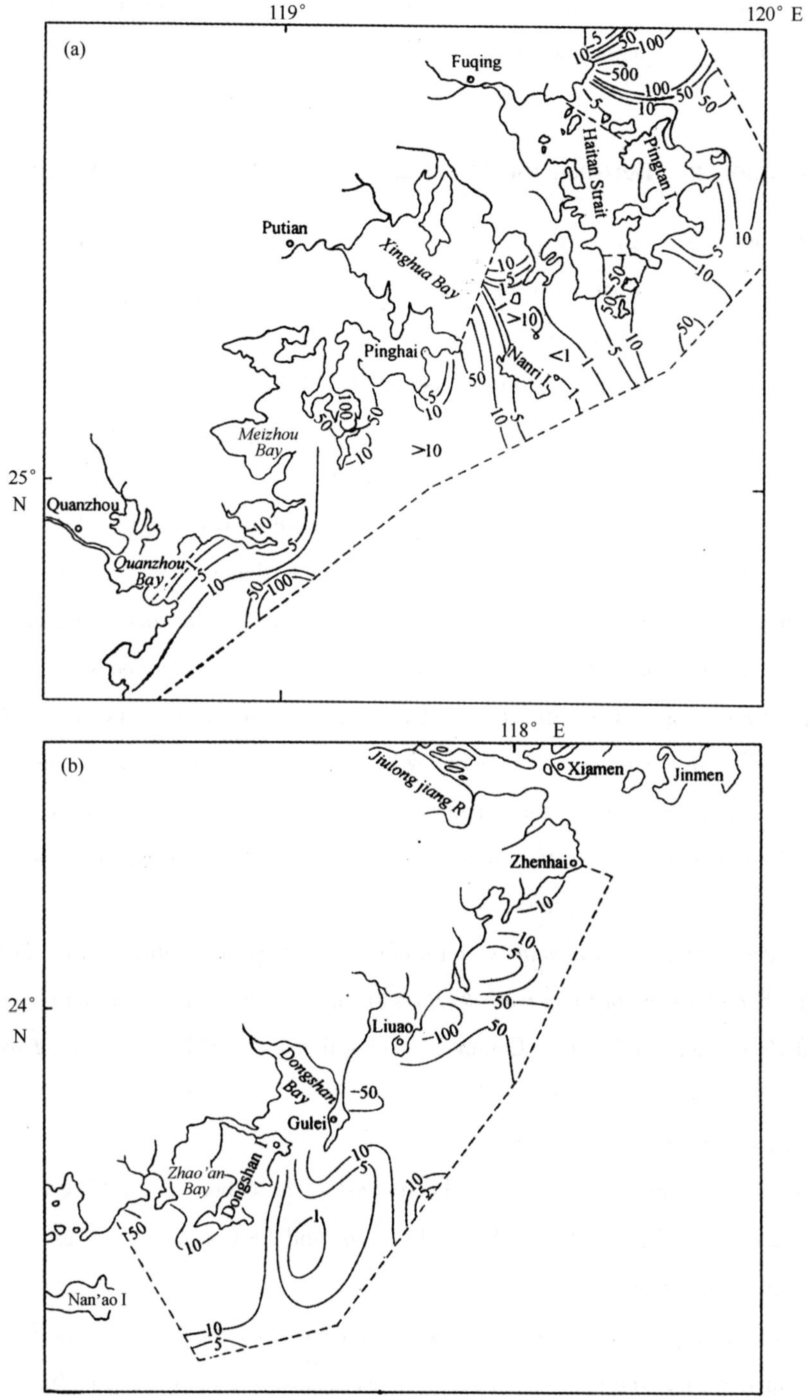

Fig.1 The distribution of total benthic biomass in the western waters of the Taiwan Strait. (g/m^2)
(a) The Northern Area; (b) The Southern Area.

biomass areas. The station out of the Quanzhou Bay had a biomass higher than 100 g/m^2 due to the presence of *Chloeica parva*. The biomass of polychaete in most areas was in the range of 1–5 g/m^2

and those with a biomass of 5–10 g/m^2 was in the waters in Zhenghaijiao and that to the south of the Dongshan Island. The major species were *L. pseudobifilaris*, *L. heteropoda*, *E. indica*. and *T. stroemii*.

1.3 The Relationship Between the Distrbution of Benthic Organisms and Sediments

The distribution of benthic organisms is closely related to sediments and in different types of sediments. the species and quantity of benthic organisms vary greatly. The sediments in the survey area could be classified into four types: (1) coze (54%)①; (2) muddy sand (26%); (3) medium and fine sands and (4) pebble and coarse sand (11%).

The effects of sediments on the distribution of benthic organisms had their manifestations on the living patterns. nutritive types and community structures of benthic organisms. There were two nutritive types in this area: (1) Sediment–feeders were mainly distributed in the ooze areas to the north and south of Zhenghaijiao and off Liu'ao. The animals depending upon organic detritus and sediments were *L. pseudobifilaris*, *A. dibranchis*, *L. heteropoda*, *H. aciculata*, *R. ciliatus*, *M. trapa*, *B. rana*, *L. leucotropis*, *P. tuber culosa*, *P. asymmetrica*, *A. molpadiodes*, *Molpadia roretzii*, *S. lacunosus*, *Amphiura* sp., *A. praestams* etc, of which, the sediment-feeders such as *P. asymmetrica*, *A. molpaldiodes*, *M. roretzii* and *S. lacunosus* were nearly restricted in ooze bottom. (2) The suspension-feeders habitat on muddy sand, medium-fine sand and pebble bottom, and live by attaching on something or moving in water. More species fall in this category, the most common ones being *E. indica*, *G. convoluta*, *D. gibba*, *Solen roseomaculatus*, *Callianassa* sp. *Myra fugax*, *Mensamaria intercedens*, *Amphoplus japonicus* and others. Fewer species habitat on medium-fine sands and the more characteristics of them were *Nephtys sinensis*, *A. leptocirris*, *Onuphis ermita*, *Ophelia limacina* and *Branchiostoma belcheri*. Common species living on pebble (including rocky) bottom were *Hydroides exaltatus vesiculosus*, *Lysidice ninetta*, *Barbatia decussata*, *Nursia minor*, *Ophiothrix erigua* and *Iconometra japonica*.

Biomass of the benthic organisms was the highest in ooze bottom (43.5 g/m^2), second in muddy sand (24.7 g/m^2), third in pebble and coarse sand (8.0 g/m^2), and the lowest in medium and fine sand (5.8 g/m^2).

The biomass distribution of various groups of organisms was not the same in different bottoms, of which, echinoderm had the greatest change, its average biomass being 31.0 g/m^2 in ooze bottom and only 0.5 g/m^2 in medium fine sand. Biomass of mollusc in ooze, muddy sand and medium and fine sand was quite the same. Biomass of polychaete increased with decreasing particle size of the sediments. Crustacea had the greatest biomass in muddy sand (4.7 g/m^2) and then in the order of

① Ooze refers to muddy silt and silty mud. Muddy sand refers to muddy sand or sandy mud. Data in parentheses are the percentage of types of sediments at all of the stations.

ooze and medium and fine sand (Table1).

Table 1 The Relationship Between the Benthic Biomass and Sediments in the Western Waters of the Taiwan Strait

Sediment Type	Total biomass/ (g/m^2)	Polychaete/		Mollusc/		Crustacea/		Echinoderm/		Other animals/	
		(g/m^2)	%	(g/m^2)	%	(g/m^2)	%	(g/m^2)	%	(g/m^2)	%
Ooze	43.5	3.8	8.7	2.8	6.4	1.6	3.7	31.0	71.3	4.3	9.9
Muddy Sand	24.7	3.0	12.1	3.1	12.6	4.7	19.0	3.8	15.4	10.1	40.9
Medium and Fine Sands	5.8	0.7	12.1	2.5	43.1	1.1	19.0	0.5	8.6	1.0	17.2
Pebble and Coarse Sand	8.0	0.7	8.7	0.8	10.0	0.1	1.3	2.4	30.0	4.0	50.0

1.4 Distributional Features of the Communities

Five communities were classified for the benthic organisms in nearshore waters to the west of the Taiwan Strait based on species composition, distribution of the dominant species and their relations to sediments, bottom topography, salinity and temperature (Fig. 2).

1.4.1 *Amphiura* sp. -*Acaudina molpadioides* Community

This community was distributed in the waters north to the Pingtan Island, with ooze as the main composition, a water depth of 10–30 m, larger variation of salinity and temperature(33–34 and 22–26℃ in summer and 28–30 and about 12℃ in winter). and abundant organic matlers (larger than 1.5%).

The most prominent feature of this community was that the characteristic species, *Amphiura* sp. had an absolute dominancy, which had an average density of 200–800 ind./m^2 and maximum of 1 680 ind./m^2.It is worth to notice that this species only scattered in small amounts in other parts of the survey area. This community had about 100 species of animals. Those with larger amounts were *A. molpaldioides*, *Cavernularia habereri*, *S. scutata*, *L. heteropoda*, *A. dibranchis*, *G. chirori*, *L. leucotropis*, *P. hastatoides*, *O. oratoria*, *P. hardwickii*, *P. tentlla*, *P. asymmetrica*, *L. typica* and *S. lacunosus*.

It must be pointed out that a large amount (350 ind./m^2) of brackish species of *Prionospio pinnate* was collected in the northern margin of this community.So, if we had extended the survey area to the north, a community composed of brackish species might have been found. We considered the phenomenon to be related to the runoff of the Minjiang River.

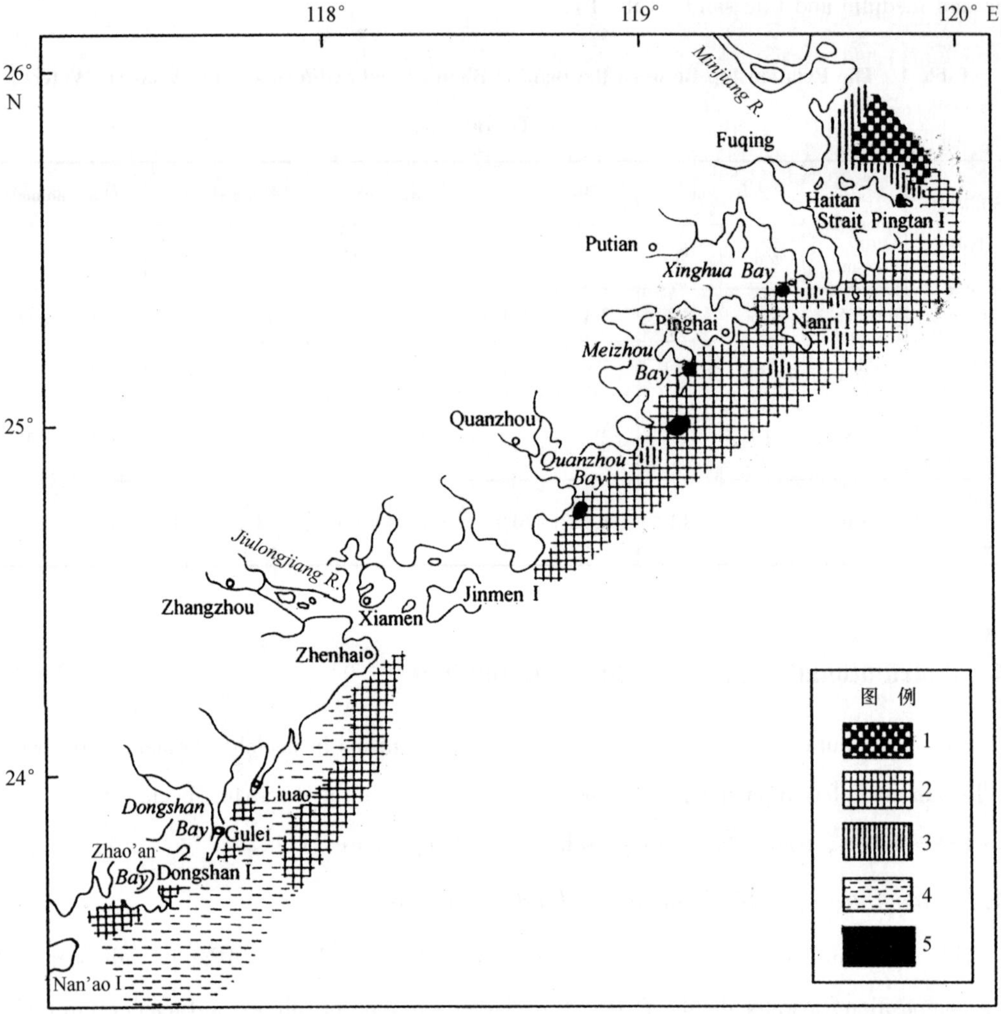

Fig.2 The distribution of benthic communities in the western waters of the Taiwan Strait

1.*Amphiura* sp. -*Acaudina molpadioides* Community; 2. *Protankyra asymmetrica-Amphioplus praestans-Murex trapa* Community; 3.*Modiolus metcalfei-Phyllophorus liuwutiensis-Armandia letocirris-Nephtys sinensis* Community; 4. *Branchiostoma belcheri-Solen rosseomaculatus-Marphysa sinesis-Onuphis eremita* Community; 5. *Iconometra japonica-Barbatia decussata* Community.

1.4.2 *Protankyra asymmetrica-Amphioplus praestans-Murex trapa* Community

This community had the broadest distributional scope and occupied the largest area generally 10-30 m deep. Except the area north to the Pingtan Island, all the other areas in the northern waters were occupied by this community. In the southern waters, the community was mainly distributed in the offshore areas from Zhenghaijiao to Liu'ao. The distributional scope of this community was in agreement generally with that of ooze bottom.

The characteristic species of this community, *Protankyra asymmetrica* was concentrated especially in waters out of the Quanzhbn Bay and the Xinghua Bay with the maximum density of

180 ind./m^2 and a biomass of 13 g/m^2. *A. praestans* was distributed in the community wholely with a maximum density of 75 ind./m^2 and a biomass of 9.8 g/m^2. *Murex trapa* was nearly constricted in this community but was a common species in the benthic trawling and present all the year round.

This community was rather complicated with more than 200 species. The species with higher frequence of presence were *L. pseudobifilaris*, *A. dibranchis*, *T. stroemii*, *S. scutata*, *B. rana*, *L. leucotropis*, *Eucucula* sp., *O. oratoria*, *P. hastatoides*, *Trachypenaeus cuvirostris*, *P. tenella*, *P. hardwichii*, *Solenocera sinensis*, *S. lacunosus*, *M. roretzii*, *P. tuberculosa*, *L. typica*, *Luidia prionota*, *Temnopleurus toreumaticus*, etc.

1.4.3 *Modiolus metcalfei-Phyllophorus liuwutiensis-Armandia letocirris-Nephtys sinensis* Community

Apart from the patches of this community in the coastal waters to the north and northwest of the Pingtan Island, all the rest scattered in the northern area and there was none in the southern area. The distributional characteristics of this community is probably related closely to the distribution of fine and muddy sands in this shallow water area (5–10 m).

The quantity of the characteristic species in this community was far more less than that in the other communities, and the number of species was rather small, only 37 species being present. The dominance of sand-loving species featured this community with *M. sinensis*, *G. subaenea* and *O. eremita* as common species.

1.4.4 *Branchiostoma belcheri-Solen roseomaculatus-Marphysa sinensis-Onuphis eremita* Community

This community was found in the southern area, north from Dongyuanjiao and south to the mouth of the Zhao'an Bay with a water depth of 10 to 40 meters. Bottom soil there was dominated by coarse and medium sands and then fine sand or muddy sand. Bottom annual water temperature was in the range of 13–26℃ and bottom salinity 30–34.

Characteristic species, *Branchiostoma beleheri*, was mostly concentrated (65 ind./m^2) at the two stations outside Zhao'an Bay (23°28.03′N, 117°23.32′E; 23°23.1′N, 117°26.5′E) and it was also found in a certain quantity in the northern part of this community (within 20 meters of isobath from Dongyuanjiao to Hutoushan). More than 100 species formed into this species with polychaetes being the most (56), molluscs (29) and echinoderm (25) the second, and crustacea (19) the least.

The dominance of sand-loving species also featured the species composition in this community. In addition to the characteristic species, such as *S. roseomaculatus*, *M. sinensis* and *O. eremita*, there were common species such as *O. limacins*, *N. sinensis*, *G. convoluta*, *E. indica*, *M. metcalfei*, *Xenophthalmus* sp., *N. minor*, *O. kinbergi*, *Fibularia acuta* and others.

1.4.5 *Iconometra japonica-Barbatia decussata* Community

Differing from the distributional features of other communities, this community had discontinuous distribution. The patches of this community distributed generally in the mouth of bays and harbours or in the areas among islands, areas with comparatively larger current speed and with pebble or stony bottom.

This community had less number of species and smaller quantity. In the 33 species, *I. japonica* and *B. decussata* had the largest density, 60 ind./m^2 and 25 ind./m^2 respectively. Comman species were *Madreporaria*, *L. ninetta*, *Parahalosydna pleioplepis*, *H. exaltatus vesiculosus*, *Spondylus* sp., *N. minor*, *Porcellana* sp., *Caparella* sp., *Asterina limboonkengi*, *Ophioneris dubia sinensis* and others.

2 Conclusions

(1) Three hundred and forty-nine species of benthic invertebrates from this area have been identified. In the composition of species, coastal shallow water species had the dominance, many of which could distribute to the intertidal areas. Tropical and subtropical species had the absolute dominance, of which, bivalves and crabs accounted for separately 77% and 87%. The northern boundary of many species didn't exceed the Changjiang River mouth and some of the species, such as *A. lamaellaris*, *C. imbricata*, *C. vadoeum*, *C. truncatus*, only distributed in the area to the south of Pingtan Island. In view of the geological distribution, common species with that in the East China Sea and the South China Sea were 93% and 55% in the 73 species of bivalve, 88% and 68% in the 40 species of crabs. The presence of such a great amount of tropical and subtropical species in the survey area was owing to the greater influences of the Taiwan Warm Current and the South China Sea Warm Current.Consequencely, we may conclude that the Taiwan Strait has the characters of a tropical sea area and the south of it, or the area near the Dongshan Island, is the demarkation line of the East China Sea and the South China Sea.

(2) The total average biomass of benthic organisms was 38.0 g/m^2 and the average density was 116.0 ind./m^2, higher in the north region (51.0 g/m^2) than that in the south (25.0 g/m^2). Echinoderm (21.6 g/m^2) dominated in the biomass composition·, followed by molluscs (5.4 g/m^2).

Biomass of benthic organisms in this area was higher than that in the nearshore Guangdong (20.0 g/m^2) and Zhejiang (23.2 g/m^2) and the eastern Fujian area (36.0 g/m^2), while the biomass composition was nearly the same as that in the nearshore Zhejiang and the east of Fujian but different from that in the nearshore Guangdong where molluscs and crustacea dominated in the biomass composition, followed by echinoderm.

The important species constituting the biomass were different from those in the neighbouring areas. Taking echinoderm as an example, *Amphiura* sp., *A. praestans*, and *P. asymmetrica* dominated in this area, *S. lacunosus*, *Amphiura* sp., and *P. bidentata* dominated in the nearshore Zhejiang area, and *Lovenia subcarinata*, *P. asymmetrica*, *Ophiopsila* sp. and *Ophiura* sp. dominated in the nearshore Guangdong area.

(3) The distribution of benthic organisms was closely related to sediments. Sediment feeders such as *A. dibranchis*, *P. asymmetrica*, *A. molpaldioides*, *M. roretzii*, and *S. lacunosus* were nearly limited in the ooze sediments. *E. indica*, *G. convoluta*, *D. gibba*, *S. roseomaculatus*, were common species in the muddy-sandy sediments. Typical species in the medium-fine sandy bottoms were *Nephtys sinensis*, *A. leptocirris*, *O. eremita* and *B. belcheri* and others. Found in the pebble and coarse sand sediments were *H. exaltatus vesiculosus*, *B. decussata*, *N. minor* and *I. japonica*.

As for the biomass, it was the highest in the ooze sediments (43.5 g/m^2), then mud-sandy sediments (24.7 g/m^2) and pebble-coarse-sand sediment (8.0 g/m^2), and the lowest in the medium-sand sediments (5.8 g/m^2).

(4) The distributional characters of the communities reveal that the distribution of the benthic animals in this area have close relationship with the factors of sediments, water depth, temperature, salinity and currents. The communities adapted to the ooze sediments are: (1) *Amphiura* sp. -*Acaudina molpadioides* Community and (2) *Protankyra asymmetrica-Amphioplus praestans-Murex trapa* Community. The former bearing the characters of coastal low-salinity was mainly distributed in the areas under greater influences of the Minjiang River runoff to the north of the Pingtan Island. In this area, the characteristic species, *Amphiura* sp. had very large quantities while it was very few in the area to the south of the Pingtan Island, owing principally to the fact that this community was under greater influences of the Fujian-Zhejiang Coastal Current. This argument is identical with the viewpoints of Wu Boyu[1] that the influences of the Fujian-Zhejiang Coastal Current only reaches the area of the Pingtan Island. The latter community, with greater number of species (200 species) and more complex community structure, was broadly distributed in the survey area. The *Modiolus metcalfei-Phyllophorus liuwutiensis-Amandia letocirris-Nephtys sinensis* Community and the *Branchiostoma belcheri-Solen roseomaculatus-Marphysa sinensis-Onuphis eremita* Community belong to the type of sand-habitated ones. However, the former was limited in the northern area composed mainly of fine sand and the latter was confined in the southern area formed principally by coarse and medium sands. The *Iconometra japonica-Barbatia decussata* Community was distributed in the areas at the mouthes of bays and harbours or among the islands with fast currents and pebble or stone bottom sediments.

The authors would like to express their gratitudes to Professors Zheng Zhong, Liu Ruiyu and Li Shaoqing for their critical reading of the manuscript; to Mr.Li Cide and Mr. Su Wenwei for their participation in the field inves-tigation; and to Mr. Xu Huihou for his taking part in the data processing.

References

1 伍伯瑜. 台湾海峡,1982,1(1):1-7.

2 曾成开, 朱永其等,台湾海峡,1982,1(1):54-61.

3 刘瑞玉. 徐凤山,海洋与湖沼,1963,5(4):306-321.

4 刘瑞玉. 海洋与湖沼,1963,5:230-244.

5 沈嘉瑞,刘瑞玉. 海洋与湖沼,1963,5(2):139-153.

6 张玺,刘钟彦等. 海洋与湖沼,1963,5(2):124-138.

7 乌沙科夫,л.B.,吴宝铃. 海洋科学集刊,1963,3:1-33.

8 Bloom, S. A. et al. ,1972. Mar. Biol. 45-56.

9 Boesch, D. F. 1973. Mar. Biol. 226-244.

10 Lie, U. and Kelley, J. C., 1970. J. Fish. Res. Bd. Can. 621-651.

11 Shin, P. K. S. 1982. The Marine Flora and Fauna of Hong Kong and Southern China. Hong Kong University, 722-732.

12 Thomoson, G. B. et al. , 1982. The Marine Flora and Faung of Hong Kong and Southern China, Hong Kong University, 745-760.

13 Wu. R. S. S. and Richards, J. 1981. Mar. Biol. 191-198.

Jiang Jinxiang(江锦祥), Chen Canzhong(陈灿忠),Wu Qiquan(吴启泉),Cai Erxi(蔡尔西),Zhang Shuijin(张水浸) and Chen Jindi(陈金堤).原载《海洋学报》(英文版),1985,4(4):623-633.

台湾海峡西部及台湾浅滩附近底栖生物群落结构研究

摘要 根据1984—1985年台湾海峡底栖生物4次调查资料,研究了该海峡底栖生物的群落结构。文中使用了聚类分析方法和群落结构指数,把调查海域分为7个群落分布区,讨论了各群落的分布、结构特点及其与环境因子的关系。首次报道在台湾海峡南部大面积深水区发现短刀偏文昌鱼为代表的底栖生物群落,为资源开发和生物学研究提供了新的资料。

关键词 台湾海峡;底栖生物;群落;结构

1 前言

台湾海峡孕育着丰富的底栖生物资源,其生态学,特别是群落结构研究对海峡生物资源的开发、物种多样性的保护和环境监测等具有现实意义。但至今除20世纪60年代初笔者在福建沿岸进行过一次底栖生物生态调查和80年代福建海洋所在海峡中、北部海域进行综合调查外[1-3],海峡南部广大海域尚缺乏底栖生物调查资料。为此,国家海洋局第三海洋研究所在1984—1985年的海洋综合调查中,进行了底栖生物周年季度月(2、5、8、11)定量采泥和定性拖网采集。本文系该调查所获得底栖生物样品的分析结果。

2 材料与方法

调查海区范围:22°23.1′—25°43.0′N、116°30.8′—120°30.8′E。水深25~88 m,测站55个,共采集到220个定量样品和220个定性样品。样品采集和标本处理均按《海洋调查规范》进行。标本的分类鉴定由本所有关分类专家详细鉴定(共鉴定1 125种)。

数据的处理采用了多变量分析,使用了Bray-Curtis系数$\left(cc=\frac{2c}{a+b}\times 100\%\right)$,计算了每个季度的每两个测站之间种类丰度相似性的三角矩阵[4]。在这计算之前先对每个测站中的罕见种(全海区出现率小于2%,每次只采到1个标本的种)排除。然后对这些相似性矩阵进行聚类分析(图1)。

本文还采用了种类多样性指数(H')、种类丰度(d)、种类均匀度(J)3个参数,分析了各群落的结构特点。其计算方程是:$H'=-\sum_{i}^{S}P_i\log_2 P_i$;$d=S-1/\log_2 N$;$J=H'/H_{\max}$。

式中，S 为样品的种类数；P_i 为第 i 种的个体数与总个体数的比值；N 为样品的总个体数。

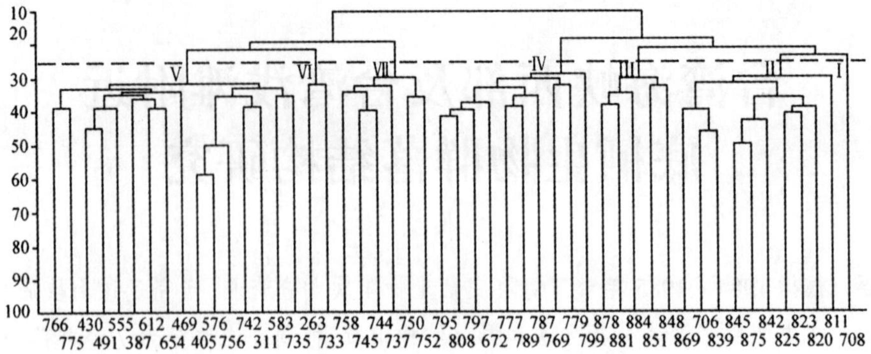

图 1　台湾海峡调查海域底栖生物站位聚类

3　结果与分析

鉴于优势种的优势程度不十分显著，群落的划分主要依据聚类分析结果；但也参考了拖网样品中主要种类和特有种类的资料，并参考了调查海域的水深、海流、底层水温、盐度和沉积物等环境资料，对某些测站的归属作适当处理，结果表明，群落的分布明显受环境条件（温度、盐度和沉积物等特点）的限制。根据两者的关系，可划分为 7 个群，归为河口型、近岸型、中央型和远岸型 4 类。群落的分布范围简称区见图 2。表 1 示出这 7 个群落的性质及其结构特点。

3.1　河口型群落（Ⅵ）

调查海域只有 1 个河口型群落。位于平潭岛至闽江口，水深 20 m 左右，受闽江径流强烈影响，水温和盐度年差较大，底温（12.37±7）℃，底盐 26.19±6.5。沉积物类型复杂，以泥质粉砂为主，靠河口为砂，沉积物分选度平均 2.23。有机质丰富，为 1%～1.5%。

本群落种类组成的基本特点与作者报道过的阳遂足（*Amphiura* sp.）－海地瓜（*Acaudina molpadioides*）群落及方少华等报道的群落Ⅰ基本一致。但海地瓜在本调查只采到 1 个标本，而奇异稚齿虫的数量相当大。后者在 20 世纪 60 年代初也有出现，数量不多，而方少华等没有提及。这可能与站位布设太少有关。从反映群落结构特点的 3 个参数来看，该群落的种类丰度不大（$d=4.17$）；但种间个体分配较均匀（$J=0.77$）；多样性指数（H'）为中值（3.03）。说明该群落结构稍复杂，为台湾海峡底栖生物中多样性群落。

3.2　近岸型群落（Ⅰ和Ⅴ）

分布于台湾海峡西部整个近岸水域，包括群落分布Ⅰ区和群落分布Ⅴ区。共同的环境特点是近岸水浅及沿岸流影响较强，底层水温和盐度的变化幅度较大；种类组成都是以近岸区域分布的暖水种为主。但是，无论环境特征或群落结构都有明显不同。

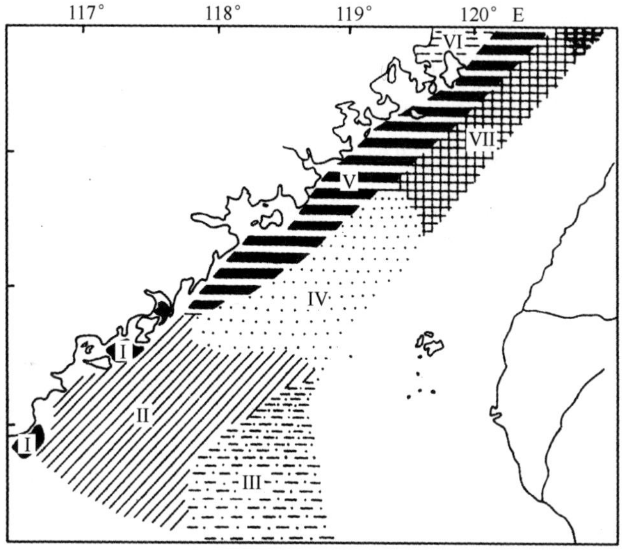

图 2　台湾海峡调查海域底栖生物群落分布区

Ⅰ.刺瓜参-二色桌片参群落；Ⅱ.短刀偏文昌鱼-尖豆海胆群落；Ⅲ.裂边毛饼海胆-壶海胆-豆海胆群落；Ⅳ.骑士章海星-红色扇形珊瑚-特异扇形珊瑚群落；Ⅴ.光滑倍棘蛇尾-浅缝骨螺-幽僻新短眼蟹群落；Ⅵ.滩栖阳遂足-奇异稚齿虫群落；Ⅶ.金氏真蛇尾-红色相机蟹-栉毛头星群落

3.2.1　群落Ⅰ

位于广东南澳至诏安湾口外水域，包括东山湾水域和汕头港外以南的靖海港附近水域。水深为 20 m 左右，底质主要是砂和砂质砂，局部为砂质泥的底质。有机质为 1%左右，沉积物分选度为 2.34。本分布区主要受粤东沿岸水的影响，温、盐的剃度比群落分布Ⅴ区小，平均底层水温(21.01±6.3)℃；平均底层盐度为 31.68±2.41。

本群落结构具有下述 4 个特点：① 种类组成相当多，占台湾海峡所获底栖生物种类(1 125种)的 56%；② 优势种较明显，特别是刺瓜参(*Cucumaria echinata*)和二色桌片参(*Mensamaria intercedens*)，其数量相当大，而且在邻近群落没有分布。前者主要分布于砂的底质，数量每网高达 4 869 个；后者主要分布于泥质砂的底质，在诏安湾外数量达 180 个/m^2，平均生物量 1 359 g/m^2；③ 群落的栖息密度和生物量都特别大，居各群落首位，平均密度 222 个/m^2，平均生物量 192.9 g/m^2；④ 群落的多样性指数值相当高，种类丰度最大，种间个体分配最均匀，是调查海区底栖生物最高多样性群落之一(表 1)。本群落前人未报道。

3.2.2　群落Ⅴ

分布于台湾海峡西部近岸水域，沿海岸呈带状分布。北邻闽江口，南至古雷半岛附近而与群落分布Ⅱ区、Ⅵ分布区、Ⅷ分布区和分布Ⅵ区相邻接。水深 7～42 m。本区受沿岸水系的影响较大，尤其北部直接受闽江径流的影响较强。温、盐剃度比群落分布Ⅰ区大，但比群落分布Ⅵ区小。平均底层水温(19.37±6.5)℃；平均底层盐度 30.89±3.43。底质主要是泥质粉砂，有机质含量为1%～1.5%。

该群落主要种类较多，但优势程度不及群落Ⅰ明显。群落特征种有浅缝骨螺（*Murex trapa*）、光滑倍棘蛇尾（*Amphioplus laevis*）和幽僻新短眼蟹（*Neoxenophthalmus obscurus*）。它们遍布整个群落，出现率较高，尤其后两种常出现于平潭岛南面，湄州湾外和深沪湾附近，其中后者栖息密度可达270个/m^2。浅缝骨螺是底拖网的常见种。

该群落种类多样性指数为中值（$H'=3.31$），但种类丰度较大（$d=5.01$），种间个体分配相当均匀（$J'=0.89$），说明该群落结构相对复杂，但远不及群落Ⅰ，为海峡中多样性群落之一（表1）。

本群落特征种与作者在20世纪60年代初调查的歪刺锚参（*Protankyra asymmetrica*）-薄倍棘蛇尾（*Amphioplus praestans*）-浅缝骨螺群落有所不同[2]；与方少华等报道的群落Ⅱ（近岸群落）也有所不同[3]。这与前者较近岸水线（10～30 m）。后者调查站数少（只有6站）有关。方少华等报道凹裂星海胆（*Schizaster lacurnosus*）在本群落中是优势程度较明显的主要种，并认为本群落是浙江近岸群落的延伸[3]。笔者在本群落分布区布设15个测站，调查结果数量很少，不能作为本群落主要种。笔者认为凹裂星海胆是东海和南海近岸很普通的海胆，分布不均匀；在大亚湾数量较大，被作为群落的特征种和主要种之一，不能因此推论是浙江近岸群落的延伸。

3.3 中央型群落

包括群落Ⅱ、Ⅳ和Ⅶ（前两者为新发现的群落），其分布特点为介于近岸型群落和远岸型群落之间。共同的环境特点是既受沿岸流的影响，也受外海高盐水的影响，因此群落的种类组成特别复杂，既有亚热带海区沿岸常见的种类，也有外海高盐性的种类，但3个群落的结构明显不同。

3.3.1 *群落Ⅱ*

本群落分布区位于南澳岛东南面，分布范围广，在20～40 m等深线之间（图2）。本群落主要受南海沿岸水的影响，也受外海高盐水的影响，但在冬季浙闽沿岸水对本区也有所影响。平均底层水温为（21.09±4.5）℃；平均底层盐度为33.38±0.75。本群落分布区最重要的环境特征系底质为中粗砂，沉积物中有机质相当贫乏，为0.15%。因此，该区的一些砂栖性种类，如特征种短刀偏文昌鱼（*Asymmetron cultellum*）得到大量发展，在群落中分布相当均匀，而且数量也较大，高达456个/m^2，平均为260个/m^2。群落中棘皮动物也得到大量发展，主要是海胆类，如特征种尖豆海胆（*Fibularia acuta*），可达55个/m^2。

该群落结构较明显的特点是组成种类较多，占调查海域的57%；栖息密度毡较大，平均197个/m^2。另一特点是主要种类较多，而且多为砂栖者，或者在海底表面活动能力相对较强的种类（表1）。

表 1　台湾海峡西部底栖生物群落结构

群落类型	序号	站数	种类数	生物量/(g·m^{-2})	栖息密度/(个·m^{-2})	多样性指数(H')	种类丰度(d)	均匀度(J)	主要种	特征种
河口	Ⅵ	2	168	24.73	166	3.03	4.37	0.77	*Amphiura vadicoal*, *Paraprionospio pinnata*, *Exepalaemon carinicauda*, *Babylonia lutosa*, *Eriocheir leptognathus*, *Asterias Versicolor*, *Eucrate crenata*, *Cinguloterebra torquata*	*Amphiura vadicola*, *Paraprionospio pinnata*
近岸	Ⅰ	4	629	192.9	222	4.66	5.95	0.91	*Prionospio queenslandica*, *Eunice indica*, *Euniphysa aculeata*, *Nectoneanthes multignatha*, *Turritella bacillum*, *Bobylonia areolata*, *Turricula nelliae spurius*, *Luidia quinaria*, *Cucumaria echinata*, *Mensamaria intercedens*	*Cucumaria echinata*, *Mensamaria intercedens*
	Ⅴ	15	523	37.10	155	3.31	5.01	0.89	*Laonice cirrata*, *Sternaspis scutata*, *Scalibregma inflatum*, *Terebellides stroemii*, *Acetes chinensis*, *Parapenaeopsis tenellus*, *Neoxenophthalmus obscurus*, *Aglaophamus sinensis*, *Charybdis* (*Gonioneptunus*) *bimaculata*, *Mutex trapa*, *Gemmula deshayesii*, *Amphioplus laevis*, *Dosinia* (*Phscosoma*) *truncata*, *Turritella bacillum*, *Aglaophamus dibranchis*, *Parapenaeopsis hardwickii*	*Amphioplus laevis*, *Mutex trapa*, *Neoxenophth almus obscurus*

续表

群落类型	序号	站数	种类数	生物量/（$g \cdot m^{-2}$）	栖息密度/（个$\cdot m^{-2}$）	多样性指数（H'）	种类丰度（d）	均匀度（J）	主要种	特征种
中央	Ⅱ	10	634	41.95	197	4.64	4.45	0.83	*Chloeis flava*，*Eunice indica*，*Onuphis eremita*，*Praxillella pacific*，*Trigonaphera obliduata*，*Typhlocaclnus nudax*，*Dtomia dehaani*，*Achaeus tuberculata*，*Actumnus forficigarus*，*Hyastanus dracanthus*，*Portunus*（*P.*）*validus*，*Charybdis*（*Ch.*）*variegata*，*Pseudoliomera speciosa*，*Temnopleurus teevesii*，*Fibularis acuta*，*Portunus*（*Monomia*）*argentatus*，*Asymmetron cultellum*	*Asymmetron cvltellum*，*Fibularis acuta*
	Ⅳ	11	429	39.25	170	4.88	6.82	0.86	*Aglaophamus dibranchis*，*Aglaophamus sinensis*，*Metapenaeopsis barbata*，*Eunice indice*，*Bursa rana*，*Trachypenaeus curvirostris*，*Plesionika izumiae*，*Pontunus*（*Xiphonectes*）*hastatoides*，*Stellaster equestris*，*Hindsia distincium*，*Brachytoma flavidulus*，*Flabellum rubrum*，*Flabellum distinectum*	*Stellaster equestris*，*Flabellum rubrum*，*Flabellum distinectum*
	Ⅶ	9	690	18.99	205	4.86	4.94	0.89	*Eunice indica*，*Bursa rana*，*Camatopsis rubida*，*Onuphis eremita*，*Plesionika izumiae*，*Luidia* sp.，*Portunus*（*Monomia*）*barbata*，*Ophiura kinbergi*，*Meta penaeopsis barbata*，*Temnopleurus reevesii*，*Comatula pectinata*	*Ophiura kinbergi*，*Camatopsis rubida*，*Comatula pectinata*
远岸	Ⅲ	5	183	4.93	53	1.56	1.26	0.67	*Spondervila bisulpta*，*Dentalium* sp.，*Calliodentalium crocinum*，*Mactra* sp.，*Portunus*（*Monomia*）*argentatus*，*Matuta curtispina*，*Metapenaeopsis dalei*，*Fibularia* sp.，*Rhinobrissus* sp.，*Luidia* sp.，*Echinodiscus auritus*	*Echinodiscus auritus*，*Rhinobrissus* sp.，*Fibularia* sp.，

群落结构 3 个参数的计算结果也表明该群落种间个体分配相当均匀,种类多样性指数较高,说明该群落结构相当复杂,是调查海域高多样性群落之一。

笔者曾报道过的厦门文昌鱼(*Branchiostoma belcheri*)-瑰斑竹蛏(*Solen roseomaculatus*)-中华岩虫(*Marphysa sinensis*)-多鳃欧努菲虫(*Gnuphis eremita*)群落,在群落结构和环境特征上与本群落颇为相似。特征种厦门文昌鱼很可能即为短刀偏文昌鱼。因本调查在诏安湾口外所采到的文昌鱼标本与汕头附近海域采到的相同,个体都比厦门文昌鱼小[5]。

3.3.2 群落Ⅳ

分布于台湾海峡中南部澎湖列岛以西,既受闽浙沿岸流和南海水的影响,也受台湾暖流的影响。因此,该分布区盐度变化幅度比Ⅱ分布区大,平均底盐 32.83±1.16;底层温度的梯度也较大,平均为(20.36±4.8)℃;底质为细砂,沉积物中有机质含量少,为 0.27%。

本群落种类组成的特点是优势种不明显。栖息密度相对较大的是热带性较强的砂栖性种类。其中棘皮动物骑士章海星(*Stellaster equestris*)是本群落较典型的代表。该种只分布于本群落,而且在群落中的分布较均匀,数量相对较大,高达 487 个/网。在群落的东面侧尚有石珊瑚出现,如红色扇形珊瑚(*Flabellum rubrum*)和特异扇形珊瑚(*Flabellum distinotum*)只分布于澎湖列岛东面,数量较大。另外,软体动物黄短口螺(*Brachytoma flavidula*)和缝合海因螺(*Hindsia distincium*)主要分布于本群落,但前者在近岸的泥质砂底质也有分布。反映群落结构特点的 3 个指数计算结果表明,该群落虽种类不是最多,但种间个体分配较均匀,种类丰度值最大($d=6.82$),种类多样性指数最高($H'=4.88$)。这正反映了该群落结构最复杂,为调查海区底栖生物最高多样性群落。本群落为首次报道。

3.3.3 群落Ⅶ

该群落分布于海峡的中央偏西北,与群落分布Ⅴ区和群落分布Ⅳ区相邻接。底层水温比群落分布Ⅴ区高而比群落分布Ⅳ区低,平均为(19.86±0.55)℃。表明该群落受外海影响更强。但在秋、冬季节也受浙闽沿岸流的影响。该群落底质主要为砂质,但有机质含量相对较丰富,平均为 0.6%。

本群落种类组成最多,达 690 种,但没有数量明显较大的种类,这是本群落结构较重要的特点。但金氏真蛇尾(*Ophiura kinbergi*)、栉毛头星(*Comatula pectinata*)和红色相机蟹(*Camatopsis rubida*)在群落中数量相对较大,其中前者可达 65 个/m^2。

群落结构 3 个指数的计算结果也表明该群落结构相当复杂,为海峡底栖生物高多样性群落之一。

本群落与方少华等报道的群落Ⅲ(海峡中央群落)在群落特征种和环境特征上基本一致。但方少华等报道的该群落分布区范围比我们的大,这主要与我们的调查范围较窄有关。

3.4 远岸型群落(Ⅲ)

本群落位于台湾浅滩南部。由于受台湾暖流强烈影响,终年温度、盐度较高,底层水温(23.73±3.6)℃,平均底层盐度为 34.14±0.05。这是本群落最重要的环境特征;另一环境特征是底质粒度较粗,为砾砂或中砂底质,沉积物中有机质含量十分贫乏。

该群落无论种类组成和数量都比较贫乏(表 1),分布很不均匀。在种类组成中以甲壳动物和软体动物的种类为多,多毛类种类较少。应特别指出的是群落特征种全为热带亚热带海区的海胆类。其中裂边毛饼海胆(*Echinodiscus auritus*)、豆海胆(*Fibularia* sp.)和吻壶海胆(*Rhinobrissus* sp.)只分布于本群落,而且在群落中的分布较均匀,数量相对较多。前者可达 95 个/网,后者为 24 个/m^2。

该群落的种类丰度值极低($d=1.26$),种间个体分配很不均匀($J=0.67$);种类多样性指数为低值($H'=1.56$),反映了该群落结构相当简单,为海峡底栖生物最低多样性群落,本群落为首次报道。

4 讨论与结语

(1)台湾海峡调查海域底栖生物群落可划分为 7 个分布区:Ⅰ区,刺瓜参-二色桌片参群落;Ⅱ区,短刀偏文昌鱼-尖豆海胆群落;Ⅲ区,裂边毛饼海胆-壶海胆-豆海胆群落;Ⅳ区,骑士章海胆-红色扇形珊瑚-特异扇形珊瑚群落;Ⅴ区,光滑倍棘蛇尾-浅缝骨螺-幽僻新短眼蟹群落;Ⅵ区,滩栖阳遂足-奇异稚齿虫群落;Ⅶ区,金氏真蛇尾-红色相机蟹-栉毛头星群落。7 个区可归为河口、近岸、中央和远岸 4 种生态类型;从群落结构特点来看,又可归为高多样性($H'>4$)、中多样性(H'为 3~4)和最低多样性(H'为 1~2)3 种结构类型。

河口型群落:位于闽江口外低盐水域(Ⅵ区)。3 次调查结果基本一致[2-3],主要由广温、广盐近岸种和河口种组成,本群落结构属中多样性群落。

近岸型群落:位于台湾海峡西部整个近岸海域(除河口区外),包括群落分布Ⅰ区和Ⅴ区。两群落均主要由近岸暖水种组成,但两者有明显区别:Ⅰ区是多样性群落;Ⅴ区为中多样性群落。

中央型群落:位于近岸群落和远岸群落之间。包括群落分布Ⅱ区、Ⅳ区和Ⅶ区,都受沿岸水和外海高盐水的影响,均属高多样性群落;但群落结构明显不同:群落Ⅱ特征种优势程度很明显,而群落Ⅳ和Ⅶ优势种都不明显;但后两者的特征种明显不同(表 1)。

(2)由图 3 可明显看出:群落Ⅰ的生物量特别高,主要是因刺瓜参及二色桌片参的数量很大所致;群落Ⅲ为海峡最低多样性群落,似乎不合常理,是值得进一步探讨的问题。笔者初步探讨认为,可能与该群落所处位置为上升流区,造成底质不稳定,为粗粒底质,有机质含量十分贫乏;多毛类和沉积物食性的种类很少,表明该区不适合它们的生存;主要是一些滤食性或肉食性的种类。因此,该群落底栖生物种类明显较少。

(3)在台湾海峡南部广大海域首次发现了以短刀偏文昌鱼为代表的底生物群落。文昌鱼过去只报道在 20 m 以浅的砂质底出现,本调查则在 17 个测站发现,出现频率 39 站次,水深 20~62 m,底质为中粗砂或砂质。这为资源的开发和生物学研究提供了新的资料。

综上所述,台湾海峡底栖生物资源丰富,群落结构复杂,其区系性质以热带亚热带性种为主,也有温带性种的特点。其群落的分布和结构特点除与底质类型有密切关系外,还反映

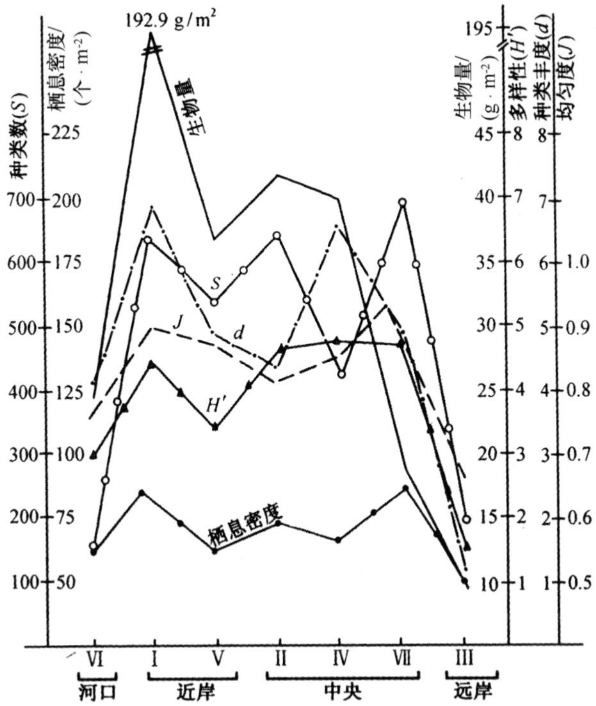

图 3 台湾海峡不同生态类型底栖生物群落的结构参数

了亚热带海区受浙闽沿岸水、粤东沿岸水、南海外海水和黑潮分支的错综复杂影响的特点。

参考文献

1 吴启泉等. 台湾海峡西部海域底栖生物生态研究，Ⅰ. 厦门港底栖动物群落分析.海洋学报，1985，7(3)：387-397.

2 江锦祥等.台湾海峡西部近海底栖生物生态初步研究. 海洋学报，1984，6(3)：389-398.

3 方少华等.底栖生物的分布与群落结构.台湾海峡中、北就海洋综合调查研究报告.北京：科学出版社，1988，318-325.

4 Bray J R and J T Curtis. An ordinator of upland forest community of Southern Wisconsin. Eool Monog, 1957，27(4)：325-349.

5 张壮丽. 中国南部沿海文昌鱼形态的研究. 福建水产，1988，3：1-6.

6 Wu R S S & J Richarda. Variation in benthic community structure in a sub-tropical estuary. Mar Biol，1981，64，191-198.

7 Perkins E J. Distribution of benthic organisms in relation to salinity. The Biology of Estuaries and Coastal Waters，1974，163-182.

吴启泉，江锦祥，徐惠州，蔡尔西，林双淡，郑凤武，李荣冠，何明海，黄心光.

原载《海洋学报》，1994，16(2)：101-109.

五、大陆架及邻近海域底栖生物多样性与生态学

东海陆架及邻近海区底栖生物数量分布初步研究

摘要　1977 年 10—11 月和 1978 年 9—10 月，在东海陆架及邻近海区（26°00′—34°00′N，124°00′—129°00′E，水深 39～1 550 m）进行底栖生物定量调查，全海区共布设定量采泥 307 站，获得底栖生物定量标本 1 200 号。

调查海区底栖生物的生物量较低，总生物量平均为 11.5 g/m²，栖息密度为 30 个/m²。生物量组成以棘皮动物占优势（5.4 g/m²），依次为软体动物（2.6 g/m²）、多毛类（1.7 g/m²）、甲壳动物（0.5 g/m²）。生物量分布呈现随着深度的增大而减小的趋势，以水深 50～100 m 为最高。生物量以粉砂底质最高（14.3 g/m²）。中细砂和细砂底质较接近（10 g/m² 左右），软泥底质最低，仅 4.0 g/m²。

底栖生物在海洋食物链中是一个重要的环节，许多种类是鱼类的天然饵料；有些种类是重要的渔业捕捞对象。因此，调查研究东海陆架底栖生物数量分布规律，分析底栖生物营养结构，及其与环境因子的关系，对于估价东海的水域生产力和发展渔业生产都具有重要的意义。

根据 1977 年 10—11 月和 1978 年 9—10 月，在东海陆架进行综合调查所获得的底栖生物定量资料整理而成。调查范围为 26°00′—34°00′N，124°00′—129°00′E；水深范围为 39～1 550 m。全海区共布设定量采泥 307 站，获得定量标本 1 200 号（图 1）。

底栖生物定量取样使用 HNM 型采泥器，其取样面积多数测站用 0.25 m² 采泥器，采样一次，少数测站用 0.1 m² 采泥器，每站采样两次，合并一个样品。将样品放在孔目 1 mm 的套筛中冲洗，分离出底栖生物标本。调查方法按中国海洋调查规范进行。

1　调查结果

1.1　总生物量及密度的分布

本次调查布设定量采泥取样站 307 站，实际取样成功为 286 站。底栖生物量及密度均以 286 站进行统计。

调查海区底栖生物生物量比较低，总平均值为 11.5 g/m²。总生物量组成以棘皮动物占优势，平均生物量为 5.4 g/m²，占 47.0%，其次是软体动物（2.6 g/m²），占 22.6%；多毛类居第三位（1. 7 g/m²）占 14.8%；甲壳动物生物量最低，平均仅 0.5 g/m²。腔肠动物、纽虫、鱼类等

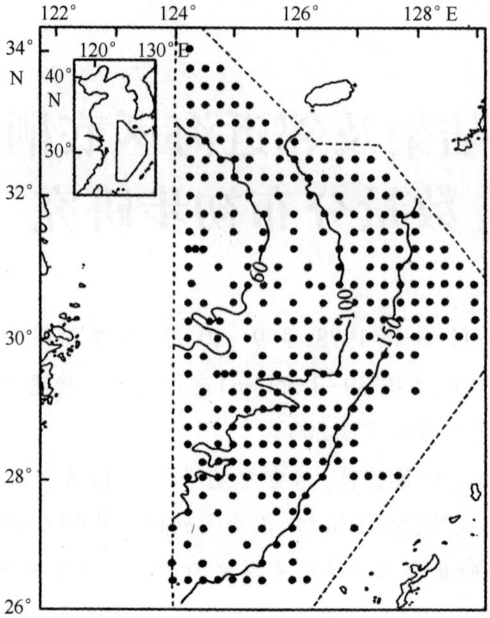

图 1　东海陆架及邻近海区底栖生物调查站位

均占一定比例。

总生物量平面分布很不均匀，数量差别较大。全海区有 58%测站的生物量低于 5 g/m^2，其中不少测站的生物量在 1 g/m^2 以下。而生物量为 5～10 g/m^2 和 10～25 g/m^2 的测站，则分别占 17.1%和 16.1%；生物量在 25～50 g/m^2 的测站，仅占 4.2%。生物量为 50～100 g/m^2，仅出现在 4 个测站；大于 100 g/m^2 有 5 个测站。个别测站最高生物量达 600.8 g/m^2。

调查海区出现 5 个高生物量区，分布于 126°E 以西海域。第 1 个和第 2 个高生物量区分 布在 31°N 以北的粉砂底质，组成高生物量区是食沉积物的白肛海地瓜（*Acandina leucoprocta*）和凹裂星海胆（*Schizaster lacunosus*）。第 3～5 个高生物量区分布在 28°30′N 以南的细砂–中细砂底质，它们分别由肉食性的骑士章海星（*Stellaster equestris*）和食悬浮物的尖刺簑蛤（*Spiniplicatula muricata*）所形成。低生物量区主要分布于陆架的东部和南端，这里大多数测站的生物量都在 5 g/m^2 以下（图 2 和表 1）。

表 1　东海陆架底栖生物高生物量区的分布

高生物量区	站号	位置		水深/m	底质	生物量/(个·m^{-2})	密度/(个·m^{-2})	主要种类		
		N	E					种名	生物量/(g·m^{-2})	密度/(个·m^{-2})
1	7284	32°30′	125°45′	87	粉砂	600.8	8	白肛海地瓜	600.0	4
	7234	31°30′	125°00′	49	粉砂	119.1	56	凹裂星海胆	103.8	8
2	7209	31°30′	125°15′	54	粉砂	68.7	32	凹裂星海胆	51.2	4
	7208	31°00′	125°45′	57	粉砂	63.6	36	凹裂星海胆	58.7	4

续表

高生物量区	站号	位置		水深/m	底质	生物量/(个·m^{-2})	密度/(个·m^{-2})	主要种类		
		N	E					种名	生物量/(g·m^{-2})	密度/(个·m^{-2})
3	7078	28°30′	126°00′	116	中细砂	148.4	10	骑士章海星	148.4	10
4	7032	27°30′	124°45′	111	中细砂	210.0	90	尖刺糙蛤	194.0	50
5	7023	27°15′	124°00′	108	细砂	299.3	110	尖刺糙蛤	245.4	100

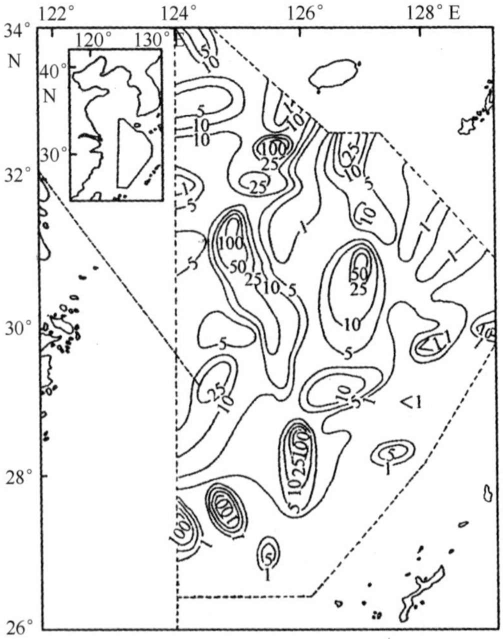

图 2　东海陆架及邻近海区底栖生物总生物量分布(单位:g/m^2)

总生物量分布的另一特点是,随着深度的增大而总生物量减少,以水深 50～100 m 的生物量为最高(表 2)。

表 2　底栖生物总生物量在不同水深的分布

水深/m	<50	50～100	100～150	150～500	>500
生物量/(g·m^{-2})	13.5	15.0	12.3	2.6	2.5

本海区底栖生物栖息密度不大,总平均值为 30 个/m^2。其平面分布与总生物量分布有所差异,高密度区出现在调查海区南、北两端,而且局限于 124°—125°E 之间的水域。南部高密度区(即 27°15′N,124°E)最大栖息密度为 210 个/m^2。北部出现两个高密度区(32°N 以北,125°E 以西附近),其中有 4 个测站的密度在 200 个/m^2 以上,最大栖息密度达

296 个/m^2。大部分水域的栖息密度在 25~50 个/m^2,而栖息密度小于 10 个/m^2,主要分布于水深超过 150 m 的东部海区(图 3)。

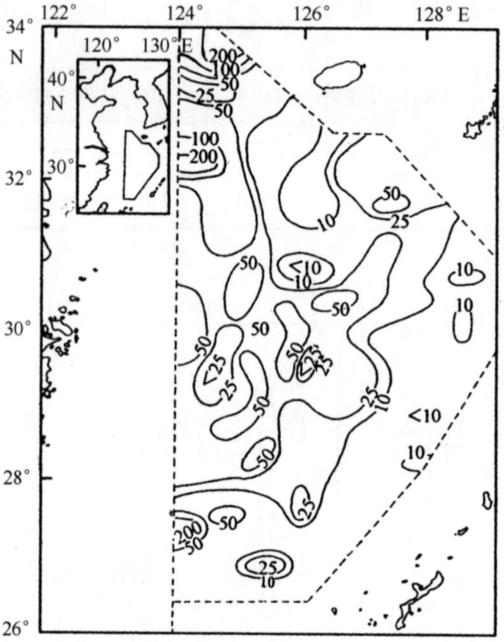

图 3　东海陆架及邻近海区底栖生物总栖息密度分布(个/m^2)

底栖生物生物量的分布与沉积物的关系密切。调查海区沉积物归纳为 4 种类型。中细砂(占 15.4%),细砂(占 35.8%),粉砂(占 44.9%),软泥(占 3.9%)。底栖生物总生物量以粉砂底质为最高,平均为 14.3 g/m^2;中细砂和细砂底质的生物量比较接近;软泥底质的生物量最低,仅 4.0 g/m^2。各类群生物量在不同类型沉积物中,也有明显的差别。例如,棘皮动物和多毛类均以粉砂底质的生物量为最高;软体动物的生物量则随着沉积物颗粒由粗到细而降低(表 3)。

表 3　各类群在不同类型沉积物中生物量的比较　　g/m^2

沉积物	多毛类	软体动物	甲壳动物	棘皮动物	其他动物	合计
中细砂	0.3	4.5	0.3	4.5	0.9	10.5
细砂	1.3	4.1	0.8	1.8	1.9	9.9
粉砂	2.6	0.9	0.5	8.9	1.4	14.3
软泥	2.0	0.1	0.1	0.1	1.7	4.0

1.2　主要类群数量分布

1.2.1　棘皮动物

棘皮动物生物量在总生物量中居首位,平均为 5.4 g/m^2,占 47%。但栖息密度不大,平均为 5 个/m^2,居第三位。棘皮动物高生物量区分布趋势基本上与总生物量相一致。总生物量的第 1~3 高生物量区几乎都是由棘皮动物所构成。此外,在 126°E 以西(水深在 120 m 以内)的广大水域,生物量也比较高,不少测站的生物量在 20 g/m^2 以上。然而,在 126°E 以东,特别是水深大于 150 m 的水域,生物量均很低,大部分测站的生物量小于 1 g/m^2(图 4)。

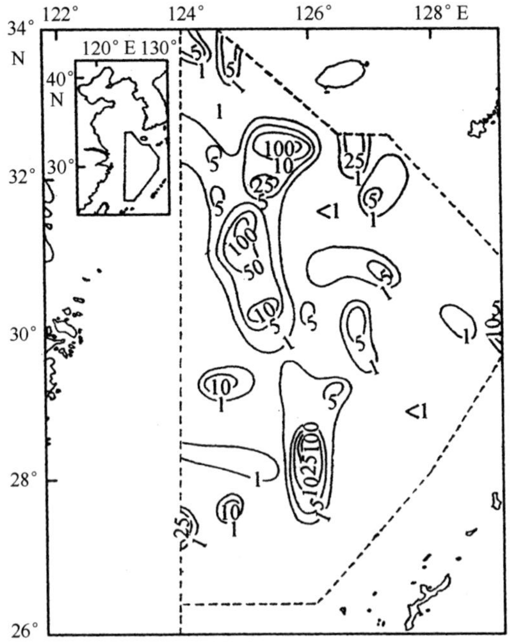

图 4　东海陆架及邻近海区棘皮动物生物量分布(单位:g/m^2)

组成棘皮动物生物量的成员主要是海参类、海胆类和海星类。这些种类出现频率虽然不高,但是由于个体大而重,往往在生物量组成中起决定性作用。例如,在济州岛西南面由于采到白肛海地瓜(4 个/m^2,600.0 g/m^2),使该区的生物量剧增,并成为全海区生物量最高者。白肛海地瓜在该区附近几个拖网测站中都采到。说明该水域的白肛海地瓜数量相当多,并不是偶然采到的。在虎皮礁附近水域凹裂星海胆占主导地位,其平均生物量为 71.3 g/m^2,最大生物量达 103.8 g/m^2。调查海区南部出现另一个高生物量区,则由于采到骑士章海星所引起,其平均生物量为 94.0 g/m^2,最高生物量达 148.4 g/m^2。此外,棘蛇尾(*Amphiophus* sp.)、钩倍棘蛇尾(*Amphiophus ancistrotus*)和栉蛇尾(*Ophiocoma* sp.)等出现频率都比较高,但它们的生物量一般均较低。三孔拉文海胆(*Lovenia triforis*)、日本五指参(*Pentadactyla japonica*)和一种海参(*Caudina* sp.)等也经常出现,而且生物量较高,均在 40.0 g/m^2以上,因此它们在棘皮动物生物量组成中占有一定的比例。

1.2.2　软体动物

软体动物平均生物量为 2.6 g/m^2,仅次于棘皮动物而占第二位,但栖息密度是四大类群中最低者(2 个/m^2)。软体动物生物量分布很不均匀,而且差别较大。调查海区西南部水域有两个高生物量小区,分别为 194.0 g/m^2 和 254.4 g/m^2,它们组成第 4 和第 5 个高生物量区，分别占总生物量的92%和82%。此外，在中部水域有3个测站的生物量高于25.0 g/m²，其余广大水域的生物量普遍都很低，大多数的生物量在1 g/m²以下，而且全海区有76.5%的测站没有采到软体动物的标本。

双壳类的尖刺襞蛤是组成软体动物高生物量区的优势种，它在西南部两个测站不仅生物量高，而且栖息密度相当大（表1）。圆蚶蜊（*Glycymeris rotunda*）和*Glycymeris fulynrata*在中部海域一些测站的生物量均在25 g/m²以上，前者最高生物量为72.7 g/m²。此外，乌羽须蚶（*Hawaiarca uwaensis*）在30°N以南海域出现频率较高，而豆形滑缘蛤（*Leionucula* cf. *kawamurai*）则分布于30°N以北的海区，它们的生物量一般都在5 g/m²以下。这两种双壳类软体动物的分布规律，显然与调查海区沉积物类型不一样密切相关。乌须蚶栖息于粗颗粒的砂质沉积物中，而豆形滑缘蛤却生活在细颗粒的松软底质。其他种类无论是数量或者出现频率都很低，对软体动物生物量影响不大。

1.2.3 多毛类

多毛类生物量平均为1.7 g/m²，占第三位，但栖息密度在各类群中居首位，平均为15个/m²，占总平均密度的50%。多毛类生物量分布比较均匀，而且生物量与栖息密度的分布趋势大体相同，即北部海域较高，然后向南部逐渐降低，多毛类没有出现高生物量区，最大生物量为23.8 g/m²（即30°30′N，126°30′E）。生物量在10 g/m²以上仅出现5个测站，其中4个测站分布于30°N以北水域。广大水域生物量在1～5 g/m²。28°N以南的海域，生物量普遍较低，大多都在1 g/m²以下（图5）。

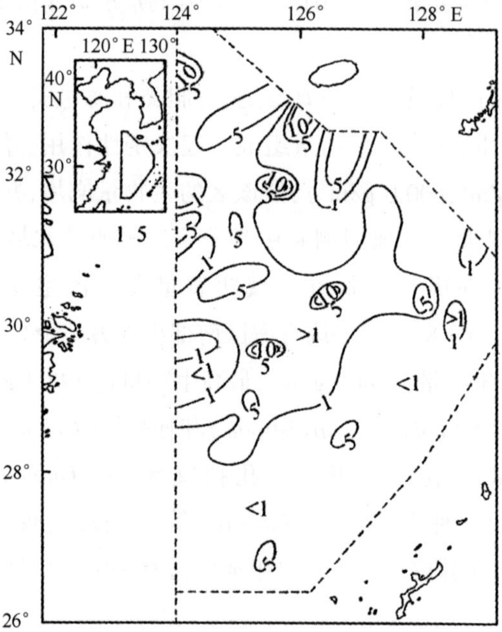

图5 东海陆架及邻近海区多毛类生物量分布（g/m²）

在多毛类生物量组成中，以海稚虫科的后指锥虫（*Laonice cirrata*）占优势，本种分布于西北部水深 90 m 以内的粉砂底质，其数量及出现频率都很高，该区有 2/3 的测站栖息密度均在 20 个/m^2 以上，最大密度达 80 个/m^2。齿吻沙蚕科的 *Aglaophamus jeffreysu* 和欧努菲沙蚕科的 *Onuphis* sp.，在 30°N 以南，水深 100 m 以内的细砂底出现频率甚高。此外，长吻沙蚕(*Glycera chirori*)、小头虫科的 *Rashgus* sp.以及拟蛰龙介虫(*Terebellides stroemii*)出现频率均比较高，其他种类零星分布于调查海区。

1.2.4 甲壳动物

甲壳动物生物量最低，平均为 0.5 g/m^2。生物量分布很不均匀，而且没有出现高生物量区，个别测站最大生物量为 10.6 g/m^2(即 29°08′N，127°05′E)。生物量在 5~10 g/m^2 和 1~5 g/m^2，分别占 2.1%和 11.2%。其余广大水域生物量均在 1 g/m^2 以下，许多测站没有采到甲壳动物的标本。

在甲壳动物生物量组成中，常见种类有：玉虾(*Callianassa* spp.)、尖尾细螯虾(*Leptochela aculeocaudata*)、长脚蟹科的 *Typhlocarcinops canaliculata*、*Ceraroplax sagamiensis* 和 *Camatopsis* sp.，游泳蟹科的 *Charybdis* sp.以及粗糙刺铠虾(*Munida scabra*)等。其中粗糙刺铠虾是构成个别测站生物量较高的种类。端足类、等足类和口足类虽然也有出现，但由于他们数量较小，对生物量影响不大。

2 讨论与结语

(1)本海区底栖生物生物量较底，总生物量平均为 11.5 g/m^2，栖息密度为 30 个/m^2。这与唐质灿等(1978)①及格沙诺维奇(Гершановиц，1964)[1]报道的东海底栖生物生物量分别为 11.8 g/m^2 和 15 g/m^2 相近似。本次调查出现 5 个高生物量区，第 1、2 个高生物量区分布于北部海区，其生物量分别为 600.8 g/m^2 和 119.1 g/m^2；第 3~5 个高生物量区分布在南部海区，它们的生物量分别为 148.4 g/m^2、210.0 g/m^2 和 299.3 g/m^2。

生物量组成以棘皮动物占优势(占 47.0%)，其次为软体动物(22.6%)，多毛类和甲壳类分别占 14.8%和 4.3%。这与唐质灿有些不同，生物量组成以软体动物占优势(45.7%)，多毛类次之(21.7%)，甲壳类居第三位(9.7%)，棘皮动物反而最低，仅及 1 g/m^2(8.4%)。

在生物量组成中，主要种类有：白肛海地瓜、凹裂星海胆、骑士章海星、钩倍棘蛇尾、尖刺襞蛤、圆蚶蜊、鸟羽须蚶、豆形滑缘蛤、后指锥虫、齿吻沙蚕科的 *Aglaophamus jeffreysu*、欧努菲虫(*Onuphia* sp.)、玉虾、尖尾细螯虾和粗糙刺铠虾等。

上述的白肛海地瓜目前已发展为渔业捕捞对象，据了解在渔汛淡季，有关部门组织渔民用底拖网采捕白肛海地瓜和海地瓜(*Acaudina molpaldioides*)，经处理晒干后出售，经济效益甚大，渔民乐于捕捞。本次调查我们在济州岛西南面海域发现有一个白肛海地瓜密集区，有待于今后进一步开发利用。

---

① 唐质灿、徐凤山，东海大陆架区底栖生物数量分布和群落的初步分析，1978.

(2)底栖生物生物量分布与沉积物的关系密切。在不同类型的沉积物中,生物量有显著的差别。底栖生物总生物量以粉砂底质最高(14.3 g/m^2),中细砂和细砂底质的生物量较接近(10 g/m^2 左右),软泥底质的生物量最低,仅 4.0 g/m^2。各类群生物量在不同类型沉积物中,也有明显的差别。棘皮动物和多毛类均以粉砂底质的生物量为最高,分别为 8.9 g/m^2 和 2.6 g/m^2;软体动物生物量则随着沉积物颗粒由粗到细而降低;甲壳动物以细砂底质的生物量较高,软泥底质最低,仅 0.1 g/m^2。

(3)调查海区底栖动物的营养类型,主要是食悬浮物和食沉积物两种类型。食悬浮物类型又分为营固着生活和移动生活的动物,主要栖息于陆架南部和陆架外缘的细砂-中细砂底质;食沉积物类型可分为食底质表面碎屑和吞食沉积物的动物,分布于陆架北部的粉砂-泥底。此外,还出现某些肉食性动物,主要分布于陆架南部海域。

库兹涅佐夫(Куɜнецов,1975)[2]按底栖生物种群分布把世界各陆架划分为富营养型和贫营养型,他把东海陆架底栖生物营养结构大体划分为富营养型和贫营养型两种。富营养型是在陆架北部,以食底质表面碎屑动物占优势,吞食沉积物和食悬浮物的动物数量也不少。贫营养型是在生产力不高的黑潮暖流流经的陆架,以食悬浮物动物占优势,食表面碎屑动物不多,完全没有吞食沉积物动物。这与我们调查结果基本相似,但是在陆架北部我们是以吞食沉积物的白肛海地瓜和凹裂星海胆占优势。在陆架南部,水深为 100~130 m 的海域,底栖生物生物量相当大(大于 100 g/m^2 或 200 g/m^2),构成高生物量区是食悬浮物的尖刺鼗蛤和肉食性的骑士章海星。前者最大生物量为 245.4 g/m^2,栖息密度为 100 个/m^2;而且出现频率也较高(17 站次),底栖拖网站几乎都采到标本,每网最多可采到 1 000 个左右,后者最大生物量为 148.4 g/m^2,栖息密度为 10 个/m^2;本种出现频率更高(32 个站次),其中每网采到 50 个以上和 150 个以上分别有 9 个和 4 个测站,最多采到 266 个/网[3]。由此可见,陆架南部(水深 130 m 以内)水域生产力并不低,这是因为底层水动力强,带来丰富饵料有利于食悬浮物动物大量生长与繁殖。因此,东海陆架南部有些水域底栖生物营养结构属于富营养型。这一情况说明划分底栖生物营养类型,除了主要以采泥的样品为主外,应当使用底栖拖网的资料,这样才能反映底栖生物营养结构的全貌。

综合上述情况,我们认为东海陆架底栖生物营养结构,主要以富营养型为主,而贫营养型出现在陆架外缘及陆坡的海域。这与印度洋北部陆架相类似,同一海域底栖生物营养结构,在肥水区(生产力强)有富营养型,而在瘦水区(生产力低)有贫营养型[4]。

参加本项工作的还有刘泉顺、林双淡、尹向芙、徐惠州、王自盘、董永庭、毛兴华等同志,特此致谢。

参考文献

[1] Гершановиц,Д Е.,Нейман,А. А., Донные отложения и донная фауна Восточно-Китайского Моря Океанолояия 4(1964),6:1089-1095.

[2] КуɜНецов, А. П., Нейман, А. А., О некоторых цринцицах типиɜации и районирования шелъфов

мирового океана по донному населению, Океанологя, 15(1975), 5:903-908.

[3] Jiang Jinxiang, Huang Liqiang and Meng Fan, Study on Benthic communities on the continental shelf of the East China Sea. Sedimentation on the Continental Shelf, With Special Reference to the East China Sea, China Ocean Press, 1983, 915-924.

[4] Нейман, А. А., Некоторые данные о бентосе шелвфов северной части Индийского Океана, Океанология, 9(1969), 6:1071-1077.

[5] 刘瑞玉,徐凤山.黄东海底栖动物区系的特点. 海洋与湖沼,5(1963),4:306-321.

[6] 别兹鲁柯夫, П. П.等.论东海北部的沉积物及底栖动物区系.海洋与湖沼,1(1958),3:269-315.

[7] 陈清潮,陈亚瞿等.商黄海和东海浮游生物群落的初步探讨.海洋学报,2(1980),2:149-157.

[8] 山下秀夫.东海、黄海産底生生物の研究-Ⅳ,多毛類の分布について.西水研研报,49(1997),26-69.

[9] 山下秀夫.东海、黄海産底生生物の研究-Ⅴ,贝類の分布について.西水研研报,51(1978),45-95.

[10] 山下秀夫.东海、黄海産底生生物の研究-Ⅵ,短尾類の分布について.西水研研报,52(1978),1-43.

[11] 山下秀夫.东海、黄海産底生生物の研究-Ⅷ,棘皮动物の分布について.西水研研报,53(1979), 51-86.

[12] Liu Ruiyu, Cui Yuheng, et al. Ecology of Macrobenthos of the East China Sea and adjacent waters // Sedimentation on the Continental Shelf, With Special Refernce to the East China Sea. China Ocean Press, 1983, 879-903.

[13] Rhoads. D. C., Young. D. K., The influence of deposit-feeding organisms on sediment Stability and Community Trophic Structure. J. Mar. Res., 28(1970), 2:150-177.

[14] Rhoads. D. C., Organism-sediment relations on the muddy sea floor. Oceanogr. Mar. Biol. Ann Rev., 12 (1974), 263-300.

江锦祥,吴启泉,黄立强,王慧珍,孟凡,孙修勤. 原载《海洋学报》,1985,7(2):246-255.

东海大陆架及其邻近海区底栖生物种类组成和分布特点

Species composition and distribution of benthic animals on the continental shelf of the East China Sea and it's adjacent waters

Abstract: In October and November, 1977 and September and October, 1978, two cruises of comprehensive surveys were conducted in waters of 39－1 550 m deep on the continental shelf of the East China Sea (26°00′—34°00′N, 124°00′—129°00′E), from which 1 287 species of benthic animals were preliminarily identified. Custacea (339) numbers first in species composition, followed by polychaete (280), mollusc (215), and echinoderm (214), among which, 63 species had comparatively higher frequency of presence and quantity.

Two ecological groups of benthic animals were presented in the survey area. (1) Eurythermal and eurysalind species. This group distributed in waters of 60－70 m deep north to 30°N. Some warm and cold species were presented in south and north ends of in the distribution area of this group due to the effects of Taiwan Warm Current and Huanghai Cold Current, clearly reflecting the influence range of coastal currents, Taiwan Warm Current and Huanghai Cold Current. (2) Hyperthermal and hypersaline warm species. This group occurred in a wide area out of 70－80 m isobath, especially in those of 100－150 m deep. Hyperthermal and hypersaline warm species dominated in this group since the distribution area was directly under the influences of Kuroshio. Among the 33 typical species, 66.6% distributed in waters out of 100 isobath, mostly in waters south to 30°N, same as the main direction of Kuroshio.

Two types of feeding habits were identified. Suspension feeders were distributed on fine-middle fine sand bottom on south shelf and outer margin of shelf; sediment feeders were distributed on silt mud bottom on north shelf.

Species number of benthic animals decreased with increasing water depth, mostly (348) in waters of 60－80 m deep, followed by that of 120－150 m deep (325). Only 120 species were found in waters lower then 150 m. In waters with depth of 200－1 550 m, 68 species were found.

东海大陆架及其邻近海区的底栖生物种类多，数量大，其中有许多种类是鱼类的天然饵料，有些种类是重要的渔业捕捞对象。因此，开展其底栖生物调查研究，具有重要的意义。本研究着重研究本区底栖生物的种类组成和分布特点。

1　材料与方法

根据国家海洋局1977年10—11月和1978年9—10月，使用“东方红”号和“实践”号船，对东海大陆架及其邻近海区进行两航次综合调查所获底栖生物资料整理而成。调查范围为26°00′—34°00′N，124°00′—129°00′E。水深为39～1 550 m。区内布设表层采泥站307个，底栖拖网取样站75个（图1）。获得采泥定量标本1 200份，拖网定性标本4 750份。

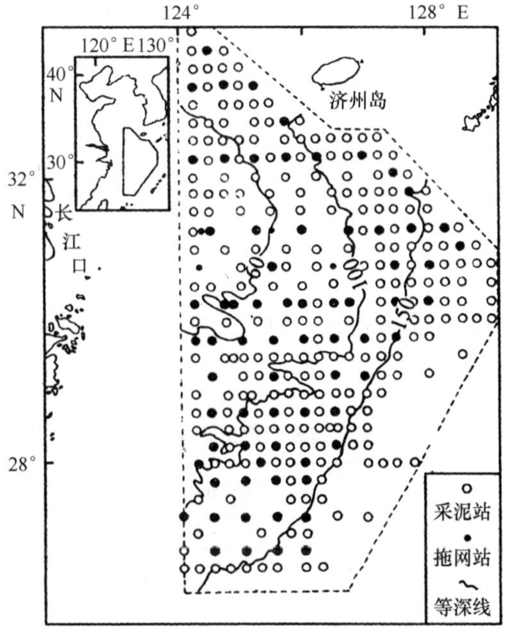

图1　东海大陆架及其邻近海区底栖生物调查站位

底栖生物定量取样使用曙光HNM型采泥器，多数测站取样面积为0.25 m^2，每站采样一次；少数测站为0.1 m^2，每站连续采样两次。样品放在孔径1 mm的套筛中冲洗，分离出底栖生物标本。底栖生物定性取样用网宽2 m的阿拖网在海底拖曳15～20 min。调查方法按我国海洋调查规范进行。

2　结果

2.1　底栖生物组成

经初步鉴定，本次调查获得底栖生物1 287种，其中770种鉴定到种。从动物类群的种类组成看，甲壳动物居首位，其中以蟹类和虾类为主，分别为130种和118种；多毛类占第二位；软体动物和棘皮动物的种类相接近，软体动物以腹足类和瓣鳃类占优势，分别为98种和90种；而棘皮动物以蛇尾类占绝对优势，约90种，海参类、海星类和海胆类均少于40种。以下依次是底栖鱼类、珊瑚类和苔藓虫(表1)。

表1 底栖生物主要类群种类数及百分比

类群	全部种类/种	%	科/种	属/种	鉴定到种/种
多毛类	280	22	39	126	101
软体动物	215	17	61	139	158
甲壳动物	339	26	70	181	223
棘皮动物	214	17	38	87	79
珊瑚类	40	3	6	16	28
苔藓虫	39	3	15	20	29
底栖鱼类	160	12	69	125	152
合计	1 287	100	298	594	770

上述动物类群中，主要种类有63种。其中甲壳动物21种，棘皮动物13种，软体动物12种，多毛类11种(表2)。

表2 东海大陆架及其邻近海区底栖生物主要种类名录

种名	水深/m	底质
单列羽螅 *Monoserius pennarius*	62~132	细砂、中细砂
特异扇形珊瑚 *Flabellum distinctum*	120~150	细砂、中细砂
菱扇形珊瑚 *Flabellum deludens*	130~400	细砂、中细砂
红色扇形珊瑚 *Flabellum rubrum*	66~131	细砂、中细砂
后指锥虫 *Laonice cirrata*	43~77	粉砂
主吻沙蚕 *Glycera chirori*	52~103	粉砂、细砂、中细砂
锥唇吻沙蚕 *Glycera onomichiensis*	43~147	粉砂、细砂、中细砂
直叶内卷齿虫 *Aglaophamus jeffreysii*	65~153	粉砂、细砂
滑指矶沙蚕 *Eunice indica*	73~133	细砂、中细砂
双栉虫 *Amphicteis gunneri*	55~111	软泥、粉砂、细砂
梳鳃虫 *Terebellides stroemii*	60~103	粉砂
环纹角沙蚕 *Goniada annulata*	60~111	粉砂、细砂

续表

种名	水深/m	底质
刺疏鳞虫 *Sthemolepis lzuensis*	67~119	粉砂、中细砂
日本镖毛鳞虫 *Laetmonice japonica*	77~147	粉砂、细砂、中细砂
明管虫 *Hyalinoecia tubicola*	119~147	细砂、中细砂
三裂卵苔虫 *Triphyllozoom bimunitum*	99~131	细砂、中细砂
宽松苔虫 *Cabera lata*	107~153	细砂、中细砂
光衣笠螺 *Xenophora exutua*	56~118	粉砂、细砂
淡色衣笠螺 *Xenophora pallidula*	120~350	细砂、中细砂
栗色管螺 *Siphonalia spadicea*	50~133	粉砂
西格织纹螺 *Nassarius siquijorensis*	39~117	粉砂、细砂
白龙骨塔螺 *Lophiotoma leucotropis*	39~81	软泥、粉砂
乌羽须蚶 *Hawaiarca uwaensis*	90~137	细砂、中细砂
圆蚶蜊 *Glycymeris rotunda*	79~111	粉砂、细砂
尖刺襞蛤 *Spiniplicatula muricata*	95~139	细砂、中细砂
日本厚壳蛤 *Crassatellites japonicus*	62~118	细砂
窦帘蛤 *Venus foveolata*	61~118	粉砂、细砂
斧蛤蜊 *Mactrinula dolobrata*	42~80	软泥、粉砂
短鞘 *Octopus ocellatus*	39~128	粉砂、细砂、中细砂
短角赤虾 *Metapenaeopsis dalei*	53~130	软泥、细砂、中细砂
须赤虾 *Metapenaeopsis barbatus*	60~100	粉砂、细砂
鹰爪虾 *Trachypenaeus curvirostris*	86~132	软泥、细砂、中细砂
长缝拟对虾 *Parapenaeus fissurus*	60~170	软泥、粉砂、细砂
扁管鞭虾 *Solencera depressa*	50~150	粉砂、细砂
玉虾 *Callianassa* spp.	67~125	粉砂、细砂
日本鼓虾 *Alpheus japonicus*	53~100	粉砂
红长臂虾 *Palaemon gravieri*	45~100	软泥、粉砂
红虾 *Palesionika izumae*	53~345	软泥、粉砂、细砂、中细砂
粗糙刺铠虾 *Munida scabra*	80~144	粉砂、细砂、中细砂
东海铠甲虾 *Galathea balssi*	81~150	细砂、中细砂
条纹细螯寄居蟹 *Clibanarius striolatus*	67~150	粉砂、细砂、中细砂

续表

种名	水深/m	底质
长眼寄居蟹 *Paguristes* sp.	62~180	细砂、中细砂
珠形仿珠蟹 *Lateillia phalangium*	97~140	细砂、中细砂
象牙长螯蟹 *Randallia eburnea*	97~128	细砂、中细砂
细点圆趾蟹 *Ovalipes punctatus*	86~150	细砂、中细砂
银光梭子蟹 *Portunus argentatus*	60~120	软泥、细砂、中细砂
双斑蟳 *Charybdis bimaculata*	50~111	软泥、细砂、中细砂
长手隆背蟹 *Carainplax logimanus*	68~118	软泥、细砂、中细砂
屈足虾蛄 *Oratosquilla gonypetes*	63~133	细砂
无刺虾蛄 *Oratosquilla inornata*	46~133	软泥、粉砂、细砂
锯羽丽海羊齿 *Compsometea serrata*	55~147	粉砂、细砂、中细砂
日本五指参 *Pentadactyla japonica*	50~88	软泥、粉砂、细砂
白肛海地瓜 *Acandina leucoprocta*	51~103	软泥、粉砂
芮氏刻肋海胆 *Temnopleurus reevesii*	55~147	粉砂、细砂
凹裂星海胆 *Schizaster lacunosus*	65~100	软泥、粉砂
镶边海星 *Craspidaster hesperus*	50~138	软泥、粉砂、中细砂
路氏栉边海星 *Ctenopleura ludwigi*	47~110	粉砂、细砂、中细砂
骑士章海星 *Stellaster equestris*	66~137	细砂、中细砂
鸡爪海星 *Henricia* spp.	77~133	粉砂、细砂、中细砂
薄倍棘蛇尾 *Amphioplus praestans*	63~100	软泥、粉砂
史氏盖蛇尾 *Stegophiura sladeni*	86~134	粉砂、细砂、中细砂
简板仙蛇尾 *Ophiomusium simplex*	98~170	细砂、中细砂
锦真蛇尾 *Ophiura kinbergi*	55~147	粉砂、细砂、中细砂

2.2 底栖生物分布特点

2.2.1 底栖生物分布与水文因子的关系

本区横跨温带与亚热带，是邻接东亚大陆的一个较开阔的边缘海域，深受沿岸水系、黑潮暖流和黄海冷水团的影响。这种复杂的水文状况，是决定本区底栖动物区系组成、性质和分布特点的重要因素。经初步分析，本区底栖动物主要有两种生态类群。

（1）广温广盐种。这类动物大多分布于近岸至60~70 m水深处，以30°N以北海域为主。其中数量较大的有后指锥虫、梳鳃虫、长吻沙蚕、白龙骨塔螺、斧蛤蜊、凸镜蛤(*Dosinia gibba*)、鹰爪虾、红长臂虾、日本鼓虾、凹裂星海胆和薄倍棘蛇尾等(图 2a)。该区北部(33°—34°N)由于受到黄海冷水团的影响,出现一些冷水种,例如,萨氏蛇尾(*Ophiura sarssi*)、哈氏刻肋海胆(*Temnopleurus hardwickii*)、脊腹褐虾(*Gangon affinis*)和枯瘦突眼蟹(*Oregonia gracilis*)等。其南部在台湾暖流的影响下,出现了一些暖水性种类。例如,日本异杯珊瑚(*Helerocyathus japonicus*)、光衣笠螺、须赤虾、红虾、毛氏拟短眼蟹(*Xenophthalmodes morsi*)和银光梭子蟹等。这些暖水种一般不分布于近岸低盐水域。由此可见,本区底栖动物区系组成和性质相当复杂,既有以广温广盐为主的种类,又有暖水种和冷水种的成分。这反映了沿岸水系(包括长江冲淡水)、台湾暖流和黄海冷水团影响范围(图 2)。

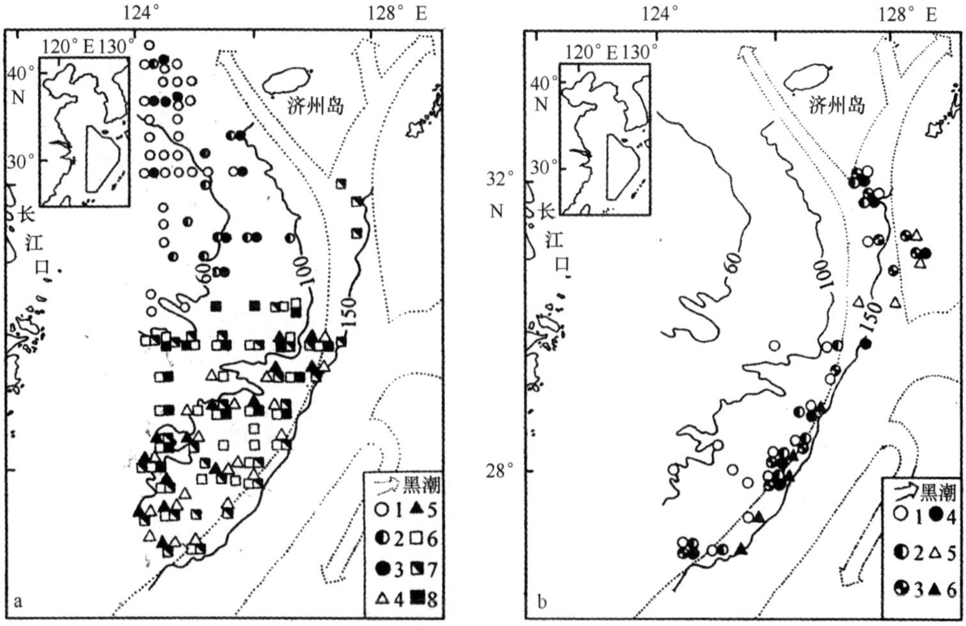

图 2 东海大陆架及其邻近海区底栖生物主要种类分布

a 1.*Laonice cirrata*;2. *Schizastes lacunosus*; 3. *Mactrinula dolabrata*; 4. *Sipiniplcatula muricata*; 5. *Randallia eburnea*; 6. *Stellaster equestris*; 7. *Paguristes* sp.; 8. *Oratosquilla gonypetes*

b 1. *Latreillia phalangium*; 2. *Flabellum distinctum*; 3. *Flabellum deludens*; 4. *Xenophora solarioides*; 5. *Ophiotreta grationsa*; 6. *Ophiocamax rugosa*

(2)高温高盐暖水种。这一类动物大多分布于水深 70~80 m 以深,尤其是直接受黑潮暖 流影响的 100~150 m 深海域,底温为 20℃左右,底盐在 34.5 以上。典型代表种有:腔肠动物的特异扇形珊瑚和菱扇形珊瑚;多毛类的日本镖毛鳞虫;苔藓虫类的牡丹蔽孔苔虫(*Steganoporella magnilabris*)、宽松苔虫(*Caberea lata*)和三裂卵苔虫(*Triphyllozoon bimunitum*);软体动物的胜利长刺螺(*Guidfordia triumphans*)、盔星螺[*Galeoastraea* (*Harisazaea*) *modesta*]、光荣拟星螺(*Pseudastralium henicus gloriosum*)、淡色衣笠螺、托氏棘骨螺(拟名)(*Murex troscheli*)、彩红底蚶(*Bentharca rubrotincta*)、异底蚶(*Bentharca xenophorico-*

la)、乌羽须蚶(*Hawaiarca uwaensis*)、圆蚶蜊和尖刺襞蛤和泡隐扇贝(*Cryptopecten vesicuiosus*);甲壳动物的毛缘扇虾(*Ibacus ciliatus*)、红斑海螯虾(*Nephrops thomsoni*)、东海铠甲虾、粒突隐绵蟹(*Cryptodromia areolata*)、蛛形仿蛛蟹、象牙长螯蟹、货币美妙蟹(*Cryptocnemus obolus*)、武装筐形蟹(*Mursia armata*)、小矶蟹(*Pugettia minor*)、日本蜘蛛蟹(*Maja japonica*)、武士蟳(*Charybdis miles*)、长脚蟹科的 *Goneplax renoculis* 和印纹真寄居蟹(*Dardanus impressus*);棘皮动物的美孔蛇尾(*Ophiotreta grationsa*)、糙柱棘蛇尾(*Ophiocamax rugosa*)和富士山饼干海胆(*Laganum fudsiyama*)等 33 种。其中 66.6%的种类分布于 100 m 水深以深海域,这与黑潮高温高盐水的分布范围相吻合(图 2b)。

2.2.2 底栖生物分布与深度的关系

从图 3 可以看出,底栖动物种类的分布因深度的变化而异。其中以水深 60~80 m 为最多(348 种),其次是 120~150 m (325 种),水深大于 150 m 仅 120 种。在不同深度范围内,甲壳动物的种类皆居首位,尤以 120~150 m 的种类为最多,达 130 种。软体动物次之,棘皮动物和多毛类的种类均较少。然而,各类群的种类数在不同深度的分布趋势基本一致。

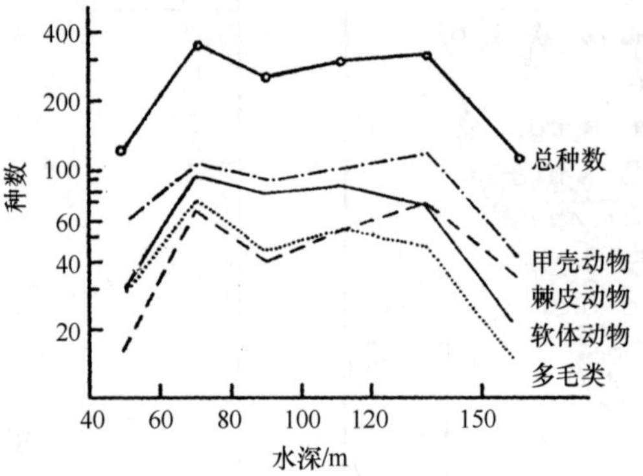

图 3 底栖动物在不同水深的种数比较

值得指出的是,本次调查发现 68 种底栖生物分布于 200~1 550 m 的深水区。例如,海蜘蛛纲的巨海蜘蛛(拟名)(*Colossendeis gigas*),甲壳动物的纵线海胆茗荷(*Megalasma striatum*)、叉板铠茗荷(*Sealpellum dicheloplax*)、安达曼多刺虾(*Polycheles andamanensis*)、多齿玻璃虾(拟名)(*Pasiphaea multidentta*)、芦卡膜对虾(*Hymenopenaus lucasii*)、假褐虾(*Pontophilus sagamiense*)、多刺刺虾(拟名)(*Oplophorus spinosus*)、虹彩圆趾蟹(*Ovalipes iridescens*)、*Ethusa indica*、*Rochinia pulchra* 和 *Tymolus uncifer* 等 20 种;软体动物的扁面蛸(*Opisthiteuthis depressa*)、银光珠容螺[*Bathybembix* (*Gimebis*) *argenteonitens*]、羚天窗蝛[*Puncturella* (*Rimulanx*) *dorcas*]、玻璃怪蛤(拟名)(*Cetoconcha eximia*)和异底蚶等 19 种;棘皮动物的辛柱海参(*Synallaces discoidlis*)、印度硬头帕(*Stereocidaris indica*)、美孔蛇尾、五角棘蛇尾(*Ophiomusium facundum*)、奇星蛇尾(*Ophiopallas paradoxa*)和小棘真蛇尾(*Ophiura micracantha*)等 17 种;多毛类的触角矶沙蚕(拟名)(*Eunice antennata*)和 *Poecilochaetus paratropicus* 等 11 种;以及腔肠动物的 *Caryophyllia japonica* 等。

2.2.3 底栖生物分布与沉积物的关系

本区沉积物大体可归纳为 4 种类型:中细砂(占总测站的 15.4%)、细砂(占 35.8%)、粉砂(占 44.9%)和软泥(占 3.9%)。中细砂和细砂分布于 30°N 以南和陆架外缘的广大海区;粉砂和软泥主要分布在 30°N 以北,127°E 以西陆架浅水区,以济州岛以南、虎皮礁以东的颗粒最细,为软泥底质。

沉积物对底栖动物分布的影响主要表现在底栖动物的生活方式、营养类型以及群落结构等方面。下面仅就代表性种说明其分布与沉积物的相互关系。

(1)细砂-中细砂底质。栖息于细砂-中细砂底质的底栖动物,绝大多数是滤食性动物,尤以底上动物占优势。例如,营固着生活的苔藓虫类:三裂卵苔虫、宽松苔虫、牡丹蔽孔苔虫、高耸隆胞苔虫(*PetraLielia umabonata*)和漏斗窗苔虫(*Fenestrulina infundibulipore*);蔓足类的薄壳藤壶(*Balanus tenuis*)、海胆藤壶(*Balanus cidaricola*)、圆鳞铠茗荷(*Scalpellum condensum*)、台湾铠茗荷(*Scalpellum formosum*)和纵线海胆茗荷;双壳类的尖刺襞蛤等。它们主要分布于水深 100~150 m,砂质颗粒较粗,也是黑潮暖流主流流经的地带。有些种类喜栖于细砂底质,如单列羽螅、滑指矶沙蚕、日本厚壳蛤、屈足虾蛄、日本蜘蛛蟹、整洁琵琶蟹、长指寄居蟹(*Pagurus dubius*)、印纹真寄居蟹、路氏栉边海星和美孔蛇尾等。另一些种类却分布于中细砂底质,如特异扇形珊瑚、菱扇形珊瑚、淡色衣笠螺、尖刺襞蛤、薄壳藤壶、海胆藤壶、粒突隐绵蟹、糙柱棘蛇尾和透明饼海胆(拟名)(*Peronella pellucida*)。广泛地分布于细砂-中细砂底质的有:红色扇形珊瑚、东海铠甲虾、刺铠虾(*Munida* sp.)、长眼寄居蟹、条纹细螯寄居蟹、蛛形仿蛛蟹、象牙长螯蟹、骑士章海星、芮氏刻肋海胆和马氏刺蛇尾(*Ophiothrix marenzelleri*)等(图 2)。

上述种类虽然都是细砂-中细砂底质的代表种,但是它们的分布颇有规律性。栖息于细砂底质的大部分种类集中在 100 m 水深以浅;而生活在中细砂底质的种类,特别是营固着生活的苔藓虫类和蔓足类,主要分布在水深 100~150 m 间的水域;广泛分布于细砂-中细砂底质,大多都是底上动物,如虾类、蟹类和棘皮动物的海星和海胆等。这种相互交错的分布规律,除了受其栖息的环境因子影响外,显然与它们的营养类型密切相关。我们可以从优势种单列羽螅、尖刺襞蛤和骑士章海星的分布情况进一步说明。单列羽螅主要分布于水深 60~100 m 的细砂底质,而且数量从西向东逐渐减少。尖刺襞蛤分布于水深 100~150 m 水域,密集区在 28°N 以南,尤以中砂底质的数量更大一些,最大栖息密度为 100 个/m^2,生物量达 245.4 g/m^2。骑士章海星几乎遍及 30°N 以南水深 60~150 m 海域。本种无论是在底栖拖网或者定量采泥中,其数量均相当大。有柄单列羽螅和以足丝固着的尖刺襞蛤虽然都是食悬浮物,但是它们彼此互不重叠,这样可以避免互相争夺饵料。骑士章海星属于肉食性底上动物,活动能力较强,它并不受砂质的颗粒粗细的限制,因此广泛分布于细砂-中砂底质。

(2)粉砂-软泥底质。生活在粉砂-软泥的种类不如细砂-中细砂底质的多。具有代表性的种有多毛类的后指锥虫、梳鳃虫、环纹角沙虫(*Goniada annulata*)和绿血虫科的 *Pherusa bengalensis*;软体动物的栗色管螺、白龙骨塔螺、圆蚶蜊和斧蛤蜊;甲壳动物的日本鼓虾、鲜明鼓虾(*Alpheus distinguendus*)和长手隆背蟹(*Carinoplax longimana*);棘皮动物的白肛海地瓜、日本五指参(*Pentadactyla japonica*)、柄板锚参(*Labidoplax duretzii*)、紫纹芋参(*Molpadia roretzii*)、凹裂星海胆、镶边海星(*Craspidast hesperus*)和薄倍棘蛇尾等。

在上述的底栖生物中,大多都是食沉积物者,特别是棘皮动物的海参和海胆类以及多毛类,它们能将数厘米深的沉积物搬运到表层,从而扰乱了沉积物纹理。罗兹(Rhoads,1970)认为食沉积物的底栖动物所产生的粪便表面,很容易被低速率的潮流再悬浮,其结果是:阻塞食悬浮者的过滤器管;覆盖新沉降的幼虫或者阻碍食悬浮者幼虫的沉降;阻止固着动物附着于不稳定的淤泥基底。因此,食悬浮物者不能成功地栖息于所有的海底,特别是被食沉积物者扰动的软泥海底[1]。我们调查的结果与罗兹的看法相一致。很明显,前面所提出的细砂-中细砂底质的代表种,基本上不分布于粉砂软泥沉积区。最典型的例子是单列羽螅,它主要分布在30°N以南的细砂底质,但是它可以越过粉砂-软泥沉积区而向北分布至32°50′N附近的局部细砂底质。这说明单列羽螅的幼虫广泛分布于本区,只是粉砂-软泥底质不适合于本种的繁衍与发展。

3 讨论与结语

东海大陆架及其邻近海区底栖生物初步鉴定计1 287种,其中已鉴定到种的770种。种类组成以甲壳动物最多(339种),多毛类次之(280种),软体动物和棘皮动物分别为215种和214种。还有底栖鱼类160种。

本区受到沿岸水系、黑潮暖流和黄海冷水团的影响。这种复杂的水文状况,致使本区底栖动物形成两种生态类群。

(1)广温广盐种。这类底栖生物大多分布于从近岸至60~70 m水深处,以30°N以北水域为主。该水域南北两端由于分别受到台湾暖流和黄海冷水团的影响,故出现一些暖水种和冷水种。由此可见,这一水域的底栖动物区系组成和性质相当复杂,既有以广温广盐种为主的种类,又有暖水种和冷水种的成分。

(2)高温高盐暖水种。这类底栖生物大多分布于水深70~80 m以深,尤其是直接受黑潮暖流影响的100~150 m深海域,高温高盐暖水种占优势。典型代表种33种,其中66.6%分布于100 m水深以深海域,而且绝大多数种类分布在30°N以南海域,这种分布特点与黑潮暖流主流方向完全吻合。

日本山下秀夫(1977—1980)提出黄海和东海48种底栖动物作为黑潮暖流的代表种[2-8],我们有25种与山下秀夫相同。其中日本鼓膜蟹(拟名)(*Tymolus japonicus*)不仅分布于黑潮暖流区,而且也出现在黄海冷水团影响的范围内。因此,我们认为日本鼓膜蟹不宜作为黑潮暖流的代表种;更不能认为是日本的特有种①。

沉积物对底栖生物分布的影响主要表现在底栖生物的生活方式、营养类型及群落结构

---

① 酒井恒,日本产蟹类,1976.

等方面。本区底栖动物的营养类型基本上分为两种:食悬浮物和食沉积物的动物。前者栖息于陆架外缘的细砂-中细砂底质。这类滤食性生物虽然以不同生活方式摄食悬浮物,但它们颇有规律地相互交错分布,避免互相争夺饵料。后者分布于陆架北部的粉砂-软泥底质。这类动物以摄食表面有机碎屑和吞食沉积物为生。值得指出的是,吞食沉积物的白肛海地瓜和凹裂星海胆在济州岛西南面至虎皮礁附近海域的数量相当多,它们大量的繁殖与生长,将不同程度地影响其周围沉积物的形态结构和物理化学特性。

本区底栖生物种类分布呈现随着深度的增加而减少的趋势。以水深60~80 m的种类为最多(348种),其次是120~150 m(325种),水深大于150 m仅120种。此外,还发现68种分布于200~1 550 m的深水区。

参加本工作的尚有毛兴华、陈国通、何明海和胡月姝等;董聿茂、刘瑞玉、唐质灿、邹仁林、李复雪、王复振、蔡如星、陈永寿、徐凤山、廖玉麟、董正之、陈惠莲和王永良等协助鉴定部分标本,谨此一并致谢。

参考文献

1 Rhoads, D. C. & Young, D. K., 1970. The Influence of Deposit-feeding Organisms on Sediment Stability and Community Trophic Structure. J. Mar. Res., 26,(2),150-170.

2 山下秀夫.东海、黄海産底生生物の研究-Ⅳ,多毛类の分布について.西水研研报,49,1977,29-67.

3 山下秀夫.东海、黄海産底生生物の研究-Ⅴ,贝类の分布について.西水研研报,51,1978,45-95.

4 山下秀夫.东海、黄海産底生生物の研究-Ⅵ,短毛类の分布について.西水研研报,52,1978,1-43.

5 山下秀夫.东海、黄海産底生生物の研究-Ⅶ,长毛类、异尾类、口脚类、等脚类、端脚类、およびケマ类の分布について.西水研研报,53,1979,1-50.

6 山下秀夫.东海、黄海産底生生物の研究-Ⅷ,棘皮动物の分布について.西水研研报,53,1979,51-86.

7 山下秀夫.东海、黄海産底生生物の研究-Ⅺ,星口动物、环形动物、触手动物、节足动物および软体动物の分布について.西水研研报,55,1980,1-11.

8 山下秀夫.东海、黄海産底生生物の研究-Ⅹ,海绵动物および腔肠动物の分布について.西水研研报,55,1980,13-31.

9 Liu Ruiyu et al. 1983. Ecology of Macrobenthos of the East China Sea and adjacent waters. Sedimentation on the Continental Shelf, with Special Reference to the East China Sea. China Ocean Press, 879-903.

江锦祥,黄立强,孟凡,吴启泉,刘泉顺,林双淡,尹向芙,徐惠州,王自盘,董永庭. 原载《台湾海峡》,1985,4(1):89-98.

Study on benthic communities on the continental shelf of the East China Sea

The National Bureau of Oceanography of China made two cruises of comprehensive investigations on the continental shelf of the East China Sea (26°00′—34°00′N, 124°00′—128°30′E, water depth, 39–569 m) during October and November of 1977 and September and October of 1978. Altogether 285 stations of quantitative grabbing and 74 stations of qualitative trawling were set up for benthic investigation (Fig. 1) in which 1200 quantitative samples and 4750 qualitative samples were obtained.

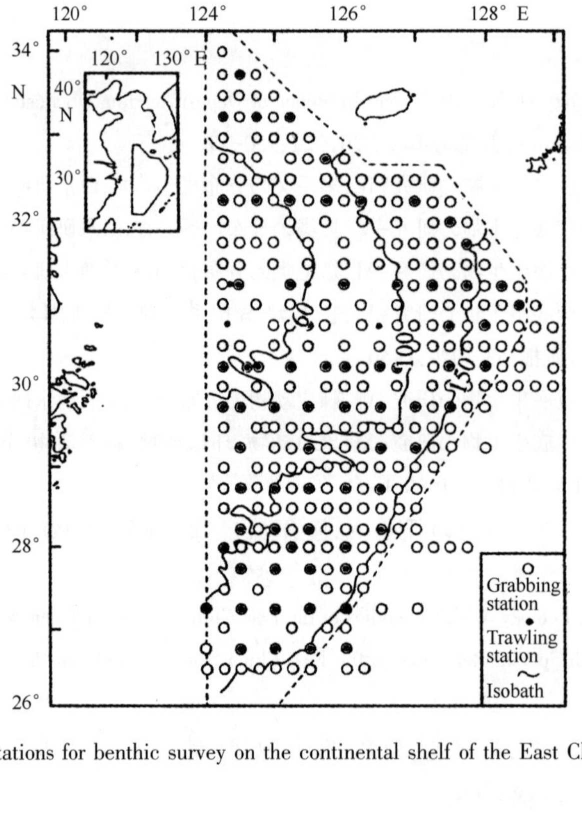

Fig.1 Stations for benthic survey on the continental shelf of the East China Sea

Quantitative sampling was made by using Shuguang Model HNM grab, with a sampling area of 0.25 m^2 for most of the stations and a sampling frequency of once for each station. A small number of stations had a sampling area of 1.0 m^2, and each station was sampled twice, and then the two samples were mixed. The samples of benthic organisms were separated by flushing the original samples in a 1 mm-mesh sieve. The qualitative sampling was made by trawling 15–20 minutes with

Agassiz trawl (mouth width, 2 m). The investigation methods specified in the Marine Investigation Standards (National Bureau of Oceanography 1975) were adopted.

1 Results

The principle for dividing the benthic organisms in the area was based on the relationship between the dominated benthic species and the factors of bottom topography, sediment, water temperature, salinity and current. Five communities were demarcated(Fig. 2) with the following characteristics.

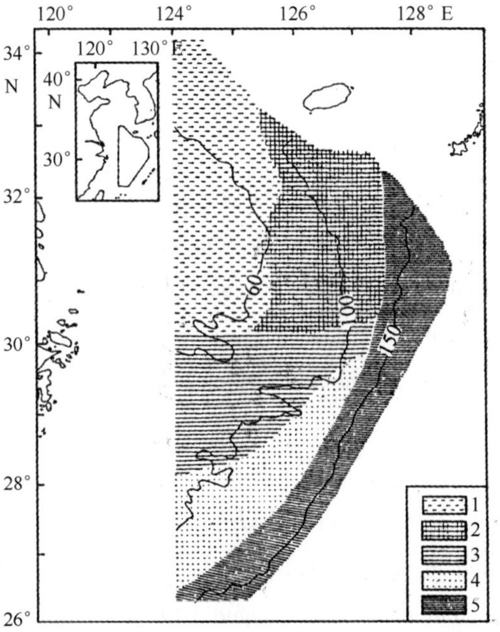

Fig.2 Distribution of the benthic communities on the continental shelf of the East China Sea

1. *Laonice cirrata–Mactrinula dolabrata* community; 2. *Venus foveolata–Acaudina* sp. –*Rashgua* sp. community; 3. *Monoserius pennarius – Stellaster equestris – Venus foveolata* community; 4. *Spiniplicatula muricata – Stellaster equestris* community; 5. *Flabellum deludens–Flabellum distinctum–Xenophora pallidula* community.

1.1 *Laonice cirrata-Mactrinula dolabrata* community

This community was distributed in South Huanghai Sea and the northwestern part of the East China Sea (30°00′—34°00′N, 124°00′—125°30′E). The area had a water depth of 39–88 m, a bottom temperature of 7.3–23.3℃ and abottom salinity of 31.0–34.3 (based on the data from the transection investigation of the East China Sea, 1977 and the following data are of the same source). The bottom soil was silty sand and the content of organic matter was in the range of 0.5%–1.0%.

The characteristic species of the community was a species of infauna polychaete–*Laoniee cir-*

rata, which was only found in this community not only in high frequncy but also in great density. The density of the species in most of the stations was higher than 20 ind./m^2 with a maximum of 80 ind./m^2. The secondary characteristic species was a species of bivalve mollusca–*Maetrinula dolabrata*. This species was mainly distributed in this community though in smaller amount.

Among the 238 species of macrobenthic invertebrates in this community, the number of species in polychaeta, crustacea and mollusca were about 65 with that in echinoderm fewer (45 species). The euryhaline and eurythermal inshore species dominated in the community composition. Some of the species were only distributed in this community though they were not great in frequency and amount, such as *Siphonalia spadicea*, *Dosinia gibba*, *Parapenaeopsis tenella* and *Schizaster lacunosus* etc. The common species were *Glycera chrori*, *Terebellides stroemii*, *Zeuxis siquijorensis*, *Lophiotoma* (*Lophioturris*) *leucotropis*, *Clavatula pseudo-principhis*, *Alpheus distinguendus*, *Alpheus japonicus*, *Trachypenaeus curuirostris*, *Amphioplus praestans* and *Amphioplus japonicus* etc. Some cold species, such as *Ophiura sarsii*, *Temnopleurus hardwickii* and *Crangon affinis* were found in the northern distribution zone of the community due to the influences of the Huanghai Sea cold water mass. Some warm species, such as *Helerocyathus japonicus* and *Xenophora exutua*, were found in the southern distribution zone of the community due to the influences of the Taiwan Warm Current. Here we must point out that in the local water at the northern end of the distribution zone of the community, there is a mixed community which is basically similar in features to the community (12) described by Liu Ruiyu et al.[1].

This community is remarkably different from its adjacent communities (2) and (3) since the characteristic species, such as *Venus* (*Ventricoloidea*) *foveolata*, *Monoserius pennarius* and *Srellaster equestris* were generally found in this community.

The total biomass of community (1) averaged 18.6 g/m^2 which was the second in the five communities. The echinoderm had the largest amount of biomass (6.6 g/m^2) in the composition and that of the polychaeta was the second (3.1 g/m^2). The biomass of the mollusca and the cructacea are lower than 1 g/m^2.

1.2 *Venus* (*Ventricoloidea*) *foveolata*–*Acaudina leucoprocta*–*Rashgua* sp. community

This community, situated in the northeastern part of the survey area, was between the communities (1) and (5). The area had a depth range of 56–129 m, but most of the stations were located at a water depth of about 100 m. The bottom temperature was in the range of 8.9–22.4℃ and the bottom salinity was 32.5–34.6. The sedimentation type in this area was nearly the same as community (1) with ooze in certain local parts. The organic content was about 1%.

Both *Venus* (*Ventricoloidea*) *foveolata* and *Acaudina leucoprocta* were dominant species in this community and they may penetrate southward into community (3) and occupy a certain amount in the community. Polychaeta *Rahgua* sp. was relatively abundant at the northern and southern ends of the community with a density of 4–52 ind./m^2.

The habitat of this community was quite special, the western side of which was influenced by the Huanghai Sea cold water mass and the eastern side was the running area of the Huanghai Sea Warm Current. The hydrographic conditions were quite complicated with the two water systems interlocked. The whole community had about 250 species of benthic animals, of which the number of species of Crustacea (82 species) was the first, Mollusca (64 species) the second, and both Polychaeta and Echinoderm had about 50 species. The species composition in this community is somewhat different from that of community (1) with the increase of warm water species. Apart from the common species similar to that of community (1), there were some different species in this community, such as *Flabellum rubrum*, *Glycymeris rotunda*, *Solenocera bervipes*, *Munida* sp., *Parapenaus fissurus*, *Metapenaeopsis coniger*, *Nephropsis thompsoni*, *Carcinoplax lonimanus*, *Arcania undecimspinosa*, *Paguristes* sp., *Clibanarius striolatus*, *Henricia* sp., and *Distrilasterias nippon* etc.

The total biomass of this community averaged 18.8 g/m^2, approximately the same as that of community (1). Echinoderm was dominant in the biomass composition, occupying 67.5% with an average biomass of 12.7 g/m^2. The biomass of polycheata and mollusca were lower, being 2.5 g/m^2 and 1.6 g/m^2 respectively and crustacea had the lowest biomass, which was less than 1.0 g/m^2.

1.3 *Monoserius pennarius-Stellaster equestris-Venus* (*Ventricoloidea*) *foveolata* community

This community linked closely with communities (1) and (2) in the north and bordered on community (4) in the south. Only a small part of the community in the east linked with community (5). The community looked like a trumpet from west to east, with water depth of 52–124 m, a bottom water temperature of 9.7–24.9℃, and bottom salinity of 33.5–34.7. The bottom was fine sands and the organic content was as low as 0.5%.

The presence of *Monoserius penarius* and *Stellaster equestris* was an important mark of this community. Their quantity and occurrence frequency prevailed in the community. More than 150 individuals of carnivorous *Stellaster equestris* were collected by trawling in three stations. *Venus* (*Ventricoloidea*) *joveolata* had been collected from nearly all the stations in lower quantity than the former two species. *Caliianassa* spp. also had a high quantity. These small shrimps living beneath the sand had a specially high presence in the grabbed samples with a density of 4–36 ind./m^2. This was very evident in this community.

A prominent feature in species composition of this community was dominant epifauna animals. Among the 295 species, crustacea had the largest number (99 species), occupying 34% of the total. Of 99 species, 47 were crabs. The rest of the biomass composition was mollusca (85), polychaeta (68) and echinoderm (43).

Warm water species increased markedly in this community due to the great influences of the branch of Kuroshio-Taiwan Warm Current. Some of the species which were only present in small amount or only found in the southern part of communities (1) and (2) were well developed in this community, such as *Aglaophamus jefferysii*, *Onuphis* sp., *Clymenlla* sp., *Crassatellites nanus*, *Xenophora exutua*, *Solencera depressa*, *Metapenaeopsis barbata*, *Metapenaeopsis dalei*, *Cancer gibbosulus*, *Portunus* (*Monomia*) *argentatus*, *Charybdis* (*Gonioneptunus*) *bimacuLata*, *Pugettia incisa*, *Dardanus arrosor*, *Paguristes* sp., *Temnopleurus reevesii*, *Amphioplus ancistrotus* etc. The presence of many species different from the above two communities is one of the features of this community. These organisms were *Eunice indica*, *Hawaiaraca uwaensis*, *Crassatellites japonicus*, *Galathea* sp., *Plesionika izumae*, *Glyphocrangon* sp., *Preceas* sp., *Oratosquilla gonypetes*, *Laterillia phalangium*, *Lyreidus integra*, *Randalia eburnea*, *Pagurus dubius*, *Dardanus impressus*, *Ophiomusium simplex*, *Ophiactis* sp., *Ophiocoma* sp. and *Dipsacaster pretiosus* etc.

There were common as well as different points in the species composition of community (3) and (2). The suspension-feeders dominated community (3) and sediment feeders dominated community (2). The charaoteristic species in community (3) was more evident than that in community (2).

The biomass quantity in this community was rather low, averaging 7.4 g/m^2. The biomass of four groups of animals was less than 2 g/m^2.

1.4 *Spiniplicatula muricata-Stellaster equestris* community

This community was on the outer continental shelf, between community (3) and (5). Water depth in this area ranged from 78 to 129 m, with most of the stations deeper than 100 m. The variation magnitude of bottom temperature (15.2–22.5℃) was small and the bottom salinity was 33.4–34.0. Fine sands dominated the bottom soil. There were also medium fine sands in some local bottom soil. The organic content was 0.5%.

Spiniplicatula muricata, a characteristic species, had a marked dominance in the community. It was collected in great amount from nearly all the trawling stations, the highest amount for each trawling was about one thousand individuals. The maximum density and biomass of the animal could be 100 ind./m^2 and 245.4 g/m^2 respectively in the quantitative grab samples. The presence frequency and quantity of *Stellaster equestris* extending from community (3) were no less than that in community(3). It had great quantities in a few stations with 266 individuals in each trawling.

The feature of species composition in this community was marked by the domination of epifauna, which was closely related to the fine sandy bottom. There were 297 species of animals in the whole community, among which, Crustacea had 113 species, occupying 38%, Mollusca was the second with 82 species. Echinoderm and Polychaeta had 57 and 45 species respectively. There were 32 common species with community (3), among which some were larger in quantities, such as *Cabera lata*, *Steganoporella magnilaberis*, *Petraliella umbonata*, *Fenestrulina infundibulipore*, *Triphyllozoon bimunitum*, *Flabellum rubrum*, *Heteropsammia cochlea*, *Endopachys japonicum* etc. Apart from that, there were also some different species, such as *Maja japonica*, *Latreillia phalangium*, *Cryptodromia areolata*, *Stegophiura sladeni*, *Stegophiure vivipara*, *Ophiusium simples*, *Ophiothrix marenzelleri*, *Aspidophiura forbesi* and *Certonardon semiregularis* etc.

The above analysis show that the features of species composition in communities (3) and (4) were about the same. which was closely related to the influence of Kuroshio and the similarities of sedimentation types. These two communities had their own specific dominant species and community (4) had more hyperthermal and hyperhaline stenotopic species than community (3). This feature was more and more evident towards the outer fringe of the continental shelf, thus marking the differences of the two communities.

Biomass in this community was higher than that of the other four communities. with an average biomass of 23.5 g/m^2. The biomass of Mollusca had an absolute dominance, being 13.9 g/m^2, and Mollusca itself was also the species with the largest amount of biomass among all the communities due to the presence of great amount of *Spiniplicatula muricata*. Echinoderm was the second (8.2 t/m^2) and the biomass of both polychaeta and crustacea were less than 1.0 g/m^2.

1.5 *Flabellum deludens–Flabellum distinctum–Xenophora pallidala* community

This community was distributed on the continental slope at the outer fringe of continental shelf. It shaped in a narrow belt, in the same direction with the main orientation of Kuroshio. Water depth ranged from 115 to 569 m, most of the stations there having a depth of about 150 m. The bottom temperature was 14.7–24.0℃ and the bottom salinity was 34.5–34.8. The bottom soil was medium-fine and fine sands and the organic content was in the range of 0.75% to 2.0%.

The characteristic species in this community was very evident with *Flabellum deludens. Flabellum distinctum* and *Xenophora pallidula* limited to this community. *Flabellum deludens* was distributed throughout the area of the community and its quantity was greater than other monomeric corals. Both *Flabellum deludes* and *Xenophora pallidula* were distributed from north to south in the area of the community, yet, the former being distributed in the area within the isobath of 150 m and the latter in the area within the isobath of about 320 m.

Benthic animals in this community. with 434 species. had the greatest number of species. Of these species. crustacea had 191 species. occupying 44%. The species, no matter shrimp (52) or crab (88), increased markedly. Hermit crab was the most abundant in this community. The species number of both mollusca and echinoderm were about 90 and that of polychaeta was only 64.

The common species in this area was the same as that in community (4). It should be pointed out here that some of the species seemed to be limited by 30°N line, e. g. some species were distributed in the area south of 30°N, such as *Scyllarus* sp., *Procesca* sp., *Maja sakaii*, *Cryptodromia areolata* and *Ophiusium simples* etc. The species presented in the area north of 30°N were *Plesionika izumae*, *Achaeus tuberculatus*, *Ophiotreta gratiosa* and *Craspidest hesperus* etc. In addition, most of the species (68) limited in waters deeper than 200 m appeared in this community.

The total biomass in tills community was the least in quantiy, averaging 2.5 g/m^2. Biomass of each group was lower than 1.0 g/m^2.

2 Discussions and Conclusions

The communities of benthic organisms in the East China Sea Continental Shelf could be demarcated into five communities, namely, (1) *Laonice cirrata*–*Mactrinula dolabrata* community; (2) *Venua* (*Ventricoloidea*) *foveolata*–*Acaudina leucoprocta*–*Rashgua* sp. community; (3) *Monoserius pennarius* – *Stellaster equestris* – *Venus* (*Ventricoloidea*) *foveolata* community; (4) *Spiniplicatula muricata* – *Stellasterequestris* community; (5) *Flabellum deludens* – *Flabellum distinctum*–*Xenophora pallidula* Community. Such a division of the communities is in good agreement with that by Liu[1] but is different in terms of dominant species. The structure and distribution features in the five communities are evidently affected by the environmental factors, such as bottom topography, sediment water temperature, salinity and currents.It has a closer relationship with sediment and currents.

(1) The investigation results show that the distribution features of benthic organisms in the East China Sea Continental Shelf are in excellent agreement with the distribution and composition of sediment.Communities(1) and (2) were distributed in the area north of 30°00′N with water depth less than 100 m and with muddy silt and ooze bottom. Sediment-feeder dominated the species composition of the benthic organisms. Communities (3) and (4) were distributed in the area south of 30°00′N with water depth exceeding 100 m and with medium-fine and sands bottom. The dominance of the suspending feeders is a prominent feature in species composition. What has been described above is in full agreement with Gershanovich[2] who divided benthic organisms in the East China Sea into two nutrient types.Community (5) was distributed at the fringe of the continental shelf in a shape of narrow belt from south to north. Water depths of the stations ranged from 115 m to 569 m, with most of them being about 150 m. The bottom soil was composed of medium-fine and fine sands. The features of species composition were nearly the same as those of community (4) except for some characteristic species of the continental fringe.

(2) Marked variations in the structure of the five communities reflect the effects of the Kuroshio, the Huanghai Sea Warm Current and the Yellow Sea Cold Water Mass.Some cold water species were present in communities(1) and (2) due to the various effects of the Yellow Sea Cold

Water Masses. Warm water species were present in communities (1) and (2) because the southern part of the former was affected by the Kuroshio branch-Taiwan Warm Current and the eastern part of the latter was the running area of the Yellow Sea Warm Current. Warm water species in communities (3) and (4) were obviously more due to the great effects of the Kuroshio. Lots of species different from those in communities (1) and (2) were also present in these communities.Both communities (3) and (4) had their particular dominant species though their species composition were nearly the same. Hyperthermal and hypersaline stenotopic species in community (4) were more than that in community (3), which became more and more evident: towards the outer fringe of the continental shelf. The distribution area of community (5) was in the same direction with Kuroshio. The characteristic species in this community was evident, for example, *Flabellum deludens* and *Xenophora pallidala* were only limited to this community.

Fig.3 shows clearly the tendency of increase in the variation of benthic species in the five communities with the increase of depth. Among them, crustacea was the most evident with mollusca being secondary.Both echinoderm and polychaeta had the greatest number in community (3).

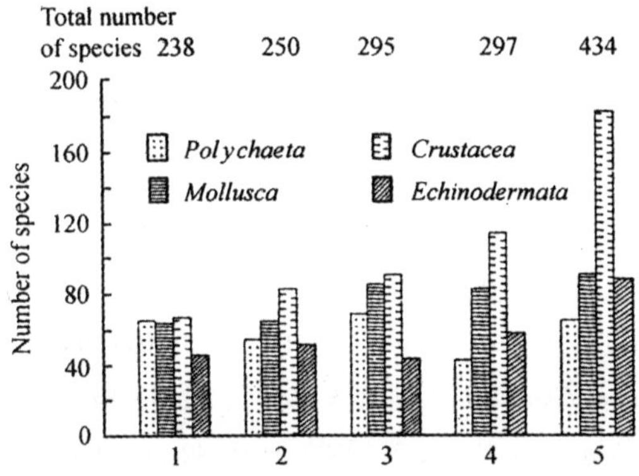

Fig.3 Number of species in the benthic communities on the continental shelf of the East China Sea

(3) The variation in biomass of the five communities was mainly related to the types of sediment. Communities(1) and (2) had nearly the same amount of biomass (Ca.19.0 g/m^2) due to the same loose bottom.Communities (3), (4), (5) with fine or medium fine sandy bottom were greatly different in biomass from communities (1) and (2). Biomass in community (4) was as many as 23.5 g/m^2,which was due to the collection of large bivalve *Spiniplicatula muricata.* Both communities (3) and (5) were less in biomass, being 7.4 g/m^2 and 2.5 g/m^2 respectiveiy. The variation of biomass in each group of the five communities were different from each other. Biomass of polychaeta decreased with the variation of grain size of sediment from fine to coarse. The fluctuation in great amplitude of biomass of mollusca, crustacea and echinoderm often depends upon the quantities of the dominant species though the variation of biomass was closely related to sediment (Fig.4).

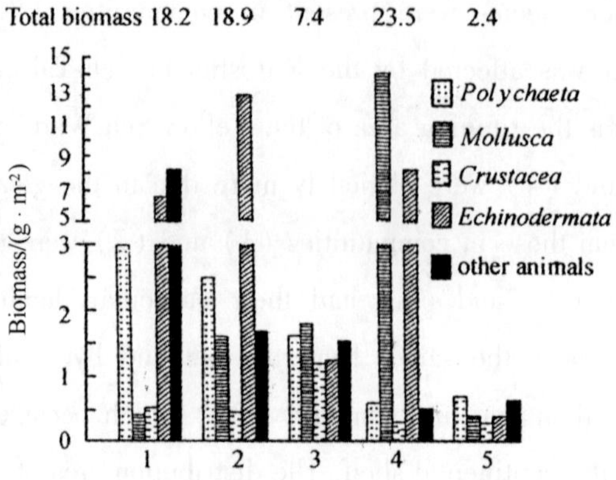

Fig.4 Biomass in the benthic communities on the continental shelf of the East China Sea

We are grateful to Wu Qiquan, Liu Quanshun, Wang Huizhen, Lin Shuangdan, Yin Xiangfu, Xu Huizhou, Wang Zhipang, Dong Yongting and Sun Xiujin for their participation in this program. Special thanks should be given to Professor Liu Ruiyu, Associated Research Fellow Cui Yuheng and Associated Professor Li Fuxue for their critical reading of the manuscript.

References

1 Liu Ruiyu, Cui Yuheng, Xu Fengshan & Tang Zhican, *This Proceedings*.

2 Gershanovich, D. E. & Neyman, A. A., *Oceanology*, 4(1964), 6:1089-1095. (in Russian)

3 Boesch, D.F., *Mar. Bio.*, 21(1973), 226-244.

4 Kuznetov, A. P. & Neyman, A. A., *Oceanology*, 15 (1975), 5:903-908. (in Russian)

5 Guan Bingxian, *Oceanologia et Limnologia Sinica*, 5(1963), 4:255-284. (in Chinese)

6 Lu Ruiyu, *Oceanologia et Limnologia Sinica*, 2(1959), 1:35-42. (in Chinese)

7 Liu Ruiyu & Xu Fengshan, *Oceanologia et Limnologia Sinica*, 5(1963), 4:306-321. (in Chinese)

8 Qin Yunshan, *Oceanologia et Limnologia Sinica*, 5(1963), 1:71-85. (in Chinese)

9 Shen Jiarui & Liu Ruiyu, *Oceanologia et Linmologia Sinica*, 5(1963), 2:139-153. (in Chinese)

10 Takeda, M., *Bull. Nat. Sci. Mus.*, Ser. A (Zool.), 1(1975), 3:137-156.

11 Zhang Xi, Qi Zhongyan. Zhang Fusui & Ma Xiutong, *Oceanologia et Limnologia Sinica*, 5, (1963), 2, 124-138. (in Chinese)

12 Vezrukov, E. O., etc. *Oceanologia et Limnologia Sinica*, 1(1958), 3:269-315. (in Chinese)

13 Yamashita, H., *Bull Seikai Reg. Fish. Res. Lab.*, 49(1977), 29-67. (in Japanese)

14 Yamashita, H., *Bull. Seikai Reg. Fish. Res. Lab.*, 51(1978), 45-95. (in Japanese)

15 Yamashita, H., *Bull Seikai Reg. Fish. Res. Lab.*, 52(1979), 1-43. (in Japanese)

16 Yamashita, H., *Bull. Seikai Reg. Fish. Res. Lab.*, 53(1979), 51-86. (in Japanese)

JIANG JINXIANG(江锦祥), HUANG LIQIANG(黄立强), MENG FAN(孟凡) 原载《Sedimentation on the Continental Shelf, with Special Reference to the East China Sea》, 1983:829-837.

东海大陆架底栖生物群落分布特点

Distributional Characteristics of Benthic Communities of the Continental Shelf of Donghai Sea

Abstract: Two curises of benthic investigations were conducted on the Continental Shelf of Donghai Sea (26°00′—34°00′N, 124°00′—128°30′E) in 1977 and 1978. The distribution of the benthic communities was found closely related to the environmental factor such as sediment, bottom topography, water temperature, salinity and currents. the Communities of *Laonice cirrata Mactrinula dolabrata* and *Ventricolaria foveolata-Acaudina leucoprocta-Rashgua* sp. were distributied on the silty sand or muddy bottom. Some cold and warm species occurred in the Communities as they were subject in different degrees to the effects of Huanghai Sea cold water mass, Huanghai Sea warm current or Taiwan Warm Current. The communities of *Monoserius pennarius-Stellaster equestris-Ventricolaria foveolata* and *Spiniplicatula muricata-Stellaster equestris* were distributed on the fine or medium-fine sand. They were affected greatly by Kuroshio with an evident increase of warm water species. The Community of *Flabellum deludens-Flabellum distinctum-Xenophra pallidula* was distributed on the fine and medium-fine sands of the continental slope of the outer continental shelf. The zonation was Kruoshio-oriented.

根据国家海洋局 1977 年 10—11 月和 1978 年 9—10 月，在东海大陆架进行了两航次综合调查所获得的底栖生物资料整理而成。调查范围为 26°00′—34°00′N，124°00′—128°30′E。水深为 39~569 m。全区共布设定量采泥站 285 个，定性拖网站 74 个（图 1）。获得了定量标本 1 200 份，定性标本 4 750 份。调查的仪器与方法见本刊第四卷第 1 期第 89 页[1]。

1 结果

根据底栖生物优势种的分布及其与海底地形、沉积物、水温、盐度和海流等因素的关系。本区初步划分为 5 个群落（图 2），其分布特点简述如下。

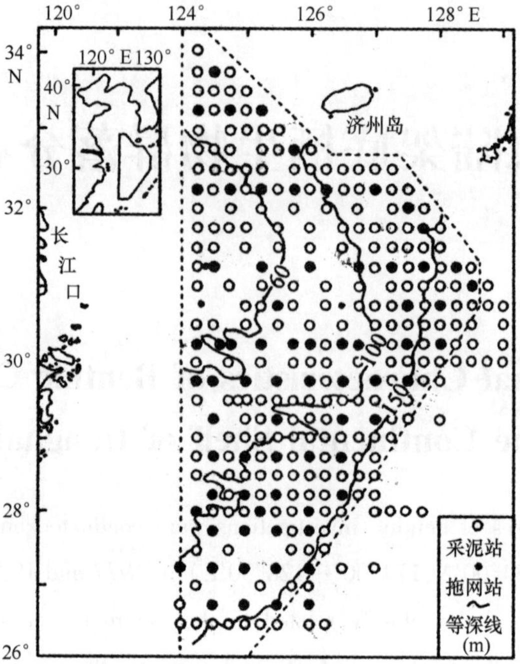

图 1　东海大陆架底栖生物调查站位

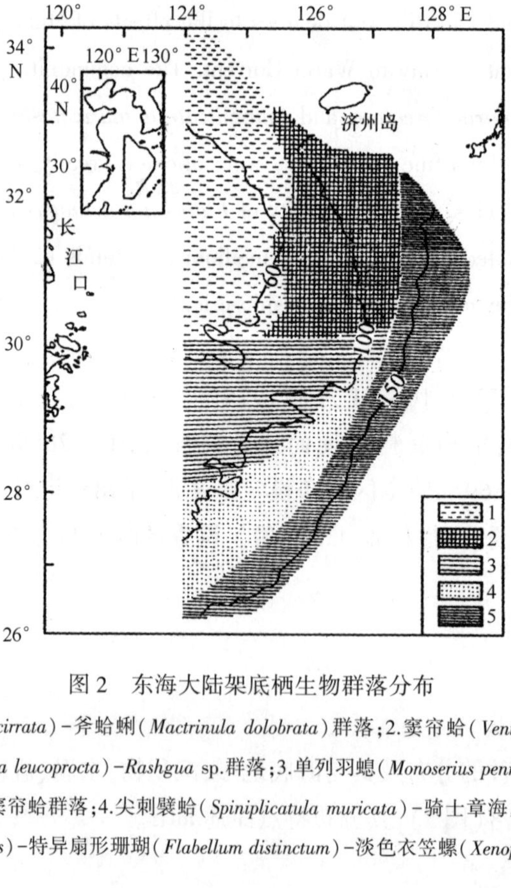

图 2　东海大陆架底栖生物群落分布

1.后指锥虫(*Laonice cirrata*)-斧蛤蜊(*Mactrinula dolobrata*)群落;2.窦帘蛤(*Ventricolaria foveolata*)-白肛海地瓜(*Acaudina leucoprocta*)-*Rashgua* sp.群落;3.单列羽螅(*Monoserius pennarius*)-骑士章海星(*Stellaster eqestris*)-窦帘蛤群落;4.尖刺襞蛤(*Spiniplicatula muricata*)-骑士章海星群落;5.菱扇形珊瑚(*Flabellum deludens*)-特异扇形珊瑚(*Flabellum distinctum*)-淡色衣笠螺(*Xenophora pallidula*)群落

1.1 后指锥虫-斧蛤蜊群落

本群落分布于南黄海和东海西北部海域，即 30°00′—34°00′N，124°00′—125°30′E。水深 39~88 m；底层水温为 7.3~23.3℃，底层盐度在 31.0~34.3（根据 1977 年东海断面调查的资料，下同）；底质为粉砂，有机质含量 0.5%~1.0%。

群落的特征种是一种营底内生活的小型多毛类的后指锥虫，它仅分布于本群落，不但出现频率高，而且大部分测站的栖息密度在 20 个/m^2 以上，最大密度 80 个/m^2。次要特征种是软体动物双壳类的斧蛤蜊，本种数量不大，但主要分布在这个群落。

本群落大型底栖无脊椎动物计 238 种，其中甲壳动物、多毛类和软体动物的种类均在 65 种左右，棘皮动物较少（45 种）。在群落组成中，以广温广盐近岸种为主。有些种类虽然出现频率和数量均不高，但一般仅分布于本群落。如褐色管螺（*Siphonalia spadicea*）、凸镜蛤（*Dosinia gibba*）、细巧仿对虾（*Parapenaeopsis tenella*）和凹裂星海胆（*Schizaster lacunocus*）等。常见种有长吻沙蚕（*Glycera chrori*）、拟蛰龙介虫（*Terebellides stroemii*）、西格织纹螺（*Nassarius siquijorensis*）、白龙骨飞乐螺［*Lophioma* (*Lophioturris*) *leucotropis*］、假主棒螺（*Clavatula pseudopriciplis*）、鲜明鼓虾（*Alpheus distingunendus*）、日本鼓虾（*Alpheus japonicus*）、鹰爪虾（*Trachypenaeus curuirostris*）、光滑棘蛇尾（*Amphioplus laevis*）和日本鳞缘蛇尾（*Amphioplus japonicus*）等。群落北部由于受到黄海冷水团的影响，出现某些冷水性种类，如萨氏真蛇尾（*Ophiura sarsii*）、哈氏刻肋海胆（*Temnopleurus hardwickii*）和脊腹褐虾（*Crangon offinis*）等。群落的南部受到台湾暖流的影响，出现一些暖水性种类，如日本异杯珊瑚（*Helerocyathus japonicus*）和光衣笠螺（*Onustus exuta*）等。应该指出，本群落北端局部水域存在着一个混合群落，其特点与 Liu Ruiyu 等（1983）所描述的群落（12）基本相似[2]。

本群落与邻近群落（2）和群落（3）明显不同，即群落（2）和群落（3）的一些特征种，如窦帘蛤、单列羽螅和骑士章海星大都不在这里出现。

群落（1）平均总生物量为 18.2 g/m^2，在 5 个群落中居第二位。生物量组成以棘皮动物的生物量最大（6.6 g/m^2），多毛类次之（3.1 g/m^2），软体动物和甲壳类的生物量均低于1 g/m^2[3]。

1.2 窦帘蛤-白肛海地瓜-*Rashgua* sp.群落

本群落分布于本区的东北部，位于群落（1）和群落（5）之间，水深 56~129 m，但大多数测站水深 100 m 左右；底温为 8.9~22.4℃，底盐为 32.5~34.6；沉积物类型与群落（1）基本相同，只有局部地区为软泥底质。有机质含量在 1%左右。

窦帘蛤和白肛海地瓜在本群落占优势地位，但是它们向南可延伸到群落（3），而且在那里占有一定的数量。多毛类小头虫科的 *Rashgua* sp.在群落南北两端海域的数量较大，其栖息密度为 4~52 个/m^2。

这个群落的生境比较特殊，群落的西侧受黄海冷水团的影响，而东侧却是黄海暖流流经的地带。两种水系相互交错，水文状况较复杂。整个群落底栖动物的种类 250 种左右，其中以甲壳类占优势(82 种),软体动物次之(64 种),多毛类和棘皮动物皆在 50 种左右。种类组成与群落(1)有些差异,暖水性种类增多。常见种类除了与群落(1)相似外,还出现一些不同的种类,如红色扇形珊瑚(*Flabellum rubrum*)、圆蚶蜊(*Glycymeris rotunda*)、管鞭虾(*Solenocera bervipes*)、刺铠虾(*Munida* sp.)、长缝拟对虾(*Parapenaus fissurus*)、锥突赤虾(*Metapenaeopsis coniger*)、红斑海螯虾(*Nephropsis thompsoni*)、长手隆背蟹(*Carcinoplax longimanus*)、十一刺栗壳蟹(*Arcania undecimspinosa*)、长眼寄居蟹(*Paguristes* sp.)、条纹细螯寄居蟹(*Clibanarius striolatus*)、鸡爪海星(*Henricia* sp.)和日本长腕海盘车(*Distrilasterias nipon*)等。

本群落总生物量平均为 18.9 g/m^2,同群落(1)相近。在生物量组成中,以棘皮动物占优势,生物量平均达 12.7 g/m^2,占 67.5%;多毛类和软体动物生物量较低,分别为 2.5 g/m^2 和 1.6 g/m;甲壳类生物量最低,小于 1 g/m^2。

1.3 单列羽螅-骑士章海星-窦帘蛤群落

这个群落北面紧接群落(1)和群落(2),南面与群落(4)相邻,东面仅一小部分连接群落(5),整个群落从西向东呈现喇叭形。水深 52~124 m,底温为 9.7~24. 9℃,底盐 33.5~34.7;底质为细砂,有机质含量较低,仅 0.5%。

单列羽螅和骑士章海星的出现,是这个群落的重要标志。它们的数量和出现频率均占绝对优势,肉食性的骑士章海星在本群落的拖网取样中有 3 个站采获 150 个以上。窦帘蛤在拖网取样站几乎都采到了标本,但数量不如前两种大。数量较大的还有几种玉虾(*Callianassa* spp.),这些潜居砂底的小型虾类,在采泥取样中,出现频率特别高,尤以本群落更为突出,栖息密度为 4~36 个/m^2。

本群落种类组成显著特点是以底上动物占优势。全群落 295 种,甲壳类的种类最多,共 99 种,占 34%,其中蟹类 47 种。依次是软体动物(85 种)、多毛类(68 种)和棘皮动物(43 种)。

这个群落由于受到黑潮暖流分支——台湾暖流的影响较大,所以暖水性种类明显增多。有些种类在群落(1)和群落(2)只有少量出现或者仅分布在其南部,而在本群落却得到充分的发展,如红色扇形珊瑚、直叶内卷齿虫(*Aglaophamus jefferysii*)、厚壳蛤(*Crassatellites nanus*)、光衣笠螺、扁管鞭虾(*Solencera depressa*)、长缝拟对虾、须赤虾(*Metapenaeopsis burbata*)、短角赤虾(*Metapenaeopsis dalei*)、隆背黄道蟹(*Cancer gibbosulus*)、银光梭子蟹[*Portunus* (*Monomia*) *argentatus*]、双斑蟳[*Charybdis* (*Gonioneptunus*) *bimaculata*]、缺刻矶蟹(*Pugettia incisa*)、鳞纹真寄居蟹(*Dardanus arrosor*)、长眼寄居蟹(*Paguristes* sp.)、芮氏刻肋海胆(*Temnopleurus reevesii*)和钩倍棘蛇尾(*Amphioplus ancistrotus*)等。另一特点是出现了许多与上述两个群落不相同的种类,如滑指矶沙蚕(*Eunice indica*)、乌羽须蚶(*Barbatia uwaensis*)、日本厚壳蛤(*Crassatellites japopicus*)、铠甲虾(*Galathea* sp.)、红虾(*Plesionika izumae*)、镰虾(*Glyphocrangon* sp.)、异指虾(*Preceas* sp.)、屈足虾蛄(*Oratosquilla gonypetes*)、蛛形仿蛛蟹(*Latreillia phalangium*)、整洁琵琶蟹(*Lyreidus integra*)、象牙长螯蟹(*Randallia eburnea*)、长指寄居蟹(*Pagurus dubius*)、印纹真寄居蟹(*Dardanus impressus*)、简板仙蛇尾

(*Ophiomusium simplex*)、辐蛇尾(*Ophiactis* sp.)、栉蛇尾(*Ophiocoma* sp.)和 *Dipsacaster pretiosus* 等。

群落(3)和群落(2)的种类组成既有相同之处,又有差异的地方。群落(3)以食悬浮物的动物占优势,而群落(2)以吞食沉积物的动物占优势;群落(3)的特征种比群落(2)明显。

这个群落的生物量较低,总生物量平均为 7.4 g/m^2,四大类群的生物量均低于 2 g/m^2。

1.4 尖刺襞蛤-骑士章海星群落

本群落分布于群落(3)和群落(5)之间,位于外大陆架海区,水深为 78~129 m,大多数在 100 m 以深;底温为 15.2~22.5℃;底盐 33.4~34.0;底质以细砂为主,局部地区有中细砂底质;有机质含量为 0.5%。

特征种尖刺襞蛤的优势地位极为显著,在本群落的拖网取样站几乎都采到标本,而且数量很大,每网最多可拖到 1 000 个左右。在定量采泥取样中,最大栖息密度可达 100 个/m^2,生物量为 245.4 g/m^2[3]。从群落(3)延伸下来的骑士章海星,无论是出现频率或数量均不亚于群落(3),个别测站的数量相当大,每网可拖到 266 个。

本群落种类组成特点,以底上动物占优势,这与底质为细砂有密切关系。整个群落计有 297 种,其中甲壳类动物 113 种,占 38%;软体动物次之,82 种;棘皮动物和多毛类分别为 57 种和 45 种。常见种与群落(3)共有种 32 种,其中某些种类的数量有所增加,如苔藓虫类的宽松苔虫(*Cabera lata*)、牡丹蔽孔苔虫(*Steganoporella magnilaberis*)、高耸隆肥苔虫(*Petraliella umbonata*)、漏斗窗苔虫(*Fenestrulina infundibulipore*)和三裂卵苔虫(*Triphyllozoon bimunitum*);腔肠动物的红色扇形珊瑚、特肋异环珊瑚(*Heteropsammia cochlea*)和日本内厚珊瑚(*Endopachys japonicum*)等。此外,还出现一些不同的种类,如日本蜘蛛蟹(*Maja japonica*)、蛛形仿蛛蟹、粒突隐绵蟹(*Cryptodromia areolata*)、史氏盖蛇尾(*Stegophiura sladeni*)、胎生盖蛇尾(*Stegophiura vivipara*)、糙柱棘蛇尾(*Ophiusium simples*)、马氏刺蛇尾(*Ophiothrix marenzelleri*)、*Aspidophiura forbesi* 和 *Certonardon semiregularis* 等。

从上述的分析可以看出,群落(4)和群落(3)的种类组成特点大致相似,这与它们受黑潮暖流的影响以及沉积物类型相似有密切关系。但是两个群落具有各自的特有优势种,而且群落(4)狭高温高盐性种类多于群落(3),这一特点越向大陆架外缘越明显。因此,两个群落仍有不同之处。

本群落总生物量居于 5 个群落首位,平均生物量为 23.5 g/m^2。其中以软体动物生物量占绝对优势,达 13.9 g/m^2,是各群落中生物量最高的类群,主要是由于采到大量的双壳类尖刺襞蛤所引起的。棘皮动物占第二位(8.2 g/m^2),多毛类和甲壳类的生物量均低于 1 g/m^2。

1.5 菱扇形珊瑚-特异扇形珊瑚-淡色衣笠螺群落

本群落分布在大陆架外缘的陆坡海域,从南向北呈狭长带状,与黑潮暖流主流方向一致。水深为 115~569 m,多数测站在 150 m 左右;底温为 14.7~24℃,底盐 34.5~34.8;底质为中细砂和细砂,有机质含量在 0.75%~2.0%。

群落的特征种极为明显,菱扇形珊瑚、特异扇形珊瑚和淡色衣笠螺局限于本群落。菱扇形珊瑚不仅分布于整个群落,而且数量比其他单体珊瑚大;特异扇形珊瑚和淡色衣笠螺从南到北均出现,前者集中分布于水深 150 m 以浅海域,后者可分布至 320 m 左右。

这个群落底栖动物的种类最多,计 434 种。其中甲壳动物达 191 种,占 44%,无论是虾类(52 种)或者是蟹类(88 种)都明显地增加;尤其寄居蟹在本群落特别丰富(22 种)。软体动物和棘皮动物均在 90 种左右;多毛类仅 64 种。

常见种类与群落(4)大致相同,这里不再赘述。值得指出的是,某些种类的分布似乎以 30°N 线为界限。如分布于 30°N 以南的蝉虾(*Scyllarus* sp.)、异指虾(*Procesca* sp.)、*Maja sakaii*、粒突隐绵蟹和糙柱棘蛇尾笔。出现在 30°N 以北的红虾、有疣英雄蟹(*Achaeus tuberculatus*)、美孔蛇尾(*Ophiotreta gratiosa*)和镶边海星(*Craspidest hesperus*)等。此外,仅分布于水深 200 m 以深的种类(68 种)[1]大都出现在这个群落。

本群落总生物量最低,平均仅 2.4 g/m^2,各类群生物量均在 1 g/m^2 以下。

2 讨论与结语

东海大陆架底栖生物群落初步划分为:(1)后指锥虫-斧蛤蜊群落;(2)窦帘蛤-白肛海地瓜-*Rashgus* sp.群落;(3)单列羽螅-骑士章海星-窦帘蛤群落;(4)尖刺襞蛤-骑士章海星群落;(5)菱扇形珊瑚-特异扇形珊瑚-淡色衣笠螺群落。这与唐质灿等①划分的东海大陆架区底栖生物群落基本相同,但是群落的优势种有些差异。这 5 个群落的结构及分布特点,明显地受到海底地形、沉积物、水温、盐度和海流等环境因素的影响,特别是与沉积物和海流的关系更为密切。

(1)调查结果表明,东海大陆架底栖生物群落的分布特点,同沉积物的成分及其分布规律完全吻合。群落(1)和群落(2)分布于 30°00′N 以北,水深多数在 100 m 以浅,底质为粉砂和软泥。底栖生物种类组成中以吞食沉积物的动物占优势。群落(3)和群落(4)分布于 30°00′N 以南,水深大多数在 100 m 以深,底质为中细砂和细砂。种类显著特点是以食悬浮物的占优势。这与格沙诺维奇把东海底栖动物划为两种营养类型相一致[4]。群落(5)分布在大陆架外缘的陆坡海域。从南向北呈狭长带状。水深为 115~569 m,多数在 150 m 左右;底质为中细砂和细砂。种类组成特点大体与群落(4)相同,但是这里具有陆架外缘的特有种。

(2)本区受到黑潮暖流、黄海暖流和黄海冷水团的影响,反映了 5 个群落的结构具有明显差异。群落(1)和群落(2)由于受到黄海冷水团不同程度的影响,出现一些冷水性种类;但群落(1)南部又受黑潮支流——台湾暖流的影响,而群落(2)东部是黄海暖流流经的地带,因此,两个群落都出现了暖水种。群落(3)和群落(4)受到黑潮暖流影响较大,暖水种明显增多,而且数量较大。同时出现了许多与群落(1)和群落(2)不相同的种类。虽然群落(3)和群落(4)的种类组成基本相似,但是它们各有其独特的优势种。显然,群落(4)的狭高

① 唐质灿,徐凤山,东海大陆架区底栖生物数量分布和群落的初步分析,1978.

温高盐性种类比群落(3)多,这一特点越向大陆架外缘越明显。群落(5)的分布区与黑潮暖流方向一致。其特征种极为明显,如菱扇形珊瑚和淡色衣笠螺仅局限于本群落。

从图3可以清楚看出,5个群落底栖生物种类的变化,呈现了随着深度的增加而递增的趋势,其中以甲壳动物最为明显,软体动物次之,棘皮动物和多毛类则以群落(3)的种类最多。

(3) 5个群落生物量的差别主要与沉积物类型有关。群落(1)和群落(2)同属于松软底质,生物量很相近(19.0 g/m^2 左右)。群落(3)至群落(5)都是细砂或中细砂底质,生物量悬殊较大。群落(4)生物量高达23.5 g/m^2,这主要由于采到个体较大的双壳类尖刺糙蛤所引起。而群落(3)和群落(5)的生物量较低,分别为7.4 g/m^2 和2.4 g/m^2。各类群的生物量在5个群落中的变化各有不同,多毛类生物量的变化呈现随着沉积物颗粒由细到粗而下降。软体动物、甲壳动物和棘皮动物生物量的变化虽然与沉积物密切相关,但是生物量大幅度的波动,往往取决于优势种数量的大小(图4)。

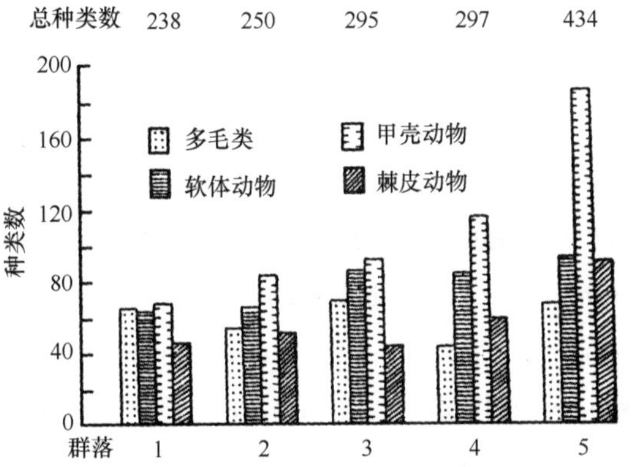

图3 东海大陆架底栖生物各群落种类数

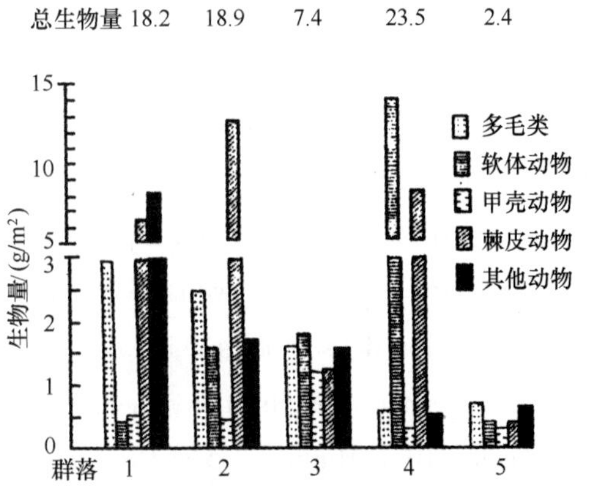

图4 东海大陆架底栖生物各群落生物量

参加本项工作的还有吴启泉、刘泉顺、王慧珍、林双淡、尹向芙、徐惠州、王自盘、孙修勤、董永庭、毛兴华、陈国通、何明海和胡月姝等同志。文稿承刘瑞玉教授、崔玉珩副研究员和李复雪副教授审阅,谨此一并致谢。

参考文献

1 江锦祥,等.东海大陆架及其邻近海区底栖生物种类组成和分布特点.台湾海峡,1985,4(4),89-98.

2 Liu Ruiyu, et al. Ecology of Macrobenthos of the East China Sea and Adjacent Waters, Sedimentation on the Continental Shelf, with Special Reference to the East China Sea. Beijing:China Ocean Press,1983:879-903.

3 江锦祥,等.东海陆架及邻近海区底栖生物数量分布初步研究.海洋学报,1985,7(2),246-255.

4 Герщанович,Д.Е., Неймав,А. А. Донные,отложенич и доннач Фауна Восточнс-Китайското Моря. Океаноцощч, 1964,4(6):1089-1095.

江锦祥,黄立强,孟凡. 原载《台湾海峡》,1986,5(1):70-77.

南海中部海域底栖生物调查

Surveying report on benthos in the central South China Sea

Abstract: A comprehensive survey was carried out in an area of the central South China Sea from Aug. 1984 to Dec. 1986. The area is in a range of 15°—20°N and 111°—118°E with the water depth of 560–4 172 m. The results showed: (1) The biomass of benthos in the central South China Sea was 0.16 – 14.88 g/m^2 with the average of 2.09 g/m^2, in which the biomass for Polychaeta was the first (1.30 g/m^2 accounting for 65.1% of the total biomass). The biomass in the northwest part of the area was higher than that in the south part. (2) The density of benthos in the area is 16–112 ind./m^2 with the average of 46 ind./m^2, in which Polychaeta were in the first place with mean density of 24.2 ind./m^2 and accounting for 52.8% of the total density. (3) According to primary identification, there were 61 species of benthos, which include 37 species of Polychaeta, 10 of Mullusca, 5 of Crustacean and 9 of Echinoderm.

1984 年 8 月至 1986 年 12 月进行的南海中部海域综合调查，其范围为 15°—20° N，111°—118°E，水深为 560~4 172 m。调查结果：南海中部底栖生物生物量范围为 0.16 ~ 14.88 g/m^2，平均总生物量为 2.09 g/m^2，其中以多毛类生物量居首位（1.36 g/m^2，占总生物量的 65.1%），底栖生物生物量分布趋势是西北部海区高于南部海区；调查海区底栖生物栖息密度为 16 ~ 112 g/m^2，平均密度为 46 个/m^2，其中以多毛类占比例最大，平均密度为 24.2 个/m^2，占总密度的 52.8%。

经初步鉴定，本海区底栖生物共 61 种，其中多毛类有 37 种，并有新的发现，软体动物 10 种，甲壳动物 5 种，棘皮动物 9 种。

本次调查结果，为南海中部海域生物资源的开发利用和深入研究该海区的区系分布及环境因子的关系提供了有价值的基础资料，同时也充实了我国海洋生态学的内容。

本次调查使用大型箱式取样器，采样效果好，获得底栖生物的生物量和密度数据可靠。这种采集工具适合深海调查。本次调查填补了 15°—18°N、111°—118°E 海域的空白。

1 底栖生物生物量分布

1.1 生物量组成

南海中部海域底栖生物生物量平均总生物量为 2.09 g/m^2。在生物量组成中以多毛类居首位，平均生物量达 1.36 g/m^2，占总生物量的 65.1%。软体动物、甲壳动物和棘皮动物的生物量均小于 0.10 g/m^2。其他动物生物量占的比例较大，占 24.4%（表 1）。

在多毛类生物量组成中，以异毛虫科的 *Aedicira longicirrata*、小头虫科的 *Notomastus abyssalis*、缩头虫科的 *Maldane cristata* 和 *Scalibreg* sp.、吻沙蚕科的 *Glycera mimica*、欧努菲虫科的 *Onuphis nebulosa* 以及欧文虫科（Oweniidae）数量较大。

软体动物主要是双壳类的胡桃蛤科（Nuculidae）、吻状蛤科（Nuculanidae）和马雷蛤科（Malletiidae）等。在甲壳动物生物量中，出现频率较高的主要是异足类（Apseudidae）、端足类（Amphipoda）、等足类（Isopoda）等。棘皮动物仅出现两个站，分别采到蛇尾类的阳遂足（Amphiuridae）和倍棘蛇尾（*Amphioplus* sp.）。

1.2 生物量平面分布

调查海区底栖生物生物量分布不均匀，全海区出现两个较高生物量小区：第一个区分布于西北部海域的 8311 站，其生物量达 14.88 g/m^2，成为全海区生物量最高的测站。以多毛类占优势，其生物量为 9.92 g/m^2，占该站总生物量的 66.7%。第二个区出现在东部海域的 8337 站，其生物量为 14.08 g/m^2。起决定作用的仍然是多毛类，其生物量达 13.28 g/m^2，占该站总生物量的 94.3%（图 1）。

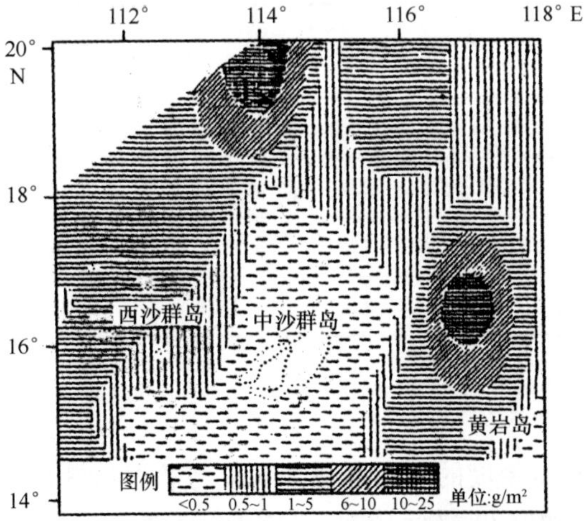

图 1　底栖生物生物量分布（1984.6）

生物量在 1~5 g/m^2 的测站，占全海区的 33.3%，主要分布于西部海域和北面局部海区，其中除了8321站(3.20 g/m^2)和8313站(2.08 g/m^2)的生物量较高外,其余测站的生物量均小于2.00 g/m^2(表2)。

生物量在0.5~1 g/m^{2}的测站,也占全海区的33.3%,其中8327站、8331站、8338站的生物量较高,它们的生物量皆为0.96 g/m^2。而生物量小于0.50 g/m^{2}的测站占25.9%,主要分布于中沙群岛周围的海域。

总之,调查海区底栖生物生物量的分布趋势是西北部海区高于南部海区,而且越向南部生物量越低。

2 底栖生物栖息密度分布

2.1 密度组成

本海区底栖生物栖息密度为16~112个/m^2,平均密度为46个/m^2。其中以多毛类栖息密度占的比例最大,平均密度为24.3个/m^2,占总密度的52.8%。其次是甲壳动物,平均密度为7.0个/m^2,占总密度的15.3%。软体动物平均密度为3.8个/m^2。棘皮动物栖息密度最低,平均值仅1.3个/m^2(表1)。

从各测站各类群的密度百分组成来看,多毛类占的比例最大,其中有44%的测站多毛类占100%,而密度在50%以上的测站也有40%,只有1个测站没有采到多毛类。其次,甲壳动物在某些测站占有一定的比例,栖息密度占100%的2个测站占50%的有6个测站,占25%有2个测站。软体动物仅出现3个测站,除个别测站密度占50%外,其余测站占25%~33%。棘皮动物不仅出现频率最低,而且栖息密度占的比例最小,仅17%~25%(表2)。

表1 底栖生物生物量及栖息密度

数量 \ 类群		多毛类	软体动物	甲壳动物	棘皮动物	其他动物	合计
生物量	g/m^2	1. 36	0.06	0.08	0.08	0.51	2.09
	%	65.1	2.9	3.8	3.8	24.4	100
密度	个/m^2	24.3	3.8	7.0	1.3	9.6	46.0
	%	52.8	8.3	15.3	2.8	20.8	100

2.2 密度平面分布

调查海区底栖生物栖息密度的分布趋势基本上与总生物量相似,即西北部海区大于南部海区。栖息密度最高出现在北部8313站,其密度达112个/m^2。

栖息密度在50~100个/m^2,占全海区测站的36%,它们分布于西北部和东南部。密度在25~50个/m^2,占28%。主要分布于调查海区的中部。而栖息密度为10~25个/m^2,占32%,分布于南部海区(图2)。

表 2　各站底栖生物的种数、生物量及栖息密度*

站号	实测站位		四大类群种数					总生物量/(g/m³)	总密度/(个/m²)	水深/m	碳酸钙/%	沉积物粒度/%			沉积物类型	备注
	N	E	多毛	软体	甲壳	棘皮	合计					砂	粉砂	黏土		
8311	19°00.0′	114°00.3′	2		1	1	4	14.88	64	560	44.50	26.89	49.35	23.76	灰黄色有孔虫泥，少量贝壳	表层沉积物中有机碳含量为0.19%～1.02%，平均为0.72%，有机氮含量为0.02%～0.133%，平均为0.088%。C/N比值一般为7～10，平均8.18.
8312	19°30.1′	115°00.2′	1				1	0.64	32	1 640	29.30	3.72	44.80	51.48	灰褐色有孔虫泥	
8313	19°30.4′	116°00.1′	2		1		3	2.08	112	1 937	30.40	4.83	43.12	52.04	灰褐色有孔虫泥下有浮石	
8314	19°29.9′	117°00.1′	1				1	0.64	16	3 060	8.52	0.84	48.33	50.82	棕色含有孔虫泥	
8315	19°30.1′	118°00.4′			1		1	0.80	16	3 427	6.48	0.50	44.07	55.42	棕色泥下有微层理	
8321	17°59.6′	110°59.2′	2	7 (4)		1	10	3.20	96	1 200	21.90	0.57	41.53	57.89	浅棕黄色含有孔虫泥	
8322	18°00.1′	111°35.1′	2				2	1.60	32	2 085	27.90	1.56	59.54	38.89	黄色有孔虫泥	
8323	18°01.2′	113°00.6′	1		1		2	1.92	64	2 050	34.90	2.73	49.29	47.99	黄褐色有孔虫泥	
8324	18°00.1′	113°59.7′	1		1		2	0.48	32	3 242	19.16	5.69	41.73	52.59	黄色含有孔虫泥下有浮石	
8325	18°00.6′	115°00.0′	3		1		4	0.80	64	3 677	4.33	0.58	46.98	52.45	棕色泥有浮石	
8326	18°00.5′	115°59.7′	1		1		2	0.80	32	3 940	2.76	0.38	44.70	54.95	棕色泥下有浮石	
8327	18°00.6′	117°00.6′	1				1	0.96	32	3 967	3.90	0.51	42.37	57.14	棕色泥，有虫穴	
G59	17°29.9′	115°00.2′	2	1			3	0.24	48	3 652	7.45	1.96	50.68	47.37	棕色泥，有黑色斑块	
8331	16°30.4′	110°59.6′	1	5 (2)			6	0.96	64	1 163	32.50	4.37	44.95	50.70	黄色有孔虫泥，有生物碎片	

续表

站号	实测站位		四大类群种数					总生物量/(g/m³)	总密度/(个/m²)	水深/m	碳酸钙/%	沉积物粒度/%			沉积物类型	备注
	N	E	多毛	软体	甲壳	棘皮	合计					砂	粉砂	黏土		
8332	16°40.0′	111°59.4′	2				2	1.76	64	910	54.00	12.27	44.09	43.64	浅棕黄有孔虫泥，有生物碎片	
8333	16°30.1′	113°00.1′	2				2	0.64	48	1 244	67.00	38.54	27.84	33.61	浅棕黄有孔虫泥，有生物碎片	
8335	16°29.9′	115°00.4′	1				1	0.48	16	3 050	37.20	3.33	31.38	65.29	浅棕黄有孔虫泥	
8336	16°30.5′	116°00.1′	1		1		2	0.32	16	4 120	2.98	2.91	49.24	59.61	褐色泥，生物痕迹清晰	
8337	16°29.7′	117°00.2′	1		1		2	14.08	96	4 018	3.10	1.71	40.11	58.17	棕色泥，有虫管	
8338	16°36.6′	117°33.6′			2		2	0.96	64	3 980	3.58	3.31	38.84	57.84	棕色泥，有孔虫	
G29	15°29.8′	110°59.6′	1				1	1.28	16	910	32.90	7.07	50.13	42.78	黄褐色有孔虫泥	
8342	15°01.5′	112°00.4′	1				1	0.32	16	1 670	32.90	3.36	39.54	57.11	黄色有孔虫泥	
8343	15°00.4′	112°59.0′	1				1	0.48	16	2 420	4.55	0.39	39.00	60.61	浅棕黄泥	
8346	15°00.2′	115°59.5′	2				2	1.44	48	4 172	3.27	2.72	43.32	53.97	棕色泥，层理清楚	
8348	14°57.8′	118°03.7′	1		1		2	0.48	32	4 106	2.47	10.35	56.10	33.55	棕色泥，富黑色条带物质	

* 沉积物粒度、类型、碳酸钙和有机碳含量的资料来自南海中部综合调查报告底质部分，括弧内为死贝壳种数。

应该指出,无论是总生物量或者是总密度的分布特点与多毛类的生物量和密度的分布基本吻合(图 3 和图 4)。

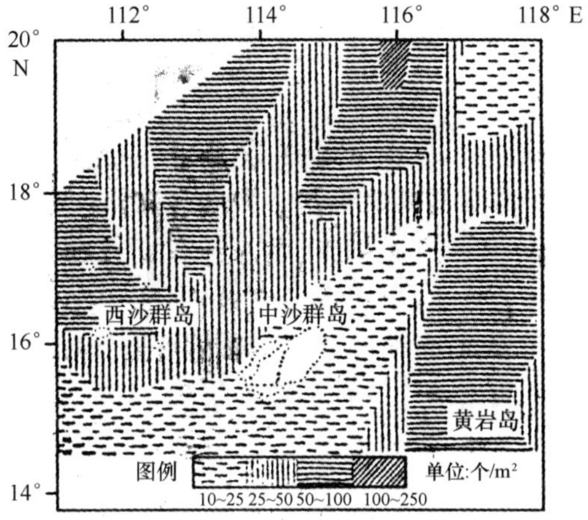

图 2　底栖生物栖息密度分布(1984.6)

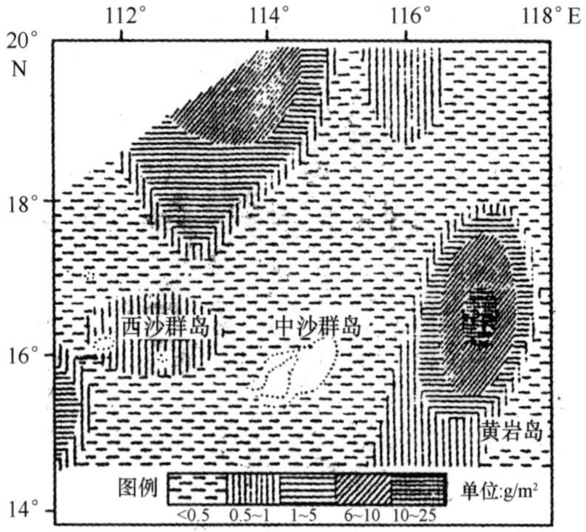

图 3　多毛类生物量分布(1984.6)

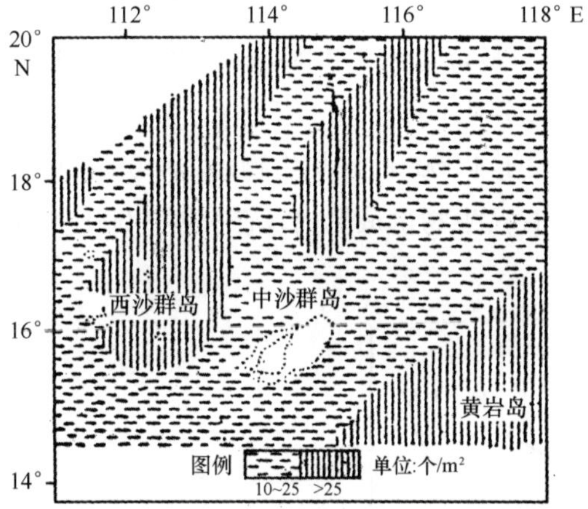

图 4　多毛类栖息密度分布(1984.6)

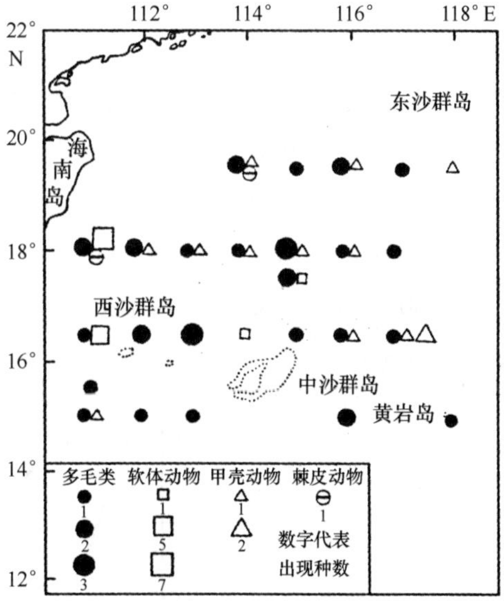

图 5　南海中部海域底栖生物各类群种数分布(1984.6)

3　底栖生物种类组成及分布

3.1　种类组成特点

根据本次调查的箱式取样器(25 个站)和大洋“50”型采泥器(49 个站)获得的样品,经初步分析鉴定,底栖生物种类共有 61 种,其中多毛类有 37 种,占 60.6%;软体动物有 10 种,占 16.4%;甲壳动物有 5 种,占 8.2%;棘皮动物有 9 种,占 14.8%。上述的种类没有出现优势种,而且绝大部分种类出现频率都较低,一般出现 1~2 站次,只有少数种类出现 3 站次以上,例如多毛类的 *Aedicira alisetosa*、*Notomastus abyssalisa* 和 *Phyllochaetoterus* sp.;还有甲壳动物的异足类、端足类和等足类的出现频率都比较高。

3.2 种数平面分布

从图 5 可以看出,种数最多出现在西部的 8321 站(有 10 种),该站水深为 1 200 m,底质为浅棕黄色含有孔虫泥。其中以软体动物的种类最多,计 7 种;多毛类 2 种;棘皮动物 1 种。其次,在 8331 站出现 6 种,水深为 1 163 m,底质为黄色有孔虫泥,有生物碎片。同样以软体动物的种类占优势,计 5 种;多毛类仅 1 种。此外,各测站出现的种类数均很少,大部分测站(44%)出现 2 种,而仅出现 1 种的测站占 32%。

4 底栖生物的分布与环境因子的关系

4.1 与水深的关系

从图 6 可以看出,本海区底栖生物生物量及栖息密度在不同深度的变化有些差异,栖息密度以 1 000~2 000 m 较高(61 个/m^2),深度小于 1 000 m 和大于 4 000 m 的栖息密度相同,皆为 48 个/m^2,而 2 000~4 000 m 之间的栖息密度很接近(36 个/m^2 左右)。生物量高峰值出现在深度小于 1 000 m(5.97 g/m^2),其次是深度大于 4 000 m,平均生物量为 4.08 g/m^2,深度在 1 000~3 000 m,其生物量很接近(1.3 g/m^2 左右),生物量最低出现在深度 3 000~4 000 m,仅 0.68 g/m^2。

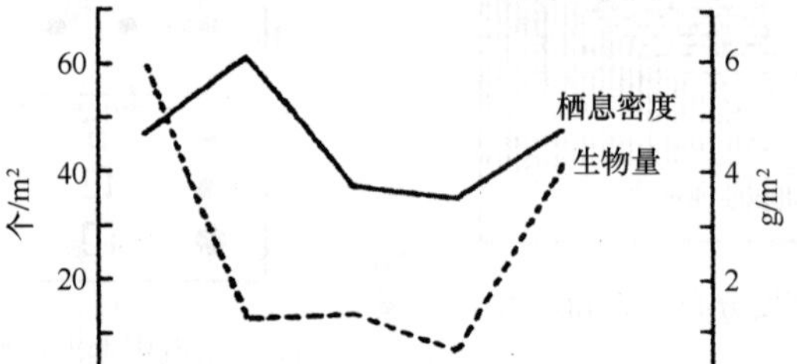

图 6　底栖生物生物量及密度与水深的关系(1984.6)

尽管底栖生物生物量及栖息密度随着深度的增加而有所不同,但是它们的变化趋势基本相似。

4.2 不同断面的比较

图 7 显示了随着纬度的变化,不同断面底栖生物生物量及栖息密度的分布特点。现按

不同断面简述如下。

(1)A 断面不论是生物量或者栖息密度都变化较大,生物量的峰值出现在 8311 站(14.88 g/m^2,水深为 560 m;但栖息密度最大值则出现在 8313 站(112 个/m^2),水深为 1 937 m。然而, 生物量及密度的最低值都出现在 8315 站,水深为 3 427 m。由此可见,本断面的生物量呈现随着深度增加而递减的趋势,但栖息密度却呈现波浪式的变化。

(2)B 断面的生物量及栖息密度的变化规律相当一致,即两者的数值基本上随深度增加而递减,尤其以生物量更明显。本断面的生物量及密度的峰值均出现在 8321 站,分别为 3.20 g/m^2 和 96 个/m^2。

(3)C 断面的生物量及栖息密度的变化规律大体相似,两者从水深 910~4 120 m 的变化趋势基本上随着深度的增加而减小。但是在 8337 站(水深 4 018 m)的生物量及密度却明显升高,前者为 14.08 g/m^2,后者为 96 个/m^2。然而,在 8338 站生物量及密度又降低下来,尤其是生物量显著地下降(0.96 g/m^2)。

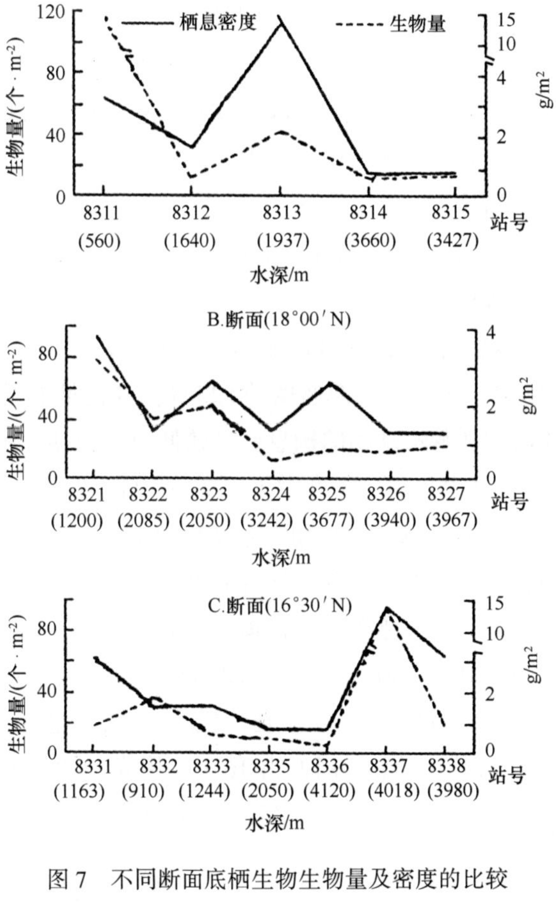

图 7　不同断面底栖生物生物量及密度的比较

4.3　与沉积物的关系

众所周知,深海区是一个稳定的环境,物理因子变动很小,完全趋于均衡状态中。底部沉积物变化也很小。

调查海区沉积物粒度及类型从表 2 可以看出,各测站的底质基本上都以黏土和粉砂为主,含砂量很少。黏土含量为 23.76%~65.29%,平均含量为 50.39%;粉砂含量为 27.84%~59.54%,平均为 43.24%;砂含量为 0.38%~38.54%,平均为 5.64%。

从生物量及密度较高的测站来看,除了 8311 站含砂量较多(26.89%)外,其他各测站的含砂量均小于 2%。因此,从沉积物的粒度百分比和类型难于看出对生物量及密度的影响。当然,影响深海底栖生物的分布,主要因素是食物的类型及来源。已经研究过的深海动物,大多数是碎屑食性者。这无疑与沉积物的类型和沉积量有关系。本次调查的底栖动物以多毛类的种类占优势,而大多数多毛类是沉积物食性者。

5 小结

(1)调查海区底栖生物平均总生物量为 2.09 g/m^2。其中以多毛类生物量居首位,平均生物量为 1.36 g/m^2,占总生物量的 65.1%;软体动物、甲壳动物和棘皮动物的生物量均很低,平均值分别为 0.06 g/m^2、0.08 g/m^2 和 0.08 g/m^2。其他动物平均生物量为 0.51 g/m^2。

本次调查底栖生物生物量比中科院南海所 1979—1982 年调查的南海深海区(>2 000 m)平均生物量为 1.27 g/m^2 略高一些。但主要类群同样都是多毛类。

底栖生物生物量分布趋势是西北部海区高于南部海区。除两个测站(8311 和 8337)的生物量大于 10 g/m^2 外,生物量在 1~5 g/m^2 和 0.5~1 g/m^2 的测站各占 33.3%,而生物量小于 0.5 g/m^2 的测站,则占 25.9%。

(2)本海区底栖生物栖息密度为 16~112 g/m^2,平均密度为 46 个/m^2。其中以多毛类占的比例最大,平均密度为 24.3 个/m^2,占总密度的 52.8%。其他是甲壳动物,平均密度为 13.3 个/m^2,占 15.3%。软体动物和棘皮动物的栖息密度较低,平均密度小于 5 个/m^2。

本次调查结果表明,底栖生物栖息密度大于 1979—1982 年调查的南海深海区平均密度 18.6 个/m^2。但优势类群相同,均以多毛类和甲壳动物为主。

本海区底栖生物栖息密度与太平洋深海区相比较,既大于中太平洋西部深海底栖生物平均密度(8.3 个/m^2),又高于太平洋东北部深海区(18 个样品)平均密度(26 个/m^2)。但低于太平洋中部深海区(5 000~5 800 m),平均密度 115 个/m^2。

(3)本次调查获得 14 个定量样品和 47 个定性样品,经初步鉴定,底栖生物共 61 种。其中多毛类有 37 种,占 60.6%;软体动物 10 种,占 16.4%;甲壳动物 5 种,占 8.2%;棘皮动物 9 种,占 14.8%。上述种类没有出现优势种,大多数种类出现频率都比较低。这反映了调查海区底栖生物种类的多样性。

江锦祥,蔡尔西,吴启泉,林双淡,李坚. 原载《南海中部海域环境资源综合调查报告》,215-222.

六、大洋及极地海洋底栖生物多样性与生态学

中太平洋西部深海底栖生物定量初步调查

1978 年 12 月至 1979 年 7 月，国家海洋局调查船“实践”号和“向阳红 09”号首次在中太平洋西部海区进行底栖生物定量采集。调查海区分为两个：Ⅰ区范围为 2°—10°S，170°—173°20′E。该区位于美拉尼西亚海区的西侧，北临吉尔伯特群岛、瑙鲁岛和大洋岛，东临埃利斯群岛，西南为维提亚兹海沟。Ⅱ区范围在 4°S—5°N，160°—165°E。该区处翁通爪哇海台东北的斜坡上，北临库赛埃岛，东临瑙鲁岛和大洋岛，西南为努库马努岛[1]。两个海区共布设 13 个站位（图 1）。

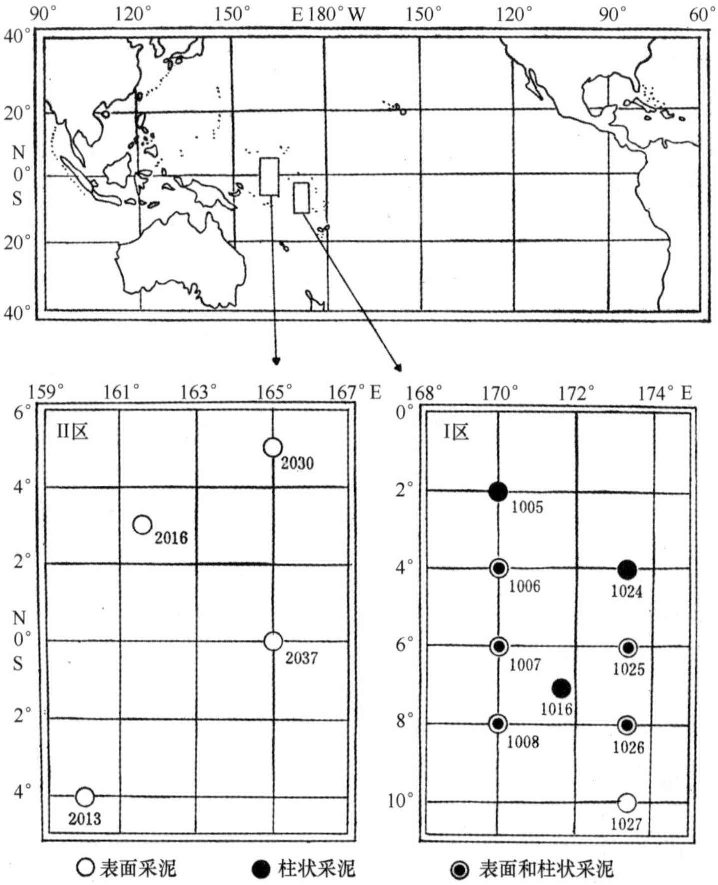

图 1　中太平洋西部深海底栖生物调查站位

底栖生物定量取样，使用 0.25 m² 改良大洋 50 型（Okean-50）采泥器和重力塞取样管。采集深度为 2 178~5 443 m；共获得 10 个表面泥样和 8 个柱状泥样。所取样品通过 1 mm 筛孔的套筛冲洗,分离出的各类标本用75%酒精固定保存。大型底栖生物定量标本称重,使用感量0.01 g扭力天平。称重时,将管栖多毛类的管去掉,珊瑚和有孔虫不计算生物量。

根据这次调查所取得的资料,对调查海区的大型底栖生物种类组成、数量分布,进行了初步分析。

1 调查结果

1.1 底栖生物种类组成及分布

根据两个航次调查取得的10个表面泥样和8个柱状泥样,经初步鉴定共有8种大型底栖无脊椎动物,其中多毛类4种:吻沙蚕(*Glycera* sp.)、海蛹(*Ophelina* sp.)、小头虫科(Capitellidae)和缩头虫科(Maldanidae)各一种。软体动物双壳类两种:滑缘胡桃蛤(*Leionucula* sp.)和扇贝(*Cyclopecten* sp.)。端足类:一种钩虾(*Gammaridea*),腔肠动物:美丽冠叶珊瑚(*Stephanophyllia formosissima* Moseley)(图版Ⅰ和图版Ⅱ)。此外,调查海区有6个测站仅采到多毛类管子,有9个测站采得骨针,有10个测站出现数量不同的放射虫。有孔虫各测站均有出现,但种类和数量随着深度增加而显著减少,水深小于4 000 m的海域,有孔虫种类多,数量丰富;超过4 000 m的海域,种类和数量开始减少;水深在4 700~5 000 m处,种类和数量明显减少,壳体多破碎,一般保存不完整;水深大于5 000 m的海底,浮游种消失,底栖种类中只见少量胶结壳有孔虫,钙质有孔虫也全部消失。

在大型底栖生物种类组成中,多毛类占优势,占总种数的50%;其次是软体动物双壳类,占25%;端足类和腔肠动物各占12.5%。这与北太平洋中部深海(5 500~5 800 m)底栖生物组成特点相类似,该区同样以多毛类占优势(55%),依次是异足类(18%)、双壳类(17%)、等足类(6%)[2]。

上述8种底栖无脊椎动物,出现于1006、1007、2013、2037四个测站。其中以1006、2013站的种类最多,各有4种,但两站的种类截然不同(表1)。1006站的水深(3 475 m)比2013站(2 178 m)大,沉积物中的砂、粉砂和黏土的比例较相近;2013站沉积物中砂的含量较大,占45.1%。1007、2037站各1种,均系前两站出现过的种类。从垂直分布来看,种类随着深度增加而减少。水深大于4 500 m的测站未采到底栖生物标本,仅采到多毛类管子(表1)。

1.2 底栖生物数量分布

调查海区底栖生物生物量很低,而且分布很不均匀,Ⅰ区6个表面采泥取样站,仅1006、1007两站采到生物标本,生物量分别为0.24 g/m^{2}和0.08 g/m^2,全区平均生物量为0.06 g/m^2。Ⅱ区4个表面采泥采样站,亦只两站(2013、2037)采到生物标本,平均生物量略高于Ⅰ区,为0.08 g/m^2。两个海区生物量平均为0.07 g/m^2。

表 1　中太平洋西部深海底栖生物种类分布概况

海区	站号	站位		生物种类	水深 /m	在积物粒度%			沉积物类型	碳酸钙 /%	有机质 /%
		纬度	经度			砂/ (2~0.063 mm)	粉砂/ (0.063~0.04 mm)	黏土/ <0.04 mm			
Ⅰ区	1005	2°00′S	170°00′E	毛多类管子,有孔虫丰富	4 040				钙质软泥		
	1006	4°00′S	170°00′E	*Glycera* sp., *Opheliua* sp., *stephanophvllia foemosissima*, *Gammaridea*,有孔虫丰富,骨针,放射虫	3 475	38.9	24.4	36.8	钙质软泥	87.3	
	1007	6°00′S	170°00′E	*Gyclopecten* sp.有孔虫丰富,骨针,放射虫	3 437	36.9	23.5	39.7	钙质软泥	85.9	0.37
	1008	8°00′S	170°00′E	多毛类管子,放射虫,有孔虫,骨针	4 934	8.2	22.5	69.4	硅-钙质软泥	36.7	0.90
	1016	7°00′S	171°00′E	放射虫,有孔虫	5 000	1.31	43.68	55.50	硅质软泥	5.63	0.95
	1024	4°00′S	173°20′E	有孔虫丰富	4 100	1.71	43.77	54.63	硅-钙质软泥	65.08	0.62
	1025	6°00′S	173°20′E	多毛类管子,放射虫,有孔虫,骨针	5 443	2.9	27.0	70.1	红黏土	3.8	0.64
	1026	8°00′S	173°20′E	多毛类管子,放射虫,有孔虫,骨针	5 375	1.0	23.0	76.0	红黏土	4.6	1.18
	1027	10°00′S	173°20′E	多毛类管子,放射虫,有孔虫,骨针	5 061	1.2	28.9	69.9	红黏土	5.7	
Ⅱ区	2013	4°00′S	160°00′E	*Leionucula* sp., *Cvclopecten* sp., *Capitellidae*, *Maldanidae* 有孔虫丰富,骨针	2 178	45.1	28.9	26.0	钙质软泥	86.2	
	2016	3°00′S	161°40′E	放射虫,有孔虫,骨针	3 769	23.6	19.9	56.6	钙质软泥	82.7	
	2030	5°00′S	165°00′E	多毛类管子,放射虫,有孔虫,骨针	4 761	6.9	27.6	62.6	硅-钙质软泥	45.8	
	2037	0°	165°00′E	*Ophelina* sp.放射虫,有孔虫丰富	4 408	20.9	19.7	59.4	钙质软泥	77.7	

1977 年丹麦生物学家沃夫(Wolff,1977)将底栖生物生物量划分为 8 个等级;小于 0.05 g/m^2, 0.05~0.1 g/m^2,0.1~1.0 g/m^2,1.0~10 g/m^2,10~50 g/m^2,50~300 g/m^2,300~1 000 g/m^2,大于 1 000 g/m^2。并且用这些等级绘制了世界各大洋底栖生物生物量分布图。本次调查的底栖生物生物量与沃夫的资料基本相一致[3]。

底栖生物生物量分布与沉积物密切相关。从图 2 可以清楚地看出,生物量分布呈现随着沉积物含砂量的增加而增加的趋势。生物量分布另一个特点是随着深度的增加而减少。

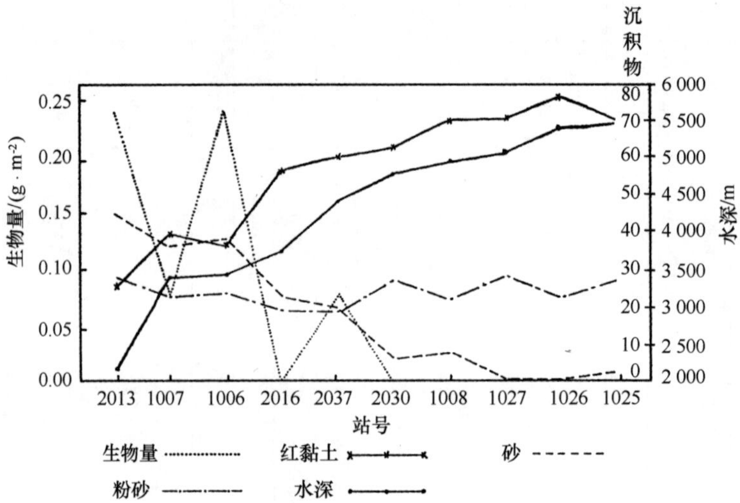

图 2 底栖生物生物量分布与沉积物和水深的关系

调查海区底栖生物栖息密度相当小,为 0~32 个/m^2。Ⅰ区平均密度仅 6.6 个/m^2,Ⅱ区平均密度为 10 个/m^2,两个海区密度平均为 8.3 个/m^2。

本海区底栖生物栖息密度与太平洋深海区相比较,悬殊较大。例如,太平洋东北部深海底栖生物密度为 5~90 个/m^2,平均密度为 26 个/m^2[4]。北太平洋中部深海(5 000~5 800 m)底栖生物密度达 84~160 个/m^2,平均密度为 115 个/m^2[2]。

2 结语

(1)调查海区底栖生物种类贫乏,只采得 8 种,其中多毛类 4 种:吻沙蚕、海蛹、小头虫科和缩头虫科各一种,软体动物双壳类两种:滑缘胡桃蛤和扇贝。端足类:一种钩虾。腔肠动物:美丽冠叶珊瑚。此外,还有放射虫、有孔虫和骨针等。

(2)本海区底栖生物生物量及密度均很小。Ⅱ区平均生物量(0.08 g/m^2)略高于Ⅰ区(0.06 g/m^2),两个海区平均生物量为 0.07 g/m^2。调查海区底栖生物生物量与沃夫所绘制世界各大洋底栖生物生物量分布图基本一致。底栖生物栖息密度相当小,最大密度为 32 个/m^2,平均密度为 8.3 个/m^2。

调查结果表明:本海区底栖生物生物量及密度的分布,随着沉积物粒度由细到粗而增加,并呈现随着深度的增加而明显下降的趋势。

本文承刘瑞玉教授审阅、修改;林金美同志协助采集柱状泥样;邹仁林副研究员协助鉴定珊瑚标本;郑连福同志协助鉴定有孔虫标本。特此一并致谢。

参考文献

1 陈穗田. 海洋湖沼通报,1980,2,79-83.

2 Hessler, R. R.,Jumars, P. A.,Deep-sea Res.,21(1974),185-209

3 Wolff,T., Nature,267(1977),780-785.

4 Sanders,H. L.,Hessler,R. R.,Hampson, G. R., Deep-sea Res.,12(1965),845-867.

5 Griggs,G. B.,Carey,A. G.,Kulrn,L. D.,Deep-sea Res.,16(1969),157-170.

6 Knudsen,J .,Galathea Report, 11 (1970),1-102 .

7 Sokolova,M. N.,Deep-sea Res.,6(1959),1-4.

8 Vinogradova,N. G.,Deep-sea Res.,5(1959),205-208.

9 Zenkevitch,L. A.,Birstein,J. A.,Deep-sea Res.,4(1956),54-64.

江锦祥,吴启泉,李荣冠,刘泉顺,郑凤武.

原载《海洋学报》,1983,5(5):632-638

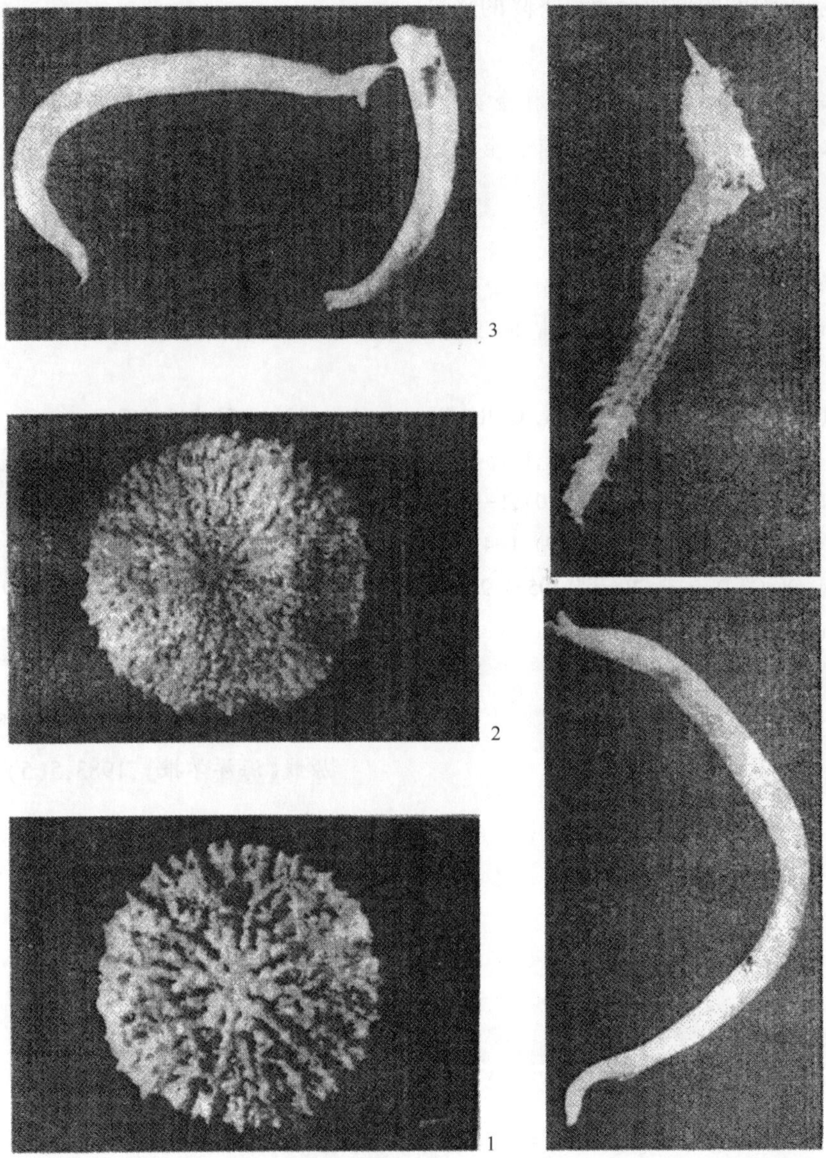

图版(Plate) Ⅰ

1,2——美丽冠叶珊瑚 *Stephanophyllia formosissima* Moseley ×14;3,4——海蛹 *Ophelina* sp. ×5;5——吻沙蚕 *Glycera* sp. ×8

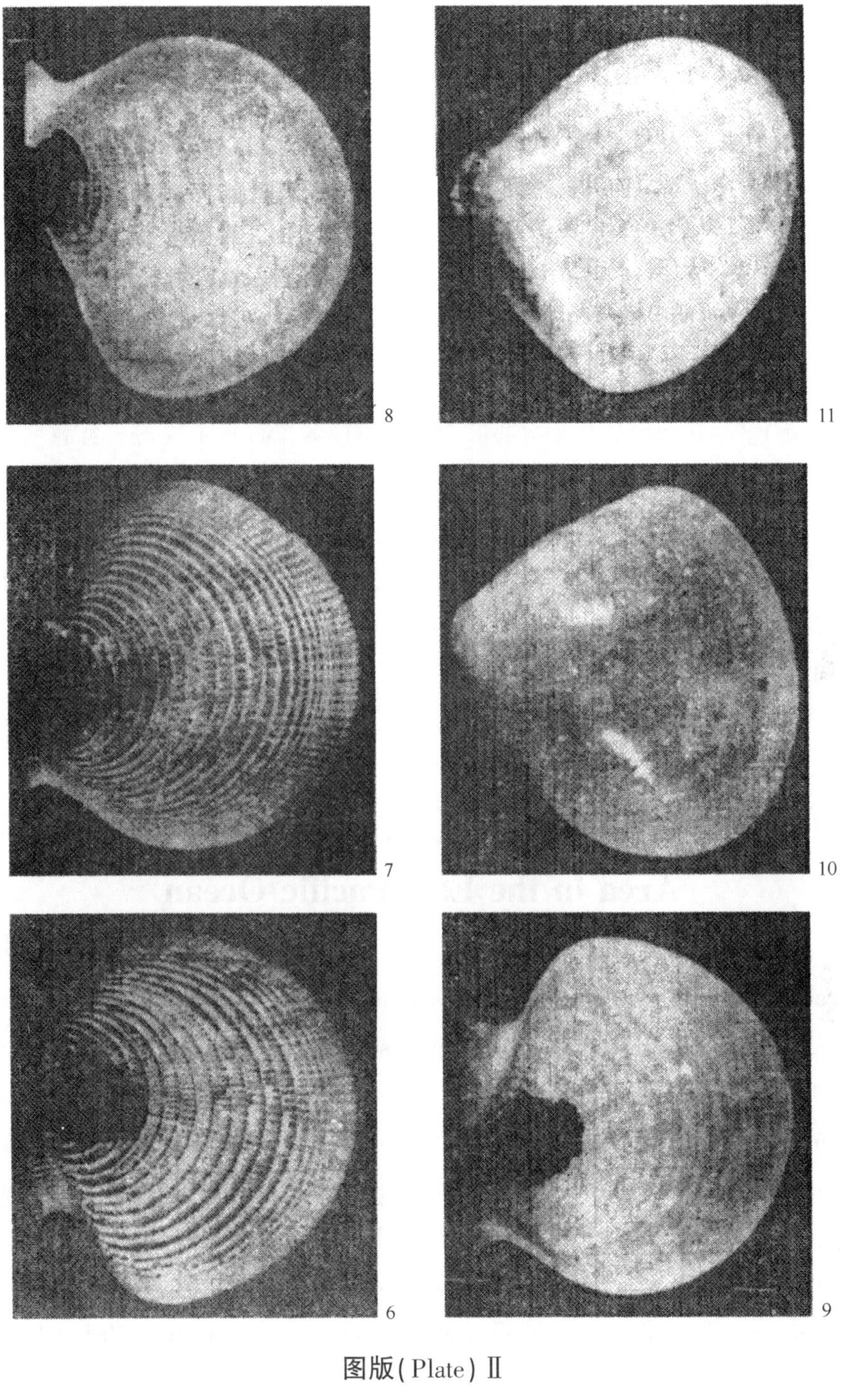

图版(Plate)Ⅱ

6,7——扇贝 *Cyclopecten* sp.贝壳外部 ×8;8,9——扇贝 *Cyclopecten* sp.贝壳外部 ×8;
10,11——滑缘胡桃蛤 *Leionucula* sp. 贝壳外部 ×18,×17

中国开辟区深海大型底栖生物研究

摘要 本研究是根据1997—1999年DY97-7、DY97-8和DY97-10三个航次的中国开辟区环境基线调查研究中,所获得的深海大型底栖生物的资料撰写而成的。调查研究结果表明:中国开辟区东、西区大面站大型底栖生物平均密度分别为92.4个/m^2(1997年)和136个/m^2(1998年)。两区大型底栖生物共有20个类群,其中以多毛类的种类和数量占优势,两区多毛类共有21种,平均密度为46.2个/m^2,占总密度的40.4%;其次是节肢动物的原足类,平均密度为10.1个/m^2,占总密度的8.8%;双壳类(7.6个/m^2)和等足类(6.1个/m^2)则分别占总密度的6.6%和5.3%。大型底栖生物密度垂直分布随着深度的增加而递减,5 cm以上表层沉积物为生物主要分布区。生物分布各层之间分布密度因底质类型不同而异。

关键词 深海;大型底栖生物;密度分布

A Study on the Deep-sea Macrofauna of the Chinese Pioneer Area in the East Pacific Ocean

Abstract: This paper studies the deep-sea macrofauna of the Chinese Pioneer Area in the East Pacific Ocean during 3 environmental baseline survey cruises, DY97-7, DY97-8 and DY97-10, from 1997 to 1999. The results indicate that the average densities of macrobenthos, were 92.4 ind./m^2 (1997) and 136 ind./m^2(1998) in the east part and west part of the area respectively. There were 20 taxa of macrobethos in the survey areas, and from that Polychaeta was predominating group both in species and individual numbers. 21 species of Polychaeta were identified with an average density of 46.2 ind./m^2 and occupied 40.4% of total density of macrofauna in the two parts of the area. Tanaidacea was the second with an average density of 10.1 ind./m^2 and occupied 8. 8% of the total density. The followings were Bivalvia (7.6 ind./m^2) and Isopoda (6.1 ind./m^2) that occupied the total density with 6. 6% and 5. 3% respectively. The vertical distribution of the density of macrobenthos was descending with the increase of depth in the sediment, and 5 cm up layer was the main distribution zone for the macrobenthos. The distribution of macrobenthos in sediment layers was different with the changes of sediment quality.

Key words: deep-sea, Macrobenthos, density distribution

1 材料与方法

根据 1997—1999 年 DY97-7、DY97-8 和 DY97-10 三个航次的中国开辟区环境基线调查研究中,所获得的东太平洋深海大型底栖生物定量调查资料撰写而成。调查海区分为东、西两区,东区布设 11 个测站,其范围为 7°40′—10°10′N,142°—147°W,(图 1);西区布设 11 个测站,其范围为 8°10′—11°20′N,152°—155°W(图 2)。调查深度在 5 040~5 300 m,沉积物类型以硅质黏土为主。

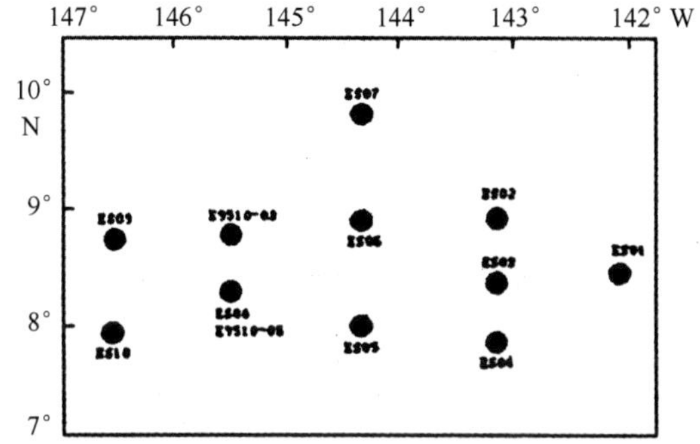

图 1 DY97-7、DY97-10 航次东区大面调查站位

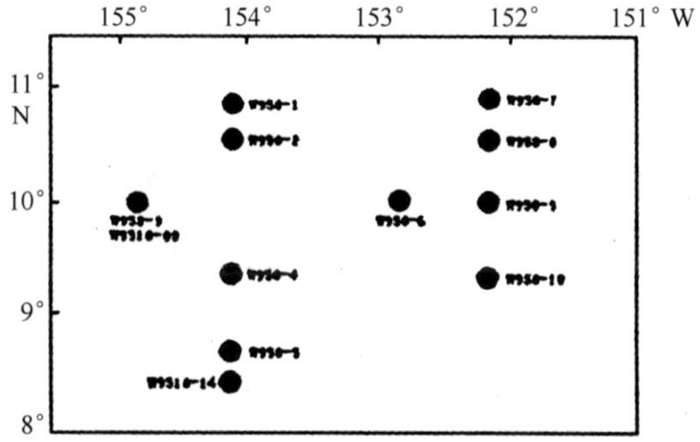

图 2 DY97-8、DY97-10 航次西区大面调查站位

大型底栖生物定量取样使用面积为 50 cm×50 cm 的箱式取样器采集,每站取双份(每份 625 cm^2)沉积物样品,每份样品按 0~2 cm、2~5 cm 和 5~10 cm 分为 3 层,分别用孔径为 250 μm的筛子以过滤海水淘洗,淘洗后的残留物分别装瓶及固定,贴上标签后保存。样品现场处理程序和实验室样品分析方法均按《大洋环境基线调查技术规程》的要求进行。

2 结果与讨论

2.1 大型底栖生物类群的组成

根据 1997 年、1998 年和 1999 年 3 个航次调查资料分析结果,东、西两区大面站大型底栖生物共有20个类群，主要类群有腔肠类、多毛类、寡毛类、无板类、双壳类、掘足类、腹足类、海蜘蛛类、海螨类、昆虫类、原足类、等足类、端足类、十足类、苔藓类、内肛类、海参类、蛇尾类和鱼类等（表1）。

表1　东、西区大型底栖生物各类群的密度（个/m^2）和百分组成

海区		东区（1997年）		西区（1998年）		两区	
类群		平均密度	%	平均密度	%	平均密度	%
腔肠动物	腔肠类 Cnidaria			5.0	3.7	2.5	2.2
环节动物	多毛类 Polychaeta	28.4	30.7	64.0	47.0	46.2	40.4
	寡毛类 Oligochaeta	1.8	1.9	4.0	2.9	2.9	2.5
软体动物	无板类 Aplacophora			2.0	1.5	1.0	0.9
	双壳类 Bivalvia	6.2	6.6	9.0	6.6	7.6	6.6
	掘足类 Scaphopoda	1.8	1.9			0.9	0.8
	腹足类 Gastropoda	3.6	3.8	4.0	2.9	3.8	3.3
节肢动物	海蜘蛛 Pycnogonida	0.9	1.0			0.4	0.4
	海螨类 Halacaroidea	7.1	7.5	2.0	1.5	4.6	4.0
	昆虫类 Insecta	10.7	11.3	1.0	0.7	5.8	5.0
	原足类 Tanaidacea	6.2	6.6	14.0	10.3	10.1	8.8
	等足类 Isopoda	6.2	6.6	6.0	4.4	6.1	5.3
	端足类 Amphipoda	1.8	1.9	1.0	0.7	1.4	1.2
	十足类 Decapoda			1.0	0.7	0.5	0.4
苔藓动物	苔藓类 Bryozoa			1.0	0.7	0.5	0.4
内肛动物	内肛类 Entoprocta	1.8	1.9			0.9	0.8
棘皮动物	海参类 Holothuroidea			2.0	1.5	1.0	0.9
	蛇尾类 Ophiuroidea	0.9	1.0	1.0	0.7	1.0	0.9
鱼类	鱼类 Pisces	0.9	1.0			0.4	0.4
待定	待定 Indet.	14.2	15.0	19.0	14.0	16.6	14.4
合计		92.4		136.0		114.2	100

各类群中以多毛类的种类和数量占优势，东、西两区多毛类经初步鉴定共有21种，其中出现频率较高、数量较大的种类，有丝鳃虫（*Cirratulus* sp.）、独指虫（*Aricidea* sp.）和独毛虫（*Tharyx* sp.）等（表2）。

表 2　大型底栖生物多毛类种类名录

异毛虫科Paraonidae	裂虫科 Syllidae
Allia sp.	猥球裂虫 *Sphaerosyllis* sp.
独指虫 *Aricidea* sp.	*Syllidae* spp.
海稚虫科 Spionidea	角吻沙蚕科 Goniadidae
后指虫 *Laonice cirrata*	*Goniadidae* spp.
丝鳃虫科 Cirratulidae	仙女虫科 Amphinomidae
刚鳃虫 *Chaetozone setoza*	*Amphinomidae* spp.
丝鳃虫 *Cirratulus* sp.	欧文虫科 Oweniidae
独毛虫 *Tharyx* sp.	*Myriochele* sp.
小头虫科 Capitellidae	*Oweniidae* spp.
伪滑小头虫 *Pseudoleiocapitella* sp.	双栉虫科 Ampharetidae
Capitellidae spp.	双栉虫 *Ampharete* sp.
叶须虫科 Phyllodocidae	蛰龙介科 Terebellidae
Lugia uschakovi	*Terebellidae* spp.
Phyllodocidae spp.	毛鳃虫科 Trichobranchidae
多鳞虫科 Polynoidae	毛鳃虫 *Trichobranchus* sp.
Polynoidae spp.	
海女虫科 Hesionidae	
Hesionidae spp.	

2.2　各类群的数量百分比组成

东、西区大型底栖生物平均密度为 114.2 个/m^2。东、西两区均以多毛类的数量占优势，两区多毛类平均密度为 46.2 个/m^2，占总密度的 40.4%。其次是节肢动物的原足类，平均密度为 10.1 个/m^2，占总密度的 8.8%。此外依次是双壳类（7.6 个/m^2），等足类（6.1 个/m^2）。其他类群的数量占的比例均小于 5%（表 1）。

东区大型底栖生物有 15 个类群，平均密度为 92.4 个/m^2，以节肢动物占优势，其平均密度为 32.9 个/m^2，占总密度的 34.9%；环节动物次之，平均密度为 30.2 个/m^2，占总密度的 32.6%，其中多毛类占 30.7%（表 1 和图 1）。

西区大型底栖生物有 16 个类群，平均密度为 136 个/m^2，数量组成以环节动物最占优势，其平均密度为 68 个/m^2，占总密度的 51%（其中多毛类占 47%）；节肢动物次之，平均密度为 25 个/m^2，占总密度的 18%（表 1 和图 2）。

2.3　密度的平面分布

东、西两区大型底栖生物栖息密度平面分布特点不尽相同。东区（1997 年）各测站栖息密度相差较大，最大密度达 288 个/m^2，分布于东区的中部海域 ES06 站；低密度（48 个/m^2）出现于东区的西部海域 ES03 站；大部分测站的生物栖息密度在 48～100 个/m^2，占东区总站

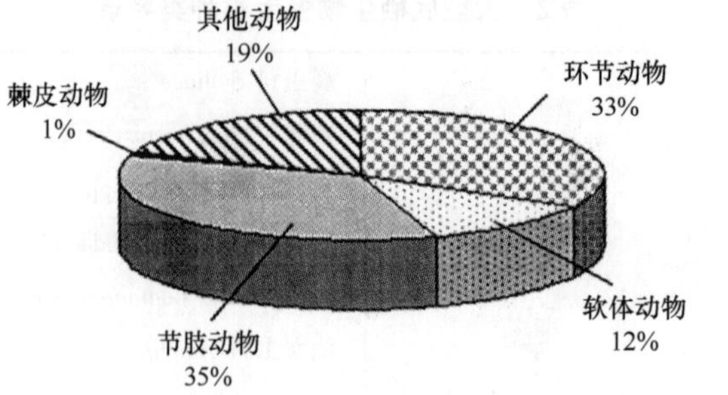

图 1　1997 年航次东区主要大型底栖生物类群密度百分比

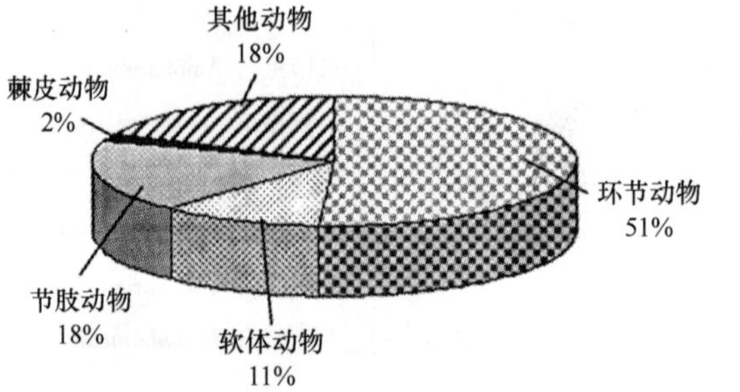

图 2　1998 年航次西区主要大型底栖生物类群密度百分比

数的 70%;密度在 100~200 个/m^2 的测站分布于东区的西部和南部;密度为大于 200 个/m^2 的仅出现 1 个站(图 3)。1999 年东区大型底栖生物仅做 2 个测站,其栖息密度较低,分别为 24 个/m^2 和 32 个/m^2(图 4),这与采样效果不佳有关系。

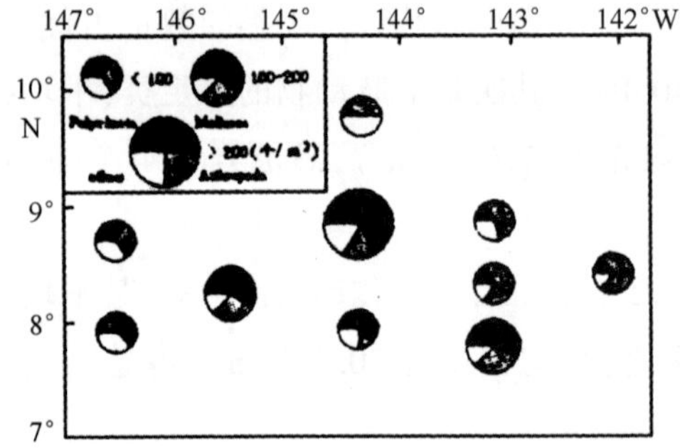

图 3　1997 年航次东区大型底栖生物密度平面分布

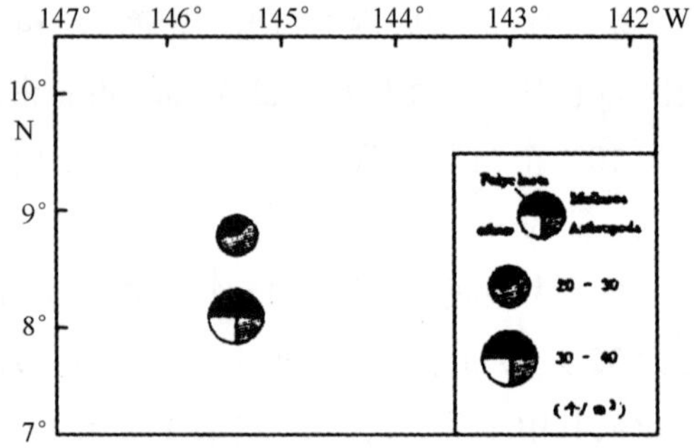

图 4　1999 年航次东区大型底栖生物密度平面分布

西区没有出现高密度生物栖息区,最大密度分布于东部海域 W958-10 站,平均密度为 200 个/m^2;低密度区(64 个/m^2)出现于西侧的 W958-3 站;大多数测站的密度在 100~200 个/m^2,占西区总站数的 62.5%;栖息密度在 50~100 个/m^2 之间的有 3 个测站(图 5)。1999 年西区大型底栖生物也做 2 个测站,但其栖息密度较大,分别为 88 个/m^2 和 253 个/m^2(图 6)。这与使用多管取样器采集效果较好有关系。

东区大型底栖生物主要类群栖息密度平面分布特点与总栖息密度基本一致。多毛类和

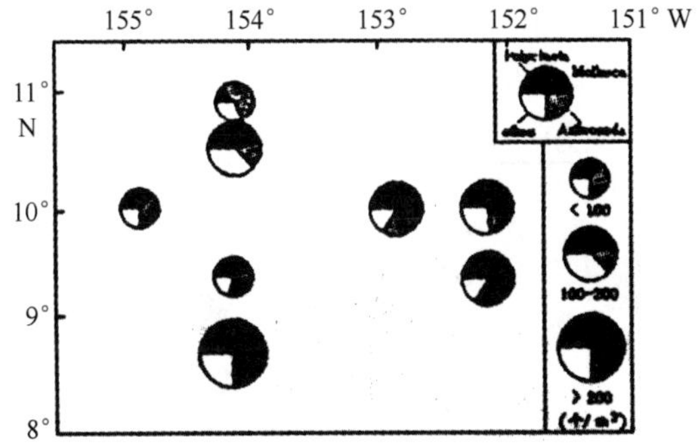

图 5　1998 年航次西区大型底栖生物密度平面分布

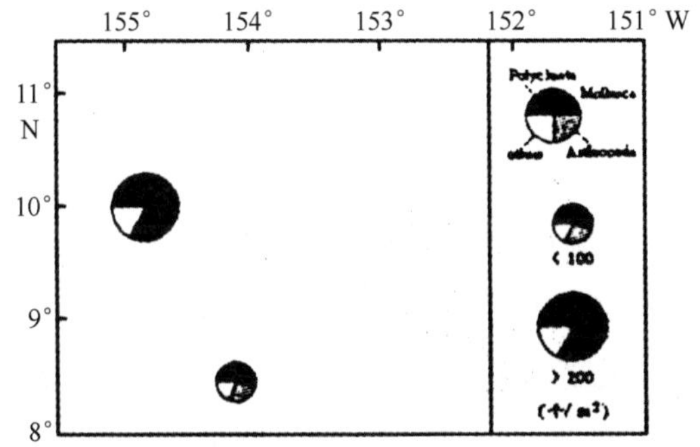

图 6　1999 年航次西区大型底栖生物密度平面分布

软体动物的高密度区均出现于 ES06 站，它们的栖息密度均为 96 个/m^2。节肢动物高密度区分布于 ES08 站（56 个/m^2）。多毛类的密度在 21～100 个/m^2，占 40%，密度在 5～20 个/m^2 亦占 40%。节肢动物密度大部分测站在 21～50 个/m^2，占总站数的 70%。软体动物密度多数测站在 5～20 个/m^2，占总站数的 50%，有 40%的测站没有采到软体动物标本（图 7）。

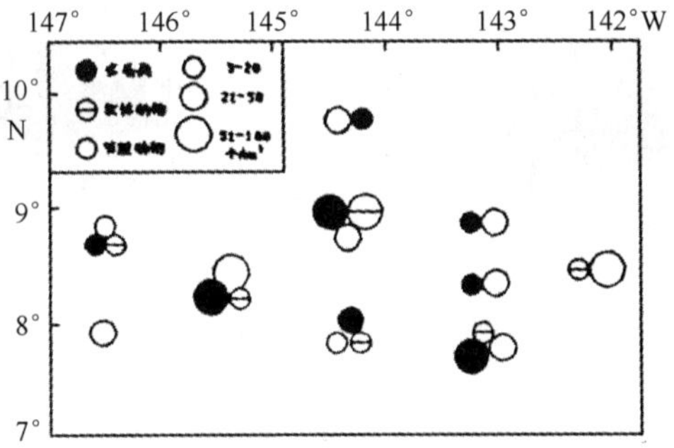

图 7　1997 年航次东区大型底栖生物主要类群密度平面分布

西区大型底栖生物主要类群栖息密度平面分布趋势与总栖息密度基本相吻合。西区与东区有不同之处，多毛类在大部分测站的栖息密度为 21～100 个/m^2，占 62.5%，密度在 101～150 个/m^2 的出现 2 个站，最大密度分布于南部的 W958-5 站，栖息密度为 128 个/m^2。节肢动物栖息密度在 21~50 个/m^2 的站位占总站数的 62.5%。软体动物无论是出现频率还是栖息密度均比多毛类和节肢动物低(图 8)。

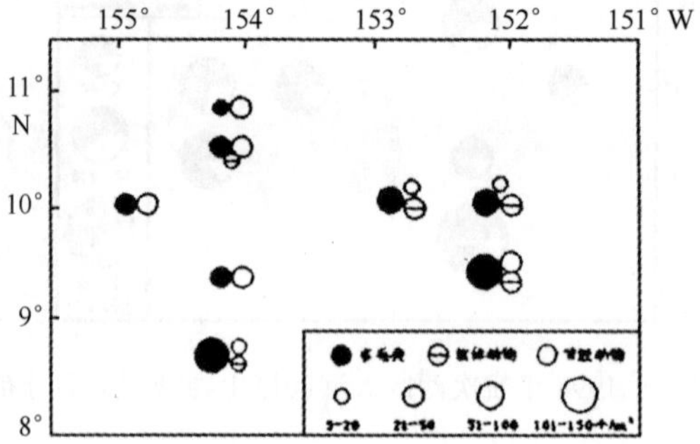

图 8　1998 年航次西区大型底栖生物主要类群密度平面分布

2.4　密度的垂直分布

东区各测站大型底栖生物栖息密度垂直分布趋势,由大到小依次呈现为 0~2 cm 层、2~5 cm 层、5~10 cm 层,各层平匀密度由大到小依次分别为 47.2 个/m^2、34.4 个/m^2、20.0 个/m^2。值得注意的是 3 个层次最高密度均出现于 ES06 站,其栖息密度分别为 144 个/m^2、80 个/m^2 和 64 个/m^2,这与该站箱式取样效果好,样品几乎没有受扰动有关(图 9)。西区各测站大型底栖生物栖息密度垂直分布特点与东区基本相似,但各层平均密度高于区东,分别为 72 个/m^2、42 个/m^2 和 22 个/m^2。各层最高密度分别为 136 个/m^2、88 个/m^2 和 56 个/m^2(图 10)。

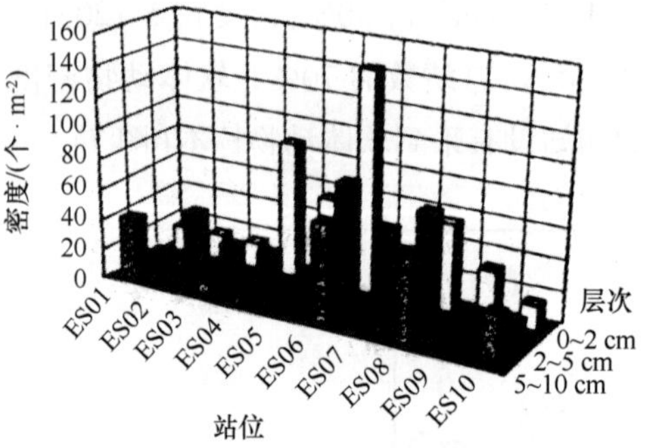

图 9　1997 年航次东区大型底栖生物密度的垂直分布

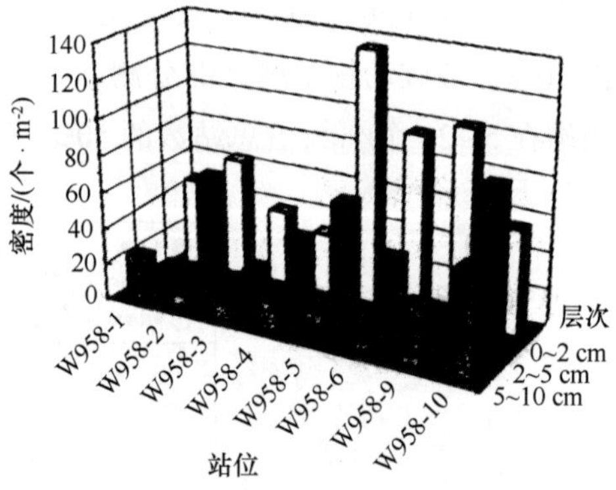

图 10　1998 年航次西区大型底栖生物密度的垂直分布

2.5　密度分布的年际变化

东区 1997 年(ES08)和 1999 年(E9510-05 站)同一测站大型底栖生物的类群和栖息密度进行比较,结果表明:1997 年大型底栖生物有多毛类、双壳类、腹足类、原足类和等足类 5 个类群,而 1999 年只有多毛类和原足类。1997 年大型底栖生物栖息密度(184 个/m^2)明显高于 1999 年(32 个/m^2),两次相差近 6 倍。这种差异除了年际自然变化外,主要原因是与箱形取样器密封不够好,样品表层受到扰动有一定的关系。

西区不同年份有两个测站相同,1998 年(W958-3 站)和 1999 年(E9510-3 站)同一测站大型底栖生物的类群和栖息密度有明显的差别,1998 年大型底栖生物有腔肠类、多毛类、海螨类、原足类和等足类 5 个类群;1999 年有多毛类、双壳类、腹足类和蛇尾类 4 个类群。两年同一测站除了多毛类重复出现外,其余 4 个类群各不相同。该站大型底栖生物栖息密度相差很大,1998 年栖息密度为 64 个/m^2,而 1999 年栖息密度为 253 个/m^2,1999 年密度约是 1998 年的 4 倍。应该指出的是,1999 年采用多管取样器代替箱式采泥器,其效果甚佳,样品不受扰动,所以获得的大型底栖生物的数量明显增多。

西区另一相同测站是 1998 年(W958-5 站)和 1999 年(W9510-14 站),前者有多毛类、寡毛类、无板类、双壳类、腹足类、原足类、等足类 7 个类群;后者有多毛类、双壳类、腹足类、等足类和鱼类等 5 个类群。该站 1998 年栖息密度为 216 个/m^2,1999 年栖息密度为 88 个/m^2。

从上述的结果可以看出,不管是东区或西区,同一测站的大型底栖生物栖息密度在不同年份有明显的差别,除了时空自然变化外,还与采样的定位系统的准确性和采样的仪器设备以及采样的效果密切相关。

3 结语

中国开辟区东、西两区大面站大型底栖生物共有 20 个类群,主要类群有腔肠类、多毛类、寡毛类、无板类、双壳类、掘足类、腹足类、海蜘蛛类、昆虫类、原足类、等足类、端足类、十足类、苔藓类、内肛类、海参类、蛇尾类和鱼类等。各类群中以多毛类的种类和数量占优势,多毛类经初步鉴定共有 21 种。

东、西两区大型底栖生物平均密度为 114.2 个/m^2,西区平均密度(136 个/m^2)高于东区(92.4 个/m^2)。东、西两区多毛类平均密度为 47.0 个/m^2,占总密度的 40.4%,西区多毛类平均密度(64.0 个/m^2)明显高于东区(28.4 个/m^2)。其次是原足类,两区平均密度为 10.1 个/m^2,仍然以西区原足类的密度(14.0 个/m^2)大于东区(6.2 个/m^2)。

东、西两区大型底栖生物栖息密度平面分布特点不尽相同,东区各测站栖息密度相差较大,最大密度达 288 个/m^2,最低密度仅 48 个/m^2。大部分测站的密度在 50~100 个/m^2,占东区总站数的 70%。西区没有出现高密度区,最大密度为 200 个/m^2,最低密度为 64 个/m^2。大多数测站的密度在 100~200 个/m^2,占西区总站数的 62.5%。东、西两区大型底栖生物主要类群栖息密度平面分布趋势与总密度基本一致。

东、西两区大型底栖生物栖息密度垂直分布趋势,由大到小呈现以 0~2 cm 层、2~5 cm 层、5~10 cm 层。东区各层平均密度由大到小依次为 47.2 个/m^2、34.4 个/m^2、20.0 个/m^2;西区各层平均密度由大到小依次为 72 个/m^2、42 个/m^2、22 个/m^2。

密度分布的年际变化,不管是东区或西区,同一测站的大型底栖生物栖息密度在不同年份有明显的差别,除了与时空自然变化有关外,还与采集的定位系统的准确性和采样仪器设备的完善以及采样的效果有着密切关系。

参考文献

1 江锦祥,连光山等. 东太平洋 CC 区多金属结核勘探区海洋生态调查研究. 国家海洋局第三海洋研究所,1996:10-23.

2 江锦祥等. 中太平洋西部深海底栖生物定量初步调查. 海洋学报, 1983,5(5):632-636.

3 Romero W M B., Gerlach S A. Abundance, biomass, size-distrbution potential of deep-sea macrozoobenthos on the Voring plateau (1 200~1 500 m, Noruegian sea). Meeresforschung, 1991, 33(4):247-265.

4 Grassle J F. Deep-sea benthic biodiversity. Bioscience, 1991, 41:464-469.

5 Gray J S, Poore G C B Ugland K I, Wilson R S, Olsgard F, Johannessen O. Coastal and deep-sea benthic diversities compared. Mar Ecol Prog Ser, 1997,159:97-103.

江锦祥,林荣澄,李荣冠,徐惠州,鲁琳. 原载《2001 年中国大洋矿产资源研究开发学术研讨会文集》(下),439-445.

中国开辟区大面站小型底栖生物的研究

摘要 研究了1997—1999年中国大洋协会组织实施的DY95在三环境基线调查航段中开辟区大面站的小型底栖生物,结果表明开辟区东、西两区有动吻类、线虫、多毛类、双壳类、桡足类等共21个类群的小型底栖生物。其中线虫是最优势的一个类群,平均占小型底栖生物总密度的66%,其次为桡足类和无节幼体。深海自由生活线虫经初步鉴定共有104种,分隶于3个目,30个科,92属。从科的水平来看,以嘴刺目的尖口线虫科(Oxystominidae)、色毛目的色毛线虫科(Chromadoridae)、联体线虫科(Comesomatidae)等为较优势的类群。开辟区小型底栖生物密度在空间上呈现块状分布特征,大面站东、西区的密度具有较大的差别,东区的平均密度(47.05个/10 cm^2)明显高于西区的平均密度(30.53个/10 cm^2);在时间上小型底栖生物密度具有年际变化现象,西区不同年份相同测站的平均密度比较结果表明,1999年该区小型底栖生物的密度(37.35个/10 cm^2)高于1998年的密度(28.61个/10 m^2)。此外还初步探讨了小型底栖生物密度与分布和底质、结核覆盖率及底流的关系。

关键词 深海;小型底栖生物;密度分布

A Study on the Deep-sea Meiofauna of the Chinese Pioneer Area in the East Pacific Ocean

Abstract: The deep-sea meiofauna of the Chinese Pioneer Area in the East Pacific Ocean was studied during 3 environmental baseline survey cruises from 1997 to 1999. The results show that there were 21 meiofaunal taxa in the area, in which nematoda were the predominant group and occupied 66% of the average total density of meiobenthos, and then the higher density groups were harpacticoid copepodas (11%) and nauplii (7.5%). 104 species of nematodas were identified and which belong to 3 orders, 30 families and 92 genera respectively, and in the level of family, Oxystominidae, Chromadoridae and Comesomatidae were dominant in density. Distribution of the meiofuana was different from the east part to west part of the area, the average density of meiofauna in the east part (47.05 ind./10 cm^2) was higher than that in the west part (30.53 ind./10 cm^2). Comparing with the densities of the same stations but in different years, the result showed that the density of meiobenthos in 1999 (37.35 ind./10 cm^2) was higher than that in 1998 (28.61 ind./10 m^2). The relationships between meiofauna and sediment quality, overlay ratio of manganese nodule and bottom current was discussed in the paper.

Key words: deep-sea, meiofauna, density, distribution

深海多金属结核的开采,将对大洋底部生态环境产生影响。美、日、德等国的学者已就深海采矿的环境影响开展了多项相关研究,中国大洋协会组织的深海环境研究计划“基线及其自然变化”(NaVaBa)也在进行之中。小型底栖生物作为环境改变的重要指示生物,在深海环境影响的综合评价中占有重要的位置。同时,由于小型底栖生物种类多、数量大,它摄食海底微型生物和有机微粒,而本身又直接作为底栖鱼虾和贝类的饵料,在深海底部生态系统的能流和物流的转换及循环中意义重大。本文为 NaVaBa 研究计划中的一部分,旨在探明中国开辟区小型底栖生物的种类数量及时空分布等基线及其自然变化状况,为保护和保全中国开辟区的海洋环境,正确评价深海采矿活动的环境影响提供参数,并为进一步研究开辟区的生物多样性、生态学积累基础资料。

1 材料与方法

样品于 1997 年 7 月 5—26 日(DY95-7 航次)、1998 年 8 月 11—26 日(DY95-8 航次)和 1999 年 8 月 10—30 日(DY95-10 航次)分别在东太平洋我国多金属结核开辟区的东、西区采集。调查区水深范围在 5 040~5 300 m,调查站位的平面分布见图 1 和图 2。

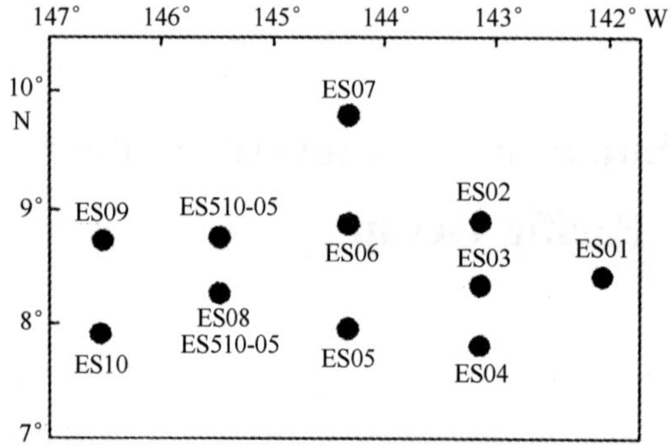

图 1 1997 年和 1999 年航次东区大面调查站位

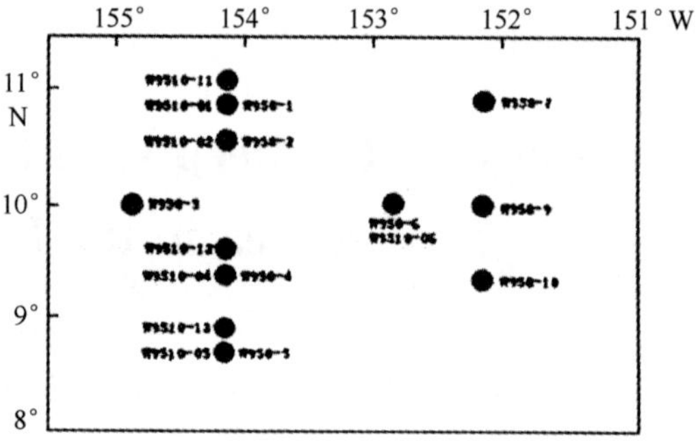

图 2 1998 年和 1999 年航次西区大面调查站位

使用的定量采样设备为多管取样器。取上甲板的多管泥样从表面往下按 0~1 cm、1~2 cm、2~4 cm 和 4~6 cm 水平切割分层;各层泥样分别装瓶并用 10%的海水福尔马林溶液固定保存。泥样带回实验室后分别经 0.25 mm、0.125 mm 和 0.063 mm 网筛分选,余留在网筛中的样品用虎红溶液染色,染色后的样品在高倍体视显微镜下观察,同时分别按类群进行小型底栖生物的挑选和计数。线虫的鉴定按国际上统一规定,先将标本甘油透明、制片,然后于高倍生物显微镜下观察、鉴定和计数。

2 结果与讨论

2.1 小型底栖生物各类群的数量百分比组成

1997 年东区(10 个测站)沉积物样品中检出有动吻类(Kinorhyncha)、线虫(Nematoda)、轮虫(Rotifera、Loricifera)、多毛类(Polychaeta)、双壳类(Bivalvia)、腹足类(Gastrapoda)、海蜘蛛(Pycnogonida)、蜱螨类(Acari)、昆虫类(Insecta)、介形类(Ostracoda)、桡足类(Copepoda)、原足类(Isopoda)、等足类(Tanaidacea)、端足类(Amphipoda)、无节幼体(Nauplii)、缓步类(Tardigrada)、苔藓类(Bryozoa)和一个未定类群,共 19 个类群的小型底栖生物。图 3 显示主要类群的密度占总密度的百分比,其中线虫是最优势的一个类群,占小型底栖生物总密度的 61%,其次是桡足类和蜱螨类,分别占 11%和 9%。

1999 年东区仅做 2 个测站,共检出线虫等 14 个类群。主要类群密度占总密度的百分比见图 4。与 1997 年相比,本航次未检出腹足类、海蜘蛛、等足类、端足类和苔藓类 5 个类群。小型底栖生物检出类群的减少主要原因应与取样站数减少有关。

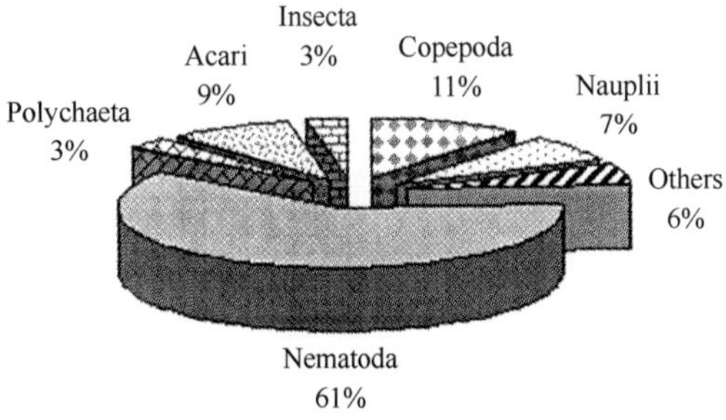

图 3 1997 年航次东区小型底栖生物类群密度百分比

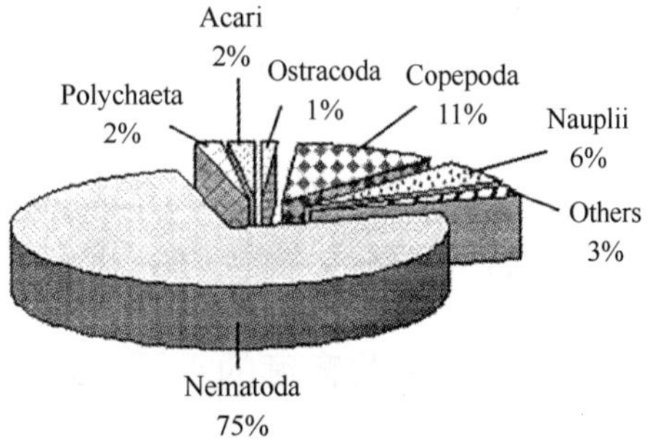

图 4 1999 年航次东区小型底栖生物类群密度百分比

1998 年西区(10 个测站)共检出 17 个类群,分别为动吻类、线虫、轮虫、Loricifera、多毛类、双壳类、海蜘蛛、蜱螨类、昆虫类、介形类、桡足类、等足类、原足类、无节幼体、缓步类、苔藓类和一个未定类群。主要类群的密度占总密度的百分比如图 5 所示,线虫占总密度的 59%,其次是无节幼体和桡足类,各占 10%。

1999 年西区(8 个测站)有 19 个类群,比 1998 年的分析结果少了海蜘蛛,但多了腔肠类。东、西区小型底栖生物类群组成,均以线虫类的数量占优势。图 6 显示线虫为最优势类群,占小型底栖生物总密度的 69%。

东、西区小型底栖生物类群组成,均以线虫类的数量占优势。经初步鉴定,大面站东、西区小型底栖生物的海洋线虫共有 104 种,分隶于 3 个目,30 个科,92 属。由于大洋线虫的数量少,多样性较高,没有出现一个种类显示较为优势的种类,从科水平来看,以嘴刺目的尖口线虫科(Oxystominidae)、色毛目的色毛线虫科(Chromadoridae)、联体线虫科

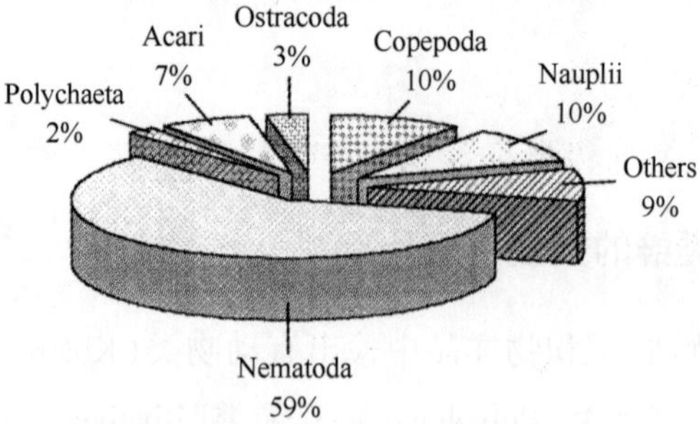

图 5　1998 年航次西区小型底栖生物类群密度百分比

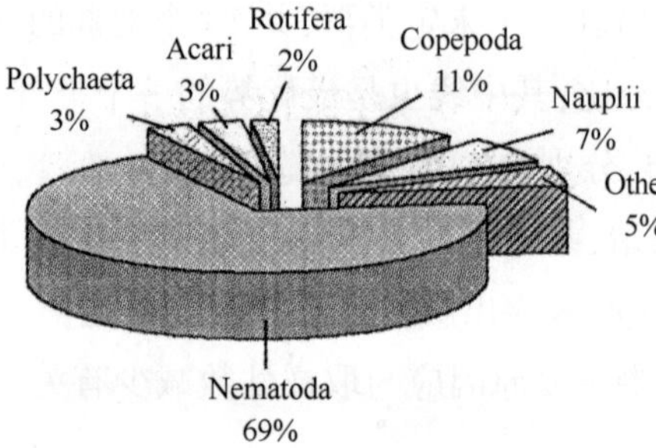

图 6　1999 年航次西区小型底栖生物类群密度百分比

(Comesomatidae)、项链线虫科(Desmoscolecidae)、单宫线虫目的希阿利线虫科(Xyalidae)、线型线虫科(Linhomoeidae)等较为优势的类群。

2.2　小型底栖生物密度的平面分布

1997 年东区小型底栖生物的平均密度为 45.72 个/10 m^2。图 7 显示高值区分布于东部的 ES02 站,栖息密度为 83.98 个/10 cm^2。次高值区出现在南、北部的 ES04 站和 ES07 站,密度分别为 62.53 个/10 cm^2 和 64.22 个/10 cm^2。低密度区主要分布于该区西部海域,其密度在 26~28 个/10 cm^2。

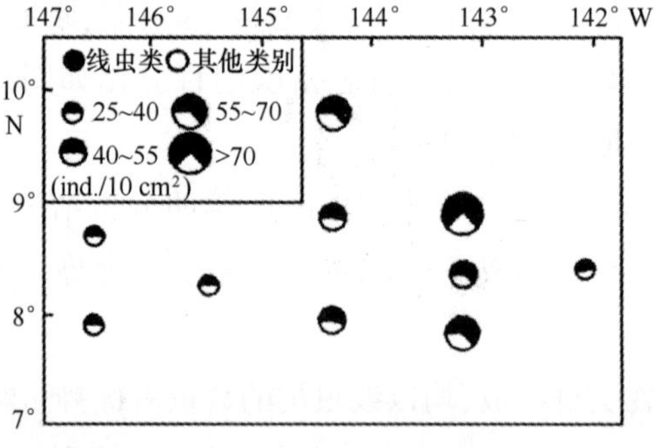

图 7　1997 年航次东区小型底栖生物密度平面分布

1999 年东区两个测站小型底栖生物平均栖息密度为53.69 个/10 cm^2,E9510-05 站密度
1999 年东区两个测站小型底栖生物平均栖息密度为 53.69 个/10 cm^2,E9510-05 站密度
(62. 16/10 cm^2)高于 E9510-03 站(45.22/10 cm^2)(图 8)。

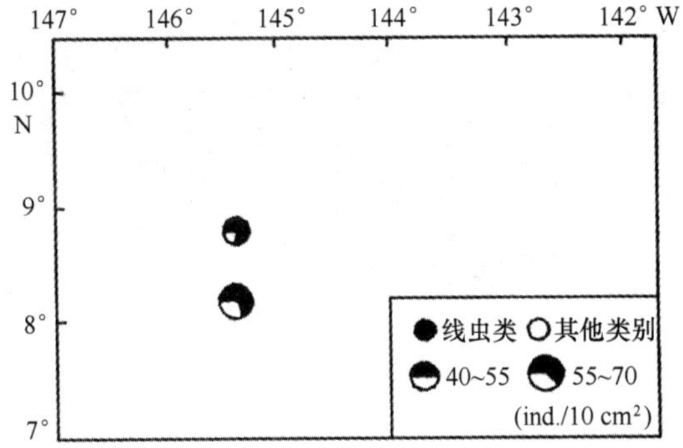

图 8　1999 年航次东区小型底栖生物密度平面分布

1998 年西区小型底栖生物平均密度为28.61 个/10 cm^2,该区西部的密度较高,在 30~35 个/10 cm^2。密度低值区出现在中部和北部,其密度在 20~25 个/10 cm^2(图 9)。

1999 年西区小型底栖生物平均密度为 32.70 个/10 cm^2,高值区分布于南部的 W9510-05 站,栖息密度为 47.43 个/10 cm^2。从图 10 可以看出,在同一条断面上,不同测站小型底栖生物的栖息密度具有明显的差别,可分为高值区(40~45 个/10 cm^2)、中值区(30~40 个/10 cm^2 和低值区(20~30 个/10 cm^2)。最低密度分布在断面中部的 W9510-12 站,其密度为 22.39 个/10 cm^2。

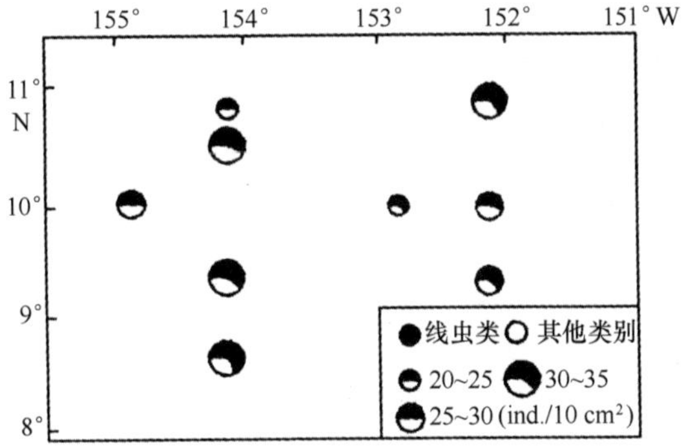

图 9　1998 年航次西区小型底栖生物密度平面分布

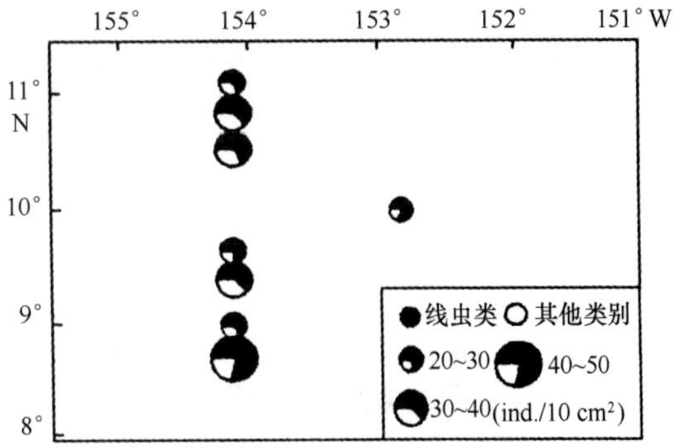

图 10　1999 年航次西区小型底栖生物密度平面分布

2.3　密度的垂直分布

图 11 和图 12 显示东、西两区小型底栖生物栖息密度垂直分布的趋势,呈现出从表层向底层明显减少,但两区小型底栖生物的垂直分布差异明显。在东区,平均有占总密度 54.37%(38.82%~67.86%)的小型底栖生物栖息在 0~1 cm 层的沉积物中,在 4~6 cm 层平均只有 12.64%(8.8%~17.21%);在西区,平均 38.54%(23.20%~49.49%)的小型底栖生物分布

在 0~1 cm 层,而平均有 18.92%(5.56%~28.51%)的小型底栖生物分布于在 4~6 cm 层。

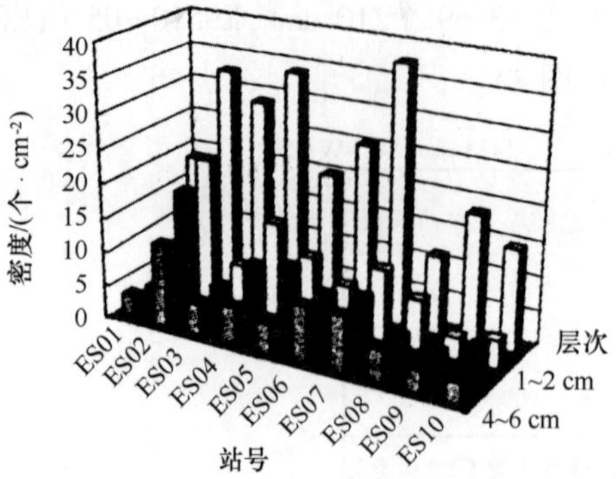

图 11 1997 年航次东区小型底栖生物密度垂直分布

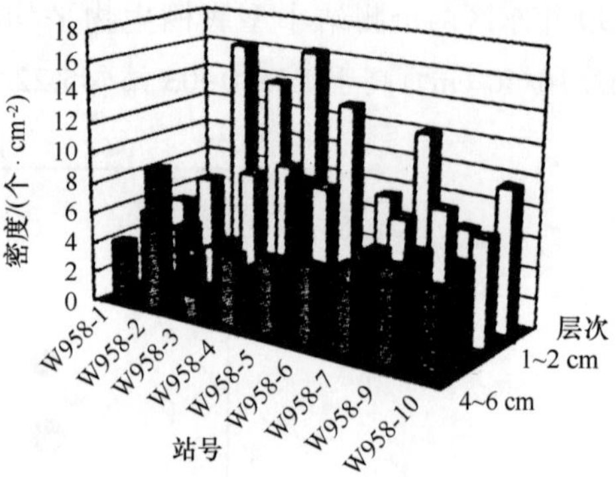

图 12 1998 年航次西区小型底栖生物密度垂直分布

2.4 密度分布的年际变化

东区 1997 年小型底栖生物平均密度为 45.72 个/10 cm^2,1999 年平均密度为 53.69 个/10 cm^2;西区 1998 年小型底栖生物平均密度为 28.61 个/10 cm^2,1999 年平均密度为 32.70 个/10 cm^2。两区小型底栖生物栖息密度具有明显的年际变化,东区 1997 年和西区 1998 年的密度均分别低于 1999 年相应区域的密度。表 1 显示西区不同年份 5 个相同测站的小型底栖生物栖息密度的差异,其中 W958-1 站不同年份的密度差别近 1 倍。

表 1 西区小型底栖生物密度不同年份相同测站的比较 个/10 cm^2

站号	W958-1	W958-2	W958-3	W958-4	W958-5	平均
1998 年	21.31	33.17	33.45	35.71	19.34	28.60
1999 年	40.06	39.03	34.61	47.43	25.63	37.35

2.5 小型底栖生物分布与环境因子的关系

地质同步取样调查结果表明,东、西两区表层沉积物皆为粉砂质黏土,黏土粒级的沉积物是矿区沉积物的主要组分;但小于 0.001 mm 粒级,东区的含量则比西区的高,西区在 16.5%~30.5%,平均 23.7%,东区在 11.8%~40.2%,平均 30.6%,说明东区的黏粒组分更细。东区小型底栖生物密度高于西区,与底质黏粒组分及软硬有关。小型底栖生物食物的可获性与沉积物类型关系密切,底质颗粒越细越有利于小型底栖生物对食物的获取。东区沉积物泥样除个别站外均较软,松软底质有利于底栖生物垂直分布和上下活动,因而小型底栖生物分布比较深,总栖息密度较高。西区底质较东区粗、硬,因而不利于小型底栖生物向深层分布。

东区多金属结核稀少，而西区结核的覆盖率高。在西区，大部分多管泥样在0~2 cm层常有结核分布，有些结核分布至4 cm深，这些结核占据了一定的空间，使得相关层次单位体积内的沉积物样品量减少，进而导致小型底栖生物标本少、密度低。如W958-6站和W958-9站0~4 cm层都有结核出现，致使这些站位表层小型底栖生物密度与下层相近甚至更低(图12)。

西区小型底栖生物密度低于东区，可能还与底层流有关。东区的底层流比较小，流速一般为3~4 cm/s，而西区底层流流速较大，流速一般在9~10 cm/s，有时能达到15 cm/s左右，并能持续较长时间，因而有可能影响西区表层沉积物的稳定，导致西区表层小型底栖生物栖息密度下降。

参考文献

1 张志南，李永贵，图立红，等. 黄河口水下三角洲及其邻近水域小型底栖动物的初步研究. 海洋与湖沼，1989，20(3)：197-207.

2 张志南，谷峰，于子山. 黄河口水下三角洲海洋线虫空间分布的研究. 海洋与湖沼，1990，21(1)：11-19.

3 Higgins, R. P. and H. Thiel (Eds.). Introduction to the Study of Meiofauna. Washington, DC: Smithsonian Institution Press, 1988: 488.

4 Olav Giere. Meiobenthology—The Microscopic Fauna in Aqutic Sediments. Springer-Verlag, Berlin Heidelberg New York, 1993, p.328.

5 Soefaert K, Vincx M, Witloeck J et al. Meiobenthic distribution and nematode community structure in five European estuaries, Hydrobiologia, 1995, 311(1~3): 185-206.

林荣澄，江锦祥，黄心光，徐惠州，李荣冠. 原载《2001年中国大洋矿产资源研究开发学术研讨会论文集》(下)，434-438.

楚科奇海及白令海大型底栖生物初步研究

摘要　1999 年夏季在楚科奇海、白令海采用 30 cm×30 cm 箱式取样器，取得 16 个站位大型底栖生物定量样品。经分析研究有大型底栖生物 92 科 164 种，其中多毛类、软体动物和甲壳动物种数最多，占总种数的 88.41%，三者构成北极楚科奇海和白令海大型底栖生物的主要类群。优势种有独毛虫属一种（*Tharyx* sp.）、齿吻沙蚕属一种（*Nephtys* sp.）、囊叶齿吻沙蚕（*Nephtys caeca*）、平滑胡桃蛤（*Ennucula tenuis*）、短吻状蛤（*Nuculana pernula pernuloides*）、拟猛钩虾属一种（*Harpiniopsis* sp.）、日本沙钩虾（*Byblis japonicus*）和萨氏真蛇尾（*Ophiura sarsii*）等。楚科奇海和白令海大型底栖生物平均生物量为 111.83 g/m^2，平均栖息密度为 2 538 个/m^2。生物量和栖息密度均以多毛类和软体动物占多数。楚科奇海和白令海大型底栖生物有 5 个群落类型：Ⅰ.梯额虫（*Scalibregma inflatum*）–紫轮参（*Polycheira rufescens*）–结栉盖蛇尾（*Stegophiura nodosa*）群落，Ⅱ.拟单指虫（*Cossurella* sp.）–平滑胡桃蛤–鳞甲钩虾（*Lepidepecreum* sp.）群落，Ⅲ.缩头竹节虫（*Maldane sarai*）–葛氏希泊钩虾（*Hippomedon gorbunovi*）–萨氏真蛇尾群落，Ⅳ.齿吻沙蚕（*Nephtys* sp.）–平滑胡桃蛤–日本沙钩虾–戈芬星虫（*Golfingia* sp.）群落和白令海群落，即索沙蚕（*Lumbrineris fragilis*）–户枢蛤（*Asthenothaerus* sp.）–太平洋方甲涟虫（*Eudorella pacifica*）–革囊星虫（*Phascolion* sp.）群落。楚科奇海的群落Ⅰ、群落Ⅱ和白令海各群落结构相对稳定；楚科奇海群落Ⅲ和群落Ⅳ出现一定扰动。

关键词　北极；物种多样性；数量；群落

Macrobenthos in the Chukchi Sea and Bering Sea

Abstract: Species diversity, quantity, distribution and community of macrobenthos are analyzed in this paper. The materials were collected from 16 stations in the Chukchi Sea and Bering Sea in summer 1999. For quantitative analysis, samples were collected by a 30 cm×30 cm box sampler. There were in all 92 families and 164 species, of which Polychaeta comprised 62 species, Mollusca 42, Crustacea 37, Echinodermata 14 and other groups 9 species. Polychaeta, Mollusca and Crustacea occupy 88.41% of all species. *Cossurella* sp., *Tharyx* sp., *Maldane sarai*, *Nephtys caeca*, *Phascolion* sp., *Ennucula tenuis*, *Nuculana pernula pernuloides*, *Clinocardium* (*Ciliatocardium*) *ciliatum*, *Asthenothaerus* sp., *Eudorella pacifica*, *Lepidepecreum* sp., *Harpiniopsis* sp., *Byblis japonicus*, and *Ophiura sarsii* were dominant species and key species. The average biomass was 111.83 g/m^2, and individual density was 2 538 ind./m^2 in Chukchi Sea and Bering Sea. Five macrobenthic commumities from Chukchi Sea and Bering Sea are recorded in this paper. They are Community Ⅰ.*Scalibregma inflatum-Polycheira rufescens-Stegophiura nodosa*, Ⅱ. *Cossurella* sp. -*Ennucula tenuis-Lepidepecreum* sp., Ⅲ. *Maldane sarai-Hippomedon gorbunovi-Ophiura sarsii*, Ⅳ. *Nephtys* sp.-*Ennucula tenuis-Byblis japonicus-Golfingica* sp., and the Community of the Bering Sea, *Lumbrineris fragilis-Asthenothaerus* sp. -*Eudorella pacifica-Phascolion* sp. Commumity of the Bering Sea and Communities Ⅰ and Ⅱ in Chukchi Sea are relatively stable, but disturbance charac-terizes Communities Ⅲ and Ⅳ in the Chukchi Sea.

Key words: Arctic, species diversity, quantity, communities

楚科奇海和白令海生物区系的研究始于1878—1879年,由Stuxberg A.和Vega O. Nordenskjold开展的采集和考察;此后的考察包括苏联时期,特别是1929年和1934年F. Lithke Icebreaker的考察;1932—1933年欧洲水生研究所的太平洋考察;1933—1934年Chelyuskin的考察;1935年Krassin Icebreaker的考察。20世纪60—70年代以来,北极周边国家苏联、挪威、丹麦、美国和加拿大等开始了较大规模的科学考察,先后发表了一系列论文和专著。近年来,欧美一些国家也进行了北极海冰生物学、生态学和生物海洋学方面的研究。欧洲海洋与极地委员会、欧洲科学基金委员会在全球环境北极海洋生态系(Arctic Ocean System in the Global Environment, 1996—2005)10年计划中将海洋生态学列为其中四大科研项目之一,其内容主要有海洋生物的种类组成、季节演替、理化和生物学过程、群落和食物网、个体实验生态学等。

我国自“八五”以来在南极进行了大量考察,国家海洋局第三海洋研究所等曾派人前往调查取样,并发表了有关论文,但在北极海域,只有少数学者与国外有关科研人员合作进行过少量零星调查研究,而大型底栖生物生态研究几乎是空白。

1 自然环境特征

白令海位于Kamchatka海峡北部,表面积约2 304 km^2,最大水深4 420 m,平均1 598 m。深水区较小,大陆架1 000 km^2,占44%,半深海289 km^2,占13%,深海992 km^2,占43%。白令海按200 m等深线分为面积约相等的两部分:东北部的大陆架,深度小于200 m;西南部水深大于3 500 m。西南部又可以分为两个海沟,较小的一个在西部,另一个在东部,面积比西部大4倍。白令海通过Kamchatka深海峡与太平洋连接,海峡沟与西部沟间在不同深处相互连接。因阿留申(Aleutian)海峡的深度,白令海与太平洋水团的完全接触而水密度尚不清楚,白令海被认为可能是太平洋的一个分支。

白令海北部通过白令海峡与楚科奇海相接。白令海水的运动以一个方向,约20 000 km^3/s通过白令海峡进入楚科奇海。底质类型主要为粗砾、砂、粉砂、粉砂-黏土-硅藻软泥、黏土-硅藻软泥、粉砂,黏土-软泥等(Zenkevitch,1963)。

楚科奇海位于 Wrangel 岛的东部远至 Cape Barrow，通过狭而浅的白令海峡与太平洋连接。面积约 582 000 km^2，大部分水深小于 50 m，最大深度 180 m，平均 86 m。白令海峡和 Herald shoal 底部是硬底，主要为砂、粗砾、卵石和岩石，余下为粉砂质泥和黏土质淤泥。较强的太平洋水域暖流通过白令海峡进入楚科奇海。楚科奇海表层水温，7 月份保持在-1.5℃以下，11 月至次年 5 月，在-1. 60～-1. 80℃，6 月、9 月和 10 月保持在 0℃，但 7 月和 8 月远离的沿岸水可上升到 3.0℃，5.0℃或 7.0℃（月平均）。楚科奇海的盐度在较深部分达到 31. 70～32.60，在北部达到 34.80。表层盐度变化较大，夏季邻近楚科奇半岛的海水，盐度仅 3.00～8.00，有时甚至更小，余下部分通常在 29.00～32.50。在冰溶解的水域，表层盐度下降到千分之几；冬季由于水结冰，表层可达到很高的盐度（Zenkevitch，1963）。

2　材料与方法

根据 1999 年 7—8 月，我国组队乘坐“雪龙”号调查船进行首次北极综合科学考察资料整理。大型底栖生物生态调查站位共布设 16 个，其中楚科奇海 13 个，白令海 3 个（图 1）。每站用 30 cm×30 cm 箱式采泥器取样 1 次，样品经 1.00 mm 和 0.50 mm 金属套筛淘洗，分离挑选标本。标本按《海洋调查规范 · 生物分册》处理。

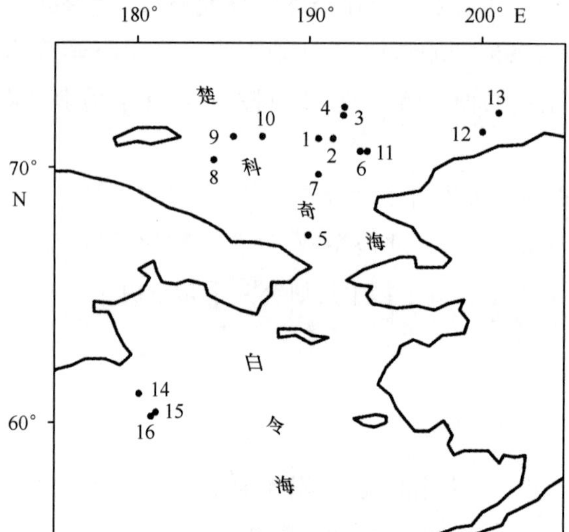

图 1　大型底栖生物调查站位

Fig.1　Sampling stations of macrobenthos

群落划分应用 Bray-Curtis 相似性系数、多维尺度排序；群落分析应用丰度生物量比较法、部分优势度和个体几何级数等（李荣冠，江锦祥，1992；李荣冠等，1995，1997，1999），数据经微机处理，图件绘制主要采用 PRIMER 和 SURFER 软件。

3 结果与分析

3.1 物种组成与分布

3.1.1 种类组成

北极楚科奇海和白令海大型底栖生物已鉴定92科164种,其中多毛类62种,软体动物42种,甲壳动物37种,棘皮动物14种和其他动物9种。多毛类、软体动物和甲壳动物种数最多,占总种数的88.41%,三者构成大型底栖生物的主要类群。

根据种类的数量和出现率,优势种(dominant species)和主要种(key species)有拟单指虫属一种(*Cossurella* sp.)、独毛虫属一种(*Tharyx* sp.)、缩头竹节虫(*Maldane sarai*)、齿吻沙蚕属一种(*Nephtys* sp.)、囊叶齿吻沙蚕(*Nephtys caeca*)、革囊星虫属一种(*Phascolion* sp.)、平滑胡桃蛤(*Ennucula tenuis*)、短吻状蛤(*Nuculana pernula pernuloides*)、冰岛扁鸟蛤(*Clinocardium* (*Ciliatocardium*) *ciliatum*)、户枢蛤属一种(*Asthenothaerus* sp.)、太平洋方甲涟虫(*Eudorella pacifica*)、鳞甲钩虾属一种(*Lepidepecreum* sp.)、拟猛钩虾属一种(*Harpiniopsis* sp.)、日本沙钩虾(*Byblis japonicus*)和萨氏真蛇尾(*Ophiura sarsii*)等。

Andyr湾是白令海中最冷的地方,在湾的西边沙地*Echinanachnius parma*大量存在。在湾的中央部分由萨氏真蛇尾和粉白樱蛤(*Macoma calcarea*)占据,还有双壳类的片云母蛤(*Yoldia limatula*),*Axinusgouldi*;多毛类的缩头竹节虫、辐乳虫(*Axiothella catenata*)、简毛拟节虫(*Praxillella gracilis*)、梳鳃虫 (*Terebellides stroemii*)、梯额虫、刚鳃虫(*Chaetozone setosa*)、索沙蚕(*Lumbrineris fragilis*)、四索沙蚕(*L.impatiens*)、欧努菲虫(*Onuphis paravastriata*)等。白令海东边和西边生物区系相似,在温度小于3℃时,优势种有软体动物的粉白樱蛤,*Leda permula*,橄榄胡桃蛤(*Nucula tenuis*),*Serripes groenlandicus*,*Yoldiahyperborean*,*Y. traciaeformis*,鸟蛤(*Cardium ciliatum*);棘皮动物有萨氏真蛇尾,*Echinarachnius parma*,倦栉鳞海星(*Ctenodiscus crispatus*)和瓜参(*Cucumaria calcigera*)等(Haflinger, 1981; Stoker, 1981; Zenkevitch, 1963)。与前人研究比较,不少优势种和主要种极为吻合,种类组成也极为相似。白令海陆架主要的生物种群由双壳类、棘皮动物和多毛类组成。

3.1.2 优势种分布

楚科奇海和白令海大型底栖生物优势种平滑胡桃蛤的出现率最高,遍及楚科奇海和白令海。独毛虫属一种和齿吻沙蚕属一种出现率也很高。依次为日本沙钩虾、囊叶齿吻沙蚕、短吻状蛤、拟猛钩虾属一种等(图2)。

3.1.3 种数分布

北极楚科奇海海域大型底栖生物种数128种,分布相对较均匀,大部分测站的种数在21~30种。在13个测站中,小于20种的站有4个,分别分布于近白令海峡中线及两侧一带水域,其中站点10和站点5种数最少,分别仅3种和7种;21~30种的站有9个,主要分布在中

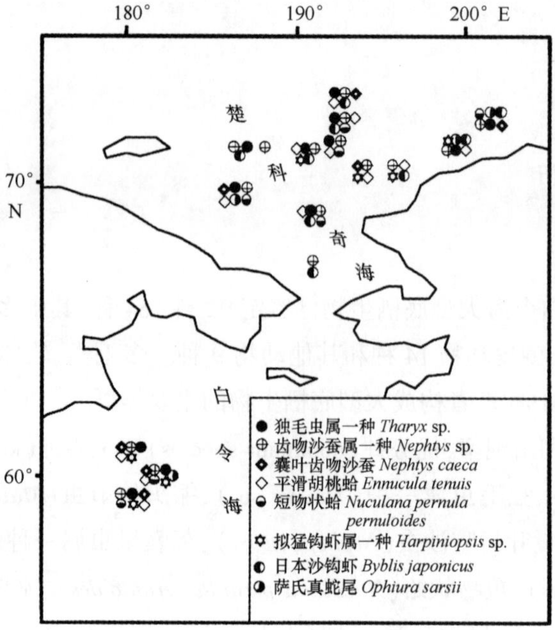

图 2　大型底栖生物优势种分布

Fig.2　Distribution of dominant species of macrobenthos

北部水域。白令海大型底栖生物种数 68 种，每站种数相对较多，均大于 30 种，分布在白令海西部和北部水域(图 3)。

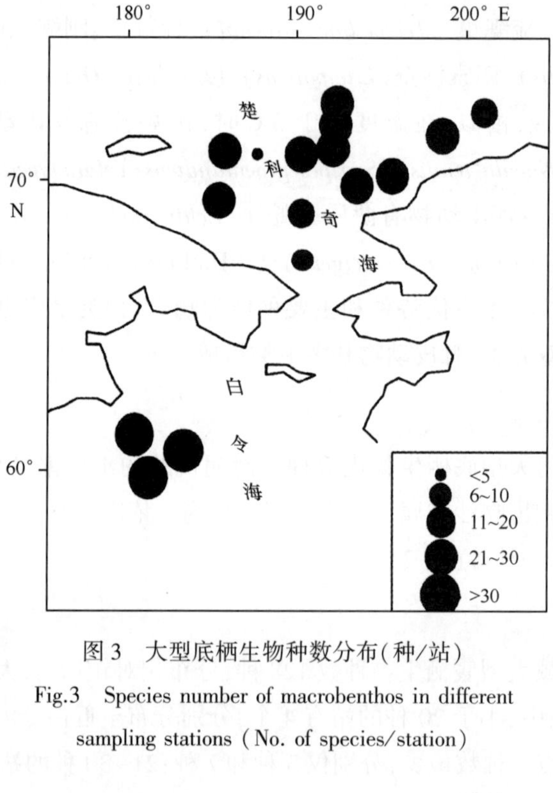

图 3　大型底栖生物种数分布(种/站)

Fig.3　Species number of macrobenthos in different sampling stations (No. of species/station)

3.2 数量组成与分布

3.2.1 数量组成

北极楚科奇海和白令海大型底栖生物平均生物量为 111.83 g/m^2,平均栖息密度为2 538 个/m^2。生物量以多毛类占第一位(40.31 g/m^2),软体动物占第二位(36.63 g/m^2),依次为其他动物、棘皮动物和甲壳动物;栖息密度以多毛类占第一位(1 322 个/m^2),软体动物占第二位(541 个/m^2),甲壳动物占第三位(328 个/m^2),依次为其他动物和棘皮动物。生物量和栖息密度均以多毛类和软体动物占优势(图 4A,B)。

楚科奇海和白令海大型底栖生物数量组成大致相同,均以多毛类和软体动物为主要类群(图 4A,B)。楚科奇海底栖生物量通常在 0.1~200 g/m^2 之间,仅在南部和白令海峡有所增加。白令海在 50~150 m 深处,生物量为 50~500 g/m^2,在湾中部最大达到 1 000 g/m^2,平均生物量为 426.6 g/m^2,栖息密度 710 个/m^2(Stephen & Feder,1981;Zenkevitch,1963)。

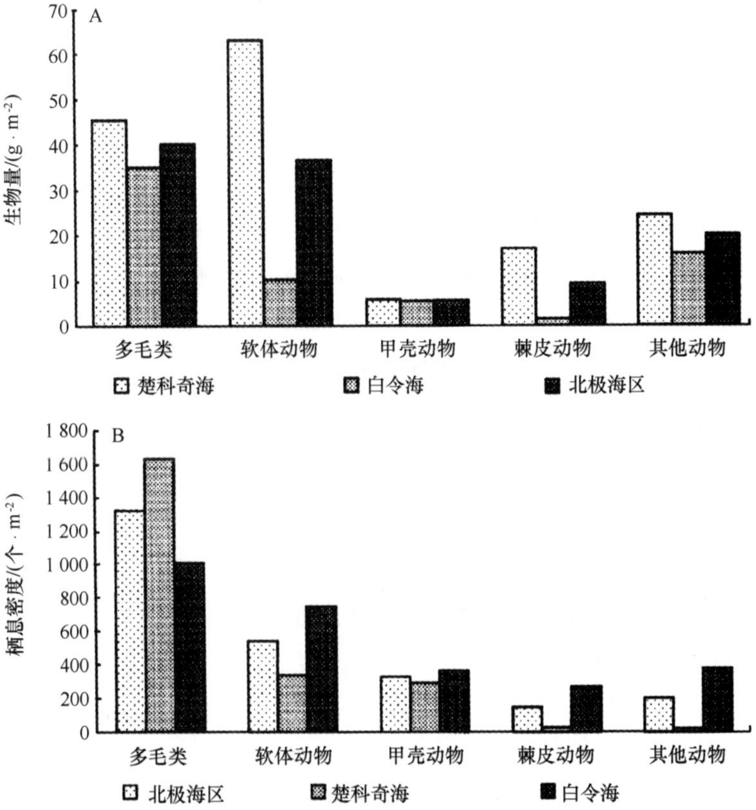

图 4 白令海、楚科奇海大型底栖生物生物量(A)和栖息密度(B)组成

Fig.4 Compositions of biomass (A) and density (B) of macrobenthos in Bering Sea and Chukchi Sea

3.2.2 数量分布

北极楚科奇海和白令海大型底栖生物的生物量最高区出现在楚科奇海海域西南部、中

部和东部一侧水域，站点 8 高达 332.90 g/m²，站点 3 为 250. 74 g/m²，站点 12 和站点 13 分别为 257.74 g/m² 和 256.20 g/m²；最低出现在白令海西北部水域，站点 14 仅 32.52 g/m²。靠近白令海中线的站点 5 和站点 7 也较低，分别为 56.05 g/m² 和 52.42 g/m²。栖息密度最高也出现在楚科奇海海域的西南部、中部和东部一侧水域，站点 8 高达 6 597 个/m²，站点 12 和站点 6 分别为 5 867 个/m² 和 5 936 个/m²。白令海相对较均匀，最高的站点 16 为 4 252 个/m²，最低的站点 15 为 1 160 个/m²（图 5A，B）。

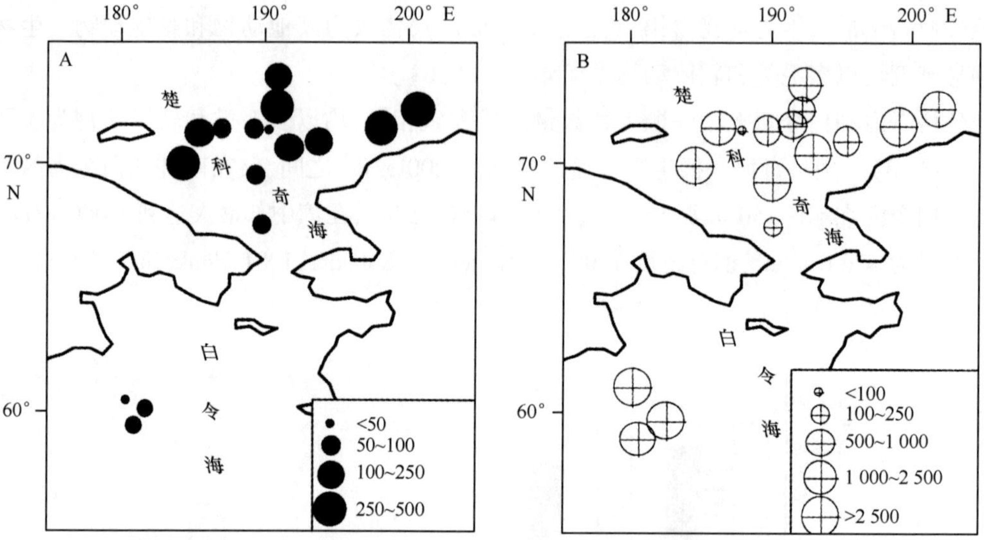

图 5　白令海、楚科奇海大型底栖生物生物量（g/m²）（A）和栖息密度（个/m²）（B）分布

Fig.5　Distribution of biomass（g/m²）（A）and density（ind./m²）（B）of macrobenthos in Bering Sea and Chukchi Sea

3.3　群落

3.3.1　群落类型

按照 Bray-Curtis 相似性聚类树状图（图 6）和多维尺度排序（图 7），北极楚科奇海和白令海大型底栖生物可划分为 5 个群落。

楚科奇海群落 Ⅰ：梯额虫（*Scalibregma inflatum*）-紫轮参（*Polycheira rufescens*）-结栉盖蛇尾（*Stegophiura nodosa*）。

楚科奇海群落 Ⅱ：拟单指虫-平滑胡桃蛤-鳞甲钩虾。

楚科奇海群落 Ⅲ：缩头竹节虫-葛氏希泊钩虾（*Hippomedon gorbunovi*）-萨氏真蛇尾。

楚科奇海群落 Ⅳ：齿吻沙蚕-平滑胡桃蛤-日本沙钩虾-戈芬星虫属一种（*Golfingia* sp.）。

白令海群落，索沙蚕（*Lumbrineris fragilis*）-户枢蛤-太平洋方甲涟虫-革囊星虫。

3.3.2　群落结构

楚科奇海群落 Ⅰ：梯额虫-紫轮参-结栉盖蛇尾群落。该群落位于楚科奇海中部和近白

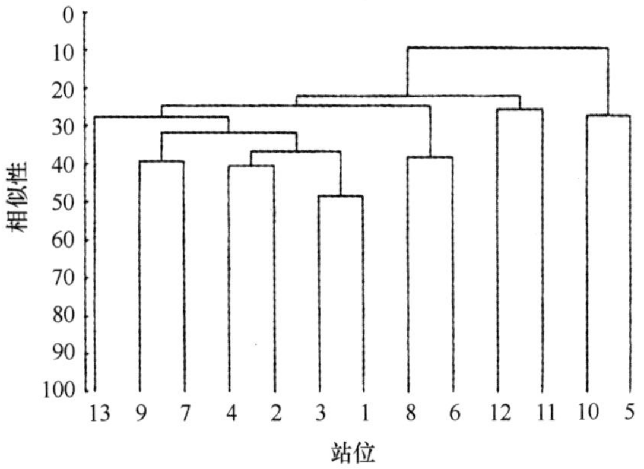

图 6　楚科奇海 13 个站位相似性聚类树状

Fig.6　Dendrogram for hierachical clustering of 13 stations in Chukchi Sea

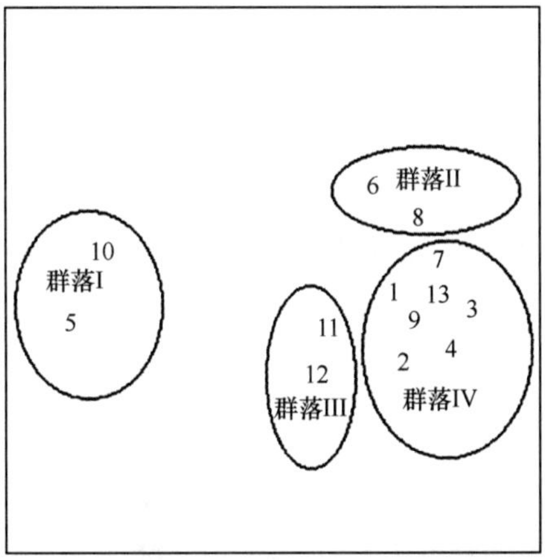

图 7　楚科奇海 13 个站位多维尺度排序

Fig.7　Ordination of 13 stations by multi-dimensional scaling in Chukchi Sea

令海峡，水深 38~47 m。底质主要为泥质细砂和粉砂质泥。该群落共由 13 个物种组成，为 5 个群落中种类数最少的群落。平均生物量为 68.02 g/m^2，平均栖息密度为 83 个/m^2。生物量以棘皮动物、软体动物占优势；栖息密度以多毛类、棘皮动物占优势。代表种梯额虫的数量并不大，最大生物量仅 1.78 g/m^2，栖息密度不高，仅 11 个/m^2。紫轮参出现率不高，为该群落的特征种，也是群落中生物量的最高贡献者，为 56.54 g/m^2，栖息密度仅为 11 个/m^2。结栉盖蛇尾也是群落的特征种，生物量和栖息密度分别为 6.71 g/m^2 和 22 个/m^2。其他主要种和习见种有缩头竹节虫、平滑胡桃蛤、短吻状蛤、北方樱蛤（*Peronidia verulosa*）、*Cylichna nucleola*、葛氏希泊钩虾和日本沙钩虾等。

楚科奇海群落Ⅱ：拟单指虫-平滑胡桃蛤-鳞甲钩虾群落。该群落位于楚科奇海中部近 Wrangel 岛、西伯利亚沿岸和近阿拉斯加沿岸，水深 50~59 m，底质为粉砂质砂。该群落共有 44 种，平均生物量 284.80 g/m^2，平均栖息密度为 6 266 个/m^2。生物量以软体动物占优势，栖息密度以多毛类、甲壳动物和软体动物占优势,该群落的物种栖息密度最高。代表种为拟单指虫,生物量不高,仅 2.63 g/m^2,而栖息密度则高达 4 013 个/m^2。平滑胡桃蛤的生物量和栖息密度均很高,分别为 214.38 g/m^2 和 917 个/m^2,出现率也较高。鳞甲钩虾的生物量和栖息密度也较大,分别为 11. 17 g/m^2 和 765 个/m^2。其他习见种和主要种有:爱氏海葵属一种(*Edwardsia* sp.)、齿吻沙蚕、囊叶齿吻沙蚕、尖锥虫(*Scoloplos armiger*)、户枢蛤、粉白樱蛤、鳞甲钩虾、角钩虾属一种(*Ceradocus* sp.)和萨氏真蛇尾等。

楚科奇海群落Ⅲ:缩头竹节虫-葛氏希泊钩虾-萨氏真蛇尾群落。该群落位于楚科奇海东部近阿拉斯加沿岸,水深 44~50 m,底质为粉砂质泥、软泥。该群落共有 44 种,与群落Ⅱ种数相等。平均生物量为 208.91 g/m^2,平均栖息密度为 3 410 个/m^2。生物量以多毛类、棘皮动物占优势;栖息密度以多毛类和甲壳动物占优势。优势种缩头竹节虫,在站点 12 生物量和栖息密度分别高达 106.54 g/m^2 和 4 611 个/m^2;在站点 11 分别为 71.66 g/m^2 和 33 个/m^2。葛氏希泊钩虾生物量不高,为 10.77 g/m^2,栖息密度可达 311 个/m^2。萨氏真蛇尾在站点 12 生物量和栖息密度分别为 59.51 g/m^2 和 121 个/m^2。主要种和习见种有:蕨形角海葵(*Cerianthus filiformis*)、辐乳虫属一种(*Axiothella* sp.)、长叶索沙蚕(*Lumbrineris longifolia*)、襟节虫属一种(*Clymenella* sp.)、短吻状蛤、片云母蛤、*Oenopota harpa* 和鳞甲钩虾等。

楚科奇海群落Ⅳ:齿吻沙蚕-平滑胡桃蛤-日本沙钩虾-戈芬星虫群落。该群落位于楚科奇海中北部,水深 38~52 m,底质为粉砂质泥、硬泥和软泥。该群落共有 82 种,平均生物量 128.82 g/m^2,平均栖息密度为 1 500 个/m^2。生物量以软体动物和多毛类占优势;栖息密度以多毛类和软体动物占优势。代表种齿吻沙蚕,生物量不高,仅 3.00 g/m^2,而栖息密度则高达 900 个/m^2。平滑胡桃蛤的生物量和栖息密度也很高,生物量最高为 79.92 g/m^2,栖息密度最高为 533 个/m^2,出现率也较高。日本沙钩虾的生物量不高,仅 2.66 g/m^2,而栖息密度也较大,为 187 个/m^2。其他习见种和主要种有:拟单指虫、独毛虫、那不勒斯膜帽虫(*Lagis neapolitana*)、囊叶齿吻沙蚕、丝鳃稚齿虫(*Prionospio malmgreni*)、辐乳虫、戈芬星虫、平滑胡桃蛤、短吻状蛤、乳头乳玉螺(*Polinices pallida*)、*Solariella varicosa*、角钩虾属一种(*Ceradocus* sp.)、日本沙钩虾、华眼钩虾属一种(*Sinoediceros* sp.)、萨氏真蛇尾和柱头虫(*Balanoglossus* sp.)等。

白令海群落:索沙蚕-户枢蛤-太平洋方甲涟虫-革囊星虫群落。该群落位于白令海西北部近 St.Lawrence 岛,水深 161~180 m,底质主要为泥质粉砂。该群落共有 71 种,平均生物量为 67.88 g/m^2,平均栖息密度为 2 767 个/m^2。生物量以多毛类占优势;栖息密度以多毛类和软体动物占优势。特征种索沙蚕,出现率高且分布广,在站点 14 生物量和栖息密度分别为 0.67 g/m^2 和 67 个/m^2;在站点 15 分别为 0.44 g/m^2 和 56 个/m^2;在站点 16 分别为 6.83 g/m^2 和 711 个/m^2。户枢蛤,个体小数量大,在站点 14 生物量和栖息密度分别为 1.33 g/m^2 和 589 个/m^2;在站点 15 分别为 0.66 g/m^2 和 111 个/m^2;在站点 16 分别为 1.55 g/m^2 和 555 个/m^2。太平洋方甲涟虫,出现率高分布广,生物量不大,栖息密度达 176 个/m^2。革囊星虫在站点 14 生物量和栖息密度分别为 2.20 g/m^2 和 473 个/m^2;在站点 16 生物量和栖息密度分别为 1.98 g/m^2 和 374 个/m^2。主要种和习见种有:爱氏海葵、囊叶齿吻沙蚕、不倒翁虫

(*Sternaspis scutata*)、*Polymnia frigonostoma*、歧指纹蛤(*Acila* (*Truncacila*) *castrensis*)、平滑胡桃蛤、帚形蛤(*Cardiomya* sp.)、*Tachyrhynchus* sp.、盒螺(*Cylichna nucleola*)、新异足虫(*Neotanais* sp.)、拟猛钩虾和萨氏真蛇尾等。

3.3.3 群落的多样性

北极楚科奇海和白令海大型底栖生物各群落丰富度(d)、种类多样性(H')和均匀度(J)不相同,丰富度以白令海群落最高(4.314),楚科奇海群落Ⅰ最低(0.687);种类多样性(H')以白令海群落最高(2.837),楚科奇海群落Ⅲ最低(1.606);均匀度(J)以楚科奇海群落Ⅰ最高(0.900),群落Ⅲ最低(0.522)(表1)。

表1 白令海、楚科奇海大型底栖生物群落特征值

Tab.1 The characteristic values of communities of macrobenthos in Bering Sea and Chukchi Sea

群落	丰富度(d)	多样性(H')	均匀度(J)
楚科奇海群落Ⅰ	0.687	1.688	0.900
楚科奇海群落Ⅱ	3.341	2.252	0.672
楚科奇海群落Ⅲ	2.906	1. 606	0.522
楚科奇海群落Ⅳ	3.251	2.547	0.808
白令海群落	4.314	2.837	0.803

3.3.4 群落的稳定性

应用丰度生物量比较法、部分优势度和个体几何级数对楚科奇海和白令海域大型底栖生物群落进行分析表明,群落Ⅰ(图8A,B)和群落Ⅱ(图9A,B)结构相对稳定。尽管群落Ⅰ生物量累积系数达到近60%,但群落Ⅰ丰度生物量复合k-优势度、部分优势度曲线不交叉、不重叠、不翻转。群落Ⅲ(图10A,B)和群落Ⅳ(图11A,B)结构不稳定。

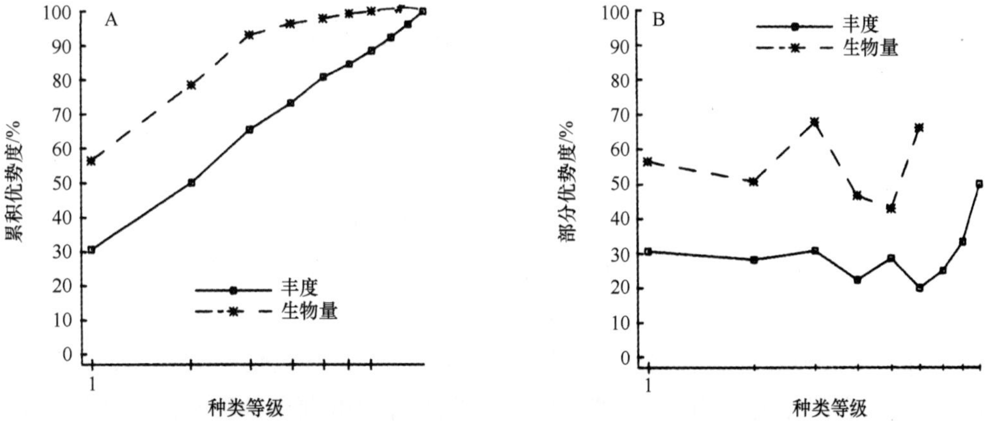

图8 楚科奇海群落Ⅰ丰度生物量复合k-优势度(A)和部分优势度曲线(B)

Fig.8 Curves of abundance biomass comparison (A) and partial k-dominance (B) of community Ⅰ in Chukchi Sea

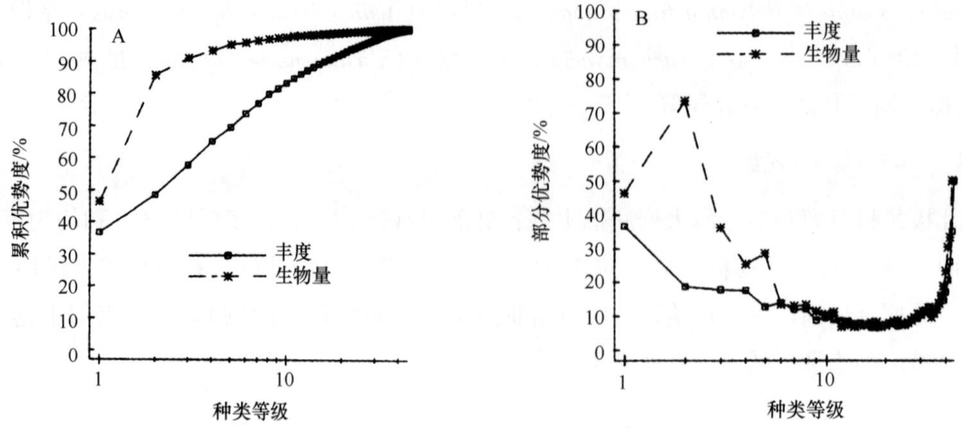

图 9　楚科奇海群落Ⅱ丰度生物量复合 *k*-优势度(A)和部分优势度曲线(B)

Fig.9　Curves of abundance biomass comparison (A) and partial *k*-dominance (B) of community Ⅱ in Chukchi Sea

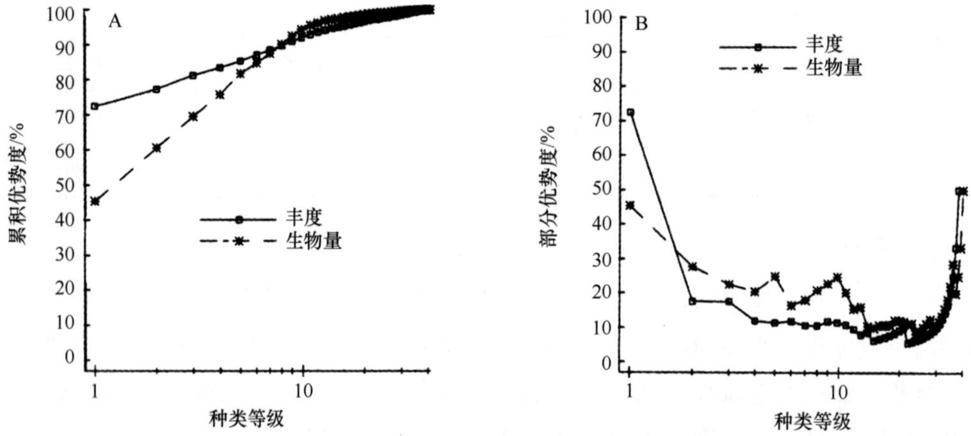

图 10　楚科奇海群落Ⅲ丰度生物量复合 *k*-优势度(A)和部分优势度曲线(B)

Fig.10　Curves of abundance biomass comparison (A) and partial *k*-dominance (B) of community Ⅲ in Chukchi Sea

群落Ⅲ的丰度累积系数高达近 75%,其丰度生物量复合 *k*-优势度和部分优势度曲线前端出现交叉、重叠、翻转,个体几何级数跨度也大(图 10A,B,图 13A,B)。群落Ⅲ和群落Ⅳ结构不稳定,初步认为与群落中优势种个体的大量出现有关;如群落Ⅲ中缩头竹节虫,在站点 12 栖息密度高达 4 611 个/m^2,该群落平均栖息密度高达 3 410 个/m^2;群落Ⅳ中,齿吻沙蚕生物量不高,仅 3.00 g/m^2,而栖息密度则高达 900 个/m^2,此导致楚科奇海丰度生物量复合 *k*-优势度曲线和部分优势度曲线前端出现交叉重叠,个体几何级数跨度大。白令海群落结构相对稳定,其丰度生物量复合 *k*-优势度曲线不交叉、不重叠、不翻转,个体几何级数跨度也不大(图 12A,B)。

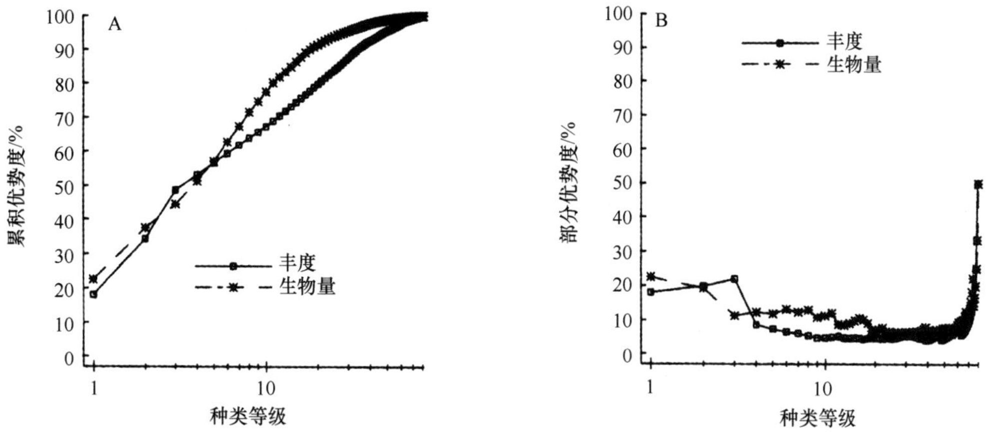

图 11　楚科奇海群落Ⅳ丰度生物量复合 k-优势度(A)和部分优势度曲线(B)

Fig.11　Curves of abundance biomass comparison (A) and partial k-dominance (B) of community Ⅳ in Chukchi Sea

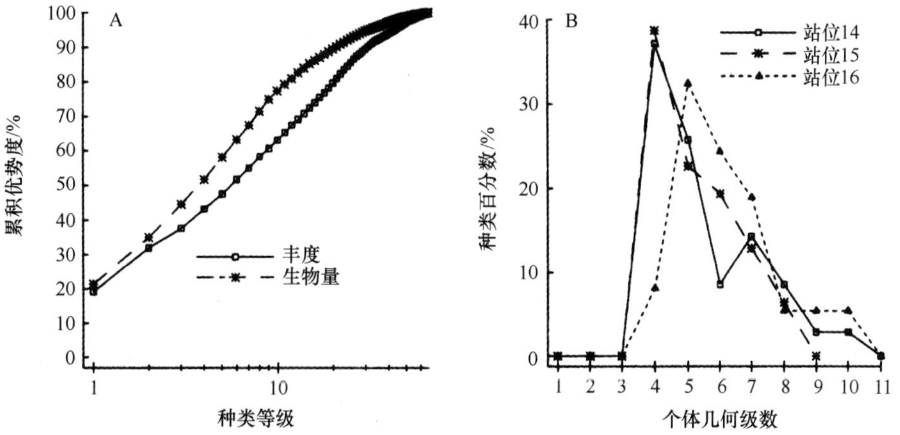

图 12　白令海群落丰度生物量复合 k-优势度(A)和各站个体几何级数(B)曲线

Fig.12　Curves of abundance biomass comparison (A) and geometric classes of individuals per species (B) of community in Bering Sea

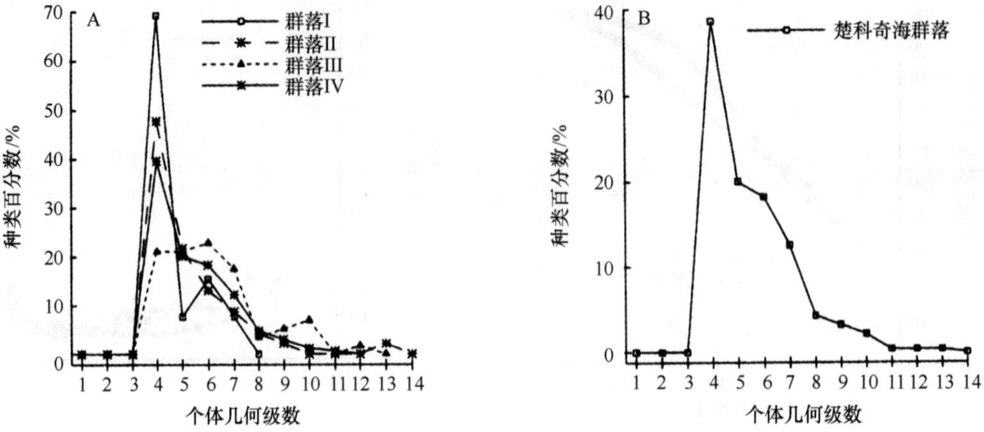

图 13　楚科奇海各群落(A)和总体群落(B)个体几何级数

Fig.13　Curves of geometric classes of individuals per species of communities Ⅰ~Ⅳ (A) and community in Chukchi Sea (B)

参考文献

Haflinger K. 1981. A survey of benthic infaunal communities of the Southeastern Bering Sea shelf. In: Donald W. H. and John A. C. (eds.). The Eastern Bering Sea Shelf: Oceanophy and Resources (Vol. 2). University of Washington Press, Seattle, Washington, 1091-1104.

Li R-C(李荣冠) and Jiang J-X (江锦祥). 1992. Detecting the effects of marine pollution on the benthic communities using the abundance biomass comparison. Acta Oceanogica Sinica (海洋学报), 14(1): 108-114. (in Chinese)

Li R-C (李荣冠), Jiang J-X (江锦祥), Cai E-X (蔡尔西) and Xu H-Z (徐惠州). 1995. Ecological study on the macrobenthos in Fuqing Bay. Acta Oceanogica Sinica (海洋学报), 17(1):90-96. (in Chinese)

Li R-C (李荣冠), Jiang J-X (江锦祥), Wu Q-Q (吴启泉), Cai E-X (蔡尔西), Xu H-Z (徐惠州) and Lin S-D (林双淡). 1997. An ecological study on the macrobenthos nearby Minjian River waters. Acta Oceanogica Sinica (海洋学报), 19(2):116-123. (in Chinese)

Li R-C (李荣冠), Jiang J-X (江锦祥), Cai E-X (蔡尔西), Xu H-Z (徐惠州), Wu Q-Q (吴启泉) and Lin S-D (林双淡), 1999. Ecological study on the macrobenthos in Xinghuan Bay. Acta Oceanogica Sinica (海洋学报), 21(5):101-109. (in Chinese)

Stephen C. J. and Feder H. M. 1981. Epifaunal invertebrates of the continental shelf of the Eastern Bering/Chukchi Seas. In: Donald W. H. and John A. C. (eds.). The Eastern Bering Sea Shelf: Oceanography and Resources (Vol. 2). University of Washington Press, Seattle, Washington, 1131-1154.

Stoker S. 1981. Benthic invertebrate macrofauna of the Eastern Bering/Chukchi continental shelf. In: Donald W. H. and John A. C. (eds.). The Eastern Bering Sea Shelf: Oceanography and Resources (Vol.2). University of Washington Press, Seattle, Washington, 1069-1090.

Zenkevitch L. 1963. Biology of the Seas of the U. S. S. R. George Allen & Unwin LTD, London, 261-269, 818-841.

附录　北极楚科奇海、白令海大型底栖生物种类目录

Appendix　The list of macrobenthos in Chukchi Sea and Bering Sea

种名	楚科奇海	白令海	种名	楚科奇海	白令海
爱氏海葵科 Edwardsidae			辐乳虫 *Axiothella rubrocincta*	+	
日本爱氏海葵 *Edwardsia japonica*		+	辐乳虫属一种 *Axiothella* sp.	+	
爱氏海葵属一种 *Edwardsia* sp.	+	+	花节虫属一种 *Petaloproctus* sp.		
角海葵科 Cerianthidae			海蛹虫科 Opheliidae		
蕨形角海葵 *Cerianthus filiformis*	+		角海蛹属一种 *Ophelia* sp.		
棘软珊瑚科 Nephtheidae			梯额虫科 Scalibregmidae		
荑软珊瑚属一种 *Nephthea* sp.	+		梯额虫 *Scalibregma inflatum*		
曳鳃虫科 Priapulidae			叶须虫科 Phyllodocidae		
曳鳃虫 *Priapulus bicaudatus*	+		背叶虫属一种 *Notophyllum* sp.	+	+
锥头虫科 Orbiniidae		+	叶须虫属一种 *Phyllodoce* sp.	+	
尖锥虫 *Scoloplos armiger*	+		多鳞虫科 Polynoidae		
S. schmitti	+		复瓦哈鳞虫 *Harmothoë imbricata*	+	
尖锥虫属一种 *Scoloplos* sp.	+	+	哈鳞虫属一种 *Harmothoë* sp.	+	+
长锥虫属一种 *Haploscoloplos* sp.	+		锡鳞虫科 Sigalionidae		
异毛虫科 Paraonidae		+	怪鳞虫属一种 *Pholoe* sp.	+	
单指虫科 Cossuridae			海女虫科 Hesionidae	+	
拟单指虫属一种 *Cossurella* sp.	+	+	沙蚕科 Nereididae		
海稚虫科 Spionidae			背襟沙蚕属一种 *Tambalagamia* sp.		+
才女虫属一种 *Polydora* sp.	+		角吻沙蚕科 Goniadidae		
丝鳃稚齿虫 *Prionospio malmgreni*	+		甘吻沙蚕属一种 *Glycinde* sp.	+	
稚齿虫属一种 *Prionospio* sp.	+		斑角吻沙蚕 *Goniada maculata*	+	
咽鼻稚虫属一种 *Rhychospio* sp.	+		角吻沙蚕属一种 *Goniada* sp.	+	
长手虫科 Magelonidae			齿吻沙蚕科 Nephtyidae		
太平洋长手沙蚕 *Magelona pacifica*	+		毛齿吻沙蚕 *Nephtys ciliata*	+	+
轮毛虫科 Trochochaetidae			囊叶齿吻沙蚕 *N. caeca*		
轮毛虫 *Trochochaeta carica*	+	+	齿吻沙蚕属一种 *Nephtys* sp.	+	+
丝鳃虫科 Cirratulidae			欧努菲虫科 Onuphidae		
独毛虫属一种 *Tharyx* sp.	+	+	蜈蚣欧努菲虫 *Onuphis geophiliformis*	+	
小头虫科 Capitellidae			欧努菲虫属一种 *Onuphis* sp.	+	
小头虫属一种 *Capitella* sp.	+		索沙蚕科 Lumbrineridae		
背蚓虫属一种 *Notomastus* sp.		+	索沙蚕 *Lumbrineris fragilis*	+	+
新中蚓虫属一种 *Neomediomastus* sp.			日本索沙蚕 *L. japonica*	+	+
巴林虫属一种 *Barantolla* sp.	+		长叶索沙蚕 *L. longifolia*	+	
竹节虫科 Maldanidae			索沙蚕属一种 *Lumbrineris* sp.	+	+
简毛拟节虫 *Praxillella gracilis*	+	+	花索沙蚕科 Arabellidae		+
拟节虫属一种 *Praxillella* sp.	+		不倒翁虫科 Sternaspidae		+
短脊虫属一种 *Asychis* sp.	+		不倒翁虫 *Sternaspis scutata*	+	+
襟节虫属一种 *Clymenella* sp.	+		欧文虫科 Oweniidae		
缩头竹节虫 *Maldane sarai*	+		欧文虫 *Owenia fusiformis*		

种名	楚科奇海	白令海	种名	楚科奇海	白令海
扇虫科 Flabelligerridae	+		粉白樱蛤 *Macoma calcarea*	+	
笔帽虫科 Pectinaridae			白樱蛤 *M.balthica inconspicua*	+	
那不勒斯膜帽虫 *Lagis neapolitana*	+	+	日本白樱蛤 *M. niponica*	+	
双栉虫科 Ampharetidae			白樱蛤属一种 *Macoma* sp.	+	
扇栉虫 *Amphicteis gunneri*	+		北方樱蛤 *Peronidia verulosa*	+	
双栉虫属一种 *Ampharete* sp.	+		帘蛤科 Veneridae		
蛰龙介虫科 Terbellidae			*Liocyma fluctuosa*	+	
吻蛰虫 *Artacama proboscidea*	+		色雷西蛤科 Thraciidae		
多须蛰虫属一种 *Polycirrus* sp.	+		户枢蛤属一种 *Asthenothaerus* sp.	+	+
Polymnia frigonostoma		+	杓蛤科 Cuspidariidae		
Nicolea zostericola	+		帚形蛤属一种 *Cardiomya* sp.		+
毛鳃虫科 Trichobrachidae			马蹄螺科 Trochidae		
梳鳃虫 *Terebellides stroemii*	+		*Solariella varicosa*	+	+
线鳃虫属一种 *Filibranchus* sp.	+		圆孔螺科 Cyclostrematidae		
戈芬星虫科 Golfingiidae			*Arene* sp.	+	
戈芬星虫属一种 *Golfingia* sp.	+		麂眼螺科 Rissoidae (Rissoacea)		
倭革囊星虫科 Phascolionidae			腹螺属一种 *Alvania* sp.	+	+
革囊星虫属一种 *Phascolion* sp.	+	+	锥螺科 Turritellidae (Cerithiacea)		
棘螠科 Urechidae			*Tachyrhynchus erosus*	+	
棘螠属一种 *Urechis* sp.	+		*Tachyrhynchus* sp.		+
胡桃蛤科 Nuculidae			梯螺科 Epitoniidae		
平滑胡桃蛤 *Ennucula tenuis*	+	+	梯螺 *Epitonium groenlandicum*	+	+
歧指纹蛤 *Acila* (*Truncacila*) *castrensis*		+	玉螺科 Naticidae		+
吻状蛤科 Nuculanidae			玉螺 *Natica clausa*	+	
短吻状蛤 *Nuculana pernula pernuloides*	+		拟紫口玉螺 *N. janthostomoides*	+	+
吻状蛤属一种 *Nuculana* sp.		+	乳头乳玉螺 *Polinices pallida*	+	
小囊蛤属一种 *Saccella* sp.	+		蛾螺科 Buccinidae		
片云母蛤 *Yoldia limatula*	+		*Plicifusus arcticus*	+	
云母蛤 *Y. amygodalea*	+		塔螺科 Turridae		
梯形蛤属一种 *Portlandia* sp.	+		*Oenopota harpa*	+	
寡齿蛤属一种 *Sarepta* sp.	+		阿地螺科 Atyidae (Haminoeidae)		
贻贝科 Mytilidae			阿地螺 *Atys sandersoni*	+	
肌蛤 *Musculus laevigatus*		+	三叉螺科 Triclidae (Cylichnidae)		
扇贝科 Pectinidae			盒螺 *Cylichna nucleola*	+	
网纹扇贝 *Delectopecten randolphi*	+		盒螺属一种 *Cylichna* sp.	+	+
孟达蛤科 Montacutidae			蜉蝣科 Ephemerellidae		
花瓣蛤属一种 *Fronsella* sp.	+		双齿蜉蝣属一种 *Ephemera* sp.	+	+
鼬眼蛤科 Galeommatidae			叶虾科 Nehaliidae		
红蛤属一种 *Scintilla* sp.	+		叶虾属一种 *Nebalia* sp.	+	+
心蛤科 Carditidae			新异足虫科 Neotanaidae		
锈粗纹蛤 *Cyclocardia crebricostata*	+	+	新异足虫属一种 *Neotanais* sp.	+	
粗纹蛤属一种 *Cyclocardia* sp.		+	拟异足虫科 Paratanaidae		
爱神蛤科 Astartidae			细螯原虫 *Leptochelia dubia*		+
Tridonta borealis	+		涟虫科 Bodotriidae		
T. filatovae	+		细长涟虫 *Iphinoe tenera*	+	
爱神蛤属一种 *Astarte* sp.		+	针尾涟虫科 Diastylidae		
鸟蛤科 Cardiidae			果人针尾涟虫 *Diastylis nucella*	+	+
Serripes groenlandica		+	尖额涟虫科 Leuconidae		
冰岛扁鸟蛤 *Clinocardium* (*C.*) *ciliatum*	+		东方尖额涟虫 *Leucon nasica orientaalis*	+	+
樱蛤科 Tellinidae			太平洋方甲涟虫 *Eudorella pacifica*	+	+

续附录

种名	楚科奇海	白令海	种名	楚科奇海	白令海
尖额涟虫属一种 *Leucon* sp.	+		蛀木钩虾科 Cheluridae		
团水虱科 Sphaeromatidae	+		蛀木钩虾属一种 *Chelura* sp.		+
日本遮头水虱 *Tecticeps japonicus*		+	短头蛾科 Scinidae		
光洁钩虾科 Lysianassidae			短头蛾属一种 *Scina* sp.	+	+
葛氏希泊钩虾 *Hippomedom gorbunovi*	+		麦秆虫科 Caperllidae		
太平洋希泊钩虾 *H. pacificus*	+	+	加州麦秆虫 *Caperlla californica*	+	
鳞甲钩虾属一种 *Lepidepecreum* sp.	+	+	活额寄居蟹科 Diogenidae		
尖头钩虾科 Phoxocephalidae			下齿细螯寄居蟹 *Clibanarius infraspinatus*	+	
拟猛钩虾属一种 *Harpiniopsis* sp.	+		蜘蛛蟹科 Majidae		
平额钩虾科 Haustoriidae			蜘蛛蟹属一种 *Maja* sp.	+	
尾钩虾属一种 *Urothoe* sp.		+	沙鸡子科 Phyllophoridae		
双眼钩虾科 Ampeliscidae			沙鸡子属一种 *Phyllophorus* sp.	+	
短角双眼钩虾 *Ampelisca brevicornis*	+		Laetmogonidae	+	
双眼钩虾属一种 *Ampelisea* sp.	+	+	芋参科 Molpadiidae		
日本沙钩虾 *Byblis japonicus*	+		芋参属一种 *Molpadia* sp.	+	
利尔钩虾科 Liljeborgiidae			指参科 Chikiridotidae		
利尔钩虾属一种 *Liljeborgia* sp.		+	紫轮参 *Polycheira rufescens*	+	
板钩虾科 Stenothoidae			磁海星科 Porcellanasteridae		
板钩虾属一种 *Stenothoe* sp.	+		倦栉鳞海星 *Ctenodiseus crispatus*	+	
合眼钩虾科 Oediceroitidae			饼干海胆科 Laganidae	+	
华眼钩虾属一种 *Sinoediceros* sp.	+		裂星海胆科 Schizasteridae		
单眼钩虾属一种 *Monoeulodes* sp.	+	+	凹裂星海胆 *Schizaster lacunosus*	+	
钩虾科 Gammaridae			阳遂足科 Amphiuridae		
角钩虾属一种 *Ceradocus* sp.	+		阳遂足属一种 *Amphiura* sp.	+	
刺腮钩虾科 Pardaliscidae			普格双鳞蛇尾 *Amphipholis pugetana*	+	
斗钩虾属一种 *Nicippe* sp.	+		条板棘蛇尾 *Amphiodia craterodmeta*	+	+
合穴钩虾科 Tironidae			鳞蛇尾科 Ophiolepididae		
合穴钩虾属一种 *Tiron* sp.		+	结栉盖蛇尾 *Stegophiura nodosa*	+	
壮角钩虾科 Ischyroceeridae			真蛇尾科 Ophiuridae		
叶钩虾属一种 *Jassa* sp.	+	+	细栉真蛇尾 *Ophiura leptoctenia*	+	
蜾蠃蜚科 Corophiidae			萨氏真蛇尾 *O. sarsii*	+	+
夏威夷亮钩虾 *Photis hawaiensis*	+		真蛇尾属一种 *Ophiura* sp.	+	
亮钩虾属一种 *Photis* sp.	+		瓷蛇尾属一种 *Ophiomusium* sp.		+
拟钩虾属一种 *Gammaropsis* sp.	+		殖翼柱头虫科 Ptychoderidae		
刀钩虾属一种 *Aoroides* sp.		+	柱头虫属一种 *Balanoglossus* sp.	+	

李荣冠，郑凤武，江锦祥，郑成兴，黄心光，黄翔玲，徐惠州. 原载《生物多样性》，2003，11（3）：204-215.

Community structure and spatial distribution of macrobenthos in the shelf area of the Bering Sea

Abstract Field investigations of marine macrobenthos were conducted at ten sites in the Bering Sea in July 2010. Altogether 90 species of macrobenthos belonging to 59 families and 78 genera were identified. Among them, 41 polychaetes, 16 mollusks, 23 crustaceans, three echinoderms, two cnidarians, one nemertean, one priapulid, two sipunculids, and one echiuran were identified. The average density and biomass of total macrobenthos were 984 ind./m^2 and 1 207.1 g/m^2 of wet weight, respectively. The predominant species in the study area were *Scoloplos armiger*, *Eudorella pacifica*, *Ophiura sarsii*, *Heteromastus filiformis*, *Ennucula tenuis*, and *Harpiniopsis vadiculus* by abundance, while the predominant species in this area was *Echinarachnius parma* by biomass. Hierarchical cluster analysis (Bray-Curtis similarity measure) revealed that two important benthic assemblages in the study area were Community A and Community B. Community A was stable and Community B was unstable, as shown by the Abundance/Biomass Comparisons (ABC) approach. The macrobenthic community structure in the shelf of the Bering Sea was characterized by its high abundance and biomass, high productivity but great heterogeneity.

Key words Bering Sea, marine macrobenthos, community structure, spatial distribution, diversity

1 Introduction

The Bering Sea is the biggest marginal sea of the North Pacific Ocean. The Bering Strait connects the Bering Sea to the Arctic Ocean Chukchi Sea. With rich fishery resources, the Bering Sea produces a large amount of valuable commercial fisheries. Despite being located in higher latitudes with seasonal ice cover for 6–7 months in some shallow areas, the Bering Sea is also one of the most productive marine ecosystems in the world (Highsmith and Coyle, 1990; Banks et al., 2000; Grebmeier, Cooper et al., 2006; Grebmeier, Overland et al., 2006). In the region, high biomass and density of macrobenthos, especially the bottom fish and crabs, support many top predators, such as migratory waterfowl, whales, bearded seals, and others (McCormick-Ray et al., 2011). With global climate change and intensified anthropogenic pressures, including commercial whaling, fisheries, and marine pollution, the marine ecosystem of Bering Sea is facing serious threats.

As one of the important intermediate links of material and energy flow in the marine ecosystem, the change of marine benthic ecosystem state may result in the change of the whole marine ecosystem, which may even cause a regime shift of the whole system. Studies of benthic populations of the Bering Sea have been conducted since the early 1930s (Grebmeier and Barry, 1991), however, many large-scale researches in Bering Sea were conducted after the 1960s (Feder, 1977; Feder et al., 1978; Stoker, 1981). These studies focused on species distribution, diversity, life history, and feeding ecology of particular species. The comprehensive scientific investigations by different countries in the Bering Sea were conducted every year after 1980 (Grebmeier et al., 1988, 1989; Grebmeier and Barry, 1991; Grebmeier and Cooper, 1995; Cooper et al., 1998; Grebmeier and Dunton, 2000; Cooper et al., 2002; Bodil et al., 2011). The existing studies indicated that Bering Sea ecosystems were characterized by high standing crop and high production of marine benthos, tight pelagic-benthic coupling of organic production, high variation of biomass and density between sampling sites, and patchy distribution of macrobenthos (McCormick-Ray et al., 2011). In China, the first study on macrobenthos of the Bering Sea was done by Li et al. (2003) who reported 68 species from three sampling sites in the Bering Sea. No other studies on macrobenthos in the Bering Sea have been conducted by Chinese after Li et al. (2003).

This study analyzed the species composition, community structure, spatial distribution, and diversity of macrobenthos collected during the 4th Chinese National Arctic Research Expedition in the Bering Sea. The factors impacting the distribution of macrobenthos were also discussed.

2 Materials and methods

During the 4th Chinese National Arctic Research Expedition from July 1 to September 20, 2010, ten sites, two in the abyssal area and eight in the shelf shallow area (Fig.1), in the Bering Sea were sampled for macrobenthic study with the weighted box grab. The environmental parameters measured are summarized in Table 1. One quantitative sampling sample in an area of 0.062 5 m^2 was taken from each station. Samples were elutriated *in situ* using a WSBI benthic vortex separation device and treated with a sieve of 0.5 mm mesh. Specimens were manually sorted out from sediment and preserved in 7% formalin. The methods used for sampling, preserving, and sorting of macrobenthos were conducted according to China's national standard, *the Specification for Oceanographic Survey* (General Administration of Quality Supervision, Inspection and Quarantine of China, Standardization Administration of China, 2007).

Data analyses and figures were performed with the help of software ArcGIS 10, Statistica 10, and PRIMER5. 0. Diversity indices of the macrobenthic assemblages were calculated using

Margalefs richness index (d), Shannon-Wiener diversity index (H') , Pielou's evenness index (J') ,and Simpson's dominance index (D) (Ma and Liu,1994) , The formulas are as follows:

Margalef's richness index: $d = (S-1)/\log_2 N$,

Shannon-Wiener diversity index: $H' = -\sum_{i=1}^{S} P_i \log_2 P_i$,

Pielou's evenness index: $J' = H'/\log_2 S$,

Simpson's dominance index: $D = \sum_{i=1}^{S} (P_i)^2$,

In the formulas, N is the total number of individuals, S is the total number of species, and P_i is the ratio between the number of individuals of the ith species and N (n_i/N). With the standardization of abundance, a hierarchical cluster analysis of Bray-Curtis similarities between benthic community assemblages was conducted. Using the Abundance/Biomass Comparison (ABC) approach (Zhou and Zhang, 2003) , the stability and disturbance of the macrobenthic community structure were analyzed.

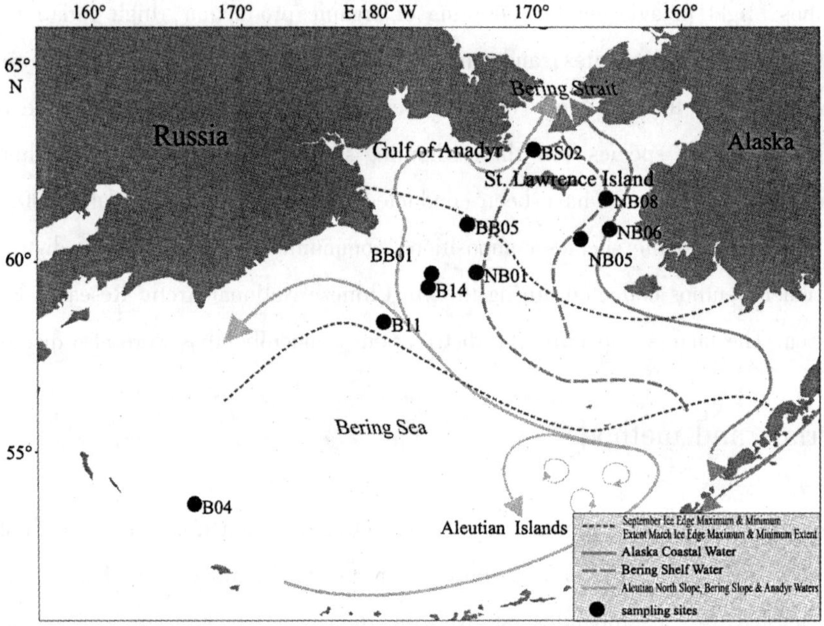

Fig.1 Sampling sites, schematic of water mass type, and sea ice extent in the Bering Sea (modified from Grebmeier, Cooper et al. ,2006)

Tab.1 Environmental parameters of the sampling sites

Station	Depth/m	Temperature/℃		Salinity		Sediment type	Median diameter/Φ
		Bottom	Surface	Bottom	Surface		
B04	3 873	1.6	7.3	34.67	33.00	silt	6.325
B11	2 603	1.7	7.2	34.63	32.63	silt	5.534

Continue

Station	Depth/m	Temperature/℃		Salinity		Sediment type	Median diameter/Φ
		Bottom	Surface	Bottom	Surface		
B14	130	2.1	7.5	32.88	30.85	sandy silt	5.206
BB01	130	2.0	7.4	32.80	30.86	sandy silt	5.535
BB05	79	-1.1	7.9	32.12	31.41	sandy silt	5.528
BS02	41	0.4	0.5	32.21	32.20	coarse sand	1.273
NB01	92	-0.7	7.4	31.88	30.74	silt	5.643
NB05	40	-1.0	6.9	32.12	30.11	sandy silt	4.099
NB06	24	2.8	7.3	31.72	31.14	fine sand	2.825
NB08	35	0.5	8.3	32.66	30.33	silty sand	3.825

3 Results

3.1 Species composition and distribution

Altogether 90 species of macrobenthos belonging to nine phyla, 59 families, and 78 genera were recorded (Appendix Ⅰ). Among others were 41 polychaetes belonging to 22 families and 34 genera; 16 mollusks belonging to 10 families and 12 genera; 23 crustaceans belonging to 18 families and 23 genera; three echinoderms belonging to three families and three genera; and seven other animals (two cnidarians, one nemertean, one priapulid, two sipunculids, and one echiuran) belonging to six families and six genera (Fig. 2). According to abundance and occurrence frequency, the most predominant species in the Bering Sea were *Scalaplas armiger*, *Heteromastus filifarmis*, *Ennucula tenuis*, *Eudarella pacifica*, *Gammaropsis* sp., *Harpiniapsis vadiculus*, *Ophiura sarsii*, and *Echinarachnius parma*.

In view of the sediment type at the sampling sites, the most abundant species were found in the sediment of sandy silt, while there were the least species in fine sand.Less variation of species number in the other three sediment types was found, except that the phylum compositions differed significantly (Fig.3).

The total species numbers in the shallow shelf of the Bering Sea were much higher than those in the abysmal area. There were 87 species in the shelf area and only 1-2 species in the abysmal area (Fig. 4). The dominant groups were polychaetes in the abysmal; polychaetes and crustaceans in the region southwest of St. Lawrence Island; and crustaceans and mollusks north of St.

Lawrence Island (Fig. 5).

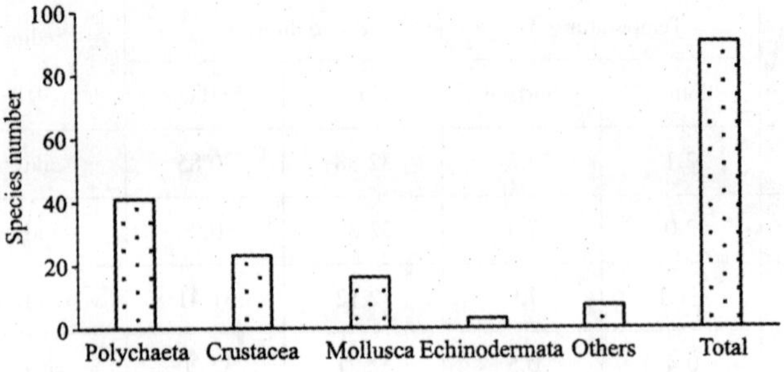

Fig.2 Species numbers of macrobenthos in the Bering Sea

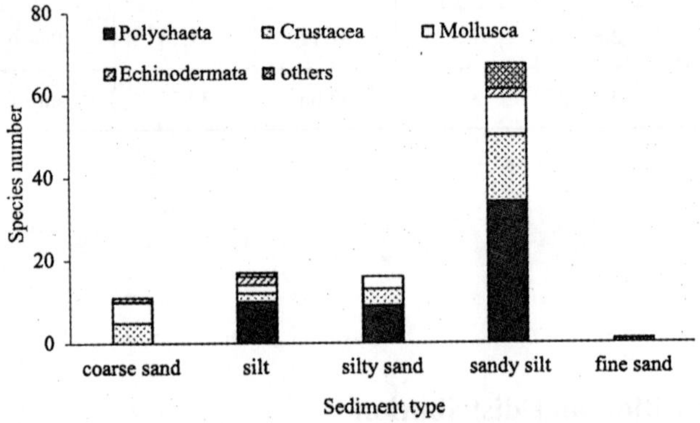

Fig.3 Species numbers of macrobenthos and different sediment types in the Bering Sea

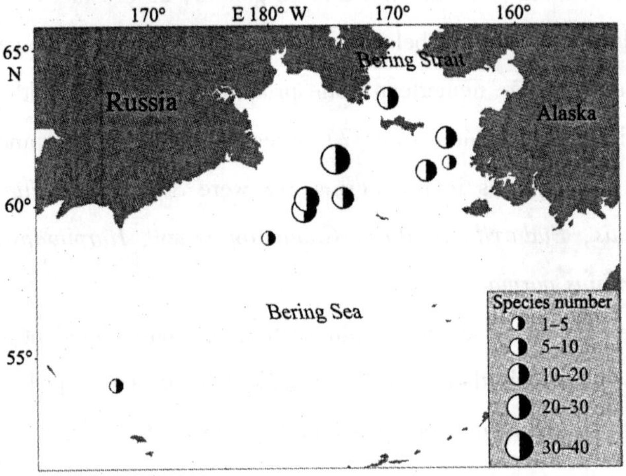

Fig.4 Spatial distribution of macrobenthic species numbers in the Bering Sea

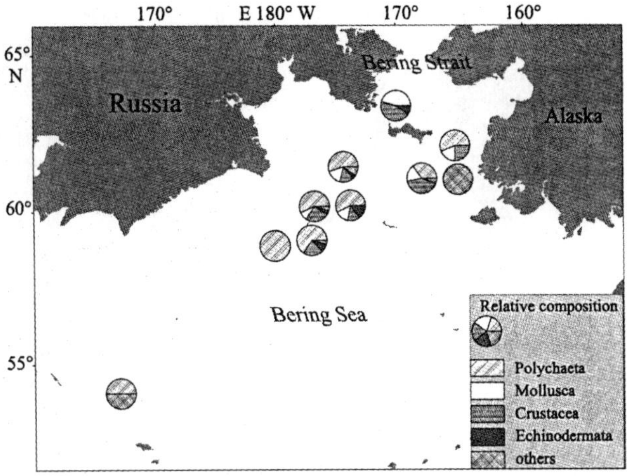

Fig.5 Composition of macrobenthos in the Bering Sea

3.2 Spatial distribution of macrabenthic density and biomass

The average density and biomass of total macrobenthos were 984 ind./m^2 and 1 207.1 g/m^2 wet weight (ww), respective. Polychaetes were the dominant group with an average density of 426 ind./m^2, while echinoderms predominated with an average of 968.7 g/m^2 when biomass was taken into account (Fig. 6)

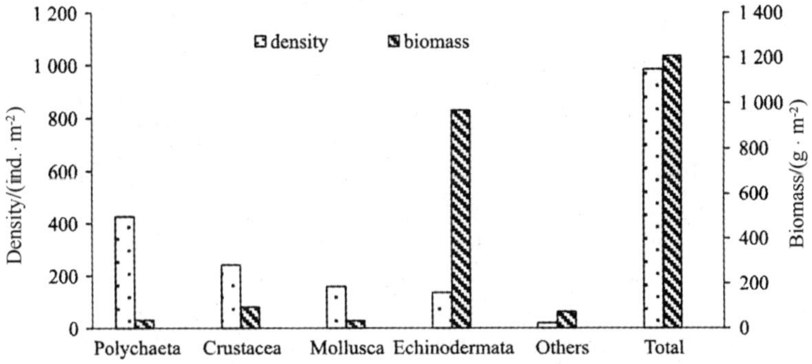

Fig.6 Density and biomass of macrobenthic species in the Bering Sea

The highest benthic density was attained in the shelf of the northern Bering Sea where the average density was 1 225 ind./m^2 and the maximal density was 2 304 ind./m^2. Macrobenthic density was very low, only 20 ind./m^2, in the abysmal area (Fig.7). The most predominant group was polychaetes in the abysmal area and in the region southwest of St.Lawrence Island by abundance, while crustaceans and echinoderms dominated in the region north of St. Lawrence Island to the Bering Strait (Fig. 8).

The benthic biomass in the shelf of the northern Bering Sea was very high, with an average

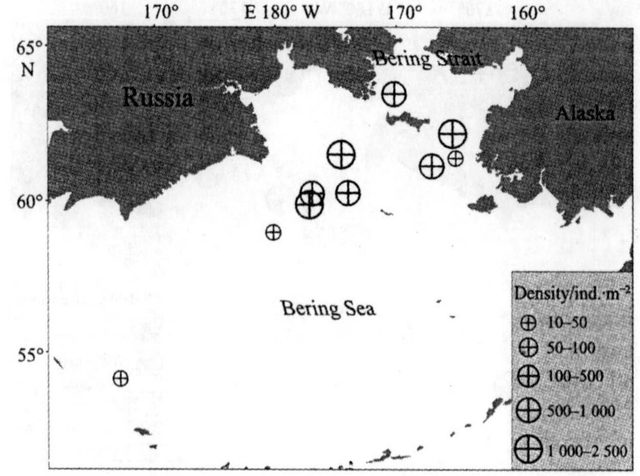

Fig.7 Spatial distribution of macrobenthic density in the Bering Sea

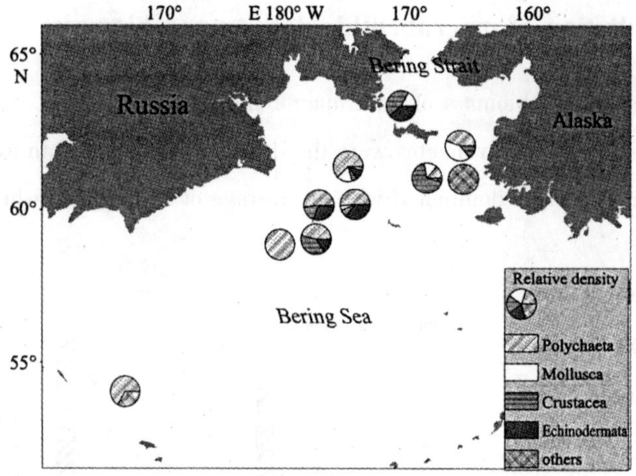

Fig.8 Relative densities of macrobenthos in the Bering Sea

biomass of 1 508.86 g/m^2. The maximal biomass was found as 9 890.88 g/m^2 at Site BS02, in contrast to the very low biomass (only 0.20 g/m^2) in the abysmal area (Fig.9). The predominant group by biomass was mainly polychaetes in the abysmal area, while it was dominated by echinoderms and crustaceans in the northern Bering Sea. The relative biomass distributions of important taxonomic groups in the Bering Sea are shown in Fig.10.

3.3 Diversity indices

The values of Margalef's richness index, Shannon-Wiener diversity index, Pielou's evenness index, and Simpson's dominance index in the shelf of the Bering Sea are shown in Table 2. Except for Site NB06 with fine sandy sediment and the deep water Sites B04 and B11 where there were only one or two species per site and the diversity indices of these sites are not included in the ta-

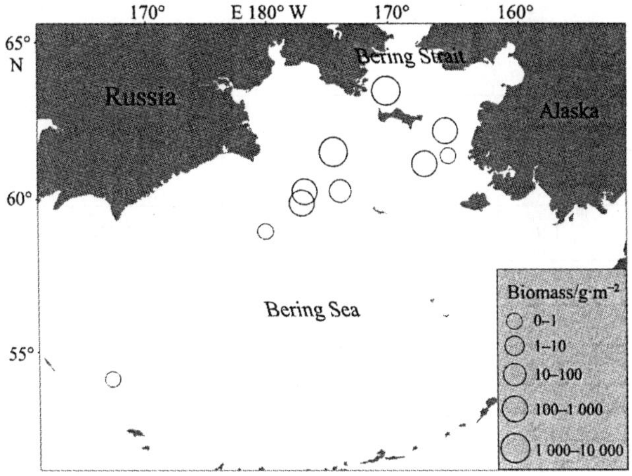

Fig.9 Spatial distribution of macrobenthic biomass in the Bering Sea

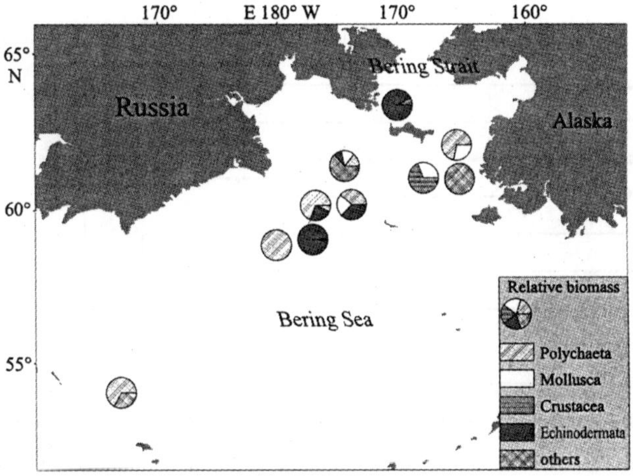

Fig.10 Relative biomass of macrobenthos in the Bering Sea

ble, the sites located in the eastern shelf of the Bering Sea, such as BB01, BB05, and B14, had higher species diversity (H') than that in the west part, such as BS02, NB01, NB05, and NB08, where the species dominance (D) was higher comparatively.

Tab.2 Diversity index of macrobenthos in the Bering Sea

Station	d	J'	H'	D
B14	2.86	0.79	3.59	0.13
BB01	3.34	0.80	3.60	0.13
BB05	3.87	0.79	3.91	0.11
BS02	1.46	0.71	2.46	0.26

续表

Station	d	J'	H'	D
NB01	2.02	0.83	3.15	0.17
NB05	2.39	0.73	3.00	0.25
NB08	1.95	0.71	2.85	0.21

3.4 Community structure and stability

The macrobenthic community structure revealed by hierar-chical cluster analysis (Bray-Curtis similarity measure) showed that there were two important benthic assemblages, Community A and Community B, in the study area exclusive of Sites B04, B11, and NB06 (Fig.11). The predominant species of Community A were *Scoloplos armiger*, *Eudorella pacifica*, *Ophiura sarsii*, and *Ennucula tenuis*, and were *Harpiniopsis vadiculus* and *Echinarachnius parma* in Community B.

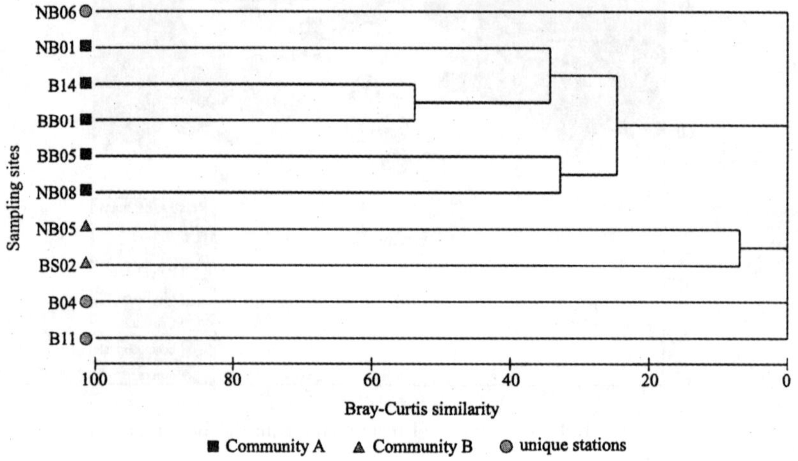

Fig.11 Hierarchical cluster dendrogram of macrobenthic communities in the Bering Sea

The Abundance/Biomass Comparisons (ABC) approach was used to analyze the stability of these two communities (Fig.12). It showed that the structure of Community A was stable while that of Community B was unstable.

3.5 Relationship between macrobenthic community structure and environmental parameters in the shelf of the Bering Sea

The relationships among species number, density, biomass of different macrobenthic taxa groups, and environmental parameters, including sand%, silt%, clay%, medium partial size (Md), bottom and surface water temperature, bottom and surface water salinity; and depth were

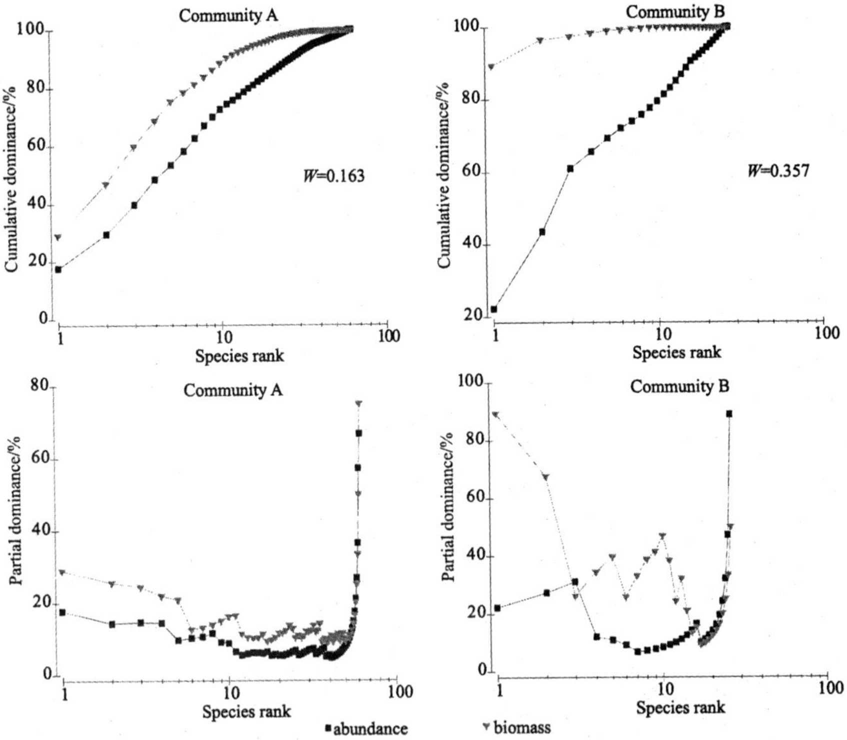

Fig.12 ABC curves and partial k-dominance of two macrobenthic communities in the Bering Sea

analyzed. The positive relationship among species number of polychaetes and silt%, clay%, and Md, and negative relationship between species number of polychaetes and sand% were found and shown in Fig.13.

4 Discussion

Altogether 90 species of macrobenthos were identified with variation from one to 31 species per site in this study, whereas 68 species and more than 30 species at any one site were found by the study during the period of the 1st Chinese National Arctic Research Expedition (Li et al., 2003). The sediment type, latitude, and scope of sampling sites may have resulted in such discrepancy between these two studies.

The community structure of macrobenthos in this study was similar to the study by Li et al. (2003). The most predominant taxa in the Bering Sea were the same polychaetes (Li et al., 2003). Some other studies also indicated that polychaetes, amphipods, gastropods, and bivalves dominated in this area (National Research Council, 1996). However, predominant taxa may differ in different regions, for example, the middle shelf of the Bering Sea south of St. Lawrence Island was dominated by bivalves and polychaetes, and the region from north of St. Lawrence Island to the

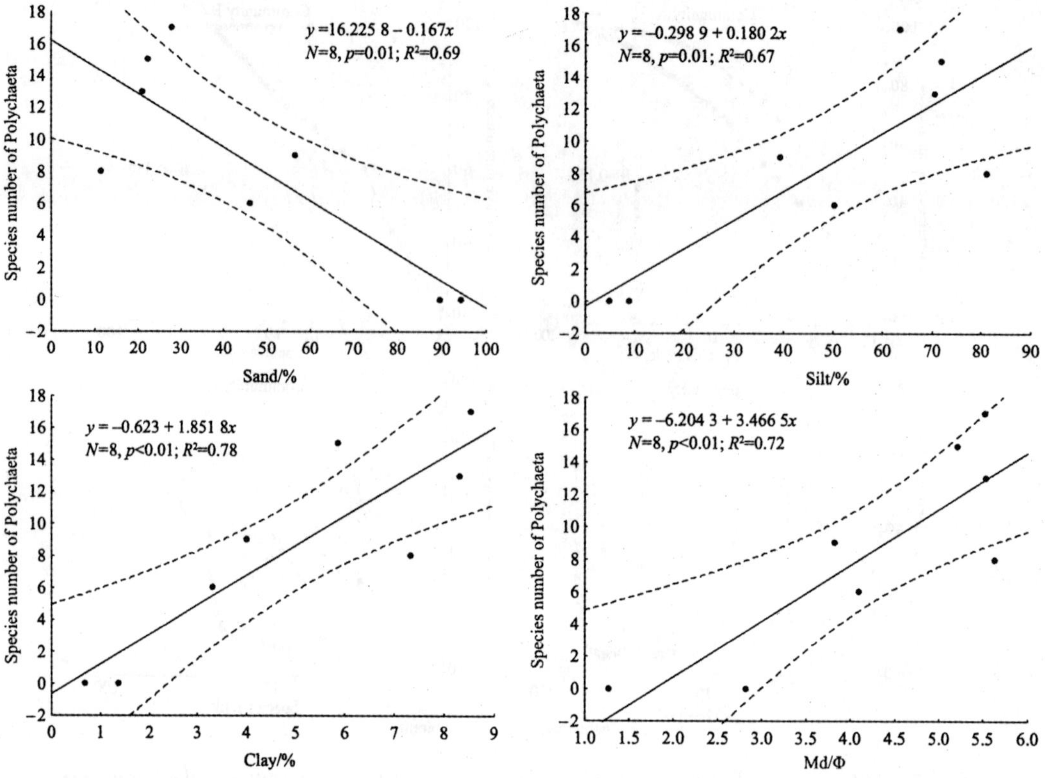

Fig.13 Relationships of sediment types with species number of polychaetes in the shelf of the Bering Sea

Bering Strait was dominated by amphipods (National Research Council, 1996). Grebmeier, Cooper et al. (2006) found that the region from north of St. Lawrence Island to the Bering Strait was dominated by amphipods (*Ampelisca macrocephala*, *Byblis* spp.) and bivalves (*Macoma calcarea*). However, the declines of these amphipod populations were recently reported, supporting the evidence that the ecosystem has undergone a large-scale change (Grebmeier, Cooper et al., 2006). The predominant species at Site BS02 in this region were *Echinarachnius parma* and *Gammaropsis* sp., which also indicated the alteration of the predominant species. The Sites B14, BB01, BB05, and NB01 situated southeast of the Anadyr Gulf and southwest of St. Lawrence Island were characterized by very high standing crop of macrobenthos with high species diversity. This was because the sites are passed by waters of high productivity from the Bering Sea shelf, Aleutian North Slope, Bering Sea slope, and Anadyr (Grebmeier, Cooper et al., 2006). The predominant species at these sites were *Scoloplos armiger*, *Eudorella pacifica*, *Ophiura sarsii*, *Heteromastus flliformis*, *Ennucula tenuis*, and *Harpiniopsis vadiculus*. However, the location of Sites NB05, NB06, and NB08 was under the influence of the less productive Alaska Coastal Water (ACW), where the standing crops were low and the predominant species were *Scoloplos armiger*, *Ennucula tenuis*, and *Balanus* sp.

High spatial and temporary variability of benthos in the Bering Sea were clear when comparing the results of the present study and the study by Li et al. (2003). It showed that the average density and biomass of total macrobenthos were 984 ind./m^2 and 1 207.1 g/m^2(ww), respectively However, there were more than 2 500 ind./m^2 and 47 g/m^2(ww) in the study by Li et al. (2003), respectively. McCormick-Ray et al. (2011) and Grebmeier, Cooper et al. (2006) also found that multiple sampling within a square meter resulted in large variations of species numbers and organism densities. The species numbers may vary from three to 82 and densities from 38 to 8 760 ind./m^2, which demonstrates high spatial variability and patchiness for the macrobenthos in different regions of the Bering Sea (Grebmeier, Cooper et al., 2006; McCormick-Ray et al., 2011). A similar situation occurred in the Chukchi Sea, where both abundance and biomass were high with high heterogeneity in spatial distribution (Grebmeier and Dunton, 2000).

However, the average biomass and density of macrobenthos in China's coastal seas were much lower. They were 23.63 g/m^2 and 423 ind./m^2 in the Bohai Sea, 37.17 g/m^2 and 250 ind./m^2 in the Yellow Sea, 21.36 g/m^2 and 283 ind./m^2 in the East China Sea, and 10.8 g/m^2 and 122 ind./m^2 in the South China Sea, respectively (Li et al., 2010). Therefore, the macrobenthic community structure in the shelf of the Bering Sea was characterized by high abundance, high biomass, high production, and high natural variability (McCormick-Ray et al., 2011).

The structure of Community B was not stable, as shown by ABC analyses. The community was located in the region south and north of St. Lawrence Island. The instability may be due to the anthropogenic activity in this region, such as overfishing.

The relationships between macrobenthic community structure and sediment type were also found in this study. The spatial distribution of macrobenthos in the Bering Sea from some other studies were also associated with influencing factors, such as food supply, bottom depth, ice gouging, marine mammal feeding, and sediment type (National Research Council, 1996).

Acknowledgements

We are indebted to Tang Senming for valuable comments and to the technicians of Marine Biology and Ecology Laboratory, Third Institute of Oceanography, for investigation assistance.

References

Banks D, Williams M, Pearce J. et al. 2000. Ecoregion-based Conservation in the Bering Sea: Identifying Important Areas for Biodiversity Conservation. Washington, DC: World Wildlife Fund, the Nature Conservancy of Alaska

Bodil B A, Ambrose Jr W G, Bergmann M, et al. 2011. Diversity of the arctic deep-sea benthos. Marine Biodiversity, 41(1): 87-107

Cooper L W. Grebmeier J M, Larsen I L, et al. 1998. Inventories and distribution of radiocesium inArctic marine sediments: Influence of biological and physical processes. Chemistry and Ecology, 15: 27-46

Cooper L W. Grebmeier J M, Larsen I L, et al. 2002. Seasonal variation in water column processes and sedimentation of organic materials in the St.Lawrence Island polynya region, Bering Sea. Marine Ecology Progress Series, 226: 13-26

Feder H M. 1977. The distribution, abundance, diversity and biology of benthic organisms in the Gulf of Alaska and the Bering Sea. In: Annual Report to NOAA.R.U. Nos 281, 5, 303.Alaska, Fairbanks: Inst Mar Sci Univ Alaska, 340

Feder H M,Hilsinger J, Hoberg M, et al. 1978. Survey of the epifaunal invertebrates of the Southeastern Bering Sea.In: Final Report to NOAA, OCSEAP.R.U. No.5.Alaska, Fairbanks: Inst Mar Sci Univ Alaska,126

General Administration of Quality Supervision,Inspection and Quarantine of China, Standardization Administration of China. 2007GB12763.6-2007 Specifications for Oceanographic Survey-Part 6: Marine Biological Survey. Beijing: China StandardsPress

Grebmeier J M, Barry J P. 1991. The influence of oceanographic processes on pelagic-benthic coupling in polar regions: A benthic perspective. Journal of Marine Systems, 2(3-4): 495-518

Grebmeier J M, Cooper L W. 1995. Influence of the St. Lawrence Island polynya upon the Bering Sea benthos. J Geophys Res, 100: 4439-4460

Grebmeier J M, Cooper L W. Feder H M, et al. 2006. Ecosystem dynanlics of the Pacific-influenced northern Bering and Chukchi Seas in the Amerasian Arctic. Prog Oceangr, 71: 331-361

Grebmeier J M, Dunton K H. 2000. Benthic processes in the northem Bering/Chukchi seas: status and global change.Impacts of changes in SeaIce and other environmental parameters in the Arctic. In: Report of the Marine Mammal Commission Workshop, Girdwood,Alaska. Bethesda, Maryland: Marine Manlmal Commission, 61-71

Grebmeier J M, Feder H M, McRoy C P. 1989. Pelagic-benthic coupling on the shelf of the northern Bering and Chukchi Seas: Ⅱ. Benthic community structure. Marine Ecology Progress Series, 51: 253-268

Grebmeier J M, McRoy C P,Feder H M. 1988. Pelagic-benthic coupling on the shelf of the northern Bering and Chukchi Seas:I. Food supply source and benthic biomass. Marine Ecology Progress Series, 48: 57-67

Grebmeier J M, Overland J E, Moore S E, et al. 2006. A major ecosystem shift in the northern Bering Sea. Science, 311(5766): 1461-1464

Highsmith R C, Coyle K O. 1990. Higil productivity of northern Bering Sea benthic amphipods. Nature, 344: 862-864

Li Xinzheng,Iiu Lusan,Li Baoquan,et al. 2010. Macrobenthos in China Sea: Research and Application (in Chinese). Beijing: China Ocean Press

Li Rongguan,Zheng Fengwu, Jiang Jinxiang, et al. 2003. Macrobenthos in the Chukchi Sea and Bering Sea. Biodiversity Science (in Chinese), 11(3): 204-215

Ma Keping,Iiu Yuming. 1994. Measurement of biotic community diversity I a diversity (Part 2). Biodiversity Science (in Chinese),2(4): 231-239

McCormick-Ray J,Warwick R M, Ray G C. 2011. Benthic macrofaunal compositional variations in the northern Bering Sea. Marine Biology, 158(6): 1365-1376

National Research Council. 1996.The Bering Sea Ecosystem. Washington, DC: the National Academies Press

Stoker S W. 1981. Benthic invertebrate macrofauna of the eastern Bering/Chukchi continental shelf. In: Hood D W, Calder J A, eds. The Eastern Bering Sea Shelf: Oceanography and Resources, vol.2. U.S. Rockville,Maryland: Department of Commerce, NOAA,1069-1091

Zhou Hong, Zhang Zhinan. 2003. Rationale of the multivariate statistical software PRIMER and its application in benthic community ecology. Journal of Ocean University of Qingdao (Natural Science Edition) (in Chinese), 33 (1):58-64

Appendix Ⅰ. Species list of macrobenthos in the Bering Sea

Cnidaria	*Capitella capitata*	**Sipuncula**	*Eudorella paciflca*
Edwardsia japonica	*Heteromastus filiformis*	*Golflngia margaritacea*	*Iphinoe tener*
Actiniaria und.	*Barantolla* sp.	*Golflngia* sp.	*Lamprops hexaspinula*
Nemertinea	*Leiocapitellides* sp.	**Echiura**	*Bodotria ovalis*
Nemertinea und.	*Dasybranchus* sp.	*Echiurus echiurus*	*Diastylis tricincta*
Priapulida	*Arenicola marina*	**Mollusca**	*Orchomenella pinguis*
Priapulopsis bicaudotus	*Praxillella gracilis*	*Ennucula tenuis*	*Centromedon typhlops*
Annellda	*Praxillella praetermissa*	*Nucula* sp.	*Ampelisca brevicornis*
Harmothoë imbricata	*Asychis disparidentata*	*Nuculana pernula*	*Byblis gaimardi*
Hermadion nipponicus	*Axiothella rubrocincta*	*Yoldia amygdalea*	*Pontoporeia femorata*
Pholoe minuta	*Maldane sarsi*	*Yoldia* sp.	*Urothoe* sp.
Pilargis verrucosa	Maldanidae und.	*Musulus laevigatus*	*Harpiniopsis vadiculus*
Syllinae und.	*Ophelina acuminata*	*Modiolus* sp.	*Metopa aequicomis*
Goniada maculata	*Scalibregma inflatum*	*Lucina* sp.	*Nicippe* sp.
Glycinde gurjanovae	*Lumbrineris amboinensis*	*Cyclocardia crebricostata*	*Gammarus* sp.
Nephtys ciliata	*Scoletoma fragilis*	*Mactra* sp.	*Hyale* sp.
Nephtys caeca	*Hilbigneris gracilis*	*Macoma calcarea*	*Grandidierella japonica*
Scoloplos armiger	*Sternaspis scutata*	*Macoma middendorffi*	*Gammaropsis* sp.
Scoloplos sp.	*Brada* sp.	*Macoma* sp.	*Clibanarius inaequalis*
Naineris sp.	*Brada inhabilis*	*Theora* sp.	*Pandalus borealis*
Aricidea nolani	Flabelligeridae und.	*Liocyma fluctuosa*	*Chionoecetes opilio*
Prionospio malmgreni	*Lagis neapolitana*	*Solariella varicosa*	**Echinodermata**
Prionospio sp.	*Paramphicteis angustifolia*	**Arthopoda**	*Ctenodiscus crispatus*
Apistobranchus tullbergi	*Terebellides stroemii*	*Pseudoctomeris sulcata*	*Echinarachnius parma*
Aphelochaeta pacifica		*Balanus* sp.	*Ophiura sarsii*

WANG Jianjun, LIN Heshan, HE Xuebao, LIN Junhui, HUANG Yaqin, LI Rongguan, ZHENG Chengxing, ZHENG Fengwu, JIANG Jinxiang, 原载《Acta Oceanologica Sinica》, 2014, 33(6):74-81.

Biodiversity and community structural characteristics of macrobenthos in the Chukchi Sea

Abstract: Field sampling of the macrobenthos from 23 stations in the Chukchi Sea was conducted during the 4th CHINARE (Chinese National Arctic Research Expeditions, July–August, 2010). We identified a total of 140 species of macrozoobenthos belonging to nine phyla, which were dominated by polychaetes (66), crustaceans (30), and mollusks (25), followed by echinoderms (9) and others (ten others, including four cnidarians, one oligochaete, one sipuncula, one priapulida, two bryozoans, and one urochordata). The dominant species were *Aphelochaeta pacifica*, *Heteromastus filiformis*, *Nephtys ciliata*, *Nephtys caeca*, *Scoletoma fragilis*, *Golfingia margaritacea*, *Nuculana pernula*, *Macoma calcarea*, *Ennucula tenuis*, *Macoma inquinata*, *Musculus discors*, *Echinarachnius parma*, and *Ophiura sarsii*, so there were more cold-eurythermal boreal immigrants than truly Arctic species (endemics). The average density and biomass (mean±SD across all stations) of the total macrozoobenthos were (916±907) ind./m^2 and (902.9±1 227.7) g/m^2 (wet weight), respectively, Relatively high density and biomass were observed in the samples from the northeastern and southern Chukchi Sea. The spatial variation of benthic communities in the study sea area was relatively large; this spatial heterogeneity has led to high diversity and a patchy distribution pattern in the community structure. Compared to the 1st CHINARE (July–August, 1999), this investigation revealed different degrees of decreases in the average taxa numbers and the average density, abundance, and biodiversity in the area over the recent decade, which might be associated with global warming, human activities, and sea ice variations.

Key words: Chukchi Sea, macrobenthos, biodiversity, community structure

1 Introduction

The Arctic region is one of the areas where the responses and feedbacks to global changes are the most sensitive and have very high ecological value (Macdonald, 1996; Carlos, 2008). It is generally believed that changes in climate, hydrography, and ecology caused by global warming are strongly manifested in Arctic waters. Therefore, changes in the Arctic may be predictive of global changes (IPCC, 2001; ACIA, 2004).

Due to global changes, the amount of sea ice in the Arctic is continuously decreasing (Walsh, 2008; Post et al., 2009). The responses of marine communities to environmental changes are very sensitive. Compared to short-lived planktons in the water layer and swimming animals that have a wide range of mobility, many species of the Arctic zoobenthos have relatively slow growth rates and longer life cycles. Thus, they are more resistant to the impacts of interannual variability and small-scale fluctuations in water column productivity (Carey, 1991). Therefore, zoobenthos can act as an ideal indicator of potential ecosystem changes; the long-term changes caused by climatic effects result in changes in the benthic community on a scale of several years to tens of years (Dunton et al., 2005). Pelagic-benthic coupling is considered to be a key factor affecting the abundance and total biomass of benthic infaunal communities in highlatitude waters (Piepenburg et al., 1997). This coupling plays a decisive role in determining the supply of food and nutrients from the overlying water. In Arctic waters, the nutrient-rich warm water from the Pacific enters the Arctic Ocean through the Bering Strait, significantly affecting shallow continental shelves and continental slopes of the Bering Sea and Chukchi Sea (Grebmeier et al., 2006; Hunt et al., 2013). Due to the effects of nutrient-rich Pacific waters and the stronger pelagic-benthic coupling, the Bering Sea and Chukchi Sea have higher productivities (Walsh et al., 1989; Grebmeier, 1993; Springer et al., 1996; Feder et al., 2007) and are capable of providing abundant food for seabirds and marine mammals. In deep Arctic Ocean waters and in the Canada Basin, the weaker pelagic-benthic coupling causes food scarcity and leads to lower benthic biomass (Bluhm et al., 2005).

Based on data from the 4th (2010) CHINARE (Chinese National Arctic Research Expeditions) and historical data from the 1st (1999) CHINARE, this study analyzed the temporal and spatial variations of taxa composition and distribution, and the biodiversity of the macrozoobenthos in the Chukchi Sea in the last decade to clarify the dynamics of the macrozoobenthic community and its responses to global changes due to global warming and human activity. This study is highly ecologically meaningful, and the results can be used to fill gaps in the relevant research fields in China.

2 Materials and methods

2.1 Field sampling

As a major component of the China Action Plan during the International Polar Year (IPY). the 4th CHINARE conducted a comprehensive multidisciplinary investigation in Arctic waters from July to September 2010. During this voyage, macrozoobenthic samples were collected from 23 stations in the Chukchi Sea (67°—74°N, 69°—157°W) (Fig. 1). Samples were collected using tank bottom samplers. Due to the limitations of ship travel time, a sample quadrat with an area of 25 cm×25 cm was collected from each station. The sediment samples were washed in a WBS vortex classifier, and the desired biological samples were separated in a mesh sieve with an aperture of 0.5 mm. Sample processing, laboratory analysis, and data compilation were performed according to the standards listed in *The Specification for Oceanographic Survey* (General Administration of Quality Supervision, Inspection and Quarantine of China, Standardization Administration of China, 2007).

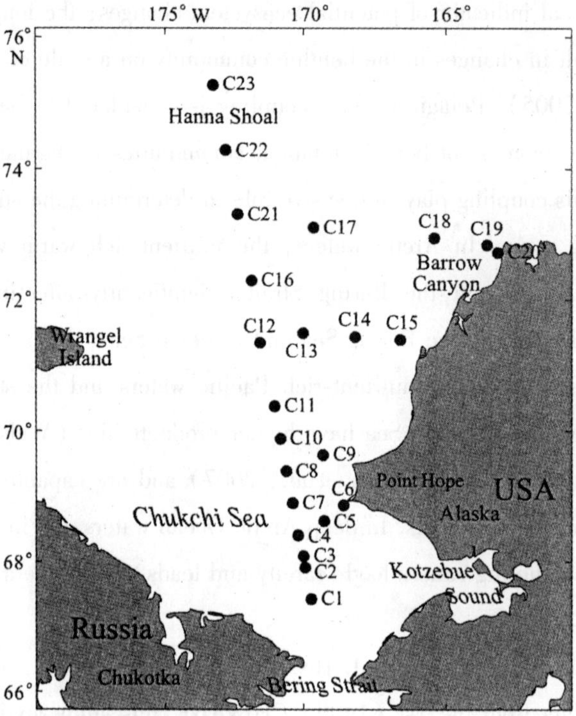

Fig.1 Distribution of macrozoobenthos sampling stations in the Chukchi Sea (the 4th CHINARE, 2010)

2.2 Data analysis

The analysis of community diversity was performed by using Margalef's species richness index (d), the Shannon-Wiener diversity index (H'), Pielou's evenness index (J), and Simpson's dominance index (D). Tbe following formulas were used:

$$d = (S - 1)/\log_2 N,$$

$$H' = -\sum_{i=1}^{S} P_i \log_2 P_i,$$

$$J = H'/\log_2 S,$$

$$D = \sum_{i=1}^{S} (P_i)^2,$$

where N is the total number of individuals of all species in the sample, S is the total number of species, and P_i is the ratio between the number of individuals of the ith species and the total number of individuals in the sample (n_i/N).

After the 4th-root transformed abundance data were normalized based on the Bray-Curtis similarity measurement, combinatorial hierarchical clustering (Cluster, a group average linkage method) was conducted to analyze the community structural similarity. Data analysis and chart plotting were performed by using Ocean Data View 4, ArcMap 10, Statistica 10, and PRIMER5.0.

3 Results

3.1 Taxa composition and distribution

A total of nine phyla and 140 species of the macrozoobenthos were identified from the obtained samples. Among them, polychaete species were the most abundant (66), followed by crustaceans (30) and mollusks (25). In addition, there were nine species of echinoderms, four species of cnidarians, two species of bryozoans, and one species each of priapulida, oligochaete, sipuncula, and urochordata.

Based on the frequency of appearance and the quantity, the maior species and dominant species of the macrobenthos in the Chukchi Sea were *Aphelochaeta pacifica*, *Heteromastus filiformis*, *Nephtys ciliate*, *Nephtys caeca*, *Scoletoma fragilis*, *Golfingia margaritacea*, *Nuculana pernula*, *Macoma calcarea*, *Ennucula tenuis*, *Macoma inquinata*, *Musculus discors*, *Echinarachnius parma*, and *Ophiura sarsii*.

From the perspective of spatial distribution, the number of taxa was greater in the northeastern (waters around Barrow Canyon) and central Chukchi Sea, and there were relatively few taxa in the northern Chukchi Sea. The samples from Stas C11 and C19 contained the largest number of taxa (both had 31 taxa), and the samples from Stas C15 and C23 had the fewest taxa (both only had five taxa) (Fig.2).

The polychaete species were the dominant type of macrozoobenthos in the Chukchi Sea, accounting for more than half of the total species at most stations. Mollusks were mainly distributed in the central waters of the Chukchi Sea, and crustaceans were mainly distributed in the southern, central, and northeastern Chukchi Sea. Echinoderms were mainly distributed in the northern Chukchi Sea and the Alaskan coastal waters (Fig. 3).

3.2 Quantity and distribution of macrozoobenthos

The habitat density of the macrozoobenthos at each station was between 96 ind./m^2 (Sta. C22) and 3 600 ind./m^2 (Sta. C19). The average density of all stations was (916±907) ind./m^2. The biomass at each station was between 1.4 g/m^2 (Sta. C23) and 3 992.5 g/m^2 (Sta. C3). The

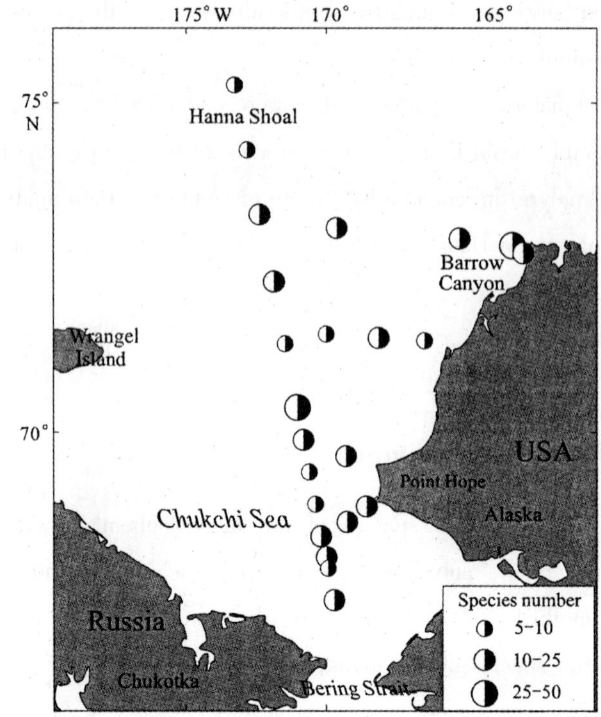

Fig.2 Spatial distribution of taxa numbers for the macrozoobenthos in the Chukchi Sea

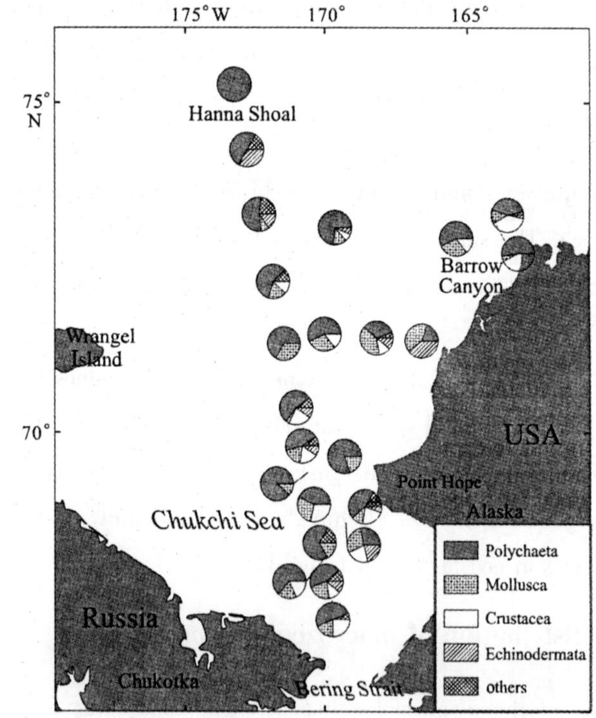

Fig.3 Relative composition and distribution of major species groups in the Chukchi Sea

average biomass of all stations was (902.9±1 227.7) g/m^2.The high values of density and biomass were distributed in the southern and northern Chukchi Sea (Figs 4 and 5).

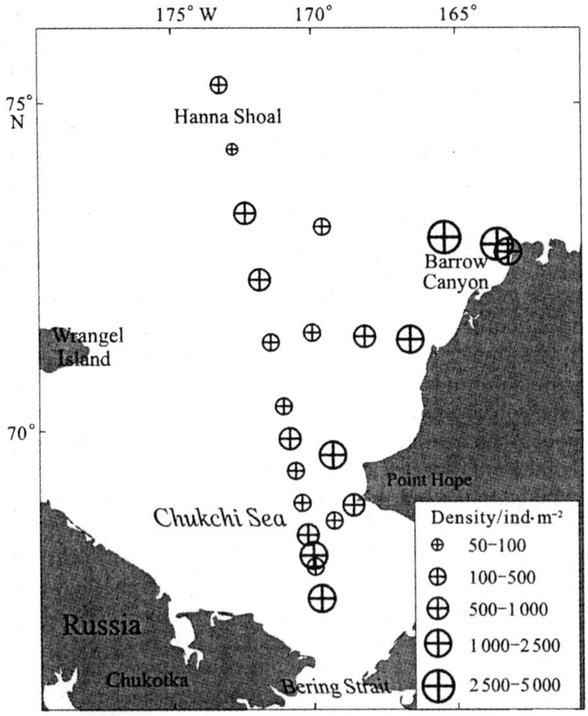

Fig.4 Spatial frequency distribution of the density of macrozoobenthos in the Chukchi Sea

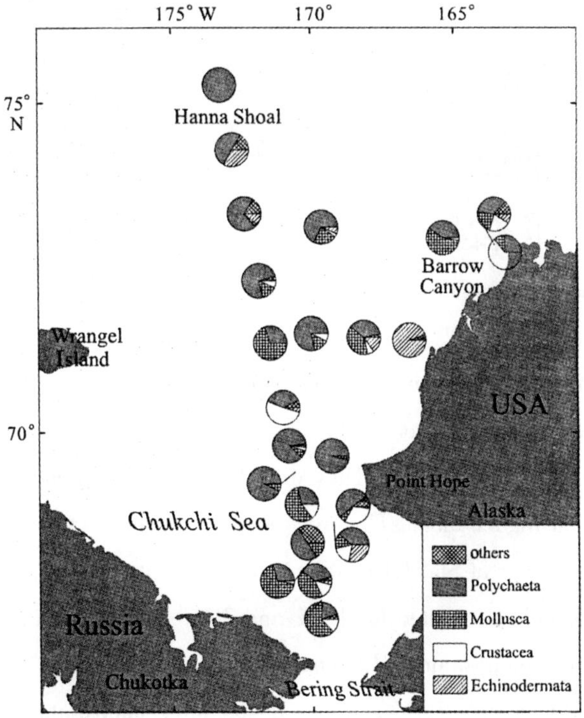

Fig.5 Spatial distribution of the biomass of the macrozoobenthos in the Chukchi Sea

In terms of density composition, the contribution of polychaetes was the largest ((410±463) ind./m^2; accounting for 44.8% of density). This was particularly true in the northern and central Chukchi Sea (polychaetes accounted for 100% of density in Sta. C22). Mollusks had the second largest contribution ((249±412) ind./m^2), and they had relatively high density in the central, southern, and northeastern Chukchi Sea. The percentages of density composition for crustaceans and echinoderms were approximately equal (11.7% and 11.5%, respectively); the former were mainly distributed in the central and northeastern Chukchi Sea, and the latter had a very high density at Sta. CIS on the Alaska coast (density 1 696 ind./m^2, accounting for 94.6% of density at that station) (Fig. 6).

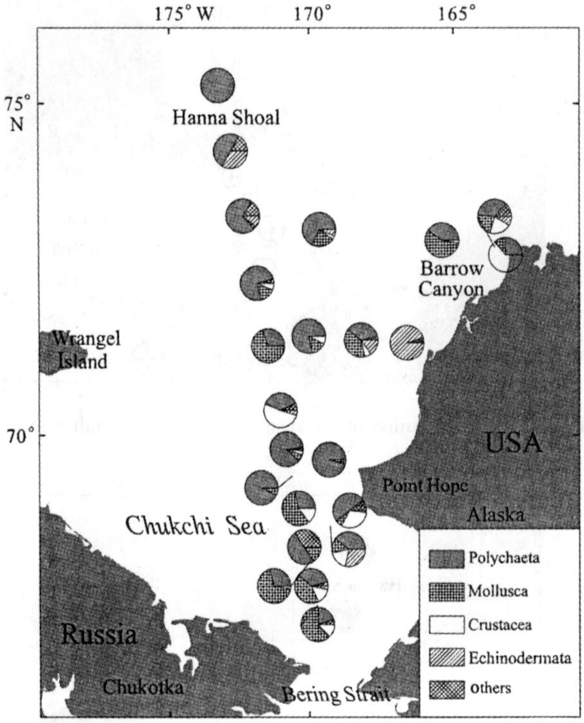

Fig.6 Density composition and distribution of macrozoobenthos in the Chukchi Sea

In terms of biomass composition, the dominant taxonomic group was mollusks ((473.0± 961.5) g/m^2, accounting for 52.4% of the biomass). Mollusks had higher biomass in the central, southern, and northeastern Chukchi Sea. They were followed by echinoderms (biomass: (209.8± 734.5) g/m^2, which had higher biomass in some stations in the northern Chukchi Sea and along the Alaska coast, in particular at Sta. C15, where they accounted for 99.8% of the biomass. Crustaceans and polychaetes only accounted for 4.6% and 7.4% of the biomass, respectively (Fig. 7).

In terms of density composition, *Heteromastus filiformis* (11.5%), *Echinarachnius parma* (8.4%), and *Ennucula tenuis* (7.7%) were the top three contributors. The habitat density of *Heteromastus filiformis* at each station was between 0 and 960 ind./m^2, and the high-density areas

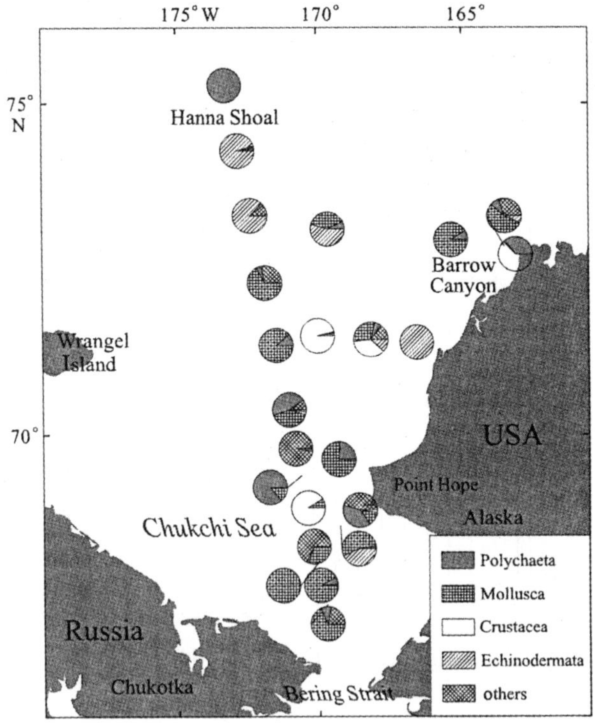

Fig.7 Biomass composition and distribution of the macrozoobenthos in the Chukchi Sea

were located in the central (Stas C9 and C10) and northeastern (Sta. C19) Chukchi Sea. For biomass, *Macoma calcarea* and *Echinarachnius parma* contributed the most; the combined biomass of these two species accounted for 50.7% of total biomass. *Macoma calcarea* (32.6% of total biomass) was mainly distributed in the southern Chukchi Sea, and *Echinarachnius parma* had higher biomass at Sta. C15 on the Alaska coast.

3.3 Biodiversity

The values of the species richness index (d), Shannon-Wiener diversity index (H'), evenness index (J), and dominance index (D) at each station are shown in Table 1. The d values at all stations were between 0.53 and 4.88, and the average was 1.95. The H' values were between 0.45 and 4.21, and the average was 2.83. The highest and lowest values of these two indicators were observed in the samples from Stas C11 and C15, respectively. The J values were between 0.19 (Sta. C15) and 1.00 (Sta. C22), and the average was 0.78. The D values were between 0.07 (Sta. C14) and 0.88 (Sta. C15), and the average was 0.24.

3.4 Similarity and cluster analyses

Bray-Curtis similarity cluster analysis and multidimensional scaling analysis were performed on the data about the macrozoobenthos from the 23 stations (Figs 8 and 9). The results show that the similarity between Stas C7 and C13 was the highest pairwise similarity (76%), and the similarities between the individual and/or combined data from other stations were all less than 50% (between 5% and 47%). The variations of spatial distribution of the macrozoobenthic communities in the study area were relatively large and showed a dispersed, patchy distribution.

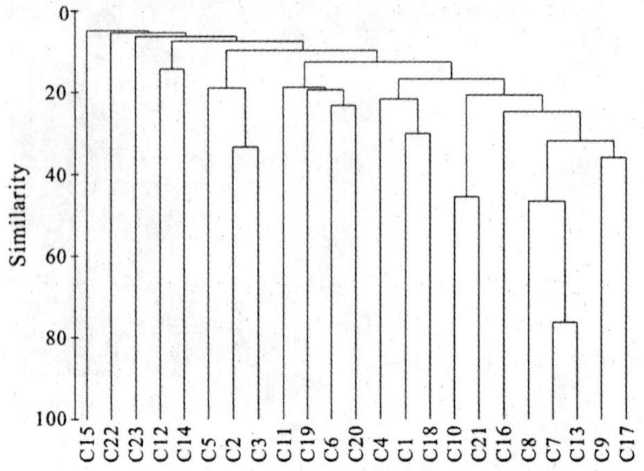

Fig.8 Bray-Curtis similarity cluster analysis of macrozoobentbic communities in tbe Chukchi Sea

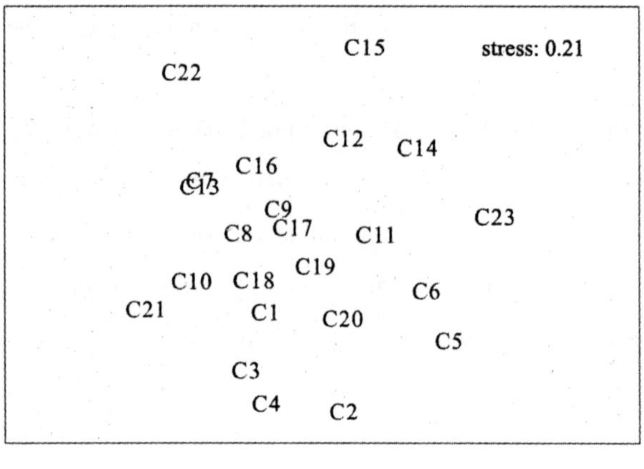

Fig.9 Multidimensional scaling results for macrozoobenthic communities in tbe Chukchi Sea

Tab.1 Biodiversity of the macrozoobenthos in the Chukchi Sea at each station

Station	*d*	*J*	*H'*	*D*
C1	2.10	0.64	2.58	0.34
C2	1.31	0.83	2.64	0.22
C3	1.41	0.52	1.79	0.47
C4	1.76	0.85	3.03	0.16
C5	2.13	0.88	3.34	0.14

Station	d	J	H'	D
C6	2.56	0.93	3.87	0.08
C7	1.11	0.81	2.26	0.30
C8	1.48	0.89	2.84	0.18
C9	1.85	0.76	2.95	0.18
C10	1.46	0.57	1.99	0.45
C11	4.88	0.85	4.21	0.09
C12	0.85	0.65	1.68	0.46
C13	1.11	0.86	2.41	0.24
C14	2.71	0.96	3.98	0.07
C15	0.53	0.19	0.45	0.88
C16	2.42	0.86	3.53	0.12
C17	2.26	0.95	3.69	0.09
C18	2.49	0.61	2.66	0.27
C19	3.66	0.71	3.54	0.14
C20	2.89	0.83	3.64	0.13
C21	1.88	0.89	3.29	0.13
C22	1.10	1.00	2.59	0.17
C23	0.85	0.96	2.24	0.22
Mean±SD	1.95±1.0	0.78±0.18	2.83±0.88	0.24±0.18

4 Discussion

Piepenburg (2005) stated that the Arctic benthic community is not a typical uniform regional community; instead, due to its spatial heterogeneity, it is complex and highly diverse, consisting of various community types. The Arctic region is characterized by a relatively young geological age, an unstable environment with continuous periodic vibrations, and undeveloped biogeographic isolation. Thus, the species exchange is relatively strong between the Arctic and other northern sea areas, resulting in a species composition in the Arctic area dominated mainly by cold-water boreal species, i.e., eurythermal boreal immigrants. As a result, the benthic infaunal community in the Chukchi Sea displays a patchy distribution pattern. Studies have shown that the distribution of the zoobenthos in the Bering Sea has similar characteristics (Grebmeier et al., 2006; McCormick-Ray et al., 2011; Wang et al., 2014). In this study, we observed that the dominant species in the Chukchi Sea have a wide latitude range for their distribution, despite the fact that *Chaetozone setosa* was only observed in northern waters and *Musculus discors* was only observed in central waters (Fig. 10).

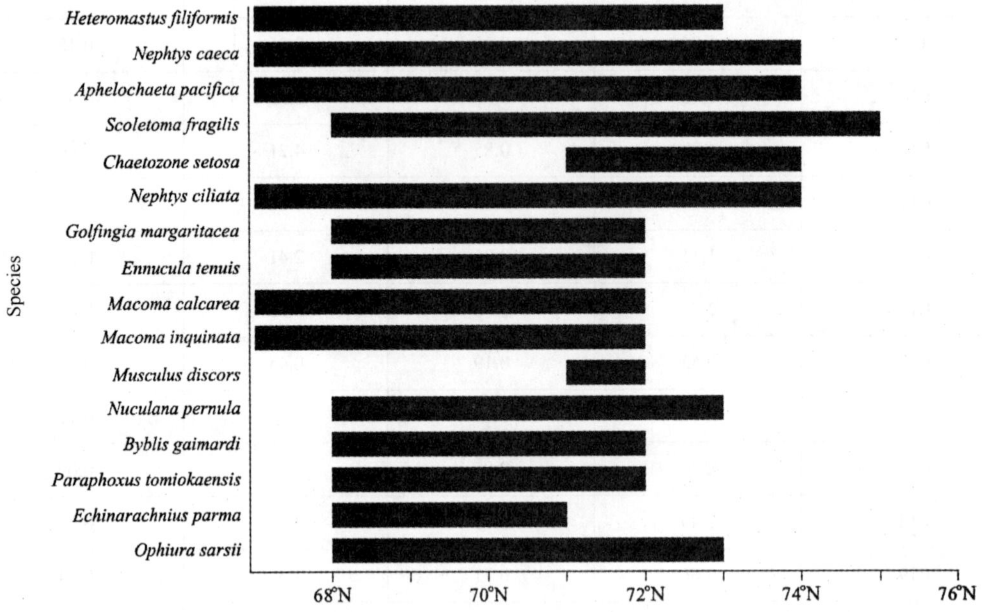

Fig.10 Latitude distribution of the dominant species of macrozoobenthos in the Chukchi Sea

The Bray-Curtis similarity cluster analysis showed that the similarities of the macrozoobenthic communities between most stations were poor; only two stations had similarities greater than 50%, and the similarities between the individual and/or combined data from other stations were less than 50%.

The spatial distribution of the macrozoobenthos in the study area showed high heterogeneity. At the 23 sampling station sites, the taxa number, habitat density, and biomass varied greatly in the ranges of 5–31 species, 96 to 3 600 ind./m^2, and 1.4 to 3 992.5 g/m^2, respectively. Similar to the results obtained by Grebmeier et al. (2006), we found that the high biomass areas of the macrozoobenthos in the Chukchi Sea are located in the northeastern and southern Chukchi Sea. The spatial distribution of the average biomass within the Chukchi Sea was in the following order: northeast ((1 798.1±1 621.4) g/m^2) > south ((1 332.9±1 413.4) g/m^2) > center ((232.7±163.6) g/m^2) > north ((210.0±179.4) g/m^2) (Fig. 11). The dominant species groups in terms of biomass in the northeastern waters were echinoderms and mollusks. The average biomass of *Echinarachnius parma* reached (708.0±1 583.2) g/m^2, accounting for 39.4% of total biomass. In addition, the average biomass of *Musculus discors* was also relatively high. In the southern waters,

Macoma calcarea (a mollusk) was the major contributor to the total biomass; its average biomass reached (929.6±1 486.3) g/m^2 and accounted for 70.2% of total biomass. The dominant species by biomass in the central and northern waters were *Golfingia margaritacea* ((74.3±181.9) g/m^2) and *Ctenodiscus crispatus* (*Ctenodiscus crispatus*) ((83.0±154.5) g/m^2).

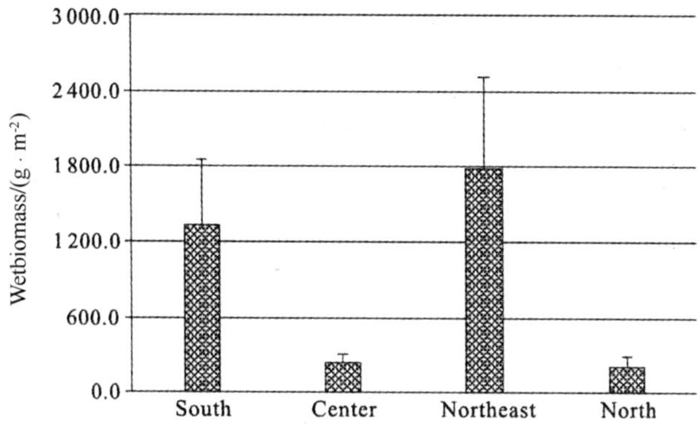

Fig.11 Regional distribution of the macrozoobenthos biomass in the Chukchi Sea

Springer et al. (1996), Grebmeier and Cooper (1994) and Grebmeier and Dunton (2000) believed that the high macrozoobenthos biomass in the Chukchi Sea might be closely associated with high water column productivity and organic carbon input. In the northeastern and southern waters of the Chukchi Sea, due to the northward transported nutrient-rich Pacific water and the nourishment of the organic carbon input from coastal areas, the benthic biomass is relatively high. In the central and northern waters of the Chukchi Sea, the benthic biomass significantly decreases as the water column productivity decreases and as the organic carbon input is reduced.

Compared with the data from the 1st CHINARE for this sea area (Li ct al., 2003) (Table 2), this investigation revealed a significantly decreased average density, average taxa number and *d* and *H'* values for the macrozoobenthos, and it showed significantly increased average benthic biomass. The differences in the *J* and *D* values between the 1st and the 4th CHINARE were not significant. This result could be explained by the difference in the dominant species group in terms of density. In the 1st CHINARE, the dominant species group in terms of density in this sea area was polychaetes, which yielded a habitat density of 1 634 ind./m^2 and accounted for 70.8% of the average density. However, in the 4th CHINARE, the average habitat density of polychaetes in this sea area was reduced to 410 ind./m^2, and no significant changes were observed in the habitat densities of other taxonomic groups. Mollusks and echinoderms were the absolute dominant taxonomic groups in this sea area in the 4th CHINARE; the average biomass of these two groups reached 473.0 g/m^2 and 209.8 g/m^2, respectively. The dominant species that were in common between the 1st and the 4th CHINARE were *Nephtys caeca*, *Ennucula tenuis*, and *Nuculana pemula*.

Table 2 Comparison of macrozoobenthic communities in the Chukchi Sea between the 1st and the 4th CHINARE

Average	Average density/ ind. · m^{-2}	Average biomass/ g · m^{-2}	Average taxa number (species/ station)	*d*	*J*	*H'*	*D*	Dominant species
1st CHINARE	2 307±2 385	155.9±99.4	22±8	2.87±0.98	0.73±0.19	3.06±0.90	0.23±0.17	*Cossurella* sp., *Maldane sarai*, ***Nephtys caeca***, *Nephtys* sp., *Prionospio malmgreni*, *Polynoidae* sp., *Asthenothaerus* sp., ***Ennucula tenuis***, *Asthenothaerus* sp., ***Nuculana pernula***, *Lepidepecreum* sp., *Hippomedon gorbunovi*, etc.
4th CHINARE	916±907	902.9±1 227.7	14±7	1.95±1.0	0.78±0.18	2.83±0.88	0.24±0.18	*Aphelochaeta pacifica*, *Heteromastus filiformis*, *Nephtys ciliate*, ***Nephtys caeca*** and *Scoletoma fragilis*, *Golfingia margaritacea*, ***Nuculana pernula***, *Macoma calcarea*, ***Ennucula tenuis***, *Macoma inquinata*, *Musculus discors*, *Echinarachnius parma*, *Ophiura sarsii*, etc.

5 Conclusions

This investigation identified 9 phyla and 140 species of the macrozoobenthos. These were mainly cold-water boreal species, i. e., eurythermal immigrants. The three major dominant taxonomic groups in the study area were polychaetes, crustaceans, and mollusks. The similarities of macrozoobenthic communities at the different study stations were poor, and the spatial distributions of the community species display a high degree of heterogeneity, which has led to high diversity and a patchy distribution pattern for the macrozoobenthic community in the Chukchi Sea. The average density of the macrozoobenthos was (916±907) ind./m^2, and it was dominated by polychaetes. The average biomass was (902.9±1 227.7) g/m^2, and it was dominated by mollusks. The spatial distributions of average density and biomass showed great heterogeneity, which decreased in the following order: northeast > south> center > north. Pelagic-benthic coupling was found to be the key factor affecting the abundance and biomass of benthic infaunal communities in high-latitude waters. Because of the nourishment provided by nutrient-rich Pacific waters and coastal organic carbon input, the benthic biomass in the northeastern and southern waters of the Chukchi Sea is relatively high. Due to lower water column productivity and less organic carbon input, there is significantly less benthic biomass in the central and northern waters. Compared to the data from the 1st CHINARE, this study shows different degrees of decreases in the average taxa number, abundance, and biodiversity in this area over the last decade, which might be associated with multiple factors, such as global warming, human activities, and sea ice variation.

References

ACIA. 2004.Impacts of a Warming Arctic. Cambridge: Cambridge University Press

Bluhm B A, MacDonald I R, Debenham C, et al. 2005. Macro-andmegabenthic communities in the high Arctic Canada Basin: initial findings. Polar Bioi, 28(3): 218-231

Carey A G. 1991. Ecology of North American Arctic continental shelf benthos: a review. Cont Shelf Res, 11: 865-883

Carlos M D. 2008. Impacts of global warming on polar ecosystems. Council for Scientific Research (CSIC)-University of the Balearic Islands (UIB) Esporles, Mallorca, Spain

Dunton K H, Goodall J L, Schonberg S V. et al. 2005. Multi-decadal synthesis of benthic-pelagic coupling in the western arctic: Role of cross-shelf advective processes. Deep-Sea Res Ⅱ,52:3462-3477

Feder H M, Jewett S C, Blanchard A L. 2007. Southeastern Chukchi Sea (Alaska) macrobenthos. Polar Bioi, 30: 261-275

General Administration of Quality Supervision, Inspection and Quarantine of China, Standardization Administration of China. 2007. GB/T12763.6-2007 Specifications for Oceanpgraphic Survey-Part 6: Marine Biological Survey Beijing: China Standards Press

Grebmeier J M. 1993. Studies of pelagic-benthic coupling extended onto the Soviet continental shelf in the northern Bering and Chukchi Seas. Cont Shelf Res, 13: 653-668

Grebmeier J M, Cooper L W. 1994. A decade of benthic research on the continental shelves of the northern Bering and Chukchi seas: lessons learned. In: Meehan R H, Sergienko V. Weller G, eds. Bridges of Science between North America and the Russian Far East. Fairbanks A K: American Association for the Advancement of Science, 87-98

Grebmeier J M, Cooper LW. Feder H M. et al. 2006. Ecosystem dynamics of the Pacific-influenced Northern Bering and Chukchi Seas in the Amerasian Arctic. Progress in Oceanography, 71: 331-361

Grebmeier J M. Dunton K H. 2000. Benthic processes in the northern Bering/Chukchi seas: Status and global change. In: Huntington H P, ed. Impacts of Changes in Sea Ice and Other Environmental Parameters in the Arctic. Girdwood. Alaska: Marine Mammal Commission Workshop, 80-93

Hunt G Jr. Blanchard A L. Boveng P, et al. 2013. The Barents and Chukchi Seas: Comparison of two Arctic shelf ecosystems. Journal of Marine Systems, 109-110: 43-68

IPCC. 2001. Climate Change 2000. Tbird Assessment Report. Cambridge: Cambridge UniversityPress

Li Rongguan. Zheng Fengwu. Jiang Jinxiang, et al. 2003. Macrobenthos in the Chukchi and Bering Seas. Biodiversity Science, 11 (3): 20-215

Macdonald R W. 1996. Awakenings in theArctic. Nature, 380: 286-287

McCormick-Ray J. Warwick R M. Ray G C. 2011. Benthic macrofaunal compositional variations in the northern Bering Sea. Marine Biology, 158(6): 1365-1376

Piepenburg D. 2005. Recent research on Arctic benthos: common notions need to be revised. Polar Bioi. 28: 733-755

Piepenburg D, Ambrose W G Jr, Brandt A, et al. 1997. Benthic community patterns reflect water column processes in the Northeast Water polynya (Greenland). Journal of Marine Systems. 10: 467-482

Post E, Forchhammer M C, Bret-Harte M S, et al. 2009. Ecological dynamics across the Arctic associated with recent climate change. Science, 325(5946): 1355-1358

Springer A, McRoy C P, Flint M. 1996. The Bering Sea Green Belt: shelfedge processes and ecosystem production. Fish Oceanogr. 5: 205-223

Walsh J E. 2008. Climate of the Arctic marine environment. Ecol Applic. 18: S3-S22

Walsh J J, McRoy C P, Coachman L K, et al. 1989. Carbon and nitrogen cycling within the Bering/Chukchi Seas: Source regions for organic matter effecting AOU demands of the Arctic Ocean. Prog Oceanogr. 22: 277-359

Wang Jianjun, He Xuebao, Lin Heshan, et al. 2014. Community structure and spatial distribution of macrobenthos in the shelf area of the Bering Sea. Acta Oceanologica Sinica. 33(6): doi: 10.1007/s13131-014-0491-9

Appendix. List of macrozoobenthic species in the Chukchi Sea

Cnidaria	*Chaetozone setosa*	**Sipuncula**	*Ampelisca* sp.
Edwardsia japonica	*Aphelochaeta pacifica*	*Golfingia margaritacea*	*Ampelisca furcigera*
Cerianthus filiformis	*Capitella capitata*	**Mollusca**	*Byblis gaimardi*
Actiniaria und.	*Heteromastus filiformis*	*Ennucula tenuis*	*Urothoe* sp.
Gersemia rubiformis	*Neomediomastus glabrus*	*Nuculana pernula*	*Harpiniopsis vadiculus*
Annelida	*Barantolla* sp.	*Yoldia bartschi*	*Harpiniopsis miharaensis*
Eteone sp.	*Mediomastus ambiseta*	*Yoldia* sp.	*Paraphoxus tomiokaensis*
Phyllodocidae und.	*Notomastus* sp.	*Musculus laevigatus*	*Metopa aequicornis*
Harmotho imbricata	*Praxillella gracilis*	*Musculus discors*	*Pontocrates altamarinus*
Harmotho sp.	*Praxillella praetermissa*	*Fronsella* sp.	*Pontocrates* sp.
Gattyana sp.	*Asychis disparidentata*	*Astarte borealis*	*Tiron spiniferus*
Hesperonoe andriashevi	*Asychis gotoi*	*Tridonta filatovae*	*Ceradocus capensis*
Polynoidae und.	*Axiothella rubrocincta*	*Serripes groenlandica*	*Abludomelita amoena*
Pholoe minuta	Maldanidae und.	*Serripes laperousii*	*Melita* sp.
Hesionidae und.	*Travisia forbesii*	*Fulvia mutica*	*Grandidierella japonica*
Syllis gracilis	*Scalibregma inflatum*	*Coecella* sp.	*Gammaropsis* sp.
Glycera capitata	*Onuphis geophiliformis*	*Macoma calcarea*	*Corophium* sp.
Goniada gigantea	*Lumbrineris heteropoda*	*Macoma tokyoensis*	*Photis* sp.
Glycinde gurjanovae	*Lumbrineris tetraura*	*Macoma inquinata*	*Clibanarius inaequalis*
Glycinde nordmanni	*Scoletoma fragilis*	*Theora lata*	*Chionoecetes opilio*
Goniadidae und.	*Hilbigneris gracilis*	*Theora* sp.	*Hyas coarctatus*
Nephtys ciliata	*Lumbrineris* sp.	*Cyathodonta* sp.	**Bryozoa**
Nephtys paradoxa	Arabellidae und.	*Mya* sp.	*Bugula* sp.
Nephtys caeca	*Sternaspis scutata*	*Euspira pallida*	*Microporella arctica*
Nephtys discors	*Brada inhabilis*	*Neptunea heros*	**Urochordata**
Nephtys picta	*Lagis neapolitana*	*Neptunea intersculpta*	Ascidiacea und.
Aglaophamus sp.	*Ampharete acutifrons*	*Tachyrhynchus erosus*	**Echinodermata**
Scoloplos armiger	*Samytha sexcirrata*	*Solariella varicosa*	*Ctenodiscus crispatus*
Scoloplos fragilis	*Amphicteis gunneri*	**Arthropoda**	*Echinarachnius parma*
Scoloplos acutus	*Terebellides stroemii*	*Balanus* sp.	*Clypeaster* sp.

Scoloplos sp.	*Amaeana trilobata*	*Iphinoe tener*	*Gorgonocephalus arcticus*
Aricidea nolani	*Artacama* sp.	*Diamorphostylis asiatica*	*Amphipholis* sp.
Cossura longocirrata	*Neoleprea* sp.	*Synidothea bicuspida*	*Ophiopholis aculeata*
Prionospio malmgreni	Terebellidae und.	*Orchomenella pinguis*	*Ophiura sarsii*
Prionospio sp.	*Tubificoides* sp.	*Centromedon typhlops*	*Ophiura* sp.
Apistobranchus tullbergi	Priapulida	*Socatnes bidenticulatus*	*Stegophiura nodosa*
Magelona pacific	*Priapulopsis bicaudatus*	*Ampelisca brevicornis*	
Magelona sp.		*Haploops setosa*	

WANG Jianjun, LIN Heshan, HE Xuebao, LIN Junhui, HUANG Yaqin, LI Rongguan, ZHENG Chengxing, ZHENG Fengwu, JIANG Jinxiang, 原载《Octa Oceanologica Sinica》,2014, 33(6):82-89.

Abundance and distribution of meiofauna in the Chukchi Sea

Abstract: The metazoan meiofauna in the Chukchi Sea were collected from seven shallow water stations (depths ranging 46 to 52 m) and five deep sea stations (depths ranging between 393 and 2 300 m) during the 4th Chinese National Arctic Research Expedition in 2010. The results showed that abundance of meiofauna was higher in shallow water sediments (average of 2 445 ind./10 cm^2) than in deep sea sediments (407.06 ind./10 cm^2). A UNIANOVA test for difference between the two different regions was highly significant ($F = 101.15, P<0.01$). Nematodes were numerically dominant, representing (96.6±4.6)% of the total meiofauna abundance at the shallow water stations and (98.90±1.42)% at deep sea stations. The number of higher taxonomic groups and abundance of meiofauna were higher at Stas CC1, CC4, and R06 near the Bering Strait and the continent, than at the rest of the shallow water and deep sea stations. The primary factors causing the differences were concentrations of nutrients P and Si of bottom seawater ($R=0.831, P<0.003$), followed by depth ($R=-0.655, P<0.05$) and sand fractions of sediments ($R=0.632, P<0.05$). The numbers of meiofauna on the 65 μm and 32 μm sieves were significantly higher than those on the rest of the screens. Differences in numbers of meiofauna retained on screens with different mesh openings were highly significant among all sampling stations ($F=31.60, P<0.01$). The highest numbers of individuals on screens with 32 μm mesh openings were found at deep sea stations. The number of meiofauna in the top 0–1 cm, 1–2 cm, and 2–4 cm segments constituted 84.4% of the total and was significantly higher than those in the bottom 4–6 cm and 6–10 cm segments ($F=15, P<0.01$).

Key words: Chukchi Sea; meiofauna; abundance; vertical distribution; size spectra; deep sea

1 Introduction

The Arctic is located in the northernmost part of the earth and is a critically important component of the earth system, affecting the earth's energy balance, sea level, greenhouse gases and atmospheric circulation, transport of heat through ocean circulation, ecology, and human resource use and well-being (Callaghan et al., 2011). Since half a century ago, the Arctic environment has been changing rapidly. The impacts of changes on the diversity of Arctic benthic communities and the consequences for how these communities will function are unknown (Renaud et al., 2006). The meiofauna are the most important animals in the sediment; they are ubiquitous in nature, have relatively rapid generation time, are small in size, and have high metabolic rates (Vernberg and Vernberg, 1981). However, traditional research on polar benthos has been more concerned with macrofauna than meiofauna (Piepenburg, 2005). Studies from the past few decades on quantitative aspects of meiofaunal communities in deeper waters have increased (Tietjen, 1984; Herman and Dahms, 1992). There have been some descriptive and/or process-oriented studies on Antarctic shallow and deep water meiofauna (Gutzmann et al.,2004; Vermeeren et al., 2004). Regarding the Arctic, comparable published studies have been undertaken in the Marginal Ice Zone of the Arctic Ocean (Hoste et al.,2007), Laptev Sea (Vanaverbeke et al., 1997), Barents Sea (Soltwedel et al,2005), and Beaufort Sea (Bessiere et al., 2007). However, as the important marginal sea connecting the Pacific Ocean and Arctic Ocean, still no meinfaunal research has been found focused on the Chukchi Sea, except the report concerning three shallow water stations in the monograph about the 1st Chinese National Arctic Research Expedition in 1999 (Chen et al., 2003).The aims of the present paper are to investigate the abundance, group composition, size spectra, and vertical distribution of meiofauna in shallow and deep sea sediments in the Arctic Chukchi Seas.

2 Materials and methods

2.1 Study area

The Chukchi Sea is a marginal sea of the Arctic Ocean. It is bounded on the west by the De Long Strait, off Wrangel Island, and in the east by Point Barrow, Alaska, beyond which lies the Beaufort Sea.The Bering Strait forms its southernmost limit and connects it to the Bering Sea and Pacific Ocean.

2.2 Sampling and sample processing

Sampling was carried out during the 4th Chinese National Arctic Research Expedition from July to September 2010. The samples covered the seven shallow water stations with depths of 46–52 m (coordinates 67.67°–72.54°N, 165.33°–168.98°W) and five deep sea stations at the shelf slope with depths of 393–2 300 m (coordinates 74.99°–76.99°N, 171.83°–172.13°W) (Fig. 1). Table 1 summarizes the environmental variables measured, including sediment grain size, water depth, and concentration of nutrients of bottom seawater. At every shallow water station, three meiofauna samples from the same multicorer sampler were taken and vertically sliced at different centimeter intervals: 0-1 cm, 1-2 cm, 2-4 cm, 4-6 cm, and 6-10 cm. At every deep sea station, three samples from the same box corer were taken and also vertically sliced the same as that at shallow water stations. A total of 36 samples were analyzed.

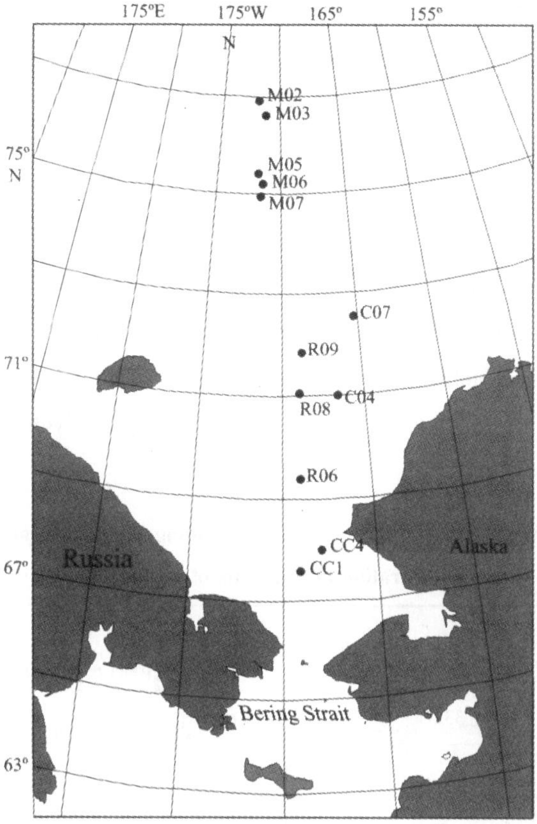

Fig.1 Map of the Chukchi Sea, showing locations of Sampling stations

In the laboratory, the meiofauna samples were slowly washed through a succession of screens with mesh openings of 500 μm, 250 μm, 125 μm, 65 μm, and 32 μm with tap water until the vast majority of clay and silt were washed out, then centrifuged (3 500 r/min) in a solution of colloidal silica (LUDOX TM-50) with density of 1.15 g/cm^3, stained with Rose Bengal and sorted under a low power stereomicroscope (Heip et al., 1985). Nematodes were picked out, transferred to anhydrous glycerol, and mounted on permanent slides for identifying afterward. All metazoan meiofauna were classified at a higher taxonomic level and counted under a stereomicroscope.

3 Results

3.1 Main taxa of meiofauna

At shallow water stations: The total number of taxa was 10, including the following forms:

Nematoda, Harpacticoida copepod, Polycheata, Bivalvia, Isopoda, Oligocheata, Rotifera, Ostracoda, Naupii, and Acari. Less than 0.1% of specimens could not be identified. Nematoda were numerically dominant at each station, representing (96.6±4.6)% of the total meiofauna abundance. Harpacticoida copepods were the second most abundant taxon, representing (2.5±3.9)% of total abundance. Bivalvia, Polycheata, and Naupii were in low numbers, representing 0.1%, 0.2%, and 0.6% of the total, respectively. Isopoda, Oligocheata, Rotifera, Ostracoda, and Acari were not regularly present, mainly appearing at Stas CCl, CC4, and R06, which were near the Bering Strait.

At deep sea stations: The total number of taxa was three, including the following forms: Nematoda, Harpacticoida copepod, and Polycheata. Less than 0.05% of specimens at Sta. M07 could not be identified. Nematoda were numerically predominant at each station, representing (98.9±1.4)% of the total meiofauna abundance. Harpacticoida copepods were the second most abundant taxon, representing (0.9±1.1)% of total abundance. Polycheata only appeared at Sta. M07 with one replicate.

Tab.1 The environmental variables measured, including sediment grain size, water depth, and concentration of nutrients of bottom seawater

Station	Depth /m	Median grain diameter/Mdφ	Sand/%	Silt/%	Clay/%	P /(μmol·L^{-1})	DlN /(μmol·L^{-1})	Si /(μmol·L^{-1})
CC1	52	5.35	33.34	58.02	8.63	-	-	-
CC4	50	-	-	-	-	-	-	-
R06	52	-	-	-	-	1.16	5.05	25.07
R08	44	4.86	26.78	67.76	5.46	1.40	6.84	43.69
R09	51	-	-	-	-	2.02	10.80	49.97
C04	46	5.26	20.83	72.24	6.93	1.05	3.10	7.66
C07	51	6.72	0.724	80.90	18.38	1.88	9.84	37.59
M07	393	6.49	2.78	82.20	15.02	0.78	9.47	13.46
M06	809	6.70	7.23	73.54	19.23	0.99	8.92	7.92
M05	1 617	7.49	6.45	54.97	38.59	0.99	8.97	11.51
M03	2 298	6.90	8.82	67.15	24.03	1.09	9.36	14.72
M02	2 300	7.45	2.88	61.69	35.43	1.04	9.15	14.30

3.2 Abundance of meiofauna

At shallow water stations: The mean meiofauna abundance was 2 640 ind./10 cm^2 (Fig. 2).

Station CC1 was characterized by the highest abundance, with an average of (4 868±1 211) ind./10 cm^2, and the following was at Sta. R06, with the abundance of (3 786±2 593) ind./10 cm^2. The lowest abundance was at Sta. CC4 (1 217±582) ind./10 cm^2. A UNIANOVA test for difference in abundance showed that there were significant differences among the seven shallow stations ($F=3.46$, $P<0.05$). The meiofauna abundances at Stas CC1 and R06 were significantly higher than those at the remaining five stations. The abundance at Sta. CC4 was significantly lower than that at Sta. R06.

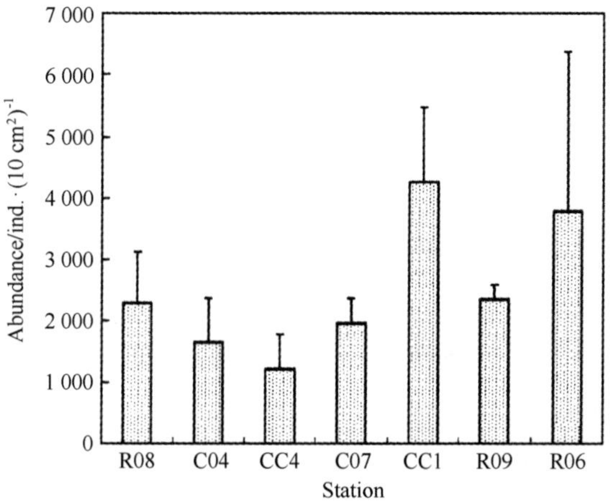

Fig.2 Meiofauna abundance at shallow water stations in the Chukchi Sea

At deep sea stations: The mean meiofauna abundance at five deep sea stations was 407 ind./10 cm^2(Fig. 3). Station M07 was characterized by the highest abundance. with an average of (627.60±175.35) ind./10 cm^2. The lowest abundance was at Sta. M03 ((235.29±89.10) ind./10 cm^2). There was a trend of decreasing abundance with increasing water depth from 393–2 300 m. There were significant differences among the five deep sea stations ($F=3.00$, $P<0.05$). The meiofauna abundances at Stas M02, M03, and M05 were significantly lower than that at Sta. M07. The difference between Sta. M06 and Sta. M07 was not significant.

The difference between deep sea stations and shallow water stations was highly significant ($F=101.5$, $P<0.01$). The relationships between abundance of meiofauna and environment factors were studied. The primary factors causing the differences were concentrations of nutrients P and Si in bottom seawater ($R=0.831$, $P<0.003$), followed by depth ($R=-0.655$, $P<0.05$, and sand fraction of sediments ($R=0.632$, $P<0.05$).

3.3 Size spectra of meiofauna

At shallow water stations: The abundance of meiofauna retained on a succession of screens with mesh openings of 500 μm, 250 μm, 125 μm, 65 μm, and 32 μm. accounted respectively for (1.5±0.8)%, (7.8±5.6)%, (20.3±9.4)%, (36.8±5.6)%, and (33.5±16.5)% of the total meiobenthos

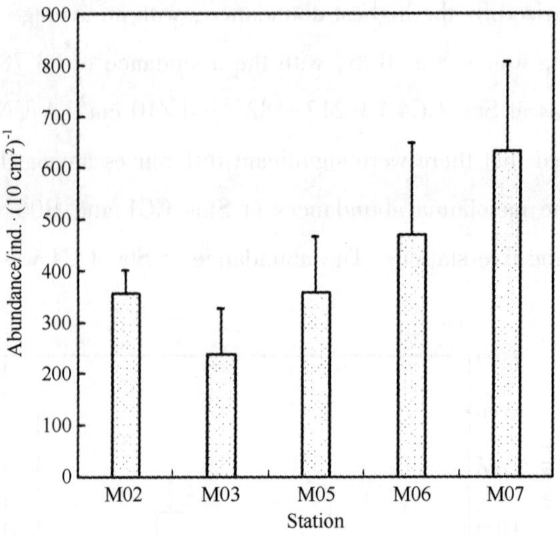

Fig.3 Meiofauna abundance at deep sea stations in the Chukchi Sea

abundance. The size spectra of meiofauna in every station are shown in Fig. 4. The maximum abundance of meiofauna was on the 65 μm sieve. followed by the 32 μm sieve. The differences in meiofauna numbers on screens of different mesh openings were highly significant among shallow water stations (F=32.36, P<0.01), but the difference between those on the 65 μm sieve and 32 μm sieve was not significant. The numbers of meiofauna retained on screens with mesh openings equal to or above 125 μm at Stas CC1 and CC4 were more than the other five stations (Fig.4).

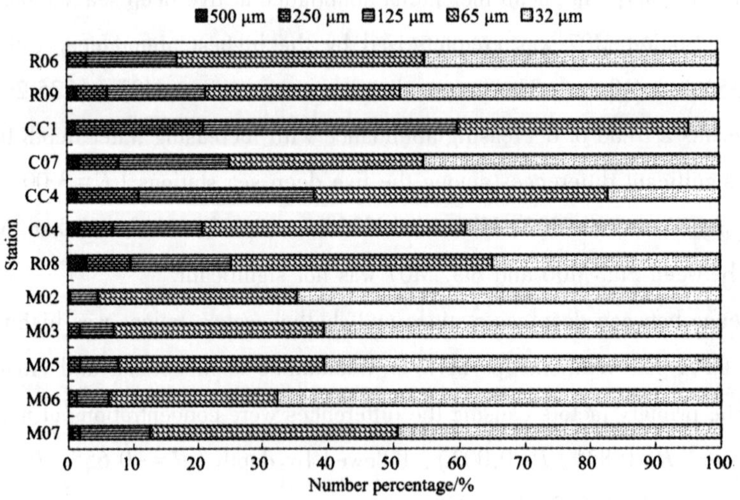

Fig.4 Size spectra of meiofauna in the Chukchi Sea

At deep sea stations: The abundance of meiobenthos retained on a succession of screens with mesh openings of 500 μm, 250 μm, 125 μm, 65 μm, and 32 μm, accounted respectively for (0.1±0.2)%, (1.3±0.6)%, (6.1±2.8)%, (31.9±4.2)%, and (60.5±7.0)% of the total meiobenthos abundance. The maximum abundance of meiofauna was on the 32 μm sieve. followed by 65 μm. At Stas M05. M03. and M02, meiobenthos retained on the 500 μm screen were zero. The test for differences in numbers of meiofauna retained on screens of different mesh openings showed that there were highly significant differences among deep sea stations ($F = 72.55$, $P < 0.01$). The difference between the 65 μm sieve and 32 μm sieve was significant. and the numbers of meiofauna on them was significantly higher than those on the rest of the screens. This result implied that the number of smaller sized meiofauna was dominant in the deep sea.

3.4 Vertical distribution

At shallow water stations: The numbers of meiofauna in different vertical segments of depths 0–1 cm, 1–2 cm, 2–4 cm, 4–6 cm, and 6–10 cm accounted respectively for (33.2±10.0)%, (25.4±6.0)%, (26.2±7.0)%, (9.9±3.0)%, and (5.3±4.0)% of the total abundance. The vertical distribution of meifauna at every station is shown in Fig. 5. In segments of 6–10 cm and 4–6 cm, except at Stas CC1 and CC4, only nematodes were found. This showed that Nematoda was the most widespread group. The differences in the number of meiofauna in different segments were highly significant among shallow water stations ($F = 12.61$, $P<0.01$). The number of meiofauna in top segments of 0–1 cm, 1–2 cm, and 2–4 cm was significantly higher than that in the bottom.

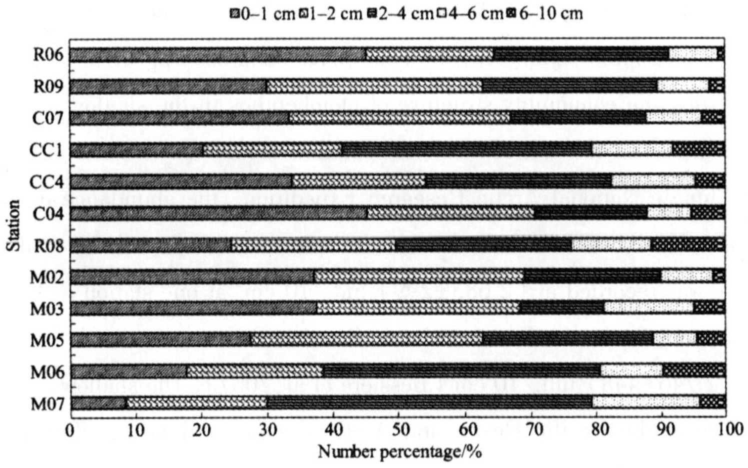

Fig.5 Percentage of meiofauna in different vertical depth layers in the Chukchi Sea

At deep sea stations: The numbers of meiofauna in different layers of depths 0–1 cm, 1–2 cm, 2–4 cm, 4–6 cm, and 6–10 cm accounted for (25.6±12.6)%, (28.1±6.5)%, (30.1±15.1)%, (11.1±4.1)%, and (5.1±2.9)%, respectively. The differences in numbers of meiofauna in five vertical segments were highly significant among deep sea stations ($F = 14.32$, $P<0.01$). Compared to the shallow stations, 94.9% of meiofauna appeared in the surface 0–6 cm in the deep sea. The numbers of meiofauna in depths 0–1 cm, 1–2 cm, and 2–4 cm was significantly higher than that in the bottom.

4 Discussion

Still no research on meiofauna has been found that focuses on the Chukchi Sea, except the report about the 1st Chinese National Arctic Research Expedition in 1999 (Chen et al., 2003). In 1999, in total 22 taxa of meiofauna were found at three shallow water stations in the Chukchi Sea, but only Nematoda, Naupii, Harpacticoida copepod, Polycheata, Bivalvia, and Kinorhyncha regularly occurred with over 1% of the total abundance. The other 17 taxa accounted for 1.58% of the total abundance (Chen et al., 2003). Unfortunately, the report did not give the location of the sampling sites and their sediment grain size. Many studies of shallow water have pointed out the importance of sedimentary characteristics as environmental factors (Shirayama, 1984). The Chukchi Sea has an extensive shallow shelf area and this study showed that at Stas CC1, CC4, and R06, which were near to the Bering Strait and the Asian and North American continents, ten taxa were often irregularly present at more than a few other shallow water stations. Bessiere et al. (2007) studied stations in the southeast Arctic Beaufort Sea with depths ranging from 43 to 58 m, showing that meiofauna included six similar taxa, namely, Nematoda, Harpacticoida copepod, Crustacean nauplii, Polycheata, Turbellaria, and Kinorhyncha. In the Arctic Laptev Sea, along a depth transect of oligotrophic sediments, 11 taxa of meiobenthos appeared (Vanaverbeke et al., 1997). We think that the community structure of meiobenthos in the shallow area of Chukchi Sea does not differ from that in the rest of the Arctic shallow area.

In the 1st Chinese National Arctic Research Expedition, the abundance of meiofauna in the Chukchi Sea was 2 598 ind./10 cm^2. In the Arctic Laptev Sea (Vanaverbeke et al., 1997), meiobenthos abundance was recorded at (2 683±299) ind./10 cm^2 at one station with a depth of 65 m. At four shallow stations in the southeastern Arctic Beaufort Sea, the results showed that the average abundance was (2 746±448) ind./10 cm^2 (Bessiere et al, 2007). The shallow area in the Chukchi Sea is the juncture of the Pacific Ocean and Arctic Ocean, and is an efficient organic carbon "sink" area (Chen et al., 2003). High sediment oxygen uptake rates and benthic biomass were observed in the southern Chukchi Sea (Grebmeier, 1993). Therefore, rich meiofaunal abundance in this area was understandable.

The decrease of meiobenthic densities with depth corresponds with the findings of other studies on depth gradients (Tietjen, 1984; Vincx et al., 1994; Rex et al., 2006). The mean meiobenthos abundance in the five deep sea stations was 407.06 ind./10 cm^2 in this study. In the Arctic Laptev Sea (Vanaverbeke et al., 1997), meiobenthos abundance was recorded as (418±93) ind./10 cm^2 at one station with the depth of 2 621 m. Along a depth transect of ten stations off the Halley Bay (Weddell Sea, Antarctica) (depth range: 339–1 958 m) (Vermeeren et al., 2004), the total mean abundance was 1677 ind./10 cm^2. At the deeper sites in the North Atlantic and Mediterranean Sea(>400 m), the number of nematodes generally did not exceed 1 000 ind./10 cm^2(Soetaert and Heip, 1995).

Comparatively smaller-sized meiofauna occur in silty sand and relatively larger meiofauna and macrofauna are dominant in muddy sediment (Gray, 1981). The sedimentary type at Sta. CC1 was sandy silt, and at Sta. CC4 it was sand with rich gravel (Yu, 2011). They are coarser than the other five stations (namely, silty clay). The numbers of meiofauna retained on the sieve with mesh openings equal to or above 125 μm at Stas CC1 and CC4 were more than those at the other five shallow stations (Fig. 4). At the same time, there was a relatively higher diversity of meiofaunal taxa.

The formal size boundaries of meiofauna are operationally defined, based on the standardized mesh width of sieves with 500 μm (1 000 μm) as upper and 44 μm (63 μm) as lower limits: all fauna that pass through the coarse sieve but are retained by the finer sieve are considered meiofauna. However, a lower size limit of 31 μm has been suggested by deep sea meiobenthologists in order to quantitatively retain even the smallest meiofaunal organisms (mainly nematodes) (Giere, 2009). The abundances of all three animal groups (metazoan meiofauna, macrofauna, and megafauna) decrease significantly with depth; this is a universal phenomenon that involves a complex transition in the relative importance of the different size groups. However, abundance of bacteria shows no decline with depth. A reduction of the mean nematode size (by ca. 67%) was observed between bathyal and hadal depths (Gambi et al., 2003). The ascendancy of smaller organisms with depth has important implications for deep sea biodiversity (Rex et al., 2006). In this stud, the maximum abundance of meiofauna in the deep sea stations was retained on 32 μm sieve, accounting for (60.5±7.0)% of the total meiobenthos abundance. This fact demonstrated that using sieve mesh openings of 65 μm would underestimate the density of meiofauna.

Acknowledgements

We thank the crew of the 4th Chinese National Arctic Research Expedition for collecting the samples. We also thank Li Cucu and Lin Haichuan for washing samples and Li Shiying for helping to polish the English expression. Sample information and data were issued by the Resource-sharing Platform of Polar Samples (http://birds.chinare.org.cn) maintained by the Polar Research Institute of China (PRIC) and Chinese National Arctic and Antarctic Data Center (CN-NADC).

References

Bessiere A, Nozais C, Brugel S, et al. 2007. Metazoan meiofauna dynamics and pelagic-benthic coupling in the Southeastern Beaufort Sea, Arctic Ocean. Polar Biology, 30(9):1123-1135.

Callaghan T V, Johansson M, Prowse T D, et al. 2011. Arctic cryosphere: changes and impacts. AMBIO,

401:3-5.

Chen Liqi, et aI. 2003. Marine Environment and Air-Sea Interaction in the Arctic Region (in Chinese). Beijing: China Ocean Press.

Gambi C, Vanreusel A, Danovaro R. 2003. Biodiversity of nematode assemblages from deep-sea sediments of the Atacama Slope and Trench (South Pacific Ocean). Deep-Sea Research Part I: Oceanographic Research Papers. 50(1): 103-117.

Giere O. 2009. Meiobenthology: the Microscopic Motile Fauna of Aquatic Sediments. Berlin: Springer Berlin Heidelberg.

Gray J S. 1981. The Ecology of Marine Sediments: An Introduction to the Structure and Function of Benthic Communities. Cambridge: Cambridge University Press.

Grebmeier J M. 1993. Studies of pelagic benthic coupling extended onto the Soviet Continental-Shelf in the northern Bering and Chukchi Seas. Continental Shelf Research, 13(5-6): 653-668.

Gutzmann E, Arbizu P M, Rose A, et al. 2004. Meiofauna communities along an abyssal depth gradient in the Drake Passage. Deep-Sea Research Part II: Topical Studies in Oceanography, 51(14-16): 1617-1628.

Heip C, Vincx M, Vranken G. 1985. The ecology of marine nematodes Oceanography and Marine Biology, 23: 399-489.

Herman R L, Dahms H U. 1992. Meiofauna communities along a depth transect off halley bay (Weddell Sea-Antarctica). Polar Biology, 12(2):313-320.

Hoste E, Vanhove S, Schewe I, et al. 2007. Spatial and temporal variations in deep-sea meiofauna assemblages in the Marginal Ice Zone of the Arctic Ocean, Deep-Sea Research Part I: Oceanographic Research Papers. 54 (1): 109-129.

Piepenburg D. 2005. Recent research on Arctic benthos: common notions need to be revised. Polar Biology, 28 (10): 733-755.

Renaud P E, Ambrose W G, Vanreusel A, et al. 2006. Nematode and macrofaunal diversity in central Arctic Ocean benthos. Journal of Experimental Marine Biology and Ecology, 330(1):297-306.

Rex M A, Etter R J, Morris J S, et al. 2006. Global bathymetric patterns of standing stock and body size in the deep-sea benthos. Marine Ecology Progress Series, 317: 1-8.

Shirayama Y. 1984. The abundance of deep sea meiobenthos in the Western Pacific in relation to environmeiltal factors. Oceano-logica Acta, 7(1): 113-121.

Soetaert K, Heip C. 1995. Nematode assemblages of deep-sea and shelf break sites in the North-Atlantic and Mediterranean-Sea. Marine Ecology Progress Series, 125(1-3): 171-183.

Soltwedel T, Portnova D, Kolar I, et al. 2005. The small-sized benthic biota of the Hakon Mosby Mud Volcano (SW BarentsSea slope). Journal of Marine Systems, 55(3-4): 271-290.

Tietjen J H. 1984. Distribution and species-diversity of deep-sea nematodes in the Venezuela Basin. Deep-Sea Research Part A: Oceanographic Research Papers, 31(2):119-132.

Vanaverbeke J. Arbizu P M, Dahms H U, et al. 1997. The metazoan meiobenthos along a depth gradient in the Arctic Laptev Sea with special attention to nematode communities. Polar Biology, 18(6): 391-401.

Vermeeren H, Vanreusel A, Vanhove S. 2004. Species distribution within the free-living marine nematode genus Dichromadora in the Weddell Sea and adjacent areas. Deep-Sea Research Part II: Topical Studies in Oceanography, 51(14-16): 1643-1664.

Vernberg F J, Verllberg W B. 1981. Functional Adaptations of Marine Organisms. New York: AcademicPress

Vincx M, Bett B J, Dinet A. et al. 1994. Meiobenthos of the deep Northeast Atlantic. Advances in Marine Biology, 30:1-88.

Yu Xingguang. 2011. The Report of 2010 Chinese Arctic Research Expedition (in Chinese). Beijing: China Ocean Press.

LIN Rongcheng, HUANG Dingyong, GUO Yuqing, CHANG Yu, CAO Yinkun, WANG Jianjia, 原载《Acta Oceanol. Sin.》,2014,33(6):90-94.

七、海洋软体动物物种多样性与生态学

香港海区双壳类帘蛤科一新种

摘要 帘蛤科一新种——扁平美女蛤 *Circe* (*Laevicirce*) *hongkongensis* sp. nov. 系于1988年采自香港大潭湾潮下带。新种的主要特征是两壳极扁平,铰合部宽阔,区别于本亚属的其他种。

A New Species of Veneridae (Bivalvia) from Hong Kong Waters

Abstract: The Veneridae is a large family in the class bivalves. The new species, *Circe* (*Laevicirce*) *hongkongensis* sp. nov., described here was collected by Dr. Rosita Ong Che of the Swire Marine Laboratory, University of Hong Kong, from the subtidal zone of Tai Tam Bay in Hong Kong Waters, 5 species of the genus have been recorded in China Seas so far.

Circe (*Laevicirce*) *hongkongensis* sp. nov. (Fig.1)

Shell small, solid, rather thick, very compressed; umbo pointed, inclined forward, situated at about middle of dorsal margin; anterodorsal margin nearly straight, postero-dorsal margin convex; anterior margin narrowly rounded and postero-margin slightly truncated; without lunule and escutcheon; ligment deeply sunken behind the umbo; shell white, on the umbonal area covered with brown deposit; surface with growth lines, sparely concentric ribs and a few knobs on postero-dorsal area. Hinge plate very broad, right posterior cardinal tooth and left median cardinal tooth with a shallow groove; anterior upper and lower lateral teeth of right valve separated by socket and left posteri or lateral tooth weak; poster-dorsal margin area of right valve with a shallow groove, left valve with a low ridge; pallial sinus indistinct; inner ventral margin smooth, without crenulate.

Measurement: length 6.88, height 6.00, breadth 1.06 mm

Holotype locality: Hong Kong

Holotype (TB8801) is deposited in the Third Institute of Oceanography, SOA.

The new species is distinguished from *Laevicire soyoae* Habe of subgenus by having compressed valves and very broad hinge plate.

帘蛤科 Veneridae 是软体动物门双壳纲帘蛤目中一个大科。本文所记述的新种——

Circe（*Laevicirce*）*hongkongensis* sp. nov.（图 1）系于 1988 年由香港大学太古海洋研究所 Dr. Rosita Ong Che 采自香港大潭湾潮下带。目前已知我国海域本属的种类有 5 种。

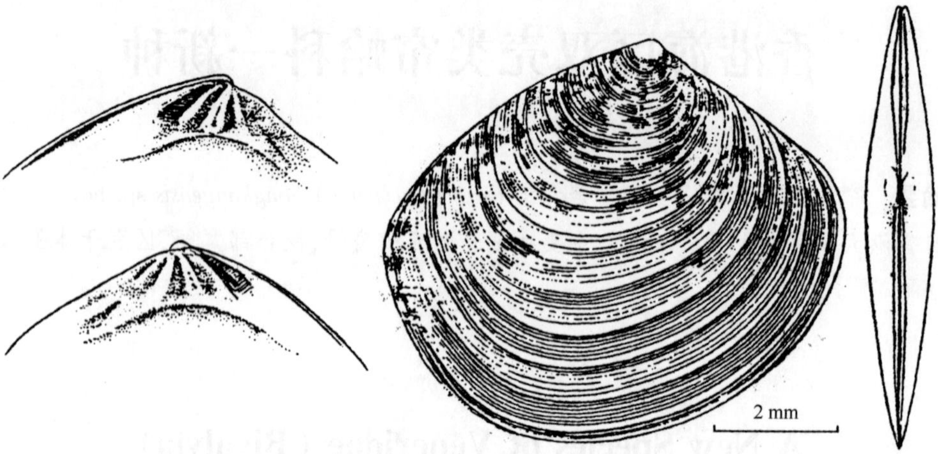

图 1　扁平美女蛤的外形和铰合部

Fig.1　Form and hinge plate of *Circe*（*Laevicirce*）*hongkongensis* sp. nov.

扁平美女蛤 *Circe*（*Laevicirce*）*hongkongensis* sp. nov.的形态特征　壳小型，壳质较坚、厚，两壳极扁平；壳顶尖，前倾，位于背部近中央；前缘略尖，后缘近截形；前背缘略直，后背缘微凸；无小月面和楯面；外韧带完全下沉；壳白色，在壳顶区有褐色环境沉积物；壳表除生长线外，还有稀疏的同心肋，后背缘区有少数瘤状结节。

铰合部很宽，两壳各有 3 个主齿，其右壳后主齿和左壳中主齿各有一条浅沟，左壳前侧齿两个，上下并排列，中间有一凹陷，同左壳的前侧齿相对应；在右壳的内背缘有一浅沟，左壳则为一低脊；外套窦不明显，前肌痕呈肾脏形，后肌痕呈延长的桃形；壳内缘光滑无齿。

标本测量：壳长 6.88 mm，壳高 6.00 mm，壳宽 1.06 mm。

模式标本采集地：香港。

模式标本编号：TB8801，标本保存于国家海洋局第三海洋研究所。

新种同 *Laevicirce soyoae* Habe（1951）相似，但后者两壳较膨胀，铰合部狭窄，壳表的后背部无瘤状结节。

参考文献

1　Habe, T., Genera of Japanese Shells, 1951, 2, 160.

2　Keen, M., Family Veneridae, Edited by Moore in Treatise on Invertebrate Palaeontology, Pt, N Mollusca 6 Geological Society America and University of Kansas Press, 1969, N670–N689.

江锦祥，徐凤山. 原载《台湾海峡》，1992，11（4）：291–293.

An ecological study on the Mollusca in mangrove areas in the estuary of the Jiulong River

Abstract: Based on the surveying data obtained in February, May, August and November, 1987, the ecology of Mollusca in mangrove areas in the estuary of the Jiulong River in Fujian Province was studied. The results are as follows: There are 52 species of Mollusca in the areas, and species and abundance distribution increase with salinity. Biomass and density average 7.99 g/m^2 and 25 ind./m^2 respectively, with higher values in autumn and winter, and lower in spring and summer. Vertical distribution of biomass is highest in high tide zones and lowest in low tide zones, and density is highest in mid-tide zones and lowest in low tide zones. The relationship between the distribution of Mollusca and the environmental factors are discussed.

Key words: Mollusca, mangrove, Jiulong River, estuary, ecology

Introduction

As a type of ecosystem in the world of many subtropic and tropical estuaries and intertidal of bays, mangrove ecosystem owns high primary production. The deposit in the sediments from mangal leaves, steams and flowers, etc. is gradually decomposed due to the interactions of physical and microbiologic factors, which makes up the bases of detritus food web. Marine invertebrates form an important linkeges between the primary detritus at the bases of food web and the consumers in the higher tropic levels. However, little is known about the invertebrates in the mangrove ecosystem (Well, 1990). It is known that molluscs and crustaceans are important animals in the mangrove area.

Gao & Li (1985) reported that among macrofaunas in the mangrove in the Jiulong River Estuary there were 22 species of molluscs accounting for 33.3% of the total species, among which 20 species were gastropods and 2 species, bivalves. Yipp (1982) analysed the distributions of 5 gastropods and their food compositions in the mangrove of Hong Kong where the relations of food to the distributions of animals was discussed. Cha (1992) studied the factors, mainly desiccation tolerance, governing the vertical distributions of 4 gastropods. He ranged out the distributing zones for those species. Well (1984) compared the distribution of macrofauna with Molluscs and crustaceans in mangrove in the NW of Australia, where 21 molluscs and 16 crustaceans were found. Well (1985) pointed out that six of nine species of Potamidiae were living in the mangrove area in Hong Kong. Well (1990) emphasized the importance of molluscs in the mangrove after he studied the distributions of invertebrates in Hong kong. In this area, 24 species of molluscs accounts for 75% the total marine invertebrates with density and biomass at 93.3% and 94.8% of the whole, respectively.

In this paper, the species distribution, seasonal variations and vertical distributions of molluscs in the mangrove of the Jiulong River Estuary and their relations to the environment are discussed.

Material and methods

This paper reports data obtained in February, May, August and November, 1987. The surveying sites were located in the mangrove areas of Fugang, Haimen and Zhen'an in the estuary of the Jiulong River (Fig.1).

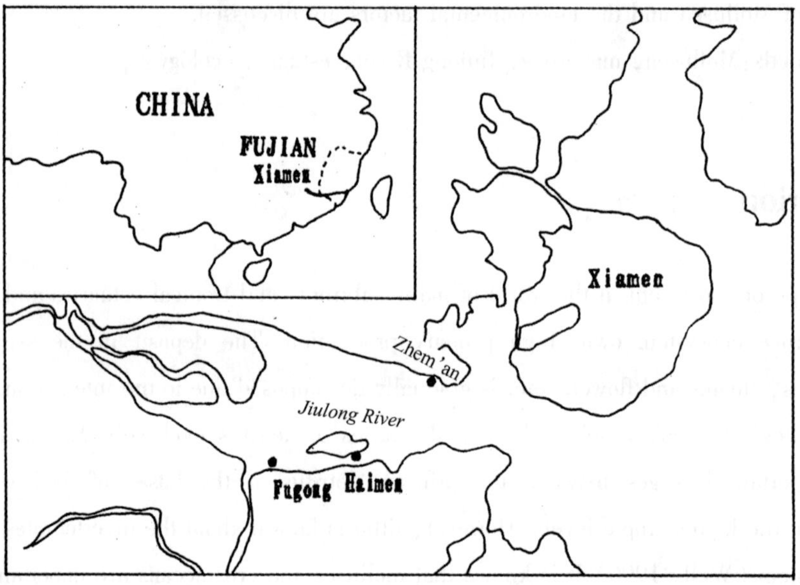

Fig.1 Sites for mollusc surveying in the mangrove areas in the estuary of Jiulong River of Fujian

For quantitative benthic sampling, 5 sampling stations were established, eight samples at each station, at interval of 5 m, taken using a quantitative frame of $(25\times25\times35)\ cm^3$, and were set from high tide shoreline to low tide shoreline on each side. For the benthic fauna classification, sediment samples were put into a Spiral Benthos Apparatus and then sifted on a 1 mm sieve mesh.

Physical and chemical factors measured include temperature, salinity, dissolved oxygen, oxygen consumption, pH and alkalinity, grain size, pH and organic matter content in sediments. They were determined simultaneously during benthic sampling.

Tab.1 Chracteristics of sediments of surveying sites

Sites			Sediments	Grain size coefficient		pH	OM
				(MdΦ)	(QDΦ)		/%
Fugong	high-tide zone		clay-silt	7.80	1.67	6.65	3.24
	mid-tide zone	upper part	clay-silt	7.85	1.61	6.84	2.53
		middle part	clay-silt	7.63	1.55	7.01	2.05
		lower part	clay-silt	7.10	1.84	7.37	1.91
	low tide zone		clay-silt	7.38	1.61	7.40	2.13
Haimen	high-tide zone		gravel-sand	1.47	1.18	-	0.19
	mid-tide zone	upper part	clay-silty-sand	5.16	2.90	7.13	1.20
		middle part	sand-clay-silt	7.00	2.22	7.30	2.11
		lower part	clay-sandy-silt	5.24	2.33	7.35	2.00
	low tide zone		clay-sandy-silt	5.98	2.52	7.44	1.87
Zhen'an	high-tide zone		clay-sandy-silt	0.74	1.72	-	0.51
	mid-tide zone	upper part	middle-fine-sand	1.96	0.68	7.36	0.33
		middle part	clay-silty-sand	2.91	3.09	7.31	0.90
		lower part	clay-silt	7.14	1.77	7.27	1.28
	low tide zone		silt-clay-sand	6.01	3.16	7.30	1.20

MdΦ = medium grain size.

QDΦ = 112(Φ75−Φ25).

OM = organic matter.

Tab.2 Species list and distribution of Molluscs in the mangrove areas in the Jiulong River estuary, Fujian

Species	Fugong	Haimen	Zhen'an
Bivalvia			
Mytilidae			
Modolius sp.	+		
Museulista senhousia (Benson)		+	+
Tellinidae			
Moerella iridescens (Benson)	+	+	
Moerella sp.	+	+	+

Continue

Species	Fugong	Haimen	Zhen'an
Nitidotellina minuta (Lischke)		+	+
Nitidotellina nitidula (Lischke)	+	+	+
Angulus vestalioides (Yokoyama)	+	+	+
Angulus restalis (Hanley)			+
Pulvinus micans (Hanley)			+
Tellina sp.		+	+
Merisca sp.		+	+
Macoma sp.			+
Semelidae			
Theora sp.		+	
Psammobiidae			
Hiatula sp.	+		
Pharellidae			
Sinonovacula constricta (Lamarck)	+	+	+
Pharalla acutidens (Broderip et Sowerby)	+		
Corbiculidae			
Corbicula fluminea (Müller)	+	+	
Geloina coaxans (Gmelin)		+	
Veneridae			
Cyclina sinensis (Gmelin)			+
Clauisnella isabellina (Philippi)			+
Glaucomyidae			
Clauconme ehinensis Gray		+	+
Corbulidae			
Potamocorbula ustulata (Reeve)	+	+	
Laternulidae			
Laternula (*Exolaternula*) *marilina* (Reeve)			+
Thraciidae			
Trigonothracia jinxingae Xu			+

Continue

Species	Fugong	Haimen	Zhen'an
Gastropoda			
Prosobranchia			
Turbinidae			
Lunella coronata granulata (Gmelin)			+
Neritidae			
Nerita sp.	+	+	+
Nerita (*Ritena*) *yoldii* (Recluz)			+
N. (*Ampinerita*) *polita* Linnaeus	+		+
Littorinidae			
Littoraria (*Palustorina*) *melanostoma* Gray	+	+	+
Stenothyridae			
Stenothyra glabar A. Adams	+		
Assimineidae			
Assiminea brevicula Pferffer	+	+	+
Potamodidae			
Cerithidea sp.			+
Cerithidea ornata (A. Adams)	+	+	+
C. cingulata (Gmelin)		+	+
Batillaria sp.			+
Batillaria cumingi (Crosse)			+
B. zonalis (Bruguere)			+
Epitoniidae			
Spiniscala sp.			+
Malanellidae			
Eulima maria (A. Adams)			+
Naticidae			
Lunatica gilva (Philippi)			+
Muricudae			
Thais gradata Jonas			+

Continue

Species	Fugong	Haimen	Zhen'an
Pyrenidae			
Mitrella bella Reeve		+	+
Nassariidae			
Nassarius (*Zeuxis*) *dorsatus* (Röeding)		+	
N. (*Reticunassa*) *festivus* (Powys)			+
Nassarius sp.		+	+
Opisthobranchia			
Pyramidellidae			
Pyramidella sp.			+
Ringiculidae			
Pseudoringicula sinensis Lin			+
Atyidae			
Bullacta exarate (Philippi)		+	+
Retusidae			
Retusa (*Coelophysis*) *boenensis* (A. Adams)			+
Triclidae			
Ecoylichna braunsi (Yokoyama)			+
Acteocinidae			
Acteocina sp.			+
Pulmonata			
Ellobiidae			
Pythia cecillei (Philippi)			+
Onchidiidae			
Oncidium verruculatum Cuvier			+
Scaphopoda			
Dentaliidae			
Graptacme buccinulum (Gould)			+

Results

Natural environment

The Jiulong River estuary of Xiamen is in the subtropic area in SN Asia and is characterized by a warm and humid climate, ample sunshine, strong monsoon season and frequent typhoons. It is not hot in summer and is warm in winter. Precipitation comes with the monsoon. There are distinct dry and wet seasonal alternations usually with a rainy season from April to August that accounts for 67% of annual average rainfall.

Annual average air temperature is 20.9℃ with the highest 24.8℃ and the lowest 18.1℃. The highest annual air temperature is 38.5℃ and the lowest, 2.0℃. Annual average relative humidity is 77% and annual mean rainfall is 1 183 mm. The highest one-year recorded rainfall is 1 771.8 mm.

It is estimated that 14.8 billion cubic meters of runoff come from the Jiulong River per year and that the amount of sand transported by the river is 3.07 million tons with average 0.207 kg/m^3. A large amount of mud and sand is deposited in the estuarine area to the west of Jiyu Islet.

According to the hydrological data obtained by a local hygrological station from 1957 to 1971, the annual mean water temperature at 0.5 m depth was 21.1℃ with the highest one 31.4℃ and the lowest, 10.2℃.

Physical and chemical characteristics in the surveymg areas

The tide in the estuary of the Jiulong River is a regular semidiurnal tide with different tide heads each day.

(1) Water temperature. It is similar at Fugong and Hiamen, ranging from 16.50 to 32.20℃ in a year. It ranges from 16.20 to 30.40℃ at Zhen'an.

(2) Salinity. It is lowest at Fugong with wide variation (2~18.2). It is 6.4~25.8 at Haimen and high at Zhen'an with a narrow variation (22.4~26.8).

(3) Dissolved oxygen (mg/L). All values at the three sites are over 5.0 except for one, which is 4.5 at Zhen'an in August.

(4) Oxygen consumption (mg/L). All values at the three sites are below 3.0 except for one, which is 4.0 at during low tide at Fugong.

(5) pH. All pH values are (7.5-8.5).

(6) Alkalinity (mg mol/L). It is (0.710-2.113 mg mol/L) in the surveying areas.

Species composition and distribution

54 Mollusc species were collected in the mangrove areas at Fugong, Haimen and Zhen'an in

the survey. Among them, there are 24 species of Bivalvia which accounted for 44.4% of all species, 21 species of Prosobranchia accounting for 39%, 6 species of Opisthobranchia accounting for 11%, 2 species of Pulmonata, and 1 species of Scaphopoda (Table 2).

Mollusc in the surveying area are mainly composed of near-shore euryhalinous species. The main representatives include *Musculista senhousia* (Benson), *Nitidotellina nitidula* (Lischke), *Angulus vestalioides* (*Yokoyama*, *Sinonovacula constricta* (Lamarck), *Trigonothracia jinxingae* Xu, *Cerithidea cingulata* (Crosse), *C. ornata* (A. Adams), *Batillaria zonalis* (Bruguere), and *Nassarius* (*Reticunassa*) *festivus* (Powys).

Estuarine low-salinity species are mostly found at Fugong and Haimen where it is low in salinity. The main representative species are *Moerella iridescens* (Benson), *Pharalla acutidens* (Broderip et Sowerby), *Potamocorbula ustulata* (Reeve) and *Stenothyra glabra* A. Adams.

Table 3 Seasonal variation in species number of molluses in the mangrove areas in the Jiulong River estuary

Site	Seasons				
	Spring	Summer	Autumn	Winter	Annual
Fugong	7	8	6	7	16
Haimen	8	10	8	10	23
Zhen'an	16	19	24	22	44

Table 4 Seasonal variation of biomass of molluscs in the mangrove areas in the Jiulong River estuary

Number	Seasons				
	Spring	Summer	Autumn	Winter	Annual
Biomass/(g/m^2)	5.45	5.51	10.25	10.73	7.99
Density/($ind./m^2$)	17	16	22	45	25

The species numbers increase remarkably with increasing salinity. There are 16 species at Fugong with salinity 10.87, 23 at Haimen with 15.78, and 44 at Zhen'an with 23.50 (Fig. 2), which shows the distribution of Mollusc in this subtropical estuary.

The seasonal variation for the mollusc species are small from site to site. It differs insignificantly between Fugong and Haimen. However, a large difference is found in autumn and winter compared with that in spring and summer at Zhen'an (Table 3).

The results show that there are 34 mollusc species in the mangrove area which 18 species appear only inside the mangrove area and 35 in the non-mangrove area. In the latter area, 19 species are exclusively nonmangrove species. Besides, 16 are common species both in mangrove and non-

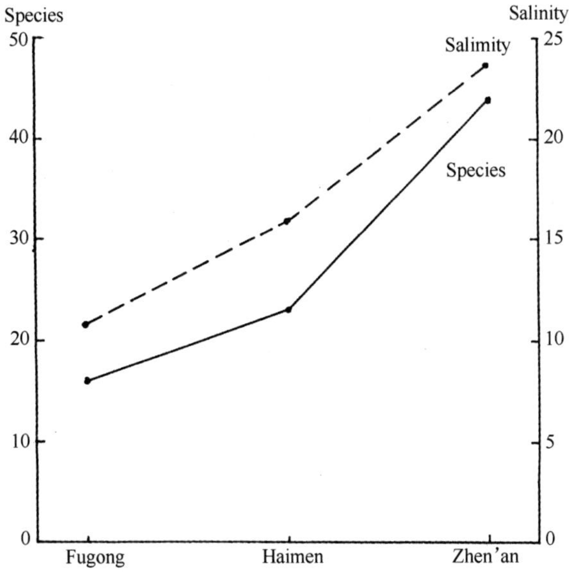

Fig.2 Relationship between species distribution of molluscs and salinity in the mangrove areas in the estuary of Jiulong River

mangrove areas.

The distribution of dominant species varies from site to site. At Fugong, they are *Moerella iridescens*, *Pharalla acutidens* and *Potamocorbula ustulata*, at Haimen, *Glauconme chinensis*, *Potamocorbula ustulata*, *Moerella iridescens*, *Angulaus vestalioides* and *Cerithidae cingulata*, and at Zhen'an, *Glauconme chinensis*, *Angulaus vestalioides*, *Cerithidea cingulata*, *C. ornata*, *Batillaria cumingi* and *Retusa* (*Coelophysis*) *boenensis*.

Table 5 Vertical distribution of mollusc numbers in mangrove areas in the Jiulong River Estuary

Locations	Biomass/(g/m^2)	Density/(ind./m^2)
High tide zones	11.39	24
Mid-tide zones		
upper	15.62	34
middle	4.52	40
lower	2.76	18
mean	7.63	31
Low tide zones	2.09	9

Abundance distribution and seasonal variation

Biomass and density of mollusc in the surveying area are low with the annual mean 7.99 g/m^2

and 25 ind./m^2, respectively. Both biomass or density are higher in autumn and winter than in spring and summer (Table 4).

The mollusc abundance in different locations in the estuarine mangrove area differs significantly. Both biomass and abundance of the animals are higher in the mangrove of Zhen'an than that of Fugong and Haimen. It is considered that the differences are the results of salinity gradients and sediment types (Table 1). The sediment at Fugong and Haimen is dominated by the fine grains while that at Zhen'an is mainly coarse grains with some fine grains. The highest biomass is found at Zhen'an with value of 19.29 g/m^2, and at Haimen and Fugong, 2.89 g/m^2 and 1.79 g/m^2, respectively. The densities are 59 ind./m^2, 11 ind./m^2 and 5 ind./m^2 at Zhen'an, Haimen and Fugong in sequence.

The vertical distribution of bivalve biomass in the mangrove of the Jiulong River estuary decrease from the high tide zone to the low tide zone. The vertical distribution of density decreases from the mid-tide zone to the high tide zone with the lowest density found in low zone (Table 5).

Discussion

Relationship between species distribution and salinity

The surveyed areas located in the estuary of the Jiulong River where environmental factors change greatly in intertidal zone. The salinity is the most important one compared with other factors such as temperature, tide, sediments, etc. The numbers of mollusc species in the areas decrease with the dropping of salinity. As shown in Fig. 2, the salinity is the highest (23.50) with 44 species at Zhen'an, the second (15.78) with 23 species at Haimen and the lowest (10.87) with 16 species at Fugong. As the surveyed areas are influenced by varing runoff(148×10^8 m^3 yearly in average) of the Jiulong River, the salinity varies seasonally. Remarkable differences in salinity limit the distribution of most species. For example, some species such as *Batillaria zonalis*, *Nassarius* (*Reticunassa*) *festivus* and *Retusa* (*Coelophysis*) *boenensis* living at Zhen'an do not appear at Haimen and Fugong. In contrast, some low salinity species like *Potamocorbula ustulata*, *Corbicula fiuninea* and *Stenothyra glabar* appear only at Haimen and Fugong.

Relationship between vertical distribution of species and the tide

The vertical distribution of molluscs, characterizing by their desiccation resistance, is closely related to tide which submerged and exposed the animals regularly. The results of the lab and field experiments (Cha, 1992) showed that animals living in high zone had strong resistance to dissociation and heat than those in middle and low tide zones. Yipp (1982) believed that gastropods in mangroves overlaped in their distribution ranges but each species has its own. For instance, *Tere-*

bralia sulcata and *Cerithidea rhizophorarum* are found in the high zones which *C. cingulata*, *C. djad jariensis* and *Batillaria zonalis* in the middle tide zone. The results of this study shows that the ranges of vertical distribution for molluscs in the surveyed areas vary with different species, which is the result of long time adaptation by evolution, showing the adaptive capability to the environment as well as the rigidity in distribution. For example, species occurring in high tide zone may include bivalve *Pharalla acutidens* and *Glauconme chinensis* and gastropod *Cerithidea ornata*; in middle tide zone, bivalve *Moerella iridescens*, *Angulus vestalioides* and *Laternula marilina*, gastropod *Assiminea brevicula*, *Cerithidea cingulata*, *Batillaria cumingi*, *B. zonalis*, *Nassarius festivus* and *Retusa boenensis*; and in the areas from lower middle tide zone to low tide zone, *Potamocorbula ustulata*, *Trigonoth-racia jinxingae*, *Eulima maria*, *Eocylichna braunsi* and *Graptacme buccinulum*.

Relationship between species distribution and sediments

The size distribution of the settled particles in the mudflat of interidal zone determines the composition, feeding behavior, numerical development and distribution of the animals in these habitats. The intertidal sediments at Fugong and Haimen are composed of fine particles, mainly clay-silt (Table 1), and high in organic content with value of 1.01%–3.24% for the former and 1.87%–2.11% for the latter.

They are dominated by infauna such as *Moerella iridescens*, *Angulus vestalioides*, *Nitidotellina nitidula*, *Pharalla acutidens*, *Potamocorbula ustulata* and *Glauconme chinensis*. The intertidal sediments at Zhen'an are more complex. They are composed of clay-sand-silt in high tide zone and middle fine-sand in upper middle tide zone with low organic content (0.33%–0.51%), and dominated by epifauna such as *Cerithidea ornata*, *C. cingulata*, *Batillaria cumingi*, *B. zonalis*, *Nassarius festivus* and *Nerita yoldi*.

The study by Wells (1990) in the mangrove area at Sai Keng, New Territories, Hong Kong showed that among 23 species of molluscs the main species were epifauna (18), and less for infauna (2). In 6 feeding types he found there were mainly deposit feeders (9 species), surface raspers(7) and filter feeders (5), accounting for 91.3% of total species. He found that in fact there was little infaunal mollusc in mangrove areas, without exception in his studies. However, the result of our study is different. We found that there were 34 species of molluscs in mangrove areas, among them 23 were epifauna and 11, infauna. For the reason of this difference, we suggest that, apart from surveyed areas, it is mainly due to the selection of sampling section, sampling representativeness as well as the sample handling *in situ*. For the selection in estuarine areas, salinity gradient, various sediment types and niches must be considered, and so to the sampling representativeness and the sample handling *in situ*. Samples should not be taken only in dense mangrove areas or in acid sediments in order to present the whole biodiversity of invertebrate in the mangroves.

It is worth to point out that Gao & Li (1985) did similar work on the fauna in mangrove areas in the estuary of the Jiulong River. However, their results were quite different from ours. They reported 22 species of molluscs, 20 for epifauna and 2 for infauna, which was less than what we found. Although they selected more sections (5) with large areas they found less molluscs. The main reason may due to their improper selection of sections and sampling representativeness

References

Cha, M. W., 1992. Factors affecting the vertical distribution of four mangrove gastropods in Hong Kong. Marine Flora and Fauna of Hong Kong and South China III. (Edited by Brian Morton). Hong Kong University Press, 373-382.

Gao, S. H. & F. X. Li, 1985. Community ecology of grund-dwelling macrofauna of mangrove in the Jiulong River Estuary, Fujian. Taiwan Strait, 4:179-191.

Wells, F. E., 1984. Comparative distributions of macromolluscs and macrocrustaceans in a northwestern Australian mangrove system Aust. J. mar. Freshwat. Res, 35: 591-596.

Wells, F. E., 1985. The Potamidiae (Mullusca: Gastropoda) of Hong Kong, with mangrove system. In Proceedings of the Second International Workshop on the Malacofauna of Hong Kong and Southem China, Hong Kong, 1983. (Eds. B. Morton & D. Dudgeon). Hong Kong University Press, 135-154.

Wells, F. E., 1990. Distribution of Marine Invertebrates in a Hong Kong mangrove with emphasis on Molluscs. Proceedings of the Second International Marine Biological Workshop: The Marine Flora and Fauna of Hong Kong and Southern China, Hong Kong, 1986. (Ed. B. Morton) Hong Kong: Hong Kong Press, 783-793.

Yipp, M. W., 1982. The distribution of ground-dwelling gastropods in a small mangrove stand in Hong Kong. In Proceedings of the First International Marine Biological Workshop: The Marine Flora and Fauna of Hong Kong and Southern China, Hong Kong, 1980. (Eds. B. Morton & C. K. Tseng). Hong Kong University Press, 705- 720.

J. X. Jiang, R. G. Li, 原载《Hydrobiologia》, 1995, 295:213-220.

杭州湾北岸潮间带软体动物种类多样性及其季节变化

摘要 根据1975年9月、12月和1976年5月、7月杭州湾北岸软相潮间带底栖生物调查的软体动物资料,计算了种类多样性(H')、种类丰度(d)、种类均度(J)和种类优势度(D_2)4个指数值,阐述了区内5个断面软体动物种类多样性的特性及其季节变化。

Species Diversity and Seasonal Variations of Molluscan Fauna in Soft-bottom Intertidal Zone along Northern Coast of Hangzhou Bay

Abstract: The paper calculates species diversity (H'), species richness (d), species evenness (J), and species dominance (D_2) indexes based on the data of Molluscan fauna in the benthic survey in the soft-bottom intertidal zone along the Northern coast of the Hangzhou Bay in September and December, 1975 and May and July, 1976. The characteristics and seasonal variations of Molluscan fauna species diversity in the five transects in the survey area are explained. The results show: (1) Molluscan fauna structure in the survey area is simple, four indexes (H', J, d and D_2) values are 2.42, 0.62, 1.19, and 0.63 respectively. (2) There is a avariation of species diversity of Molluscan fanna among transects, the change in Transet A being smaller than other Transects B, C, D and E. (3) There is also a seasonal variation on Molluscan species diversity, among higher in autumn and summer than in spring and winter. The relationship between above variations to season, species interaction and habitat are discussed.

潮间带底栖生物群落结构受各种环境因素的影响。本文根据杭州湾北岸的软体动物调查资料,应用H',J,d和D_2值分析该区软体动物的种类多样性特点及其季节差异,着重于生物生活史(特别是繁殖与死亡)和沉积物对其的影响,以供位于杭州湾北岸的上海石油化工总厂投产后环境质量评价的某些基线值参考。

1 材料与方法

根据1975年9月、12月和1976年5月、7月(分别代表秋、冬、春和夏季)在杭州湾北岸软相潮间带 5 个断面进行底栖生物调查所获得的软体动物资料(取样方法参见文献[1]),计算了该区域及其 5 个断面 A,B,C,D 和 E(图 1)软体动物的种类多样性(H')、种类均度(J)、种类丰度(d)以及种类优势度(D_2)的指数值,其方程为:

$$H' = -\sum_{i=1}^{S} P_i \log_2 P_i \quad (\text{Shannon-Wiever, 1963})$$

式中,S 为样品中的总种数;P_i 为样品中第 i 种的个体数与样品中总个体数的比值。

$$J = H'/H_{\max} = H'/H \log_2 S \quad (\text{Pielous, 1969}) \qquad (2)$$

式中,J 值为 0~1。此值愈大,表示种间个体分布愈均匀。

$$d = S - 1/\log_2 N \quad (\text{Margalef, 1958}) \qquad (3)$$

式中,N 为样品的总个体数。

$$D_2 = \frac{N_1 + N_2}{N_T} \quad (\text{McNaughton, 1969}) \qquad (4)$$

式中,N_1, N_2 分别为样品中居第一位和第二位的优势种的个体数;N_T 为样品中的总个体数,其值为 0~1。

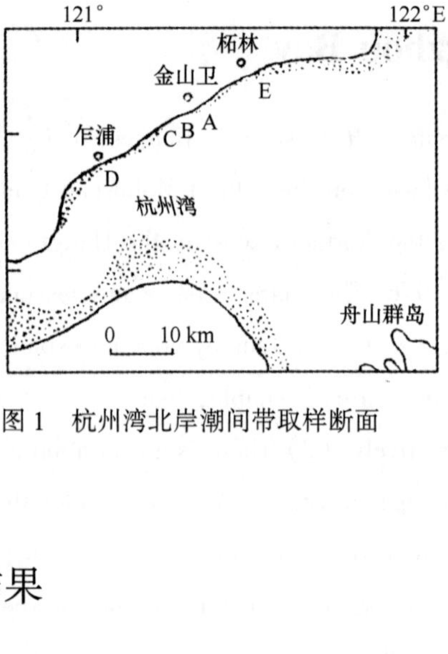

图 1　杭州湾北岸潮间带取样断面

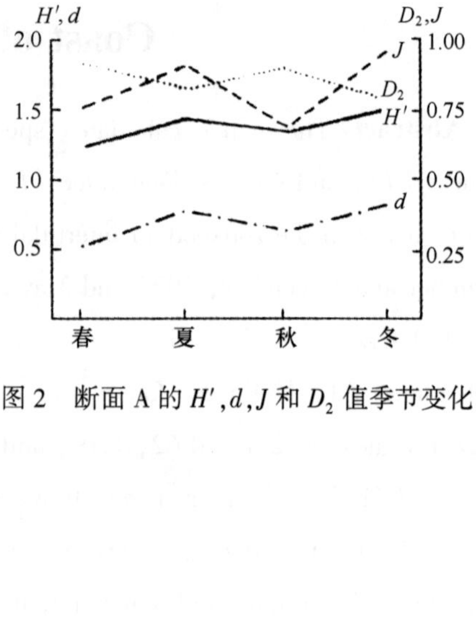

图 2　断面 A 的 H',d,J 和 D_2 值季节变化

2　结果

2.1　断面 A

从图 2 看出,H'值(分别为 1.23,1.43,1.36 和 1.53)和 d 值(分别为 0.59,0.78,0.67 和 0.86)都较低。这反映了本断面软体动物结构较简单,种类组成较单纯。虽然其 D_2 值较高(分别为 0.92,0.83,0.91 和 0.80),特别是春、秋季,这主要是占优势的泥螺(*Bullacta exarata*)和四角蛤蜊(*Mactra veneriformis*)在起作用,但夏、冬季 J 值却达到 0.91 和 0.97。所以,本断面夏、冬季具有较高的种类多样性。

从季度的变化及其趋势看,H'和 d 的最低值出现在春季,最高值出现在冬季;D_2 值恰好相反。而总的来看,本断面 4 个指数值的季节变化不甚明显。这种情形和文献[2]的报道基本一致。

春、夏和冬季的种数虽然相同，但由于春季 J 值低于夏季，春、夏季的 J 值又都低于冬季，所以夏季的 H' 值高于春季，冬季的 H' 值高于春、夏季。当种数相同时，个体密度愈大，J 值愈低，H' 值就愈小。本断面所表现出的这样的季节差异性与某些种类动物的生活史（繁殖与死亡）密切相关。在数量上占优势的泥螺，春季开始大量繁殖，夏、秋季旺盛；随其个体长大，数量相对减少；到了冬季则几乎完全消失。生物种类的这种生活周期性，是引起本断面种类多样性变化的一个方面。其次，软体动物的变化与该断面沉积物的颗粒相关。Cray 认为，沉积物粒径在 0.18 mm 左右的颗粒最易移动[3]。本断面以 0.01~0.1 mm 的颗粒为主，结构相对稳定，致使其中的软体动物种类组成也相对稳定。因此，本断面软体动物的季节变化较小。

2.2 断面 B

从图 3 看出，H'、J 和 d 值以秋、夏季较高，春、冬季较低；D_2 值相反。这反映了本断面软体动物的特点是秋、夏季种类丰度高，种间个体分布均匀，优势度低，所以这两个季节的种类多样性较高。春、冬季由于种类丰度低，种间个体分布均度下降而优势高，如在春季以泥螺、和中国绿螂（*Glaucomya chinensis*）为优势种，冬季又以中国绿螂和彩虹明樱蛤（*Moerella iridescens*）为优势种，因此这两季的种类多样性较低。

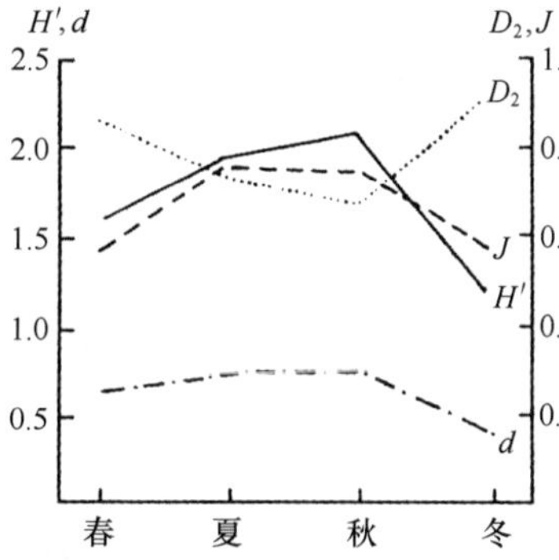

图 3　断面 B 的 H'，d，J 和 D_2 值季节变化

从 4 个季节的变化趋势看，H'、d 和 J 值从春季向秋季逐渐上升，其中 H' 和 d 值秋季达到最高峰，冬季又降到最低点。D_2 值则相反。

冬、春季种类多样性都较低，究其原因，前者在于种类丰度降低、种数减少和优势度的增加；后者在于均度的下降和优势度的增加。当均度相同时，种数愈少，个体密度愈大，H' 值也愈低。如冬、春季的均度同是 0.57，由于冬季比春季减少了泥螺和光滑狭口螺（*Stenothyra glabra*）等，虽然春季的个体密度高于冬季，但冬季的 H' 值却低于春季。春、秋季种数相同，由于春季的个体密度和优势度大，种间个体分布均匀度低于秋季，所以春季的 H' 值低于秋季。

2.3 断面 C

从图 4 看出，本断面的 H' 和 d 值略低于断面 B，秋、冬季 J 值比春、夏略高。D_2 值则相反。这反映了本断面软体动物的种类组成和结构与断面 B 较相似，种类丰度较低，种类多样性也较低。所不同的是断面 B 较高的 J 值出现在夏、秋季，而本断面却在秋、冬季。这说明了尽管本断面秋、冬季的 d 值低，但由于种间个体分布均匀，所以 H' 值较高。

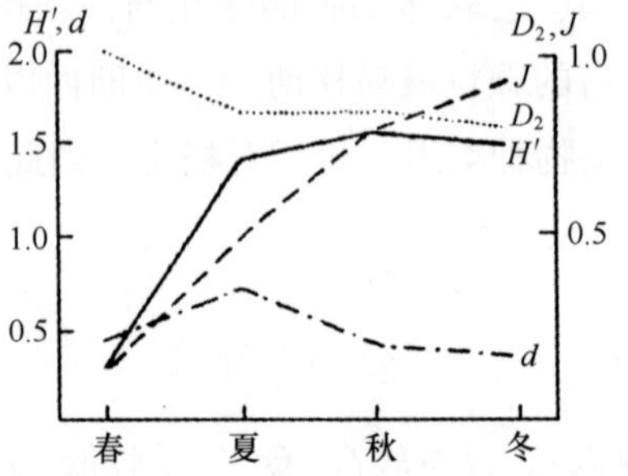

图 4 断面 C 的 H'，d，J 和 D_2 值季节变化

本断面 H' 值的变化及其趋势与断面 B 极为相似。从春季至秋季，H' 值逐渐上升，秋季升到最高峰；秋季后 H' 值又开始下降。冬季的 H' 值高于夏季，虽然冬季 d 值（0.38）比夏季（0.73）低，但冬季的 J 值（0.94）高于夏季（0.50）。

本断面春季 H' 值较低的主要原因在于 D_2 值较高（0.79～0.99）和 J 值较低（如春季仅 0.13）。春季，泥螺的密度可达 520 个/m^2，而有些种类只出现 1～2 个/m^2。冬季的 H' 值也低于秋季。尽管冬季的 J 值高于 D_2 值而低于秋季，但由于冬季的 d 值低于秋季，所以冬季的 H' 值照样低于秋季。其原因主要是泥螺和中国绿螂的消失所致。

2.4 断面 D

从图 5 可以看出，本断面的 H'，d 和 J 值均以春、夏季较高，秋、冬季较低；D_2 值则相反。这反映出软体动物夏季种类丰度较高，种间个体分布较均匀，而优势度低。所以，两季节的种类多样性高。秋、冬季种类丰度急剧下降，优势度大幅上升，加之种间个体分布不均匀，故种类多样性又大大地下降了。

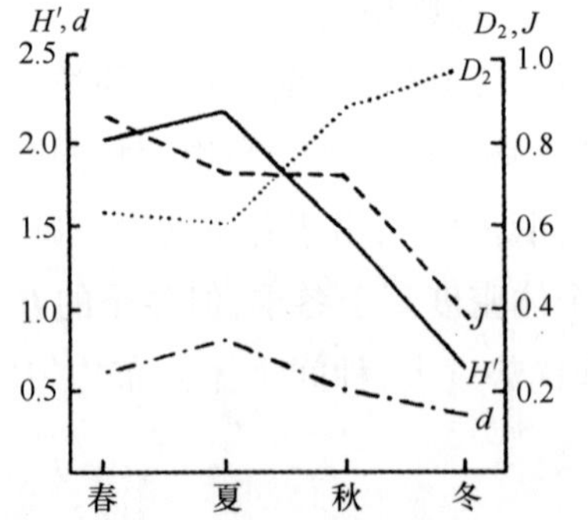

图 5 断面 D 的 H'，d，J 和 D_2 值季节变化

本断面 4 个季节 H'、J 和 d 值具有较相似的变化，D_2 值则相反。H' 值夏季最高，冬季最低。从变化趋势看，春、夏季 H' 值较高，秋季至冬季 H' 值急剧下降，冬季降到全年的最低点。

秋、冬季 H' 值急剧下降的主要原因在于春、夏季占优势的常见光滑狭口螺和鹿眼螺（*Rissoina* sp.）到秋季已消失，春、夏和秋季常见的泥螺到冬季也完全消失了；其次是秋、冬季占优势的彩虹明樱蛤和中国绿螂，密度比其他种类高几倍，甚至几十倍。Holland & Polgar 认为群落的季节变化明显地受在数量上占优势的种类种群动态的控制，而生活史的有关资料对于解释分析结果是重要的[4]。

2.5 断面 E

从图 6 可以看出，本断面 4 个季节的 H' 值较上述断面高，即具有较高的种类多样性。春、夏和秋季 H' 值高，冬季低；D_2 值相反。这说明春、夏和秋季种类丰度高，种类均度也高。虽然，秋季的 d 值较低，但由于种间个体分布较均匀，所以秋季种类多样性仍然最高。总的来看，本断面软体动物结构比上述断面的复杂。

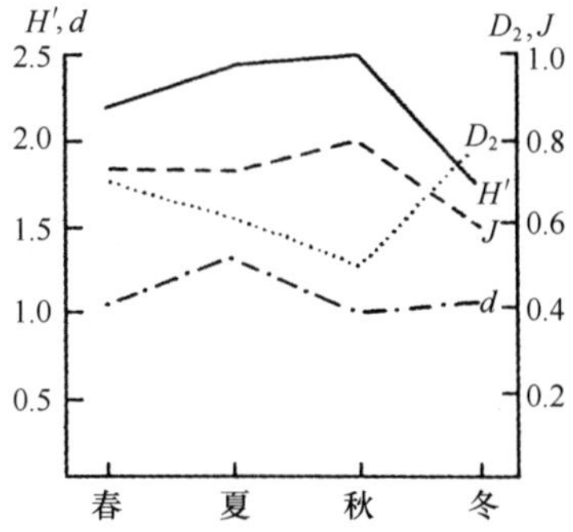

图 6 断面 E 的 H'，d，J 和 D_2 值季节变化

从变化及其趋势看，断面 E 有些类似断面 B 和断面 C。其 H' 值都是从春季向秋季逐渐升高，至秋季达到最高峰。这 3 个断面的 H' 值，在秋、夏季都高于春、冬季。但是，导致本断面冬季 H' 值最低的原因则在于种间个体分布的不均匀以及优势度的增加。如中国绿螂和拟沼螺（*Assimines* sp.）在密度方面比其他种类要高出 2～10 倍。

3 结论与讨论

以上 5 个断面 4 个季节的各指数值存在着一定的变化，但变化的程度和规律略有不同。从图 7 可以看出，5 个断面的 H'，d，J 和 D_2 值各不相同，其中断面 E 和 D 的 H' 值最高，d 值也高；断面 A 和断面 B 次之；断面 C 的 H' 值最低。D_2 值则恰恰相反。这反映了断面 E 和断面 D 软体动物结构较其他断面复杂，且种间的个体分布也较均匀。

从图 8 中可以看出，断面 A 各指数值的变化不甚明显，其他断面所存在的变化相对较大。从变化的规律来看，断面 B，断面 C 和断面 E 较相似，其 H' 的最高值均出现在秋季，次大

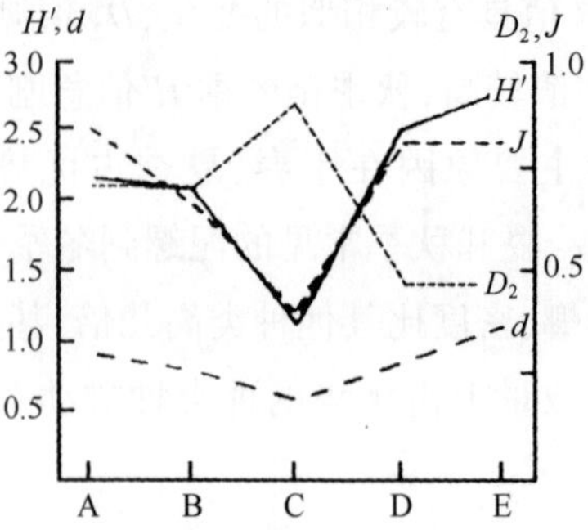

图 7　5 个断面 H',d,J 和 D_2 值比较

值出现在夏季(断面 C 出现在冬季);断面 D 的 H'值,夏、春季最大,秋季次之,冬季最低。

从全区软体动物种类多样性的季节变化趋势来看,其 H',d 和 J 值秋、夏季较高,冬、春季较低;D_2 值则相反(图 9)。

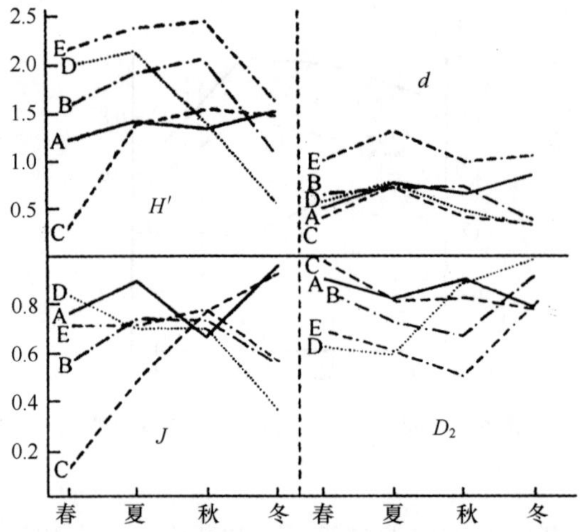

图 8　5 个断面 H',d,J 和 D_2 值季节变化比较

(1)本区软体动物存在着不同程度的季节变化,其 H'值秋、夏季较高,春、冬季较低。这反映了秋、夏季节软体动物结构较复杂,种类较多,种间个体分布较均匀;春季较低的 H'值主要是由于种间个体分布不均匀,特别是泥螺等的繁殖数量大所致,导致冬季较低的 H'值则主要在于种类丰度降低,种数的减少。春季曾采到 11 种 1 317 个个体,而到冬季仅采到 7 种 323 个个体。其中,在数量上占优势的泥螺、光滑狭口螺和麂眼螺在冬季几乎消失。常见的优势种泥螺,春季大量繁殖,它的每个直径为 21~25 mm 的卵群可以产生 11 374 个受精卵。这样既增加了个体的密度,又降低了种间个体分布的均度,所以种类的多样性较低;到了夏、秋季,个体逐渐长大,由于生物之间的捕食和被捕食、种内种间的竞争和人为的捕获等原因,势必造成个体数的相对减少,使种类多样性相对增高;到了冬季,随着个体数和种类的完全消失,即种数的减少,种类多样性又下降。

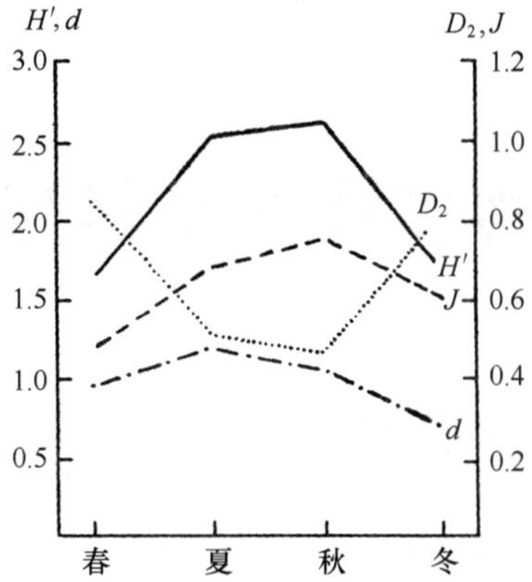

图 9　调查区域 H',d,J 和 D_2 值季节变化

(2)软体动物季节变化的另一个原因是随着环境因素的季节变化而变化。其中,不同的沉积物对软体动物季节变化的影响是重要的原因。甚至在同一个断面,不同季节中底质的冲淤,同样会引起软体动物的变化。断面 B,断面 C,断面 D 和断面 E 中潮区下带至低潮区,冬、春季堆积一层淤泥,到了夏、秋季,淤泥被冲刷掉,致使底质结构不稳定,引起了软体动物的季节变化。Powis & Robinson 曾在沙滩、泥滩和带有海草的泥沙滩上进行研究,认为在沙滩上,冬季和夏季比较,H' 和 J 值都升高了;在带有海草的泥沙滩上,H' 和 J 值都下降了[5]。这种情形和本调查的结果是一致的。

(3)从本区的种类多样性指数值(2.42)来看,软体动物种类组成较为简单;种类丰度也低(1.19),种类单纯;而种间的个体分布均度和优势度(分别为 0.92 和 0.63)却是适中。这是港湾软体动物组成的一个特性。总之,无论是本区各指数值的季节变化,还是不同断面间的各指数值的变化,其值均在本区各指数值上下波动。

参考文献

1　蔡尔西等. 杭州湾北岸潮间带生态学研究. 海洋学报, 1980,2(4):122-131.

2　林双淡等. 杭州湾北岸软相潮间带底栖动物群落结构的分析. 海洋学报, 1984,6(2):235-243.

3　Gray, J. S., The Ecology of Marine Sediments. Cambridge University, 1981:12.

4　Holland, A. F. & T. T. Polgar, Seasonal Changes in the Structure of an Intertidal Community. Mar. Biol., 1976,37:341-348.

5　Powis, B. J. & K. I. M. Robinson, Benthic Macrofunal Community in the Tuggerah Lakes. New South Wales. Aust. J. Mar. Freshwater Res., 1980,31:803-815.

李荣冠,江锦祥. 原载《台湾海峡》,1987,6(2):114-119.

厦门港软体动物多样性及其与沉积物的关系

厦门港属于亚热带河口港湾，受外海水系和沿岸流及九龙江水的影响，形成了一个底质类型极为复杂的港湾。根据沉积物中砾石、砂、粉砂和黏土含量的百分组成，该港湾沉积物主要为：粉砂质泥（TY）、粉砂-砂质泥（T-SY）、砂-粉砂质泥（S-TY）、泥质砂（YS）、泥-砾质砂（Y-GS）和中细砂几种类型。

描述群落结构的 4 个主要参数：种类多样性（H'）、种类丰度（d）、种类均度（J）和种类优势度（D），在陆地生物和海洋其他类群生物中已获得广泛的应用，但在海洋软体动物类群中至今国内尚未见报道。本文应用该参数比较分析了各种沉积物中软体动物的多样性，这对于进一步揭示软体动物的生态，评价海洋环境质量均有重要意义。

1 材料与方法

根据 1980—1981 年厦门港调查的 13 个测站资料（图 1），应用如下指数：

Shannon-Wiever 种类多样性：

$$H' = -\sum_{i=1}^{S} P_i \log_2 P_i$$

Margalef 种类丰度：

$$d = S - 1/\log_2 N$$

Pielous 种类均度：

$$J = H'/H_{\max}$$

McNa ughton 种类优势度：

$$D = (N_1 + N_2)/N_T$$

式中，S 为总种数；P_i 为第 i 种个体数与总个体数的比值；N 为总个体数；N_1，N_2 为样品中居第一、二位优势种的个体数，分析了不同类型沉积物中软体动物的特性。

2 结果

2.1 粉砂质泥

粉砂质泥是厦门港底质中主要类型之一，约占总水域的 1/3，分布于厦门港主要港池及潮汐通道中。

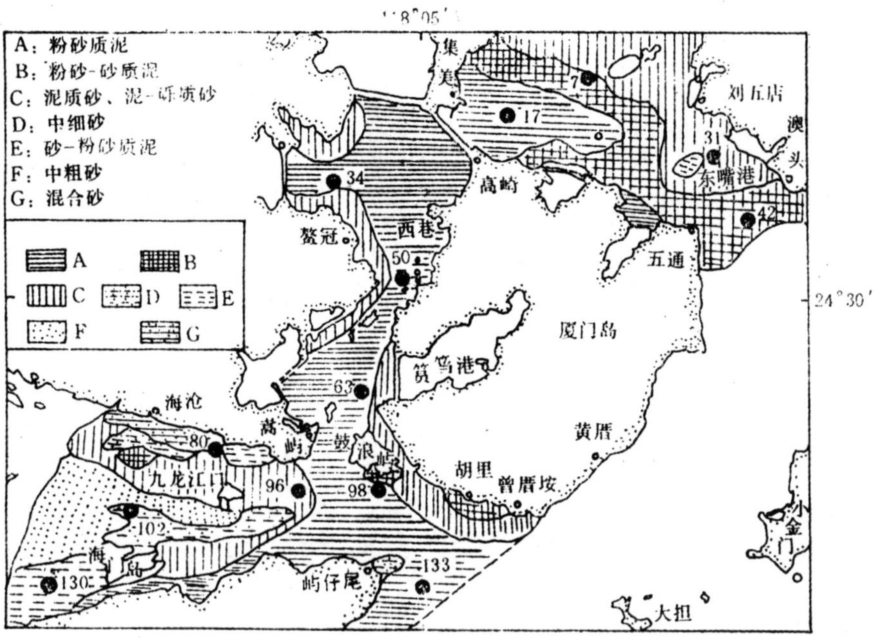

图 1 厦门港软体动物取样站位

Fig.1 Sampling stations of Mollusca in Xiamen Bay

该沉积物中软体动物的 H' 值为 0.83~3.82，均值 2.33，与盐度相近的其他沉积物类型比较，此 H' 值偏低且波动幅度大。其他 3 个指数分别为：d：1.87~4.90；J：0.16~0.75；D：0.13~0.89（表 1）。这反映出在粉砂质泥中，软体动物的种类组成是十分复杂的。除有食沉积物性的种类，还有肉食性的种类；有高盐的种类，也有广盐性的混合种。出现有 82 种，占该湾水域总种数的 62.1%，其中单壳 49 种，双壳 33 种。比例为 10：6.7。优势种和主要种有尖喙小囊蛤（*Saccella cuspidata*），胶州湾角贝（*Dentalium kiaochowwanese*）、喇叭肋角贝（*Graptacme buccinula*）、豆形胡桃蛤（*Nucula* （*Leionueula*） cf. *kawamurai*）、纵肋织纹螺（*Nassarius varicifreus*）、马丽瓷光螺（*Eulima maria*）等。

表 1 厦门港不同类型沉积物与各种因素的关系

Table 1 The relation of different type sediments to various factors

沉积物类型 / 站位 / 因素	粉砂质泥						
	17	34	50	63	98	133	平均值
种类多样性（H'）	2.99	3.06	1.49	0.83	3.82	1.89	2.34
种类丰度（d）	1.87	2.30	2.84	3.10	4.90	3.23	3.04
种类均度（J）	0.75	0.71	0.34	0.16	0.67	0.32	0.50
种类优势度（D）	0.49	0.43	0.89	0.92	0.56	0.76	0.78
砾（>4~2）/%							

续表

因素 \ 沉积物类型 / 站位	粉砂质泥						
	17	34	50	63	98	133	平均值
砂(2~0.063)/%	0.18	0.63	0.68	0.33	7.87	4.72	2.40
粉砂(0.063~0.04)/%	33.08	37.48	38.07	37.55	37.93	41.48	37.60
黏土(<0.04~0.01)/%	66.74	61.90	61.26	62.11	54.19	53.80	60.00
中值粒径(MDΦ)	9.18	8.85	8.89	8.92	8.37	8.30	
分选系数(QDΦ)	2.00	2.01	2.05	2.03	2.40	2.02	
有机质/%	1.41	1.62	1.74	1.63	1.62	1.82	1.64
盐度	29.61	30.39	30.53	30.96	32.39	32.69	31.10

因素 \ 沉积物类型 / 站位	粉砂-砂质泥			泥质砂 泥-砾质砂				砂-粉砂质泥	中细砂
	7	42	平均值	31	96	80	平均值	130	102
种类多样性(H')	3.62	4.38	4.00	4.32	4.09	4.15	4.19	0.33	2.52
种类丰度(d)	2.40	4.10	3.25	5.36	5.60	4.59	5.18	0.93	1.62
种类均度(J)	0.87	0.89	0.88	0.79	0.71	0.76	0.75	0.10	0.76
种类优势度(D)	0.38	0.20	0.29	0.28	0.41	0.50	0.40	0.97	0.40
砾(>4~2)/%	4.00	5.31	4.65	11.70		21.47	16.59		1.54
砂(2~0.063)/%	29.26	26.42	27.84	45.20	57.86	47.96	50.34	20.79	62.25
粉砂(0.063~0.04)/%	24.49	25.82	25.16	17.46	15.64	10.19	14.43	36.17	19.17
黏土(<0.04~0.01)/%	42.25	42.45	42.35	25.63	26.50	20.37	24.17	43.04	17.05
中值粒径(MDΦ)	7.30	7.30		2.17	2.90	1.02		7.15	2.61
分选系数(QDΦ)	4.06	4.35		3.96	3.11	3.81		2.26	2.11
有机质/%	0.99	0.89	0.94	0.78	1.14	1.08	1.00	1.90	1.28
盐度	30.94	31.64	31.29	31.57	32.49	29.81	31.29	27.59	27.59

软体动物多样性波动较大,在于优势种类尖喙小囊蛤密度的变化。位于筼筜港排污口的50测站和63测站,尖喙小囊蛤密度秋季可达3 000个/m^2,D值高达0.89~0.92,致使这两站H'值明显下降,接近外海的98站和133站,远离排污口,砂含量增高,盐度上升,尖喙小囊蛤密度下降,呈较高的种类多样性。

在粉砂质泥类型中,H'值一方面受水体盐度和底质中砂含量的影响;另一方面却与水域污染物引起种数、个体密度变化的影响相关。

2.2　粉砂-砂质泥

该沉积物分布于东嘴港,围绕粉砂质泥两侧沿潮汐通道延伸至五通、沃头一带。

此沉积物中,软体动物的 H' 值为 3.62~4.38,均值 4.00,比粉砂质泥高且变动幅度小。d 值不高,出现有 45 种,占该湾总种数的 34%。单壳与双壳的比例为 1∶2,主要种有锯齿巴非蛤(*Paphia gallus*)、四角蛤蜊(*Mactra venerijormis*)、豆形胡桃蛤、短竹蛏(*Solen dunkerianus*)、白龙骨乐飞螺(*Lophiotoma leucotropis*)、浅缝骨螺(*Murex trapa*)、细肋蕾螺(*Gemmula deshayesii*)。因 J 值高,D 值较低,软体动物呈较高的多样性。

该沉积物分选系数较前者大,底质相对稳定,水域盐度高、测站间盐度变化小、有机质含量低,J 值高,故 H' 值较大且变化幅度小。

2.3　泥质砂、泥-砾质砂

表 1 列出该沉积物各组分的含量,其重要的特点是中值粒径小,含砂量高,分布于九龙江口和东嘴港丙州岛以南一带。

软体动物的 H'、d、J 和 D 值见表 1。显见此沉积物的软体动物 H' 值高(平均 4.19)且变化小;d 值高(5.18);J 值也高(0.75)。出现 103 种,占总种数的 78%。单壳与双壳的比例为 10∶7.46,主要种有浅逢骨螺、假主棒螺(*Clavatula pseudopriciplis*)、鹧鸪轮螺(*Architectonica perdix*)、结节小织纹螺(*Reticunssa dermestna*)和豆形胡桃蛤。该沉积物分布于较高盐的东嘴港和较低盐的九龙江口,两者种类组成略有不同。如东嘴港的白龙骨乐飞螺和直线竹蛏(*Solen linearis*)在九龙江口不曾出现;九龙江口的中国小樱蛤(*Tellinides chinensis*)、西格织纹螺(*Nassarius siquinjorensis*)东嘴港也不曾发现。

港湾水域软体动物的分布和种类组成除受不同底质类型的制约,还受盐度、有机质含量的影响。该沉积物中,有河口性种、外海高盐种和混合种,从而导致 H' 值的升高。这是港湾水域不同于外海水域的一个重要特点。

2.4　砂-粉砂质泥和中细砂

二者所处水域的盐度相同,含砂量高。砂-粉砂质泥的 H' 值最低(0.33),d、J、D 值分别为 0.93、0.10 和 0.97,种类单纯且个体分布极不均匀。优势种焦河蓝蛤(*Potamocorbula ustulata*)秋季密度高达 1 650 个/m^2,为港湾河口半咸淡水种,该种的大量出现说明九龙江径流的影响是强烈的。

李荣冠,江锦祥,原载《生态学报》1989,9(3):271-273.

大亚湾前鳃类软体动物的分布及区系

摘要 根据1987年3月至1989年8月对大亚湾50个站位和22条断面的调查,研究了该湾前鳃类软体动物的种类、分布及区系特点。

Distribution and fauna of Prosobranchia (Mollusca) in Daya Bay

Abstract: One hundred and sixty-seven species, belonging to 43 families of Prosobranchia (Gastropoda) in the Daya Bay, China are reported in the present paper. Species distributed from the Bohai Sea in the north of China to the South China Sea acount for 20.36% of the total species, species distributed in the East China Sea and South China Sea and those only in the South China Sea account for 47.30% and 32.34% of the total species respectively. Species composition differs from each other in different habitats, those in the intertidal zone is different from that in the subtidal zone, the rocky shore from muddy and sandy beaches. Species number is higher in the intertidal zone than the subtidal zone, the rocky shore than sandy beaches, the sandy beaches than the mangrove muddy beaches.

Key words: Gastropoda, mollusca, fauna, South China Sea

1987年3月至1989年8月,在大亚湾海洋生态零点调查中,潮下带布设50个大型底栖生物取样站位,潮间带设置22条断面(岩石岸11条,沙滩7条,红树林区泥滩4条),获取了大量的标本,现已鉴定的前鳃类软体动物43科167种(表1)[1-12]。

1 区系分析

大亚湾位于22°30′—22°50′N,114°30′—114°50′E之间,属南亚热带气候。东、西、北三面的陆域为低山丘陵,无大的径流进入该湾。湾口水深达20 m,湾内大部分水域在10~15 m。潮流是大亚湾海流的主要成分。秋、冬季节,东北季风形成向西南方向流动的粤东沿岸流,低盐低温水在湾内顺时针环流作用下进入湾内,使冬季最低水温降至11.6℃。但年平均水温可高达22.5℃左右[13],表层最高为33.3℃。尽管冬季受粤东沿岸流和夏季珠江口低盐水的影响,而7月南海高盐水从底层涌入湾内,使表、底层盐度趋于一致,故年平均表层盐度仍高达32.70。因此,大亚湾是一个温盐变幅较小的高盐性海湾。该湾的前鳃类软体动物按其向北部沿岸分布的情形可以分为3组[14]。

1.1 黄、渤海分布种

该组有34种,占总种数的20.36%。如嫁蝛、史氏背尖贝、锈凹螺、单齿螺、粒花冠小月螺、粒结节滨螺、粗糙拟滨螺、古氏滩栖螺、珠带拟蟹守螺、尖高旋螺、扁玉螺、疣荔枝螺、双带核螺、甲虫螺、秀丽织纹螺、中国笔螺、金刚螺、白带三角口螺、黄短口螺、矮拟帽贝、纵带滩栖螺、玫瑰原梭螺等。以上种类大多在全国沿岸均有分布,属于广温广分布种,即多为起源于我国南方的广温性暖水种。且有少数广温广盐性种类,如红带织纹螺、纵肋织纹螺、细肋蕾螺等[15]。暖水性较强的种,伶鼬榧螺、中国笔螺则仅分布于黄海南部,不再向北延伸。以往报道仅仅分布在黄、渤海、东海的短滨螺[16],在该湾岩石岸高潮区也出现。

1.2 东海分布种

该组79种,占总种数的47.30%。这些种类不再向北伸展进入黄、渤海。主要有星状帽贝、鸟爪拟帽贝、黑凹螺、肋蝎螺、中国小铃螺、齿纹蜒螺、棒锥螺、配景轮螺、平轴螺、疣滩栖螺、小翼拟蟹守螺、三肋愚螺、乳玉螺、以喙梭螺、阿纹绶贝、双沟鬘螺、环沟嵌线螺、沟鹑螺、浅缝骨螺、珠母核果螺、杂色牙螺、亮螺、方斑东风螺、管角螺、西格织纹螺、瓜螺、爪哇拟塔螺、双层笋螺等。还有不少强暖水性种类,如银口凹螺、蝾螺、塔结节滨螺、复瓦小蛇螺和一些热带性很强的种类,如杂色鲍、龟甲蝛、蛙螺、带鹑螺等。显然,分布在东海的暖水种比黄、渤海的明显增加,一些热带性种则仅分布在60 m等深线外受黑潮影响的区域[17]。

表1 大亚湾前鳃类软体动物种类及其分布

种名	渤海	黄海	东海	南海	生境类型
杂色鲍 *Haliotis diversicolor*			+	+	R
中华楯蝛 *Scutus sinensis*			+	+	R
盘氏隙蝛 *Hemitoma panhi*				+	R
嫁蝛 *Cellana toreuma*	+	+	+	+	R
龟甲蝛 *Cellana testudinaria*			+	+	R
星状帽贝 *Patella stellaefosmis*			+	+	R
背突小节贝 * *Collisella dorsuosa*				+	R
赭氏小节贝 *Collisella* (*Conoidacmea*) *heroldi*				+	R
圆笠贝 * *Acmaea strongiana*			+	+	R
小帽笠贝 * *Acmaea mitra*			+	+	S
乌爪拟帽贝 *Patelloida saccharina*			+	+	R

续表

种名	渤海	黄海	东海	南海	生境类型
矮拟帽贝 *Patelloida pygmaea*	+	+	+	+	R
史氏背尖贝 *Notoacmea schrencki*	+	+	+	+	R
斑马蹄螺 *Trochus* (*T.*) *maculatus*				+	R
塔形马蹄螺 *Trochus* (*Tectus*) *pyramis*				+	R
尖角马蹄螺 *Trochus*(*T.*) *conus*				+	R
大马蹄螺 *Trochus* (*T.*) *niloticus maximus*				+	R
镶珠隐螺 *Clanculus margarius*				+	R
银口凹螺 *Chlorostoma argyrostoma*				+	R
黑凹螺 *Chlorostoma nigerrima*				+	R
锈凹螺 *Chlorostoma rusticum*	+	+	+	+	R
单齿螺 *Monodonta labio*	+	+	+	+	R
镶边海豚螺 *Angara laciniata*				+	R
肋蜎螺 *Umbonium costatum*			+	+	S
蜎螺 *Umbonium vestiarium*				+	S
中国小铃螺 *Minolia chinensis*			+	+	L
方真蹄螺* *Euchelus quadricarinata*				+	L
红底星螺 *Astraea haematraga*			+	+	R
角蝾螺 *Turbo articulatus*				+	R
角蝾螺 *Turbo cornutus*			+	+	R
粒花冠小月螺 *Lunella coronata granulata*	+	+	+	+	R
渔舟蜒螺 *Nerita* (*Theliostyla*) *abicilla*			+	+	R
锦蜒螺 *Nerita* (*Amphinerita*) *polita*				+	R
齿纹蜒螺 *Nerita* (*Ritena*) *yoldi*			+	+	R
肋蜒螺 *Nerita* (*Ritena*) *costata*				+	R
玛瑙蜒螺 *Nerita achatina*				+	R
波纹蜒螺 *Nerita undata*				+	R
奥莱彩螺 *Clithon oualaniensis*				+	YS
多色彩螺 *Clithon sowerbianus*				+	YS
蛹幼螺 *Puperita* (*P.*) *pupa*				+	R

续表

种名	渤海	黄海	东海	南海	生境类型
塔结节滨螺 *Nodilittorina pyramidalis*			+	+	R
粒结节滨螺 *Nodilittorina granularis*	+	+	+	+	R
变化结节滨螺 *N.* (*Granulilittorina*) *millegrana*			+	+	R
粗糙拟滨螺 *Littorinopsis scabra*	+	+	+	+	R
黑口滨螺 *Littorina melanostoma*			+	+	Y
短滨螺 *Littorina brevicula*	+	+	+	+	R
大鹿眼螺* *Morchiella gigantea*				+	S
短拟沼螺 *Assiminea brevicula*			+	+	Y
带锥螺 *Turritella fascialis*			+	+	L
棒锥螺 *Turritella bacillum*			+	+	L
大轮螺 *Architectonica maxima*			+	+	L
配景轮螺 *Architectonica perspectiva*			+	+	L
鹧鸪轮螺 *Architectonica perdix*			+	+	L
覆瓦小蛇螺 *Serpulorbis imbricata*			+	+	R
平轴螺 *Planaxis sulcatus*			+	+	R
疣滩栖螺 *Batillaria bornii*			+	+	R
古氏滩栖螺 *Batillaria cumingi*	+	+	+	+	YS
纵带滩栖螺 *Batillaria zonalis*		+	+	+	YS
沟纹笋光螺 *Terebralia sulcata*			+	+	YS
小翼拟蟹守螺 *Cerithidae microptera*			+	+	YS
珠带拟蟹守螺 *Cerithidae cingulata*	+	+	+	+	Y
红树拟蟹守螺 *Cerithidae rhizophorarum*	+	+	+	+	YS
双带楯桑椹螺 *Clypeomorus bifasciatus*			+	+	Y
巴蹄楯桑椹螺* *Clypeomorus batillariaeformis*				+	Y
特氏楯桑椹螺 *Clypeomorus trailli*			+	+	S
扁平蟹守螺* *Cerithinm planum*				+	Y
鲁托蟹守螺* *Cerithium lntosum*				+	Y
中华蟹守螺* *Cerithinm sinense*			+	+	S
普通蟹守螺* *Cerithium vertagus*			+	+	S

续表

种名	渤海	黄海	东海	南海	生境类型
三口螺* *Cautor levukensis*				+	R
尖高旋螺 *Acrilla acuminata*	+	+	+	+	L
梯螺 *Epionium scalare*			+	+	L
大瓷光螺 *Balcis grandis*			+	+	L
双带光螺* *Eulima bifascialis*				+	L
三肋愚螺 *Amathina tricarinata*			+	+	L
笠帆螺 *Calyptraea morbida*				+	R
砾壳衣笠螺 *Xenophora calculifera*			+	+	L
带凤螺 *Strombus vittatus*				+	L
水晶凤螺 *Strombus canarium*				+	L
铁斑凤螺 *Strombus urceus*				+	L
黑口凤螺 *Strombus aratrum*				+	L
扁平窦螺 *Sinum planulatum*			+	+	L
乳头真玉螺 *Eunaticina papilla*	+	+	+	+	L
扁玉螺 *Neverita didyma*	+	+	+	+	L
卵形乳玉螺* *Mammilla maura*				+	L
大口乳玉螺 *Polynices macrostoma*			+	+	L
乳玉螺 *Polynices mammata*			+	+	L
梨形乳王螺 *Polynices pyriformis*			+	+	L
蛋白乳玉螺 *Polynices albumen*			+	+	S
线纹玉螺 *Natica lineata*			+	+	L
褐玉螺 *Natica spadicea*			+	+	L
斑玉螺 *Natica tigrina*	+	+	+	+	L
双喙梭螺 *Volva birostris*			+	+	L
玫瑰原梭螺 *Primouula rhodia*		+	+	+	L
枣红眼球贝 *Erosaria helvola*			+	+	R
阿纹绶贝 *Mauritia arabica*			+	+	R
图纹绶贝 *Mauritia mappa*				+	R
黄褐绿亚贝 *Luria isabella*				+	R

续表

种名	渤海	黄海	东海	南海	生境类型
卵黄宝贝 *Cypraea vitellus*				+	R
肉色宝贝 *Cypraea carneola*				+	R
沟纹鬘螺 *Phalium strigatum strigatum*			+	+	L
双沟鬘螺 *Phalium bisulcatum*			+	+	L
环沟嵌线螺 *Cymatium cingulatum*			+	+	L
毛嵌线螺 *Cymatium pileare*				+	R
粒神螺 *Apollon olivator rubustus*			+	+	R
蛙螺 *Bursa rana*			+	+	L
沟鹑螺 *Tonna sulcosa*			+	+	L
带鹑螺 *Tonna olearium*			+	+	L
线缝管螺 *Murex trapa*			+	+	L
红螺 *Rapana bezoar*			+	+	R
棘螺 *Chicoreus ramosus*				+	L
焦棘螺 *Chicoreus terrefactus*				+	L
褐棘螺 *Chicoreus brunneus*				+	L
筐金螺 *Morula fiscella*				+	R
镶珠核果螺 *Drupa musiva*			+	+	R
粒核果螺 *Drupa granulata*				+	R
白斑荔枝螺 *Purpura rudolphi*				+	R
暗唇核果螺 *Drupa marginatra*				+	R
珠母核果螺 *Drupa margaritilola*			+	+	R
皱爱尔螺 *Ergalatax constractus*				+	R
疣荔枝螺 *Thais clavigera*	+	+	+	+	R
多角荔枝螺 *Thais hippocastanum*				+	R
刺荔枝螺 *Thais echinata*				+	R
黄口荔枝螺 *Thais luteostoma*	+	+	+	+	R
蛎敌荔枝螺* *Thais gradata*			+	+	R
皱荆棘螺* *Acanthina* (*A.*) *lngubris*				+	YS
杂色牙螺 *Columbella versicolor*			+	+	R

续表

种名	渤海	黄海	东海	南海	生境类型
双带核螺 *Pyrene bicincta*	+	+	+	+	R
火红土产螺 *Pisania ignea*				+	R
美丽唇齿螺 *Engina pulchra*				+	R
甲虫螺 *Cantharus cecillei*	+	+	+	+	R
亚锈甲虫螺* *Cantharus subrubiginosa*	+		+	+	R
売螺 *Phos senticosus*			+	+	L
方斑东风螺 *Babylonia areolata*			+	+	L
泥东风螺 *Babylonia lutosa*			+	+	L
管角螺 *Hemifusus tuba*			+	+	L
细角螺 *Hemifusus ternatanus*			+	+	L
西格织纹螺 *Nassarius siquijorensis*			+	+	L
节织纹螺 *Nassarius hepaticus*			+	+	L
红带织纹螺 *Nassarius succinctus*	+	+	+	+	L
纵肋织纹螺 *Nassarius variciferus*	+	+	+	+	L
光织纹螺 *Nassarius rutilans*			+	+	L
胆形织纹螺 *Nassarius thersites*			+	+	S
秀丽织纹螺 *Nassarius festiva*	+	+	+	+	S
旋纹细带螺 *Fasciolaria filamentosa*			+	+	L
四角细带螺 *Fasciolaria trapezium*			+	+	L
细纹山黛豆螺 *Latirus craticulatus*			+	+	L
伶鼬榧螺 *Oliva mustelina*		+	+	+	L
圆点笔螺 *Mitra scutulata*			+	+	R
中国笔螺 *Mitra chinensis*		+	+	+	R
褶葛蒲螺* *Vexillum plicarium*				+	YS
瓜螺 *Cymdium melo*			+	+	L
金刚螺 *Sydaphera spengleriana*	+	+	+	+	L
中华莫利加螺 *Merica sinensis*			+	+	L
白带三角口螺 *Trigonaphera bocageana*	+	+	+	+	L
花冠芋螺 *Conus coronatus*				+	R

续表

种名	渤海	黄海	东海	南海	生境类型
织锦芋螺 *Conus textile*				+	R
假奈拟塔螺* *Turricula nelliae spurius*			+	+	L
纵肋拟塔螺 *Turricula drilliaeformis*				+	L
爪哇拟塔螺 *Turricula javana*			+	+	L
白龙骨乐飞螺 *Lophiotoma leucotropis*			+	+	L
黄短口螺 *Brachytoma flavidulus*	+	+	+	+	L
假主棒螺 *Clavatula pseudopriciplis*	+	+	+	+	L
细肋蕾螺 *Gemmula deshayesii*	+	+	+	+	L
美丽蕾螺 *Gemmula speciosa*				+	L
白带笋螺 *Temmula dussumieri*	+	+	+	+	L
双层笋螺 *Diplomeriza duplicata*			+	+	L

L:潮下带;R:岩相潮间带;Y:红树林区泥滩潮间带;S:沙滩潮间带。

* 为拟定中文学名;本表同。

1.3 南海分布种

仅在南海出现有54种,占总种数的32.34%。与黄、渤海和东海比较,暖水性种类增加,种的暖水性质也逐渐加强,热带性种类有所增加。如斑马蹄螺、塔形马蹄螺、尖角马蹄螺、大马蹄螺、镶珠隐螺、栉蝾螺、衣笠螺、扁平窦螺、梨形乳玉螺、蛋白乳玉蝶、毛嵌线螺、旋纹细带蝶、焦棘螺、白斑荔枝螺、火红土产螺和细角螺等。另有一些纯热带性的种类如花冠芋螺、带凤螺、水晶凤螺、黑口凤螺、铁斑凤螺、图纹绶贝和黄褐绿亚贝等。

从以上分析可以看出,大亚湾前鳃类软体动物中,亚热带暖水性种类大量发展,种的暖水性质加强,热带性种类有所增加且出现了一些纯热带性的种类。某些广温广分布的暖水性种如单齿螺、纵带滩栖螺、疣荔枝螺等可以进入黄、渤海,而暖水性较强的伶鼬框螺则只能到达黄海南部。蛇螺、红螺、蛙螺、瓜螺和少数宝贝等只局限于东海。一些暖水性较强的种类和热带种可进入东海,一般仅分布于60 m等深线以深受暖流影响的海区。棒锥螺可以延伸至东海北部边缘。本海湾尚分布有为数不多的纯热带性的种类如大马蹄螺、水晶凤螺、带凤螺、花冠芋螺、织锦芋螺、图纹绶贝等。因此,大亚湾前螺类软体动物属于较典型的印度-西太平洋区的中国-日本亚区[18]。

2 生态与分布

大亚湾沿岸以基岩岸为主,海岸线曲折,湾内有中央列岛等大小岛屿50多个,海底表层沉积物以粉砂质黏土为主。潮间带狭窄,有岩滩、沙滩、红树林泥滩、砾石滩,另还有珊瑚残体,表明海洋环境有过大变化,为各种不同的种类提供了良好的栖息生境。

2.1 前鳃类软体动物的垂直分布

2.1.1 潮下带

生活于潮下带的种类有 67 种,占大亚湾前鳃类软体动物种数的 40.12%。主要种类有假奈拟塔螺、棒锥螺、泥东风螺;还有带凤螺、水晶凤螺、细角螺、双沟鬘螺、环沟嵌线螺、浅缝骨螺、瓜螺、旋纹细带螺、白龙骨乐飞螺等(表 2)。

表 2 不同生境中前鳃类软体动物种类组成、种数及百分组成

<table>
<tr><th colspan="3">生境</th><th>主要种类</th><th>种数/个</th><th>潮间带/%</th><th>全区/%</th></tr>
<tr><td colspan="3">潮下带</td><td>假奈拟塔螺、泥东风螺、带凤螺、水晶凤螺、棒锥螺</td><td>67</td><td></td><td>40.12</td></tr>
<tr><td rowspan="5">潮间带</td><td colspan="2">红树林泥滩</td><td>珠带拟蟹守螺、红树拟蟹守螺、纵带滩栖螺、古氏滩栖螺、小翼拟蟹守螺、短拟沼螺</td><td>16</td><td>16.00</td><td rowspan="5">59.88</td></tr>
<tr><td colspan="2">沙滩</td><td>秀丽织纹螺、胆形织纹螺、肋蜎螺、小翼拟蟹守螺、奥莱彩螺、多色彩螺</td><td>19</td><td>19.00</td></tr>
<tr><td rowspan="3">岩石岸</td><td>高潮区</td><td>塔结节滨螺、粒结节滨螺</td><td rowspan="3">74</td><td rowspan="3">74.00</td></tr>
<tr><td>中潮区</td><td>渔舟蜒螺、单齿螺、荔枝螺、平轴螺、粒花冠小月螺</td></tr>
<tr><td>低潮区</td><td>大马蹄螺、阿纹绶贝、斑马蹄螺、栉蝾螺、银口凹螺、图纹绶贝、红底星螺、蛇螺</td></tr>
</table>

2.1.2 潮间带

潮间带有 100 种,占总种数的 59.88%。从潮间带至潮下带数十米水深是软体动物活动最为活跃的区域,虽然有些种类能生活在很深的海底,但随着深度的增加种类数逐渐减少。大亚湾前鳃类软体动物的分布同样遵循着这一规律:潮间带种类多于潮下带。

前鳃类软体动物的垂直分布,除了潮间带与潮下带的种类组成和比例不同外,且潮间带中不同潮区的种类组成也是不相同的。如岩石岸的高潮区,以习见的塔结节滨螺和粒结节滨螺为主要种;而渔舟蜒螺、单齿螺、平轴螺、疣荔枝螺等仅出现于中潮区;杂色鲍、大马蹄螺、斑马蹄螺、图纹绶贝、节蝾螺、红底星螺等一般只分布于低潮区。由于潮间带处于水、气、陆交汇处,也是海岸带中最为复杂之处,既受海洋环境因素的制约,又受大气因素影响,栖息于潮间带的种类,多具有特别的适应能力。在高潮区的一般为较耐干燥的种类,在中潮区的多为既不能忍受干燥又不能忍受长时间淹没的种类。一些笠贝则可随潮水上下移动。

2.2 前鳃类软体动物与底质的关系

潮间带生活的前鳃类软体动物，又因生境和底质的不同，种类组成和种数也不相同。

2.2.1 红树林区泥滩

在该生态相中主要种类有珠带拟蟹守螺、小翼拟蟹守螺、纵带滩栖螺、古氏滩栖螺、红树拟蟹守螺、短拟沼螺等 16 种，占潮间带种数的 16.00%。

2.2.2 沙滩

分布于该生态相的种类主要有肋蜎螺、胆形织纹螺、秀丽织纹螺等 19 种，占总种数的 19.00%（其中有 9 种与泥滩为共有种，占 9.00%）。这些种类有的在沙滩上爬行，有的潜入沙中。

2.2.3 岩石岸

生活在该生态相中的种类，有杂色鲍、嫁蝛、马蹄螺，银口凹螺、单齿螺、蜒螺、滨螺、荔枝螺、粒花冠小月螺、节蝾螺等 74 种，占潮间带总种数的 74.00%。

在潮间带各生境中，除少数的种类在泥滩与沙滩之间交替出现外，岩石岸与泥滩、沙滩之间的种类组成是截然不同的。各生态相种数的顺序为岩石岸、沙滩和红树林区泥滩。

3 小结

（1）大亚湾前鳃类软体动物已鉴定的有 43 科 167 种。

（2）该湾前螺类软体动物组成复杂，有分布到黄、渤海的广温广分布暖水种，也有分布到东海的亚热带暖水性种和少数的热带性种。随着纬度的降低，自北向南暖水性种递增，种的暖水性质加强，暖水种大量发展，并出现了一些热带性种和少数的纯热带性种。分布在东海和南海的有 133 种，占总种数的 79.64%。显然，该湾前鳃类软体动物区系属于印度-西太平洋的中国-日本亚区。

（3）大亚湾前鳃类软体动物的种类组成，潮下带不同于潮间带；潮间带中，各潮区的种类组成也不相同；潮间带中，不同生态相之间的种类组成也不相同，除泥滩与沙滩的少数种类交替出现外，岩石岸与泥、沙滩的种类组成是截然不同的。种数的比例在垂直分布和不同的生态相之间也不同。潮间带的种数多于潮下带；潮间带中，岩石岸的种数>沙滩>泥滩。

参考文献

1 Tsi ZH. Y. and S. T. Ma, A Preliminary Checklist of the Marine Gastropoda and Bivalvia (Mollusca) of Hong Kong and Southern China // Proceedings of the First International Marine Biological Workshop: the Marine Flora and Fauna of Hong Kong and Southern China. Hong Kong: Hong Kong University Press, 1980, 431-458.

2 马绣同等. 粤西沿海贝类调查. 中国海洋湖沼学会会讯，1954，1：5-11.

3 李国藩. 广东汕尾海产软体动物的初步调查. 中山大学学报（自然科学版），1956，2(2)：74-91.

4 蔡英亚. 湛江硇洲岛海产前鳃类的初步调查. 水产与教育,1978,1:43-49.
5 熊大仁. 涠洲岛的贝类与分布. 水产与教育, 1979,1:1-21.
6 齐钟彦等. 海南岛沿海软体动物名录. 热带海洋研究. 北京:海洋出版社, 1984:1-22.
7 齐钟彦等. 海南岛三亚湾底栖贝类的初步调查. 南海海洋科学集刊. 北京:科学出版社,1984,5(27).
8 赵汝翼. 大连地区海产软体动物名录. 吉林师大学报(自然科学版), 1980,1:66-73.
9 谢玉坎. 海南岛鹿回头及其附近的贝类. 动物学报,1981,27(4):384-387.
10 庄屏,何文. 海南岛重要贝类. 生物学通报,1958,6:25-28.
11 李楚璞. 珠江口潮下带软体动物的分布 // 珠江口海岸带和海涂资源综合调查研究文集(三). 1985: 44-55.
12 陈赛英等. 浙江南几列岛贝类区系的研究. 动物学报,1980,26(2):171-177.
13 陈特固. 大亚湾气象水文概况. 南海研究与开发,1986,1:23.
14 张玺,齐钟彦. 中国南海经济软体动物区系. 海洋与湖沼,1959,2(4):268-274.
15 尤仲杰. 浙江沿海前鳃类软体动物的分布及其区系. 浙江水产学院学报,1985,4(1):25-34.
16 刘锡兴. 中国前鳃亚纲玉螺科新种记述. 动物学报,1977,23(3):303-312.
17 徐凤山. 东海软体动物的分布特点 // 第二次中国海洋湖沼科学会议论文集, 1980,357-363.
18 张玺等. 中国海软体动物区系区划的初步研究. 海洋与湖沼,1963,5(2):124-138.

李荣冠,江锦祥. 原载《大亚湾海洋生态文集(Ⅱ)》1990:355-363

东山湾潮下带前鳃类软体动物的生态

摘要 本文研究了东山湾潮下带前鳃类软体动物的生态。结果表明,该湾有前鳃类软体动物31科59属86种。其中,分布到黄、渤海的有18种,分布到东海的有59种,只在南海分布的有26种。广温广布种占20.93%,暖水种占55.81%,热带种仅5.81%。平均生物量和栖息密度分别为125.37 g/m^2 和16个/m^2,数量分布不均匀并有明显的季节变化。该湾主要有3个群落:棒锥螺-浅缝骨螺-红带织纹螺群落、假奈拟塔螺-线缝骨螺-细肋蕾螺鲜落、细肋蕾螺-假奈拟塔螺-双带光螺群落。前鳃类软体动物的种类组成、数量分布和群落结构与底质环境关系密切,生物量和栖息密度在黏土质粉砂和粉砂质黏土底质中较高。

关键词 前鳃类软体动物;潮下带;生态研究;福建

Ecological study of Prosobranchia (Mollusca) in subtidal zone, Dongshan Bay, Fujian

Abstract: The paper reports 86 species belonging to 31 families 59 genera of Prosobranchia (Mollusca) in subtidal zone, Dongshan Bay. Eurythermal-eurytopic species acount for 20.93%, warm-water species 55.81%, and tropical water species only 5.81% respectively in all. There were 18 species distributed in the Yellow Sea and Bohai Sea, there were 59 species distributed in the East China Sea and South China Sea and 26 species distributed in the South China Sea. The average biomass and density were 125.37 g/m^2 and 16 ind./m^2 respectively. The biomass and density were uneven and with distinct seasonal variation. There were 3 main communities of Prosobranchia: *Turritella bacillum-Murex traps-Nassarius succincta* community; *Turricula nelliae spurius-Murex trapa-Gemmula deshayesii* community; *Gemmula deshayesii-Turricula nelliae spurius-Melanella bivittata* community. The relationship of species compsition, distribution of number and community structure of the Prosobranchia to sedimentary enviroment were close. There were higher density and biomass in TY and YT of sedimental types than other.

Key words: Prosobranchia, subtidal zone, ecological study, Fujian

近年来,东山湾已进行了多次海洋综合性调查,但有关潮下带前鳃类软体动物的生态研究至今未见报道。本文初步分析了前鳃类软体动物的种类组成、数量分布及群落结构与环境因子的关系。

1 自然环境特征

东山湾位于台湾海峡南口的西岸，介于闽南沿海的东山、云霄和漳浦三县之间（117°26′30″—117°36′48″E，23°43′12″—23°55′10″N）。该湾三面为山丘环抱，呈不规则的梨形伸入陆地，南北长 20 km，东西宽约 15 km，湾西北部有漳江入海。湾口朝南，口门狭窄，宽约 5 km，是一个半封闭性的海湾。湾内海域面积达 247.89 km^2，是闽南最大的海湾。

该湾年均气温 20.8℃，最高 27.3℃，量低 12.9℃，极端最高 36.6℃，极端最低为 3.8℃，属于南亚热带气候。年均降雨量为 1 071.2 mm，最高为 1 583.7 mm，最低 674.2 mm，由于受沿岸流和漳江冲淡水的影响，盐度在 29.62~33.00。

2 材料与方法

根据 1988 年 5 月至 1989 年 2 月国家海洋局第三海洋研究所在东山湾进行的养殖前期环境综合调查底栖生物资料整理而成，同时参考了福建省海岸带资源综合调查底栖生物调查资料。

调查按 4 个季度月（5 月、8 月、11 月和 2 月分别代表春、夏、秋和冬季）取样，共布设 20 个取样站（图 1），使用 0.1 m^2 和 0.05 m^2 采泥器及三角拖网取样。样品按《海洋调查规拖》① 进行处理。

3 结果

3.1 种类组成与分布

3.1.1 种类组成

东山湾潮下带的前鳃类软体动物种类，经初步鉴定有 31 科 59 属 86 种（表 1）。其中，主要的有：织纹螺科（Nassariidae）9 种，玉螺科（Naticidae）7 种，骨螺科（Muricidae）6 种，蛾螺科（Buccinidae）6 种和塔螺科（Turridae）6 种。种类的性质由广温广布种、暖水种和热带种组成，其中广温广布种占总种数的 20.93%，暖水种占 55.81%。热带种仅占 5.81%。

3.1.2 种类分布

该湾前鳃类软体动物按其向北部沿岸分布的情形可分为 3 组[1-6]。

（1）黄、渤海分布种。该组有 18 种，如尖高梯螺、乳头真玉螺、玫瑰原梭螺、脉红螺、双带

① 国家海洋局，海洋调查规范（第五分册），1975。

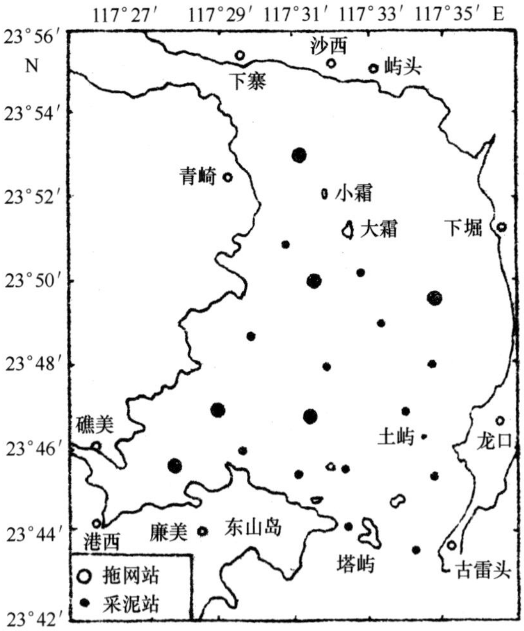

图 1 采样站位分布

Fig.1 Distribution of sampling stations

核螺、甲虫螺、红带织纹螺、伶鼬榧螺、金刚螺和黄短口螺等。

(2)东海分布种。该组有 59 种,占总种数的 68.60%。习见种有:杂色鲍、粗糙真蹄螺、鹧鸪轮螺、紧卷蛇螺、双带瓷光螺、褐玉螺、条纹玛瑙拟枣贝、粒神螺、蛙螺、带鹑螺、亚洲棘螺、泥东风螺、缝合海因螺、节织纹螺、细肋轭螺、假奈拟塔螺等。

表 1 东山湾潮下带前鳃类软体动物名录

Tab.1 Cbecklist or Prosobranchia in subtidal zone, Dongshan Bay, Fujian

中文名	拉丁名	渤海	黄海	东海	南海
鲍科	Haliotidae				
*杂色鲍	*Haliotis diversicolor*			+	+
钥孔蝛科	Fissurellidae				
缘楯蝛	*Scutus emarginatus*				+
马蹄螺科	Trochidae				
粗糙真蹄螺	*Euchelus scaber*			+	+
中国小铃螺	*Minolia chinensis*			+	+
小铃螺	*Minolia* sp.				+
项链螺	*Monilea* sp.				
	Machaeroplax dalicatus			+	+
锥螺科	Turritellidae				

续表

中文名	拉丁名	渤海	黄海	东海	南海
*棒锥螺	*Turritella bacillum*			+	
轮螺科	Architectonicidae				
鹧鸪轮螺	*Architectonica perdix*			+	+
配景轮螺	*A. perspectiva*			+	+
蛇螺科	Vermetidae				
紧卷蛇螺	*Vermetus renisutus*			+	+
汇螺科	Potamididae				
*珠带拟蟹守螺	*Cerithidae cinguiata*	+	+	+	+
梯螺科	Scalidae				
尖高旋螺	*Acrilla acuminata*	+	+	+	+
宽带梯螺	*Epitonium latifascitum*			+	+
耳梯螺	*E.auritum*	+	+	+	+
光螺科	Melanellidae				
双带光螺	*Melanella bivittata*			+	+
光螺	*Melanella* sp.				
双带瓷光螺	*Eulima bifascialis*			+	+
玛丽瓷光螺	*E. maria*			+	+
瓷光螺	*Eulima* sp.				+
大瓷螺	*Balcis grandis*			+	+
马掌螺科	Amaltheidae				
三肋愚螺	*Amathina tricarinata*			+	+
衣笠螺科	Xenphoridae				
砾壳衣笠螺	*Xenophora calculifera*			+	+
玉螺科	Naticidae				
褐玉螺	*Natica spadicea*			+	+
*方斑玉螺	*N. onca*				+
玉螺	*Natica* sp.				+
乳头真玉螺	*Eunaticina papilla*	+	+	+	+
雕刻窦螺	*Sinum incisun*				+

续表

中文名	拉丁名	渤海	黄海	东海	南海
爪哇窦螺	*S. javanicum*				+
乳头窦螺	*S. papilla*	+	+	+	+
梭螺科	Amphiperaidae				
玫瑰原梭螺	*Primovolva rhodia*		+	+	+
缘梭螺	*Margovula pyriformis*				+
白氏拟鼻螺	*Pseudosimnia* (*Diminovula*) *whitworthi*				+
宝贝科	Cypraeidae				
条纹码瑙拟枣贝	*Erronea onyx*			+	+
泰斑眼球贝	*Erosaria miliaris*			+	+
冠螺科	Cassididae				
双沟鬘螺	*Phalium bisulcatum*			+	+
嵌线螺	*Cymatiidae*				
粒神螺	*Apollon olivator rubustus*			+	+
蛙螺科	Bursidae				
蛙螺	*Bursa rana*			+	+
鹑螺科	Tonnidae				
沟鹑螺	*Tonna sulcosa*			+	+
* 带鹑螺	*T. olearium*			+	+
骨螺科	Muricidae				
褐棘螺	*Chicoreus brunneus*				+
亚洲棘螺	*C.asianus*			+	+
浅缝骨螺	*Murex trapa*			+	+
* 红螺	*Rapana bezoar*			+	+
* 脉红螺	*R. venosa*	+	+	+	+
可变荔枝螺	*Thias mutabilis*			+	+
延管螺科	Magilidae				
刺珊瑚螺	*Coralliophila* (*Lataxiena*) *fimdriata*				+
核螺科	Pyrenidae				
双带核螺	*Pyrene bicincta*	+	+	+	+

续表

中文名	拉丁名	渤海	黄海	东海	南海
丽核螺	*P.bella*	+	+	+	+
核螺	*Pyrene* sp.				+
蛾螺科	Buccinidae				
＊方斑东风螺	*Babylonia areolata*			+	+
＊泥东风螺	*B.lutosa*			+	+
甲虫螺	*Cantharus cecillei*	+	+	+	+
	Enzinopsis sp.				+
缝合海因螺	*Hindsia suturalis*			+	+
海因螺	*Hindsia* sp.				+
三口螺科	Triphoridae				
三口螺	*Triphora* sp.				+
盔螺科	Galeodidae				
＊细角螺	*Hemifusus ternatanus*			+	+
＊管角螺	*H.tuba*			+	+
织纹螺科	Nassariidae				
红带织纹螺	*Nassarius succincta*	+	+	+	+
纵肋织纹螺	*N.vericiferus*	+	+	+	+
节织纹螺	*N.hepaticus*			+	+
光织纹螺	*N.rutilans*			+	+
西格织纹螺	*N. siquijorensis*			+	+
织纹螺	*Nassarius* sp.				+
小织纹螺	*Reticunassa* sp.				+
细肋轭螺	*Zeuxix dorsatus*			+	+
轭螺	*Zeuxis* sp.				+
细带螺科	Fasciolariidae				
塔形纺锤螺	*Fusinus forceps*				+
纺锤螺	*Fusinus* sp.	+			
榧螺科	Olividae				
＊伶鼬榧螺	*Oliva mustelina*		+	+	+

续表

中文名	拉丁名	渤海	黄海	东海	南海
小榧螺	*Olivella* sp.				+
涡螺科	Volutidae				
* 瓜螺	*Cymbium melo*			+	+
衲螺科	Cancellariidae				
	Cancellaria sp.				+
白带三角口螺	*Trigonaphera bocageana*	+	+	+	+
斜三角口螺	*T.obliquata*				+
金刚螺	*Sydaphera spengleriana*	+	+	+	+
塔螺科	Turridae				
黄短口螺	*Brachytoma flavidula*	+	+	+	+
旗短口螺	*B. vexillium*				+
假主棒螺	*Clavatus pseudopriciplis*	+	+	+	+
细肋蕾螺	*Gemmula deshayesii*	+	+	+	+
假奈拟塔螺	*Turricula nelliae spurius*			+	+
白龙骨乐飞螺	*Lophiotoma leucotropis*			+	+
笋螺科	tereberidae				
颈圈笋螺	*Cinguloterebra torquata*				+
双层笋螺	*Diplomeriza duplicata*			+	+
	Terebra sp.	+			

* 为经济种。

(3)南海分布种。该组只在南海出现,有 26 种,占总种数的 30.23%。种类的暖水性质明显加强,且出现了一些热带种如缘楯蝛、砾壳衣笠螺、缘梭螺、褐棘螺、刺珊瑚螺等。

3.1.3 优势种和主要种的分布

东山湾前鳃类软体动物按其数量和出现频率,优势种有棒锥螺、浅缝骨螺和假奈拟塔螺。其中棒锥螺分布较广,出现率为 13/20;假奈拟塔螺主要分布在湾口及中部水域,出现率为 7/20;浅缝骨螺多分散在湾内四周边缘,湾中部较少,出现率为 6/20。其他主要种的分布见图 2a。

3.1.4 种数分布

东山湾潮下带前鳃类软体动物种数的分布不均匀。在 20 个取样站中,1~5 种/站的有

12 站，占总站位数的 60%；6～10 种/站只 2 站，占 10%；11～25 种/站有 3 站，占 15%。种数最多的站分布在湾口塔屿西侧和龙口西南侧水域。各站种数的分布见图 2b。

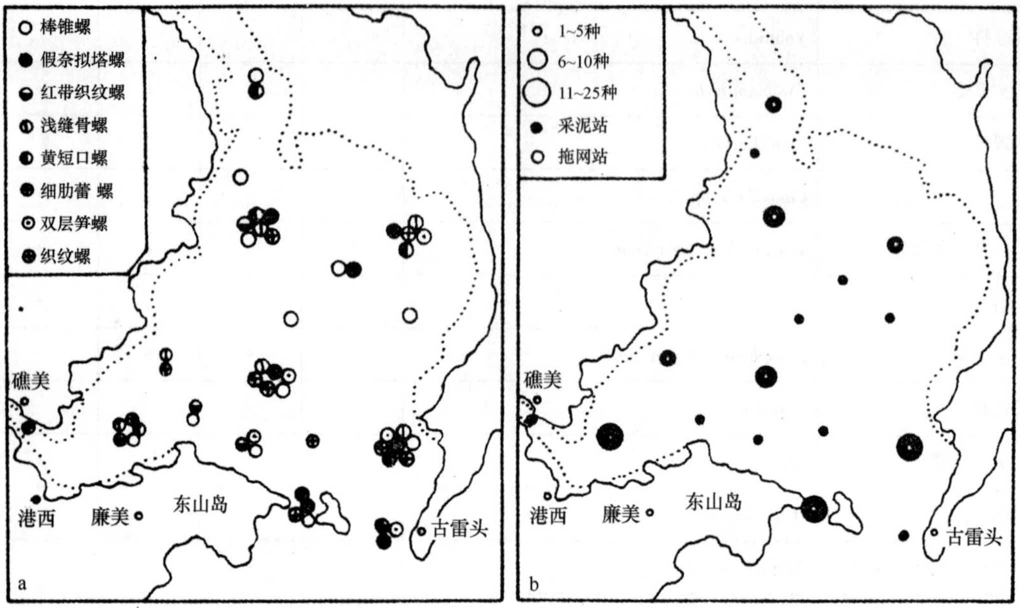

图 2　主要种(a)和种数(b)的分布

Fig.2　Distribution of major species (a) and species number (b)

3.1.5　经济种

东山湾潮下带前鳃类软体动物的经济种，经初步估计有 13 种：杂色鲍、棒锥螺、珠带拟蟹守螺、方斑玉螺、带鹑螺、红螺、脉红螺、方斑东风螺、泥东风螺、细角螺、管角螺、伶鼬榧螺、瓜螺。其中杂色鲍为稀有海珍品，棒锥螺为主要经济种。

3.2　数量分布与季度变化

东山湾前鳃类软体动物年平均生物量为 125.37 g/m^2，年平均栖息密度为 16 个/m^2。数量分布不均匀，生物量和栖息密度主要有两个分布高区：一个位于湾的西南部水域，其中心点的生物量高达 1 332 g/m^2，栖息密度达 154 个/m^2；另一个位于下堀至土屿的中段水域，中心点的生物量也达 425 g/m^2，栖息密度达 48 个/m^2。湾口及湾的边缘水域数量相对较低(图 3)。

东山湾潮下带前鳃类软体动物数量的季节变化，生物量和栖息密度均以冬季>秋季>春季>夏季，即冬季最高，夏季最低(表 2)。

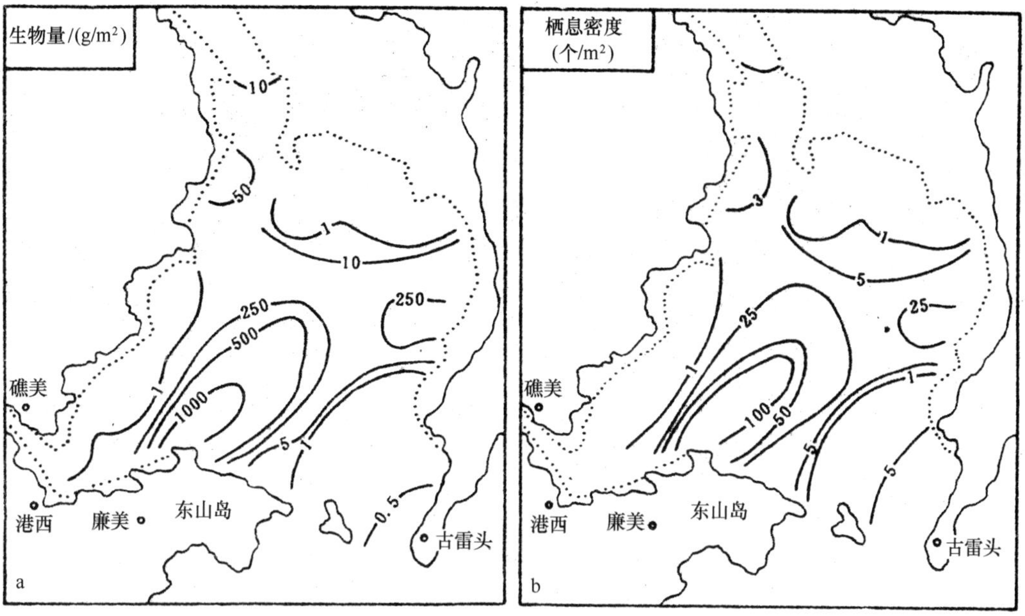

图 3　平均生物量(a)和栖息密度(b)的分布

Fig.3　Distribution of average biomass (a) and average density (b)

表 2　前鳃类软体动物数量季节变化

Tab.2　Seasonal variation of density and biomass

数量	春	夏	秋	冬
生物量/(g/m^2)	29.95	7.82	130.21	333.49
密度/(个/m^2)	6	4	15	39

3.3　群落结构

前鳃类软体动物的群落结构与底质类型密切相关,在某种意义上可以说,什么样的底质类型决定了什么样的群落结构。东山湾水域的沉积物有 12 种类型,但主要的有粉砂质黏土(TY)、黏土质粉砂(YT)、砂-粉砂-黏土(STY)、细砂(FS)和砾砂(GS)等类型。前鳃类软体动物根据其在不同沉积物类型中的种类组成和数量,可以划分为 3 个群落。

(1)棒锥螺-浅缝骨螺-红带织纹螺群落。该群落分布在湾西南部的大片水域、下堀至土屿中段水域、青崎至沙西水域以及大霜岛西南水域。底质以粉砂质黏土为主,小部分为黏土质粉砂。主要代表种棒锥螺分布较广,且数量大,在群落中占绝对优势。4 个季度都出现,尤以冬季的数量为大,最高的生物量和栖息密度分别为 5 275 g/m^2 和 590 个/m^2。在大霜岛西南水域,拖网取样为 6 000 个/网。浅缝骨螺的分布也较广,出现率较高。红带织纹螺的数量不大,只在该群落出现,为本群落的特征种。其他习见种有鹧鸪轮螺、假奈拟塔螺、黄短口螺和西格织纹螺等。该群落共有 21 种,平均生物量为 419. 07 g/m^2。平均栖息密度为

46个/m^2。群落的重要特征是分布广,数量大。特别是棒锥螺的生物量和栖息密度都占绝对的优势。

(2)假奈拟塔螺-细肋蕾螺-浅缝骨螺群落。该群落位于龙口西南部水域,分布范围较小。沉积物类型以砂-粉砂-黏土为主。群落的主要特征为种类丰富,种数繁多,共有24种,为该湾群落中种数最多的一个群落。习见种有黄短口螺、旗短口螺、假主棒螺、白龙骨乐飞螺、蛙螺、红螺、甲虫螺、白带三角口螺;织纹螺、双层笋螺、鹧鸪轮螺、粒神螺、褐玉螺等。该群落的数量较低,生物量和栖息密度分别仅0.15 g/m^2 和5个/m^2。代表种假奈拟塔螺、浅缝骨螺和细肋蕾螺出现率虽较高,却只在拖网中取到。

(3)细肋蕾螺-假奈拟塔螺-双带光螺群落。该群落位于湾口塔屿两侧水域。在塔屿东侧水域,底质以细砂为主,西侧以砂砾为主,小部分为岩石和砾石,底质类型相对较复杂。群落共有15种,习见种有杂色鲍、粒神螺、甲虫螺、大瓷光螺、粒神螺、甲虫螺、大瓷光螺、塔形纺锤螺、节织纹螺、白带三角口螺等。群落的数量较小,生物量和栖息密度分别为0.46 g/m^2 和6个/m^2。代表种的数量也不高,细肋蕾螺冬季的生物量和栖息密度分别为1.80 g/m^2 和20个/m^2;假奈拟塔螺秋季的生物量和栖息密度分别为0.75g/m^2 和6个/m^2;双带光螺夏季的生物量和栖息密度分别仅0.1 g/m^2 和5个/m^2。

该群落位于湾口,底质类型复杂,种类组成也相对复杂。有在岩石、砾石和砂砾中生活的种类,有细砂中生活的种类,多样化的生境提供了多样生活方式的种类,种类数相对丰富,数量却不高。群落的这些特点,与受外海高盐水的影响有关,表现出南海前鳃类软体动物分布的普遍规律。

3.4 前鳃类软体动物与环境因子的关系

前鳃类软体动物的种类组成、数量分布和群落结构与水温、盐度密切相关,尤其与底质沉积物类型显得更为密切[7]。

在东山湾潮下带黏土质粉砂底质中,前鳃类软体动物的种数、生物量和栖息密度均最高;粉砂质黏土次之;砾砂与细砂底质栖息密度相同,生物量则最低;细砂底质中的种类最少(表3)。

表3 前鳃类软体动物与底质的关系

Tab.3 Relationship between Prosobranchia and sediment types

沉积物类型	黏土质粉砂	粉砂质黏土	细砂	砾砂
种数	26	20	3	16
密度/(个/m^2)	26	18	4	4
生物量/(g/m^2)	244.31	156.78	0.40	0.12

4 结论

东山湾潮下带前鳃类软体动物已鉴定有 31 科 59 属 86 种。其中,广温广布种 20.93%,暖水种占 55.81%,热带种占 5.81%。其地理分布,在黄、渤海出现的有 18 种,东海分布 59 种,只在南海分布的有 26 种。

东山湾潮下带前鳃类软体动物的平均生物量为 125.37 g/m^2,平均栖息密度为 16 个/m^2。湾内数量分布不均匀,高数量区有两个:其中一个生物量和栖息密度分别为 1 332 g/m^2 和 154 个/m^2;另一个生物量和栖息密度分别为 425 g/m^2 和 48 个/m^2。数量的季节变化以冬季>秋季>春季>夏季。

东山湾潮下带前鳃类软体动物主要有 3 个群落:棒锥螺-浅缝骨螺-红带织纹螺群落;假奈拟塔螺-浅缝骨螺-细肋蕾螺群落;细肋蕾螺-假奈拟塔螺-双带光螺群落。

东山湾潮下带前鳃类软体动物的种类数和数量以黏土质粉砂底质中最大,粉砂质黏土次之。以这两种沉积物类型为底质的生境较适合于前鳃类软体动物。

参考文献

[1] Tsi. Y. and S. T. Ma. A Preliminary Checklist of the Marine Gastropoda and Bivalvia (Mollusca) of Hong Kong and Southern China // Proceedings of the First International Marine Biological Workshop: the Marine Flora and Fauna of Hong Kong and Southern China. Hong Kong: Hong Kong University Press, 1980, 431-458.

[2] 李荣冠,等. 大亚湾前鳃类软体动物的分布及区系 // 大亚湾海洋生态文集(Ⅱ). 海洋出版社,1990, 354-363.

[3] 齐钟彦,等. 海南岛沿海软体动物名录. 热带海洋研究,海洋出版社,1984,1-22.

[4] 蔡英亚. 湛江硇洲岛海产前鳃类的初步调查. 水产与教育,1978,1:43-49.

[5] 尤仲杰. 浙江沿海前鳃类软体动物的分布及其区系. 浙江水产学院学报,4(1985),1:25-34.

[6] 刘锡兴. 中国前鳃亚纲玉螺科新种记述. 动物学报,23(1977),3:303-312.

[7] 李荣冠,等. 厦门港软体动物多样性及其与沉积物的关系. 生态学报,9(1989),3:271-273.

李荣冠,江锦祥. 原载《台湾海峡》,1993,12(2):171-179.

杭州湾北岸软相潮间带软体动物变化

VARIATION OF MOLLUSCA FAUNA IN THE SOFT BOTTOM INTERTIDAL ZONE ALONG NORTHERN COAST OF HANGZHOU BAY

Abstract:This paper used Sanders's biological index, Fisher & Shannon-Wiever's species diversity indexes (α and H'), Margalef's species richness index (D), Pielous's species evenness index (J), Mcnaughton's species dominance index (D_2) and community difference value based on the quantitative data of the benthic fauna from the soft bottom intertidal zone along the northern coast of Hangzhou Bay from spring, 1975 to spring, 1982 in order to analyse Mollusca community structure from five transects near to Shanghai Petroleum Chemical Plant. The results show: (1) There is a variation in the transects A, B and C where close to Shanghai Petroleum Chemical Plant, and there is another variation in the transects D and E where far away from Shanghai Petroleum Chemical Plant. (2) In the transects A, B and C, the species diversity indexes are lower after Plant production than that before Plant production, and they are contrary to those in the transects D and E. (3) There is different fluctuation for various indexes values in the transects each year, but species composition, dominant species, and common species are relatively stability, and community difference value each year is also smaller.

环境变化的生物测定可以分为 5 个方面:生物学测定、条件指数、种群动态、群落结构以及群落新陈代谢[9]。本文着重从群落结构方面,试图比较分析杭州湾北岸软相潮间带软体动物历年季度变化。其他学者已经对有关群落结构做了大量的研究工作:Seapy 和 Kitting 利用相关系数和扩散系数分析了美国加利福尼亚纳伯特(Nerport)湾泥沙滩潮间带软体动物的空间结构[8];Wells 利用 Morisita 重叠指数, Simposn 和 Shannon-Wiever 多样性指数分析了西澳大利亚普林那尔罗亚尔(Royal)港湾沙滩潮间带软体动物群集[11]; Taylor 等应用软体动物的多样性,证明在美国佛罗里达希尔斯伯勒湾中的污染[10]。但至今,利用这些特征值来测定软体动物群落结构及其与环境变化的关系,国内尚没有这方面的报道。

1 材料与方法

根据 1975—1982 年春季杭州湾北岸软相潮间带 5 个调查断面 A,B,C,D 和 E(图 1)底栖生物调查资料(1981 年资料缺),应用 Sanders 生物学指数[7],使用 Hewlett Packard-34C 电子计算器计算多样性指数 $\alpha=N(e^{s/a}-1)$ 和 $H'=\sum_{i=1}^{S}p_i\log_2 p_i$、种类丰度指数 $D=S-1/\log_2 N$、种类均度指数 $J=H'/\log_2 S$ 以及种类优势度指数 $D_2=\frac{(N_1+N_2)}{N_T}$[10-11],对各断面历年春季软体动物群落进行分析比较,同时应用群落差异值 $d(A+B)=\frac{dA+dB}{2}$(dA:第 A 年软体动物 α 值,dB:第 B 年软体动物 α 值,$d(A+B)$:第 A 和 B 年软体动物样品混合后的 α 值)来反映两个群落间差异[1]。

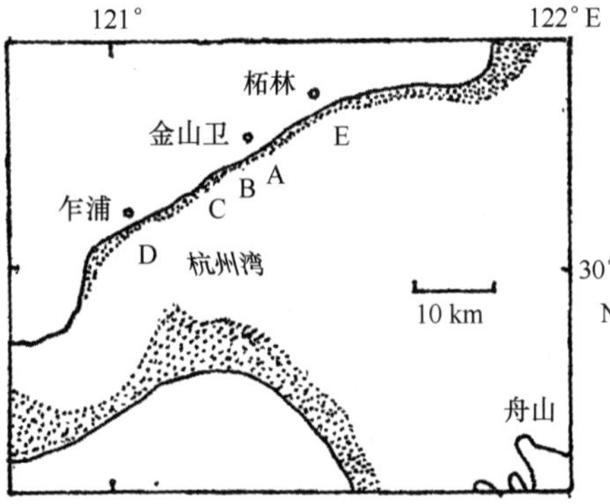

图 1 杭州湾北岸软相潮间带取样断面

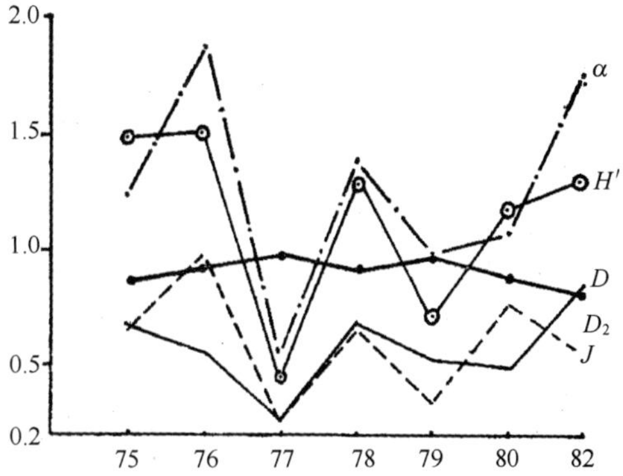

图 2 断面 A 历年 H',α,D,J 和 D_2 值变化

2 结果

1.1 断面 A

该断面 H' 值为 0.44~1.50;α 值为 0.56~1.87。从图 2 可以看出:H' 和 α 值历年出现了不同程度的变化,其中 1975—1976 年 H' 值相对稳定,1977 年 H' 和 α 值都降到历年的最低值(分别为 0.44 和 0.56)。上海石油化工总厂(以下简称“总厂”)投产的 1977 年的前期和后期比较,1975 年和 1982 年的 H' 值分别为 1.49 和 1.30,显然 1982 年的 H' 值低于 1975 年。D 值 0.29~0.83,最低值也出现在 1977 年(0.29);1975 年和 1982 年的 D 值分别为 0.65 和 0.83,D 值略有升高。J 值 0.28~0.96,最低值也在 1977 年(0.28),1975 年和 1982 年分别为 0.64 和 0. 56,这两年种数相同,虽然 1982 年种类丰度升高,但种间的个体分布均匀度下降,故 H' 值下降了。D_2 值 0.82~0.98,1977 年和 1976 年这两年种类和种数完全相同,由于 1977 年泥螺

(*Bullacta exarata*)和彩虹明樱蛤(*Moerella iridescens*)的个体数比 1976 年高约 10 倍并明显地占了优势,所以 1977 年的 H',α,J 和 D 值分别都低于 1976 年及其他各年。

Sanders 生物学指数值显示出,该断面泥螺和彩虹明樱蛤历年出现且占优势(表 1)。

表 1　断面 A 历年软体动物数量优势度 Sanders 生物学指数

种名	1	2	3	4	5	F	C	B
泥螺 *Bullacta exarata*	6	1				7	69	1
彩虹明樱蛤 *Moerella iridescens*	1	4	1	1		7	61	2
四角蛤蜊 *Mactra veneriformis*			3			3	24	5
焦河蓝蛤 *Potamocorbula ustulata*		1	2		1	4	30	3
丽核螺 *Pyrene bella*		1	2			3	25	4
缢蛏 *Sinonovacula constricta*		1				1	9	7
海笋 *Barnea* sp.		1	1			2	17	6

F:频率,C:生物学指数,B:得分等级。

表 2　断面 A 历年软体动物群落差异值

年份	1975	1976	1977	1978	1979	1980	1982	
1975	1.24	-0.07	0.04	0.12	-0.07	0.31	-0.09	
1976	1.49	1.87	-0.45	0.39	0.15	0.22	0.58	
1977	0.94	0.77	0.56	0.02	0.19	-0.05	0.09	
1978	1.44	2.02	1.00	1.40	-0.01	-0.13	-0.22	$d(A+B)-\frac{dA+dB}{2}$
1979	1.05	1.58	0.96	1.19	0.99	0.19	0.10	
1980	1.47	1.69	0.77	1.11	1.22	1.08	0.02	
1982	1.42	2.40	1.25	1. 37	1.48	1. 44	1.77	
	$d(A+B)$							

群落差异值 $\mathrm{d}(A+B)-\frac{\mathrm{d}A+\mathrm{d}B}{2}$ 也显示出,除 1977 年和 1976 年的群落差异值为负的 0. 45、1982 年和 1976 年为 0.58 外,其他各年的群落差异值都很小(表 2)。

2.2　断面 B

该断面 H' 和 α 值分别为 0.85~1.76 和 0.71~1.12。从图 3 可以看出:α 最高值出现在 总厂投产前的 1976 年(1.12),最低值出现在 1982 年(0.71);1975 年和 1982 年的 α 值分别为 0.82 和 0.71,头末年比较 α 值也下降了;其间各年 α 值存在着不同程度的变化,但逐渐连续稳定下降。该断面 α 值历年的变化与 Pearson 在 Scottish 海湾造纸厂附近所获得的底栖生物多样性和优势度的变化趋势极为相似。H' 值也一样，在总厂投产前的 1975 年和 1976 年分别高于投产后的 1979—1982 年。1978 年和 1976 年种数相同，前者个体数却高出约 1 000 个，但因 1978 年均匀度高于 1976 年，所以 1978 年的 H' 值高于 1976 年。D 值 0.36~0.66，最低值出现在 1982 年，最高值在 1976 年，其间历年也存在着不同程度的变化，其趋势也逐渐下降。1975 年和 1982 年 D 值分别为 0.47 和 0.36，这反映了 1982 年无论在种数还是个体数，而特别是种数都比 1975 年减少了。1982 年比 1975 年减少了两个种类。D_2 值在 0.72~0.98 之间，历年保持较高值，而 1982 年达到历年的最高峰(0.98)。

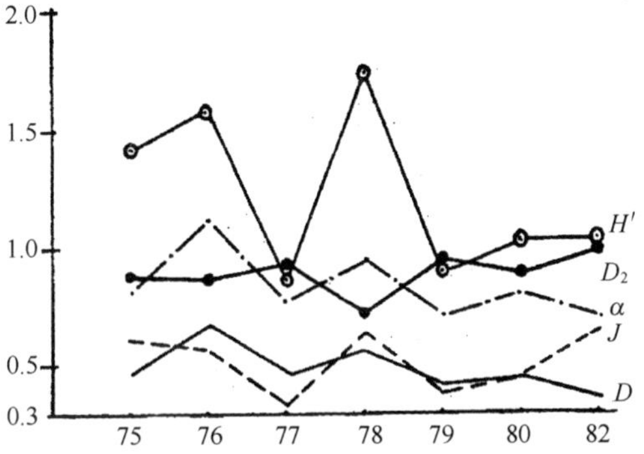

图 3　断面 B 历年 H',α,D,J 和 D_2 值变化

Sanders 生物学指数值显示出，尽管以上各指数值历年存在不同的变化，但该断面历年以泥螺、中国绿螂(*Glaucomya chienesis*)和彩虹明樱蛤得分最高，且泥螺和中国绿螂历年出现(表 3)。

表 3　断面 B 历年软体动物数量优势度 Sanders 生物学指数

种名	1	2	3	4	5	6	F	C	B
泥螺 *Bullacta exarata*	5	2					7	68	1
彩虹明樱蛤 *Moerella iridescens*			4	2			6	46	3
中国绿螂 *Glaucomya chinensis*	2	5					7	65	2
四角蛤蜊 *Mactra veneriformis*			1	2	1		4	28	5
焦河蓝蛤 *Potamocorbula ustulata*			1	1	3	1	6	38	4
麂眼螺 *Rissoina* sp.			1	1			2	15	7
光滑狭口螺 *Stenothyra glabra*					2	1	3	17	6
拟沼螺 *Assimsnea latericera*					1	1	2	11	8
缢蛏 *Sinonovacula constricta*						1	1	5	9

F:频率；*C*:生物学指数；*B*:得分等级。

历年的群落差异值也很小,在-0.09~0.34之间,除1975年和1978年为0.34外,其他各年的差异都不明显(表4)。

表4　断面B历年软体动物群落差异值

年份	1975	1976	1977	1978	1979	1980	1982	
1975	0.82	0.07	0.26	0.34	0.07	0.08	0.24	
1976	1.04	1.12	0.09	0.02	0.06	0.06	0.20	
1977	1.06	1.04	0.78	-0.01	0.14	0.11	0.04	
1978	1.22	1.05	0.85	0.94	0.20	0.19	0.11	$d(A+B)-\frac{dA+dB}{2}$
1979	0.84	0.98	0.89	1.03	0.72	-0.09	0.01	
1980	0.89	1.02	0.90	1.06	0.67	0.80	0.08	
1982	1.00	1.11	0.78	0.93	0.72	0.79	0.71	
	$d(A+B)$							

2.3　断面C

该断面H'值和α值分别为0.26~1.70和0.59~1.20,H'值和α的最高值都出现在1975年(1.70和1.20),H'值的最低值出现在1982年(0.26)。总厂投产的后期和前期,其间历年的H'值和α值都有不同程度的变化,其中1976年的H'值降到0.33,这主要由于该年个体数的增加和种数的减少。中国绿螂在1976年之后的各年都已采集到,且数量相当, 1975年和1976年却未采集到;1980年和1982年比较,种数虽相同,但因个体数少约一倍,均匀度又较高,故表现出较高的H'值。1975年的H'值和α值分别为1.70和1.20,到1982,年分别降到0.26和0. 95,这反映了1982年的种数和个体数,特别是个体数的增加,1982年的个体数比1975年高约20倍。从J值来看, 1982年降到了历年的最低点(0.1),这说明该年种类个体数的分配极不均匀。中国绿螂高达504个个体,而泥螺、彩虹明樱蛤和四角蛤蜊(*Mactra veneriformis*)却极少,有的种类只有一两个个体。D值在0.33~0.63之间,历年存在不同程度的变化, 1977—1980年一直上升,而1982年的D值同样低于1975年。D_2值0.78~0.99,D_2值一直相当高,最高值出现在1982年(0.99)。

表5　断面C历年软体动物数量优势度Sanders生物学指数

种名	1	2	3	4	5	6	7	F	C	B
泥螺 *Bullana exarata*	5	1	1					7	67	1
彩虹明樱蛤 *Moerella iridescens*	1	1	2		3			7	53	2
中国绿螂 *Glaucomya chinensis*	1	4						5	46	3

续表

种名	1	2	3	4	5	6	7	F	C	B
四角蛤蜊 *Mactra veneriformis*		1		2	1	2		6	39	5
焦河蓝蛤 *Potamocorbula ustulata*			4	1	1			6	45	4
麂眼螺 *Rissoina* sp.				1				1	7	7
中华拟蟹手螺 *Cerithidea sinensis*			1	1		1		3	20	6
拟沼螺 *Assiminea latericera*				1				1	7	7
石磺 *Onchidium verruculatum*							1	1	4	9
缢蛏 *Sinonovacula constricta*					1			1	6	8

F:频率,*C*:生物学指数,*B*:得分等级。

表 6 断面 C 历年软体动物群落差异值

年份	1975	1976	1977	1978	1979	1980	1982	
1975	1.20	-0.32	-0.24	-0.21	0.04	-0.07	0.05	
1976	0.58	0.59	0	0.07	0.29	0.03	0.23	
1977	0.74	0.67	0.75	-0.02	0.21	-0.07	0.14	
1978	0.79	0.76	0.75	0.79	0.27	-0.03	0.19	$d(A+B)-\frac{dA+dB}{2}$
1979	1.12	1.07	1.07	1.15	0.97	0.06	0.27	
1980	1.09	0.88	0.87	0.93	1.10	1.12	0.04	
1982	1.12	1.00	0.99	1.06	1.23	1.07	0.95	
	$d(A+B)$							

Sanders 生物学指数显示,该断面以泥螺、彩虹明樱蛤和中国绿螂得分最高且泥螺和彩虹明樱蛤历年出现。

群落差异值为-0.32~0.29,除 1976 年和 1979 年为 0.29 外,其他各年差异也并不明显。

2.4 断面 D

该断面各指数值分别为:H'值 0.94~2.26、α 值 0.61~1.37、D 值 0.34~0.77 和 J 值 0.47~0.85。D_2 值 0.62~0.96。从图 5 显示出:各指数值历年存在不同程度的变化,特别是 1976—1978 年 H'值,D 值和 J 值都上升到历年的高峰,调查的头末年比较,H'值和 α 值以及 D 值多少略有升高。

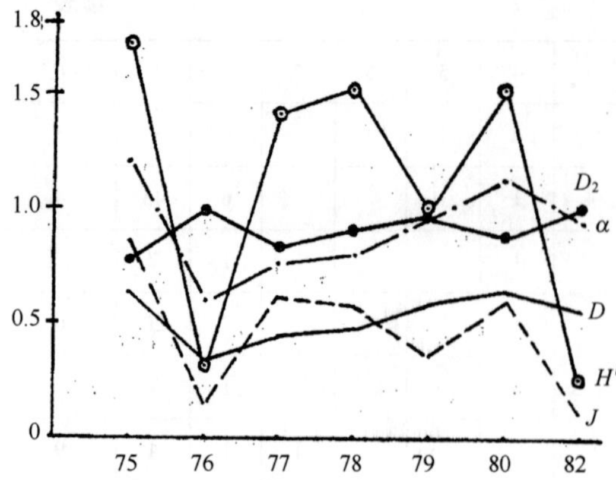

图 4　断面 C 历年 H' 值，α 值，D 值，J 值和 D_2 值变化

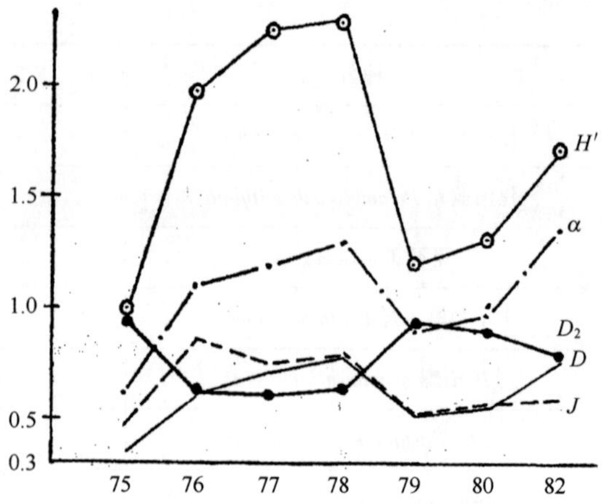

图 5　断面 D 历年 H' 值，α 值，D 值，J 值和 D_2 值变化

表 7　断面 D 历年软体动物数量优势度 Sanders 生物学指数

种名	1	2	3	4	5	6	7	8	9	*F*	*C*	*B*
泥螺 *Bullacta erarata*		3	1	2	1					7	60	1
彩虹明樱蛤 *Moerella iridescens*	1	2	1	1		1				6	48	2
中国绿螂 *Glaucomya chinensis*	2		2		1					5	42	3
四角蛤蜊 *Mactra veneriformis*			1	1				1		3	19	7
焦河蓝蛤 *Potamocorbula ustulata*					1					1	6	10
麂眼螺 *Rissoina* sp.	1		1	2						4	32	6
光滑狭口螺 *Stenothyra glabra*	2	1	1							4	37	4
中华拟蟹手螺 *Cerithidea sinensis*	1		1		1	2				5	34	5
拟沼螺 *Assiminea latericeca*							2			2	8	9
缢蛏 *Sinonovacula constricta*				1					1	2	14	8
Scala sp.					1					1	6	11

F：频率，*C*：生物学指数，*B*：得分等级。

1976—1978 年 H' 值，D 值和 J 值上升到历年的高峰，而 D_2 值相反却降到了历年的最低点。其中，光滑狭口螺（*Stenothyra glabra*）、麂眼螺（*Rissoina* sp.）和拟沼螺（*Assiminea latericera*）3 个种类都有一定数量的增加。1982 年和 1975 年比较，H' 值，J 值和 D 值的上升和 D_2 值的下降，反映了 1982 年比 1975 年种数增加（1982 年比 1975 年多 3 个种），个体数减少（1975 年比 1982 年多约 200 个个体）。

从表 7 可以看出：泥螺、彩虹明樱蛤和中国绿螂出现频度最高，得分也最高。

表 8 显示了该断面历年软体动物群落差异值。其值很小，在 −0.14～0.52 之间，其中

1976 年和 1979 年与 1976 年和 1980 年差异值分别为 0.48 和 0.52。这些差异值主要由个体小、数量大及其块状分布的光滑狭口螺、鹿眼螺和拟沼螺种数和个体数的变动所引起的。

表 8　断面 D 历年软体动物群落差异值

年份	1975	1976	1977	1978	1979	1980	1982	
1975	0.61	0.09	0.40	0.41	0.34	0.14	0.11	
1976	0.95	1.11	0.21	0.26	0.48	0.52	0.25	
1977	1.29	1.36	1.20	−0.14	0.28	0.25	0.05	
1978	1.36	1.46	1.11	1.30	0.31	0.28	0.08	$d(A+B)-\frac{dA+dB}{2}$
1979	1.10	1.49	1.33	1.41	0.91	0.28	0.04	
1980	0.93	1.56	1.34	1.42	1.22	0.98	0.26	
1982	1.10	1.49	1.33	1.41	1.18	1.43	1.37	
	$d(A+B)$							

2.5　断面 E

图 6 显示了该断面历年各指数值变化及其趋势与断面 D 较相似。其 H'值 1.69~2.55、α 值 1.16~2.08、D 值 0.72~1.10、J 值 0.59~0.77 和 D_2 值 0.50~0.87。历年各指数值同样存在着不同程度的变化，其趋势也是 H'值，D 值和 J 值稍有升高，D_2 值略有下降。1977 年 H'值和 J 值都升到历年的最高峰，表明该年种数和个体而特别是种数的增加。调查的头末年比较，1982 年比 1975 年 H'值，α 值，D 值和 J 值都不同程度地上升了。表明 1982 年种数的增加和个体数的减少。1979 年和 1982 年比较，两者种数相同，但由于 1979 年 J 值低于而且值高于 1982 年，所以 1979 年 H'值低于 1982 年。这恰好反映了 1982 年比 1979 年和 1975 年个体数减少了，1979 年采到中国绿螂 107 个，1982 年仅采到 2 个；1975 年采到拟沼螺 146 个，

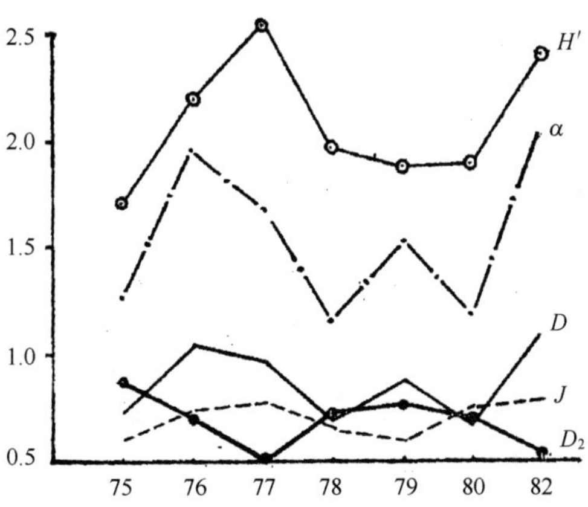

图 6　断面 E 历年 H'值，α 值，D 值，J 值和 D_2 值变化

1982 年仅采到 38 个；1975 年和 1979 年采到泥螺分别为 130 个和 226 个，1982 年仅采到 17 个；总个体数 1975 年和 1979 年分别有 319 个和 569 个，而 1982 年只有 155 个。

表 9 显示出：历年群落差异值也都很小，在−0.32～0.19 之间。

从表 10 中可以看出：拟沼螺、泥螺和中国绿螂得分最高且历年出现。这种情形从另一方面说明该断面种类组成，尤其是优势种和常见种的相对稳定。

表 9　断面 E 历年软体动物群落差异值

年份	1975	1976	1977	1978	1979	1980	1982	
1975	1.26	0	0.09	0.06	0.19	0.13	−0.09	$d(A+B)-\frac{dA+dB}{2}$
1976	1.61	1.96	−0.20	−0.25	0.12	0.17	0.03	
1977	1.55	1.62	1.67	−0.03	0.08	0.17	−0.27	
1978	1.27	1.31	1.39	1.16	0.06	−0.04	−0.32	
1979	1.58	1.86	1.67	1.40	1.52	0.09	−0.16	
1980	1.35	1.74	1.59	1.13	1.44	1.18	0.06	
1982	1.58	2.05	1.61	1.30	1.64	1.69	2.08	
	$d(A+B)$							

表 10　断面 E 历年软体动物数量优势度 Sanders 生物学指数

种名	1	2	3	4	5	6	7	8	9	10	*F*	*C*	*B*
泥螺 *Bullacta exarata*	2	1	1	3							7	58	2
彩虹明樱蛤 *Moerella iridescens*				2	3	1	1				7	41	5
中国绿螂 *Glaucomya chinensis*	1	1	4		1						6	48	3
四角蛤蜊 *Maetra veneriformis*				1		5	1				7	36	6
焦河蓝蛤 *Potamocorbula ustulata*				2	1	1		1		5	23	8	
麂眼螺 *Rissoina* sp.		4			1						5	42	4
光滑狭口螺 *Stenothyra glabra*						1	3				4	17	9
中华拟蟹手螺 *Cerithidea sinensis*	1		1					3			5	27	7
拟沼螺 *Assiminea latericera*	3	2	1	1							7	63	1
石磺 *Oncidium verruculatum*								1			1	3	11
缢蛏 *Sinonovacula constricta*							1			1	2	5	10

F：频率，*C*：生物学指数，*B*：得分等级。

3 讨论

(1)A,B,C, D 和 E 5 个断面历年各指数值结果表明:断面 A,B 和 C 具有较相似的变化趋势,即总厂投产后期的 H'值和 α 值接近或低于前期;断面 D 和 E 两个断面表现出另一种较相似的变化,即调查前期的 H'值和 α 值略低于后期。

从地理位置来看,A,B 和 C 3 个断面临近总厂,其中断面 A 位于总厂生活区东侧约 500 m 处;断面 B 位于总厂第一、二号泵站之间离二号泵站约 200 m;而断面 C 在总厂污水处理厂附近,距四号泵站约 200 m;断面 D 和 E 均远离总厂约 30 km。Anger 认为一个排污口(5 000 m^3/d)所产生对底栖生物的污染效应仅仅达到 1 km,在不封闭的海湾中甚至仅仅达到几百米。这主要是由于潮流带走有机物以及补充氧供应的原故[5]。所以 A,B,C 和 D,E 断面所表现出的不同变化,可以认为跟总厂的距离以及它们接受其不同程度的有机污染有关。

(2)A,B 和 C 3 个断面 H'值历年有着不同程度的变化,且总厂投产的后期总是低于前期。断面 A 的 H'值从 1975 年的 1.49 下降到 1982 年的 1.30。1977 年降到了历年的最低点(0.49),这可能是与 1977 年在该断面西侧近百米处进行的填海筑堤有关。断面 B 的 H'值和 α 值从 1975 年的 1.42 和 0.82 分别降到 1982 年的 1.02 和 0.71,且 α 值连续稳定下降。断面 C 和 B 很相似,尽管历年各指数存在不同程度的变化,H'值和 α 值总趋势也是下降的。

上述 3 个断面 H'值和 α 值变化,尤其 B 断面 α 值的变化趋势与 Pearson 在 Scottish 海湾所获得的底栖生物多样性的结果极为相似。Pearson 所进行的污染物对底栖生物群落影响的研究是当今最详细的研究之一。他跟踪了 Scottish 海湾底栖生物变化达 10 年之久,其中 4 年是在造纸厂排污之前,6 年是在排污之后,他发现在工厂开始排污的 1966 年以后,优势度连续稳定上升,多样性 H'值连续稳定下降[6]。断面 A,B 和 C 各指数变化较相似,但各断面又有自己的特点:断面 A 的头末年比较,由于种间个体数分布均匀度降低,末年 H'值下降了;1977 年和 1976 年比较,种数种类相同,由于前者个体分布均匀度降低,优势度上升,个体数高约 10 倍,故 H'值降到历年的最低点。断面 B 头末年比较,H'值和 α 值的下降则主要是由于种类丰度下降即种数的减少。C 断面 H'值的变化,从总厂 投产的前后期比较主要在于种类丰度和个体分布构匀度下降,优势度升高及个体程度的增加。种数和个体数相同时,J 值越低 H'值也越小;当 J 值和个体数相同时,种数越少 H'值越小;当 J 值和种数相同时,个体数越多 H'值越小。因此,从这 3 个断面可以看出:引起 H'值下降的原因主要在于种数的减少、个体数的增加和种间个体分布均匀度的降低。污染物对生物种类、个体数以及生物量的影响恰好产生这样的效应:常见种的减少、个体数和生物量的增加[4]。

D 和 E 断面 H'值和 α 值历年存在着不同程度的变化,且趋势略有升高,这和以上 3 个断面相反。断面 D 1975 年和 1982 年比较,H'值和 α 值分别从 0.94 和 0.61 上升到 1.72 和 1.37。其间 1976—1978 年达到高峰,这种情形主要在于种类丰度和个体分布均匀度的升高以及增加了个体小而成块状分布的光滑狭口螺、麂眼螺和拟沼螺的原故。断面 E 的变化与断面 D 极为相似,历年同样具有不同程度的变化,其中 1977 年的 H'值达到了历年的最高峰。1975 年和 1982 年比较,由于个体分布均匀度和种数的增加,特别是 1977 年的种数达到历年的最大值, 1982 年比 1975 年也增加了两个种类,所以 H' 值和 α 值分别从 1.69 和 1.26 上升到 2.41 和 2.08。以上两个断面所获得的 H' 值和 α 值与 Wells 在西澳大利亚沙滩潮间带软体动物计算的 Simposn 指数和 H' 值是很接近的[11]。

(3)从 Sanders 生物学指数来看:断面 D 历年以泥螺、彩虹明樱蛤和中国绿螂得分最高;断面 E 以拟沼螺、泥螺和中国绿螂得分最高,这两断面的常见种的组成也相对稳定。调查的后期和前期比较,种数有所增加,个体数略有减少,这与 Johns 和 Gray 提出的轻度污染对种类的效应将产生种数的减少和个体数增加的情形正好相反。断面 A、B 和 C 3 个断面历年始终以泥螺、彩虹明樱蛤和中国绿螂得分最高,种类组成也基本稳定。虽然有的种类间歇出现,个别种类完全消失,但 Johns 和 Gray 认为:用一个类群监测群落结构的变化比用单个指标种更可靠[7]。Swartz 甚至提出完全依赖几个指标种是危险的,因为这些种类会由于栖息地的变动存在或消失[1]。Pearson 和 Rosenber 将一个污染区分为四期:正常期、过渡期、污染期和严重污染期。当一个海区受到污染时,只有柱头虫(*Capitella*)和腹沟虫(*Scolelepis*)存在;当严重污染时,所有的种类将完全消失[7]。Boesch 和 Taylor 等也得到同样的结果:Hampton Roads 中的污染明显地已经引起 了软体动物腹足类 *Acteocina canaliculata* 种群的较大下降;由于工业和家庭废水的污染以及疏浚,美国佛罗里达 Hillsborough 湾软体动物的完全消失证明 42%的底部区域污染十分严重[4,10]。所以,上述 3 个断面各指数的变化、个体数的增加和种数的减少或许可以认为仅仅受到了轻度的有机污染影响,这和所获得的历年群落差异值是一致的。

以上 5 个断面所获得的群落差异值以及各指数值的结果表明,各断面历年软体动物群落结构变化无论是由有机污染、填海筑堤,还是由于自然波动引起的都还不甚显著。

参考文献

[1] 李冠国,1981. 多样性指数的应用. 海洋和学,(2):4.

[2] 陈敦隆,1982. 海洋科学研究中的概率统计方法. 海洋出版社,503-507.

[3] 林双淡,1984. 杭州湾北岸软相潮间带底栖动物群落结构的分析. 海洋学报,6(2):235-243.

[4] Boesch,D. F.,1971. Distribution and structure of benthic community in the Hampton Roads area,Virginia. Spec. Rept. Appl. Mar. Sci. Ocean Eng, Virginia Inst. Mar. Sci., (15):112.

[5] Gray,J. S.,1981. The ecology of marine sediments. Cambridge University Press. 11-19.

[6] Pearson, R. H., 1975. The benthic ecology of Loch Linnhe and Loch Eil, a sea-loch system on the west coast of Scotland IV: Changes in the benthic fauna attributable to organic cnrichment. J. Experi. Mar. Biol. Ecology. 20: 1-41.

[7] Sanders, H. L., 1960. Benthic studies in Buzzards Bay: The structure of the soft-bottom community. Limnal. Oceanorgr, 5(2):138-153.

[8] Seapy, R. R. & Kitting, C. L. 1978. Spatial structure of an intertidal molluscan assemblage on a sheltered sand beach. Mar. Biol. 46: 137-145.

[9] Swartz, R. C., 1972. Biological criteria of environmental change, Chesapeaka Science, 13 (Suppl): 517

-541.
[10] Taylor, J. I., J. R. Hall, and C. H. Saloman 1970 Mollusks and benthic environments in Hillsborough Bay, Florida, Fishery Bull. 68:191-202.
[11] Wells, F. E. & D. Roberts,1980. Molluscan as semblages on an intertidal sandHat in princess Royal Harbour, Western Australia. Aust. J. Mar. Freshwater Res. 31: 499-507.

李荣冠,汪锦祥

福建沿海钻孔动物的调查研究

摘要　本文报道在福建沿海调查并在厦门港试验的结果,共包括钻孔动物19种,其中软体动物16种(船蛆、密节体船蛆、马特海筍等),甲壳动物3种(团水虱、蛀木水虱等)。

船蛆(*Teredo navabis*)危害性最大。团水虱(*Sphaeroma retrobaevis*)严重危害河口半咸淡水中的木质建筑物。蛀木水虱(*Limnoria lignorum*)专门破坏沿岸潮间带中低潮区的木质建筑物。密节体船蛆(*Bankia saubii*)的危害也很严重。

厦门港船蛆的繁殖季节是3—12月(水温16.2~28.2℃),5—9月为繁殖盛季(水温21.8~28.2℃)。数量变动与繁殖季节是一致的:夏秋两季最多,春季次之,冬季几近绝迹。

蛀木水虱分布在高盐水域(S>25)的潮间区,团水虱生活在半咸淡水的河口水域(S,0.75~24.3),船蛆的适应范围最广,从河口(S,2.6以上)至浅海区都有分布;自表层至底层逐渐增多。

On the Marine Borers off Fukien Coast

Abstract: The present investigation was carried out with the object of making a preliminary study on the marine borers off Fukien coast. The number of boring animals identified is nineteen, of which sixteen are molluscs (including *Teredo navalis*, *Bankia saulii*, *Barnea fragilis*, *Mariesia striata*) and three are crustaceans (*Sphaeroma retrolaevis*, *Exosphaeroma oregonensis*, *Limnoria lignorun*).

Teredo navalis is widely distributed throughout the world and is capable of causing great damage to various underwater constructions, especially ships and wharfs. *Sphaeroma retrolaevis* occurs abundantly in the brackish-waters, whilst *Limnoria lignorum* inhibits mainly intertidal zone. They can both destory the wooden constructions there. *Bankia sauli* is also one of important marine borers.

The breeding season of *Teredo navalis* in Amoy harbor lasts from March to December (water temperature 16.2-28.2℃). Its main breeding periced extends from May to September (21.8-22.2℃). It stops breeding in Jan. to Feb. (15℃). There exists a close correspondence between the breeding period and numerical variation, being most plentiful in summer and least in winter.

The power of acclimatization to salinity varies with different species. This accounts for the difference in their geographical distribution. Forinstance, *Limnoria lignorum and Martesia striata* are distributed only in high salinity water (25) and *Sphaeroma retrolaevis* in brackish-water (0. 75 -24. 3). *Teredo navalis* is most euryhaline, being distributed in various regions with salinity ranging from 2.6 onwards.

The vertical distribution of above-mentioned species is by no means the same: *Teredo navalis* inhibits the shallow sea and increases with increasing depth, whilst *Limnoria lignorum* and *Sphaeroma retrolaevis* inhibit intertidal zone. The distribution of Pholadidae is mainly confined to the low tidal zone and its vicinity.

海洋钻孔动物主要包括在木质或石头中钻孔的软体动物和甲壳动物两个大类。它们钻凿洞穴作为隐蔽所，同时也有利用部分的木质作为饵料的（船蛆），因此对木船、码头、桥梁、防波堤、定置网、附着架等水中建筑物常造成严重的破坏，给国防、航运、渔业及养殖业带来极大的危害。例如美国仅海军方面的统计，每年因船蛆为害所遭受的损失即达 1 000 万美元。[14]

自 1731 年荷兰防波堤被破坏后，船蛆已成为世界闻名的海洋木质建筑物的破坏者。以后逐渐引起了各国学者的重视，并对它的生物学及防除进行了系统的研究，如 Hill & Kofoid 的专著[25]，对太平洋沿岸钻孔动物的分类、形态、生活习性、危害情况等方面作了详尽的叙述，又如 Яабчков 的专著[24]，详细地介绍苏联各海钻孔动物的研究历史、种类组成、分布的规律性以及危害情况，同时还提出了防除的意见。中国科学院海洋研究所近年来也对我国沿海的钻孔性软体动物的种类、分布及船蛆的发育和生活习性进行了研究[4,6-15]，至于全国的钻孔甲壳类以及福建沿海钻孔动物的系统调查研究，过去做得很少，仅 1959 年中国公路科学研究所等单位在闽南进行了沿海公路桥梁及码头受钻孔动物破坏情况的调查和试验[1-3]。

我们自 1960 年 3 月开始，对福建沿海钻孔动物进行调查研究。除了调查钻孔动物的种类组成、地理分布及危害情况外，还对主要种类的个体生态进行了初步试验。试验系在厦门港水深 2.5 m 处进行。定量的试板用杉木制成。为了排除附着生物的影响，还定期刮除试验木板上的附着生物。数量的计算是统计 200 cm^2 刚附着的幼虫数目以及船蛆的水管孔数，以后再换算为每平方米的数量。蚀害面积是计算试验木板（14 cm×8 cm×2 cm）的剖面，被船蛆蚀害的孔洞所占整个剖面的百分比。本文仅发表部分资料，河口区的分布、防除总结及分类部分将另行发表。文稿承我师郑重、金德祥教授及李复雪讲师审阅，特致谢意。

1 平面分布及其与盐度的关系

调查结果获得福建沿海钻孔动物 19 种，其中软体动物 16 种，甲壳动物 3 种（图 1 和附表）。从所获得结果与我国沿海及世界各海区的比较中可以看出：船蛆、波纹沟海笋、巨铠船蛆、蛀木水虱等广泛分布在我国沿海及世界各海区；萨摩亚船蛆在我国福建以南沿海尚无发

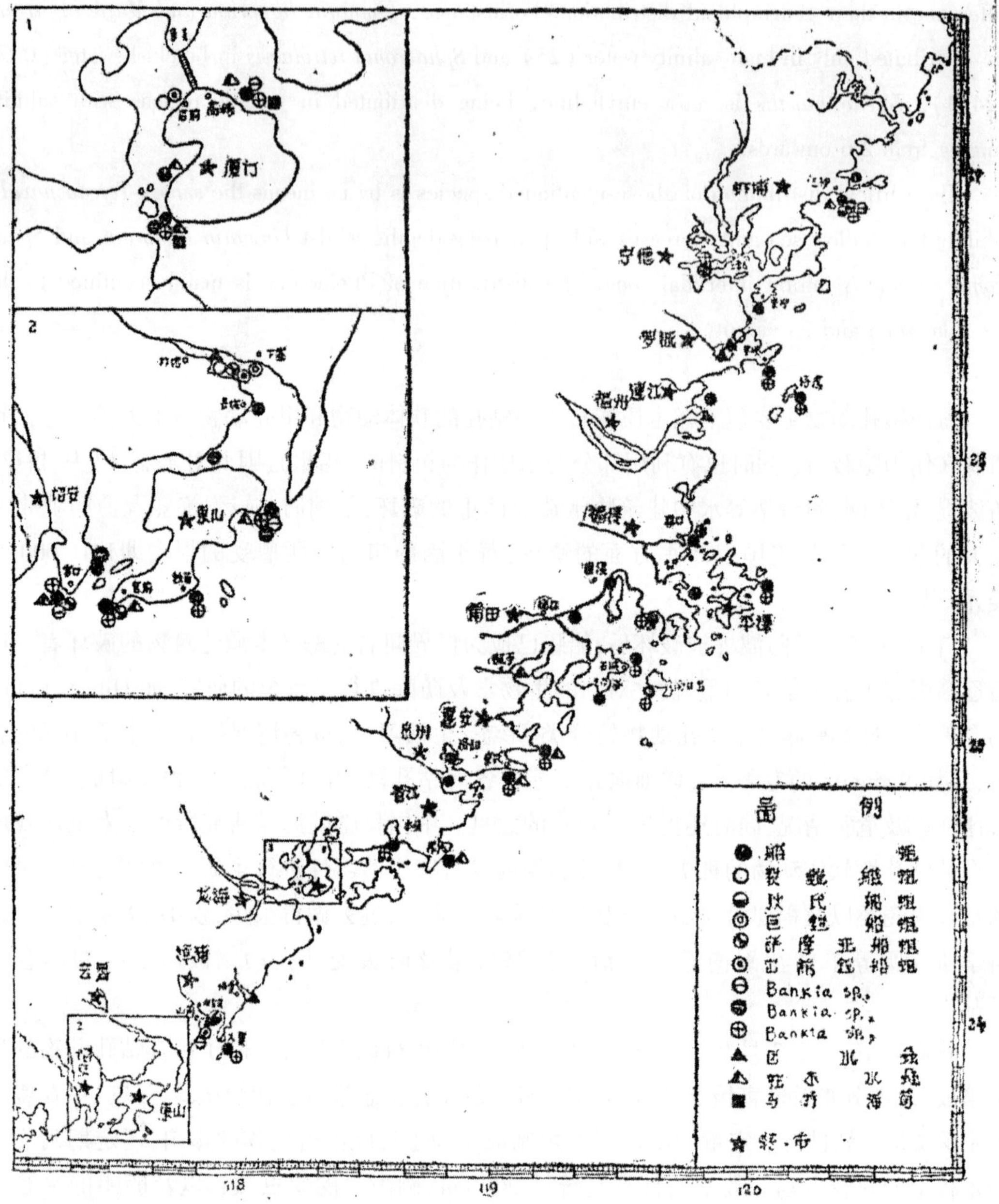

图 1　福建沿海主要钻孔动物的分布

现;裂铠船蛆、狄氏船蛆、马特海笋等是我国南部沿海及其他热带海区广泛分布的种类。

我国钻孔性软体动物的种类,其数目有从南至北逐渐递减的趋势。例如南海船蛆超过 20 种,福建沿海 9 种,而北部沿海只有 2 种[9],海笋科的种类也有类似的分布情况:南海 14 种,福建沿海 7 种,北部沿海 6 种。

海洋无脊椎动物大多数是变渗压的动物,它们的体液能够随着海水的变化而变化;但是各种动物对渗透的调节能力各有差异。海洋钻孔动物的分布受盐度的制约非常明显,团水虱、裂铠船蛆等只生活在半咸淡水的河口地带,蛀木水虱、狄氏船虱等生活在盐度较高的水

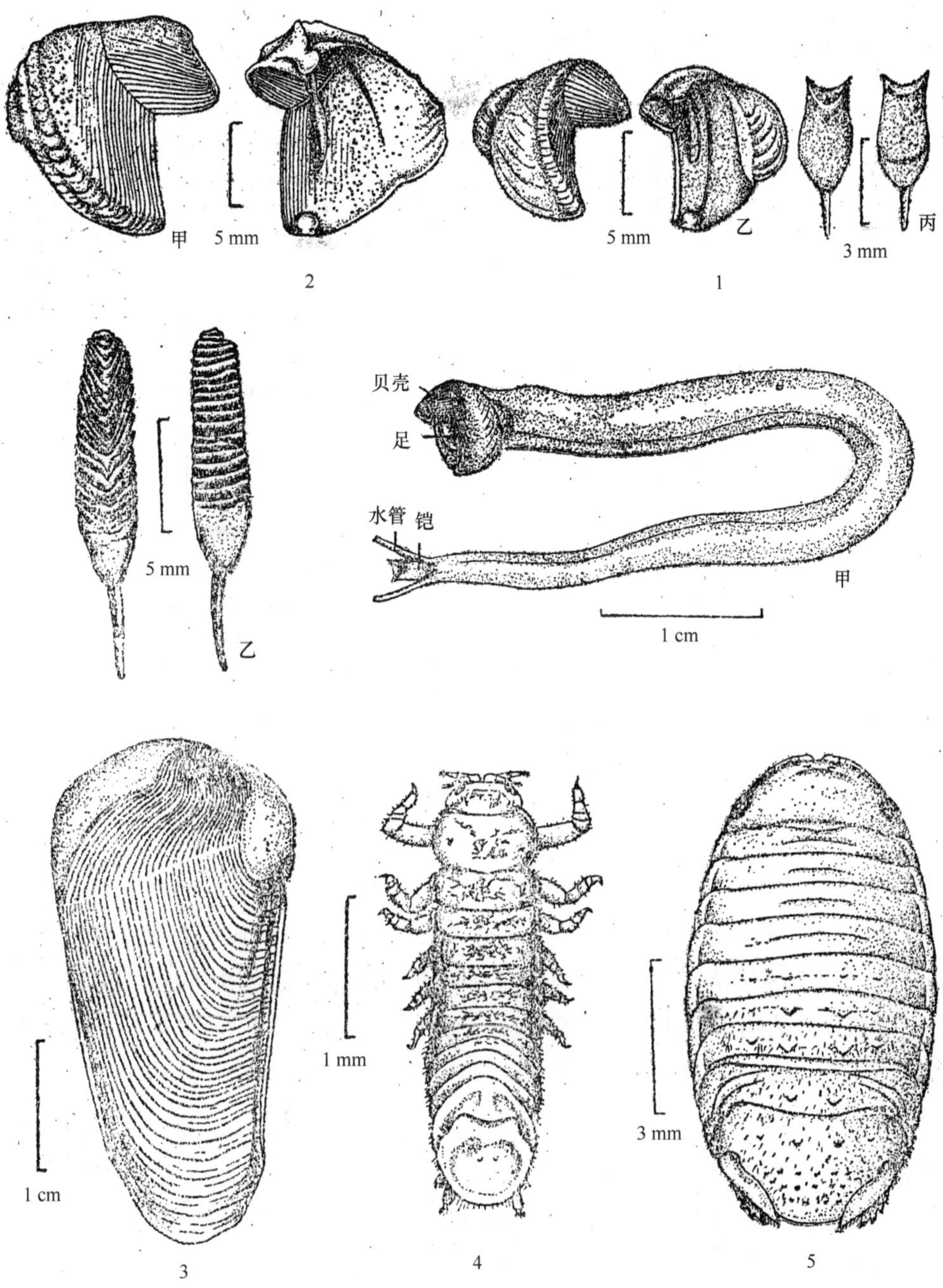

图 2　福建沿海钻孔动物的代表种类

1.船蛆，甲.全形；乙.贝壳；丙.铠；2.密节铠船蛆，甲.贝壳，乙.铠；3.马特海笱；4.蛀木水虱；5.团水虱

域，船蛆、密节铠船蛆自高盐区至河口地带都有它们的踪迹，因此钻孔动物在不同盐度水域中的分布有相当明显的规律性，这种规律性在河口地带表现得最为明显（图 3）。

例如九龙江口自鼓浪屿及打石坑开始，向上分布的钻孔动物共计 10 种（船蛆、裂铠船蛆、密节铠船蛆、萨摩亚船蛆，*Bankia* sp.1、短石蛏，吉村马特海笱、管马特海笱、卵形马特海笱、团水虱）。按九龙江口水文分布，上游淡水大部分注入南港及中港，北港受淡水的影响较

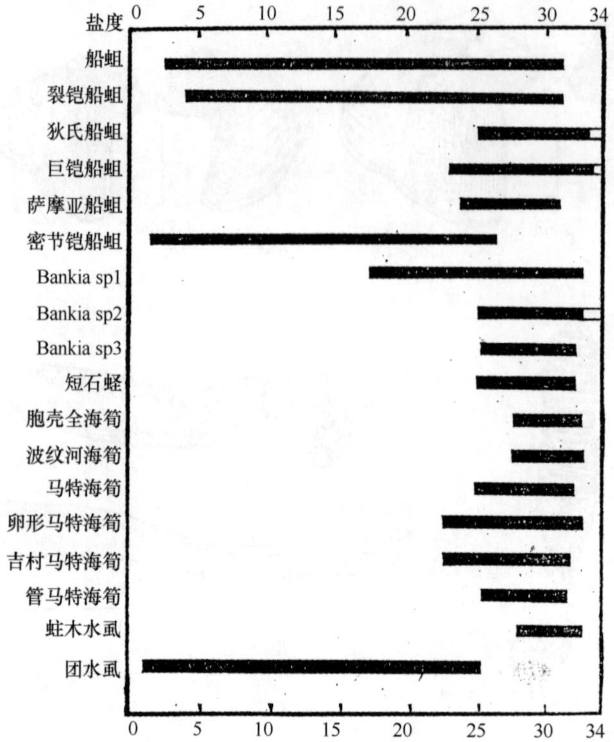

图 3　福建沿海钻孔动物分布与盐度的关系

小,从调查中可明显地看到,钻孔动物的分布集中在北港,南港及中港只有少数种类。从北港的分布而言,由于各段水域的盐度不同,钻孔动物的组成也有明显的差异。船蛆能够一直分布到石美(*S*,2.58~10.7),团水虱等只分布到西边、金山、金定、沙头等地(*S*,0.75~24.36),短石蛏只分布在鼓浪屿以下盐度较高的水域(*S*,25)。

船蛆(*Teredo navalis*)是广盐性的种类,在西边和石美(*S*,2.58~10.7)也有分布,但不是当地固定的动物,只有在久旱季节,淡水流入量少,盐度升高时才能生存。据 Рябчков[24] 的报道:在黑海敖德萨地区的渔船及海中建筑物,在 1951—1952 年曾严重遭受船蛆的危害,该地的盐度有时可低到 2~3。Кудинов-Цастернак[22] 及张云等[7] 的试验,和我们的调查结果都说明了船蛆是广盐性的种类,只要盐度条件适宜,它就能繁殖和生长。

盐度对船蛆水平分布的制约,在数量上表现得特别明显。例如石美和西边等地,由于盐度太低,虽有的年份也有发现,但是数量极少,没有明显的危害情况,因此当地的木船也无需采取特殊的保护措施。据了解,来往在厦门与淡水市镇如石码、漳州的木船不生船蛆,就是很好的例子。

船蛆对盐度有这样广大幅度的适应能力,是由于它们具有特殊的保护器官——铠,在环境条件剧烈变化时,铠就伸出,将身体与外界相沟通的水管孔堵住,这样它就能安然渡过不良环境并能躲避敌害,这时它们是处在缺氧和绝食状态。至于船蛆对缺氧有这样强的耐性,我们认为是由于它们长期生活在环境多变的河口地带,所获得的特殊生理上的适应性。

裂铠船蛆主要生活在河口地带的红树林中，在其他盐度较高的水域（$S>25$）很少发现，可以说是船蛆科在河口地带的代表性种类。

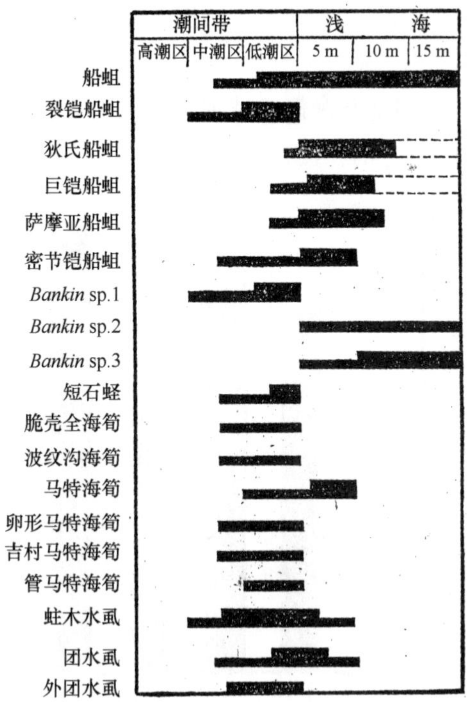

图 4　福建沿海钻孔动物的垂直分布

（注：粗线表示多，细线表示少，虚线表示不明）

吉村马特海笋及管马特海笋只分布到白礁（S，22.9～29.42），再向上就没有它们的踪迹。

蛀木水虱对盐度的变化相当敏感，在九龙江口只分布在厦门附近（临界盐度不低于15），在其他淡化的水域也完全没有它们的踪迹。Рябчков[24]也证实了这种动物分布地区的盐度不低于15。

团水虱是河口地带典型的代表种类，分布在九龙江口中段的金山、西边、金定、沙头等地（S，0.74～24.36）。这种动物对盐度的变化有很大的适应力，我们在室内以不同盐度的海水、淡水和蒸馏水的试验结果证明：它可以在淡水中生活一个多月，可见其代谢率可以下降到很低的程度。此外，对干燥也有很强的抵抗力，把它曝露在室内空中一星期也不死。

2　垂直分布

海洋钻孔动物因受温度、光度、压力等环境因素的综合影响，它们在潮间带的不同潮区，浅海的不同水层就有不同的分布和栖息密度。从图 4 可以看出：许多钻孔动物，都可以从潮间带一直分布到浅海，这是由于这类动物都是生活在木材或石头等其他基质的洞穴中，比起其他自由生活及附着生活的种类具有更优越的掩蔽所。尽管如此，它们在潮间带及浅海各水层的栖息密度还是有明显的差异。

船蛆科的种类,大部分生活在浅海地带,因此严重地破坏浅海水域的木质建筑物。例如船蛆就有随着深度而逐渐增加的趋势。我们试验的结果:12~14 m 水层最多,每平方米达 6 981 个,而表层 0~2 m 水深只有 230 个(图 5)。据 Рябчков[24] 的报道,在 40 余米的水层还有发现被船蛆破坏的木材。这可能与浅海水域理化因子比较恒定以及船蛆幼虫具有背光性有关。裂铠船蛆的分布较狭,只生活在河口潮间带的红树林中。

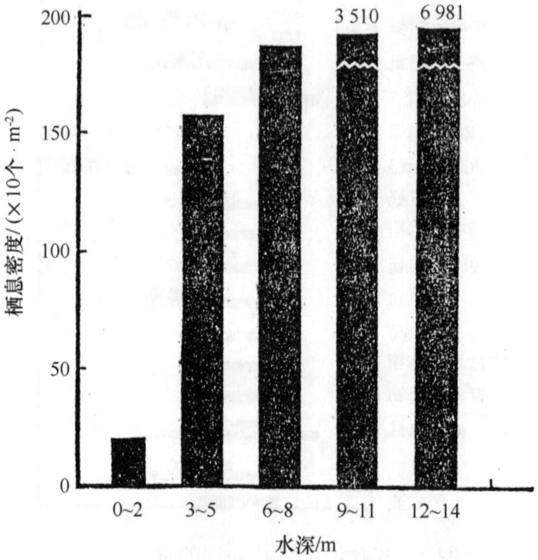

图 5　厦门港船蛆的垂直分布(61.10-62.1)

船蛆科的石灰质管和它生活的区域有关。例如生活在潮间带的裂铠船蛆,其石灰质管很坚厚,这样就可以增强对潮间带复杂多变环境的适应力;相反,生活在环境条件较恒定的浅海水域的种类则具有较脆薄的石灰质管。

蛀木水虱及团水虱主要生活在潮间带,前者自高潮线 1 m 以下至浅海 5 m 左右,尤其在低潮线附近 1.5 m 特别多,后者自中潮区至浅海 5 m 左右,在低潮线附近最多。

海筍科的种类,大部分生活在低潮线附近,马特海筍在 4 m 水层尚有发现。

3　繁殖季节

厦门港船蛆的繁殖季节自 3—12 月(水温 16.2~28.2℃),1—2 月水温降低到 15℃以下即停止繁殖,5—9 月为其繁殖盛季(水温 21.8~28.2℃)。

船蛆数量的季节变化与繁殖规律是一致的。当夏秋繁殖季节,附着密度最大,春季较小,冬季几乎绝迹。从危害情况看来,也是以夏、秋最为严重,蚀害面积高达93%~92%,春季较轻,冬季几乎不受其害(图 6)。

我们在海南岛榆林港进行了类似的试验,该地区的年最低水温不低于 22℃(1960—1961

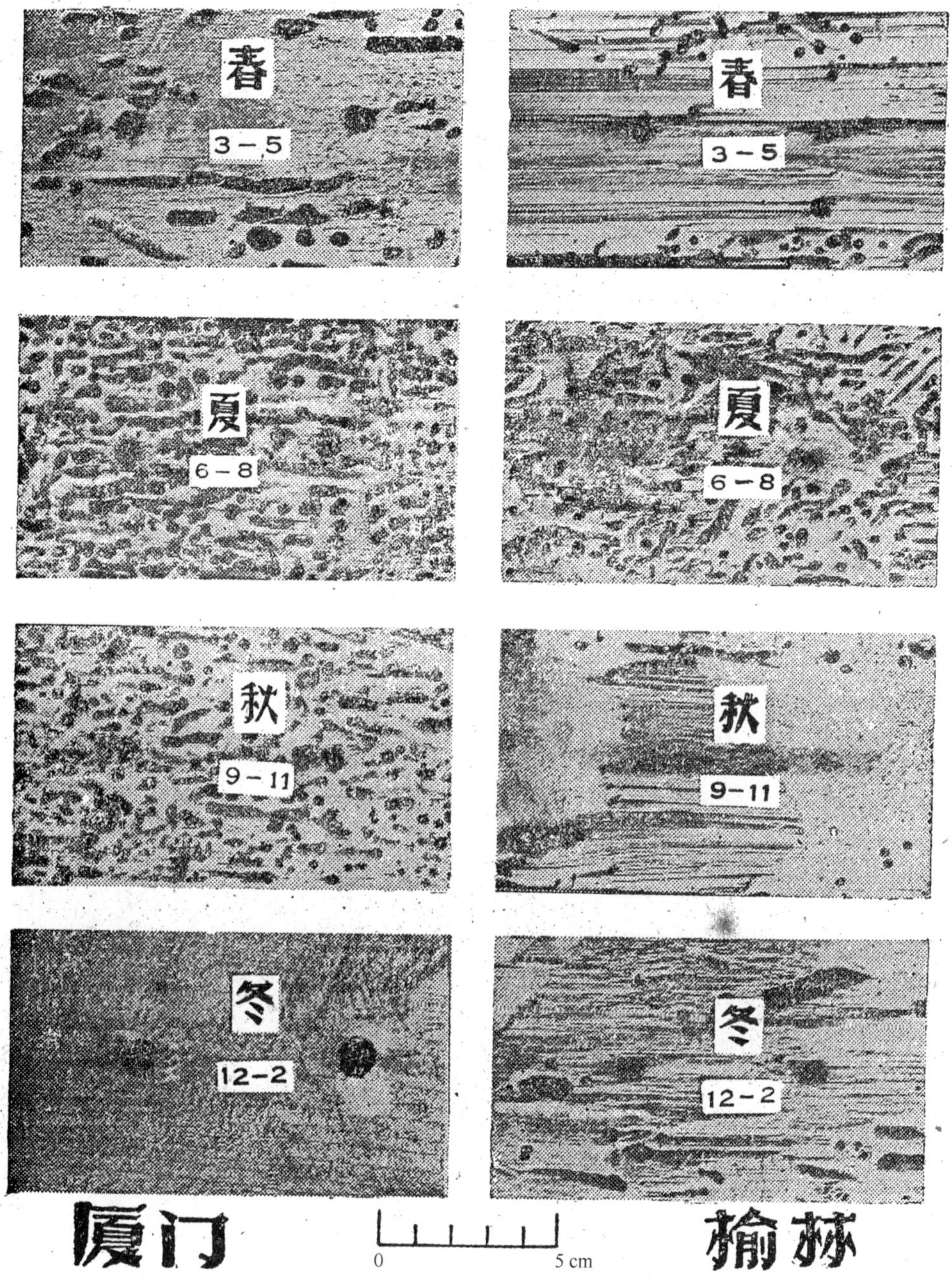

图6　船蛆在厦门及榆林雨港口四季蚀害面积的比较

年)，船蛆是整年繁殖的，繁殖盛季是在6—11月(水温24~26.3℃)。据吴尚勤等[4]的报道，青岛船蛆的繁殖季节是从5月中旬至10月下旬(水温15℃以上)，繁殖盛季是8—9月(水温24℃左右)。据Рябчков[24]的报道，苏联黑海的Новороссийском码头，船蛆的繁殖季节是从7月中旬至10月上旬(水温22~14.3℃)，繁殖盛季是8月(水温23.5℃)。

从厦门港的试验结果与其他海区的比较可以看出，船蛆的繁殖与水温有密切关系，由于各海区的水温不同，船蛆繁殖季节的长短有很大的差异。在热带海区的海南岛榆林港，船蛆是整年繁殖的,在亚热带的厦门港其繁殖期 10 个月(3—12 月);温带的青岛有 6 个月(5—10 月),而苏联黑海则只有 3 个月(7 月中旬至 10 月上旬)。

据张云等[14]的记载,受船蛆危害最严重的是在温带和热带,尤以温带的数量最多;Кудивова-Пастернак[23]的试验证明,船蛆幼虫生活最适宜的温度是 18~27℃,这说明了亚热带海区更适合船蛆的繁殖及幼虫的附着。从厦门港与榆林港不同季节危害情况的比较中(图 6)也可以看出,厦门港受害的程度较榆林港更为严重,尤其秋季特别明显,而冬季则相反,榆林港比厦门港严重。这种现象也是符合于一般生物繁殖的规律,热带动物的繁殖期长,而繁殖量则较小。

4 生活习性及危害情况

钻孔动物由于生活习性不同,危害的对象及程度亦有很大的差异。现按它们的分类位置及生态特点分为三大类(船蛆类、木虱类、海筍类及其他)进行叙述。

4.1 船蛆类

这类动物是著名的海洋木质建筑物的破坏者。它们是在幼虫时期侵入木材,随着个体的生长,不断钻进木材,在表面只留极小的水管孔与外界相通。因此在受害木材的表面往往看不出危害的痕迹,而在内部则受到严重的破坏,其破坏的孔道大致与木质纤维的方向平行。

船蛆的危害程度居所有钻孔动物之冠,它分布广,生长快,数量多,在发育过程中又有浮游生活的幼虫期,在海流的携带下就能迅速地侵害各海区的木船及其他木质建筑物。据张云等[14]的报道,它在环境条件适宜的情况下,1 个半月就可达到性成熟,产卵数自几十万至百万。福建省沿海的木船、定置网架、养殖架及其他木质建筑物,主要也是受这种船蛀的危害。1960 年 3 月我们曾在厦门港同时投放 12 块试验木块,以各逐月取上一块检查,其中投入 1 个月的试板(3 月份),适逢船蛆开始繁殖,栖息密度为 1 个月 1 000 个/m^2,钻蚀面积 1%,以后逐月增加(图 7_6,8),在为期半年的时间内其数量及蚀害面积恰与浸水时间成正比,至第 7 个月(9 月份),栖息密度达 7 个月 246 000 个/m^2,钻蚀面积达 82%,这时其密度已达最大值,整个木板几乎被船蛆所侵蚀,自 8 个月以后,船蛆的密度就不会增加了,有的因受其他因素的影响,数量反而略微下降。蚀害面积自 8 个月以后也增加不多,至 12 个月(1961 年 2 月)后达 93%。在 5 月份投放的试验木板,8 月份取上时,蚀害面积达 90%。这主要是决定于水温及船蛆的繁殖季节。船蛆个体的大小与栖息密度有关:密度愈大,个体愈小,孔道的长度 5~8 cm,直径 0.3~0.6 mm(图 7_1)。

据了解,厦门圭屿以杉木制成的养殖架寿命最多不超过两年,有的只经过一个夏季即被毁坏;闽东渔场直径 27~30 cm 的定置网木桩,寿命也不超过 3~4 年;云霄养殖场直径 5~8 cm 的马尾松附着架,只经过一年则被毁坏折断。三沙码头于 1956 年建成,直径达 29 cm 的木桩至 1959 年就被毁坏。

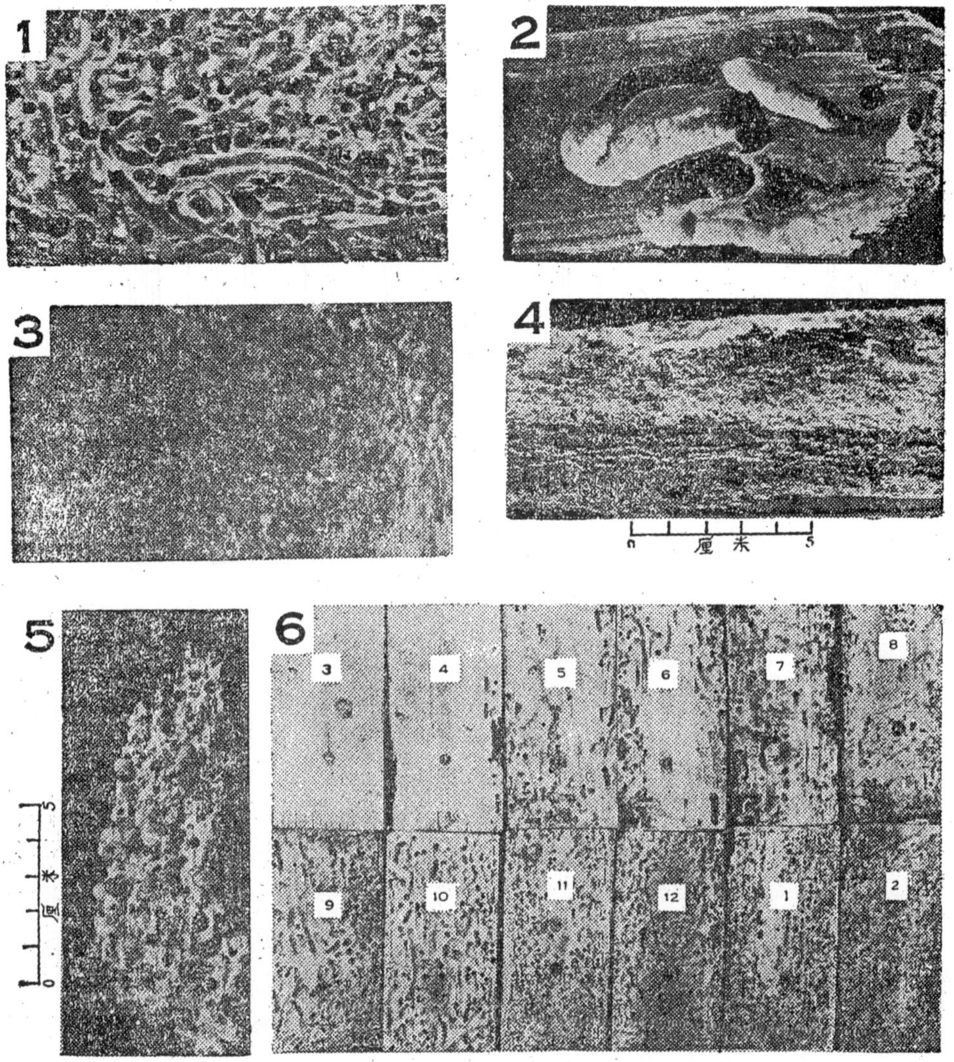

图 7　几种钻孔动物破坏的木材

1.船蛆;2.密节铠船蛆;3.狄氏船蛆;4.蛀木水虱;5.团水虱;6.不同月数船蛆所破坏的木材(1960 年 3 月下板,以后逐月取上一块,共 12 个月)

船蛆对木质的危害程度与环境条件有密切关系,除了上述的盐度、水温、繁殖季节外,尚受下列各种因素的影响。

木材浸水的时间:木材浸水的时间愈长,船蛆幼虫侵入的机会也愈多,因此破坏的程度也愈严重(图 7_6 和图 8)。我们于 1960 年 4 月,分别在厦门港的舢板船及“海厦”号轮船底侧,定置试验木板,于同年 10 月取回检查,发现两组试板船蛆的栖息密度有显著的差异,前者退潮时停靠在潮间带,暴露在大气中的时间较长,栖息密度仅 250 个/m^2;后者大部分时间浸在水中,其密度高达 12 000 个/m^2。

阴面与阳面:据我们试验结果,阴、阳面船蛆的栖息密度也有明显的差别,阴面与阳面的栖息量之比约为 7∶1。这结果与水层分布是一致的,这可能与幼虫的避光性及面盘幼虫游

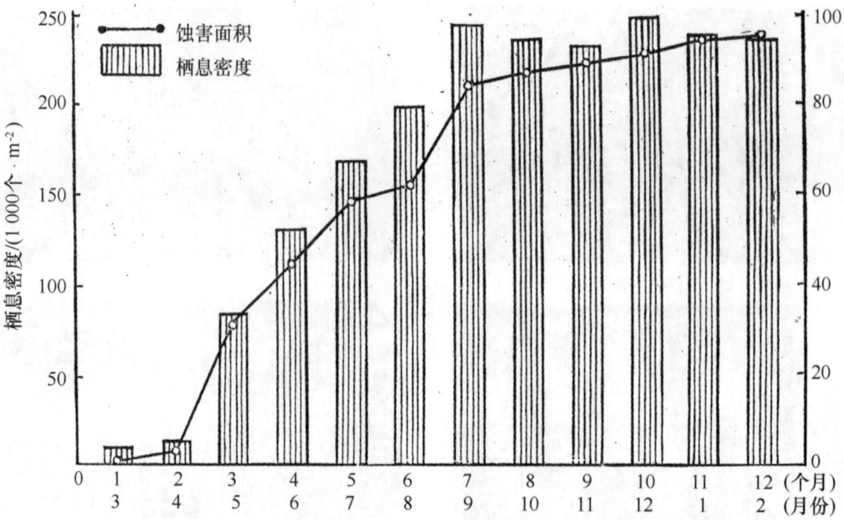

图 8　木材浸渍在海中时间长短与受船蛆破坏程度的比较(1960.3-1961.2)

泳时面盘总是朝上有关。

流速:船蛆的面盘幼虫经过一段时期的浮游生活后就附着在表面,然后钻进木材,因此在流速大的水域中,船蛆幼虫就难以附着,侵入木材的机会就少。由于船体各部分的速流不同,幼虫的栖息密度就有很大的差异。这从我们的调查结果中可以看出(图 9):船头浪击最大,幼虫的栖息密度最小,船侧及龙骨突次之,船尾浪击最小,栖息密度最大。“海厦”号轮船船尾装有螺旋推进器,能引起强大的水流,所以船尾的栖息密度反而比船侧及龙骨突起为小。其他两只渔船都是帆船,栖息密度则以船尾最大。据渔民反映,非机动的木船首先破坏的位置也是在船尾部位。此外,其危害程度还与船只的活动情况有关,停泊的船只易受船蛆的危害,经常行驶的船只危害较经,如东山城关的渔船,会停泊在流速不大的避风港,经过短短的几个月,已受到船蛆的严重危害,不断漏水,为此,不得不进行维修。

木质:没有一种木材能够自然免受船蛆的破坏,但是各种木材因其结构及所含的化学物质不同,所受船蛆危害的程度也有差异。一般说来,木质愈松,受害愈严重。从图 10 可以看出,船蛆的栖息密度与蚀害面积有一定的关系,一般密度愈大,蚀害面积也愈大。我们采用厦门造船厂常用的 25 种木材试验的结果是:香桂、桂花木、松罗木、杉木等的栖息密度最大,而蚀害面积以红松木、松罗木、本肖楠、杉木最大,这些树种的木质都较疏松。涂阿木、槐树木、高丽木的木质很坚硬,油樟含有挥发性油,船蛆的栖息密度和蚀害面积都较小(图 11)。

据郑止善[5]的报道,有若干热带产的树种,因其心材含有精油及其他毒物或大量的硅质,对钻孔动物具有相当大的抵抗力。福建省位于亚热带地区,亦出产多种热带树种,因此寻找自然免受钻孔动物危害的树种是今后值得研究的问题。

与附着生物的关系:船蛆幼虫侵入木材的数目与附着生物的覆盖面积有关。如滕壶、牡蛎大量附着,就会阻止船蛆幼虫的侵入;同时由于附着生物着生,也会把已经侵入木材内部船蛆的水管孔堵住,引起船蛆的死亡。据我们 1962 年 6 月观察的结果,附着生物着生的试

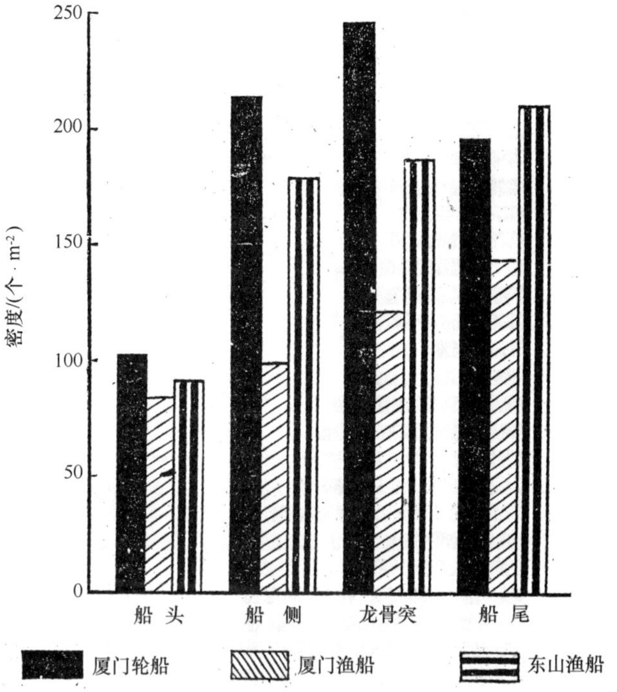

图 9　船蛆在各种船只不同部位的栖息密度

板(覆盖面积 61%),幼虫栖息的密度为 1 个月 182 个/m^2,而刮除附着生物的试板达 1 个月 457 个/m^2。

钻孔动物之间的关系:船蛆对木材的危害程度,与其他钻孔动物的活动有一定的关系。据我们的观察结果:单种钻孔动物所破坏的木材,要比数种钻孔动物共同破坏的木材更为严重。例如受单一种船蛆破坏的木材,较船蛆、蛀木水虱、马特海笋共同破坏的木材更为严重。这可能是各种钻孔动物的活动能够互相影响,如蛀木水虱往往自表及里破坏木材,而使已侵入木材内部船蛆的石灰质管暴露,在外力的作用下极易受损,引起船蛆的死亡,同时受蛀木水虱危害的木材,船蛆幼虫也无法附着和侵入。Рябчков[24] 也会提到苏联海区有类似的情况,并认为钻孔动物的活动可以互相干扰。

船蛆顺木理钻凿,不能通过木中孔隙或裂缝,因此当其他钻孔动物贯穿木质时,船蛆的钻凿即受阻止。

巨铠船蛆:也严重地破坏水下木质建筑物。如下寨码头于 1956 年建成,至 1959 年已受到严重毁坏,受害的孔道长达 40~48 cm,直径 1~1.6 cm。

密节铠船蛆:主要破坏河口地带的木质建筑物及红树林,受害的孔道长达 12~18 cm,直径 1~1.2 cm(图 7_2)。例如浮宫渡口(盐度 1.5~18),于 1958 年建成,至 1960 年已完全被毁坏,现不得不改建花岗石码头。

裂铠船蛆:主要破坏河口地带的红树林,它们常钻进红树的根部,仅末端的水管露出泥面,受害的孔道长达 35 cm,直径 1~1.5 cm。据张云等[14] 的报道,本种在南海长度可达 1 m。

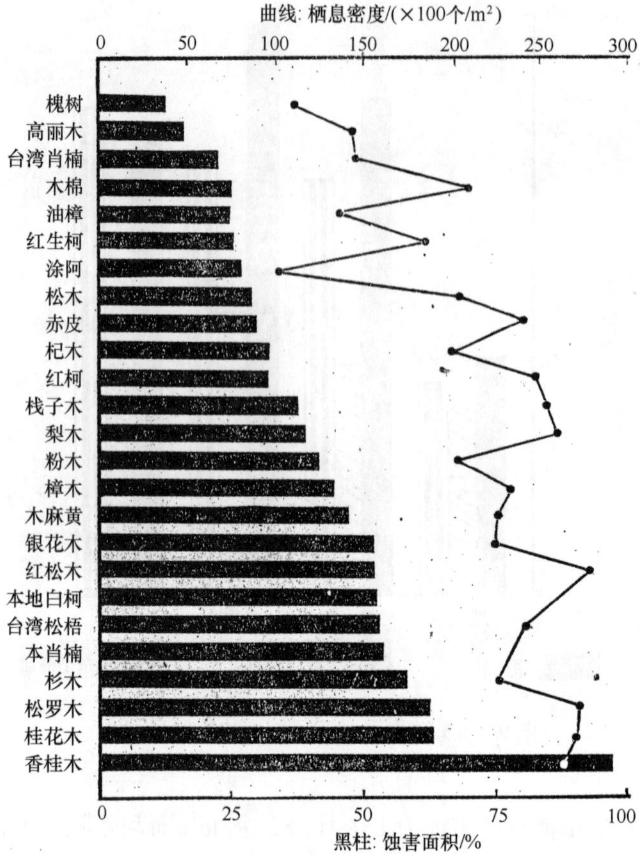

图 10　厦门常用造船木材受船蛆破坏程度的比较(1962.5-8)

受害的红树常枝叶颓废,以至死亡。

狄氏船蛆:对各种木质建筑物的危害也很严重,我们曾在闽东三沙渔场的海面上获得一根长 9 m,直径 60 cm 的大杉木,发现受到本种船蛆的严重破坏,栖息密度超过 10 000 个/m^2,受害的孔道长 20~25 cm,直径 1~1.3 cm(图 7_3)。

船蛆科的其他种类,在福建省沿海的分布地区较狭,并且没有发现严重的破坏情况。

4.2　水虱类

这类是幼生型的动物,它们的幼虫是在亲体的卵囊中发育孵化,刚孵出的幼虫游泳能力很弱,所以不能迅速地蔓延到邻近水域,它的传播往往是由于海流直接携带含有这种动物的木块而引起的。它们以大颚自表及里破坏木材,受害的木材被海水冲掉后,就继续向木材的中心部分进行破坏。其破坏的速度较船蛆缓慢。这类动物是在木材表面进行破坏。洞穴很浅,所以移动的物体(如船只等)则很少受害。

蛀木水虱:主要破坏高盐区潮间带的码头及其他木质建筑物。受害的木材常呈海绵状,孔道的深度 1~2 cm,直径 1~1.5 mm。因为木材有夏轮及冬轮之分,夏轮木质较松,破坏较快,因而使受害的木材层层脱落(图 7_4)。在福建省沿海,它的破坏速度 1~1.5 cm/a,破坏的

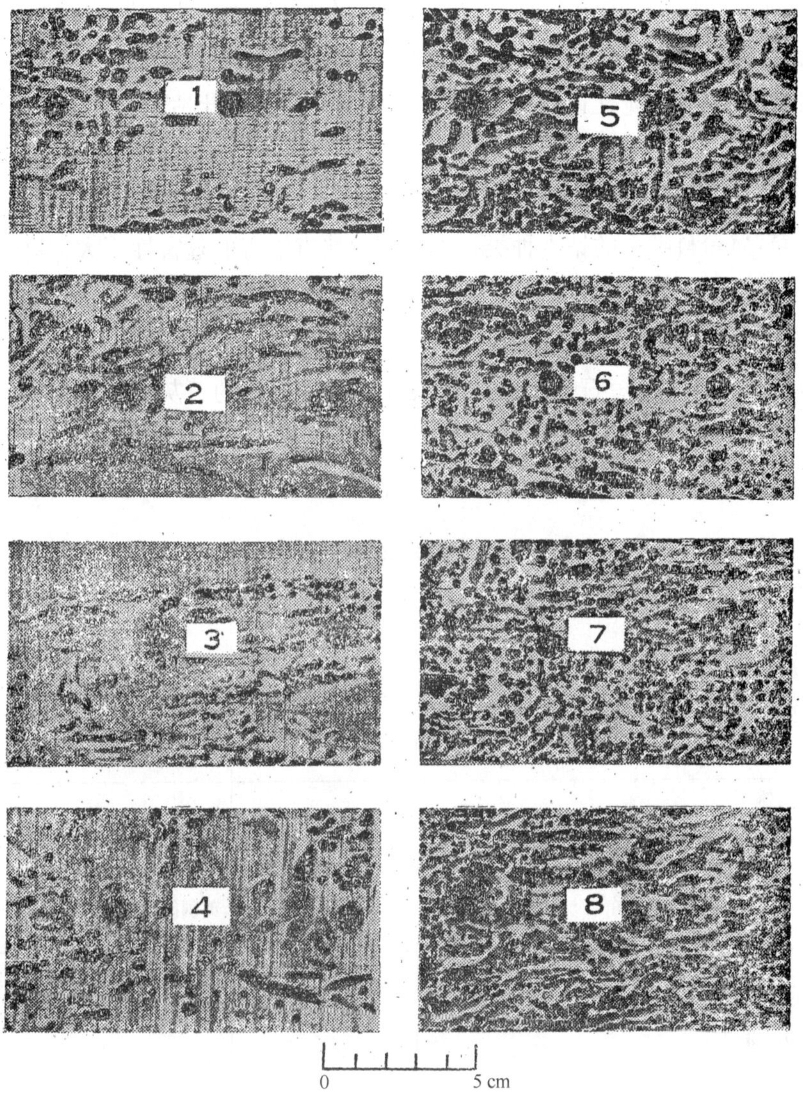

图 11　几种木材被船蛆破坏的情况(夏季 3 个月)

1.涂阿木;2.槐树;3.油樟;4.高丽木;5.杉木;6.本肖楠;7.松罗木;8.红松木

范围自高潮线以下 1 m 至浅海 5 m 左右,在中、低潮至浅海 1.5 m 左右受害最为严重。在蛀木水虱危害的木材中还常发现有船蛆、马特海笥等钻孔动物。如霞埔三沙码头,于 1956 年建成,至 1959 年受害的木桩边材大部分脱落,只剩下中心心材的部分。厦门和平码头旁侧的小码头,于 1950 年建成,至 1960 年大部分木桩都被咬断,残留的木桩基部很像削尖的铅笔头状。

团水虱:主要破坏河口地带潮间带的桥梁、码头和其他木质建筑物及红树。栖息密度可达 35 000~40 000 个/m^2,受害的木材呈蜂窝状,孔道的长达 1.5~2 cm,直径 4~6 mm(图 7_5)。破坏的速度平均 3~4 cm/a,危害的范围自高潮线 1.5 m 以下至浅海 5 m 左右,尤其在低潮线附近特别严重。如仙遊的枫亭桥于 1950 年建成,至 1958 年已被严重毁坏;漳浦的佛云大桥于1954年建成,至1959年直径超过30 cm的木桩已被咬断,残留的木桩只有3~5 cm心材的部分。云霄大桥于1953年建成,至1957年大部分木桩都被咬断。此外,团水虱还破坏河口地带的红树,如九龙江口海沧、西边的红树常受害而枝叶枯萎。

4.3 海筍类及其他

马特海筍:海筍科唯一的钻木种类。本种在福建省沿海的危害性不大,其栖息密度20~30个/m^2,孔道的直径1.5~2 cm,深度2.5~3 cm,在厦门的高崎码头有发现它和蛀木水虱、船蛆一起破坏木材。

海筍科的其他种类及短石蛏,它们主要钻凿低潮线附近的石灰岸及风化的石头,在坚硬的花岗岩中就没有发现。据张云等[6]的报道,在塘沽新港海筍的危害颇为严重,曾在468 cm^2的石块中找到98个个体,但是我们在福建省沿海尚未发现其严重的破坏情况。

附表 福建省沿海钻孔动物的分布

种类 \ 分布	福建	中国[9-14]	世界[9-14,17-20]
短石蛏 *Lithophaga curta*	平潭,南日,厦门,东山	东海、南海	日本
脆壳全海筍 *Barnea fragilis*	莆田,惠安,厦门,东山	全国沿海	菲律宾,日本
波纹沟海筍 *Zirfaea crispata*	惠安,东山	全国沿海	英国沿岸,北美大西洋沿岸,日本海
马特海筍(图2_3) *Martesia striata*	厦门	福建以南沿海	澳洲、菲律宾、日本、美国加利福尼亚、古巴、巴拿马、英法海峡及印度马德拉斯等
卵形马特海筍 *M.ovum*	厦门	东海、南海	西印度群岛的安的列斯,阿拉伯海
吉村马特海筍 *M.yoshimuria*	白礁	全国沿海	日本
管马特海筍 *M.tuoigera*	晋江乌屿,白礁、厦门	东海、南海	澳洲,菲律宾
密节铠船蛆(图2_2) *Bankia saulii*	厦门,九龙江口的海沧至西边及浮宫,漳浦山前,云霄,竹塔	东海、南海	新加坡,澳洲的昆士兰
Bankia sp.1	霞埔三沙,厦门、九龙江口的海沧、西边、漳浦山前,云霄竹塔	—	—

种类＼分布	福建	中国[9-14]	世界[9-14,17-20]
Bankia sp.2	霞埔三沙，厦门，东山，诏安	—	—
Bankia sp.3	遍及沿海各县	—	—
船蛀（图 2_1） *Teredo navalis*	遍及沿海各县	全国沿海	遍及欧洲沿海，美国的东西两岸，秘鲁，智利，日本
裂铠船蛆 *T.manni*	罗源，厦门，九龙江口的海沧至西边，云霄竹塔等地河口地带	福建以南沿海	新加坡，澳洲的昆士兰
狄氏船蛆 *T.diederichseni*	霞埔三沙	福建以南沿海	菲律宾
巨铠船蛆 *T.megotara*	漳浦下寨	福建以南沿海	遍及欧洲沿海，加拿大和美国的布里敦角
萨摩亚船蛆 *T.samoaesis*	漳浦，云霄，东山	福建以北沿海	萨摩亚群岛
蛀木水虱（图 2_4） *Limnoria lignorum*	霞埔三沙，晋江，厦门，东山，诏安	全国沿海	遍及世界各海域
团水虱（图 2_5） *Sphaeroma retrolaevis*	罗源，闽江口，仙遊枫亭，九龙江口的西边至沙头，漳浦的佛云、旧镇、山前，云霄竹塔等河口区	东海、南海	日本
外团水虱 *Exosphaeroma oregonesis*	崇武	—	日本

据张云等[13]的记载，厦门还有小沟海笋（*Zirfaea minor*）。

参考文献

[1] 中央公路科学研究所等（油印本），(1959)

[2] 中央公路科学研究所等（同上），(1960)

[3] 交通部交通科学研究院等（同上），(1961)

[4] 吴尚勤，娄康后，刘健．中国科学院海洋研究所业刊，1(3)，1(1959)

[5] 郑止善．木材保护学．科学出版社，37-41(1957)

[6] 张云，齐钟彦，李洁民．科学通报，11，59(1953)

[7] 张云，齐钟彦，李洁民．科学通报，2，55(1954)

[8] 张云，齐钟彦，李洁民．中国北部海产经济软体动物，科学出版社，65-72(1955)

[9] 张云，齐钟彦，李洁民．动物学报，7(1)，1(1955)

[10] 张云，齐钟彦，李洁民，动物学报，10(3)，242(1958)

[11] 张云,齐钟彦. 海洋与湖沼,2(4),268(1959)

[12] 张云. 海洋与湖沼,2(1),29,(1959)

[13] 张云,齐钟彦,李洁民. 动物学报,12(1),63(1960)

[14] 张云. 南海双壳类软体动物. 科学出版社,229-266(1960)

[15] 张云,齐钟彦. 贝类学纲要. 科学出版社,278-281(1961)

[16] 福建海洋研究所海洋生物研究室等. 厦门大学学报(自然科学版),总 16 号,74(1960)

[17] 马度静夫. 水产动物の研究(日本),1,9(1950)

[18] 椎野季雄. 海洋の科学,4(9),6(1944)

[19] 椎野季雄. 资源科学研究所汇报第 6 号,1(1944)

[20] 椎野季雄. 资源科学研究所汇报第 7 号,1(1944)

[21] Кудинов-Пастернак,P.K., Зоол. жур. АН СССР, 36(6),847(1957)

[22] Кудинов-Пастернак,P.K., Зоол. жур. АН СССР, 39(7),996(1960)

[23] Кудинов-Пастернак,P.K., Зоол. жур. АН СССР, 41(1),49(1962)

[24] Рябчков, П. И., Распространение Древоточдев в Морях СССР, иад. АН GGGP, Moc., 9-146 (1957)

[25] Hill, C. L., Kofoid, C. A., Marine borers and their relation to marine construction on the Pacific coast, Com. San Francisco, Calif., pp. 188-349(1927)

蔡如星,黄宗国,江锦祥. 原载《厦门大学学报》,1962,9(3):189-205.

福建太平洋牡蛎种群微卫星 DNA 分析

摘要　本文采用 *Ucdcg* 153、157,202 微卫星引物对福建两个太平洋牡蛎(学名为长牡蛎 *Crassostrea gigas*)养殖种群进行扩增分析和序列测定。与来自福建漳浦旧镇的近江牡蛎(*C. ariakensis*)比较,前者对以上 3 种引物全部呈阳性反应,后者只对 *Ucdcg*157 显阳性。与 Genebank 提供的相关序列比较,福建太平洋牡蛎与 Genebank 样品应属同源,其中漳浦霞美和厦门白礁的样品则可能代表同一种群的两个衍生品系。本项调查结果同时显示,近亲繁殖的育苗方式已经导致福建太平洋牡蛎种群裂化;任其发展不利于维护良种优势。本次采集的样品中未发现显示葡萄牙牡蛎、熊本牡蛎和美洲牡蛎微卫星特征的个体。

关键词　太平洋牡蛎;近江牡蛎;微卫星 DNA;种群裂化

Microsatellite sequence variation in the Pacific oyster *Crassostrea gigas* from south Fujian, China

Abstract: In present studies, we used three microsatellite markers, i. e., *Ucdcg*153, *Ucdcg*157 and *Ucdcg*202, to investigate sequence variations of two farmed populations of *Crassostrea gigas* from Fujian. All DNA samples from either population were well amplified in response to relevant primers. To the contrast, samples of a native cup oyster *C. ariakenis* failed PCE-electrophoretic inspections when exposed to primers for *Ucdcg*153 and *Ucdcg*202 loci. According to results of microsatellite sequence analyses, populations of *C. gigas* in Fujian should have the same origin as those which left the first sequence data for *Ucdcg*153, *Ucdcg*157 and *Ucdcg*202 loci in Genebank, while the present two Fujian populations, one collected from Xiamen, Zhangpu County, another from Baijiao, Xiamen, were possibly derived from one. Sequence discrimination between *C.gigas* from Xiamen and Baijiao revealed serious crisis of population fragmentation for *C.gigas* in Fujian. Inbred hatchery manipulation is considered to be responsible for this situation. No individuals of *C. angulata*, *C. sikamea* and *C. virginica* were detected by microsatellite characters during this work.

Key words: *Crassostrea giga*; *C. ariakensis*; microsatellite DNA; genetic polymorphism

福建省于 20 世纪 80 年代先后从日本、中国台湾、澳大利亚引进太平洋牡蛎(*Crassostrea gigas*)。受当时条件限制,各地品种引进后,有关部门未采取相应的种质管理措施。此后 20

a 间,太平洋牡蛎在福建的产量、产值起伏很大。2003 年的统计数据显示,福建牡蛎总产量 1 622 774 t,产值约 5 亿~8 亿元人民币;其中,吊蛎(主要是太平洋牡蛎)养殖面积 40 626 hm^2,产量 103 022 t,产值约 3 000 万~5 000 万元人民币。

从 2001 年开始,福建福州地区太平洋牡蛎养殖效益急剧下滑。成蛎长成慢、出肉率低、“水蛎”机会上升严重挫伤了蛎农的养殖积极性。与此同时,蛎苗成活率下降的现象也十分普遍。福建省太平洋牡蛎育苗大县罗源,近百家育苗场先后放弃牡蛎育苗。究其原因,普遍的意见认为与引进品种长期缺乏管理导致种质退化有密切关系。极端一些的说法认为,引进的太平洋牡蛎已经与地方种近江牡蛎(*C. ariakensis*)混为一体,甚至产生杂交后代,以致福建不再有分类意义上的太平洋牡蛎。

根据国内外对水产养殖品种遗传品质检测程序,本文应用分子生物学手段方法,检测种群遗传多样性,判断种质是否“衰退”,同时为有效地监测种群“纯度”提供基线数据。黄勤等曾采用同工酶电泳技术证明福建罗源湾养殖的太平洋牡蛎与龙海养殖的近江牡蛎具有明显不同的苹果酸脱氧酶电泳特征[1]。但是,由于缺乏来自太平洋牡蛎源发地的样品作对照,上述实验结果还不足以证明当时采自罗源湾的样品就是国际市场流通的太平洋牡蛎。

Li 等报道了太平洋牡蛎 79 个微卫星 DNA 序列特征[2],同时还提供了巨蛎属(*Crassostrea*)其他 4 个食用品种,即:葡萄牙牡蛎(*C. angulata*)、近江牡蛎、熊本牡蛎(*C. sikamea*)和美洲牡蛎(*C. virginica*),对相关引物的应答状态,为我们进一步澄清福建太平洋牡蛎的品种结构及其与近江牡蛎的关系提供了可直接借鉴的遗传学依据。

我们借鉴 Li 等建立的以太平洋牡蛎为核心的巨蛎品种微卫星 DNA 特征[2],以基因银行(Genebank)提供的相关序列为参照,在筛选和有效区分福建太平洋牡蛎和地方种近江牡蛎的遗传标志的同时,对被调查种群的遗传多样性进行比较。我们希望通过这项研究,了解福建太平洋牡蛎种群结构,建立福建太平洋牡蛎与近江牡蛎的鉴别手段,确保福建太平洋牡蛎在国际海产品贸易中的良种地位提供科学依据。

1　材料与方法

1.1　采样

太平洋牡蛎样品先后采自漳浦霞美镇(2005 年 4 月)和厦门海沧白礁养殖场(2005 年 5 月)。近江牡蛎样品采自漳浦旧镇(2005 年 7 月)。以上样品中,太平洋牡蛎采用人工催产方式育苗,近江牡蛎通过天然附苗获得。

1.2　基因组 DNA 提取

参考 Sambrook 等的方法提取牡蛎基因组 DNA[3]每个牡蛎个体取 0.1 g 闭壳肌,剪碎,匀浆,加入 500 mm^3 含 10 μg RNase A (Takara)的裂解液,摇匀,37℃下放置 1 h,加入蛋白酶 K 至终浓度为 100 μg/mm^3,转 55℃处理约 1~2 h,至组织块完全消化。

往上述组织消化液中加入等体积的酣：氯仿：异戊醇(25：24：1)混合液抽提 DNA。往抽提液中加入 0.1 倍体积 NH_4OAc,2 倍体积无水乙醇,混匀。离心,去上清液,用 70%乙醇洗涤 DNA 沉淀(重复 1 次)。取得的 DNA 样品风干后用 TE 溶解、定量,置-20℃保存备用。

1.3 PCR 反应

本实验共采用 3 对 PCR 引物,分别是 *Ucdcg*153、*Ucdcg*157 和 *Ucdcg*202。PCR 反应条件同参考文献[2]。

微卫星 DNA 扩增反应体系包括:模板 DNA 50~100 ng,引物 0.5 μmol/dm,dNTP 200 μmol/dm,Mg^{2+} 1~2 μmol/dm,10x loading buffer (Promega) 3 mm^3,*Taq* 酶(Promega) 1 U,加蒸馏水至 30 mm^3。PCR 反应条件为:94℃预变性 2 min,94℃变性 30 s,50℃退火 30 s,72℃延伸 45 s,完成 30 个循环后转 72℃延伸 10 min。扩增反应在 MJ PTC-100PCR 仪上进行。扩增产物用 1.5%的琼脂糖凝胶分离,0.5%EB 染色。

1.4 目的基因的重组克隆与序列测定

采用 Takara 分子生物学试剂盒,将目的基因片段连接到 pMDT-18 质粒载体上。再参照 Sambrook 等的方法[3],通过冷冻和热休克将目标质粒转入已经制备好的大肠杆菌 DH5-α 感受态细胞中。上述转化物经同一引物 PCR 确认后,由 Takara 公司进行目的基因片段序列测定。

1.5 数据分析

采用 DNAStar 软件中 MegAlign 程序,设置比较参数为 Clustal V Method,按引物分组对不同来源的微卫星 DNA 序列做亲缘比较,以此获得相关序列体现的系统发生分枝关系。

2 结果

2.1 微卫星检测结果

表 1 表示太平洋牡蛎、近江牡蛎、葡萄牙牡蛎、熊本牡蛎及美洲牡蛎基因组 DNA 对 *Ucdcg* 微卫星引物 PCR 反应预期结果。使用 *Ucdcg*153、*Ucdcg*157、*Ucdeg*202 三对微卫星引物可以同时有效区分这 5 种常见食用牡蛎。

表 1　五种巨蛎基因组 DNA 对 *Ucdcg* 微卫星 PCR 反应的结果[2]

Tab.1　Microsatellite PCR results from DNA of 5 species of *Crassostrea separated* with *Ucdcg* markers

引物	种名				
	太平洋牡蛎	近江牡蛎	葡萄牙牡蛎	熊本牡蛎	美洲牡蛎
*Ucdcg*153	+	−	+	−	−
*Ucdcg*157	+	+	+	−	−
*Ucdcg*202	+	−	−	+	−

与表 1 对照，在本次调查中，漳浦霞美和厦门白礁养殖的牡蛎显示 *Ucdcg*153、*Ucdcg*157、*Ucdcg*202 阳性（$N=6$），表现太平洋牡蛎特征；漳浦旧镇天然长成的牡蛎显示 *Ucdcg*157 阳性，*Ucdeg*153、*Ucdcg*202 阴性（$N=6$），表现近江牡蛎特征。图 1 表示部分 PCR 电泳结果。

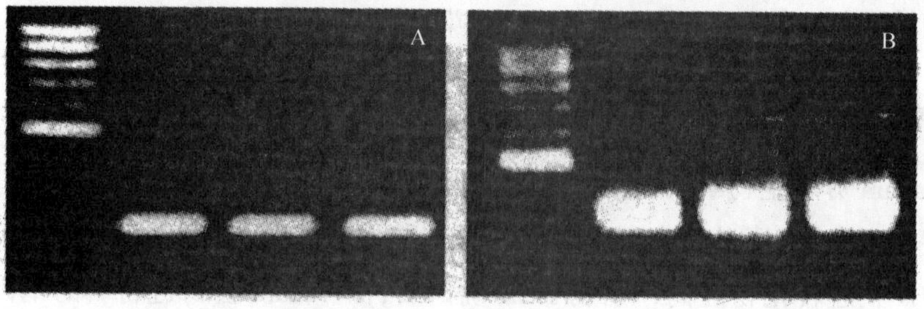

图 1　本实验牡蛎样品微卫星 DNA 电泳图谱

Fig.1　Electrophoregrams of microsatellite DNA pieces amplified

小图左侧条带为 MBI 分子量标记，电泳条带自上而下依次指示 1 000、900、800、700、600、500、400、300、200 bp.A. 白礁太平洋牡蛎 *Ucdcg*153 位点徽卫星 DNA 片段扩培结果。被测个体相关 DNA 片段平均大小约 250 bp.B. 旧镇近江牡蛎 *Ucdcg*157 位点徽卫星 DNA 片段扩增结果。被测个体相关 DNA 片段平均大小约 340 bp

2.2　目的基因序列比较

从每组样品中各取 3 只个体进行目的基因重组克隆与序列测定，共扩增得到出 7 条序列片段（GeneBank 登录号：DQ993162、EF016279—EF016284）。同一组样品的扩增结果没有发现个体差异。

根据测序结果对各组样品进行比较。Genebank 中太平洋牡蛎样品在 *Ucdcg*153、*Ucdcg*157 和 *Ucdcg*202 位点序列长度依次为 257、244 和 256 bp，福建漳浦霞美和厦门白礁样品分别为 245 bp、253 bp、204 bp 及 245 bp、266 bp、206 bp。霞美与白礁样品在 *Ucdcg*153、*Ucdcg*157 和 *Ucdcg*202 位点碱基数目差异依次为 0、13 bp 和 2 bp。两者与 Genebank 数据差异为：霞美 −12 bp、+9 bp、−52 bp；白礁 −12 bp、+22 bp、−50 bp。

福建的两组太平洋牡蛎与 Genebank 中太平洋牡蛎样品在 *Ucdcg*153、*Ucdcg*202 和 *Ucd-*

*cg*157 位点具有相同的简单序列重复(SSR,simple sequence repeats),依次为不连续重复单位 $(GAT)_n$、$(GATA)_n$ 和连续重复单位 $(GA)_{N1}(TAGA)_{N2}$。霞美与白礁样品比较,前者在 *Ucdcg*153 位点多一个重复单位(霞美 $n=9$,白礁 $n=8$),在 *Ucdcg*202 位点少一个重复单位(霞美 $n=15$,白礁 $n=16$)。Genebank 的数据为:*Ucdcg*153,$n=12$;*Ucdcg*202,$n=28$。

*Ucdcg*157 位点的序列区域内含有 GA 和 TAGA 两种重复单位。若以 Genebank 收录的太平洋牡蛎样品特征作标准(GA/TAGA=23/19),霞美太平洋牡蛎多出 5 个 GA 重复,少了 9 个 TAGA 重复;白礁太平洋牡蛎少了 6 个 GA 重复,多了 5 个 TAGA 重复。漳浦旧镇的近江牡蛎在 *Ucdcg*157 位点简单序列重复形式与太平洋牡蛎没有差别,重复数目为 GA=17,TAGA=38,序列长度为 338 bp。表 2 示上述样品在相关位点单核苷酸突变(SNP)及非重复单位插入/缺失突变记录。

表 2　福建太平洋牡蛎与近江牡蛎 *Ucdcg*153、*Ucdcg*202、*Ucdcg*157 引物扩增片段单核苷酸突变(SNP)及非重复单位插入/缺失记录

Tab.2　Single Nucleotide Point mutation and the number of insert/delete fragments out of the repeat array region at *Ucdcg*153、*Ucdcg*202、*Ucdcg*157 loci in samples of *C.gigas* and *C.ariakensis* from Fujian

样品来源	位点	单核苷酸突变(重复区/非重复民)	非重复单位插入片段	非重复单位缺失片段
漳浦霞美	*Ucdcg*153	1/9	1×(1 bp、2 bp)	1×(9 bp、6 bp)
	*Ucdcg*202	1/2	-	1×4 bp
	*Ucdcg*157	3/3	1×11 bp	-
厦门白礁	*Ucdcg*153	1/10	1×(1 bp、2 bp)	1×(9 bp、6 bp)
	*Ucdcg*202	0/2	1×2 bp	1×4 bp
	*Ucdcg*157	2/0	1×6 bp	-
漳浦旧镇	*Ucdcg*153	-	-	-
	*Ucdcg*202	-	-	-
	*Ucdcg*157	2/1	1×6 bp	-

注:以 Genebank *C.gigas* 数据为参照。

将三组太平洋牡蛎序列数据分别装入 DNAstar 中的 MegAlign 程序,得图 2a~c 所示的亲缘关系。将太平洋牡蛎与近江牡蛎序列数据一起装入 DNAstar/MegAlign 程序,得图 2d。

3　讨论

3.1　巨蛎的微卫星 DNA 鉴别

20 世纪 90 年代,COI、16S rRNA、18S rRNA 等线粒体 DNA 技术在巨蛎属比较分类学中

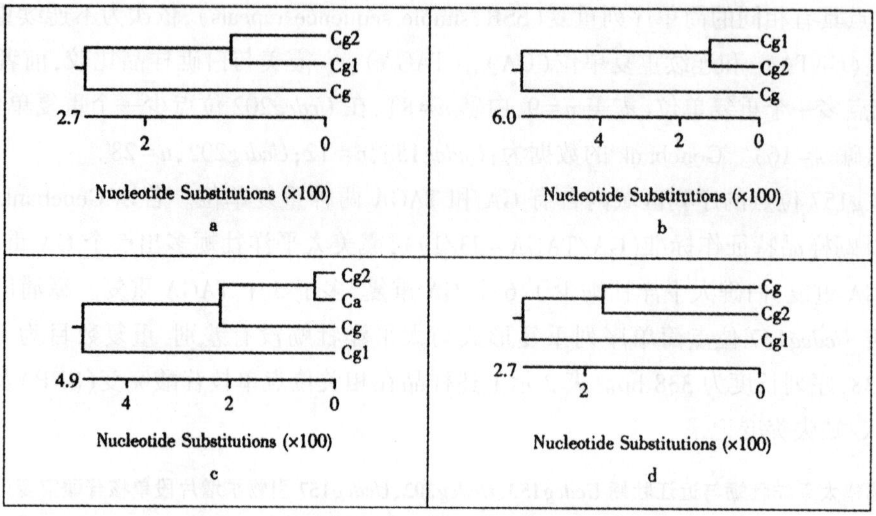

图 2　采用 MegAlign 程序对本文太平洋牡蛎与近江牡蛎序列分析结果

Fig.2　MegAlign dendrogrnms from microsatellite DNA sequences for gene loci

a、b、c 树状图分别源自 *Ucdcg*153、*Ucdcg*157、*Ucdcg*202 片段序列。d 小图为太平洋牡蛎 Cg 系列数据综合分析结果，分枝长度代表样品间遗传距离，树状图下方刻度显示碱基替代数目（单位：100 个核苷酸）

Cg：序列引自 Genebank *C.gigas*. Cg1：漳浦霞美太平洋牡蛎；Cg2：厦门白礁太平洋牡蛎；Ca：漳浦旧镇近江牡蛎

占主导地位[14]。Hedgecock 等发现，使用 16S/Dra I 和 ITS/Taq I 标记可以有效地区分 *C. gigas*，*C. sikamea* 和 *C. ariakensis*[5]。但是，由于这类技术反映的只是种群间的相对关系，不代表明确的物种特征，它们在种类鉴定中的应用受到局限。与线粒体 DNA，RAPD 等分子生物学技术比较，微卫星 DNA 技术更适合于筛选属于特定物种的（species-specific）分子标记[3]。

结果显示，将由太平洋牡蛎筛选获得的微卫星引物 *Ucdcg*153 和 *Ucdcg*202 用于近江牡蛎，PCR 电泳阴性，与文献[2]的结果一致。由于本调查采用的样品是与文献[2]为地理上完全隔离的种群，而且，从掌握的资料看，与采样地相关的两个区域历史上也没有相互引种的记录。因此，可以初步认为：*Ucdcg*153 和 *Ucdcg*202 位点 PCR 检测阴性是近江牡蛎区别于太平洋牡蛎的有效特征。至于这种区别的分子基础还有待了解。

本次调查中，漳浦旧镇的近江牡蛎 *Ucdcg*157 位点 PCR 检测阳性，再次符合预期结果。在该位点，旧镇样品与太平洋牡蛎的差异主要体现在序列长度上：碱基数目比霞美样品多 85 bp，比白礁样品多 72 bp，比 Genebank 的样品多 94 bp。旧镇样品与太平洋牡蛎 SSR 数目差异也较显著，尤其是 TAGA 重复单位，比霞美样品多 19 组，比白礁样品多 28 组，比 Genebank 的样品多 14 组。两个物种之间其他序列特征差异并不明显。在该位点，微卫星 DNA 变异主要体现在 SSR 区域，其他非重复区域相对比较保守。

3.2　福建太平洋牡蛎微卫星 DNA 变异

本项调查检出的存在于福建太平洋牡蛎微卫星序列中的 DNA 变异大体分 3 类，即：点突变、插入/删除突变和发生在重复单位区的重复单位数量变化。从表 2 可以看出,重复单位数量变化对种群分化的影响相对更为突出。重复单位数量变化是由于在 DNA 复制过程中出现聚合酶滑动等现象产生的,通常会导致相关序列整体长度增加或减少[4]。与 Genebank 样品比较,福建两组太平洋牡蛎在 *Ucdcg*153 和 *Ucdcg*202 位点重复单位结构极其相似;在 *Ucdcg*157 位点重复单位结构增加和减少的幅度也很接近(GA 组:霞美为 23+5,白礁为 23-6;TAGA 组:霞美为 19-9,白礁为 19+5)。由此推断,福建太平洋牡蛎与 Genebank 样品同源的可能性很大,漳浦霞美和厦门白礁的样品则可能代表同一种群的两个衍生品系。

文献[2]对采自华盛顿达巴布湾的太平洋牡蛎做微卫星 DNA 分析时,在同一种群中分别检出 9 个 *Ucdcg*153 等位基因、8 个 *Ucdcg*202 等位基因和 5 个 *Ucdcg*157 等位基因;在 *Ucdcg*153 和 *Ucdcg*157 位点各检出 1 个无效扩增位点(null alleles)。可惜在 Genebank 中检索不到以上的等位基因序列,暂时无法比较它们与漳浦霞美和厦门白礁样品的异同。迄今没有任何资料说明福建太平洋牡蛎养殖地理分化情况。结合使用微卫星标志开展相关调查,对改善福建太平洋牡蛎养殖"听天由命"的现状定会有所帮助。

值得一提的是,在 *Ucdcg*157 位点,本文涉及的 3 个太平洋牡蛎样品两组重复单位(GA 和 TAGA)数量累加值始终非常接近:Genebank 样品为 23(GA)+19(TAGA)= 42,霞美为 28(GA)+10(TAGA)= 38,白礁为 17(GA)+24(TAGA)= 41。GA 组与 TAGA 组数量上有逆向变化的趋势,即:设 Genebank 数据为基线,霞美样品 N(GA)= 23+5,N(TAGA)= 19-9,白礁样品 N(GA)= 23-6,N(TAGA)= 19+5。这是规律,还是偶然,有待进一步探讨。

3.3 基因标志的应用

采用 DNAstar 中 MegAling 程序对检出的各组微卫星序列进行比较,获图 2 所示的系统发生分枝图。漳浦霞美和厦门白礁样品在 *Ucdcg*153 和 *Ucdcg*202 位点的遗传距离都接近 1(图 2a、b),在 *Ucdcg*157 位点的遗传距离>2(图 2c、d)。将福建两组样品与 Genebank 提供的样品比较,太平洋牡蛎 *Ucdcg*153、*Ucdcg*157 和 *Ucdcg*202 微卫星位点随机变异的频率较高,在生产上很适合作为种群跟踪分析的基因标志。

图 2c 的表现显示,*Ucdcg*157 位点在种内群体间变异幅度很大,不适合作为系统发生学性状用于巨蛎属品种分类。Huang 曾试图借助系统发生学手段(cladistics)采用同工酶特征对香港蜒螺科 12 个品种进行分类比较[6],结果与形态分类图大相径庭。形态差异极大的两个异属品种可能表现同样的 IEF 同工酶电泳特征;相反,大部分形态极为接近的同属品种却可以借助 IEF 同工酶特征予以区别。将 DNA 序列引入物种分类是一项极其慎重的工作。

3.4 福建太平洋牡蛎种群裂化现象

在本项调查中,分别采自 3 个不同养殖点的牡蛎样品都没有种群内个体 DNA 差异的记录。但是,两个太平洋牡蛎样品种群间差异却泾渭分明。理论上,微卫星 DNA 重复单位比较容易产生数量变异,其中某些变异甚至可能破坏重复单位原有结构,导致微卫星序列区遗传多样性指数偏离[5]。因此,漳浦霞美与厦门白礁太平洋牡蛎微卫星 DNA 种群差异既体现了微卫星分子进化的一般规律,也反映出这两个地区在太平洋牡蛎育苗工作中存在明显的近亲繁殖问题。

长期以来,福建太平洋牡蛎育苗习惯于从单一养殖种群中挑选亲贝,通常 10 来只雌贝,3~5 只雄贝就育一池苗(约 200 万子代个体)。不同养殖种群之间杂交的机会很少。这种育苗方式容易导致种群裂化(population fragmentation),在令相关种群出现基因频率分化的同时,也加大了隐性不健康基因纯合的机会,构成蛎农们所说的"种质衰退"隐患。根据本项调查结果分析,近亲繁殖确实对福建太平洋牡蛎种群遗传结构产生了一定程度的负面影响。对此,我们建议有关部门积极组织科技人员深入基层,帮助蛎农走出太平洋牡蛎育苗操作误区,为改变近年来福建太平洋牡蛎"不好养"的现象提供技术措施。

致谢:感谢福建省科技厅国际合作处对本项目予以充分重视并提供合理资助。感谢福建漳浦海鑫水产养殖场罗秀明先生提供太平洋牡蛎育苗场所和采样条件。同时感谢美国南加州大学生物科学系李刚先生对项目研究过程的悉心指导。

参考文献

[1] 黄勤,马平,赵蓉,等. 近江牡蛎与太平洋牡蛎的同工酶鉴别[J]. 台湾海峡,2004,23(3):323-330.

[2] Li G, Hubert S, Bucklin K, et al. Characterization of 79 microsatellite DNA markers in the Pacific oyster *Crassostrea gigas*[J]. Molecular Ecology Notes, 2003, 3:228-232.

[3] Sambrook J, Fritsch E F, Maniatis T (Translated by An Dong-yan, LI Meng-feng. Revised by HOU Yun-De). Molecular Cloning: a Laboratory Manual (2nd ed)[M]. Beijing: Science Press, 1999.

[4] Klinbunga S, Khamnamtong B, Puanglarp N, et al. Molecular taxonomy of cupped oysters (*Crassostrea*, *Saccostrea*, and *Striostrea*) in Thailand based on COI, 16S, and 18S rDNA polymorphism[J]. Mar Biotechnol(NY), 2005, 7(4):306-317.

[5] Hedgecock D G, Li M A, Banks, et al. Occurrence of the Kumamoto oyster *Crassostrea sikamea* in the Ariake Sea, Japan[J]. Mar Biology, 1999, 133:65-68.

[6] Huang Q. Polymorphism in Twelve Species of Neritidae (Mollusca: Gastropoda: Prosobranchia) from Hong Kong[D]. Hong Kong: The University of Hong Kong, 1995.

陈曦,黄勤,江锦祥,马平. 原载《台湾海峡》,2007,26(4):548-554.

大亚湾核电站邻近埔渔洲红树林区软体动物生态研究

摘要 本文研究了大亚湾埔渔洲红树林区软体动物种类组成,数量分布和群落结构特点,报道软体动物已鉴定有35种,主要由樱蛤科、帘蛤科和汇螺科组成;按种类性质,大多属于广温广盐广布种。平均生物量为51.15 g/m^2,平均栖息密度为58个/m^2,群落可划分高、中、低3个分布带,同时简要地分析了生物群落与环境因子的关系。

关键词 红树林;软体动物;生态学;大亚湾

Ecological Study of Mollusca in Puyuzhou Mangrove Near Daya Bay Nuclear Power Station

Abstract The species composition, distribution of biomass and habitat density, and community structure of Mollusca are analysed for appraising the nuclear power station's effect on Mollusca in the mangrove of Puyuzhou, Daya Bay. The 35 mangrove area Mollusca species collected in this study were mostly euryhalinous-eurythermic and eurytopic species. *Cerithidea cingulata*, *C. microptera*, *Batillaria zonalis*, *Geloina coaxans* and *Moerella culter* were dominant in numbers. The average biomass and density of Mollusca were 51. 15 g/m^2 and 58 ind./m^2. The vertical distribution of density in different zones was in the order: middle tide zone>low tide zone>high tide zone ;while that of biomass was in the order:middle tide zone>high tide zone > low tide zone. The community structure were characterised by three distribution zones: *Glaucomya chinensis–Laternula anatina–Cerithidea microptera* at high tide zone; *C.cingulata C.microptera–Geloina coaxans* at middle tide zone and *Moerella culter–Clausinella isabellina–Angulus* sp. at low tide zone.It is shown that Mollusca community structure in the mangrove area is stability. Finally the relation of Mollusca to enviromental factors are discussed briefly.

Key words mangrove,Mollusca,ecology,Daya Bay

红树林生态是潮间带5种生态类型之一,是世界高生产力生态系之一。近年来,红树林生态系的研究日益受到重视,人们在开发、利用和保护红树林方面做了不少工作,然而对红树林区软体动物生态的研究,在我国则甚少(韦受庆等,1993;吴启泉等,1992;周时强、李复雪,1986;高世和、李复雪,1985)。本项研究旨在为大亚湾核电站投入运行后的污染排放,特别是热污染排放的评价提供背景数据,为红树林区生物的开发、利用和保护提供科学依据。

1 自然环境特征

埔渔洲位于南海北部的大亚湾。大亚湾地处22°30′—22°50′N,114°30′—114°50′E,年均气温22.5℃,属南亚热带气候;西邻香港大鹏湾,东为红海湾,面积约60 000 hm^2;三面环山,无大河注入,是一个温盐变幅较小的高盐性海湾。该湾海岸线曲折,岸线长约92 km;潮间带滩面较窄,底质主要由砂、泥砂、泥、岩石组成。红树林面积约300 hm^2,主要分布于范和港和埔温洲一带(李荣冠、江锦祥,1993;李荣冠等,1995a,1995b)。潮汐属不正规半日混合潮,存在日潮不等现象,平均潮差为1 m左右,最大潮差在2.8 m。

2 材料与方法

本文根据1988年10月(秋),12月,1989年1月(冬)和4—5月(春)大亚湾海洋生态零点调查潮间带生物资料,参考1987—1988年调查资料整理而成,调查方法按法国电力公司和法国海洋研究开发中心、广东核电公司等单位起草的《大亚湾核电站海洋生态调查大纲》进行。调查断面布设在大亚湾埔渔洲(图1),断面设5个取样站:高潮区(Ⅰ)1个,中潮区(Ⅱ)3个,低潮区(Ⅲ)1个。每站用25 cm×25 cm定量框取样4~8次,样品由"WSBI"涡旋分选器淘洗,1 mm套筛过滤,标本按《海洋调查规范》处理。同时进行各潮区和红树上生物的定性取样和观察。

潮区的划分,根据瓦扬(Vaillant)和斯蒂芬森(Stenphenson)的原则,结合潮汐资料和生物自然分布,将潮间带划分为高、中、低3个垂直分布带。

根据Shannon-Wivear种类多样指数(H')、Margalef种类丰度指数(D)、Pielou种类匀度指数(J)、Menaught种类优势度指数(D_2),应用丰度生物量比较法和部分优势度,通过微机进行群落结构分析(李荣冠、江锦祥,1990a;1990b;1993;李荣冠等1995a;1995b;1996)。

3 结果

3.1 种类组成与分布

大亚湾埔渔洲红树林区软体动物经鉴定共35种,主要由樱蛤科(5种)、帘蛤科(4种)和汇螺科(4种)组成。9种栖息、固着于红树茎叶和根部裸露处,如石磺、锦蜒螺、黑口滨螺、变化短齿蛤;19种栖息于底表和底内,7种既可栖息于红树又可栖息于底表;大多为生活于底表的种类。按种类性质,大多属于广温广盐广布种。暖水种有锦蜒螺、石磺、拟蟹守螺等;

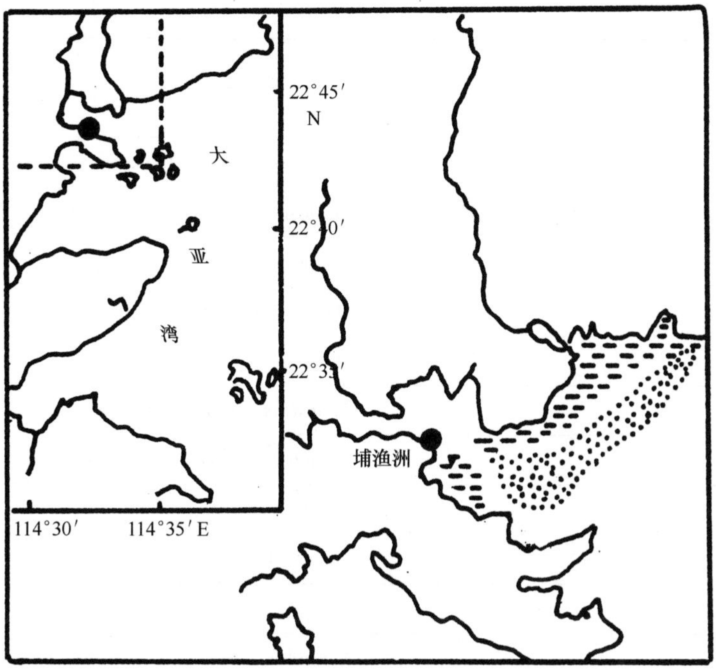

图 1　大亚湾埔渔洲红树林区软体动物取样断面

广盐性的种类有僧帽牡蛎等。优势种有刀明樱蛤、红树蚬、纵带滩栖螺、小翼拟蟹守螺、珠带拟蟹守螺等(表 1)。

表 1　大亚湾埔渔洲红树林区软体动物种类名录

中文名	拉丁名
蚶科	Arcidae
1.舵毛蚶	*Scapharca gubernaculum* (Reeve)
贻贝科	Mytilidae
2.变化短齿蛤	*Brachidontes variabilis* (Krauss)
3.黑芥麦蛤	*Xenostrobus atratus* (Lischke)
不等蛤科	Anomiidae
4.难解不等蛤	*Enigmonia aenigmatica* (Holten)
牡蛎科	Ostreidae
5.僧帽牡蛎	*Saccostrea cucullata* (Born)
6.棘刺牡蛎	*S.echinata* (Quoy et Gaimard)
蛤蜊科	Mactridae
7.蛤蜊	*Mactra* sp.
8.尼科巴立蛤	*Meropesta nicobarica* (Gmelin)

续表

中文名	拉丁名
斧蛤科	Donacidae
9.紫藤斧蛤	*Chion semigranosus* (Dunker)
10.斧蛤	*Chion* sp.
樱蛤科	Tellinidae
11.刀明樱蛤	*Moerella culter* (Hanley)
12.彩虹明樱蛤	*M.iridescens* (Benson)
13.小亮樱蛤	*Nitidotellina minuta* (Lischke)
14.亮樱蛤	*N.nitidula* (Dunker)
15.角樱蛤	*Angulus* sp.
砚科	Cotbiculidae
16.红树砚	*Geloina coaxans* (Gemlin)
帘蛤科	Veneridae
17.伊萨伯雪蛤	*Clausinella chlorotica* (Philippi)
18.雪蛤	*Clausinella* sp.
19.裂纹格特蛤	*Marcia hiantina* (Lamarck)
20.理纹格特蛤	*M.marmorata* (Lamarck)
绿螂科	Glaucomyidae
21.中国绿螂	*Glanconme Chinensis* Gary
鸭嘴蛤科	Laternulidae
22.渤海鸭嘴蛤	*Laternula* (*Lalernaula*) *anatina* Linnaeus
23.鸭嘴蛤	*Laternula* sp.
蜒螺科	Neritidae
24.锦蜒螺	*Nerita* (*Amphinerita*) *polita* Linnaeus
25.齿纹蜒螺	*N.*(*Ritena*) *yoldi* Récluz
滨螺科	Littorinidae
26.黑口滨螺	*Littorina* (*Palustorina*) *melanostoma* (Gray)
27.粗糙滨螺	*L.* (*P*) *articutata* (Philippi)
蚶科	Arcidae
28.滨螺	*L.*(*Palustorina*) *artculata* (Philippi)
汇螺科	Potamididae
29.纵带滩栖螺	*Batillaria zonalis* (Brugrière)

续表

中文名	拉丁名
30.小翼拟蟹守螺	*Cerithidea microptera* (Kiener)
31.珠带拟蟹守螺	*C.cingulata* (Gmelin)
32.红树拟蟹守螺	*C.rhizophorarum* A.Adams
蟹守螺科	Cerithiidae
33.粒比底螺	*Bittium* sp.
捻螺科	Pupidae
34.踊螺	*Pupa* sp.
石磺科	Onchidiidae
35.石磺	*Oncidium verruculatum* Cuvier

3.2 数量分布与季节变化

大亚湾埔渔洲红树林区软体动物3个季度月平均生物量为51.15 g/m^2,平均栖息密度为58个/m^2。数量的垂直分布,生物量为中潮区(111.61 g/m^2)>高潮区(40.19/m^2)>低潮区(1.65 g/m^2),栖息密度为中潮区(151个/m^2)>低潮区(13个/m^2)>高潮区(10个/m^2),生物量和栖息密度均以中潮区最大。数量的季节变化,生物量为秋季(87.86 g/m^2)>冬季(61.52 g/m^2)>春季(16.14 g/m^2),栖息密度为秋季(108个/m^2)>冬季(66个/m^2)>春季(36个/m^2),均以秋季最大,春季最小。各潮区数量的季节变化见表2。

表2 红树林区软体动物数量垂直分布及季节变化

数量		春季	秋季	冬季	均值
生物量/(g/m^2)	Ⅰ	4.18	57.96	0	40.19
	Ⅱ	44.28	201.71	123.03	111.61
	Ⅲ	0.05	3.91	0	1.65
	均值	16.14	87.86	61.52	51.15
密度/(个/m^2)	Ⅰ	7	28	9	10
	Ⅱ	68	291	132	151
	Ⅲ	34	6	0	13
	均值	36	108	66	58

3.3 群落结构

大亚湾埔渔洲红树林区软体动物群落可划分为高潮区、中潮区、低潮区3个带。高潮区的底质为粉沙质沙，中潮区为黏土质粉沙，在高潮区和中潮区的中上层生长茂盛的红树林，主要有秋茄(*Kandelia candel*)、白骨壤(*Avicennia marina*)、桐花树(*Aegiceras corniculatum*)、木榄(*Bruguiera gymnorrhiza*)和海漆(*Excoecaria agallocha*)等，树高一般 2 m 以上。低潮区底质相对稳定，为粉沙质沙(图 2 和图 3)。

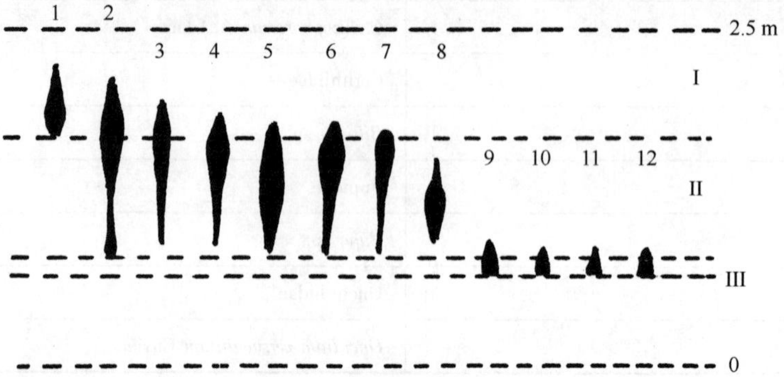

图 2　红树林区软体动物主要种类的垂直分布

Ⅰ:高潮区;Ⅱ:中潮区;Ⅲ低潮区

1.中国绿螂;2.渤海鸭嘴蛤;3.石磺;4.红树蚬;5.珠带拟蟹守螺;6.小翼拟蟹守螺;7.纵带滩栖螺;8.彩虹明樱蛤;9.刀明樱蛤;10.伊萨伯雪蛤;11.角樱蛤;12.蛤蜊

高潮区：中国绿螂-渤海鸭嘴蛤-小翼拟蟹守螺带。栖息于底内的代表种有中国绿螂和渤海鸭嘴蛤，其生物量和密度较其他潮区低。秋季，中国绿螂的生物量和栖息密度分别为 1.28 g/m^2 和 4 个/m^2。春季，分布在高潮区下层的渤海鸭嘴蛤的生物量和栖息密度分别为 0.21 g/m^2 和 1 个/m^2；秋季，分布在该区下层的优势种小翼拟蟹守螺蛤的生物量和栖息密度分别为 20.32 g/m^2 和 20 个/m^2。习见种有珠带拟蟹守螺，石磺和栖息于红树上较耐干燥的种类如黑口滨螺、粗糙滨螺等。

中潮区：珠带拟蟹守螺-小翼拟蟹守螺-红树蚬带。在该区，小翼拟蟹守螺出现率高，分布广，从中潮区上层至中层形成一条约 2 m 宽的分布带，且生物量和密度均最大，秋季可分别高达 201.11 g/m^2 和 288 个/m^2，冬季分别为 40.89 g/m^2 和 34 个/m^2。其次为珠带拟蟹守螺，春季的生物量和栖息密度分别为 37.10 g/m^2 和 44 个/m^2，冬季分别为 81.81 g/m^2 和 97 个/m^2，从高潮区上层至中层均有分布。红树蚬的出现率和栖息密度不高，但春季的生物量达 36.36 g/m^2。其他习见种有：刀明樱蛤、小亮樱蛤、蛤蜊、粒比底螺、蛹螺、红树拟蟹守螺等。该潮区种数最多，种类最丰富。在红树茎秆、根部可采到变化短齿蛤、黑芥麦蛤、难解不等蛤、棘刺牡蛎、僧帽牡蛎、齿纹蜒螺、锦蜒螺和石磺等。

低潮区：刀明樱蛤-伊萨伯雪蛤-角樱蛤带。该区代表种的数量较低，刀明樱蛤春季的生物量和栖息密度分别为 6.53 g/m^2 和 17 个/m^2，该种自低潮区向上可分布至中潮区，但出现率不高。伊萨伯雪蛤春季的生物量和栖息密度分别仅为 0.05 g/m^2 和 4 个/m^2，较中潮区大，其出现率和数量均不高。角樱蛤的生物量和栖息密度冬季分别为 3.91 g/m^2 和 6 个/m^2，其数量冬季较其他季节大，习见种有裂纹格特蛤、理纹格特蛤、小亮樱始等。

红树林区软体动物群落结构的 4 个主要参数:种类多样性指数(H')为 1.86,种类丰度指数(D)为 1.49,种类均匀度指数(J)为 0.61,种类优势度(D_2)为 81.39。根据丰度生物量比较法和部分优势度曲线显示,群落结构相对稳定,复合-K 优势度曲线和部分优势度曲线既不翻转、交叉,又不重叠(图 3)。

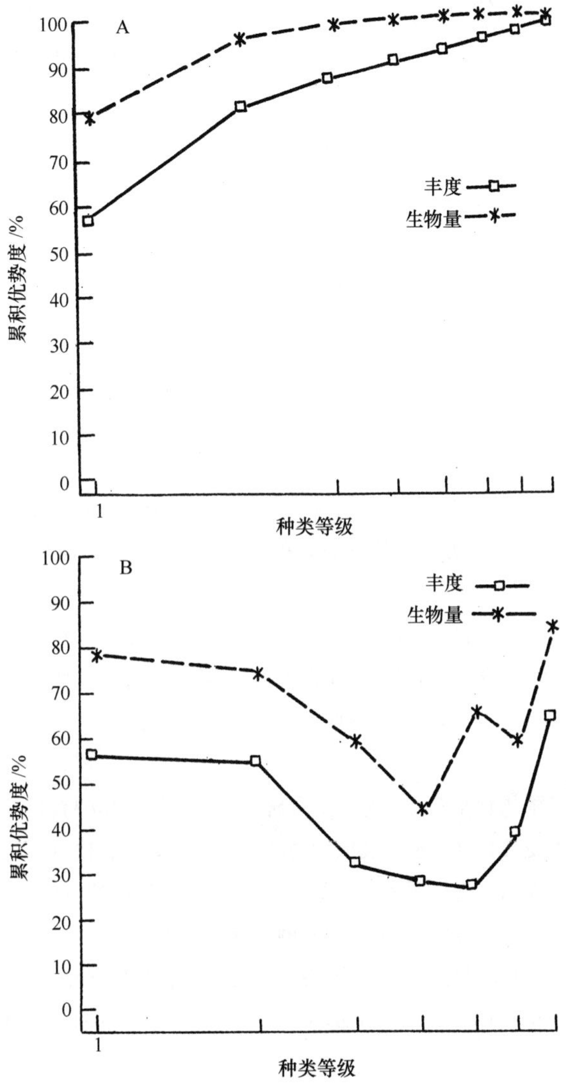

图 3　红树林区软体动物丰度生物量复合-K 优势度曲线(A)和部分优势度曲线(B)

4　结语与讨论

大亚湾核电站邻近埔渔洲红树林区软体动物经鉴定共有 17 科 22 属 35 种,较罗源湾(28 种)多,较九龙江口(51 种)少;按照种类性质,大多属于广温广盐广布种。优势种有刀明樱蛤、红树蚬、纵带滩栖螺、小翼拟蟹守螺、珠带拟蟹守螺等。红树的残片、落叶在沉积中腐烂分解,丰富了底质中有机质的含量,一些食腐、食有机碎屑的种类大量发展;某些底内生活的种类，则由于底质中有机质的丰富，硫化物含量的升高而大大减少（高世和等，1985；Colman，1933；Doty，1946；Jiang，1995；Macnae，1968；Sasccumar，1974），从而引起群落种类丰度的降低。因此，在红树覆盖的高、中潮区，营底内生活的种类较低潮区少。

大亚湾埔渔洲红树林区软体动物平均生物量为 51.15 g/m²，平均栖息密度为 58 个/m²，分别较罗源湾（11.73 g/m² 和 36 个/m²）和九龙江口（8.23 g/m² 和 21 个/m²）多（何明海等，1993；吴启泉等，1992；周时强等，1986；高世和等 1985）。数量的垂直分布，生物量和栖息密度均以中潮区最大。

大亚湾埔渔洲红树林区软体动物群落可以划分为 3 个带：高潮区，中国绿螂-渤海鸭嘴蛤-小翼拟蟹守螺带；中潮区，珠带拟蟹守螺-小翼拟蟹守螺-红树蚬带；低潮区，刀明樱蛤-伊萨伯雪蛤-角樱蛤带。群落特征是 H'，J 和 D 值较低，D_2 值相对较高。丰度生物量比较法和部分优势度曲线显示群落结构相对稳定。

参考文献

韦受庆，陈坚，范航清.1993.广西山口红树林保护区大型底栖动物及其生态学的研究. 广西科学院学报，9(2)：45-57.

李荣冠，江锦祥.1990a.杭州湾北岸软相潮间带软体动物变化//贝类学论文集. 北京：科学出版社，36-45.

李荣冠，江锦祥. 1990b.大亚湾前煺类软体动物的分布及区系//大亚湾海洋生态文集，Ⅱ. 北京：海洋出版社，355-363.

李荣冠，江锦祥.1993.大亚湾潮间带生物种类组成与分布. 海洋与湖沼，24(5)：527-535.

李荣冠，江锦祥，等.1995a.大亚湾核电站附近潮间带生物群落结构. 海洋与湖沼，26(5)，88-98.

李荣冠，江锦祥，等.1995b.大亚湾埔渔洲红树林区大型底栖生物生态研究. 中国红树林研究与管理. 北京：科学出版社，136-145.

李荣冠，江锦祥，等.1996.鼓浪屿软相潮阅带生物生态研究. 海洋学报，18(3)：117-123.

何明海，蔡尔西，等.1993.九龙江口红树林区底栖动物的生态. 台湾海峡，12(1)：61-68.

吴启泉，郑凤武，等.1992.大亚湾红树林区底相大型动物的群落. 台湾海峡，11(2)：161-166.

周时强，李复雪.1986.福建九龙江口红树林上大型底栖动物的群落生态. 台湾海峡，5(1)：78-85.

高世和，李复雪.1985.九龙江口红树林区底相大型底栖动物的群落生态. 台湾海峡，4(2)：179-191.

Colman. B. A. 1933. The nature of the intertidal zonation of plants and animals. J. Mar. Biol. Assoc. U. K., 18 (2)：435-476.

Doty. M. S. 1946. Critical tide factor that are correlated with the vertical distribution of marine algal and other organisms along the Pacific coast. Ecol. ,24(4)：135-328.

Jiang, J. X. & R. G. Li. 1995. Ecology of mollusc from mangrove areas in the Jiulongjiang Estuary of Fujian Province, P. R. China. Hydrobiologia, Vol. 295：213-220, Kluwer Academic Publishers.

Macnae, W. 1968. A general account of the fauna and flora of mangrove swamps and forests in the Indo-West-Pacific region. Adv. Mar. Biol., 6：73-270.

Sasccumar, A. 1974. Distribution of macrofauna on a Malaya mangrove shore, J. Anim. Ecol., 43：51-69.

李荣冠，江锦祥. 原载《海洋科学集刊》，1997，39：115-122.

泉州湾洛阳江红树林自然保护区潮间带软体动物多样性及分布

摘要 为了解洛阳江红树林自然保护区不同生境的潮间带软体动物物种多样性、数量时空分布及群落结构现状，国家海洋局第三海洋研究所于2009年4月和11月在洛阳江红树林自然保护区内选择了光滩(Qch1)、屿头红树林区(Qch2)、增垵红树林区(Qch3)和米草区(Qch4))4条断面共3种生境，进行软体动物调查。共鉴定软体动物16科23种，其中双壳类10种，腹足类13种。物种水平分布，红树林区最多有15种，米草区次之13种，光滩最少为7种。该调查区域软体动物平均生物量为45.76 g/m^2，生物量低潮区>中潮区>高潮区；平均密度为161个/ m^2，栖息密度低潮区>中潮区>高潮区。丰度生物量比较法结果显示光滩断面软体动物群落结构不稳定，红树林区和米草区群落结构较稳定。

关键词 软体动物；红树林，米草；群落结构

Biodiversity and distribution of mollusc around the Luoyangjiang River mangrove nature reserve

Abstract: In order to understand the biological diversity and the stability of mollusc around the Luoyangjiang River mangrove nature reserve and to assess the environmental quality, we assessed mollusc diversity in April and November 2009. We recorded a total of 23 species of mollusc. The numbers of mollusc species differed between transects and were greater in spring than in autumn. Average biomass and density were 45.76 g/m^2 and 161 ind./m^2, respectively. Both biomass and density of mollusc invertebrates among tidal zones, ranked from highest to lowest, were as follows: low tidal zone, middle tidal zone, and high tidal zone. Both biomass and density were lowest in the high tidal zone. With the abundance biomass comparison (ABC) curve to analyze the structure of the mollusc community in the Luoyangjiang River mangrove nature reserve, it was found that the optical flat community disturbance was apparent. Other communities were not apparent.

红树林是生长在热带和亚热带沿海的木本植物，是重要的海岸湿地资源，作为独特的海陆边缘生态系统在维持海岸生态平衡中起着特殊的作用。软体动物是红树林生态系统中的重要组成部分，也是该生态系统能量流动、物质循环中的消费者和转移者。它们通过摄食、

掘穴和排泄等活动与周围环境发生着相互影响,了解其群落结构是认识红树林环境特点、预测红树林环境质量的重要指标[1]。福建省泉州市惠安县林业局从红树林资源日趋衰退,大量红树林滩涂亟待绿化以及沿海防护林体系工程建设需要的现状出发,开展大规模的红树林湿地植被恢复,营造了 286.7 hm^2 的红树林,扩大了红树林保护区的面积。大面积红树林种植,修复了泉州湾洛阳江红树林大片景观,各种鸟类频频栖息,红树林树下以树叶为食的螃蟹数量增加,但该区域潮间带的软体动物物种多样性及其分布尚未见系统报道。国家海洋局第三海洋研究所于 2009 年 4 月和 11 月在洛阳江红树林自然保护区内选择 3 种不同的生境,布设 4 条断面进行样品采集,根据所获得的潮间带软体动物数据,探讨了软体动物群落结构及其与周围红树植物群落,沉积物特征因子的关系,利用丰度生物量比较法(ABC)对软体动物群落结构的稳定性进行了分析,以便为该区域的滩涂生态系的保护、开发、利用及其周边地区养殖容量的估算,提供相应的科学依据[2]。

1　自然环境特征

泉州湾洛阳江红树林自然保护区位于泉州湾近湾底,是典型的浅水型河口半封闭海湾,地处福建省惠安县洛阳镇(24°47′—24°57′N,118°38′—118°41′E),气候冬暖夏凉,四季常青,光照充沛,十分适宜红树林生长。该区位于晋江及洛阳江入海处,地表水网发达,地下水资源丰富,其地下水类型有第四系松散岩孔隙水和基岩裂隙水两类。洛阳江潮汐形态数为 0. 29,属于正规半日潮,平均高潮位 4.83 m,低潮位 0.31 m,平均潮差 4.52 m。海湾湿地平坦开阔,底质为粉泥沙质,沉积层较厚,有机质丰富,土壤盐度为 3.5~28.9。

1998 年惠安县在洛阳江屿头湾设立洛阳江河口滩涂红树林湿地保护小区,1999 年将沿江红树林列为沿海防护林特殊保护林带,2002 年 2 月被省政府批为省级红树林自然保护区,保护区范围自洛阳镇的陈坝起至白沙,面积 876.9 hm^2,其中滩涂面积 568.5 hm^2,水域面积 308.4 hm^2,分为核心区、缓冲区和实验区。泉州湾红树林湿地属于典型的滨海红树林湿地,湿地主要的红树植物有 4 科 4 属 4 种,分别是紫金牛科的桐花树(*Aegiceras corniculatum blanco*)、红树科的秋茄(*Kandelia obovata*)、马鞭草科的白骨壤(*Avicennia marina vierh*)以及爵床科的老鼠簕(*Acanthus ilicifolius*),其中现存白骨壤和桐花树是西太平洋沿岸天然分布的北界,并且该区域互花米草生物入侵问题突出。

2　材料与方法

2.1　样品采集

2009 年 4 月和 11 月,选择泉州湾的洛阳江红树林自然保护区内及其附近泥滩 3 种生境不同的潮间带断面进行生物取样(图 1),其中 Qeh1 断面为光滩,Qeh2 和 Qeh3 断面为红树林区,Qeh4 断面为米草区。根据瓦扬[3]和斯蒂芬森[4]原则及生物自然分布,将潮间带划分为高、中、低 3 个潮区，每条断面在高、中、低 3 个潮区共布设 5 个站位，定量取样每站用 25 cm×25 cm 的样方采集 4 次，样品经“WSB1”型底栖生物涡旋分选器分选后，再经网目为 0.5 mm 的过筛器淘洗，筛内残渣一起装入标本瓶内，贴上标签，样品用 7%的中性福尔马林溶液固定，带回实验室进行分类鉴定、计数和称质量。同时，在采样点附近进行定性采集与生态观察。样品的取样、保存、分离、鉴定和分析按《海洋调查规范》(GB/T l2763.6-2007)执行。

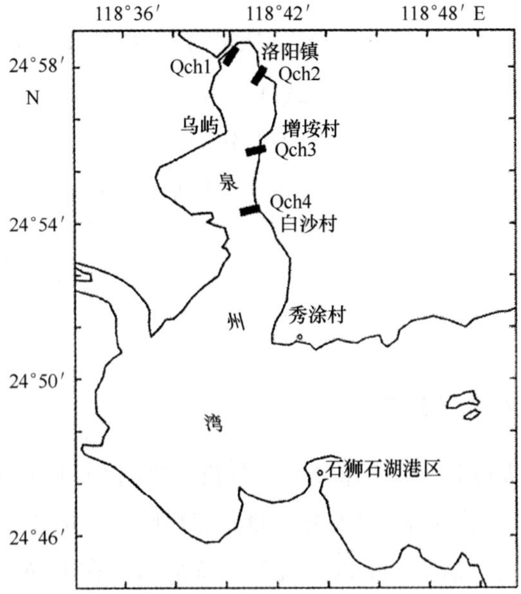

图 1　洛阳江红树林自然保护区软体动物取样站位

Fig.1　Sampling stations of mollusc around the Luoyangjiang River mangrove nature reserve

在进行底栖动物取样的同时，进行底质表层采样。挖取 0~30 cm 层的土，均匀混合，取 1 kg 左右的混合土壤作为测试样品，并对所采的样品用 Mastersixet2000 型激光粒度分布测定仪进行粒度分析测定，获得准确的各粒级百分含量、平均粒径 M_z、分选系数 σ_i、峰态 K_g 等粒度参数值。沉积物类型命名按《海洋调查规范——第 8 部分：海洋地质地球物理调查(GB/T 12763.8-2007)》中的有关规定进行。沉积物中有机碳、硫化物的测定严格按照海洋沉积物质量测定方法，各项目样品采集、保存以及分析方法按《海水监测规范》GB 17378.5-1998 和 GB 17378.5-1998 的规定方法进行。

2.2　数据分析

用 SPSS17.0 软件对沉积物特征因子砾石组分含量、砂组分含量、粉砂组分含量、黏土组分含量、M_d、M_z、σ_i、K_g、有机质含量和硫化物含量进行双因素无重复方差分析。

采用 Margalef 的物种丰富度指数(D)、Shannon-Wiener 多样性指数(H')以及 Pielou 均匀度(J) 进行多样性研究[5]；各物种的优势度值(Y)则根据各物种出现的频率及个体数量来计算[6]：

$$D = (S - 1)/\log_2 N;$$

$$H' = -\sum_{i=1}^{S} P_i \log_2 P_i;$$

$$J = H'/\log_2 S;$$

$$Y = (n_i/N) f_i$$

式中：S 为采泥样品中的种类总数；N 为所有种类的总个体数目；P_i 为第 i 种的个体数与样品中的总个体数的比值（n/N）；n_i 为第 i 种的个体数；f_i 为该种在各站位出现的频率；$Y>0.02$ 时，该种即为优势种[7]。采用 PRIMER5.0 软件[8]进行上述指数的计算。

采用丰度/生物量比较曲线（ABC 曲线）[9]分析生物群落受污染或其他因素扰动的情况，物种丰度为物种在各站位的平均分布密度，如某站没有出现该种，则不计入。

3 结果

3.1 沉积物因子差异显著性分析

对沉积物特征因子进行双因素无重复方差分析，以检验水平 $\alpha=0.05$ 下对两个季度各断面沉积物特征因子：砾石组分含量、砂组分含量、粉砂组分含量、黏土组分含量、M_d、M_z、σ_i、K_g、有机质含量进行 F 检验，结果显示以上沉积物特征因子在不同季节、不同潮区间差异不显著。沉积物中硫化物含量的 F 检验结果显示，$F=5.622\ 164$，$P=0.006\ 71<0.01$，差异极显著，这说明季节的变化对硫化物含量有极显著的影响。各沉积物特征因子在不同断面不同潮区差异都不显著，4 条断面的底质环境相近。

3.2 种类组成与分布

3.2.1 水平组成与分布

本次调查，共获得软体动物 16 科 23 种，其中双壳类 10 种，腹足类 13 种（表 1）。物种水平分布，以红树林区最多 15 种，米草区次之 13 种，光滩最少为 7 种（图 2）。

表 1 洛阳江红树林自然保护区潮间带软体动物季节分布

Tab.1 Seasonal distribution of mollusc around the Luoyangjiang River mangrove nature reserve

物种	春季	秋季
软体动物门（Mollusca）		
双带蛤科（Semelidae）		
理蛤（*Theora lata*（Hinds））	+	+
贻贝科（Mytilidae）		

续表

物种	春季	秋季
沼蛤(*Limnoperna fortunei*（Dunket))	+	-
黑荞麦蛤(*Xenostrobus atratus*（Lischke))	+	-
蛏科(Pharellidae)		
缢蛏(*Sinonovacula constricta*（Lamarck))	+	+
樱蛤科(Tellinidae)		
彩虹明樱蛤（*Moerella iridescens*（Benson))	+	+
凸壳明樱蛤（*Moerella fragilia*)	+	-
光滑河蓝蛤（*Potamocorbula laevis*（Hinds))	+	+
牡蛎科（Ostreidae)		
囊牡蛎（*Saccostrea* sp.)	+	-
蚶科（Arcidae)		
褐蚶（*Didimacar tenebrica*（Reeve))	+	-
蹄蛤科(Ungulinidae)		
圆蛤（*Cycladicama* sp.)	+	-
滨螺科(Littorinidae)		
黑口滨螺（*Littoraria melanostoma* Gray)	+	+
粗糙滨螺（*Littoraria articulate*（Philippi))	+	+
拟沼螺科（Assimineidae)		
短拟沼螺（*Assiminea brevicula* Pfeiffer)	+	+
汇螺科（Potamodidae)		
珠带拟蟹守螺（*Cerithidea cingulata*（Gmelin))	+	-
彩拟蟹守螺（*Cerithidea ornate*（A. Adams))	-	+
尖锥拟蟹守螺（*Cerithidea largillierti*（Philippi))	-	+
蜒螺科（Neritidae)		
渔舟蜒螺（*Nerita*（*Theliostyla*）*albicilla* Linné)	+	-
齿纹蜒螺（*Nerita yoldii* Récluz)	-	+
紫游螺（*Neritina*（*Dostia*）*violacea*（Gmelin))	-	+
梯螺科（Epitoniidae)		
草席梯螺(*Papyriscala tenuilirata* Sowerby)	-	+

续表

物种	春季	秋季
织纹螺科(Nassariidae)		
织纹螺 (*Zeuxis* sp.)	+	-
阿地螺科 (Atyidae)		
泥螺(*Bullacta exarata* (Philippi))	+	-

注"+"表示出现种类,"-"表示未出现种类。

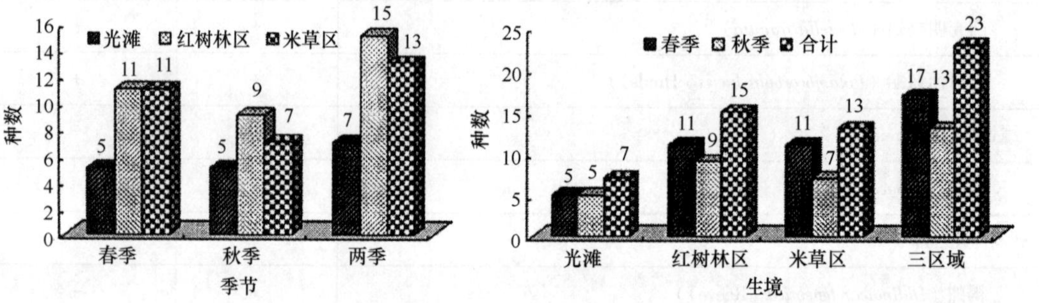

图 2 软体物种分布与季节变化

Fig.2 Distribution and seasonal variation of mollusc

计算 23 种软体动物的 Y 值,其中优势种只有 3 种,即理蛤、缢蛏和短拟沼螺;Y 值介于 0.005~0.02 的常见种只有 2 种,即光滑河蓝蛤和黑口滨螺(表 2)。

表 2 常见软体动物物种的优势度

Tab.2 Dominance (Y) of common macrobenthic mollusc

物种	Y
理蛤	0.070 502
缢蛏	0.114 233
光滑河蓝蛤	0.005 097
黑口滨螺	0.010 486
短拟沼螺	0.258 606

3.2.2 垂直组成与分布

物种垂直分布,中潮区(12 种)>低潮区(8 种)>高潮区(2 种)。3 种生境物种垂直分布不尽相同,除米草区以低潮区>中潮区>高潮区外,光滩和红树林区的垂直分布规律相同,以中潮区>低潮区>高潮区(图 2)。

3.2.3 季节变化

物种季节变化，春季（17 种）>秋季（13 种），光滩断面春季和秋季的物种数相同，红树林区和米草区的断面，软体动物的物种数变化都以春季>秋季（图 2）。

3.3 生物量、栖息密度分布与季节变化

3.3.1 水平组成与分布

该调查区域软体动物平均生物量为 45.76 g/m^2，3 种生境按生物量大小排列依次为米草区（99.04 g/m^2）>红树林区（33.92 g/m^2）>光滩（4.31 g/m^2）。平均密度为 161 个/m^2，水平分布比较，米草区（233 个/m^2）>红树林区（167 个/m^2）>光滩（83 个/m^2）（表 3）。

表 3 软体动物数量分布及季节变化

Tab.3 Seasonal variation of biomass and density of mollusc

生境	生物量/（g/m^2）			密度/（个/m^2）		
	春季	秋季	均值	春季	秋季	均值
光滩	5.67	2.95	4.31	68	98	83
红树林区	62.28	5.57	33.92	269	66	167
米草区	93.62	104.46	99.04	326	139	233
均值	53.86	37.66	45.76	221	101	161

3.3.2 垂直组成与分布

生物量低潮区（90.44 g/m^2）>中潮区（27.71 g/m^2）>高潮区（10.49 g/m^2）。红树林区和米草区软体动物生物量以低潮区>中潮区>高潮区，光滩断面以中潮区>高潮区>低潮区。

栖息密度为低潮区（240 个/m^2）>中潮区（224 个/m^2）>高潮区（23 个/m^2）。3 种生境栖息密度垂直分布规律相同，都以低潮区>中潮区>高潮区。

3.3.3 季节变化

该区域平均生物量和栖息密度均春季>秋季，这与软体动物春季的繁殖有关。各种生境生物量和栖息密度季节变化不一。

3.4 物种多样性分析

3 种生境潮间带生物的 H'、J、D 值显示，生物多样性水平变化：无论春季还是秋季，H' 值都是红树林区>米草区>光滩，这一特征与 3 种生境软体动物物种数水平分布变化趋势相吻合；两个季度 D 值的最小值都出现在光滩。季节间比较，在 3 种生境下 D 值和 H' 值，都是春季>秋季。而 J 值则呈不规则变化（表 4）。

表 4　软体动物生物多样性

Tab.4　The diversity of communities of mollusc

生境	*D*		*H'*		*J*	
	春季	秋季	春季	秋季	春季	秋季
光滩	2.361	2.057	2.776	2.306	0.653 5	0.564 1
红树林区	3.484	2.199	3.059	2.637	0.634 2	0.658 1
米草区	3.851	2.131	3.025	2.553	0.594 5	0.638 2

3.5　群落结构的稳定性

应用丰度生物量比较法对 3 种不同生境内的软体动物群落结构进行分析，结果表明：光滩断面，无论春季还是秋季，软体动物群落的生物量曲线始终位于丰度曲线的下方，群落结构不稳定。红树林区，春季，软体动物群落的生物量曲线始终位于丰度曲线的上方，群落结构稳定，而秋季，生物量和丰度曲线在末端出现了一些交叉，群落结构受到轻微的扰动。米草区，软体动物群落的生物量曲线始终位于丰度曲线的上方，群落结构稳定。3 种生境软体动物群落结构稳定性进行比较：米草区>红树林区>光滩（图 3）。

4　讨论

4.1　沉积物特征因子

海底沉积物分布与水动力条件、地形特征和泥沙来源密切相关，上述调查海区表层沉积物类型特征及分布规律表明：在本调查海区广泛分布着黏土质粉砂，物质来源趋于单一性。本区泥沙主要来源于陆域片流侵蚀来沙、海岸蚀退来沙和海域来沙。但因沿岸的护岸防波堤和围垦海堤相继建成，拦截了陆域和海岸来沙，使海域来沙变成本调查区的主要物质来源。通过对沉积物特征因子进行双因素无重复方差分析，各沉积物特征因子在不同断面不同潮区差异都不显著，我们可以认为 4 条断面的底质环境相近。

4.2　生物物种差异分析

本次调查，共获得软体动物 16 科 23 种，其中双壳类 10 种，腹足类 13 种。物种水平分布，以红树林区最多 15 种，米草区次之 13 种，光滩最少为 7 种。优势种和常见种有：理蛤、缢蛏、短拟沼螺、光滑河蓝蛤和黑口滨螺。物种垂直分布，中潮区（12 种）>低潮区（8 种）>高潮区（2 种）。3 种生境物种垂直分布不尽相同，除米草区以低潮区>中潮区>高潮区外，光滩和红树林区的垂直分布规律相同，以中潮区>低潮区>高潮区。

物种数季节变化较明显，光滩断面春季和秋季的物种数相同，红树林区和米草区的断

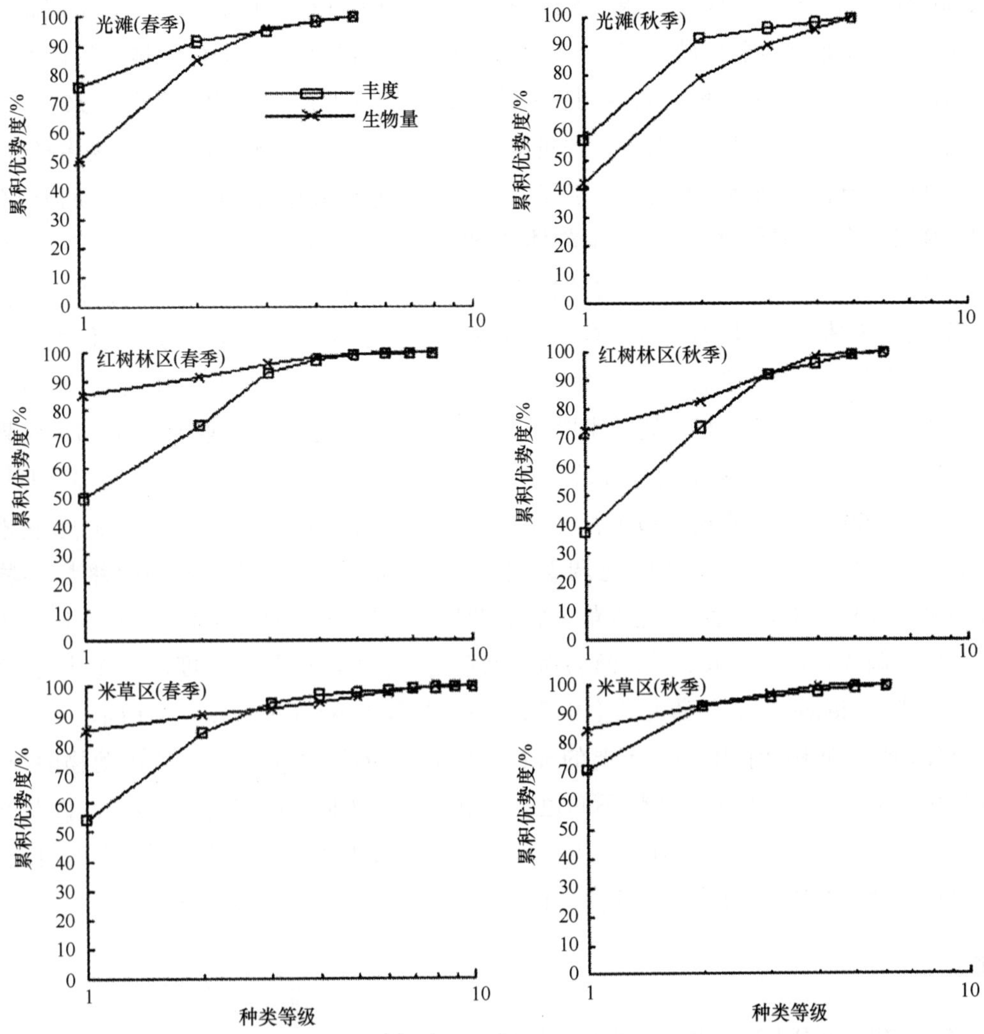

图 3　软体动物群落丰度生物量复合 K-优势度曲线

Fig.3　Curves of abundance biomass comparison and partial K-dominance of mollusc

面,软体动物的物种数变化都以春季>秋季。这主要是因为潮间带是海洋生物繁衍生息的重要场所,许多生物都在春季大量繁殖。

4.3　群落结构稳定性分析

应用丰度生物量比较法对 3 种不同生境内的软体动物群落结构进行分析比较,结果表明米草区软体动物群落结构最为稳定,光滩的软体动物群落最不稳定。4 条断面底质环境相近,群落结构稳定性的差异可能与不同生境内的植被分布有关。

4.4　红树林区域性差异分析

红树林植被有益于红树林生态系统的生境复杂性以及底栖动物的多样性[10]。大量的文献都证实红树林植被影响了底栖动物的分布[11-12]，因为红树植物提供的荫蔽可以减轻高温和水分蒸发对底栖动物的胁迫，腹足类通常会聚集在荫蔽和潮湿的红树植物周围的地表或者地面根中[13]。红树植物的凋落物直接或间接地为一些底栖动物提供营养来源[13-14]。过去的研究多认为红树林植被通常会促进潮间带的大型底栖动物的密度和生物多样性，如佛罗里达红树林内底栖动物的密度高于邻近光滩[15]。本研究中，红树林区软体动物种类数量和生物量均多于邻近无植被光滩，而软体动物的密度不总多于无植被的光滩，这主要是与部分优势种的高密度分布有关。通过比较不同生境的底栖动物物种数发现，光滩生境的物种数最少，红树林分布的区域物种多样性最为丰富。米草区的软体动物物种数仅次于红树林区，这与米草入侵潮间带后对底栖动物产生了一定的影响有关，一些研究认为[16-17]：普通滩涂被入侵后，米草区无脊椎动物总密度和丰富度要高于邻近的普通滩涂；另有研究结果表明：互花米草底泥中无脊椎动物种群数量比潮间带普通滩涂少，物种丰富度明显降低[18]。洪荣标等[19]2004年冬季在厦门海沧青礁和海沧大道东侧潮间带进行红树林湿地、互花米草湿地和普通滩涂湿地的底栖动物生态调查，结果显示定量样品普通滩涂出现的种类、生物量比互花米草区和红树林区多，互花米草区底栖动物的栖息密度、种类多样性、密度比红树林区高。此次调查发现互花米草区底栖动物的栖息密度、种类多样性、密度都比光滩高，这与Dumbauld[16]，Hedge等[17]的研究结论相符，与洪荣标等[19]的研究结果不尽相同。

软体动物是底栖动物中一个重要的类群，底质、潮位线、季节会影响软体动物的分布。不同的生境由于其空间环境异质性不同也会影响软体动物群落的丰富度，多样性以及群落结构的稳定性。继续加强对洛阳江红树林自然保护区软体动物生物学与生态学的研究，增殖其有经济价值的种类，可以充分开发与利用红树林生态系统的环境经济价值。

参考文献

[1] 林鹏. 中国红树林生态系[M]. 北京：科学出版社，1997：115.

[2] 黄勃，张本，陆健健，等. 东寨港红树林区大型底栖动物生态与滩涂养殖容量的研究 I. 潮间带表层底栖动物数量的初步研究[J]. 海洋科学，2002，26(3)：65-67.

[3] Vaillant L. Nouvelles etudessurles zone littorales[J]. Ann Sci Nat Zool，1891，120：39-50.

[4] Stephenson T A，Stephenson A. The universal features of zonation between tidemarks oneoasts[J]. Jour Ecol，1949，37(2)：289-305.

[5] Ludwig J A，Reynolds J F. Statistical Ecology[M]. New York：John Wiley & Sons，1988.

[6] 王荣，张鸿雁，王克，等. 小型桡足类在海洋生态系统中的功能作用[J]. 海洋与湖沼，2002，33(5)：453-460.

[7] 徐兆礼，王云龙，陈亚瞿. 长江口最大浑浊带区浮游动物的生态研究[J]. 中国水产科学，1995，2(1)：39-48.

[8] Warwick R M. A new method for detecting pollution effects on marine macrobenthic communities[J]. Marine Biology，1986，92：557-562.

[9] 周红，张志南. 大型多元统计软件 PRMER 的方法及其在底栖群落生态学中的应用[J]. 青岛海洋大学学报，2003，33(1)：58-64.

[10] 叶勇,翁劲,卢昌义,等. 红树林生物多样性恢复[J]. 生态学报,2006,26(4):1243-1250.

[11] Macnae W. A general account of the fauna and flora of mangrove swamps and forests in the Indo-West-Pacific region[J]. Advance in Marine Biology,1968,6:73-270.

[12] Lasiak T, Dye A H. Behavioural adaptations of the mangrove whelk,*Telescopium telescopium* (L.),to life in aemiterrestrial environment[J]. Journal of Molluscan Study,1986,52:174-179.

[13] Fratini S,Cannicci S, Vannini M. Feeding clusters and olfaction in the mangrove snail *Terebralia palustris* (Linnaeus) (Potamididae:Gastropoda)[J]. Journal of Experimental Marine Biology and Ecology,2001, 261:173-183.

[14] Slim F J, Hemminga M A,Ochieng C,et al. Leaf litter removeal by the snail *Terebralia palustris* (Linnaeus) and sesarmid crab in an East African mangrove forest (Gazi Bay, Kenya)[J]. Journal of Experimental Marine Biology and Ecology,1997,215:35-48.

[15] Nobbs M. Effects of vegetation differ among three species of fiddler crabs (*Uca* spp.)[J]. Journal of Experimental Marine Biology and Ecology, 2003,284:41-50.

[16] Durnbauld B R, Peoples M, Holcomb L, et al. The potential influence of the aquaticweed Spartina altemiflora and control practices on clam resources in WiIlapa Bay,Washington[C]//Pattem K. Proceedings of the Second International Spartina Conference. Olympia: Washington State University, 1997: 51-57.

[17] Hedge P,Kriwoken L K. Evidence for effects of Spartinaan glicainvasion on benthic macrofauna in Little Swanport estuary[J]. Tasmania Austral Ecology,2000,25:150-159.

[18] Luiting V T, Cordell J R, Olson A M, et al. Does exotic Spartina alterniflora change benthic invertebrate assemblages[C]//Pattern K. Proceedings of the Second International Spartina Conference. Olympia: Washington State University, 1997: 48-50.

[19] 洪荣标,吕小梅,陈岚,等. 九龙江口红树林湿地与米草湿地的底栖生物[J]. 台湾海峡, 2005,24(2):189-194.

黄雅琴,李荣冠,江锦祥. 原载《海洋科学》,2011,35(10):110-116.

福建海岛水域软体动物多样性与分布

摘要 为研究福建海岛水域软体动物多样性与分布,根据1990年2月至1992年1月对福建乡级以上海岛水域进行的大型底栖生物调查资料进行了深入分析。结果表明,福建海岛水域软体动物有82科97属345种,主要有蚶科(Arcidae)、贻贝科(Mytilidae)、蛤蜊科(Mactridae)、樱蛤科(Tellinidae)、帘蛤科(Veneridae)、蓝蛤科(Corbulidae)、角贝科(Dentaliidae)、玉螺科(Naticidae)、骨螺科(Muricidae)、蛾螺科(Buccinidae)、织纹螺科(Nassariidae)、衲螺科(Cancellariidae)、塔螺科(Turridae)、笋螺科(Terebridae)、小塔螺科(Pyramidellidae)等。在12个乡级以上海岛水域,福建中南部岛屿水域软体动物物种数较多,北部相对较少。平均生物量为8.81g/m^2,栖息密度为36个/m^2。生物量厦门岛水域最高(33.18 g/m^2),南日岛最低(0.73 g/m^2);栖息密度江阴岛最高(188个/m^2),湄洲岛最低(4个/m^2)。福建省海岛水域软体动物种数季节变化,夏季>冬季>秋季>春季;数量季节变化,生物量以春季最高,冬季最低;栖息密度以春季最高,秋季最低。

关键词 软体动物;多样性;福建海岛

Biodiversity and distribution of mollusc around the waters of islands, Fujian Province

Abstract: In order to analyze the diversity and distribution of mollusca around the waters of islands, Fujian Province, we conducted a large-scale survey of bottom-dwelling organisms from February 1990 to January 1992 on an island in Fujian over the waters of the township. The results showed that there are 82 families, 97 genua, 345 specise of mollusc around the waters of islands, Fujian Province, and the mainly families are as follows: Arcidae, Mytilidae, Mactridae, Tellinidae, Veneridae, Corbulidae, Dentaliidae, Naticidae, Muricidae, Buccinidae, Nassariidae, Cancellariidae, Turridae, Terebridae, Pyramidellidae. In the 12 waters of islands, the species of mollusc located more around south-central islands than that around the northern islands. The average biomass of mollusca is 8.81 g/m^2, the density is 36 ind./m^2 around the waters of islands, Fujian Province. The biomass of waters around Xiamen Island is the highest (33.18 g/m^2), that of in Nanri Island is the lowest (0.73 g/m^2). The density of waters around Jiangyin Island is the highest (188 ind./m^2), that of in Meizhou Island the lowest (4 ind./m^2). The seasonal variation of mollusc species around the waters of islands, Fujian Province is that the species number is more in the summer that in winter, it is more in the winter that in autumn, and it is more in the autumn than in spring. The biomass is the highest in spring, and the lowest in winter; the highest density is in spring and lowest in autumn.

福建海岛所处的地理环境有河口、港湾、近岸等多种类型,海岛附近水域大型底栖生物是全国海岛和福建海岛资源综合调查的主要内容,大型底栖生物物种组成复杂、数量丰富,软体动物是大型底栖生物的三大类群之一,种数繁多,平均生物量贡献最大。软体动物中有许多优势种和经济种,不但数量大,且在海洋水体底层食物链中具有非常重要的作用。历史上有过几次规模较大的资源综合调查,但专门局限于海岛水域的调查少之又少,尤其对福建乡级以上所有海岛软体动物的相关研究报道更少。作者试图较系统、全面地深入分析研究福建海岛水域软体动物多样性及其分布特点,为海岛生物资源的开发利用及其保护提供科学依据。

1 自然环境特征

福建沿海地处亚热带。北邻浙江苍南县、南接广东饶平与台湾海峡一水之隔。大陆海岸线长达 3 051.00 km,港湾岛屿众多,大潮平均高潮时面积大于 500 m^2 的岛屿总数 1 546 个,岸线总长度 2 804.40 km,岛屿总面积 1 400.13 km^2。浅海滩涂面积 693.30 km^2,养殖面积 193.30 km^2,其中大陆海岸线以外的海岛 1 352 个,岸线长度 2 086.11 km,岛屿面积 765.78 km^2。县(区)级以上岛有厦门岛、鼓浪屿、海坛岛和东山岛,乡级以上岛有大嵛山岛、西洋岛、三都岛、琅岐岛、粗芦岛、大练岛、东勤岛、屿头岛、草屿岛、江阴岛、南日岛、湄洲岛、大嶝岛、紫泥岛等岛屿。

福建海岛多年平均气温 15.1~21℃,南部高于北部,南北温度差 5~6℃,闽江口以北海岛为 15.1~18.9℃,闽江口以南海岛为 19.3~21.0℃;调查海岛水域年平均底温 18.5~22.5℃,多数为 20~21℃,年平均底盐 13.57~32.29,多数在 30~31 之间。底盐除了夏季比较高外,其他季节无显著变化。调查海岛水域平均水深 12~20 m。底质类型均以软泥和粉砂质泥为主。

2 材料与方法

1990 年 2 月至 1992 年 1 月,对福建乡级以上海岛水域进行了大型底栖生物调查,根据“全国海岛资源综合调查简明规程”、“全国海岛资源综合调查简明规程补充规定”、“福建省海岛资源综合调查技术细则”和“全国海岸带和海涂资源综合调查简明规程”的要求,在大青山岛、西洋岛、三都岛、琅岐岛、海坛岛、江阴岛、南日岛、湄洲岛、大嶝岛、厦门岛、紫泥岛和东山岛周围布设 195 个调查站位(图 1)。定量样品每站采用 0.05~0.1 m^2 采泥器取样 2~5

次，样品经 WSB 底栖生物涡旋器分离，经 1 mm、0.5 mm 和 2 mm 套筛淘洗；定性样品使用网口宽 1~1.5 m 三角形拖网，每站底拖 10~15 min，船速 3 n mile/h。取样方法和标本处理按《海洋调查规范·生物分册》[1]。

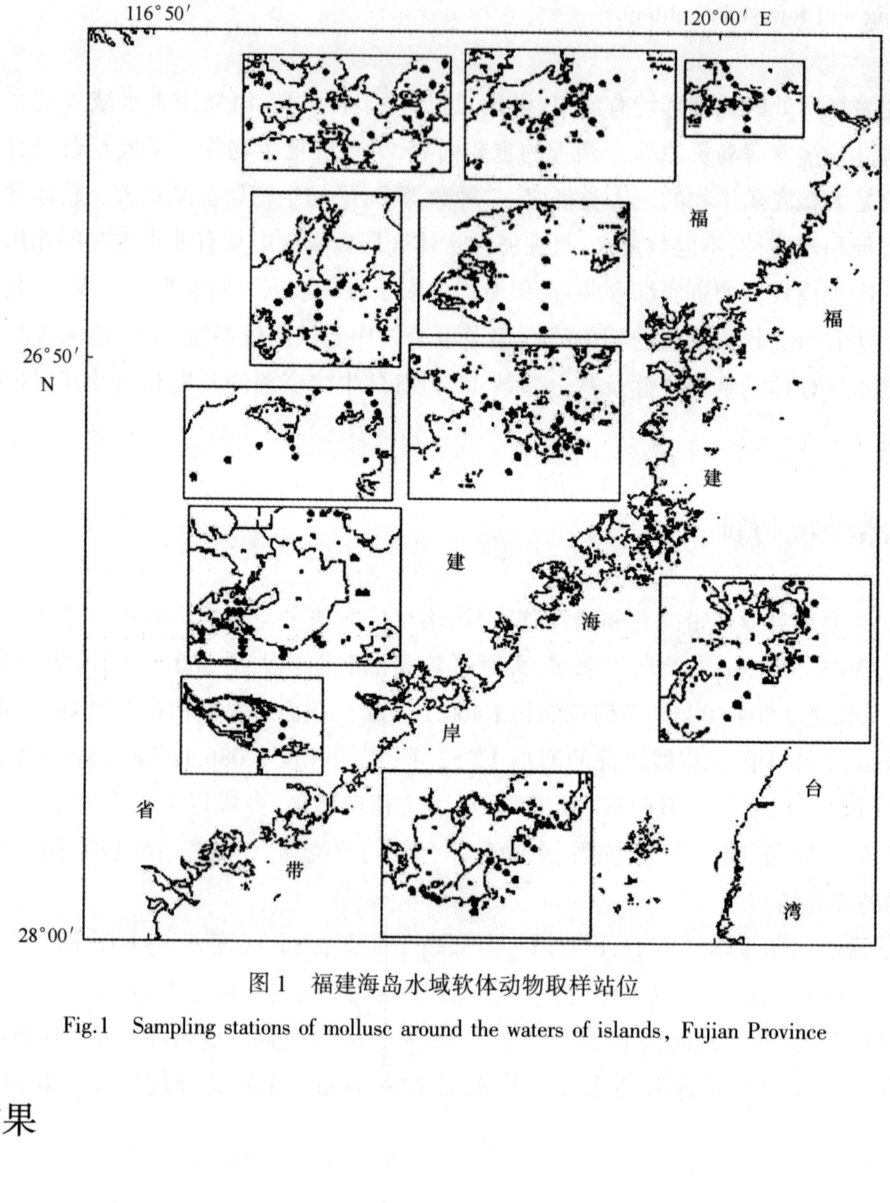

图 1　福建海岛水域软体动物取样站位

Fig.1　Sampling stations of mollusc around the waters of islands, Fujian Province

3　结果

3.1　物种多样性的基本特征

3.1.1　物种组成特征

福建海岛水域已鉴定软体动物有 82 科 97 属 345 种，其中主要有蚶科(Arcidae)16 种、贻贝科(Mytilidae)9 种、蛤蜊科(Mactridae)7 种、樱蛤科(Tellinidae)29 种、帘蛤科(Veneridae)22 种、蓝蛤科(Corbulidae)8 种、角贝科(Dentaliidae)7 种、玉螺科(Naticidae)16 种、骨螺科(Muricidae)8 种、蛾螺科(Buccinidae)8 种、织纹螺科(Nassariidae)15 种、衲螺科

(Cancellariidae)7 种、塔螺科(Turridae)15 种、笋螺科(Terebridae)8 种和小塔螺科(Pyramidellidae)13 种。

福建海岛水域软体动物优势种与常见种有：豆形胡桃蛤[*Nucula* (*Leionucula*) *faba*]、薄云母蛤(*Yoldia similis*)、结蚶(*Tegillarca nodifera*)、凸壳肌蛤(*Musculista senhausia*)、乌喙小脆蛤(*Raetellops pulchella*)、闪光桔蛤(*Pulvinus micans*)、小亮樱蛤(*Nitidotellina minuta*)、美女白樱蛤[*Macoma* (*Psammacoma*) *candida*]、侧底理蛤(*Theora lata*)、短竹蛏(*Solen dunkerianus*)、直线竹蛏(*Solen linearis*)、小刀蛏(*Cultellus attenuatus*)、波纹巴非蛤[*Paphia* (*Paratapes*) *undulate*]、光滑河蓝蛤(*Potamocorbula laevis*)、金星蝶铰蛤(*Trigonothracia jinxingae*)、胶州湾角贝(*Episiphon kiaochowwanensis*)、棒锥螺(*Turritella bacillum*)、马丽瓷光螺(*Eulima maria*)、浅缝骨螺(*Murex trapa*)、纵助织纹螺[*Nassarius* (*Varicinassa*) *variciferus*]、假奈拟塔螺(*Turricula nelliae spurius*)和圆筒原盒螺(*Eocylichna braunsi*)等。

3.1.2 物种分布与季节变化特征

福建海岛水域软体动物分布，以海坛岛水域物种数最多 144 种，厦门岛水域次之 127 种，再次为东山岛水域 114 种，最少为紫泥岛水域 14 种，各岛屿水域软体动物物种分布见图 2。福建省海岛水域软体动物种数季节变化，夏季(202 种)>冬季(171 种)>秋季(155 种)>春季(138 种)。

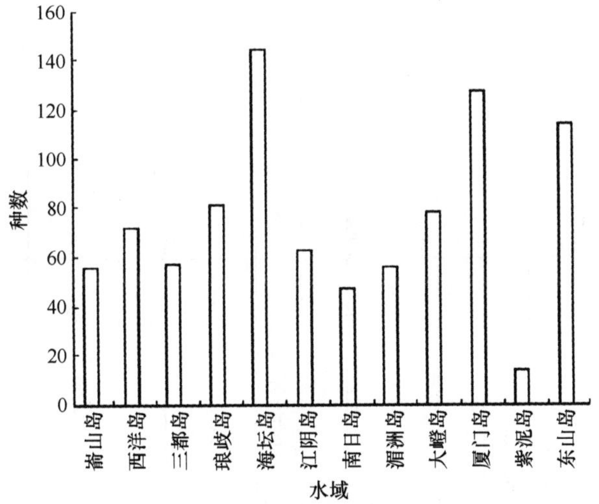

图 2　福建海岛水域软体动物物种分布

Fig.2　Distribution of mollusc species around the waters of islands Fujian Province

3.1.3 常见经济种

福建海岛水域软体动物主要经济种有 37 种，其在各海岛水域出现率不尽相同。出现率棒锥螺最高，较高的物种有美女白樱蛤、波纹巴非蛤，除了在湄洲岛和紫泥岛水域未出现，在其他海岛水域均有出现，其次还有短竹蛏和伶鼬榧螺(*Oliva mustellina*)(表 1)等。

表 1　福建海岛水域软体动物主要经济种

Tab.1　TIe majer ecmomic species of mollusc around the waters of islands, Fujian Province

种名	嵛山岛	西洋岛	三都岛	琅歧岛	海坛岛	江阴岛	南日岛	湄洲岛	大嶝岛	厦门岛	紫泥岛	东山岛
魁蚶(*Seapharea broughtonii* (Schrenck))	*											
结蚶(*Tegillarca nodifera* (v. Martens))	*	*	*	*					*	*		
凸壳肌蛤(*Musculista senhausia* (Benson))			*						*	*		
栉江珧(*Atrina* (*Servatrina*) *pectinata* (Linnaeus))		*	*		*							
华贵栉孔扇贝(*Chlamys* (*Mimachlamys*) *nobilis* (Reeve))									*			
近江牡蛎(*Crassostrea rivularis* (Gould))											*	
密鳞牡蛎(*Ostrea denselamellosa* Lischke)		*							*	*		*
中国蛤蜊(*Mactra* (*Maetra*) *chinensis* Philippi)					*							
西施舌(*Coelomadra antiquata* (Spengler))					*							
美女白樱蛤(*Mamma* (*Psammacana*) *candida* (Lamarck)	*	*	*	*	*	*	*		*	*		*
彩虹明樱蛤(*Moerella iridescens* (Benson))				*							*	
短竹蛏(*Solen dunkerianus* Clessin)		*		*	*	*		*	*	*		*
直线竹蛏(*Solen linearis* Spengler)						*		*	*	*		
瑰斑竹蛏(*Solen roseomacuiatus* Pilsbry)									*	*		*
尖刀蛏(*Cultellusscalprum* (Gould))	*	*			*							
河蚬(*Corbieula flummea* (Müller))									*			
薄壳镜蛤(*Dosinia* (*Dosinella*) *corrugata* (Reeve)	*				*					*		
波纹巴非蛤(*Paphia* (*Paratapes*) *undulate* (Born))	*	*	*	*	*		*	*	*	*		*
锯齿巴非蛤(*Paphia* (*Protapes*) *gallus* (Gmelin))		*							*	*		*
菲律宾蛤仔(*Ruditapes philippinarum* (Adams et Reeve))									*			

续表

种名	嵛山岛	西洋岛	三都岛	琅歧岛	海坛岛	江阴岛	南日岛	湄洲岛	大嶝岛	厦门岛	紫泥岛	东山岛
文蛤(*Meretrix meretrix* (Linnaeus))				*							*	
等边浅蛤(*Gomphina aequilatera* (Sowerby))									*	*		
光滑河蓝蛤(*Potamocorbula laevis* (Hinds))			*	*					*		*	
棒锥螺(*Turritella bacillum* Kiener)	*	*	*	*	*	*	*	*	*	*		*
斑玉螺(*Natica tigrina* (Rōding)									*			
广大扁玉螺(*Naticaampla* (Philippi))	*		*						*			
沟鹑螺(*Tonna sulcosa* (Born) [Dolium salosum])					*							
方斑东风螺(*Babylonia areolata* (Link))					*				*	*		*
泥东风螺(*Babylonia lutosa* (Lamarck))	*			*	*				*			
细角螺(*Hemifusus ternatanus* (Gmelin))			*									
管角螺(*Hemifusus tuba* (Gmelin))					*							
伶鼬榧螺(*Olivamustellina* Lamarck)		*	*	*	*	*	*	*	*			
杜氏枪乌贼(*Loligo duvaucelii* Orbigny)		*										
小管枪乌贼(*Loligooshimai* Sasaki)		*										
曼氏无针乌贼(*Sepiella maindroni* de Rochebrune)												
短蛸(*Octopus ocellatus* Gray [*Octopus aerolatus*])		*								*		
长蛸(*Octopus variabilis* (Sasaki))										*		

* 表示物种出现。

3.2 数量时空变化基本特征

3.2.1 数量分布特征

福建海岛水域软体动物平均生物量和栖息密度分别为 8.81 g/m^2 和 36 个/m^2。生物量以厦门岛最高(33.18 g/m^2),大嶝岛次之(32.84 g/m^2),南日岛最低(0.73 g/m^2);栖息密度以江阴岛最高(188 个/m^2),紫泥岛次之(69 个/m^2),湄洲岛最低(4 个/m^2)(表 2)。

表 2 福建海岛水域软体动物数量分布

Tab.2 Distribution of mollusc quantity around the waters of islands Fujian Province

水域	生物量/(g/m^2)	密度/(个/m^2)
嵛山岛	5.94	25
西洋岛	2.14	10
三都岛	0.84	9
琅岐岛	4.42	31
海坛岛	1.23	30
江阴岛	12.78	188
南日岛	0.73	5
湄洲岛	2.37	4
大嶝岛	32.84	27
厦门岛	33.18	21
紫泥岛	5.2	69
东山岛	4.03	13
平均	8.81	36

各海岛水域间数量比较,春季生物量以江阴岛海域最高(48.78 g/m^2),其次为大嶝岛(36.38 g/m^2),最低为湄洲岛(0.67 g/m^2);栖息密度以江阴岛最高(736 个/m^2),其次为紫泥岛(244 个/m^2),最低为西洋岛(7 个/m^2)。夏季生物量以大嶝岛海域最高(5.20 g/m^2),其次为湄洲岛(4.25 g/m^2),最低为南日岛(0.22 g/m^2);栖息密度以琅岐岛最高(43 个/m^2),其次为大嶝岛(22 个/m^2),最低为南日岛(2 个/m^2)。秋季生物量以大嶝岛最高(80.66 g/m^2),其次为厦门岛(55.71 g/m^2),最低为三都岛和江阴岛(0.39 g/m^2);栖息密度以嵛山岛最高(32 个/m^2),其次为琅岐岛和大嶝岛(16 个/m^2),最低为湄洲岛(1 个/m^2)。冬季生物量以厦门岛海域最高(56.24 g/m^2),其次为大嶝岛(9.13 g/m^2),最低为紫泥岛(0 g/m^2);栖息密度以厦门岛最高(27 个/m^2),其次为嵛山岛(25 个/m^2),最低为紫泥岛(0 个/m^2)(表 3 和表 4)。

3.2.2 数量季节变化

福建海岛海域水域软体动物数量季节变化,生物量以春季最高(40.93 g/m^2),冬季最低(27.98 g/m^2);栖息密度以春季最高(242 个/m^2),秋季最低(107 个/m^2)。生物量春季较高有琅岐岛、海坛岛、江阴岛、紫泥岛、东山岛;夏季有三都岛、湄洲岛;秋季有嵛山岛、南日岛、大嶝岛;冬季有西洋岛、厦门岛。栖息密度春季较高有三都岛、琅岐岛、海坛岛、江阴岛、南日岛、湄洲岛、大嶝岛、紫泥岛和东山岛;秋季有青山岛和冬季西洋岛、厦门岛(表 3 和表 4)。

表 3 福建海岛水域软体动物生物量分布及季节变化

Tab.3 Seasonal variation of biomass of mollusc around the waters of islands Fujian Province

水域	软体动物生物量/(g/m^2)				
	春季	夏季	秋季	冬季	平均
嵛山岛	2.25	1.85	12.77	6.88	5.94
西洋岛	1.70	2.58	1.66	2.61	2.14
三都岛	1.02	1.21	0.39	0.74	0.84
琅岐岛	10.88	2.26	2.28	2.25	4.42
海坛岛	2.44	0.63	0.81	1.04	1.23
江阴岛	48.78	1.56	0.39	0.39	12.78
南日岛	1.00	0.22	1.16	0.55	0.73
湄洲岛	0.67	4.25	0.40	4.15	2.37
大嶝岛	36.38	5.20	80.66	9.13	32.84
厦门岛	16.83	3.93	55.71	56.24	33.18
紫泥岛	13.29	2.06	5.44	0.00	5.20
东山岛	6.77	2.29	1.49	5.55	4.03
平均	11.83	2.34	13.60	7.46	8.81

表 4 福建海岛水域软体动物密度分布及季节变化

Tab.4 Seasonal variation of density of mollusc around the waters of islands, Fujian Province

水域	软体动物密度/(个/m^2)				
	春季	夏季	秋季	冬季	平均
嵛山岛	24	17	32	25	25
西洋岛	7	10	8	13	10
三都岛	19	8	3	7	9
琅岐岛	52	43	16	14	31
海坛岛	100	4	5	10	30
江阴岛	736	7	4	4	188

续表

水域	软体动物密度/(个/m²)				
	春季	夏季	秋季	冬季	平均
南日岛	13	2	3	3	5
湄洲岛	9	3	1	4	4
大嶝岛	52	22	16	18	27
厦门岛	25	19	13	27	21
紫泥岛	244	21	11	0	69
东山岛	16	16	10	8	13
平均	108	14	10	11	36

4 结语与讨论

福建海岛水域软体动物有 82 科 97 属 345 种,其中主要有蚶科、贻贝科、樱蛤科、帘蛤科、蓝蛤科、玉螺科、骨螺科、蛾螺科、织纹螺科、塔螺科、笋螺科和小塔螺科等[2-15]。福建岛屿水域软体动物分布,以海坛岛水域物种数最多 144 种,厦门岛水域次之 127 种,再次为东山岛水域 114 种,最少为紫泥岛水域 14 种,显示出福建中南部岛屿水域软体动物物种数较多,北部相对较少[2,4,6-8,12-13,15]。岛屿水域软体动物物种数的多少,除了与底质类型密切相关外,还与在岛屿水域布设站位多少以及调查水域面积大小有关。在底质类型相同的情况下,岛屿水域中所布设的站位愈多水域面积愈大,在一定的阈值范围内软体动物物种数就愈多,如在海坛岛和厦门岛水域所布设的站位与其他岛屿比较是最多的,分别有 30 多个站位,水域面积也最大,所以取样采集到的物种也最多;反之最少,如紫泥岛水域布设站位仅 6 个,采集的物种也只有 14 种;其次岛屿水域软体动物物种数的多少,还与是否采用拖网有关,在同样的季节、同样的底质类型、同样的站位数和同样的水域面积条件下,采用拖网和采泥器结合取样所获得物种数较仅仅使用来泥器所获得物种数要高得多,甚至可以高出 1/3。

福建海岛水域软体动物四季平均生物量和栖息密度分别为 8.81 g/m² 和 36 个/m²。生物量以厦门岛最高(33.18 g/m²),大嶝岛次之(32.84 g/m²),南日岛最低(0.73 g/m²);栖息密度以江阴岛最高(188 个/m²),紫泥岛次之(69 个/m²),湄洲岛最低(4 个/m²)。通常情况下,按照生物的自然分布规律,物种数随着纬度的减小而增加,生物数量却随着纬度的增大而减小,厦门岛、大嶝岛、江阴岛和紫泥岛地处福建沿海中部,理论上其数量应该介于嵛山岛、西洋岛和东山岛之间,但由于厦门岛和大嶝岛水域棒锥螺的大量出现,秋季和冬季厦门岛水域棒锥螺的生物量可高达 1 140.60 g/m² 和 1 218.50 g/m²,秋季大嶝岛水域棒锥螺的生物量可高达 866.50 g/m²,所以厦门岛和大嶝岛水域软体动物生物量高于位于福建北部的嵛山岛、西洋岛、三都岛水域;又由于春季江阴岛和紫泥岛水域凸壳肌蛤和河蚬的大量出现,江阴岛水域凸壳肌蛤的最高栖息密度达 2 620 个/m² 和 3 680 个/m²,紫泥岛水域河蚬的最高栖息密度达 300~340 个/m^2,樱蛤科最高栖息密度达 450 个/m^2,双带蛤科(Semelidae)最高栖息密度达 585 个/m^2,所以江阴岛和紫泥岛水域软体动物栖息密度高于位于福建北部的嵛山岛、西洋岛、三都岛水域。

福建省海岛水域软体动物种数季节变化,夏季>冬季>秋季>春季;数量季节变化,生物量以春季最高,冬季最低;栖息密度以春季最高,秋季最低。生物量,春季较高的有琅歧岛、海坛岛、江阴岛、紫泥岛、东山岛;夏季有三都岛、湄洲岛;秋季有嵛山岛、南日岛、大嶝岛;冬季有西洋岛、厦门岛;栖息密度,春季较高的有三都岛、琅岐岛、海坛岛、江阴岛、南日岛、湄洲岛、大嶝岛、紫泥岛和东山岛;秋季有东山岛和冬季西洋岛、厦门岛。

参考文献

[1] GR/T 12763.6-1991,海洋调查规范第六部分:海洋生物调查[S].

[2] 李荣冠,江锦祥. 厦门港软体动物种类多样性及其与沉积物的关系[J]. 生态学报,1989,9(3):271-273.

[3] 李荣冠,江锦祥. 大亚湾前鳃类软体动物的分布及区系//大亚湾海洋生态文集(Ⅱ)[C]. 北京:海洋出版社,1990:355-363.

[4] 李荣冠,江锦祥. 东山湾潮下带前鳃类软体动物的生态[J]. 台湾海峡,1993,12(2): 171-179.

[5] 李荣冠,江锦祥. 腹足前鳃纲亚纲//黄宗国. 中国海洋生物种类组成与分布[C]. 北京:海洋出版社,1994:420-458.

[6] 李荣冠,江锦祥,鲁琳,等. 厦门岛软相潮间带生物群落//台湾海峡及邻近海域科学讨论会论文集[C]. 北京:海洋出版社,1995:386-393.

[7] 李荣冠,江锦祥,鲁琳,等. 厦门岛软相潮间带生物种类组成与数量分布//厦门市海岛调查研究论文集[C]. 北京:海洋出版社,1996:80-85.

[8] 李荣冠,江锦祥,鲁琳,等. 厦门岛岩相潮间带生物种类组成与数量分布[J]. 台湾海峡,1996,15(3):293-298.

[9] 李荣冠,江锦祥,鲁琳,等. 鼓浪屿软相潮间带生物生态研究[J]. 海洋学报,1996,18(3):117-123.

[10] 李荣冠,江锦祥,等. 大亚湾核电站邻近埔渔洲红树林区软体动物生态研究//海洋科学集刊(39)[C]. 北京:科学出版社,1997:115-122.

[11] 李荣冠,江锦祥,蔡尔西,等. 兴化湾大型底栖生物生态研究[J]. 海洋学报,1999,21(5):101-109.

[12] 李荣冠,江锦祥. 厦门海岛潮间带前鳃类软体动物多样性及其分布//中国贝类学会.贝类学论文集(9)[C]. 北京:海洋出版社,2001:12-19.

[13] 李荣冠. 第四章海洋生物腹足纲//福建省地方志编纂委员会. 福建省海洋志[C]. 北京:方志出版社,2002:314-323.

[14] 李荣冠. 软体动物门腹足纲前鳃亚纲//黄宗国. 厦门湾物种多样性[C]. 北京:海洋出版社,2006:184-193.

[15] 李荣冠,王建军,郑成兴,等. 泉州湾大型底栖生物群落研究[J]. 生态学报,2006,26(11):3562-3571.

黄雅琴,李荣冠,江锦祥. 原载《海洋科学》,2009,33(10):77-83.